两岸四地高性能与超高性能混凝土学术交流会论文集

Proceedings of the Conference on High Performance Concrete and Ultra-High Performance Concrete in Chinese Mainland, Hong Kong, Taiwan, Macao

叶浩文　冯乃谦　冉志伟　林力勋　令狐延　主编

中国建材工业出版社

图书在版编目（CIP）数据

两岸四地高性能与超高性能混凝土学术交流会论文集/叶浩文等主编. —北京：中国建材工业出版社，2010.10
ISBN 978-7-80227-852-3

Ⅰ.①两… Ⅱ.①叶… Ⅲ.①高强混凝土—学术会议—文集 Ⅳ.①TU528.31-53

中国版本图书馆 CIP 数据核字（2010）第 186773 号

内 容 简 介

本书内容涉及高强高性能混凝土技术在多方面的最新进展，包括新材料的研究与开发，高性能混凝土的配制以及施工的新工艺、新技术，混凝土质量控制中的测试手段与方法，预制构件的节能创新，工程应用与典型案例分析等等。值得一提的是本论文集在超高性能混凝土课题研究方面，收录了有关围绕中建四局正在深圳建设的 441.8 米高的京基金融中心项目开展的 C120 高性能混凝土的系列试验研究的论文，详细介绍了该工程的最新研究成果。

论文集内容丰富，研究深入，创新点多，实用性强，为高性能混凝土科技工作者提供了大量的技术资料和宝贵的工程实践经验；同时，典型工程案例也为今后同类工程提供了有价值的借鉴。

本书可供土木工程施工及建筑材料研究、生产等相关技术人员参考，也可供大学相关专业的师生参考。

两岸四地高性能与超高性能混凝土学术交流会论文集
叶浩文　冯乃谦　冉志伟　林力勋　令狐延　主编

出版发行：中国建材工业出版社
地　　址：北京市西城区车公庄大街6号
邮　　编：100044
经　　销：全国各地新华书店
印　　刷：北京鑫正大印刷有限公司
开　　本：880mm×1230mm　1/16
印　　张：35.5，彩 0.25
字　　数：1059 千字
版　　次：2010 年 10 月第 1 版
印　　次：2010 年 10 月第 1 次
书　　号：ISBN 978-7-80227-852-3
定　　价：90.00 元

本社网址：www.jccbs.com.cn
本书如出现印装质量问题，由我社发行部负责调换。联系电话：（010）88386906

两岸四地高性能与超高性能混凝土学术交流会

(中国深圳 2010)

组织委员会

主　任：叶浩文
副主任：卢遵荣　祖黎虹　陈乐雄　关国雄
委　员：袁　燕　曲清飞　高育欣　张　健　郭云来　余　斌

学术委员会

主　任：冯乃谦
副主任：陈延年　黄　然　冉志伟
委　员：韩素芳　张大鹏　冷发光　顾国荣　石云兴
　　　　郝挺宇　朋改非　刘　强

秘书处

秘书长：林力勋
副秘书长：令狐延　杨瑞瑜　殷　挚　项小英
秘　书：刘光荣　漆贵海　董　艺　赵　祯　姬小亮

主办单位

中国建筑第四工程局有限公司
中建总、广州市建总西塔总承包部
贵州中建建筑科研设计院有限公司
长沙中联重工科技发展股份有限公司
清华大学老科技工作者协会
深圳市正强投资发展有限公司
美国混凝土协会新加坡分会
深圳市京基房地产股份有限公司

前　言

近年来，中国建筑第四工程局有限公司在广东等地异军突起，先后完成并继续承建了许多特大型超高层建筑。在广州，联合完成了441米高的广州新地标"珠江新城西塔"；在深圳，正在建设441.8米高的深圳市新地标"深圳京基金融中心"；在重庆，承建了330米高的"重庆环球金融中心"……面对这些超大超高工程项目，中建四局组织了深圳市利建混凝土有限公司、深圳市金众混凝土有限公司、深圳市正强投资发展有限公司、广州天达混凝土有限公司、中建商品混凝土有限公司、清华大学老科技工作者协会、深圳市京基房地产股份有限公司及美国混凝土协会新加坡分会等单位，形成"产学研"团队联合攻关，解决了许多复杂的施工难题。2007起富有开创性地在广州珠江新城西塔项目开展了C100自密实混凝土的研究，2009年继续在深圳京基金融中心项目开展了C120高韧性无收缩自密实混凝土的研究，掀开了工程建设与混凝土技术研究相结合的新篇章。

为了使高性能混凝土技术成果得到分享、交流，并促进其进一步发展，中建四局继2008年在广州举办"超高层混凝土泵送、超高性能混凝土技术研发与应用国际学术研讨会"后，又于2010年10月28日、29日在深圳市召开了"两岸四地高性能与超高性能混凝土学术交流会"，有来自6个国家和地区的200余名代表参加了这次国内外混凝土行业的学术交流盛会。

本次会议收集学术论文80多篇，经会议学术委员会审核，择录了其中73篇论文汇编成论文集。该论文集内容涉及混凝土技术在诸多方面的最新进展，包括新材料研究与开发，高性能混凝土的配制，混凝土施工新工艺、新技术，混凝土质量的测试手段与方法，预制构件的节能创新，工程应用与典型案例分析等等。值得注意的是在超高性能混凝土研究方面，收录了由中建四局课题组结合深圳京基金融中心项目开展的C120高性能混凝土的系列试验研究论文6篇，详细介绍了最新的研究成果。论文集内容丰富，实用性强，为读者提供了大量的技术资料和宝贵的工程实践经验。

我们在编辑论文集时采取来稿照登，文责自负的原则，仅对部分文字进行了必要的修改，对文章中各种不同学术观点未作统一，以供读者分析选用。由于时间仓促，编者水平有限，书中难免有错误和不当之处，敬请读者予以指正。

编　者

2010年10月于广州

目 录

第一部分 中建四局京基超高性能混凝土课题研究

深圳京基金融中心工程超高性能混凝土的研究 ………………………………………… 叶浩文（3）
The Research of Ultra-high Performance Concrete in Shenzhen Kingkey Finance Center …… Ye Haowen（3）
深圳京基金融中心工程 C120 混凝土配制研究 ………………………………………… 中建四局课题组（13）
The Research of C120 Ultra-high Performance Concrete of Shenzhen Kingkey Finance Center Project
………………………………… Research Group of China Construction Fourth Engineering Division Corp. Ltd（13）
超强高性能混凝土的保塑性试验研究 ………………………………………………… 中建四局课题组（22）
The Experimental Research on Plasticity Maintaining of Ultra-high Strength and Performace Concrete
………………………………… Research Group of China Construction Fourth Engineering Division Corp. Ltd（22）
京基金融中心 C120 超高强高性能混凝土收缩试验研究 ……………………………… 中建四局课题组（28）
The Experimental Research of Contractibility of Ultra-high Strength and Performance Concrete in
Kingkey Project ………… Research Group of China Construction Fourth Engineering Division Corp. Ltd（28）
京基金融中心 C120 超高性能混凝土断裂韧性试验研究 ……………………………… 中建四局课题组（36）
The Experimental Research of Fracture Toughness of Ultra-high Strength and Performace Concrete in
Kingkey Project ………… Research Group of China Construction Fourth Engineering Division Corp. Ltd（36）
超高性能混凝土的抗火性能与对策研究 ……………………………………………… 中建四局课题组（42）
The Research of Fire-resistant Property and Strategy of Ultra-high Performance Concrete
………………………………… Research Group of China Construction Fourth Engineering Division Corp. Ltd（42）

第二部分 综　　述

高性能混凝土研究方向前瞻 …………………………………… 关国雄　冯怀善　陈嘉健（51）
Foresight of Research Directions for High-Performance Concrete
………………………………………………… A. K. H. Kwan　W. W. S. Fung　J. J. Chen（51）
混凝土技术的回顾与展望 ………………………………………………………… 冯乃谦（58）
Retrospect and Prospect of Concrete Technique …………………………………… Feng Naiqian（58）
高强混凝土的研究应用和发展趋势 ………………… 冷发光　王永海　周永祥　韦庆东（68）
Research Application and Development Trend of High Strength Concrete
………………………………………… Leng Faguang　Wang Yonghai　Zhou Yongxiang　Wei Qingdong（68）
混凝土欧洲新标准 EN206-1 在新加坡的应用及商品混凝土搅拌站的认证制度简介 ……… 陆金平（74）
The European New Standard of Concrete EN206-1's Application in Singapore and the Brief of
Certification System of Commercial Concrete Mixing Station ………………………… Lu Jinping（74）
超高性能混凝土性质与耐久性探讨 ………………………………………… 纪茂杰　黄　然（82）
Properties and Durability of High Performance Concrete ……………………… Ji Maojie　Huang Ran（82）
普通混凝土的高性能化 …………………………………………………………… 林力勋（90）
High Performance of Common Concrete …………………………………………… Lin Lixun（90）
绿色混凝土研究现状与发展 ………………… 陈尚伟　王玉麟　王勇　徐立斌　漆贵海　董艺（97）

Current Situation and Development of the Research of Green Concrete
······ Chen Shangwei　Wang Yulin　Wang Yong　Xu Libin　Qi Guihai　Dong Yi （97）

第三部分　材料研究与配制技术

广州珠江新城西塔工程 C70～C90 高强高性能混凝土配制技术简述
······ 叶浩文　顾国荣　徐立斌　张杰华（107）
The Discussion of Producing Technology of C70～C90 High Strength High Performance Concrete in Guangzhou Zhu Jiang New City West Tower Project
······ Ye Haowen　Gu Guorong　Xu Libin　Zhang Jiehua（107）

铝质材料对碱-硅酸反应膨胀性的影响 ······ 封孝信　胡晨光（113）
Effect of Aluminous Materials on Expansion due to Alkali-Silica Reaction
······ Feng Xiaoxin　Hu Chenguang（113）

超硫酸盐水泥若干物理性能的研究 ······ 牛全林　冯乃谦（119）
Composition, Proportion and Properties of Super-sulfated Cement ······ Niu Quanlin　Feng Naiqian（119）

新加坡再生骨料微观结构的研究 ······ Tan Kanghar　Negar Roghanian　Didier Talamona（123）
Investigating the Microstructural Properties of Recycled Aggregate Concrete in Singapore
······ Tan Kanghai　Negar Roghanian　Didier Talamona（123）

粒料比重对自充填混凝土工程性质的影响 ······ 陈柏存　张大鹏　杨宗叡　西学伟（132）
Effects of Bulk Density of Aggregate on Engineering Properties of Self-Compacting Concrete
······ Chen Botsun　Zhang Dapeng　Yang Zongrui　Xi Xuewei（132）

整合灰关联分析技术与实验设计法对再生混凝土多重质量特性综合评估
······ 张清云　黄然　李秉展　邱志强（138）
The Comprehensive Evaluation of Properties of Recycled Concrete by Integrated Correlation Analysis on Grey to Experimental Design Method
······ Zhang Qingyun　Huang Ran　Li Bingzhan　Qiu Zhiqiang（138）

利用循环式流化床灰碱活化炉石水泥砂浆特性之研究 ··· 黄然　郑安　郑赞庆　黄宏谋　陈义中（150）
Effects of Circulating Fluidized Bed Combustion Ash on the Properties of Alkali-Activated Slag Cement Mortars ······ Huang Ran　Zheng An　Zheng Zanqing　Huang Hongmou　Chen Yizhong（150）

超高强自密实混凝土配制 ······ 江加标　Y J Kim（163）
The Production of Ultra-high Strength Self-compacting Concrete ······ Jiang Jiabiao　Y J Kim（163）

聚丙烯纤维对 C100 超高性能混凝土改性的研究
······ 冯乃谦　王喆　王晓梅　马政　郭自力　齐世坤（168）
Research on Faculty Development of C100 Ultra-high Performance Concrete for Polypropylene Fibe
······ Feng Naiqian　Wang zhe　Wang Xiaomei　Ma Zheng　Guo Zili　Qi Shikun（168）

氯离子吸附剂的研发与应用 ······ 冯乃谦　王湘才　齐世坤（177）
Production and Application of the Chlorine Ion Absorbent
······ Feng Naiqian　Wang XiangCai　Qi Shikun（177）

超高性能混凝土的新组分——微珠 ······ 李浩　陈乐雄　冯乃谦（187）
New Components of the Ultra High Performance Concrete——Micro Bead
······ Li Hao　Chen Lexiong　Feng Naiqian（187）

高性能减振混凝土的试验研究 ······ 邹笃建（191）
The Experimental Investigation on High Performance Damping Concrete ······ Zou Dujian（191）

矿渣-偏高岭土地聚合物早期凝结硬化性能研究 ······ 杨涛　彭小芹　王开宇　孟祥杰（198）

Study on the Early Bonding and Hardening Properties of Slag-metakaolin Composite Geopolymer
.... Yang Tao　Peng Xiaoqin　Wang Kaiyu　Meng Xiangjie　(198)

粉煤灰火山灰效应在山砂混凝土中的研究 .... 漆贵海　徐立斌　彭小芹　王玉麟　(204)
Study on pozzolanic effect of fly-ash in Pit Sand Concrete
.... Qi Guihai　Xu Libin　Peng Xiaoqin　Wang Yulin　(204)

骨料颗粒级配对C90高性能山砂混凝土的影响研究
.... 徐立斌　王　勇　漆贵海　王玉麟　陈尚伟　(211)
Study on the Effect of Aggregate Particle Grading on C90 High-performance Pit sand Concrete
.... Xu Libin　Wang Yong　Qi Guihai　Wang Yulin　Chen Shangwei　(211)

硅粉配制高强混凝土技术效果 .... 王　勇　曾小萍　陈尚伟　(218)
Technical Effect of High Strength Concrete with Silica Powder
.... Wang Yong　Zeng Xiaoping　Chen Shangwei　(218)

C80高强高流态机制砂混凝土试验研究 .... 高育欣　徐国栋　殷新博　唐天明　王明月　(223)
Experiment Research of C80 Machine-made Sand Concrete with High Strength and High-flowability
.... Gao Yuxin　Xu Guodong　Yin Xinbo　Tang Tianming　Wang Mingyue　(223)

京基金融中心底板大体积混凝土的配制与应用 .... 高芳胜　尤立峰　(228)
Proportioning and Application of Large Volume Concrete in the Soleplate of Kingkey Finance Center
.... Gao Fangsheng　You Lifeng　(228)

预应力蒸养超高性能混凝土管桩的研制
.... 冯乃谦　陈乐雄　叶浩文　李　浩　徐勋龙　陈潮龙　周奇明　齐世坤　(234)
The Research and Producing of Pre-stressed Steam-cured Ultra-high Performance Concrete Tubular Pile
.... Feng Naiqian　Chen Lexiong　Ye Haowen　Li Hao
　　　Xu Xunlong　Chen Chaolong　Zhou Qiming　Qi Shikun　(234)

预应力蒸养高强混凝土管桩经济和社会效益分析 .... 杨瑞瑜　陈鸿杰　(247)
The Analysis of Economic and Social Benefit of Pre-stressed Steam-cured High-strength Concrete
Tubular Pile .... Yang Ruiyu　Chen Hongjie　(247)

管桩行业节能减排综合利用的措施与建议 .... 魏宜龄　李　龙　何友林　(249)
The Measures and Suggestions of Comprehensive Utilization of Energy Conservation and Emission
Reduction in Tubular Pile Industry .... Wei Yiling　Li Long　He Youlin　(249)

山砂及山砂混凝土的研究历程 .... 林力勋　(254)
The Research Course of Pit Sand and Pit Sand Concrete .... Lin Lixun　(254)

第四部分　性能研究与测试技术

广州珠江新城西塔工程C100UHPC、UHP-SCC性能研究 ... 顾国荣　叶浩文　徐立斌　张杰华　(261)
The Performance Study On C100UHPC、UHP-SCC in Guangzhou Zhujiang New City West Tower Project
.... Gu Guorong　Ye Haowen　Xu Libin　Zhang Jiehua　(261)

水中自充填混凝土应用探讨 .... 赵文成　陈冠宇　(268)
The Discussion of Application of Self-filling Concrete in Water ...... Zhao Wencheng　Chen Guanyu　(268)

光纤传感器测量混凝土收缩技术介绍和减缩剂效果的实验评估
.... 关国雄　陈嘉健　冯怀善　吴沛林　(278)
Shrinkage Measurement of Concrete Using Fiber-Optic Sensor and Experimental Evaluation of
Shrinkage Reducing Agents .... A. K. H. Kwan　J. J. Chen　W. W. S. Fung　P. L. Ng　(278)

再生骨料缺陷对再生混凝土力学性能的影响 .... 朋改非　张九峰　(287)

Influence of Flaws in Recycled Aggregate on Mechanical Properties of Recycled Aggregate Concrete
………………………………………………………………………… Peng Gaifei　Zhang Jiufeng　(287)

透水混凝土的制备、物理力学性能及其工程应用
………………………… 石云兴　张　涛　霍　亮　戢文占　张燕刚　罗　兰　张少彪　(296)
The Production, Physical Performance and Engineering Application of Pervious Concrete
…… Shi Yunxing　Zhang Tao　Huo Liang　Ji Wenzhan　Zhang Yangang　Luo Lan　Zhang Shaobiao　(296)

超高性能混凝土后张预应力梁抗弯承载力分析 ………………… 吴香国　郭庆勇　王滨生（303）
Flexure Loading Capacity Analysis of Ultra High Performance Concrete Post Tension Pre-stressing Girder
………………………………………………… Wu Xiangguo　Guo Qingyong　Wang Binsheng　(303)

超高性能水泥基复合材料夹层复合结构挤出试验与界面抗剪参数
………………………………………………… 吴香国　杨光泽　郭庆勇　韩相默　(311)
Push Test and Interface Shear Parameters of Ultra High Performance Cementitious Composites
Sandwich Structure ……………… Wu Xiangguo　Yang Guangze　Guo qingyong　Han Sangmook　(311)

UHPC 与 UHP-SCC 的收缩特性研究 ………………… 余　斌　毛山红　周正富　梁尧亦　(318)
The Research of Contractile Property of UHPC and UHP-SCC
………………………………………………… Yu Bin　Mao Shanhong　Zhou Zhengfu　Liang Yaoyi　(318)

多组分胶凝材料体系的水化放热特征 ………………… 余　斌　毛山红　周正富　梁尧亦　(325)
The Hydration Heat Characteristics of Cementitious Materials with Several Components
………………………………………………… Yu Bin　Mao Shanhong　Zhou Zhengfu　Liang Yaoyi　(325)

巨型钢管混凝土角柱压弯试验及有限元分析研究 ………… 刘天波　令狐延　刘光荣　(331)
The Bending Test about Giant Steel-tube Concrete Prisms and Finite Element Analysis
………………………………………………… Liu Tianbo　Linghu Yan　Liu Guangrong　(331)

巨型钢管混凝土柱与巨型支撑节点静力试验及有限元分析研究 …… 刘天波　令狐延　刘光荣　(345)
The Static Force Test and the Finite Element Analysis about Super Giant Steel Concrete Column and
Giant Support Node ………………………… Liu Tianbo　Linghu Yan　Liu Guangrong　(345)

基于压电陶瓷的超高层建筑大尺寸高性能钢管混凝土柱界面粘结性能监测
………………………………………………… 黄　清　许　斌　滕　军　令狐延　(357)
Concrete Quality and Interface Performance Evaluation of High Performance Concrete-filled Steel
Tube Columns Based on Piezoelectric Sensor ……… Huang Qing　Xu Bin　Teng Jun　Linghu Yan　(357)

基于压电陶瓷传感的钢管混凝土柱界面性能监测试验研究 ………… 张　婷　许　斌　宋钢兵　(365)
Interfacial Performance Detection of a Concrete-filled Steel Tube with PZT Actuation and Sensing
Technique ……………………………………………… Zhang Ting　Xu Bin　Song Gangbing　(365)

超大直径灌注桩混凝土施工与测试技术 ………………………… 陈伟东　令狐延　(371)
The Construction and Testing Technology of Big Diameter Cast-in-site Concrete Pile
………………………………………………………………… Chen Weidong　Linghu Yan　(371)

混凝土工程收缩裂缝及其控制 ………………………………………………… 林力勋　(378)
The Shrinkage Crack in Concrete Construction and it's Control ………………… Lin Lixun　(378)

第五部分　工程应用与施工技术

超高性能自密实混凝土的研发及其超高泵送技术
………………………… 叶浩文　冯乃谦　张杰华　顾国荣　徐立斌　余　斌　(385)
The Research of Self-compacting Contrete with Ultra High Performance and it's Pumping Technology
………………… Ye Haowen　Feng Naiqian　Zhang Jiehua　Gu Guorong　Xu Libin　Yu Bin　(385)

宝鸡Ⅱ级粉煤灰的特性及在高强高性能混凝土中应用研究
.... 崔庆怡　陈社生　黄沛增　斯方海　王宝卿（396）
Characteristics of Baoji Level Ⅱ Fly Ash and Applied Research of High-strength High-performance Concrete .... Cui Qingyi　Chen Shesheng　Huang Peizeng　Si Fanghai　Wang Baoqin（396）

深圳京基金融中心工程高性能混凝土综合施工技术
.... 令狐延　冉志伟　郭云来　刘光荣　刘天波　肖云燕　苏国活　黄冠好　林盛新（403）
The Comprehensive Construction Technology of High Property Concrete in Shenzhen Kingkey Finance Center Project .... Linghu Yan　Ran Zhiwei　Guo Yunlai　Liu Guangrong　Liu Tianbo　Xiao Yunyan　Su Guohuo　Huang Guanhao　Lin Shengxin（403）

高强自密实混凝土的试验研究与工程应用 .... 刘利忠　刘明耀　李华军（424）
Research and Engineering Application of High Strength Self-compacting Concrete
.... Liu Lizhong　Liu Mingyao　Li Huajun（424）

大体积混凝土裂缝防治施工技术 .... 李　俊（428）
The Construction Technology of Crack Control of Mass Concrete .... Li Jun（428）

浅议高性能混凝土及其在桥梁工程中的应用 .... 刘建军（433）
The Discussion on High-performance Concrete and Application in Bridge Engineering ... Liu Jianjun（433）

C60钢管自密实混凝土的研究及应用 .... 杨善顺　张　明（437）
The Research and Application of C60 Self-compacting Concrete Filled Steel Tube
.... Yang Shanshun　Zhang Ming（437）

薄壁结构清水混凝土的配制技术与工程应用 ...... 高育欣　王　军　徐芬莲　陈　景　刘　霞（444）
Preparation Technology and Application of Fair-faced Concrete for Thin-walled Structures
.... Gao Yuxin　Wang Jun　Xu Fenlian　Chen Jing　Liu Xia（444）

高强高性能混凝土的可泵性研究 .... 陈宝钢　杨岳锋　朱　捷　康明智（449）
Research of Pumpability for High-strength and High-performance Concrete
.... Chen Baogang　Yang Yuefeng　Zhu Jie　Kang Mingzhi（449）

高性能混凝土泵送压力损失的分析 .... 陈宝钢　戴彬彬　康明智（457）
Analysis of the Pumping Pressure Loss of High-performance Concrete
.... Chen Baogang　Dai Binbin　Kang Mingzhi（457）

超高压泵送设备选型 .... 陈宝钢　徐建华　郝建坤（464）
Selection on Pumping Conveyer for Super-high Rise Building
.... Chen Baogang　Xu Jianhua　Hao Jiankun（464）

高性能混凝土的超高泵送 .... 刘光荣　令狐延　郭云来　刘天波（470）
Pumping Technology of High-performance Concrete
.... Liu Guangrong　Linghu Yan　Guo Yunlai　Liu Tianbo（470）

浅谈无水清洗混凝土泵管技术应用 .... 李长明　银克俭（478）
The Using of Waterless Cleaning Method of Concrete Pumping Pipe ...... Li Changming　Yin Kejian（478）

第六部分　其　他

液压爬升电梯平台在深圳京基金融中心工程中的应用 .... 令狐延　梁　森　李加存（485）
The Use of Hydraulic Climbing Lift Terrace in Shenzhen Kingkey Finance Center Project
.... Linghu Yan　Linghu Sen　Li Jiacun（485）

CRTS Ⅰ型板式无砟轨道CA砂浆材料组成对其性能影响的试验研究
.... 涂玉波　郝挺宇　苏　波　梅名虎　刘俊元（491）

The Study of the Performance Effected by the Contents of CA Mortar for CRTS I Slab Track
········· Tu Yubo　Hao Tingyu　Su Bo　Mei Minghu　Liu Junyuan（491）

地下室支护桩背水面防水排水施工技术
········· 郭云来　令狐延　刘光荣　张磊　刘天波　苏国活　梁森（496）
Construction Technology on Negative Side Waterproofing and Drainage of Supporting Piles in Basement
········· Guo Yunlai　Linghu Yan　Liu Guangrong　Zhang Lei　Liu Tianbo　Su Guohuo　Liang Sen（496）

深圳京基金融中心钢筋工程施工技术 ········· 先海军　令狐延　肖云燕　刘光荣　郭云来（501）
Reinforcement Construction Technology in Shenzhen Kingkey Finance Center Project
········· Xian Haijun　Linghu Yan　Xiao Yunyan　Lin Guangrong　Guo Yunla（501）

深圳京基金融中心核心筒高性能混凝土模板施工技术
········· 姚彪　令狐延　贾文学　肖云燕　庞土生（508）
Formwork Construction Technology of the High-performance Concrete of the Core Tube of Shenzhen Kingkey Finance Center Project
········· Yao Biao　Linghu Yan　Jia Wenxue　Xiao Yunyan　Pang Tusheng（508）

超高层建筑施工测量 ········· 刘光荣　令狐延　郭云来　刘天波（516）
Construction Surveying of Ultra High-rise Building
········· Liu Guangrong　Linghu Yan　Guo Yunlai　Liu Tianbo（516）

超高层钢结构测量控制要点 ········· 林云　陈礼军　吴涛（528）
The Key Points of Construction Surveying Control in Ultra High-rise Steel Structure
········· Lin Yun　Chen Lijun　Wu Tao（528）

格力电器大型工业厂房后张法有粘结预应力施工技术 ········· 袁茂生（534）
The Construction Technology of Post-tensioned Bonded Pre-stressing in Large Industrial Plants of Gree
········· Yuan Maosheng（534）

深圳京基金融中心大面积地下室底板跳仓法施工 ········· 苏国活　梁森（538）
The Alternative Bay Construction Method of Mass Area Soleplate in Shenzhen Kingkey Finance Center
········· Su Guohuo　Liang Sen（538）

在承受次内柱损耗下钢筋混凝土梁板结构中膜的预测分析模型
········· Tan Kanghai　Trieska　Yokhebed　Wahyudi（542）
Analytical Model for Predicting Membrane Actions in RC Beam-slab Structures Subjected to Penultimate-internal Column Loss Scenarios ········· Tan Kanghai　Trieska　Yokhebed　Wahyudi（542）

第一部分

中建四局京基超高性能混凝土课题研究

深圳京基金融中心工程超高性能混凝土的研究

叶浩文

中国建筑第四工程局有限公司,广州,510665

【摘 要】 结合深圳京基金融中心项目超高层钢筋混凝土结构的需要,及国内外高性能、超高性能混凝土的发展情况,中建四局组织相关单位开展了C120超高性能混凝土的研究。其目标是:28d强度要达到125MPa以上,无收缩或微收缩(收缩值1/10000以下),韧性高,抗火性能好,耐久性能优异,施工性能、保塑性能优异,便于超高泵送等。2009年9月研究组正式组建,至今已有一年的时间,现在已全面完成了上述预定目标,这是研究组人员和各参与单位共同努力的结果。

【关键词】 超高性能混凝土;无收缩;高韧性;抗火性能;耐久性能;施工性能;保塑性能;超高泵送

The Research of Ultra-high Performance Concrete in Shenzhen Kingkey Finance Center

Ye Haowen

China Construction Fourth Engineering Division Corp. Ltd., Guangzhou, Guangdong China 510665

【Abstract】 According to the requirement of the construction of reinforced concrete structure in Shenzhen Kingkey Finance Center project, and the development of the high performance concrete and ultra-high performance concreter of China and aboard, China Construction Fourth Engineering Division Corp. Ltd., accompanied with the relevant units, conducted the research of C120 ultra-high performance. The goal of the concrete research is: the strength will not less than 125MPa after 28 days, with no shrinkage or small shrinkage (shrinkage 1/10,000 below), high toughness, good fireproofing performance and durability, excellent workability and plasticity maintaining, and convenience for ultra high pumping. Since the establishment of the research group in 2009, after one year, they have accomplished the scheduled target. This depends on the common effort of the research staff and relevant research units.

【Key words】 ultra-high performance concreter; no shrinkage; high toughness; fireproofing performance; durability; workability; plasticity maintaining; ultra high pumping

1 混凝土强度的研究

以管桩生产常用的金鹰P·O 52.5水泥、花岗岩碎石、水洗海砂,以及自行研发的萘系与氨基磺酸盐系复合的高效减水剂和微珠新材料,配制出了 $W/B=18\%$ 以下的超高性能混凝土,28d强度超过了130MPa,均方差5.56MPa。

表1 混凝土配合比

编号	W/B	水泥	微珠	硅粉	水洗海砂	石子	水	减水剂
801	0.18	500	170	80	700	1000	130	4.0%

表2 混凝土抗压强度

龄期	抗压强度（kN）					
3d	平均值 1000					
7d	平均值 1080					
28d	1360	1358	1371	1322	1388	1434
	1399	1339	1438	1334	1378	1391
	1313	1348	1445	1333	1354	1311
	1304	1232	1423	1366	1275	1332
	1354	1184	1343	1374	1355	1392
	1305	1248	1372	1386	1388	1360
	1135	1365	1173			
	平均值 1350.3					
	均方差 55.65					

注：以上数据均未乘以 0.95 系数。

以表1中801配合比，拌制65L混凝土，成型18组100mm×100mm×100mm试件，选取其中15组试件进行3d、7d、28d抗压强度试验，其强度结果见表2。

剩余3组送至深圳市建设工程质量检测中心进行抗压强度的检测，其强度分别达到标准值105%，103%，105%。说明我们研发的C120混凝土是成功的，匀质性是好的。

2 混凝土的流动性与保塑性的研究

C120超高性能混凝土的 W/B 很低，一般在18%以下，胶凝材料用量大，混凝土的粘性大，国外配制这种混凝土，都采用聚羧酸减水剂。我们研发了萘系与氨基磺酸盐系及载体复合的高效减水剂，配制的C120超高性能混凝土，混凝土拌合物的坍落度大、扩展度大、倒筒流下的时间短，而且保塑时间长，达3h以上，如表3所示。

表3 夏季室内、室外环境下，新拌混凝土工作性能对比

室内	坍落度（mm）	流动度（mm）	倒筒时间（s）	室外	坍落度（mm）	流动度（mm）	倒筒时间（s）
初始	255	590×600	4	初始	255	590×600	4
1h	250	570×545	4.5	1h	240	580×570	5
2h	240	580×570	6	2h	245	550×540	6
3h	215	480×450	11.5	3h	240	480×490	6.5

在室外（30℃），初始坍落度255mm，3h后仍保持240mm；倒筒时间初始为：4s，3h后仍保持6.5s。压力（3MPa）泌水为0能充分保证长距离运输和超高泵送要求。而且无缓凝、强度高、低成本。其中的关键材料是微珠和复合高效减水剂。

3 混凝土的自收缩、早期收缩和长期收缩的研究

3.1 自收缩

自收缩：混凝土与外界没有介质交换的条件下，由于水泥的水化，吸收毛细管中的水分，使毛细管处于自真空状态，这时混凝土产生的收缩，称为自收缩。C120混凝土的自收缩试验结果见表4：

表4 系列试验配合比（复合外加剂、金鹰水泥）

编号	试验类型	水胶比	水泥 (kg/m³)	掺合料 (kg/m³)	砂 (kg/m³)	小石子 (kg/m³)	大石子 (kg/m³)	外加剂
2-1	基准	0.2	500	250	700	300	700	4.0%
2-2	1kg/m³ Grace 纤维	0.2	500	250	700	300	700	4.0%
2-3	2kg/m³ Grace 纤维	0.2	500	250	700	300	700	6.0%
2-4	10% 天然无水石膏	0.2	500	250	700	300	700	4.0%
2-5	10% 硫铝酸盐水泥	0.2	450	250	700	300	700	4.0%
2-6	10% 磨细硫铝酸盐水泥	0.2	450	250	700	300	700	4.0%

自收缩测试：混凝土成型后密封，初凝后测试，3d结果如图1所示。

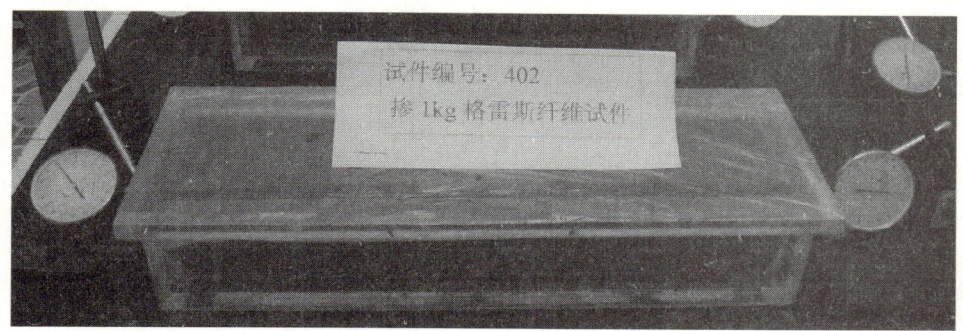

图1 自收缩的测试

表5 超高性能混凝土的自收缩

编 号	类 型	3d自收缩（×10⁻⁶）
2-1	基准	329.9
2-2	1kg/m³ Grace 纤维	181.4
2-3	2kg/m³ Grace 纤维	253.6
2-4	10% 天然无水石膏	99.0
2-5	10% 硫铝酸盐水泥	—
2-6	10% 磨细硫铝酸盐水泥	—

由表5可见，基准混凝土的自收缩最大，使用Grace纤维后，混凝土的自收缩有了明显的减少。天然无水石膏粉掺量的试件，3d自收缩99×10^{-6}，低于万分之一，为基准混凝土的自收缩1/3以下。掺1kg/m³ Grace纤维混凝土的自收缩也较低，为基准混凝土自收缩的1/2左右。

3.2 早期收缩

早期收缩：混凝土浇注成型后，2h后开始测试，至龄期为3d的收缩，如图2所示。

图2 早期收缩的测试

与自收缩的区别是混凝土的试件与环境有介质交换条件下产生的收缩。包括了一部分自收缩，以及一部分早期干燥收缩。

早期收缩的测试结果说明（表6）：基准混凝土、含 1kg/m³ Grace 纤维的混凝土、含 2kg/m³ Grace 纤维的混凝土及含 10% 天然无水石膏粉的混凝土，3d 早期收缩都在同一水平上。而且早期收缩均大于自收缩。以 10% 硫铝酸盐水泥等量取代混凝土中 10% 水泥后，早期不但不发生收缩，反而还产生微膨胀。

表6 超高性能混凝土的早期收缩

编号	类型	3d 早期收缩（×10⁻⁶）
2-1	基准	340.2
2-2	1kg/m³ Grace 纤维	338.1
2-3	2kg/m³ Grace 纤维	482.5
2-4	10% 天然无水石膏	303.1
2-5	10% 硫铝酸盐水泥	膨胀 296.9
2-6	10% 磨细硫铝酸盐水泥	膨胀 59.8

3.3 长期收缩

长期收缩：混凝土长期处于空气中，由于干燥而造成的收缩。本研究测定了两类试件的长期收缩：（1）早期收缩后进行长期收缩测试，其编号分别为：1-1，1-2，2-1，2-2，2-3，2-4，2-5，2-6。（2）自收缩测试后进行长期收缩测试：编号为 1-3，1-4，1-5，1-6。结果如下：

表7 3d 自收缩测试后观测长期收缩结果   ×10⁻⁶

编号	3d	7d	14d	28d	45d	60d
1-3	142.3	237.1	317.5	364.9	356.7	389.7
1-4	327.8	367.0	461.9	449.5	459.8	457.7
1-5	263.9	356.7	470.1	478.4	445.4	389.7
1-6	185.6	233.0	299.0	311.3	321.6	313.4

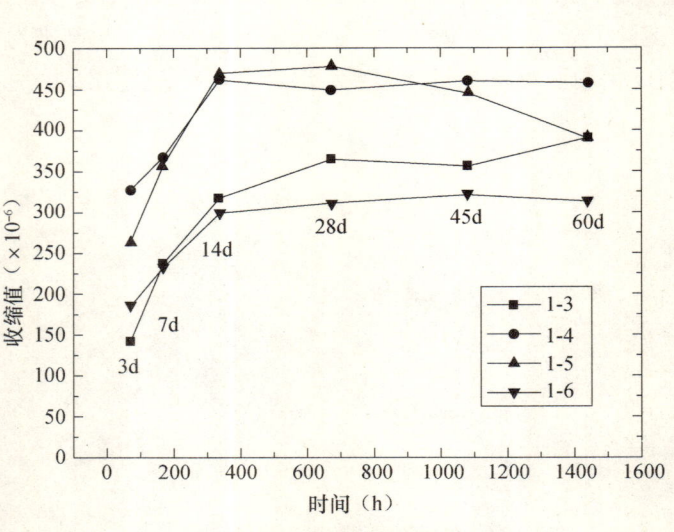

图3 自收缩测试后观测长期收缩

表8　3d 早期收缩测试后观测长期收缩结果　　　　　　　　　　　　×10⁻⁶

编号	3d	7d	14d	28d	45d	60d
1-1	746.4	746.4	800.0	861.9	888.0	896.9
1-2	558.8	604.1	670.1	709.3	655.7	721.6
2-1	340.2	441.2	562.9	630.9	614.4	637.1
2-2	338.1	406.2	492.8	554.6	552.6	567.0
2-3	482.5	562.9	703.1	812.4	866.0	938.1
2-4	303.1	422.7	443.3	476.3	459.8	476.3

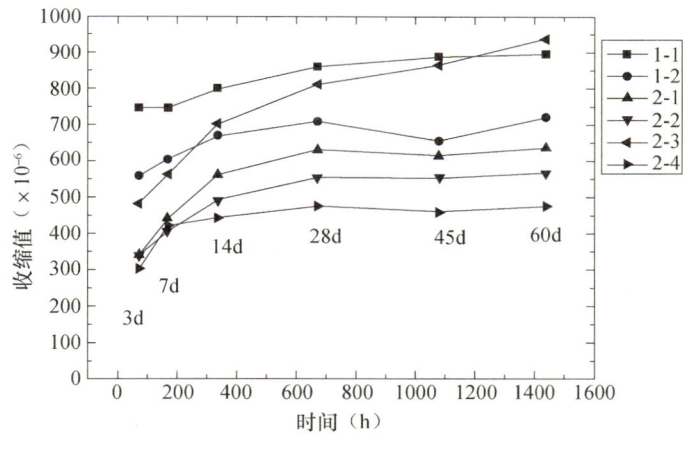

图4　早期收缩测试后观测长期收缩

如表7、表8及图3、图4所示，无论试件是在进行自收缩测试还是早期收缩测试后，其长期收缩的变化都不大，总的来说，大部分试件在进行试验14d后，其收缩变化趋于稳定。但均在万分之一以上。

3.4　掺硫铝酸盐膨胀剂试件的收缩

掺硫铝酸盐膨胀剂试件（编号为2-5、2-6）的收缩情况较其他组都不同，故在此将其收缩膨胀另列为表9，为方便计算，我们将试件的膨胀值用"－"来表示。

表9　磨细与原装硫铝酸盐膨胀剂长期收缩比较（2-5，2-6）

时间＼编号	2-5	2-6	时间＼编号	2-5	2-6
2h	142.3	127.8	48h	-272.2	-55.7
4h	146.4	142.3	52h	-276.3	-55.7
6h	113.4	121.6	56h	-278.4	-53.6
8h	43.3	74.2	60h	-282.5	-55.7
10h	-16.5	43.3	64h	-290.7	-57.7
12h	-80.4	10.3	68h	-272.2	-55.7
14h	-113.4	-2.1	72h	-296.9	-59.8
16h	-150.5	-26.8	4d	-311.3	-51.5
18h	-181.4	-39.2	5d	-354.6	-43.3
20h	-202.1	-45.4	6d	-408.2	-45.4
22h	-212.4	-53.6	7d	-468.0	-35.1
24h	-220.6	-55.7	9d	-711.3	-47.4
28h	-228.9	-59.8	11d	-800.0	-63.9
32h	-249.5	-59.8	14d	-1010.3	-119.6
36h	-239.2	-57.7	20d	-1156.7	-132.0
40h	-245.4	-59.8	28d	-1513.4	-187.6
44h	-261.9	-59.8			

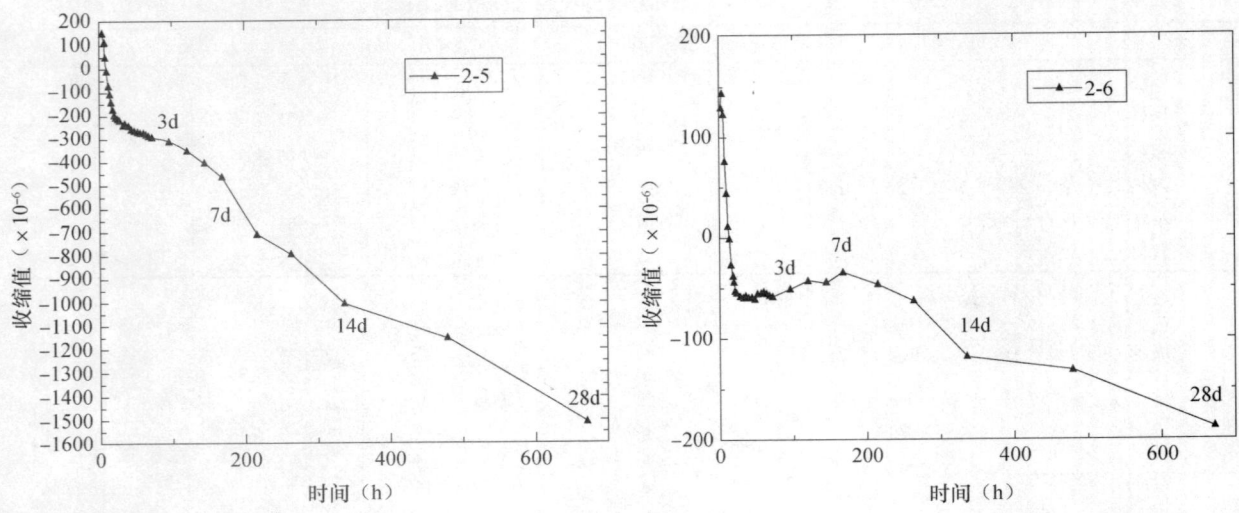

图 5　掺硫铝酸盐膨胀剂的试件的收缩（原状）　　图 6　掺硫铝酸盐膨胀剂的试件的收缩（磨细）

从表9，图5，图6中可以发现，掺硫铝酸盐膨胀剂的试件在28d中仍然处于一个膨胀的过程，不过磨细后的膨胀剂在膨胀值上远低于原状膨胀剂（较粗）。

3.5　结论

（1）水胶比在0.18~0.2的C120超高强高性能混凝土，其自收缩明显，达到 $(190 \sim 330) \times 10^{-6}$。

（2）使用聚丙烯纤维，可以明显地起到抑制混凝土收缩的作用，在本试验中，可以降低40%左右的混凝土自收缩值。

（3）使用天然无水石膏掺入高强高性能混凝土中，可以控制其自收缩在万分之一以下，有利于与钢材构件的结合，但混凝土强度受影响。

（4）使用一定细度的硫铝酸盐水泥做膨胀剂，可以起到微膨胀作用，可控制高强高性能混凝土的早期膨胀值在万分之一以内。

（5）试验中，大部分试件在14~28d的龄期下，收缩变形逐渐稳定，与其早期收缩、自收缩相比较，其后期的收缩变形量较小。

4　提高超高性能混凝土韧性的研究

通过掺入聚丙烯纤维提高超高性能混凝土韧性；混凝土试验配比见表10，四种混凝土断裂参数汇总见表11。

表10　试验配合比

编号	水胶比	水泥 (kg/m³)	掺合料 (kg/m³)	砂 (kg/m³)	小石子 (kg/m³)	大石子 (kg/m³)	聚羧酸外加剂	纤维
1#	0.17	550	150	750	285	665	2.5%	基准试件，无纤维掺入
2#	0.17	550	150	750	285	665	2.5%	Grace 纤维，1kg/m³
3#	0.17	550	150	750	285	665	2.5%	Grace 纤维，2kg/m³
4#	0.17	550	150	750	285	665	2.5%	深圳产短纤维，2kg/m³

每组成型100mm×100mm×400mm带刃口棱柱体试件3条；进行断裂韧性测试，在一定的加荷速率或恒定位移速率下测定抗折强度和裂纹张口位移（图7、图8）。

图7 裂纹张口位移测定

图8 C120超高性能混凝土断裂参数测定

表11 四种混凝土断裂参数汇总

配比	编号	E（GPa）	P_{fc}（N）	P_{max}（N）	σ_c（MPa）	σ_{fc}（MPa）	σ_t（MPa）	σ_f（MPa）	G_f（J/m²）	l_{ch}（cm）
基准	1	51.9	5000	14000	127.0	6.82	6.86	9.07	213.8	23.5
	2		4600	14500	121.0	6.27	—	9.39	—	—
	3		4700	13800	124.0	6.41	—	9.59	—	—
	均值		4767	14100	124.0	6.50	6.86	9.35	213.8	23.5
1kg Grace 纤维	1	52.2	4800	13800	129.0	6.55	6.67	8.94	291.8	33.8
	2		5000	15500	126.0	6.82	7.08	10.04	302.9	27.9
	3		5000	15300	119.2	6.82	—	9.91	—	—
	均值		4933	14867	124.7	6.73	6.88	9.63	297.35	30.9
2kg Grace 纤维	1	52.2	4800	12000	140.8	6.55	6.56	7.78	322.8	39.2
	2		5000	15000	123.6	6.82	—	9.73	—	—
	3		5200	14000	141.4	7.09	7.22	9.08	322.1	33.4
	均值		5000	13667	135.3	6.82	6.89	8.86	322.5	36.3
2kg 深圳纤维	1	52.0	5100	14000	120.0	6.95	6.97	9.07	300.3	30.0
	2		5000	14000	115.0	6.82	6.84	9.07	321.8	30.7
	3		5200	14000	—	7.09	—	9.07	—	—
	均值		5100	14000	118.0	6.95	6.91	9.07	311.1	30.4

注：表中，P_{fc}为开裂荷载；P_{max}为最大荷载；E为弹性模量；σ_c为抗压强度；σ_{fc}开裂强度；σ_t为抗拉强度；σ_f为抗弯强度；G_f为断裂能；l_{ch}为脆性参数；l_{ch}越小，表明混凝土脆性越大。

随着纤维掺量的增加，混凝土的断裂能增大。相同掺量时，纤维种类的不同也使得混凝土的断裂能产生差异。试验中，断裂能的大小为：基准试件＜掺1kg Grace 纤维试件＜掺2kg 深圳纤维试件＜掺2kg Grace 纤维试件。由于掺入纤维，断裂能大幅度提高；脆性参数明显增大，说明超高性能混凝土韧性得到很大的改善。

5 耐火性能的研究与对策

耐火性能的试验采用在线测定的方法，也即是加载、加热和测试观测同时进行。试验试件分别为：基准试件、掺 1kg/m³ 聚丙烯纤维、掺 2kg/m³ 聚丙烯纤维的试件。尺寸分别为：100mm×100mm×300mm、φ100mm×150mm 及 φ100mm×300mm。抗火试验的设备与试件如图9所示。

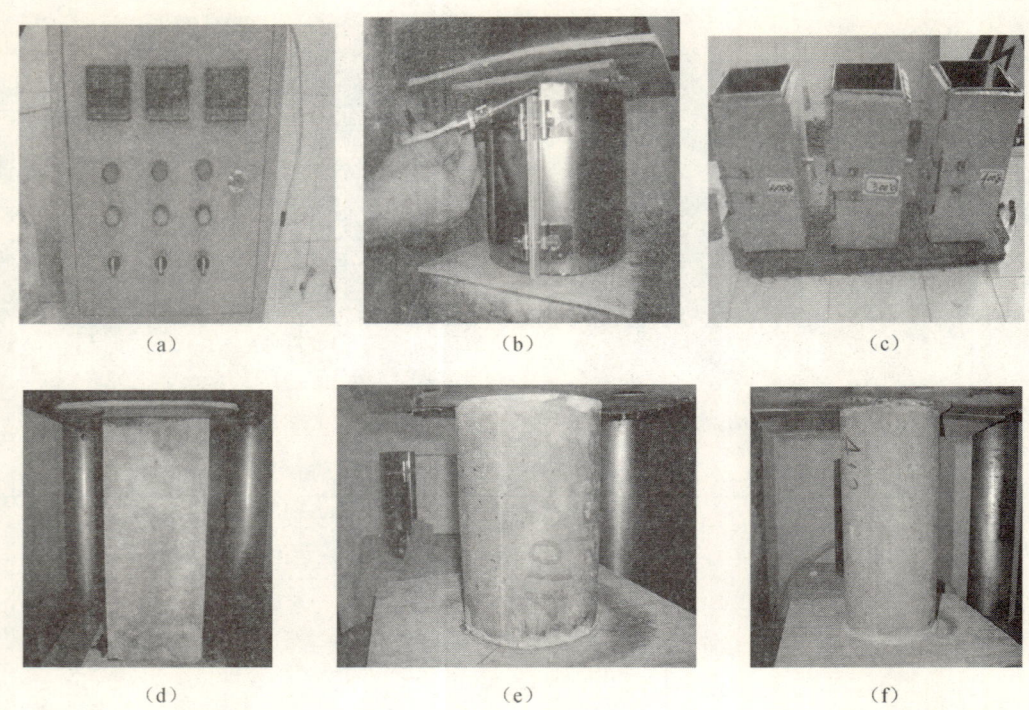

图9 混凝土抗火试验的设备与试件

(a) 控制箱；(b) 圆筒式加热套；(c) 棱柱体加热套

(d) 100mm×100mm×300mm；(e) ϕ100mm×150mm；(f) ϕ100mm×300mm

在线测定：(1) 加载。设计强度的30%作为恒定荷载，作用在试件上；

(2) 加热。通过电热套进行，观测试件在200℃、300℃、400℃三种温度下的变化；

(3) 恒温。在指定温度下恒温30~40min；

(4) 观测。在每一个温度档恒温30~40min时，观测试件爆裂的情况，如图10~图13所示。

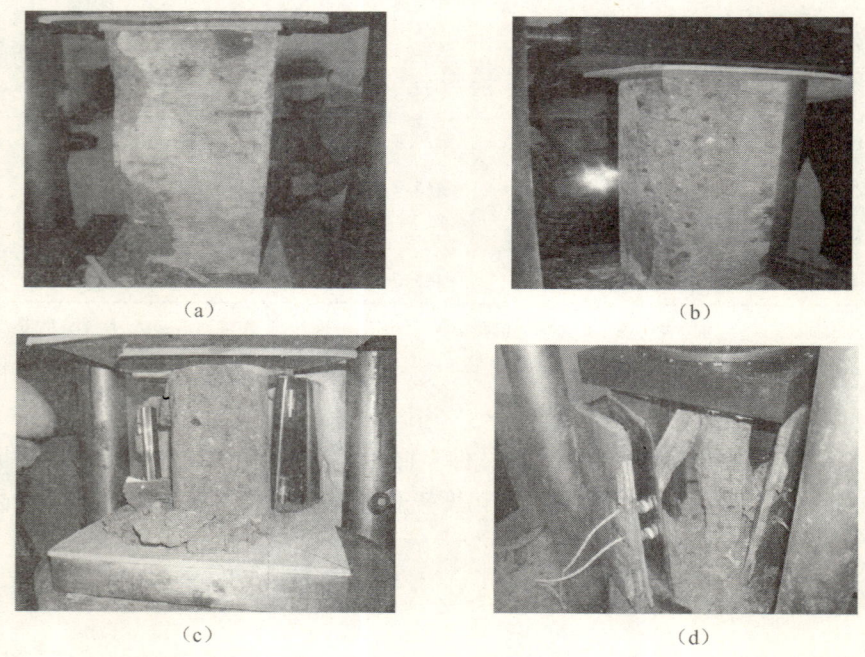

图10 基准试件在恒载作用下不同温度作用的变化

(a) 基准试件200℃恒温恒载；(b) 长方体基准试件300℃恒温恒载；

(c) 圆柱体基准试件300℃恒温恒载；(d) 基准试件400℃恒温恒载

  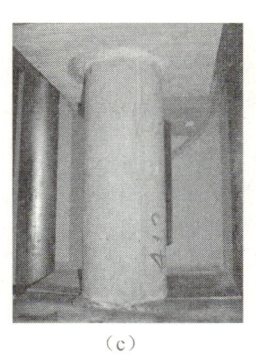 

图11　掺1kg/m³聚丙烯纤维试件在恒载作用下不同温度的变化

(a) 200℃；(b) 300℃；(c) 400℃；(d) 400~500℃

 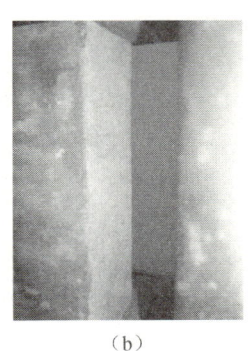 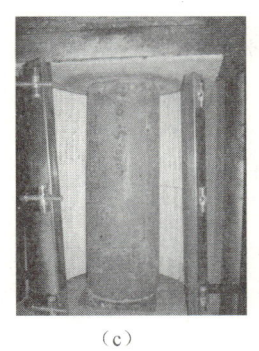 

图12　掺2kg/m³聚丙烯纤维试件在恒载作用下不同温度的变化

(a) 200℃；(b) 300℃；(c) 400℃；(d) 400~500℃

图13　钢筋混凝土试件在恒载作用下不同温度的变化

(a) 300℃恒温恒载作用下钢筋混凝土ϕ100mm×150mm试件；(b) 300℃恒温恒载作用下钢筋混凝土ϕ100mm×300mm试件

试验小结

（1）高强高性能混凝土受热温度越高，发生的爆裂次数越多、越严重；试件表面裂缝宽度增大、裂纹条数增多，最终发生爆炸，造成试件大面积剥落，以致无法继续承受荷载。

（2）在同等条件下，钢筋高强高性能混凝土试件的受损情况较基准混凝土试件严重，这主要是由于钢筋本身的受热膨胀所造成的。因为基准混凝土试件在高温条件下，只受自身热胀产生的应力影响而出现爆裂现象；而钢筋混凝土试件除了受自身热胀的影响外，还要承受钢筋热胀产生的应力，因此出现的爆裂更加频繁、更加严重。

（3）掺入一定量的聚丙烯纤维，可以明显改善混凝土的高温（火灾）性能。掺入聚丙烯纤维的试件，在整个加热及恒温过程中，聚丙烯纤维受热到一定温度后会逐渐融化，导致试件中的毛细管数量增多,为试件中的水分及蒸汽提供了逸散的通道,也为混凝土自身受热产生的膨胀应力及热量的传导提供了一定的空间,使得混凝土产生爆裂的可能性降低,最终保证混凝土试件在遭受高温(火灾)后整体上仍然比较完整。

(4)蒸汽压机理是指高温(火灾)下高性能混凝土体内所含水分受热蒸发成水蒸气。水蒸气在混凝土内部产生了蒸汽压,当这种蒸汽压达到一定数值时,即引发了爆裂。而混凝土中掺入的纤维,在高温(火灾)下即会融化,成为混凝土内部水分及热气的排出管道,可减少混凝土的爆裂发生。

6 结论

(1)本项研究的成果是采用普通混凝土生产时所用的原材料配制而成的,如早强型或普通型的52.5水泥,纳米微珠及硅粉,粒径5~20mm的花岗岩碎石,细度模数2.6~2.8、级配合格的河砂或水洗海砂,萘系与氨基磺酸盐系复合的减水剂等原材料。

(2)这次采用的原材料中,有两种独具特色的新材料:①微珠:燃煤电厂排放烟雾中回收的烟尘平均粒径≤1μm,是一种球状玻璃珠。具有减水效应、增强效应及耐久性效应,是一种当前国内独有的工业废弃物。②萘系与氨基磺酸盐系复合的减水剂,具有减水率高、保塑性好和增强作用。

(3)C120混凝土的平均强度可达135MPa,均方差5.5MPa,说明研究的混凝土匀质性很好。

混凝土的坍落度240~250mm、扩展度500~600mm、倒筒时间5~6.5s,保塑3h以上,且无泌水和缓凝,说明该种混凝土的施工性、可泵性优良。

(4)关于C120混凝土的自收缩、早期收缩及长龄期收缩,检测结果如下:

类 型	早期收缩($\times 10^{-4}$)	自收缩($\times 10^{-4}$)	60d 收缩($\times 10^{-4}$)
2-1(基准)	3.4	3.3	6.37
2-2(1kg纤)	3.38	1.84	5.67
2-3(2kg纤)	2.54	4.82	9.3

基准混凝土、含1kg纤维与含2kg纤维的混凝土,其早期收缩、自收缩及60d收缩均超过了万分之一。使用一定细度的硫铝酸盐水泥膨胀剂,可以起到微膨胀作用,控制高强高性能混凝土的收缩值在万分之一以内,或具有微膨胀性能。

(5)掺入聚丙烯纤维能提高超高性能混凝土韧性

类 型	G_f 为断裂能(J/m^2)	l_{ch} 为脆性参数(cm)
基 准	213.8	23.5
1kg纤	297.35	30.9
2kg纤	322.5	36.5

由此可见,掺入聚丙烯纤维可有效地提高超高性能混凝土韧性。

(6)提高超高性能混凝土的抗火性能

如第5节所述,配筋的超高性能混凝土是不耐火的,在300℃恒温恒载作用下,混凝土发生爆裂,失去承载能力。掺1~2kg/m³聚丙烯纤维试件,在恒载作用、不同温度下恒温30mim,基本上没有裂缝发生。掺入聚丙烯纤维可有效地提高超高性能混凝土韧性的同时,还有效地提高抗火性能。

因此,要达到高性能、超高性能混凝土,并具有无收缩、高韧性及抗火性,除了常用的配制材料以外,还需掺入聚丙烯纤维及硫铝酸盐水泥膨胀剂。

(7)在广州西塔工程项目C100高性能混凝土及京基大厦C120超高性能混凝土研究的基础上,结合正强管桩厂的C80高强混凝土管桩生产,采用超细粉及符合高效减水剂配料,管桩混凝土经85℃恒温4~5h,强度可达100~110MPa,免除了原管桩生产的高压蒸养,成本可节省2~3元/m。高性能、超高性能混凝土的研发和应用,促进了混凝土制品生产技术的发展。

深圳京基金融中心工程 C120 混凝土配制研究

中建四局课题组

【摘　要】 结合深圳地方材料的特点，采用掺加高效减水剂和超细矿物掺合料的技术路线，用深圳本地的水洗海砂为细骨料配制 C120 高强高性能混凝土。试验中研究了水胶比、胶凝材料用量、砂率以及矿物掺合料比例四种因素对混凝土强度的影响，以及通过改变外加剂种类、掺量，纤维种类、掺量对混凝土工作性能和强度的影响。

【关键词】 C120；高强高性能混凝土；水洗海砂；复合超细矿物掺合料

The Research of C120 Ultra-high Performance Concrete of Shenzhen Kingkey Finance Center Project

Research Group of China Construction Fourth Engineering Division Corp., Ltd

【Abstract】 Based on the characteristics of Shenzhen local materials, the research group of C120 concrete used the technical route of using high efficient water reducing additive and ultrafine mineral admixture, they used local washing sea-sand of Shenzhen as the small aggregate to mix C120 high strength and high-performance concrete. They researched the effect on strength which caused by water-cement ratio, glued material consumption, sand ratio and the mineral admixture proportion. They also studied the effect on it by using different kinds and ratio of additives, and different kinds and ratio of polypropylene fibers.

【Key words】 C120; high strength and high-performance concrete; washing sea-sand; compound ultrafine mineral admixture

1　引言

混凝土是人类最大宗的建筑结构材料，其发展可以划分为低强低耐久混凝土、高强混凝土和高性能混凝土三个阶段。从我国目前的生产力发展水平、混凝土配制技术、施工性能、设计和使用要求、施工机械及操作水平来看，目前正处于高强高性能混凝土的配制和使用阶段，这一时期还将经历很长一段时间。因此，充分利用地方资源，研究优质实用的高强高性能混凝土配制技术，全面提高混凝土生产和使用水平，是建材行业可持续发展的必然举措[1]。

高强高性能混凝土的研究与应用是混凝土材料科学领域的重要分支。近年随着中国基础建设的蓬勃发展，建筑技术水平的提高，对混凝土性能提出了更高的要求；同时新型高性能外加剂的问世，矿物掺合料的成熟应用给配制高强高性能混凝土提供了技术保障[2]。

项目研究以中国建筑第四工程局承建的深圳京基大厦为工程依托，结合深圳地方材料的特点，采用掺入高效减水剂 + 超细矿物掺合料的技术路线，使用深圳水洗海砂为细骨料配制 120MPa 的高强混凝土。通过对水胶比、水泥用量和砂率等影响混凝土强度和工作性能的因素的分析，确定出混凝土的配合比。

2 试验

2.1 原材料

（1）胶凝材料

①水泥：广州金羊 P·Ⅱ52.5R 水泥；
　　　　南京小野田 P·Ⅱ52.5 水泥；
　　　　广州金鹰 P·Ⅱ52.5R 水泥。
②矿渣：广东江门矿粉，比表面积为 $8500cm^2/g$；
③粉煤灰：昆明超细粉煤灰，比表面积为 $12000cm^2/g$；
④硅灰：遵义埃肯硅灰，比表面积为 $200000cm^2/g$；
其中矿渣、粉煤灰和硅灰在胶凝材料中作为超细矿物掺合料。

（2）骨料

①粗骨料：深圳平湖芙蓉石场碎石，最大粒径 20mm，5~10mm 粒级和 10~20mm 粒级配合使用；
②细骨料：深圳水洗海砂，Cl^- 含量 ≤0.01%，细度模数 $M=2.8$，中砂。

（3）外加剂

佛山巴斯夫聚羧酸减水剂，固含量 20%、40%；
广东某厂生产的氨基减水剂，固含量 40%；
上海巴斯夫萘系减水剂，固含量 40%。

（4）水：试验用水为城市自来水。

（5）聚丙烯纤维：格雷斯 19mm 长纤维，利建混凝土公司提供深圳产短纤维。

（6）超细粉体：广东产天然超细沸石粉。

2.2 试验方法

①混凝土搅拌：原材料按配合比要求称量后，按以下搅拌制度进行搅拌：先将胶凝材料和海砂在搅拌机中搅拌 1min，然后加水及外加剂搅拌 2min，最后再投入粗骨料搅拌 1min 即可出料。对于特别粘稠的混凝土拌合物，加入粗骨料后搅拌时间可适当延长 1min。

②流动度测试：包括混凝土拌合物的坍落度和扩展度测试。在混凝土拌合物出料后，按照《普通混凝土拌合物性能试验方法标准》GB/T50080—2002 测试其坍落度和扩展度。

③倒筒时间测试：将坍落度筒倒置，装满混凝土并抹平，迅速提起坍落度筒，筒底部离地面 50cm，用秒表计量混凝土流空的时间。

④成型：测试完新拌混凝土性能后，混凝土装模、振动成型，并进行插捣，保证混凝土试件的密实性。

⑤养护：成型后的混凝土试件在终凝后脱模，移至标准养护室中［温度（20±2）℃］浸入饱和氢氧化钙溶液养护。

⑥强度测试：养护至规定龄期后，将试件从养护室中取出，待表面干燥后按照《普通混凝土力学性能试验方法标准》GB/T 50081—2002 进行强度测试。抗压强度试件尺寸为 100mm×100mm×100mm 立方体，所有强度数据均未考虑尺寸效应系数。

3 水胶比、砂率、硅灰掺量、矿物掺合料四因素对混凝土影响

试验中以单因素试验的方法分别研究了水胶比、砂率、硅灰掺量及矿物掺合料总用量四种因素对混凝土工作性能及强度的影响。混凝土具体配合比和试验结果见表 1。

表1 高强混凝土制备试验结果

编号	水泥 (kg/m³)	粉煤灰 (kg/m³)	硅灰 (kg/m³)	矿渣 (kg/m³)	海砂 (kg/m³)	碎石 (kg/m³)	水 (kg/m³)	外加剂 (%)	坍落度 (mm)	扩展度 (mm)	倒筒时间 (s)	28d强度 (MPa)
1#	450	140	40	70	750	950	168	2.0	275	700	5.0	113.8
2#	450	140	40	70	750	950	154	2.0	275	715	5.2	116.0
3#	450	140	40	70	750	950	140	2.4	255	570	6.3	120.2
4#	450	140	40	70	750	950	126	2.5	260	625	8.0	126.5
5#	450	140	40	70	650	1050	140	2.2	265	585	11.3	116.0
6#	450	140	40	70	700	1000	140	2.2	255	595	12.8	113.1
7#	450	140	40	70	750	950	140	2.2	250	570	8.0	108.1
8#	450	140	40	70	800	900	140	2.2	265	595	5.0	110.1
9#	450	100	50	100	750	950	140	2.2	255	570	7.6	116.1
10#	450	140	40	70	750	950	140	2.2	255	595	7.9	118.0
11#	450	180	30	40	750	950	140	2.2	245	590	7.0	114.5
12#	450	220	0	30	750	950	140	2.2	265	650	8.7	101.8
13#	400	168	48	84	750	950	122	2.2	235	475	12.5	128.2
14#	450	140	40	70	750	950	122	2.2	220	400	>20	132.0
15#	500	112	32	56	750	950	122	2.2	220	390	>20	121.9
16#	550	84	24	42	750	950	122	2.2	230	400	>20	135.2

3.1 水胶比的影响

水胶比是影响混凝土各项性能的最主要因素。混凝土的强度受控于水胶比，在充分密实条件下，水胶比越低，水泥石越密实，混凝土强度越高。根据蒲心诚等人的研究结果，水胶比仍是控制超高强高性能混凝土强度的关键因素，当水胶比为0.20时，可以制得28d抗压强度>120MPa的混凝土[3]。试验时选取水胶比范围为0.18~0.24，研究在此范围内混凝土强度的变化。试验时，在确定混凝土胶凝材料、用水量和砂率后，外加剂掺量以混凝土拌合物出料时坍落度达到250~280mm时的用量为准。试验中研究了0.18、0.20、0.22和0.24四个水胶比条件下混凝土强度及强度的发展情况（表1中1#~4#），试验结果见表1和图1。从

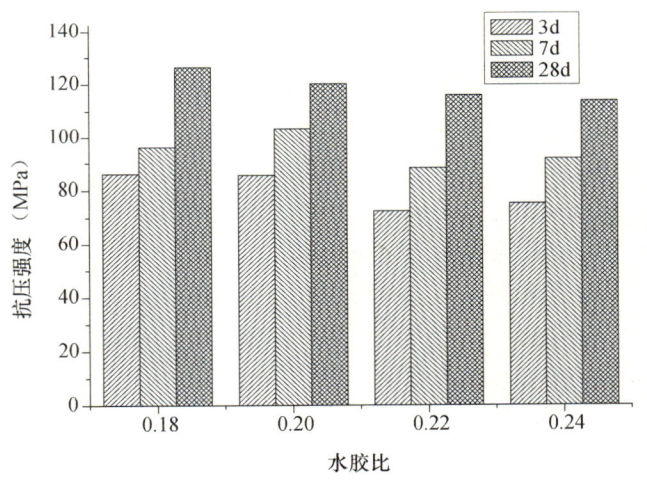

图1 水胶比对混凝土强度的影响

图1可以看出，不论是早期强度还是28d强度，混凝土强度都随着水胶比的减少而增加。这是因为随着水胶比的降低，水泥石变得更加密实，提高了混凝土强度。混凝土早期强度发展较快，3d强度可以达到70~80MPa。当水胶比≤0.20时，混凝土28d强度可以达到120MPa以上。

3.2 砂率影响

根据蒲心诚等人的研究结果，在配制100~150MPa的高强高性能混凝土时，存在着最佳砂率。当采用中砂时，最佳砂率为40%，过高或过低的砂率都导致流动性和强度的降低。特别是对胶结材用量

大，而水胶比又低时，砂率对流动性的影响更大[3]。

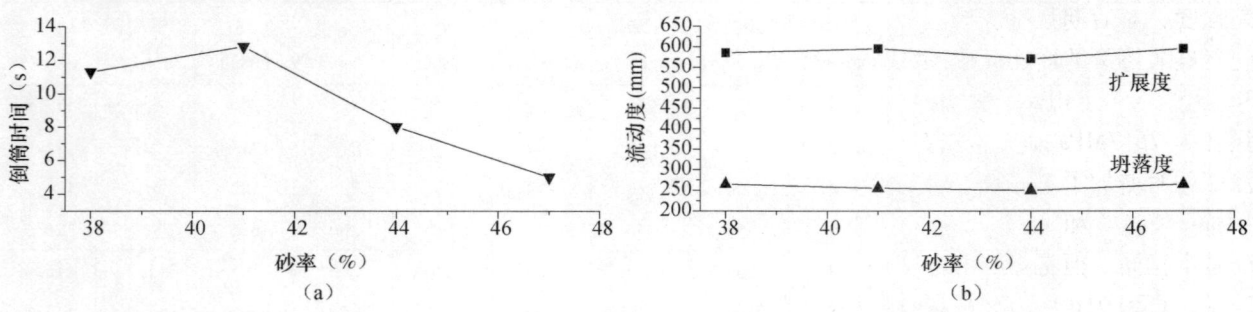

图2 砂率对混凝土工作性能的影响

试验中研究了38%、41%、44%、47%四个水洗海砂的砂率对混凝土工作性能和强度的影响（表1中5#～8#），试验结果见表1、图2和图3所示。

在试验中发现，当倒筒时间超过15s以后，混凝土拌合物粘性较大，流动性不好，不易成型。从图2和图3可知，砂率的变化对混凝土坍落度和扩展度影响不大，坍落度在250～256mm之间，扩展度在570～595mm之间变化；砂率对混凝土的粘性影响较大，当砂率为41%时，倒筒时间12.8s最大；随着砂率的增加，混凝土强度（28d和91d）随之降低。试验结果说明采用普通混凝土的测试方法测混凝土的坍落度和扩展度已

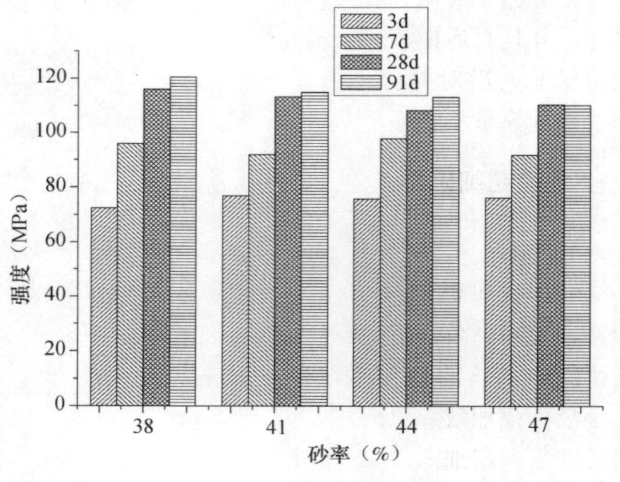

图3 砂率对混凝土强度的影响

经不能客观地评价120MPa以上的高强混凝土的工作性能，倒筒时间的测试可以为这种高强混凝土的工作性能提供参考。

出现以上现象的原因是因为随着砂率的增加，混凝土中骨料的比表面积和孔隙率都随之增大，相对地水泥浆就显得少了，减弱了水泥浆的润滑作用，因此混凝土拌合物的粘性降低，混凝土强度也随着混凝土孔隙率的增大而降低。

根据逄鲁峰等人的研究，在配制高性能混凝土时，控制倒筒的流下时间在8～15s时，可使混凝土具有良好的粘聚性、保水性、流动性[4]。从混凝土的工作性能和强度考虑，用海砂配制的高强混凝土砂率应在38%～41%之间。

3.3 硅灰掺量的影响

当前，用于配制高性能混凝土的矿物掺合料中，硅灰由于其比表面积巨大，无定形程度高，活性SiO_2含量高达90%以上，因此其活性最高，在配制高强高性能混凝土时其适宜掺量在10%左右[5]。根据东南大学的刘建忠等人的研究，随着硅灰掺量的增加，低水胶比（0.24）混凝土的干缩略有增大，而自收缩值却增大得非常明显，硅灰替代10%和20%水泥时，混凝土的最终自收缩值分别增加了16.6%和55.6%。硅灰不仅加大了混凝土的自收缩，而且还加快了自收缩的发展速度。自收缩在所测试的干缩中所占的比重随着硅灰掺量的增加逐渐增大[6]。

综合硅灰成本和对混凝土自收缩的影响，同时考虑本研究中粉煤灰和矿渣都是超细矿物掺合料，比表面积较大，可以替代部分硅灰，试验时确定硅灰掺量控制在胶凝材料总用量的0～8%之间，研究硅灰不同掺量对混凝土性能的影响（表1中9#～12#），试验结果见表1及图4所示。

从试验结果可知,硅灰主要影响混凝土的早期强度,对后期强度影响不大:混凝土早期强度随着硅灰掺量的增加而增加,未掺硅灰的混凝土3d强度为58.4MPa,掺加7.1%硅灰的混凝土3d强度为76.7MPa,强度相对增加了31.3%,7d强度相对增加了14.7%;经过28d龄期后,掺加4.3%、5.1%和7.1%三种硅灰掺量的混凝土强度基本相同,但是未掺有硅灰的混凝土强度仍然偏低,直到91d后其强度才达到掺有硅灰的混凝土强度。

试验结果表明,硅灰可以提高混凝土的早期强度,并且对后期强度无明显影响。但考虑到硅灰掺量增大后对混凝土收缩可能造成的不利影响,硅灰掺量不宜超过7.1%。

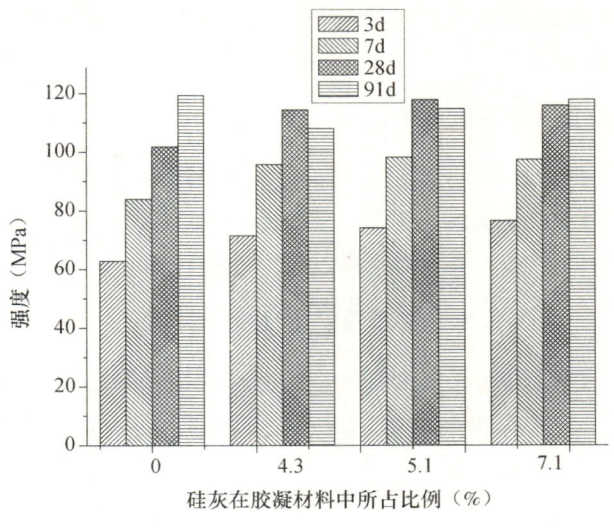

图4 硅灰对混凝土强度的影响

3.4 复合超细矿物掺合料掺量的影响

陈友治在研究中提到:高强与超高强混凝土常用的掺合料有硅灰、超细矿渣以及粉煤灰等。超细矿渣的比表面积在8000~10000cm^2/g,在混凝土中置换率一般为20%~40%;粉煤灰掺量一般为10%~30%;高强与超高强混凝土常采用"双掺"或"多掺"矿物掺合料的方法,如同时以20%的超细矿渣和10%的硅灰置换等量的水泥,混凝土56d抗压强度达140MPa[1]。

根据叠加效应原理,研究中用矿渣、粉煤灰和硅灰三种掺合料进行复合,试验中研究了21%~43%的复合超细矿物掺合料(其中矿渣、粉煤灰和硅灰的比例保持不变)掺量对混凝土工作性能和强度的影响(表1中13#~16#),试验结果见图5和图6所示。

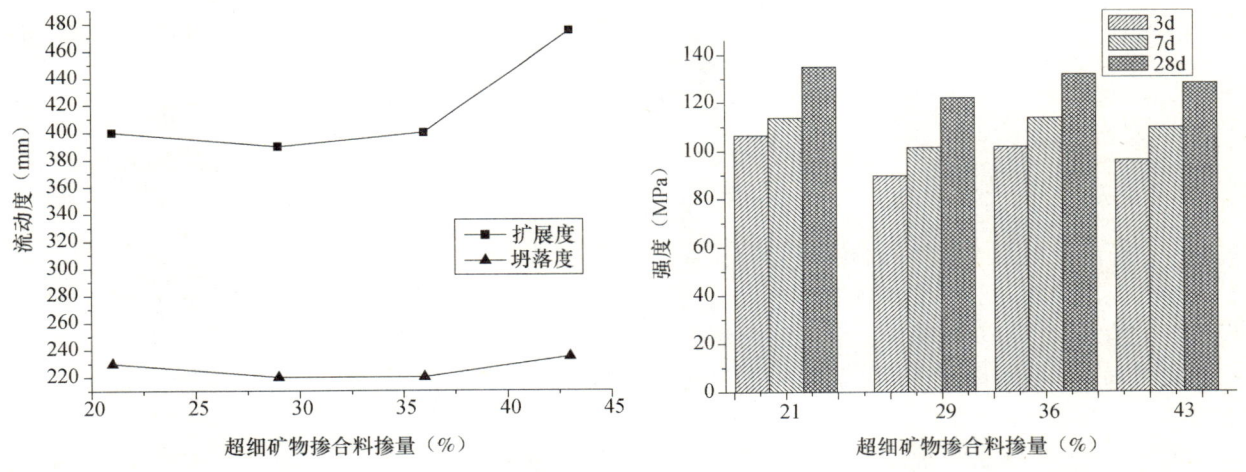

图5 复合超细矿物掺合料对混凝土工作性能的影响　　图6 超细矿物掺合物对混凝土强度的影响

从图5及表1可知,复合矿物掺合料掺量在21%~36%时,其掺量的改变对混凝土拌合物的工作性能改善不大;当掺量提高到43%以后,混凝土拌合物工作性得到明显改善:坍落度与掺29%的相比增加了15mm,扩展度增加了85mm,混凝土的倒筒时间也从20s减少到12.5s。

从图6分析,3d时掺合料掺量为21%时(表1中16#)配制的混凝土强度最高,到28d后强度最高的是14#(掺合料掺量36%)和16#(掺合料掺量21%)两组混凝土。这是由于混凝土早期强度主要来自于水泥的水化,掺合料掺量低时,水泥掺量高,则混凝土早期强度较高。养护到28d后,随着掺合料不断水化以及掺合料的叠加效应,掺加36%和43%掺合料的混凝土强度已接近掺加21%掺合料的混凝土强度。因此，从混凝土的工作性能和强度进行考虑，复合超细矿物掺合料掺量应在36%以上。

4 复掺纤维、改性外加剂对混凝土的影响

在通过单因素试验对四种材料因素对混凝土的工作性能、强度方面的影响进行了研究后，又通过复掺纤维的方式来提高混凝土的强度，以及通过改变外加剂的种类，使用带载体流化剂技术的复合外加剂，来进行混凝土的配制。

4.1 掺聚丙烯纤维对混凝土强度的影响

在16#配合比的基础上，我们使用两种不同的聚丙烯纤维引入混凝土中，并设计了两种掺量。试验中使用40%固含量的聚羧酸减水剂。混凝土中纤维含量分别为1kg/m³及2kg/m³。试验配合比与混凝土28d强度可见表2中17#、18#、19#配合比。

表2 超高性能混凝土制备试验结果

编号	水泥 (kg/m³)	微珠 (kg/m³)	硅灰 (kg/m³)	矿渣 (kg/m³)	海砂 (kg/m³)	碎石 (kg/m³)	水 (kg/m³)	外加剂类型	外加剂 (%)	备注	28d强度 (MPa)
17#	550	84	24	42	750	950	122	聚羧酸外加剂	1.50	掺纤维1kg/m³	144.9
18#	550	84	24	42	750	950	122	聚羧酸外加剂	2.25	掺纤维2kg/m³	126.0
19#	550	84	24	42	750	950	122	聚羧酸外加剂	2.25	掺短纤维2kg/m³	104.9
20#	500	100	50	0	750	1000	130	萘系外加剂	3.00	—	124.8
21#	500	170	80	0	700	1000	140	复合外加剂	3.2	—	140.3
22#	500	170	80	0	700	1000	140	复合外加剂	4.0	—	133.1
23#	500	200	50	0	700	1000	140	复合外加剂	3.5	—	121
24#	500	170	80	0	700	1000	120	复合外加剂	4.0	—	134.6

17#配合比以1kg/m³长纤维用量的情况下掺入混凝土中，混凝土试件28d单组抗压强度达到了144MPa，较未掺入纤维的16#配合比有了很大的提高，说明了这种分散性能好的纤维在掺入混凝土后，不仅可以提高混凝土的韧性，亦可以提高混凝土的强度。18#配合比以2kg/m³长纤维用量的情况下掺入混凝土，试件的28d强度没有得到提高，在纤维对混凝土强度的影响研究中，有专家学者提出过越高的纤维掺量能够越多地提高混凝土的强度，但在试验中，由于纤维含量的增加导致外加剂掺量也进行了调整，影响到了混凝土的强度。19#配合比中使用的深圳产某品牌的短纤维，在掺入混凝土后，不能均匀地分散，影响到了混凝土的强度。不同种类、掺量的聚丙烯纤维对混凝土强度的影响如图7所示。

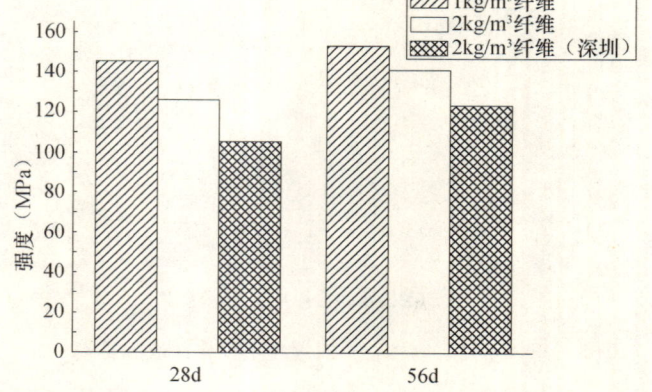

图7 不同种类、掺量的聚丙烯纤维对混凝土强度的影响

4.2 复合外加剂对混凝土强度的影响

科研小组曾使用萘系外加剂进行了一次试验（见表2中20#配合比），单一使用萘系外加剂的新拌混凝土的坍落度只有110mm，混凝土非常粘，工作性能差。聚羧酸外加剂是常用的超高性能混凝土用高性能外加剂，在研究中，也可以通过使用高性能聚羧酸外加剂得到不错的强度，但是部分配合比在

进行坍损试验时，出现了 2h 混凝土坍落度损失较大，亦或加大外加剂掺量获得好的工作性能时又产生混凝土缓凝等矛盾。

科研小组在冯乃谦老师的指导下，复配萘系、氨基外加剂及天然超细沸石粉的复合外加剂，以尝试使混凝土可以得到高强度、更好的工作性能，同时亦不会造成过度的缓凝。

试验中研究了复合外加剂在不同掺量下对混凝土工作性能、强度的影响（表 2 中 21#，22#，23#）。通过试验，这 3 组配合比在 3~4h 内都可以保持较高的工作性能，如表 3 所示。

表 3 使用复合外加剂的配合比新拌混凝土工作性能与 28d 强度

编 号	时 间	坍落度（mm）	流动度（mm）	倒筒时间（s）
21#	初始	270	680×700	5
	1h	260	640×700	7
	2h	230	590×590	9
	3h	225	540×560	12
22#	初始	260	660×690	4
	1h	250	660×659	5
	2h	245	650×650	7
	3h	255	670×620	5
23#	初始	265	710×740	4
	3h	265	670×710	5
	4h	260	670×730	7

与此同时，我们选择了工作性能最好的 23#配合比，成型了 20 组试件，用于验证其强度的离散性。21#、22#配合比在 28d 单组试件抗压强度达到了 140MPa、133MPa。

5　混凝土强度离散性试验

试验中，科研小组已经对强度达到较为理想或者工作性能很好的配合比进行过重复性试验，以验证所配制的混凝土强度的离散性。

5.1　使用聚羧酸外加剂强度较好的 16#配合比（表 4）

表 4 16#配合比 28d 强度离散性试验数据表　　　　　　　　　　　（kN）

强 度								
1183	1097	1133	1091	1129	1283	1147	1240	1266
1248	1132	1109	1184	1121	1027	1055	1154	1299
1094	1250	1083	1088	1158	1117	1059	1328	1123
1130	1164	1302	1066	1277	1203	1185	1135	1081
1189	1171	1115	1208	1161	1090	1093	1227	1170
1162	1182	1106	1123	1121	1086	1097	1119	1249
1173	1085	1199	1174	1084	1126	1132	1128	1208
平均值		1154.3			均方差		67.8	

16#配比在进行重复性试验时，发现其平均值较低，均方差也比较大。

5.2 使用复合外加剂工作性能、保塑性能最好的23#配和比（表5）

表5 23#配合比28d强度离散性试验数据表　　　　　　　　　　　　（kN）

强　度								
1283	1113	1238	1154	1373	1231	1129	1257	1210
1238	1283	1334	1153	1293	1279	1191	1254	1131
1274	1271	1250	1149	1221	1327	1259	1236	1265
1210	1163	1304	1158	1282	1233	1180	1113	
1131	1116	1252	1287	1192	1164	1230	1093	
1265	1169	1296	999	1291	1158	1236	1283	
平均值			1219.6			均方差	73.3	

23#的强度虽然较16#配比有所增加，但是均方差为7.3MPa，强度的不稳定性有所增加。几乎所有试件都是偏心受压（图8）。使用的模具多为老旧的铁制模具及部分塑料模具，这些模具所成型的高强度试件，尺寸上存在偏差，影响了强度和试验的准确性。

图8 偏心受压试件

5.3 试验复合外加剂的24#配合比

鉴于23#配合比强度试验的不均匀性以及认识到模具对C120超高性能混凝土的试验有很大的影响，科研小组特别购置了15组新铁模具来进行强度离散性试验，并在22#、23#配合比的基础上，将水胶比调整到了0.18，外加剂掺量调整到4%（见表2的24#配合比），成型了18组试件。3d、7d龄期时各试验了一组，28d龄期时抽取了13组试件进行试验。试验数据见表6所示：

表6 24#配合比28d强度离散性试验数据表　　　　　　　　　　　　（kN）

强　度						
1360	1358	1371	1322	1388	1434	1135
1399	1339	1438	1334	1378	1391	1365
1313	1348	1445	1333	1354	1311	1173
1304	1232	1423	1366	1275	1332	
1354	1184	1343	1374	1355	1392	
1305	1248	1372	1386	1388	1360	
强度平均值		1350.3			均方差	55.7

从表6的强度离散性试验结果上看，本批次混凝土强度平均值达到了135MPa，均方差为5.6MPa，强度波动较小，混凝土强度较为理想。

6 结论

（1）混凝土强度随着水胶比的降低而增加，当水胶比≤0.20时，混凝土28d强度可以达到120MPa以上。

（2）水洗海砂配制的混凝土砂率在38%~41%之间时，混凝土强度和工作性能都比较好，混凝土拌合物倒筒时间可以控制在15s以内。

（3）结合硅灰掺量对混凝土早期强度和后期强度的影响，当硅灰掺量在7.1%左右时可以提高混凝土早期强度，而且不会对其后期强度产生影响。

（4）复合超细矿物掺合料掺量在36%以上时，既能改善混凝土的工作性能，又不会影响混凝土后期强度的发展。

（5）一定掺量的聚丙烯纤维，不仅可以提高混凝土的韧性，还能够提高混凝土强度，但其前提是纤维的分散性要好，能够均匀地进入到混凝土结构中，否则会聚集成团而影响到混凝土的强度。

（6）使用聚羧酸系列外加剂，特别是复合的外加剂都可以配制出强度等级在C120的超高性能混凝土。

（7）超高性能混凝土抗压试验时，试件受压面尺寸的偏差影响较大。一般三联塑料模上口大，下口小，抗压试验时大约有10%的强度波动，故后来都改用了三联铁模，并在抗压试验前，先找平试件的受压面。

（8）压力机吨位及刚度等，对受压结果也有影响，同一批试件，在不同龄期时的抗压试验，必须在同一台压力机上进行试验，才有可比性。

参考文献

[1] 陈友治. 高强与超高强混凝土配制技术 [J]. 建材技术与应用, 2001 (01): 8~10.
[2] 吴德龙, 吴慧华. C80~C100高强泵送混凝土的研制. 中国混凝土网, 2009年8月, 网址: http://www.cnrmc.com/news/list.
[3] 蒲心诚, 严吴南. 100~150MPa超高强高性能混凝土的强度与流动性影响因素研究 [J]. 混凝土, 1999 (01): 8~15.
[4] 逄鲁峰, 李志明, 赵中和, 刘家昌. 免振捣高性能混凝土配合比试验研究 [J]. 混凝土, 1999 (04): 14~23.
[5] 蒲心诚. 超高强高性能混凝土（原理·配制·结构·性能·应用）[M]. 重庆: 重庆大学出版社. 2004: 73~74.
[6] 刘建忠, 孙伟, 缪昌文, 刘加平. 矿物掺合料对低水胶比混凝土干缩和自收缩的影响 [J]. 东南大学学报: 自然科学版, 2009, 39 (3): 580~585.
[7] 冯乃谦. 高性能混凝土结构 [M]. 北京: 机械工业出版社, 2004.
[8] 冯乃谦. 氨基磺酸系高效减水剂的研制及混凝土的特性 [J]. 混凝土与水泥制品, 2000 (2): 5~8.

注：中建四局课题组由中国建筑第四工程局有限公司、清华大学老科技工作者协会、贵州中建建筑科研设计院有限公司、深圳市京基房地产股份有限公司、广州天达混凝土有限公司、深圳市利建混凝土有限公司、深圳市金众混凝土有限公司、中建商品混凝土有限公司、深圳市正强投资股份有限公司九家单位共同组成。

致谢：本研究非常感谢清华大学冯乃谦教授的悉心指导。

超强高性能混凝土的保塑性试验研究

中建四局课题组

【摘　要】　本文结合深圳京基金融中心工程项目，研究一种复合外加剂用于配制C120超高强高性能混凝土，并保持新拌混凝土在3h内的坍落度、坍后扩展度基本无损失。

【关键词】　超强高性能混凝土；坍落度；坍落度损失；复合外加剂

The Experimental Research on Plasticity Maintaining of Ultra-high Strength and Performance Concrete

Research Group of China Construction Fourth Engineering Division Corp. Ltd

【Abstract】　Based on the project of KingKey financial center in Shenzhen, we do some research on a compound additive which is used to make the C120 concrete with a super-high strength, and keep the slump of the newly mixed concrete and no losses of the divergence.

【Key words】　super-high strength and high-performance concrete; slump; the loss of slump; compound additive

前言

深圳京基金融中心工程位于罗湖区蔡屋围金融中心区，占地面积约4.7万m^2，总建筑面积约60万m^2。其中，A座主塔楼高441.8m，地下4层，地上98层，建筑面积为24万m^2。本工程由深圳市京基房地产开发有限公司开发，中国建筑第四工程局有限公司施工总承包。在建设中，先后由深圳市安托山混凝土公司以及深圳市利建混凝土公司提供混凝土，其搅拌站距离工地直线距离分别约14km、22km，需要较长的运输时间。

对于大部分的城市建设工程，由于城市规划，混凝土搅拌站往往会有一定的距离，预拌混凝土的供应，算上运输距离和等待以及城市交通等因素，常常需要多达1h甚至更长的时间。混凝土的搅拌与其坍落度的损失，尤其是高强度、超高强度、大流动性的混凝土时，坍落度损失更为明显。不少工地现场，因为坍落度的损失，特别是在夏季高温气候下，造成现场浇筑、泵送或密实成型困难，影响混凝土质量与施工效率。

1　试验用原材料以及试验方法

1.1　试验原材料

①水泥：青州金鹰P·Ⅱ52.5水泥；
②微珠：昆明产，微珠；
③硅粉：遵义埃肯硅粉；
④细骨料：海砂，淡化处理，FM2.6~2.8左右；
⑤粗骨料：深圳，5~10，10~20mm碎石；
⑥高效减水剂：广东产，巴斯夫聚羧酸减水剂，含固量40%；
　　　　　　　广东产，西卡聚羧酸减水剂，含固量40%；

上海产，萘系外加剂，固含量40%；

广州产，萘系外加剂，粉体；

科研小组自合成，复合减水剂，含固量30%；

⑦水：深圳市自来水。

1.2 试验方法

1.2.1 拌合方式

原材料按配比要求称量后，将胶凝材料和砂在搅拌机中搅拌1min，然后加水及外加剂搅拌2min，最后再投入粗骨料搅拌1min即可出料。对于特别粘稠的混凝土拌合物，加入粗骨料后搅拌时间可适当延长到1min。

1.2.2 新拌混凝土工作性能评定方式

①流动度测试：包括混凝土拌合物的坍落度和扩展度测试。在混凝土拌合物出料后，按照《普通混凝土拌合物性能试验方法标准》（GB/T 50080—2002）测试其坍落度和扩展度；

②倒筒时间测试：将坍落度筒倒置，装满混凝土并抹平，迅速提起坍落度筒，筒底部离地面50cm，用秒表计录混凝土流空的时间；

③混凝土拌合好后，每隔1h，将混凝土置于强制式搅拌机中搅拌1min，再按照上述测试方法进行测试，直至3h结束；

④成型：使用100mm×100mm×100mm铸铁三联模进行立方体试件成型，至少成型3d、7d、28d三组试件；

⑤养护：试件成型终凝后，放入养护室，置于饱和的Ca(OH)$_2$溶液中养护；

⑥强度测试：养护至规定龄期后，将试件从养护室中取出，待表面干燥后按照《普通混凝土力学性能试验方法标准》（GB/T 50081—2002）进行强度测试。

2 试验结果

试验以京基C120高强高性能混凝土前期的配比来进行，所用复合外加剂是在冯乃谦教授指导下所配置的，含固量约在33%左右。试验配比见表1，试验结果见表2、表3。不同配比试件的坍落度，倒筒时间的经时变化如图1~图4所示。

表1 试验配合比

编号	W/B	C (kg/m³)	SF+FA (kg/m³)	S (kg/m³)	G1 (kg/m³)	G2 (kg/m³)	外加剂类型	外加剂
1#	0.2	500	150	750	300	700	萘系	3.0%
2#	0.19	500	250	700	300	700	聚羧酸	2.0%
3#	0.20	500	150	700	300	700	复合	3.2%
4#	0.21	500	150	700	300	700	复合	4.0%
5#	0.20	500	150	700	300	700	复合	3.5%

表2 立方体试件3d、7d、28d强度 MPa

编号	3d	7d	28d
1#	85.8	97.5	124.8
2#	—	—	—
3#	87.1	102.0	140.3
4#	84.3	105.0	133.1
5#	75.1	92.9	116

注：表中试件的抗压强度均未计算系数。

表3 新拌混凝土工作性能

编号	时间	坍落度（mm）	流动度（mm）	倒筒时间（s）	试验现场照片
1#	初始	130	—	—	
	1h	110	—	—	
	2h				
	3h				
2#	初始	255	700×710	4	
	1h	250	680×710	4.5	
	2h	265	660×700	4.5	
	3h	265	670×700	4	
3#	初始	270	680×700	5	
	1h	260	640×700	7	
	2h	230	590×590	9	
	3h	225	540×560	12	
4#	初始	260	660×690	4	
	1h	250	660×659	5	
	2h	245	650×650	7	
	3h	255	670×620	5	
5#	初始	265	710×740	4	
	3h	265	670×710	5	
	4h	260	670×730	7	

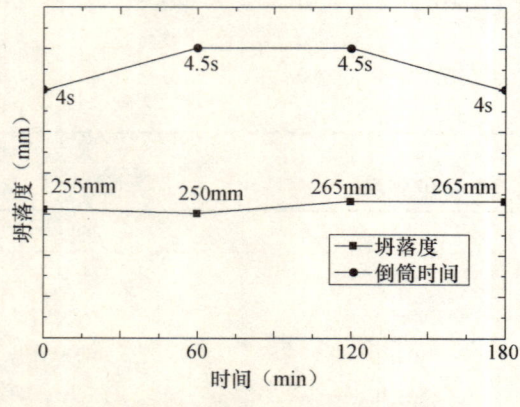

图1 2#配比坍落度、倒筒时间经时变化

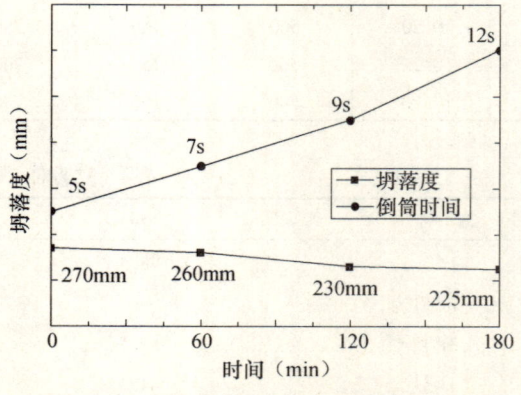

图2 3#配比坍落度、倒筒时间经时变化

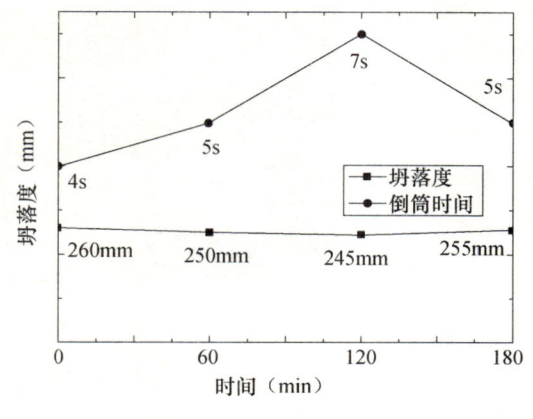
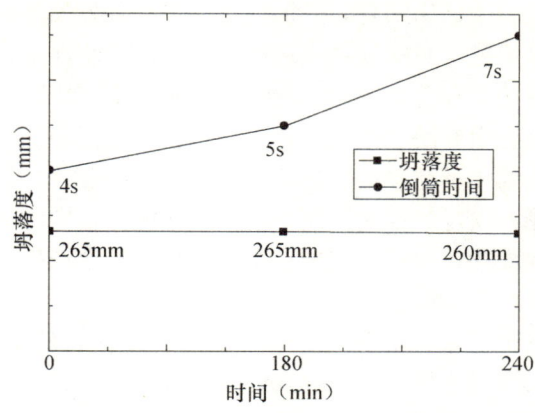

图3 4#配比坍落度、倒筒时间经时变化　　　　图4 5#配比坍落度、倒筒时间经时变化

3 结果讨论

影响混凝土坍落度损失的原因是多方面且互相关联的，主要因素有混凝土水胶比、胶凝材料的类型、比例；所使用的化学外加剂类型、数量；外部环境条件等。在本高强高性能混凝土的保塑性试验中，为保证很高的强度，我们使用低水胶比与复掺微珠、硅灰等活性大、粒径小且均匀的掺合料；为达到高性能并能保持3h内仍具有很好的工作性能的要求，我们优化混凝土设计配比，并使用新型高效减水剂。

3.1 微珠的影响

试验中使用的微珠，产地为昆明。在SEM图像下（图5），该微珠呈均匀的球状、表面光滑的颗粒，平均粒径在1.2μm左右，是普通粉煤灰的1/15。正是由于微珠的材质特性，可以在一定程度上增加混凝土流动性等工作性能。在针对微珠进行水泥净浆流动度试验中，我们就曾发现以一定掺量的微珠取代水泥后，可以提高其净浆流动度10%左右。

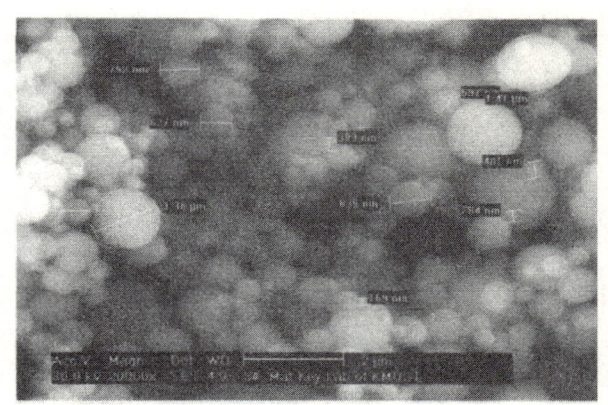

3.2 高效减水剂

图5 微珠的SEM图像

在冯乃谦教授《高性能混凝土结构》一书中，将当前国内外在高强高性能混凝土中使用的高效减水剂分成了萘系、三聚氰胺系、氨基磺酸系和聚羧酸系四大类。在试验中，我们分别使用萘系、聚羧酸系和以氨基磺酸系为基础复配的复合外加剂来进行试验。

萘系外加剂是我国当前使用最多的减水剂，由于萘系外加剂在被水泥颗粒吸附时，是横卧式吸附或点吸附，水泥或超细粉粒子吸附减水剂分子后，在表面形成扩散双电层的粒子分布，使水泥粒子在静电斥力作用下分散，但是由于萘系外加剂的吸附特点，也使得萘系外加剂在对低水灰比的高强混凝土坍落度损失的控制上显得力有不足，如配比1#中出现的新拌混凝土坍落度小，且混凝土不易流动。

聚羧酸系外加剂减水率高，效果好，水泥颗粒吸附时，为栉形的空间立体分布结构，产生了更大分散效果，并且使得Zeta点位变化小，水泥粒子间的静电斥力可以长时间的保持工作，如2#配比中所展示的那样，3h内，混凝土的坍落度、扩展度和倒筒时间均控制的很好。但是聚羧酸外加剂在试验中，较高掺量的外加剂可能会造成混凝土的缓凝。在2#试配中，我们之所以没有进行混凝土立方体抗压强度试验，就是因为试件在4d后仍然没有凝结，从而放弃了该试件，如图6所示。

试验中使用的复合外加剂是基于氨基外加剂的基础上复配合成的。水泥颗粒吸附氨基磺酸盐外加剂，是刚性垂直链吸附，同样具有很好的立体分散效果，Zeta 电位变化小。传统的氨基磺酸系外加剂，具有很好的工作性、耐久性、强度，但易产生泌水，使混凝土的水泥浆体沉淀，造成板结，而复配后的复合外加剂则克服了泌水的问题，很好的控制混凝土的工作性能。特别对于某些聚羧酸外加剂在提高掺量后造成缓凝，复合外加剂不会产生缓凝，可以在成型 24h 后正常拆模。

图 6　缓凝的试件

在试验中，复合外加剂掺量为胶凝材料的 3%~4%，鉴于配比 3#的 3.2%掺量在 3h 内倒筒时间超过 10s，将掺量提高到 3.5%、4.0%，则可以很好的控制混凝土的坍损。

3.3　夏季高温天气试验

深圳等南方城市，夏季日晒充足，气温高，混凝土在运输过程中，难免要承受较高的温度，造成较大的坍落度损失。为了研究复合外加剂在高温天气下能否正常工作，我们在 4.0% 的掺量下，拌制 40L 混凝土，将其中 20L 放置于室外日光下，并用塑料布遮盖（气温 35~37℃，混凝土内温度 47℃），20L 置于室内，同样用塑料布遮盖，进行了对比试验（表4）：

表 4　夏季室内、室外环境下，新拌混凝土工作性能对比

室内	坍落度（mm）	流动度（mm）	倒筒时间（s）	室外	坍落度（mm）	流动度（mm）	倒筒时间（s）
初始	255	590×600	4	初始	255	590×600	4
1h	250	570×545	4.5	1h	240	580×570	5
2h	240	580×570	6	2h	245	550×540	6
3h	215	480×450	11.5	3h	240	480×490	6.5

由于试验中的误差，造成了室内对比试验组在 3h 时所测数据坍落度较小，倒筒时间较长。从室外对比试验组数据上看，混凝土 3h 内的坍落度、流动度和倒筒时间均和初始值变化不大（图 7、图 8）。

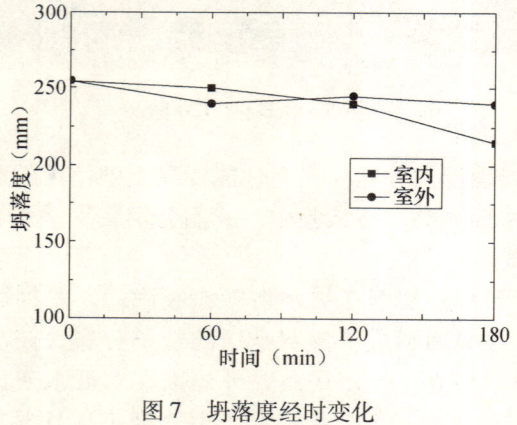

图 7　坍落度经时变化

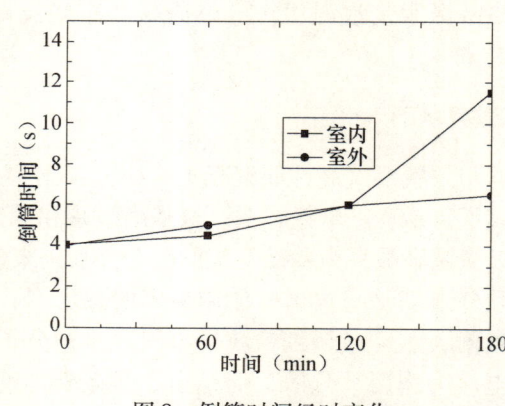

图 8　倒筒时间经时变化

4　结语

（1）配置出 120MPa 以上，坍落度 250mm 以上的高强高性能混凝土，不仅使用聚羧酸外加剂可以配置，经过试验研究，氨基-萘系复合外加剂也可以达到相同的效果。

（2）氨基-萘系复合外加剂所配置混凝土无泌水，混凝土不产生板结，不缓凝，24h 可正常拆模，混凝土 3h 内坍落度、流动度、倒筒时间基本无损失。

（3）通过室内外混凝土坍落度损失试验，试验组试验复合外加剂配置的混凝土可满足夏季施工运输需要。

参考文献

[1] 冯乃谦. 高性能混凝土结构 [M]. 北京：机械工业出版社，2004.
[2] 冯乃谦. 氨基磺酸系高效减水剂的研制及混凝土的特性 [J]. 混凝土与水泥制品，2000（2）：5~8.
[3] 宁河，齐晓霞等. 高强度混凝土坍落度损失的控制 [J]. 吉林交通科技，2006（2）：46~47.
[4] 陈旭. 高强混凝土坍落度经时损失及控制方法探讨 [J]. 福建建设科技，2006（4）：67~80.
[5] 程娟，郭向阳. 预拌混凝土坍落度经时损失与控制的试验研究 [J]. 混凝土，2005（1）：64~68.
[6] 邓玉玲. 高效混凝土保塑剂的应用研究 [J]. 混凝土，2003（9）：57~59.

京基金融中心 C120 超高强高性能混凝土收缩试验研究

中建四局课题组

【摘 要】 本文结合深圳京基金融中心工程项目,以聚丙烯纤维、天然无水石膏以及膨胀剂,掺入低水胶比的 C120 超高强高性能混凝土中,改善混凝土早期收缩性能,并对试件进行了长期的观测。

【关键词】 混凝土收缩;自收缩;早期收缩;聚丙烯纤维;天然无水石膏;膨胀剂

The Experimental Research of Contractibility of Ultra-high Strength and Performance Concrete in Kingkey Project

Research Group of China Construction Fourth Engineering Division Corp. Ltd

【Abstract】 Based on Kingkey financial center project in Shenzhen, ultra high strength, high performance concrete at low water to binder ratio mixed with polypropylene fiber, natural waterless gesso and expansive agent, can improve the shrinkage property in early stage, and we make long-term observation on the specimens.

【Key words】 shrinkage of concrete; self shrinkage; early shrinkage; polypropylene fiber; natural waterless gesso; expansive agent

前言

混凝土的早期收缩开裂是现代混凝土工程存在的一大通病,也是诱发混凝土结构长期耐久性和使用寿命降低的主要因素。传统混凝土的收缩主要是指因表面水分蒸发引起的干燥收缩,当这种收缩受到外界约束时便产生约束拉应力,当这种拉应力达到一定程度时便引起混凝土开裂。对于高强高性能混凝土来说,混凝土早期收缩存在有塑性收缩、干燥收缩和自收缩。塑性收缩由于沉降、泌水引起,一般会发生在混凝土拌合后的 3~12h 内,终凝前比较明显,除了水分蒸发引起的干燥收缩之外,还包括混凝土中水泥不断水化引起的自收缩;所谓自收缩,就是在与外界没有水分交换的条件下,混凝土内部由于胶凝材料的水化,吸收毛细管中的水分,使毛细管脱水,造成毛细管的自真空作用,管壁周围的混凝土受张拉应力影响,出现自收缩。混凝土的自收缩问题虽然早在 20 世纪 40 年代就由 Lyman 和 Davis 提出,但是当时的混凝土水灰比大,且没有掺活性矿物外加剂,所以测定值只有 $(50\sim100)\times 10^{-6}$,这与干燥收缩值相比小得多,因此几乎可以忽略不计。对于水胶比非常低的高强高性能混凝土,其自收缩才比较明显。

目前,抑制低水胶比的高强混凝土早期收缩主要存在有以下方式:

(1) 掺饱水轻骨料:饱水的轻骨料可以通过提供所谓的内部养护水来缓减内部相对湿度降低,从而减小自收缩;

(2) 超吸水聚合物颗粒:吸收水而形成宏观含水物,随着水泥水化,这些自由水可以释放出来减轻自干燥的发生;

(3) 纤维:提高混凝土抗拉强度及断裂韧性,从而能有效地避免混凝土早期出现开裂、减小开裂面积和裂缝宽度;

（4）膨胀剂：复掺膨胀剂以补偿混凝土的早期收缩。

本文中，就通过掺纤维与膨胀剂方式，抑制混凝土的早期收缩。

1 试验用原材料

（1）水泥：南京小野田 P·Ⅱ 52.5 水泥；
青州金鹰 P·Ⅱ 52.5 水泥；

（2）微珠：昆明产，微珠；

（3）硅粉：遵义埃肯硅粉；

（4）矿粉：广东江门，S95 级矿粉，比表面积 $8500cm^2/g$；
山东，矿粉，比表面积 $8000 \sim 10000cm^2/g$；

（5）细骨料：西江河砂，细度 2.6~2.8 左右；
海砂，淡化处理；

（6）粗骨料：深圳，5~10，10~20mm 碎石；

（7）高效减水剂：广东产，巴斯夫聚羧酸减水剂，含固量 40%；
科研小组自合成，氨基-萘系复合减水剂，含固量 33%；

（8）聚丙烯纤维：Grace，19mm 纤维；
深圳利建混凝土公司提供，短纤维；

（9）天然无水石膏：分别由深圳利建混凝土公司和成都中建商品混凝土公司提供；

（10）硫铝酸盐熟料：天津产；

（11）水：深圳市自来水。

2 试验用混凝土组成

本试验所用混凝土强度等级为 C120，在试验中，为控制混凝土有好的工作性能，根据所用外加剂、掺合料种类，对其基本组成（表1）进行调整。在前期的试验中，使用广州产巴斯夫高浓型（40% 固含量）外加剂，其配合比见表2。

表 1　试验用混凝土基本配合比　　　　　　　　　　　　　　　kg/m³

W/B	C	SF + FA + BFS	S	G1	G2	W	AG
17%	550	200	750	285	665	122	2.0%

与此同时，京基 C120 混凝土科研小组在冯乃谦教授的指导下，尝试不在超高强高性能混凝土中使用聚羧酸外加剂，并合成了氨基-萘系复合外加剂用于试验，为了使混凝土有更好的工作性能，对配合比进行了较大的调整，保证新拌混凝土流动度在 550~700mm 之间，配合比见表3。

表 2　1 系列试验配合比（聚羧酸外加剂、南京小野田水泥）　　　　　kg/m³

编号	试验类型	W/B	C	SF + FA + BFS	S	G1	G2	AG
1-1	基准	0.17	550	150	750	285	665	1.38%
1-2	1kg/m³ Grace 纤维	0.17	550	150	750	285	665	1.50%
1-3	2kg/m³ Grace 纤维	0.17	550	150	750	285	665	2.25%
1-4	2kg/m³ 短纤维	0.17	550	150	750	285	665	2.25%
1-5	8% 天然无水石膏	0.17	550	150	750	285	665	1.25%
1-6	10% UEA	0.17	550	150	750	285	665	1.25%

表3 2系列试验配合比（复合外加剂、金鹰水泥） kg/m³

编 号	试验类型	W/B	C	SF + FA + BFS	S	G1	G2	AG
2-1	基准	0.2	500	250	700	300	700	4.0%
2-2	1kg/m³ Grace 纤维	0.2	500	250	700	300	700	4.0%
2-3	2kg/m³ Grace 纤维	0.2	500	250	700	300	700	6.0%
2-4	10% 天然无水石膏	0.2	500	250	700	300	700	4.0%
2-5	10% 硫铝酸盐水泥	0.2	450	250	700	300	700	4.0%
2-6	10% 磨细硫铝酸盐水泥	0.2	450	250	700	300	700	4.0%

3 试件制备

混凝土拌合物采用强制式搅拌机搅拌，先将砂与胶凝材料干拌，再加水与外加剂搅拌，后投入粗骨料。混凝土抗压强度采用100mm×100mm×100mm立方体试件，在（20±2）℃饱和Ca(OH)₂溶液中标准养护，到龄期后按GBJ82进行测试。

混凝土收缩试件试模为有机玻璃制，尺寸为100mm×100mm×515mm，呈半封闭构造，底部为一可拆卸塑料薄底板，长方形内侧有可抽式的侧板，端部有可拆开的2片端板，端板留有安装预埋测头的孔，其外观可见图1。成型时，将底板、侧板与端板均匀刷抹机油，保证混凝土试件的自由变形与拆模时不产生形变。端部的孔事先使用凡士林涂抹，装入预埋测头后，使用铲刀装料，轻振动试模，顶端刮掉多余部分，使用塑料薄膜覆盖，静置于养护室中，待其初凝。初凝后，两端测头处安装千分表，进行测量。

图1 收缩试验试模

4 试件的收缩测试

4.1 自收缩测试

试件初凝，拆掉隔板后继续使用塑料薄膜覆盖，使试件处于一个封闭的环境，测试试件不与外界进行水分交换，水泥水化造成的混凝土收缩，见图2。

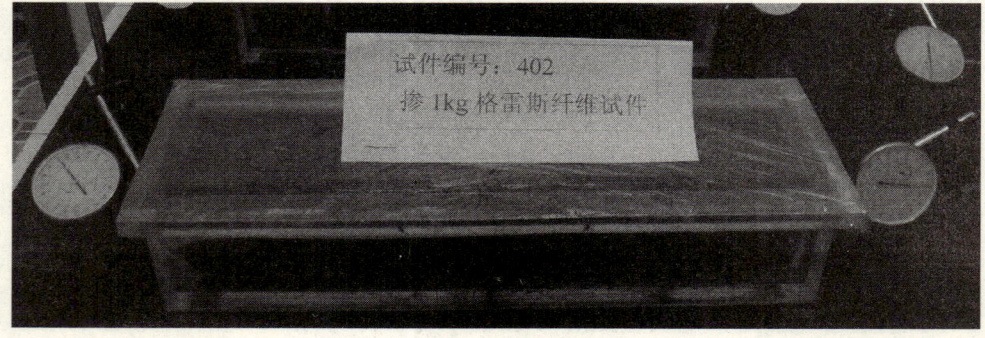

图2 自收缩试验照片

4.2 早期收缩测试

试件初凝，拆掉隔板后，不使用塑料薄膜覆盖，使试件处于同外界自由交换的环境，见图3。

图3　早期收缩试验照片

4.3 早期收缩、自收缩试验测试时间

收缩试验从试件初凝后开始进行，初凝后1d以内，每2h读取一次数据，1d后，每4h读取一次数据直至测试到72h（3d）。

4.4 长期试验

早期收缩/自收缩试验测试到72h（3d）后，继续对试件进行跟踪测试，在7d、14d、28d、45d、60d，进行数据的采集。

4.5 收缩试验结果

鉴于近30页的试验数据比较繁杂，故在本文中不进行罗列。

4.5.1 收缩

自收缩试验结果见表4。

表4　自收缩试验结果

	编号	3d 自收缩（$\times 10^{-6}$）		编号	3d 自收缩（$\times 10^{-6}$）
聚羧酸外加剂	1-1	191.8	复合外加剂	2-1	329.9
	1-2	111.3		2-2	181.4
	1-3	142.3		2-3	253.6
	1-4	327.8		2-4	99.0
	1-5	263.9		2-5	—
	1-6	185.6		2-6	—

（1）试件的3d自收缩值处于（99～330）$\times 10^{-6}$之间，收缩较大的试验组，其自收缩已接近于干燥收缩。大部分试验组在前24h内变化较大，测试至30h，收缩曲线趋于平缓。

（2）1系列数据，3d自收缩小于基准（图4中方块曲线）的，有使用UEA膨胀剂和Grace 19mm纤维的三组配合比，其中效果最明显的是按每方掺1kg Grace 19mm纤维配合比，3d自收缩值为1.11×10^{-6}；UEA膨胀剂仅在基准收缩值上降低了少许；使用短纤维没有起到减少收缩率的作用；1-5配比中使用的天然无水石膏也由于材料本身质量问题，没有起到作用。减缩率：$1kg/m^3$掺量的Grace纤维 > $2kg/m^3$掺量的Grace纤维 > UEA膨胀剂 > 基准。

（3）2系列配比在减缩方面，试验组使用由成都中建混凝土公司提供的天然无水石膏粉，达到3d

自收缩 99×10^{-6},而使用 Grace 纤维后,混凝土的收缩也有了明显的减少。减缩率:天然无水石膏 > 1kg 掺量的 Grace 纤维 > 2kg 掺量的 Grace 纤维 > 基准。

(4) 在对聚丙烯纤维的研究中,认为高掺量的纤维可以更好地抑制混凝土收缩,但在本次试验中为了保证混凝土工作性能,而调整了外加剂掺量,所以并没有表现出这样的效果。

(5) 由于2系列配合比在水胶比、所用水泥、外加剂、掺合料组成上都与1系列有差异,所以2系列的收缩值普遍较1系列不同(图5)。重庆大学杨文武等人在混凝土早期收缩性能试验的研究中,发现硅灰由于有高活性和巨大的比表面积,在混凝土中会快速水化,消耗比较多的水分,从而引起比较大的自收缩,因此掺加硅灰或复掺硅灰会增加混凝土的收缩趋势。这一点上,硅灰掺量更高的2系列亦有相同的情况出现。

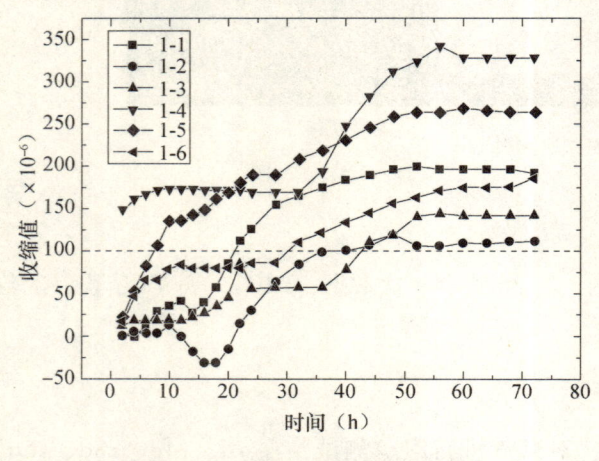

图4 1系列自收缩收缩曲线　　　　图5 2系列自收缩收缩曲线

4.5.2 早期收缩

试件的收缩情况见表5所示。

(1) 试件的3d早期收缩值处于 $(59 \sim 746) \times 10^{-6}$ 之间。与自收缩测试类似的是:大部分试验组测试至30h,收缩曲线趋于平缓。

(2) 从1系列配比早期收缩收缩曲线(图6)上来看,掺入 Grace 纤维后,对混凝土的收缩也能够产生一定的抑制作用,但是对于要达到无收缩或者微收缩混凝土,还是远远不能达到的。

(3) 2系列 2-1、2-2、2-3、2-4 这4组配比中,同1系列自收缩曲线一致(图7),存在:天然无水石膏 > Grace 纤维 > 基准的减缩趋势。2kg/m³ 掺量的 Grace 纤维由于在拌制混凝土时为保证一定的流动性,从4%掺量加大至6%的掺量,从而影响到了混凝土的早期收缩。

表5 聚羧酸外加剂早期收缩试验结果

编号	3d 早期自收缩 ($\times 10^{-6}$)	编号	3d 早期自收缩 ($\times 10^{-6}$)
1-1	746.4	2-1	340.2
1-2	558.8	2-2	338.1
1-3	—	2-3	482.5
1-4	—	2-4	303.1
1-5	—	2-5	膨胀 296.9
1-6	—	2-6	膨胀 59.8

(4) 来自于成都中建商品混凝土公司的建议,2-5、2-6 两组配比没有使用 UEA 膨胀剂,而使用了硫铝酸盐水泥提供膨胀效果,其试验的结果也令人感到相当有趣:

①硫铝酸盐水泥取代部分金鹰52.5水泥掺入后,试件在初凝后的0~4h,以收缩为主导;4h后,试件收缩值达到最大,试件以膨胀为主导;初凝后10~14h,试件膨胀超过原长度,并继续较缓慢

膨胀。

②硫铝酸盐水泥，其细度略大于金鹰52.5水泥，在2-5与2-6配比中，2-6中试验小组使用振动磨进行了2h的磨细加工，而在收缩试验中，出现较大的差异：磨细（2-6）3d膨胀为59.8×10^{-6}，原状（2-5）3d膨胀为296.9×10^{-6}。

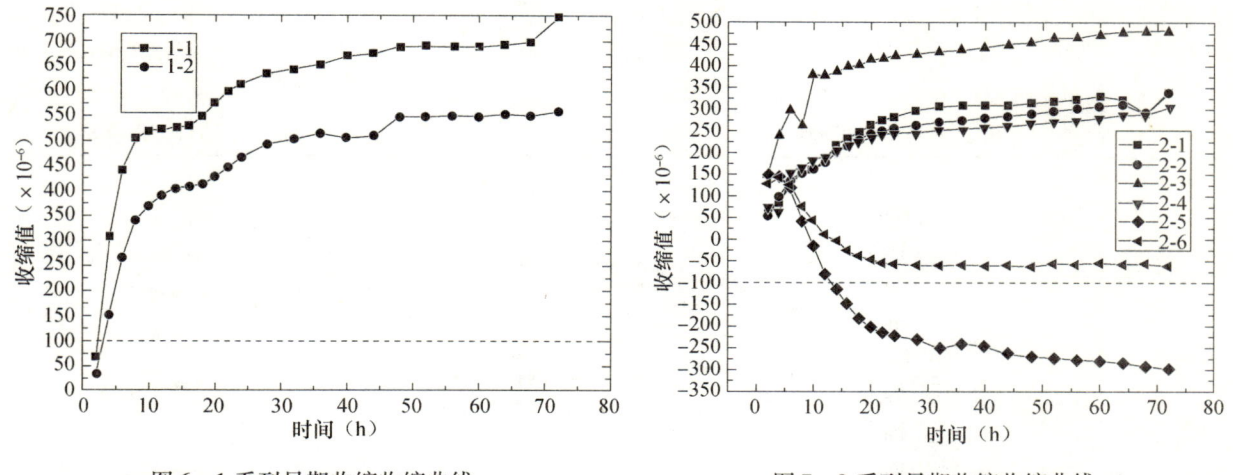

图6　1系列早期收缩收缩曲线　　　　　图7　2系列早期收缩收缩曲线

4.5.3　长期收缩

由于试件模具数量限制，科研小组对部分试件进行了继续跟踪测试。

按照所选择的试件，可以分为以下两类：

（1）自收缩测试后进行长期收缩测试：1-3，1-4，1-5，1-6。（表6、图8）。

（2）早期收缩后进行长期收缩测试：1-1，1-2，2-1，2-2，2-3，2-4，2-5，2-6（表7、图9）。

表6　3d自收缩测试后观测长期收缩结果　　　　　　　　　　　　　$\times 10^{-6}$

编　号	3d	7d	14d	28d	45d	60d
1-3	142.3	237.1	317.5	364.9	356.7	389.7
1-4	327.8	367.0	461.9	449.5	459.8	457.7
1-5	263.9	356.7	470.1	478.4	445.4	389.7
1-6	185.6	233.0	299.0	311.3	321.6	313.4

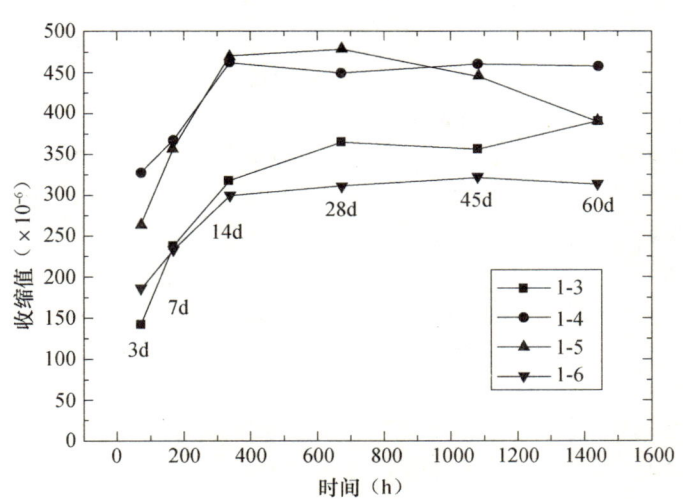

图8　3d自收缩后进行长期收缩试验结果

表7 3d早期收缩测试后观测长期收缩结果　　　　　　　　　　　　　　　　　×10⁻⁶

编　号	3d	7d	14d	28d	45d	60d
1-1	746.4	746.4	800.0	861.9	888.	896.9
1-2	558.8	604.1	670.1	709.3	655.7	721.6
2-1	340.2	441.2	562.9	630.9	614.4	637.1
2-2	338.1	406.2	492.8	554.6	552.6	567.0
2-3	482.5	562.9	703.1	812.4	866.0	938.1
2-4	303.1	422.7	443.3	476.3	459.8	476.3

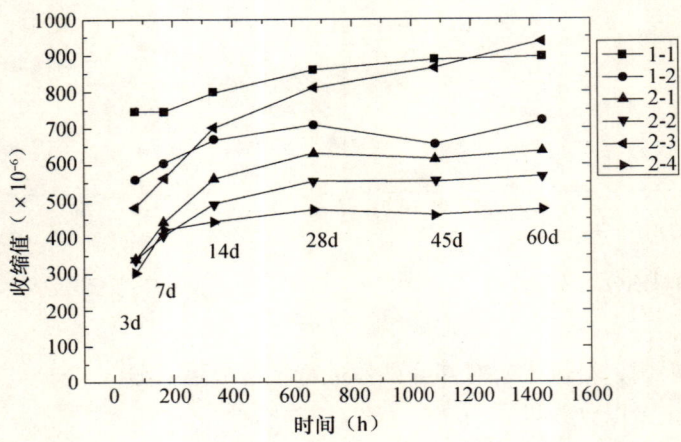

图9 3d早期收缩后进行长期收缩试验结果

由表6、表7所示，无论试件是在进行自收缩测试还是早期收缩测试后，其长期收缩的变化都不大，总的来说，大部分试件在进行试验14d后，其收缩变化趋于稳定。

由于掺硫铝酸盐膨胀剂的试件的收缩情况较其他组都不同，故在此将其收缩膨胀情况另列表8：

表8 磨细与原装硫铝酸盐膨胀剂长期收缩比较　　　　　　　　　　　　　　　　　×10⁻⁶

时间	2-5	2-6	时间	2-5	2-6
2h	142.3	127.8	48h	-272.2	-55.7
4h	146.4	142.3	52h	-276.3	-55.7
6h	113.4	121.6	56h	-278.4	-53.6
8h	43.3	74.2	60h	-282.5	-55.7
10h	-16.5	43.3	64h	-290.7	-57.7
12h	-80.4	10.3	68h	-272.2	-55.7
14h	-113.4	-2.1	72h	-296.9	-59.8
16h	-150.5	-26.8	4d	-311.3	-51.5
18h	-181.4	-39.2	5d	-354.6	-43.3
20h	-202.1	-45.4	6d	-408.2	-45.4
22h	-212.4	-53.6	7d	-468.0	-35.1
24h	-220.6	-55.7	9d	-711.3	-47.4
28h	-228.9	-59.8	11d	-800.0	-63.9
32h	-249.5	-59.8	14d	-1010.3	-119.6
36h	-239.2	-57.7	20d	-1156.7	-132.0
40h	-245.4	-59.8	28d	-1513.4	-187.6
44h	-261.9	-59.8			

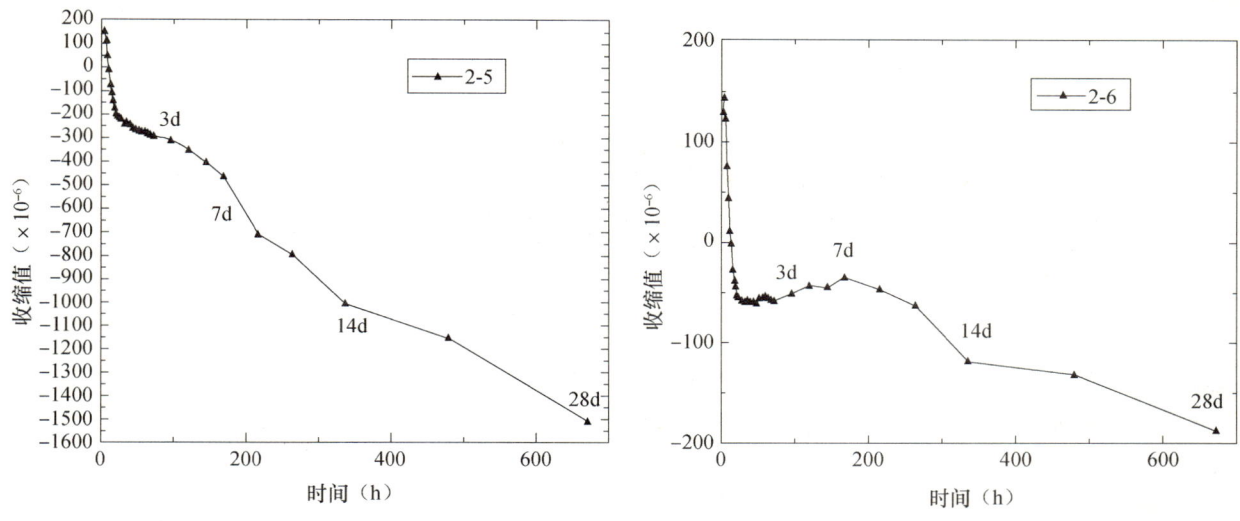

图 10　掺硫铝酸盐膨胀剂的试件的收缩（原状）　　图 11　掺硫铝酸盐膨胀剂的试件的收缩（磨细）

从表 8 中可以发现，掺硫铝酸盐膨胀剂的试件在 28d 中仍然处于一个膨胀的过程，不过磨细后的膨胀剂在膨胀值上远低于原装膨胀剂。

5　结论

（1）水胶比在 0.18～0.2 的 C120 超高强高性能混凝土，其自收缩明显，达到 $(190\sim330)\times10^{-6}$。

（2）使用聚丙烯纤维，可以明显的起到抑制混凝土收缩的作用，在本试验中，可以抑制 40% 左右的混凝土自收缩收缩值。

（3）使用天然无水石膏掺入高强高性能混凝土中，可以控制其自收缩在万分之一，有利于与钢材构件的结合。

（4）使用一定细度的硫铝酸盐水泥做膨胀剂，可以起到微膨胀作用，控制高强高性能混凝土的早期膨胀值在万分之一以内。

（5）试验中，大部分试件在 14～28d 的龄期下，收缩变形逐渐稳定，与其早期收缩、自收缩相比较，其后期的收缩变形量较小。

参考文献

[1] 冯乃谦. 高性能混凝土结构 [M]. 北京：机械工业出版社，2004.
[2] 曾梦炜. 混凝土早期收缩的研究现状 [J].
[3] G. De Schutter, Influence of Hydradtion Reaction on Engineering Properties of Hardening Concerte. Mater. Struct. 35（2002）447～452.
[4] G. De schutter, Finite Element Simulation of Thermal Cracking in Massive Hardening Concerte Elements Using Degree of Hydration Based Material Laws. Cem. Conc. Res. 80（2002）2035～2042.
[5] 高大学，杨树立. 高性能混凝土早期收缩开裂评价方法与预防措施 [J]. 散装水泥，2008（3）：56～58.
[6] 曾京生，高小建等. 高性能混凝土早期收缩开裂问题研究 [J]. 低温建筑技术，2009（10）：10～13.
[7] 禹凯，钱晓倩等. 聚丙烯纤维对混凝土早期收缩影响的试验研究 [J]. 混凝土，2007（5）：64～68.

京基金融中心 C120 超高性能混凝土断裂韧性试验研究

中建四局课题组

【摘　要】 京基金融中心 C120 超高性能混凝土掺入聚丙烯纤维材料，增强了混凝土的断裂韧性。通过清华大学土木水利学院建材试验室对京基 C120 超高性能混凝土进行的力学性能、断裂韧性测试，研究了 C120 混凝土的断裂韧性。

【关键词】 聚丙烯纤维；断裂韧性；超高性能混凝土

The Experimental Research of Fracture Toughness of Ultra-high Strength and Performance Concrete in Kingkey Project

Research Group of China Construction Fourth Engineering Division Corp. Ltd

【Abstract】 By adding polypropylene fiber materials, the fracture toughness of ultra-high performance C120 concrete in KingKey project is enhanced. The test conducted by the building material lab of the Civil Water Conservancy Institute of Tsinghua University, researched mechanical property and fracture toughness of C120 ultra-high performance concrete in KingKey financial project.

【Key words】 polypropylene fiber; fracture toughness; ultra-high performance concrete

前言

深圳京基大厦 C120 超高性能混凝土科研项目组，为了研究混凝土静力受压弹性模量、抗折荷载作用下断裂等性能，于 2010 年 3 月委托清华大学土木水利学院建筑材料试验室，进行了相关性能的测试。

1　试验用试件准备

1.1　试验原材料

①水泥：南京小野田 P·Ⅱ52.5 水泥；

②微珠：昆明产，微珠；

③硅粉：遵义埃肯硅粉；

④细骨料：海砂，淡化处理，FM2.6~2.8 左右；

⑤粗骨料：深圳，5~10，10~20mm 碎石；

⑥高效减水剂：广东产，巴斯夫聚羧酸减水剂，含固量 40%；

⑦水：深圳市自来水；

⑧聚丙烯纤维：Grace 19mm 长纤维；
　　　　　　　深圳利建混凝土公司提供的深圳产短纤维。

1.2　试件配合比

试件配合比见表 1 所示，本试验主要对比混凝土掺入 Grace 19mm 长纤维和深圳产短纤维后的情况，每组试件除了纤维的种类和掺量不同外，其余组成皆一致。

1.3 搅拌顺序

原材料按配比要求称量后，首先将胶凝材料和砂在搅拌机中搅拌1min，然后加水及外加剂搅拌2min，最后再投入粗骨料搅拌1min即可出料。对于特别粘稠的混凝土拌合物，加入粗骨料后搅拌时间可适当延长到1min。

表1 试验配合比 kg/m³

编号	W/B	C	SF+FA+BFS	S	G1	G2	聚羧酸外加剂	纤维
1#	0.17	550	150	750	285	665	2.5%	基准试件，无纤维掺入
2#	0.17	550	150	750	285	665	2.5%	Grace 纤维，1kg/m³
3#	0.17	550	150	750	285	665	2.5%	Grace 纤维，2kg/m³
4#	0.17	550	150	750	285	665	2.5%	深圳产短纤维，2kg/m³

1.4 试件的成型

每组试件需成型：100mm×100mm×400mm 带刃口棱柱体试件 3 条；
100mm×100mm×300mm 棱柱体试件 6 条；
100mm×100mm×100mm 立方体试件 3 组。

1.5 试件养护与运输

所有试件成型脱模后，移至养护室，放入饱和氢氧化钙溶液中养护，养护28d后，将试件快递至北京清华大学建材试验室。

2 主要力学性能测试

主要力学性能试验包括了混凝土的立方体抗压强度、棱柱体抗压强度以及静力受压弹性模量三项，试验数据见表2、表3所示。试验所使用的设备有 YE-200A 型液压式压力试验机，YJR-5 型静态数字电阻应变仪，YEW-200A 型电液伺服压力试验机。C20 混凝土破坏后情况如图1所示。

图1 C120 混凝土破坏后形状

表2 立方体抗压试验结果

试件编号	龄期（d）	试件尺寸（mm）	立方体抗压强度个别值（MPa）	立方体抗压强度（MPa）
1# 基准	28	100×100×100	127.0 121.0 124.0	124.0
2# 1kg Grace 纤维	28	100×100×100	129.0 126.0 119.0	124.7
3# 2kg Grace 纤维	28	100×100×100	140.0 123.0 141.0	135.3
4# 2kg 深圳短纤维	28	100×100×100	120.0 115.0	118.0

表 3 棱柱体抗压强度、静力受压弹性模量试验结果

试件编号	龄期 (d)	试件尺寸 (mm)	棱柱体抗压强度（MPa）		静力受压弹性模量（MPa）	
			个别值	平均值	个别值	平均值
1# 基准	28	100×100×300	115.2 138.0 138.8	138.0	5.20×10^4 5.18×10^4 5.22×10^4	5.20×10^4
2# 1kg GRACE 纤维	28	100×100×300	127.2 126.8 132.0	128.7	5.10×10^4 5.21×10^4 5.37×10^4	5.23×10^4
3# 2kg Grace 纤维	28	100×100×300	137.2 139.0 133.6	136.6	5.22×10^4 5.22×10^4 5.45×10^4	5.30×10^4
4# 2kg 深圳短纤维	28	100×100×300	104.8 116.4 128.8	116.7	5.18×10^4 5.23×10^4 5.33×10^4	5.25×10^4

3 C120 混凝土的断裂韧性测试

3.1 试验用设备介绍

Toni2071 型抗折试验机：德国 Toni 公司制造，最大荷载 200kN，可进行恒定加荷速率或恒定位移速率下的抗折强度和裂纹张口位移的测定。

3.2 C120 混凝土断裂参数试验图示见图 2，图 3

图 2 C120 超高性能混凝土断裂参数测定

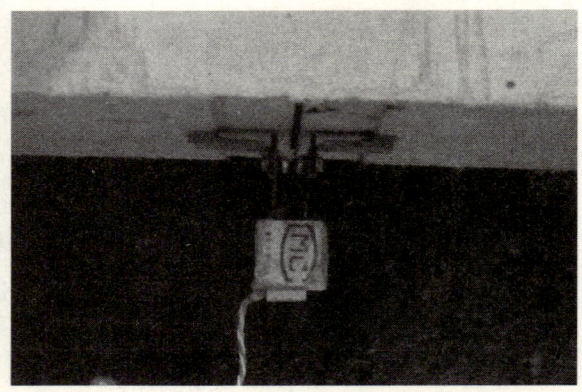
图 3 裂纹张口位移的测试图

3.3 四种配比的混凝土的 P-CMOD 曲线和 σ-w 曲线

试验一共测定了基准、掺 1kg Grace 纤维、掺 2kg Grace 纤维、掺 2kg 深圳纤维的四组混凝土的 P-CMOD（荷载-裂纹口张开位移）曲线，并通过此曲线的计算得到 σ-w（混凝土软化关系）曲线，图 4～图 11 为各组混凝土的 P-CMOD 曲线和 σ-w 曲线。每组混凝土都有三个试件进行试验，其断裂参数见表 4 汇总所示。

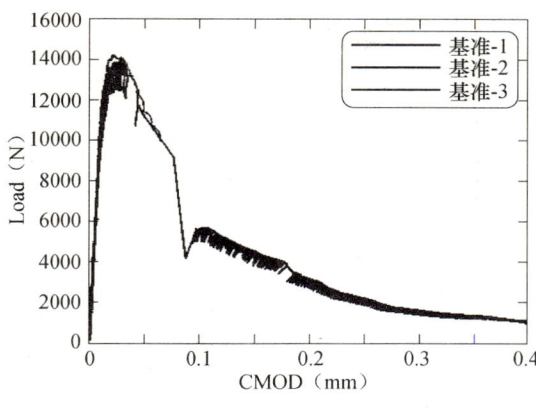

图 4　基准混凝土 P-CMOD 曲线

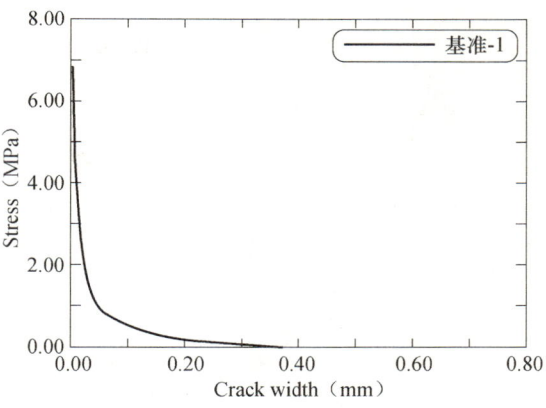

图 5　基准混凝土 σ-w 曲线

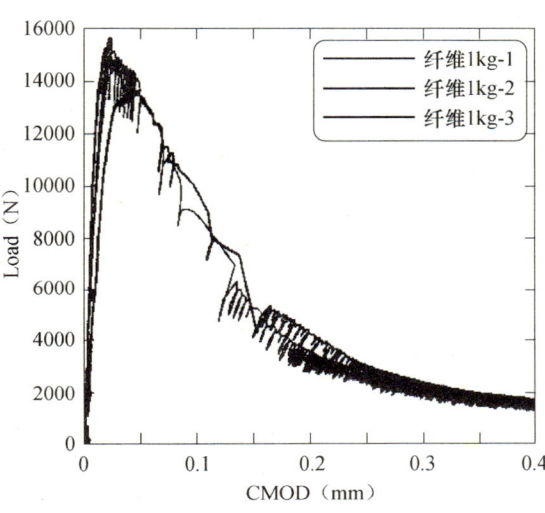

图 6　掺 1kg Grace 纤维混凝土 P-CMOD 曲线

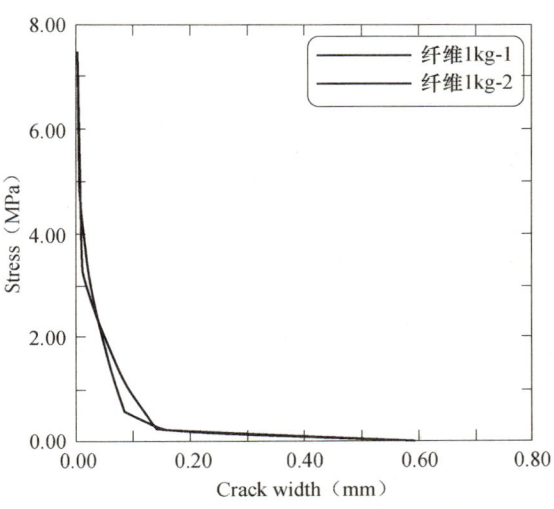

图 7　掺 1kg Grace 纤维混凝土 σ-w 曲线

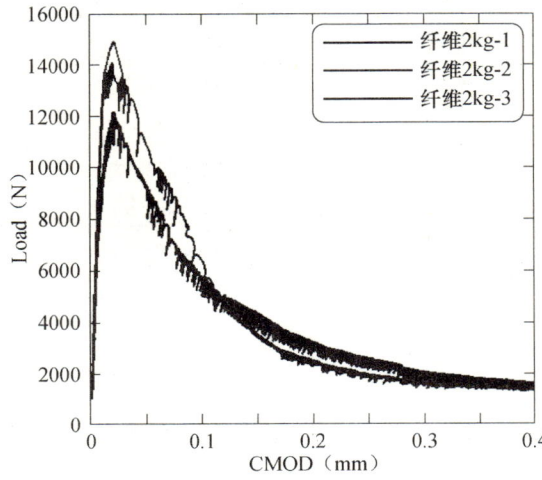

图 8　掺 2kg Grace 纤维混凝土 P-CMOD 曲线

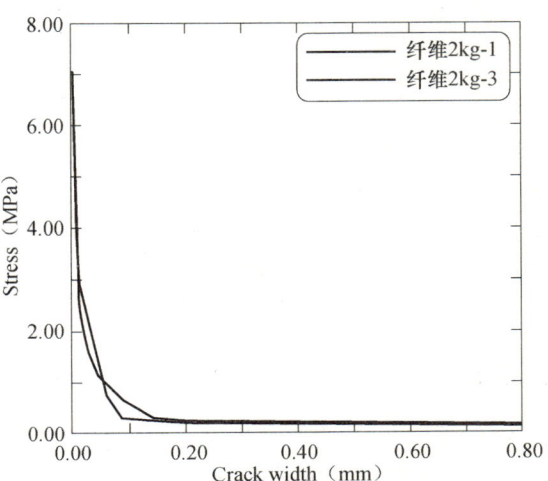

图 9　掺 2kg Grace 纤维混凝土 σ-w 曲线

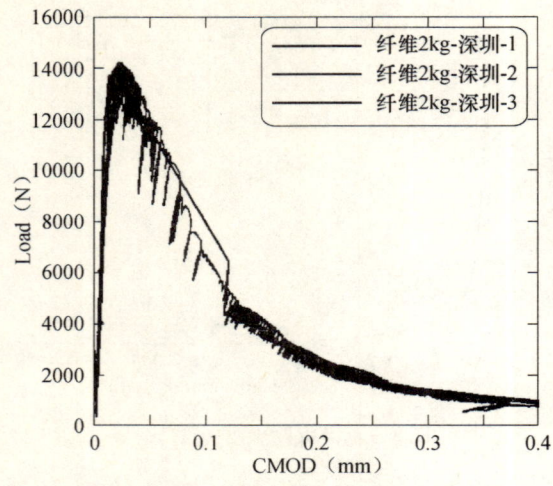
图10 掺2kg深圳纤维混凝土 P-CMOD 曲线

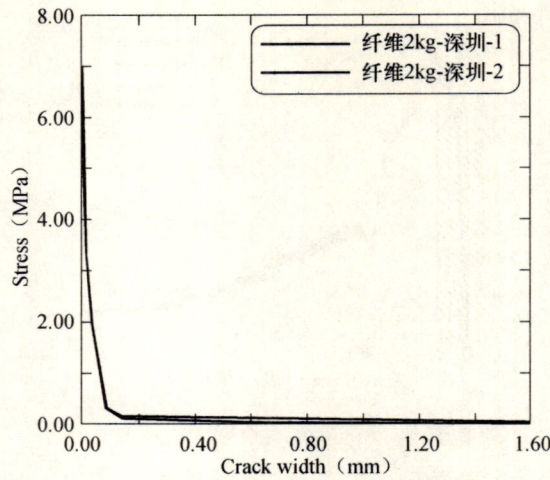
图11 掺2kg深圳纤维混凝土 σ-w 曲线

表4 四混凝土断裂参数汇总

配比	编号	E (GPa)	P_{fc} (N)	P_{max} (N)	σ_c (MPa)	σ_{fc} (MPa)	σ_t (MPa)	σ_f (MPa)	G_f (J/m²)	l_{ch} (cm)
基准	1	51.9	5000	14000	127.0	6.82	6.86	9.07	213.8	23.5
	2		4600	14500	121.0	6.27	—	9.39	—	—
	3		4700	13800	124.0	6.41	—	9.59	—	—
	均值		4767	14100	124.0	6.50	6.86	9.35	213.8	23.5
1kg Grace 纤维	1	52.2	4800	13800	129.0	6.55	6.67	8.94	291.8	33.8
	2		5000	15500	126.0	6.82	7.08	10.04	302.9	27.9
	3		5000	15300	119.2	6.82	—	9.91	—	—
	均值		4933	14867	124.7	6.73	6.88	9.63	297.35	30.9
2kg Grace 纤维	1	52.2	4800	12000	140.8	6.55	6.56	7.78	322.8	39.2
	2		5000	15000	123.6	6.82	—	9.73	—	—
	3		5200	14000	141.4	7.09	7.22	9.08	322.1	33.4
	均值		5000	13667	135.3	6.82	6.89	8.86	322.5	36.3
2kg 深圳纤维	1	52.0	5100	14000	120.0	6.95	6.97	9.07	300.3	30.0
	2		5000	14000	115.0	6.82	6.84	9.07	321.8	30.7
	3		5200	14000	—	7.09	—	9.07	—	—
	均值		5100	14000	118.0	6.95	6.91	9.07	311.1	30.4

注：表中 P_{fc} 为开裂荷载，P_{max} 为最大荷载，E 为弹性模量，σ_c 为抗压强度，σ_{fc} 开裂强度，σ_t 为抗拉强度，σ_f 为抗弯强度，G_f 为断裂能，l_{ch} 为脆性参数，l_{ch} 越小，表明混凝土脆性越大。

4 结果分析

（1）由图4～图11看出，相同种类混凝土的不同试件之间，P-CMOD 曲线和 σ-w 曲线形状类似，且相差不大，说明试验试件离散度不大。

（2）由于四种混凝土的集体材料一致，不同纤维主要在混凝土开裂之后才会发挥作用，所以不同种类的混凝土的开裂荷载基本相同（图12）。

（3）随着纤维掺量的增加，混凝土的抗拉强度基本不变（图13）。

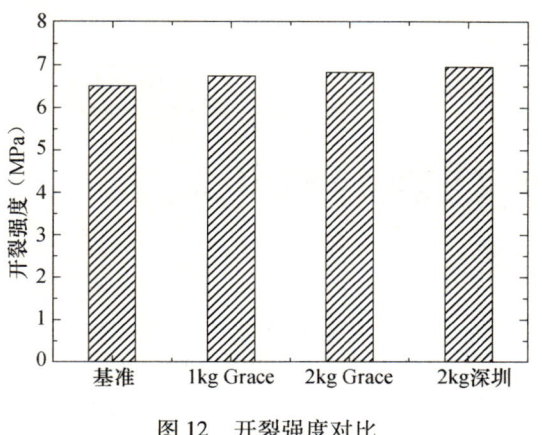

图 12　开裂强度对比　　　　　　　　　图 13　抗拉强度对比

（4）随着纤维掺量的增加，混凝土的断裂能增大。相同掺量时，纤维种类的不同也使得混凝土的断裂能产生差异，试验中，断裂能的大小为基准试件＜掺1kg Grace 纤维试件＜掺2kg 深圳纤维试件＜掺2kg Grace 纤维试件（图14）。

（5）脆性特征长度 l_{ch} 是表征混凝土脆性程度的物理量。特征长度越短的混凝土脆性越大。从图15试验数据上看，随着纤维掺量的增加，混凝土的韧性也随之增加。脆性特征长度的大小为基准试件＜掺1kg Grace 纤维试件＜掺2kg 深圳纤维试件＜掺2kg Grace 纤维试件，对应的混凝土韧性大小为基准试件＜掺1kg Grace 纤维试件＜掺2kg 深圳纤维试件＜掺2kg Grace 纤维试件。

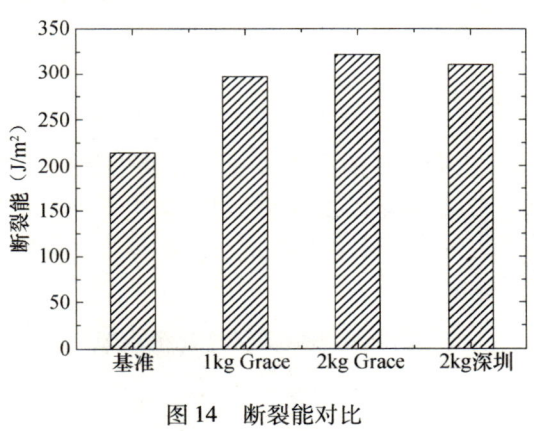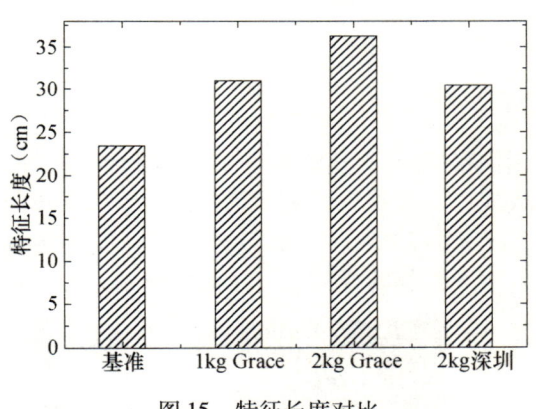

图 14　断裂能对比　　　　　　　　　图 15　特征长度对比

5　结论

（1）C120 超高性能混凝土加入纤维后可有效增强超高性能混凝土的断裂韧性，随着纤维掺量的增加，混凝土的断裂能增大。相同掺量时，纤维种类不同，混凝土断裂能亦有差异。

（2）脆性特征长度是表征混凝土脆性程度的物理量。特征长度越短，混凝土脆性越大。根据试验结果可以看出，随着纤维掺量的增加，混凝土的韧性增加。

参考文献

[1] 冯乃谦. 高性能混凝土结构 [M]. 北京：机械工业出版社，2004.
[2] 孙玉龙，徐宁等. 聚丙烯纤维对混凝土韧性的影响研究 [J]. 工程技术，2007（32）：53.

超高性能混凝土的抗火性能与对策研究

中建四局课题组

【摘　要】 本文在线测定了超高性能混凝土在不同温度和荷载下所发生的变化情况。检测了C120基准混凝土与含 $1kg/m^3$ 及 $2kg/m^3$ 有机纤维的C120混凝土，在30%的极限荷载下，在高温200℃、300℃、400℃的失效情况。

【关键词】 在线测定；超高性能混凝土；含纤维混凝土；基准混凝土

The Research of Fire-resistant Property and Strategy of Ultra-high Performance Concrete

Research Group of China Construction Fourth Engineering Division Corp. Ltd

【Abstract】 In the paper we measure online the change of ultra-high performance concrete under different temperature and load, and test invalidation under 30% ultimate load at 200℃、300℃、400℃ separately on C120 fiducial concrete mixed with $1kg/m^3$ and $2kg/m^3$ rganic fiber.

【Key words】 ultra-high performance concrete; online measurement; concrete mixed with fiber; fiducial concrete

强度等级≥C100的超高性能混凝土抗火性能的试验与研究，目前在国内还没有普遍展开。然而，在火灾发生的过程中，由于超高性能混凝土过火温度过高，使混凝土建筑物大面积爆裂，钢筋裸露在外（图1、图2），致使建筑物严重受损，甚至报废，给人民的生命和财产造成一定的损失，同时也加大了社会废弃物的排放量，从而影响到人类的生活环境与质量。

图1

图2

中建四局深圳京基大厦C120超高性能混凝土的科研小组，对超高性能混凝土的抗火性能进行了反复的研究与试验，从试验中找出了某种规律性，并针对性地采取了相应的对策，从而使超高性能混凝土的抗火性能研究取得了一定的进展。

1 试验用原材料

(1) 水泥：南京小野田 P·Ⅱ52.5 水泥；

(2) 纳米微珠：昆明产的平均粒径≤1μm 的微珠，比表面积为 $12000cm^2/g$；

(3) 硅灰：遵义埃肯硅灰，比表面积为 $200000cm^2/g$；

(4) 矿粉：广东江门超细矿粉，比表面积为 8500cm²/g；
(5) 粗骨料：深圳产花岗岩碎石，5~10mm 粒级和 10~20mm 粒级配合使用；
(6) 细骨料：深圳水洗海砂或河砂，细度模数 $M = 2.6 \sim 2.8$；
(7) 高效减水剂：佛山巴斯夫聚羧酸减水剂，固含量 40%；
　　　　　　　科研小组复配的萘系 - 氨基磺酸盐系减水剂；
(8) 聚丙烯纤维：格雷斯 19mm 纤维。

2　超高性能混凝土配合比

按照试验组前一阶段的研究成果，耐火试验 C120 混凝土的配合比见表 1。

表 1　混凝土配合比　　　　　　　　　　　　kg/m³

水胶比	水	水泥	微珠+硅粉+矿粉	海砂	碎石		外加剂掺量	纤维用量	钢筋
					5~10mm	10~20mm			
0.174	122	550	150	750	285	665	1.3	0	无
0.174	122	550	150	750	285	665	1.4	1	无
0.174	122	550	150	750	285	665	2.17	2	无
0.18	135	500	250	700	300	700	1.3	0	有

成型的试件尺寸有三种，分别为：100mm×100mm×300mm、φ100mm×150mm、φ100mm×300mm，如图 3、图 4、图 5 所示。

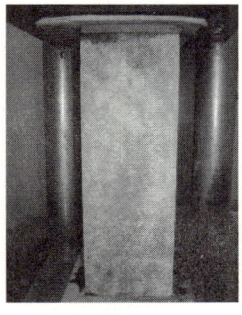
图 3　100mm×100mm×300mm 试件

图 4　φ100mm×150mm 试件

图 5　φ100mm×300mm 试件

3　试验设备

(1) 加热部分：由京基科研小组自行设计，委托沈阳某设备加工厂进行生产和加工，如图 6~图 8。

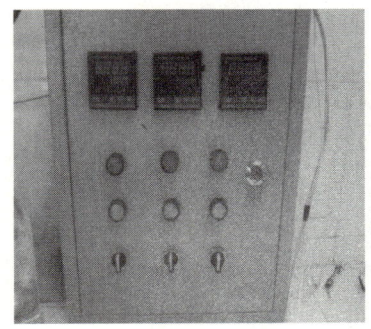
图 6　控制箱

图 7　棱柱体加热套

图 8　圆筒式加热套

(2) 加荷部分：采用 2000kN 的数显式压力机。

4 研究方案

为模拟超高性能混凝土承受荷载条件下在火灾发生时的实际抗火性能,将抗火性能试验方案设计如下:

(1) 取四种类型试件各一块,用作棱柱体轴心抗压强度试验,并记录试验值;

(2) 在确定各类型试件轴心抗压强度试验值的基础上,以试验值的30%作为该类型试件进行抗火性能测试的恒载强度;

(3) 将试件放到压力机上,开始缓慢加压,待加压至恒载强度时,则降低加荷速度,使力值约保持在恒载强度;

(4) 恒载同时,用加热套对试件进行加热,分别加热至200℃、300℃、400℃。每块试件的加热过程需要控制在20~30min,待加热至所需温度后即开始恒温30~40min,以便使热量充分传导至整块试件;

(5) 恒温至规定时间后,立即将加热套拆除,放在适当位置,并对试件表面的变化情况进行观察记录(为防止试件热量流失,温度过低,此过程需要尽快完成)。

5 测定结果

5.1 基准试件

(1) 图9为基准试件在200℃恒温恒载作用下的变化情况。从图中可以观测到试件表面有剥落现象,尤其是棱角处,不同程度地出现了轻微的爆裂,爆裂次数多达十次,这是混凝土试件在高温与荷载共同作用下表面出现剥落的主要原因;

(2) 图10、图11为基准试件在300℃恒温恒载作用下的变化情况。在整个过程中,试件出现了高达几十次的爆裂,致使表面大面积剥落且出现了一定的裂纹;圆柱体试件,其破坏更加严重,卸荷时曾出现爆炸;

(3) 图12为基准试件在400℃恒温恒载作用下的变化情况。从图中可以看出,试件由于受热温度过高,出现次数很多的爆裂现象,并且在恒温过程中发生爆炸,质量损失比较严重,已无法继续承受荷载。

图9

图10

图11

图12

5.2 掺 1kg/m³ 聚丙烯纤维试件

（1）图 13 为掺 1kg/m³ 聚丙烯纤维试件在 200℃恒温恒载作用下的变化情况。从图中可以看出，试件表面仅出现了数量极少的细微裂纹，整体上没有太大的变化；

（2）图 14、图 15 为掺 1kg/m³ 聚丙烯纤维试件在 300℃恒温恒载作用下的变化情况。图中试件表面所观测到的裂缝，主要是在拆除加热套以后的观测阶段，试件本身与外界的热量交换所引起的，而恒温恒载本身并没有对试件造成影响；圆柱体试件的情况与棱柱体基本一致；

（3）图 16 为掺 1kg/m³ 聚丙烯纤维试件在 400℃恒温恒载作用下的变化情况。从图中观测可以得知，掺 1kg/m³ 聚丙烯纤维试件即使在 400~500℃的高温下也不会出现爆裂现象；只是在试件表面出现了纵穿试件的裂缝，而且纵向裂缝的两侧也出现了不同程度的横向裂缝连接试件的各个表面，同时在试件表面出现了大量的龟纹。

图 13　　　　　　　图 14　　　　　　　图 15　　　　　　　图 16

5.3 掺 2kg/m³ 聚丙烯纤维试件

（1）图 17 和图 18、图 19 分别为掺 2kg/m³ 聚丙烯纤维试件在 200℃、300℃恒温恒载作用下的变化情况。从图中可以看出，三组试件在恒温恒载后均未出现任何变化，试件完好无损；

（2）图 20 为掺 2kg/m³ 聚丙烯纤维试件在 400℃恒温恒载作用下的变化情况。观测该图可以看出，掺 2kg/m³ 聚丙烯纤维试件在 400~500℃的高温下也不会出现爆裂现象，只是会出现一些裂缝与裂纹。

 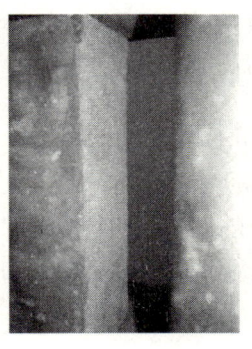  

图 17　　　　　　　图 18　　　　　　　图 19　　　　　　　图 20

5.4 钢筋混凝土试件

在 C120 混凝土中配制一定钢筋，观察承载及加热变化。

图 21、图 22 分别为配制钢筋的混凝土 ϕ100mm×150mm、ϕ100mm×300mm 试件在 300℃恒温恒载作用下的变化情况。从图中可以看出，钢筋混凝土试件在高温荷载的情况下出现的爆裂现象严重，致使所配制钢筋裸露于外，混凝土质量严重受损，无法再继续承受荷载。

图 21　　　　　　　　　　　　　　　　图 22

6　对比分析

科研小组成员通过汇总以上试验观测情况，对整个模拟超高性能混凝土承受荷载条件下在火灾发生时实际的抗火性能变化过程进行对比分析，得出以下几方面：

（1）试件受热温度的变化对超高性能混凝土的影响较大。尤其是基准混凝土试件，300℃时所发生的爆裂较200℃时的次数更多、更严重，试件表面的裂缝以及裂纹条数也相应增多、增宽，试件表面剥落面积增大，最终在400℃时的恒温阶段发生爆炸，无法继续承受荷载。

（2）在300℃的条件下，配制钢筋的超高性能混凝土试件的受损情况更严重。基准混凝土只是试件表面出现了剥落现象，而配制钢筋的混凝土试件则发生严重的爆裂，导致钢筋裸露，混凝土质量严重受损。

这主要是由于钢筋混凝土中钢筋本身的受热膨胀所造成的。因为基准混凝土试件在高温条件下只受自身热胀产生的应力影响而出现爆裂现象，而钢筋的试件则除了受自身热胀的影响外，还需要承受钢筋热胀产生的应力，因此所出现的爆裂更加频繁、更加严重。

（3）在超高性能混凝土中掺入一定量的聚丙烯纤维，可以明显改善超高性能混凝土的抗火性能。在200～300℃受热温度下，掺入聚丙烯纤维的试件基本上没有发生变化，尤其是掺2kg/m³ 聚丙烯纤维的试件，受热后与常温下基本无异，即使是在400～500℃的高温下也没有出现爆裂现象，只是出现一些裂缝与裂纹。

这是由于掺入聚丙烯纤维的试件在整个加热及恒温过程中，所掺入的聚丙烯纤维受热到一定温度后会逐渐融化，从而导致试件中的毛细管数量增多，为所融化的聚丙烯纤维溶液、试件中原有的水分及蒸汽提供了流动所需的通道，也为混凝土自身受热产生的膨胀应力及热量的传导提供了一定的空间，使得混凝土产生爆裂的可能性降低，最终保证混凝土试件在遭受火灾后整体上仍然比较完整。

这正好与目前关于高性能混凝土爆裂机理中的突出观点之一（蒸汽压机理）不谋而合。蒸汽压机理是指高温（火灾）下高性能混凝土体内所含水分受热蒸发成水蒸气。水蒸气无法及时扩散排出混凝土的表面而在混凝土内部产生了蒸汽压，当这种蒸汽压达到一定数值时，即引发了爆裂。而混凝土中掺入的纤维，在高温（火灾）下即会融化，成为混凝土内部水分及热气的排出管道，减少混凝土的爆裂发生。

7　结论

超高性能混凝土作为一种水灰比低、强度高、密实度高、抗渗性强的高脆性人工合成材料，在遭遇火灾时易于发生爆裂，而使混凝土强度下降。但如果在其中掺入一定量的聚丙烯纤维，则不仅可以在一定程度上提高其强度及韧性，而且在火灾及高温情况下也能够融化，转化为水蒸气及热量应力的扩散通道，从而保证混凝土建筑物能够在荷载情况下持续较长时间而不会遭受严重损失，给消防队员足够的时间来保证人民群众的生命与财产安全。

参考文献

[1] 胡萍,黄慎江. 高性能混凝土的耐火性能的分析[J]. 工程与建设,2009,23(1).
[2] 冯乃谦. 高性能混凝土结构[M]. 北京:机械工业出版社,2004.
[3] 傅宇方,黄玉龙等. 高温条件下混凝土爆裂机理研究进展[J]. 建筑材料学报,2006,9(3).
[4] 李丽娟,谢伟锋,刘锋等. 100MPa高强混凝土高温后性能研究[J]. 建筑材料学报,2008,11(1).

第二部分

综　　述

高性能混凝土研究方向前瞻

关国雄[1,2]　冯怀善[1]　陈嘉健[1]

1. 香港大学土木工程系
2. 香港混凝土学会

【摘　要】　现代土木基建工程的不断发展对混凝土提出了越来越苛刻的要求，包括高强度、高工作性、高耐久性和高体积稳定性等。然而，由于高性能混凝土的各方面性能经常会互相抵触，生产同时满足各方面高性能要求的混凝土面临着相当的困难。目前混凝土的发展因此遇到了瓶颈，要攻克这个难题就必须采用科学的混凝土研究方法。作者在本文中论述了填充密度、水膜厚度和颗粒间相互作用等新混凝土颗粒学理论，亦阐述了绿色混凝土技术的必要性和发展方向。我们相信通过混凝土科学技术的进一步发展，将能生产出更优质的高性能混凝土满足土木基建工程持续发展的需要。

【关键词】　高性能混凝土；填充密度；颗粒学；持续性

Foresight of Research Directions for High-Performance Concrete

A. K. H. Kwan[1,2]　W. W. S. Fung[1]　J. J. Chen[1]

1. Department of Civil Engineering, HongKong University
2. Institute of Concrete of HongKong

【Abstract】　The continuous development of civil infrastructure has been imposing more and more stringent requirements on concrete, including high strength, high workability, high durability and high dimensional stability. However, since the various performance attributes of high-performance concrete (HPC) are often contradictory to each other and thus difficult to achieve simultaneously, the development of HPC has come to a bottle neck. To cope with such situation, a more scientific approach is needed. Here, we explain how the conventional concrete technology could be reformed into modern concrete science by incorporating new theories about packing density, water film thickness and particle interaction, and discuss the societal need and future development of green concrete. It is our belief that with further advancement in concrete science and technology, even better HPC could be produced for sustainable construction.

【Key words】　high-performance concrete; packing density; particuology; sustainability.

1　前言

毫无疑问，混凝土是目前世界上使用最为广泛的建筑材料。历年来，它大量用于楼房、桥梁、公路、堤坝等各式各样土木基建工程中。根据Glavind和Munch-Petersen（2002）的资料，2002年全世界混凝土用量达到50亿立方米，Mehta（2001）更加预测混凝土的用量会每10年翻一番。因而，开展对混凝土性能和其对环境影响的研究非常重要。

或许对于一般人而言，所有混凝土无论新旧表面上都非常相似，但事实上，现代混凝土技术的发展已经踏入一个与传统混凝土完全不同的时代。50年前，人们生产混凝土还只是用1∶2∶4和1∶1∶2的常规配比，抗压强度也只有15~25MPa。虽然水灰比已经被发现是影响混凝土强度的主要因素，但实际配比时水量多少并没有具体限定和计算方法。减水剂和高效减水剂当时亦没有开始应用，因而也无法用其增加工作性而减小用水量的方法来提升混凝土的强度。

20世60年代，木质素磺酸系增塑剂开始面世；到了70年代，三聚氰胺系和萘系增塑剂开始被生产使用，由于其优良的减水效果，这类化学外加剂正式被称为减水剂；发展到近年，效果更佳的聚羧酸系减水剂已经可以通过分子合成的方法被广泛生产。这些增塑剂主要用来减少混凝土拌合用水量，从而减少水灰比来提高强度。因而，增塑剂就被逐渐称为减水剂甚至高效减水剂。

随着减水剂的发展应用，超过60MPa的高强度混凝土开始在1980年代面世，但其缺点也逐渐呈现出来。首先，高强度混凝土早期强度不足；其次，其高水泥含量和高水泥浆体积比经常导致早期热膨胀收缩和后期干燥收缩偏大，其体积稳定性并不能使人们感到满意；再次，由于高强度混凝土较为粘稠而较难振捣，其工作性亦往往并不能达到可泵性的高要求；最后，基于人们普遍认为由低水灰比配置而成的高强度混凝土自然具备高耐久性，提高混凝土结构耐久度的重要性往往被忽视。而事实上，水灰比只是影响高强度混凝土耐久性的一个因素，其耐久性还可以通过添加矿物外加剂等方法得到进一步提高。

自1990年以来，混凝土技术得到飞速发展，目前高性能混凝土强度能达到100MPa以上，工作性能满足垂直泵升300m，耐久性能在海洋环境中耐久120年，温升亦能得到有效限制而省却养护时的额外冷却措施。当然，我们不能固步自封满足于现在混凝土技术所取得的成就，还须对混凝土存在的问题作进一步深入研究。首先，目前混凝土研究大多数是通过调整混凝土中各成分配比做经验研究，这种方法存在着试验麻烦，耗时多，不能对配比各成分性能的潜在改变做出快速反应的问题；其次，目前使用高效减水剂虽然是能很有效地提高工作性和减少用水量，但存在的问题是高效减水剂添加稍微过量就很容易造成离析和泌水。从混凝土生产的角度考虑，我们需要的不仅仅是高性能，还要高鲁棒性（鲁棒性是指混凝土在各种配比成分用量、性能等改变时，无论改变是否可预知，均能保持高性能的能力）；最后，亦最重要的是，在生产混凝土过程中需消耗大量的水泥，但水泥的生产必须以产生大量CO_2为代价而对环境造成很大的影响。因此，我们要考虑的是不仅仅要生产高性能混凝土，还要生产碳排放量尽可能少的绿色混凝土来达到生态环境的可持续发展。

此外，高性能混凝土的各方面性能经常会互相抵触，很难做到同时达到高强度、高工作性、高耐久性、高体积稳定性等一系列的高要求，所以优化配比达到全方位的高性能要求非常重要。从生产的角度而言，足够的鲁棒性也必须纳入考虑的范围。要设计混凝土配比使其达到各方面性能的高要求和拥有足够的鲁棒性，我们就必须具备各配比材料影响混凝土各方面性能机理的深入了解。为推动高性能混凝土的发展应用，香港大学土木工程系已经开展了超过20年的研究，从研究成果中提出了一系列混凝土科学的理论和研究方法，这些理论相信能把传统的混凝土技术提升到现代化的混凝土科学。

2 固体颗粒的填充密度

从宏观角度看，混凝土可以被认为是由骨料和水泥浆两部分组成。在骨料部分中，固体颗粒的粒径范围涵括75μm到最大粗骨料粒径（10mm、20mm或者40mm）。中粒径颗粒能填充大粒径颗粒之间的空隙，而小粒径颗粒又能填充中粒径颗粒之间的空隙，各粒径大小如此连续的填隙作用能有效减少空隙的体积，增大整个骨料部分的填充密度。因为水泥浆需要先填充骨料部分的空隙，填隙以外的水泥浆才能用于润滑、带动混凝土流动，所以在水泥浆体积一定时，提高骨料填充密度能增加混凝土工作性，或在流动性要求相同时减少水泥浆的体积。Powers（1968）早在20世纪60年代已经提出了此填充理论，该理论参看图1。

从微观角度看，水泥浆可以被认为是由水泥及煤灰材料等凝胶微粒和水两部分构成。在凝胶微粒部分中，固体颗粒的粒径范涵括从小于1~75μm。和宏观观察到的骨料填充效应一样，由较小粒径颗粒产生的连续、系列填隙作用同样能有效减少凝胶材料中空隙的体积，增加填充密度。因为水需要先填充凝胶材料部分的空隙，填隙以外的水才能用于润滑、带动整个水泥浆流动，所以在水体积一定时，提高凝胶材料填充密度能增加混凝土工作性，或在流动性要求相同时减少水的体积。这种填充效应理论实质上是 Powers 理论在微观结构方面的延伸。然而，与在应用宏观和微观填充效应时不同的是，骨料填充密度可以用干测量法来测量，而凝胶材料填充密度由于材料间的凝聚现象很难同样用干测量法来有效准确测量。长期以来，由于缺乏可靠的方法测量凝胶材料的填充密度，其填充效应理论只是停留在猜想阶段。

为了攻克测量凝胶材料填充密度的问题，香港大学土木工程系经过长时间的研究探讨提出了湿测量法（Wong and Kwan 2008a；Kwan and Wong 2008a）。事实上，因为在实际情况下凝胶材料是和水混合搅拌形成水泥浆，用湿测量法测量凝胶材料间的填充密度比用干测量法更为合理和准确。提出的湿测量法是把凝胶材料分别与不同水量的水混合搅拌均匀并逐一测量其固体体积占总堆积体积的百分比，其中最大的固体体积占总堆积体积的百分比即是凝胶材料的填充密度。应用湿测量方法，水泥浆中气泡的影响和减水剂的作用也能准确顾及到。因此，如果在配置混凝土时添加了减水剂，等量的减水剂也应在湿测量方法时添加。通过填充密度模型理论值和该湿测量法测量结果的对比，可以证明湿测量法误差小于 3%（Wong and Kwan 2008b；Kwan and Fung 2009），因而该湿测量法的准确性相当可靠。

添加各种矿物外加剂对提高填充密度的效果可用该湿测量方法证明（Wong, Ng, Ng and Kwan 2007）。添加硅灰等矿物外加剂，能有效填充水泥（或水泥+粉煤灰+粒化高炉矿渣）颗粒间的空隙，提高凝胶材料的填充密度，从而释放更多的水来润滑、带动水泥浆流动。一般来说，填充密度的大小很大程度取决于材料颗粒的粒径范围和分布，而较小取决于材料颗粒的形状。如果能优化材料颗粒的粒径范围、分布和形状而使材料的填充密度最大化，水泥浆的流动性就能得到大大的提高。为增大填充密度，我们当然可用反复调整配比进行测试的试验方法，但这种经验方法比较烦琐而且耗时较长。除此经验方法外，我们也可用填充效应模型进行计算。迄今为止，学界已提出了好几款填充效应模型，其中最著名的当数 De Larrard 的线性模型（De Larrard 1999）。目前香港大学土木工程系开发了一套计算填充密度的计算器程序，该程序能有效计算水泥浆、砂浆和混凝土中固体材料的填充密度，优化各材料的配比。此程序已经在两年前投入应用，目前还在通过采集更多的填充密度数据进一步完善中。

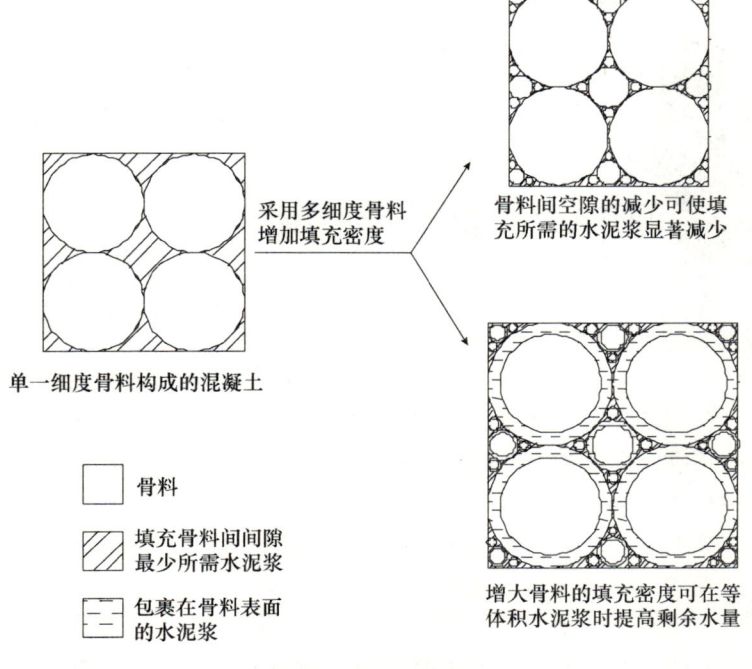

图 1　骨料填充密度

3 水膜厚度

经研究发现,水泥浆、砂浆和混凝土的流变性能不仅仅取决于填充密度,还取决于其固体颗粒的表面积大小。一般来说,固体颗粒的表面积越大,水泥浆、砂浆和混凝土的流动性就越小。该现象可很好地用水膜厚度的理论来解释,如图2所示。在等量剩余水(剩余水为从总水量中扣除填充固体颗粒间空隙所需部分后余下可用于润滑、带动水泥浆流动的水)的情况下,表面积越大水膜厚度就越小,反之亦然。显然,增大水膜厚度可提高流动性,而减小水膜厚度则会对流动性造成不利影响。由此理论出发,香港大学土木工程系提出了平均水膜厚度(简称水膜厚度)的理论模型,其大小等于剩余水与固体颗粒总表面积之比值。平均水膜厚度已经被证明为决定水泥浆、砂浆和混凝土流变性和粘聚性的主要因素(Kwan and Wong 2008b;Wong and Kwan 2008c;Kwan, Fung and Wong 2010)。更重要的是,历年来发现对流变性和粘聚性影响的因素包括了水量、固体颗粒填充密度和固体颗粒表面积,而这众多因素的影响可简单归结为水膜厚度该单一因素的影响,解决了多年来不知诸多因素如何对流变性和粘聚性产生综合作用的难题。

一直以来,优化水泥浆、砂浆和混凝土配比的方向是使其填充密度最大化(De Larrard and Sedran 1994)。然而,添加硅灰、超细粉煤灰、超细粒化高炉矿渣、微石灰石粉和超细水泥等充填材料虽然可以提高填充密度,但同时亦会导致固体颗粒表面积大大增加。既然决定流变性的主要因素是水膜厚度,因此我们应最大化水泥浆、砂浆和混凝土的水膜厚度而不应是填充密度。香港大学土木工程系通过试验证明(Fung and Kwan 2010)发现,添加硅灰等超细微充填材料增大或减小水膜厚度均有可能,这视乎水泥浆或砂浆水量的多少,见图3。当水量少时,添加硅灰对填充密度的增加效果比对固体颗粒表面积的增大效果显著,此时水膜厚度随着硅灰掺加量增大而增大;而当水量大时,添加硅灰对填充密度的增加效果则较对固体颗粒表面积的增大效果为小,此时水膜厚度随着硅灰添加量增大而减少。

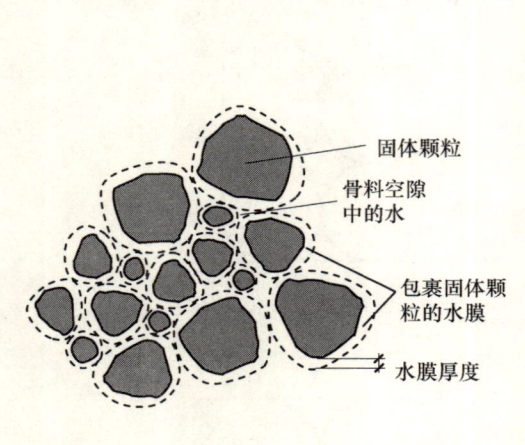

图2 水膜厚度

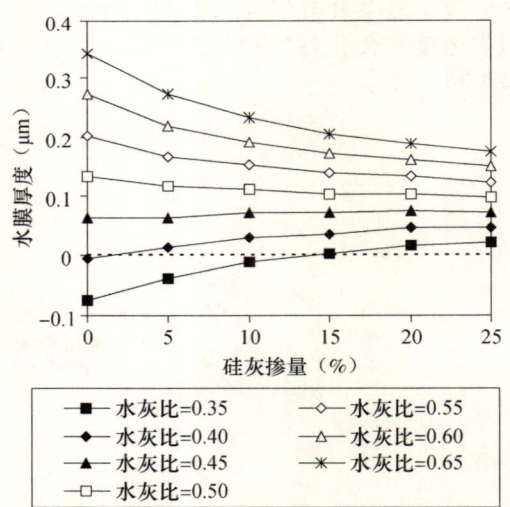

图3 硅灰掺量对水膜厚度的影响

考虑到配比优化应是最大化水膜厚度而不是填充密度,香港大学土木工程系开发的计算器程序已经调整升级到计算水泥浆、砂浆和混凝土的水膜厚度。此外,该程序已经具备通过反复逐步调整颗粒粒径分布来使水膜厚度最大化的功能,目前还在最后调试阶段。

4 颗粒间相互作用

当固液相混合物一齐流动时,其中的固体颗粒相互摩擦碰撞,此现象在固液混合物流过窄口时尤为明显。混合物内会出现位于不同层间的颗粒的剪切现象,一层中的颗粒会与邻近层的颗粒以一定的倾角碰撞再横向偏移，形成流动液固混合物里的不规则横向膨胀，需要维持固液混合物流动状态所需的剪切应力会随之增大。而在流经窄口的时候，固体颗粒很容易搁浅堆积而堵塞此入口。因此，固液混合物里的颗粒间相互作用会严重减小其流动性以及窄口通过能力。

香港大学土木工程系的研究表明，固液相混合物中的颗粒间相互作用导致窄口通过能力减小的影响程度取决于颗粒大小与窄口大小的比值，见图4。颗粒大小与窄口大小的比值越大，颗粒间相互作用越明显，窄口通过能力越小；当颗粒大小与窄口大小的比值低于0.2时，此比值对窄口通过能力的影响则可以忽略。一般来说，细粒径材料的颗粒间相互作用比大粒径材料的要小。

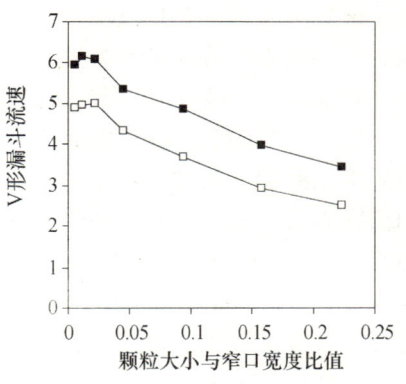

图4 颗粒细度对V形漏斗流速的影响

有趣的是，我们发现加大细颗粒材料的添加量直至其超过填充较大颗粒材料间空隙所需数量时，固液混合物的窄口通过能力能得到明显改善，见图5。出现这种现象的原因可能是增加细颗粒材料直至其超过填充较大颗粒材料间空隙所需数量，可产生一层剩余细颗粒（剩余细颗粒为从总细颗粒中扣除填充较大颗粒间空隙所需部分后所余下的颗粒）。此剩余细颗粒层可增加粗颗粒之间的距离，减小粗颗粒之间的相互作用。此外，此剩余细颗粒层还可以发挥滚珠效应，减小粗颗粒之间相对运动的阻力。因此，掺加超过填充较大颗粒材料间空隙、使填充密度最大化所需数量的细颗粒可以增加流动性和窄口通过能力。再一次可以看出，无论对于水泥浆、砂浆还是混凝土来说，填充密度最大化和性能最优化并非一定一致。

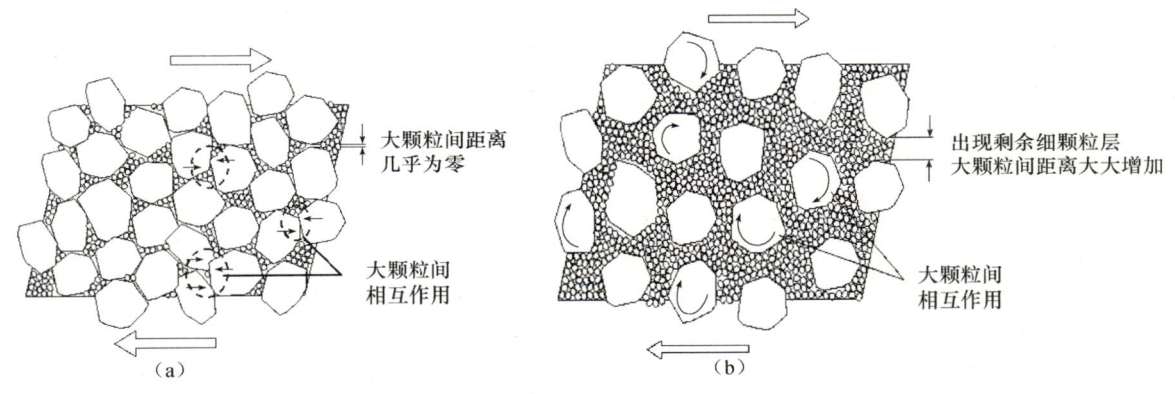

图5 剩余细颗粒的作用
(a) 大颗粒间的相互作用；(b) 小颗粒间的相互作用

5 混凝土科学中的颗粒学理论

上述讨论的理论，诸如填充密度、水膜厚度和颗粒间相互作用等，实质上属于颗粒学的范畴。适用于混凝土的这一部分理论目前还处于初始起步阶段，对于绝大部分的混凝土工程师来说还较为陌生。事实上，我们可以通过线性填充密度模型，方便地从水量和颗粒分布状况计算出填充密度、水膜厚度和剩余细颗粒层厚度等。目前我们香港大学土木工程系正在努力开发此计算器程序进行混凝土颗粒学方面的计算。可以预见的是，通过填充密度、水膜厚度和颗粒间相互作用等颗粒学方面的研究，我们将能更好地对水泥浆、砂浆和混凝土的流变性和粘聚性有一个深入透彻的了解。

6 绿色混凝土

众所周知，水泥是生产混凝土必不可少的材料。而实际上每生产1t的混凝土需要排放约1t的CO_2，不可避免地制造了大量的温室气体。据统计，全球温室气体中多达7%~8%来源于水泥的生产。

由于混凝土需求量与日俱增（Mehta 2001），这个比例势必还会越来越大，给生态环境带来了沉重的包袱。为了生态环境的可持续发展，我们的土木基建工程就必须走绿色道路，尽可能地减少水泥的消耗量。就混凝土行业而言，我们把能有效减少水泥消耗量的混凝土称为绿色混凝土。

值得一提的是，绿色混凝土并不单单指单位体积水泥用量少的混凝土。要做到减少 CO_2 的排放，我们除了减少水泥在混凝土中的含量外，还可以减少建筑所需的混凝土量和提高结构的使用寿命。例如，在承重一定时，应用高强度混凝土可以显著减少所需的混凝土量。新落成的 70 层高的香港港岛东中心采用了 Grade 100 混凝土，和传统的 Grade 45 混凝土相比在垂直构件上节省了 30% 的混凝土用量（Zheng，Chan and Kwan 2009）。因为 Grade 100 混凝土和 Grade 45 混凝土中的水泥量几乎一样（提高混凝土强度采用添加粉煤灰和硅灰的方法而不是增加水泥用量），混凝土量的减少大大减少了水泥量的消耗。此外，由于 Grade 100 混凝土比传统混凝土在耐久性上优胜，它能把建筑结构的设计寿命从 50 年延长到 75 年甚至 100 年，这就能减少建筑结构重建的频率从而减少年均水泥消耗量。因此，高强度、高耐久性的高性能混凝土实质上就是绿色混凝土。

7 结论

随着化学外加剂和矿物外加剂的出现，混凝土技术发展迅速，各式各样的高性能混凝土也已经面世。然而，混凝土技术的研究大多数还是依靠大量的配比试验，经验研究居多而缺乏科学系统的理论，很多方面还未能达到透彻的了解。在过去的 20 年里，香港大学土木工程系已经开始了混凝土材料理论方面的研究，提出了包括填充密度、水膜厚度和颗粒间相互作用等颗粒学的理论。基于所提出的颗粒学理论，我们开发了能从成分配比预测混凝土性能的计算模型和程序，目前正处于最后运行调试阶段。可以期待的是，这套计算器软件能帮助我们优化高性能混凝土的成分配比和在材料性质有变动时做出及时快速的反应。最后，我们总结出高性能混凝土实质上就是绿色混凝土。通过优化混凝土配比，我们就能减少水泥的消耗量，有效降低 CO_2 的排放，实现生态环境的可持续发展。

参考文献

[1] Cusens, A. R. (1991). "Presidential address-concrete steps to construction's future", Structural Engineer, November, pp. 365~368.

[2] De Larrard, F. and Sedran, T. (1994). "Optimization of ultra-high-performance concrete by the use of a packing model", Cement and Concrete Research, Vol. 24, No. 6, pp. 997~1009.

[3] De Larrard, F. (1999). Concrete Mixture Proportioning: A Scientific Approach, E & FN Spon, London.

[4] Fung, W. W. S. and Kwan, A. K. H. (2010). "Role of water film thickness in rheology of CSF mortar", Cement and Concrete Composites, in press.

[5] Glavind, M. and Munch-Petersen, C. (2002). "Green Concrete-A Life Cycle Approach", Proceedings of Challenges of Concrete Construction, September, 2002.

[6] Kwan, A. K. H. and Fung, W. W. S. (2009). "Packing density measurement and modelling of fine aggregate and mortar", Cement and Concrete Composites, Vol. 31, No. 6, July, pp. 349~357.

[7] Kwan, A. K. H., Fung, W. W. S. and Wong, H. H. C. (2010a). "Water film thickness, flowability and rheology of cement-sand mortar", Advances in Cement Research, Vol. 22, No. 1, pp. 3~14.

[8] Kwan, A. K. H. and Wong, H. H. C. (2008a). "Packing density of cementitious materials: part 2-packing and flow of OPC + PFA + CSF", Materials and Structures, Vol. 41, No. 4, pp. 773~784.

[9] Kwan, A. K. H. and Wong, H. H. C. (2008b). "Effects of packing density, excess water and solid surface area on flowability of cement paste", Advances in Cement Research, Vol. 20, No. 1, January, pp. 1~11.

[10] Mehta, P. K. (2001). "Reducing the Environmental Impact of Concrete", Concrete International, ACI, October, pp. 61~66.

[11] Powers, T. C. (1968). The Properties of Fresh Concrete, John Wiley & Sons, New York.

[12] Wong, H. H. C. and Kwan, A. K. H. (2008a). "Packing density of cementitious materials: part 1-measurement using a

wet packing method", Materials and Structures, Vol. 41, No. 4, pp. 689~701.

[13] Wong, H. H. C. and Kwan, A. K. H. (2008b). "Packing density of cementitious materials: measurement and modelling", Magazine of Concrete Research, Vol. 60, No. 3, April, pp. 165~175.

[14] Wong, H. H. C. and Kwan, A. K. H. (2008c). "Rheology of cement paste: role of excess water to solid surface area ratio", Journal of Materials in Civil Engineering, ASCE, Vol. 20, No. 2, pp. 189~197.

[15] Wong, H. H. C., Ng, I. Y. T., Ng, P. L. and Kwan, A. K. H. (2007). "Increasing packing density through blending cement, fly ash and silica fume to improve cement paste rheology", ACI Special Publication SP-242, pp. 433~446.

[16] Zheng, H. W., Chan, F. W. Y. and Kwan, A. K. H. (2009). "High-performance concrete for green construction", Proceedings of 7th International Conference on Tall Buildings, Hong Kong, China, October, 2009, pp. 163~170.

混凝土技术的回顾与展望

冯乃谦

清华大学老科技工作者协会，北京，100084

【摘　要】 1824年发明水泥以后，由于水泥能把砂石粘结在一起成为一个整体，出现了现代混凝土。在应用过程中，为了解决混凝土的脆性，出现了钢筋混凝土。为了克服钢筋混凝土的开裂，又出现了预应力钢筋混凝土、纤维增强混凝土等。为了提高混凝土材料本身的性能，开展了骨料、界面及水泥石方面的研究。高效减水剂、矿物超细粉的发明与推广应用，使混凝土技术由普通混凝土向高性能混凝土、超高性能混凝土的方向发展。省资源、省能源、生态环保型的混凝土技术，成为低碳经济的重要内容，成为混凝土发展的方向。

【关键词】 水泥的发明；混凝土；高性能混凝土；超高性能混凝土；低碳技术

Retrospect and Prospect of Concrete Technique

Feng Naiqian

Old Science Association, Tsinghua University, Beijing 100084, China

【Abstract】 The modern concrete has come out since the invention of cement in 1824, which can gather sand and stone as a whole. In order to overcome the brittleness of concrete, the reinforced concrete come out. Then, to avoid the crack of reinforced concrete, prestressed concrete and fibre reinforced concrete have been invented. The study on aggregate, interface and set cement can help to discover how to develop the performance of concrete material. With the popularization and application of efficient water reducer and super fine mineral powder, the concrete technology developed from ordinary concrete to high performance concrete then to high performance concrete. Ecological concrete technology which save energy and resources become the important content of low-carbon economy, and it is the goal of the development of concrete.

【Key words】 invention of cement; concrete; high performance; concrete; ultra-high performance concrete; low carbon technology

引言

我国是一个混凝土技术悠久的国家。据考古发现，在宁夏，五千年前大地湾住宅群建筑（图1）的地面是用礓石煅烧后压碎铺筑而成。经过几千年的碳化作用变成了碳酸钙，地面光滑，和大理石类似，这是五千年前的混凝土，比古罗马的火山灰混凝土还要早3000年。古罗马利用火山灰、石灰为胶凝材料，将火山渣或砂石胶结起来，得到古罗马的混凝土。他们利用这种混凝土建造了教堂、斗兽场等建筑物，比较著名的有古罗马的万神庙。1824年英国的阿斯普丁发明

图1　大地湾建筑群遗址的混凝土地面

了波特兰水泥（Portland cement）。因这种水泥凝结硬化后颜色与英国波特兰的石头颜色相同，故由此命名。波特兰水泥将砂、石粘结在一起，就得到了现代混凝土。

可以说，20世纪60年代高效减水剂的发明与应用，使混凝土技术进入了高强度与高流态的新领域；20世纪的粉体工程，进一步使混凝土技术进入了高性能与超高性能的时代。

1 普通混凝土及其研究的课题

普通混凝土及其研究的课题如图2所示。

从普通混凝土的结构构造来分析，可看成是三相组成材料：水泥石、界面与骨料。为了提高混凝土的性能，水泥混凝土技术工作者对这三方面进行了长期有效的研究。

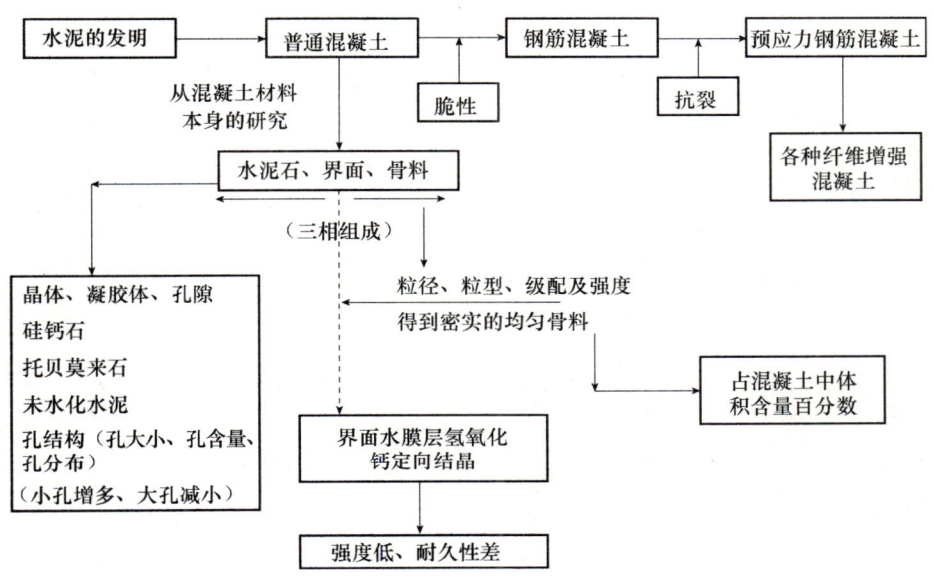

图2 普通混凝土研究的课题

1.1 骨料的研究

主要集中在研究粒径、粒型、级配、空隙率、强度和在混凝土中体积含量百分率等。

级配：连续级配和间断级配。级配好的骨料空隙率低、密实度高；配制混凝土时水泥浆用量相对降低；有利于流动性、强度与耐久性。

粒径与粒型：接近球状颗粒的骨料对强度和流动性均有利。在可能条件下，粒径大一些对流动性有利。但对HPC和UHPC来说，随着混凝土强度提高，粒径相对要降低。粗骨料的最大粒径≤20mm。

体积含量：体积含量为400L左右。

强度：母岩的抗压强度≥1.5倍混凝土强度或压碎指标≤10%，不宜采用碱活性骨料，如有潜在碱活性，必须要以预防为主。

骨料的饱和吸水率≤2.0%，这对混凝土强度与耐久性都很重要。

1.2 界面结构的研究

界面结构的研究主要内容是解决界面上$Ca(OH)_2$的富集和$Ca(OH)_2$的取向问题。大量研究证明：在混凝土中掺入超细粉可有利于这两方面的解决，如图3所示。

在混凝土中掺入10%的天然沸石超细粉后，界面上$Ca(OH)_2$的取向指数降低；界面过渡层上SiO_2/CaO增大；也即降低了界面上$Ca(OH)_2$的富集。体现出含10%的天然沸石超细粉的混凝土，其强度和耐久性都优于不含天然沸石超细粉的基准混凝土。微珠超细粉掺入混凝土中更加明显。因为微珠超细粉的平均粒径≤1.2μm、活性高、需水量低；界面结构更加密实（图4），混凝土强度和耐久性都优于基准混凝土。

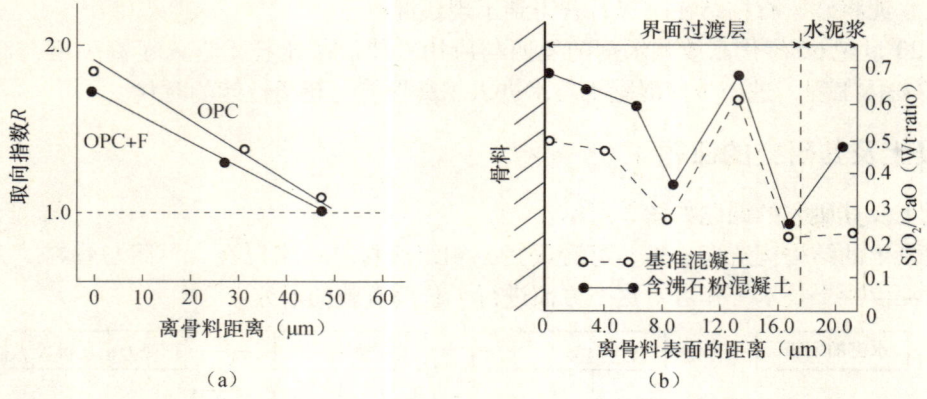

图 3 界面过渡层的 $Ca(OH)_2$ 取向和 SiO_2/CaO 的变化

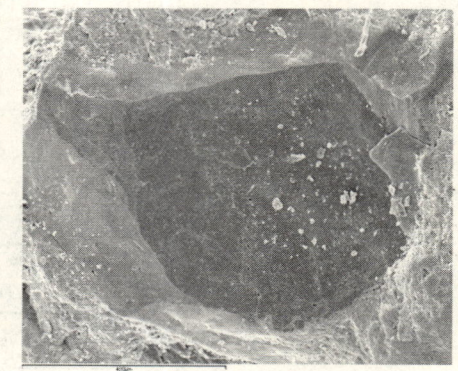

混凝土界面的局部放大 ×4000

图 4 混凝土界面的 SEM

矿物超细粉的应用解决了混凝土界面结构上的 $Ca(OH)_2$ 取向和富集问题；同时也解决了混凝土中水泥石的密实度和强度等问题。混凝土界的局部放大如图 4 所示。

20 世纪 80 年代粉体技术成为水泥混凝土技术研究的重要领域。挪威为了提高海洋工程混凝土的耐久性，在混凝土中掺入了硅粉，其结果不但提高了海洋工程混凝土的耐久性，而且强度和流动性也相应提高了！他们把这种混凝土命名为高性能混凝土（HPC）。挪威的混凝土强度也由 20 世纪 70 年代的 50MPa，提高到 90 年代的 100MPa。与此同时，日本开展了矿渣超细粉和球状水泥的研究，也取得了突破性的进展。在这一时期，美国开发和应用了 140MPa 的超高性能混凝土（UHPC）。我国上海建科院的沈旦昇先生为中国的粉煤灰推广应用做出了巨大的贡献。

1.3 水泥石的研究

该方面的研究可归结为水化物的形貌，水泥石的孔径大小与孔结构。从水化物的形貌来看，希望得到托贝莫来石或硬硅钙石型水化物（在 XRD 图谱 13.5Å），因此，在管桩生产中掺入磨细石英砂，并通过高压蒸养得到上述水化物，以获得高强度，如图 5 所示。

水泥石小孔增多，大孔减少，才能获得高强度。而超细粉掺入水泥石中，就能获得这样效果，如图 6 所示。含 20% 复合超细粉的水泥石含 >1000Å 的大孔减少，≤1000Å 的小孔增多，水泥

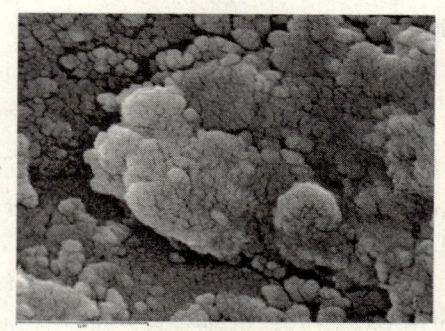

图 5 蒸压管桩混凝土的水化物（SEM×4000）

石获得高强度。

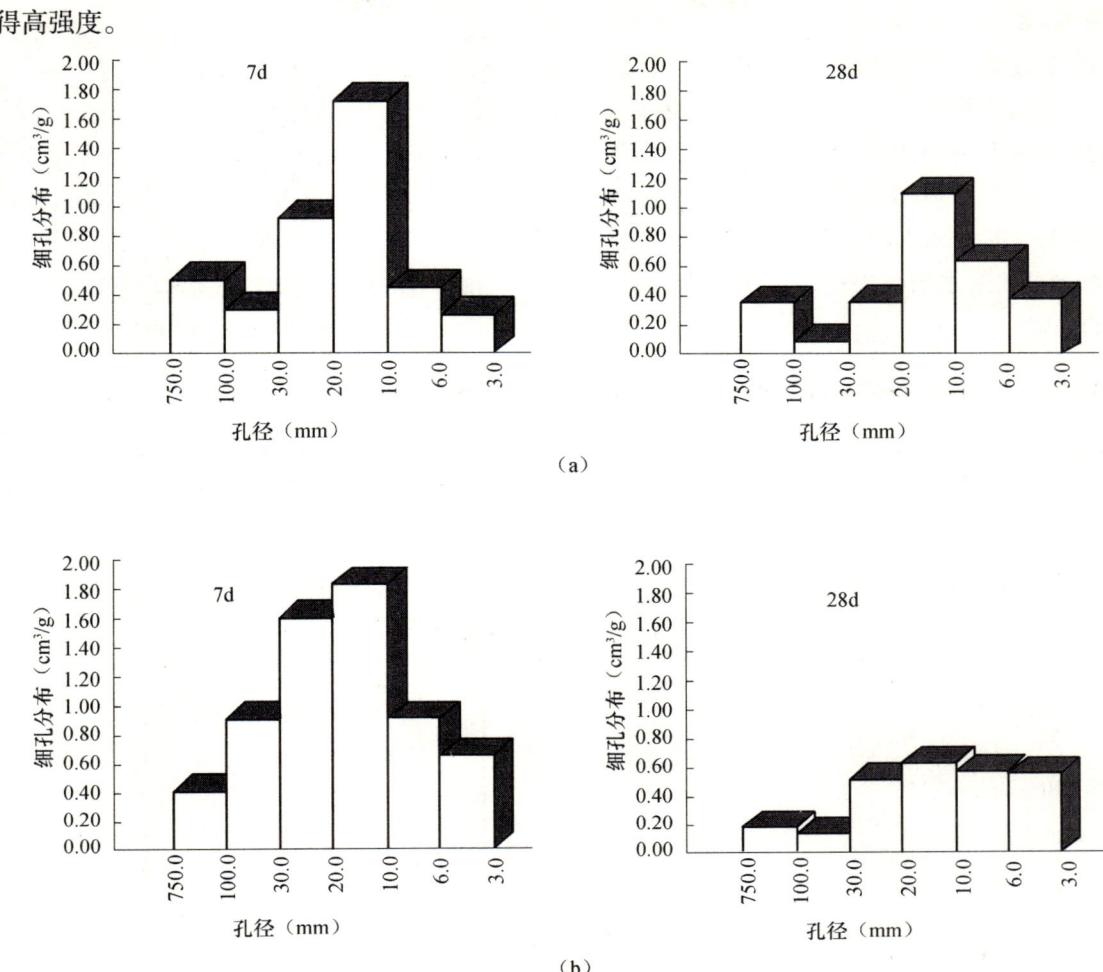

图 6　含与不含复合超细粉的水泥石孔结构
以 20% 复合超细粉等量取代水泥 W/C = 0.35，标养 7d，28d 的孔结构
（a）不含复合超细粉的水泥石孔结构；（b）含复合超细粉的水泥石孔结构

水泥石的强度和孔隙率的关系表明，当孔隙率降至 2.0% 以下时，强度可达 665MPa，如图 7 所示。不同学者，采用不同的技术手段，得到不同孔隙率与强度的水泥石。英国学者在试验室研究，可使水泥石的孔隙率在 2% 以下，强度达到了 665MPa；而另一部分学者，只能使水泥石的孔隙率在 8% 左右，强度相应也只有 100MPa 左右。对水泥石结构和强度的研究基础上，提出了 DSP 和 MDF 模型。

2　新型水泥基材料的发明

2.1　DSP——超细粒子密实填充的水泥材料（dandified system containing homogenously arranged ultra-fine particles）

Bache 总结了挪威、瑞典、丹麦等国家应用超细粉的经验，提出密实填充体系：硅酸盐水泥 + 超细硅粉。超细粉的粒径为水泥粒径 1/10 ~ 1/100 时，就可以达到微填充效果，如图 8 所示。Bache 强调密实填充的重要

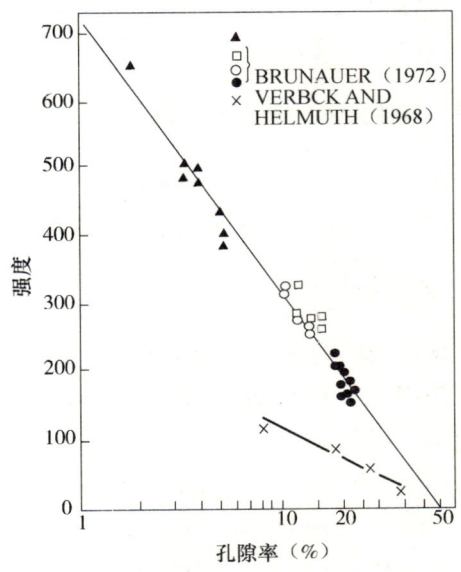

图 7　水泥石强度和孔隙率关系（寺村，坂井）

性。DSP的重要特征就是密实填充→密度最大填充，孔隙率最低。分散剂（聚羧酸系高效减水剂）的掺入，使相邻颗粒之间表面力的连接作用消除，粘性物质的应力场降低。20%～25%SF代替相应的硅酸盐水泥，$W/B=0.12～0.22$，抗压强度≥500MPa，弹模≥80GPa，抗弯75MPa。今后用高C_2S水泥+硅粉+聚羧酸系高效减水剂效果更好。该项技术成为HPC、UHPC的基础。

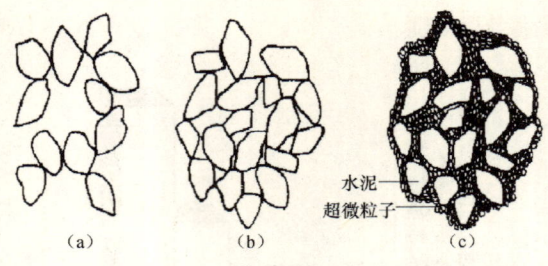

图8　DSP——超细粒子密实填充的水泥材料
（a）硅酸盐水泥浆；（b）含高效减水剂水泥浆；
（c）添加硅粉的水泥浆

2.2　MDF——无宏观缺陷水泥（macro-defect free）

Birchall提出：高等级硅酸盐水泥或铝酸盐水泥（90%～99%）水溶性树脂（4%～7%）水灰比≤20%，强制式高效剪切搅拌机，热压成型工艺，能得到的MDF的性能：300MPa，抗弯150MPa。弹模50GPa。

调粒水泥组合实例见表1。

表1　调粒水泥组合实例　　　　　　　　　　　　　　　　　　　　　　　　kg/m³

代号	(N)C	(O)粗粉	(W)灰粉	(S)SF	(F)FA	(K)矿渣
B, N7O3	70	30				
C, N7W10	70	20	10			
D, N7S10	70	20		10		
E, N7F10	70	20			10	
F, N7K10	70	20				10
A, N	100					

原材料：硅酸盐水泥，水溶性聚乙烯醇（PVA），丙三醇；

制备工艺：（水泥+PVC+外加剂）→制成混凝土→剪切搅拌→热压成型→养护→制品；

日本大学教授笠井芳夫评价：无流动性，成型困难，耐水性差，收缩大。至今仍未应用。

2.3　其他方面的新型水泥基材料

2.3.1　级配水泥或称调粒水泥

在DSP材料基础上，研发出了调粒水泥。

（1）调整水泥组成中粒度分布，提高填充率。

（2）增大水泥粒子粒径，粒度分布向粗方向移动。

（3）掺入超细粉，获得最密实填充。

可得到水泥浆流动性好，早期强度高，水化热低，水化放热慢。省资源、省能源、高性能的混凝土。

粗粉90.74μm，超细粉≥0.2μm；由此可见：调粒水泥粒度范围扩宽了。

调粒水泥配制混凝土的配比见表2，表中A25—代号A的调粒水泥（即100%普通水泥），水灰比25%；B25—代号B的调粒水泥（即70%普通水泥，30%粗粉）；C、D、E项所代替的符号类同。

调粒水泥混凝土的试验结果见表3。

表2　不同调粒水泥混凝土配比

试验代号	W/B(%)	s/a(%)	单位水量 (kg/m³)	质量 (kg/m³) 水泥粉体	细骨料	粗骨料	化学外加剂 (B×%) 高效减水外加剂	含气量调节剂	含气量 (%)
A25	25.0	39.6	165	660	618	950	1.8	0.008	2.0
A30	30.0	43.8	155	533	736	950	1.4	0.006	2.1
B20	20.0	33.8	165	825	482	950	2.4	0.015	2.4
B25	25.0	40.7	160	640	647	950	1.4	0.007	2.5
B30	30.0	44.7	155	517	762	950	1.4	0.006	2.2
C17.5	17.5	30.2	160	914	409	950	3.5	0.018	1.7
C20	20.0	36.3	155	776	537	950	2.4	0.012	1.1
C25	25.0	42.6	150	600	700	950	1.8	0.008	1.9
C30	30.0	46.3	145	483	812	950	1.5	0.006	2.5
D20	20.0	30.6	170	850	417	950	3.2	0.018	2.5
D25	25.0	38.7	165	660	594	950	2.3	0.012	2.8
D30	30.0	43.2	160	533	718	950	2.0	0.015	2.5
E17.5	17.5	27.0	165	943	348	950	4.0	0.028	1.9
E20	20.0	34.2	160	800	490	950	3.0	0.018	1.5
E25	25.0	41.1	155	620	658	950	2.0	0.014	2.7

表3　调粒水泥混凝土的试验结果

试验代号	W/B(%)	混凝土物理性能 坍落度(cm)	坍落度流动值(cm)	砂浆的物理性能 粘度(s)	屈服值(Pa)	抗压强度 (MPa) 3d	7d	28d	91d
A25	25.0	26.0	61	16.1	67.5	76.5	92.7	105.3	118.3
A30	30.0	26.5	65	11.9	44.2	63.6	77.8	92.6	103.0
B20	20.0	27.0	63	24.6	91.1	77.2	93.7	110.1	117.2
B25	25.0	25.0	68	10.8	27.8	64.8	80.6	94.7	110.9
B30	30.0	25.0	64	11.9	38.3	45.6	64.5	78.6	92.4
C17.5	17.5	26.5	60	54.0	161.8	86.0	96.3	108.3	121.3
C20	20.0	—	74	18.5	17.6	86.7	95.4	109.8	122.9
C25	25.0	28.0	71	13.6	15.9	63.2	77.6	91.2	100.0
C30	30.0	25.5	71	8.9	43.5	55.0	69.7	84.2	97.2
D20	20.0	27.0	59	38.1	111.7	76.8	95.8	124.5	135.3
D25	25.0	27.5	66	17.2	41.9	58.8	80.5	107.9	127.1
D30	30.0	27.0	64	13.9	40.5	51.2	71.6	101.0	109.4
E17.5	17.5	27.0	62	59.7	158.3	82.6	99.1	125.0	133.7
E20	20.0	—	70	26.6	28.5	88.0	102.9	124.8	143.1
E25	25.0	—	68	16.5	27.4	65.0	84.5	106.8	117.1
E30	30.0	27.0	66	13.1	24.7	53.6	70.9	96.6	113.3

E17.5和E20混凝土的强度最高91d强度达133.7MPa和143.1MPa，而基准混凝土A25的强度最高也只有118.3MPa。说明调整粉体粒度组合对提高混凝土的性能是有效的。不同粒度粉体颗粒的组

合,使粉体孔隙率降低,密实度提高,水泥石的密实度提高,强度提高,耐久性提高。这是国际国内 HPC 和 UHPC 发展的技术基础和方向。

2.3.2 适宜于低水灰比特性的水泥——球状水泥

将水泥粒子加工成球状,而普通水泥粒子为碎石状,如图9所示。

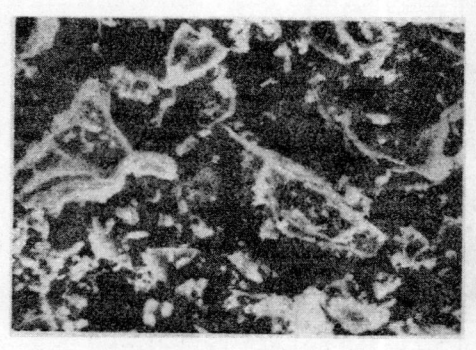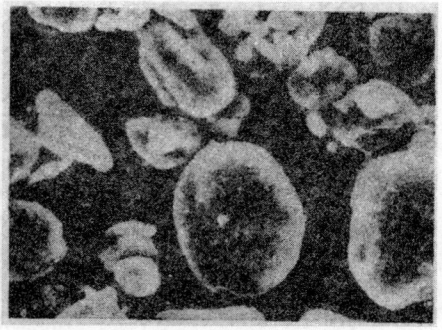

图9 普通水泥粒子(NC)与球状水泥粒子(BC)

粒子形状系数 NC:0.67⇒(w/c:0.18~0.20),BC:0.8~0.9⇒(w/c:0.14),在相同 w/b 下,球状水泥的浆体流动性好。球状水泥与普通水泥混凝土的强度比较如图10所示。在相同龄期下,无论是普通混凝土、高强混凝土或超高强混凝土的强度,都是球状水泥的高。

3 DSP 材料机理的应用与发展

3.1 DSP + 粗、细骨料 = UHPC

日本在 59 层的钢筋混凝土结构中应用了 150MPa 的 UHPC;胶凝材料组成:70% 普硅水泥,20% 矿渣超细粉和石膏,10% 硅粉。属于 DSP 密实填充材料。广州西塔研发与应用的 C100 及深圳京基大厦研发的 C120UHPC 也是 DSP 材料机理的应用与发展的一种。

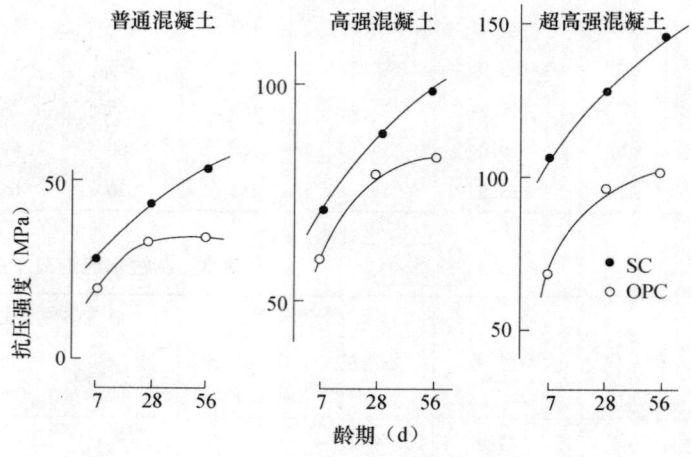

图10 球状水泥与普通水泥混凝土强度的比较

3.2 活性粉末材料 RPC(Reactive Powder Concretes),DSP + 填充性超细粉 + 纤维

由 Bache, Richard 和 Cheyrezy 等人开发。具体配合比可参照表4。表中硅粉可用超细矿渣代替一部分。

经搅拌,机械压制和高温热处理,可以得到抗压强度 150~250MPa 的 UHPC。表4中:W/F_v = $W/\sum VOL$(水泥 + 硅粉 + 填充料),钢纤维长 6~9mm,直径 0.15mm。

表4 RPC 典型组成(德国 UHPC 配比)

UHPC 组成	MI	MIQ	MZQ
水泥(kg/m³)	900	733	832
砂≤1mm(kg/m³)	1016	1008	975
硅粉(kg/m³)	225	230	135
钢纤维 2.5VOL%(kg/m³)	192	192	192
石英粉(kg/m³)	—	183	207
超塑化剂(kg/m³)	28.2	28.6	29.4
水(L/m³)	185	161	166

续表

UHPC 组成	MI	MIQ	MZQ
(W/C)	(0.23)	(0.24)	(0.22)
W/F_v	0.18	0.19	0.20
扩展度（mm）	55	55	65

应用实例如图 11 所示。

UHPC楼梯

法国的UHPC收费站

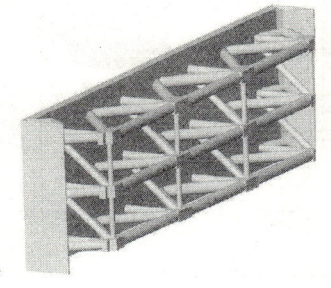
45m宽×15m高的UHPFRC门（荷兰）

HPFRC预制桥面板（荷兰）

图 11　RPC(UHPFRC) 的应用实例

3.3　工程复合材料 ECC(Engineered Cementitious Composites)

ECC = DSP + 纤维,（或 DSP + 砂 + 纤维）+ 水，经拌合成型而得。ECC 是由 Victor. C. Li 和日本的 Kanda 共同开发研究的成果。ECC 应用实例如图 12 所示。

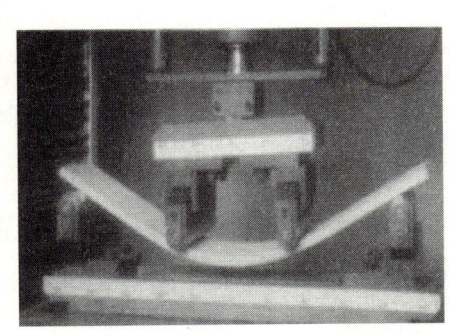

ECC超大跨度抗震结构住宅楼

图 12　工程复合材料的开发与应用
（ECC 用于超大跨度抗震结构住宅）

4 UHPC 内部结构特点与耐久性（图 13）

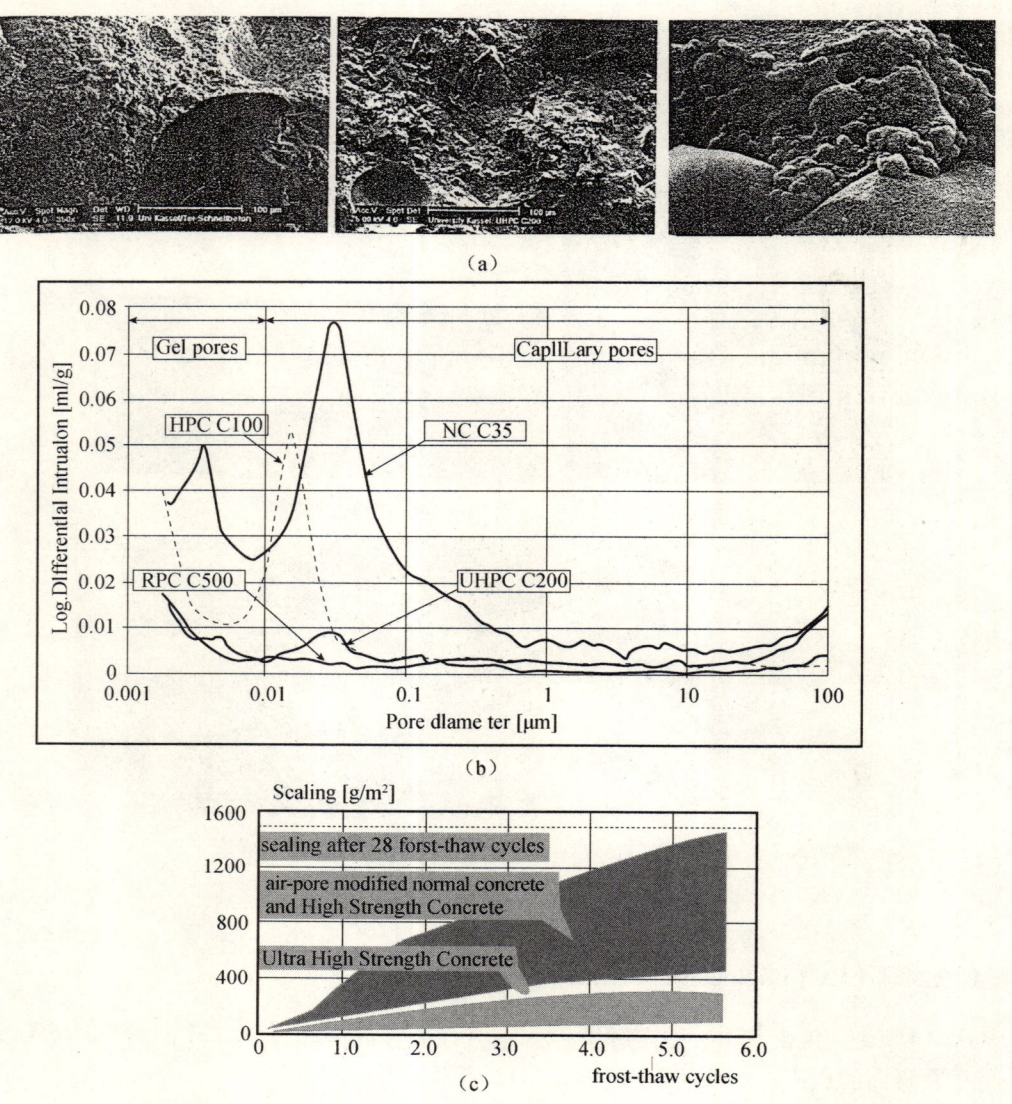

图 13 UHPC 的结构特点与耐久性
（a）SEM；（b）HPC C100、UHPC C200、RPC C300 及 NC C35 的孔结构比较；（c）AENC、HSC、UHSC 的抗冻性

5 HPC 与 UHPC 的潜力与风险

根据 F·H·Wittmann 的观点，给出了不同强度混凝土的抗压-应变曲线，如图 14 所示。由图 14 可见，混凝土构件往往是处于应变而不是应力状态中；例如由于湿度、温度梯度产生的应变。普通混凝土的应变达到 3‰时，其承载力仍能保持一半以上。但若同样的应变值加于 UHPC，则实际承载力已趋近于零。这就意味着我们只有在 UHPC 中观察到裂缝形成。因此，通过掺加纤维，可以补偿 UHPC 的韧性损失。但在侵蚀环境中，钢纤维并不适用。而掺入聚丙烯纤维则可以提高

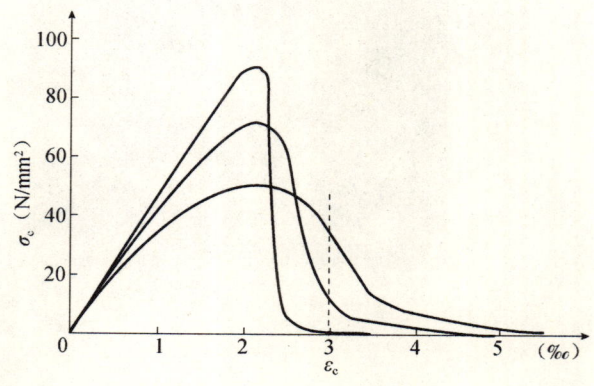

图 14 混凝土的抗压应力-应变曲线

UHPC 的断裂韧性和抗火性能。

6 UHPC 今后的发展

HPC 和 UHPC 要进一步推动和发展，必须要满足工业创新需要以及环境和社会的需求。具体的工作内容有以下方面：

(1) 创新胶凝材料和矿物质掺合料，适合 UHPC 的生产和应用；
(2) 改善结构技术，使用 UHPC 或 UHPFRC 材料和技术；
(3) 创新施工观念，现场浇筑与预制相结合技术；
(4) 使用寿命设计结构；
(5) 有效的利用能用和资源。

参考文献

[1] 冯乃谦，丁建彤，庄青峯，张新华译（H. 票黙编）. 高性能混凝土的耐久性 [M]. 北京：科学出版社，1998.
[2] 冯乃谦，阎培喻等译（F. H. Wittman 编著）. 高性能混凝土—材料特性与设计 [M]. 北京：中国铁道出版社，1998.
[3] 冯乃谦. 高性能混凝土结构 [M]. 北京：机械工业出版社，2004.
[4] 巴恒静，国爱丽. 新型活性粉末混凝土配比及收缩性能研究 [A]. 超高层混凝土泵送与超高性能混凝土技术的研究与应用国际研讨会论文集 [C]，广州，2008 年 4 月.
[5] H. Jinnai, S. Kurowa, S. Watanabe, S. Namiki, and M. Hayakawa. Development and construction recorder on HPC with the compressive strength exceeding 150MPa. Seventh Int. Symp. On Util. of High-Strength/High Performance Concrete ACI, 2005.
[6] G. F. Peng 等. Residual mechanical properties and explosive spalling of fiber-toughened HPC exposed to high temperater. Seventh Int. Symp. On Util. of High-Strength/High Performance Concrete ACI, 2005.
[7] M. Schmid and E. Fehling. Ultra-High-Performance Concrete：Research, Development and Application in Europe, Proceeding of SISU of HS/HPC U. S. A 2005, Edited by Henry G. Russell, ACI Advancing concrete knowledge pp51.

高强混凝土的研究应用和发展趋势

冷发光　王永海　周永祥　韦庆东

中国建筑科学研究院建筑材料研究所，北京，100013

【摘　要】　综述了高强混凝土当前的技术水平、研究热点以及高强混凝土的工程应用情况与标准化进展。探讨了高强混凝土的发展趋势和推广应用前景。

【关键词】　高强混凝土；研究现状；应用；标准化；发展趋势

Research Application and Development Trend of High Strength Concrete

Leng Faguang　Wang Yonghai　Zhou Yongxiang　Wei Qingdong

Institute of Building Materials, China Academy of Building Research, Beijing 100013, China

【Abstract】　The current technical level, research hotspot, engineering application and Standardized progress of high strength concrete have been stated. The development trend and application prospect of high strength concrete have also been discussed.

【Key words】　high strength concrete; research present situation; application; standardized; development trend

1　前言

《普通混凝土配合比设计规程》JGJ-55—2000 和《建筑材料术语标准》JGJ/T191—2009 将高强混凝土定义为：强度等级不低于 C60 的混凝土。与普通混凝土相比，高强混凝土具有明显的技术优势：不仅可以减小混凝土结构尺寸，减轻结构自重和地基荷载，节约用地，减少材料用量，节省资源，降低施工能耗，而且能够提高混凝土结构的耐久性能，延长建筑物的使用寿命，减少结构维护和修补费用。高强混凝土能够消耗大量工业废渣，节省水泥，符合节能、减排、环保和可持续发展的战略要求。高强混凝土是现代混凝土技术水平的代表和未来的发展方向之一。推广使用高强混凝土符合《国家中长期科学和技术发展规划纲要（2006~2020 年）》中重点领域"城镇化与城市发展"的"建筑节能与绿色建筑"和"制造业"中"基础原材料"两个优先主题的任务要求，符合《中华人民共和国清洁生产促进法》和《绿色施工导则》等政策法规的指导精神。

从 20 世纪 60 年代，欧美等发达国家就已经开始推广使用高强混凝土。当时美国已有强度等级相当于我国 C50~C60 的商品混凝土，在工程中大量应用的混凝土强度等级已达到相当于 C30~C35。经过数十年发展，发达国家的多数预拌混凝土公司均能生产高强混凝土，高强混凝土已经在发达国家广泛应用于房屋、桥梁、道路、港口等领域。目前西方发达国家结构物设计强度普遍达到 C50~C60，而我国混凝土设计强度等级平均在 C30 左右，在大城市应用较多的也就是 C30~C40。

我国政府也一直高度重视高强混凝土作为新型建筑材料，在节约资源、保护环境、提高资源综合利用效率等方面的重要作用。高强混凝土技术是建设部推广的十项新技术之一，也是公路、铁路、水工等相关行业部门研究和推广应用的新技术之一。2004 年 8 月 25 日，由建设部办公厅发文，建设部标准定额司和科学技术司共同编制的《工程建设中钢铁、水泥应用的可持续发展战略》明确提出：加大 C30、C40 向 C40、C50 升级应用以及 C70、C80 高强高性能混凝土在建筑结构中的应用技术研究；并建议将 C100~C160 混凝土作为高端战略，争取把我国建设成世界高强高性能混凝土技术强国[1]。

2 高强混凝土的研究现状

国内外针对高强混凝土进行了系统研究，其中高强混凝土的制备技术途径和措施主要是：通过采用高效减水剂以降低水灰比；通过添加矿物掺合料，减少毛细孔隙率和毛细孔尺寸，以改善水泥石的孔结构；通过添加矿物掺合料，消耗水化产物中的薄弱部分——氢氧化钙，以改善过渡区的界面结构；采用"水泥裹砂搅拌工艺"和"高频振捣成型工艺"等，以改善混凝土生产施工工艺；养护方面有蒸压养护及湿养护等。高强混凝土的配合比设计要点是：采用优质砂石、矿物掺合料、高效减水剂和高强水泥等原材料，选择较低单位用水量和水泥用量，降低混凝土拌合物的粘度。

为了缩短与发达国家的混凝土技术差距，近年来国内逐渐重视加强对高强高性能混凝土的研究和应用，对高强高性能混凝土的收缩裂缝、自收缩规律、配制技术和施工技术等进行了一系列的相关研究。我国针对和涉及到高强高性能混凝土技术领域的重大研究项目主要有：（1）"七五"重点科技项目"高强混凝土结构性能、设计方法及施工工艺的研究"；（2）"八五"重点科技项目"高强与高性能混凝土材料的结构与力学性态研究"；（3）国家"九五"科技攻关项目"混凝土耐久性关键技术研究及工程应用"、"高性能混凝土的综合研究和应用"及"重点工程混凝土安全性研究"；（4）国家"十五"科技攻关项目"新型高性能混凝土及混凝土耐久性的研究与应用"；（5）国家"十一五"科技支撑计划课题"高强高性能混凝土应用技术研究"；（6）国家"863"计划项目"高性能混凝土应用技术的研究与开发"。除此之外，还包括其他一系列的大量围绕高强高性能混凝土展开的各类专项基金课题研究[1]。

近年来，中国建筑科学研究院在高强混凝土方面开展了大量的研究工作，主持的相关科研项目包括国家"十一五"科技支撑计划课题"高强高性能混凝土应用技术研究"、科技部科研院所技术开发专项基金项目"绿色高性能混凝土关键技术研究"等，并承担了沈阳大西电业园C80级混凝土、沈阳富林大厦C100级混凝土、合肥天柱C80～C100级混凝土和上海中技C60～C80预应力混凝土离心方桩耐久性关键技术研究等众多高强混凝土技术服务项目。

随着活性粉末混凝土等新型混凝土的深入研究，高强混凝土的强度不断提升。法国BOUYGUES公司Richard等人研制出的活性粉末混凝土，其抗压强度等级达到800MPa。我国研制出来的超高强混凝土强度可达600MPa，台湾的荣工公司与台湾营建研究院共同研制出超高强度混凝土，其强度达到210MPa。意大利学者采用"高硅水泥+玄武岩骨料+富配比+低水灰比+最佳骨料级配+蒸压养护"的技术路线得到了抗压强度高达300MPa的超高强混凝土。挪威的OddE. Gjφrv用高质量的陶瓷骨料代替矿物集料，研制出的混凝土抗压强度由230MPa提到460MPa[2][18][19]。

为了进一步推动高强混凝土的工程应用，确保工程质量，目前很多研究人员针对高强混凝土的下列性能开展了系统研究。

（1）高强混凝土的脆性

随着高强混凝土的推广应用，其脆性问题愈显突出，引起了国内外学者的广泛关注。当混凝土的应变达到3‰时，普通混凝土的承载能力仍能保持一半以上，但同样的应变值对于高强混凝土时，则实际承载力已近于零，即这时在高强混凝土中可观察到裂缝的形成[3]。国内外学者对混凝土的脆性进行了大量的研究，GProkopski等认为[4]，改善混凝土界面性能，能够提高混凝土的断裂能和断裂韧度，界面过渡区的性质对混凝土的脆性有着很大的影响。徐世烺等人认为[5]，当骨料的最大粒径小于40mm时，混凝土的断裂韧度随骨料的最大粒径增大而增大；当骨料的最大粒径大于40mm时，混凝土的断裂韧度随骨料的最大粒径增大而减小。采用具有高强、高韧度的骨料也能改善混凝土的韧性[6]。目前研究与工程实践中，通过掺入纤维、矿物掺合料、聚合物、橡胶粉等来改善混凝土的脆性。其中纤维是较理想的混凝土增韧材料，掺入混凝土中可以减少混凝土裂缝的形成、开裂、扩展，从而改善混凝土的脆性。目前在高强混凝土的脆性研究方面取得了一系列的研究成果，但高强混凝土的脆性问题仍是目前工程界重大技术难题之一，高强混凝土的增韧减脆措施和脆性评价方法仍是目前国内外的研究热点。

（2）高强混凝土的抗裂性

混凝土结构的开裂已成为一个世界性的难题，国内外对混凝土结构非荷载裂缝的问题都非常重视。特别是高强混凝土的开裂敏感性明显超出普通混凝土，成为限制高强混凝土推广应用的主要障碍之一。造成开裂的原因很多，与材料性能有关，也与结构荷载有关，还与服役环境有关。近年来，国内外专家对于混凝土的开裂性做了大量的研究，取得丰硕的成果，混凝土开裂的影响因素主要包括外界气温变化引起的变形、水泥水化热引起的变形、混凝土收缩引起的变形和约束条件引起的变形。减小混凝土收缩是提高其抗裂性能的基本途径。实际工程中，一般对混凝土组成和配比进行优化，在混凝土中掺加纤维、引气剂、减缩剂、膨胀剂等减缩抗裂组分[7]。目前混凝土开裂敏感性的评价方法主要有刀口法、平板法、圆环法和温度应力试验机等方法。混凝土抗裂技术是一项综合性措施，因此针对具体工程特点，采用多方位、综合手段防裂抗裂是当前高强混凝土的研究热点之一。

（3）高强混凝土的耐火性

近10年来，国内外的研究人员对高强混凝土耐火性能进行了大量的研究。研究表明：高强混凝土与传统普通混凝土在高温下的破坏表现及性能都有很大的不同，特别是在快速升温的火灾（高温）下，高强混凝土常发生爆裂现象[11]。但对高强混凝土高温下的爆裂行为的机理，国内外学者看法还未统一，仍需进一步的深入研究[9]。国内外研究人员一直在寻找各种途径来改善高强混凝土高温下的爆裂行为。研究表明在高强高性能混凝土中掺入少量的聚丙烯纤维和钢纤维可以改善高强混凝土在高温下的性能[10][11]。目前各国的规范中一般均缺少提高高强混凝土火灾下性能的规定和措施，因此需要通过系统研究，并将成果反映在标准规范中。

3 高强混凝土的工程应用

高强混凝土技术发展非常迅速。早在20世纪60年代，日本学者服部健一利用超塑化剂将 W/C 降低到0.30以下，从而配制出坍落度为10~12mm，抗压强度高达80~100MPa的高强混凝土。当时由于拌合物坍落度损失巨大，因此仅限于工厂生产。

在房屋建筑领域，美国芝加哥市对高强混凝土的早期发展起到非常重要的促进作用，1961年40层的Outer Drive East公寓项目突破性地使用MSC公司提供的41MPa高强混凝土。1972年52层的Mid-Continental大厦第一次应用52MPa高强混凝土。1974年当时世界最高混凝土建筑Water Tower Place使用了62MPa高强混凝土。在Outer Drive East项目结束24年后，芝加哥的大量工程项目使用了高强混凝土，其中包括225 West Wacker住宅项目。随后高强混凝土在北美各地得到了成功应用，包括位于西雅图的58层、220m高的Two Union Square，该工程的实际混凝土强度达到130MPa[20]。高强混凝土，在日本也得到了广泛应用，现代日本的很多建筑物以钢筋混凝土或钢管混凝土形式使用130MPa高强混凝土，最高强度可达到150MPa以上[21]。目前，位于亚洲迪拜高达150层的Burj Dubai已经超越台北101大厦成为世界最高建筑，该工程使用80MPa高强混凝土成功应用于混凝土框架结构，并显著降低工程成本[20]。

与美国芝加哥相似，沈阳市是我国最早大规模集中应用高强混凝土的城市之一，代表性工程包括沈阳富林大厦（应用C100高强混凝土）、皇朝万鑫大厦（应用C100高强混凝土）等。我国的北京、上海和广州的许多重要工程也应用了高强混凝土。建成于1997年的上海金茂大厦高88层，高度为420.5米，采用C60高强混凝土，实现一次泵送高度229.7米。建成于2008年的上海环球金融中心高101层，高度为492米，采用C60高强混凝土。2009年底建成的广州国际金融中心（简称广州西塔）高103层，高度为437.5米，采用C60~C100高强混凝土，施工时将C100高强混凝土一次性成功泵送到411米高度，创造同类混凝土泵送新高度。2010年施工的合肥天时广场二期工程主框架柱采用C80高强泵送混凝土，该工程为框剪结构，地下一层、地上32层，结构高度80多米，混凝土28d强度均达到90MPa以上，应用效果良好。此外，国家大剧院（采用C100高强混凝土）、中央电视台新办公大楼（采用 C60 高强混凝土）和广州新电视塔（采用 C80 高强混凝土）等工程均采用高强混凝土。

在桥梁工程领域，从 1989 年开始，挪威的主要混凝土桥梁和高速公路均采用水胶比低于 0.40、掺加硅灰的混凝土来提高抗侵蚀性能。建于 1978 年的 Deutzer 桥位于 Cologne，横跨莱茵河，使用普通容重混凝土和轻骨料混凝土的实际强度分别达到 69MPa 和 73MPa。建于 1992 年的 Portneuf 桥位于 Quebec，使用跨度 24.8m 的预制后张应力混凝土梁，其水灰比为 0.29、含气量 5.0% ~ 7.5%、平均强度达到 75MPa。美国的第一个高强混凝土桥梁工程为位于得克萨斯休斯顿的 Louetta Road Overpass 工程，使用的 U 形混凝土梁的设计强度为 69 ~ 90MPa。日本 1970 年建成的 Kaminoshima 公路桥采用 69 MPa 高强混凝土；1974 年建成的 Fukaimitsu 公路桥和 1976 年建成 Akgawa 铁路桥均采用 78.6MPa 高强混凝土[20]。

在我国，1980 年施工的红水河铁路斜拉桥采用 C60 高强混凝土预应力箱梁，1996 年施工的万县长江大桥采用 C60 钢管混凝土，2001 年竣工的大佛寺长江大桥、2004 年竣工的巴东长江大桥和 2008 年施工的湖北武英高速公路杨柳互通 A 匝道桥主箱梁采用 C60 预应力混凝土。此外，近年来建设的东海大桥、杭州湾大桥和宜昌长江铁路大桥等工程均采用了高强混凝土以提高混凝土耐久性能。2006 年施工的天津滨海新区中央大道二期工程永定新河特大桥桥梁防撞墩采用 C80 铁钢砂混凝土[22]。

在混凝土制品领域，高强混凝土被广泛用于制备管桩、盾构管片、桥梁构件、轨枕等制品。据报道，日本在 1987 年生产的混凝土桩达 640 万吨，其中预应力高强混凝土占 90%。我国目前也已经能够生产 C80 高强混凝土管桩和高强混凝土盾构管片等高端制品。

在港口和海洋工程领域，高强混凝土被用于建造码头、船坞、防波堤、采油平台，以提高耐久性。1973 年在挪威北海油田建成的第一个混凝土储油和钻井平台，防波堤使用 70MPa 高强混凝土。我国也成功地将高强混凝土应用于很多港口和海洋工程。

虽然高强混凝土在我国工程中的应用不乏很多成功的实例，但是据初步估计，我国超过 C60 的高强混凝土累计用量不足年产量的 1%。而大部分混凝土的强度等级以 C30 为主体。也就是说，我国虽然掌握了高强混凝土技术，但未能得到很好的推广，未能发挥其技术、经济优势和应有的社会、环境效益。

4 高强混凝土的标准化进展

先进的标准是技术推广应用的前提和基础。以国外为例，美国混凝土协会（ACI）制定了《波特兰粉煤灰高强混凝土配合比选用标准指南》ACI 211.4R – 1993、《高强混凝土质量控制和测试指南》ACI 363.2R—98 和《高强混凝土发展水平》ACI 363R—92 等一系列关于高强混凝土的标准，形成了较为完善的标准体系，为高强混凝土的应用提供了技术依据。欧洲和日本也制定了完善、系统的高强混凝土标准。

我国与发达国家在高强混凝土应用方面存在较大差距，重要原因之一是我国高强混凝土标准制、修订工作滞后，标准内容和标准体系也不完善。很多设计和施工人员反映，高强混凝土技术变数更大、更容易出问题。原因就在于这些问题没有成熟且操作性强的解决方案，体现在标准上，就是标准中没有针对高强混凝土做出相应的技术规定。我国现行的高强混凝土标准仅有一本协会标准《高强混凝土结构技术规程》CECS104 – 99，该规程发布距今已有 11 年，目前高强混凝土的技术又有了新的突破进展，而且该标准主要涉及高强混凝土的结构构造和设计，而在生产、施工内容没有系统规定。另外，该标准规定的混凝土强度等级仅覆盖 C60 ~ C80，范围过窄。各国规范中规定采用的混凝土最高强度等级分别是：欧洲规范 Euro code 2 为 C105，德国规范 DIN 1045 是 C115，美国设计手册已用到 C100。2000 年，上海市制订了地方标准《高强泵送混凝土生产和施工规程》DG/TJ08 – 503—2000，贵州省则在 2008 年发布了《贵州省高速公路机制砂高强混凝土技术规程》。上述地方标准的制订，充分反映了高强混凝土在工程建设中的重要性，也说明了生产部门对该标准的实际需要。为解决此问题，2009 年由中国建筑科学研究院主持制修订的国家标准《混凝土质量控制标准》（GB 50164—92）、《混凝土强度检验评定标准》（GB 107—87）、《混凝土结构工程施工规范》、《普通混凝土配合比设计规程》（JGJ55—2000）、《混凝土泵送施工技术规程》（JGJ/T 10—95）等标准均增加了高强混凝土的相关内容。

2010 年，经住房和城乡建设部批准，中国建筑科学研究院会同有关单位开始制定专门针对高强混凝土的建工行业标准《高强混凝土应用技术规程》。该标准将归纳、总结现阶段成熟的高强混凝土技术，涵盖高强混凝土原材料、配合比设计、施工、质量控制、试验方法和检验评定等环节，在规范层面上解决高强混凝土推广应用的技术障碍，以适应我国高强混凝土的发展新局面，进一步提高高强混凝土应用水平，推动混凝土行业科技进步，为高强混凝土的未来发展创造条件。

5 高强混凝土的发展趋势

（1）实现高性能化是一项系统工程

高强混凝土高性能化主要是指满足工程特定要求的性能：高耐久性、良好的工作性、各种力学性能、适用性、良好的体积稳定性和经济合理性。现在试验室已经能够设计和配制出很多种高强高性能的混凝土，但应用到工程以后，有的却出现了不少问题，有些问题甚至比普通混凝土更严重。这些问题的出现告诉我们高强混凝土的高性能化不仅仅是试验室配合比就能决定的，不仅仅是试验研究人员的事情，而是一个系统工程，是优选出来的配合比由生产、设计、施工和管理人员在整个工程全部环节中协调、配合共同得到的。这要求我们实现高性能化不能只重视混凝土配合比，还应足够重视原材料控制、拌合物生产制备与整个施工的一系列过程控制[16][17]。

（2）"绿色低碳"的发展模式

高强混凝土还应节约资源、能源与保护环境，降低碳排放量，朝着"绿色低碳"的方向发展。高强高性能混凝土必须尽可能少的使用水泥，同时高效、大量利用以工业废渣为主的掺合料，这样不仅能适应"绿色低碳"的发展模式，而且提高了混凝土的长期耐久性能[1]。

（3）建立科学的配合比设计方法

传统的配合比设计理论已逐渐不适用于高强混凝土，对于不同的使用目的和环境条件，对高强混凝土的内涵要求也不同，在设计与配制中应该满足混凝土各阶段的不同性能要求，如何建立科学的设计方法是高强混凝土发展的关键技术之一[14]。

（4）高强混凝土的标准化研究

加速我国高强混凝土标准规范方面的制修订工作。标准规范是设计、施工人员工作的主要依据，但我国现行规范中大多是针对普通混凝土的技术规定，对于高强混凝土，国内外研究人员进行了大量的研究，取得了不少的研究成果。因此，总结、归纳现阶段成熟的高强混凝土应用技术进而纳入到标准规范之中已经成为混凝土领域面临的迫切任务之一。

6 结语

高强混凝土是当前土木工程材料的重大研究应用课题。与普通混凝土相比，存在着明显的技术优势。可以预见，随着我国基础建设规模的不断扩大、城市化水平的不断提高、政府相关鼓励政策的深入实施、对混凝土耐久性要求的不断提高以及工程设计理念的创新变革，高强混凝土必将得到更多、更广泛的应用。由于我国在该领域起步较晚，有大量的工作亟待开展，为积极推动高强混凝土的应用，归纳、总结现阶段成熟的高强混凝土应用技术进而纳入到相关标准规范之中，是当前我国混凝土领域面临的一项迫切任务。

参考文献

[1] 冷发光，何更新，周永祥等．高强高性能混凝土——混凝土技术发展方向［A］．第十四届全国混凝土及预应力混凝土学术会议论文集［C］．2007：69~76．
[2] 侯贯泽，刘树堂．高强混凝土的研究与应用综述［J］．山西建筑2009，35（18）：142~144．
[3] 胡建勤．高性能混凝土抗裂性能及其机理的研究［D］．武汉理工大学博士论文．2001．
[4] G Prokopski, J. Halbiniak, Interfacial Transition Zone in Cementitious Materials, Cement and Concrete Research, Vol. 30

(2000), pp579~583.
[5] 徐世烺等. 骨料最大粒径对混凝土双 K 断裂参数的影响 [J]. 大连理工大学学报, 2000 (5).
[6] 郭向勇. 高强混凝土脆性评价方法及其增韧措施的研究 [D]. 武汉大学博士论文. 2005.
[7] 查进. 超大跨径混合梁斜拉桥宽箱梁高性能混凝土防裂技术与耐久性研究 [D]. 武汉理工大学博士论文. 2008.
[8] 林志明, 张雄, 严安等. 高强高性能混凝土的耐火极限及其火灾后的力学性能和耐久性 [J]. 工程力学增刊: 538~542.
[9] 卢辉. 高强高性能混凝土耐火性能的研究现状 [J]. 福建建筑 2005, 3 (93): 122~124.
[10] 游有鲲, 钱春香, 缪昌文. 掺聚丙烯纤维的高强混凝土高温性能研究 [J]. 安全与环境工程 2004, 11 (1) 63~66.
[11] 谢伟峰, 李丽娟, 陈智泽等. 高强混凝土高温下爆裂机理探讨 [J]. 新型建筑材料 2007, (1) 70~72.
[12] 冯乃谦. 普通混凝土、高强混凝土与高性能混凝土 [J]. 建筑技术. 2004, 35 (1).
[13] 王永海. 隧道二次衬砌粉煤灰防水混凝土的配制技术研究 [D]. 武汉理工大学硕士论文. 2009.
[14] 谢浩, 陈杨生. 高强混凝土 (HPC) 的性能及应用研究 [J]. 砖瓦. 2006 (10): 139~142.
[15] 杜婷, 郭太平, 林怀立等. 混凝土材料的研究现状和发展应用 [J]. 混凝土. 2006, (5): 7~9.
[16] 冷发光, 韩跃伟. 高强和高性能混凝土的发展与应用以及对高性能混凝土的讨论 [J]. 工业建筑. 2000. 30 (11): 75~78.
[17] 廉慧珍. 对"高性能混凝土"十年来推广应用的反思 [J]. 混凝土. 2003. 165 (7): 10~13.
[18] 雷颖占. 高强混凝土的研究现状及发展趋势 [J]. 工程建设与设计. 2006. (3): 81~82.
[19] 刘数华, 阎培渝, 冯建文. 活性粉末混凝土在桥梁工程中的研究和应用 [J] 公路. 2009, (3): 149~154.
[20] Michael A. Caldarone, High-Strength Concrete: A practical guide [M]. USA and Canada: Taylor & Francis, 2009.
[21] Toru Kawai, State-of-the-Art Report on High-Strength Concrete in Japan-Recent Develop Ments and Applications [J]. http://www.jsce.or.jp/committee/concrete/e/newsletter/newsletter05/7-Vietnam%20Joint%20Seminar%20 (Kawai).pdf
[22] 程棋锋, 李美丹, 董岩等. 活桥梁防撞墩 C80 铁钢砂混凝土配合比试验研究 [J] 商品混凝土. 2009, (9): 49~50.

混凝土欧洲新标准 EN206-1 在新加坡的应用及商品混凝土搅拌站的认证制度简介

陆金平

创新材料科技私人有限公司，新加坡

【摘　要】 由于新加坡许多有关土木工程的标准和规范都是依据英国标准来编制的，为了配合英国采用欧洲混凝土标准这一变化，自 2006 年起，新加坡标新局（Spring Singapore）及新加坡建设局（Building and Construction Authority，简称 BCA）组织有关方面的专家在对 EN206-1 及 BS8500 进行了深入的研究，并针对新加坡的实际情况，如新加坡的气候条件与英国的差别，编写了相对应的新加坡欧洲混凝土标准：SS EN206-1 及新加坡补充标准 SS 544，并于 2009 年正式颁布出版。

在新的欧洲混凝土标准 SS EN206-1 及新加坡补充标准中，要求商品混凝土搅拌站（包括预制混凝土工厂内的混凝土搅拌站）必须建立一整套有效的生产质量管理系统，对从混凝土配比设计，原材料质量控制，生产设备的维修保养校正，混凝土产品的质量控制到混凝土的运送等一系列生产过程都必须进行严格的控制，以确保生产供应的混凝土产品达到稳定的质量。新的混凝土标准中引入了对混凝土搅拌站进行第三方检验及审核的制度，对达到质量标准的搅拌站及产品颁发质量合格证书。

本文首先介绍了欧洲混凝土新标准的基本内容，讨论了混凝土新标准中的变化和新的概念，介绍了混凝土新标准中有关生产控制及质量认证的规定以及在新加坡的运作情况。

【关键词】 混凝土；EN 206-1；SS 544；欧洲标准；新加坡标准；质量控制；生产控制；质量认证

The European New Standard of Concrete EN206-1's Application in Singapore and the Brief of Certification System of Commercial Concrete Mixing Station

Lu Jinping

Innovative Materials Technology Private Limited Company, Singapore

【Abstract】 Many civil engineering standards in Singapore are compiled according to the British ones, in order to coordinate the change that the British have used the European concrete standard, Spring Singapore and Building and Construction Authority organized experts study on EN206-1 and BS8500 since 2006, which based on the actual situation in Singapore, such as climate difference between British and Singapore, then compiled corresponding new standards: SS EN206-1 and supplemental standard SS 544 which publicated formally in 2009.

In SS EN206-1 and the supplement, concrete mixing plant is requested (including ready-mix concrete station) to set up a system of effective quality management to control the process of production on proportion of concrete mixture, quality of raw materials, maintenance and calibration of equipments, quality of concrete product and the pumping of concrete to ensure the stability of the concrete. The new standards introduce the third party to take part in the inspection and audit and issue certificate for concrete mixing station which meet the quality standard.

This paper firstly introduces the European new standard of concrete, discusses changes and the new concept, the rules in production control and quality certification, and the operation in Singapore.

【Key words】 concrete; EN 206-1, SS 544; Singapore standard; European standard; quality control; process control; quality authentication

1 引言

自 2003 年 12 月 1 日起，英国混凝土标准 BS5328 已停止使用，取而代之的是欧洲标准 EN206-1：混凝土 – 第一章：规范，性能，生产及合格认证，以及英国补充标准 BS 8500：混凝土 – BS EN 206-1 的补充标准。补充标准 BS 8500 提出了 BS EN206-1 中所要求的有关条例，如耐久性，组合胶凝材料的概念以及 BS EN 206-1 所没有包括的材料及过程，如纤维及纤维混凝土。

由于新加坡许多有关土木工程的标准和规范都是依据英国标准来编制的，为了配合英国采用欧洲混凝土标准这一变化，自 2006 年起，新加坡标新局（Spring Singapore）及新加坡建设局（Building and Construction Authority，简称 BCA）组织有关方面的专家在对 EN206-1 及 BS8500 进行了深入的研究基础上并针对新加坡的实际情况，如新加坡的气候条件与英国的差别，编写了相对应的新加坡欧洲混凝土标准：SS EN206-1 及新加坡补充标准 SS 544，并于 2009 年正式颁布出版。

在新的欧洲混凝土标准 SS EN206-1 及新加坡补充标准中，要求商品混凝土搅拌站（包括预制混凝土工厂内的混凝土搅拌站）必须建立一整套有效的生产质量管理系统，对从混凝土配比设计，原材料质量控制，生产设备的维修保养校正，混凝土产品的质量控制到混凝土的运送等一系列生产过程都必须进行严格的控制，以确保生产供应的混凝土产品达到稳定的质量。新的混凝土标准中引入了对混凝土搅拌站进行第三方检验及审核的制度，对达到质量标准的搅拌站及产品颁发质量合格证书。

2010 年 1 月 4 日，新加坡建设局（BCA）发出通告，要求从 2010 年 10 月 1 日起，结构工程中所使用的混凝土都必须从有第三方质量证书的混凝土搅拌站供应。也就是要求新加坡所有的混凝土搅拌站必须在 2010 年 10 月 1 日前都要通过审核，获得质量证书，否则就不可以再生产及供应商品混凝土。

2 混凝土新标准

（1）SS EN 206-1 混凝土 – 第一部分：规范，性能，生产及认证

该标准与欧洲标准 EN 206-1 几乎完全一样，只是加了两个有关在新加坡使用的附录，一个是普通说明，另一个是有关使用及测试温度的说明。因为是欧洲标准，它必须适用于欧洲所有国家，必须考虑到欧洲不同国家之间的不同情况，所以很多要求只能是建议或指导。每个国家应根据自身的情况制定自己国家的补充标准，如英国制定了 BS 8500. SS EN 206-1 包含了混凝土的部分要求，及认证和抽查测试的所有规范。

欧标 SS EN 206-1 包含了如下的规定：

 i. 分类，包括环境分类，新拌混凝土分类，硬化混凝土的分类；

 ii. 混凝土组成材料的基本要求；

 iii. 混凝土配合比的基本要求；

 iv. 与混凝土耐久性有关的要求；

 v. 新拌混凝土的要求；

 vi. 硬化混凝土的要求；

 vii. 不同混凝土的规范要求；

 viii. 新拌混凝土的运送；

 ix. 质量合格控制及审核要求；

 x. 生产过程控制；

xi. 合格认证及认证要求。

（2） SS 544 混凝土 – SS EN 206-1 的新加坡补充标准

第一部分：制定混凝土产品要求的方法及指导

这是为制定混凝土产品要求的人而写的标准。在新加坡要按 SS EN 206-1 提出混凝土产品的要求，就必须按 SS 544-1 的方法进行。当制定方法确定后，条款 4 规定了哪些混凝土产品的性能是要包含在要求中的，哪些是不需要要求的。每项要求都有注解，指导如何制定这项质量要求。

第二部分：混凝土组成材料及混凝土的质量规范

混凝土产品供应商必须将该标准与 SS EN206-1 结合使用，该标准包含了欧标没有的但在新加坡适用的有关材料及生产过程的要求。该标准是对欧标 SS EN 206-1 的补充。

3 混凝土新标准的主要变化

3.1 环境暴露分类

SS EN 206-1 及 SS 544 的环境暴露分类是按混凝土的破坏过程，如碳化，氯离子侵蚀，化学侵蚀及冻融侵蚀来分类的（表1）。所有这些侵蚀过程都进行再分类。每一个混凝土构件都会受到一个或多个侵蚀过程的破坏。事实上，混凝土构件的每一个面都要进行分析，以找出这个面的侵蚀类别。

3.2 混凝土强度等级及钢筋保护层厚度选择

确定了混凝土使用环境暴露类别后，可从表2选择推荐的混凝土强度等级及钢筋保护层厚度。表2列出了普通环境条件下设计寿命为 50 年所要求的最低混凝土强度及保护层厚度。

SS 544 使用混凝土抗压强度等级来规定混凝土的强度。强度等级记号中规定了混凝土圆柱试块的强度（直径150mm，高300mm）及立方试块的强度（150mm 或 100mm），见图1。普通混凝土及超重混凝土的强度等要求见表3。

表1 环境暴露分类

Class	Class description	Informative example applicable to the United Kingdom
No risk of corrosion or attack (X0 class)		
X0	For concrete without reinforcement or embedded metal where there is no significant freeze/thaw, abrasion or chemical attack.	Unreinforced concrete surfaces inside structures. Unreinforced concrete completely buried in non-aggressive soil (exposure AC-1). Unreinforced concrete permanently submerged in non-aggressive water. Unreinforced concrete in cyclic wet and dry conditions not subject to abrasion, freezing or chemical attack. **NOTE:** *For reinforced concrete, use at least XC1.*
Corrosion induced by carbonation (XC classes)A *(Where concrete containing reinforcement or other embedded metal is exposed to air and moisture.)*		
XC1	Dry or permanently wet.	Reinforced and prestressed concrete surfaces inside structures except areas of structures with high humidity. Reinforced and prestressed concrete surfaces permanently submerged in non-aggressive water.
XC2	Wet, rarely dry	Reinforced and prestressed concrete completely buried in soil **NOTE:** *Need to combine with appropriate ACEC class – see section 1.7*
XC3 & XC4	Moderate humidity or cyclic wet and dry.	External reinforced and prestressed concrete surfaces sheltered from, or exposed to, direct rain. Reinforced and prestressed concrete surfaces inside structures with high humidity (e.g. bathrooms, kitchens). Reinforced and prestressed concrete surfaces exposed to alternate wetting and drying.
Corrosion induced by chlorides other than from sea water (XD classes)A *(Where concrete containing reinforcement or other embedded metal is subject to contact with water containing chlorides, including de-icing salts, from sources other than from sea water.)*		
XD1	Moderate humidity.	Concrete surfaces exposed to airborne chlorides. Reinforced and prestressed concrete surfaces in parts of bridges away from direct spray containing de-icing agents. Parts of structures exposed to occasional or slight chloride conditions.

XD2	Wet, rarely dry.	Reinforced and prestressed concrete surfaces totally immersed in water containing chlorides.[B]
XD3	Cyclic wet and dry.	Reinforced and prestressed concrete surfaces directly affected by de-icing salts or spray containing de-icing salts (e.g. walls; abutments and columns within 10 m of the carriageway; parapet edge beams and buried structures less than 1 m below carriageway level, pavements and car park slabs).
Corrosion induced by chlorides from sea water (XS classes)[A] (Where concrete containing reinforcement or other embedded metal is subject to contact with chlorides from sea water or air carrying salt originating from sea water.)		
XS1	Exposed to airborne salt but not in direct contact with sea water.	External reinforced and prestressed concrete surfaces in coastal areas.
XS2	Permanently submerged.	Reinforced and prestressed concrete completely submerged and remaining saturated, e.g. concrete below mid-tide level.[B]
XS3	Tidal, splash and spray zones.	Reinforced and prestressed concrete surfaces in the upper tidal zones and the splash and spray zones.[C]
Freeze/thaw attack (XF classes) (Where concrete is exposed to significant attack from freeze/thaw cycles whilst wet.)		
XF1	Moderate water saturation without de-icing agent.	Vertical concrete surfaces such as facades and columns exposed to rain and freezing. Non-vertical concrete surfaces not highly saturated, but exposed to freezing and to rain or water.
XF2	Moderate water saturation with de-icing agent.	Elements such as parts of bridges, which would otherwise be classified as XF1 but which are exposed to de-icing salts either directly or as spray or run-off.
XF3	High water saturation without de-icing agent.	Horizontal concrete surfaces, such as parts of buildings, where water accumulates and which are exposed to freezing. Elements subjected to frequent splashing with water and exposed to freezing.
XF4	High water saturation with de-icing agent or sea water.[D]	Horizontal concrete surfaces, such as roads and pavements, exposed to freezing and to de-icing salts either directly or as spray or run-off. Elements subjected to frequent splashing with water containing de-icing agents and exposed to freezing.
Chemical attack (ACEC classes) (Where concrete is exposed to chemical attack.) Note: BS 8500-1 refers to ACEC classes rather than XA classes used in BS EN 206-1		

[A] The moisture condition relates to that in the concrete cover to reinforcement or other embedded metal but, in many cases, conditions in the concrete cover can be taken as being that of the surrounding environment. This might not be the case if there is a barrier between the concrete and its environment.

[B] Reinforced and prestressed concrete elements, where one surface is immersed in water containing chlorides and another is exposed to air, are potentially a more severe condition, especially where the dry side is at a high ambient temperature. Specialist advice should be sought where necessary, to develop a specification that is appropriate to the actual conditions likely to be encountered.

[C] Exposure XS3 covers a range of conditions. The most extreme conditions are in the spray zone. The least extreme is in the tidal zone where conditions can be similar to those in XS2. The recommendations given take into account the most extreme UK conditions within this class.

[D] It is not normally necessary to classify in the XF4 exposure class those parts of structures located in the United Kingdom which are in frequent contact with the sea.

表 2　设计寿命 50 年最大骨料尺寸为 20mm，综合环境类别下普通混凝土的质量要求

Exposure conditions			Cement/combination designations[2]	Strength class[3], maximum w/c ratio, minimum cement or combination content (kg/m³), and equivalent designated concrete (where applicable)						
Typical Example	Primary	Secondary		Nominal cover to reinforcement[4]						
				$15 + \Delta c_{dev}$	$20 + \Delta c_{dev}$	$25 + \Delta c_{dev}$	$30 + \Delta c_{dev}$	$35 + \Delta c_{dev}$	$40 + \Delta c_{dev}$	$45 + \Delta c_{dev}$	$50 + \Delta c_{dev}$
Internal mass concrete	X0		All	Recommended that this exposure is not applied to reinforced concrete						
Internal elements (except humid locations)	XC1		All	C20/25, 0.70, 240 or RC25	<<<	<<<	<<<	<<<	<<<	<<<	<<<
Buried concrete in AC-1 ground conditions[5]	XC2	AC-1	All	—	—	C25/30, 0.65, 260 or RC30	<<<	<<<	<<<	<<<
Vertical surface protected from direct rainfall	XC3 & XC4		All except IVB	—	C40/50, 0.45, 340 or RC50	C32/40, 0.55, 300 or RC40	C28/35, 0.60, 280 or RC35	C25/30, 0.60, 260 or RC30	<<<	<<<	<<<
Exposed vertical surfaces		XF1	All except IVB	—	C40/50, 0.45, 340 or RC50	C32/40, 0.55, 300 or RC40	C28/35, 0.60, 280 or RC35	<<<	<<<	<<<	<<<
		XF3	All except IVB	—	C40/50, 0.45, 340[6] or RC50XF[6]	<<<	<<<	<<<	<<<	<<<	<<<
Exposed horizontal surfaces		XF3 (air entrained)	All except IVB	—	C32/40, 0.55, 300 plus air[6,7]	C28/35, 0.60, 280 plus air[6,7] or PAV2	C25/30, 0.60, 280 plus air[6,7,8] or PAV1	<<<	<<<	<<<	<<<

续表

Car park elements subject to airborne chlorides only	XD1	XC3/4	All except IVB	——	——	C40/50, 0.45, 360	C32/40, 0.55, 320	C28/35, 0.60, 300	<<<	<<<	<<<
Car park decks and areas subject to de-icing spray	XD3	XC3/4	IIB-V, IIIA	——	——	——	——	C35/45, 0.40, 380	C32/40, 0.45, 360	C28/35, 0.50, 340
			CEM I, IIA, IIB-S, SRPC	——	——	——	——	C45/55, 0.35, 380	C40/50, 0.40, 380	C35/45, 0.45, 360
			IIIB	——	——	——	——	C32/40, 0.40, 380	C28/35, 0.45, 360	C25/30, 0.50, 340
Vertical elements subject to de-icing spray and freezing	XD3	XC3/4 +XF2	IIB-V, IIIA	——	——	——	——	C35/45, 0.40, 380	C32/40, 0.45, 360	C32/40, 0.50, 340
			CEM I, IIA, IIB-S, SRPC	——	——	——	——	C45/55, 0.35, 380	C40/50, 0.40, 380	C35/45, 0.45, 360
			IIIB	——	——	——	——	C32/40, 0.40, 380	C32/40, 0.45, 360	C32/40, 0.50, 340
Car park decks ramps and external areas subject to freezing and de-icing salts		XC3/4 +XF4	CEM I, IIA, IIB-S, SRPC	——	——	——	——	C45/55, 0.35, 380[6]	C40/50, 0.40, 380[6]	<<<
		XC3/4 +XF4 (air entrained)	IIIB	——	——	——	——	——	C28/35, 0.45, 360[6,7]	C28/35, 0.50, 340[6,7]
Exposed vertical surfaces near coast	XS1	XC3/4 +XF2	IIB-V, IIIA	——	——	C45/55, 0.35, 380	C35/45, 0.45, 360	C32/40, 0.50, 340	<<<	<<<
			CEM I, IIA, IIB-S, SRPC	——	——	C50/60, 0.35, 380	C40/50, 0.45, 360	C35/45, 0.50, 340	<<<	<<<
			IIIB	——	——	C35/45, 0.40, 380	C32/40, 0.50, 340	C32/40, 0.55, 320	<<<	<<<
Exposed horizontal surfaces near coast		XC3/4 +XF4	CEM I, IIA, IIB-S, SRPC	——	——	C50/60, 0.35, 380[6]	C40/50, 0.45, 360[6]	<<<	<<<	<<<

1 This table comprises a selection of common exposure class combinations. Requirements for other sets of exposure classes eg XD2, XS2 and XS3 should be derived from BS 8500-1: 2002, Annex A.
2 Refer to Table 4 for further details.
3 For prestressed concrete the minimum strength class should be C28/35.
4 Δc_{dev} is an allowance for deviations – see section 1.2.2.
5 For sections less than 140 mm thick refer to BS 8500.
6 Freeze/thaw resisting aggregates should be specified, see section 1.6.
7 Where air entrained concrete is required, see section 1.5.
8 This option may not be suitable for areas subject to severe abrasion.

KEY
—— Not recommended
<<< Indicates that concrete quality in cell to the left should not be reduced

表3 普通混凝土及超重混凝土的强度等级

抗压强度等级	最低圆柱试块强度 $f_{ck,cyl}$ (N/mm²)	最低立方试块强度 $f_{ck,cube}$ (N/mm²)
C6/8 *	6	8
C810	8	10
C12/15	12	15
C16/20	16	20
C20/25	20	25
C25/30	25	30
C28/35 *	28	35
C30/37	30	37
C32/40 *	32	40
C35/45	35	45
C40/50	40	50
C50/60	50	60
C55/67	55	67
C60/75	60	75
C70/85	70	85
C80/95	80	95
C90/105	90	105
C100/115	100	115

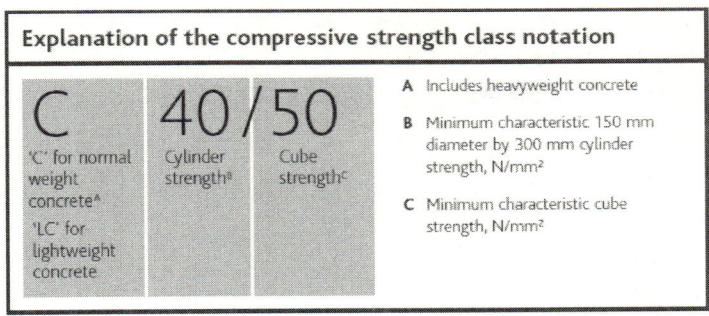

图 1 混凝土的强度记号

3.3 混凝土的工作性

新的欧标 SS 206-1 中可选用四种方法来要求新拌混凝土的工作性，即坍落度等级、维勃等级、压实等级及流动等级。其中最常用的坍落度等级的规定见表 4。

表 4 坍落度等级

Class	Slump in mm
S1	10 to 40
S2	50 to 90
S3	100 to 150
S4	160 to 210
S5[1)]	≥220

3.4 混凝土中最大氯离子含量

根据不同种类的混凝土，新欧标规定了不同的最大氯离子含量（与水泥质量比）要求，见表 5。

表 5 混凝土中最大氯离子含量要求

Concrete use	Chloride content class[a]	Maximum Cl⁻ content by mass of cement[b]
Not containing steel reinforcement or other embedded metal with the exception of corrosion-resisting lifting devices	Cl 1.0	1.0%
Containing steel reinforcement or other embedded metal	Cl 0.20	0.20%
	Cl 0.40	0.40%
Containing prestressing steel reinforcement	Cl 0.10	0.10%
	Cl 0.20	0.20%

[a] For specific concrete use, the class to be applied depends upon the provisions valid in the place of use of concrete.

[b] Where type II addltions are used and are taken into account for the cement conlent, the chlorlde content is expressed as the percentage chloride lon by mass of cement plus total mass of additions that are taken into account.

3.5 混凝土家族的概念

混凝土家族的定义是一组不同配比的混凝土产品，它们的有关性能之间建立了可靠的关系并且有数据资料证明。在混凝土家族中要选择一个基准混凝土产品，它可以是生产得最多的混凝土产品，也可以是家族中处于中间地位的产品。家族中其他混凝土产品的强度必须能够通过建立好的关系转化为基准混凝土的强度。整个家族的混凝土质量就可以通过转化了的基准混凝土强度来评定。混凝土家族的概念只适用于抗压强度，而不适用于其他性能。

一般来说，一个混凝土家族内的成员间，通常有如下的共同点：
- 同一种水泥，同样的水泥标号及生产厂；
- 明显类似的骨料；
- 掺加或不掺加减水剂；
- 可包含所有的工作性等级；
- 不同的强度等级，但不能超过 C55/67。

4 混凝土新标准中有关生产控制及质量认证的规定

生产控制包括了原材料控制（SS EN206-1 表 22），设备控制（SS EN 206-1 表 23）及生产过程与混凝土性能控制（SS EN 206-1 表 24）。质量评定也是生产控制的一部分，包括了如何评定在一定时期内生产的混凝土产品是否达到相关的质量标准，在发现产品质量有问题时应采取的应对措施及改进方法。

对任何一种新的混凝土产品来说，都要经过三个阶段：
- 初始试验；
- 初始生产；
- 连续生产。

初始试验中，要求试配三车混凝土，每车取三个试样，如果 28d 强度大于所要求的强度等级 2 个标准离差，或 6~12MPa，则试配的混凝土可投入初始生产。

初始生产期间，必须对所生产的混凝土进行取样试验，取样的频率要符合表 6 的规定，直到在至少三个月内取得至少 35 个测试数据为止，从所有的测试数据中算出标准方差，用于紧接着的连续生产阶段的质量评定。

表 6　取样频率

Production	Minimum rate of sampling		
	First 50 m³ of production	Subsequent to first 50 m³ of production[a]	
		concrete with production control certiflcation	concrete without production control certiflcation
Initial (until at least 35 test results are obtained)	3 samples	1/200m³ 2/production week	1/500 m³ or 1/production day
Continuous[b] (when at least 35 test results are available)		1/400 m³ or 1/prodrction week	

[a] Sampling shall be distributed throughout the produclion and should not be more than 1 sample within each 25 m³.

[b] Where the standard deviation of the last 15 test results exceeds 1.37σ, the sampling rate shall be increased to that required for initial production for the next 35 test results.

初始生产及连续生产阶段的质量评定标准见表 7。

表 7　质量评定标准

Production	Number n of test results for compressive strength in the group	Criterion 1 Mean of n results (f_{cm}) N/mm²	Criterion 2 Any individual test result (f_{cl}) N/mm²
Initial	3	$\geq f_{ck} + 4$	$\geq f_{ck} - 4$
Continuous	[AI] Not less than 15 [AI]	$\geq f_{ck} + 1.48\sigma$	$\geq f_{ck} - 4$

新的欧标 SS EN206-1 中提出了有关混凝土搅拌站生产过程控制的第三方认证的规定。发证机构可以委托检验机构对混凝土搅拌站的质量管理系统包括质量评定体系进行检查，达到 SS EN206-1 所规定的标准的搅拌站将发给产品质量证书，每年还要对已认证的搅拌站进行二次例行检查，不符合质量标准的搅拌站的产品质量证书将被吊销或冻结。

新加坡建设局已规定从 2010 年 10 月 1 日起，所有结构用混凝土都必须从有质量证书的混凝土搅拌站供应。新加坡鉴定局也颁布了有关发证机构资质认证的规定（SAC CT05）以及商品混凝土搅拌站产品质量的认证标准（SAC CT06）。目前已有三家独立的发证机构获得了资质证书，三家发证机构已经认证了二十多家混凝土搅拌站。

5　结论

新加坡为了适应欧洲混凝土新标准 EN206-1 的变化，于 2009 年颁发了相对应的新加坡混凝土标准 SS 206-1 及补充标准 SS 544。新的混凝土标准提出了很多新的概念，如混凝土家族，新的强度等级，工作性等级，环境暴露等级等。特别提出了混凝土生产过程全面控制的条例，包括质量评定系统及第三方认证的规定，这对提高商品混凝土工业的整体质量水平，减少浪费，提倡发展可持续性混凝土材料是很有益处的。新加坡建设局已发出通告，从 2010 年 10 月 1 日起，所有的结构混凝土只能从有质量证书的商品混凝土搅拌站供应。目前所有的商品混凝土搅拌站正加紧进行有关的认证工作。

参考文献

[1] SS EN 206-1: 2009, SPECIFICATION FOR CONCRETE, Part 1: Specification, performance, production and conformity.
[2] SS 544-1: 2009 Concrete-Complementary Singapore Standard to SS EN 206-1, Part 1: Method of Specifying and Guidance for the specifier.
[3] SS 544-2: 2009 Concrete-Complementary Singapore Standard to SS EN 206-1, Part 2: Specification for Constituent Materials and Concrete.
[4] SAC CT06: SAC Criteria for Ready-Mixed Concrete Producers. SAC CT05: Criteria for Certification Bodies (Ready-mixed Concrete).
[5] T. A. Harrison, O. Brooker, How to use BS 8500 with BS 8110, The Concrete Centre, March 2005.

超高性能混凝土性质与耐久性探讨

纪茂杰[1] 黄 然[2]

1. 吴凤科技大学应用数字媒体系暨研究所
2. 台湾海洋大学河海工程系暨研究所

【摘 要】 超高性能混凝土（Ultra-high Performance Concrete；UHPC）是继高性能混凝土（High Performance Concrete；HPC）之后发展的一种超高强度、高韧性及高耐久性之新式水泥质材料。台湾地区地小人稠，近年来，高层建筑更是如雨后春笋般兴起，超高性能混凝土的使用已是必然的趋势。因此，本文针对超高性能混凝土的材料组成、性质与耐久性之间的相互关系进行探讨，以期经由对超高性能混凝土材料特性的了解，以维护设计及使用上的安全而提升工程质量与结构物耐久性。

【关键词】 超高性能混凝土；强度；韧性；耐久性

Properties and Durability of High Performance Concrete

Ji Maojie[1] Huang Ran[2]

1. Assistant professor, Wu Feng Science and Technology University, Institute of Application of Digital Media;
2. Professor, Taiwan Ocean University, Institute of Harbour and River Engineering

【Abstract】 Ultra-high Performance Concrete (UHPC) is the development of High Performance Concrete (HPC) with super-high strength, high toughness and durability. Taiwan has a large population and small area. In recent years, high-rise building is springing up and the use of ultra-high performance concrete is an inevitable trend. Therefore, based on the material composition, properties and durability of ultra-high performance concrete, the relationship of them had been discussed in this paper. Through the discussion of the material characteristics of ultra-high performance concrete, the author hopes to maintain the safety of design and usage to ascend engineering quality and durability.

【Key words】 ultra-high performance concrete; strength; toughness; durability

1 前言

混凝土是目前营建工程中应用最广泛、使用量最多的材料，主要由粗细骨材、水泥浆体及掺料所组成，可视为多相（multiphase）的复合材料。随着研发技术不断的提升，目前已可设计出各种不同性能的混凝土以满足各类结构物的需求。台湾地区近几年来，由于经济快速增长以及人口往都市集中，使得都市区内土地因强烈需求转变成建筑物向上发展空间趋势，对于混凝土的需求量与强度的要求也日益提高，于是高强度混凝土（High Strength Concrete；HSC）应运而生；但是由混凝土抗压试验之应力-应变曲线可知，当混凝土的强度越高，其破坏时的脆行为性越显著，进而严重地影响结构工程的可靠度与耐久性。因此，许多学者针对混凝土脆性的问题提出改善的办法，其中在混凝土中添加纤维材料，可明显有效地提升混凝土的力学性能，尤其是韧性及抗冲击性等工程性质[1-6]。近年来，混凝土技术研究者利用各种试拌与试验方法发展出新的混凝土配比观念，并制造出高强度、高流动性与高耐久性之高性能混凝土（High Performance Concrete；HPC），并实际应用于工程上，如台湾高雄东帝士高层大厦。然而，随着高层、超高层和大跨度结构工程的出现，对高强度、高性能混凝土提出了更高的要求，于是超高性能混凝土（Ultra High Performance Concrete；简称 UHPC）应运而生。

UHPC 又称为活性粉末混凝土（reactive powder concrete，RPC），是一种以传统水泥科学为基础，结合现代复合材料力学理论所得到的新式水泥质材料，自 1990 年起，由法国 Bouvgues 实验室开始投入研发[7]，是一种具有超高强度、低收缩、高韧性与优越耐久性之水泥基复合材料[8-10]。为了达到超高强度、低收缩、高韧性及高耐久性之特性，UHPC 在材料组成方面，除了使用高细度硅灰（highly refined silica fume）之火山灰材料来提高浆体之胶结性、添加强塑剂提升整体的工作性外，舍去粗骨材的使用来增加整体的均质性、利用颗粒级配最佳化来增加致密性、使用钢纤维来增加韧性，并施以热养护来加快反应速率，改善其微观结构[11-14]。UHPC 不但能具有高达 800MPa 之超高强度，亦可高达 140MPa 之抗弯强度，与传统混凝土相比，不论是抗压、抗弯强度，都远远超越传统混凝土，且耐久性也远远超越高性能混凝土。在实际的工程应用方面，例如美国利用 UHPC 高强度及低孔隙率的特性，将 UHPC 应用在输水管、地下水管、隧道环片及耐压水管等方面[15]；加拿大则曾经将 UHPC 材料应用于无钢筋预应力梁、核废料储藏室、保险柜等，并于 1997 年在加拿大的 Sherbrooke 以 UHPC 建造世界第一座全长 60 公尺，桥面宽 3.3 公尺，桥面板仅以 3 公分厚的行人与自行车专用的预应力桁架桥[16,17]，来减少材料费用及延长使用寿命；法国针对超高性能混凝土极佳的材料稳定性、低渗透性的特点，制作核废料储藏桶（High Integrity Container，HIC），结果证明 UHPC 的致密性相当优异，相当适合作为核废料储藏桶设施[18]。

2 UHPC 材料选择与配比设计

传统混凝土由粗细骨材与水泥浆组成，属于非均质材料，骨材的硬度大于浆体，当受到应力作用时，容易在骨材与浆体界面产生微裂缝；而 UHPC 以极小的细砂代替粗骨材，使微裂缝减少而且接触表面积增加，利用界面粘滞力提升整体强度。近几来，许多学者为了提升混凝土的质量及性能，达到高强度及高韧性、高耐久性之特性，尝试之技术包括将高流动性的水泥浆或砂浆注入预先埋好纤维的模具内，以添加纤维方式来改善材料之韧性，即所谓泥浆渗入之纤维混凝土（Slurry Infiltrated Fibered Concrete；SIFCON）；另一种方式为使用高掺量的硅灰细粉及强塑剂来增加水泥浆体之致密性，并加入极高硬度的骨材如铝矿砂或花岗石等来拌合，称为超细颗粒致密系统（Densified System Containing ultra-fine Particles；DPS）；此外，尚有一种方式为将高分子材料与水泥砂浆挤压成型，来降低复合材料之孔隙率，提升其抗压及抗拉强度，即无巨观缺陷之砂浆（Macro-Defect Free，MDF）等。UHPC 的基本原理乃基于上述三大技术，以减少材料内部缺陷如孔隙、微裂缝等来提高其强度、韧性、耐久性[11,19,20]。UHPC 组成材料包括波特兰水泥、硅灰、石英粉、细硅砂、高减水剂、水及钢纤维等，材料选择与配比设计为构成混凝土性质的关键，其应用方面的基本原则包括[11]：

（1）舍去粗骨材的使用来提高整体的均质性；
（2）利用颗粒级配最佳化及凝结前施加压力来提高整体的致密性；
（3）施以热养护来加快反应速率，改善其微观结构；
（4）加入小尺寸钢纤维来提高整体的延展性；
（5）维持拌合和铸造过程尽可能符合实际状况。

目的就是在改善 UHPC 之均匀性、密实度，并能达到更高的强度与耐久性。就材料选择与配比设计而言，影响 UHPC 性质之因素，说明如下：

（1）硅砂

硅砂最大粒径为 600μm，目的为减少裂缝产生，因为浆体与骨材之间横向裂缝生成与骨材之最大粒径呈正比之关系；UHPC 的颗粒级配分三种层次，石英砂粒径 150~600μm、水泥、石英粉粒径 11~15μm、硅灰粒径 0.1~0.2μm。颗粒级配最佳化之目的在减少混凝土孔隙，减少应力集中、减少潜变干缩现象并提高流动性。

（2）钢纤维

添加钢纤维可提升 UHPC 整体之强度及韧性，但是相对的也造成流动性下降，一般 UHPC 建议使用钢纤维含量为水泥量之 1%~3%。由于 UHPC 使用超细骨材，钢纤维的体积含量可以比传统的钢纤维混凝土（SFRC）提高许多，藉由致密基材结构与钢纤维接口间紧密的握裹强度，在开裂破坏前会有一连串的弱带应力转移，因此在抗弯与抗压特性上会强化甚多，而破坏之后，钢纤维仍然在开裂带上担当桥接的作用以传递应力，韧性因此提升。

（3）火山灰材料

在 UHPC 中之火山灰材料包括硅灰和石英粉，其中硅灰的主要成分为二氧化硅（SiO_2），约占 90%，硅灰平均粒径约 $0.1~0.2\mu m$，比平均粒径 $10~15\mu m$ 的水泥颗粒要小一个级数，在 UHPC 中的作用包括利用粒径极小的特性，填充孔隙增加密实性；与水化作用产生的氢氧化钙进行火山灰反应，以增加强度；硅灰会在骨材表面形成硅灰镀层，此硅层可与氢氧化钙持续反应产生胶体，使浆体与骨材界面发展的更致密。石英粉成分中 99% 为二氧化硅（SiO_2），使用在 UHPC 配比中，亦称作活性粉（Reactive Powder），通常使用 $10\mu m$ 的粒径，与水泥属于相同的堆积等级，使用石英粉也可以帮助 CH 产生 C-S-H 凝胶体。

（4）强塑剂

强塑剂是一种接口活性剂，吸附水泥颗粒的作用使期间因带电荷而产生分散作用，分散作用良好除了可使用水量降低，亦可使水化作用加速，硬固后强度明显提升。因此强塑剂又称高性能减水剂。强塑剂除了改变浆体流动性外，还会影响浆体之黏稠度。根据有关文献指出，强塑剂量约 1.5%~1.8% 时，流动性最佳，超过则慢慢变差。

3 UHPC 物理特性

3.1 UHPC 之流动性质

过去研究结果发现，影响 UHPC 流动性之因素分别是水灰比、强塑剂量、钢纤维量、硅灰量与石英粉量等[21-23]，其中水灰比是影响流动性最直接的因素，水灰比愈高，流动性愈佳；强塑剂量约 1.5%~1.8% 左右，流动性最佳；添加钢纤维可提升 UHPC 整体之强度及韧性，但是会造成流动性下降；另硅灰与石英粉量愈高，流动性愈差，不过相较硅灰量，石英粉调整对于流动性影响较敏感，原因为硅灰之粒径较小，约为石英粉之十分之一，粒径对于流动性影响不可忽略。

3.2 收缩量

由于 UHPC 最大骨材粒径缩小至 $400\mu m$，因此会降低浆体与骨材之间的不均质性，使得 UHPC 之收缩量减少[24]；由国外文献[25]中之结果，可看出龄期 28d 之 UHPC 干缩量约为 $300~400\mu m$，较普通混凝土之干缩量为低[25]。

3.3 渗透率

渗透率为影响结构物耐久性的一个重要因素，当混凝土受到化学侵蚀时，大部分为水分渗入混凝土中，导致侵蚀性之物质渗入而造成混凝土耐久性下降[19]。

4 UHPC 力学性质

4.1 抗压强度

UHPC 相较于传统混凝土，有较高的抗压强度、抗弯强度与抗拉强度，图 1 为 UHPC 应力－应变图例，由图中可以看出，UHPC 抗压强度超过 150MPa，抗拉强度则接近 30MPa[26]。

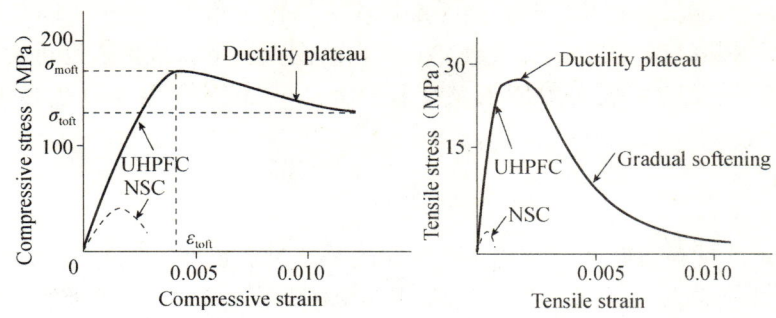

图 1 UHPC 与传统混凝土抗压强度及抗拉强度比较[21]

过去研究指出 UHPC 之抗压强度值受养护温度影响，常温（温度 23℃、相对湿度 100%）养护之 UHPC 初期强度不高，龄期 7d 的抗压强度约在 80~100MPa 左右；而龄期 28d 强度可达 130MPa 左右；加热（温度 100℃、相对湿度 98%）养护后龄期 7d 强度可达 170~190MPa，而龄期 28d 强度可达 180~200MPa，施加热养护可以改善其微观结构，进而提升其力学性质[22,27]。Richard P. & Cheyrezy M. 研究结果显示当养护温度由 20~90℃时，UHPC 之抗压强度由 170~230MPa；抗弯强度由 30~60MPa[11]。

4.2 抗弯强度

未添加钢纤维之超高性能混凝土，其抗弯的韧性与传统混凝土相差不大，当添加适量的钢纤维后对于抗弯强度有强化作用，由于纤维含量的增加，将使纤维与浆体接触之整体面积增大，进而使张力区内的应力得以充分的转移，不会在基材处形成突然的应力集中而造成破坏，使得抗弯强度能有明显的增加。图 2 为 UHPC 在不同钢纤维含量与养护龄期之抗压强度及抗弯强度[28]，由图 2 可以看出，UHPC 抗压强度与抗弯强度均随钢纤维含量与养护龄期增加而增加；但是钢纤维含量的增加对抗拉强度的效益明显高于对抗压强度的效果，其中添加 3% 钢纤维且养护龄期 180d 之 UHPC，其抗弯强度超过 60MPa。

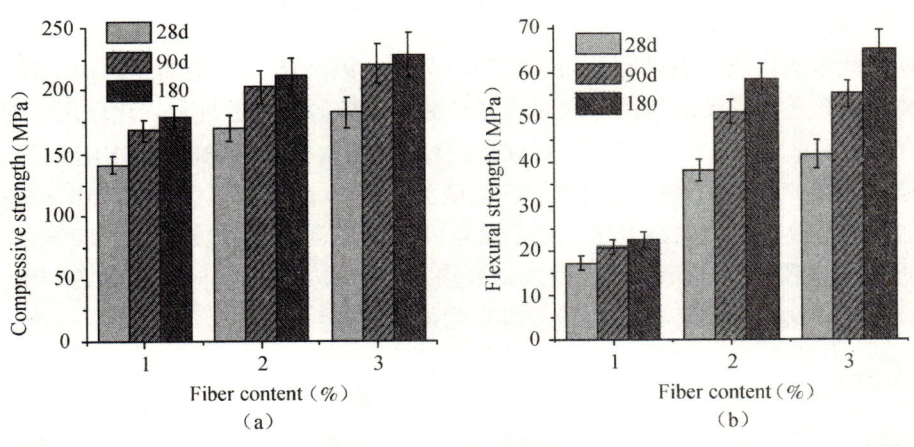

图 2 UHPC 在不同钢纤维含量与养护龄期之抗压强度和抗弯强度[28]
(a) 抗压强度；(b) 抗弯强度[28]

适当范围的钢纤维含量，对于抗压强度、抗弯强度甚至是抗弯韧性都有提升的效果。另有研究指出 UHPC 之抗弯强度在高温养护下，较常温养护提升了约 10%；龄期 28d 时，抗弯强度可达到 30~40MPa[22,23]。

4.3 抗拉强度

一般而言，混凝土主要是提供抗压强度，其所能承受之抗拉强度相对于抗压强度小许多。UHPC

因为添加钢纤维,因此当混凝土在开裂时,钢纤维扮演了桥接之角色,由于 UHPC 的高握裹力延长了钢纤维的握裹寿命,而提高抗拉强度。过去研究显示在高温养护下,抗拉强度可提升 10%,龄期 28d 可达 9~14MPa。抗拉强度的发展趋势随着龄期而增加,且当钢纤维含量越多时,抗拉强度也就越高[22,29]。

4.4 抗冲击强度

UHPC 因含有钢纤维具有高韧性的特色,可吸收外界之冲击能量,同时能保有相当之脆性。图 3 为 UHPC 在不同钢纤维含量($V_0 = 0\%$、$V_3 = 3\%$、$V_4 = 4\%$)下之应力–应变图[28],由图中可以看出,UHPC 应力–应变关系在破坏前,呈线性关系。其次 UHPC 的动态行为对应变速率相当敏感,尖峰应力值与尖峰应变值均随应变速率增加而增加;此外添加钢纤维也会增加尖峰应力值与尖峰应变值。钢纤维对 UHPC 的动态韧性具相当优越的效益,通常应力–应变曲线下的面积即表示该材料的韧性。

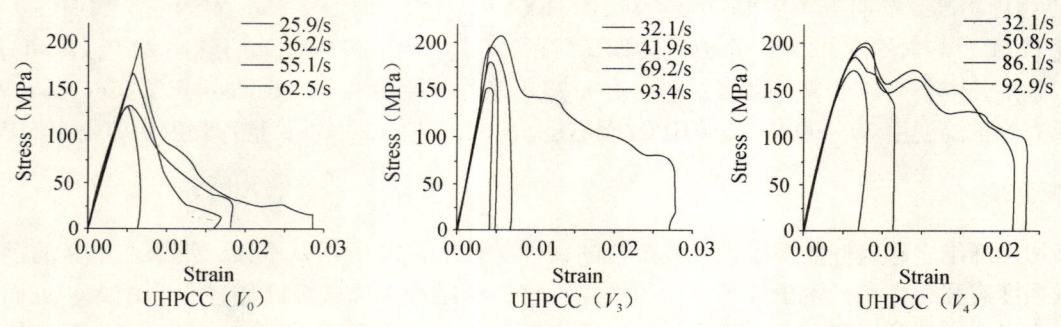

图 3 UHPC 在不同钢纤维含量($V_0 = 0\%$、$V_3 = 3\%$、$V_4 = 4\%$)下之应力–应变图[28]

UHPC 之破坏能约 23900~30000 J/m^2[24],高出一般混凝土及高性能混凝土许多,当受到外界高冲击力作用时,可以吸收高破坏能量。过去研究显示在高温养护下,可提升抗冲击强度约 25%[27]。

4.5 握裹强度

由于 UHPC 的低水灰比及添加高含量的硅灰和石英粉,因此热养护会加速火山灰反应。尤其是石英粉在常温下被视为几乎不具反应活性,因此热养护对石英粉的活性更具有催化作用。热养护对 UHPC 的力学性质具有一定的效益,其中也包括了对握裹强度的提升,过去研究显示 UHPC 经过 3d 热养护,其握裹强度比未经热养护的组别高,强度增加的幅度为 24.4%,握裹强度可达 7MPa 左右;此外,硅灰及石英粉添加量与握裹强度之关系,结果显示最佳硅灰添加量为水泥质量比之 20%~30%,当添加量达 30% 时,握裹强度较不加硅灰增加了 13%;最佳石英粉添加量为水泥质量比之 15%~35%,当石英粉含量为 15% 时,握裹强度较不加石英粉的组别增加了 56%[23]。

5 UHPC 耐久性

混凝土结构物除了考虑强度外,混凝土材料耐久性更是重要课题,以往评定混凝土的质量常常以抗压强度为依据,但是强度高未必表示耐久性佳;混凝土的耐久性系指混凝土于使用年限内能维持其物理特性与力学性质不致发生严重劣化,以保障结构物安全。由于 UHPC 相较于传统混凝土,有较低的水灰比,一般建议范围大约在 0.28~0.30 之间,因此其孔隙较致密也几乎没有连通之孔隙,有害因子如氯离子、二氧化碳等也比较难侵入 UHPC,通常都仅限于表面部分[30],大大提升了 UHPC 的耐久性。表 1 为普通混凝土、高性能混凝土与超高性能混凝土耐久性比较[19]。由表中可看出,UHPC 的耐久性最佳,主要因为其孔隙结构较致密,故探讨混凝土耐久性的议题,主要依混凝土中的孔隙结构而定,因此混凝土的传输性质为混凝土内孔隙尺寸、孔隙体积与孔隙连通性的表征。

表1 普通混凝土、高性能混凝土与超高性能混凝土耐久性比较

性能	普通混凝土	高性能混凝土	超高性能混凝土
氯离子渗透系数（$10^{-12}\,\text{m}^2/\text{s}$）	1.1	0.6	0.02
碳化深度（mm）	10	2	0
冻融试验脱落量（g/cm^2）	>1000	900	7
吸水性（g/m^2）		0.35	0.05
腐蚀速度（$\mu\text{m}/\text{year}$）		0.25	<0.01

Feret 指出混凝土的抗压强度和硬化水泥基的致密性非常相关[31]，图 4 为水灰比 0.25 与 0.65 之微观结构示意图[30]，显示水灰比 0.25 相较于水灰比 0.65，有较多的水泥浆体与较低的水含量，因此其孔隙结构较致密。图 5 为不同水灰比水泥浆体之微观结构图[30]，在高水灰比之微观结构图中可明显看出有较多的孔隙与异质性材料。

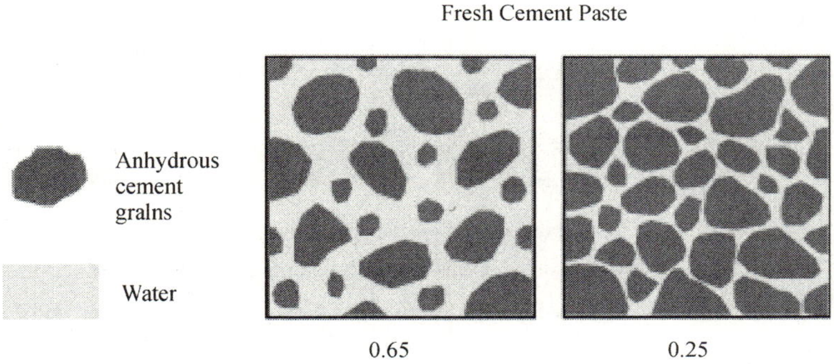

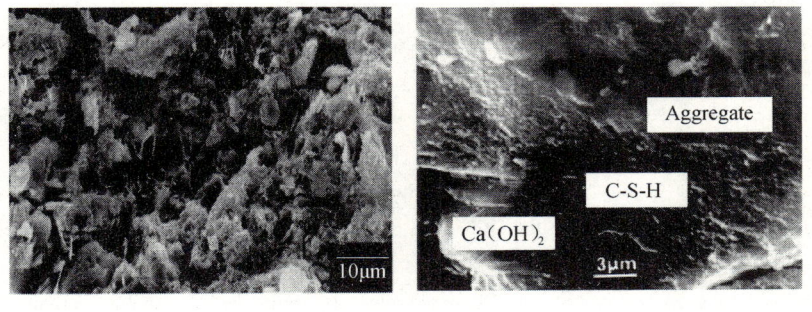

图 4 水灰比 0.25 与 0.65 之微观结构示意图[30]

图 5 不同水灰比水泥浆体之微观结构图[30]
(a) 高水灰比；(b) 低水灰比

6 结论

超高性能混凝土是一种具有超高强度、低收缩、高韧性与优越耐久性之水泥基复合材料。为了达到超高性能之特性，UHPC 在材料组成方面，除了使用高细度硅灰之火山灰材料来提高浆体之胶结性、添加强塑剂提升整体的工作性外，舍去粗骨材的使用来增加整体的均质性、利用颗粒级配最佳化来增加致密性、使用钢纤维来增加韧性，并施以热养护来加快反应速率，改善其微观结构。UHPC 不但能具有高达 800MPa 之超高强度，亦可高达 140MPa 之抗弯强度，与传统混凝土相较，不论是抗压、抗弯，都远远超越传统混凝土，且耐久性也远远超越高性能混凝土。因此，本文针对超高性能混凝土的组成材料、力学性质与耐久性之间的相互关系进行探讨，以期经由对超高性能混凝土材料特性的了解，以维护设计及使用上的安全而提升工程质量与结构物耐久性。

参考文献

[1] ACI Committee 544:" State of the Art Report of Fiber Reinforced Concrete" Concr. Int. : Des. Construct, Vol. 4 (5), pp. 9 ~ 30, 1982.

[2] Wafa, F. F. and Ashor, S. A.," Mechanical Properties of High-Strength Fiber Reinforced Concrete", ACI Mat. J., Vol. 89 (5), pp. 449 ~ 455, 1992.

[3] Mansur, M. A., Chin, M. S. and Wee, T. H.," Stress-Strain Relationship of High-Strength Fiber Concrete in Compression", J. Mat. Civil Engrg., ASCE, Vol. 11 (1), pp. 21 ~ 29, 1997.

[4] Russell, H. G.," ACI Defines High-Performance Concrete", Concrete International, Vol. 21, No. 2, pp. 56 ~ 5, February 1999。

[5] Foster, S. J. and Attard, M. M.," Strength and Ductility of Fiber- Reinforced High- Strength Concrete Columns", J. Struct. Engrg., ASCE, Vol. 127 (1), pp. 28 ~ 34, 2001.

[6] Song, P. S. and Hwang, S.," Mechanical Properties of High- Strength Steel Fiber- Reinforced Concrete", Constr. Build. Mat., Vol. 18, pp. 669 ~ 673, 2004.

[7] Richard P, Cheyrezy M. " Reactive powder concrete with high ductility and 200 ~ 800 MPa compressive strength". ACI SP 1994; 144: 507 ~ 518.

[8] Rossi P, Arca A, Parant E, Fakhri P. " Bending and compressive behaviors of a new cement composite". Cem Concr Res 2005; 35 (1): 27 ~ 33.

[9] Zhang YS, Sun W, Liu SF, Jiao CJ, Lai JZ. Preparation of C200 green reactive powder concrete and its static-dynamic behaviors. Cem Concr Compos 2008; 30 (9): 831 – 8.

[10] Charron JP, Denarié E, Brü hwiler E. " Transport properties of water and glycol in an ultra- high performance fiber reinforced concrete (UHPFRC) under high tensile deformation". Cem Concr Res 2008; 38 (5): 689 ~ 98.

[11] Richard, P. and Cheyrezy, M., " Composition of reactive powder concrete," Cement and Concrete Research, Vol. 25 (7), pp. 1501 ~ 1511, 1995.

[12] O'Neil, E. F. and Dowd, W. M.," Reactive powder concrete (RPC), a new material for the construction industry. " NC-MEC Session: Practitioners Guide to Materials for Concrete and Masonry Structures.

[13] Gilliland, S. K.," Reactive powder concrete (RPC), a new material for prestressed concrete bridge girders. " Building and International Community of Structural Engineers Structures Congress- Proceedings. Vol. 1 ASCE, New York, NY, USA., pp. 125 ~ 132, 1996.

[14] Dauriac, C.," Special concrete may give steel stiff competition. " Building with Concrete. The Seattle Daily Journal of Commerce, 1997. http://www.djc.com/special/concrete97/10024304.htm

[15] Dowd, W. M., and E. F., O' Neil. " Development of Reactive Powder Concrete (UHPC) Precast Products for the USA Market"., 4th International Symposium on the Utilization of High Strength/High Performance Concrete, Paris, pp. 1391 ~ 1398, 1995.

[16] Aitcin, C., and P. Richard.," The Pedestrian/Bikeway Bridge of Sherbrooke"., 4th International Symposium on the Utilization of High Strength/High Performance Concrete, Paris, pp 1399 ~ 1406, 1995.

[17] Adeline, R., and M. Behloul.," High Ductile Beams without Passive Reinforcement. ", 4th International Symposium on the Utilization of High Strength/High Performance Concrete, Paris, pp 1383 ~ 1390, 1995.

[18] Torrenti, M., V. Matte, V. Maret, and C. Richet.," High Integrity Containers for Interim Storage of Nuclear Wastes Using Reactive Powder Concrete"., 4th International Symposium on the Utilization of High Strength/High Performance Concrete, Paris, pp 1407 ~ 1413, 1995.

[19] 苗伯霖. 新型高性能超高强建筑材料—活性粉混凝土 [J]. 营建知讯, (162): 52 ~ 60.

[20] 陈振川, 苗伯霖, 詹颖雯, 李明君等. 超高强高性能混凝土配比及性质研究 [J]. 期末报告, 财团法人台湾营建研究院, 1996.

[21] 廖基良. 活性粉混凝土配比本土化及微观物理性质之研究 [D]. 硕士论文, 台湾大学土木研究所, 1998.

[22] 谭业成. 活性粉混凝土力学性质之研究 [D]. 硕士论文, 台湾大学土木研究所, 2000.

[23] 朱书贤. 钢纤维与活性粉混凝土间接口性质研究 [D]. 硕士论文, 台湾大学土木研究所, 2000.

[24] 李腾芳, 徐立平, 廖淑萍, 姚锡龄. 活性粉混凝土应用之探讨 [J]. 土木技术, 第二卷第十期.

[25] Birelli G., G. Cadoret, F. Dutalloir, and T. Thibaud.," A new Very High Performance Concrete. ", International Symposi-

um on High Performance and Reactive Powder Concrete, Vol. 3, pp. 177~202, 1998.

[26] Parra-Montesinos GJ, Peterfreund SW, Chao SH. " Highly damage-tolerant beam_ column joints through use of high-performance fiber-reinforced cement composites". ACI Struct J 2005; 102 (3): 487~495.

[27] 李志信. 钢纤维混凝土材料之水中磨耗性质与机理之探讨 [D]. 硕士论文, 台湾大学土木研究所, 1999.

[28] Zhidan R., W. Sun. and Y. Zhang, "Dynamic compression behavior of ultra-high performance cement based composites," International Journal of Impact Engineering, Vol. 37, pp. 515~520, 2010.

[29] 何曜宇. 活性粉混凝土破坏性质之研究 [D]. 硕士论文, 台湾大学土木研究所, 2000.

[30] P. C. Aitcin, "The durability characteristics of high performance concrete: a review," Cement & Concrete Composites, Vol. 25 pp. 409~420, 2003.

[31] Feret R. " Sur la compacite des mortiers hydrauliques, Memoire et documents relatifsal art des constructions et au service delingenieur. " Annales des Ponts et Chaussees, 4 (2e semestre): 5~161, 1892.

普通混凝土的高性能化

林力勋

中国建筑第四工程局有限公司,广州,510665

【摘 要】 作者根据对高性能混凝土的理解,阐述了普通混凝土实现高性能化的意义、依据、方法和手段,也谈到管理工作对维持普通混凝土耐久性所起的重要作用。

【关键词】 普通混凝土;高性能;耐久性;配合比;环境

High Performance of Common Concrete

Lin Lixun

China Construction Fourth Engineering Division Corp. Ltd., Guangzhou Guangdong, 510665, China

【Abstract】 According to the understanding of high performance concrete by author, significance, foundation, methods and measures about common concrete how to achieve high performance have been interpreted. Simultaneously, the author explains the importance of management work in preserving durability of common concrete.

【Key words】 common concrete; high performance; durability; mixture ratio; environment

1 问题的提出

现在人们谈到高性能混凝土时首先要求高强度,混凝土强度等级至少要达到 C60 甚至 C80,似乎只有高强混凝土才能成为高性能混凝土。诚然,混凝土强度是混凝土性能的综合反映,一般在正常设计情况下,混凝土强度等级高,其他性能也相对较好。然而,要获得高强混凝土,我们必须付出相应代价:

(1) 需选用高强度水泥,这会增加工业能耗和碳排放;
(2) 需选用优质砂石骨料,并对其级配、粒径和洁净度等有较高要求,但资源有限;
(3) 为了减少水化热,需选用优质的各种掺合料,资源有限,价格昂贵;
(4) 要尽可能降低水胶比,同时为了要满足混凝土拌合物的工作性,需用昂贵的高效外加剂,且掺量较大;
(5) 拌制低水胶比混凝土,时间要延长,能耗要增加;
(6) 泵送及施工低水胶比混凝土能耗相对较高;
(7) 养护工作要求高,尤其是早期;
(8) 高强混凝土对影响强度的因素较为敏感,故其质控体系的费用较高;
(9) 结构设计人员对高强混凝土的脆性仍没有成熟的解决方案;
(10) 高强混凝土配合比配制的直接成本高。

由此可见,通过高强来实现高性能成本是很高的,如果实际工程设计上需要这种高强度,这样做是值得的。但量大面广的混凝土工程却在使用中等强度等级的混凝土(C25~C50),如长江三峡大坝混凝土大多在 C25~C30,南京地铁工程大量应用的混凝土强度也是 C25~C30,设计使用寿命却要求 100 年;青藏铁路线上的桥墩使用的混凝土强度多为 C30;英国黑山核电站全部使用 C20~C40 级混凝土等。通常的工业与民用建筑工程混凝土设计强度多在中等,设计使用寿命要求在 50~100 年。此时,过高的强度是浪费，而如何保证混凝土的耐久性则成为问题的关键。

2 高性能混凝土的本质

我国开展高性能混凝土的研究已有20年，但高性能混凝土不像高强混凝土可以用单一的强度指标予以明确定义，因为不同的工程对象在不同的环境下对混凝土的性能有不同的要求，故混凝土的性能可随使用条件而变。由于传统混凝土在现阶段暴露出来的问题主要集中反映在耐久性上，所以高性能混凝土的提出首先是基于耐久性的考虑。

中国工程建设标准化协会标准《高性能混凝土应用技术规程》（CECS207：2006）对高性能混凝土的定义为"采用常规材料和生产工艺，具有混凝土结构所要求的各项力学性能，且具有高耐久性、高工作性和高体积稳定性的混凝土。"定义中的前两句是指普通混凝土，而工作性和早期的体积稳定性也是普通混凝土应该具备的，后期的体积稳定性则属于耐久性的范畴。于是我们可以这样理解当普通混凝土具有"高耐久性"时，就成为高性能混凝土。

高性能混凝土的核心是保证耐久性。耐久性对工程量浩大的混凝土工程来说意义非常重要，若耐久性不足，将会产生极严重的后果，甚至对未来社会造成极为沉重的负担。据美国一项调查显示，美国的混凝土基础设施工程总价值约为6万亿美元，每年所需维修费或重建费约为3千亿美元。美国50万座公路桥梁中20万座已有损坏，平均每年有150~200座桥梁部分或完全坍塌，寿命不足20年；美国共建有混凝土水坝3000座，平均寿命30年，其中32%的水坝年久失修；而对第二次世界大战前后兴建的混凝土工程，在使用30~50年后进行加固维修所投入的费用，约占建设总投资的40%~50%。回看中国，我国20世纪50年代所建设的混凝土工程已使用40余年。如果平均寿命按30~50年计，那么在今后的10~30年间，为了维修这些新中国成立以来所建的基础设施，耗资必将是极其巨大的。而我国目前的基础设施建设工程规模宏大，每年高达两万亿元人民币以上。照此来看，约30~50年后，这些工程也将进入维修期，所需的维修费用和重建费用将更为巨大。因此，发展高性能混凝土更要从提高混凝土耐久性入手，以降低巨额的维修和重建费用。

3 普通混凝土的耐久性概念

混凝土是一种人工材料，其性能可以事先设计。普通混凝土配合比设计要达到四个目标：

一是满足结构所需要的强度及其他力学性能，安全需要；

二是混凝土拌合物有良好的工作性，满足施工需要；

三是有足够的耐久性，寿命需要；

四是成本合理，经济需要。

对于中等强度等级的混凝土，第一、二和四目标并不难实现，值得考虑的只有第三个——耐久性，它指的是工程的使用寿命，是工程质量得以量化的集中表现。

混凝土的耐久性含义较广，标准CECS207：2006对其定义为"混凝土在所处工作环境下，长期抵抗内、外部劣化因素的作用，仍能维持其应有结构性能的能力。"这些能力包括抗渗、抗冻、抗裂、抗碳化、抗化学腐蚀、抗疲劳、抗氯离子渗透、抗碱-骨料反应、收缩徐变及后期强度等。显然，要使混凝土十全十美，具有上述所有性能是做不到的，也是不经济的。因为一般而言混凝土所处的环境是相对稳定的，有些性能也是互相矛盾的。如混凝土不可能同时处于酸腐蚀和碱腐蚀的环境中，又如混凝土内的高碱环境对于钢筋钝化防锈和抗碳化是有利的，但对预防碱-骨料反应却不利。所以，根据普通混凝土所处的环境条件来有针对性地设计其耐久性才是科学合理的。正如美国混凝土协会（ACI）对高性能混凝土的解释是："当混凝土的某些特性是为某一特定的用途和环境而制定时，这就是高性能混凝土。"

4 普通混凝土的耐久性设计

《混凝土结构耐久性设计规范》（GB/T 50476—2008）将混凝土所处的环境分为五类：一般环境

（Ⅰ）、冻融环境（Ⅱ）、海洋氯化物环境（Ⅲ）、除冰盐等其他氯化物环境（Ⅳ）和化学腐蚀环境（Ⅴ）。混凝土结构设计使用年限按《工程结构可靠性设计统一标准》（GB 50135）的规定分为不低于50年和不低于100年。针对不同的环境和年限要求，设计人员要关注混凝土的配合比设计（尤其要注意混凝土最低强度等级、最少胶凝材料用量和最大水胶比的控制）和钢筋保护层厚度的选择。

4.1 一般环境（Ⅰ）

该环境对混凝土的作用等级分为三种，第一种是轻微（Ⅰ-A），指混凝土处于室内干燥或永久静水浸没的环境。这是对混凝土最为有利的环境，此时只有正常大气作用下混凝土的自然碳化会影响混凝土对钢筋的保护。虽然在干燥环境中混凝土会慢慢碳化，但由于缺水使钢筋难于锈蚀；处于水中的混凝土由于缺乏氧气而不会碳化，钢筋也不会锈蚀，而且水中混凝土处于永久养护状态，后期性能还会逐渐改善。第二种是轻度（Ⅰ-B），指混凝土处于露天（但不接触或偶尔接触雨水）或室内潮湿环境，这种情况与（Ⅰ-A）差别不大。第三种是中度（Ⅰ-C），指混凝土处于干湿交替环境。在干湿交替的反复作用下，混凝土碳化有条件进行，同时钢筋锈蚀过程由于水分和氧气的交替供给而显著加强，这是对钢筋混凝土不利的。

绝大部分工业与民用建筑结构混凝土属于（Ⅰ-A）和（Ⅰ-B）环境，此时依靠混凝土本身的耐久性质量、适当的保护层厚度就能达到所需的耐久性，不用考虑附加措施。如选择强度等级不低于C25，保护层厚度不少于20~25mm，就可满足设计使用年限50年甚至100年的要求。而大部分市政设施、桥梁和隧道混凝土属于（Ⅰ-C）环境，选择强度等级不低于C40，保护层厚度不少于40mm并采取适当的防排水措施，在无冻融情况下，也可满足设计使用年限50年甚至100年的要求。

4.2 冻融环境（Ⅱ）

长期与水体直接接触并会发生反复冻融的混凝土应考虑冻融环境的作用。混凝土之所以受冻破坏是因为在低温下，混凝土中的水结冰产生膨胀。混凝土冻融破坏需要两个条件：一是混凝土内要含水，且饱水率要达85%以上，否则混凝土是不怕冻的；二是要有足够长时间的低温，最冷月平均气温 -3~2.5℃为微冻，-8~-3℃为寒冷，-8℃以下为严寒，高于2.5℃的地区可不考虑冻融环境作用。冻融环境（Ⅱ）对混凝土的作用等级分为三种：

第一种是中度（Ⅱ-C），指混凝土在无盐微冻高度饱水或寒冷、严寒中度饱水。这种情况下混凝土基本上不会严重受冻，因为要么温度不够低，要么混凝土饱水率不够。选用强度等级不低于C40，保护层厚度不低于30mm的混凝土即可。

第二种是严重（Ⅱ-D），指混凝土在有盐微冻高度饱水或寒冷、严寒中度饱水或寒冷和严寒无盐高度饱水。这时要按抗冻混凝土设计，设计要点如下：

（1）混凝土强度等级不低于C45，保护层厚度不低于35mm；
（2）选用硅酸盐水泥或普通硅酸盐水泥，不宜使用其他品种水泥，水胶比不大于0.4；
（3）细骨料无碱活性，含泥量≤3.0%，泥块含量≤1.0%，云母等杂质含量≤1.0%，坚固性试验质量损失≤8%；
（4）粗骨料无碱活性，连续级配，含泥量≤1.0%，泥块含量≤0.5%，坚固性试验质量损失≤8%；
（5）可使用引气型减水剂，使混凝土含气量达4%~5%，此时混凝土强度可能会降低，但不要超过10%，也不能低于结构要求的强度等级；
（6）设计完成后，尚应增加抗冻融性能试验。

第三种情况是非常严重（Ⅱ-E），指混凝土在寒冷、严寒地区的有盐高度饱水环境。混凝土设计要点如下：

（1）混凝土强度等级不低于C45，保护层厚度不低于40mm；

(2) 水泥、砂石要求同上；

(3) 可掺入高活性微细掺合料（如硅粉等），以提高混凝土的密实度和后期性能；

(4) 使用高效减水剂，进一步降低水胶比以提高混凝土的密实度和强度；

(5) 对重要及大型工程，应进行混凝土的抗冻耐久性指数 DF 试验，即混凝土试件经 300 次快速冻融循环后其动弹性模量 E_1 与初始值 E_0 的比值 $DF = E_1/E_0$，如在达到 300 次循环之前 E_1 已降至初始值的 60% 或试件质量损失已达到 5%，以此时的循环次数 N 计算 DF 值，$DF = 0.6 \times N/300$；$DF(\%)$ 值应满足下表要求：

设计使用年限	100 年			50 年		
环境条件	高度饱水	中度饱水	盐或化学腐蚀下冻融	高度饱水	中度饱水	盐或化学腐蚀下冻融
严寒地区	80	70	85	70	60	80
寒冷地区	70	60	80	60	50	70
微冻地区	60	60	70	50	45	55

4.3 氯化物环境

氯离子进入钢筋混凝土后，引起钢筋锈蚀并发生体积膨胀，使混凝土丧失对钢筋的握裹力，产生顺筋裂缝、剥落而破坏。这种破坏一旦发生将是很快的，后果也非常严重，往往无法修复，但它一定是针对钢筋混凝土的，素混凝土则不必担心。

4.3.1 海洋氯化物环境（Ⅲ）

海洋和近海地区接触海水氯化物的配筋混凝土工程处于这种环境，该环境对混凝土的作用分为四种情况：

第一种是中度（Ⅲ-C），指永久浸没于海水中的混凝土，如桥墩、基础。这时由于水中缺氧使锈蚀发展速度变得极慢甚至停止，故钢筋锈蚀危险性不大。

第二种是严重（Ⅲ-D），指混凝土处于海平面 15m 高度以上的海上大气区和距海岸线 100~300m 区域（轻度盐雾区）。

第三种是非常严重（Ⅲ-E），指混凝土处于海平面 15m 高度以下的海上大气区和距海岸线 100m 以内的区域（重度盐雾区）以及在非炎热条件下的潮汐区和浪溅区。

第四种是极端严重（Ⅲ-F），指混凝土处于炎热条件下的潮汐区和浪溅区。

海洋上空和近海地区的大气中都有氯离子，故称盐雾，离海越近浓度越高。盐雾中的氯离子可随风飘到海面上空和附近的混凝土上，如桥墩、桥梁及海岸附近的建筑等。据调查，离岸 100m 内的户外混凝土中的钢筋均发生严重锈蚀；在潮汐区和浪溅区，不但氯离子浓度高，还有海浪拍打和干湿循环作用，使氯离子在混凝土中的渗透速度加快；如果前述情况再处于炎热高温时，会导致电化学反应加速，钢筋锈蚀加剧。

4.3.2 除冰盐等其他氯化物环境（Ⅳ）

这是人为制造的氯化物环境，在冬季，为了防止公路、桥梁上面结冰，保证行车安全，人们沿途撒下大量的工业盐以降低水的冰点。除冰盐对混凝土有双重破坏：一方面除冰盐直接接触混凝土表面，融雪过程中的温度骤降以及混凝土的含盐雪水蒸发结晶都会导致混凝土表面开裂剥落，即盐冻破坏；另一方面盐中氯离子不断向混凝土内部迁移，引起钢筋锈蚀。氯离子还会随着车轮被带到更远的地方，如隧道、室内停车场等；也会随水流入不易被清洗的混凝土构件接缝处和地下土体，长期对这些部位的混凝土产生不利影响。除冰盐对混凝土结构造成极其严重的腐蚀，不进行耐久性设计的桥梁在除冰盐环境下只需几年或十几年就需要大修甚至被拆除。发达国家使用含氯除冰盐融化道路积雪已有 40 年的历史，但迄今尚无更为经济的替代方法。

上述两种情况是露天配筋混凝土面临的最多的也最为严重的腐蚀环境，除了氯化物腐蚀外，还存

在大量的硫酸盐腐蚀,是对混凝土耐久性的最大威胁,也是混凝土设计人员必须认真对待的问题。设计建议如下:

(1) 混凝土强度等级不低于C45,保护层厚度不低于50mm;

(2) 优先选用矿渣硅酸盐水泥或火山灰质硅酸盐水泥,如用硅酸盐水泥或普通硅酸盐水泥时,可配合掺入大量(占胶凝材料总量的比例≥40%)矿粉、粉煤灰和硅粉,胶凝材料总量不少于400kg/m³,同时使用高效减水剂,水胶比不大于0.40;

(3) 砂石要求除前述外,砂中氯离子对钢筋混凝土要≤0.06%,对预应力混凝土要≤0.02%;

(4) 有冻融时宜掺入引气剂,使混凝土含气量达到4%~5%;

(5) 对重要及大型工程,除了要做混凝土抗冻耐久性指数DF试验外,还应做氯离子扩散系数试验,且应满足下表要求:

设计使用年限	100 年		50 年	
作用等级	D	E	D	E
28d 氯离子扩散系数($\times 10^{-12} m^2/s$)	≤7	≤4	≤10	≤6

(6) 混凝土的施工缝、连接缝不要设在水位变动区和浪溅区,伸缩缝处要采取防腐措施,混凝土表面要光滑、不积水;

(7) 当上述措施仍不能保证50~100年设计使用年限时,还应考虑其他附加措施:在混凝土中添加钢筋阻锈剂,如亚硝酸钠,对钢筋涂刷有机或无机防锈涂料,混凝土表面涂刷防腐面层,实施对钢筋的阴极保护等等。

(8) 对工程定期"体检",通过检测及时发现问题采取补救措施。

4.4 化学腐蚀环境(V)

化学腐蚀主要指地下水、土壤中的硫酸盐和酸类(如酸雨)等对混凝土的腐蚀。硫酸盐溶液和水泥石中的氢氧化钙及水化铝酸钙发生化学反应,生成石膏和硫铝酸钙,产生体积膨胀,使混凝土瓦解。其特征为混凝土表面发白,棱角处开始损坏,接着裂缝开展并剥落,使混凝土成为一种易碎松散状态;另外,酸类物质消耗氢氧化钙使得混凝土迅速中性化,丧失对钢筋的保护,从而钢筋锈蚀引起混凝土开裂破坏。当水中的SO_4^{2-}大于1000mg/L或pH值小于5.5时,要采取措施保护混凝土。设计建议与4.3节内容类似,只补充两点:

(1) 优先选用抗硫酸盐水泥配制混凝土,如用硅酸盐水泥或普通硅酸盐水泥时,可配合掺入大量矿粉、粉煤灰和硅粉,使水泥中的C_3A含量≤5.0%;

(2) 如有可能,使用高压蒸汽养护的预制混凝土构件替代现浇混凝土。因为经过高压蒸养,混凝土水化产物稳定得多,改善了混凝土的抗硫酸盐性能。

4.5 碱-骨料反应的预防

4.5.1 碱-骨料反应的条件及分析

在混凝土中是否会产生碱-骨料反应(Alkali Aggregate Reaction 简写 AAR)是其耐久性的一个重要指标。它是指混凝土中的碱与骨料中的活性成分,在混凝土浇筑成型后逐渐发生化学反应,其反应生成物导致混凝土产生膨胀开裂的现象。AAR通常进行得很慢,由此引起的破坏往往经过若干年甚至数十年后才会出现,一旦出现则无法补救,故AAR被称为混凝土的"癌症"。

尽管AAR带来的后果非常严重,但实际工程中出现这种破坏的案例却并不多见,因为AAR需要有严格条件:一是骨料中存在碱活性物质,可按《普通混凝土用砂、石质量及检验方法标准》(JGJ52—2006)进行检验鉴定,如果不存在碱活性物质,则认为是安全骨料;二是混凝土中含有过量的碱;三是需要水分,干燥状态是不会发生AAR的;四是需要温度,在常温下反应进行得很慢。可见,混凝土要发生 AAR 必须同时具备这四个条件，且还要达到条件规定的量值。由此，我们可以分析：

（1）一般的工业与民用建筑工程不易发生 AAR，因为这类结构混凝土强度等级不高，水泥用量相对较少，混凝土中碱含量一般不会超过 3kg/m³；其二是此类工程大部分属于室内结构，基本上处于干燥环境，即使骨料具有碱活性且含碱量超过规定指标时（如 C50 以上混凝土）也没有发生反应的湿度条件。

（2）水利工程不易发生 AAR，这时虽然湿度条件是达到的，但一般大坝工程属于大体积混凝土，出于对水化热的考虑，大坝混凝土水泥用量较低，且掺合料较多，强度验收往往也用 60d 甚至 90d 的龄期，混凝土中的碱含量比上述工程低得多，更不可能超标。当然，水利工程往往是非常重要的结构工程，选择无碱活性的骨料也是必然的。

（3）最易发生 AAR 是公路、桥梁和铁路枕轨等工程，这种工程混凝土强度等级高，水泥用量大，混凝土中碱含量大，又处于露天环境之中，干湿交替频繁，具备 AAR 的反应条件，从国内外报道的 AAR 工程实例来看，也主要是公路和桥梁工程。

4.5.2 活性骨料的使用

制造混凝土之所以十分方便是因为大量的原材料可以就地取材，如果发现当地砂石骨料有活性就弃之不用往往给工程施工带来难以想象的困难，工程造价和工期都会叫人无法接受。如何安全合理地使用这些可能有活性的骨料并避免 AAR 的发生是混凝土工程师需要考虑的问题。混凝土设计建议如下：

宜采用岩相法和砂浆长度法综合评价骨料的碱活性，如用快速法检验应有多组试验的一致性，试验所用水泥与工程所用水泥一样。当确认骨料存在碱活性而又必须使用时，应采取以下措施：

（1）使用这种骨料的混凝土强度等级选择 ≤C35；

（2）根据《通用硅酸盐水泥》（GB 175—2007）标准规定，所用水泥中碱含量按 $Na_2O + 0.658K_2O$ 计算不得大于 0.6%；

（3）根据《混凝土碱含量限值标准》（CECS53:93）规定，在骨料具有 AAR 活性时，按混凝土所处的环境条件对不同的工程结构分别取下表中碱含量限值：

环境条件	混凝土最大碱含量（kg/m³）		
	一般工程结构	重要工程结构	特殊工程结构
干燥环境	不限制	不限制	3.0
潮湿环境	3.5	3.0	2.1
含碱环境	3.0	用非活性骨料	

（4）大量使用粉煤灰、硅粉等掺合料。

5 混凝土的施工、养护与维护

尽管混凝土的设计对于其强度、耐久性起决定性作用，但是如果在施工和养护等环节做不好，即使再好的设计也不能保证混凝土质量。简言之，施工就是将符合设计要求的混凝土充分密实地浇筑成规定的形状，为此要求对所用原材料要仔细管理；计量要准确；混合和搅拌要均匀；运输和浇筑（泵送）时不让混凝土拌合物发生离析；根据其和易性选择合理的振捣方式，使混凝土填充至模板的各个角落和钢筋周围并排除其空隙中和引入的空气。

施工完成后的混凝土必须立即得到养护，尤其是早期养护，这对于混凝土的强度和耐久性是至关重要的，也是防止混凝土开裂最简单而有效的手段。一般情况下，刚浇筑的混凝土要覆盖，避免风吹日晒、雨淋、冬天还要防冻；终凝后养护的关键在于保湿，养护时间不少于 14d 且尽可能延长，特殊情况还应采取其他养护措施。

总之，混凝土是一种人造材料，不要人为留下"先天不足"。

虽然混凝土的耐久性与生俱来，但如果我们对在役混凝土结构（尤其是处于露天环境中的重要结构）像医生对人的健康和寿命那样给予关注、保养和维护，则结构的使用寿命会远远超过设计预期。

首先，是定期对混凝土结构进行外观检查：

(1) 有无因地基局部沉降、长时间振动等引起的破损、开裂；
(2) 干缩、收缩、温度等引起的裂缝；
(3) 排水不良、渗漏情况；
(4) 碳化深度、钢筋锈蚀；
(5) 冻融作用、磨损及化学腐蚀状况；
(6) 使用情况评估，判断与当初的设计条件是否相符；
(7) 辅以无损检测手段进行密实度和强度检测。

其次，根据外观检查结果提出需要详细检测的内容；之后对混凝土结构存在的问题提出处理方案并实施。如裂缝的修补封闭，疏松混凝土的置换，钢筋的除锈防锈，结构的加固补强等等。定期检查可以尽快发现问题并及时采取补救措施，使混凝土结构更"健康"、更耐久。

6 结语

可以预计，在今后很长一段时期内，中国基本建设高歌猛进的现状不会改变，普通混凝土仍是建设工程结构材料的主角。以高强混凝土在我国应用较多的广州市为例，各商品混凝土搅拌站年出售混凝土大约4000万m^3，其中C60以上强度等级的混凝土不到0.5%；C30~C60混凝土售价为280~390元/m^3，C80则为900~1000元/m^3。所以，提高普通混凝土的各种性能尤其是耐久性不但大大节约工程建造的直接成本而且将充分延长工程结构的使用寿命，从而给国家带来巨大社会和经济效益。

具备中等强度等级的普通钢筋混凝土，根据其所处环境选择原材料并进行有针对性的配合比设计，必要时适当提高保护层厚度，通过认真施工、养护和使用期间的定期检查与维护，就能使普通混凝土很经济地实现高性能化。

参考文献

[1] 中华人民共和国国家标准. GB/T50476—2008. 混凝土结构耐久性设计规范.
[2] 中国工程建设标准化协会标准. CECS207：2006. 高性能混凝土应用技术规程.
[3] 中华人民共和国行业标准. JG J55—2000. 普通混凝土配合比设计规程.
[4] 洪定海. 混凝土中钢筋的腐蚀与保护[M]. 北京：中国铁道出版社，1998.
[5] F. M. 李〔英〕. 唐明述等译，水泥和混凝土化学[M]. 北京：中国建筑工业出版社，1980.
[6] 姚燕. 高性能混凝土技术研究十年一剑. 2009.
[7] 岩崎明训〔日〕. 混凝土的特性[M]. 北京：中国建筑工业出版社，1980.
[8] 小林一辅〔日〕. 混凝土工程[M]. 北京：煤炭工业出版社，1981.

绿色混凝土研究现状与发展

陈尚伟　王玉麟　王　勇　徐立斌　漆贵海　董艺

贵州中建建筑科研设计院有限公司，贵阳，550006

【摘　要】　混凝土经过一百多年的发展，已成为土木工程中最大宗的建筑材料。随着科学技术的进步和人们对节能环保的重视，绿色混凝土技术蓬勃发展。本文着重介绍绿色混凝土的组成与性能以及目前的研究现状和未来亟需解决的问题。

【关键词】　绿色混凝土；绿色高性能混凝土；再生骨料混凝土；环保型混凝土；机敏型混凝土

Current Situation and Development of the Research of Green Concrete

Chen Shangwei　Wang Yulin　Wang Yong　Xu Libin　Qi Guihai　Dong Yi

Guizhou Construction Science Research and Design Institute of CSCEC, Guiyang, 550006, China

【Abstract】　Concrete has become the major in civil engineering construction materials after the development of one hundred years. With the advancement of science and technology and the attention to environmental protection, green concrete technology developed vigorously. This paper introduces the composition and properties of green concrete, the current research situation and the problem that needs to be solve in future.

【Key words】　green concrete; green high performance concrete; recycled aggregate concrete; environmental concrete; astute concrete

前言

21世纪，人类面临着"人口膨胀、资源短缺、环境恶化"三大问题。混凝土是当今世界最大宗的人造建筑材料，目前世界的使用量约为28亿~30亿m^3，其中，我国约为15亿m^3[1]。混凝土在给人们带来巨大便利的同时，也带来了十分严峻的资源、能源及环境问题。

混凝土中主要使用的水泥为胶凝材料，而水泥产业恰恰是高能耗产业。在我国现有技术水平条件下，生产每吨水泥的平均电耗约110千瓦时，平均煤耗约128kg标准煤[2]。同时每生产1t水泥熟料还约需石灰石1.3t、黏土0.3t，排放CO_2t、有害气体SO_2 0.74kg与NO_x 1.51kg及大量粉尘等污染物。混凝土中除水泥外，$1m^3$混凝土尚需砂石骨料约1.8t。

由于我国目前正在进行大规模的基础设施建设，各种工程中水泥混凝土的用量十分惊人，且每年都在不断增加。据统计，我国每年要开采50亿t包括黏土、石灰石和砂石等天然矿物资源用于生产水泥和混凝土。过度的开采黏土、石灰石、砂石等资源，对环境是一种严重的破坏，带来了水土流失、植被破坏、河水污染等一系列生态问题。另外，水泥生产中产生的CO_2、SO_2、NO_X、粉尘等污染物，对生态环境影响很大。CO_2是导致地球温室效应的主要诱因之一，是当今世界着重控制的污染物；SO_2是酸雨产生的主要原因，对建筑物腐蚀严重，同时危及农作物和植被的生长；NO_X在太阳光照射下会生成毒性很强的光化学烟雾，是对人体健康危害很大的污染物；粉尘对人们的健康是一种巨大的威胁，进入呼吸道后，能穿透人体的自身防御系统，直接进入肺泡并沉积在那里，经过长时间的积累，导致尘肺病。

由此可见，传统的混凝土消耗自然资源巨大、污染严重，不满足循环经济与节能发展的趋势，需要发展一种新型混凝土来代替传统的混凝土，绿色混凝土就是在这种环境下提出的。

目前，对绿色混凝土的概念学术界还没有统一的定义，一般说来，绿色混凝土具有比传统混凝土更高的强度和耐久性，可以实现非再生性资源的可循环使用和有害物质的最低排放，既能减少环境污染，又能与自然生态系统和谐共生。"绿色"的含义可理解为：节约资源、能源；不破坏环境，更有利于环境；可持续发展，既满足当代人的需求，又不危害子孙后代，且能满足其需要[3]。

绿色混凝土中的"绿色"并不是单一的概念，它是一个系统的概念，涵盖了"绿色设计"、"绿色原材料"、"绿色施工"、"绿色使用"四个方面。"绿色设计"是指混凝土设计中应该从安全、适用、耐久、经济、生态这几个方面综合考虑；"绿色原材料"是指尽可能地一方面使用能减少现有能耗和物耗的原材料，另一方面选用可以循环利用的原材料；"绿色施工"是指在混凝土施工过程中提倡以节约能源、降低消耗、减少污染的产生量和排放量为基本宗旨的"清洁生产"；"绿色使用"是指混凝土作为一种产品，我们也应该像其他产品一样提供产品使用事项，减少不必要的对混凝土的破坏，以提高混凝土的耐久性[4]。

吴中伟院士首次提出"绿色高性能混凝土"的概念，他指出：混凝土能否长期作为最大宗的建筑结构材料，关键在于能否成为绿色材料。再生骨料混凝土，是指用废混凝土、废砖块、废砂浆作骨料，与水泥砂浆拌合而制得的混凝土。环保型混凝土，则是指能够改善、美化环境，对人类与自然的协调具有积极作用的混凝土材料。机敏混凝土是指具有感知、调节和修复等功能的混凝土，它是通过在传统的混凝土组分中掺加复合特殊的功能组分而制备的具有本征机敏特性的混凝土[5]。

1 绿色高性能混凝土

高性能混凝土的研究是当今土木工程界最热门的课题之一，高性能混凝土具有普通混凝土无法比拟的优良性能，如果将高性能混凝土与环境保护、生态保护和可持续发展结合起来考虑，则成为绿色高性能混凝土（GHPC）。在1997年3月的"高强与高性能混凝土"会议上，吴中伟院士首次提出"绿色高性能混凝土"的概念，并指出GHPC是混凝土的发展方向，更是混凝土的未来。

绿色高性能混凝土应具备以下特征[6]：

（1）更多地节约熟料水泥，减少环境污染

作为混凝土主要原料的水泥是一种不可持续发展产品，水泥生产过程中排出大量粉尘和有害气体。目前各国已规定了CO_2排放限量，水泥工业的发展将受到限制，水泥产量不能再无限制地增加了。水泥产业必须积极改进品种和工艺，降低能耗和应用新技术。HPC使用大量细掺料代替熟料，最多可达60%~80%，将是一条主要出路。GHPC中，磨细工业废渣而不是熟料水泥成为最大的胶凝组分，一方面减少了水泥工业所产生的能耗和污染，另一方面充分利用了磨细工业废渣的活性，实现了废渣的资源化利用。

（2）更多地掺加工业废渣为主的细掺料

我国水淬矿渂年产量约8000万t，几乎已全部用作掺合料，但由于细度粗等原因，活性远未利用，大多只起着微骨料作用，在HPC中必须细磨或超细磨。我国粉煤灰年产量已超过1亿t，但利用率还不高，今后适于HPC的优质粉煤灰将大量增加。1995年以来加拿大能源矿产部开发高掺量粉煤灰混凝土，粉煤灰占胶结材（水泥+粉煤灰）总量的55%~65%，再掺加适量超塑化剂，能得到很好的工作性、耐久性与力学性能。GHPC将矿渣、粉煤灰或硅灰等复合掺加，则效果更好，达到多掺多代、节能节料、改善环境的目标，这种GHPC还具降低温升、改善体积稳定性和耐用耐磨耐蚀等优点。

（3）更大地发挥高性能的优势，减少水泥与混凝土用量

减少水泥与混凝土用量，例如利用高强度减少结构截面积、减轻自重，在高层和大跨度结构中已有不少例子。提高耐久性，保证或延长安全使用期，更能获得最大的经济与环境效益。

（4）扩大GHPC的应用范围

将现行HPC的强度低限从C50~C60降到C30左右；将HPC用于大体积水工建筑，以及要求抗冻

融、低温升等工程中，可收到更大的环境与技术经济效益。

发展绿色高性能混凝土是混凝土可持续发展的客观要求：一是资源和能源有限；二是人类的舒适健康也需要土木工程材料朝着环保的方向发展。正因为如此，绿色高性能混凝土越来越受到工程界的青睐，并且已经在工程实践中成功应用。日本兴建的世界最长的悬索桥——明石跨海大桥，总长3910m，中跨为1990m。在两个锚墩中使用了40万 m^3 的GHPC，其预期使用寿命100年。在连接英法两国之间的跨海隧道中，所用的HPC要求使用寿命更是达到200年。而在加拿大舍布洛克镇修建了一座步行桥，使用了钢管混凝土桁架桥，混凝土强度达200MPa，该镇处于严寒、高湿地区，最低气温－40℃，使用效果良好[7]。

2 再生骨料混凝土

我国20世纪50年代所建成的混凝土工程已使用50余年，许多工程都已经损坏，随着结构的破坏，许多建筑物都需要修补或拆除，而在大量拆除建筑废料中相当一部分都是可以再生利用的，如果将拆除下来的建筑废料进行分选，制成再生混凝土骨料，用到新建筑物的重建上，不仅能够从根本上解决大部分建筑废料的处理问题，同时减少运输量和天然骨料使用量。另外，天然骨料的开采，对环境造成了很大的破坏，因而发展再生骨料符合可持续发展的原则。

我国再生混凝土的研究起步较晚，但也先后颁布了《固体废料污染环境防治法》、《城市固体垃圾处理法》等。上海市在世博会项目上进行了这方面的探索，整个"世博工程"预计产生4000万t建筑垃圾。未来处置这些废弃物，上海估计要投入200亿元巨资。另一方面，上海工业固体废弃物的排放量也很大，仅粉煤灰一项，就达500万t/a以上。这些城市固体废弃物，完全可代替部分天然砂石和水泥，达到节能减排的目的。试验区设在上海沪上·生态家、上海世博会浦东临时场馆C片区1标，混凝土设计强度为C30P6、C40P6，同时使用矿渣粉、粉煤灰等掺合料取代50%～60%水泥，使用再生骨料、石屑、细砂等资源节约型骨料取代50%～60%天然砂石。经在上海世博会项目示范工程中应用，结果表明，混凝土工作性、力学性能和耐久性良好[9]。

各国政府对再生混凝土的开发利用也十分重视。日本由于国土面积小，资源相对匮乏，因此将建筑垃圾视为"建筑副产品"，十分重视将废弃混凝土作为可用资源而重新开发利用。早在1977年日本政府就制定了《再生骨料和再生混凝土使用规范》，并相继在各地建立了以处理混凝土废弃物为主的再生加工厂，生产再生水泥和再生骨料并制定了多项法规来保证再生混凝土的发展。1991年日本政府又制定了《资源重新利用促进法》，规定建筑施工过程中产生的渣土、混凝土块、沥青混凝土块、木材、金属等建筑垃圾，必须送往"再生资源化设施"进行处理。1992年日本建设省提出了"控制建筑副产品排放和建筑副产品再利用技术开发"的5年规划，1996年10月制定了旨在推动建筑副产品再利用的"再生资源法"，为废旧混凝土等建筑副产品的再生利用提供法律和制度保障。从废弃混凝土的利用率看，东京在1988年对于建筑垃圾的重新利用率就已达到了56%，目前日本全国建筑废弃物实现资源再利用率已超过五成，其中废弃混凝土利用率更高，处理废弃物厂的规模有的达到100t/h。荷兰也是最早开展再生混凝土研究和应用的国家之一，在20世纪80年代，荷兰制定了有关利用再生混凝土骨料制备素混凝土、钢筋混凝土和预应力钢筋混凝土的规范，对上述混凝土中使用再生骨料提出了明确的技术要求。并指出，如果再生骨料在骨料中的含量（质量）不超过20%，那么，混凝土的生产就完全按照普通天然骨料混凝土的设计和制备方法进行。丹麦于1990年颁布法规修正案允许再生骨料在适宜环境下用于某些特定的结构，该修正案将回收的混凝土按强度分为2类：低于20MPa的为第1类，20～40MPa的为第2类，并对两类骨料分别规定了技术要求[8]。在德国，再生混凝土主要用于公路工程，如德国lowersaxong的一条双层公路采用了再生骨料混凝土，该混凝土路面总厚度为26cm，底层混凝土19cm采用再生骨料混凝土，面层7cm采用天然骨料配制的混凝土。

3 环保型混凝土

混凝土材料给环境带来了负面影响，如制造水泥时燃烧碳酸钙排出的二氧化碳和含硫气体，形成酸雨，产生温室效应，进而影响环境。据调查城市噪声的三分之一来自建筑施工，其中混凝土浇筑振捣噪声占主要部分。就混凝土本身的特性来看，质地硬脆，颜色灰暗，给人以粗、硬、冷的感觉，由混凝土构成的生活空间色彩单调，缺乏透气性、透水性，对温度、湿度的调节性能差。新型的混凝土不仅要满足作为结构材料的要求，还要尽量减少给地球环境带来的负荷和不良影响，能够与自然协调，与环境共生。因此，作为人类最大量使用的建筑材料，混凝土的发展方向必然是既要满足现代人的需求，又要考虑环境因素，有利于资源、能源的节省和生态平衡，环保型混凝土成为了绿色混凝土的一个重要发展分支。

pH 值在 12～13，呈碱性的混凝土对用于结构物来说是有利的，具有保护钢筋不被腐蚀的作用。但对于道路、港湾等，这种碱性不利于植物和水中生物的生长，所以开发低碱性、内部具有一定的空隙、能够提供植物根部或生物生长所必须的养分存在的空间，适应生物生长的混凝土是环保型混凝土的一个重要研究方向。

目前开发的环保型混凝土主要有无砂混凝土及植被混凝土。

（1）无砂混凝土

无砂混凝土，它只有粗骨料，没有细骨料，直接用水泥或其他活性材料作为粘结剂连接粗骨料，其透气和透水性能良好，连续空隙可以作为生物栖息繁衍的地方，是一种新型的环保材料。

与传统混凝土相比，无砂混凝土最大的特点是具有 15%～30% 的连通孔隙，具有很好的透水、透气性，将这种混凝土用于公园、道路、停车场以及各种体育场地，能增加地表的透水、透气面积，调节空气温度和湿度，减少热岛效应，城市的高热环境可以得到一定的改善。无砂混凝土还有利于雨水下渗和植物生长，维持地下水位和生态平衡。

目前，无砂混凝土在公路、铁路等路面、护坡工程中用来作为透水材料得到了广泛应用。另外，无砂混凝土还可以作为墙体材料，因其便于取材，在贵州等山地较多的省市得到了一定的应用。

无砂混凝土在北京奥林匹克森林公园和鸟巢工程中得到了较大面积的成功应用。经过权威部门检测，奥林匹克森林公园工程中应用的无砂混凝土达到了 C25 混凝土设计强度等级，透水系数达到 3.9mm/s，孔隙率达到 24%；鸟巢工程中应用的无砂混凝土达到了 C20 混凝土设计强度等级，透水系数达到 6.2mm/s，孔隙率达到 28%[10]。

（2）植被混凝土

植被混凝土，也就是能长草的混凝土，它利用具有特殊配合比的混凝土内部相互连通的微孔空间，并采用化学和生物技术，施工时只要在混凝土块的孔隙中充填腐植土、种子、缓释肥料、保水剂等混合材料，草籽就可生根、发芽，并穿透到土壤中生长。植被混凝土一般由水泥、碎石、减水剂、水、肥料和保水材料等组成，若加入特殊的合成纤维，可使混凝土的强度和耐久性都有不同程度的改善，抗压强度可达到 15～18MPa。植被混凝土可作为固沙、固土、固堤护岸材料，用于保护和绿化河道堤防、城镇人行路面、建筑物墙壁和屋顶绿化、停车场等，使绿化与硬化完美地结合起来，达到与大自然和谐的美观效果，还能够吸收噪声和粉尘，对城市气候的生态平衡起积极作用，是一种环境效应显著的绿色建材。植被混凝土可采用建筑垃圾、工业生活废弃物作混凝土骨料，减少了天然原材料（砂石）的开采量，保护了生态资源，据估算每立方米造价可比普通混凝土节省投资 20%～30%。植被混凝土可根据需要做成任意形状，施工简单，绿化方便，在它的表面可以采用涂料，根据周围环境进行色彩的选择和搭配，也可以拼出各种各样的图案，改变了混凝土材料灰暗的旧面孔，充满了绿色的生机。

目前，我国已有专用混凝土构件成型机制做植被混凝土构件。植被混凝土的孔隙率高达 40% 以上，具有高透水性，孔隙自构件顶表面可蜿蜒通至地面，有利于排水。植被混凝土还具有高透气性，在很大程度上保持了被保护土与空气间的湿热交换能力。植被混凝土由于草根的锚固作用，护坡安全性更能得到保证，经实测，对边距离 45cm 的六角形植被混凝土构件，原质量 30kg，长草生根后被拔起时的拔出力为 160kg。近来，上海从日本引进的一种新型植被混凝土，在嘉定西虹江护坡上使用，河道护砌的混凝土上长满郁郁葱葱的嫩草,既可满足河道护坡的硬度要求,又能够为河道景观添绿[3]。

4 机敏型混凝土

机敏混凝土是一种具有感知和修复性能的混凝土,是智能混凝土的初级阶段,是混凝土材料发展的高级阶段。机敏型混凝土是在混凝土原有的组成基础上掺加复合智能型组分使混凝土材料具有一定的自感知、自适应和损伤自修复等智能特性的多功能材料,根据这些特性可以有效地预报混凝土材料内部的损伤,满足结构自我安全检测需要,防止混凝土结构潜在的脆性破坏,能显著提高混凝土结构的安全性和耐久性。近年来,损伤自诊断混凝土、温度自调节混凝土及仿生自愈合混凝土等一系列机敏混凝土的相继出现,为智能混凝土的研究和发展打下了坚实的基础。

（1）自诊断智能混凝土

自诊断智能混凝土具有压敏性、温敏性、磁敏性等自我感知性能。普通的混凝土材料本身并不具有自感应功能,但在混凝土基材中掺入部分导电组分制成的复合混凝土可具备自感应性能。目前常用的导电组分可分为三类:聚合物类、碳类和金属类,而最常用的是碳类和金属类。碳类导电组分包括石墨、碳纤维及炭黑;金属类材料则有金属微粉末、金属纤维、金属片及金属网等。

目前,国内研究较多的是碳纤维混凝土和光纤维混凝土。研究表明,碳纤维是一种具有优良的压敏性和温敏性的材料。通过碳纤维混凝土电阻率的变化就可以大致判断其内部应力-应变的变化情况,从而确定混凝土处于安全、损伤或破坏的哪一阶段[11]。另外,碳纤维混凝土两端存在温差时,会在两端产生电位差,即所谓的热电效应。因此,根据此特性可以把碳纤维混凝土应用于机场跑道、桥梁路面等工程中以实现自动融雪和除冰的功能[12]。

光纤维混凝土是将光纤维传感器阵列直接埋入混凝土中而构成。研究发现,光在光纤的传输过程中易受到外界环境因素的影响,如温度、压力、电场、磁场等物理量的变化会引起光波量如光强度、相位、频率、偏振态的变化。当光纤维混凝土结构因受力和温度变化产生变形或裂缝时.就会引起埋置其中的光纤维产生变形。根据获取的光的变化信息,可探测结构中内部应力、变形或裂缝的变化,实现结构应力、变形和裂缝的自诊断[13]。光纤维混凝土常用于混凝土养护中温度及应力的自监测,尤其是大体积混凝土中,可以直观地获得混凝土内部温度应力的发展情况。

（2）自调节机敏混凝土

混凝土本身属于惰性材料,缺乏自我调节的功能。要达到自调节的目的,可以在混凝土中预加入具有调节功能的材料。自调节混凝土常用于自动调整建筑结构承载能力、环境湿度等。

为防止混凝土结构在遭受台风、地震等自然灾害期间,发生破坏或倒塌的事故,可以在混凝土中预埋形状记忆合金（SMA）和电流变体（ER）来降低混凝土的变形和振动。形状记忆合金是一类具有形状记忆效应的智能合金材料,最显著的优点之一就是对温度很敏感,在不同温度下具有恢复相应形状的功能。利用形状记忆合金的这一特性,在混凝土结构受到异常荷载干扰下,通过记忆合金形状的变化,使混凝土内部应力重新分布并产生一定的预应力,从而提高混凝土结构的承载能力。形状记忆合金的另一个显著优点是相变伪弹性性能和相变滞后性能,其应力-应变曲线在加卸载过程中形成环状,这说明形状记忆合金在此过程中可吸收和耗散大量的能量。因此,用形状记忆合金研制成的被动耗能器或被动耗能控制系统可以用来消耗大量的地震能量,减轻地震灾害。有关试验表明,安装了形状记忆合金耗能器的结构,60%左右的地震能量都能被耗能器吸收,结构的位移可得到明显的抑制和减小[14]。

电流变体（ER）是一种可通过外界电场作用来控制其粘性、弹性等流变性能双向变化的悬胶液。在外界电场的作用下,电流变体可于0.1ms级时间内组合成链状或网状结构的固凝胶,其粘度随电场增加而变稠到完全固化,当外界电场拆除时,即可恢复其流变状态。利用电流变体的这种流变作用,当混凝土结构受到台风、地震袭击时调整其内部的流变特性,改变结构的自振频率、阻尼特性以达到减缓结构振动的目的[14]。

有些建筑物如各类展览馆、博物馆及美术馆等，对室内的湿度有严格的要求。为实现稳定的湿度控制，往往需要许多湿度传感器、控制系统及复杂的布线等，其成本和使用维持的费用都较高。为解决这一问题，所采取的办法是寻找一种能够调节室内湿度的材料掺入到混凝土中，实现混凝土对环境湿度的自动控制[15]。目前研究较多的具有这一功能的材料是沸石粉，其机理为：沸石中的硅酸钙含有 $(3 \sim 9) \times 10^{-10}$ mm 的孔隙。这些孔隙可以对水分、NOx 和 SOx 气体选择性地吸附[14]。通过对沸石种类进行选择，可以制备符合实际需要的自动调节环境湿度的混凝土复合材料。它具有如下特点：优先吸附水分；水蒸气压力低的地方，其吸湿容量大；吸、放湿与温度相关，温度上升时放湿，温度下降时吸湿。

(3) 自修复机敏混凝土

混凝土材料的固有缺陷是脆性大，在使用过程和周围环境的影响下不可避免地会产生微开裂和局部损伤。对于使用在结构中的材料损伤的修复是一个主要的问题。由于分层或冲击所导致的宏观破坏能够通过肉眼发现并且通过手工修复，超声波和放射线照相术等无损检测技术可以观察混凝土的内部损伤。但是由于这些技术的局限性，诸如基体的微开裂等微观范围的损伤有可能不能被探测。对于那些不能探测到的损伤，修复起来是非常困难的。如果这些损伤部位不能及时进行修复，不但会影响结构的正常使用性能和缩短使用寿命，而且可能由此引发宏观裂缝并出现脆性断裂，产生严重的灾难性事故[16]。

自修复机敏混凝土是利用仿生学的原理，模仿生物体骨组织机构受伤后的再生、恢复机理，采用修复粘结剂和混凝土材料相复合的方法，使混凝土复合材料在受到内部或外部损伤时能够进行自修复和自愈合，从而延长混凝土的使用寿命。

国内的研究表明，掺有活性掺合料和微细有机纤维的混凝土破坏后其抗拉强度存在自愈合现象。同济大学混凝土材料研究国家重点实验室的科研人员研究的仿生自诊断和自修复智能混凝土是模仿生物对创伤的感知和生物组织创伤部位愈合的机能，在混凝土传统组分中掺加复合特殊组分即所谓的第六组分，如仿生传感器、含胶粘剂的液芯纤维等，使混凝土内部形成智能型仿生自诊断、自愈合网络系统。当混凝土材料内部出现损伤时，仿生传感器可以及时诊断预警，当内部出现微裂纹时，部分液芯纤维破裂，胶粘剂流出渗入裂缝，使混凝土裂缝重新愈合，恢复并提高混凝土材料的性能。该智能复合材料的研究可实现对混凝土材料的自动诊断、实时监测和及时修复，以超前意识确保混凝土结构的安全性，延长混凝土构筑物的使用寿命[17]。

国外研究混凝土裂缝自愈合的方法是在水泥基材料中掺入特殊的修复材料，使混凝土结构在使用过程中发生损伤时，自动利用修复材料（粘结剂）进行恢复甚至提高混凝土材料的性能。美国加州大学伯克利分校的日本学者 J.-S. Ryu 和东京理工大学的 Nobuaki Otsuki 教授应用电化学技术对钢筋混凝土裂缝实施愈合做了一些研究，并取得了一定试验性成果。20 世纪 90 年代初期，日本东北大学学者三桥博三教授将内含胶粘剂的空心胶囊或玻璃纤维掺入混凝土材料中，分别用水玻璃、稀释水玻璃和环氧树脂作为修复剂，将其注入空心胶囊或空心玻璃纤维中，一旦混凝土在外力作用下发生开裂，部分胶囊或空心纤维破裂，胶粘剂流出深入裂缝，胶粘剂可使混凝土裂缝重新愈合。日本学者沼尾达弥还研究了自修复混凝土中的不同的纤维掺量、尺寸和不同的水灰比等因素对混凝土自修复产生的影响[18]。

5 目前存在的问题

绿色混凝土以其高性能、高智能得到了人们的青睐，但现在的研究基本还停留在试验室研究阶段，应用的工程非常少。据统计，其应用尚不到 1%，主要是由于以下问题制约了绿色混凝土的大规模应用：

(1) 经济性的问题。绿色混凝土由于采用了很多先进的材料和工艺，可能会大幅度地提高造价，这也是目前应用最大的瓶颈。如何降低绿色混凝土的造价是首要解决的问题。

（2）技术性的问题。绿色混凝土具有广阔的应用前景，但作为一种新型的功能材料，如果投入实际工程，还有很多技术问题需要进一步地研究。如碳纤维混凝土的电阻率稳定性、电极布置方式、耐久性等；光纤混凝土的光纤传感阵列的最优排布方式；自愈合混凝土材料的性能匹配问题、纤维管对材料的宏观性能影响问题、愈合后的性能与原始性能的比值等。解决上述一系列问题对于绿色混凝土今后的发展具有深远的意义。

（3）施工问题。实际工程应用时，还要考虑绿色混凝土的操作性问题。由于绿色混凝土需要添加一些功能性材料，这些材料的加入有可能会给混凝土的施工带来难以操作的问题。另外，绿色混凝土属于高新技术，对施工人员的素质要求比较高，因而在施工时应对施工人员进行必要的培训。

（4）二次污染问题。如再生骨料的粉碎、筛选可能会带来对环境的二次污染，如何选用合适的处理工艺是目前亟需解决的问题。

（5）政府的支持力度。绿色混凝土的发展还处于初级阶段，需要政府在资金方面提供支持，政策上提供引导，目前这方面的工作力度还不够。

6 结语

绿色混凝土作为未来混凝土的发展方向，在智能化、多功能化、环保要求越来越来高的今天，其开发研究具有重大的意义。它在对重大土木基础设施应变的实量监测、损伤的无损评估、及时修复以及减轻台风、地震的冲击等诸多方面有很大的潜力，对确保建筑物的安全和长期的耐久性具有重要性。绿色混凝土为传统的建材领域注入了新的内容和活力，在带来一系列的巨大优势的同时，其研究应用还处于初级阶段。在未来，深入绿色混凝土的研究工作，推广绿色混凝土的应用，是一个持续性的课题。

参考文献

[1] 周宏敏，柴俊，郭迪. 绿色生态混凝土技术及其研究现状 [J]. 混凝土，2008（5）：90~92，97.
[2] 汪澜. 论水泥工业能源消耗控制战略 [J]. 中国水泥，2006（10）：22~25.
[3] 史美东. 绿色混凝土的发展应用 [J]. 上海建材，2005（1）：24~26.
[4] 周良. 关于绿色混凝土"绿色"内涵的思考 [J]. 江苏建材，2005（4）：17~18.
[5] 姚武. 绿色混凝土 [M]. 北京：化学工业出版社，2006，5~14，100~102.
[6] 杨伯科. 混凝土实用新技术手册 [M]. 长春：吉林科学科技出版社，1998：2~4.
[7] 余金得. 绿色高性能混凝土初探 [J]. 福建建筑，2009（12）：52~53，58.
[8] 朱平华，王欣，周军，何霞. 再生骨料混凝土研究主要进展与发展趋势 [J]. 混凝土，2009（5）：90~92，94.
[9] 李阳. 绿色混凝土在上海世博会项目中的应用研究 [J]. 上海建设科技，2009（2）：60~61，67.
[10] 刘霞. 透水混凝土为奥林匹克公园打下坚实基础 [J]. 建筑装饰材料世界，2009（4）：22~27.
[11] 隋莉莉，刘铁军，娄鹏. 混凝土技术的新进展——多功能智能混凝土 [J]. 水利水电技术，2006（12）：30~36.
[12] 骆宇时，罗为民，张伟. 智能材料在混凝土结构中的应用研究简介 [J]. 人民长江，2002（3）：29~31.
[13] 李俊华. 智能材料——结构系统在建筑工程中的应用 [J]. 人民长江，2002（3）：29~31.
[14] 姚忠伟. 智能混凝土的研究及其发展 [J]. 新型建筑材料，2005（3）：6~9.
[15] 吴泽进，施养杭. 智能混凝土的研究与应用综述 [J]. 混凝土，2009（11）：86~88.
[16] 张雄，习志臻，王胜先，姚武. 仿生自愈合混凝土的研究进展 [J]. 混凝土，2001（3）：10~13.
[17] 刘鹏，贾平，周宗辉，程新. 自修复混凝土研究进展 [J]. 济南大学学报，2006，20（4）：287~291.
[18] 于小路. 智能混凝土的研究与发展 [J]. 徐州工程学院学报，2006，21（6）：58~60.

第三部分

材料研究与配制技术

广州珠江新城西塔工程 C70 ~ C90 高强高性能混凝土配制技术简述

叶浩文[1]　顾国荣[2]　徐立斌[3]　张杰华[4]

1. 中国建筑第四工程局有限公司，广州，510665
2. 中建三局建设工程股份有限公司，武汉，430070
3. 贵州中建建筑科研设计院有限公司，贵阳，550006
4. 广州市建筑集团有限公司，广州，510030

【摘　要】　广州西塔楼高 440.75m，是广州珠江新城六大标志性建筑之一。主塔楼 C60 及以上的高强高性能混凝土约 7 万 m^3，其中 C80 混凝土最高需泵送至 410m，C90 混凝土最高需泵送至 167m，高性能混凝土如此大批量的现场应用，如此高的泵送高度，国内属首例，在世界上也属罕见。本文简要介绍了上述 HPC 配制技术。

【关键词】　高强高性能混凝土；C70 ~ C90；400m 超高泵送

The Discussion of Producing Technology of C70 ~ C90 High Strength High Performance Concrete in Guangzhou Zhu Jiang New City West Tower Project

Ye Haowen[1]　Gu Guorong[2]　Xu Libin[3]　Zhang Jiehua[4]

1. China Construction Fourth Engineering Division Corp. Ltd., Guangzhou, Guangdong, 510665, China
2. China Construction Third Engineering Division Corp. Ltd., Wuhan, Hube, 430070, China
3. Guizhou Science Research and Design Institute of CSCES, Guiyang, Guizhou, 550006, China
4. Guangzhou Construction Group Co., Ltd., Guangzhou, Guangdong, 510030, China

【Abstract】　The altitude of Guangzhou west tower is 440.75m. It is one of the six landmarks in Guangzhou Zhu Jiang new town. The volume of C60 and above high performance concrete is about 70 thousands m^3. in the main tower, including C80 concrete pumped to 410m, C90 concrete pumped to 167m. The large scale of usage and the high altitude of pumping of high-performance concrete are the numeber one interiorly and rarely in the world. This paper briefly introduces the preparation technology on HPC.

【Key words】　high strength high performance concrete; C70 ~ C90; 400m ultra-high pumping

1　工程简介

广州西塔项目是广州珠江新城六大标志性建筑之一，位于珠江新城西南部核心金融商务区，在广州市的新中轴线上。西塔楼高 440.75m，是华南第一高楼，该项目占地面积 3.1 万 m^2，总建筑面积约 45 万 m^2。由地下 4 层、地上 103 层的主塔楼和 28 层附楼组成，建筑投资概算 60 亿元。

2 施工难点

2.1 主塔楼结构复杂

广州西塔工程采用筒中筒结构。钢管混凝土巨型斜交网格外筒,钢筋混凝土剪力墙内筒,以及连接内外筒钢-混凝土组合楼盖所组成。其中,混凝土核心筒结构变化复杂,67层以下为内、外两个6边形(三个长边三个短边间隔布置)组成的混凝土筒结构;68层开始内墙逐步收掉,73层以上,内筒全部收掉,长边改为倾斜弧形墙,通过混凝土拉梁与短边直墙连接。复杂的结构给施工方带来另一个难题就是混凝土如果采用泵送方式进行输送,只能一泵到顶,因为接力泵的设置将给设计、施工以及泵送设备维护带来更多难题;如果采用塔吊+吊斗方式进行输送,其浇筑速度无法满足工期要求。因此,施工方组织专家研究决定最终采用一泵到顶的泵送方式。

2.2 C60~C90高强高性能混凝土大量工程应用

表1 广州西塔工程中混凝土浇筑高度概况

结构部位	强度等级	浇筑部位	结构标高范围(m)
核心筒及楼盖部分	C35	非节点层楼盖、同层楼梯	-15.25~425.20
	C30	停机坪面层结构	437.20~437.45
		节点层楼盖、同层楼梯	-0.05~431.95
	C50	81~顶层剪力墙	350.95~431.95
	C60	41~80层剪力墙	180.05~350.95
	C70	16~40层剪力墙	67.55~180.55
		-4~15层剪力墙	-19.00~67.55
	C80	核心筒转换钢架	-11.85~17.95
	C30S6	69层游泳池结构	304.45~305.80
钢管混凝土	C60	节点区JQ	427.50~431.95
		构件区8~17	167.75~437.45
	C70	构件区1~7	-17.35~256.35
	C80	节点区JH~JP	182.75~410.65
	C90	节点区JA~JG	-6.75~167.75

主塔楼C60及以上的高强高性能混凝土约7万m³,具体泵送高度如表1所示,如此大批量的C60~C90混凝土应用到实际工程中,而且还要进行400多米超高泵送施工,目前国内外还没有相关的技术规范、工程案例可以借鉴。因此高强高性能混凝土的配制及超高泵送是本工程混凝土工程顺利实施的最大难点。

配制C60~C90高性能混凝土并满足411m超高泵送要求,必须解决下列难点:低水胶比与大流动性之间的矛盾;拌合物高粘度与易流动的矛盾;高压泵送与抗泌水、离析分层的矛盾;高温施工、长距离运输、超高泵送与长时间保塑的矛盾等技术难题。本文围绕如何解决上述混凝土难题开展系统研究。

3 C60~C90混凝土配制技术研究

3.1 C60~C90混凝土原材料的选择

该工程以广州及周边地区现有的材料为基础进行优选,最后选定的技术路线是目前国际上较为通用的高效减水剂和两种高活性矿物掺合料"三掺技术"来配制 C60～C90 高强高性能混凝土。

（1）水泥

选用广州市珠江水泥有限公司生产的粤秀牌 P·Ⅱ 型 42.5R 硅酸盐水泥，该水泥质量稳定、颗粒级配好、活性高、强度富余系数大。其主要性能指标如表 2 所示。

表 2 水泥的主要性能指标

生产厂名	品种	强度等级	细度		凝结时间		安定性	抗折（MPa）		抗压（MPa）	
			比表面积（m^2/kg）	80μm 筛孔筛余（%）	初凝	终凝		3d	28d	3d	28d
珠江水泥厂	P.Ⅱ	42.5R	369	1.90	1h 15min	2h 45min	合格	6	9	32.4	55.6

（2）细骨料

该工程选用北江河砂，其主要性能指标如表 3 所示。

表 3 北江河砂的主要性能指标

样品产地	表观密度（kg/m^3）	堆积密度（kg/m^3）	紧密密度（kg/m^3）	含泥量（%）	泥块含量（%）	细度模数
北江	2670	1410	2600	0.5	0.2	2.8

（3）粗骨料

该工程选用 5～20mm 连续级配的粗骨料，其主要性能指标如表 4 所示。

表 4 粗骨料的主要性能指标

样品产地	品种	规格（mm）	针片状颗粒含量（%）	表观密度（kg/m^3）	堆积密度（kg/m^3）	含泥量（%）	压碎值指标（%）
广州市郊	花岗岩	5～20	4	2680	1490	0.3	7

筛孔尺寸（mm）		25	20	16	10	5	2.5
累计筛余（%）	检验结果	0	4	30	55	93	98
	技术要求	0	0～10	—	40～70	90～100	95～100

（4）高活性矿物掺合料

为了更好地保证 C60～C90 高强高性能混凝土的和易性并节约水泥，混凝土中掺入磨细矿渣粉、硅粉，并置换部分水泥，以改善混凝土拌合物的工作性和混凝土的力学性能。

①磨细矿渣粉

在水泥水化初期，胶凝材料系统中的矿渣粉分布并包裹在水泥颗粒的表面，能起到延缓和减少水泥初期水化产物相互搭接的隔离作用，从而改善了混凝土的工作性。磨细矿渣粉在碱激发、硫酸盐激发或复合激发下具有反应活性，与水泥水化过程产生的 $Ca(OH)_2$ 发生二次水化反应，生成低钙型的水化硅酸钙凝胶，在水泥水化过程中激发、诱导水泥的水化程度，加速水泥水化的反应进程，还能改善混凝土的界面结构，从而显著地改善并提高混凝土的强度和耐久性能。所以，一般地说，磨细矿渣掺入混凝土中能改善混凝土的综合性能[1]。

该工程选用广东韶钢嘉羊新型材料有限公司生产的 S95 磨细矿渣粉，其主要性能指标如表 5 所示。

表5　磨细矿渣粉的主要性能指标

试验项目	密度（g/cm³）	比表面积（m²/kg）	活性指数（%）		流动度比（%）
			7d	28d	
检测值	2.85	440	83	111	99

产品名称：S95粒化高炉矿渣；生产厂家：广东韶钢嘉羊新型材料有限公司。

②硅粉

在混凝土中掺入硅粉，可以使硬化水泥石结构致密，孔径细化，改善界面结构，具有高的抗渗性、耐久性和强度，即在混凝土中掺入超细粉物质可以改善高强混凝土的结构并提高其性能。单掺矿渣粉配制高强高性能混凝土拌合物的匀质性稍差，易出现轻微泌水、扒底的现象，但适量加入硅粉后，混凝土拌合物的匀质性明显提高。该工程选用埃肯国际贸易（上海）有限公司生产的硅粉，其主要性能指标如表6所示。

表6　硅粉的主要性能指标

试验项目	28d活性指数（%）	比表面积（m²/g）	需水量比（%）	烧失量（%）
检测值	92.4	17.6	122.2	1.87

产品名称：微硅粉；生产厂家：埃肯国际贸易（上海）有限公司。

加入硅粉增加了新拌混凝土的粘聚性、粘度和需水量。因此该工程选用了减水率高、保坍性能良好的新型聚羧酸高效减水剂。

（5）高效减水剂

该工程要求C70～C90混凝土拌合物的工作性指标为初始坍落度在220～260mm之间，扩展度在600mm以上，且要求拌合物的工作性在2h内基本不损失。根据以上要求，配制大流动度C70～C90高强高性能混凝土应选用第三代高效减水剂——聚羧酸系高效减水剂。与常用的萘系和蜜胺系高效减水剂相比，聚羧酸高效减水剂具有掺量低、增强效果好、坍落度保持性好、与水泥适应性好等特点，适宜配制高强高耐久性的混凝土[1]。

在考虑性能、价格等因素的基础上，该工程选用柯杰牌KJ-JC聚羧酸系高效减水剂，其主要性能指标如表7所示。

表7　KJ-JC聚羧酸系高效减水剂的主要性能指标

检验项目	减水率（%）	抗压强度比（%）			坍落度保留值（mm）		压力泌水率比（%）
		3d	7d	28d	30min	60min	
检验结果	31.9	183	179	151	208	202	57.7

产品名称：柯杰牌KJ-JS聚羧酸高性能减水剂；生产厂家：广东柯杰外加剂科技有限公司。

3.2　配合比设计

C70～C90混凝土的配合比设计主要考虑其拌合物要求具有大流动性、低粘度等优异的工作性能，其配合比参数如表8所示。

表8　C70～C90混凝土配合比主要参数

混凝土强度等级	水胶比	单方用水量（kg/m³）	胶凝材料（kg/m³）	矿渣粉（kg/m³）	硅粉（kg/m³）	砂率（%）
C70	0.28	155	560	130	15	
C80	0.26	150	585	140	20	42～44
C90	0.23	150	650	145	40	

3.3 工作性检测结果

经过现场试验统计，C70～C90 混凝土拌合物的坍落度为 240～260mm、扩展度大于 600mm、倒坍落度筒时间为 5～10s，工作性 3h 内基本不损失，满足了 400m 超高泵送要求。

4 施工技术方案及效果

如前所述，该工程中 C70～C90 高强高性能混凝土要求超高泵送，这样给施工方、搅拌站带来诸多难题：（1）强度与可泵性的矛盾问题；（2）高温季节，混凝土拌合物控温问题；（3）高温季节，混凝土拌合物的工作性损失问题。

4.1 强度与可泵性的矛盾问题及对策

C70～C90 高强高性能混凝土的单方用水量很低，在 160kg 以下，其流动性的产生主要依靠高效减水剂的强吸附分散作用，结果，混凝土拌合物的粘性极大，造成泵送压力大大超过现有设备所能达到的程度，而且，即使设备达到很高的工作压力，泵送量也十分有限，还会造成堵管、爆管等泵送事故[2]。由于高强高性能混凝土的高粘性，泵送过程中，混凝土与管壁剪切力增大，资料显示，$W/C = 0.385$ 时，粘着力为 0.01MPa，而 $W/C = 0.28$ 时，高性能混凝土的粘着力为 0.04MPa，系前者的 4 倍[3]。目前，高强高性能混凝土的可泵性问题在我国显得尤为严重。

广州西塔工程也遇到同样问题：C70～C90 高强高性能混凝土拌合物十分粘稠，不利于泵送。如果增加单方用水量，虽然混凝土拌合物的粘性下降、流动性良好，但混凝土的强度保证率下降。为了解决该问题，广州西塔工程的施工方和搅拌站采取以下两种措施：（1）选用高工作压力的泵送设备和能承受更高压力的输送管道。该工程采用中联重工生产的 HBT90CH 型超高压混凝土泵，混凝土出口压力可达 40MPa，理论泵送高度为 1000m，可满足该工程的泵送要求。（2）选用高减水率（30% 以上）的聚羧酸高效减水剂，使混凝土拌合物坍落度高达 250mm 以上、扩展度 600mm 以上，混凝土的可泵性得到了明显改善。实践证明，因为 C70～C90 高强高性能混凝土拌合物粘度大，所以，即使在坍落度高于 250mm、扩展度高于 600mm 的大流动度条件下，也能找到混凝土不离析的适当配比。

4.2 高温季节混凝土拌合物的控温问题及对策

由于广州地区夏季气温较高，最高气温约 35℃，平均气温约 30℃，给配制大流动度 C70～C90 高强高性能混凝土带来诸多不便：①混凝土拌合物工作性的经时损失控制难度较大；②混凝土拌合物温度的升高导致硬化后混凝土中心温度过高，最终导致混凝土产生开裂[4]。因此，广州西塔工程要求混凝土拌合物的出机温度（施工现场出搅拌车的温度）不高于 32℃。

综合考虑经济、高效、便利等因素，商品混凝土搅拌站采用水泥预冷、加冰水和碎冰搅拌、搭建骨料遮阳棚等温度控制措施来降低混凝土拌合物温度，最主要的措施有：

（1）水泥降温，搅拌站进库的水泥温度从通常的 90～105℃ 降低到 60℃ 左右。

①通过在水泥厂增加水泥冷却设备，使水泥温度大幅度降低，并且通过采用库容达 10000t 的水泥库专库贮存，专库专用；

②搅拌站一方面通过改进水冷却工艺，进一步降低水泥温度；另一方面也采用专库专用的方法，确保西塔 C70～C90 混凝土能够保证使用低温水泥。

（2）生产 C70～C90 高强高性能混凝土时，通过改用加碎冰代替水的方法，明显降低混凝土拌合物温度。

（3）搭建骨料遮阳棚。

（4）将 C70～C90 高强高性能混凝土的浇筑时间改为夜间进行。广州当地白天与夜晚的温度相差约 6～8℃，夜间浇筑混凝土，一方面有利于降低混凝土拌合物温度，另一方面由于骨料等原材料的温度下降进一步降低了混凝土拌合物的温度。

通过上述措施使混凝土拌合物（气温在28~35℃时）的出机温度（在现场混凝土拌合物出搅拌车的温度）能够控制在32℃以下，入模温度（泵送后温度）不高于35℃。在相同的养护条件下，硬化后混凝土中心最高温度由82℃以上降低到80℃以下，如表9所示。

表9 降温措施对混凝土拌合物温度的降温效果

措施	混凝土拌合物温度（℃）	混凝土中心最高温度（℃）	混凝土表面温度（℃）	混凝土内、外表面温差（℃）
未采用降温措施	33~37	82~87	62~78	20~25
采用降温措施	29~31	75~80	60~73	15~20

4.3 高温季节混凝土拌合物的坍落度损失问题及对策

广州西塔工程的实际施工中遇到两种类型的拌合物坍落度损失情况：

（1）混凝土从搅拌站到现场，运输过程的坍落度损失

现场试验结果显示，混凝土到场后静置2h，其坍落度、扩展度基本不损失；静置3h后，其坍落度、扩展度损失率小于10%。说明采用的聚羧酸系高效减水剂的保坍效果良好，保证了C70~C90混凝土的顺利施工。

（2）混凝土泵送前、后的坍落度损失

C70~C90高强高性能混凝土的粘性较大，导致其泵送过程中与管壁的摩擦力大于普通混凝土，泵送后会造成混凝土坍落度的一定损失。现场试验结果显示，混凝土泵送后较泵送前坍落度损失一般为1~2cm，扩展度损失一般为3~4cm。

5 结论

2008年12月底，广州珠江新城西塔工程顺利封顶，C70~C90混凝土400m以上超高泵送难题得到了圆满的解决，上述混凝土的大量成功应用，使我国混凝土配制技术达到世界水平。

参考文献

[1] 姚燕,王玲,田培等.高性能混凝土[M].北京:化学工业出版社.2006.
[2] 万朝均,丁星.超高强高性能混凝土研究与应用现状[J].重庆建筑大学学报.1999（2）.
[3] 冯乃谦.高性能混凝土结构[M].北京:机械工业出版社.2004.
[4] 林永权,文梓芸.预拌加冰混凝土及其温度控制[J].混凝土.2004（8）.

致谢：本研究非常感谢清华大学冯乃谦教授的悉心指导。

铝质材料对碱-硅酸反应膨胀性的影响

封孝信 胡晨光

河北理工大学材料学院,河北省无机非金属材料实验室,唐山,063009

【摘要】 采用快速砂浆棒法,通过延长养护时间,研究了 Al_2O_3、$Al(OH)_3$ 对碱-硅酸反应(ASR)长期膨胀性的影响,并与硅灰和粉煤灰的抑制效果进行了对比,同时对复合掺合料的抑制效果进行了研究。结果表明:适量的硅灰在14d内能有效抑制ASR,但在更长龄期时是无效的;适量的 Al_2O_3 不仅在短期内能有效抑制ASR,而且在更长龄期时也是有效的;铝质材料和硅质材料的复合对抑制ASR有协同效应,使复合掺合料抑制ASR的效果更好;对于铝质材料和硅质材料的复合,硅质材料在前期对ASR起主导抑制作用,铝质材料在全程都发挥作用,尤其在后期起主导抑制作用。

【关键词】 铝质材料;碱-硅酸反应(ASR);抑制效果

Effect of Aluminous Materials on Expansion due to Alkali-Silica Reaction

Feng Xiaoxin Hu Chenguang

Hebei Province Key Laboratory of Inorganic Nonmetallic Materials, College of
Materials Science and Engineering, Hebei Polytechnic University, Tangshan, 063009, China

【Abstract】 The effect of Al_2O_3 and $Al(OH)_3$ on expansion due to alkali-silica reaction (ASR) were tested by using Accelerated Mortar Bar Test and through prolonging the curing age, and the effect was compared with silicon fume (SF) and fly ash (FA). At the same time, the inhibitory effect on compound admixtures is studied. The results show that ASR can be inhibited effectively by proper content of siliceous materials within 14 days, but can not in long term, while it can be inhibited by proper content of aluminous materials not only within 14 days but also in long term. The composite of siliceous materials and aluminous materials has synergetic effect on inhtbiting ASR, and there exists a valuce of A/S in which ASR is suppressed best. For the composite, ASR is suppressed in early age mainly by siliceous materials and in long term mainly by aluminous materials.

【Key words】 aluminous materials; inhibiting; alkali-silica reaction (ASR)

许多学者对矿物掺合料抑制碱-硅酸反应(ASR)已进行了大量的研究。封孝信[1]等人研究发现:化学试剂 Al_2O_3 和烧铝矾土对ASR有抑制效果,徐惠忠[2]研究得出活性 Al_2O_3 和化学纯 $Al(OH)_3$ 对ASR有抑制与制动作用。杨忠义[3]研究得出硅灰能有效地抑制ASR。魏凤艳[4]研究证明粉煤灰对ASR有较好的抑制作用。

尽管对硅质材料和铝质材料抑制ASR进行了大量的研究,但是,大部分研究主要以ASTM C1260[5]标准规定砂浆棒14d的膨胀率小于0.10%为安全依据,来评价掺合料抑制ASR的效果,而对硅质材料和铝质材料对ASR长期有效性的研究较少。那么,硅质材料和铝质材料对ASR的抑制作用是否存在差异?从长期效果来说,哪种物质抑制ASR效果更好?本试验针对这些问题从长期有效性的角度出发,对比了硅质材料和铝质材料对ASR的抑制效果。

本项目受国家自然科学基金资助(项目编号:50772029)

1 试验

1.1 试验原料

（1）水泥：采用某水泥厂熟料+6%石膏自配制硅酸盐水泥。水泥熟料化学成分如表1所示，所磨制的硅酸盐水泥的物理性能如表2所示。

（2）骨料：由90%标准砂和10%石英玻璃砂组成。将玻璃破碎后筛选2.36~4.75mm的玻璃砂作为活性骨料。石英玻璃取自某玻璃厂。

（3）掺合料：硅灰（SF）取自某耐火材料厂；粉煤灰（FA）取自某混凝土搅拌站。

（4）化学药品：$Al(OH)_3$、Al_2O_3、NaOH均为分析纯化学试剂。

试验所用熟料、SF和FA的化学成分如表1所示。水泥的物理性能见表2。

表1 原材料的化学成分　　　　　　　　　　　　%

项目	SiO_2	Al_2O_3	CaO	MgO	SO_3	Fe_2O_3	Na_2O	K_2O	Na_2Oe
熟料	21.79	4.48	64.68	2.26	0.50	4.18	0.00	1.60	1.05
SF	96.48	0.19	1.04	0.24	0.95	0.13	0.0006	0.075	0.05
FA	45.98	40.17	4.54	0.88	0.27	3.26	0.00	0.22	0.14

注：$Na_2Oe = Na_2O + 0.658K_2O$

表2 水泥的物理性能

比表面积 (m^2/kg)	细度0.08mm筛筛余（%）	凝结时间（min）		抗压强度（MPa）		抗折强度（MPa）	
		初凝	终凝	3d	28d	3d	28d
337.5	1.70	170	188	36.9	49.7	6.35	8.85

1.2 试验方法

用快速砂浆棒法检测掺合料对ASR的抑制效果，试件成型、养护和测试按ASTM C1260[5]标准进行，但将养护龄期延长。

2 试验结果与分析

2.1 SF对ASR的影响

SF对ASR影响结果如图1所示。由图1可见，14d时掺10%和掺15%SF试样的膨胀率均低于0.10%，按照ASTM C1260方法，有效地抑制了ASR。但随着养护龄期的增加，膨胀率继续增大，21d时掺10%SF试样的膨胀率超过0.10%，28d时掺15%SF试样的膨胀率也超过了0.10%，且随龄期延长，膨胀率继续增大。观察砂浆棒的外表面，四种砂浆棒均有方向各异的微裂纹产生，并附着大量的凝胶体，说明四种试样均发生了ASR，并且ASR对试样已造成了严重的破坏。因此，从短期效果看，适量的SF能有效地抑制ASR，但从长期效果看，还不能有效地抑制ASR。

2.2 Al_2O_3对ASR的影响

Al_2O_3对ASR影响结果如图2所示。与图1相比，图2中的砂浆棒膨胀率曲线有明显不同，掺20%和30%Al_2O_3不论在短期还是在长期都能有效地抑制ASR。而且60d时试件的膨胀量仍然比较低，可以认为从根本上抑制了ASR的发生。

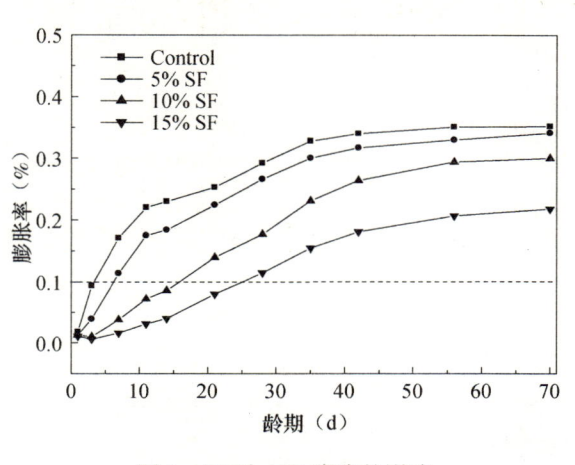

图 1　SF 对 ASR 膨胀的影响

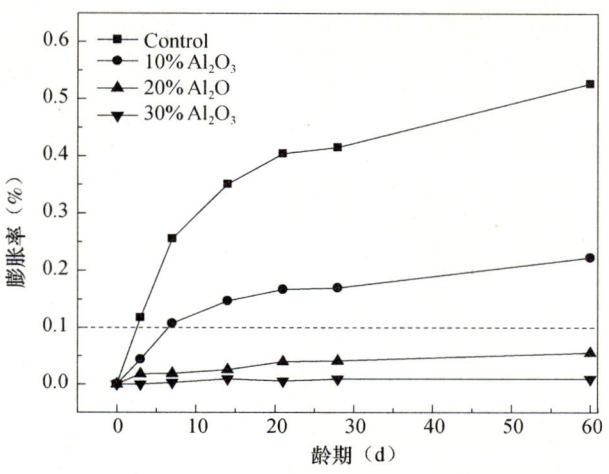

图 2　Al_2O_3 对 ASR 膨胀的影响

2.3　Al(OH)$_3$ 对 ASR 的影响

Al(OH)$_3$ 对 ASR 影响结果如图 3 所示。由图 3 可见，在 14d 时掺 10% Al(OH)$_3$ 能有效地抑制 ASR，但从长期效果看，未能有效地抑制 ASR。而掺 20% 和 30% Al(OH)$_3$ 不论是短期还是长期都能有效地抑制 ASR，并且在 70d 内这两种掺量的砂浆棒仅有略微的膨胀。因此，说明适量的 Al(OH)$_3$ 能从根本上抑制 ASR。由此也说明了 Al(OH)$_3$ 抑制 ASR 的长期有效性。

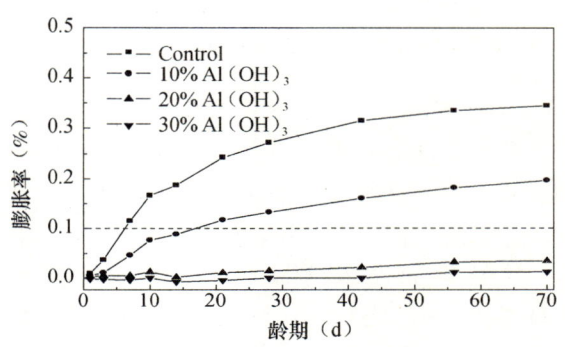

图 3　Al(OH)$_3$ 对 ASR 膨胀的影响

2.4　FA 对 ASR 的影响

FA 对 ASR 影响结果如图 4 所示。由图 4（a）可见，在 14d 内试样膨胀率随时间增长而增加，除掺 30% FA 的试样膨胀率在 0.10% 限值以下，其他三种试样膨胀率均超过此限值。由此说明，30% FA 在短期能有效地抑制 ASR。从长期效果看，膨胀率仍随养护时间增长而增大，在 56d 时掺 30% FA 的砂浆棒膨胀率虽然超过 0.10%，但与其他试样相比较，其抑制 ASR 的效果仍较好，说明 FA 在后期对 ASR 仍有抑制效果。由图 4（a）还可看到，在 42d 时掺 30% FA 砂浆棒的膨胀率未达到 0.0%，为验证试验的可靠性，进行重复试验，试验结果如图 4（b）所示。由图 4（b）可见，在 21d 内所有试样的膨胀率均在 0.0% 以上，但在 21d 时掺 30% FA 的膨胀率未超出 0.10% 的限值，其他三种试样的膨胀率均超过此值。由此说明，不同时期重复试验的结果可能略有差别，但能说明掺 30% FA 在短期内能有效地抑制 ASR。

2.5　抑制效果的对比

从前面的试验结果可知，15% SF、30% Al_2O_3 和 30% FA 可以抑制 ASR。为了便于比较，将掺 15% SF、30% Al_2O_3 和 30% FA 作为一组进行比较，如图 5 所示。由图 5 可见，在 14d 内除空白样膨胀率明显升高，掺 15% SF、30% Al_2O_3 和 30% FA 的试样膨胀率远低于 0.10%，均有效地抑制了 ASR，其抑制效果为 Al_2O_3 > SF > FA。但随着养护龄期的延长，三种材料对 ASR 膨胀的抑制效果发生了明显的变化。掺 15% SF 和 30% FA 的试样膨胀率继续增长，28d 的膨胀率均超出了 0.10%，而掺 30% Al_2O_3 的试样膨胀率一直到 70d 也未超出 0.10%。由此说明铝质材料对 ASR 的抑制有更好的长期有效性。

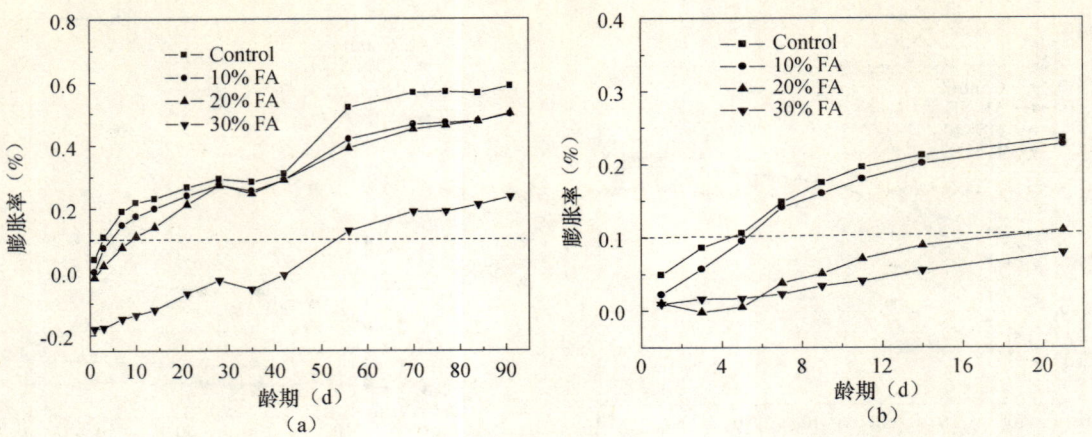

图 4 FA 对 ASR 膨胀的影响
(a) 第一次试验；(b) 第二次试验

2.6 复合掺合料对 ASR 的影响

2.6.1 硅灰与 Al_2O_3 复合对 ASR 的影响

由上述试验结果可知，15% SF 在前期对 ASR 的抑制效果较好，因此以总掺量 15% 为基准，研究 SF 与 Al_2O_3 复合掺合料对 ASR 的影响，其结果如图 6 所示（其中，A/S 是指 Al_2O_3/SiO_2 摩尔比）。由图 6（a）可见，在 14d 时 A/S 为 0.125 的掺合料抑制 ASR 的效果最好，A/S 为 2.00 的掺合料抑制效果最差。尽管随掺合料 A/S 的增大，SF 的含量减小，但是 A/S 为 2.00 的掺合料也能有效地抑制 ASR，说明两种掺合料都发挥了作用。图 6（a）中在 14

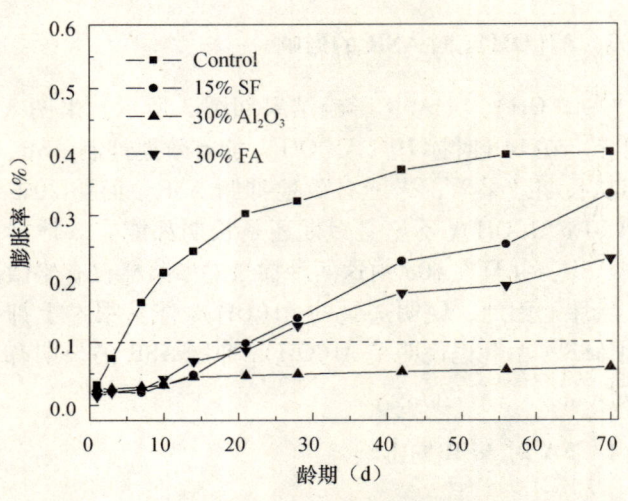

图 5 掺合料对 ASR 膨胀的影响对比

~56d 时，比较三种掺加掺合料的膨胀率，A/S 为 2.00 的膨胀率由 14d 的最高变为 21d 的居中，再变为 28d 的最低，并趋于稳定；而 A/S 为 0.125 和 0.50 的试样膨胀率仍呈上升趋势，说明 SF 对 ASR 的抑制作用在后期开始减弱。在后期由于随 A/S 增大抑制作用增强，说明 Al_2O_3 在后期起主导抑制作用。因此，从长期效果看，A/S 为 2.00 的 SF 和 Al_2O_3 的复合抑制 ASR 的效果最佳。

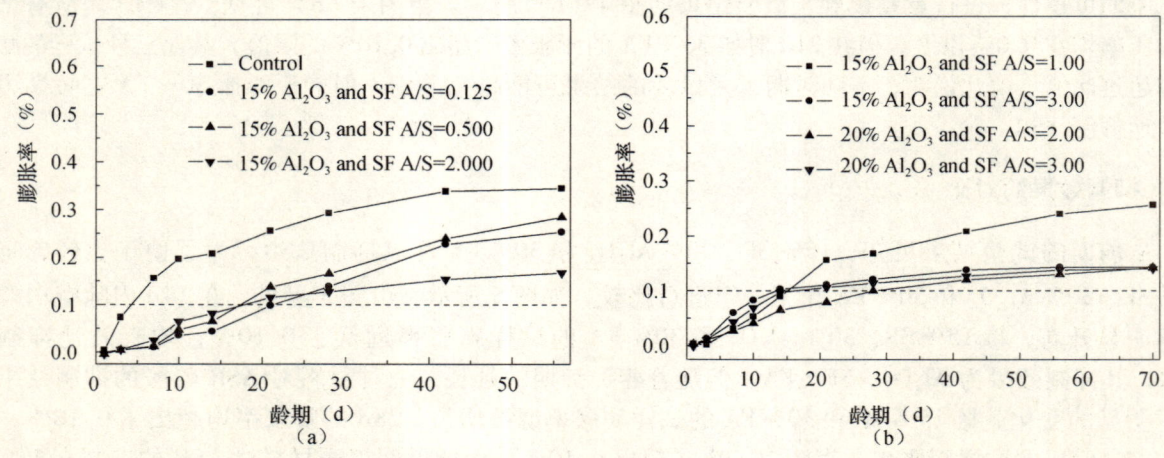

图 6 SF 和 Al_2O_3 复合掺合料对 ASR 膨胀的影响
(a) 第一次试验；(b) 第二次试验

从 A/S 的整体范围看，上述试验不能充分说明掺合料 A/S 对 ASR 的影响。因此调整复合掺合料的掺量为 20%，对比掺 15% 和 20% 不同 A/S 的掺合料对 ASR 的抑制效果，其结果如图 6（b）所示。由图 6（b）可见，在 14d 内抑制效果为：掺 20% 且 A/S 为 2.00 > 掺 15% 且 A/S 为 1.00 > 掺 20% 且 A/S 为 3.00 > 掺 15% 且 A/S 为 3.00，所引入 SF 的质量百分比分别为 4.6%、5.6%、3.4% 和 2.4%。掺 20% 且 A/S 为 2.00 的掺合料所引入 SF 的量为 4.6%，而掺 15% 且 A/S 为 1.00 的掺合料所引入 SF 的量为 5.6%，虽然前者 SF 含量较后者低，但是前者抑制 ASR 效果较后者强，充分说明 Al_2O_3 和 SiO_2 有协同效应；也能说明 SF 在前期对 ASR 起主导抑制作用。

掺 20% 且 A/S 为 2.00 的掺合料在后期抑制效果最佳，掺 15% 且 A/S 为 1.00 的掺合料抑制效果最差，说明少量的 SF 在前期抑制效果较差，ASR 对试样造成了破坏，虽然掺合料中含有 Al_2O_3，但有限的 Al_2O_3 在后期不能有效地抑制 ASR。从长期效果看，除掺 15% 且 A/S 为 1.00 的膨胀率仍趋于升高，其他三种掺量的膨胀率虽然已超过了 0.10%，但后期的膨胀率趋于稳定，也能说明 Al_2O_3 在后期起主导作用。综上可得，复合掺合料在后期未能有效地抑制 ASR 可能是总掺量较小所致。

2.6.2 硅灰、Al_2O_3 和粉煤灰复合对 ASR 的影响

由以上结果可知，掺 30% Al_2O_3 或掺 30% FA 在短期均能有效地抑制 ASR，因此以总掺量为 30% 为基准，对 FA 与 SF 复合使其 A/S 为 0.43，对 FA 与 Al_2O_3 复合使其 A/S 为 2.33；由于 FA 本身的 A/S 为 0.50 不进行复合，对上述三种掺合料抑制 ASR 的效果进行检测，其结果如图 7 所示。由图 7 可见，在 28d 时掺合料均能有效地抑制 ASR，尽管掺 FA 的膨胀率未超过 0.10%，但也趋近于此值，说明双掺掺合料比单掺有较好的抑制效果。掺 30% 且 A/S 为 0.43 的 FA 和 SF 与掺 30% 且 A/S 为 2.33 的 FA 和 Al_2O_3 抑制 ASR 的效果相当，充分说明 Al_2O_3 和 SiO_2 的协同效应。在 42d 时掺 30% 且 A/S 为 2.33 FA 和 Al_2O_3 的试件膨胀率趋于稳定，直到 70d 时其膨胀率仍远小于 0.10%，说明掺 30% 且 A/S 为 2.33 的 FA 和 Al_2O_3 在 42d 时基本上抑制了 ASR 膨胀，但其他掺加方式的膨胀率均呈增长趋势。

由图 6（b）得掺 20% SF 与 Al_2O_3 且 A/S 为 2.00 抑制效果最佳，由图 7 得掺 30% FA 与 Al_2O_3 且 A/S 为 2.33 抑制效果最佳，综合两个结果进行对比 SF 和 Al_2O_3 复合与 FA 和 Al_2O_3 的复合对 ASR 的抑制效果。

SF 与 Al_2O_3 复合，FA 与 Al_2O_3 复合对 ASR 影响结果如图 8 所示。由图 8 可见，在 10d 内 SF 与 Al_2O_3 的复合比 A/S 为 3.00 的 FA 与 Al_2O_3 的复合抑制效果好，尽管前者掺 20% 小于后者 30%，但前者抑制效果好于后者，也说明 Al_2O_3 与 SiO_2 有协同效应；而掺 30% 不同 A/S 的 FA 与 Al_2O_3 对 ASR 的抑制效果基本相当，其中 A/S 为 2.33 的抑制效果较好。在 14d 时掺 20% 且 A/S 为 2.00 的 SF 与 Al_2O_3 的试件膨胀率增大到四者中最高，并且掺 30% 且 A/S 为 3.00 的 FA 与 Al_2O_3 的膨胀率为四者中最低。在 21d 时掺 20% 且 A/S 为 2.00 的 SF 与 Al_2O_3 的试件膨胀率增大，在 28d 时接近 0.10%，随后在 42d 膨胀率超过 0.10%，在 56d 膨胀率趋于稳定，此膨胀率的变化规律与图 6（b）中同样掺 20% 且 A/S 为 2.00 的 SF 与 Al_2O_3 试样膨胀率的变化规律基本一致。

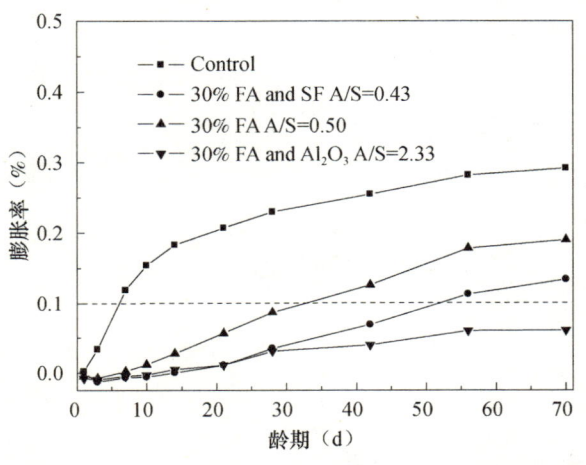

图 7　FA 与 SF 复合，FA、FA 与 Al_2O_3 复合对 ASR 膨胀的影响

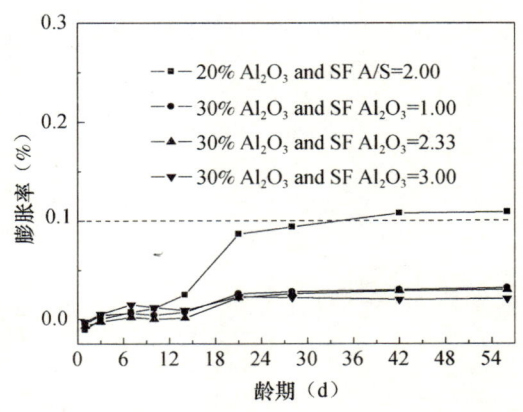

图 8　SF 与 Al_2O_3，FA 与 Al_2O_3 对 ASR 膨胀的影响

比较三种掺30% FA 与 Al_2O_3 的试样膨胀率，从整体看抑制效果相当，但从局部看，在14d 内抑制效果为：A/S 为 2.33 > A/S 为 1.00 > A/S 为 3.00；而在 28～56d 内抑制效果为：A/S 为 3.00 > A/S 为 2.33 > A/S 为 1.00。由此说明，Al_2O_3 在后期对 ASR 起主导抑制作用。综上可得，从长期效果看，富含 Al_2O_3 的掺合料对 ASR 的抑制效果好于富含 SiO_2 的掺合料，并且在含 Al_2O_3 掺合料的总掺量足够的情况下，存在一个抑制 ASR 效果较好的 A/S 界限值，当掺加的掺合料中 A/S 超过该值时，其抑制 ASR 的效果与该界限值的抑制效果相当，并且对 ASR 有制动作用。

3 结论

（1）适量的硅质材料在短期内能有效抑制 ASR，但其长期有效性欠佳。

（2）适量的铝质材料不仅在短期能有效抑制 ASR，而且长期也有效。

（3）铝质材料和硅质材料的复合对抑制 ASR 有协同效应，并且存在一合适的 A/S 值，使复合掺合料抑制 ASR 的效果最好。

（4）铝质材料和硅质材料的复合，硅质材料在前期对 ASR 起主导抑制作用；铝质材料在全程都发挥作用，尤其在后期起主导抑制作用。

参考文献

[1] 封孝信，冯乃谦，Al_2O_3 对碱-硅酸反应的影响 [J]. 河北理工学院学报，2005，5（2）：91～94.
[2] 徐惠忠. 活性 Al_2O_3 对碱-骨料反应（ASR）的抑制与制动作用 [J]. 建筑材料学报，2003，3（3）：213～217.
[3] 杨忠义. 硅灰对碱-硅反应及膨胀的影响 [J]. 水电站设计，2000，16（2）：105～112.
[4] 魏风艳，吕忆农，许仲梓，等. 低 Ca/Si 比的 C-S-H 凝胶产物在抑制 ASR 中的作用 [J]. 南京工业大学学报，2004，26（4）：98～101.
[5] ASTM C1260-94. Standard test method for potential alkali reactivity of aggregates (mortar-bar method) [S]. Annual book of ASTM standards. Concrete and Mineral Aggregates, America Society for Testing and Materials, 1994, Vol. 04.02：652～655.

超硫酸盐水泥若干物理性能的研究

牛全林[1]　冯乃谦[2]

1. 山东理工大学，济南，255049
2. 清华大学，北京，100084

【摘　要】　采用5%~10%水泥熟料，75%~80%的磨细矿渣微粉和15%的石膏配制了超硫酸盐水泥（以下简称超硫水泥），根据国标GB 1346—2005检测了超硫水泥的标准稠度需水量、安定性和凝结时间，按GB 175—2008检测了水泥的3d、7d及28d胶砂强度。试验表明：超硫水泥安定性良好，较普通硅酸盐水泥凝结时间延长，标准稠度需水量降低，并具有较高的最终强度。

【关键词】　超硫水泥；安定性；标准稠度；凝结时间；强度

Composition, Proportion and Properties of Super-sulfated Cement

Niu Quanlin[1]　Feng Naiqian[2]

1. College of Material Science and Engineering, Shandong University of Technology, Jinan, 255049, china
2. Tsinghua University, Bejing, 100084, China

【Abstract】　Super-sulfated cement with 75%~80% slag powder, 15% gypsum and 5%~10% clinker was mixed, properties such as water requirement, soundness and setting time were measured according to GB1346—2005, the 3d, 7d and 28d strength of cement mortar were tested by GB175—2008. It is seen that super-sulfated cement showed good soundness, longer setting time, and lower water requirement compared with ordinary Portland cement, as well as a high final strength.

【Key words】　super-sulfated cement; soundness; consistency; setting time; strength

前言

超硫酸盐水泥又称石膏矿渣水泥，由德国奎尔教授1909年发明[1]。

该水泥以2%~3%的石灰或3%~5%的硅酸盐水泥熟料、75%以上的高炉矿渣和15%~20%左右的石膏为原料粉磨制成，具有低热、微膨胀、高耐久等性能，尤其适合于大体积混凝土（如大坝等）、海工混凝土和抗硫酸盐腐蚀混凝土的配制。在超硫水泥中加入适量粉煤灰、钢渣、炉渣、煤矸石等混合材可制得复合超硫水泥，其中，高炉矿渣是钢铁工业排放的废渣，石膏可以使用各种工业副产品如脱硫石膏、磷石膏和氟石膏等，也可以掺加适当粉煤灰和煤矸石改善其和易性，因此是一种典型的低碳水泥。

目前，我国的粒化高炉矿渣已基本得到利用，但还有很多非活性混合材未能利用起来。粉煤灰年产量高达4亿吨[2]，煤矸石年排放量4.3亿吨[3]，磷石膏历史总堆存量高达4亿吨[4]，加上钢渣、炉渣、磷渣、赤泥等各种工业废弃物的历史存量高达70亿吨，而这些工业废弃物都可以在超硫水泥中得到应用。目前，我国正在进行前所未有的大规模基本建设，使用超硫水泥不仅能改善混凝土施工性能和结构物耐久性，还可以降低施工的材料成本，对我国数万亿基建投资的高效益发挥具有重要意义。

2009年全球水泥的产量已接近30亿吨，水泥生产排放的CO_2占全球温室气体人为排放量的20%，对气温上升贡献率高达10%。我国硅酸盐系列水泥的年产量已连续20年居世界第一,连续7年超过全球产量的一半,目前全国温室气体排放量占全球的13.6%,还消耗着宝贵的煤炭(100～130kg/t熟料)和石灰石等资源(1.6t/t熟料)。

2002年,我国批准了《<联合国气候变化框架公约>京都议定书》,根据该公约,我国有使用新能源,减少CO_2排放量的义务。在2007年12月联合国气候变化大会通过的巴厘岛路线图中,我国承诺:

- 到2010年,我国单位GDP能源消耗比2005年降低20%;
- 可再生能源使用比例提高至10%,到2020年提高到16%。

2009年哥本哈根全球气候会议上,我国更是提出了到2020年单位GDP能耗降低40%～45%的目标,在节能降耗减排利废的背景下,欧盟、法国、英国和德国都重新修订了本国关于超硫水泥的国家标准[4],我国作为第二大碳排放量国家,正在进行前所未有的大规模基本建设,使用超硫水泥不仅能改善混凝土施工性能和结构物耐久性,降低施工的材料成本,还有助于建材工业的节能降耗减排,无论从技术、经济上,还是从环境角度来讲,对于国家的可持续发展等都有着重要的意义。

1 试验材料

超硫水泥以5%左右的硅酸盐水泥熟料、75%以上的高炉矿渣和15%左右的石膏为原料,水淬的粒化高炉矿渣是主要胶凝材料,石膏和熟料是矿渣的硫酸盐和碱性激发剂,超硫水泥的主要水化产物是钙矾石和水化C—S—H。由于钙矾石的形成需要适宜的条件,因此对材料有着一定的要求:一是钙矾石的形成对碱度依赖性大,水泥浆的pH值最好在10.8～12.5之间,要求水泥和矿渣的碱度要适宜;二是要求矿渣中Al_2O_3含量要高一些,最好能达到15%左右,以提高钙矾石的形成数量;三是矿渣粉磨越细越好,以有效激发其物理活性。此外,石膏应具有较高的溶解度和溶解速度,因此以天然或煅烧硬石膏为佳,其他石膏如磷石膏、脱硫石膏等亦可使用,但效果较差。

本试验使用了市售的超细高炉矿渣粉,水泥厂提供的水泥熟料粉和磨细石膏粉,比表面积分别为$500m^2/kg$、$400m^2/kg$和$380m^2/kg$,水泥熟料和矿渣的化学成分见表1。

表1 水泥熟料和矿渣的化学成分

成分	化学成分								
	SiO_2	Al_2O_3	Fe_2O_3	CaO	MgO	SO_3	K_2O	Na_2O	LOI
水泥熟料	21.06	5.21	3.82	63.46	3.21	0.58	0.66	0.40	2.87
矿渣	37.41	14.28	0.76	40.07	6.53	0.15	0.57	0.32	—

由表可知,硅酸盐水泥熟料中碱含量较高,达到0.83%,C_3A含量为$2.65A-1.69F=7.35\%$;矿渣的质量系数为1.63,碱度系数0.90,系中偏酸性矿渣。

2 试验方案及内容

超硫酸盐水泥的基本配方是:矿渣粉75%以上,石膏15%左右,水泥熟料5%左右,考虑到水泥的早期强度,本试验中熟料的比例为5%～10%。

将5%、7.5%和10%水泥熟料与15%石膏粉以及80%、77.5%、75%的市售矿渣粉均匀混合,制得编号为1、2、3的超硫水泥,根据GB1346—2005《水泥标准稠度用水量、凝结时间、安定性检验方法》检测水泥的标准稠度需水量、安定性及凝结时间,根据GB175—2008《水泥胶砂强度检验方法》检测其胶砂强度,试件的配比见表2。

为了解水泥水化过程中浆体碱度的变化,还将上述编号为2的水泥与水以1∶1比例拌合,在不同的时间里分别取样进行真空抽滤,然后检测其pH值的变化情况。

表2 试件的配比　　　　　　　　　　　　　　　　　　　　　Wt%

编号	熟料（%）	矿渣（%）	石膏（%）
超硫酸盐水泥1	5	80	15
超硫酸盐水泥2	7.5	77.5	15
超硫酸盐水泥3	10	75	15

3　结果与讨论

水泥标准稠度、安定性和凝结时间的试验结果见表3，胶砂强度结果见表4，考虑到混凝土试件以7d和28d为强度龄期，水泥胶砂试验中也检测了试件的7d强度。

表3　试验结果

编号	用水量（%）	初凝（h·min）	终凝（h·min）	安全性
超硫酸盐水泥1	23.1	3:50	5:40	合格
超硫酸盐水泥2	24.3	3:28	5:15	合格
超硫酸盐水泥3	24.9	3:14	5:00	合格
普通水泥P·O42.5	28.8	2:21	3:40	合格

由表3可知，所有水泥的安定性都合格，说明虽然超硫水泥中SO_3含量较高，但由于水泥碱度较小，钙矾石以溶解－析晶形式形成，水化产物主要向孔隙内定向生长，不会引起试件的膨胀和破坏，见图1。

与普通硅酸盐水泥相比，超硫水泥的初凝和终凝时间普遍延长1.5~2h，说明一方面熟料用量较少，早期水泥颗粒之间形成的结合点较少，另一方面由于石膏的缓凝作用，化学键的形成也更加缓慢。

由表4可知，超硫水泥的3d强度较低，但7d以后迅速上升，28d强度接近P·O 42.5基准水泥，其中2号样品甚至高于基准水泥，说明超硫水泥虽然水化缓慢，但最终仍将获得较好的力学性能。

图1　初级钙矾石向孔隙内部的定向生长

表4　胶砂强度试验结果　　　　　　　　　　　　　　　　MPa

编号	3d 抗压/抗折	7d 抗压/抗折	28d 抗压/抗折
水泥P·O 42.5	19.8/4.6	27.2/5.91	48.9/8.22
超硫酸盐水泥1	14.7/2.58	25.9.0/4.23	45.5/9.35
超硫酸盐水泥2	17.1/4.20	31.5/7.16	49.8/9.81
超硫酸盐水泥3	15.4/3.72	27.7/5.24	44.1/8.77

水化初期，超硫水泥浆体呈弱碱性，矿渣溶解较慢，且由于石膏缓凝，水化产物的数量较少，强度发展缓慢。随着水化的进行，水泥熟料释放出更多的CaO致使浆体碱度升高并提供了更多的钙离子，导致矿渣溶解加速并释放出较多的铝酸根离子，发生以下反应：

$$6Ca^{2+} + 2Al(OH)_4^- + 4OH^- + 3SO_4^{2-} + 26H_2O \rightarrow Ca_6[Al(OH)_6]_2 \cdot 3SO_2 \cdot 26H_2O \tag{1}$$

在形成钙矾石的方程式中，左侧反应物的浓度决定了反应的进程，为提高超硫水泥中钙矾石的形成速度和形成数量，需要有效控制水泥浆体孔溶液的pH值。受$Ca(OH)_2$容积度常数的影响，碱度的降低可以增加钙离子浓度，富钙环境可以使铝酸根离子和单聚或多聚硅酸根离子在较低的浓度下沉淀析出，从而加速了水化进程，使水泥获得较高的最终强度。编号为2的超硫水泥水化过程中孔溶液pH

值随时间的变化见图2。

由图2可知，超硫水泥水化初期孔溶液的 pH 值较低，随着熟料的水化，碱度逐渐上升，矿渣粉开始溶解，在 pH 值为 11.5 左右形成较多的水化产物，水泥完成终凝。在 24h 左右 pH 值达到最高为 12.26，此时超细矿渣粉大量溶解，消耗熟料水化产生的氢氧化钙形成 AF_t 和水化 C-S-H，30h 以后水泥浆完全固化，已无法通过抽滤获得孔溶液。

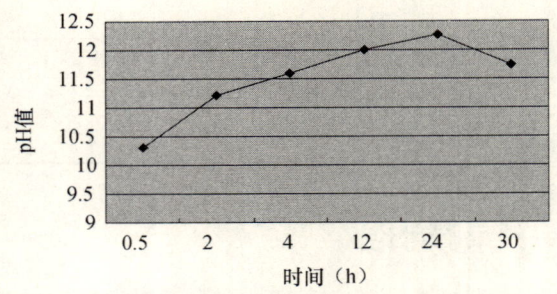

图2 超硫水泥孔溶液 pH 值随时间变化规律

超硫水泥的水化与硅酸盐系列水泥有着本质的区别：后者是高温煅烧而成，水泥熟料矿物具有很高的水化活性，可以在 pH 值为 7~14 的范围内持续水化，甚至在相对湿度不足时也可通过局部化学反应完成水化进程。而前者以钙矾石为强度来源，其适宜水化条件是 pH 值在 10.8~12.5 之间，最好在 11.8 附近，而且没有膨胀破坏的初级钙矾石（相对于次生钙矾石而言）主要在溶液中通过溶解－沉淀机理形成，因此控制熟料中 R_2O 含量和浆体碱度、保证水泥水化用水量是石膏矿渣水泥诸多优异性能得以发挥的前提。

超硫水泥中加水后，浆体处于饱和 $Ca(OH)_2$ 溶液中，水化初期 pH 值可升至 12.8 以上，$[OH]^-$ 的浓度比最佳点高一个数量级，因此采取措施降低浆体 pH 值是发挥超硫水泥优越性能的基础；该水泥的充分水化需要 40% 左右的水分，如何保证充分的水化用水也是其推广应用的技术瓶颈；此外超硫水泥中熟料用量小，水化热低，因此在冬季施工时混凝土强度尤其是早期强度显著下降。在元素周期表中，从金属铝开始具有非金属特征，Al_2O_3 也是典型的两性化合物，加温或/和碱性条件下 Al_2O_3 可以由六配位向四配位转换，水泥配料中生料中的 Al_2O_3 在碱性环境中经高温煅烧由 Al—O 八面体变成 Al—O 四面体（以铝酸三钙形式存在）就是一例。矿渣是高炉炼铁的副产品，铁矿石的杂质、焦炭灰分和白云石等熔剂矿物一起熔融是一个高温和碱性环境的烧结过程，与水泥熟料的形成基本相似，因此水淬急冷的粒化高炉矿渣也具有较高的活性，只是钙硅比例的不同导致了两者活性的差异。经超细粉磨的矿渣在水泥熟料和硫酸钙的激发下具有良好的水化活性，是超硫水泥形成较高的最终强度的原因所在。

4 结论

(1) 超硫水泥标准稠度需水量较低，凝结时间延长，安定性良好。

(2) 超硫水泥 3d 强度较低，但后期增加明显，配比得当时，28d 强度甚至高于普通硅酸盐水泥。

(3) 随着水化的进行，抽滤的超硫水泥孔溶液 pH 值逐渐增加，最高达到 12.26，30h 后下降至 11.75，这一碱度对钙矾石的形成十分有利，有助于获得较高的最终强度。

参考文献

[1] H. Kühl, E. Schleicher, Gipsschlackenzement, Fachbuchverlag GmbH, Leipzig, 1952.
[2] 柏林技术学会建筑专业小组编，奎尔校，翟江士译；王涛校. 硫酸盐矿渣水泥. 莱比锡专科书籍出版社，1957.
[3] 建筑工程部水泥研究院编. 利用炼铁矿渣生产石膏矿渣水泥 [M]：北京. 建筑工程出版社，1958.
[4] 赵青林，周明凯. 超硫酸盐水泥在德国的研究及应用 [J]. 新世纪水泥导报，2008 (6)：5~10.

新加坡再生骨料微观结构的研究

Tan Kanghar[1]　Negar Roghanian[2]　Didier Talamona[3]

1. 新加坡南洋理工大学，土木环境工程学院
2. 新加坡南洋理工大学，土木环境工程学院
3. 纽卡斯尔大学新加坡校区，工程学院

【摘　要】 由于大型项目和基础设施的现代化建设，新加坡在建筑领域经历了一个快速发展的过程，许多急需正确处理的混凝土垃圾也在其中。另一方面，新加坡也面临着垃圾填埋场的短缺和缺少天然骨料。因此，在新加坡废旧混凝土的再生回收越来越受到重视。要在施工过程中安全使用这种新型循环利用材料，就必须对其性质和使用情况进行研究。

利用显微技术观察硬化混凝土的岩相结构，可有效的应用于混凝土纤维的观察，可作为一种检查混凝土是否符合规格的有效方法，并可以用于研究材料劣化和失效。

在本研究中，不同比例配置的再生粗骨料混凝土的微观结构性能在本调查中进行了研究。

【关键词】 再生混凝土骨料；微观结构性能；再生混凝土。

Investigating the Microstructural Properties of Recycled Aggregate Concrete in Singapore

Tan Kanghai[1]　Negar Roghanian[2]　Didier Talamona[3]

1. School of Civil & Environmental Engineering, Nanyang Technological University, Singapore, email: ckhtan@ntu.edu.sg
2. School of Civil & Environmental Engineering, Nanyang Technological University, Singapore, email: nroghanian@ntu.edu.sg
3. School of Engineering, University of Newcastle, Singapore, email: Didier.Talamona@newcastle.edu.au

【Abstract】 Singapore is experiencing a phase of rapid growth in the construction industry due to large projects and modernisation of its infrastructures, which generate a large amount of concrete waste that needs to be disposed of properly. On the other hand, Singapore is also facing a scarcity of landfills for disposing the wastes and there is also shortage of natural aggregates. Therefore, it is increasingly attractive to recycle old concrete in Singapore. To be able to use this new recycled material safely in the construction, its properties and behaviour should be investigated.

Petrographic examination of concrete is the study of hardened concrete microstructure using microscopic techniques. It is a powerful tool for examining the fabric of concrete and serves as an efficient means of checking compliance with specification and studying material deterioration and failures.

In this investigation, microstructure properties of recycled concretes comprising different percentages of recycled concrete coarse aggregates have been investigated.

【Key words】 Recycled concrete aggregates; micro structural properties; recycled aggregate concrete.

1　INTRODUCTION

Singapore is presently experiencing a phase of rapid growth in the construction sector, which generates a large amount of concrete waste. On the other hand, Singapore is also facing a shortage of natural aggregates and also scarcity of landfills for disposing the wastes from old construction works. Therefore, it is increasingly attractive from an economic and environmental point of view to recycle old concrete aggregates and to use them for producing new concretes. In order to encourage the use of RCA in wider applications, it is important to investigate the properties of recycled concrete aggregates to ascertain if they meet the requirements for particular use.

Concrete petrography is the study of hardened concrete microstructure using microscopic techniques and is a powerful tool for examining the fabric of concrete and can be an efficient means of checking compliance with specification and studying deterioration and failures. Moreover, petrography examination assists in the interpretation of other concrete tests.

In this work, petrographic examinations were used in the analysis of the concretes comprising different percentages of recycled concrete coarse aggregates.

2 CONCRETE PRODUCTION PROCESS

For producing recycled concrete specimens, the extracted recycled concrete aggregates came from a local supplier. The properties of RCA are summarized in Table 1.

The RCA contained more silt, dust and clay and had lighter bulk and lower relative density coMPared to natural aggregates. The water absorption of RCA was about 10 times greater than natural coarse and fine aggregates [1].

Table 1 Properties of recycled concrete aggregates (RCA)

RCA Fines Content (%)		0.9
RCA Bulk Density (mg/m^3)	Compacted-Oven dry	1.38
	Un compacted-Oven dry	1.29
	Compacted-As received	1.38
	Un compacted-As received	1.31
RCA Relative Density (mg/m^3)	Relative density (oven dried basis)	2.35
	Relative density (SSD basis)	2.46
	Apparent relative density	2.64
RCA Absorption (mg/m^3)		4.7
RCA Water soluble chloride salts (%)		0
RCA Potential Alkali-Silica Reactivity by Mortar-Bar after 16 days (expansion %)		0.04

After investigating the properties of recycled concrete aggregates, six different amounts of RCA were employed in producing six different mixes. One set without RCA is referred to as the reference specimen and the others employed 20%, 40%, 60%, 80% and 100% of RCA, respectively. For casting concretes with different percentages of RCA, the same design principles applied as those for conventional concrete. For the mixes, the amount of water cement ratio, fine aggregates and cement amounts were kept constant and the amount of super plasticizer was adjusted slightly to maintain the slump between 75mm and 125mm.

For investigating the hardened properties of recycled concrete, compressive strength test conducted on the specimens with different percentages of RCA. Compressive strength tests were carried out on cylinder specimens (Ø150mm, h=300mm) at aged 8, 28days and 3months under a load of 265kN/min according to BS1881[2], Table 2.

Table 2 Cylinders average compressive strength (N/mm^2)

RCA %	8 Days	28 Days	90 Days
0%	34.18	46.03	48.75
20%	31.92	45.16	46.09

续表

RCA (%)	8d	28d	90d
40	33.05	47.02	44.39
60	34.41	44.28	46.12
80	30.84	42.24	42.55
100	28.92	45.21	43.26

Figure 1 shows the results of water absorption for different percentages of recycled aggregate concrete specimens.

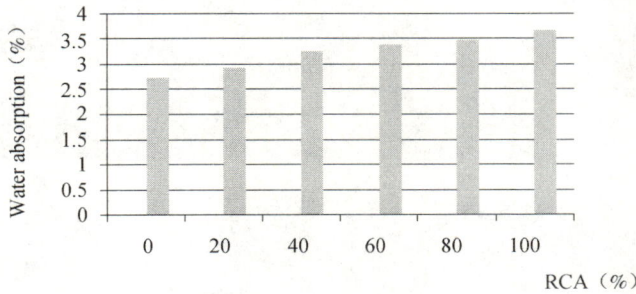

Figure 1 water absorption of RAC (%)

3 RECYCLED AGGREGATE CONCRETE PETROGRAPHIC NALYSIS

Specimens produced for petrographic analysis often take the form of 'thin-sections'. Thin sections for microscopic analysis were sliced from concrete cubes of 150mm × 150mm × 150mm and mounted onto glass slides. They were polished and impregnated by epoxy with florescent dye and were ground to an appropriate size [3]. Finally, thin sections with a typical thickness of 20-30μm were obtained for microscopic analysis. Figures 3 to 8 show the micro-structure of thin sections comprising different percentages of RCA.

The test objectives are to identify the type of aggregates and estimating the degree of alkali-silica reaction, alkali carbonate reaction and hydration and also examining the water cement ratio and the interface between cement and aggregates.

According to visual observations, the cement matrix was light grey in colour and appeared homogeneous for all the six samples and the coarse aggregates were evenly distributed. The coarse aggregate sizes ranged from 5mm to 20mm and no segregation and crack could be seen on the specimens. Figure 2 shows thin sections which were taken from the concrete cube specimens.

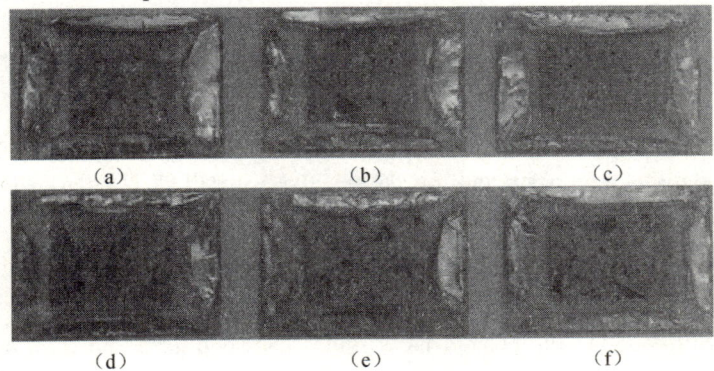

Figure 2 Thin sections

(a) 0%RCA; (b) 20%RCA; (c) 40%RCA; (d) 60%RCA; (e) 80%RCA; (f) 100%RCA

Figure 3 shows the respective singular coarse particle of reference specimen and specimens with different percentages of RCA under cross-polarized light. Observations show that, the coarse aggregates mainly classified as igneous rock named as granite. Coarse aggregates mainly consist of large crystals of quartz, feldspar and mica in 0% and 20% RCA and they consist of large crystals of quartz and feldspar in 40%, 60% and 80% of RCA. These granites are with coarse grain size and no strain quartz in 0%, 20%, 40% and 60% of RCA and they are with coarse grain size and few strain quartz in 80% of RCA. For specimens with 100% RCA, two types of coarse aggregates were found, classified as granite and quartzite. Quartzite consists mainly and is with medium grain size and some strain quartz[4].

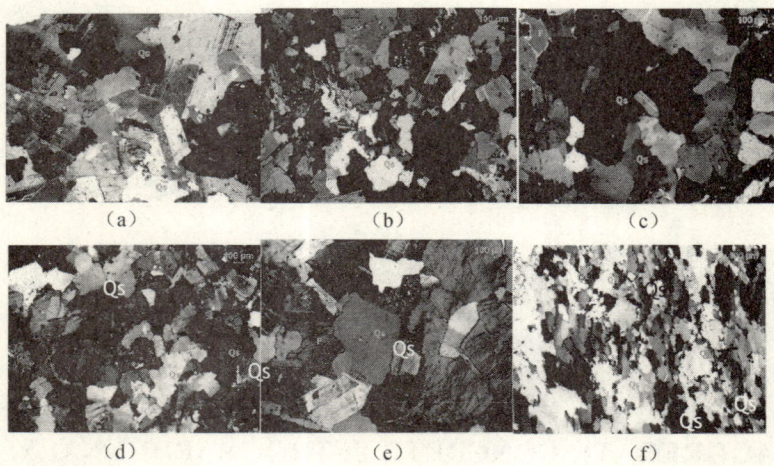

Figure 3 Coarse aggregates
(a) 0%RCA; (b) 20%RCA; (c) 40%RCA; (d) 60%RCA; (e) 80%RCA; (f) 100%RCA

As shown in Figure 3, the wording "Qs" marks the presence of fresh quartz crystals with coarse grain size, "F" is feldspar and "Bi" marks the presence of Biotite. Besides, moderately-weathered granites could be found in specimens with an increase in the percentage of RCA. Weathering can cause softening and absorptivity in the interfaces of the particles. In the hardened concrete, weathering can decrease the bond with the cementitious matrix, strength, durability and volume stability[5].

The alkali-silica reaction is the expansive reaction between the alkalis and varieties of silica minerals in the pore solution of a concrete and minerals in the aggregates to produce expansive alkali-silica gels. The damage resulting from the alkali-silica reaction is due to expansion from the formation of alkali silica gel in the aggregate or at its margins and the subsequent absorption of pore fluid which causes the gel to swell and exert pressure. This internal pressure may be large enough to crack the concrete[6]. According to the petrographic examinations, specimens with lower percentages of RCA were not reactive with alkalis in concrete. With an increase in the percentage of RCA, the potential for alkali-silica reaction only increased slightly. It was observed that the specimen with 100% of RCA has low reactivity with alkalis in concrete.

As could be seen in Figure 4, the fine aggregates of all specimens with different percentages of RCA are natural sands made of large quartz crystals and are not reactive with alkali. As shown in Figure 4, the wording "Qs" marks the presence of fresh quartz crystals with coarse grain size.

The relationship between cement and water is of crucial importance to concrete. This is the hydration of cement and the consequent hardening into strong composite with aggregates is one of the most important chemical reactions in concrete. Figure 5 shows the cement paste under both polarized and fluorescent lights. From Figure 5, in all the specimens with different percentages of RCA, uniform cement paste was observed and the cement was well-hydrated.

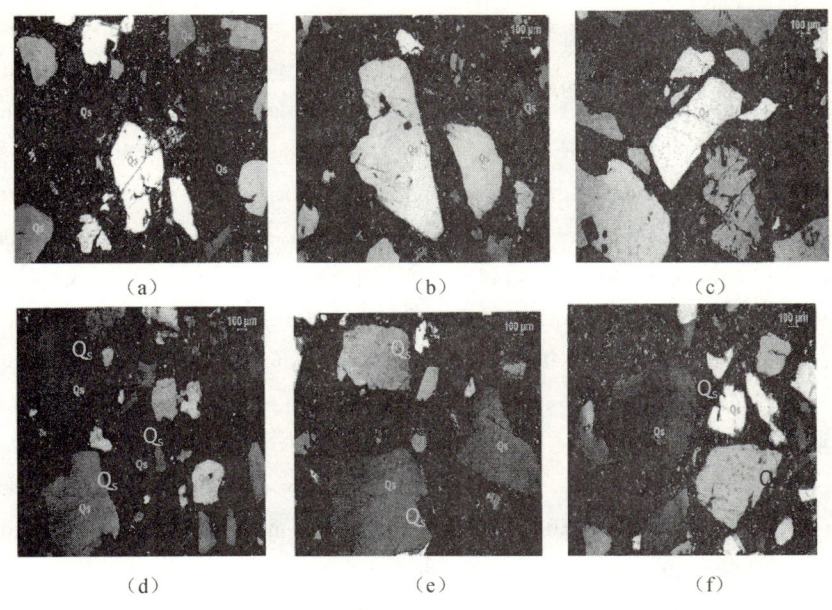

Figure 4　Fine aggregates
(a) 0%RCA; (b) 20%RCA; (c) 40%RCA; (d) 60%RCA; (e) 80%RCA; (f) 100%RCA

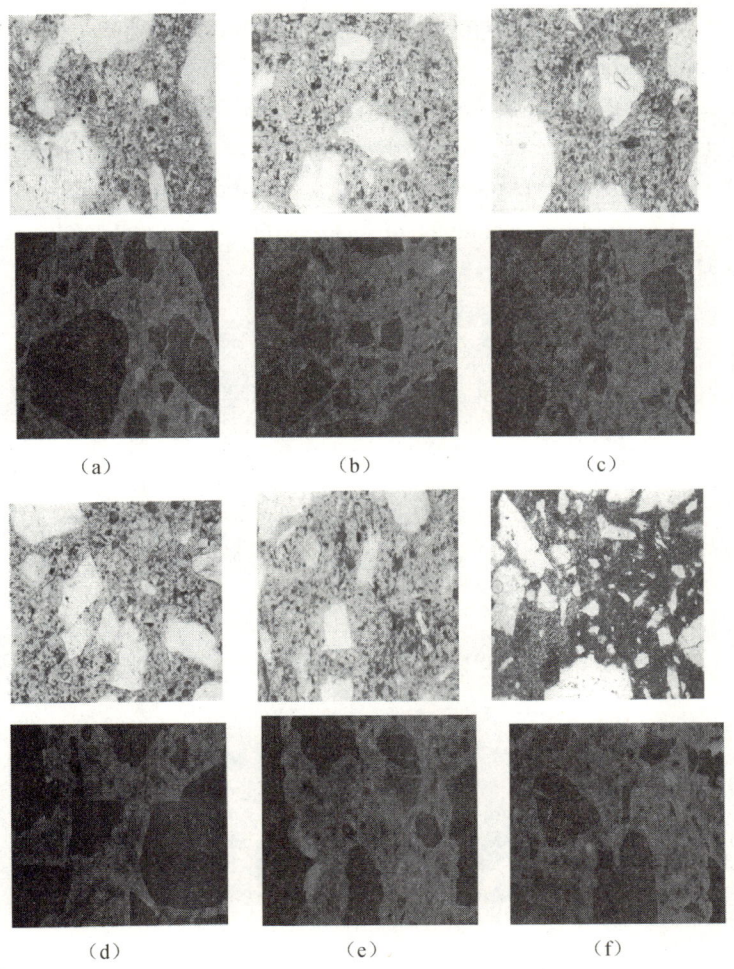

Figure 5　Photomicrograph of Cement paste
(a) 0%RCA; (b) 20%RCA; (c) 40%RCA; (d) 60%RCA; (e) 80%RCA; (f) 100%RCA

For estimating water/cement ratio, observation of fluorescence is applied in concrete petrography. There is a relationship between the water-cement ratio and the capillary porosity of the hardened cement paste in concrete. The capillary porosity of a cement paste could be determined by impregnating a suitable sample with resin containing a fluorescent dye and then examining the thin section under a microscope [6]. The greater the capillary porosity, the more fluorescent resin is absorbed and the brighter is the fluorescence under ultraviolet light. So, for estimating the water-cement ratio of the unknown specimens, reference samples of similar concrete and known water-cement ratio were prepared [3]. By visual comparison, an equivalent water-cement ratio can be allocated for the unknown specimens. Consequently, by visually comparing the standard thin sections under the fluorescent microscope, the w/c ratio was estimated to be 0.45 ± 0.05 for all specimens.

The main difference between the high percentage of RCA and the reference specimen was that, in sections with higher percentages of RCA, pieces of cement paste from old concrete were found. These cement pastes were dense. The interface between these two different types of cement paste (fresh one and old one) is good. In some parts the surface of the RCA was coated by a layer of old cement paste. This may cause aggregates and cement paste to have somewhat poorer bonding. Some other authors have also reported that the concrete produced with 100% recycled concrete aggregates, according to the petrography analysis, have characteristics inferior to those of concrete produced with natural aggregates[7].

Figure 6 illustrates the entrained air under polarized light. Most concrete specimens inevitably retain some entrapped air. In fresh concrete, such entrapped air forms bubbles. After the concrete has hardened, these entrapped and entrained bubbles get fixed in place and become air voids[5]. The principal disadvantage of air-entrainment is a reduction in density and a consequent proportional lowering of strength. From observations and estimating the air content of each specimen, the air content was not more than 3% for the specimens, and the difference in air voids between the high percentages of RCA and the reference specimen is less than 25%[8]. The amount of entrapped air depends on a number of factors, but in general void contents of up to around 3 percent are not unusual [3].

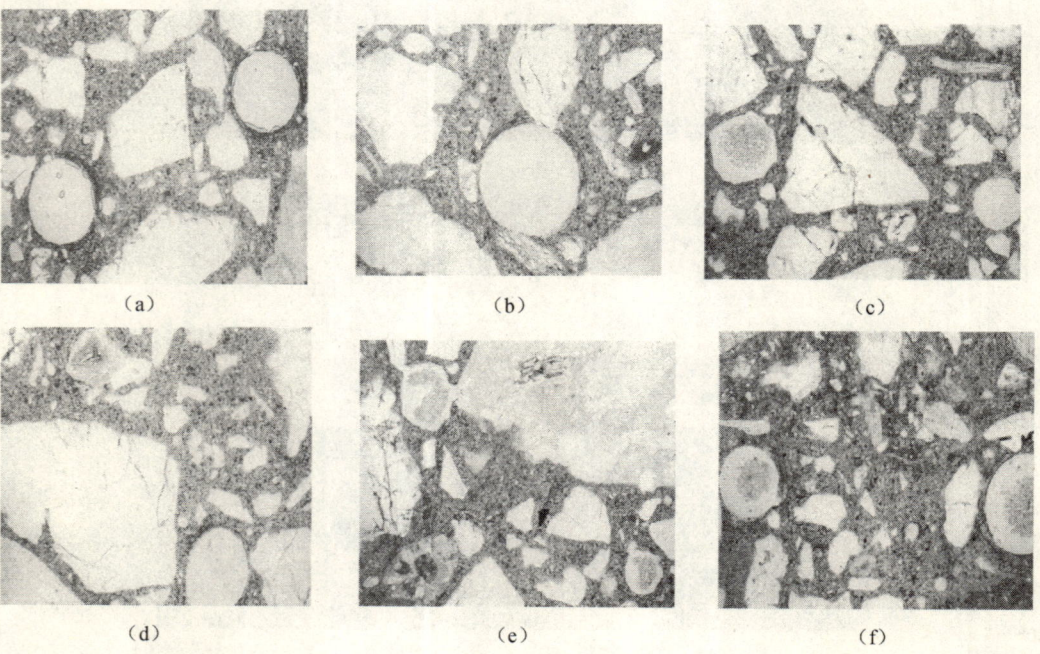

Figure 6 Air Content
(a) 0%RCA; (b) 20%RCA; (c) 40%RCA; (d) 60%RCA; (e) 80%RCA; (f) 100%RCA

In sections with higher percentages of RCA, most of the air voids were caused by water absorptive materials. As illustrated in regions indicated by white circles in Figure 7, these absorptive materials soaked up water and created voids around them, creating a rather interesting sight.

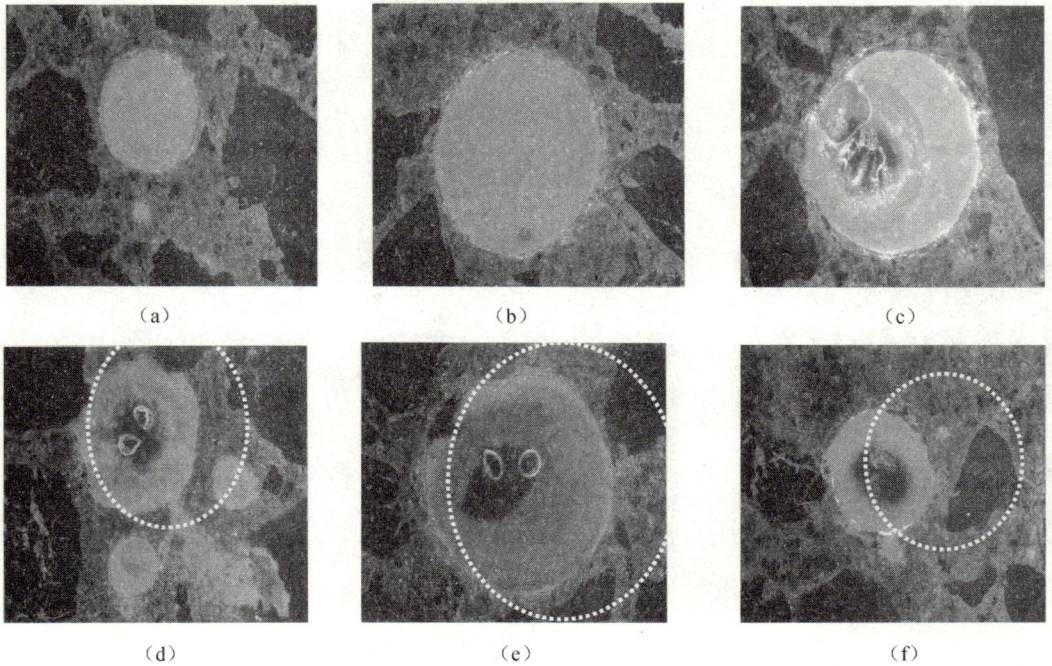

Figure 7　air voids caused by water absorptive material under Fluorescent lights
(a) 0%RCA; (b) 20%RCA; (c) 40%RCA; (d) 60%RCA; (e) 80%RCA; (f) 100%RCA

The interface between aggregate particle surfaces and cement paste is one of the most important parameters in determining the mechanical performance of concrete. The observation of interfaces in concrete in thin sections can provide information on the degree of contact, absorption into the substrate, void spaces and dirt and debris, The nature of the interface is controlled by the properties of both the aggregates and the cement paste[6]. Physical strength and integrity of the bond achieved at the aggregate/paste interface depends upon the character of the aggregate particle surface and the nature of the surrounding hydrated cement. The efficiency of the bond between aggregates and hardened cement paste can obviously be influenced by any material which interposes between these two components, including, for example, the layers of water or dust coatings of aggregate particles [5]. Figure 8 illustrates the interface between cement and aggregates under fluorescent light. In specimens with lower and up to 40% RCA, the cement paste and aggregates were well bonded together. But in sections with higher percentages of RCA, a layer of old cement paste was coated onto the surface of aggregates, so that the new cement paste and RCA were not so well bonded together. In sections with 60% and 100% of RCA, In Figure 6 (d, f), poor bond between the cement paste and the RCA could be observed by circles indicating gaps.

In the sections with higher percentages of RCA, two types of cement paste were found (new and old). Observations show that the interface between these two types of cement paste (old and new) is relatively good and does not significantly affect the mechanical strength. No cracks were observed in the thin sections of different percentages of RCA.

The effect of carbonation is of importance to the durability of reinforced concrete and they have been investigated as well. According to the observations, no sign of carbonation and chemical attacks were found in the specimens.

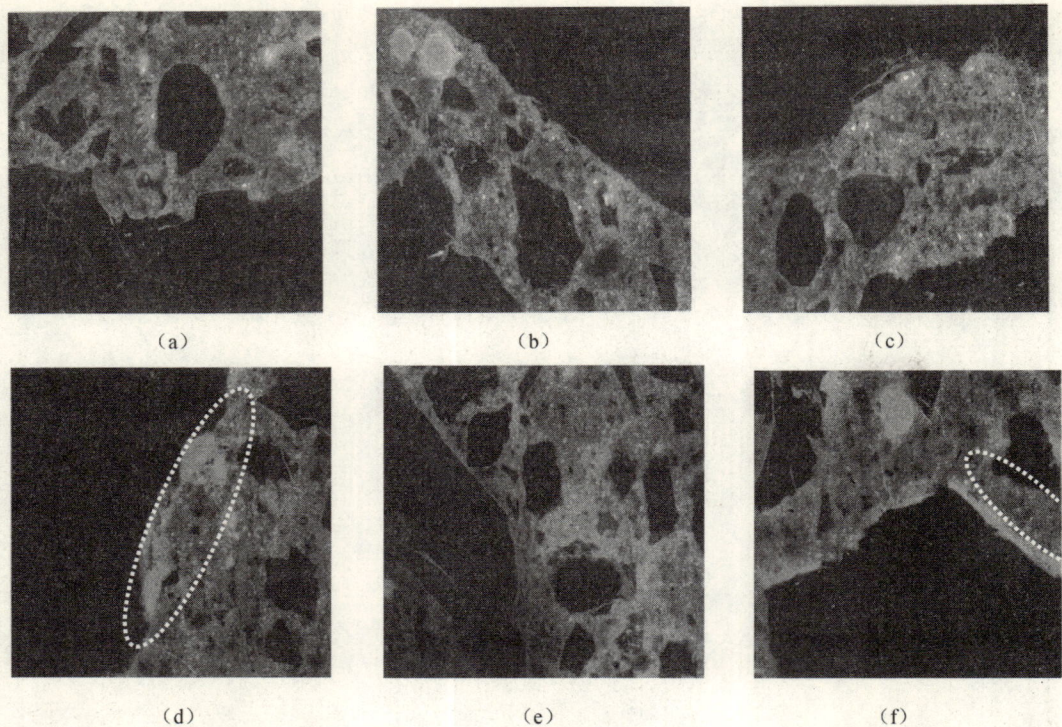

Figure 8　Cracks and Interface between cement and aggregate
(a) 0%RCA; (b) 20%RCA; (c) 40%RCA; (d) 60%RCA; (e) 80%RCA; (f) 100%RCA

4　CONCLUSION

- For specimens with lower percentages of RCA, no alkali silica reactive particles were found. Even with 100% RCA, the specimen seems to show very low reactivity with alkalis in concrete.

- With an increase in the percentage of RCA, moderately-weathered granites were observed in the sections.

- In all the specimens with different percentages of RCA, uniform cement paste was observed and the cement was well-hydrated.

- The difference in air voids between the high percentages of RCA and the reference specimen is less than 25%.

- With an increase in RCA percentage, more water absorptive materials were found in the thin sections and in some specimens with higher percentages of RCA, some of the air voids were caused by water absorptive materials.

- In the sections with higher percentages of RCA, two types of cement paste were found (new and old). It could be seen that, the interface between these two different types of cement paste (fresh and old) is reasonably good. In specimens with higher percentage of RCA, in some parts the surface of the RCA was coated by a layer of old cement paste. This may cause aggregates and cement paste to have somewhat poorer bonding. The old paste that was observed in the thin sections is denser than the fresh paste. This may not affect the concrete strength. In addition, it is important to note that there were no constituents found in the thin sections harmful to concrete performance.

- No cracks were observed in the thin sections of different percentages of RCA and also, no sign of carbonation and chemical attacks were found in the specimens.

ACKNOWLEDGEMENTS

The authors would like to thank Pan-United Concrete CoMPany for supplying the concrete and testing facilities. This work has been funded by MND Research Fund Committee, administered through Building and Construction Authority (BCA), Singapore.

REFERENCES

[1] BS 812: Part 2, "Methods for determination of density", British Standards Institution, London, UK, 1995.

[2] BS 1881: Part 116, "Method for determination of compressive strength of concrete cubes", British Standards Institution, London, UK, 1983.

[3] ASTM Standard C856, "Standard Practice for petrographic examination of hardened concrete", ASTM International, West Conshohocken, PA, 2004.

[4] ASTM Standard C295, "Standard Guide for petrographic Examination of Aggregates for Concrete", ASTM International, West Conshohocken, PA, 2008.

[5] Mielenz, R. C., "Petrographic Evaluation of Concrete Aggregates", Gates Mills, 1994.

[6] St John, D. A., Poole, A. B. and Sims, I., "A hand book of investigative techniques, Concrete Petrography", John Wiley and Sons Inc., USA.

[7] Márcio J. E. de Oliveira, Mírian C. Barros Oliveira, Cássia Silveira de Assis and Juércio Tavares de Mattos, "Petrographic Analysis on Recycled Aggregate-Produced Concrete", in "International RILEM conference on the use of recycled materials in buildings and structures", Brazil, 2004.

[8] ASTM Standard C457, "Standard Test Method for Microscopical Determination of Parameters of the Air-Void System in Hardened Concrete", ASTM International, West Conshohocken, PA, 2010.

粒料比重对自充填混凝土工程性质的影响

陈柏存[1] 张大鹏[1] 杨宗叡[1] 西学伟[2]

1. 台湾科技大学营建工程系，台北，106
2. 春源营造，台北，106

【摘 要】 自充填混凝土为一种因其自重即可达到流动充填而不需振实之混凝土。因为它具有相当多的优点，因此被应用于许多预力及预铸的工程。本研究为了解不同比重粒料对于自充填混凝土工程性质之影响，采用了常重粗粒料与轻质粗粒料进行拌制一般自充填混凝土（N-SCC）及自充填轻质粒料混凝土（LW-SCC）。试验结果显示，粒料比重对于自充填混凝土之坍度与抗压强度并无明显影响，但LW-SCC动弹模数、动剪力模数及热传导系数约为N-SCC之75.61%，73.00%及63.68%。

【关键词】 自充填混凝土；轻质粒料混凝土；比重；工程性质

Effects of Bulk Density of Aggregate on Engineering Properties of Self-Compacting Concrete

Chen Bocun[1] Zhang Dapeng[1] Yang Zongrui[1] Xi Xuewei[2]

1. Department of Construction Engineering, National Taiwan University of Science and Technology, Taipei 106, Taiwan;
2. Chun Yuan Construction Corp. Ltd., Taipei 106, Taiwan

【Abstract】 Self-compacting concrete (SCC) refers to concrete that can flow by it's weight and fill in formwork without using any compaction or consolidation. It offers many advantages for the precast, prestressed concrete industry and for cast-inplace construction. In order to investigate the effects of bulk density of aggregate on engineering properties of SCC, two kinds of self-compacting concrete, N-SCC and LW-SCC, were produced by using normal weight and lightweight coarse aggregate, respectively. The results show an insignificant effect of lightweight coarse aggregates on the slump test and compressive strength testing of SCC. Due to the light specific gravity of porous aggregate, the dynamic elastic modulus, shear modulus and thermal conductivity of LW-SCC are only 75.61, 73.00 and 63.68% of N-SCC.

【Key words】 Self-compacting concrete (SCC); lightweight coarse aggregate; bulk density; engineering properties.

1 前言

日本发展自充填混凝土之初，曾以高性能混凝土（High Performance Concrete，HPC）称之，而后再将具有高流动特质之高性能混凝土称为"自充填混凝土"。自充填混凝土系由水泥、水、粗细骨材、火山灰材料和化学掺料等材料组合而成，以适当之配比使得混凝土在流动性与钢筋通过性两方面上取得物理性质巧妙平衡，而能在无任何振动的情形下，借其自重且不析离地自行充填至模板各角落，而其基本应具抗压强度，依结构设计需求而作适当之配比设计制定，可有效避免施工人员素质、训练与管理不良所造成施工瑕疵与质量低下，初期裂缝少、干缩量及潜变少；后期强度高，耐久性好，抵抗劣化的能力强，大幅提升混凝土结构之耐久性[1-4]，故目前已渐普遍被应用于超高楼建筑、桥梁工程与预铸工程等。

另一方面，由于台湾地区之山地表土受到长期风化作用及雨水的软化、冲刷后，形成泥流汇入了集水区的河流或水库内，在这过程中，土壤颗粒先后经过移动、沉淀与固化，导致水库底部淤塞，故每年皆须进行疏浚清除工作，以维持水库使用寿命，然庞大淤泥量若未能妥善处理，将造成二次环境危害。近年来，利用水库淤泥制成轻质粒料并拌合成轻质混凝土，已成为最主要之处理方式。

陈豪吉（1997）研究指出轻质粒料结构上含有相当比例之孔隙（Porosity），其表层孔隙基本上对于强度、吸水率和工作性会造成相当程度之影响，但其内部的孔隙（Porosity）可有效降低混凝土单位比重及提升混凝土隔热功能，同时也会有较大之吸水率，须于拌合过程中加以考虑，而在相同之水泥砂浆配比下配制的常重混凝土抗压强度较轻质粒料混凝土抗压强度高[5]。洪盟峰（2004）曾针对台湾境内水库淤泥所制造之轻质粒料及所拌制的轻质混凝土进行研究，结果显示轻质粒料抗压强度达8~24MPa，证实水库淤泥适宜作为轻质骨材，适当的水泥浆用量下及采用致密配比计算后，所拌制成之轻质粒料混凝土可兼具高流动性、适度强度及耐久性佳的性质[6]。黄伟翔（2006）在固定单一水胶比条件下，分别以炉石粉与飞灰分别取代不同水泥量（20%及40%），结果显示在91d龄期时，以炉石粉与飞灰分别取代40%，可提升1.9%及1.4%之抗压强度，由气体渗透试验与表面电阻试验之结果同时显示，经炉石粉与飞灰取代部分水泥量之轻质混凝土具有较佳之耐久性。近年来相关研究结果也具有相同趋势，故采用轻质粒料进行拌制混凝土可成功解决淤泥弃置与部分粒料不足等问题[7-10]。

为近一步推广轻质粒料之使用，本研究将采用轻质粗粒料拌制自充填混凝土，并与一般天然粗粒料进行比较，探讨不同粒料比重对于自充填混凝土工程性质之影响，以作为未来工程实务应用之参考。

2 试验计划

2.1 试验材料

本研究所使用之活性粉混凝土采用之材料兹分述如下：

（1）水泥：采用波特兰一型水泥，其物理性质及化学成分如表1所示。

（2）高炉炉石粉：本研究采用台湾所生产之炉石粉，其物理性质及化学成分如表1所示，比重约2.89，富含硅及钙成分。

（3）飞灰：本研究采用台湾火力发电产所生产之飞灰，其物理性质及化学成分如表1所示，圆球颗粒状，比重约2.22，富含硅及铝成分。

（4）轻质粗粒料：由台湾轻质骨材厂所提供，取自石门水库清淤所得之泥砂，经自然干燥后旋窑烧制而成，其物理性质如表2所示，比重约1.60。

（5）天然粗粒料：产自台湾东部河川，其物理性质如表2所示，比重约2.69。

（6）天然细粒料：为台湾河砂，其物理性质如表2所示，比重约2.63，细度模数为2.77。

表1 粒料基本性质

	波特兰一型水泥	炉石粉	飞灰
1. 物理性质			
比重	3.15	2.89	2.22
细度（m^2/kg）	368	409	—
2. 化学组成（%）			
SiO_2	20.90	33.68	56.48
Al_2O_3	5.65	14.45	27.23

续表

	波特兰一型水泥	炉石粉	飞灰
2. 化学组成（%）			
Fe_2O_3	32.21	0.45	4.73
CaO	63.63	41.64	—
MgO	2.46	6.14	—
SO_3	2.84	0.74	2.16
LOI	1.19	0.18	1.83

表2 粒料基本性质

	轻质粗粒料	天然粗粒料	天然细粒料
比重	1.6	2.69	2.63
细度模数	6.65	6.94	2.77
24h 吸水率（%）	9.42	0.54	0.43

2.2 试验配比与试验项目

参考国内外研究单位建议之自充填混凝土配比，利用致密配比逻辑（DMDA），先将飞灰、天然细粒料与天然粗粒料得到适当的混合量，置于放大浆体量 0.37~0.39 范围内，同时以炉石粉取代部分水泥用量，进行试拌作业，最后得到 N-SCC 配比，如表3所示，之后再将轻质粗粒料完全置换同体积的天然粗粒料，即为 LW-SCC。

表3 粒料基本性质

类型	水 (kg/m³)	水泥 (kg/m³)	炉石粉 (kg/m³)	飞灰 (kg/m³)	粗粒料 (kg/m³)	细粒料 (kg/m³)	强塑剂 (kg/m³)	空气含量 (%)
N-SCC	186	220	220	100	852	749	7.02	2
LW-SCC	186	220	220	100	488	749	7.02	2

依上述自充填混凝土配比称取需要之材料量，并将轻质粒料于拌合前预湿 24h，之后进行拌合作业。于新拌阶段，分别进行坍流度与通过性能试验（V型漏斗试验、箱型试验），之后灌制数个 φ100mm×200mm 圆柱试体，拆模后置于 25±2℃ 之饱和石灰水条件下养护，在不同龄期时取出，分别进行各项硬固性质试验（抗压强度试验、单位重、动弹性模数、动剪力模数、超音波速与热传导系数）之量测。

3 试验结果及分析

3.1 坍流度与通过性能试验结果

不同粒料比重之自充填混凝土坍流度试验结果如表4与图1所示，采用天然粗粒料与轻质粗粒料之 N-SCC 及 LW-SCC 两者之坍度分别达 268mm 及 270mm，坍流度分别为 690mm 及 730mm。显示本研究之 N-SCC 及 LW-SCC 配比皆有良好工作性质，其中 LW-SCC 又略优于 N-SCC，主要系因在相同水胶比下，坍流度试验结果受到粒料比重大小之影响，由于轻质粒料比重小，向下作用力较小，故容易被砂浆带动而有较大之坍流度。而在坍损测定方面，拌合后静置 30min 后，再重新量测坍流度，如图2所示，与初始坍流度（图1）相较之下，N-SCC 及 LW-SCC 之坍流度皆有下降情形，其中 LW-SCC 之坍流度略低于 N-SCC，具有较大之坍损量。

表4 不同粒料比重自充填混凝土之坍流度

	达500mm坍流时间（sec）	停止流动时间（sec）	坍流度（mm）	30min后坍流度（mm）	坍度（mm）
N-SCC	8.6	13.3	690	650	268
LW-SCC	11.0	18.2	730	640	270

图1 坍流度试验

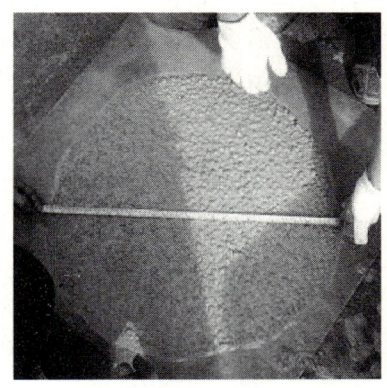

图2 重新进行坍流度测试

另外，由表4中同时可发现，LW-SCC坍流500mm所需时间与停止时间皆较N-SCC大，显示LW-SCC流动速度较N-SCC慢。同样情形也可以在表5中发现，如表5及图2所示之V型漏斗试验中，LW-SCC之平均流下速度与相对流下速度皆较N-SCC慢，显示因粒料比重较轻导致混凝土于新拌阶段自重也较轻，故减慢了其流下速度。

表5及图3同时显示N-SCC及LW-SCC之箱型试验结果，显示粒料比重对于自充填混凝土之充填高度与充填时间并无明显差异，两者之充填时间约为13~15s，充填高度则都高于300mm以上，符合一般自充填混凝土之充填能力要求。

表5 不同粒料比重之自充填混凝土通过性能试验结果

	V型漏斗试验					箱型试验		
	t_0	t_5	平均流下速度 V_m^*（m/s）	相对流下速度 R_m^{**}（m/s）	流下指数 S_f^{***}（L/s）	充填高度 B_h（mm）	充填时间 B_{time}（sec）	粗粒料含量质量比 M_G/M_{G0}
N-SCC	13	16	0.1369	0.769	0.231	328	15	0.962
LW-SCC	16	26	0.1113	0.625	0.625	336	13	0.943

* $V_m = 1.78/t_0$，** $R_m = 10/t_0$，*** $S_f = (t_5 - t_0)/t_0$。

图3 典型自充填轻质粒料混凝土V型漏斗试验

图4 典型自充填轻质粒料混凝土箱型试验

3.2 硬固性质试验结果

不同粒料比重之自充填混凝土硬固性质试验结果如表6所示，采用轻质粒料之LW-SCC单位重为2107kg/m³，略低于采用常重粗粒料之N-SCC。另外，LW-SCC之抗压强度与超音波速分别为47.8MPa及3976m/s，与N-SCC相较之下，两者差距并不明显，显示在适当之配比设计下，自充填轻质粒料混凝土同样可具有高强度特性；LW-SCC之动弹模数与动剪力模数分别为24.09GPa及9.03GPa，仅为N-SCC之75%，显示采用轻质粒料对于混凝土之受力变形行为造成影响。在热传导性能方面，LW-SCC之热传导系数为1.443W/(m·K)，与N-SCC相较之下，具有更好之隔热能力，主要系因轻质粒料内部含有很多微孔隙，可阻绝热传递。

表6 不同粒料比重之自充填混凝土硬固性质

	单位重 W (kg/m³)	抗压强度 f'_c (MPa)	动弹模数 E_d (GPa)	动剪力模数 G_d (GPa)	超音波速 C_P (m/s)	热传导系数 λ [W/(m·K)]
N-SCC	2311	49.6	31.86	12.37	4048	2.266
LW-SCC	2107	47.8	24.09	9.03	3976	1.443

4 结论

根据上述试验结果，可得以下结论，兹分述如下：

（1）在新拌性质方面，轻质粒料因比重较轻，故所拌制之自充填混凝土其坍流速度较慢，但也容易被砂浆带动，坍度和坍流度分别为270mm及730mm，具有良好工作性。

（2）经由适当的配比计算，粒料比重对于抗压强度影响并无太大差异，在本研究中，自充填轻质粒料混凝土抗压强度可达47.8MPa。

（3）自充填轻质粒料混凝土之动弹模数与动剪力模数为24.09GPa及9.03GPa，较采用常重粒料的自充填混凝土小，意即破坏时会有较大之变形量。

（4）因轻质粒料内部含有很多微孔隙，具有较佳之阻热传递，故本研究中，自充填轻质粒料混凝土之热传导系数为1.443W/(m·K)，较采用常重粒料的自充填混凝土为低。

参考文献

[1] Domone P L. A review of the hardened mechanical properties of self-compacting concrete [J]. Cement and Concrete Composites, 2007, 1 (29): 1~21.

[2] Felekoğlu B, Türkel S, Baradan B. Effect of water/cement ratio on the fresh and hardened properties of self-compacting concrete [J]. Building and Environment, 2007, 4 (42): 1795~1802.

[3] Ozbay E, Oztas A, Baykasoglu A, Ozbebek H. Investigating mix proportions of high strength self compacting concrete by using Taguchi method [J]. Construction and Building Materials, 2009, 2 (23): 694~702.

[4] Craeye B, De Schutter G, Desmet B., Vantomme J, Heirman G., Vandewalle L, Cizer Ö, Aggoun S, Kadri E H. Properties of self-compacting concrete prepared with coarse recycled concrete aggregate [J]. Construction and Building Materials, 2010, 7 (24): 694~702.

[5] 陈豪吉，以台湾地区生产之轻质骨材探讨轻质混凝土之配比制作及强度性质 [D]. 台中，中兴大学土木工程系，1997.

[6] 洪盟峰，水库淤泥轻质骨材制造与高性能轻质混凝土工程性质之研究 [D]. 台北，台湾科技大学营建工程系，2004.

[7] 黄伟翔，火山灰材料对不同轻质粒料混凝土力学性质与耐久性质之影响 [D]. 台北，台湾科技大学营建工程系，2006.

[8] Choi Y W, Kim Y J, Shin H C, Moon H Y. An experimental research on the fluidity and mechanical properties of high-strength lightweight self-compacting concrete [J]. Construction and Building Materials, 2010, 7 (24): 694~702.

[9] Chen H J, Wang S Y, Tang C W, Reuse of incineration fly ashes and reaction ashes for manufacturing lightweight aggregate [J]. Construction and Building Materials, 2010, 1 (24): 46~55.

[10] Kuo W Y, Huang J S. Microstructure and properties of cement mortars containing organo-modified reservoir sludge [J]. Construction and Building Materials, 2010, 10 (24): 2022~2029.

整合灰关联分析技术与实验设计法对再生混凝土多重质量特性综合评估

张清云[1] 黄 然[2] 李秉展 邱志强

1. 台湾厚生工程顾问公司
2. 台湾海洋大学

【摘 要】 在永续经营的趋势下，再生混凝土的使用与研究已成为未来发展的一项重要议题。其中，如何在不同控制因子的作用下寻求最佳绩效的配比，是提升再生混凝土实用性的关键，而实验设计法即是其核心的技术。然而，在以往再生混凝土的实验设计中，多仅以强度作为绩效量测的基准。实际上，再生混凝土除了强度外，尚必须考虑其他质量特性，才能获得较可靠且全面性的评估。鉴此，本研究将灰关联分析技术整合至实验设计法中，以每组实验在各个质量特性反应值的 S/N 比为基础，计算每组实验的灰关联度，以获得再生混凝土多重质量特性下的最佳配比。此外，本研究亦提出一个质量特性的加权技术，籍由离差最大化的概念，将差异辨识能力较强的质量特性赋予较高的权重，以强化灰关联技术的识别能力。在模型操作与验证方面，本研究以一组再生混凝土实验数据为例，透过水灰比、细粒料率、天然细粒料替代量、红砖含量、粒料洁净程度等控制因子的操作，评估坍度、电阻、超音波、抗压强度等质量特性的反应值，运用本研究所提出方法，辨识最佳配比组合。结果显示，在水灰比 0.5、细粒料率 39.1%、天然细粒料替代量 100%、红砖含量 0%、粒料洁净程度的控制因子组合中，能够获得最佳的质量绩效。因此，本研究所提出的方法确实能有效地综合再生混凝土多重质量特性的评估值，以获得较为可靠且稳定的最佳设计配比。

【关键词】 灰关联分析；实验设计；再生混凝土；S/N 比；多重质量特性

The Comprehensive Evaluation of Properties of Recycled Concrete by Integrated Correlation Analysis on Grey to Experimental Design Method

Zhang Qingyun　Huang Ran　Li Bingzhan　Qiu Zhiqiang

【Abstract】 Under the trend of sustainable operation, the usage and research of recycled concrete have become an important issue. The best performance ratio which can improve the practical applicability of recycled concrete under different control factors is the key, and the method of experimental design is the core technology. However, in the past experimental design of recycled concrete, strength is as the only standard in performance measurement. Actually, other quality characteristic of recycled concrete should be considered besides of strength. In this way, a more reliable and comprehensive evaluation could be obtained. Thus, the study put grey correlation analysis technology onto experimental design method. Based on the S/N values of various qualities in each group, calculat the grey relevancy to obtain the optimum proportion of recycled concrete under multiple quality characteristic. Besides, this research also put forward a weighted technology of quality characteristics. By the concept of maximization of deviation, the quality characteristic which has the stronger ability to identify the differ gets higher weights to strengthen the identify ability of grey relational technology. In the model operation and verification, As a group of experimental data of recycled concrete for example, the study through the control of water-cement ratio, fine aggregates ratio, substitution of natural fine aggregates, content of brick, clean degree of aggregates, evaluate the response of quality characteristics like slumping, resistance, ultrasound, compressive strength, etc. And using the method to identify the best proportion. The result shows that, the best quality performance gained under the combination of 50% of water-cement ratio, 39.1% of fine aggregate ratio, 100% substitution of natural fine-aggregate, 0% of brick content, clean aggregate. Therefore, the proposed method can integrate the assessed value of quality characteristics effectively. So that, a more reliable and stable optimal design proportion can be obtained.

【Key words】 grey correlation analysis; design of experiment; recycled concrete; S/N ratio; multiple quality characteristic

1 前言

随着工商业进步及生活质量提升，带动了都市建设的蓬勃发展，许多公共工程及民间建筑将因配合都市更新计划而需拆除或重建，届时也将伴随大量的营建废弃物产生，其中以废弃混凝土的数量所占比例最高。依据内政部建筑研究所统计结果显示[1]，废弃混凝土占建筑拆除废弃物之比例，在重量百分比方面为53%，体积百分比方面为43%。以往，如此庞大的废弃混凝土皆以掩埋或填土的方式处理，但因掩埋场无法负荷，而弃置场又难以取得设置用地及通过环境影响评估的要求，且又不易为弃置场附近的居民所接受，导致有些不法业者随意倾倒，除了造成严重的环保问题外，亦造成许多天然资源的浪费。台湾本岛土地狭小、资源有限，废弃物减量与再生不仅是处理成本的问题，而是未来必须面对的环境保护及永续经营的趋势。如能有效推动再生利用，将有助于有限资源循环使用，并可部分解决掩埋场不足及环境破坏等问题，甚至天然砂石供应缺乏时能替代一部分天然资源，同时可降低废弃混凝土所造成社会成本的支出，以维护环境生态，确保人类社会经济永续发展[2]。

然而，实际上旧建筑物拆除后的废弃混凝土块，性质复杂且质量稳定性不一，影响质量特性的控制因子多，且可能产生交互作用。鉴此，国内外学术单位致力于废弃混凝土与再生粒料的相关研究，特别是配比设计方面，寻求不同控制因子条件下的最佳绩效配比，是提升再生混凝土实用性的关键。其中，实验设计法（Design Of Experiments, DOE）即是其核心的技术。实验设计法是以直交表为核心，以最少的实验次数达到实验的有效性，不仅能提升实验的效率，亦能降低实验的成本。也因为实验设计法的实用性，目前已广泛地使用于混凝土，甚至再生混凝土的设计配比中[3-5]。

然而，传统上在再生混凝土的实验设计中，多仅以强度为单一质量特性作为绩效量测。实际上，再生混凝土除了强度外，尚必须同时考虑其他质量特性，例如坍度、电阻、超音波等，才能获得较可靠且全面性的评估成果。鉴此，本研究将灰关联分析技术整合至实验设计法中，以每组实验在各个质量特性反应值的 S/N 比为基础，计算每组实验的灰关联度，以获得再生混凝土多重质量特性下的最佳配比。灰关联分析技术能有效地综合多质量特性的评估结果，以提升实验设计法在多质量特性问题的解决能力。

除整合灰关联分析技术与实验设计法外，本研究亦提出一个质量特性的加权技术，籍由离差最大化的概念，将差异辨识能力较强的质量特性赋予较高的权重，以强化灰关联技术的识别能力。在模型操作与验证方面，本研究以一组再生混凝土实验数据为例，透过水灰比、细粒料率、天然细粒料替代量、红砖含量、粒料洁净程度等控制因子的操作，评估坍度、电阻、超音波、抗压强度等质量特性的反应值，运用本研究所提出方法，辨识最佳配比组合。

从案例结果显示，在水灰比0.5、细粒料率39.1%、天然细粒料替代量100%、红砖含量0%、粒料洁净程度洗净的控制因子组合中，能够获得最佳的再生混凝土质量绩效。因此，本研究所提出的方法确实能有效地综合再生混凝土多重质量特性的评估值，以获得较为可靠且稳定的最佳设计配比。

在后续的文章中，本研究将于第二节文献回顾中介绍实验设计法与灰关联分析技术的概念，并于

第三节中说明本研究所提出之整合方法的运算逻辑与程序。接着，于第四节中进行实验案例的说明，并分析与解释其成果。最后，于第五节中综合结论。

2 文献回顾

2.1 实验设计法

实验设计法起源于 1920 年，为了使农业实验合理化，Fisher 应用变异数分析法（analysis of variance，AVOVA）作为主要统计分析工具，并采用部分因子设计法（fractional factorial design）及交络法（confounding），采用分割法（split-plot design）的方式进行实验。然而，由于实务上实验的控制因子甚多，导致实验设计法必须透过艰难的理论才能应用，应用上较为不便。因此，田口玄一发展出以点线图配合直交表（othogonal array table）的方式，即可简单地安排部分因子设计法及交络法[6-9]。实验设计法是依循下列四个原理来建构：

（1）随机原理：随机原理是指实验顺序与实验材料的随机选定，因实验材料可能不尽相同，如不予以随机处理将会影响到实验的结果，同时唯有随机样本始能采用一般统计分析。

（2）集区原理：集区原理是为避免发生太大的实验误差，而将地区或时间等视为控制因子，使实验的因子增多以提高检定能力。

（3）平衡原理：平衡原理是指实验因子每一水平或每一处理所含的实验次数宜求相等，在统计分析上，当实验次数相等时可认为组内变异相等，进一步比较平均值的大小始有意义。

（4）直交原理：直交原理在于实验处理组合力求合乎直交，期以最少实验次数纳入最多实验因子，以减少实验次数。

除以上四项原理外，交互作用、交络作用及直交分析亦为实验设计法重要的观念，其内容分述如下：

（1）交互作用：当某一控制因子的水平效果随其他控制因子的水平条件变化而改变时，则代表几个因子的水平组合产生了特别的组合效果，这种效果称为交互作用。

（2）交络作用：一个控制因子的水平效果与其他因子的所有水平组合之平均称为"主效果（main effect）"。主效果与交互作用统称为"要因效果（factorial effect）"，而两种以上的要因效果混合不能分离则称为交络。

（3）直交分析：直交表的基本概念是进行完全要因实验中的部分要因实验。例如有 3 个控制因子，每个控制因子都具有 2 个水平，若进行完全要因实验，则需执行 6 个实验；若进行部分要因实验，并具有直交特性时，则可能执行 $2^{3-1}=4$ 个实验即可获得同样的效果。

2.2 灰关联分析技术

灰关联分析技术是一种分析序列间相关性的量测方法，而由于灰关联分析模型计算简易、效果良好且与其他技术的结合性高等的特色，因此许多文献常运用灰关联分析模型改进其他方法论的效益，或直接采用灰关联分析模型解决研究上的问题。灰关联分析技术的运作大致汇整为下列五项步骤：

步骤 1：建立原始数据分析矩阵

令原始数据分析矩阵 D 为

$$D = \begin{bmatrix} x_0(1) & x_0(2) & \cdots & x_0(m) \\ x_1(1) & x_1(2) & \cdots & x_1(m) \\ x_2(1) & x_2(2) & \cdots & x_2(m) \\ \cdots & \cdots & & \cdots \\ x_n(1) & x_n(2) & \cdots & x_n(m) \end{bmatrix} \tag{1}$$

其中，X_0 序列定义为参考序列（reference series），X_1 至 X_n 序列定义为比较序列（comparison series），灰关联分析模型之目的即在于确认各比较序列与参考序列的相关性（相近性）排序。参考序列可为实际存在的序列，亦可为按研究问题的需求而建立的假设序列。以下以一个参考序列与多个比较序列的组合为例作为说明,令原始数据分析矩阵内的每个序列均由 m 个属性(attribute)所构成。属性的特质可为时间型、指标型或空间型,视研究问题而定。$x_i(j)$ 即代表第 i 个序列中第 j 项属性的量测值,$i = 0, 1, \cdots, n$;$j = 1, 2, \cdots, m$。

步骤2:进行灰色生成/数据前处理

在进行灰关联分析之前,必须确认属性间是否具有可比性(comparability),即:

- 无因次性(non-dimension),序列因子应不具有单位;
- 同等级性(scaling),序列因子其值的大小范围在 10^2 以内;
- 同极性(polarization),值越大代表越接近期望值。

当数据不符合可比性时,就必须进行灰关联生成(grey relational generating)或前处理(pre-processing)的动作。传统灰关联生成方法为[10]:

$$r_i(j) = \frac{x_i(j)}{\alpha}, i = 0, 1, \cdots, n \tag{2}$$

其中,$r_i(j)$ 为 $x_i(j)$ 生成后的数值,α 为转换运算子。视生成的需求,α 可为:

- 最大值化:$\alpha = \max x_i(j)$,$i = 0, 1, \cdots, n$
- 最小值化:$\alpha = \min x_i(j)$,$i = 0, 1, \cdots, n$
- 初值化:$\alpha = x_1(j)$

步骤3:计算差异矩阵

待数据前处理后,计算 R_1 至 R_n 与参考序列 R_0 间每个分量的差异/距,并汇整其差异矩阵为:

$$\Delta = \begin{bmatrix} \Delta_{01}(1) & \Delta_{01}(2) & \cdots & \Delta_{01}(m) \\ \Delta_{02}(1) & \Delta_{02}(2) & \cdots & \Delta_{02}(m) \\ \cdots & \cdots & \cdots & \cdots \\ \Delta_{0n}(1) & \Delta_{0n}(2) & \cdots & \Delta_{0n}(m) \end{bmatrix} \tag{3}$$

其中,$\Delta_{0i}(j) = |r_o(j) - r_i(j)|$ 为 $r_0(j)$ 与 $r_i(j)$ 之间差距的绝对值。若 R_0 为单一参考序列,则称为局部性灰关联分析;若每一个比较序列都依序成为参考序列,则称为整体性灰关联分析。

步骤4:计算灰关联系数

$r_0(j)$ 与 $r_i(j)$ 之间的灰关联系数(grey relational coefficient,GRC)可进一步计算为:

$$GRC = \varepsilon_{0i}(j) = \frac{\Delta\min + \rho\Delta\max}{\Delta_{0i}(j) + \rho\Delta\max} \tag{4}$$

其中,ρ 为辨识系数(identification coefficient),且 $\rho \in (0, 1]$。辨识系数越小,能辨识的区间越大,但辨识系数越小,不见得辨识绩效越好,应透过训练以得到最佳的辨识系数值。然而为了便于计算,一般常取 $\rho = 0.5$。且

$$\Delta\min = \min_{\forall i} \min_{\forall j} \Delta_{0i}(j) = \min_{\forall i} \min_{\forall j} |r_o(j) - r_i(j)| \tag{5}$$

$$\Delta\max = \max_{\forall i} \max_{\forall j} \Delta_{0i}(j) = \max_{\forall i} \max_{\forall j} |r_o(j) - r_i(j)| \tag{6}$$

并可将灰关联系数矩阵汇整为:

$$\varepsilon = \begin{bmatrix} \varepsilon_{01}(1) & \varepsilon_{01}(2) & \cdots & \varepsilon_{01}(m) \\ \varepsilon_{02}(1) & \varepsilon_{02}(2) & \cdots & \varepsilon_{02}(m) \\ \cdots & \cdots & \cdots & \cdots \\ \varepsilon_{0n}(1) & \varepsilon_{0n}(2) & \cdots & \varepsilon_{0n}(m) \end{bmatrix} \tag{7}$$

步骤5:计算灰关联度

当灰关联系数产生之后,即可透过公式(8)得到为 R_0 与 R_i 之间的灰关联度(grey relational grade):

$$GRC = g_{0i} = \sum_{j=1}^{m} w(j)\varepsilon_{0i}(j) \tag{8}$$

其中,$w(j)$ 为 j 属性的权重值(weight),且 $\sum_{j=1}^{m} w(j) = 1$。一般来说,可依据不同属性对研究议

题的重要性给予不同权重；如无特别要求，可以等权的方式来计算灰关联度。在计算出每个序列与参考序列间的灰关联度后，即可依其灰关联度的大小决定与参考序列间的相近度排序，灰关联度越大者表示与参考序列的相近性越大。

3 再生混凝土实验规划与运算程序

为拓展实验设计法在多重质量特性问题的解决能力，本研究将灰关联分析技术与实验设计法进行整合，并提出以下的模型运算逻辑，以应用于再生混凝土多重质量特性评估议题：

步骤1：确认再生混凝土的质量特性

在再生混凝土的质量特性方面，本研究采用坍度、坍流度、电阻、超音波，以及抗压强度五大类因子进行量测，其因子定义汇整如表1所示，共11项质量特性因子。

表1 再生混凝土质量特性因子定义表

坍度 (cm)	坍流度 (cm)	电阻 ($K\Omega-cm$)			超音波 (m/s)			抗压强度 (kg/cm^2)		
		7d	14d	28d	7d	14d	28d	7d	14d	28d
y_1	y_2	y_{31}	y_{32}	y_{33}	y_{41}	y_{42}	y_{43}	y_{51}	y_{52}	y_{53}

步骤2：选择控制因子与水平

在再生混凝土的控制因子方面，本研究采用水灰比（A）、细粒料率（B）、天然细粒料替代量（C）、红砖含量（D），以及粒料洁净程度（E）五个控制因子的操作进行实验，每项因子均分两个水平。各项控制因子及其水平的定义如表2所示。

表2 再生混凝土控制因子定义表

控制因子	因子代号	水平一（L1）	水平二（L2）
水灰比	A	0.5	0.7
细骨材率	B	36.8%	39.1%
天然细骨材替代量	C	0%	100%
红砖含量	D	5%	0%
骨材洁净程度	E	不处理	洗净

步骤3：决定控制因子的交互作用项

为避免遗漏任何重要信息，本研究假设五项控制因子间均存在有交互作用项，其交互作用项的定义如表3所示，共10项交互作用控制因子。

表3 再生混凝土控制因子交互作用项定义

定义	说明
A×B	水灰比与细骨材率有交互作用
A×C	水灰比与天然细骨材替代量有交互作用
A×D	水灰比与红砖含量有交互作用
A×E	水灰比与骨材洁净程度有交互作用
B×C	细骨材率与天然细骨材替代量有交互作用
B×D	细骨材率与红砖含量有交互作用
B×E	细骨材率与骨材洁净程度有交互作用
C×D	天然细骨材替代量与红砖含量有交互作用
C×E	天然细骨材替代量与骨材洁净程度有交互作用
D×E	红砖含量与骨材洁净程度有交互作用

步骤4：选择适当的实验配置

本研究设定5个控制因子及10个交互作用控制因子，总计15个因子，因此选用$L_{16}2^{15}$直交表，其中"15"代表因子数，"2"代表水平数，"16"代表试验样本（试体）组，整体实验配置如表4的直交表所示。本研究所进行的实验均符合 ACI 211.1 标准规定进行配比设计及拌制。

表4 再生混凝土实验直交表

NO.	A	B	A×B	C	A×C	B×C	D×E	D	A×D	B×D	C×E	C×D	B×E	A×E	E	因子组合
1	1	1	1	1	1	1	1	1	1	1	1	1	1	1	1	A1B1C1D1E1
2	1	1	1	1	1	1	2	2	2	2	2	2	2	2	2	A1B1C1D2E2
3	1	1	1	2	2	2	2	1	1	1	1	2	2	2	2	A1B1C2D1E2
4	1	1	1	2	2	2	2	2	2	2	2	1	1	1	1	A1B1C2D2E1
5	1	2	2	1	1	2	2	1	1	2	2	1	1	2	2	A1B2C1D1E2
6	1	2	2	1	1	2	2	2	2	1	1	2	2	1	1	A1B2C1D2E1
7	1	2	2	2	2	1	1	1	1	2	2	2	2	1	1	A1B2C2D1E1
8	1	2	2	2	2	1	1	2	2	1	1	1	1	2	2	A1B2C2D2E2
9	2	1	2	1	2	1	2	1	2	1	2	1	2	1	2	A2B1C1D1E2
10	2	1	2	1	2	1	2	2	1	2	1	2	1	2	1	A2B1C1D2E1
11	2	1	2	2	1	2	1	1	2	1	2	2	1	2	1	A2B1C2D1E1
12	2	1	2	2	1	2	1	2	1	2	1	1	2	1	2	A2B1C2D2E2
13	2	2	1	1	2	2	1	1	2	2	1	1	2	2	1	A2B2C1D1E1
14	2	2	1	1	2	2	1	2	1	1	2	2	1	1	2	A2B2C1D2E2
15	2	2	1	2	1	1	2	1	2	2	1	2	1	1	2	A2B2C2D1E2
16	2	2	1	2	1	1	2	2	1	1	2	1	2	2	1	A2B2C2D2E1

步骤5：进行实验

再生粒料经由适当养护后，即可进行一连串质量特性值的测试。试体制作之尺寸为$\phi 10 cm \times 20 cm$，本研究共16组控制因子组合及11项质量特性，每组控制因子在每项质量特性上测试3个绩效数据，因此共制作$16 \times 11 \times 3 = 528$个试体，并依次进行质量特性值的试验。

步骤6：计算各质量特性量测值的 SN 比

传统上，对于质量特性的量测多以平均值来表示，然而，田口博士则是以信号杂音比（signal-to-noise ratio，SN）来衡量。SN 比与损失函数有密切关系，并可衡量质量的稳定性。SN 越高表示损失越少、质量越好。SN 比的计算方式一般可分望大型与望小型，其公式如下[11]：

（1）望大型 SN 比

当质量特性值越大表示绩效越佳时，此为望大（Larger-the-better，LTB）特性，其公式为：

$$SN_{LTB} = -10\log_{10}\left[\frac{1}{n}\sum_{i=1}^{n}\frac{1}{y_i^2}\right] \qquad (9)$$

（2）望小型 SN 比

反之，当质量特性值越小表示绩效越佳时，此为望小（smaller-the-better，STB）特性，其公式则为：

$$SN_{LTB} = -10\log_{10}\left[\frac{1}{n}\sum_{i}^{n}y_i^2\right] \qquad (10)$$

步骤7：计算质量特性的权重值

在质量特性的权重设定方面，一般可分为主观设定与客观设定两种。主观设定方面，即是根据研究人员对于各质量特性的主观判断给予权重，常见的方法有层级分析法（AHP）与网络分析法（ANP）等。然而，本研究所采取的则是客观权重设定方法，其概念基于离差最大化的想法，当质量特性内的评估值差异不大时，表示该质量特性无法有效辨识每个实验组合的差异，应给予较小的权重；而当质量特性内的评估值差异很大时，表示该质量特性能有效地鉴别实验组合的不同，应给予较大的权重[12]。

本研究所提出的权重设定方法如下：首先，令汇整后的质量特性 SN 比矩阵为 $X = [x_i(j)]_{n \times m}$，其系由 n 个实验组合以及 m 项质量特性所构成。SN 比矩阵 X 经过正规化之后，可得正规化矩阵 R。假设权重向量为：

$$w = [w(1), w(2), \cdots, w(m)], w(j) \geqslant 0, \sum_{j=1}^{m}w(j)^2 = 1, j \in m \qquad (11)$$

以质量特性 $u(j)$ 而言，质量特性内实验组别 r_i 与其他实验组别间的离差可定义为

$$D_i(j) = \sum_{k=1}^{n}d_i(k) = \sum_{k=1}^{n}\sqrt{[r_i(j) - r_k(j)]^2}, i \in n, j \in m \qquad (12)$$

其中，r_i 为 x_i 的生成序列。令

$$D(j) = \sum_{i=1}^{n} \sum_{k=1}^{n} w(j) d_i(k) \tag{13}$$

$D(j)$ 表示在质量特性 $u(j)$ 内，所有实验组别的加权总离差。根据离差最大化的概念，加权向量 w 的分配应使所有质量特性的加权总离差最大。为此，其目标函数可建构为：

$$D = \sum_{j=1}^{m} D(j) = \sum_{j=1}^{m} \sum_{i=1}^{n} \sum_{k=1}^{n} w(j) d_i(k) \tag{14}$$

于是，求解下列最佳化模型的 w，即可得到离差最大化的权重向量

$$\begin{cases} \max D = \sum_{j=1}^{m} \sum_{i=1}^{n} \sum_{k=1}^{n} w(j) d_i(k) \\ s.t.\ w(j) \geqslant 0, \sum_{j=1}^{m} w(j)^2 = 1, j \in m \end{cases} \tag{15}$$

以拉格朗日（Lagrange）函数求解此最佳化问题，则令

$$L(w, \lambda) = \sum_{j=1}^{m} \sum_{i=1}^{n} \sum_{k=1}^{n} w(j) d_i(k) + \lambda \left[\sum_{j=1}^{m} w(j)^2 - 1 \right] \tag{16}$$

求其梯度，并令

$$\begin{cases} \dfrac{\partial L}{\partial w(j)} = \sum_{i=1}^{n} \sum_{k=1}^{n} d_i(k) + 2\lambda \sum_{j=1}^{m} w(j) = 0, j \in m \\ \dfrac{\partial L}{\partial \lambda} = \sum_{j=1}^{m} w(j)^2 - 1 = 0 \end{cases} \tag{17}$$

可得最佳解为

$$w(j) = \dfrac{\sum_{i=1}^{n} \sum_{k=1}^{n} d_i(k)}{\sqrt{\sum_{j=1}^{m} \left[\sum_{i=1}^{n} \sum_{k=1}^{n} d_i(k) \right]^2}} \tag{18}$$

由于一般权重设定技术中，权重总和需满足正规化的条件。因此，将 $w(j)$ 再进行正规化的处理，即

$$w'(j) = \dfrac{w(j)}{\sum_{j=1}^{m} w(j)} \tag{19}$$

由此可得

$$w'(j) = \dfrac{\sum_{i=1}^{n} \sum_{k=1}^{n} d_i(k)}{\sum_{j=1}^{m} \sum_{i=1}^{n} \sum_{k=1}^{n} d_i(k)} \tag{20}$$

步骤 8：计划实验组别的灰关联度

在量测 SN 比矩阵以及质量特性权重后，即可进行实验组别的灰关联度计算。首先，将 SN 比矩阵根据公式（3）转换成差异矩阵，并进一步根据公式（4）建构灰关联系数矩阵。最后，将步骤 7 所得的质量特性权重与公式（8）结合，即可计算各个实验组别的灰关联度。

步骤 9：进行实验组别的优先次序排列

最后，根据各实验组别的灰关联度来排列优先次序。灰关联度越大者表示整体质量特性的绩效越佳。

4 实验成果分析与探讨

本研究根据上述的实验规划，将整体实验成果汇整成表 5 所示。表 5 中各质量特性的评估值已转换成 SN 比，且均为望大型转换。此外，各质量特性的说明如下：

表5 再生混凝土 SN 比实验结果

因子组合	A	B	A×B	C	A×C	B×C	D×E	D	A×D	B×D	C×E	C×D	B×E	A×E	E	y_1	y_2	y_{31}	y_{32}	y_{33}	y_{41}	y_{42}	y_{43}	y_{51}	y_{52}	y_{53}
A1B1C1D1E1	1	1	1	1	1	1	1	1	1	1	1	1	1	1	1	17.50	37.00	7.57	7.97	7.93	2836.67	2893.33	2723.33	181.38	213.51	233.60
A1B1C1D2E2	1	1	1	1	1	1	1	2	2	2	2	2	2	2	2	15.50	40.00	6.50	9.43	9.00	2753.33	3253.33	3013.33	178.89	253.82	257.33
A1B1C2D1E2	1	1	1	2	2	2	2	1	1	1	2	2	2	2	2	18.00	35.00	7.73	9.55	9.30	2816.67	3346.67	3193.33	187.15	224.70	294.47
A1B1C2D2E1	1	1	1	2	2	2	2	2	2	2	1	1	1	1	1	18.00	32.00	7.43	9.17	9.20	2910.00	3130.00	2873.33	236.14	264.51	307.62
A1B2C1D1E2	1	2	2	1	1	2	2	1	1	2	1	2	1	2	2	9.50	20.00	7.23	8.05	8.53	3040.00	3155.00	3056.67	223.93	267.40	304.99
A1B2C1D2E1	1	2	2	1	1	2	2	2	2	1	2	1	2	1	1	14.00	26.00	6.50	7.20	7.43	2843.33	3120.00	2893.33	173.60	192.92	206.61
A1B2C2D1E1	1	2	2	2	2	1	1	1	1	2	2	1	2	1	1	10.50	20.00	7.07	7.10	7.80	3046.67	2933.33	2836.67	241.07	299.27	342.57
A1B2C2D2E2	1	2	2	2	2	1	1	2	2	1	1	2	1	2	2	5.00	20.00	9.03	8.63	10.13	2750.00	3276.67	3006.67	289.15	344.58	368.71
A2B1C1D1E2	2	1	2	1	2	1	2	1	2	1	1	2	2	1	2	10.00	23.00	7.47	9.03	9.10	2573.33	3003.33	2706.67	134.76	175.06	188.41
A2B1C1D2E1	2	1	2	1	2	1	2	2	1	2	2	1	1	2	1	20.00	56.00	6.40	8.47	8.67	2550.00	2620.00	2840.00	59.63	77.19	99.27
A2B1C2D1E1	2	1	2	2	1	2	1	1	2	1	2	1	1	2	1	15.00	60.00	7.83	8.20	8.33	2383.33	3015.00	3043.33	107.43	141.49	179.93
A2B1C2D2E2	2	1	2	2	1	2	1	2	1	2	1	2	2	1	2	9.00	20.00	9.20	10.33	9.53	2746.67	3050.00	2910.00	219.70	244.56	282.12
A2B2C1D1E1	2	2	1	1	2	2	1	1	2	2	1	1	2	2	1	16.00	35.00	6.67	6.75	7.70	2676.67	2580.00	2936.67	80.32	101.74	131.68
A2B2C1D2E2	2	2	1	1	2	2	1	2	1	1	2	2	1	1	2	19.00	43.00	5.70	6.93	7.93	2566.67	2783.33	2863.33	89.30	121.53	146.05
A2B2C2D1E2	2	2	1	2	1	1	2	1	2	2	2	2	1	1	2	11.50	36.00	7.07	7.37	7.80	2906.67	3000.00	2723.33	121.01	149.21	202.53
A2B2C2D2E1	2	2	1	2	1	1	2	2	1	1	1	1	2	2	1	16.00	33.00	6.63	7.03	7.43	2750.00	3103.33	2800.00	120.43	165.37	208.18

(1) 坍度与坍流度

混凝土未凝结前，需有适当的稠度，使灌注、捣实等工作容易进行，因此坍度与坍流度是混凝土工作性能的质量评估指针，一般使稠度越软、坍度与坍流度越大为佳，但应避免产生粒料离析。

(2) 电阻

由于混凝土导电性能与其微结构及孔隙内部电解质溶液之成分与浓度有关，所以影响电阻值最大因素就是混凝土微观结构物致密程度，混凝土致密性越高表示孔隙越少，导电通路变长，混凝土电阻值相对提高。虽然电阻值只是量测到混凝土表面之阻抗性，然以外界劣化因子侵入顺序来看，乃先由表面之渗透路径渗入内部，所以表面电阻值也反映出外界劣化因子穿透表层进入内层之难易程度。也因此，电阻值是评估混凝土耐久性之指标之一。一般而言，拌合水量混凝土强度越高，电阻值越大，显示混凝土内部越致密，孔隙越少，导电因子降低，因而电阻值会较大，耐久性越高。

(3) 超音波

超音波测定乃是利用超音波于介质中行进之传递速率，判断混凝土内孔隙或裂缝多寡，属于非破坏性试验。超音波波速与材料密度及材料的弹性模数有关，混凝土本身为复合材料，由多种（水、粒料、水泥、掺料）材料组成，其密度、弹性模数值皆不同，造成相邻之界面上产生音波传递变化；此外，水分消散及CH离子溶出易产生孔隙，且浆体与粒料两者间之热膨胀系数不同，容易受外界环境变化产生热差应力于界面处形成裂缝。

(4) 抗压强度

抗压强度代表混凝土单位面积可承受的压力，一般以28d龄期的抗压强度表示，是混凝土力学性能中最重要的一项指标，于再生混凝土中同样作为性能评估要项。

将表5的SN比评估值透过公式（2）先进行前处理的动作，其结果如表6所示。接着，先进行质量特性间权重的计算，透过公式（12）将离差矩阵汇整如表7所示。表7中每一个评估值均表示在各质量特性中，各实验组别与其他实验组别间的离差合。最后，可将各质量特性的离差合进行统计为：

$D(j) = (59.850, 55.333, 27.022, 29.726, 22.664, 16.357, 17.853, 11.841, 64.790, 61.456, 59.689)$

表6 再生混凝土SN比前处理结果

y_1	y_2	y_{31}	y_{32}	y_{33}	y_{41}	y_{42}	y_{43}	y_{51}	y_{52}	y_{53}
0.875	0.617	0.822	0.771	0.783	0.931	0.865	0.853	0.627	0.620	0.634
0.775	0.667	0.707	0.913	0.888	0.904	0.972	0.944	0.619	0.737	0.698
0.900	0.583	0.841	0.924	0.918	0.925	1.000	1.000	0.647	0.652	0.799
0.900	0.533	0.808	0.887	0.908	0.955	0.935	0.900	0.817	0.768	0.834
0.475	0.333	0.786	0.779	0.842	0.998	0.943	0.957	0.774	0.776	0.827
0.700	0.433	0.707	0.697	0.734	0.933	0.932	0.906	0.600	0.560	0.560
0.525	0.333	0.768	0.687	0.770	1.000	0.876	0.888	0.834	0.869	0.929
0.250	0.333	0.982	0.835	1.000	0.903	0.979	0.942	1.000	1.000	1.000
0.500	0.383	0.812	0.874	0.898	0.845	0.897	0.848	0.466	0.508	0.511
1.000	0.933	0.696	0.819	0.855	0.837	0.783	0.889	0.206	0.224	0.269
0.750	1.000	0.851	0.794	0.822	0.782	0.901	0.953	0.372	0.411	0.488
0.450	0.333	1.000	1.000	0.941	0.902	0.911	0.911	0.760	0.710	0.765
0.800	0.583	0.725	0.653	0.760	0.879	0.771	0.920	0.278	0.295	0.357
0.950	0.717	0.620	0.671	0.783	0.842	0.832	0.897	0.309	0.353	0.396
0.575	0.600	0.768	0.713	0.770	0.954	0.896	0.853	0.419	0.433	0.549
0.800	0.550	0.721	0.681	0.734	0.903	0.927	0.877	0.416	0.480	0.565

表7 再生混凝土离差矩阵

y_1	y_2	y_{31}	y_{32}	y_{33}	y_{41}	y_{42}	y_{43}	y_{51}	y_{52}	y_{53}
3.275	2.633	1.315	1.411	1.174	0.776	1.005	0.902	3.029	2.867	2.790
2.775	3.033	1.504	2.105	1.253	0.708	1.202	0.720	3.012	3.324	2.919
3.475	2.467	1.460	2.240	1.490	0.749	1.579	1.463	3.109	2.932	3.389
3.475	2.500	1.236	1.847	1.391	0.966	0.849	0.528	4.324	3.572	3.688
4.125	3.600	1.192	1.395	1.095	1.478	0.908	0.864	3.902	3.656	3.617
2.875	2.900	1.504	1.740	1.668	0.789	0.831	0.528	3.012	2.867	2.799
3.675	3.600	1.192	1.818	1.253	1.509	0.909	0.570	4.528	4.765	4.826
7.225	3.600	3.134	1.511	2.595	0.708	1.286	0.704	6.856	6.606	5.818
3.875	3.200	1.250	1.744	1.313	1.121	0.786	0.975	3.281	2.970	3.073
4.775	6.133	1.634	1.447	1.122	1.209	1.919	0.564	5.844	5.810	5.874
2.775	7.067	1.569	1.395	1.095	1.975	0.779	0.814	3.843	3.543	3.257
4.425	3.600	3.388	3.302	1.766	0.712	0.779	0.539	3.785	3.162	3.188
2.825	2.467	1.366	2.247	1.352	0.850	2.087	0.572	4.842	4.812	4.643
4.075	3.533	2.699	1.998	1.174	1.143	1.334	0.534	4.469	4.123	4.176
3.375	2.533	1.192	1.644	1.253	0.955	0.790	0.902	3.471	3.364	2.843
2.825	2.467	1.388	1.882	1.668	0.708	0.811	0.662	3.483	3.083	2.790

经过计算，可知离差矩阵的总和为426.580。因此，各质量特性的权重透过公式（20）的计算可得：

$$w'(j) = (0.140, 0.130, 0.063, 0.070, 0.053, 0.038, 0.042, 0.028, 0.152, 0.144, 0.140)$$

在获得质量特性的权重后，即可计算各实验组别的灰关联度。透过公式（3），可将差异矩阵建构如表8所示。接着，透过公式（4）以及辨识系数 $\rho = 0.5$，建构灰关联系数矩阵如表9所示，其中 $\Delta\max = 0.794$、$\Delta\min = 0.000$。最后，透过公式（8）、质量特性权重向量，以及灰关联系数矩阵的汇整，可得各实验组别的灰关联度如表10所示。

表8 再生混凝土差异矩阵

y_1	y_2	y_{31}	y_{32}	y_{33}	y_{41}	y_{42}	y_{43}	y_{51}	y_{52}	y_{53}
3.275	2.633	1.315	1.411	1.174	0.776	1.005	0.902	3.029	2.867	2.790
2.775	3.033	1.504	2.105	1.253	0.708	1.202	0.720	3.012	3.324	2.919
3.475	2.467	1.460	2.240	1.490	0.749	1.579	1.463	3.109	2.932	3.389
3.475	2.500	1.236	1.847	1.391	0.966	0.849	0.528	4.324	3.572	3.688
4.125	3.600	1.192	1.395	1.095	1.478	0.908	0.864	3.902	3.656	3.617
2.875	2.900	1.504	1.740	1.668	0.789	0.831	0.528	3.012	2.867	2.799
3.675	3.600	1.192	1.818	1.253	1.509	0.909	0.570	4.528	4.765	4.826
7.225	3.600	3.134	1.511	2.595	0.708	1.286	0.704	6.856	6.606	5.818
3.875	3.200	1.250	1.744	1.313	1.121	0.786	0.975	3.281	2.970	3.073
4.775	6.133	1.634	1.447	1.122	1.209	1.919	0.564	5.844	5.810	5.874
2.775	7.067	1.569	1.395	1.095	1.975	0.779	0.814	3.843	3.543	3.257
4.425	3.600	3.388	3.302	1.766	0.712	0.779	0.539	3.785	3.162	3.188
2.825	2.467	1.366	2.247	1.352	0.850	2.087	0.572	4.842	4.812	4.643
4.075	3.533	2.699	1.998	1.174	1.143	1.334	0.534	4.469	4.123	4.176
3.375	2.533	1.192	1.644	1.253	0.955	0.790	0.902	3.471	3.364	2.843
2.825	2.467	1.388	1.882	1.668	0.708	0.811	0.662	3.483	3.083	2.790

表9 再生混凝土灰关联系数矩阵

y_1	y_2	y_{31}	y_{32}	y_{33}	y_{41}	y_{42}	y_{43}	y_{51}	y_{52}	y_{53}
0.760	0.509	0.691	0.634	0.646	0.852	0.746	0.729	0.516	0.511	0.520
0.638	0.544	0.575	0.820	0.780	0.805	0.934	0.876	0.510	0.601	0.568
0.799	0.488	0.713	0.840	0.828	0.840	1.000	1.000	0.529	0.533	0.663
0.799	0.460	0.674	0.779	0.812	0.898	0.860	0.798	0.684	0.631	0.705
0.431	0.373	0.650	0.642	0.715	0.995	0.874	0.903	0.638	0.639	0.697
0.570	0.412	0.575	0.567	0.598	0.856	0.854	0.809	0.498	0.474	0.474
0.455	0.373	0.631	0.559	0.633	1.000	0.763	0.780	0.705	0.751	0.848
0.346	0.373	0.956	0.707	1.000	0.803	0.950	0.872	1.000	1.000	1.000
0.443	0.392	0.678	0.759	0.796	0.719	0.795	0.723	0.426	0.447	0.448
1.000	0.856	0.566	0.687	0.733	0.709	0.646	0.782	0.333	0.338	0.352
0.614	1.000	0.728	0.658	0.691	0.646	0.800	0.894	0.387	0.402	0.437
0.419	0.373	1.000	1.000	0.870	0.801	0.817	0.817	0.623	0.578	0.628
0.665	0.488	0.590	0.534	0.623	0.766	0.634	0.832	0.355	0.360	0.382
0.888	0.583	0.511	0.547	0.646	0.716	0.702	0.793	0.365	0.380	0.397
0.483	0.498	0.631	0.580	0.633	0.896	0.793	0.729	0.406	0.412	0.468
0.665	0.469	0.587	0.554	0.598	0.803	0.845	0.763	0.405	0.433	0.477

从表10中可知，最佳绩效的实验控制因子组合为A1B2C2D2E2（GRG = 0.791），其表示为：水灰比0.5、细粒料率39.1%、天然细粒料替代量100%、红砖含量0%、粒料洁净程度洗净的控制因子组合。

表10 各实验组别灰关联度

NO.	因子组合	灰关联度
1	A1B1C1D1E1	0.604
2	A1B1C1D2E2	0.633
3	A1B1C2D1E2	0.675
4	A1B1C2D2E1	0.698
5	A1B2C1D1E2	0.619
6	A1B2C1D2E1	0.542
7	A1B2C2D1E1	0.651
8	A1B2C2D2E2	0.791
9	A2B1C1D1E2	0.524
10	A2B1C1D2E1	0.599
11	A2B1C2D1E1	0.605
12	A2B1C2D2E2	0.640
13	A2B2C1D1E1	0.502
14	A2B2C1D2E2	0.550
15	A2B2C2D1E2	0.521
16	A2B2C2D2E1	0.540

5 结论

根据上述成果,本研究汇整归纳以下结论:

(1) 本研究以水灰比、细粒料率、天然细粒料替代量、红砖含量、粒料洁净程度等及其交互项共 15 个因子作为控制因子,并以坍度、电阻、超音波、抗压强度等类别共 11 个因子作为质量特性以探讨再生混凝土的最佳配比设计,其中每组控制因子在每项质量特性上测试 3 个绩效数据,共制作 528 个试体进行实验。

(2) 在研究方法上,本研究将灰关联分析技术整合至实验设计法中,以拓展实验设计法在多重质量特性问题上的解决能力。此外,本研究并提出基于离差最大化的权重设定模型,以提升质量特性的辨识能力。

(3) 透过实验结果显示,再生混凝土的最佳配比设计为:水灰比 0.5、细粒料率 39.1%、天然细粒料替代量 100%、红砖含量 0%、粒料洁净程度洗净的控制因子组合。以上因子之组合相较于一般混凝土,符合较佳配比之组合,盖因 (a) 水灰比越低,抗压强度越高;(b) 细粒料分配适当有利于混凝土致密性增加;(c) 按文献研究显示使用再生细粒料对再生混凝土之弹性模数有显著降低的影响;(d) 粒料中如含有砖块,将导致内力分配不均而产生应力集中;(e) 粒料经过洗净后其含泥成分降低,有利水泥胶结作用。

(4) 本研究所提出的模型不仅能适用于再生混凝土,对于混凝土质量绩效评估或其他议题等,均能有效地提升实验的效率与有效性。

参考文献

[1] 内政部营建署. 营建工程剩余土石方及混合物处理与再利用法制之研究期末报告,2004.08.
[2] 财团法人台湾营建研究院. 废弃混凝土再生粒料应用于公共工程之探讨-成果报告,2007.
[3] 张清云. 实验计划法应用于再生混凝土最适化配比设计之研究 [D]. 台湾科技大学论文,2002.
[4] 田耀远. 田口法应用于混凝土配比设计及交互作用之研究 [D]. 台湾科技大学论文,2001.
[5] Y. H. Lin, Y. Y. Tyana, T. P. Chang, and C. Y. Chang, "An Assessment of Optimal Mixture for Concrete Made with Recycled Concrete Aggregates," Cement and Concrete Research, 34 (8), 1373~1380, 2004.
[6] 黎正中译. 实验设计与分析 [M]. 高立图书有限公司,1998.
[7] 陈耀茂译. 实验计划与解析法 [M]. 高立图书有限公司,2001.
[8] 陈耀茂. 实验计划法导论 [M]. 育友图书有限公司,1995.
[9] 张忠朴. 实验计划速学活用法 [J]. 电路板信息杂志,1997,4.
[10] J. L. Deng, "Essential Topics on Grey System Theory And Application," China Ocean Press, 1998.
[11] Taguchi, G. and Yokoyama, T., Taguchi methods: design of experiments, Dearborn, MI: ASI Press, Japan: Japanese Standards Association, 1993.
[12] 李秉展. 创新灰色模型在营建工程应用之研究 [D]. 台湾科技大学论文,2001.

利用循环式流化床灰碱活化炉石水泥砂浆特性之研究

黄 然[1]　郑 安[2]　郑赞庆[1]　黄宏谋[3]　陈义中[3]

1. 台湾海洋大学材料工程研究所
2. 宜兰大学土木工程学系
3. 宜兰大学建筑与永续规划研究所

【摘 要】 本研究主要利用以石油焦为燃料之循环式流化床（Circulating Fluidized Bed Combustion, CFBC）燃烧飞灰及本身具有强碱特性之 NaOH、Na_2SiO_3、Na_3PO_4、Na_2CO_3 碱活化以高炉炉石取代 50% 水泥之水泥砂浆，针对工作性、泌水性、初终凝时间、抗压强度、干缩量及吸水率特性，探讨各种碱活化剂对炉石水泥砂浆之影响。试验结果显示，使用 CFBC 飞灰作为碱活化剂会降低工作性及泌水性，然而对于浆体初终凝、干燥收缩量及吸水率并无明显影响；CFBC 飞灰有助于提升早期强度且晚期强度发展接近未添加碱活化剂之控制组试体，56d 抗压强度可达 50MPa，明显高于其他碱活化试体。此外，除 NaOH 对工作性无明显之影响外，工作性随碱活化剂 Na_3PO_4、Na_2CO_3 添加量增加而下降，使用 Na_2SiO_3 作为碱活化剂时则呈现相反之趋势；添加碱活化剂 Na_3PO_4、NaOH、Na_2SiO_3 及 Na_2CO_3 时，均降低泌水及明显缩短初终凝时间；然而对于干缩量并无明显影响。添加碱活化剂 NaOH 及 Na_2SiO_3 造成吸水率增加，约高于控制组 3%~5%。

【关键词】 循环式流化床；飞灰；碱活化；高炉炉石

Effects of Circulating Fluidized Bed Combustion Ash on the Properties of Alkali-Activated Slag Cement Mortars

Huang Ran[1]　Zheng An[2]　Zheng Zanqing[3]　Huang Hongmou[4]　Chen Yizhong[5]

【Abstract】 In this paper the result of a study on the influence of circulating fluidized bed combustion (CFBC) fly ash, sodium hydroxide (NaOH), sodium silicate (Na_2SiO_3), sodium phosphate (Na_3PO_4) and sodium carbonate (Na_2CO_3) as activators on the workability, bleeding, setting time, compressive strength, shrinking and absorption of the alkali-activated slag cement (AAS) mortars. The addition of CFBC fly ash, Na_3PO_4, and Na_2CO_3 shows decrease of workability. But with Na_2SiO_3, the workability increasing were observed. The setting time of Na_3PO_4、NaOH、Na_2SiO_3 and Na_2CO_3 activated slag cement mortars were found to be much faster than the setting time of slag cement mortars. However, slag cement mortars activated with CFBC fly ash show similar strength properties to slag cement mortars. CFBC fly ash activated slag cement mortars gained higher early compressive strength and developed 50MPa compressive strength at 56 days. CFBC fly ash activated slag cement mortars were found to be higher compressive strength than other activated slag cement mortars. The additions of NaOH and Na_2SiO_3 shows increase 3% ~ 5% absorption than slag cement mortars.

【Key words】 Circulatng fluidized bed; fly ash; Alkali-activation; slag

1 前言

近年来全球各地提倡节能减碳、永续发展的观念，使得全球人们逐渐重视环境保护，因此对于许多工业副产品的回收再利用与资源化处理为当前研究的方向。目前应用于营建产业的工业副产品种类繁多，其中常见的有飞灰、硅灰及水淬炉石等，这些工业副产品可以替代部分胶结材的用量，减少水泥的使用量，另外循环式流化床（Circulating Fluidized Bed Combustion，CFBC）为近20年来发展的一种新燃烧技术，其具有燃料适应性广，低污染及燃烧效率高等特点[1,2]，其中此技术使用CaO作为脱硫剂，直接将燃料与石灰石混合后送入锅炉内燃烧，再由静电集尘器设备所收集之微粒称为飞灰，此飞灰称之为CFBC飞灰，本身具有强碱之特性。近年来国内产业界为解决炼油过程中产生的高硫含量石油焦（硫含量>6%）作为燃料再利用，所造成的硫氧化物排放超过标准的问题，积极寻求新的燃烧技术改善，CFBC技术因此被引进[3]。

混凝土工程使用碱剂作为活化水泥和混凝土胶结材料的成分可追溯到1930年德国Kuhl由硅矿渣粉与氢氧化钾溶液混合物之凝结研究；1940年Purdon首次由矿渣和氢氧化钠或由矿渣、碱及碱性盐类组成的无熟料水泥进行了广泛的实验室研究[4]；1957年Glukhovsky发现可用低钙或无钙的硅铝酸盐和碱金属溶液来生产胶结材料；1981年法国Davidovitsru将煅烧过的高岭土、石灰石和白云石混合物与碱溶液混合得到胶结材料[5]；此后，世界上许多国家开始对碱-活化水泥和混凝土进行广泛研究，将其应用于建设工程上。

由于碱活化炉石（Alkali activated slag，AAS）具有降低成本、高强度、低水化热、低孔隙率、低水溶性水化物及高抗化学侵蚀能力等特性，因此碱活化炉石发展日趋成熟。常见的碱活化剂包括$NaOH$、SiO_2、CO_2及SO_3，其中Na_2SiO及水玻璃（由SO_3^-与$HSiO_3^-$组成）为最有效之活化剂。本研究拟利用以石油焦为燃料炼油所产生之循环式流化床燃烧灰（CFBC ash）作为碱活化剂，探讨CFBC飞灰对炉石碱活化效益。

2 试验计划

2.1 材料性质

本研究目的在于探讨利用CFBC飞灰及其他碱活化剂，碱活化炉石对水泥基质材料力学及水化特性之影响。本研究所使用材料包括水泥、细粒料、CFBC飞灰及各种碱活化剂，相关来源及特性说明如下。

2.1.1 水泥

采用台湾水泥公司生产之波特兰第Ⅰ型水泥，符合ASTM C150[6]规定。

2.1.2 细粒料

细粒料为兰阳溪出产之河砂，比重（SSD）为2.56、吸水率2.25%、细度模数2.88。

2.1.3 CFBC飞灰

CFBC飞灰为台塑石化六轻厂所生产，外观呈灰白色粉末状，比重介于2.5~2.7之间。CFBC飞灰主要化学元素为钙（Ca）、硫（S）与氧（O），化学成分为氧化钙（CaO）与三氧化硫（SO_3）及少许的氧化硅（SiO_2），矿物晶相为$CaSO_4$(Anhydrite)与CaO(lime)，表1为水泥、炉石与CFBC飞灰的化学成分分析表。CFBC飞灰为循环式流化床锅炉燃烧后，经由静电集尘器设备收集所产生之工业副产品，与一般粉煤燃烧发电所产生的飞灰于外观、细度、粒径分布与堆积密度等物理性质类似[7]，化学性质方面具有差异性，主要是由于CFBC飞灰有较高的自由石灰含量（f-CaO）、三氧化硫含量（SO_3）与钙含量（CaO）。

表1 水泥与炉石及CFBC飞灰化学成分分析　　　　%

成分	Cement	Slag	CFBC飞灰
SiO_2	20.60	34.4	3.72
Al_2O_3	4.00	9.0	0.55

续表

成分	Cement	Slag	CFBC 飞灰
Fe_2O_3	6.10	2.58	0.57
CaO	62.80	44.8	55.84
MgO	2.60	4.43	1.62
K_2O	—	0.50	0.34
Na_2O	—	0.62	0.10
SO_3	3.10	2.26	29.09
TiO_2	—	—	—

2.1.4 碳酸钠 Na_2CO_3

碳酸钠，俗名苏打、纯碱、洗涤碱，化学式为 Na_2CO_3，普通情况下是指 Na_2CO_3 含量在99%以上的白色粉状或颗粒状物质白色粉末，为强电解质。密度为 $2.532g/cm^3$，熔点为851℃，水中的溶解度 $30g/100mL(20℃)$，具有盐的通性。可天然开采或人工生产，无水碳酸钙不呈碱性反应，但溶于水后，与水反应生成 OH^-，而呈碱性；本试验用的碳酸钠由化工材料行提供。

2.1.5 氢氧化钠 NaOH

氢氧化钠，俗称烧碱、火碱、苛性钠，化学式为 NaOH，常温下是一种白色晶体，具有强腐蚀性。易溶于水，其水溶液呈强碱性，能使酚酞变红。密度 $2.1g/cm^3$，熔点318℃，在水中的溶解度 $111g/100mL$（20℃），溶液为无色透明的钠碱液体，是强碱之一，易在水中溶解，能与许多有机、无机化合物起化学反应，腐蚀性很强，能灼伤人体皮肤等。氢氧化钠是一种极常用的碱，是化学实验室的必备药品之一。它的溶液可以用作洗涤液；本试验用的苛性钠由化工材料行提供。

2.1.6 磷酸钠 Na_3PO_4

磷酸钠，化学式为 Na_3PO_4，密度 $1.6g/cm^3$，是一种无机化合物，用作软水剂、锅炉清洁剂、金属防锈剂等。磷酸氢二钠溶液中加入烧碱中或磷酸与烧碱按计量比反应即可制得磷酸钠；本试验用磷酸钠由化工材料行提供。

2.1.7 硅酸钠 Na_2SiO_3

硅酸钠，俗称泡花碱，水溶液又称为水玻璃，化学式为 Na_2SiO_3，是一种无色、透明的粘稠状固体，密度 $2.4g/cm^3$，熔点1088℃，可溶于水；本试验用磷酸钠由化工材料行提供。

2.2 配比设计

本试验配比设计水胶比固定为0.5，炉石取代量为固定（依重量百分比取代为50%），胶结料（水泥+矿物掺料）与细粒料比例为1:2.75，碱活化剂采用额外添加方式，依照不同比例添加，碱活化剂添加量除CFBC飞灰由重量百分比添加，其余添加量由含碱当量计算而得，其配比设计如表2所示。

控制碱活化剂浓度有两个需要考量的变数，一是碱模数比，一是含碱当量；以本研究为例，假设实验中所需胶结材为100g，当设计以含碱当量（Na_2O 分子量：62）百分比为3%计算，计算时以配比中粘结性材料用量乘以所欲添加之含碱当量百分比（如3%）即为实际添加到配比中之含碱当量，经化合物分子量换算得实际加入配比中之化合物重量（Na：23、Si：28、O：16、C：12、H：1、P：31）。

计算范例如下：

Na_2CO_3（分子量：106）

使用100g胶结材之含碱当量计算：$100g \times 3\% = 3g$

实际添加配比中之活化剂重量：$3g \times (106/62) = 5.13g$

NaOH（分子量：40）

使用100g胶结材之含碱当量计算：$100g \times 3\% = 3g$

实际添加配比中之活化剂重量：3g×(40/62)×2(两倍 NaOH 与 Na₂O 相等) = 3.87g

表 2 配比设计表 kg/m³

Mix	Water	Cement	Slag	Fine Aggregate	CFBC Fly Ash	NaOH	Na₂CO₃	Na₂SiO₃	Na₃PO₄
AG	267	267	267	1408	—	—	—	—	—
F10	267	267	267	1408	53	—	—	—	—
F20	267	267	267	1408	106	—	—	—	—
F30	267	267	267	1408	159	—	—	—	—
N3	267	267	267	1408	—	21	—	—	—
N4	267	267	267	1408	—	28	—	—	—
N5	267	267	267	1408	—	34	—	—	—
C3	267	267	267	1408	—	—	27	—	—
C4	267	267	267	1408	—	—	37	—	—
C5	267	267	267	1408	—	—	46	—	—
S3	267	267	267	1408	—	—	—	32	—
S4	267	267	267	1408	—	—	—	42	—
S5	267	267	267	1408	—	—	—	53	—
P3	267	267	267	1408	—	—	—	—	66
P4	267	267	267	1408	—	—	—	—	87
P5	267	267	267	1408	—	—	—	—	109

2.3 试体准备与试验方法

2.3.1 工作性

工作性是依据 ASTM D6103[8] 规范，利用双边开孔的圆柱模具进行试验，模具尺寸为 $\phi 75mm \times 150mm$。

2.3.2 凝结时间

砂浆凝结时间系参照 ASTM C403[9] 利用现场贯入仪进行试验，定义贯入阻抗为 3.5MPa(500psi) 时，为浆体初凝，贯入阻抗为 26.7MPa(4000psi) 时，为浆体终凝。

2.3.3 抗压强度

抗压强度试验系依据 ASTM C109[10] 规定进行抗压试验，将水泥砂浆体灌注至 50mm×50mm×50mm 模具中，待凝固后拆模置入饱和石灰水养护槽内，养护至龄期 (7d、28d、56d 及 91d)，将试体取出并以抹布拭干后置于抗压试验机上，以每秒 1.4~3.4kgf/cm² 的加压速率做单轴载重试验量测各试体强度发展。

2.3.4 干缩性质

干缩试体以 ASTM C596[11] 进行，试体尺寸为 25.3mm×25.3mm×284.6mm。灌注 24h 后拆模，试体于饱和石灰水中养护 3d，之后置入恒温箱以温度 23℃ 湿度 70% 养护至龄期 91d，试体置入恒温箱时为其初始长度并于 7d、28d、56d 及 91d 进行量测。

2.3.5 饱和吸水量

饱和吸水量试验依据 ASTM C642[12] 规定进行，试体尺寸为 $\phi 100mm \times 50mm$，试验时将烘干之试体完全浸入水中，浸置两天后取出，以湿布擦拭表面后称重，再置入水中两天后称重，后者与前者之重量差小于 0.5% 时，视为试体达饱和状态，试体吸水率计算式如下：

$$水泥砂将试体(\%) = \frac{B-A}{B} \times 100\%$$

式中，A 为炉干试体重量，g；B 为试体饱和状态重量，g。

2.3.6 初始表面吸水率

初始表面吸水率试验系根据规范 BS 1881[13] 进行，试验之试体尺寸为 ϕ100mm×50mm 圆柱试体，本试验仪器示意图如图 1 所示，试体表面吸水率是在固定水头高度 20cm 情况下，将试体置入仪器中，注入 25mL 以上的水，并保持水面至试体最上处 18~22cm，当时间分别到达 10min、30min、60min 时，分别记录其读数，初始表面吸水率之单位为 mL/(m²·s)。

2.3.7 孔隙结构分析

压汞孔隙试验依据 ASTM D4404[14] 规定进行，试体之尺寸为 10mm×10mm×10mm 立方体，原理乃是利用加压之压力使汞充满干燥试体周围后，利用高压汞注入试体内，量测加压之压力与灌入汞量，注入进试体内之汞量即是试体孔隙体积，仪器可分析块状或粉末状的试体，不同试体形态须选择不同的样品试管。依据 Washburn equation 进行计算机软件设定，水银与水泥质材料表面接触角（contact angle）为 130°、水银表面张力为 0.485N/m、水银

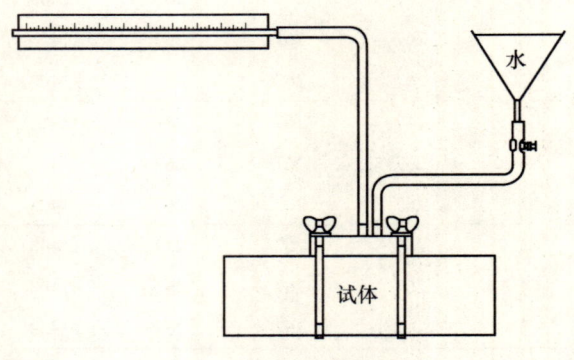

图 1 ISAT 试验仪器示意图

密度为 13.5335（g/mL）。进行低压分析，系统将以每分钟 10psi 速率加压至 30psi，把水银注入试体表面，可分析之孔隙大小约 360~3.6μm，大约需约为 30min。低压分析完成后将试体样品放入高压槽中进行高压分析，系统会加压至 30000psi，可分析之孔隙大小约为 6~0.003μm，大约 1h。其孔隙大小可由公式求得：

$$d = \frac{\varphi \gamma \cos\theta}{p} + 4b\cos\theta$$

式中，φ 为孔隙形状因子；γ 为水银表面张力（设定值为 0.485 N/m）；θ 为接触角（设定值 130°）；p 为注入压力（随时间变化 N/m²）；b 为水银原子的有效半径（约 270nm）。

2.3.8 微观结构分析

本试验中微观组织观察是使用日本 HITACHI 公司生产 S-1400 型扫描式电子显微镜（Scanning Electron Microscopy，SEM），放大倍率 10 万倍。本设备利用电场发射电子束冲击试片激发出讯号，经由讯号放大器再送至阴极映像管中，可以由荧光幕呈现试体微观晶相。

3 结果与讨论

3.1 新拌性质

3.1.1 工作性

使用碱活化剂来激发炉石时，其工作性质如表 3 所示，根据表 3 中的流度值得知，使用 CFBC 飞灰作为碱活化剂时，由于 CFBC 飞灰的细度大，所以水化反应快，因此添加越多，工作性越呈现明显下降的趋势；使用 NaOH 作为碱活化剂时，其添加量增加时，对于工作性没有太大的影响；使用 Na_3PO_4 作为碱活化剂时，其整体工作性极差，尽管添加量为 3%~5%，其工作性皆远低于对照组，几乎没有工作性可言；使用 Na_2SiO_3 作为碱活化剂时，可以明显发现当添加量越大时，其工作性大幅增加，与对照组比较时，为本试验添加各种碱活化剂中工作性最佳者；使用 Na_2CO_3 作为碱活化剂时，当添加量越多其工作性尚无太大的变化，但添加到 4% 时，其工作性有下降的现象，而添加 5% 时，工作性却又与添加 3% 时相近，分析原因可能因为添加 Na_2CO_3 会加速水泥的水化反应，当添加量较多时，造成缓凝的现象。

3.1.2 泌水量

使用碱活化剂激发炉石砂浆之泌水量如表 3 所示，由表 3 可得知所有添加碱活化剂之配比，皆有

降低泌水之现象；添加 CFBC 飞灰时，当其添加量增加时，泌水量随之减少，当添加到 30% 时，则无泌水现象产生；添加 Na_2CO_3 时，其泌水量远低于对照组，其泌水量也与添加 CFBC 飞灰相同，皆随着添加量增加而泌水量有减缓之趋势；当添加 NaOH 与 Na_3PO_4 时，其泌水效果最佳，添加两者作为碱活化剂时，皆无泌水现象产生；而当添加 Na_2SiO_3 时，其泌水量有随添加量增加而上升之现象，但还是远低于对照组的泌水量，推论当添加 Na_2SiO_3 时，会将砂浆中多余的水分带出至表面，而与上述工作性也因添加 Na_2SiO_3 工作性大幅上升之现象一致，所以试验结果与工作性吻合。

3.1.3 凝结时间

使用碱活化剂激发炉石砂浆之凝结时间如表 3 所示，由表 3 可得知所有添加碱活化剂之配比，皆有添加碱活化剂而缩短凝结时间的趋势，其中添加 CFBC 飞灰时，添加 3% 及 4% 之初凝与终凝时间，与对照组相似，而添加到 5% 时，其效果较明显；当添加 NaOH 时其效果次之，初凝时间在 45 ~ 93min，而终凝时间在 171 ~ 230min，皆低于对照组的 1/2 左右；添加 Na_3PO_4 时，其终凝时间为本次试验中最短的，其终凝时间在 162 ~ 180min，而凝结时间大约为对照组的 1/3 左右；添加 Na_2SiO_3 时，其初凝时间为本次试验中最短时间，初凝时间在 24 ~ 58min，而凝结时间为对照组的 1/10 左右；添加 Na_2CO_3 时，其凝结时间大约为对照组的 1/2 左右；综合上述，所有添加碱活化剂之配比皆有缩短凝结时间之现象，推论是因为其碱活化剂加速其水化反应，而降低其凝结时间。

表 3　碱活化炉石砂浆材料新拌性质

Mix	Flow (mm)	Initial Setting Time (min)	Finial Setting Time (min)	Bleeding (mL/cm²)
AG	9.43	223	449	0.0719
F10	8.62	213	444	0.0711
F20	7.76	205	449	0.0134
F30	7.44	161	404	0.0000
N3	8.83	93	230	0.0000
N4	8.1	60	190	0.0000
N5	8.01	45	171	0.0000
C3	7.72	123	236	0.0242
C4	7.62	94	168	0.0077
C5	7.38	70	209	0.0004
S3	16.28	58	237	0.0024
S4	21.67	26	138	0.0043
S5	24.61	24	137	0.0041
P3	8.71	83	180	0.0000
P4	7.81	59	162	0.0000
P5	8.33	77	169	0.0000

3.2 物理性质

3.2.1 饱和吸水率

当添加 CFBC 飞灰时，其添加量增加而吸水率则随之上升，如图 2 所示。但其中添加 10% 之配比的吸水率，在龄期 56d 后开始持续下降，直到龄期 91d 时与对照组接近；添加 NaOH 时，添加量对于吸水率并无太大影响，如图 3 所示。添加 NaOH 配比之吸水率皆高于对照组；添加 Na_3PO_4 时，其添加量之多寡对于吸水率也无直接影响，如图 4 所示。在早期添加 Na_3PO_4 配比的吸水率高于对照组，而随着龄期增加添加 Na_3PO_4 配比的吸水率开始下降，直到晚期吸水率已与对照组相近。添加 Na_2SiO_3 时，其吸水率与添加量也无明显之关系，如图5所示。添加 Na_2SiO_3 之配比其吸水率皆远高于对照组；添加 Na_2CO_3 时，添加量越多其吸水率随之下降，如图6所示，其中以添加 Na_2CO_3 到5%之吸水率与对照组最接近。

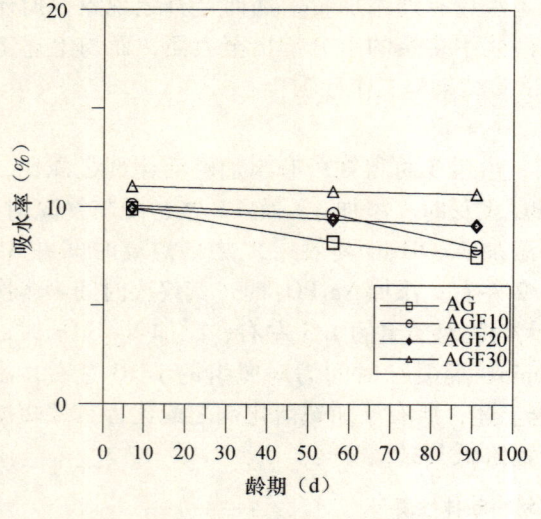

图2 添加 CFBC 飞灰之饱和吸水率

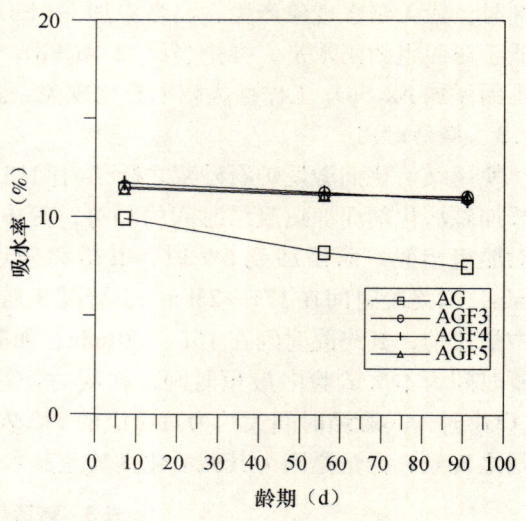

图3 添加 NaOH 之饱和吸水率

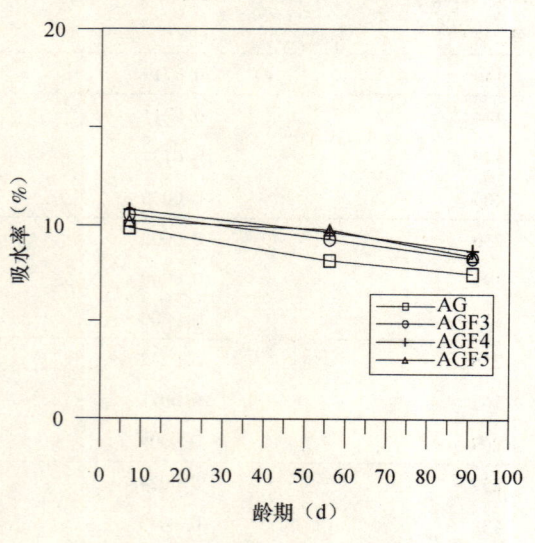

图4 添加 Na_3PO_4 之饱和吸水率

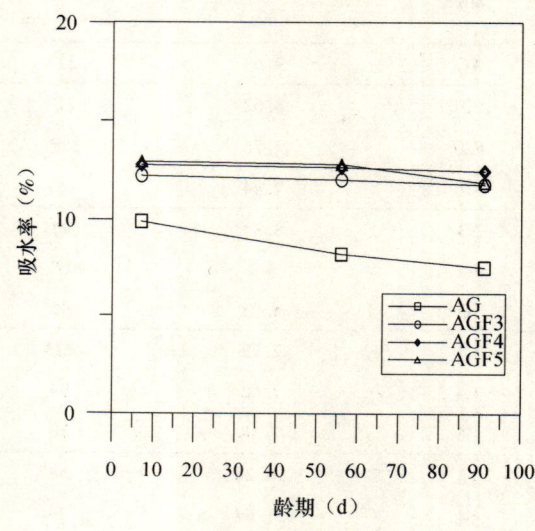

图5 添加 Na_2SiO_3 之饱和吸水率

3.2.2 干缩量

图7～图11分别为添加碱活化剂与对照组之干缩值。当添加 CFBC 飞灰时，其添加之配比之干缩值皆远小于对照组的1/2，其中添加10%及20%之干缩值相近，而添加到30%时，其干缩值较大；添加 NaOH 时，其干缩量随添加量增加而增加，且随着龄期增加而持续增加，其中添加3%及4%之干缩值皆小于对照组而添加5%之配比，其干缩值在龄期56d之后就大于对照组；添加 Na_3PO_4 时，干缩值仅添加3%，其配比与对照组接近，其他两配比皆远大于对照组，其添加4%之干缩值为最大；添加 Na_2SiO_3 时，其干缩量皆远小于对照组，而干缩值也随着龄期增加而随之增加，其中以添加4%之配比最大；添加 Na_2CO_3 时，有添加之配比在早期的干缩值皆小于对照组，但是龄期28d后，干缩量开始增加，到了晚期其添加5%配比之干缩量高于对照组。

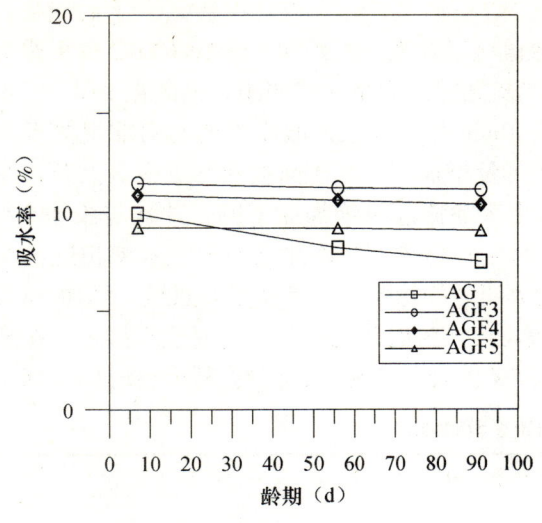

图 6 添加 Na_2CO_3 之饱和吸水率

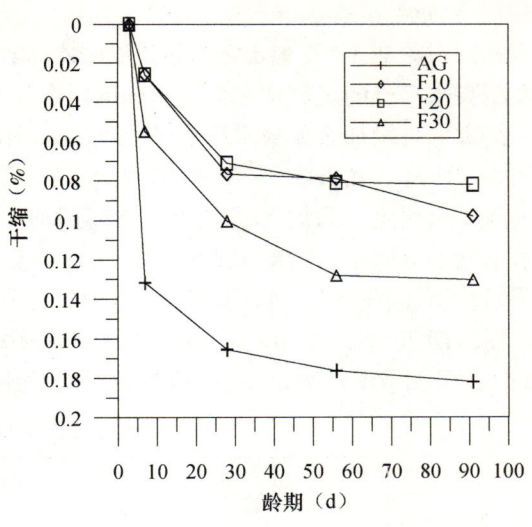

图 7 添加 CFBC 飞灰之干缩量

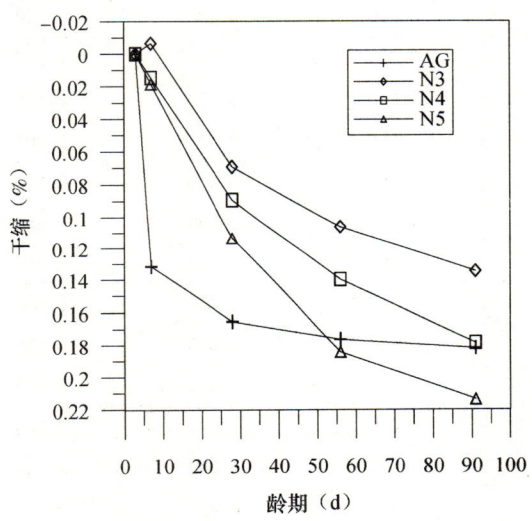

图 8 添加 NaOH 之干缩量

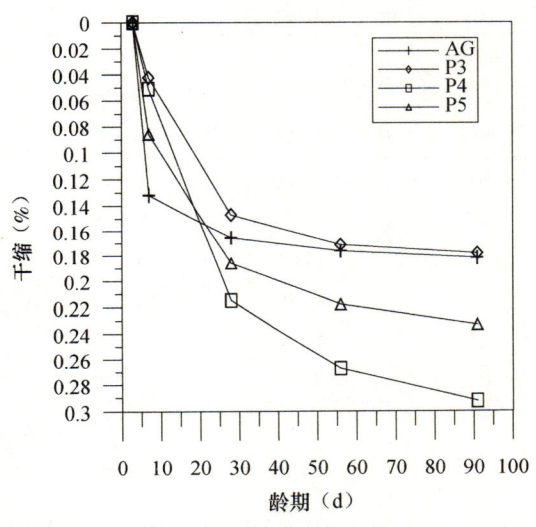

图 9 添加 Na_3PO_4 之干缩量

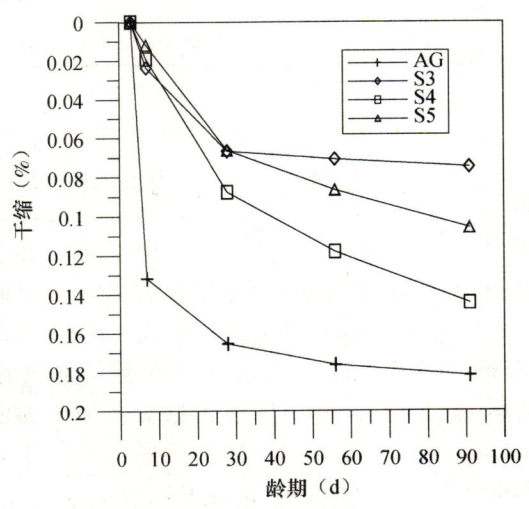

图 10 添加 Na_2SiO_3 之干缩量

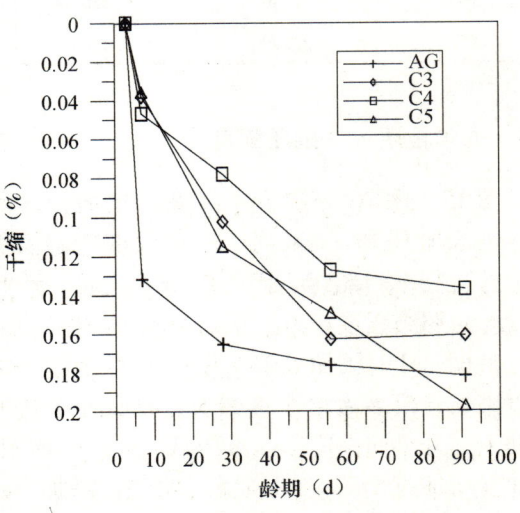

图 11 添加 Na_2CO_3 之干缩量

3.2.3 初始表面吸水率

表4为龄期7d及91d之初始表面吸水率,由其中数值可以发现,在龄期7d时,CFBC飞灰添加量其表面吸水率也随之增加,但在60min时有添加CFBC飞灰之配比皆小于对照组,而龄期91d与7d相同,其添加量增加表面吸水率也随之增加,当时间过了30min后,其表面吸水率皆与对照组接近;当添加NaOH时,在龄期7d与91d皆有相同的趋势,当添加量增加时,其表面吸水率也跟着上升,并且皆远高于对照组;添加Na_3PO_4时,龄期7d时,表面吸水率随添加量增加而下降,并且与添加5%时吸水率低于对照组,龄期91d时,添加量与吸水率较无明显的趋势,有添加之配比吸水率相近且高于对照组;添加Na_2SiO_3时,龄期7d与91d之吸水率并无太明显的趋势,且皆高于对照组;添加Na_2CO_3时,在龄期7d中,添加3%与4%两者吸水率相近,而添加到5%时效果最佳,与对照组接近,在龄期91d时,添加量增加吸水率有下降的趋势,而添加4%与5%两者数值相近,但有添加者皆高于对照组。

表4 龄期7d及91d初始表面吸水率

Mix	初始表面吸水速率 [mL/(m²·s)]					
	7d			91d		
	10min	30min	60min	10min	30min	60min
AG	0.685	0.515	0.445	0.390	0.330	0.320
F10	0.625	0.545	0.420	0.500	0.310	0.295
F20	0.685	0.415	0.305	0.650	0.420	0.390
F30	0.890	0.580	0.380	0.810	0.425	0.305
N3	1.250	0.865	0.625	1.260	0.920	0.810
N4	1.480	0.935	0.695	1.060	0.690	0.540
N5	1.860	1.070	0.800	1.200	0.680	0.560
C3	1.100	0.720	0.550	1.380	1.070	0.800
C4	1.220	0.805	0.605	0.650	0.460	0.370
C5	0.810	0.550	0.420	0.730	0.500	0.420
S3	2.120	1.520	1.160	1.460	1.000	0.980
S4	2.300	1.570	1.190	1.900	1.340	1.040
S5	1.860	1.220	0.880	1.420	0.950	0.720
P3	1.400	1.000	0.785	0.950	0.710	0.590
P4	1.180	0.620	0.490	1.180	0.620	0.490
P5	0.820	0.490	0.300	1.040	0.780	0.600

3.3 力学性质——抗压强度

图12~图16分别为添加碱活化剂与对照组之抗压强度。当添加CFBC飞灰时,早期强度随着添加量增加而下降,并且高于对照组,而龄期28d之后,添加10%之抗压强度与对照组强度相近,添加20%与30%之强度低于对照组,龄期56d时添加CFBC飞灰与对照组强度相近,而晚期则以添加量最多者之强度最高,由此可知添加CFBC飞灰有助于提升早期强度,但添加量太多时则有反效果,另外,添加量增加有助于晚期强度之发展;添加NaOH时,添加量增加对于抗压强度并无明显之影响,有添加NaOH之抗压强度皆不到对照组强度之一半;添加Na_3PO_4时,添加量

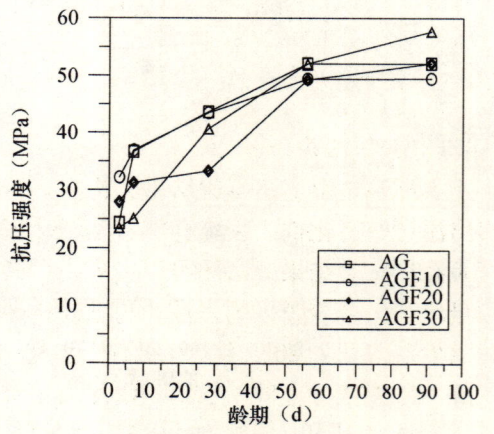

图12 添加CFBC飞灰之抗压强度

增加对于早期强度有降低之趋势，但整体而言添加 Na_3PO_4 对于强度之发展并无帮助，所有添加配比之抗压强度仅有对照组 1/3 之强度；添加 Na_2SiO_3 及 Na_2CO_3 时，添加量增加对于抗压强度并无明显之影响，且两者之抗压强度皆不到对照组强度之一半；由上述之分析，可以发现添加 CFBC 飞灰有助于抗压强度之发展，而添加其他碱活化剂皆有降低抗压强度之影响。

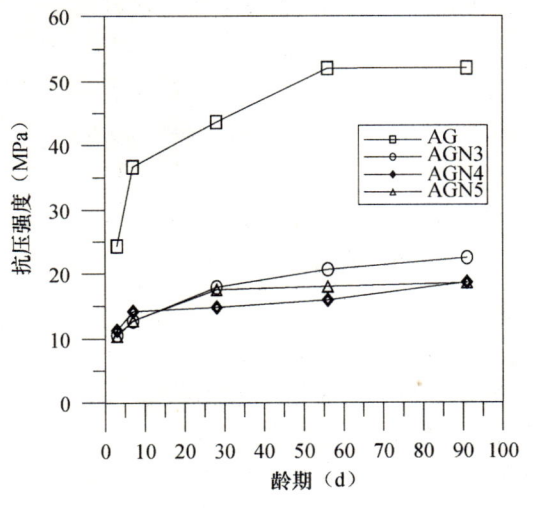

图 13　添加 NaOH 之抗压强度

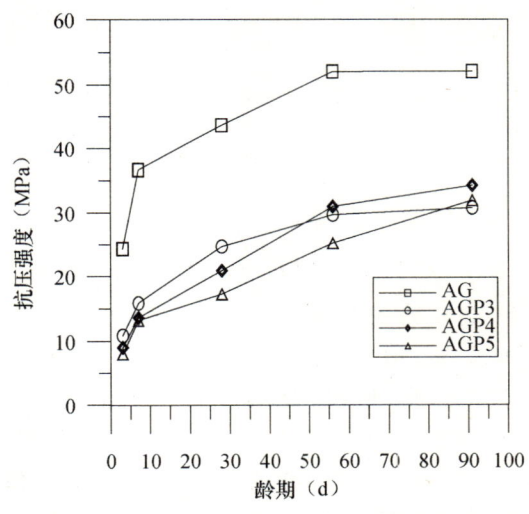

图 14　添加 Na_3PO_4 之抗压强度

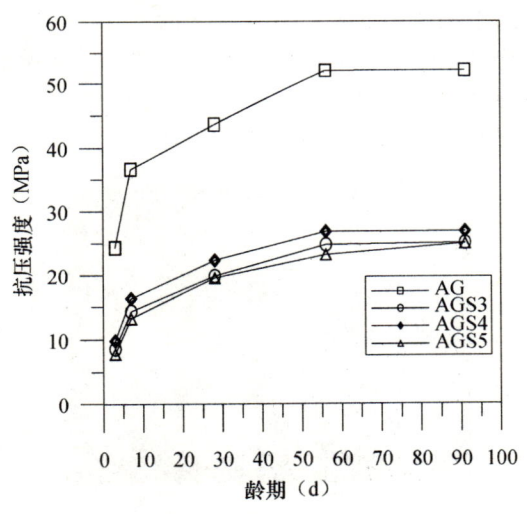

图 15　添加 Na_2SiO_3 之抗压强度

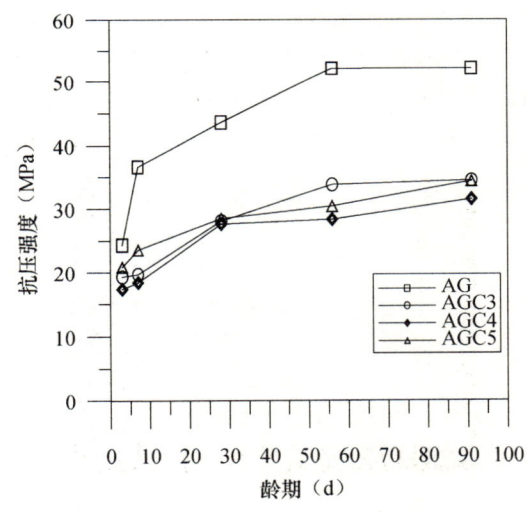

图 16　添加 Na_2CO_3 之抗压强度

3.4　微观性质

3.4.1　孔隙结构分析

本试验是由上述试验结果分析后，取最佳发展之配比来施作压汞孔隙试验。经由压汞试验可以观察出添加碱活化剂之胶体孔隙、毛细孔隙与总孔隙之变化量，如图 17 及图 18 分别为龄期 7d 及 91d 之压汞孔隙试验结果。由图可以发现，在龄期 7d 时，以添加 CFBC 飞灰 10% 之胶体发展最佳，而随着添加量增加而减少胶体的发展，与上述抗压强度及饱和吸水率试验之结果吻合，而在龄期 91d 时，其胶体之发展以添加 20% 之配比最佳，而添加 10% 及 30% 之胶体发展也与对照组相近，整体孔隙量也随之下降，因此可以证明添加 CFBC 飞灰有助于胶体孔隙之发展，有助于填充孔隙之效果。

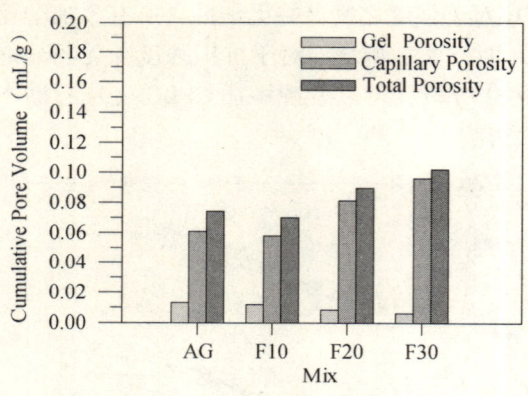
图 17 龄期 7d 压汞孔隙试验图

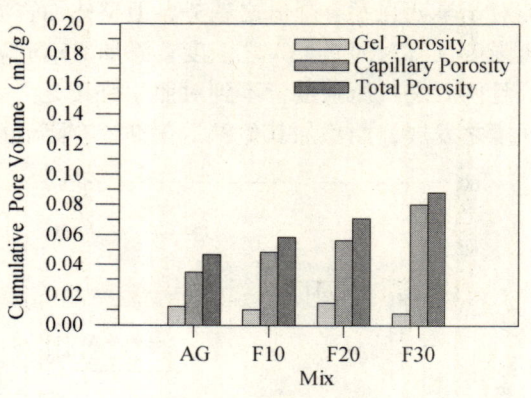
图 18 龄期 91d 压汞孔隙试验图

3.4.2 微观结构分析

本试验是由上述试验结果分析后，取最佳发展之配比，一般水泥水化产物结晶形貌于电子显微镜观察中呈现不同形状，大致分成下列几种：C-S-H 胶体为针状、刺状、草状、卷箔状或末端不分叉而搭接成三维空间网；钙矾石（AFt）呈细长针管状或细长针管交织状；氢氧化钙（CH）呈六角薄板状或不规则板状；单硫型铝酸钙（AFm）呈六角薄片状或不规则玫瑰状，经由扫描式电子显微镜放大6000 倍直接观察早期与晚期之 C-S-H 胶体发展及孔隙结构之变化，由图 19～图 26 可以观察出，当龄期 7d 时，添加 10% CFBC 飞灰与对照组比较下，发现含有氢氧化钙及 C-S-H 胶体之晶体，且添加 10% CFBC 飞灰之发展较迅速且比较致密，与抗压强度呈现出结果吻合，而添加 20% 与 30% CFBC 时，由图中可以发现在龄期 7d 中 C-S-H 胶体发展较不明显，且水化产物结构松散，所以对于早期强度并无太大帮助；而在龄期 91d 时，可以明显发现添加 30% CFBC 飞灰之配比，其 C-S-H 胶体发展完整且非常致密，而添加 10% 及 20% 时，其 C-S-H 胶体发展与对照组类似，也与抗压强度之结果符合。

图 19 对照组 7d SEM 微观图

图 20 对照组 91d SEM 微观图

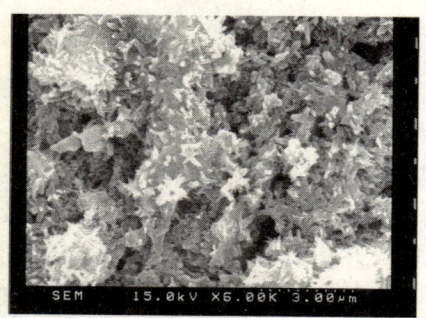
图 21 添加 10% CFBC 飞灰 7d SEM 微观图

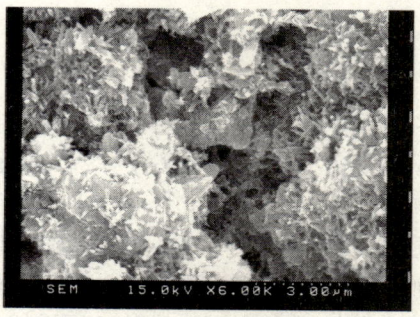
图 22 添加 10% CFBC 飞灰 91d SEM 微观

图23 添加20% CFBC飞灰7d SEM微观图

图24 添加20% CFBC飞灰91d SEM微观图

图25 添加30% CFBC飞灰7d SEM微观图

图26 添加30% CFBC飞灰91d SEM微观图

4 结论

本研究目的在于探讨利用CFBC飞灰及其他碱活化剂，碱活化炉石对水泥基质材料力学及水化特性之影响，研究结果可得到下列结论：

（1）当使用CFBC飞灰作为碱活剂时，对于工作性方面会随着CFBC飞灰的添加量增加而随之下降；使用NaOH及Na_2CO_3作为碱活化剂时，对于工作性方面没有明显的影响；使用Na_3PO_4作为碱活化剂时，其工作性极差；使用Na_2SiO_3作为碱活化剂时，其工作性极佳，且其工作性随Na_2SiO_3添加量增加而上升。

（2）添加CFBC飞灰与Na_2CO_3时，其泌水性随着添加量增加而下降；添加NaOH及Na_3PO_4时，泌水效果最佳，添加两者皆无泌水现象产生；添加Na_2SiO_3时，其泌水性随着添加量增加而上升。

（3）添加CFBC飞灰作为碱活化剂时，其凝结时间随着添加量增加而有时减少；而添加NaOH、Na_3PO_4、Na_2CO_3及Na_2SiO_3时，都有明显缩短凝结时间的现象。

（4）使用CFBC飞灰作为碱活化剂时，其饱和吸水率仅添加10%时与对照组相近，添加20%及30%时，其吸水率则随着添加量增加而上升；使用Na_2CO_3作为碱活化剂时，其吸水率随着添加量增加而下降；使用NaOH、Na_3PO_4及Na_2SiO_3作为碱活化剂时，其吸水率皆高于对照组，而添加量对于吸水率也无明显之影响。

（5）使用CFBC飞灰、Na_2CO_3、NaOH及Na_2SiO_3作为碱活化剂时，对于体积之收缩量，皆有明显降低之趋势；而使用Na_3PO_4作为碱活化剂时，其干缩量则大于对照组，由此可推断，添加碱活化剂有助于减少体积之收缩。

（6）使用CFBC飞灰作为碱活化剂时，对于表面吸水率无明显之差异，而添加其他碱活化剂时，皆有提高表面吸水率之现象。

（7）使用CFBC飞灰作为碱活化剂时，当添加10%时，有助于早期强度之发展，而添加20%及30%时，其早期强度较差，但有提升晚期强度之现象；而添加其他碱活化剂，对于强度发展并无帮助，反而有降低抗压强度之影响。

（8）由微观性质结果显示，添加 CFBC 飞灰有助于 C-S-H 胶体之发展，提升致密性且减少孔隙量。

参考文献

[1] Guanghong Sheng and Jianping Zhai, Utilization of fly ash coming from a CFBC boiler co-firing coal and petroleum coke in Portland cement, Fuel, 2007.

[2] R. E. Conn and K. Sellakumar, Utilization of CFB Fly Ash for Construction Application, Proceedings of the 15th International conference on Fluidized Bed Combustion, 1999.

[3] 台塑石化公司，副产品"混合石膏及副产飞灰"再利用技术及应用推广规范评估报告，2005.

[4] Purdon, A. O., 1940, The action of alkalis on blast-furnace slug. Journal of the Society of chemical Industry, 59, 191~202.

[5] Davidovits, J., 1981, Synthetic mineral polymer compound of the silicoaluminates family and preparation process, US Patent, 4, 472.

[6] ASTM C150/C150M – 09 Standard Specification for Portland Cement.

[7] 觉辉，王洪升等. 循环式流化床脱硫灰渣的特性及应用初探，国际电力，2004.

[8] ASTM D6103 – 04 Standard Test Method for Flow Consistency of Controlled Low Strength Material (CLSM).

[9] ASTM C403/C403M – 08 Standard Test Method for Time of Setting of Concrete Mixtures by Penetration Resistance.

[10] ASTM C109/C109M – 08 Standard Test Method for Compressive Strength of Hydraulic Cement Mortars (Using 2 – in. or [50 – mm] Cube Specimens).

[11] ASTM C596 – 09 Standard Test Method for Drying Shrinkage of Mortar Containing Hydraulic Specimens.

[12] ASTM C642 – 97 Standard Test Method for Density, Absorption, and Voids in Hardened Concrete.

[13] BS 1881 Recommendations for the determination of the initial surface absorption of concrete.

[14] ASTM D4404 – 84 (2004) Standard Test Method for Determination of Pore Volume and Pore Volume Distribution of Soil and Rock by Mercury Intrusion Porosimetry.

超高强自密实混凝土配制

江加标[1]　Y J Kim[2]

1. W R Grace (Singapore) Pte Ptd;
2. Grace Korea Inc.

【摘　要】　本文主要探讨配制超高强自密实混凝土面临的主要问题及解决这些问题的技术途径。在常规工艺条件下，通过选用一种最新开发的高性能外加剂和硬质高强骨料，在水胶比 0.15~0.24 情况下配制出工作性能极佳的 120~160MPa 超高强自密实混凝土。

【关键词】　超高强；自密实；混凝土；高性能外加剂

The Production of Ultra-high Strength Self-compacting Concrete

Jiang Jiabiao　Y J Kim

1. W R Grace (Singapore) Pte Ptd;
2. Grace Korea Inc.

【Abstract】　This paper discusses the challenges and technical approaches in producing ultra-high strength self compacting concrete. By selecting a newly developed high performance co-polymer based admixture and hard sandstone aggregate, 120~160MPa ultra-high strength SCC with excellent workability at w/cm of 0.15~0.24 has been achieved under the condition of conventional process.

【Key words】　Ultra-high strength; self-compacting, concrete; high performance additive

1　前言

在高层及超高层建筑中，高强超高强混凝土结构的设计和应用越来越广泛。由于高层超高层建筑结构一般钢筋配置非常密集，高强超高强混凝土通常应具有自密实性能以方便混凝土浇筑施工。

现场浇筑结构混凝土取得高性能的基本前提条件之一就是现场浇筑的混凝土质量均匀性和初始结构的完整性，这些直接取决于新拌混凝土的均匀性和工作性的好坏。例如，搅拌不均匀，或拌合物在运输、泵送、浇筑等过程中泌水离析，会造成混凝土结构的不均匀、分层、不密实、流动性或填充性不好，还可能造成混凝土出现空洞、蜂窝等严重缺陷，或者混凝土拌合物太粘，很难施工操作，这些都将直接影响现场混凝土结构的质量。对于超高强混凝土工作性，一般须具备较高的流动度和自密实性，较强的流动保持能力和抗离析、泌水能力，同时混凝土拌合物的粘性尽可能小，使混凝土更容易操作。

但是，超高强混凝土一定在极低水胶比情况下配制。对于商品预拌混凝土而言，配制超高强自密实混凝土，在混凝土搅拌，胶凝材料分散均匀性，新拌混凝土自密实工作性（粘度，流动性，流动度保持，钢筋通过能力）等面临很大的困难。本文讨论使用新一代聚羧酸外加剂技术，用常规材料和工艺配置 28d 抗压强度可达 160MPa 的超高强自密实混凝土，即使在水胶比低至 0.15 的情况下混凝土拌合物仍具有与普通自密实混凝土一样的工作性，且具有较强的流动保持能力和抗离析、泌水能力。

2 配制超高强自密实混凝土的技术途径

众所周知，混凝土是一种典型的堆聚结构工程材料，具有大量不同尺寸的内部初始缺陷，其性能由胶凝材料浆体、骨料及两者之间界面等因素控制。降低混凝土水胶比，提高不同尺寸颗粒堆积密度以及减少初始内部尤其是界面微结构缺陷是制备超高强高性能混凝土的关键途径。过去对于干硬性混凝土采用强制搅拌和冲压、振动轧压、热压等成型手段可获得 C80～C150 范围的高强及超高强混凝土。由于工作环境恶劣，主要在制品厂、轨枕生产厂、桥梁厂等预制构件上使用。

对于商品预拌混凝土常规工艺而言，使用高效减水剂和矿物外加剂降低混凝土水胶比，提高不同尺寸颗粒堆积密度以及减少初始内部，尤其是界面微结构缺陷是必不可少的技术途径。高效减水剂可以使混凝土水胶比降到很低的水平，从而降低混凝土空隙率。矿物外加剂细颗粒和超细颗粒填充效应，成核作用和火山灰效应可以提高混凝土内部颗粒堆积密度，优化孔径分布，减少水化产物的尺寸，浆体骨料界面水化产物取向，消耗水化产物中 $Ca(OH)_2$ 的含量，使混凝土微结构更均匀密实。

但要取得这样的效果前提条件是混凝土中胶凝材料，尤其是超细颗粒如硅粉，在极低水胶比的情况下必须能够搅拌分散均匀，混凝土拌合物具有良好的流变性能（粘度不能太高）并容易操作浇筑和密实。实践中，在水胶比较低的情况下常常会遇到进一步降低水胶比不但不能提高强度，反而由于搅拌分散均匀性和浇筑密实性变差使强度降低，如图 1 所示。因此，强制搅拌和超强分散能力及保持分散能力的外加剂应用是能够实现商品预拌混凝土在常规工艺条件下配制超高强自密实混凝土的关键。

另一个制约实现超高强混凝土的因素是粗骨料。粗骨料对 C80 级以下的混凝土强度发展影响不大，对 C80～C100 混凝土强度影响变得明显，但仍然可通过水胶比的降低来实现，如果混凝土搅拌分散均匀性能得到保证。对于 C100 等级以上的混凝土粗骨料的质量和尺寸成为强度增长最主要的制约因素。对于有些骨料，混凝土强度发展到一定程度后基本上维持在一定水平上，即使能够进一步降低水胶比，混凝土的强度发展亦不会有改善，这是因为一方面由于骨料本身强度限制，另一方面骨料与基体界面粘结强度的制约。因此，配制超高强混凝土须选用高强硬质岩石如砂岩，火山灰质岩等为粗骨料，颗粒表面干净无细粉，优先选用 14mm 以下的粒径，随强度增加粗骨料粒径应减少。另外，粗骨料的选择还应考虑混凝土弹性模量、干缩等要求。

由于超高强混凝土总胶凝材料较高，需要考虑混凝土内部温度对现场混凝土强度发展的影响。图 2 显示为某一 100MPa 工程中养护温度对超高强混凝土强度发展的影响。图中 TMC 温度曲线为现场实际 600mm 厚混凝土墙中心温度随时间的变化，气温为 30℃。由于工程要求，混凝土的凝结时间较短，初凝凝结时间不超过 5h，混凝土胶凝材料中粉煤灰不超过 20%，造成现场结构混凝土墙中心最高

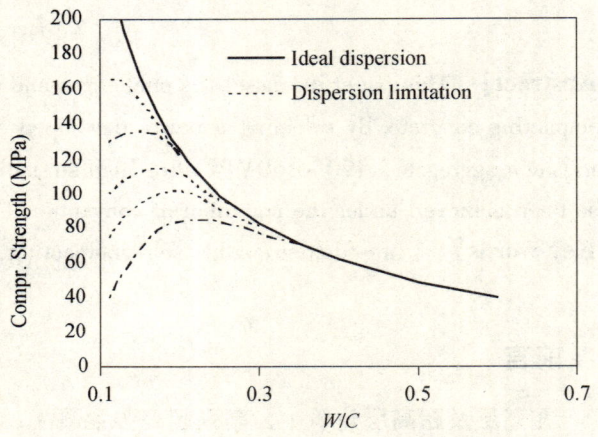

图 1 分散性对强度、水灰比关系的影响

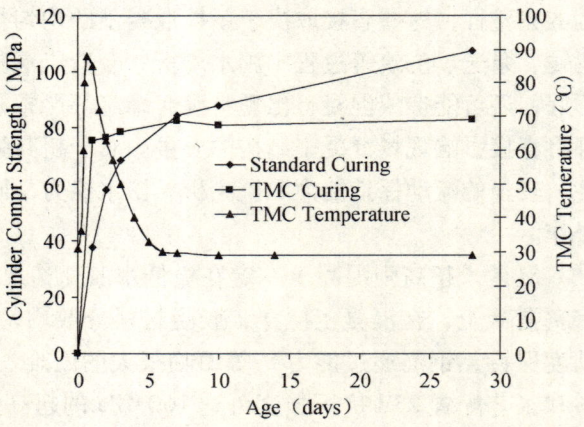

图 2 养护温度对超高强混凝土强度发展的影响

温度在16h达到峰值88℃，随后逐渐降低，4d后达到气温的温度。从图2可看出，标准养护的试件强度随养护龄期增长而提高，28d强度达到108MPa。但在匹配温度（TMC）养护条件下的试件强度在一天即达到75MPa，但在峰值温度出现以后强度基本上没有增长，28d强度之达到83MPa。这是因为在高温下养护的混凝土中水泥水化速度加快，水化产物分布不均匀。另外，在温度超过75℃时，部分水化产物发生结构转换。这些因素削弱了混凝土强度发展的潜力。因此，对于总胶凝材料较高的超高强混凝土配制和应用，温度控制对于保证现场结构混凝土的强度发展也是一个关键因素。在胶凝材料中掺合料用量必须达到一定的水平，如矿粉不得少于30%，或粉煤灰不得少于25%，或两者双掺不得低于40%，以确保混凝土温升控制在合理水平。同时，须采取措施严格控制混凝土初始温度。胶凝材料总掺合料配比可根据工程实际中具体的材料性能和工程要求来确定。

综上所述，利用常规工艺配制超高强自密实混凝土的主要技术途径为：

- 强大分散能力和控制流变性能的高性能外加剂确保在极低水胶比情况下混凝土胶凝材料的搅拌和分散均匀，新拌混凝土有足够的自密实能力。
- 超细活性矿物掺合料如硅粉、亚高岭土等优化混凝土水泥基体和界面微结构，提高颗粒堆积密实度，增强混凝土潜在强度。
- 矿物掺合料，如矿粉、粉煤灰等，进一步优化混凝土水泥基体和界面微结构，消除$Ca(OH)_2$，增强混凝土长期强度增长的潜力，控制混凝土内部温升。
- 选用高强硬质岩石的粗骨料，颗粒表面干净无细粉，优先选用14mm以下的粒径，随强度增加粗骨料粒径应减小。

3 超高强自密实混凝土配制试验

3.1 材料

3.1.1 水泥和矿物掺合料

水泥和矿物掺合料为常规使用的ASTM Type I 硅酸盐水泥，28d强度活性53MPa，硅粉（SiO_2 92%），比表面积（BET）250000m^2/kg。矿粉（相当于S95级），比表面积430m^2/kg。

3.1.2 外加剂

外加剂为Grace针对超高强混凝土最新开发的新一代聚合物外加剂ADVA Super1000。除了强大的超过40%的减水能力之外，更重要的是即使是在极低水胶比的情况下也可快速吸附到水泥胶凝材料表面，在短时间内即可产生超级分散能力，使水泥胶凝材料在较短时间内达到均匀搅拌分散的目的，使混凝土拌合物具有很大的流动性。部分支链上的分子结构在碱性作用下源源不断缓慢水解使混凝土拌合物在很长的时间内保持足够流动性而不增加拌合物的粘度，而且随掺量的增加流动性保持能力增强而又不导致混凝土拌合物离析分离。另一方面，新一代聚合物外加剂ADVA Super1000消除了一般聚羧酸外加剂引气的特性，使混凝土含气量很容易控制在2%以下，避免了引气作用对强度的负面影响。

3.1.3 骨料

细骨料为冲洗海砂，细度模数FM 2.6。粗骨料为硬质砂岩碎石，最大粒径12mm，比重2.67。为了比较不同粗骨料对强度发展的影响，同时使用普通20mm花岗岩碎石，比重2.62。

3.2 混凝土试验配比

配制试验中混凝土配比见表1。水胶比最低为0.15。在不同水胶比情况下用水量固定150kg/m^3。硅粉掺量为胶凝材料总量7%，矿粉为胶凝材料总量30%。使用容积60L双轴卧式强制式搅拌机（图3），每盘35L，搅拌时间为加水后5min。

表1 混凝土试验配比

Mix No.	w (cm)	s/a (%)	Water (kg/m³)	Cementitious (kg/m³)			ADVA Super 1000 (% of C)
				OPC	GGBS	Silica Fume	
1.	0.24	47		394	188	44	1.5
2.	0.21	44		450	214	50	1.8
3.	0.19	41	150	498	237	55	2.0
4.	0.17	38		556	265	62	2.3
5.	0.15	36		630	300	70	2.8

3.3 新拌混凝土性能

超高强自密实混凝土工作性能用由到达流动扩展度500mm所需时间和U形槽试验来评价。流动扩展度及其保塑性可以用来表示混凝土在施工期间所具有的流动填充能力。U形槽试验可用来评价混凝土在自重作用下通过钢筋的能力。通过流动扩展度和U形槽试验也可观察混凝土拌合物抗离析分离的能力。流动扩展度到达500mm所需时间可反映新拌混凝土的粘度及可操作性,时间越短,越容易操作。

图3 超高强自密实混凝土搅拌

从表2中可看出,所有配比的新拌混凝土的含气量都在1.5%之内,证明新一代聚合物外加剂ADVA Super 1000基本消除了一般聚羧酸外加剂引气的特性。通过调整外加剂的掺量,新拌混凝土的流动扩展度即使是水胶比低至0.15仍然可以达到750mm以上,而且2h流动扩展度损失全部不超过50mm。

另外,所有配比的混凝土拌合物表现出良好的稳定性。一方面稳定性表现在流动扩展中不出现离析泌水现象。即使是使用20mm碎石骨料混凝土拌合物也有很好的均匀性,无明显的骨料堆集,骨料能够很均匀地跟随浆体扩展至边缘,如图4所示。另一方面,混凝土拌合物稳定性表现在对此材料波动变化的刚性,如外加剂掺量、用水量微小的变化不会导致新拌混凝土性能明显的变化以致发生离析泌水现象,失去自密实性能。这点对超高强自密实混凝土的生产控制尤为重要。

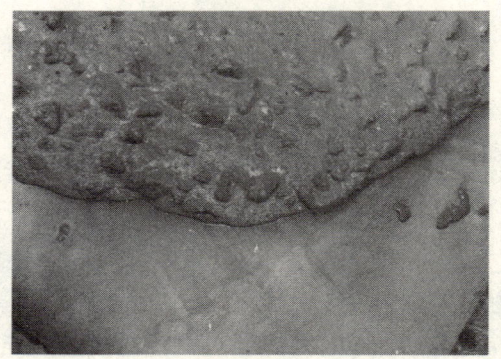

图4 20mm碎石在流动扩展试验的分布

表2 新拌混凝土工作性(12mm粗骨料)

Mix No.	w (cm)	Air (%)	Slump Flow (mm)			Time to 500mm Flow (s)			U-Channel Passing Test
			Initial	1 hr	2hrs	Initial	1hr	2hrs	
1	0.24	1.0	780	765	730	4.5	5.4	7.6	Equal
2	0.21	1.0	790	770	760	5.4	6.0	7.5	Equal
3	0.19	1.2	790	785	740	6.0	6.2	8.0	Equal
4	0.17	1.2	755	740	720	7.2	7.5	8.5	Equal
5	0.15	1.3	760	765	750	9.2	8.8	9	Equal

超高强自密实混凝土另一个常见困难需要克服的就是在极低水胶比高胶凝材料用量的情况下混凝土拌合物太粘,难于操作浇筑和密实。本试验中使用的新一代聚合物外加剂ADVA Super 1000很好地

解决了这个问题。如表 2 中结果所示，在所有配比中，新拌混凝土流动扩展度到达 500mm 所需时间都在 10s 以内，即使水胶比低至 0.15 时，所需时间只需 9s 左右，这表示本试验中的超高强自密实混凝土拌合物的粘度接近普通自密实混凝土的水平，而且在 2h 内到达流动扩展度 500mm 所需时间基本上没有明显的变化。

综上所述，本试验中使用的新一代聚合物外加剂 ADVA Super 1000 很好地解决了配制超高强自密实混凝土在搅拌均匀性混凝土流变工作性的问题，使得预拌商品混凝土厂能够用常规工艺生产超高强自密实混凝土。

3.4 超高强混凝土的强度

图 5（a）是使用常规 20mm 花岗岩碎石做粗骨料的混凝土不同龄期强度与水胶比的关系。图 5（b）是使用 12mm 硬质砂岩碎石做粗骨料的混凝土不同龄期强度与水胶比的关系。从图中可看出，使用 12mm 硬质砂岩碎石做粗骨料的混凝土比 20mm 花岗岩碎石做粗骨料的混凝土在相同水胶比情况下同龄期强度要高很多，而且随龄期增长和水胶比的降低差别越来越大。在水胶比为 0.24 时，3d 强度两者接近，7d 强度相差 20MPa，28d 强度相差 25MPa。但水胶比降到 0.15 时，3d 强度两者相差 18MPa，7d 强度相差 27MPa，28d 强度则相差超过 60MPa。对于使用 20mm 花岗岩碎石做粗骨料的混凝土随水胶比的降低 28d 强度随基本上没变化，停留在约 100MPa 的水平上。而对于 12mm 硬质砂岩碎石做粗骨料的混凝土随水胶比从 0.24 降到 0.17，28d 强度从 126MPa 不断提高至 162MPa。这说明 20mm 花岗岩碎石在强度达到 100MPa 水平时成为超高强混凝土强度发展的主要制约因素，进一步降低水胶比并不能进一步提高强度。而选用材质更硬更强的岩石作为粗骨料在满足工作性前提下则可以实现 120~160MPa 的超高强混凝土的配制和生产。

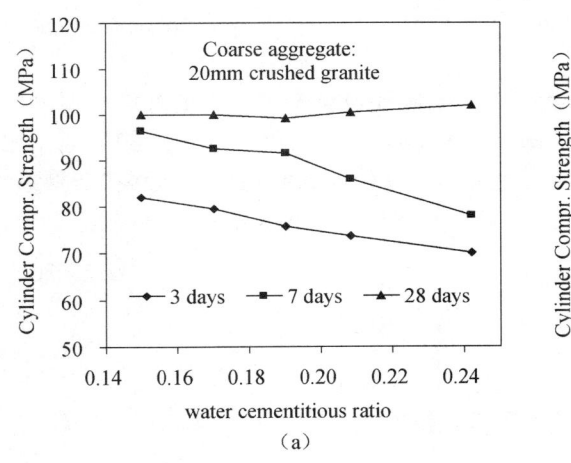 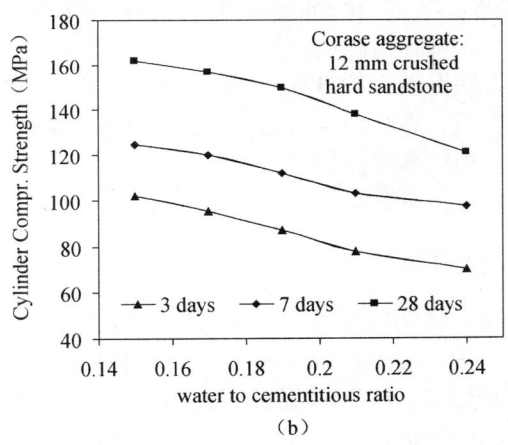

(a)　　　　　　　　　　　　(b)

图 5　超高强混凝土强度发展

4　结语

超高强自密实混凝土配制的困难主要在于如何解决在极低水灰比的情况下克服混凝土拌合物搅拌均匀性和高粘性问题以及粗骨料对超高强混凝土强度发展的制约问题。通过选用新一代聚合物外加剂 ADVA Super 1000 和高硬度、高强度的岩石骨料可以采用预拌商品混凝土厂常规工艺生产配制出具有低粘度，高工作性，高稳定性，强度为 120~160MPa 的超高强自密实混凝土。

聚丙烯纤维对 C100 超高性能混凝土改性的研究

冯乃谦[1]　王喆[2]　王晓梅[2]　马政[2]　郭自力[1]　齐世坤[1]

1. 清华大学，北京，100084；
2. 内蒙古兴泰建设集团，内蒙古，010010

【摘　要】　通过掺入聚丙烯网状纤维，研究了 C100 超高性能混凝土的早期收缩与早期开裂的性能，断裂性能，以及抗火性能等。

【关键词】　聚丙烯纤维；早期收缩；早期开裂；断裂韧性；抗火性能

Research on Faculty Development of C100 Ultra-high Performance Concrete for Polypropylene Fiber

Feng Naiqian[1]　Wang Zhe[2]　Wang Xiaomei[2]　Ma Zheng[2]　Guo Zili[1]　Qi Shikun[1]

1. Tsinghua University, Beijing 100084, China;
2. Inner Mongolia Xingtai construction group, Inner Mongolia, 010010, China

【Abstract】　The early shrinkage, early cracking, fracture toughness and fire resistance are researched for C100 UHPC by adding Polypropylene dicty-fiber in the paper.

【Key words】　early shrinkage; early cracking; fracture toughness; fire resistance; polypropylene fiber

超高性能混凝土的 W/B 很低，早期的自收缩大，由于自收缩也会产生明显的开裂，混凝土随着强度等级的提高，脆性增大，韧性降低，超高性能混凝土具有很高的密实度，在火灾的高温作用下，会发生爆裂，使结构突然倒坍。为了改善超高性能混凝土的这些性能，我们用聚丙烯网状纤维掺入其中，进行了其改性的试验研究。

1　试验用原材料

（1）聚丙烯网状纤维：泰安同伴工程塑料有限公司提供；
（2）水泥：当地产冀水 P·O 52.5 水泥；
（3）粉煤灰：I 级粉煤灰，需水量比 85% 左右，细度：17%~21% 左右，达旗电厂生产；
（4）硅粉：内蒙古产的凝聚硅粉；
（5）矿粉：S95 级矿粉，进一步磨细至比表面积为 600m²/kg；
（6）细骨料：河砂，FM2.6 左右；
（7）粗骨料：5~10，10~20mm 碎石；
（8）高效减水剂：聚羧酸减水剂，含固量 30%，北京产。

2　试验用混凝土组成

聚丙烯网状纤维分别掺入 1.0kg/m³、2kg/m³；SF + FA + BFS 分别为硅粉、粉煤灰和矿渣。配合比见表1。

表1　混凝土配合比　　　　kg/m³

W/B	C	SF + FA + BFS	S	G1	G2	W	AG
20%	500	250	750	270	630	150	3.0%

3 早期收缩与开裂的测试

3.1 早期开裂的测试

超高性能混凝土早期开裂的检测，按照日本笠井芳夫提出的平板试验方法（《高性能混凝土结构》，冯乃谦编著，机械工业出版社，2002年），如图 1 所示。

开裂测试时分别成型了基准混凝土试件及掺入 $1kg/m^3$ 纤维试件。成型后试件用塑料薄膜盖上，使其与外界无介质交换，如图 2 所示，大约 4h 后，开始检测试件表面开裂情况。基准试件和含纤维试件在不同时间的开裂情况如图 3 ~ 图 6 所示。

图 1 平板试验方法试模

图 2 成型后试件用塑料膜盖上

图 3 基准试件的开裂情况

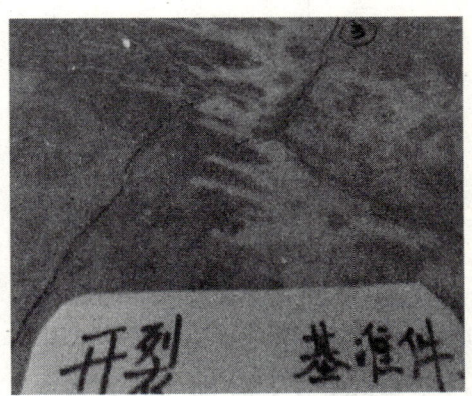

图 4 基准试件的开裂放大

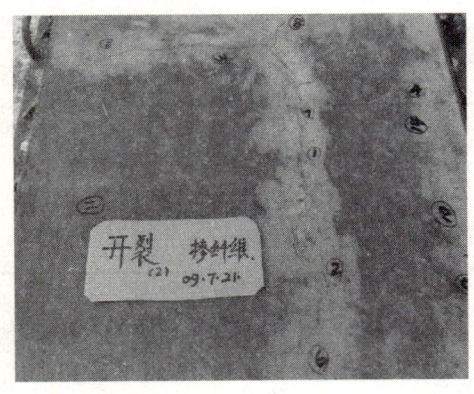

图 5 掺纤维试件的开裂

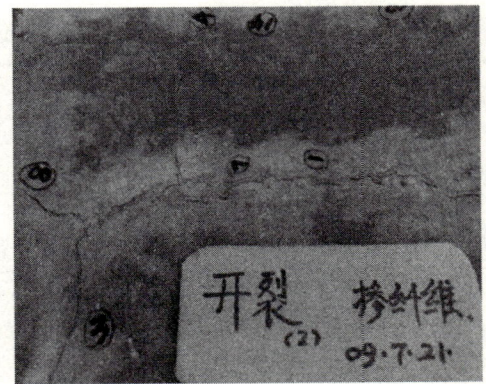

图 6 掺纤维试件开裂放大

测定期间是从 2009 年 7 月 21 日 20：00 开始，到次日（7 月 22 日）凌晨 2：00 为止。掺纤维的试件测定时间延续到7月22日19:00,记录见表2,表3。

表2 基准试件的自收缩与早期收缩开裂

裂缝	测试时间	裂缝长度(mm)	裂缝宽度(mm)
1	21号20:00	240	1.0
2	21号20:00	270	1.0
3	21号22:00	180	0.6
4	21号22:00	250	0.3
5	21号22:00	110	0.3
6	22号2:00	70	0.2
7	22号2:00	40	0.8

表3 掺纤维试件的自收缩与早期收缩开裂

裂缝	测试时间	裂缝长度(mm)	裂缝宽度(mm)	备注
1	21号20:00	240	1.0	
2	21号20:00	60	0.8	
3	21号22:00	210	1.0	
4	21号22:00	230	0.3	
5	22号2:00	140	0.4	
6	22号2:00	60	0.7	
7	22号2:00	70	0.8	掺聚丙烯纤维
8	22号8:00	80	0.6	1.0kg/m³
9	22号8:00	50	0.1	微细未记
10	22号8:00	50	0.2	
11	22号11:00	100	0.1	
12	22号16:00	40	0.2	
13	22号16:00	40	0.1	
14	22号19:00	40	0.1	

根据开裂检测记录进行统计分析,基准试件与含1kg/m³纤维的试件,早期开裂测试计算的结果如表4所示。

表4 早期开裂测试计算结果如下

项目	基准件	掺纤维1kg/m³	测试环境
平均开裂面积 a	55mm²	32mm²	温度白天28~31℃
单位面积裂纹数 b	19条/m²	36条/m²	夜间18~23℃
单位面积裂缝面积 c	1068mm²/m²	1152mm²/m²	湿度白天15%左右

注:1. 开裂主要集中在3~10h龄期内;其他时间出现的裂纹细小;
    2. 48h停止试验;
    3. 48h的开裂情况与24h的相比变化不大。

由表4可见,在超高性能混凝土中掺入1.0kg/m³聚丙烯纤维,对自收缩开裂和早期收缩开裂有改善,裂缝条纹增多变细;但可能是纤维掺量太少,效果不是很大。

3.2 早期收缩试验

自收缩测定采用10cm×10cm×30cm的试件。混凝土浇筑入模以后2～3h,将侧模隔板拆除,并拔出两端顶板,试件能在模中自由收缩膨胀,同时试件上表面用塑料薄膜盖上,以保证试件与外界无介质交换,测定混凝土自收缩,如图7、图8所示,自收缩检测结果如表5～表7所示。

图7 自收缩测定示意图

图8 自收缩测试端部放大图

表5 C100混凝土自收缩检测 (1)

测试环境				基准试件			
日期	时间	温度（℃）	相对湿度（%）	左表	右表	收缩值	百分率（%）
7-22 初始	2:00	23	60	1.000	0.402	—	—
	4:00	23	65	0.997	0.392	-0.013	0.004
	6:00	23	55	0.988	0.383	-0.031	0.010
	8:00	22	35	0.970	0.368	-0.064	0.021
	10:00	24	40	0.966	0.352	-0.084	0.028
	12:00	24	40	0.967	0.350	-0.085	0.028
	14:00	24	40	0.961	0.347	-0.094	0.031
	16:00	23	40	0.959	0.341	-0.102	0.034
	20:00	23	55	0.958	0.335	-0.109	0.036
	24:00	22	60	0.958	0.328	-0.116	0.039
7-23	4:00	22	65	0.960	0.324	-0.118	0.039
	8:00	22	35	0.957	0.322	-0.122	0.041
	12:00	22	40	0.954	0.318	-0.130	0.043
	16:00	23	30	0.953	0.308	-0.141	0.047
	20:00	20	40	0.950	0.306	-0.144	0.048
	24:00	21	60	0.950	0.303	-0.149	0.050
7-24	4:00	21	70	0.954	0.302	-0.146	0.049
	8:00	22	40	0.952	0.302	-0.148	0.049
	12:00	22	40	0.947	0.301	-0.154	0.051

续表

测试环境				基准试件			
日期	时间	温度（℃）	相对湿度（%）	左表	右表	收缩值	百分率（%）
	16：00	22	45	0.948	0.295	-0.159	0.053
	20：00	22	55	0.945	0.293	-0.164	0.055
7-25		22	50	0.947	0.291	-0.164	0.055
7-26		22	55	0.950	0.288	-0.164	0.055
7-27		23	60	0.953	0.291	-0.158	0.053
7-28		23	75	0.957	0.288	-0.157	0.053
7-29		23	70	0.950	0.282	-0.170	0.056

表6 C100混凝土自收缩检测 （2）

测试环境				掺纤维试件 1kg/m³			
日期	时间	温度（℃）	相对湿度（%）	左表	右表	收缩值	百分率（%）
7-22 初始	2：00	23	60	0.985	0.993		
	4：00	23	65	0.979	0.989	-0.01	0.003
	6：00	23	55	0.968	0.982	-0.028	0.009
	8：00	24	35	0.950	0.970	-0.058	0.019
	10：00	24	40	0.951	0.960	-0.067	0.022
	12：00	24	40	0.954	0.958	-0.066	0.022
	14：00	24	40	0.948	0.957	-0.073	0.024
	16：00	23	40	0.941	0.949	-0.088	0.029
	20：00	23	55	0.935	0.945	-0.098	0.033
	24：00	22	60	0.934	0.941	-0.103	0.034
7-23	4：00	22	65	0.934	0.938	-0.106	0.035
	8：00	22	35	0.930	0.936	-0.112	0.037
	12：00	22	40	0.927	0.931	-0.120	0.040
	16：00	23	30	0.926	0.924	-0.128	0.043
	20：00	20	40	0.924	0.923	-0.131	0.044
	24：00	21	60	0.924	0.921	-0.133	0.044
7-24	4：00	21	70	0.926	0.921	-0.131	0.044
	8：00	22	40	0.924	0.921	-0.133	0.044
	12：00	22	40	0.921	0.918	-0.139	0.046
	16：00	22	45	0.924	0.915	-0.139	0.046
	20：00	22	55	0.921	0.913	-0.144	0.048
7-25		22	50	0.924	0.904	-0.150	0.050
7-26		22	55	0.928	0.912	-0.138	0.046
7-27		23	60	0.932	0.915	-0.131	0.044
7-28		23	75	0.932	0.915	-0.131	0.044
7-29		23	70	0.928	0.911	-0.139	0.046

表7 C100混凝土自收缩检测 （3）

测试环境				掺纤维试件 2kg/m³			
日期	时间	温度（℃）	相对湿度（%）	左表	右表	收缩值	百分率（%）
7-22 初始	2：00	23	60	0.588	0.590	—	—
	4：00	23	65	0.584	0.585	-0.009	0.003
	6：00	23	55	0.577	0.577	-0.024	0.008
	8：00	24	35	0.570	0.557	-0.051	0.017
	10：00	24	40	0.570	0.548	-0.060	0.020
	12：00	24	40	0.570	0.556	-0.052	0.017
	14：00	24	40	0.570	0.557	-0.051	0.017
	16：00	23	40	0.567	0.549	-0.062	0.021
	20：00	23	55	0.567	0.544	-0.067	0.022
	24：00	22	60	0.567	0.543	-0.068	0.023
7-23	4：00	22	65	0.567	0.543	-0.068	0.023
	8：00	22	35	0.567	0.541	-0.070	0.023
	12：00	22	40	0.567	0.537	-0.074	0.025
	16：00	23	30	0.567	0.543	-0.068	0.023
	20：00	20	40	0.567	0.533	-0.078	0.026
	24：00	21	60	0.567	0.531	-0.080	0.027
7-24	4：00	21	70	0.567	0.533	-0.078	0.026
	8：00	22	40	0.567	0.532	-0.079	0.026
	12：00	22	40	0.567	0.529	-0.082	0.027
	16：00	22	45	0.567	0.530	-0.081	0.027
	20：00	22	55	0.567	0.527	-0.084	0.028
7-25		22	40	0.567	0.526	-0.085	0.028
7-26		22	55	0.567	0.535	-0.076	0.025
7-27		23	60	0.567	0.538	-0.073	0.024
7-28		23	75	0.567	0.540	-0.075	0.024
7-29		23	70	0.566	0.537	-0.071	0.024

由表5~表7可见：基准混凝土自收缩0.056%，含1kg纤维混凝土自收缩0.046%，含2kg纤维混凝土自收缩0.024%，随着纤维含量增加自收缩值下降。

4 力学性能与断裂性能的测定

4.1 试件尺寸

100mm×100mm×100mm（抗压试件）。

100mm×100mm×300mm（弹性模量试件）。

100mm×100mm×400mm（带缺口、断裂韧性测定试件），全部试件经标准养护28d后送北京清华大学建材室检验。

4.2 抗压强度

抗压强度试验结果见表8。

表8　C100UHPC抗压强度试验结果

试件编号	龄期(d)	试验日期	试件尺寸(mm)	抗压强度个别值(MPa)	抗压强度平均值(MPa)
38	28	2009/8/18	100×100×100	102.4 112.0 108.8	107.7
39	28	2009/8/18	100×100×100	98.4 101.2 104.4	101.3
40	28	2009/8/18	100×100×100	107.2 98.8 102.4	102.8

4.3　棱柱体抗压强度、静力受压弹性模量

棱柱体抗压强度、静力受压弹性模量试验结果见表9。

表9　C100UHPC棱柱体抗压强度、静力受压弹性模量试验结果

试件编号	龄期d	试验期	试件尺寸(mm)	棱柱体抗压强度(MPa) 个别值	棱柱体抗压强度(MPa) 平均值	静力受压弹性模(MPa) 个别值	静力受压弹性模(MPa) 平均值
23-A	28	2009/7/8	100×100×300	84.0		4.55×10^4	
23-F	28	2009/7/8	100×100×300	93.0	87.7	4.57×10^4	4.52×10^4
23	28	2009/7/8	100×100×300	86.0		4.45×10^4	

4.4　断裂参数的测定

（1）试验用设备介绍

德国Toni公司制造，Toni 2071型抗折试验机，最大荷载200kN，可进行恒定加荷速率或恒定位移速率下的抗折强度和裂纹张口位移的测定。

（2）C100超高性能混凝土断裂参数试验见图9、图10。

图9　C100UHPC断裂参数测定

图10　裂纹张口位移的测试图

（3）三种配比UHPC的P-CMOD试验参数汇总

三种配比分别为：38#基准混凝土试件，39#基准混凝土掺加纤维1.0kg，40#基准混凝土掺加纤维

2.0kg。其断裂参数汇总如表10所示。

表10 三种混凝土断裂参数汇总

配比	编号	P_{fc} (N)	P_{max} (N)	E (GPa)	σ_c (MPa)	σ_{fc} (MPa)	σ_t (MPa)	σ_f (MPa)	G_f (J/m²)	l_{ch} (cm)
38#基准	1*	2100	10500	45.2	102.4	2.86	3.57	6.81	179.1	63.5
	2	2050	10000		112.0	2.80	4.184	6.48	150.9	39.0
	3	1900	9200	45.2	108.8	2.59	4.27	5.96	148.1	36.7
	均值	1975	9600		107.7	2.70	4.23	6.22	149.5	37.85
39# -1kg 纤维	1	2100	11500	42.9	98.4	2.86	4.96	7.45	261.1	45.6
	2	2200	10800		101.2	3.00	4.53	7.00	212.7	44.5
	3	2500	11800	42.9	104.4	3.41	5.22	7.65	286.4	45.2
	均值	2267	11367		101.3	3.09	4.98	7.37	253.4	45.1
40# -2kg 纤维	1	2200	12800	40.7	107.2	3.00	5.87	8.30	392.1	51.4
	2	2600	12000		98.8	3.55	5.70	7.78	327.7	53.6
	3	2700	11000	40.7	102.4	3.68	5.39	7.13	372.3	52.1
	均值	2500	11933		102.8	3.41	5.64	7.74	364.0	52.4

注：其中 P_{fc} 为开裂荷载，P_{max} 为最大荷载，E 为弹性模量，σ_c 为抗压强度，σ_{fc} 开裂强度，σ_t 为抗拉强度，σ_f 为抗弯强度，G_f 为断裂能，l_{ch} 为断裂参数，l_{ch} 越小，表明混凝土脆性越大。

由表10可见：

（1）C100超高性能混凝土中加入纤维可以有效提高混凝土断裂破坏的最大荷载、抗弯强度、抗拉强度，随着混凝土中纤维量的增加，提高的幅度逐渐增大。

（2）C100超高性能混凝土中加入纤维可以有效提高混凝土断裂能 G_f 和断裂参数 l_{ch}，提高混凝土的韧性，降低C100超高性能混凝土的脆性。

5 耐火性能

UHPC是一种低渗透、低孔隙率、含水量很低的脆性材料。水以化学结合水的形式存在，或吸附于C-S-H凝胶的吸附层中。在很低的蒸气压下或高温作用下，水被吸附并变成水蒸气。由于低渗透性，孔隙中压力导致了保护层的爆裂破坏。含与不含纤维试件的耐火试验如图11～图14所示。

有机纤维在高温下熔化，变成了水蒸气外逸的通道，试件不发生崩裂，从而在高温耐火试验中保持完好。

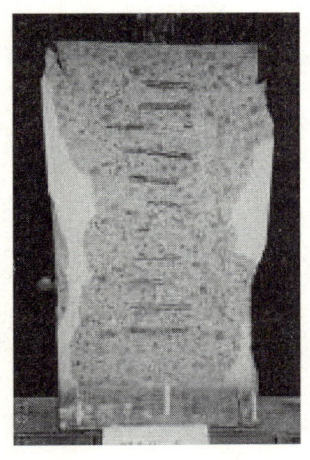

图11 不含有机纤维试件

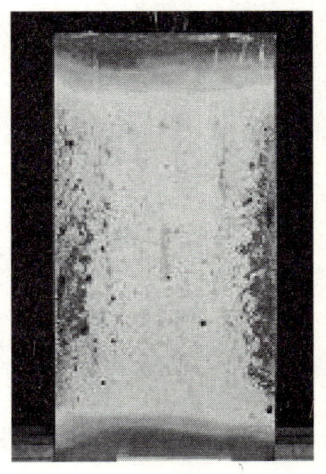

图12 含2kg/m³纤维试件

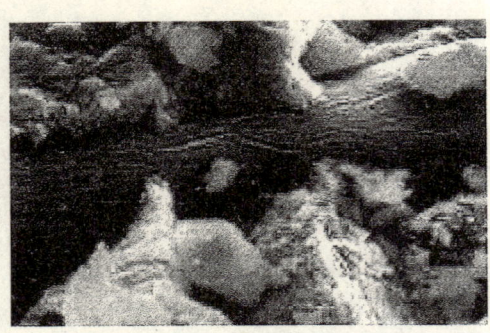
图13 含纤维试件高温耐火试验前放大4000倍完整的纤维

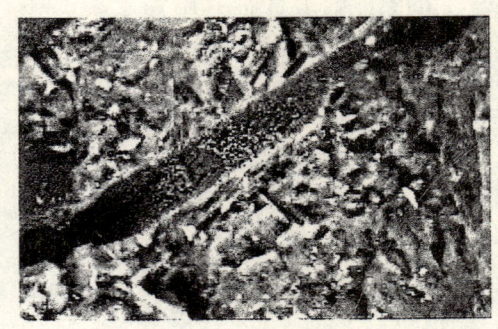
图14 含纤维试件高温耐火试验后,放大1000倍的纤维(图像宽120μm)

6 结束语

在超高性能混凝土中,掺入 $2kg/m^3$ 的聚丙烯纤维,可以有效地抑制早期自收缩与自收缩开裂;提高混凝土的韧性及断裂性能;有效地提高超高性能混凝土的耐火性能。有机纤维将成为超高性能混凝土的新组分。

参考文献

[1] H. 索黙编,冯乃谦等译. 高性能混凝土的耐久性 [M]. 北京:科学出版社,1998.
[2] U. Schneider. 高性能混凝土的耐火性. H. Sommer:Durability Of HPC. ISBN 7 - 03 - 006520 - 4.
[3] 笠井芳夫. 日本的高强混凝土. 在中国的讲学(武汉),2007,10.
[4] 大成建设株式会社. 高强混凝土及其施工应用. 笠井芳夫在中国的讲学(武汉),2007,10.
[5] M. Schmidt 等. 超高性能混凝土:预制混凝土制品工业展望 [J]. 混凝土设备与预制技术. BFT 中文版,2005(1).

氯离子吸附剂的研发与应用

冯乃谦　王湘才　齐世坤

清华大学，北京，100084

【摘　要】　混凝土中钢筋表面的 Cl^- 达到某一限值后，表面钝化膜被破坏，产生孔蚀。在空气和水的作用下，形成微电池，使金属铁变成铁锈，体积膨胀，使保护层开裂剥落，进一步发展使结构失去承载力。Cl^- 吸附剂和混凝土中的 Cl^- （包括材料带进的和外部渗透进入的 Cl^- ）发生化学反应，生成Friedel 盐，降低了混凝土中的自由 Cl^- （包括钢筋表面的 Cl^- ）浓度，抑制了 Cl^- 对钢筋的锈蚀，延长了混凝土结构的工作寿命。

【关键词】　钝化膜；承载力；混凝土结构；化学反应

Production and Application of the Chlorine Ion Absorbent

Feng Naiqian　Wang Xiangcai　Qi Shikun

Tsinghua University, Beijing 100084, China

【Abstract】　When Cl-on the surface of the rebar in reinforced concrete is up to a certain limit, the surface passivating layer has been destroyed, the rebar corroded. With the air and water, micro cell forming, metals become rust with volume expansion, then the protective layer spalls. The structure loses its bearing capacity. The absorbent undergo a chemical reaction with Cl-in concrete (including Cl-in materials and through external penetration), produce Friedel salt, which reduce the concentrations of free Cl-(including Cl-on steel surface) in concrete, inhibit Cl-corrosion for rebar, and prolong the working life of concrete structure.

【Key words】　surface passivating layer; bearing capacity; concrete structure; chemical reaction

1　混凝土结构中原材料导入的氯离子

混凝土材料导入的氯离子。冬季施工加入的防冻剂、海砂、掺合料、水及化学外加剂。混凝土材料导入的氯离子限值见表 1，海砂造成混凝土结构的劣化破坏见图 1、图 2。

 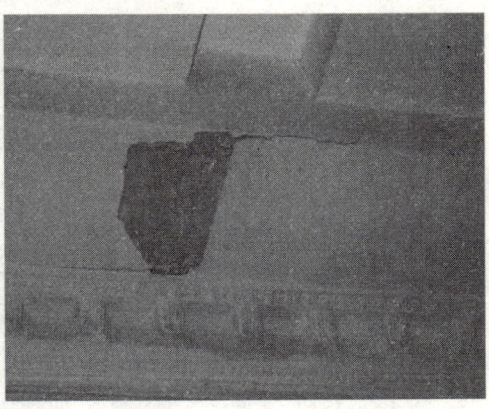

图 1　海砂造成混凝土结构的劣化破坏

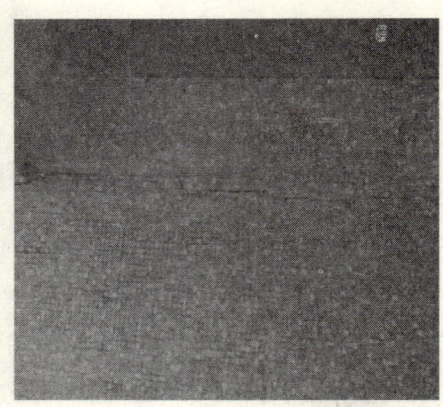

图 2　深圳的海砂破坏工程实例

表 1　混凝土中氯离子含量规定之允许导入量

混凝土质量等级	混凝土中 Cl⁻ 含量	①细骨料	②水	③①+②
高级混凝土	规定值	0.04%	0.033%	—
高级混凝土	导入量（g/m³）	800kg×0.04%=320g	200kg×0.033%=66g	386g
普通混凝土	规定值	0.1%	1g/1（可溶性蒸发残余物）	—
普通混凝土	导入量（g/m³）	800kg×0.1%=800g	200kg×1%=200kg	1000g

注：以表中规定，假定单方混凝土中细骨料用量为 800kg，水 200kg，那么，高级混凝土中氯离子允许导入值 386g/m³，普通混凝土中氯离子允许导入值 1000g/m³。

2　外部氯离子扩散渗透对混凝土结构的腐蚀

如海水的水滴、海盐粒子、冬天化雪的除冰盐等；由于风力、雨水及机械的作用，附着于混凝土结构的表面，通过扩散渗透进入到钢筋的表面，达到一定浓度后，使钢筋锈蚀，混凝土保护层开裂破坏，如图 3~图 5 所示。

图 3　阳台栏杆板被腐蚀破坏情况

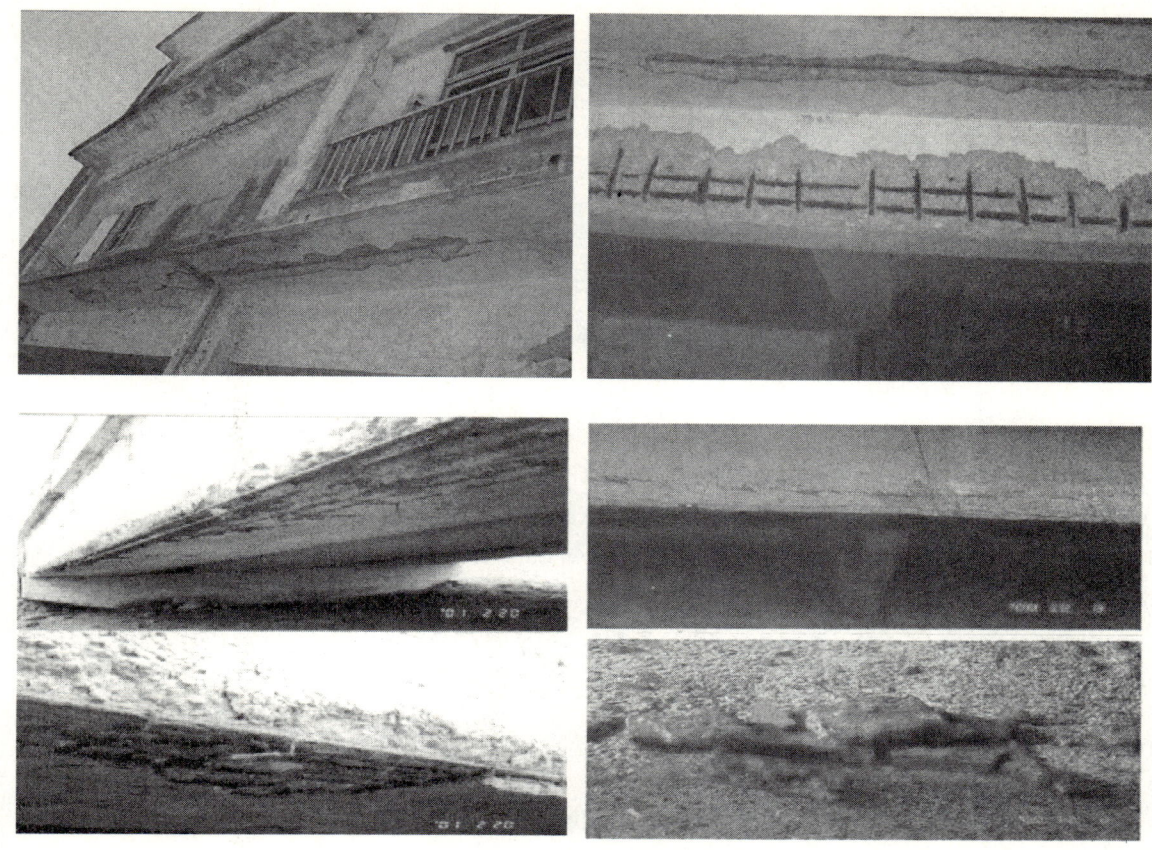

图4 海盐粒子对钢筋混凝土桥梁的破坏情况

图5 除冰盐的腐蚀

3 氯离子吸附剂抑制混凝土劣化腐蚀的机理

氯离子吸附剂是亚硝酸盐型水铝酸钙石 $[3CaO \cdot Al_2O_3 \cdot Ca(NO_2)_2 \cdot nH_2O]$。在水泥混凝土中的氯离子有三种状态：

- 水泥水化物中形成新化合物。如 Friedel 盐 $3CaO \cdot Al_2O_3 \cdot CaCl_2 \cdot nH_2O$; $CaO \cdot CaCl_2 \cdot 2H_2O$;
- 被毛细管壁吸附的 Cl^-。如 $3CaO \cdot 2SiO_2$ 中有 Cl^-，Al_2O_3 和 SO_3 穿插其中;
- 游离 Cl^-。通过浓度扩散进入混凝土内部，如图6所示。

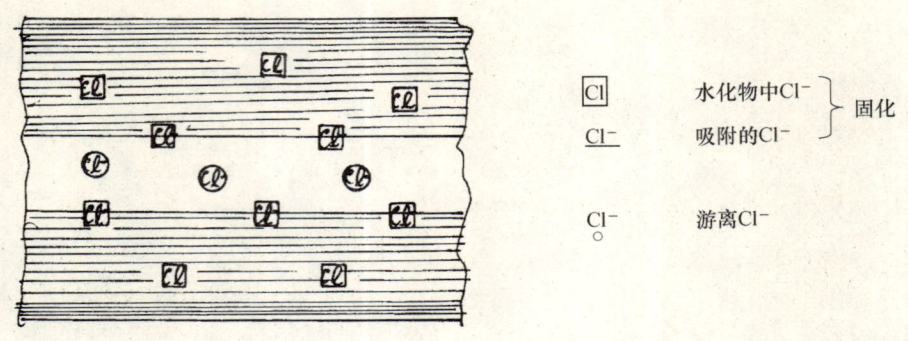

图6 混凝土微管中的 Cl^- 状态

氯离子吸附剂与外部进入的或内部存在的 Cl^- 反应,生成 Friedel 盐($3CaO \cdot Al_2O_3 \cdot CaCl_2 \cdot nH_2O$),同时放出 NO_2^-。NO_2^- 和水泥混凝土中的 Ca^{2+} 反应,生成 $Ca(NO_2)_2$。$Ca(NO_2)_2$ 又和水泥中的 $3CaO \cdot Al_2O_3 \cdot nH_2O$ 反应,生成 $3CaO \cdot Al_2O_3 \cdot Ca(NO_2)_2 \cdot nH_2O$(水铝酸钙石)。水铝酸钙石又和混凝土中的 Cl^- 反应,又生成 Friedel 盐和放出 NO_2^-。

$$3CaO \cdot Al_2O_3 \cdot Ca(NO_2)_2 \cdot nH_2O + 2Cl^- \rightarrow 3CaO \cdot Al_2O_3 \cdot CaCl_2 \cdot nH_2O + NO_2^- \qquad (1)$$

故能抑制内部和外部的 Cl^- 对钢筋锈蚀。同时,还能再生循环。

4 试验与应用

4.1 抑制内部 Cl^- 和外部 Cl^- 扩散对钢筋腐蚀的试验

如表2所示,试件脱模标准养护7d后,放入3% NaCl 溶液中浸泡,经1年2个月和2年2个月之后,将试件从溶液中取出,打开观察内部钢筋锈蚀情况。

表2 试件尺寸、砂浆配比及内放钢筋

No.	试件尺寸(mm)	内放钢筋	W/B(%)	组成材料	Cl^- 吸附剂	NaCl	浸泡溶液
1	25×25×285	ϕ4mm l=250mm	50	水泥 400g 标准砂 900g 水 200mL	—	—	3% NaCl 溶液
2	同上	同上	50	水泥 392g 标准砂 900g 水 200mL Cl^- 吸附剂 8g	8g (2%)	—	同上
3	同上	同上	50	水泥 384g 标准砂 900g 水 200mL Cl^- 吸附剂 16g	16g (4%)	—	同上
4	同上	同上	50	水泥 376g NaCl 8g 标准砂 900g 水 200mL Cl^- 吸附剂 16g	16g (4%)	8g (2%)	同上

图 7（a）中 1#、4# 试件锈蚀；图 7（b）中 1#、2#、4# 试件锈蚀。说明氯离子吸附剂掺量太低，试件中氯离子相对含量太高，在 NaCl 溶液中浸泡，均会引起钢筋锈蚀。

（a）

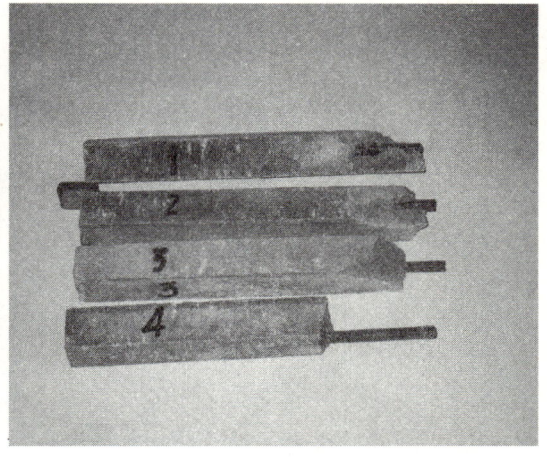
（b）

图 7　钢筋在 3% NaCl 溶液中的锈蚀
（a）在 3% NaCl 溶液中浸泡 1 年 2 个月；（b）在 3% NaCl 溶液中浸泡 2 年 2 个月

4.2　修补砂浆试验

如图 8 所示，图中②为腐蚀砂浆；砂浆中 NaCl 含量分别为 2%、3% 和 5%；①为修补砂浆，内含 20% 氯离子吸附剂；为了对比，①也可能为基准砂浆，即不含氯离子吸附剂。

表 3 中砂浆试件成型养护 7d 后脱模，浸入 3% NaCl 溶液中 3d，然后取出放在室内凉干 4d，作为 1 次循环，经 10 个循环后。改为 1d 干 1d 湿为一个循环，经 100 次循环后，打开试件观察其中钢筋锈蚀情况，如图 9 所示。

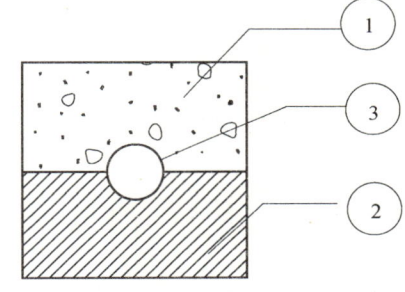

图 8　砂浆试件断面图
1—修补砂浆或基准砂浆；2—腐蚀砂浆；3—钢筋

表 3　腐蚀砂浆与修补砂浆

系列	试件编号	试件尺寸及埋设钢筋	试件砂浆组合	基准砂浆配比	修补砂浆配比	腐蚀砂浆配比
1	1-1 1-6	40mm×40mm×160mm 埋设钢筋 ϕ10mm l=120mm	基准砂浆 修补砂浆	水泥 1.0 砂 2.5 W/C=0.5	水泥 0.8 吸附剂 0.2 砂 2.5 W/C=0.5	水泥 0.98 NaCl 0.02 砂 2.5 W/C=2.5
2	2-1 2-6	同上	基准砂浆 修补砂浆	同上	同上	水泥 0.97 NaCl 0.03 砂 2.5 W/C=0.5
3	3-1 3-6	同上	基准砂浆 修补砂浆	同上	同上	水泥 0.95 NaCl 0.05 砂 2.5 W/C=0.5

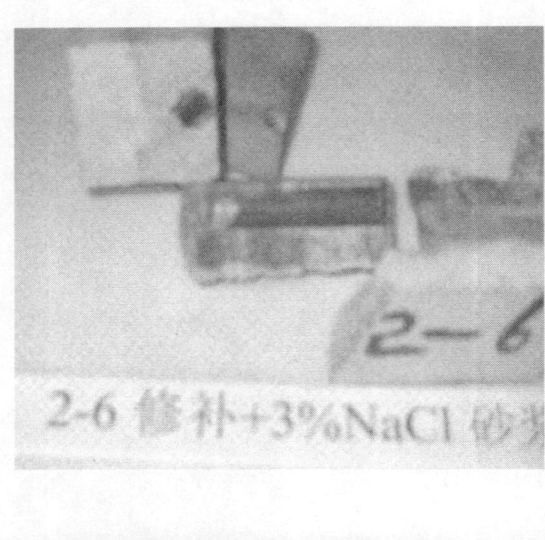

图9 模拟修补砂浆与腐蚀砂浆试件中钢筋锈蚀情况

由图9可见：腐蚀砂浆与基准砂浆试件中的钢筋均发生锈蚀（试件1-1，试件2-1，试件3-1）；但修补砂浆与腐蚀砂浆试件中的钢筋，均未发生锈蚀（试件1-6，试件2-6，试件3-6）。说明用Cl^-吸附剂配制修补砂浆，修补被Cl^-腐蚀的钢筋混凝土构件是有效的。

4.3 配制海砂砂浆试件

海砂：地中海海砂，由马来西亚IKRAM公司提供。

河砂：北京河砂砂浆。
水泥：P·O 42.5。
氯离子吸附剂：自产。
海砂砂浆试验配比如表4所示。试件中埋放的钢筋如图10所示。

表4　海砂砂浆试验配比

No.	砂浆配比	试验条件
1	河砂，灰砂比1:3，$W/C=0.5$ 内埋设$\phi 6mm$钢筋 试件尺寸$40mm \times 40mm \times 160mm$	试件脱模后，标养7d，在饱和Ca(OH)$_2$溶液中浸泡7d，用快速法测定钢筋电位（3% NaCl溶液中浸泡）
2	用海砂代替河砂 配比同上	同上
3	配比同No.2，但内掺10%氯离子吸附剂	同上

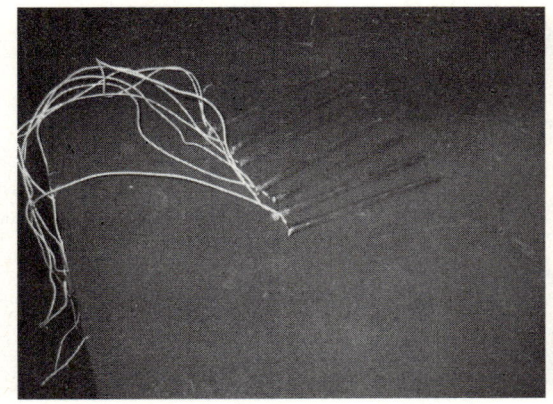

(a)

(b)

(c)

图10　海砂砂浆试验
(a) 埋放的钢筋；(b) 试件成型；(c) 钢筋电位测定

试件中钢筋电位变化曲线如图11所示，由此可见，经过5个月左右，在3% NaCl溶液中进行干湿试验，河砂和海砂试件中钢筋的自然电位随时间而下降，说明钢筋已发生锈蚀。而No.3试件，因内掺10%氯离子吸附剂，钢筋的自然电位不随时间而下降，说明其中钢筋无锈蚀。

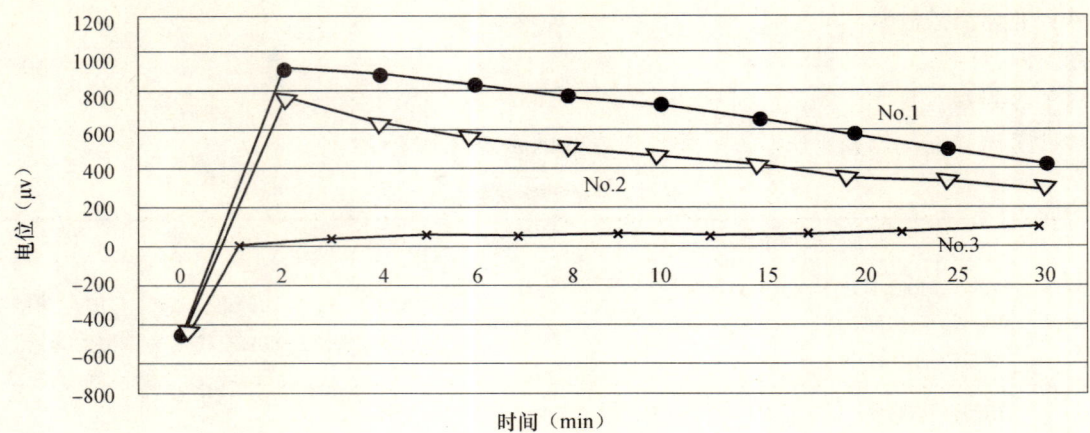

图 11　砂浆中钢筋电位变化曲线

为了进一步加速试件的 Cl⁻ 腐蚀，在试件中掺入了 3% NaCl 进行了试验，如表 5 所示。

表 5　海砂 + 氯化钠的砂浆试件

No.	砂浆配比	试验条件
4	海砂，灰砂比 1:3，$W/C = 0.5$ 内埋设 ϕ6mm 钢筋 试件尺寸 40mm × 40mm × 160mm	脱模后，标养 7d，浸入 3% NaCl 溶液中，进行干湿试验
5	海砂 + 3% NaCl 配比及试件尺寸同上	同上
6	海砂 + 3% NaCl + 10% 氯离子吸附剂 配比及试件尺寸同上	同上

砂浆龄期 105d，干湿循环 4 次。测定砂浆试件中钢筋电位曲线如图 12 所示。（2007 年 3 月 6 日测试数据）。

由此可见：海砂 + 3% NaCl 试件（No.5）中，钢筋电位随时间而下降，说明钢筋已锈蚀。但海砂 + 3% NaCl + 10% 氯离子吸附剂试件（No.6）无此现象。说明吸附剂能抑制内部及外部 Cl⁻ 腐蚀。

劈开试件，进一步观测内部钢筋锈蚀情况，如图 13 所示。

由图 13（a，b，c，d）中，海砂砂浆试件在 3%NaCl 溶液中浸泡并进行干湿试验时，海砂砂浆试件中的钢筋均已开始锈蚀，但含 10% Cl⁻ 吸附剂的试件中的钢筋均未锈蚀，说明 Cl⁻ 吸附剂能有效抑制 Cl⁻ 对钢筋的腐蚀。

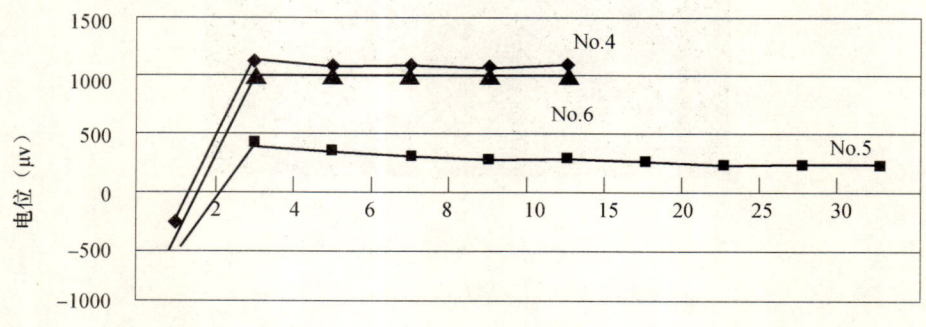

图 12　砂浆试件中钢筋电位曲线

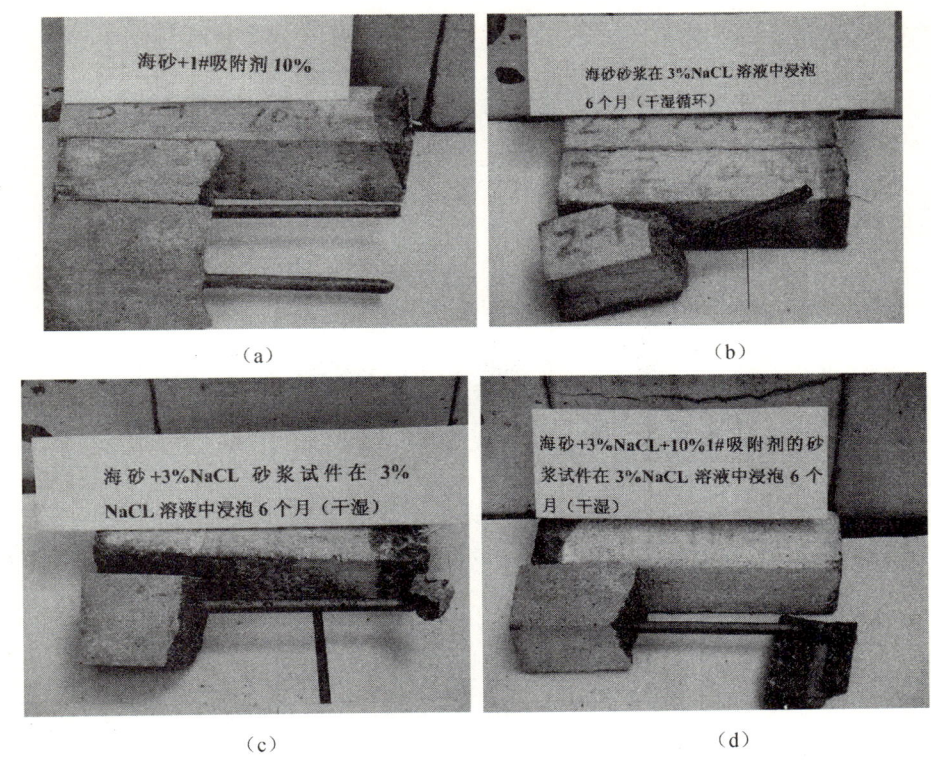

图 13　海砂砂浆试件在 3% NaCl 中浸泡干湿试验

(a) 海砂 + Cl⁻ 吸附剂 10% 的砂浆试件；(b) 海砂砂浆在 3% NaCl 溶液中干湿循环

(c) 海砂 + 3% NaCl；(d) 海砂 + 3% NaCl + 10%

小结：

用地中海海砂及深圳海砂，配制的水泥砂浆试件，在海水中长期浸泡作用或干湿作用下，砂浆试件中的钢筋会受到 Cl⁻ 的腐蚀，生锈。含 10% Cl⁻ 吸附剂的上述砂浆，在同样环境条件下，可以抑制 Cl⁻ 对内部的钢筋锈蚀。通过应用 Cl⁻ 吸附剂，可以用海砂配制混凝土用于工程中，可以抑制内部 Cl⁻ 对钢筋的锈蚀。

4.4　吸附剂改善混凝土结构，提高混凝土强度

以 5% Cl⁻ 吸附剂内掺或外掺到混凝土中，能提高混凝土强度。如表 6 所示。

表 6　吸附剂内掺或外掺到混凝土中提高混凝土强度试验

No.		W/B (%)	Cl⁻吸附剂掺量 (Dosage of Cl⁻ adsorbent (%))	水泥 (Cement) (kg/m³)	Cl⁻吸附剂 (Cl⁻ adsorbent) (kg/m³)	28d 抗压强度 (28d compressive strength) (MPa)
1		40		440	—	38.6 (100%)
	1-1			440	22 (外掺)	45.4 (118%)
	1-2		5	418	22 (内掺)	43.8 (113%)
2		50		400	—	27.5 (100%)
	2-1			400	20 (外掺)	35.2 (128%)
	2-2		5	380	20 (内掺)	34.2 (124%)

注：W/B　40% 混凝土提高强度 13% ~ 18%；

W/B　50% 混凝土提高强度 24% ~ 28%。

5 界面上氯离子分布

将图 8 所示断面，进行界面两边孔缝溶液中的 Cl^- 和 NO_2^- 分析，结果如图 14 所示。

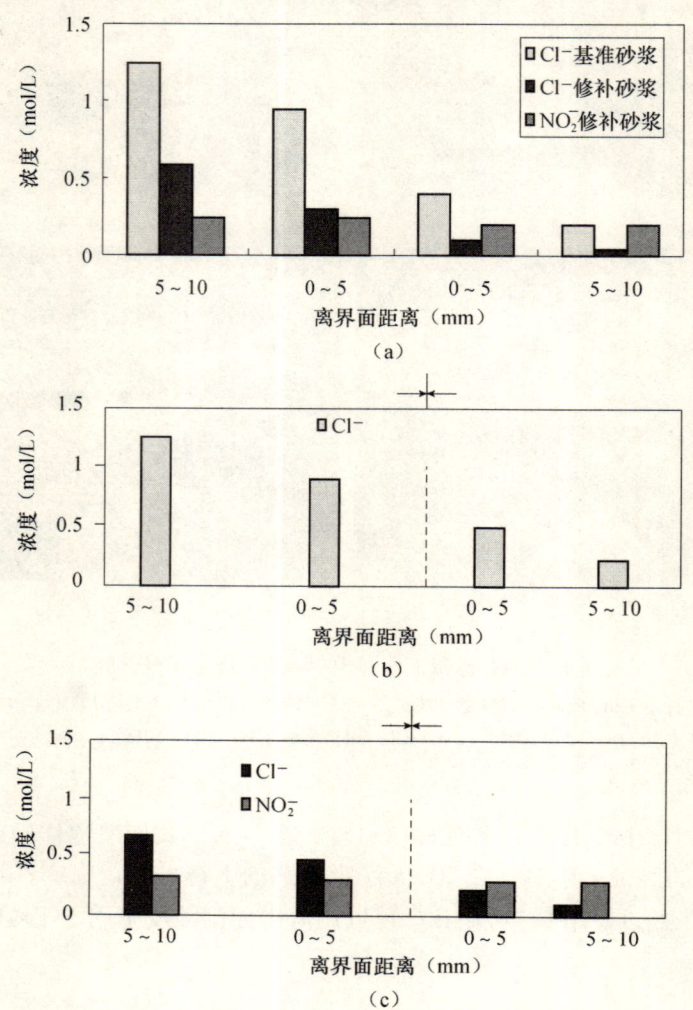

图 14　界面上 Cl^- 和 No_2^- 的分布

图 14 中（a）系指腐蚀砂浆与基准砂浆，以及腐蚀砂浆与修补砂浆界面上 Cl^- 和 NO_2^- 分布比较。

（b）系将图 14 中（a）分解后，腐蚀砂浆——基准砂浆界面上的 Cl^- 浓度分布。

（c）系将图 14 中（a）分解后，腐蚀砂浆——修补砂浆界面上的 Cl^- 和 No_2^- 的浓度分布。

说明 Cl^- 和 No_2^- 能通过界面扩散渗透。

6 结论

（1）Cl^- 吸附剂等量取代混凝土 6%～10% 的水泥，能有效地抵抗 Cl^- 对钢筋的腐蚀，且能再生循环应用。

（2）Cl^- 吸附剂可用于修补砂浆，通过吸附混凝土中的 Cl^-，抑制混凝土结构中 Cl^- 腐蚀破坏。修补砂浆中 Cl^- 吸附剂的掺量≥10%。

（3）Cl^- 吸附剂可提高混凝土的强度，掺量 5% 时，可提高强度 13%～18%（低水灰比时或 24%～28% 高水灰比时）。

（注：参加过本项试验的有：冯乃谦、王湘才、牛全林、张志龄、郭自力、齐世坤等）

超高性能混凝土的新组分——微珠

李 浩[1]　陈乐雄[2]　冯乃谦[3]

1. 深圳市同成新材料科技公司，深圳，518000
2. 深圳市正强投资股份有限公司，深圳，518000
3. 清华大学，北京，100084

【摘　要】　微珠是一种超细微粒的玻璃珠。主要化学成分是 SiO_2 和 Al_2O_3。用于水泥混凝土中，可以降低用水量，提高流动性，提高强度和耐久性；利用微珠可以配制超高性能混凝土、蒸养混凝土及其他特种混凝土。

【关键词】　微珠；流动性；强度与耐久性；超高性能混凝土；特种混凝土

New Components of the Ultra High Performance Concrete—— Micro Bead

Li Hao　Chen Lexiong　Feng Naiqian

【Abstract】　Micro bead (MB) is a superfine glass bead. Its main chemical composition is SiO_2 and Al_2O_3. The mixed water for concrete can be reduced and the fluidity is increasing; The strength and durability of the concrete will be increased by using the MB. The ultra-high performance concrete, steam concrete, and the special concrete can be made by using the micro bead.

【Key words】　Micro bead；fluidity；strength and durability；UHPC；special concrete

1　引言

微珠是燃煤火力发电厂从烟囱排出的飞灰，经收集后得到粉煤灰；但是，还有一部分烟雾从烟囱排走，污染大气。微珠是通过专用设备，从排出的烟雾中回收到的灰尘，平均粒径约 $1.2\mu m$，是一种球状的玻璃体，故称微珠。

微珠用到水泥混凝土中，能填充水泥颗粒间的孔隙，使自由水分排放出来，增大水泥浆体的流动性，水泥浆硬化后强度提高；微珠的主要化学成分 SiO_2 和 Al_2O_3 及水泥水化反应放出的 $Ca(OH)_2$ 能迅速反应，形成硅酸钙或钙矾石型的水化物，具有比较高的抗盐侵蚀和抗硫酸盐侵蚀能力，提高混凝土的耐久性。

微珠和硅粉复配用于高性能及超高性能混凝土时，用氨基及萘系复合的减水剂，可使混凝土的水胶比降至18%以下，而且能获得高流动性混凝土，28d 强度可达 125~130MPa，微珠用于管桩生产，配制的混凝土经蒸养后，可达 90~100MPa。微珠还可以用于配制 ECC 材料及人造木材等高性能水泥制品。

2　微珠的物理化学性能

物理性能指标：

(1) 球状颗粒，表面光滑的玻璃体，SEM 如图1所示；

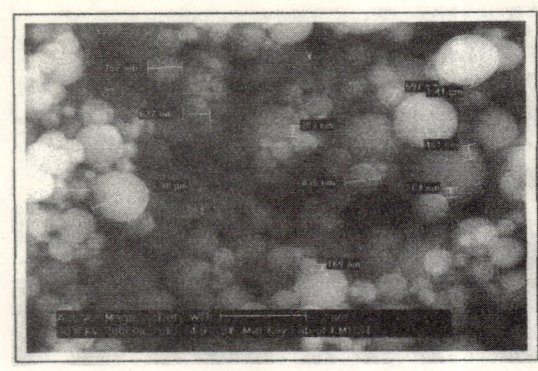 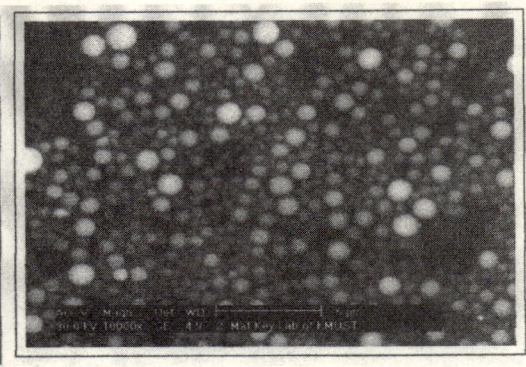

×20000　　　　　　　　　　×10000

图1　微珠的 SEM 图

（2）平均粒径为 1.2μm，约为粉煤灰平均粒径（20μm）的 1/15～1/16，平均粒径分布如图2所示；

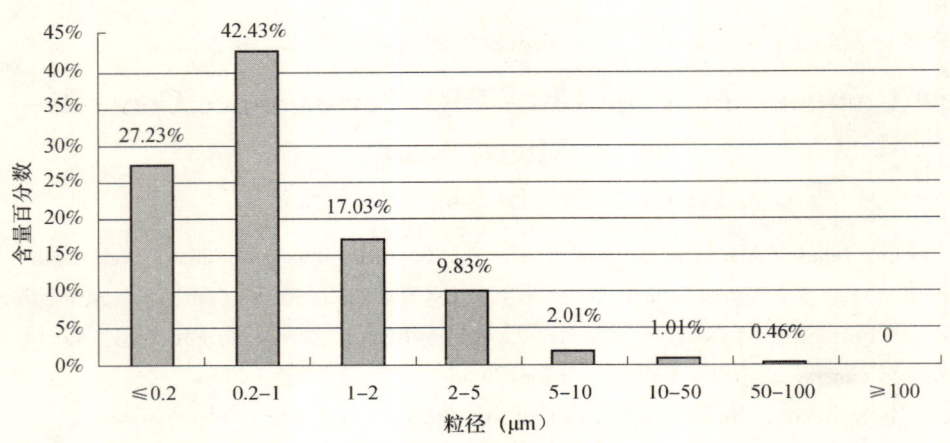

图2　微珠的粒径分布

（3）表观密度 0.8～1.0g/cm³，密度 2.52g/cm³，球体抗压强度≥800MPa；
（4）含水量≤0.1；
（5）标准稠度用水量≤95%；
（6）胶砂需水量比≤90%；
（7）混凝土用水量比≤85%；

化学性能见表1。

表1　微珠的化学成分　　　　　　　　　　　　　%

化学成分	SiO_2	CaO	MgO	Al_2O_3	Fe_2O_3	N_2O	K_2O	SO_3	烧失量
含量	56.5	4.8	1.3	26.5	5.3	1.4	3.28	0.65	≤1

3　微珠改善水泥砂浆和混凝土流动性和强度的试验

3.1　对水泥浆体流动性的影响

P·O 52.5R 水泥 500g，$W/B=0.29$，复合外加剂掺量 0.5%，分别以微珠 5%、10%、15%、20%、25% 和 30% 等量取代水泥，净浆流动度见表2：

表 2　微珠对水泥取代量　　　　　　　　　　　　　　　　　　　　%

	基准	5	10	15	20	25	30
流动度（mm）	134	168	179	207	195	185	175

由此可见，随着微珠掺量增加，净浆流动度增大，以微珠等量取代 15% 水泥时，净浆流动度达到最大 207mm，然后又随着掺量增大而逐步降低。

3.2　对水泥砂浆流动性影响

以 6%、12%、18%、24% 及 30% 微珠等量取代水泥，配制砂浆，砂浆流动性变化如下（表3）。

表 3　砂浆扩展度变化

扩展度（%）	微珠掺量（%）					
	基准砂浆	6	12	18	24	30
	100	102	108	105	113	114

3.3　对砂浆强度影响

以 6%、12%、18%、24% 及 30% 微珠等量取代水泥，在相同水胶比下配制砂浆，基准砂浆 3d、28d、56d 的强度与含微珠砂浆的强度关系如表 4 所示。

表 4　基准砂浆与含不同微珠砂浆的强度比较

强度（%）	基准	6%	12%	18%	24%	30%
3d	100	108	106	102	101	91
28d	100	109	110	105	110	95
56d	100	111	119	120	119	100

3.4　对混凝土强度和流动性影响

混凝土 $W/B=0.18$ 含微珠超高性能混凝土的流动性及保塑性，以部分微珠和少量硅粉复配，取代 1/3 的水泥，混凝土的流动性及强度见表 5、表 6：

表 5　混凝土流动性

	坍落度（mm）	扩展度（mm）	倒筒时间（s）
初始	260	680×700	4
1h	260	680×700	4
2h	265	680×700	5
3h	260	660×680	6

表 6　不同龄期超高性能混凝土强度

日期	3d	7d	28d
强度（MPa）	97	101	132.7

4 微珠对混凝土耐久性的影响

4.1 微珠取代水泥量与 Cl⁻ 扩散深度变化

微珠取代水泥量 0%、10%、20%；做成的砂浆试件，在饱和盐水中侵蚀（常温下），不同龄期 Cl^- 扩散深度见表7：

表7 不同龄期 Cl^- 扩展深度   mm

	3d	7d	28d
基准砂浆	14	17	21
10%微珠	7	10	10
20%微珠	6	9	10

4.2 微珠的抗硫盐腐蚀

粉煤灰抗硫酸盐腐蚀性能的评价：

$R=(C-5)/F \leqslant 1.0$ 时，将该种粉煤灰掺入混凝土中，能有效地提高抗硫酸盐腐蚀性能。

式中　C——粉煤灰中 CaO 含量%；

　　　F——粉煤灰中 Fe_2O_3 含量%。

根据表1微珠化学成分中 CaO 含量4.8%，Fe_2O_3 含量5.3%，代入 $R=(C-5)/F \leqslant 1.0$，式中，R 为负值，故微珠有很高的抗硫酸盐腐蚀的性能。

5 结论

微珠是高性能、超高性能混凝土的新组分。

微珠代替部分水泥配制砂浆或混凝土能增大流动性，提高强度和耐久性。也即在水泥混凝土中具有填充效应、流化效应、增强效应和耐久性效应。

高性能减振混凝土的试验研究

邹笃建

哈尔滨工业大学深圳研究生院,深圳,518055

【摘　要】　纤维和聚合物的掺入对混凝土材料的阻尼性能有明显的影响。本文首先利用三点弯曲梁式大尺寸材料阻尼测试装置在频率(0.5~2.0Hz)条件下测定了碳纤维、聚丙烯腈纤维和胶粉对混凝土材料阻尼性能的影响,并通过抗氯离子扩散试验和碳化试验来评定纤维混凝土的耐久性能。试验结果表明:在不同频率条件下,各种纤维与胶粉掺料均能提高素混凝土的损耗因子,提高幅度大约为80%~200%,其中胶粉、聚丙烯腈纤维提高的较为明显;纤维和聚合物混凝土材料的氯离子渗透性和碳化深度有明显的降低。由此说明纤维和聚合物的掺入不仅明显提高了混凝土的阻尼性能,同时也提高了混凝土材料的耐久性。

【关键词】　减振混凝土;纤维和聚合物;阻尼性能;耐久性

The Experimental Investigation on High Performance Damping Concrete

Zou Dujian

Harbin Institute of Technology Shenzhen Graduate School, Shenzhen, 518055, China

【Abstract】　Fibers and polymers as the admixtures have obvious impact on the damping capacity of concrete. In this paper, the experimental investigation on damping capacity of reinforced concrete affected by mixing carbon fibers, polyacrylonitrile fiber or rubber powders was carried out by the method of 3-point bending beam damping measurement in the range of 0.5 ~ 2.0Hz. The durability of concrete was evaluated through chloride diffusion test and carbonization test. The results show that loss modulus of two kind fiber reinforced concrete and rubber powder reinforced concrete were increased by 80% ~ 200% and the enhanced effect was more obvious for polyacrylonitrile fiber and rubber power. Fibers and rubber powers as admixtures decreased the chloride permeability and carbonation depth of concrete material. It is indicated that fibers and polymers as admixtures both increase the damping capacity and durability of concrete.

【Key words】　damping concrete; fibers and polymer; damping property; durability

引言

　　现有的这些结构振动控制方法都是从结构出发,需要在结构上附加控制装置,不仅使结构的设计与施工复杂化,而且需要不断的维修、更新,成本昂贵,甚至由于后期维护工作或中间环节的疏漏,使得结构的控制装置在地震、台风等灾难性荷载作用过程中不能发挥应有的效用,导致结构物破坏和生命财产损失。结构中的阻尼通常由粘弹性非结构材料提供。由于结构中结构材料用量巨大,所以结构材料自身的阻尼能力尤为重要。结构材料的耐久性和低成本也越来越吸引更多的研究者发展结构材

基金项目:广东省自然科学基金(9151064101000066);深圳市科技计划项目(SY200806260024A,PT200805190158A,ZYC200903230060A)

料本身的阻尼能力。通过在混凝土中掺加各种纤维材料（碳纤维和聚丙烯腈纤维等）、胶粉，使得这些组分和基体材料很好地融合在一起，使钢筋混凝土结构的阻尼比提高，则可在不附加阻尼装置的前提下逐步提升关键结构构件的抗震性能。同时纤维的加入可以有效地减少混凝土材料的氯离子渗透性和碳化深度、提高混凝土的耐久性。

美国纽约州立大学Buffalo分校的Chung教授领导的课题组自1996年以来对提高水泥浆体和水泥砂浆的阻尼与刚度进行了一系列研究[1-6]，发现在水泥浆体中掺加一定比例的乳胶、甲基纤维素、硅粉、碳纤维，将极大地提高水泥的阻尼能力。Liu等[7-9]从2000年开始也对水泥基材料阻尼增强进行过深入的研究，得出了一系列结论。柯国军等[10]对混凝土构件阻尼比进行的研究发现：橡胶粉与羧基丁苯胶乳加入混凝土后能提高其阻尼比30%~90%，但弹性模量与抗折强度有一定程度的下降。

1 试验

1.1 原材料

用广州水泥厂生产的强度等级为32.5级普通硅酸盐水泥作为胶凝材料。采用深圳海川集团提供的路威2002聚丙烯腈纤维，选用上海新卡碳素有限公司生产的10mm短切碳纤维，采用成都东蓝星公司生产的硅粉。

1.2 配合比设计与成型试件

配合比是通过控制混凝土的流动度大约为170mm而确定的，其中掺胶粉、碳纤维和聚丙烯腈纤维、混凝土分别记为L、C和B，作为对比用的基准混凝土记为P，此外，高效减水剂和硅粉分别记为WR和SF，纤维增强阻尼混凝土的配合比见表1。试配时，减水剂掺量为碳纤维组（水泥质量的1.0%），每1m³混凝土密度大约2380kg。利用搅拌好的纤维混凝土，制作尺寸为60mm×60mm×900mm的混凝土梁试件，在相同的条件下测定不同掺料对混凝土材料阻尼性能的影响。制作标准尺寸为直径$\phi 100 \pm 1$mm，高度$h = 50 \pm 2$mm的混凝土试件进行抗氯离子扩散试验；制作100mm×100mm×100mm的试件进行碳化试验以研究纤维混凝土的耐久性能。

表1 高性能减振混凝土配合比设计   kg/m³

类型	水泥	掺料	水灰比	水	砂	石子	减水剂	硅粉
P	480	0	0.44	220	605	1075	—	—
L	480	28.8	0.44	220	605	1075	—	—
C	480	2.4	0.42	210	638	1042	4.8	38.4
B	480	1.2	0.40	200	638	1042	2.4	19.2

1.3 试验装置及测试原理

1.3.1 阻尼测试装置及测试原理

本文采用自主研发的三点弯曲梁阻尼测试装置（发明专利：ZL 200610010005.8)[11]对混凝土梁试件的阻尼性能进行测试。测试装置实物如图1所示，正弦信号由信号发生器发出，200N的激振器在功率放大器的控制下以交变方式作用于混凝土梁的跨中上，力由梁底部的力传感器测出，而梁中点的位移由梁上方的激光位移传感器测出。力和位移信号由数据采集系统（采集界面见图2）自动记录于计算机内。由力、位移和位移滞后与力的相位差来计算（式1~式3）混凝土材料的阻尼（以损耗因子表示）和刚度（以储存模量表示）。试验研究了地震频率范围（0.5~2Hz）下纤维掺量、干湿条件和表面改性对纤维混凝土阻尼和刚度性能的影响。

$$\eta = \frac{E''}{E'} = \frac{1}{1 + \dfrac{Y_0}{P_0 \cos\delta} \cdot \dfrac{\omega^2 ml}{2}} \mathrm{tg}\delta \tag{1}$$

$$E' = [k\cos\delta + 2\pi^2 f^2 m] \frac{24 l^3}{bh^3 \pi^4} \tag{2}$$

$$E'' = [k\sin\delta] \frac{24 l^3}{bh^3 \pi^4} \tag{3}$$

式中 P_0——激励力的幅值，N；

Y_0——梁中点的位移幅值，m；

δ——激励力 P 和位移 Y 之间的相位差，度；

I——梁的截面的惯性矩，m^4；

m——梁的线密度；

f——激振频率，Hz。

图 1 三点弯曲梁阻尼测试装置

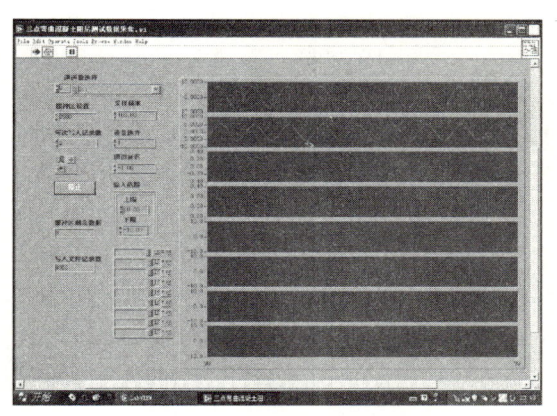

图 2 力与位移实时采集界面

1.3.2 耐久性能测试装置及测试原理

本文采用混凝土氯离子扩散系数快速测定法（RCM）来测定阻尼增强混凝土的氯离子扩散系数，评定其抗氯离子渗透性能。RCM 测定仪如图 3 所示。混凝土氯离子扩散系数可按式 4、式 5 计算。按照表 1 的配合比配制混凝土样品 P（空白混凝土）、B（聚丙烯腈纤维混凝土）、L（掺有胶粉的混凝土）和 C（碳纤维混凝土），用 CCB-70F 型混凝土碳化试验箱来测定阻尼增强混凝土的抗碳化能力，碳化试验箱如图 4 所示。

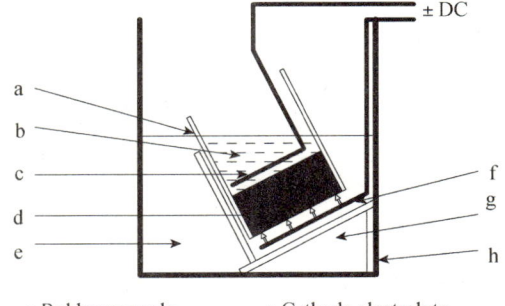

a. Rubber cannula　　e. Cathode electrolyte
b. Anode electrolyte　　f. Cathode
c. Anode　　g. Plastic bracket
d. Sample　　h. Plastic box

图 3 氯离子渗透试验装置

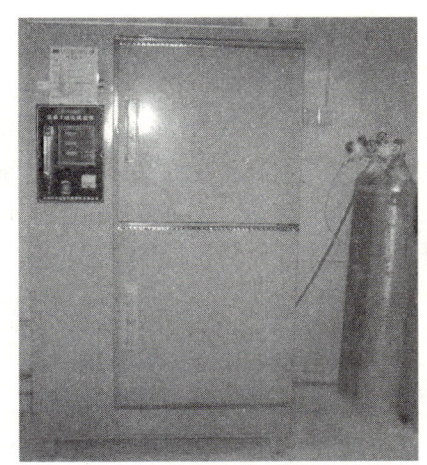

图 4 混凝土碳化试验

$$D_{RCM} = 2.872 \times 10^{-6} \frac{Th(X_d - \alpha \sqrt{X_d})}{t} \quad (4)$$

$$\alpha = 3.338 \times 10^{-3} \sqrt{Th} \quad (5)$$

式中 D_{RCM}——RCM 法测定的混凝土氯离子扩散系数，m^2/s；

　　　T——阳极电解液初始和最终温度的平均值，K；

　　　h——试件高度，m；

　　　X_d——氯离子扩散深度，m；

　　　t——通电试验时间，s；

　　　α——辅助变量。

2 结果及分析

2.1 阻尼性能

通过三点弯曲梁试验，不同频率下四种混凝土的损耗因子和储存模量测试结果如表 2 所示。

从表 2 可以看出，在不同频率条件下，各种纤维与胶粉掺料均能提高素混凝土的损耗因子，提高大约 80%～200%，其中胶粉、聚丙烯腈纤维提高的较为明显，胶粉的阻尼增强机理在于胶粉溶于水后形成稳定的乳液，这种高分子乳液具有很好的粘弹性能，在外力的作用下，聚合物的拉伸-回缩循环变化均需克服链段间内摩擦阻力而产生内耗，将部分机械能转化为热能耗散掉，起到阻尼作用；碳纤维在外力的作用下，由于碳纤维的柔性缓冲产生耗能，与碳纤维相比，聚丙烯腈纤维的截面为腰果形，较之圆形截面具有与水泥基材更大的接触面积，且表面经特殊粗糙处理，使得聚丙烯腈纤维与水泥基材具有更好的握裹力，从而体现出更好的阻尼性能。

表 2 不同频率下纤维阻尼增强混凝土的损耗因子与储存模量

类型	0.5Hz		1.0Hz		1.5Hz		2.0Hz	
	E ($10^{10}N/m^2$)	η (%)	E ($10^{10}N/m^2$)	η (%)	E ($10^{10}N/m^2$)	η (%)	E ($10^{10}N/m^2$)	η (%)
P	3.60	2.56	3.69	2.04	3.75	2.58	3.56	2.43
L	2.75	7.53	2.64	6.66	2.62	5.38	2.58	5.97
C	2.85	7.41	2.78	4.76	2.83	4.19	2.90	4.16
B	3.67	6.86	3.74	6.24	3.78	4.67	3.83	4.85

2.2 氯离子渗透性

从表 3 可以看出，掺有纤维和胶粉的混凝土其养护 28d 后的抗氯离子渗透性能均优于空白混凝土，其中掺有聚丙烯腈纤维混凝土的氯离子扩散系数比空白混凝土试样降低了 65.7%，在很大程度上提高了混凝土的耐久性。胶粉以一定的掺量加入到混凝土中，能填充其中的空隙，改善水泥与骨料的界面状况，约束微裂缝的产生和扩展，提高混凝土的抗氯离子渗透性能。

表 3 高性能减振混凝土氯离子渗透性的试验结果

	编号	平均温度 T (℃)	试件高度 h (mm)	辅助变量 α	显色深度 x_d (mm)	通电时间 t (h)	$D_{RCM,0}$ ($10^{-12}m^2/s$)	$\overline{D_{RCM,0}}$ ($10^{-12}m^2/s$)
B	B-1	24.0	52.8	0.013218	10.25	48	2.323	2.247
	B-2	23.8	51.8	0.013088	10.75	48	2.400	
	B-3	23.9	50.3	0.012900	9.38	48	2.018	

续表

编号		平均温度 T (℃)	试件高度 h (mm)	辅助变量 α	显色深度 x_d (mm)	通电时间 t (h)	$D_{RCM,0}$ ($10^{-12} m^2/s$)	$\overline{D_{RCM,0}}$ ($10^{-12} m^2/s$)
C	C-1	24.0	49.8	0.012837	10.88	48	2.345	
	C-2	23.9	49.8	0.012835	11.38	48	2.460	2.274
	C-3	24.1	51.1	0.013006	9.25	48	2.018	
P	P-1	23.5	50.1	0.012865	13.5	24	5.928	
	P-2	23.3	51.8	0.013077	13.63	24	6.175	6.555
	P-3	23.5	53.1	0.013245	16.13	24	7.561	
L	L-1	23.7	51.7	0.013073	22.75	48	5.297	
	L-2	23.6	51.0	0.012982	20.00	48	4.567	4.847
	L-3	23.7	51.2	0.013010	20.38	48	4.677	

2.3 碳化深度

试件劈开后喷涂酚酞试剂的碳化深度显色效果如图5所示，试件不同龄期下的碳化深度见表4，各试件的碳化深度和龄期的关系如图6所示。各试件的碳化深度如图7所示。

图5 碳化深度

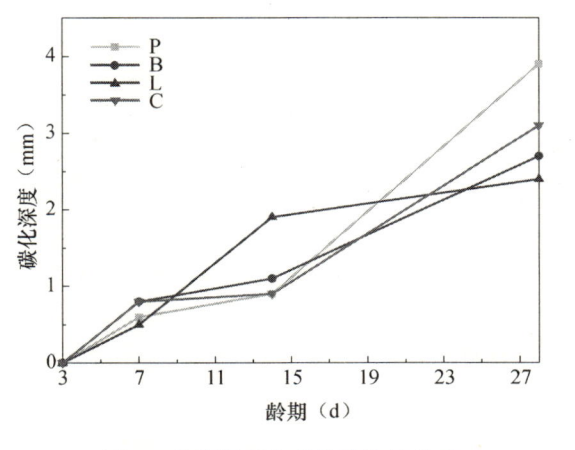

图6 碳化深度和碳化龄期的关系

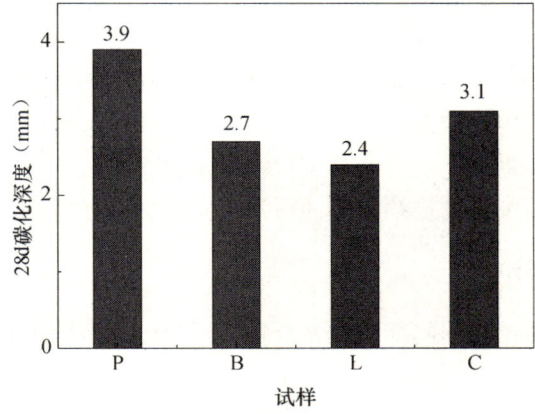

图7 28d的碳化深度

从图6可以看出，碳化龄期为3d时，各混凝土试样的碳化深度均为零，即混凝土基本没有被碳化，7d时，各试样均开始有不同程度的碳化；而且14d以前，聚丙烯腈纤维混凝土（试样B）和碳纤维混凝土（试样C）的碳化深度均比空白试样（试样P）大，14d以后，B、C和L的碳化深度增长缓慢，28d 时的碳化深度（如图 7 所示）分别为 2.7mm、3.1mm 和 2.4mm，而空白混凝土的碳化深度增长迅速，28d 时的碳化深度达到 3.9mm，也就是说，试样 B、C 和 L 的抗碳化能力均比空白混凝土的好。

表 4　碳化深度表

试件编号	龄期	碳化深度（mm）								平均值（mm）
P	3	0	0	0	0	0	0	0	0	0
	7	0.5	0.6	0.6	0.8	0.6	0.5	0.5	0.5	0.6
	14	0.8	0.9	1.0	1.0	0.8	1.0	1.0	1.0	0.9
	28	3.8	4	5.0	5.0	3.3	3.8	3.0	3.0	3.9
B	3	0	0	0	0	0	0	0	0	0
	7	0.6	0.6	0.7	0.9	1.0	1.0	0.8	0.8	0.8
	14	1.0	1.2	1.3	1.5	1.0	0.9	0.8	0.8	1.1
	28	3.0	3.2	2.5	4.0	3.2	2.0	2.0	2.0	2.7
L	3	0	0	0	0	0	0	0	0	0
	7	0.5	0.5	0.5	0.5	0.5	0.5	0.5	0.5	0.5
	14	1.8	1.8	2.0	2.0	1.6	1.8	2.0	1.9	1.9
	28	3.0	2.0	3.0	2.0	2.0	2.0	3.0	2.0	2.4
C	3	0	0	0	0	0	0	0	0	0
	7	0.5	0.8	0.8	0.6	0.8	0.8	1.0	1.0	0.8
	14	1.0	0.9	0.7	1.2	0.8	1.0	1.0	0.9	0.9
	28	3.3	4.0	2.8	2.5	3.6	3.0	3.2	3.0	3.1

耐久性的提高主要有以下几个方面的原因：

（1）活性矿物掺合料硅粉的影响，硅粉可以和水泥水化产物氢氧化钙发生二次水化反应生成 C-S-H 凝胶，其可以填充混凝土中的孔隙，在一定程度上阻碍了二氧化碳的渗透；但是这种反应降低了混凝土的碱含量，使得掺有硅粉的混凝土的早期抗碳化能力比未掺硅粉的空白混凝土略低；

（2）纤维的影响，空白混凝土中随着水泥水化的进行，混凝土中的微观缺陷（微裂纹）逐渐增多，二氧化碳的渗透途径增多，混凝土的抗碳化能力降低；但是对于纤维混凝土，纤维的加入在一定程度上限制了微裂纹的数量和尺度，降低了混凝土的微观缺陷，提高了混凝土的抗碳化能力；

（3）减水剂的影响，减水剂为表面活性剂，它可以降低水的表面张力和水与水泥颗粒间的界面张力，使得水泥颗粒易于湿润、利于水化，改善了混凝土的和易性，硬化后内部结构比较密实；同时减水剂中复掺的引气剂，可以在混凝土中引入许多封闭气泡，这些气泡占据了混凝土中的自由空间，破坏了毛细孔的连续性，使得混凝土的抗渗性得到改善。

3　结论

通过对不同纤维和聚合物对混凝土材料阻尼性能影响的实验研究、抗氯离子扩散试验和碳化试验可以得出以下结论：

（1）纤维与胶粉掺料均能大幅提高混凝土材料的阻尼性能，提高幅度可达 80%～200%。

（2）混凝土中掺入纤维、胶粉等掺合物可以提高其抗氯离子渗透性能；聚丙烯腈纤维混凝土的氯离子扩散系数最小（为普通混凝土的 35%），抗氯离子渗透性能最好。

（3）掺有纤维、胶粉的混凝土的抗碳化能力较普通混凝土均有一定程度的提高；掺有聚丙烯腈纤维和胶粉的混凝土的 28d 碳化深度约是普通混凝土的 60%。

参考文献

[1] Fu Xuli, Chung D D L. Vibration damping admixture for cement [J]. Cement and Concrete Research, 1996 (26): 69~75.

[2] Fu Xuli, Li Xiaohui and Chung D D L. Improving the vibration damping capacity of cement [J]. Materials Science, 1998 (33): 3601~3605.

[3] Wang Y, Chung D D L. Effects of sand and silica fume on the vibration damping behavior of cement [J], Cement and Concrete Research, 1996 (28): 1353~1356.

[4] Wen Sihai, Chung D D L. Enhancing the vibration reduction ability of concrete by using steel reinforcement and steel surface treatments [J], Cement and Concrete Research, 2000 (30): 327~330.

[5] Y Xu, D D L Chung, Effect of carbon fibers on the vibration-reduction ability of cement [J]. Cement and Concrete Research, 1999 (29): 1107~1109.

[6] Y Xu, D D L Chung, Improving silica fume cement by using silane [J]. Cement and Concrete Research, 2000 (30): 1305~1311.

[7] Liu Tiejun, Ou Jinping. Effects of styrene-acrylate emulsion on the damping ability and microstructure of cement matrix, Key Engineering Materials [J]. 2006, 1 (302~303): 550~555.

[8] 刘铁军, 欧进萍, 李家和. 硅粉的硅烷化对水泥砂浆阻尼性能的影响研究 [J]. 硅酸盐学报, 2003, 11 (31): 1 125~1 129.

[9] Liu Tiejun, OU Jinping, Li Jiahe. J Chin Ceram Soc (in Chinese), 2003, 11 (31): 1125~1129.

[10] 刘铁军, 李家和, 欧进萍. 混凝土结构减震的阻尼增强材料及其试验研究 [J]. 功能材料 (增刊), 2004, (35): 2592~2595.

[11] 柯国军, 郭长青, 陈振富等, 混凝土阻尼比研究 [J]. 建筑材料学报, 2004, 1 (7) 3: 35~40.

[12] Ke Guojun, Guo Changqing, Chen Zhenfu etc. Building Materials (in Chinese), 2004, 1 (7): 35~40.

[13] 欧进萍, 刘铁军, 梁超锋. 三点弯曲大尺寸梁式材料阻尼测试装置 [P]. 国家发明专利, 专利号: ZL 200610010005.8, 授权公告日: 2009年9月16日.

矿渣-偏高岭土地聚合物早期凝结硬化性能研究

杨 涛[1,2]　彭小芹[1]　王开宇[1]　孟祥杰[1]

1. 重庆大学材料科学与工程学院，重庆，400045
2. 中冶建工混凝土工程分公司，重庆，400041

【摘　要】 本文研究了水玻璃模数、激固比（碱性激发剂与胶凝材料固体组分的质量比）、含Ca^{2+}的外加剂和普通硅酸盐水泥对矿渣-偏高岭土地聚合物凝结时间及早期强度的影响。研究结果表明：水玻璃模数 M 为1.4、激固比为0.6时所制备的地聚合物试件早期力学强度最佳，1d抗折强度和抗压强度分别达4.98MPa和35.5MPa，Ca^{2+}的引入可极大地缩短体系的凝结时间，其中$CaCl_2$掺量为3%时可将凝结时间由未掺时的265min缩短为25min；在体系中内掺10%的普通硅酸盐水泥，激固比为0.75时，试件8h抗压强度可提高186%，体系的凝结时间可由234min缩短为58min。

【关键词】 偏高岭土；地聚合物；早期强度；凝结时间

Study on the Early Bonding and Hardening Properties of Slag-metakaolin Composite Geopolymer

Yang Tao[1,2]　Peng Xiaoqin[1]　Wang Kaiyu[1]　Meng Xiangjie[1]

1. College of Material Science and Engineering, Chongqing University, Chongqing, 400045, China
2. China Metallurgical Construction Co., Ltd., Chongqing 400041, China

【Abstract】 The influence of the modulus of sodium silicate and activator-solid ratio (the mass ratio of alkaline activator and solid cementitious material) to the early mechanical properties of alkali-slag-metakaolin cementitious system was investigated. Besides, the influences of additive combining Ca^{2+} and Portland cement to the early strength and setting time of geopolymer were studied as well. The results show: the early strength of geopolymer prepared is the highest when the modulus of sodium silicate is 1.4 and activator-solid ratio is 0.6, 1-day flexural strength and compressive strength up to 4.98 MPa and 35.5 MPa separately, the introduce of Ca^{2+} can shorten the setting time of geopolymer significantly—from 265 min without the add of $CaCl_2$ to 25 min when the dosage of $CaCl_2$ is 3%. The compressive strength can rise to 186%, and the setting time can be reduced from 234min to 58min when 10% of Portland cement is incorporated to the system and the activator-solid ratio is 0.75.

【Key words】 metakaolin; geopolymer; early strength; setting time

引言

地聚合物是一种利用矿渣、偏高岭土、粉煤灰等硅铝质原材料经过碱激发而形成的胶凝材料，又称土聚水泥，在碱液的作用下，原料中的Si-O、Al-O键发生断裂，形成$[SiO_4]^{4-}$、$[AlO_4]^{5-}$四面体，然后再通过缩聚形成一种O-Si-O-Al-O的网络状结构的无机聚合物。它具有凝结硬化快、早期强度高、耐高温、耐酸碱腐蚀等优点[1-2]，在交通抢修材料、高强材料、固核固废材料[3]、防火材料等领域显

基金项目：重庆市科委攻关项目，项目号（CSTC, 2009, AC4054）。

示出巨大的应用前景，它能有效利用工业废渣，且在生产过程中污染和能耗低，符合绿色建材及固体废弃物建材资源化的理念，因此，对地聚合物的研究已经成为材料领域的研究热点之一。目前，相关文献对地聚合物早期力学性能特别是1d或更早龄期的力学性能和凝结时间报道较少，本文针对矿渣-偏高岭土地聚合物早期力学性能和凝结时间进行研究，探寻其在交通抢修材料方面实际应用的可能性。

1 原材料与试验方法

1.1 原材料

偏高岭土：河南开封奇明耐火材料有限公司生产，化学成分见表1。矿渣：重庆腾安建材有限公司生产，化学成分见表1。碱性激发剂：市售水玻璃，模数（M）2.47，含水率50.4%，SiO_2和Na_2O含量分别为29.91%、12.52%，市售氢氧化钠，分析纯。$Ca(NO_3)_2$：成都市科龙化工试剂厂生产，含量≥99.0%。$CaCl_2$：重庆川东化工有限公司化学试剂厂生产，含量≥96.0%。普通硅酸盐水泥：重庆拉法基水泥厂生产的42.5R普通硅酸盐水泥，化学成分见表1。

表1 原材料的化学成分（质量分数） %

成分	SiO_2	Al_2O_3	Fe_2O_3	CaO	MgO
偏高岭土	52.78	41.96	2.50	0.30	0.10
矿渣	25.47	25.94	1.77	27.67	6.77
水泥	21.3	5.79	2.53	60.15	2.35

1.2 试验方法

由于国家尚未出台地聚合物混凝土相关试验方法，故本文中抗压强度、抗折强度试验均参照《水泥胶砂强度检验方法》（GB/T 1346—2001）进行，凝结时间测定参照《建筑砂浆基本性能试验方法》（JGJ 70—90）进行，所有试件未特别注明的均为自然养护。

2 试验结果与讨论

2.1 水玻璃模数和激固比对力学性能的影响

在地质聚合反应中，碱的存在是必不可少的条件，它们是地质聚合反应的催化剂，碱的种类和含量的不同对地质聚合反应的影响也是不同的。本文采用的是目前较常用的硅酸钠水玻璃作为碱性激发剂，用NaOH调节水玻璃的模数，为研究水玻璃的模数和用量对地质聚合反应的影响，试验选择了模数分别为1.0、1.2、1.4、1.6、1.8的水玻璃，激固比分别为0.4、0.5、0.6、0.75，胶凝材料选择偏高岭土和矿渣（偏高岭土和矿渣质量比为3:1），采用中砂，水灰比为0.38，胶砂比为1:1，试验结果见表2。

表2 水玻璃模数和激固比对地聚合物早期力学性能的影响

编号	模数	激固比	1d 抗折强度（MPa）	1d 抗压强度（MPa）	3d 抗折强度（MPa）	3d 抗压强度（MPa）
D1	1.0	0.4	6.35	30.2	8.50	40.8
D2	1.2	0.4	5.43	29.1	8.50	41.4
D3	1.4	0.4	5.08	28.3	8.00	34.7
D4	1.6	0.4	4.08	22.2	6.40	31.5

续表

编号	模数	激固比	1d		3d	
			抗折强度（MPa）	抗压强度（MPa）	抗折强度（MPa）	抗压强度（MPa）
D5	1.8	0.4	4.25	18.4	6.50	27.0
D6	1.0	0.5	5.05	32.8	8.60	63.7
D7	1.2	0.5	5.78	33.5	8.35	58.0
D8	1.4	0.5	5.65	32.3	7.90	53.5
D9	1.6	0.5	5.35	26.1	7.77	50.0
D10	1.8	0.5	5.35	22.6	7.06	45.2
D11	1.0	0.6	3.55	32.5	5.90	66.8
D12	1.2	0.6	3.70	34.5	7.20	64.8
D13	1.4	0.6	4.98	35.5	8.12	65.0
D14	1.6	0.6	4.63	32.3	8.42	59.3
D15	1.8	0.6	4.28	25.6	7.93	56.4
D16	1.0	0.75	3.33	16.5	3.45	53.5
D17	1.2	0.75	3.55	27.4	3.92	57.3
D18	1.4	0.75	3.05	31.5	4.57	59.5
D19	1.6	0.75	2.85	32.0	6.11	58.8
D20	1.8	0.75	2.83	33.2	6.35	63.5

由表 2 可以看出：

（1）激固比低于 0.6 时，随着水玻璃模数的增大，胶砂试件力学强度总体表现为逐渐下降的趋势，这可能是因为在碱度不高时，偏高岭土中硅铝氧链的解聚速度不快，而随着水玻璃模数的增大，单体[SiO_4]的量增大，提高了反应环境中溶液的浓度，不利于偏高岭土的解聚与缩聚，地质聚合反应的进程受到了抑制；另外，可能是碱度不高时大部分矿渣颗粒未参与反应，矿渣活性未被激发出来，故试件力学强度表现为逐渐下降。

（2）当激固比大于等于 0.6，水玻璃模数在 1.2~1.4 之间时，胶砂试件强度最高，这里可能有两个原因，原因之一是由于碱度较大时偏高岭土中硅铝氧链的解聚速度较快，偏高岭土的溶解速度与地质聚合反应产物的形成速度相匹配，原因之二可能是因为该模数范围内的水玻璃中 SiO_2 初始聚合状态较好，有利于缩聚反应的进行。而在模数低于 1.2 时或大于 1.4 时，水玻璃的初始聚合状态的极大分散性和单体[SiO_4]的量均未在最佳值，不利于地质聚合反应的进行[4]。

（3）当水玻璃模数不变，激固比小于等于 0.6 时，随着激固比的增大也就是碱度增加时，试件的强度逐渐增加，原因如（2）中所述，而当激固比大于 0.6 时，试件强度有较大的下降，可能是由于碱度偏大，偏高岭土的溶解速度过快，与地质聚合反应的速度不匹配，抑制了反应过程；另外可能是由于碱度高，矿渣颗粒表面水化速度过快，生成地质聚合物的数量陡增，体积增大，导致产物内部出现微裂纹[5]。

（4）总体来看，当激固比为 0.6、水玻璃模数为 1.4 时，地聚合物胶砂试件 1d、3d 力学强度最高，表明在该情况下最有利于地质聚合反应的进行。

2.2 含 Ca^{2+} 的外加剂对地聚合物早期强度和凝结时间的影响

在碱-矿渣-偏高岭土胶凝体系中，矿渣主要是铝硅酸盐玻璃体结构，其主要成分是 SiO_2、Al_2O_3、CaO，其基本键型是 Si-O、Al-O、Ca-O 键，其中 Ca-O 键的键能最低，故当碱液存在时，矿渣中的 Ca-O 键最先断裂[6]，析出的 Ca^{2+} 与碱液中的 SiO_2 很快形成 C-S-H 凝胶，可缩短体系的凝结时间。偏高

岭土地聚合物属于 $Me_2O\text{-}Me_2O_3\text{-}SiO_3\text{-}H_2O$ 类型的碱胶凝系统，地质聚合反应生成的碱金属硅铝酸盐矿物的凝结硬化速度较慢，使得地聚合物的凝结时间偏长。如果在 $Me_2O\text{-}Me_2O_3\text{-}SiO_3\text{-}H_2O$ 系统中引入 Ca^{2+}，在强碱性的环境下，Ca^{2+} 就能参与到地质聚合反应中去，生成含钙的硅铝酸盐矿物，其凝结和硬化速度较快，可缩短体系的凝结时间[7]。因此，本试验将 $CaCl_2$ 和 $Ca(NO_3)_2$ 分别加入到矿渣-偏高岭土胶凝体系中，研究其对地聚合物早期强度和凝结时间的影响。试验采用 0.6 的激固比，水玻璃模数为 1.4，水灰比 0.38，胶砂比 1:1，试验结果见表 3。

表 3 Ca^{2+} 对地聚合物早期抗压强度和凝结时间的影响

掺量	时间	抗压强度（MPa）				砂浆凝结时间（min）			
		0%	1%	2%	3%	0%	1%	2%	3%
$Ca(NO_3)_2$	1d	42.6	47.1	44.8	42.1	265	207	142	103
	3d	55.4	62.5	56.4	54.9				
$CaCl_2$	1d	39.4	41.9	38.2	30.9	265	170	86	25
	3d	51.2	53.8	48.8	40.7				

从表 3 可以看出，在碱-矿渣-偏高岭土胶凝体系中加入 $CaCl_2$ 和 $Ca(NO_3)_2$ 可大大缩短体系的凝结时间，随着掺量从 0 增加到 3%，凝结时间迅速缩短。其中 $Ca(NO_3)_2$ 掺量为 3% 时与未掺相比，凝结时间由 265min 缩短为 103min，$CaCl_2$ 掺量为 3% 时与未掺相比，凝结时间由 265min 缩短为 25min。这两种外加剂的加入对早期抗压强度的提高并无太大帮助，有些情况下抗压强度甚至有所下降，但是其强度仍然很高，远远大于普通路面材料所要求的强度。

2.3 普通硅酸盐水泥对地聚合物早期力学性能和凝结时间的影响

为了研究普通硅酸盐水泥和碱含量对地质聚合反应的影响，本试验中内掺普通硅酸盐水泥 0%、10%、15%、20% 取代部分偏高岭土，矿渣掺量不变，仍为 25%，激固比分别为 0.5、0.6、0.7，水玻璃模数采用 1.4，胶砂比 1:1，水灰比 0.38，试验结果见表 4。

表 4 普通硅酸盐水泥对地聚合物早期力学性能的影响

编号	激固比	水泥掺量	8h		1d		3d	
			抗折强度（MPa）	抗压强度（MPa）	抗折强度（MPa）	抗压强度（MPa）	抗折强度（MPa）	抗压强度（MPa）
G1	0.5	0%	2.10	10.6	5.65	32.3	7.90	53.5
G2	0.5	10%	3.70	27.0	5.10	41.8	5.13	42.3
G3	0.5	15%	3.75	28.5	5.35	40.4	5.41	42.0
G4	0.5	20%	3.74	27.1	4.35	37.4	4.32	43.4
G5	0.6	0%	3.02	12.6	4.98	35.5	8.12	65.0
G6	0.6	10%	3.55	31.3	4.65	51.5	4.70	52.1
G7	0.6	15%	3.30	31.4	4.25	49.8	4.21	49.5
G8	0.6	20%	2.85	30.0	4.00	42.7	4.03	43.0
G9	0.75	0%	2.74	10.5	3.05	31.5	4.57	59.5
G10	0.75	10%	3.65	29.5	5.60	43.5	5.72	45.8
G11	0.75	15%	4.25	30.0	4.85	38.5	4.82	39.4
G12	0.75	20%	4.00	30.1	4.83	38.5	4.87	38.7

由表 4 可知：

（1）普通硅酸盐水泥的掺入可以明显提高地聚合物 8h 力学强度，这对路面快速修补材料所需要的小时强度是非常重要的,水泥的掺入能大幅度提高地聚合物早期力学强度的原因可能是因为普通硅酸盐水泥中含有大量的 β-C_2S,β-C_2S 的晶体结构是由 $[SiO_4]^{4-}$ 四面体和 Ca^{2+} 组成的[8],在碱度合适的情况下,$[SiO_4]^{4-}$ 四面体对地质聚合反应的进程有较大的促进作用[4],而水玻璃对 C_2S 的水化也有很好的促进作用。在表 2 中三种激固比条件下试件 8h 力学强度随水泥掺量增大有一个先增大后下降的趋势,不同激固比条件下有一个最佳的水泥掺量能更好地提高体系的强度。由上述可知,试件 8h 力学强度的提高并不简单地是由水泥水化提供的,水泥和碱对地聚合物的反应进程有一个交互的影响,具体影响机理有待进一步研究。

(2)掺入水泥后,除 G10 组外,其他组试件的 8h 力学强度虽有很大提高,但 3d 力学强度总体来看比未掺水泥时要低,这是因为随着水泥的掺入,反应产物中地聚合物含量降低,而水泥的水化产物增多,水泥水化产物的力学强度要比三维网络状的地聚合物的力学强度要低。

(3)统筹各激固比和水泥掺量来看,选择 G10 即水泥掺量 10%、激固比 0.75 时早期强度及强度的增长相对最好,可以看出,较未掺水泥,8h 抗折强度可提高 33%,由 2.74MPa 增长至 3.65MPa,抗压强度可提高 186%,由原来的 10.5MPa 增长至 29.5MPa,且 1d、3d 强度仍保持增长。G10 组各龄期抗折强度甚至优于未掺水泥时,这可能是由于此配合比下,碱含量和水泥掺量处于一个最佳值,能最大程度地促进地质聚合的反应进程,反应产物中地聚合物的强度得到了充分的发展,消除了水泥水化产物强度低带来的不良影响。

由于路面抢修材料对交通开放时间有较高要求,故本试验对激固比为 0.75,水泥掺量分别为 0%、10%、15%、20% 时的砂浆凝结时间分别做了研究,研究结果如表 5 所示。

表 5 水泥掺量的变化对地聚合物凝结时间的影响

水泥掺量	0%	10%	15%	20%
凝结时间(min)	234	58	37	21

试验结果表明,在碱-矿渣-偏高岭土胶凝体系中内掺入普通硅酸盐水泥时,体系的凝结时间可大大缩短,且水泥掺量越大,凝结时间越短。考虑到强度等因素,水泥掺量以 10% 为宜,凝结时间可由未掺水泥的 234min 缩短为 58min。

美国公路战略研究计划(Strategic Highway Research Program)中混凝土研究项目的专题研究成果"水泥混凝土公路技术——实践与展望"中提出修补材料(圆柱试件和梁弯曲试件)的抗压强度在 12.3~17.0MPa 时即达到通车标准。目前国内混凝土路面快速修补材料普遍以抗折强度作为开放交通控制强度,范围约在 3.0~3.8MPa 之间[9]。本试验掺入 10% 水泥后 8h 抗折强度即可达到 3.65MPa,可以满足路面快速修补的要求。

3 结论

综合以上研究结果,利用偏高岭土、矿渣和碱作为主要的胶凝材料,掺入一定量的含 Ca^{2+} 的外加剂或者普通硅酸盐水泥所制备的地聚合物材料可以满足用做交通抢修材料的凝结时间和强度要求,具体结论如下:

(1)在偏高岭土中内掺 25% 的矿渣,激发剂水玻璃的模数为 1.4,激固比为 0.6 时所制备的地聚合物砂浆试件早期力学性能较好,1d 抗折强度和抗压强度分别为 4.98MPa 和 35.5MPa,3d 抗折强度和抗压强度分别为 8.12MPa 和 65.0MPa;

(2)采用结论(1)的配合比,将 $CaCl_2$ 和 $Ca(NO_3)_2$ 掺入地聚合物中,对试件强度影响不大,但是能大大缩短地聚合物的凝结时间,掺量 3% 时,与未掺相比,凝结时间由 265min 分别缩短为 103min 和 25min;

(3)矿渣掺量 25%,内掺 10% 的普通硅酸盐水泥取代一部分偏高岭土,激固比采用 0.75 时所制得的地聚合物砂浆试件 8h 抗折强度可达 3.65MPa,抗压强度可达 29.5MPa,且 1d、3d 强度继续增长,砂浆凝结时间亦由未掺水泥时的 234min 缩短为 58min。

参考文献

[1] P. V. 克里文科. 碱胶凝材料. 乌克兰基辅结构与建筑工业大学胶凝材料研究所, 1997: 4~5.
[2] Davidovits, J. Geopolymers: In organic polymeric new materials. Journal of thermal analysis [C]. 1997, 37: 1633~1656.
[3] Davidovits, J. Recent Progresses in Concretes for Nuclear Waste and Uranium Waste Containment [J]. Concrete International, 1994, 16 (12): 53258.
[4] 郑娟荣, 覃维祖, 张涛. 碱-偏高岭土胶凝材料的凝结硬化性能研究 [J]. 湖南大学学报. 2004 (4): 62~63.
[5] 王峰, 张耀君, 宋强, 徐德龙. NaOH 碱激发矿渣地质聚合物的研究 [J]. 非金属矿. 2008 (3): 2.
[6] 郑娟荣, 周同和, 刘丽娜. 碱-偏高岭石-矿渣系胶凝材料的凝结硬化性能研究 [J]. 硅酸盐通报. 2007 (12): 12.
[7] 代新祥. 碱激活土聚水泥的制备、结构与性能 [D]. 博士学位论文. 广州: 华南理工大学, 2002.
[8] 钱觉时. 建筑材料学 [M]. 第 1 版. 武汉: 武汉理工大学出版社, 2007: 200.
[9] 林娜. 水泥混凝土路面薄层快速修补材料的研究 [D]. 硕士学位论文. 长沙: 中南大学, 2007.

粉煤灰火山灰效应在山砂混凝土中的研究

漆贵海[1,2]　徐立斌[2]　彭小芹[1]　王玉麟[2]

1. 重庆大学材料学院，重庆，400045
2. 贵州中建建筑科研设计院有限公司，贵阳，550006

【摘　要】　绿色混凝土着眼于混凝土的可持续发展，既能减少环境污染，又能与自然生态系统协调共生，是混凝土发展的方向之一。本研究以粉煤灰作为掺合料配制绿色山砂混凝土，试验中讨论了水胶比在0.36~0.68范围内粉煤灰掺量对山砂混凝土工作性能及力学性能的影响，同时按照比强度法分析了不同水胶比和不同掺量条件下粉煤灰的火山灰效应。试验结果表明：降低水胶比或增加粉煤灰掺量均有助于提高粉煤灰在混凝土中的火山灰效应。

【关键词】　山砂混凝土；粉煤灰；比强度法；火山灰效应；活性指数

Study on pozzolanic effect of fly-ash in Pit Sand Concrete

Qi Guihai[1,2]　Xu Libin[2]　Peng Xiaoqin[1]　Wang Yulin[2]

1. College of Material Science and Engineering, Chongqing University, Chongqing, 400045, China
2. Guizhou Construction Science Research and Design Institute of CSCEC, Guiyang, 550006, China

【Abstract】　The green concrete features to the sustainable development of concrete; it not only can reduce environmental pollution, but also can coordinated development well with natural ecosystem. It is one of the fields of concrete in the future. Fly-ash was used to prepare concrete in this paper, and the influence of fly-ash content to workability and strength was discussed with water to binder ratio at 0.36~0.68 and the pozzolanic effect of fly-ash on different kinds of water to binder ratio and content was analyzed in experiment. The results indicated that reduction water to binder ratio or increasing fly-ash content can enhance its pozzolanic effect in concrete.

【Key words】　pit sand concrete; fly-ash; method of specific strength; pozzolanic effect; activity index

1　引言

绿色混凝土指既能减少对地球环境的负荷，又能与自然生态系统协调共生，为人类构造舒适环境的混凝土材料，可以实现非再生性资源的可循环使用和有害物质的最低排放，既能减少环境污染，又能与自然生态系统协调共生。吴中伟院士于1997年在国内首次提出了绿色高性能混凝土（Green High Performance Concrete，简称GHPC）的概念，他认为GHPC应具有下列特征：（1）更多地节约熟料水泥，减少环境污染。GHPC中，磨细工业废渣，而不是熟料水泥将成为最大的胶凝组分；（2）更多地掺加工业废渣为主的细掺料；（3）更大地发挥高性能的优势，减少水泥与混凝土用量；（4）扩大GHPC的应用范围。将现行的强度底限从C50~C60降到C30左右[1]。GHPC强调的是混凝土的绿色化和可持续发展。绿色混凝土可以节约大量的资源和能源，具有良好的性能与环境协调性，是混凝土发展的方向之一。

绿色混凝土中所使用的活性掺合料的评价方法有很多种，如活性率法、碱度系数法、质量系数法、石灰吸附值法、火山灰活性图法以及常用的抗压强度比法[2]。但是，以上方法各有缺陷，例如石灰吸附值法不能正确反映掺入活性掺合料后水泥和混凝土的质量；火山灰活性图法仅能反映该掺合料是否具有火山灰性质，不能数值化描述火山灰效应的大小；抗压强度比法，仍只能判定掺合料是否具有活性，不能准确判定该掺合料对水泥和混凝土的强度贡献，更不能数值化描述活性矿物掺合料在水泥和混凝土中火山灰效应行为。对此，蒲心诚教授提出了基于比强度概念的数值分析方法[3-6]。该方法以比强度为核心，同时用火山灰效应比强度、火山灰效应强度贡献率、活性指数等定量指标以及火山灰效应图的方法，可以准确判断与分析各种矿物掺合料在水泥和混凝土中的火山灰效应的大小、影响因素及其规律。

研究以贵州地区常见的Ⅱ级风选粉煤灰作为混凝土掺合料，研究了粉煤灰掺量对普通山砂混凝土工作性能和强度的影响，并且按照蒲心诚教授提出的比强度法[3]，分析了粉煤灰在混凝土中的火山灰效应。

2 试验

2.1 原材料

（1）胶凝材料

①水泥：贵州金龙水泥厂，金龙 P·O 42.5 水泥；

②粉煤灰：贵阳电厂Ⅱ级风选粉煤灰，商品灰。

（2）骨料

①粗骨料：贵阳王武砂厂碎石，最大粒径20mm，5~10mm粒级和10~20mm粒级配合使用；

②细骨料：贵阳王武砂厂山砂，细度模数 $M=2.8$，中砂。

（3）外加剂：PC-1聚羧酸减水剂，密度1.09g/mL，固含量20%。

（4）水：试验用水为城市自来水。

2.2 试验方法

（1）混凝土搅拌：将所有的固体原材料按配合比要求称量后，倒入搅拌机中搅拌30s，再将称量好的液体外加剂和水混合均匀后，一并加入搅拌机中搅拌1~2min后即可出料。

（2）流动度测试：包括混凝土拌合物的坍落度和扩展度测试。在混凝土拌合物出料后，按照《普通混凝土拌合物性能试验方法标准》（GB/T 50080—2002）测试其坍落度和扩展度。

（3）成型：测试完新拌混凝土性能后，混凝土装模、振动成型，保证混凝土试件的密实性。

（4）养护：成型后的混凝土试件在终凝后脱模，移至标准养护室中（温度20±2℃）进行养护。

（5）强度测试：养护至规定龄期后，将试件从养护室中取出，待表面干燥后按照《普通混凝土力学性能试验方法标准》（GB/T 50081—2002）进行强度测试。抗压强度试件尺寸：100mm×100mm×100mm立方体，所有强度数据均乘以0.95的尺寸效应系数。

3 结果与讨论

试验中讨论了水胶比在0.68~0.36范围内粉煤灰掺量对山砂混凝土工作性能及力学性能的影响，同时按照比强度法分析了不同水胶比和不同掺量条件下粉煤灰混凝土28d龄期时的火山灰效应。山砂混凝土的配合比及试验结果如表1所示。

3.1 粉煤灰对混凝土工作性能及强度的影响

从表1中可以看出，不论是对低水胶比的混凝土还是高水胶比的混凝土，粉煤灰的掺入都能改善混凝土的工作性能，增加混凝土的坍落度和扩展度。从试验结果看，在水胶比≤0.40时，粉煤灰对混凝土工作性能的改善作用更加明显。表1中，水胶比在0.36时，掺入10%的粉煤灰后，混凝土的坍落度增加了 50mm，扩展度增加了 180mm，而在水胶比 0.48~0.68 范围时，同样在掺入 10% 的粉煤灰时，对混凝土的工作性能改善不大。

表1 混凝土配比及火山灰效应分析

序号	粉煤灰掺量 q (%)	胶凝材料用量 (kg/m³)	水胶比	外加剂掺量 (kg/m³)	坍落度 (mm)	扩展度 (mm)	28d 抗压强度 R_q (MPa)	混凝土比强度 R_{sa} (MPa)	火山灰效应比强度 R_{sp} (MPa)	比强度系数 K	火山灰效应强度贡献率 P_a (%)	水化反应强度贡献率 P_h (%)	活性指数 A
1-1	0	257	0.68	15.4	145	—	32.6	0.326	—	1.000	—	—	—
1-2	10			15.4	130	—	29.7	0.330	0.004	1.012	1.2	98.8	0.121
1-3	20			15.4	155	360	27.3	0.341	0.015	1.047	4.5	95.5	0.223
1-4	30			15.4	180	400	25.3	0.361	0.035	1.109	9.8	90.2	0.327
1-5	40			15.4	175	390	21.4	0.357	0.031	1.094	8.6	91.4	0.215
2-1	0	273	0.64	16.8	190	380	35.5	0.355	—	1.000	—	—	—
2-2	10			16.4	180	390	32.4	0.360	0.005	1.014	1.4	98.6	0.139
2-3	20			16.4	185	400	30.5	0.381	0.026	1.074	6.9	93.1	0.344
2-4	30			16.4	190	440	28.2	0.403	0.048	1.135	11.9	88.1	0.396
2-5	40			16.4	175	395	24.1	0.402	0.047	1.131	11.6	88.4	0.290
3-1	0	313	0.56	18.8	200	460	40.4	0.404	—	1.000	—	—	—
3-2	10			18.8	190	465	37.4	0.416	0.012	1.029	2.8	97.2	0.278
3-3	20			18.8	190	480	34.4	0.430	0.026	1.064	6.0	94.0	0.302
3-4	30			18.8	200	500	34.8	0.497	0.093	1.231	18.7	81.3	0.625
3-5	40			18.8	190	495	30.1	0.502	0.098	1.242	19.5	80.5	0.487
4-1	0	365	0.48	11.7	190	490	46.7	0.467	—	1.000	—	—	—
4-2	10			11.7	210	490	45.3	0.503	0.036	1.078	7.2	92.8	0.722
4-3	20			11.3	200	500	45.1	0.564	0.097	1.207	17.2	82.8	0.858
4-4	30			11.3	205	510	39.3	0.561	0.094	1.202	16.8	83.2	0.561
4-5	40			11.3	210	510	35.7	0.595	0.128	1.274	21.5	78.5	0.538
5-1	0	438	0.40	13.1	200	395	59.3	0.593	—	1.000	—	—	—
5-2	10			13.1	210	460	61.7	0.686	0.093	1.156	13.5	86.5	1.350
5-3	20			13.1	220	525	56.0	0.700	0.107	1.180	15.3	84.7	0.764
5-4	30			13.1	210	575	54.1	0.773	0.180	1.303	23.3	76.7	0.776
5-5	40			13.1	230	630	48.7	0.812	0.219	1.369	26.9	73.1	0.674
6-1	0	486	0.36	14.6	150	320	61.4	0.614	—	1.000	—	—	—
6-2	10			14.6	200	500	66.4	0.738	0.124	1.202	16.8	83.2	1.678
6-3	20			14.6	210	520	61.9	0.774	0.160	1.260	20.6	79.4	1.032
6-4	30			14.6	220	585	56.1	0.801	0.187	1.305	23.4	76.6	0.780
6-5	40			14.6	210	575	55.8	0.930	0.316	1.515	34.0	66.0	0.849

注：①表中 R_{sa} 为含粉煤灰的混凝土比强度，$R_{sa} = R_q/q_o$（式中 q_o 为含掺合料混凝土的胶凝材料中水泥的质量分数；$q_o = 100 - q$）；
②作为对比的基准混凝土，没有掺加粉煤灰，水泥的质量分数为 100%，此时混凝土比强度 $R_{sc} = R_{sa} = R_q/100$；
③比强度系数 $K = R_{sa}/R_{sc}$，对于没有掺加粉煤灰的混凝土，$R_{sc} = R_{sa}$，因此 $K = 1$；
④R_{sp} 为火山灰效应比强度，$R_{sp} = R_{sa} - R_{sc}$；P_a 为火山灰效应强度贡献率，$P_a = (R_{sp}/R_{sa}) \times 100\%$；
⑤P_h 为水化反应强度贡献率，表示水化 28d 反应对混凝土强度贡献大小，表达式为：$P_h = (R_{sc}/R_{sa}) \times 100\%$；显然：$P_a + P_h = 1$；
⑥A 表示粉煤灰的活性指数，$A = P_a/q$，表示单位活性矿物掺合料（1% 的活性矿物掺合料）所提供的火山灰效应强度贡献率。

从混凝土 28d 强度试验结果可知,水胶比≤0.40,粉煤灰掺量≤20%时,掺加了粉煤灰的混凝土强度高于基准混凝土强度,表 1 中水胶比为 0.36 时,掺加 10%和 20%粉煤灰的混凝土(强度分别为 66.4MPa 和 61.9MPa),28d 强度均高于基准混凝土(61.4MPa)。当水胶比≥0.40后,掺加了粉煤灰的混凝土强度均低于基准混凝土强度,这可能是粉煤灰的火山灰活性在 28d 时未能得到充分体现。根据以往的研究,随着粉煤灰火山灰反应的不断增加,粉煤灰混凝土后期的强度增长率较基准混凝土的快,这对混凝土长期强度的发展有利。

3.2 粉煤灰对混凝土比强度及比强度系数的影响

从表 1 和图 1 可以看出,在相同水胶比时,混凝土的比强度随着粉煤灰掺量的增加而增加,如图 1 (f) 中,粉煤灰掺量从 10%增加到 40%后,混凝土比强度由 0.614MPa 增加到了 0.930MPa,由此说明了大掺量粉煤灰混凝土后期强度不断增长的原因;在粉煤灰掺量相同时,混凝土的比强度随着水胶比的降低不断增加,如图 1 中的 (a) 和 (f),在粉煤灰掺量同为 40%时,水胶比为 0.68 的混凝土比强度为 0.357MPa,而水胶比为 0.36 的混凝土比强度仅为 0.930MPa。

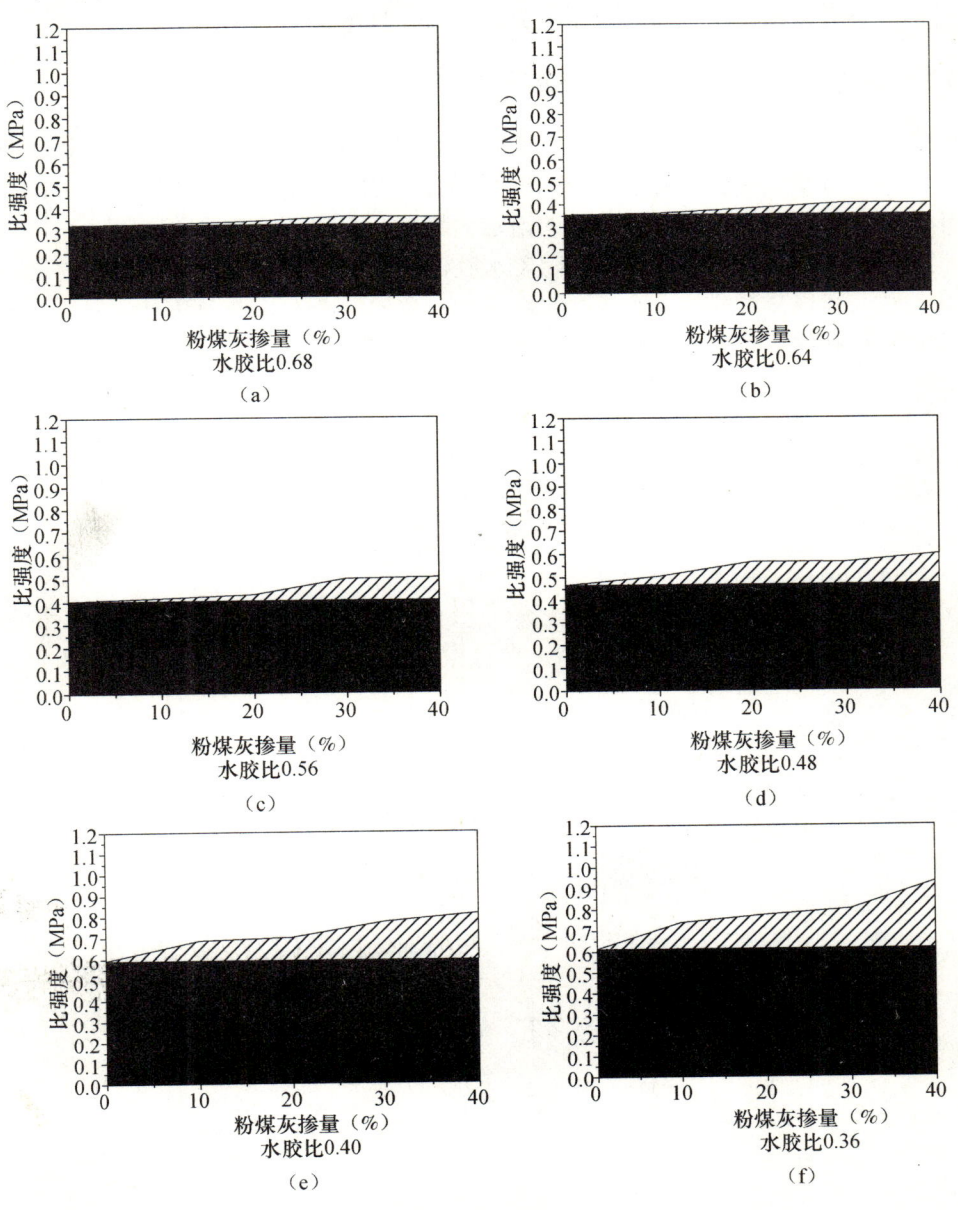

图 1 粉煤灰混凝土比强度

同时，根据蒲心诚教授的理论，图1中阴影部分表征了所研讨范围内的火山灰效应区域，可以称为混凝土比强度随掺合料（粉煤灰）掺量的火山灰效应图[3]，图中黑色部分是表征基准混凝土的比强度。从图中阴影部分同样可以看出，随着水胶比的降低和粉煤灰掺量的增加，混凝土比强度的火山灰效应不断增加。同时从表1和图1可以看出，随着水胶比的降低，基准混凝土强度不断增加，图1中的黑色区域面积不断增大，说明基准混凝土比强度也随之增加。

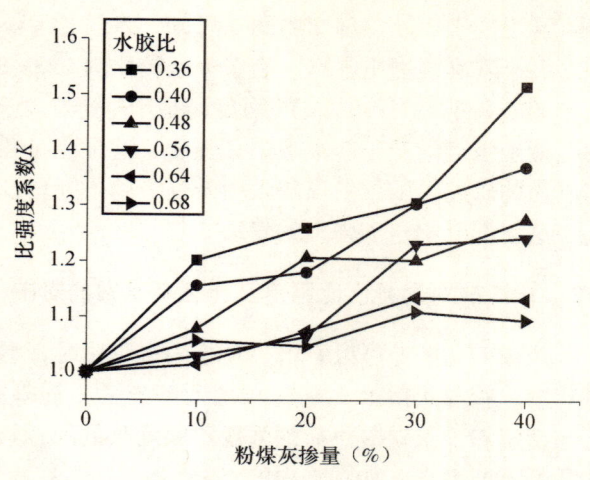

图2 粉煤灰混凝土比强度系数

图2是粉煤灰混凝土比强度系数图，随粉煤灰掺量的增加，混凝土比强度系数 K 不断增加，水胶比越低，则比强度系数 K 增长幅度就越大。说明在低水胶比情况下，粉煤灰掺量的增加对混凝土火山灰效应的增加作用更加明显。

3.3 粉煤灰对混凝土火山灰效应强度贡献率的影响

图3中阴影部分代表火山灰效应的强度贡献率，而剩下的空白部分代表水泥水化反应的强度贡献率，显然两者相加应等于100%。从表1和图3中的阴影部分可以看出，在相同水胶比时，粉煤灰在混凝土中的火山灰效应强度贡献率随着其掺量的增加而增加，如图3（d）所示；在粉煤灰掺量相同时，粉煤灰在混凝土中的火山灰效应强度贡献率随着水胶比的降低不断增加，如图3中的（a）和（f）所示。这种变化趋势与粉煤灰对混凝土比强度的影响是一致的。同时从图中还可以看出，随着粉煤灰在混凝土中火山灰效应强度贡献率的增加，水泥水化的强度贡献率相应地不断降低。

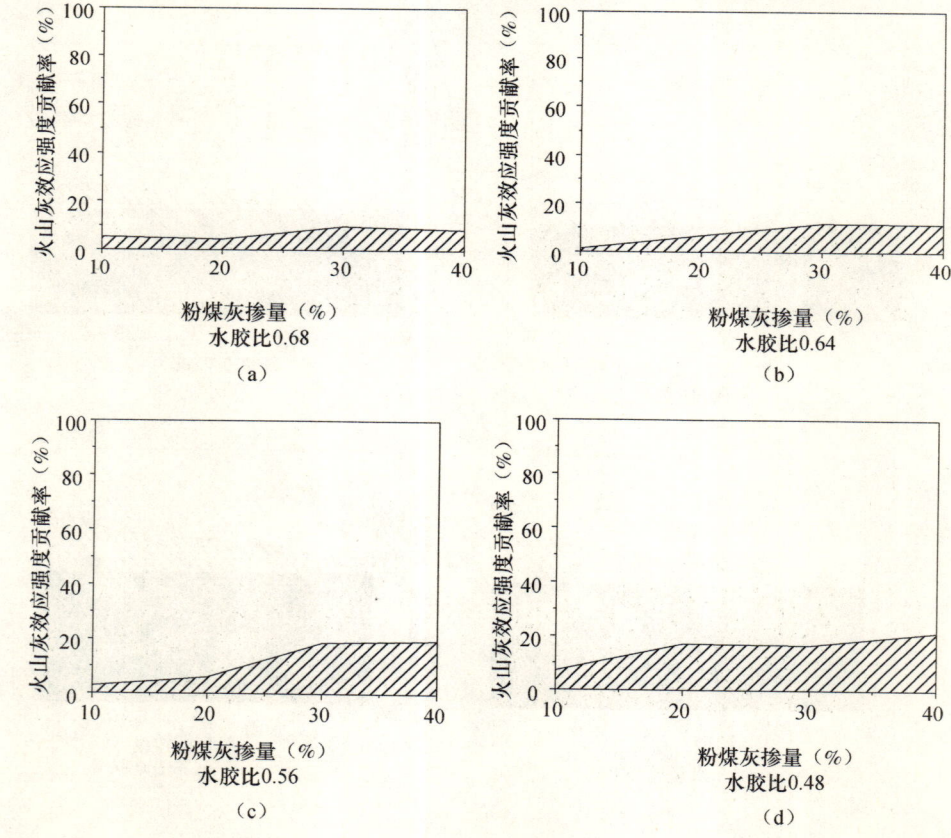

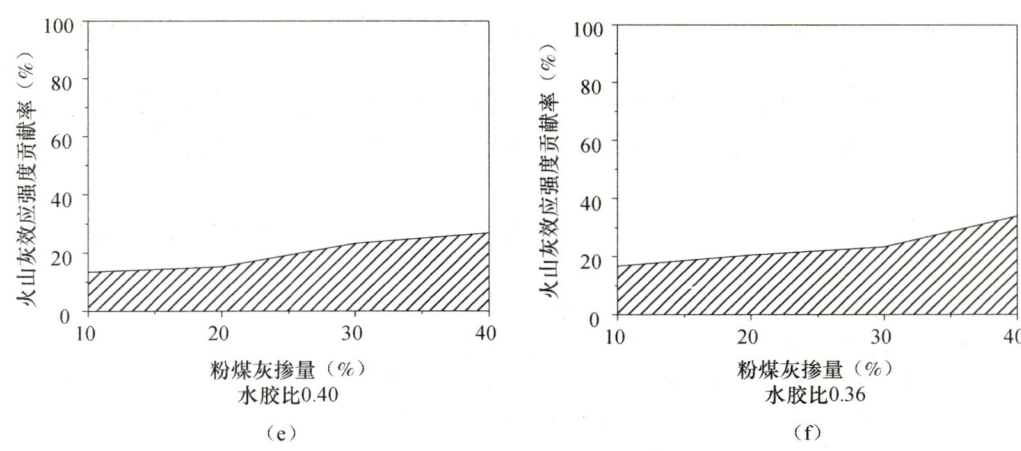

图 3 粉煤灰混凝土火山灰效应强度贡献率

3.4 粉煤灰与活性指数 A 的关系

根据蒲心诚的比强度法，活性指数 A 表示单位活性矿物掺合料（1% 的活性矿物掺合料）所提供的火山灰效应强度贡献率。若按 1% 的掺合料与 1% 的水泥对混凝土强度的贡献进行比较，则 $A>1$ 时，掺合料的贡献大于水泥的贡献；$A=1$ 时，掺合料的贡献与水泥的贡献相等；$A<1$ 时，掺合料贡献小于水泥的贡献[3]。

根据以上理论，从表 1 和图 4 可以看出：当水胶比在 0.36 时，粉煤灰掺量 $\leqslant 20\%$，水胶比在 0.40 时，粉煤灰掺量 $\leqslant 15\%$，$A>1$，说明此时单位质量粉煤灰的强度贡献大于单位质量水泥对强度的贡献；其他情况下 $A<1$，说明此时单位质量粉煤灰的强度贡献没有单位质量水泥对强度的贡献大。从表 1 中数据可知，当活性指数 A 越接近于 1 时，则掺粉煤灰的混凝土强度越接近于基准混凝土，即 1% 粉煤灰的强度贡献越接近 1% 的水泥的强度贡献作用。

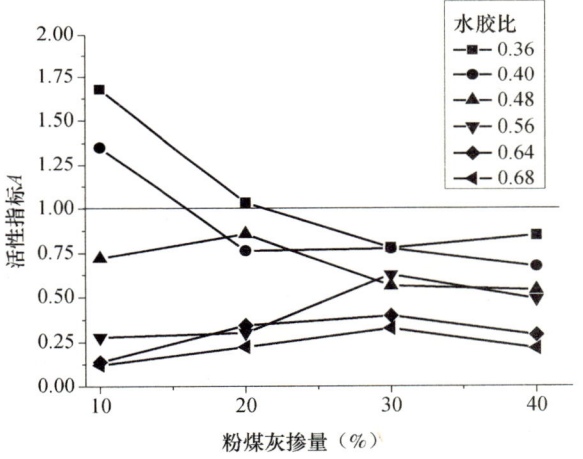

图 4 粉煤灰混凝土活性指数

从图 4 中还可以看出：当粉煤灰掺量相同时，水胶比越小，活性指数 A 的值越大。水胶比相同时，在水胶比 $\leqslant 0.48$ 时，活性指数 A 的值随着粉煤灰掺量的增加而减小；当水胶比 $\geqslant 0.56$ 后，活性指数 A 的值随着粉煤灰掺量的增加而增加，但增加幅度不大。试验结果表明水胶比的降低可以增加粉煤灰的活性指数；粉煤灰掺量增加后，会影响其活性指数的发挥。同时应指出，由于粉煤灰的水化速度较慢，混凝土后期强度仍有较大幅度增长，因此，对于大掺量的粉煤灰混凝土而言，活性指数 A 会随混凝土强度增长而增加，后期极有可能超过粉煤灰掺量较小的活性指数，这有待进一步研究。

4 结论

（1）粉煤灰掺量的增加，有利于改善混凝土工作性能，提高混凝土的坍落度和扩展度，粉煤灰对于低水胶比混凝土的工作性能的改善作用尤为明显。

（2）在水胶比相同的情况下，粉煤灰混凝土的比强度、比强度系数、火山灰效应强度贡献率都随着粉煤灰掺量的增加而增加，这说明了大掺量粉煤灰混凝土后期强度会大幅增长的原因。

（3）在粉煤灰掺量相同时，粉煤灰混凝土的比强度、比强度系数、火山灰效应强度贡献率随着水胶比的降低而不断增加。在低水胶比情况下,粉煤灰掺量的增加对混凝土火山灰效应的增加作用更加明显。

(4) 火山灰效应比强度法能对粉煤灰的火山灰活性进行定量分析,当活性指数 A 越接近于 1,则掺粉煤灰的混凝土强度越接近于基准混凝土,即 1% 粉煤灰的强度贡献越接近 1% 的水泥的强度贡献作用。

(5) 混凝土水胶比的降低和粉煤灰掺量的增加都有助于粉煤灰火山灰效应的发挥。

参考文献

[1] 吴中伟,廉慧珍. 高性能混凝土 [M]. 北京:中国铁道出版社,1999.
[2] 中国建筑材料科学研究院. 水泥物理性能检验 [M]. 北京:中国铁道出版社,1985.
[3] 蒲心诚. 超高强高性能混凝土 [M]. 重庆:重庆大学出版社,2004,12.
[4] 蒲心诚. 高强与高性能混凝土火山灰效应的数值分析 [J]. 混凝土,1998 (5).
[5] 蒲心诚. 超高强高性能混凝土的强度构成分析 [J]. 混凝土与水泥制品,1999 (1).
[6] 蒲心诚,严吴南,王冲等. 粉煤灰超高强高性能混凝土及其火山灰效应研究 [J]. 粉煤灰,2000 (1).

骨料颗粒级配对 C90 高性能山砂混凝土的影响研究

徐立斌　王　勇　漆贵海　王玉麟　陈尚伟

贵州中建建筑科研设计院有限公司，贵阳，550006

【摘　要】 本文根据贵州地方的材料特性，参考公路沥青混合料标准中组合矿料级配设计方法，控制胶凝材料比例、聚羧酸外加剂掺量和机制砂中石粉含量等因素，最终使用 P·O 42.5 水泥、Ⅱ级粉煤灰、S95 级矿渣粉、硅粉配制出了 28d 抗压强度大于 100MPa 的 C90 高强高性能山砂混凝土，其中利用不同粒径骨料相互搭配和山砂中掺加适量的石粉，达到了低成本、高性能的目的。

【关键词】 C90 高性能山砂混凝土；骨料颗粒级配

Study on the Effect of Aggregate Particle Grading on C90 High-performance Pit sand Concrete

Xu Libin　Wang Yong　Qi Guihai　Wang Yulin　Chen Shangwei

Guizhou Construction Science Research and Design Institute of CSCEC, Guiyang, 550006, China

【Abstract】 Based on the material properties in Guizhou province, reference to standards of highway asphalt mixture combined with aggregate design methods, the paper through controlling the cementitious material ratio, the value of polycarboxylic water-reducing agents and the content of micro-fines in pit sand, finally uses P·O 42.5 cement, grade Ⅱ fly ash, S95 slag powders and silicon powder to create C90 high-performance pit sand concrete that compressive strength of 28d is more than 100MPa. We used different size of aggregate particle grading and the proper amount of micro-fines in pit sand, have acomplished the objective of low cost and high performance.

【Key words】 C90 high-performance; pit sand concrete; aggregate particle grading

0　前言

贵州省从 20 世纪 50 年代开始使用山砂配制混凝土，目前工程中大量使用的是机制山砂配制的 C30~C50 山砂混凝土，生产及应用混凝土的最高强度等级为 C60 混凝土。C60 以上的山砂混凝土研究、应用很少，其主要原因是当地机制山砂的颗粒级配较河砂差、石粉含量不宜控制等因素造成的。本文针对上述难题，通过对粗骨料颗粒级配、石粉含量等因素进行研究，配制出了 C90 高性能山砂混凝土。

1　试验原材料

1.1　水泥

配制 C80 以上的高强混凝土，一般选用 52.5 级的水泥，利于保证强度。但目前贵州省内大量应用的是 P·O 42.5 级水泥，52.5 及以上的水泥生产、应用较少。本文选用贵州金龙水泥厂生产的"金龙"牌 P·O 42.5 水泥，其性能如表 1 所示。

表1 水泥的主要性能指标

品种	强度等级	细度		凝结时间		安定性	抗折强度（MPa）		抗压强度（MPa）	
		比表面积（m²/kg）	80μm筛孔筛余（%）	初凝	终凝		3d	28d	3d	28d
P·O	42.5	354	3.1	1h 20min	2h 30min	合格	6	8	28.3	49.5

1.2 矿物掺合料

为提高胶凝材料与骨料的胶结强度及混凝土的密实性，仅依靠高强度等级水泥和提高水泥用量是不够的，水泥用量过大，对混凝土的水化热、收缩会产生不利影响。掺合料与水泥水化产物中的薄弱结晶氢氧化钙起作用生成水化硅酸钙，从根本上改善了混凝土的微观结构性能，特别是骨料界面的性能。另外，复合矿物掺合料的使用填充了水泥颗粒间及水泥与骨料间的空隙，起"微骨料"的作用，可降低水泥用量，改善混凝土拌合物的和易性、稳定性，减少离析和泌水现象，提高水泥浆和骨料界面密实程度[1]。本文选用了S95矿渣粉、Ⅱ级粉煤灰和硅灰作为矿物掺合料，其性能参数如表2～表4所示。

表2 矿渣微细粉性能指标

产品名称	S95粒化高炉矿渣	生产厂家	贵州金龙水泥厂		
试验项目	密度（g/cm³）	比表面积（m²/kg）	活性指数（%）		流动度比（%）
			7d	28d	
检测值	2.87	510	83	103	95

表3 粉煤灰性能指标

产品名称	Ⅱ级粉煤灰	生产厂家	贵州金沙电厂		
试验项目	细度（%）	含水量（%）	烧失量（%）	需水量比（%）	活性指数（%）
检测值	18.3	0.6	5.6	95	80

表4 硅粉性能指标

产品名称	微硅粉	生产厂家	贵州遵义	
试验项目	28d活性指数（%）	比表面积（m²/g）	需水量比（%）	烧失量（%）
检测值	98.8	16.8	122.2	1.87

1.3 外加剂

外加剂选用厦门建科院生产的固体聚羧酸高效减水剂，具有减水率高、保坍性好等优点，性能指标如表5所示。

表5 外加剂性能指标

产品名称	聚羧酸高效减水剂			生产厂家		厦门建科院
检验项目	减水率（%）	抗压强度比（%）			坍落度保留值（mm）		压力泌水率比%
		3d	7d	28d	30min	60min	
检验结果	30.4	176	167	141	195	180	55.1

1.4 细骨料

采用当地的机制山砂,其细度模数为3.0,石粉含量为4.8%,性能指标如表6所示。

表6 细骨料的性能指标

表观密度 (kg/m³)	堆积密度 (kg/m³)	石粉含量 (%)	细度模数
2670	1430	4.8	3.0
筛分结果			
筛孔尺寸(mm)	4.75	2.36	1.18	0.60	0.30	0.15	0.075	底
累计百分筛余(%)	3.8	27.0	47.3	66.0	78.5	89.6	95.2	100

1.5 粗骨料

选用5~20mm连续级配的粗骨料,性能指标如表7所示。

表7 粗骨料性能指标

品种	规格(mm)	针片状颗粒含量(%)	表观密度(kg/m³)	堆积密度(kg/m³)	含泥量(%)	压碎值指标(%)
石灰石	5~20	3	2650	1480	0.4	6
筛孔尺寸(mm)		26.5	19	16	9.5	4.75	2.36
累计筛余(%)	检验结果	0	5	35	62	94	97
	技术要求	0	0~10	—	40~70	90~100	95~100

2 C90高性能山砂混凝土的配合比设计

目前,利用河砂配制C90的高性能混凝土的主要参数是:胶凝材料用量控制在550~650kg/m³,水胶比控制在0.24~0.26,单方用水量控制在150kg/m³左右,矿物掺合料用量一般为胶凝材料的20%~40%,粗骨料选用5~20mm连续级配碎石。本文配制C90高性能山砂混凝土的主要参数是:胶凝材料用量控制在500~600kg/m³,水胶比控制在0.26~0.27,单方用水量控制在160~170kg/m³,矿物掺合料用量为胶凝材料的25%,骨料级配选用沥青混合料中AC-20的矿料级配。

3 骨料颗粒级配设计对C90混凝土性能的影响

本文根据《公路工程沥青及沥青混合料试验规程》(JTJ 052—2000)中混合料密级配的设计方法,采用多种粒径的骨料进行搭配,其目的是选配具有足够密实度并且具有较高内摩擦阻力的矿质混合料。具体方法是先将不同粒径的骨料进行筛分,然后进行混合级配计算(本文采用Excel软件),得出各个粒径骨料的比例,使得组合后骨料的筛分通过量接近《公路沥青路面施工技术规范》(JTG F40—2004)中规定的中值。配制C90高性能混凝土,试验选用的最大骨料粒径为20mm,因此选用沥青混合料中AC-20的矿料级配设计要求,如表8所示。将5~20mm连续级配的骨料筛分成5~10mm、10~16mm、16~20mm三级粗骨料和砂进行组合,其中5~10mm:10~16mm:16~20mm:砂的比例为12.5%:33.5%:12.0%:42.0%,组合级配如表9、图1所示。

表8 AC-20的矿料级配设计要求

混合料类型	通过下列筛孔（方孔筛/mm）的质量百分率（%）										
AC-20	筛孔尺寸（mm）	26.5	19	16	13.2	9.5	4.75	2.36	1.18	0.6	0.3	0.15	0.075
	上限	100	100	92	80	72	56	44	33	24	17	13	7
	下限	—	90	78	62	50	26	16	12	8	5	4	3

表9 三种不同粒径骨料的筛分结果及组合比例

筛孔尺寸（mm）	通过百分率				合成混合料	（JTGF40-2004）规范中值	（JTGF40-2004）规范要求级配范围通过量（%）	
	骨料1 16~20mm	骨料2 10~16mm	骨料3 5~10mm	砂				
31.5	100.0	—	—	—	—	—	—	—
26.5	98.3	—	—	—	99.8	100.0	100	100
19	31.5	100.0	—	—	91.4	95.0	90	100
16	16.3	92.9	—	—	87.1	85.0	78	92
13.2	8.3	54.2	100.0	—	73.2	71.0	62	80
9.5	3.0	16.4	95.9	100.0	59.4	61.0	50	72
4.75	0.0	2.0	11.8	96.2	42.5	41.0	26	56
2.36	0.0	0.0	0.9	73.0	30.7	30.0	16	44
1.18	0.0	0.0	0.0	52.7	22.1	22.5	12	33
0.6	0.0	0.0	0.0	34.0	14.3	16.0	8	24
0.3	0.0	0.0	0.0	22.5	9.4	11.0	5	17
0.15	0.0	0.0	0.0	10.4	4.4	8.5	4	13
0.075	0.0	0.0	0.0	4.8	2.0	5.0	3	7
筛底	0.0	0.0	0.0	0.0	0.0	—	—	—
合成混合料中各成分比例	骨料1 16~20mm	骨料2 10~16mm	骨料3 5~10mm	砂	—	—	—	—
	12.5%	33.5%	12.0%	42.0%				

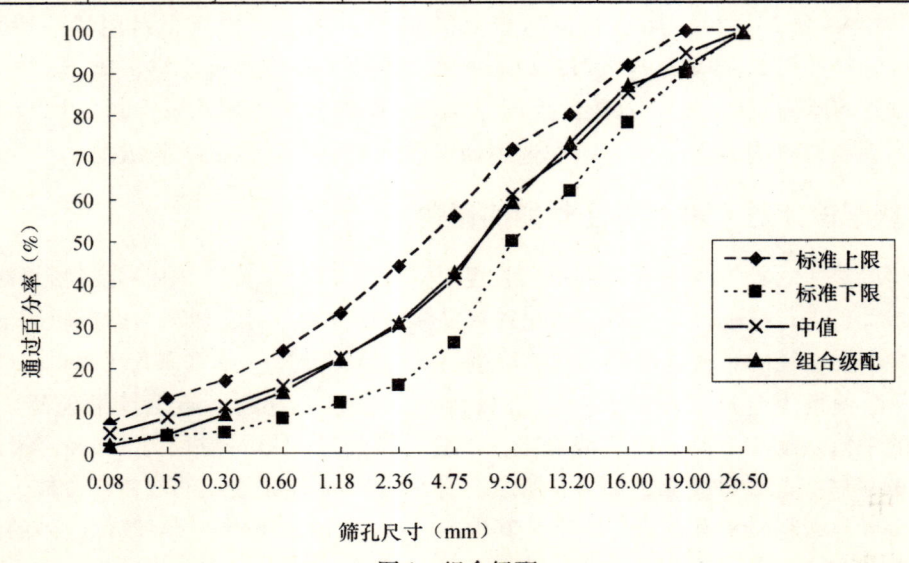

图1 组合级配

本文选用上述组合级配骨料和同材质的 5~20mm 连续级配的骨料,配制混凝土进行了性能比较,其配合比、试验结果如表 10、表 11 所示。

表 10　粗骨料级配对高性能混凝土的影响试验配合比　　　　　　　　　　　　kg/m³

编号	水泥	矿渣粉	粉煤灰	硅粉	砂	石	水	外加剂
1	350	100	50	0	756	1044	150	掺量为胶凝材料的 0.2%
2	400	100	50	0	733	1013	154	
3	450	100	30	20	711	983	156	
4	350	100	50	0	756	1044	150	
5	400	100	50	0	733	1013	154	
6	450	100	30	20	711	983	156	

注：表中 1、2、3 组选用三种粒径 5~10mm、10~15mm、15~20mm 的组合骨料；4、5、6 为 5~20 连续级配。

表 11　粗骨料级配对高性能混凝土的影响试验结果

编号	初始流动度(mm)	初始扩展度(mm)	抗压强度（MPa）			
			3d	7d	28d	56d
1	210	500	43.3	70.2	84.1	87.6
2	200	505	65.4	81.1	96.1	97.3
3	225	520	73.2	89.2	108.2	107.1
4	210	480	38.8	59.6	73.4	76.1
5	220	500	59.6	77.4	90.3	89.8
6	215	510	70.1	83.1	97.1	98.2

由表 10、表 11 及图 2 可知,不同配合比条件下,采用公路标准中 AC-20 矿料级配设计的组合骨料试件的抗压强度比连续级配骨料试件的抗压强度要高 5~10MPa。分析原因,一方面可能是由于公路标准中 AC-20 矿料级配设计的组合骨料的内摩擦力较大；另一方面可能其骨料在受压破坏时,由于骨料级配较好,减少了应力集中,受力均匀,而且工作性方面采用公路标准中 AC-20 矿料级配配制的混凝土拌合物略好。

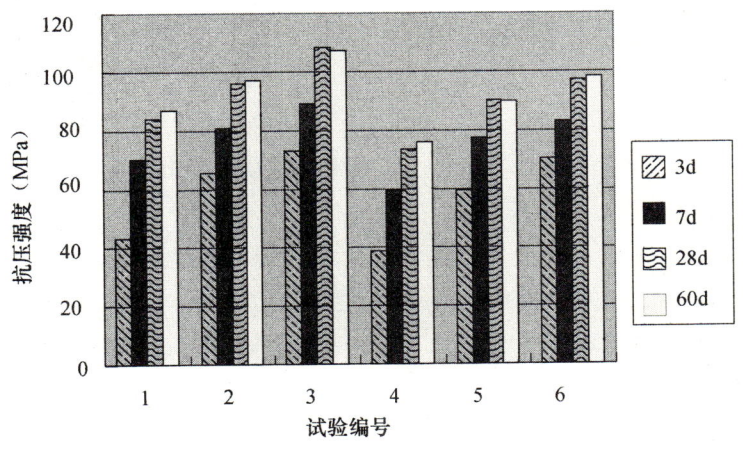

图 2　粗骨料级配对高性能混凝土强度的影响

4　机制山砂中石粉含量对 C90 混凝土性能的影响

目前,国内配制 C80 以上的高强高性能混凝土,主要采用低水泥用量、大掺合料用量,同时利用高效减水剂,尽量降低水胶比这条技术路线。本文在上述设计思路的基础上,优化骨料颗粒级配,利用机制山砂中的石粉具有的微颗粒填充效果和补强作用,控制其石粉含量小于5%,可以达到高性能、低成本的目的。

本文将试验用机制山砂进行筛分,把0.075mm以下部分的石粉筛出,然后将得到的石粉与筛分后的机制山砂(无石粉)进行复配,分别按石粉含量为0%、1%、3%、5%、7%的比例配制试验用机制山砂。试验配合比如表12所示,试验结果如表13、图3所示。

表12 石粉含量对C90高性能山砂混凝土性能的影响配合比　　　　　　　kg/m³

编号	水泥	矿渣粉	粉煤灰	硅粉	砂	石	水
1	450	80	50	20	711	983	156

注:外加剂掺量为胶凝材料的0.2%。

表13 石粉含量对C90高性能山砂混凝土性能的影响试验结果

编号	石粉含量(%)	工作性		抗压强度(MPa)			
		坍落度(mm)	扩展度(mm)	3d	7d	28d	56d
1	0	220	550	62.5	79.2	98.1	101.6
2	1	230	560	64.1	82.3	99.5	105.8
3	3	210	510	67.1	85.1	102.7	103.1
4	5	195	470	70.4	84.3	103.1	105.6
5	7	175	395	73.2	85.7	104.3	106.1

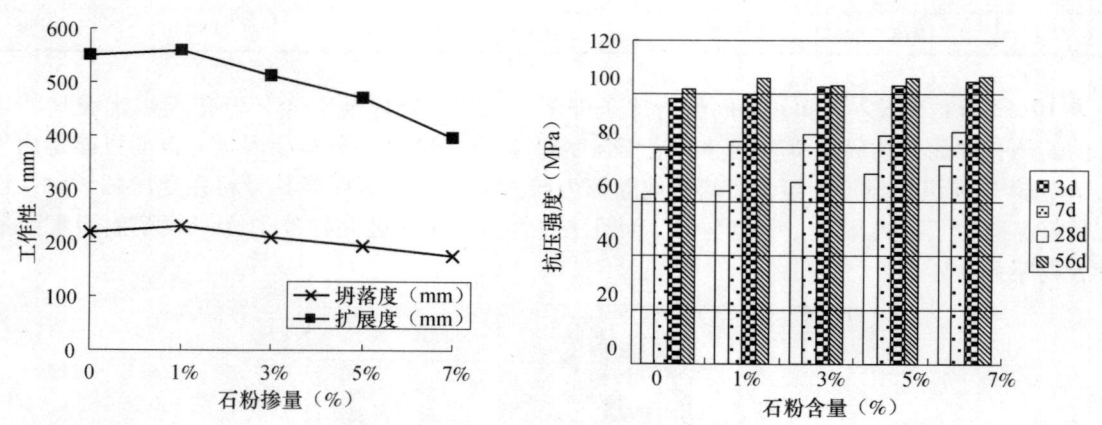

图3 石粉含量对C90高性能山砂混凝土性能的影响

由表13及图3可以看出,随着石粉含量的增加,混凝土拌合物的工作性不断降低,主要原因可能是:一方面石粉的表面积比较大,吸水量较大;另一方面可能是石粉对外加剂产生吸附作用,降低了拌合物中外加剂的有效浓度;另外,随着石粉含量的增加,混凝土抗压强度不断提高(约提高5MPa),石粉对混凝土3d、7d强度的影响较为28d、56d更明显,主要原因是微骨料填充效应,石粉的掺入填充,优化了硬化后混凝土的孔隙结构,提高了新拌混凝土的均匀性,不但使毛细孔得到细化,而且使孔隙率减小,从而使得孔结构改善,改善了水泥石之间的界面过渡区[2]。但石粉含量不宜过高,否则会带来混凝土开裂、成本提高(外加剂用量增加)等缺点。

贵州省内大部分砂场的石粉含量在10%左右,较好的砂场可以控制石粉含量在5%以内,如果严格控制石粉含量在3%以内,生产成本会大大增高。综上所述,本文配制的C90高性能混凝土要求机制山砂中的石粉含量控制在5%以内,利用这部分石粉,减少胶凝材料用量,达到降低成本的目的。

5 总结

本文通过采用骨料搭配技术和控制合理的石粉含量配制的 C90 高性能山砂混凝土，相对于传统骨料级配配制方法，可以提高混凝土的抗压强度 10MPa 左右，效果理想。目前，掺合料的复配技术和外加剂的复合技术已广泛应用于混凝土技术中，但对粗骨料的控制，往往是粗略的两级大、小石搭配。相比较水泥混凝土，沥青混凝土已较成熟地应用了多种粒径骨料搭配技术。随着骨料生产技术的进步，水泥混凝土技术向节约型技术发展的需求，必将导致多种粒径骨料搭配技术在水泥混凝土配制技术中得到推广应用。

参考文献

[1] 赵卓，刁彦平，张彩霞，李春跃. 河南地区 C90 高强混凝土的配合比试验研究 [J]. 混凝土. 2005.12.
[2] 郭育霞，贡金鑫，李晶. 石粉掺量对混凝土力学性能及耐久性的影响 [J]. 建筑材料学报. 2009.6.

硅粉配制高强混凝土技术效果

王 勇　曾小萍　陈尚伟

贵州中建建筑科研设计院有限公司，贵阳，550006

【摘　要】　本论文对水灰比为 0.4 的基准混凝土与内掺 10% 硅粉及 FDN1.3%、水灰比 0.28 的硅粉高强混凝土物理力学性能对比；同时分析了内掺 5% ~ 15% 硅粉等量取代水泥配制高强混凝土的技术效果。

【关键词】　硅粉；硅粉高强混凝土；等效系数

Technical Effect of High Strength Concrete with Silica Powder

Wang Yong　Zeng Xiaoping　Chen Shangwei

Guizhou Construction Science Research and Design Institute of CSCEC, Guiyang, 550006, China

【Abstract】　The physical and mechanical properties comparison between the benchmark concrete with the water-cement ratio for 0.4 and the high-strength concrete with 10% silicon powder, 1.3% FDN, and water-cement ratio for 0.28 is made in this paper. And analysis on technology effects of high strength concrete, within which 5% ~ 15% silicon powder mixed as the substitution of cement is studied.

【Key words】　silica powder; high strength concrete with silica powder; equivalent coefficient

1　前言

在用硅粉配制高强混凝土研究的基础上，对硅粉高强混凝土性能进行了比较系统的检验，以了解硅粉掺入高强混凝土中的技术效果及其特性。

在低水灰比的基础混凝土中内掺硅粉和外掺高效减水剂，配制硅粉高性能的高强混凝土在技术上是合理的，在经济上是可行的。它比单纯地降低水灰比来提高混凝土强度或在此基础上外掺高效减水剂改善和易性的技术效果好得多，增强效果、技术性能、耐久性能均比普通高强混凝土优良。

2　试验的基本情况

试验以贵州乌江牌 P·O 42.5 水泥作胶结料，以石灰石加工的碎石（1 ~ 3cm）和中粗砂作粗、细骨料，以高活性硅粉作掺合料，以高效减水剂改善混合物和易性。以 0.4 水灰比的高强混凝土作基准，以内掺硅灰 10% 和外掺高效减水剂 1.3% 进一步降低水灰比，并保持坍落度不小于基准混凝土的硅粉高强混凝土作对比。试验用混凝土配合比见表 1，28d 龄期结果见表 2。

表 1　试验用混凝土配合比

配合比编号	每 m³ 混凝土用量（kg）						W/C	W/(C+S)	坍落度(mm)
	水泥	砂	碎石	硅粉	FDN	水			
1	500	584	1241	0	0	200	0.4	0.4	30
2	450	584	1241	50	6.5	140	0.31	0.28	50

表2 28d龄期测试结果

配合比编号	立方体抗压强度 f_{cc}（MPa）	棱柱体抗压强度 f_{cp}（MPa）	劈拉强度 f_{cu}（MPa）	弯曲抗折强度（MPa）	弹性模量 E（$\times 10^4$MPa）	相对渗透系数 S_k（cm/h）	磨耗（g/cm²）
1	49.6	39.7	4.3	7.8	4.5	324×10^{-9}	4.24
2	93.1	68.4	5.1	9.3	5.3	2×10^{-9}	3.31

3 硅粉高强混凝土物理力学性能

3.1 轴心抗压强度

未掺硅粉的山砂混凝土轴心抗压强度（39.7MPa）为立方体抗压强度（49.6MPa）的0.8倍；掺硅粉的高强混凝土轴心抗压强度（68.4MPa）为立方体抗压强度（93.1MPa）的0.73倍。两者均大于《混凝土结构设计规范》（GB 50010—2002）相应等级混凝土的轴心抗压强度标准值f_{ck}。

3.2 劈裂抗拉强度

未掺硅粉的山砂混凝土劈裂抗拉强度（4.3MPa）为立方体抗压强度（49.6MPa）的8.8%；硅粉高强混凝土劈裂抗拉强度（5.1MPa）为立方体抗压强度（93.1MPa）的5.5%。说明硅粉对混凝土抗压强度的增长大于抗拉强度的增长。虽然如此，但均能满足《混凝土结构设计规范》（GB 50010—2002）f_{ck}取值要求。

3.3 弯曲抗折强度

未掺硅粉的山砂混凝土抗折强度（7.8MPa）为立方体抗压强度（49.6MPa）的15.7%；掺硅粉的高强混凝土抗折强度（9.3MPa）为立方体抗压强度（93.1MPa）的10%。

3.4 静力弹性模量

未掺硅粉的山砂混凝土静力弹性模量为4.5×10^4MPa；硅粉高强混凝土静力弹性模量为5.3×10^4MPa。

综述上面四项力学性能说明：在0.4水灰比的山砂高强混凝土中，用10%硅粉等量取代水泥、水灰比为0.28的硅粉山砂高强混凝土力学性能效益是：立方体抗压强度从49.6MPa提高到93.1MPa，增值88%；轴心抗压强度从39.7MPa提高到68.4MPa，增值72%；劈裂强度从4.3MPa提高到5.1MPa，增值19%；弹性模量增值为18%；弯曲抗折强度从7.8MPa提高到9.3MPa，增值20%。即劈拉强度、抗折强度和弹性模量增值相近，均为轴压强度增值的25%以上。

3.5 抗渗性能

按《水工混凝土试验规程》（SL 352-2006）进行相对渗透系数检测，即8kg水压恒荷24h的六个试件平均渗透深度。

山砂高强混凝土六个试件平均渗透深度为0.72cm，相对渗透系数S_k为324×10^{-9}（cm/h）；而用10%硅粉等量取代水泥的硅粉高强混凝土，在同样试验条件下，六个试件中四个完全没有渗透水印，一个试件底部仅有直径1.5cm深0.5cm的水印，另一个试件底部劈裂面的一半只有0.75cm深的水印。六个试件平均渗水深度为0.06cm，相对渗透系数为2×10^{-9}（cm/h）。可以说，硅粉高强混凝土几乎是不透水的混凝土。

3.6 耐磨性能

耐磨性能按（JC 79—92）进行。即筛出混凝土中砂浆，制成ϕ25mm×50mm试件，在直径52cm

的钢槽中,用硅质标准砂作为磨耗剂,试件在一定压力下进行1000转的磨损失重计算磨耗度。测得未掺硅粉的山砂高强混凝土磨耗度 $r=4.24\text{g/cm}^2$;掺硅粉的山砂高强混凝土磨耗度 $r=3.31\text{g/cm}^2$。即在0.4水灰比的山砂高强混凝土中,用10%硅粉等量取代水泥后,用高效减水剂调整稠度降低水灰比为0.31时,混凝土的磨耗降低了22%。说明混凝土中掺入活性硅粉可以提高耐磨性能。

4 硅粉在硅粉高强混凝土中的技术效果分析

4.1 硅粉混凝土的水泥利用系数大于普通混凝土的水泥利用系数

水泥利用系数,可用28d强度(MPa)与单方混凝土中水泥用量(kg)比值表示。在这次试验中,普通混凝土每 1m^3 用 P·O 42.5水泥500kg(水灰比0.4、坍落度30mm)配制的混凝土28d强度为49.6MPa;硅粉高强混凝土每 1m^3 用 P·O 42.5水泥450kg(外掺硅粉50kg、高效减水剂6.5kg、水胶比0.28、坍落度50mm)28d强度为93.1MPa。前者的水泥利用系数 K_{cw} 为 0.1MPa/kg $\left(\frac{49.6}{500}=0.1\right)$,而后者的水泥利用系数 K_{cw} 为 0.270MPa/kg $\left(\frac{93.1}{450}=0.27\right)$。即前者水泥用量500kg的普通高强混凝土,每1kg水泥配制强度为0.1MPa,后者为0.27MPa,,水泥利用系数 K_{cw} 提高1.7倍。

水泥利用系数也可用混凝土强度与水泥强度的比值 K_{cf} 表示。在普通混凝土配合比设计时,为了充分利用水泥活性,水泥强度等级的选择应与混凝土设计强度相适应。一般情况下,水泥强度等级为混凝土的1.5~2.0倍为宜,配制高强混凝土时,水泥强度等级应为混凝土强度等级的0.9~1.5倍。统计以往我们配制的270组低强度等级山砂混凝土资料,当 C/W 在1.25~2.50之间时,混凝土28d强度与水泥强度比值 K_{cf} 在0.4~0.85之间。本次试验配制的基准山砂高强混凝土, C/W 为2.5,混凝土强度与水泥的强度比值为0.94 $\left(\frac{49.6}{52.5}=0.94\right)$;而硅粉高强山砂混凝土, C/W 为3.20,混凝土强度与水泥的强度比值为1.76 $\left(\frac{93.1}{52.5}=1.76\right)$。后者比前者的水泥利用系数提高38.7%。

事实说明:用通常的42.5级普硅水泥,完全可以配制高于水泥强度的高强混凝土,甚至是超高强混凝土,关键是要充分利用和激发胶结料活性。配制普通高强混凝土时,降低水灰比是提高混凝土强度的主要措施;配制超高强混凝土,在降低水灰比的基础上,外掺高活性硅粉和高效减水剂也是必不可少的手段。

4.2 硅粉在混凝土中水泥等效系数分析

混凝土中活性掺料的水泥等效系数定义是:在素混凝土中加入的水泥质量与产生相同强度的活性掺料质量之比,通常用等效水灰比表示: $\frac{W}{C+K_F}=\frac{W_0}{C_0}$。即相同混凝土强度时,1kg活性掺料可当几千克水泥用。为了解硅粉在高强混凝土中的技术效果,特考虑不同硅粉取代量来分析。试验用基准混凝土配合比见表3。

表3 试验用基准混凝土配合比

每1m³ 混凝土用量(kg)				水灰比	坍落度(mm)	抗压强度(MPa)		计算值	
水泥	砂	碎石	水			3d	28d	3d	28d
500	560	1240	200	0.40	10~20	45.3	61.5	0.839	0.586

注:表中抗压强度为重复四次试验的平均值。

按《普通混凝土配合比设计技术规定》(JGJ 55—2000)碎石混凝土强度公式为 $R_h=0.46R_c\left(\frac{C}{W}-\right.$

0.52），则掺硅粉的混凝土强度公式为 $R_{hs} = 0.46R_c \left(\dfrac{C+KS}{W} - 0.52 \right)$。式中 0.46 和 0.52 即相当于保罗米公式 $R_h = AR_c \left(\dfrac{C}{W} - B \right)$ 中的 A、B 值。

在基准混凝土中，用硅粉等量取代水泥 5%～15%，进行了五方面试验，试验结果见表 4。

表 4　试验结果

序号	对比内容		用水量 (kg)	高效减水剂 (%)	硅粉 (%)	$\dfrac{W}{C}$	$\dfrac{W}{(C+S)}$	坍落度 (mm)	抗压强度				水泥等效系数 K	
									MPa		%			
									3d	28d	3d	28d	3d	28d
1	基准混凝土		200	0	0	0.40	0.40	12	45.3	61.5	100	100	—	—
2	硅粉混凝土	1	200	0	5	0.42	0.40	15	43.0	71.0	95	115	0.19	3.46
3					10	0.44		5	42.7	72.0	94	117	0.54	2.37
4					15	0.47		0	44.0	74.0	97	120	0.85	2.08
5		2	227	0	5	0.48	0.45	20	40.0	64.5	88	105	1.52	4.65
6			247		10	0.55	0.49	20	36.7	58.0	81	94	1.49	2.83
7			273		15	0.64	0.55	28	30.5	56.0	67	91	1.06	2.79
8		3	200	0.16	5	0.42	0.40	20	44.4	64.8	98	105	0.72	1.83
9				0.29	10	0.44		20	48.1	71.0	106	115	1.51	2.22
10				0.43	15	0.47		20	47.6	72.5	105	118	1.28	1.94
11		4	200	0.30	10	0.44	0.40	10～20	47.5	70.7	105	115	1.41	2.13
12			169	0.60		0.38	0.34		60.0	88.8	132	144	1.64	2.45
13			150	0.90		0.33	0.30		60.0	91.0	132	148	0.44	1.39
14			140	1.20		0.31	0.28		69.5	105.3	153	171	1.01	2.00
15		5	200	0.45	15	0.47	0.40	10～25	45.5	69.8	100	113	1.04	1.73
16			167	0.75		0.39	0.33		57.0	80.8	126	131	1.06	1.31
17			150	1.05		0.33	0.30		67.5	97.3	149	158	1.31	1.67
18			140	1.35		0.33	0.28		68.5	110.2	151	179	0.93	1.97

注：为 20 世纪 90 年代检测资料。

从表 4 中我们可以看到：

（1）在基准混凝土中用 5%～15% 硅粉等量取代水泥时：拌合物坍落度随硅粉量增加而减小；3d 龄期抗压强度与基准混凝土相近，但水泥等效系数 K 随硅粉量增加而增大。28d 龄期强度随硅粉量增加而增大，但水泥等效系数随硅粉量增加而减小，硅粉为 5% 时是活性利用最佳掺量，水泥等效系数为 3.46。

（2）在基准混凝土中用 5%～15% 硅粉等量取代水泥时，砂石用量不变，用水量随硅粉增加适量增加以控制坍落度与基准混凝土相近时：由于水灰比增大，混凝土强度相应降低。水泥等效系数亦随硅粉取代水泥率增大而下降；3d 龄期时，相应 K 系数为 1.52～1.06，28d 龄期时为 4.65～2.78。硅粉为 5% 时，活性利用率最大，K 为 4.65。由于水灰比增大 K 值增加 30%。

（3）在基准混凝土中用 5%～15% 硅粉等量取代水泥外掺高效减水剂 0.16%～0.43% 控制混合物坍落度与基准混凝土相近时：3d、28d 龄期抗压强度相应增长，K 系数与硅粉量、混凝土龄期变化影响不明显。但表 4 中 3 与 1 相比，可以明显看出高效减水剂促进了硅粉早期活性反应。

（4）保持基准混凝土中砂、石和胶结料总量不变，用 10% 硅粉等量取代水泥，逐渐降低水胶比，相应增加高效减水剂量控制拌合物坍落度与基准相近时，混凝土强度剧增。3d 龄期增幅 5%～53%，28d 龄期增幅 15%～71%，其 K_{28} 为 2 左右，最高为 2.47。

(5) 在基准混凝土中用15%硅粉等量取代水泥，逐渐降低水胶比，相应增加高效减水剂，控制拌合物坍落度与基准相近时，由于水灰比降低及硅粉与高效减水剂综合作用，促进强度剧增。3d龄期由45.3MPa增到68.5MPa，28d龄期由61.5MPa增到110.2MPa，K_{28}在1.31~1.97之间。表4中5与4相比，硅粉由10%增到15%，强度增加甚微，K值反而下降，说明硅粉取代水泥率不宜超过10%。

综上所述，硅粉在0.4低水灰比混凝土中的活性系数随硅粉掺量减小而增大：当硅粉取代水泥率为15%时，平均K值3d龄期为1.08，28d为1.93；当硅粉取代水泥率为10%时，平均K值3d龄期为1.15，28d为2.20；当硅粉取代水泥率为5%时，平均K值3d龄期为0.81，28d为3.31。从经济性和活性利用性考虑，硅粉取代水泥率为5%时最佳。

4.3 在低水灰比的高强混凝土中，内掺硅粉提高强度的效果好于进一步降低水灰比的效果

按《普通混凝土配合比设计技术规定》（JGJ 55—2000）规定，设计碎石混凝土配合比时，采用$R_\mathrm{h}=0.46R_\mathrm{c}\left(\dfrac{C}{W}-0.52\right)$的强度公式。

当每$1\mathrm{m}^3$混凝土用500kg P·O 42.5水泥，水灰比为0.4时，则$R_\mathrm{h}=0.91R_\mathrm{c}$。当每$1\mathrm{m}^3$混凝土用450kg P·O 42.5水泥，水灰比为0.31时，则$R_\mathrm{h}=1.23R_\mathrm{c}$。两者相比，降低水灰0.09，强度$R_\mathrm{h}$提高35%以上。即按混凝土强度公式计算，水灰比由0.4降低到0.31时，混凝土28d强度可由49.6MPa提高到66.96MPa。另外的26.1MPa（93.1~67）完全是50kg硅粉的综合效应。

5 结论

硅粉高强混凝土具有比普通低水灰比的高强混凝土更优越的性能。这是由于硅粉的火山灰效应、微细填料效应的综合作用以及进一步改善了混凝土中水泥石的毛细孔和水泥石与骨料界面性能所致。进一步改善了混凝土的匀质性，当水泥石和骨料强度接近、变形性能相近时，使非匀质的混合体变成了性能相近的整体，就能充分发挥混凝土的各组成材料的特性。因而大幅度地提高了混凝土的各项物理力学性能。

C80 高强高流态机制砂混凝土试验研究

高育欣　徐国栋　殷新博　唐天明　王明月

中建商品混凝土成都有限公司，成都，610052

【摘　要】　本文通过采用高性能减水剂和矿物掺合料，限制机制砂中的石粉含量，采用连续级配的碎石，使用 0.24 的低水胶比，44% 的砂率，成功配制出性能良好的 C80 高强高流态机制砂混凝土。结果表明，混凝土工作性能在 4h 内基本无损失，混凝土 28d 标准立方体抗压强度为 96.8MPa，静弹性模量为 45.4GPa，劈裂抗拉强度 6.7MPa。各项性能满足 C80 混凝土的设计要求。

【关键词】　高强；高流态；机制砂混凝土；工作性能；力学性能

Experiment Research of C80 Machine-made Sand Concrete with High Strength and High-flowability

Gao Yuxin　Xu Guodong　Yin Xinbo　Tang Tianming　Wang Mingyue

China Construction Ready Mixed Concrete Chengdu Co., Ltd., Chengdu, Sichuan, 610052, China

【Abstract】　In this paper, an excellent performance C80 machine-made sand concrete is successfully prepared with high strength and high-fluidity, based on using high performance water reducing agent and mineral admixture, restricting stone powder content in the machine-made sand, using continuously graded stone, controlling the water-cement ratio within 0.24 and the sand percentage at forty four percent. The results showed that the working capability of concrete has no losing within four hours, the strength performance of the concrete after twenty eight days as follows, the standard cubic compressive strength is 96.8MPa, the static elastic modulus is 45.4GPa, the split tensile strength is 6.7MPa. Each index meets the design requirements of C80 concrete.

【Key words】　high strength; high-fluidity; machine-made sand concrete; working capability; strength performance

0　引言

建筑设计的快速发展对混凝土的性能要求不断提高，高强混凝土力学性能高、耐久性强，被公认是 21 世纪混凝土技术的发展方向之一，受到国内外的广泛重视，具有广阔的市场前景[1]。高强混凝土材料配制特点是低水胶比、采用高效减水剂和矿物掺合料复掺技术，胶凝材料多元化[2]。

本文利用高效减水剂和矿物掺合料复合技术配制 C80 高强高流态机制砂混凝土，系统地检测了新拌混凝土工作性能和硬化混凝土力学性能，为科学有效地控制其生产应用提供参考。

1　原材料性能及试验方法

1.1　原材料性能

（1）四川某品牌 P·O 42.5R 级水泥，其物理、力学性能检测结果见表 1。

表1 水泥主要物理力学性能指标

标准稠度（%）	细度（%）	比表面积（m^2/kg）	安定性	烧失量（%）	初凝时间（min）	终凝时间（min）	3d强度（MPa）		28d强度（MPa）	
							抗折强度	抗压强度	抗折强度	抗压强度
25.0	0.9	348	合格	3.00	155	204	5.7	29.4	8.8	54.6

（2）粉煤灰：Ⅰ级灰，细度10%，需水比92%。

（3）矿粉：S95级，比表面积$5100cm^2/g$，7d活性指数65%，28d活性指数96%。

（4）硅灰：埃肯920微硅灰。

（5）细骨料：机制砂，性能指标检测结果见表2。

表2 机制砂主要性能指标

细度模数	颗粒级配	表观密度（kg/m^3）	堆积密度（kg/m^3）	含泥量（%）	MB值	石粉含量（%）	氯化物含量（%）	单级最大压碎值
2.7	Ⅱ区	2710	1630	0.2	1.0	7	0.01	18

（6）粗骨料：成都产石灰岩碎石，5~10mm、10~20mm两级配。

（7）减水剂：某厂产聚羧酸减水剂，减水率23.4%，固含量15.7%。

1.2 试验方法

新拌混凝土工作性能按照《普通混凝土拌合物性能试验方法标准》（GB/T 50080—2002）进行测试。同时采用简易粘度计法（用倒置的坍落度筒测定混凝土的排空时间为7~20s，说明混凝土既不泌水，也不粘稠、不板结，具有良好的可泵性）检测混凝土粘聚性，作为评价混凝土工作性能的一项指标。

硬化混凝土力学性能按《普通混凝土力学性能试验方法标准》（GB/T 50081—2002）进行测试。

2 C80高强高流态机制砂混凝土配合比设计

2.1 技术路线

（1）在混凝土配合比设计上，按照"强度设计为基础，耐久性设计为主导"的基本原则，首先满足力学性能要求；

（2）采用高性能减水剂和矿物掺合料的复合技术来配制高强高流态混凝土。高性能减水剂减水分散作用十分明显，同时增加混凝土的坍落度，改善和易性。矿物掺合料的主要作用是减少水泥用量，提高混凝土体积稳定性，降低水化热，并可以改善混凝土拌合物的和易性，减少泌水、离析现象。高性能减水剂与矿物掺料的复合增塑减水作用，使水泥混凝土的水胶比进一步降低，同时水泥石结构更加均匀，使混凝土的抗压强度提高；

（3）采用5~10mm、10~20mm两种粒形较好的碎石，按一定比例搭配成连续级配使用，降低粗骨料间的孔隙率，节省填充砂浆用量，增强混凝土的和易性[3]；

（4）与天然砂相比，机制砂级配较差、细度模数偏大，具有表面粗糙、颗粒尖锐有棱角等特点，这对骨料和水泥的粘结是有利的，但同时也增加了混凝土拌合物流动的阻力，很容易造成混凝土的流动性不良。为降低混凝土拌合物的粘性，减小泵送阻力宜选用较高的砂率；

（5）机制砂石粉基本为惰性物质，在石粉含量备受争议的情况下，严格按国家标准控制其含量，同时优先选用MB值小于1的机制砂。

2.2 配合比设计

本试验采用表观密度法进行配合比设计，经过反复试验验证，混凝土表观密度定为$2520kg/m^3$，胶凝材料总量不超过 650kg/m³，水胶比控制在 0.25 左右，砂率 44%，通过调整胶凝材料用量、矿物掺合料比例、外加剂品种与掺量，设计出多组 C80 高强机制砂混凝土，表 3 为最终确定的配合比。

表3　C80 高强高流态机制砂混凝土配合比

胶凝材料总量（kg/m³）	水泥（%）	粉煤灰（%）	矿粉（%）	硅粉（%）	砂率（%）	水胶比	外加剂（%）
650	70	16	6	8	44	0.25	3.0

3　试验结果与分析

3.1　新拌混凝土工作性能

如图 1、图 2 所示，混凝土基本能自流平，具有优异的流动性能，粘聚性及保水性、和易性良好。如图 3~图 5 所示，混凝土初始的倒筒时间为 19s，坍落度/扩展度为 250mm/670mm，4h 后倒筒时间为 14s，坍落度/扩展度为 250mm/680mm，混凝土工作性能基本无损失，说明混凝土具有良好的工作度保持能力，完全满足长距离运输与泵送施工的要求。

图1　坍落度试验

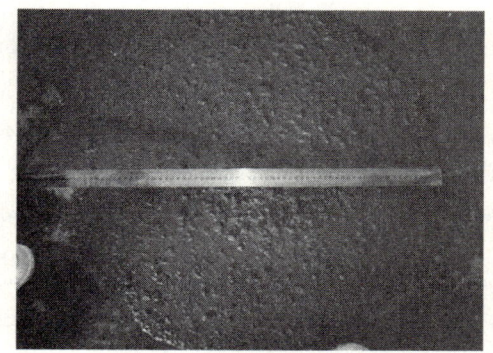

图2　扩展度试验

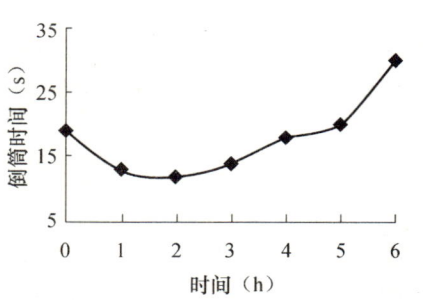

图3　倒筒时间随时间的变化曲线

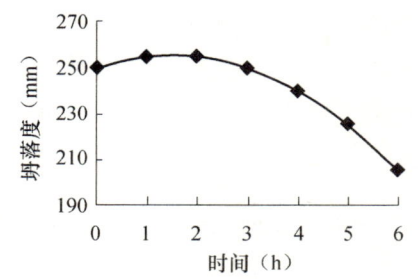

图4　坍落度随时间的变化曲线

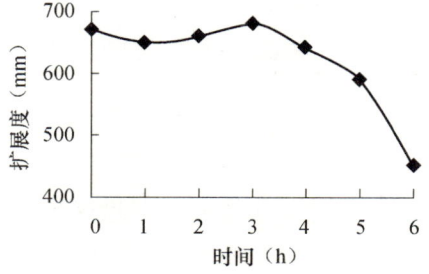

图5　扩展度随时间的变化曲线

3.2 抗压强度

C80 高强高流态机制砂混凝土特殊的配制技术决定了其性能发展的独特性，对混凝土性能尤其是早龄期力学性能的研究与把握是结构应力分析与耐久性设计的前提，更可进一步指导施工控制。C80 高强高流态机制砂混凝土抗压强度发展见表4。

表4　混凝土立方体抗压强度发展

龄期（d）	1	2	3	4	5	6	7	14	28	56	90
立方体抗压强度（MPa）	45.9	62.6	71.4	74.1	80.5	79.3	83.3	94.1	96.8	104.9	108.9
强度增长率（%）	47.4	64.6	73.8	76.5	83.2	82.0	86.1	97.2	100.0	108.4	112.4

试验结果表明，混凝土前期强度发展速度快，1d、3d、7d 强度分别达到 28d 强度的 47%、73.8%、86.1%。后期强度继续增长，速率相对变缓，90d 强度相对于 28d 强度提高 12.4%。文献[4]研究表明 C80 混凝土试配强度应不低于设计强度等级的 1.12 倍，即 89.6MPa。本文设计的 C80 高强高流态机制砂混凝土 28d 标准立方体抗压强度为 96.8MPa，满足设计要求。

3.3 静弹性模量

静弹性模量是反映混凝土形变性能的重要指标，它反映了混凝土所受应力与产生应变之间的关系，是计算钢筋混凝土结构变形、裂缝发展以及大体积混凝土的温度应力所必需的参数之一。弹性模量越大，同样外力作用下产生的形变越小。通常情况下，希望材料具有较高的弹性模量。C80 高强高流态机制砂混凝土轴心抗压强度和静弹性模量试验结果见表5。

表5　混凝土静弹性模量和轴心抗压强度发展

龄期（d）	1	2	3	4	5	6	7	14	28
轴心抗压强度（MPa）	31.9	52.3	60.1	62.5	79.9	71.9	75.7	81.9	86.7
静弹性模量（GPa）	27.3	34.4	35.4	37.2	39.0	39.2	40.0	40.1	45.4

由表5 可知，早龄期是混凝土静弹性模量发展的高速期，3d、7d 混凝土静弹性模量分别达到 28d 弹性模量的 78%、90% 左右，随着龄期的增长，增长速度逐步趋于稳定。28d 静弹性模量达到 45.4GPa，说明混凝土具有较好的抗形变能力。

3.4 劈裂抗拉强度

混凝土在工作时一般不依靠其抗拉强度，但抗拉强度对于抗开裂性有重要意义，在结构设计中抗拉强度是确定混凝土抗裂能力的重要指标。有时也用它来间接衡量混凝土与钢筋的粘结强度等。混凝土抗拉强度通过直接拉伸试验测定，在试验方法上有一定困难。一般采用劈裂抗拉试验间接研究混凝土的抗拉强度。C80 高强高流态机制砂混凝土劈裂抗拉强度发展见表6。

表6　混凝土劈裂抗拉强度发展

龄期（d）	1	2	3	4	5	6	7	14	28
劈裂抗拉强度（MPa）	4.0	5.1	5.4	5.6	5.9	6.1	6.8	7.2	7.0

试验结果说明，随着龄期的增长，混凝土劈裂抗拉强度逐渐增长，抑制混凝土开裂的能力提高，但增长缓慢，远不如抗压强度的增长速度。计算得到 28d 劈裂抗拉强度与抗压强度之比为 1/13.9，它比普通混凝土的拉压比（约为 1/10）低得多，说明超高强混凝土的脆性比普通混凝土的高。观察发现，在混凝土试件劈裂断裂面上，断裂均发生在砂浆体和粗骨料内部，并且所有碎石骨料均从内部断裂开，说明碎石与浆体界面区 CH 晶体和不密实的 C-S-H 凝胶少、界面区坚固、密实，粘结强度大。

间接衡量出混凝土与钢筋的粘结强度较高。

4 结论

（1）通过采用高性能减水剂和矿物掺合料，控制机制砂中的石粉含量，采用 5~10mm 与 10~20mm 两级配的碎石，使用 0.24 的低水胶比，44% 的砂率，配制出性能良好的 C80 高强高流态机制砂混凝土。

（2）新拌混凝土和易性良好。混凝土初始的倒筒时间为 19s，坍落度/扩展度为 250mm/670mm，4h 后倒筒时间为 14s，坍落度/扩展度为 250mm/680mm，混凝土工作性能基本无损失，完全满足长距离运输与泵送施工的要求。

（3）混凝土 28d 标准立方体抗压强度为 96.8MPa，满足 C80 强度等级设计要求；混凝土 28d 静弹性模量为 45.4GPa，具有较好的抗形变能力；28d 劈裂抗拉强度与抗压强度之比为 1/13.9，比普通混凝土的拉压比（约为 1/10）低得多，脆性比普通混凝土高。

参考文献

[1] 吴中伟，廉慧珍. 高性能混凝土 [M]. 北京：中国铁道出版社，1999：11~12.
[2] 王栋民，张守祺，王振华. 水泥-膨胀剂-粉煤灰复合胶凝材料膨胀与强度发展的协调性研究 [J]. 混凝土，2010，243：1~3.
[3] 王军，陈景，孙克平. 骨料对配制 C80-C100 高强混凝土的影响 [J]. 混凝土，2010（3）.
[4] 姚燕，王玲，田培. 高性能混凝土 [M]. 北京：化学工业出版社，2006：289~290.

京基金融中心底板大体积混凝土的配制与应用

高芳胜　尤立峰

深圳市安托山混凝土有限公司，深圳，518040

【摘　要】 在不掺膨胀剂、冰屑，不设冷却管，不掺纤维，不施加预应力的情况下，通过优化混凝土配合比，改进施工工艺，采取有效的养护措施，加强温控监测，能很好地解决深圳京基金融中心工程高强大体积混凝土 C50P10 的裂缝控制问题。

【关键词】 大掺量矿物掺合料；裂缝控制；混合砂

Proportioning and Application of Large Volume Concrete in the Soleplate of Kingkey Finance Center

Gao Fangsheng　You Lifeng

Shenzhen Antuoshan concrete Co., Ltd., Shenzhen, 518040, China

【Abstract】 Given these without expansion, ice particles, cooling tube, fiber, pre-stressed conditions, adopt the optimization of concrete proportion, improve construction technology, use effective maintenance, and strengthen monitoring on temperature, it is able to resolve the problem about the cracks control of strong and large volume concrete—C50P10 in Project of Shenzhen Kingkey Finance Center.

【Key words】 large scale powdered mineral admixture; crack control; mixed sand

0　前言

近年来，随着我国超高层建筑的不断开工，建筑的高度不断被刷新，其基础底板受力状态不断加重，结构越来越厚，混凝土强度等级越来越高，总胶凝材料用量越来越多，混凝土水化热更高，更加不利于大体积混凝土的温度裂缝控制。而裂缝的产生原因与结构设计、配比设计、原材料控制、施工管理技术、环境状态等诸多因素有关，裂缝控制是一个高度综合性的系统工程，必须由多个专业的良好配合才能取得裂缝控制的成功[1]。本文主要通过对混凝土配比、质量控制、施工养护等方面进行分析，探讨有效控制大体积混凝土裂缝的措施。

1　工程概况

京基金融中心位于深圳市罗湖区蔡屋围，占地面积约 4.7 万 m^2，总建筑面积约 60 万 m^2，总投资约 50 亿元人民币，是集甲级写字楼、超五星级豪华酒店、大型购物中心、商务公寓、精品住宅为一体的城市中心商业综合体。其中，A 座主塔楼高 441.8m，地下 4 层，地上 98 层，建筑面积为 24 万 m^2，新楼与地王大厦相依相偎，将成为深圳又一标志性建筑（图 1），预计 2011 年建成并投入使用。本工程由深圳市京基房地产开发有限公司开发，由深圳华森建筑与工程设计顾问有限公司进行施工图设计，由中国建筑第四工程局有限公司施工总承包，大底板的混凝土由深圳安托山混凝土有限公司供应。

主塔楼大底板中间核心筒部位厚度为 4.5m，外框筒部位厚度为 4m，再向外厚度变成 2m，东西方向长 67.5m，南北方向长 57.3m，面积约 3868m^2，总混凝土用量超过 1.3 万 m^3，混凝土强度等级为 C50P10，属于超长、超宽的高强大体积混凝土结构，控制裂缝的技术难度较高。大底板与四周的支护桩或裙楼底板之间设有 800mm 宽的后浇带。搅拌站距离该工程 14km，运输时间约 30min，底板施工局部图如图 2 所示。

图 1　京基金融中心效果图

图 2　京基金融中心底板施工局部图

2　配合比设计的主要指导方针和指标要求

根据以前大体积混凝土开裂的经验，影响裂缝控制的主要因素可分为材料、结构及施工三方面。从材料方面，引起混凝土裂缝的主要原因是胶凝材料的水化热和收缩，必须采取有效措施降低其水化热和收缩，尽可能减少水泥的用量和胶凝材料总量，严格控制原材料的质量，特别是粗细骨料的含泥量，对于水泥及矿物掺合料的成分必须进行严格检验，尽可能减少单方用水量，适当选择大体积混凝土的水胶比，保证混凝土不仅有良好的抗压强度，还应当有良好的抗折强度（弯拉强度）。

经项目部与设计、监理、混凝土公司反复沟通，决定采用混凝土的 90d 强度来进行混凝土的试配、评定和验收，并确定混凝土的技术指标要求如下：

（1）强度等级：C50P10（强度评定采用：90d 标养立方体抗压强度）。

（2）坍落度：140~180mm。

（3）2h 坍落度经时损失≤30mm。

（4）初凝时间：20~22h；终凝时间 24~26h。

（5）和易性良好，无离析、泌水现象

3　原材料

（1）水泥：采用日本进口的小野田 P·O 42.5 级水泥，其有关性能指标如表 1 所示。该水泥质量稳定，从生产到使用的降温期长，确保连续生产使用过程中水泥搅拌机的入机温度小于 30℃，有效降低混凝土的出机温度。

表 1　水泥性能指标

比表面积 (m^2/kg)	标准稠度用水量 (%)	安定性	凝结时间 (min)		抗压强度 (MPa)		抗折强度 (MPa)		水化热 (kJ/kg)	
			初凝	终凝	3d	28d	3d	28d	3d	7d
345	25.6	合格	130	195	35.1	61.8	6.6	9.3	242	296

（2）矿渣粉：采用广东韶关钢铁厂生产的 S95 级矿渣粉，其性能指标如表 2 所示。

表2 S95级矿粉性能指标

比表面积(m²/kg)	密度(g/cm³)	烧失量(%)	含水量(%)	SO_3(%)	流动度(%)	活性指数(%)	
						7d	28d
420	2.85	0.25	0.30	0.04	105	78	104

（3）粉煤灰：采用深圳妈湾电厂生产的F类I级灰，其性能指标如表3所示。

表3 I级粉煤灰性能指标

细度(%)	需水量比(%)	烧失量(%)	含水量(%)	SO_3(%)	游离氧化钙(%)
8.0	94	1.90	0.6	2.2	0.27

（4）砂子：采用天然中砂与机制砂按7:3比例混合而成的混合砂，掺用机制砂有利于提高混凝土的稠度，使混凝土不容易离析、泌水，提高混凝土的抗拉强度，其性能指标如表4所示。

表4 混合砂性能指标

细度模数	级配区	表观密度(kg/m³)	堆积密度(kg/m³)	泥块含量(%)	石粉含量(%)	亚甲蓝MB值
2.9	II	2620	1470	0.3	3.2	合格

（5）石子：采用5~25mm连续级配碎石，针片状含量4%，含泥量0.4%，无潜在碱-硅反应危险。

（6）外加剂：采用安托山减水剂厂经特殊复配的ATS-SP1萘系缓凝型高效减水剂，其性能指标如表5所示。

表5 减水剂性能指标

pH值	净浆流动度(mm)	减水率(%)	含气量(%)	28d抗压强度比(%)
7.5	240	22	2.0	115

4 优化混凝土配合比的设计

根据配合比设计及工程的具体要求，结合类似大型底板工程实践，通过大掺量矿渣粉和粉煤灰降低水泥用量，降低水化热，利用混凝土90d龄期强度，更多地节约水泥和处理电厂废弃物，可节能、节约资源和改善温室效应，降低混凝土成本，提高混凝土抗渗性能、抗Cl^-渗透等能力。采用机制砂替代30%天然砂，改善混凝土的孔结构，增强混凝土的密实度，提高了混凝土的力学性能和耐久性能[2]。通过配比筛选并确定如下配比进行试验（表6），强度结果见表7。

表6 配合比与拌合物性能试验结果

组别	试验配合比（kg/m³）							坍落度（mm）		凝结时间（h：min）	
	水泥	矿粉	煤灰	混合砂	石子	水	减水剂	出机	2h	初凝	终凝
1	240	100	100	707	1050	163	11.4	210	200	20：01	24：30
2	220	100	100	727	1050	163	10.9	210	190	20：35	24：45
3	200	100	100	747	1050	163	10.4	200	185	21：15	25：25

表7 强度试验结果

组别	抗压强度（（MPa））					抗渗等级28d
	3d	7d	28d	60d	90d	
1	40.9	51.1	65.5	73.6	77.8	>P18
2	36.6	47.8	61.6	69.2	72.4	>P18
3	33.5	43.4	56.8	65.0	68.3	>P18

综合各项试验结果，决定采用第3组配比进行生产。

5 生产组织及质量控制

根据工程施工情况，做好混凝土生产的各项准备工作，确保原材料和混凝土运输车辆的保障供应（最多共调用了53台9方车），保证混凝土的连续性浇筑。采取有效措施控制原材料的质量和入机温度，进而降低混凝土的出机温度，提高混凝土的均质性，有利于温度裂缝的控制。

5.1 原材料质量控制措施

水泥由日本船运进口，从生产到使用的降温期长，循环使用水泥罐（2400吨/6个），水泥进场入罐后有一定的降温时间，使得连续生产过程中水泥的入机温度接近空气温度。粉煤灰每车必检，第一次预检合格后入罐过程随机抽检不少于2次，监控其质量稳定性。充分利用能堆放5万m³库存量的砂子堆场，做到提前半个月存放砂子，并通过堆放过程的不断推高混合，有利于砂子的均匀性、降低Cl^-含量、稳定含水率。石子直接由碎石生产线生产并分级后进入混凝土骨料仓，避免了太阳的暴晒。萘系缓凝型高效减水剂经调整缓凝组分，适当延长缓凝时间，延缓混凝土水化温峰的出现。

5.2 混凝土质量控制措施

严格按要求做好混凝土生产的开盘鉴定工作，按每生产300m³抽样一次，检测混凝土的出机温度、坍落度等拌合物性能，成型各龄期抗压强度和28d抗渗试块。每车混凝土必须经试验室质检员目测，确认坍落度满足要求并签字后才能出厂。现场派有技术员或试验员24h跟踪和反馈混凝土质量信息。

6 工程应用情况

6.1 质量控制情况

共浇筑约13231m³混凝土，浇筑时间为2008年12月21~23日，一次性连续浇筑完毕，用时约53h。现场混凝土入模坍落度150~180mm，混凝土无离析、泌水现象，和易性良好。试验室共成型48组各龄期强度试块（表8）。从标准偏差看，质量稳定，其中28d平均抗压强度达强度标准值（$f_{cu,k}$）的115%，90d抗压强度平均强度达强度标准值（$f_{cu,k}$）的132%；抗渗试验按照GBJ 82—85进行，均达到设计要求。强度与龄期关系图如图3所示。

表8 强度检测值

龄期	抗压强度（MPa）				
	3d	7d	28d	60d	90d
强度	34.9	42.4	57.6	63.9	66.9
标准偏差	3.1	3.2	2.9	2.8	3.1
离散系数	—	—	5.0	4.4	4.6

6.2 施工与振捣

浇筑方法采用"斜向分层,薄层浇筑,循序退浇,一次到底"的连续施工方法。为了保证每一处的混凝土在初凝前就被上一层新的混凝土覆盖,采用斜面分层式浇捣方法,混凝土一次自然流淌,坡度约为1:10。分层浇捣使新混凝土沿斜坡一次到底,使混凝土充分散热,从而减少混凝土的热量,混凝土振捣后产生的泌水沿斜坡排走,保证了混凝土的质量。

6.3 早期塑性收缩裂缝的防治

近年来,我国大体积混凝土特别是高强大体积混凝土,在浇筑初期,甚至在拆模前后会出现开裂现象,这是由于水泥及掺合料与水发生激烈的水化反应,同时产生泌水和大量水分散发,混凝土会产生早期的塑性收缩,收缩量较大,极易引起裂缝。在混凝土接近初凝时便开始喷水养护,同时采用磨光机对混凝土表面进行磨压,然后再用扫把将表面拉毛,封闭混凝土的早期裂缝,可处理混凝土表面出现的早期塑性裂缝。

6.4 养护

在混凝土浇筑过程中,已经浇筑到设计标高的地方,抹平后立即用塑料薄膜覆盖,并在塑料薄膜上加盖两层麻袋,最后再覆盖塑料薄膜。混凝土中心最大温度与大气温度之差大于25℃时,不得移开保温层。整个湿润养护过程必须保持有完好的覆盖,方能取得良好养护效果,无覆盖的间断浇水对养护非但无效,有时甚至是不利的,因为混凝土在干湿交替作用下会产生不利的内力状态。

6.5 测温结果

采用电子便携式测温仪,温度记录误差不大于±1℃。现场共布置11个测温点,安排专人进行温度检测,测温历时52d,升温阶段每隔2h记录一次,降温阶段每隔4h记录一次。14d后每天记录一次。混凝土浇筑过程中,大气温度为13~23℃,环境湿度为40%~70%,混凝土入模温度24~29℃。其中10号测温点传感器布置如图4所示,取中心偏下的2.6m处为典型的温度,记录并绘出混凝土水化热温升曲线如图5所示。

升温阶段5d后达到峰值,混凝土中心最高温度76℃,表层温度达到53℃,内外最大温差23℃,平均22℃。随后温度降低缓和,小于2℃/d,在26d后基本稳定。28d后建设方、施工方、监理方共同检查整体情况,未发现任何有害裂缝。从以上裂缝控制结果看,控制混凝土的内外温差固然很重要,但是更重要的是控制降温速率、控制自约束应力和外约束应力。

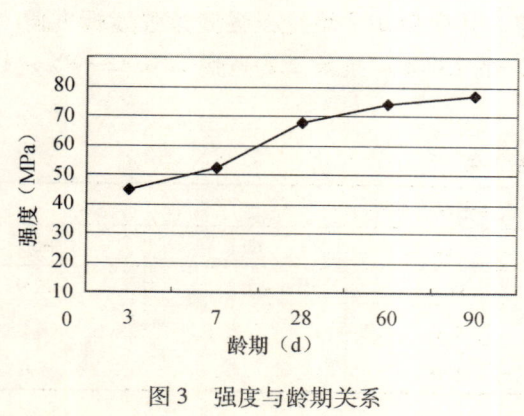

图3 强度与龄期关系

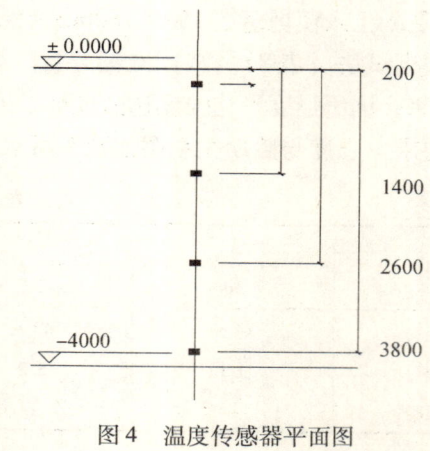

图4 温度传感器平面图

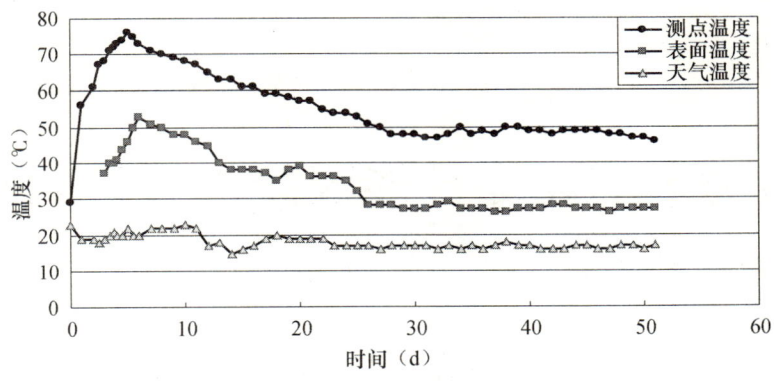

图5 混凝土水化热温升曲线

7 结论

大体积混凝土产生裂缝的原因是众多的,源头是把好原材料质量关,严格控制混凝土的均质性,减少砂石骨料的含泥量,提高粗骨料的含量和粒径;重点是做好优化混凝土配合比设计并充分利用混凝土60d、90d龄期的强度,提高混凝土的抗拉和抗折强度,减少水泥用量,加大矿渣粉、粉煤灰的掺量是控制大体积混凝土温差裂缝和提高耐久性的有效途径。采用合适的施工养护方法,优化保湿养护措施,严格控制坍落度,加强温度监控措施,有效控制超厚体积混凝土的内外温差,特别是控制降温速率和采取连续无变形缝浇筑,是控制大体积混凝土裂缝的有效措施。本工程所采取的一系列措施,确保了工程的质量,节约了经济投资。

参考文献

[1] 王铁梦. 工程结构裂缝控制 [M]. 北京:中国建筑工业出版社,2007:98.
[2] 王建程等. 天津蓟县机制砂在混凝土中的应用 [J]. 商品混凝土专刊,2009(6):51.

预应力蒸养超高性能混凝土管桩的研制

冯乃谦[1]　陈乐雄[2]　叶浩文[3]　李　浩[4]　徐勋龙[2]　陈潮龙[2]　周奇明[2]　齐世坤[3]

1. 清华大学，北京，100084
2. 深圳市正强投资股份有限公司，深圳，518000
3. 中国建筑第四工程局有限公司，广州，510665
4. 云天化集团云南景成基业建材有限公司，昆明，650000

The Research and Producing of Pre-stressed Steam-cured Ultra-high Performance Concrete Tubular Pile

Feng Naiqian[1]　Chen Lexiong[2]　Ye Haowen[3]　Li Hao[4]
Xu Xunlong[2]　Chen Chaolong[2]　Zhou Qiming[2]　Qi Shikun[3]

1. Tsinghua University, Beijing, 100084, China
2. Shenzhen Real Strong Investment Development Co., Ltd., Shenzhen, 518000, China
3. China Construction Fouth Engineering Division Co., Ltd., Guangzhou, 510665, China
4. Yunnan Achievement Construction Material Co., Ltd., Kunming, 650000, China

1　问题的提出

（1）当前预应力高强混凝土管桩生产中的问题。

C80 预应力高强混凝土管桩，以高等级水泥（金鹰 52.5R）与磨细石英砂为混凝土材料。离心成型后通过普通蒸气养护（初蒸），在正强管桩厂蒸养温度为 85℃，恒温 4~5h，使管桩混凝土的强度达到 40MPa 以上才能脱模；然后进入高压蒸养，温度 185℃，恒温 7~8h，使磨细砂与水泥水化时放出的 $Ca(OH)_2$ 反应，生成托贝莫来石，管桩混凝土强度才能达到 90MPa 以上（达到 C80 的强度等级）。也就是说现有的 C80 混凝土管桩，由于胶凝材料的组成，必须通过初蒸与蒸压完成。初蒸使管桩混凝土具有脱模强度及支撑先张法预应力的强度；而蒸压使磨细砂与 $Ca(OH)_2$ 反应，使管桩具有 C80 等级的强度。

（2）两段式管桩生产工艺能源消耗大。据调查，每米管桩蒸养和蒸压成本为 10 元/m。而正强管桩厂由于靠近机场，不允许烧煤，但因燃油成本高，只能烧废旧木材，这也不可能长期维持。因此管桩厂生产过程中养护工艺的改革势在必行。

（3）两段式养护工艺完全是因为当前管桩生产的胶结材料配料造成的。

由于粉体技术的开发和新型粉体材料的出现，通过粉体和水泥的适度搭配及一定的工艺路线，是完全可以免除高压蒸养而获得高性能、超高性能混凝土的管桩。国外以水泥 + 矿渣超细粉 + 硅粉及聚羧酸高效减水剂，可以配制出 C150 的超高性能混凝土，并用于建筑结构中；而欧洲通过掺入纤维及热压成型，可以生产出强度为 200MPa 的特种混凝土制品。

本课题在广州西塔项目 C100 及京基大厦 C120 超高性能混凝土的基础上，借鉴有关研究经验，以特种粉体和水泥配制，并采用自行研发的新型高效减水剂，通过实践，希望探索出一条免蒸压的高强混凝土管桩的生产工艺。达到节省资源和节省能源的同时，还能获得更好的技术经济效果。

2 原管桩生产的材料与工艺

正强管桩厂每年生产各种规格的预应力管桩约 100 万 m，均采用双蒸养护工艺，给设备管理、能源消耗及环保都带来了严重的问题。

（1）生产用原材料

水泥：金鹰 52.5R 早强型水泥；

磨细砂：河砂干燥后磨细，达到比表面积 4100 cm^2/g；

细骨料：水洗海砂，细度模量 2.8~3.2，属中偏粗砂，级配合格；

粗骨料：花岗岩碎石。2 级配；5~25.6mm（70%）；0~5mm（30%），压碎指标 7.5%~7.8%，含泥量 1.5%，石粉含量 2.0%，含泥量偏高。

减水剂：萘系减水剂，含固量 30%；净浆流动度 230mm，减水率 22%。

（2）管桩生产用的混凝土配合比（单立方米混凝土用料如下：）

水泥	磨细砂	砂	碎石	水	减水剂
310kg	140kg	650kg	1300kg	130kg	10.5kg

（3）整个管桩的生产工艺可分为三个过程：

①混凝土搅拌（图1）。

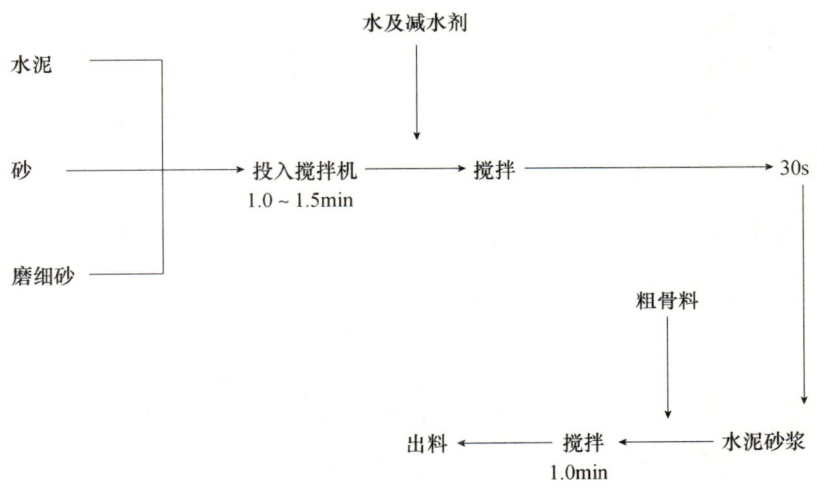

图 1 生产试验时混凝土拌合工艺

②混凝土喂料（图2）。要求前后均匀，柱端头略高于中端。

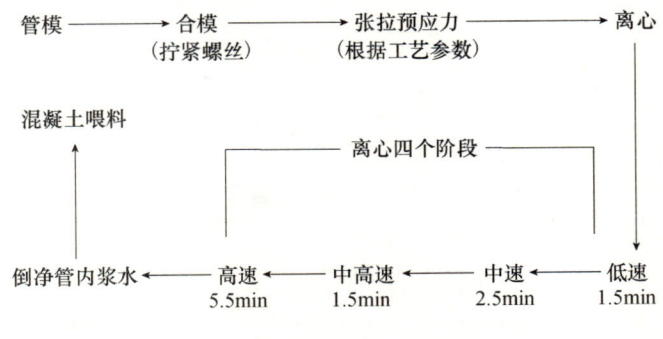

图 2 喂料及离心成型

③初蒸与高压蒸养（图3）。

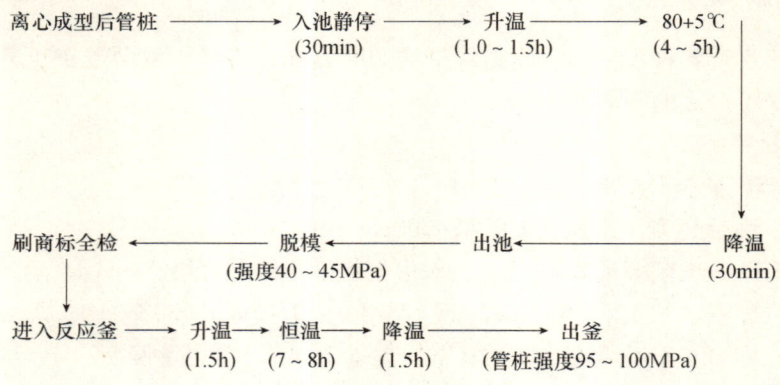

图3　蒸养高性能与超高性能混凝土管桩养护工艺

在初蒸与高压蒸养过程中，桩燃料成本约8元/m（本案例燃料是废弃木材；但大多数工厂用煤，每米约10~13元）。

正强管桩厂由于靠近宝安国际机场，不允许烧煤，因冒黑烟干扰飞机航行，只好把烧锅炉的任务承包出去，承包商收购废旧木材烧锅炉，也时有罚款，每年罚款约1~2万元。

由此可见，从节省能源、节省资源及环保角度都需要对现有养护工艺进行革新。

本研究课题分两步进行：（1）免除高压蒸养，通过初蒸能达到要求的管桩混凝土的强度；（2）在条件许可下，进一步试验以太阳能养护代替初蒸，达到要求管桩混凝土的强度。

通过上述两方面的研究，直接利用太阳能，免除初蒸与高压蒸养，并获得C80以上的高强管桩混凝土，这是本项研究的最终目的。

3　蒸养高性能超高性能管桩混凝土的研制

（1）试验研制用原材料

水泥：金鹰52.5R早强型水泥；

细骨料：同前；

粗骨料：同前；

纳米微珠：微珠是一种新品种的超细粉，具有特殊的物理、化学性能，对水泥、混凝土具有填充效应、减水效应、增强效应及耐久性效应；

天然沸石超细粉：比表面积6000cm²/g，由浙江金华沸石粉厂供应，广州、惠州也有类似产品；

复合超细粉：以微珠与天然沸石粉复合而成；

高效减水剂：萘系、氨基系与天然沸石粉复合减水剂HRWA；

硅粉：贵州省遵义市产的凝聚硅粉SF；

矿粉：S95磨细矿粉BFS。

（2）标养管桩C80高性能混凝土的试验

标养管桩C80高性能混凝土试验配合比见表1。

表1　混凝土配合比　　　　kg/m³

No.	水泥	WZ	SF	BFS	S	G	W	HRWA	SL (mm)
1	350	100	30	70	750	1000	110	2.5%	80

注：表中：WZ—微珠；SF—硅粉；BFS—S95矿粉；HRWA—复合高效减水剂；W—水；S—砂；G—碎石。

混凝土成型100mm×100mm×100mm试件，标养不同龄期强度见表2。

表2　混凝土不同龄期强度

龄期	1d	3d	7d	28d
强度（MPa）	46.8	72.1	84.6	92

注：上述结果已换算成150mm×150mm×150mm试件。

（3）蒸养管桩C80混凝土试验（与车间蒸养同条件）

在标养试验基础上，进行了蒸养高性能超高性能混凝土试验。试验配合比见表3。

表3　蒸养混凝土试验配合比　　　　　　　　　　　　　　kg/m³

No.	C	WZ	SF	BFS	S	G	W	HRWA
2	350	100	60	40	780	1100	105	2.0%

拌合20L混凝土。制作100mm×100mm×100mm三联模试件3组9块，成型后静停3~4h后与车间初蒸同条件养护（85℃，4h恒温）。出池冷却后进行抗压试验，结果见表4。

表4　蒸养混凝土强度

No.	抗压强度（MPa）									平均值（MPa）
	3-1	3-2	3-3	3-4	3-5	3-6	3-7	3-8	3-9	
3	100	96	94	96	94	94	95	95	100	96

注：已换算成150mm×150mm×150mm的试件强度。

通过表3混凝土试验，说明采用超细粉与水泥配合，并采用新型复合高效减水剂可研发出蒸养C80高性能混凝土。

但在表3配合比中，水泥用量偏高，还要采用硅粉及矿渣粉，成本偏高，需要降低胶凝材料用量，调整配合比进一步试验。

（4）降低胶凝材料种类及降低成本试验

混凝土试验配合比调整见表5。

表5　混凝土试验配合比　　　　　　　　　　　　　　kg/m³

No.	C	WZ	SF	BFS	S	G	W	HRWA
19	330	90	—	—	725	1250	88	1.8%

拌合20L混凝土，检测混凝土坍落度达2~3cm。成型100mm×100mm×100mm三联试模共6条，分别进行标养及蒸养。

蒸养与管桩生产初蒸同条件，平均抗压强度103.1MPa（换算成150mm×150mm×150mm的试件，标养试件强度与龄期关系如下：

龄期	3d	7d	28d
标养试件强度（MPa）	70	81	98.1

通过蒸养、标养试件的强度检验，表5配合比的混凝土已达到并超过了C80的高性能和超高性能混凝土。

（5）提高蒸养强度，并解决余浆试验

在管桩生产试验过程中，离心成型后的管桩内尚剩余一部分余浆；为了减少余浆，在试验过程中掺入了部分天然沸石超细粉，以提高混凝土拌合物粘性，并提高混凝土强度。试验混凝土配合比见表6。

表6　混凝土配合比　　　　　　　　　　　　　　kg/m³

No.	C	NZ+WZ	SF	BFS	S	G	W	HRWA
23	340	80	—	—	750	1300	92	2.6%

拌合 20L 混凝土；成型了 100mm×100mm×100mm 三联试模 6 条：3 条与初蒸同条件蒸养；3 条在蒸养箱蒸养。出池后强度分别为：蒸养箱蒸养混凝土强度为 98.5MPa；同条件养护混凝土强度为 98MPa。离心成型时余浆明显减少。

（6）检测混凝土强度试验的均匀性

按照试验管桩配合比（表 7）拌合混凝土，成型了 10 组混凝土试件。全部试件与初蒸同条件养护，出池后进行抗压试验，结果见表 8。

表 7　试验混凝土配合比　　　　　　　　　　　　kg/m³

No.	C	NZ+WZ	SF	BFS	S	G	W	HRWA
24	340	80	—	—	750	1300	90	2.6%

表 8　试验结果

1 组	1260kN	2 组	1124kN
	1211kN		1119kN
	1111kN		1147kN
平均值	113MPa	平均值	107MPa
3 组	1190kN	4 组	1225kN
	1106kN		1203kN
	1111kN		1232kN
平均值	108MPa	平均值	116MPa
5 组	1049kN	6 组	1241kN
	1128kN		1203kN
	1147kN		1186kN
平均值	105MPa	平均值	115MPa
7 组	1174kN	8 组	1104kN
	1149kN		1079kN
	1148kN		1230kN
平均值	110MPa	平均值	108MPa
9 组	1111kN	10 组	1074kN
	1175kN		1182kN
	1148kN		1150kN
平均值	109MPa	平均值	108MPa
10 组平均值		110MPa	
均方差		4.89MPa	

与初蒸条件相同的蒸养混凝土强度平均值为 110MPa，均方差为 4.89MPa。说明试验混凝土的质量稳定，强度高，达到了高性能和超高性能的强度。

4　预应力蒸养高性能与超高性能管桩的生产试验

在深圳市正强管桩厂共进行了约 8 次预应力蒸养高性能与超高性能管桩的生产试验；共生产

管桩约1000m，并进行了性能检测和运送到工地进行施打试验。现摘要叙述管桩试验生产的有关内容。

（1）采用多种粉体配料的管桩生产试验

采用水泥、微珠、硅粉和矿粉配料的高性能和超高性能混凝土，试验生产了$\phi 400 \times 95A\text{-}9m$及$\phi 500 \times 125A\text{-}11m$。混凝土配合比见表9。

表9 试验管桩混凝土配合比   kg/m³

No.	水泥	WZ	SF	BFS	S	G	W	HRWA
25	325	92	55	37	640	1180	90	8.2

高性能与超高性能混凝土管桩尺寸及各种材料规格见表10。

表10 高性能与超高性能混凝土管桩尺寸及各材料规格表   mm

型号及桩长	预应力钢筋数量及直径	端头板厚度及材质	DP值	螺旋筋直径	加密区长度	加密区间距	非加密区间距	裙板厚度	套箍高
$\phi 400 \times 95A$（≤12m）	$7 \times \phi 9.0$	18/Q235B	308	$\geq \phi 4.0$	2000	45±5	80±5	≥1.4	≥110
$\phi 500 \times 125A$（≤14m）	$12 \times \phi 9.0$	18/Q235B	406	$\geq \phi 5.0$	2000	45±5	80±5	≥1.4	≥125

混凝土搅拌工艺、管模喂料、离心成型及养护工艺如图1~图3及照片1~照片6所示。

照片1 混凝土搅拌

照片2 管模喂料

照片3 管模喂料

照片4 离心成型

照片5　离心成型　　　　　　　　　照片6　养护脱模后管桩

（2）第二次试验（进一步降低混凝土成本）

在第一次试生产的蒸养高性能与超高性能管桩时，混凝土中由于使用了WZ、SF及BFS等，成本较高，即使免蒸压，但成本也比现在两阶段蒸气养护（蒸养、蒸压）的高，故要进一步进行降低成本试验。管桩混凝土配合比见表11；试生产的管桩尺寸及各种材料规格见表12。

表11　管桩混凝土配合比

No.	C	NZ+WZ	SF	BFS	S	G	W	HRWA
19	340	80	—	—	750	1300	92	2.6%

表12　管桩尺寸及各种材料规格表　　　　　　　　　　　　　　　　　mm

型号及桩长	预应力钢筋数量及直径	端头板厚度及材质	DP值	螺旋筋直径	加密区长度	加密区间距	非加密区间距	裙板厚度	套箍高
φ500×125A（≤14m）	12×φ9.0	18/Q235B	406	≥φ5.0	2000	45±5	80±5	≥1.4	≥125

混凝土的搅拌、喂料、离心成型及蒸养同第一次管桩生产试验。共生产了管桩50m。

混凝土强度：同条件养护95.3MPa；蒸养箱蒸养混凝土强度98.5MPa。试生产的管桩质量上乘。

（3）第三次蒸养高性能混凝土管桩试验

生产φ400×95A，100m免高压蒸养管桩。

其中，9m长2根；

10m长1根；

11m长2根；

12m长2根。

各种材料规格见表13，试验用混凝土配合比见表14。

表13　管桩尺寸及各种材料规格

型号及桩长	预应力钢筋数量及直径	端头板厚度及材质	DP值	螺旋筋直径	加密区长度	加密区间距	非加密区间距	裙板厚度	套箍高
φ400×95A（≤12m）	7×φ9.0	18/Q235B	308	≥φ4.0	2000	45±5	80±5	≥1.4	≥110

表14　混凝土配合比

No.	C	WZ+NZ	BFS	SF	S	G	W	HRWA
24	340	80	—	—	750	1300	92	2.6%

在制桩过程中，取混凝土试样成型100mm×100mm×100mm三联模12条，6条同条件蒸养，6条

蒸养箱蒸养（85℃，6h）。混凝土抗压强度见表15。

表15 混凝土抗压强度

形式	出池强度	出池后3d	7d	28d
同条件蒸养	100MPa	99.7MPa	100MPa	101MPa
蒸养箱蒸养	98MPa	97MPa	97MPa	97.6MPa

通过上述一系列试验，说明研究的蒸养混凝土配料，能满足初蒸条件下混凝土的强度（同条件蒸养100MPa，蒸养箱蒸养98MPa）。混凝土表观密度2570kg/m³，混凝土原材料成本低于原蒸养、蒸压养护工艺的混凝土，可节约4.6元/m。达到了节能降耗，低成本的低碳技术混凝土管桩生产要求。

在上述预应力高性能、超高性能混凝土管桩的基础上，又多次试验生产了各种规格的预应力混凝土管桩，共计6批，还有2批管桩生产试验正在进行中。生产试验了以下规格的管桩：

ϕ400×95A（7根ϕ9.0筋）；

ϕ500×125AB（12根ϕ9.0筋）；

ϕ400×95AB（6根ϕ9.0筋）；

共约800m，还有1400m管桩正在生产中。

在惠州淡水施工工地打桩试验两次，都证明了预应力高性能、超高性能管桩具有优良性能。

5 预应力蒸养高性能混凝土管桩施打报告

正强管桩厂试制的预应力高性能与超高性能混凝土管桩ϕ500×125A运往惠州淡水，于2010年5月6日进行打桩施工应用。压桩深度24m，竖向承载力3500kN（老管桩2700kN），锤击D50，桩锤升高3m往下打，共打了试验管桩50m。效果很好，比原老式管桩锤击性能好，竖向承载力高。打桩过程见照片7～照片12。

照片7 打桩现场

照片8 拉桩

照片9 焊端

照片10 打桩

照片 11　打桩完　　　　　　　　照片 12　桩样图

6　预应力蒸养高强混凝土的耐久性

（1）Cl^- 扩散系数

根据蒸养高强混凝土与初蒸-蒸压高强混凝土试样，按清华大学建立的 NEL 法，快速测定了两种混凝土的 Cl^- 扩散系数，数据如下。

类　型	氯离子扩散系数
蒸养高强混凝土	$0.176598 \times 10^{-12} m^2/s$
初蒸-蒸压高强混凝土	$0.235791 \times 10^{-12} m^2/s$

前者的氯离子扩散系数约为后者的 0.75 左右，也即蒸养高强混凝土的 Cl^- 扩散系数约为蒸养-蒸压高强混凝土的 $\frac{3}{4}$ 左右。蒸养高强混凝土具有更高的抗 Cl^- 渗透性能。

（2）Cl^- 扩散深度

以 N-MB 取代 10%、20% 的水泥，做成砂浆，与基准砂浆浸入饱和盐水中（常温下），不同龄期的 Cl^- 扩散深度分别见表 16。

表 16　浸泡砂浆的 Cl^- 渗透深度　　　　　　　　　　　mm

类型	3d	7d	28d
基准砂浆	14	17	21
N-MB10%	7	10	10
N-MB20%	6	9	10

N-MB 取代 10%、20% 水泥量，做成的砂浆试件，在饱和盐水中 Cl^- 扩散深度约为基准砂浆的 $\frac{1}{2}$。说明含 N-MB 的砂浆具有更高的抗 Cl^- 渗透性性能。

（3）抗硫酸盐腐蚀试验

蒸养高强混凝土与初蒸-蒸压高强混凝土试样，分别浸泡于两种溶液中：5.0% Na_2SO_4 溶液，Na_2SO_4 5.0% + NaCl 3% 溶液中；夜晚浸泡 14h，然后取出凉干 2h，烘干 6h（温度 80±2℃），冷却 2h，再放入浸泡液中为一次循环。50 次循环后的结果见表 17、图 4、图 5。

表17 混凝土试件抗硫酸盐及抗硫酸盐氯盐的综合腐蚀

浸泡溶液	5.0% Na$_2$SO$_4$ 溶液	5.0% Na$_2$SO$_4$ + 3% NaCl 溶液
循环次数	50次	50次
蒸养箱试件	外观及质量无变化	外观及质量无变化
蒸养加蒸压试件	外观及质量无变化	外观及质量无变化

图4 硫酸盐、氯盐腐蚀

图5 硫酸盐腐蚀

根据国外经验，粉煤灰抗硫酸盐腐蚀性能与其化学成分有关，评价粉煤灰抗硫酸盐腐蚀性能的公式为：$R = \frac{(C-5)}{F} \leq 1.0$，将该种粉煤灰掺入混凝土中，能有效地提高抗硫酸盐腐蚀性能。

式中　C——粉煤灰中 CaO 含量%；
　　　F——粉煤灰中 Fe$_2$O$_3$ 含量%。

根据本论文集《超高性能混凝土的新组分——微珠》中表1纳米微珠化学成分中 CaO 含量4.8%，Fe$_2$O$_3$ 含量5.3%，代入 $R = \frac{(C-5)}{F} \leq 1.0$ 式中，R 为负值，纳米微珠属于粉煤灰系列，故也有很高的抗硫酸盐腐蚀的性能。

7 蒸养高性能混凝土与蒸养-蒸压高强混凝土的微结构

蒸养高性能混凝土与蒸养-蒸压高性能混凝土的 SEM 如图6～图9所示。

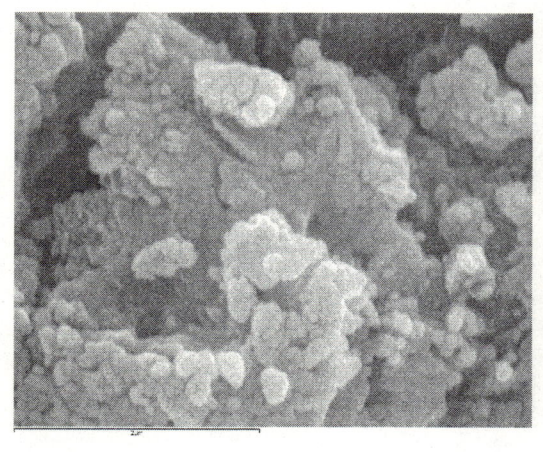

aot3-30k

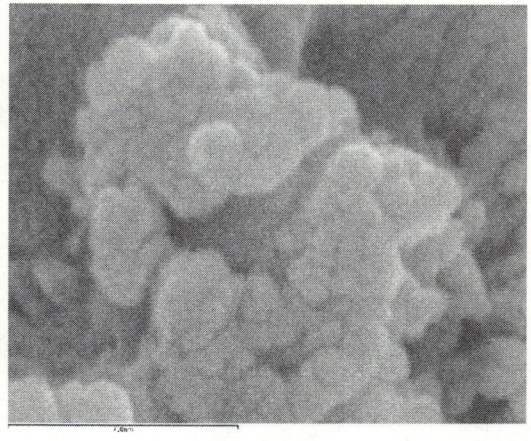

aot4-80k

图6 蒸养-蒸压高强混凝土水泥石的 SEM

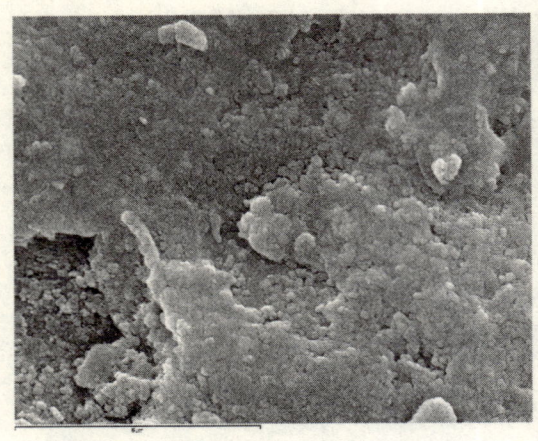 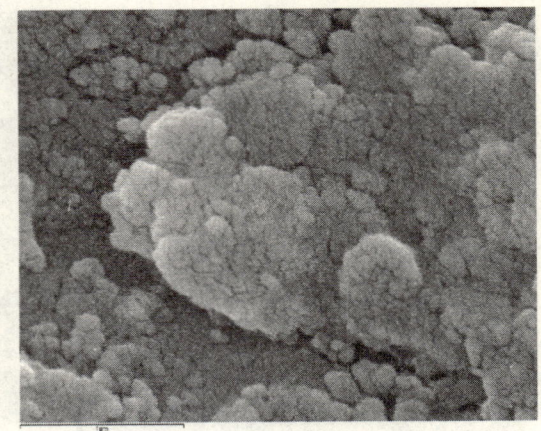

stlam-10k   stlam2-40k

图 7　蒸养高性能混凝土水泥石的 SEM

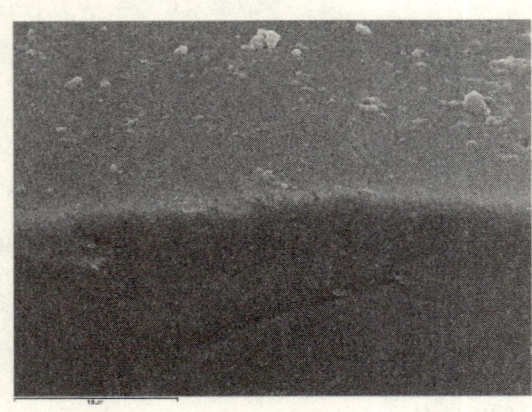 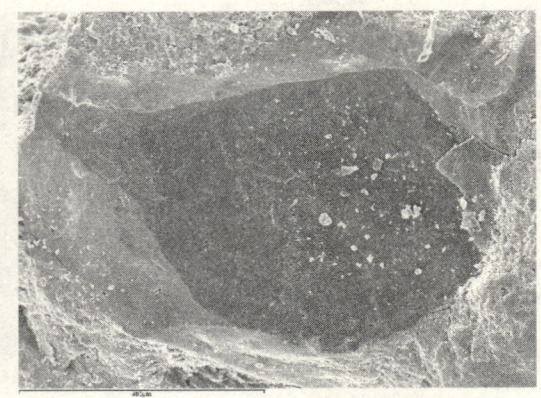

aot2-4k   aot1-150

图 8　蒸养-蒸压高强混凝土界面的 SEM

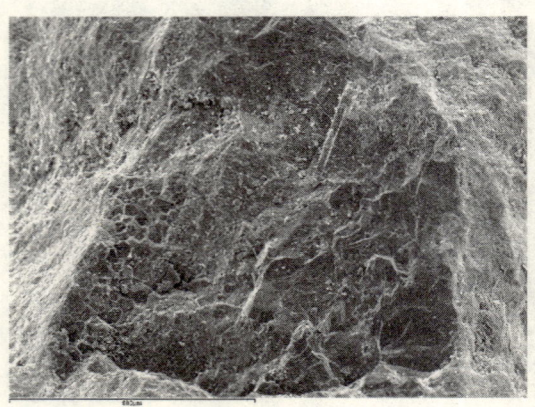 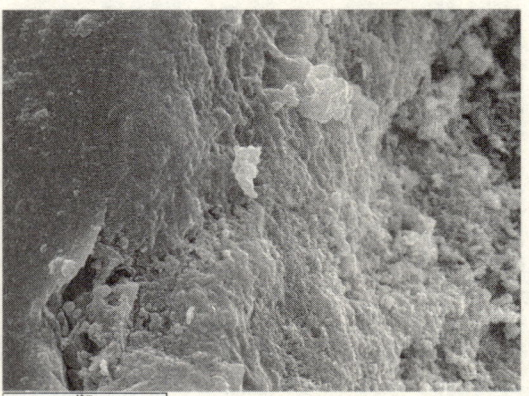

Stlam3-75   stlam4-4k

图 9　蒸养高性能混凝土界面的 SEM

XRD 检测如图 10 ~ 图 11 所示。

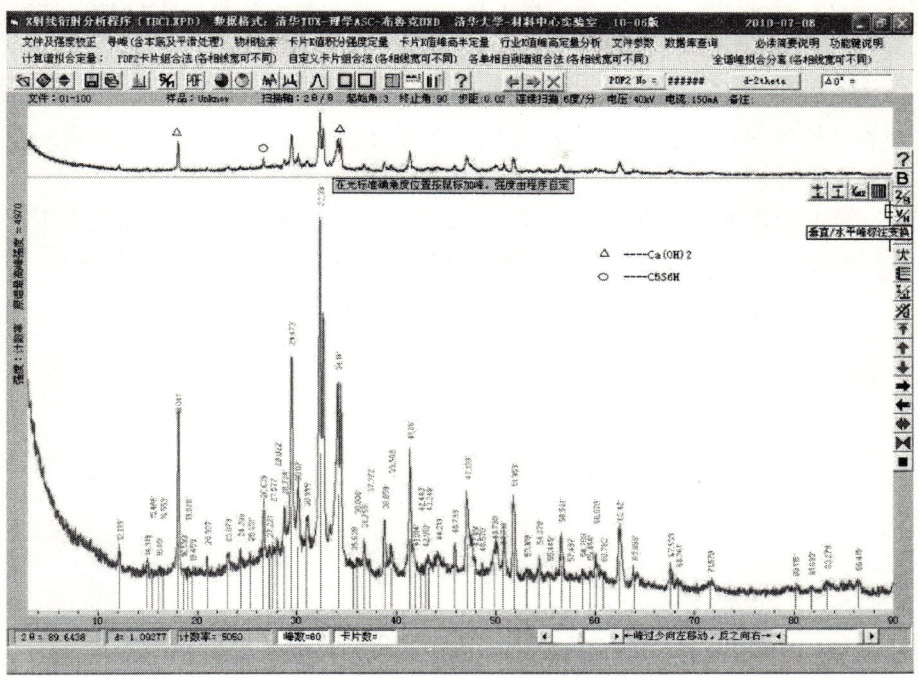

图 10　蒸养高性能混凝土 XRD 检测

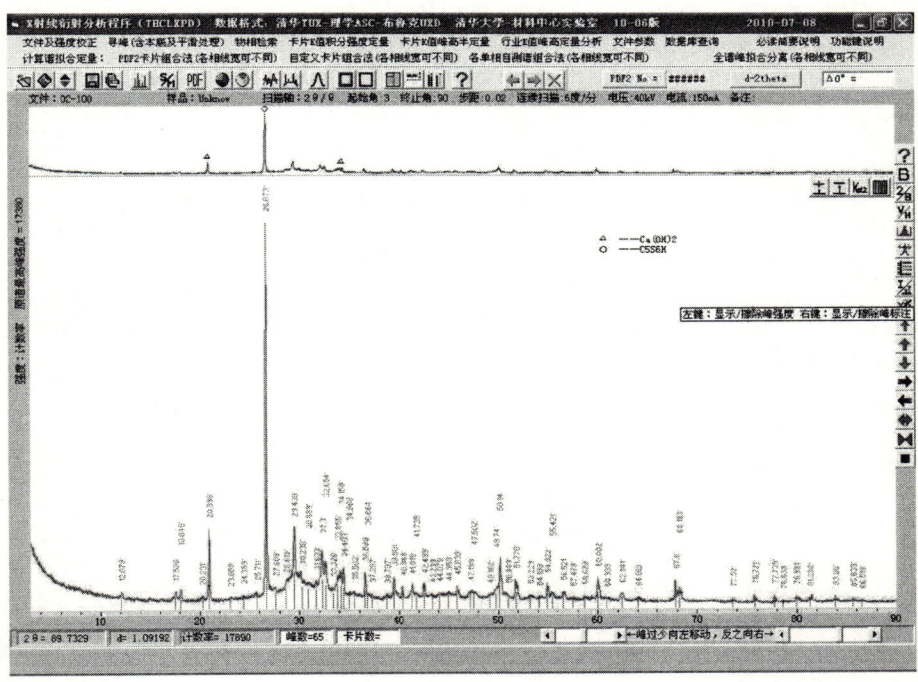

图 11　蒸养 - 蒸压高强混凝土 XRD 检测

8　结论

（1）通过纳米微珠与天然沸石超细粉复合，取代部分水泥，并使用复合高效减水剂，可以配制出蒸养（85℃，恒温 4 ~ 5h）高性能混凝土，其强度可达 100 ~ 110MPa 左右。

（2）纳米微珠复合超细粉混凝土具有更高的耐久性，Cl^- 扩散系数仅为原高压蒸养混凝土的 $\frac{3}{4}$；

同时还具有很高的抗硫酸盐及硫酸盐与氯盐复合侵蚀的性能。

（3）纳米微珠复合超细粉蒸养高强度混凝土的管桩，具有很高的抗冲击韧性；打桩时，这种新型管桩具有竖向承载力 3500kN，而旧管桩只有 2700kN；同时经受上升高度 3m，多次往返的锤击（D50）。

（4）由于蒸养高性能混凝土和蒸养-蒸压混凝土在组成材料上有差别。故其冲击韧性、断裂能等有很大差别。

蒸养高性能混凝土主要水化物为 C-S-H 凝胶，而蒸养-蒸压高强混凝土的水化物为托贝莫来石；界面的密实性也有较大差别。造成了其强度、耐久性和冲击韧性等方面有明显的差别。

预应力蒸养高强混凝土管桩经济和社会效益分析

杨瑞瑜　陈鸿杰

深圳市正强投资股份有限公司，深圳，518000

The Analysis of Economic and Social Benefit of Pre-stressed Steam-cured High-strength Concrete Tubular Pile

Yang Ruiyu　Chen Hongjie

Shenzhen Real Strong Investment Development Co., Ltd., Shenzhen, 518000, China

1　报告背景

众所周知，管桩构件工艺规范包括常压状态85℃5h以及高压状态185℃10h的蒸汽养护过程。

本科研成果是通过对传统管桩构件原材料组合中，增加纳米级掺合料替代传统掺合料，调整原材料的配比，并使用创新型外加剂，使得高压185℃10h养护过程可以免除，与此同时本产品综合技术指标体系提高了20%左右（详见清华大学及广东建材检测中心的测试报告）。

本报告以$\phi 500 \times 125AB\text{-}10m$构件为分析对象，以重油、煤碳、废弃木材不同的燃料进行参照分析。

2　成本构成

（1）管桩原材料成本：本配料增加了纳米级微珠掺合料，减少了矿粉类的磨细砂掺合料。由此每米管桩增加材料费8.3元，减少常规管桩材料费3.7元，结论：以$\phi 500 \times 125AB\text{-}10m$管桩构件为核算对象，每米增加4.6元。

（2）蒸汽燃料成本：管桩构件蒸汽养护成本主要发生在燃料的消耗以及养护设备的折旧。由于燃料种类以及物流方式等不同，对单位燃料统计分析比较复杂。通过调查，业内基本认同的成本为：重油为燃料每米16元左右；煤炭为燃料每米10元左右；废弃木材为燃料每米6.8元左右。

根据热当量基本定律，常温养护与高压养护成本配计公式：

$$配计系数 = \frac{(常温温度 \times 小时)}{(高压温度 \times 小时)} = \frac{(85 \times 5)}{(185 \times 10)} = 0.2297$$

重油燃料每米高压蒸养成本：$16 \times (1 - 0.2297) = 12.3248$元

煤炭燃料每米高压蒸养成本：$10 \times (1 - 0.2297) = 7.703$元

废弃木材燃料每米高压蒸养成本：$6.8 \times (1 - 0.2297) = 5.23804$元

（3）管桩综合成本（含设备折旧、用地、管理及人力等成本）：

按照一个年产一百万延长米管桩厂来概算，需要三个高压蒸养设备，大概为250万元；本设备需要占地面积为1000m²左右，每平方米租金8元，年租金96000元；管理维护、人力等成本就不具体罗列。通过以上成本罗列可以看出，本环节所占产品成本组成比常规工业消耗密度与强度都稍高一些。通过直接因素与边际因素的综合分析，并考虑纳米级掺合料特有的送料设备成本增加因素，估测本成本占燃料的5%左右，由此得出以下综合成本分别为：

重油燃料综合成本：$16 \times (1 - 0.2297) \times 5\% = 0.61624$元

煤炭燃料综合成本：10×(1-0.2297)×5% = 0.38515 元
废弃木材燃料综合成本：6.8×(1-0.2297)×5% = 0.261902 元

3 成本结论

通过以上分析，可以看出免蒸压管桩与蒸压管桩的比较：
重油燃料的免蒸压管桩每米节省费用：4.6-12.3248-0.61624 = -8.34104 元
煤炭燃料的免蒸压管桩每米节省费用：4.6-7.703-0.38515 = -3.48815 元
废弃木材燃料的免蒸压管桩每米节省费用：4.6-5.23804-0.261902 = -0.899942 元

4 经济效益分析

按照一个年产一百万延长米管桩厂来计算，每年分别节省为：
以重油燃料的免蒸压管桩每年节省费用为 834 万元左右；
煤炭燃料的免蒸压管桩每年节省费用为 349 万元左右；
废弃木材燃料的免蒸压管桩每年节省费用 90 万元。
以全国 2009 年管桩行业三家大型制造商年产量亿延长米计算，每年分别节省为：
以重油燃料的免蒸压管桩每年节省费用 9.94 亿元左右；
煤炭燃料的免蒸压管桩每年节省费用为 4.16 亿元左右；
废弃木材燃料的免蒸压管桩每年节省费用 1.07 亿元左右。
综上所述可以看出，本科研成果既提高了产品的质量，又具有显著的节能减排、绿色低碳的社会效益，其中特别降低了高温高压锅炉、安全生产的管理难度，提高了管桩生产的安全系数。

5 社会效益分析

综上所述，本科研成果经过三个申报单位艰辛历程、数百次的科学试验，收获的是无机新型材料的发明成果。具有三个方面的创新特征：一是创新研发生产混凝土细粉掺合料，即纳米微珠。本微珠对混凝土的密实度、流动性、物理减水性具有特殊的贡献，其各项指标具有国际领先水平。二是研制成功创新外加剂，本产品与传统外加剂比较，各种指标具有显著的优越性。针对施工现场为配合施工建筑设备而产生的很多施工难点要求，通过对本外加剂等比灵活的配制调整，有效地解决了混凝土流动性与保塑时点、保塑间隔与凝厚强度之间的矛盾，具有国内领先水平。三是由以上两个研究成果而制造的混凝土构件，性价比明显优于传统的混凝土构件。本次评审的免蒸压管桩就是体现了这一特征。

综上所述，本科研成果具有显著的社会效益，对建筑业混凝土构件、施工现场具有省时、节能、环保、绿色、低碳的社会价值影响。可以展望，本科研成果如果得到广泛推广，社会价值将是非常高的，提请政府实施更大的范围的推广和应用。

管桩行业节能减排综合利用的措施与建议

魏宜龄　李　龙　何友林

广东三和管桩有限公司，中山，528414

【摘　要】 管桩产品是现阶段应用较为广泛的基础材料之一。现阶段管桩行业发展迅猛，产量巨大，但行业的节能减排工作做得并不到位，如热能的合理使用，余浆、废渣的充分利用等。本文提出了一些改善措施，并设想可再生能源在行业的应用。

【关键词】 管桩；节能减排；可再生能源

The Measures and Suggestions of Comprehensive Utilization of Energy Conservation and Emission Reduction in Tubular Pile Industry

Wei Yiling　Li Long　He Youlin

Guangdong Sanhe Tubular Pile Co., Ltd., Zhongshan, Guangdong, 528414, China

【Abstract】 Tubular pile production is one of the basic materials which applied widely nowadays. At present, the industry developed rapidly and had large scales of output. But energy saving and emission reduction had not done so good, such as the rational use of heat energy, the fully use of slag and pulp, etc. In this paper, some improvement measures have been put forward and the application of renewable energy in the industry have been assumed.

【Key words】 tubular pile；energy saving and emission reduction；renewable energy

1　前言

预应力高强混凝土管桩（PHC 管桩）是一种环形断面、细长的预应力钢筋混凝土构件，主要用于建筑物基础工程。其主要生产工艺是通过混凝土布料、施加预应力、离心成型、常压蒸汽养护与高压蒸汽养护等工序完成的。产品具有强度高（C80）、密实耐打、承载力高、造价低、施工便捷、检测方便、清洁环保等特征。与传统基础产品如方桩、灌注桩等比较，混凝土土方量要少 30% ~ 40%，耗钢量少 40% ~ 50%，大大节约了水泥、砂、石以及钢材等基础资源材料的耗用，符合循环经济的减量化的基本原则。据不完全统计，2009 年全国管桩产量为 2.5 亿米，广东省作为管桩生产大省产量约为 7400 多万米，占全国产量的近 30%。

虽然预应力混凝土管桩与其他类型桩相比有诸多优点，但其在生产过程中却也消耗大量的能源，而且热能并未得到完全利用，还会产生大量的废渣和废水，占用大量场地，污染环境。在现阶段，能源紧张与环境污染已成为制约我国经济发展的重要因素。我国能源呈现紧张态事，节能减排工作任务艰巨、困难多，作为与其密切相关的建材行业，有责任多支持、多参与、多作贡献。管桩行业有必要对热能以及各种废弃物如何使用进行探讨，寻找合理的解决方法，根治污染和能耗高的问题。

2　行业问题

PHC 管桩产品采用离心工艺成型，离心过程中会有多余的废浆液即余浆挤出。据测量，每米管桩产生余浆约 8kg，如按年产量 900 万米计算，产生余浆量将近 7 万吨。余浆对外排放或成为固体废弃物都会对环境造成污染，也会给企业带来不良的社会影响。目前，一些管桩生产厂家处理余浆的方法是利用余浆生产副产品，如加气砖、空心砖等，但利用价值不高。有些管桩厂也集中储存然后垫路，花费很大的财力和人力，或直接向空地排放，当废物弃之，还造成环境污染。

管桩在生产过程中采用常压蒸汽养护和高压蒸汽养护相结合的二次养护工艺，这就需要在生产线中设置养护池和高压釜。在提供热能的同时还会排放大量的废渣和废气，其中废渣约占用煤总量的35%~40%，不仅占用大量土地，还会污染环境。在养护过程结束时，高压釜需要排气减压，大量热能随着高温冷凝水排出，热能不能合理利用，浪费巨大。

3 改善措施

针对管桩行业生产环境中的各种可能出现热能而不能被利用和废渣废水产生的关键点，进行试验研究和工艺设置，提出以下改善建议。

3.1 余浆利用

如何能更好地利用余浆，近几年来，通过反复试验研究证明了将余浆用于管桩生产中的可行性。余浆是一种粘稠的悬浊液，对余浆组成分析发现，其中主要含有未水化的水泥颗粒、磨细石英砂、细砂粉、水和极少量的减水剂。而水泥和磨细砂是将余浆循环利用的最有效成分。在生产中设计工艺流程，增加相应设备，满足使用要求。

在余浆的使用过程中，存在以下要点：

（1）余浆的排出量测量。一般余浆排出量的多少主要与管桩混凝土配合比、离心成型制度以及管桩状态有关，大约为 $80kg/m^3$ 左右。

（2）确定余浆密度与固含量的线性关系。通过测量到余浆的密度后可知其固含量，可采用体积称重装置完成。

（3）通过试验确定余浆中有效成分（水泥、磨细砂等），进而确定余浆的掺量，形成在保证管桩混凝土强度的条件下的混凝土配合比。其工艺流程（图1）：

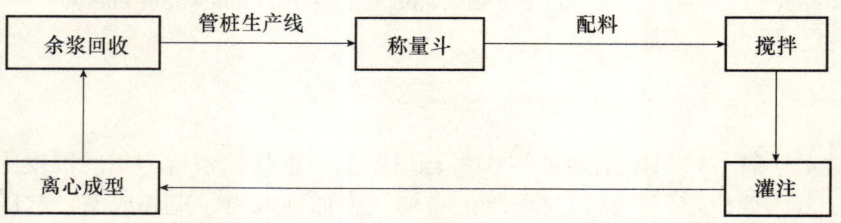

图1 余浆的循环利用流程

与传统的处理方法——直接排放或制成加气砌块相比，本技术工艺能够比较充分地利用余浆废液，节约成本，降低能耗，减少污染。从多年的生产应用反映出，余浆被用于 PHC 管桩生产是完全可行的。

余浆的循环利用可以节约5%~10%的胶凝材料，平均降低成本每立方米混凝土大约6~12元。此项方法的运用有力地减少余浆造成的污染，保护了环境。

3.2 热水养护

现阶段预应力高强混凝土管桩（PHC管桩）生产中，由于使用磨细石英砂为矿物掺合料替代部分水泥，所以采用常压蒸汽养护和高压蒸汽养护相结合的二次养护工艺。

常压蒸汽养护是将离心后成型的管桩产品进行一段时间的蒸汽养护，采用静停、升温、恒温和降温的养护制度，一般恒温温度不超过85℃。

高压蒸汽养护是在常压蒸汽养护后放松预应力，脱模后的管桩，送进蒸压釜，经过升压、恒压和降压过程，使管桩混凝土强度达到设计要求。恒压时的温度一般为 170~180℃。养护后蒸汽冷凝水仍然具有较高温度，任其排放会造成很大的能源浪费。基于以上原因，提出使用热水对管桩进行初期养护，探讨热水养护工艺的可行性。

热水养护主要考虑到静停时间、注水温度、恒温温度和时间等因素影响。

（1）静停时间的影响。由于管桩产品经过离心后，虽然有一定的密实性，但混凝土仍未达到初凝。对比不同的静停时间，确定静停时间的合理值。

（2）养护温度的影响。养护温度的确定，主要考虑注水温度和恒温温度的影响。通过比较热水养护与常压蒸汽养护，检测不同注水温度和恒温温度下管桩混凝土强度的变化，确定合理温度。

（3）养护时间的影响。比较不同温度、不同养护时间下管桩混凝土强度的变化，确定合理养护时间。

通过多次试验，比较静停时间、养护温度和水养后蒸压与汽养蒸压管桩混凝土的强度，认为热水养护是可行的。试验结果见表1。

表1　不同养护时间下强度的比较

序号	静停时间（h）	不同温度下的养护时间（h）		水养强度（MPa）	蒸养强度（MPa）
		60	70		
1		6		40.6	44.3
2		7		42.8	48.2
3		8		39.7	49.1
4			6	43.5	48.8
5			7	46.3	49.5
6			8	44.9	47.6
7	1	2	3	45.7	44.5
8	1	3	3	47.5	48.2
9	1	3	4	46.9	51.8
10	2	2	3	48.2	50.6
11	2	3	3	48.6	49.8

从以上数据可以看出：养护温度为 60℃ 和 70℃ 时，对于热水养护，养护时间在 7h 即可；静停对混凝土强度的增长较为明显，静停时间的延长能够提高混凝土的水养强度。

表2　实际生产强度比较

序号	水养		汽养	
	脱模强度（MPa）	蒸压强度（MPa）	脱模强度（MPa）	蒸压强度（MPa）
1	48.3	91.6	47.9	91.2
2	40.7	96.7	40.0	87.6
3	58.7	86.0	58.7	92.0
4	48.4	87.9	43.8	91.1
5	47.5	88.9	49.2	83.9
6	47.8	84.6	51.2	85.8
7	52.8	96.4	48.2	85.1
8	42.4	92.0	47.2	94.2

从表2的实测的强度数据来看，管桩混凝土的强度变化不大，水养能够满足管桩的力学要求。

对热水养护工艺经济性进行评价，对比蒸汽养护工艺，比较其节能效果，对比结果见表3。

表 3　节能比较

序号	水养方式	蒸养1池蒸汽耗量（kg）	水养1池蒸汽耗量（kg）	节能率（%）
1	水养注水温度60℃，恒温70℃。恒温6h	4552	2716	40
2	水养注水温度65℃，恒温70℃。恒温6h	4392	2000	55
3	水养注水温度70℃，恒温70℃。恒温6h	4745	600	88

试验结果显示，热水养护是一种节能养护工艺，当注水温度为60℃，恒温为70℃时，相对于蒸汽养护能耗节约40%。虽然该工艺实施作业时间比常压蒸汽养护增加0.5～1.0h，但节能效果明显，可以使用。采用该养护方式能够保证强度正常增长；热水养护后，可采用蒸压养护。

3.3　免蒸压技术

管桩养护过程中，常压蒸汽养护和高压蒸汽养护在全部养护能耗中所占比例分别为50%左右。据统计，每米管桩在养护过程中要消耗4kg标煤，如以全国管桩产量为2.5亿米计算，大约消耗100万吨标煤，能耗巨大。因此，优化管桩的材料组成体系，革新管桩的养护方式，降低管桩以及相关建筑制品养护能耗势在必行。

日本等国家采用自制的矿物外加剂结合相应的养护制度，使管桩经过一次常压蒸汽养护并进行短暂的自然养护达到使用要求。国内也有很多专家学者研究免蒸压的生产工艺，如蒋元海申请的"免蒸压混凝土管桩生产方法"专利，卢迪芬开展的"免压蒸高性能混凝土管桩掺合料的试验研究"，及利用早强高效减水剂生产高强混凝土管桩等。

免蒸压技术主要采用特种矿物掺合料与超塑化剂共同作用，促进混凝土密实结构的形成，加速混凝土的凝结硬化，提高管桩制品的早期强度。但是，要满足强度快速发展的要求还是有一定的难度，需要通过特种矿物掺合料及化学外加剂的调节，协调混凝土工作性、强度发展、结构形成几个方面的矛盾。为此，要系统研究矿物掺合料的化学组成、矿物组成、活化状态、颗粒细度对其性能的影响，研究复合型矿物掺合料的作用效果与作用机理，研究矿物掺合料与超塑化剂之间的相互作用，使矿物掺合料发挥最大的效能。

试验表明，免蒸压技术在节能的同时，还能够较大幅度地提高混凝土管桩的耐久性能，如抗渗性、抗硫酸盐腐蚀性等性能，提供建筑基础的使用寿命，具有重要的社会意义。目前，采用免蒸压技术生产管桩的材料成本还比较高，由于该技术可以不用蒸压釜及相应管道等使投资减少，但总成本仍比现状要高些。但从节能角度，社会效益等还是值得推广采用的。当然，随着科学技术的发展，材料成本的降低还是有空间的。

3.4　废渣废水利用

由于管桩生产中一般要设置锅炉。在锅炉操作中要供给煤炭、电力、水等以产生饱和蒸汽，同时要排出炉渣、粉煤灰等。按生产废渣率为35%计算，其中粉煤灰占20%，炉渣占15%。这些固体废弃物对外排放会占用场地，也带来较大环境污染。将锅炉炉渣（粉煤灰）经过球磨机磨细后，可以部分替代管桩生产所需的胶凝材料，达到管桩、商品混凝土的标准或要求，取得很好的经济和社会效益。

管桩产品过程中用水量是比较大的。主要耗水点为锅炉用水、混凝土搅拌用水、洗石用水等，但随之而来的会产生大量工业废水。如果对外排放，势必给周围环境造成污染。为了有效地对废水充分利用，加大对生产废水的循环使用，投入资金进行技术改造，修建废水回流及沉淀工程设施，使废水经处理后重新用于生产，初步实现工业废水的达标排放。

4 小结

总结管桩行业的节能减排事项，将其进行系统联系，可以设计出以下流程方案（图2）：

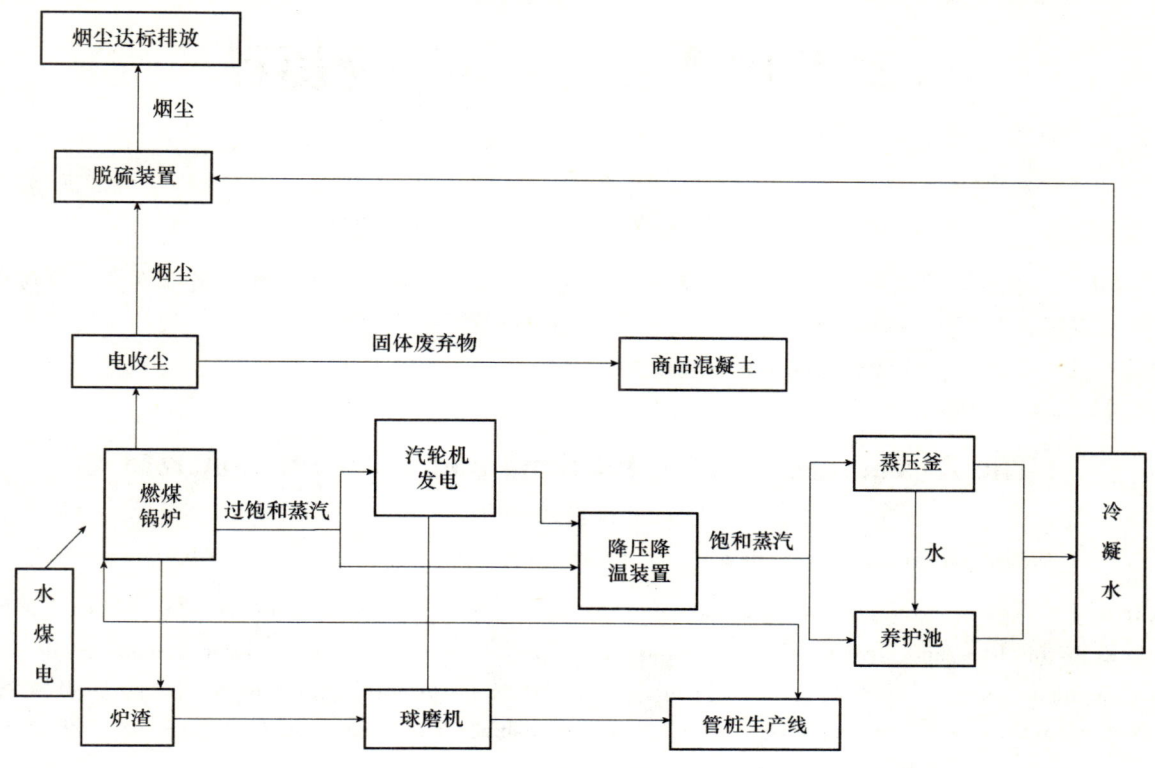

图2 管桩行业节能减排工艺流程

5 设想与展望

在进行节能减排措施的实施过程中，我们也体会到煤炭与石油是不可再生资源。在燃烧过程中只能降低污染程度，却不能完全消除污染，同时其价格和所占的生产成本也会逐年增加。所以，有必要发展可再生能源在管桩行业中的使用，太阳能和风能是否可以用于管桩行业是值得研究的。

目前，管桩行业为了蒸汽养护，都设置锅炉。无论是燃煤锅炉，还是燃油锅炉甚或是燃气锅炉，都要使用煤炭、石油或天然气。如果采用太阳能和风能，辅之以电能，解决管桩生产中热能问题，同时使用废渣等掺合料，管桩清洁生产将在不远的将来成为现实。

山砂及山砂混凝土的研究历程

林力勋

贵州中建建筑科研设计院有限公司,贵阳,550006

【摘 要】 山砂及山砂混凝土是我院最主要的科研成果,作者根据档案资料和当事人调查,撰写出山砂及山砂混凝土从1956年至今的整个研究过程,包括立项背景、研究内容、工程实例、研究成果及主要研究人员,为今后继续开展这项研究提供借鉴。

【关键词】 山砂;混凝土;科研过程;研究人员

The Research Course of Pit Sand and Pit Sand Concrete

Lin Lixun

Guizhou Construction Science Research and Design Institute of CSCEC, Guiyang, 550006, China

【Abstract】 The pit sand and pit sand concrete are the main scientific accomplishments of our institute, according to the files and investigation on major client person concerned, the author composed the whole research course of the pit sand and pit sand concrete from 1956 up to now, including the background of item, researching contents, project examples, research accomplishment and main research persons, all of these provided the benefits for the coming research.

【Key words】 pit sand; concrete; course of research; researcher

1 早期状况（1955年以前）

砂子是制造混凝土的主要原材料之一,一般来说,每立方米混凝土中砂子约占其质量的30%。由于地质上的原因,尽管大小河流纵横贵州,但生成的河砂却非常少,且质量表现不良,如颗粒太细、含泥量大等。众所周知,混凝土的广泛应用是以水泥工业发展为前提的,1955年以前贵州没有自己的水泥工业,这段时间正值国民经济恢复和"一五"计划（1950~1957）时期,全省基本建设项目不多,规模也较小,河砂产量和省外运进的水泥量基本上可以满足当时混凝土工程需要。当然这时人们也自发地用山砂作为补充,多用于100号（约为现在的C10）以下的混凝土和砂浆中,砂源问题并不严重。

2 初步研究阶段（1956~1965）

1956年后贵阳水泥厂和贵州水泥厂分别建成投产,这时国家进入"二五"计划时期（1958~1965年）,由于"大跃进"开路,全省基建规模迅速扩大。就混凝土工程而言,水泥问题虽已解决,砂子问题却日益突出。据1958年贵州省建工厅的调查:将贵阳附近惠水、乌当的河砂全部用尽,也不能满足贵阳土建工程的需要。显然,解决方法只有两个:一是开发利用贵州山砂;二是从省外（主要是广西、湖南）运进河砂。贵州有丰富的石灰岩,从中开采山砂可以说取之不尽,可惜当时人们对它却很陌生,"也没有对山砂的性能加以分析研究,鉴定仅抱怀疑态度",形成的固有看法是:"山砂'含泥量'大,颗粒强度低,级配不良,匀质性差等。认为山砂只能用于配制100号（C10）以下的混凝土,不能用于重要构件,不能做预应力混凝土构件……"。另一方面,当时有关混凝土方面的技术规范、规程、标准等是以河砂混凝土来制定的，使用河砂配制混凝土在技术上是现成的，使用山砂却缺乏技术依据。

这时湘黔公路、桂黔铁路已经开通，"大跃进"的工程等不到对山砂的研究和结论，一些重点工程开始大量从省外运进河砂配制混凝土。这一举措不久就暴露出了新的问题——由于运力紧张，不能及时供货，运费高昂，倒运麻烦，浪费较多，使河砂成本倍增。以贵阳为例，从惠水运河砂到贵阳价格为 28.0 元/m^3，从湖南、广西运河砂至贵阳价格为 35~40 元/m^3，而使用本地山砂价格只有 3.0 元/m^3 左右。"一时间河砂身价百倍，贵如大米并非是夸张之词"。巨大的差价将人们逼到这唯一的途经上——开发利用贵州山砂。当时的省建科所、省建四公司科研室开始对山砂进行试验研究，1959 年 2 月提出了"山砂代河砂初步试验报告"和"山砂混凝土试验与使用总结"，1959 年 12 月提出了"对设计山砂混凝土配合比方法的意见"。试验结果一下突破了人们过去的看法，山砂混凝土无论在和易性和抗压强度方面都不比相同条件下的河砂混凝土差。用贵阳水泥厂产 400 号水泥（活性 371kg/cm^2），贵阳尖山附近开采的山砂及惠水河砂做试验，山砂混凝土比相应的河砂混凝土强度提高 10%；后来又用武汉新华 500 号水泥做试验，水泥用量 425kg/m^3，水灰比 0.4，28d 强度达 405kg/cm^2。这大大解放了人们的思想，在对山砂混凝土进行试验研究的同时，开始推广应用山砂混凝土。1959 年间，省建四公司用山砂混凝土预制 6m 长檩条（200 号混凝土），预制柱子（250 号混凝土），24m 屋架（300 号混凝土），20 吨预应力吊车梁（400 号混凝土）皆取得成功，并建成两座一万多平方米的装配式厂房；随后的贵阳钢厂双联车间、清镇发电厂等工程全部用山砂混凝土。

1962 年，省建四公司改为建工部贵州工程总公司，下属的中心试验室对山砂混凝土进行了比较深入的试验研究，主持人是黄一鹤和夏章中。研究内容包括山砂粉末含量对强度的影响，山砂混凝土的立方抗压强度、棱柱抗压强度、抗拉强度、抗折强度、粘着力、弹模、收缩与膨胀性能等。1963 年 12 月由夏章中执笔提出了一份"山砂混凝土试验报告"（未曾公开），这是我院入黔之前对山砂及山砂混凝土最全面的一次研究，涉及到的砂种有标准砂、广西文里河砂、青山坡山砂、镇钢六角山山砂、小寨吉山砂、解茶寨山砂、空山坝山砂、陈家坡山砂、苏家寨山砂、上坝山砂、望城坡山砂等十多种，获原始数据 1 万多个，基本摸清了山砂混凝土的一些性能，报告中首次提出了砂中"粉末非泥"的观点。试验结果表明山砂混凝土除收缩比河沙混凝土稍大外，其他性能与河砂混凝土相当或超过河砂混凝土。结论认为山砂作为混凝土细骨料是一种很有发展前途，适合于就地取材的地方材料，在经济上有着优越性。

遗憾的是当时设备和技术人员有限，研究工作未向纵深发展，如易碎颗粒的试验方法及其对混凝土的影响、耐磨、疲劳、徐变、后期强度发展，山砂的技术标准等并未涉及，但这段工作为后来我院对山砂混凝土的系统研究提供了宝贵的数据资料。以后几年山砂混凝土开始用于工业民用建筑、水利工程、道路桥梁等，混凝土标号达到 400 号（C40），使用范围除一般结构外已用于预应力结构和受振动往复荷载结构中。

3 系统研究阶段（1965~1978）

1965 年，建工部贵州工程总公司与从华东地区调入的大批施工队伍组建为建工部第四工程局，原下属的中心试验室并入从广东茂名迁来贵阳的建工部中南建筑科学研究所，改称为建工部第四工程局建筑科学研究所（我院前称）。此时贵州的基本建设进入大发展阶段——三线建设阶段（1966~1976 年），各路建设大军云集贵州，航天、航空、电子三大军工基地和一批大中型工业企业亟待建设，国家的建设方针是"因地制宜、就地取材、多快好省"，山砂混凝土的深化研究及广泛应用当然成为人们关注的焦点。过去研究遗留的问题没有解决，使用中也出现了一些问题，如裂缝出现较早等（这类问题当时出现较多，不只是山砂混凝土，还有河砂混凝土，到底是设计、施工还是材料问题众说不一）。有人提出山砂混凝土的抗拉强度差，要降级使用等。针对这些问题，1966 年年初，建工部派出了一个以吴中伟、沈旦申为首的专家组来贵州对山砂进行论证，他们提出需要对山砂混凝土进行系统全面的深入研究，以制定出山砂混凝土技术标准。

1966年3月，建工部［66］建科字7号文下达1966年新产品试制任务，同时贵州省科委也下文，指定四局科研所负责山砂混凝土的试验研究，协作单位有省建科所、七冶、省建各公司、中建三局、四局各公司、水电八局、九局、都匀桥梁厂等。课题组长为夏章中，主要参加人员有尹志府、姜留文、覃荣华、熊宗铭、丁志贤等。研究内容为：山砂材质性能，包括其产生、分类、主要特性、级配情况；山砂混凝土的物理力学性能，包括立方抗压强度、棱柱抗压强度、抗拉强度、弹模、抗折强度、混凝土与钢筋的粘结力；长期性能和耐久性，包括收缩徐变，山砂混凝土预应力损失、疲劳性能，重复荷载下的变形性能及抗冻、耐磨等；构件的动、静荷载试验，试验构件为75t叠合式预应力山砂混凝土吊车梁，24m跨山砂混凝土后张自锚预应力屋架，6m跨30t后张自锚鱼腹式吊车梁。

研究工作原计划一年完成，但内容太多，加之"文化大革命"的影响，使研究工作到1976年才结束，耗时整整十年，共制作试件五万四千多个，取得三十多万个数据，研究结论是：机制山砂混凝土除耐磨性较差外，其他所有性能都接近或超过相应的河砂混凝土，都能满足当时执行的《钢筋混凝土结构设计规范》（TJ10—74），山砂可以用于配制600号以内的混凝土，贵州山砂资源丰富，基本不需要从外地进河砂。另外，通过化学、物理和土工试验分析，证明了山砂中的粉末是与砂之母岩化学成分完全相同的石粉，而不是"泥"，石粉作为一种惰性填料还可以改善混凝土的某些性能。1970年提出《山砂与山砂混凝土应用技术规程》在中建四局范围内讨论并试行，1973年四局科研所编制了贵州省地方标准《山砂混凝土技术规定》（试行），1978年该标准正式执行，研究成果的最终表达式是1979年7月由中国建筑工业出版社出版的《山砂混凝土》一书，此书是集体编写，由丁志贤执笔。全书对十年的研究工作和得出的结论进行了详细介绍，至今仍是全国唯一论述山砂混凝土的专著。1978年这项研究成果获全国科技大会奖，此时山砂混凝土的应用在贵州已深入人心。

4 深入研究与应用发展阶段（1980年以后）

以后，山砂混凝土向特种混凝土研究方向发展，1979年四局科研所宋仁用上海产外加剂NNO.MF配制高标号山砂混凝土达600号左右，20世纪80年代初四局科研所和省内各施工单位在山砂混凝土和砂浆中开始应用外加剂取得较好的技术经济效益，接着用山砂配制的耐酸、耐碱、膨胀混凝土和树脂混凝土也成功用于各种特殊工程。1988年贵州省科委正式立项开展高标号山砂混凝土、流态山砂混凝土和用贵州原状粉煤灰作混凝土和砂浆掺合料的研究，由四局科研所尹志府、林力勋和钟声于1990年完成，当时用湛江产FDN高效减水剂，普通砂石，常规工艺配制28d强度达90MPa的山砂混凝土和坍落度≥180mm不分层离析的粉煤灰流态山砂混凝土（强度等级在C30~C70），贵州原状粉煤灰用于混凝土和砂浆的研究也取得成功，获1990年贵州省科技成果奖。1994年中建四局科研所更名为贵州中建建筑科研设计院，开始从事高性能山砂混凝土研究，1996年C60山砂混凝土首次用于高层建筑，建成18层高、1.4万m^2的中建四局职工培训中心，1998年研究掺入超细粉的HPC山砂混凝土，2003年成功用于贵阳西南环线小关特大桥梁工程；今年即将完工的国内最大的悬索桥坝陵河大桥主桥墩（高201m）是用高强山砂混凝土修建的。

综上所述，山砂混凝土研究及使用发展状况如下表所示：

时间	状况	研究项目	典型工程	主要单位	主要人员
1950~1957	自发使用阶段		多用于砂浆及100号以下混凝土		
1958~1965	边摸索边使用阶段	山砂取代河砂试验研究，提出"粉末非泥"的观点	贵钢"双联车间"花溪水坝 清镇电厂 贵州水泥厂	贵州工程总公司 省建各公司 省建科所	黄一鹤、夏章中、姜留文 程文华、董正明 杨忠歧

续表

时间	状况	研究项目	典型工程	主要单位	主要人员
1966~1979	建工部、省科委正式立项研究山砂混凝土，应用成熟阶段	山砂及山砂混凝土系统研究，编制贵州省地方标准《山砂混凝土技术规定》，出版《山砂混凝土》一书	矿山机械厂 险峰机床厂 息峰170厂 011指挥部 百花电站	中建四局科研所 中建四局 水电八、九局 中建三局 七冶 省建科研 省建各公司	夏章中、尹志府、姜留文、覃荣华、熊宗铭、丁志贤 黄一鹤 高家训 詹汉生 刘肇国 杨忠歧 董正明、夏洪成
1980~1990	特种山砂混凝土研究及应用阶段	各种混凝土外加剂应用与研制 贵州原状粉煤灰作混凝土掺合料 高标号山砂混凝土、流态山砂混凝土	外加剂应用较多 其他尚未普及	中建四局科研所 省建各公司	孟永光、尹志府、林力勋、钟声 夏洪成、董正明
1995~至今	HPC山砂混凝土的研制及应用	HPC山砂混凝土，修订规程	中建四局大楼 小关特大桥 坝陵河大桥	贵州中建建筑科研设计院 中国建研院	林力勋、钟声 付丽萍、钟安鑫 丁威

《山砂混凝土技术规定》在1978年执行后，1995年修订为《山砂混凝土技术规程》，2009年修订为《普通山砂混凝土技术规程》。现在我院仍完整保留大量山砂混凝土试件和构件，龄期已近四十年，是研究山砂混凝土耐久性的"标本"。由于贵州及我单位在山砂混凝土方面的研究并参与有关国、行标准的编制《建筑用砂》GB/T 14681 和《普通混凝土用砂、石质量检验方法标准》JGJ 52，故这些标准中涉及山砂的内容均参考了我院的资料和建议。山砂混凝土历经五十余年的研究与应用，产生了巨大的社会经济效益，是我院对国家的最大贡献。

今天，随着我国经济建设的发展，河砂的过量开采已带来严重的环境问题，很多地方河砂资源已经枯竭，人们对山砂的应用日益重视，山砂作为混凝土原料的一个砂种已正式写入我国国家和行业标准中，省外也开始在使用山砂，可以预见，山砂混凝土的应用将不会局限于贵州，山砂及山砂混凝土这一技术成果将在全国各地开花结果。

参考资料

[1] 当事人采访记录.
[2] 贵州中建建筑科研设计院技术资料档案.
[3] 贵州省情[M]. 贵阳：贵州人民出版社，1986.

第四部分

性能研究与测试技术

广州珠江新城西塔工程 C100UHPC、UHP-SCC 性能研究

顾国荣[1]　叶浩文[2]　徐立斌[3]　张杰华[4]

1. 中建三局建设工程股份有限公司，武汉，430070
2. 中国建筑第四工程局有限公司，广州，510665
3. 贵州中建建筑科研设计院有限公司，贵阳，550006
4. 广州市建筑集团有限公司，广州，510030

【摘　要】　广州珠江新城西塔工程成功研发、应用C100UHPC、UHP-SCC混凝土并进行了411m超高泵送，本文对上述混凝土的工作性能、力学性能、耐久性能等方面进行了研究。研究表明，该混凝土的28d抗压强度大于110MPa，具有大流动性，且保坍3h以上、耐久性好，56d氯离子电通量为87C。

【关键词】　C100；UHPC；UHP-SCC

The Performance Study On C100UHPC、UHP-SCC in Guangzhou Zhujiang New City West Tower Project

Gu Guorong[1]　Ye Haowen[2]　Xu Libin[3]　Zhang Jiehua[4]

1. China Construction Third Engineering Division Corp. Ltd., Wuhan, Hubei, 430070, China
2. China Construction Fourth Engineering Division Corp. Ltd., Guangzhou, Guangdong, 510665, China
3. Guizhou Construction Science Research and Design Institute of CSCEC, Guiyang, 550006, China
4. Guangzhou Construction Group Co., Ltd., Guangzhou, Guangdong, 510030, China

【Abstract】　The management group of Guangzhou Zhujiang New City West Tower project successfully researched and applied the C100UHPC, UHP-SCC and pump to 411m. The paper studied the work performance, mechanical properties and durability etc. of the concrete. The result showed that the compressive strength of 28d concrete is greater than 110MPa, with good fluidity and plasticity of 3 hours, high durability and electric flux for chlorine ions is 87C after 56d.

【Key words】　C100；UHPC；UHP-SCC

0　前言

广州西塔工程中大量采用了高强高性能混凝土（HS/HPC），412m处的钢管混凝土设计强度等级为C80，为了保证混凝土强度，实际上混凝土的强度为C100的UHPC。因此，研发和应用UHPC和UHP-SCC对西塔工程具有更现实的应用价值，具有更大的技术、经济、环境效益。

本研究在中国建筑工程总公司、广州市建筑集团有限公司的领导下，业主方和施工监理方的大力支持下，主要完成单位经过近两年的共同努力，经过了近千次的试验研究和检测，消耗了数百立方米混凝土，研发出了C100的UHPC和C100的UHP-SCC；混凝土28d强度≥108MPa，均方差为5.32MPa，各方面的性能均比国内现有的HPC优异。在此基础上，采用中联重科研发的超高压泵在西塔项目工程顺利进行了333m和411m的2次超高泵送。现场施工对混凝土检测结果，28d龄期强度≥108MPa，保证了C100UHPC、UHP-SCC强度设计等级的要求。本文对上述混凝土的工作性能、力学性

能、耐久性能进行了研究。

1 原材料选择

配制 C100UHPC、UHP-SCC，原材料的选择尤为重要。水泥选用广州市越堡水泥有限公司生产的金羊牌 P·Ⅱ 型 52.5R 水泥，其 28d 抗压强度达到了 60MPa；硅灰选用埃肯国际贸易（上海）有限公司生产的硅粉；矿渣粉选用济南鲁昂新型建材有限公司生产的 S105 矿渣粉；配制 C100UHPC 的粗骨料选用 5~10mm 和 10~20mm 两级粗骨料搭配成连续级配使用（其搭配比例为 3:7），C100UHP-SCC 选用 5~10mm 和 10~16mm 的两级粗骨料搭配使用；C100UHPC 选用了广东柯杰外加剂科技有限公司生产的柯杰牌 KJ-JS 高性能减水剂（浓度为 22%，减水率大于 30%），C100UHP-SCC 选用了西卡 3350 系列的外加剂，另外 C100UHP-SCC 使用了我国特有的矿物超细粉——沸石粉和自制的特种外加剂，起到增稠、增强和物理保坍的作用。

2 配合比参数

C100UHPC、UHP-SCC 的配合比参数如表 1 所示。

表 1 C100UHPC、UHP-SCC 的配合比参数

混凝土等级	水胶比	单方用水量（kg/m³）	胶凝材料（kg/m³）	矿渣粉（kg/m³）	硅粉（kg/m³）	砂率（%）
C100 UHPC	0.20	150	750	190	60	47
C100UHP-SCC	0.22	154	700	190	60	47

注：配制 C100UHP-SCC 时使用了特种矿物超细粉和特种外加剂。

3 C100UHPC、UHP-SCC 工作性能研究

表 2 C100UHPC 工作性能

		试验结果				
	时间	初始	1h	2h	3h	4h
柯杰外加剂	倒筒时间（s）	4.5	5.2	5.2	5.6	8.3
	坍落度（mm）	270	260	265	255	255
	扩展度（mm）	610	615	610	600	590

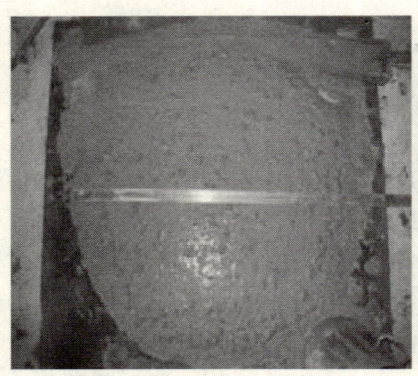
C100UHPC 初始扩展度 610mm

C100UHPC 初始坍落度 270mm

图 1 C100UHPC 工作性能

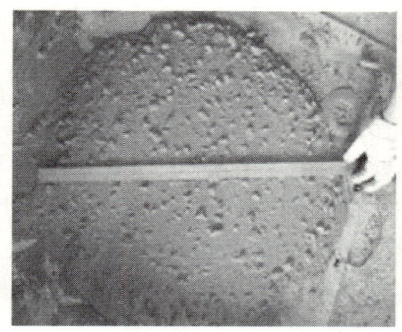
C100UHPC 4h后扩展度590mm

C100UHPC 4h后坍落度255mm

图1 （续）

表3 UHP-SCC工作性能

时间	坍落度（mm）	扩展度（mm）	倒筒时间（s）	U型仪填充高度（cm）
初始	250	570	3.4	34
1h	260	585	5.0	31
2h	260	625	4.7	—
3h	250	620	7.8	—

UHP-SCC初始坍落度250mm

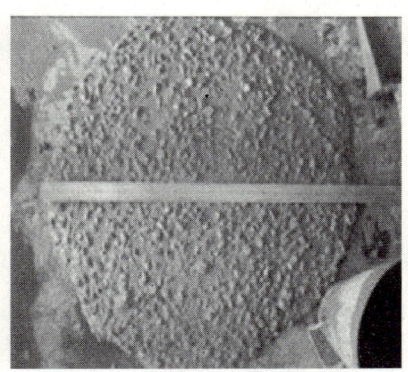
UHP-SCC初始坍后扩展度570mm

UHP-SCC 3h后坍落度250mm

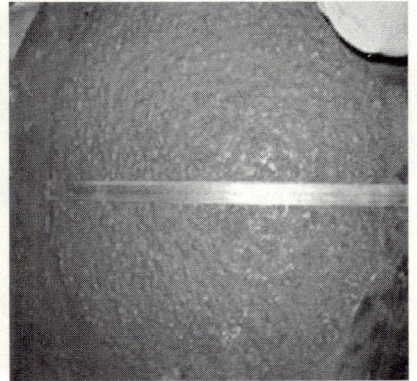
UHP-SCC 3h后坍后扩展度620mm

图2 UHP-SCC工作性能

本研究中的 UHPC 和 UHP-SCC 由于要满足超高泵送,其流动性均较大,如表2、表3和图1、图2所示。但两者的配制有很大区别:除了骨料最大粒径的差别(UHPC 的骨料最大粒径为20mm,UHP-SCC 的骨料最大粒径为16mm),更重要的是 UHPC 和 UHP-SCC 的内聚力——即托裹骨料的能力也不同。UHPC 由于内聚力低,其拌合物通过 U 型仪的隔栅时,不能使粗骨料和砂浆一同通过,造成骨料堆积,堵塞了 U 型流动仪,如图3、图4所示,填充高度很低(一般小于20cm),因此 UHPC 在钢筋密集处无法达到自密实。而 UHP-SCC 由于采用的特种矿物超细粉和特种外加剂具有增稠作用,提高了 UHP-SCC 的内聚力,其拌合物通过 U 型仪的隔栅时,能使粗骨料和砂浆一同通过,从 U 型仪填充端观察,拌合物表面有粗骨料均匀分布,如图3和图4所示,填充高度很高(一般大于30cm),因此 UHP-SCC 在钢筋密集处可以达到自密实,这也是配制UHP-SCC 的一个难点。

UHPC U型仪填充高度(15cm)

UHP-SCC U型仪填充高度(34cm)

图3 UHPC 与 UHP-SCC U 型仪填充高度的差别

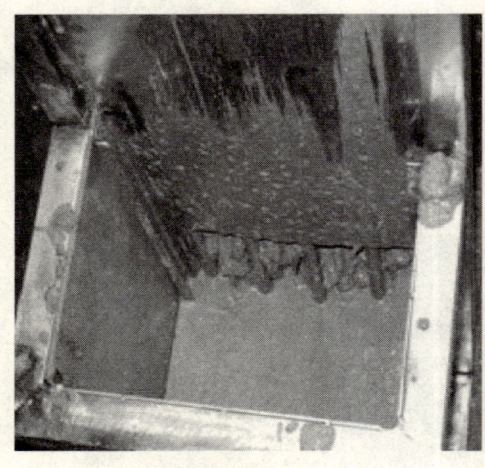
UHPC

UHP-SCC

图4 UHPC 和 UHP-SCC 流过 U 型仪隔栅的差别

4 力学性能

4.1 UHPC、UHP-SCC 试验室力学性能测试

本文选择了水胶比为 0.2 的 UHPC 和水胶比为 0.22 的 UHP-SCC 进行了 UHPC、UHP-SCC 试验室

力学性能测试，试验结果如表4～表7所示。其中，UHPC采用振动台振捣成型、UHP-SCC通过采用全量检测仪后免振成型。

表4 混凝土各龄期抗压强度

试验编号	强度（MPa）			
	3d	7d	28d	56d
UHPC	87.0	108.7	130.8	130.0
UHP-SCC	91.2	106.5	117.3	118.0

注：100mm×100mm×100mm 试件折算成 150mm×150mm×150mm 试件的尺寸系数为 0.93。

表5 混凝土各龄期抗折强度

试验编号	强度（MPa）			
	3d	7d	28d	56d
UHPC	8.4	9.6	10.0	12.4
UHP-SCC	8.3	9.9	11.3	13.1

注：试件尺寸为 100mm×100mm×400mm。

表6 混凝土各龄期劈裂抗拉强度

试验编号	强度（MPa）			
	3d	7d	28d	56d
UHPC	6.05	7.15	7.58	8.31
UHP-SCC	6.36	7.09	7.92	8.44

注：试件尺寸为 100mm×100mm×100mm。

表7 混凝土28d轴心抗压强度、弹性模量

配比编号	水胶比	试件尺寸（mm）	轴心抗压强度代表值（MPa）	弹性模量（MPa）	
				单个值	平均值
UHPC	0.20	150×150×300	101.7	47500 48600 47700	47900
UHP-SCC	0.22	150×150×300	113.2	49900 46200 49100	48400

4.2 UHP-SCC L型构件的模拟试验

（1）试验方法

在实际工程中，由于各个工程中钢筋的分布、间距等情况不尽相同，仅仅根据U型仪、全量检测仪等试验方法，无法衡量自密实混凝土浇筑后的真正密实程度。因此，本研究根据广州西塔工程中构件的实际钢筋分布、间距情况，进行了UHP-SCC L型构件的模拟试验。根据广州西塔工程中实际构件的钢筋间距情况，分别制作了两个尺寸、布筋相同的L型构件（图5）。试验过程：将本项目研制的UHP-SCC泵送至411m后，分别浇筑到两个L型构件中，其中一个振捣，另一个免振。混凝土终凝后1d拆去模板，对比两个构件的混凝土外观区别。待混凝土龄期至28d时，对两个构件分别进行超声波检测和钻芯检测，反映UHP-SCC的自密实情况（图6）。

图 5　L 型构件照片

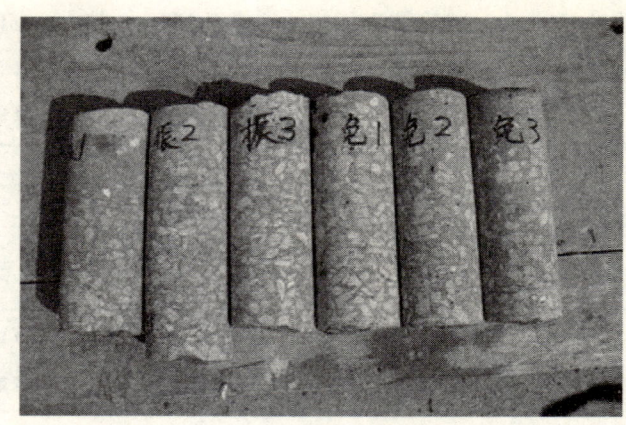

图 6　UHP-SCC 芯样照片

（2）超声检测试验

本研究委托检测单位对两个 L 型构件进行了超声检测，其检测结果如表 8 所示。

表 8　L 型构件超声波试验结果

UHP-SCC	声速平均值（km/s）
振捣	4.981
未振捣	4.918

由表 8 可知，本项目研发的 UHP-SCC 振捣和未振捣的声速差不多，说明其自密实性非常好。

（3）抽芯检测结果

本项目委托广东省建设工程质量安全监督检测总站对两个 L 型构件进行了钻芯取样。检测结果如表 9 所示。

表 9　UHP-SCC 的抽芯检测强度结果　　　　　　　　　　　　　　　MPa

振捣	130.8	107.7	87.3	110.8	103.3	106.2	平均值 107.7
免振	107.0	93.4	122.4	92.1	117.7	93.0	平均值 104.3

由表 9 可知，振捣成型的 6 组数据的平均值为 107.7MPa，而免振成型的 6 组数据的平均值为 104.3MPa，均大于 100MPa，且免振强度和振捣强度相差不大，因此，说明本项目研制的 UHP-SCC 具有良好的自密实性，不但满足了超高（$h>400m$）泵送，而且满足了超高强度的要求。

5　C100UHPC 耐久性能研究

为了确保广州西塔工程中 C100 混凝土具有良好的耐久性，本项目进行了 UHPC 耐久性的研究，具体项目有：抗氯离子渗透性、抗硫酸盐侵蚀、抗冻性、骨料碱活性、工程混凝土试件碱-骨料反应、长期收缩等耐久性项目的研究，试验结果如表 10 所示。

表 10　C100UHPC 耐久性研究

编号	项目名称	方法依据	标准要求	测定值
1	抗 Cl^- 渗透性 56d 的电通量（C）	ASTM C1202	判定依据：<100c 判定为不渗透	87c
2	抗硫酸盐腐蚀（15 周膨胀率）	ASTM C1012	判定依据：以混凝土 15 周膨胀率小于 0.4%，为合格；反之为不合格	0.0083%

续表

编号	项目名称	方法依据	标准要求	测定值
3	抗冻性 (300次冻融循环)	GBJ-82-85	判定依据： 快速冻融300次循环后，相对动弹性模量≥60%，为合格；反之为不合格	质量损失：0.10% 相对动弹模：95.8%
4	细骨料碱活性检测 (快速法)	ASTM C1260、 JGJ 52-2006	判定依据： ①当14d膨胀率（%）小于0.10%时，可以判定为无潜在碱-硅酸反应危害；②当14d膨胀率（%）大于0.20%时，可以判定为有潜在碱-硅酸反应危害；③当14d膨胀率（%）在0.10%~0.20%之间时，不能最终判定有潜在碱-硅酸反应危害	大石（10~20mm）： 14d膨胀率为0.07% 判为无碱活性 小石（5~10mm）： 14d膨胀率为0.18% 不能判定 砂： 14d膨胀率为0.13% 不能判定
5	粗骨料碱活性-迟缓碱硅酸盐反应	CSA A23.2-14A	判定依据： 对于慢速/迟缓膨胀的碱·硅酸盐/硅酸反应，1年膨胀率小于0.025或3个月的膨胀率小于0.01%，则判为无潜在反应性；反之，有反应性；在无冻融或化冰盐处，膨胀率界限为0.04%	1年膨胀率为0.02%，小于0.025%，判为无反应性
6	工程混凝土试件碱-骨料反应试验研究	CSA A23.2-14A	同上	1年的膨胀率为-0.001%，判为无反应活性
7	长期收缩研究	GBJ 82-85		180d的收缩率为万分之3.9%

由表10可知，西塔工程研发的C100UHPC具有耐久性强的特点，尤其是56d的电通量（C）为87C，完全满足耐久性100年的要求。

6 结论

本研究通过合理的选择原材料，从材料组成、合理匹配与混凝土性能的关系，解决了UHPC与UHP-SCC的粘性、流动性、自密实性与可泵性等问题，解决了混凝土的早期性能和硬化后的长期性能、耐久性能，并能够满足超高（$h=411m$）泵送施工，国内、外尚属首次。该研究成果把我国混凝土的研发技术、施工技术和超高泵送技术推向了一个新高度，是我国混凝土技术的重大创新。

致谢：本研究非常感谢清华大学冯乃谦教授的悉心指导。

水中自充填混凝土应用探讨

赵文成　陈冠宇

台湾交通大学土木系

【摘　要】 目前工程界进行之水中结构物，主要以连续壁、深基础桩为主，仍然使用传统混凝土或高流动性混凝土，其浇筑质量并不容易控制。经过多年研究，已成功研发拥有自充填特性、遇水不离析的水中自充填混凝土，借着本身之重量，不需要捣实、振动即可通过钢筋间隙，并充填至模板各个角落，避免发生混凝土施工质量不良之缺陷。

本研究以自充填特性、水中不离析及抗冲蚀能力为试验目标，测试新拌混凝土：工作度、浊度值、pH值、抗冲蚀试验。本研究也将水中自充填混凝土推广到国内工程应用，比较水中自充填混凝土和传统水中混凝土之差异，包含抗压强度、工作度、水中不离析试验、完整性检测，为了探讨基桩内部填充情形，于钢筋笼周围装置8支透明管，以利摄影机进入基桩内部观察混凝土浇筑过程与硬固后的情形。经过试验证实水中自充填混凝土能达到自充填的特性且遇水不分散，抗压强度佳、L型流度12s达到50cm且水质清澈、基桩摄影可以看到桩底淤泥向上抬升、完整性检测没有发现缺陷，证实水中自充填混凝土能有效改善国内工程质量。

【关键词】 水中自充填混凝土；L型流度；浊度；pH；完整性检测

The Discussion of Application of Self-filling Concrete in Water

Zhao Wencheng　Chen Guanyu

【Abstract】 Nowadays the main engineering structures in water, mainly including the continuous wall and deep foundation piles, are filled with the traditional concrete or high mobility concrete, and the concrete pouring quality control of them is not easy. After several years' research, we have successfully developed self-filling concrete in water with the character of self filling and without isolating in water. By the weight of itself, without ramming or vibrating, the concrete can get through the reinforced gap, and fill every corner of the formwork. The poor quality of construction of concrete can be avoided.

In this research, the character of self-filling, non-isolation and the ability of resistance to erosion is observed as goals to test workability, turbidity, pH value, resistance to erosion of new premixed concrete. This study also promote self-filling concrete in water to the domestic engineering, compare it with the conventional water concrete by the tests on compressive strength, workability, non-isolation, integrity. In order to discuss the situation of internal filling, 8 transparent pipes had been placed around the reinforcement cage in the piles to observe the pouring process and the situation after hardening by a camera got into them. The study can confirm the self-filling character, non-isolation in water, good compressive strength, reaching 50cm in 12 seconds of L flow with water keep clear, through the pile photography, slush lifting up from the pile bottom and completeness of the concrete can be seen. Since that the quality of domestic engineering can be effectively improved through the use of water filling concrete.

【Key words】 water self-filling concrete; L flow; turbidity; pH; test of integrity

1　前言

混凝土自问世以来，逐渐得到发展，对混凝土强度、耐久性、施工性，都有长足的进步，对人民的生命财产也是一种保障。

虽然设计规范逐年进步，施工工法也有长足进步，但是对混凝土的质量还是常因施工环境限制、机器故障、工人疏忽，未能落实，导致混凝土未能发挥其强度，对结构物造成不利之影响，对人民的生命财产也造成一定的威胁，尤其台湾地处地震带，对结构物的质量有更高的要求。混凝土自配比、拌合、运送、浇筑，皆已相当程度自动化，尤其是自充填混凝土的发展，对施工质量有极大之帮助，目前国内许多重大工程已经广泛使用。

桥梁基桩、地下工程、港湾工程，常需在水中施工，而一般混凝土遇水时水泥砂浆即离析，虽有特密管工法及表面敲除上层劣质混凝土，但断桩、包砂、表面离析、完整性不足等问题，依然无法克服，其原因即在于一般混凝土不具自充填能力、且遇水离析，在世界各国亦有同样问题。

为提高工程质量，确保人民生命财产安全、必须发展一种水中自充填混凝土，以克服上述问题，其主要功能为可自充填且遇水不离析。本项技术已于实验室研发完成，可技术转移至现场施工，以利于混凝土工程之质量与自动化。

2 文献回顾

2.1 水中自充填混凝土概述

水中自充填混凝土（Self-compacting concrete for underwater construction）是利用混凝土本身的重量，不需振动、捣实即可通过钢筋间隙，并充填至模板各个角落，拥有自平的能力。除了完全符合自充填混凝土的工作性外（坍度、坍流度、U型箱充填试验、V漏斗流速试验），且经过改良的L型流度试验，测试混凝土于水中通过双层R2钢筋障碍，达到不分离状态，并于水中以特密管施行浇筑时，混凝土不会遇水后产生离析与分散，水灰比不改变，才可称为"水中自充填混凝土"。

目前，"交通大学"所开发的水中自充填混凝土配比，水中浇筑抗压强度皆可于28d龄期完全超过 280kg/cm^2[1]。在劈裂、抗弯、握裹强度方面符合规范规定，在标准试验室条件下，收缩、潜变值与一般混凝土相当[2]，由于水中自充填混凝土充填密实，能和钢筋产生良好握裹[3]，并且水中结构物长期与水接触，所以在收缩、潜变问题上较不关键。

2.2 传统水中混凝土

在传统水中混凝土施工的环境下，混凝土直接与水或稳定液接触，依过去一般施工调查结果，显示采用特密管浇筑之传统水中混凝土其钻芯试体之抗压强度仅为同配比标准试体之60%[4]，表示混凝土浇筑之过程中难免受周围水之混入，而水灰比改变，导致强度减弱。过去的施工考虑到稳定液本身及钻掘设备的改良，然而对水中结构的问题仍然无法全部解决，原因在于浇筑混凝土的时间过长、混凝土流动性不佳、浇筑排泥效果欠佳或浇筑死角无法灌满等。

2.3 高流动水中混凝土

首先由德国于1974年率先研究成功，并成功应用在工程上；1978年日本自德国引进技术，并开发出纤维素系絮凝剂，为现今市场之主流，比传统水中混凝土有较好的流动性，高流动水中混凝土坍度约18～22cm、坍流度45～55cm，但其流动速度缓慢，无法通过自充填混凝土试验标准（U型箱充填试验、V漏斗流速试验）及水中L型流度试验。其每立方米絮凝剂单价昂贵。

3 试验计划

3.1 新拌混凝土工作度

试验新拌混凝土工作性，参考已公布的中国国家标准之CNS 14840《自充填混凝土障碍通过性试验法（U型或箱形法）》、CNS 14841《自充填混凝土流下性试验法（漏斗法）》、CNS 14842《高流动性混凝土坍流度试验法》、CNS 1176《混凝土坍度试验法》及水中L型流度试验。

3.2 浊度值试验法

试验目的：试验L型流度里水的浊度值，可以得知混凝土的抗离析与凝聚性。

试验器具：浊度计、量杯。

试验步骤：

（1）量取L型试验装置中间R2障碍钢筋前端400mL水溶液于量杯内。

（2）摇动量杯10s后，取出10mL的水溶液装入浊度计专用的小瓶子，放入浊度计数秒即可读值。

判定标准：

浊度指水中引起光散射之悬浮颗粒的量。使用仪器前要进行浊度校正，增加数值的精确性，混凝土遇水离析、分散越严重，浊度值也越高。

3.3 pH值试验法

3.3.1 试验目的

pH值试验可以量测溶液的酸碱性，由于混凝土遇水后粉体会分散，水泥产生碱性的水溶液，可藉由其值之大小判别混凝土是否离析、分散。

试验器具：pH值计、量杯。

3.3.2 试验步骤

（1）量取L型试验装置中间障碍钢筋前端400mL水溶液于量杯内。

（2）将pH值计放入量杯内均匀搅拌，10s后即可读值。

（3）pH值试验可以和浊度试验一起完成，400mL水溶液取出10mL量测浊度值，再把pH值计放入量杯内完成试验。

3.3.3 判定标准

此试验方法可以看出粉体在水溶液悬浮的状况，当水泥颗粒被溶解出越多，pH值会越高。

3.3.4 力学性质试验

依据CNS 1232《混凝土圆柱试体抗压强度检验法》之规定，每组配比制作一般浇筑之ϕ10cm×20cm圆柱试体，经一般养护7d、28d、56d及91d后使用420kg/cm^{2}的石膏来盖平以避免产生应力集中，再进行单轴抗压强度试验。

3.4 基桩内部填充摄影

本试验于工地现场中，钢筋笼外侧安装8支透明管，以利摄影机进入透明管内观察基桩内部填充过程与混凝土硬固后的状况。混凝土必须经过钢筋笼才能流到透明管的位置，透明管一侧绑在钢筋笼上，另一侧靠近基桩内壁。以往水中结构物施工后很难得知内部填充情形，所以使用本试验方法探讨基桩内部真实状况，比较传统水中混凝土与水中自充填混凝土之差异。

3.5 完整性检测

超音波试验即依据不同质量混凝土具有不同之音波传递时间的现象，利用仪器设备量测基桩内混凝土之两探测器之传递时间。超音波在不同强度混凝土中传递具有不同的波速[5]，在连续之混凝土基桩中存在夹层与瑕疵时，其波的传递之时间会有所改变。因此，如果混凝土中具有不同于混凝土之外来物质时，可借着超音波之设备，依其波传递时间之改变，而能寻找出混凝土基桩或连续壁瑕疵之位置。

3.6 基桩应变监测

于钢筋笼内安装应变计,安装位置为基桩长度 $\frac{1}{4}$、$\frac{2}{4}$、$\frac{3}{4}$、$\frac{4}{4}$ 位置,自桩底到桩顶总共分五层,桩底为第一层,桩顶为第五层,每一高度安装四个角度的应变计(0°、90°、180°、270°)。利用应变计安装于钢筋笼主筋上可以了解基桩受力的模式,藉此比较传统水中混凝土基桩与水中自充填混凝土基桩受力的不同,应变计安装位置如图1所示。

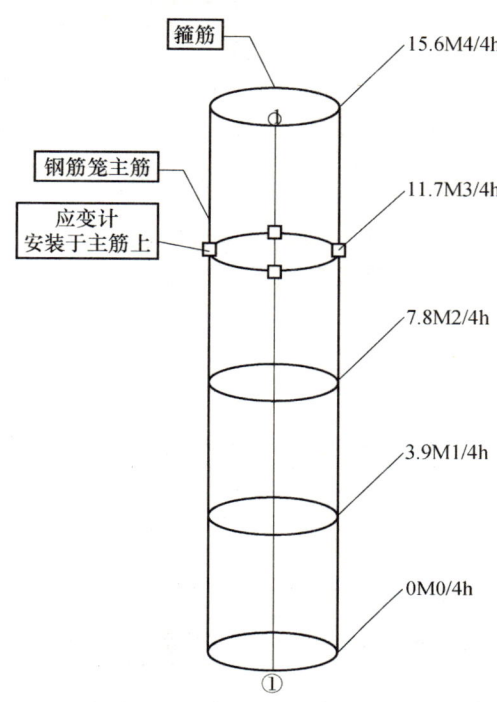

图 1 应变计安装位置示意

4 试验结果与讨论

4.1 配比概述

本试验比较传统水中混凝土[No.1]与水中自充填混凝土[No.2]配比的差异,传统水中混凝土为预拌厂使用之配比,而水中自充填混凝土为"交大"实验室研发之配比,将技术转移到预拌厂进行大型试拌,最后进行量产,简述配比内容见表1。

表 1 配比表

配比编号	胶结材料比例(%)			外加剂
	水泥	炉石	飞灰	
No.1	100	0	0	无
No.2	60	40	0	有

4.2 新拌混凝土工作度、浊度、pH 值

预拌厂通过测试才能送往工地现场进行浇筑,[No.2]检测标准见表2,由表3新拌混凝土的氯离子三次都小于规定的 $0.3 kg/m^3$。预拌厂、工地现场坍流度皆符合 SF>50cm、U Box 都达到28cm以上、

V漏斗<20sec基本标准、L型流度试验主要量测混凝土从开口向水平部分之一端的流动距离,都达到标准之50cm以上,见表4、表5,水中自充填混凝土皆符合水中自充填混凝土规定的基本标准。由表5得知水中自充填混凝土遇水不离析,所以混凝土经过L型流度不会产生混浊的水溶液,粉体和粒料不会分散,呈现澄清的状态,水溶液的浊度值远小于标准值、pH值<9.5。水中自充填混凝土最主要为水面下完成浇筑作业,其发挥自充填之特性在浇筑时不需要振动捣实,有效地防治混凝土发生蜂窝、断桩、断壁、混凝土离析、崩解等弊害。

表2 水中自充填混凝土检测标准

检测标准					
以SCC增粘剂系列标准为参考 CNS 14841 增粘剂系列之标准值					
V(s)	U(cm)	SF(cm)	L(cm)	浊度(NTU)	pH
<20	>28	>50	>50	<150	<9.5

表3 [No.2]氯离子含量

试验项目	第一次	第二次	第三次	平均	规范要求
氯离子	0.018	0.021	0.016	0.02	一般混凝土≤0.3kg/m³

表4 预拌厂检测[No.2]工作度

第1车			
V(s)	U(cm)	SF(cm)	L(cm)
5.19	32	57/60	70

表5 工地现场检测[No.2]工作度、浊度值、pH值

第1车					
V(s)	U(cm)	SF(cm)	L(cm)	浊度(NTU)	pH
19.15	32	52/53	56	16.6	8.9
第5车					
V(s)	U(cm)	SF(cm)	L(cm)	浊度(NTU)	pH
9.1	33	52.5/52	56	34.2	9.4

4.3 力学性质试验

混凝土的抗压强度为力学性质中最重要的指标之一,结构物设计时必须要考虑施作的材料强度。影响混凝土强度的因素主要是水胶比、龄期及内部水化反应的影响程度。本试验之[No.2]如同一般自充填混凝土使用大比例的炉石材料,炉石用量越高,其早期强度有越低的趋势,但是晚期强度就有较高的趋势,见表6、图2,其原因为炉石在晚期可消耗水泥水化成之$Ca(OH)_2$进行反应,填补孔隙提升晚期强度,使得混凝土更加致密,降低渗透性,减少有害物质的入侵。

表6 水中自充填混凝土抗压强度 MPa(psi)

抗压强度		
99h	7d	14d
16.6(2409)	27.25(3956)	36.95(5358)
28d	56d	91d
38.95(5649)	39.8(5766)	42.5(6120)

［No.2］有较完整龄期之强度发展变化，皆使用一般空气浇筑施作抗压圆柱试体，并以完全浸置水中的方式养护。由表7、图3可知［No.1］28d 空气中浇筑抗压强度高于［No.2］217psi，因［No.1］无后期强度，所以无法探讨［No.1］长龄期强度发展之趋势。

水中结构物最重要的关键是混凝土于水中浇筑下的强度，在"交通大学"实验室有完整探讨，试验数据显示水中自充填混凝土［No.2］的水中浇筑抗压强度与一般浇筑抗压强度比可达到90%以上；传统水中混凝土［No.1］的水中浇筑抗压强度与一般浇筑抗压强度比不到70%。说明水中施工确实会造成混凝土强度下降，所以水下结构物的工程质量有待更多的探讨，确保国内工程的安全性。

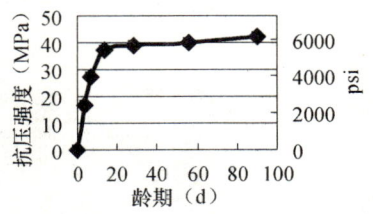 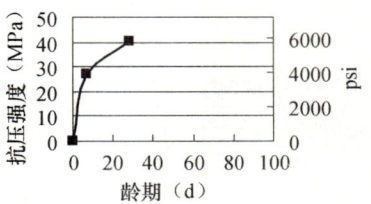

图2　水中自充填混凝土抗压强度　　　　图3　传统水中混凝土抗压强度

表7　传统水中混凝土抗压强度

抗压强度 MPa（psi）	
7d	28d
27.35（3964）	40.45（5866）

4.4　施工观察

由于混凝土接触水会分散、离析，使基桩内部水的浊度上升。传统水中混凝土考虑在水中施工将水泥量提高，避免过多的水泥遇水后分散，造成混凝土强度不足。

在混凝土浇筑过程中，主要观察［No.1］与［No.2］两者差异，结果发现［No.1］浇筑时，从基桩排出的水颜色十分混浊如照片1，乃因基桩内部扰动使桩内淤泥与水混合，并且可能使淤泥和水侵入混凝土，混凝土内砂浆溶入水中，造成基桩强度不足；而［No.2］本身有良好的填充能力与凝聚性，灌浆速度快且连续性施工，避免结构物产生蜂窝、断桩、断壁、粒料分离、强度不足与不均匀等现象，如照片2、照片3。由此可知浇筑［No.2］时，工作人员容易控管、施工，不扰动桩内混凝土，桩内水与淤泥不致与混凝土混合，质量可以保证。

照片1　［No.1］浇筑排出混浊水

照片2　［No.2］浇筑排出清澈的水　　　　照片3　［No.2］浇筑工作人员容易控管

4.5 桩头劣质混凝土

一般认为新拌混凝土由桩底下方扩大向上挤压，最初所浇筑水中混凝土必会与桩底淤泥混在一起，再由其后所浇筑混凝土向上挤压至桩顶。基桩浇筑后顶面之混凝土，由于淤泥混入，形成所谓之劣质混凝土。因此水中混凝土浇筑时须高出设计高程 1.5m，以容纳初次浇筑而混有淤泥之劣质混凝土，再将高出部分之桩顶劣质混凝土敲除。

[No.1] 基桩顶部已完全清除干净如照片4；[No.2] 桩顶呈现三角且不规则形如照片5，因为机器无法清除桩顶混凝土，造成表面许多坑洞。可以得知 [No.2] 强度高且凝聚力强，以致连基桩顶部之混凝土强度亦甚高且有极高的韧性。

照片4　[No.1] 的桩头已去除　　　　照片5　[No.2] 因强度韧性甚佳桩头不易打除

4.6 基桩内部填充摄影

（1）混凝土浇筑中的内部摄影。

藉由管内摄影机可看到桩内混凝土逐渐由下而上推升，[No.2] 基桩施工时，明显观察到淤泥被带往上层如照片6~照片8所示，故桩底较为坚实。[No.1] 基桩并未看到淤泥被带上去如照片9。因 [No.2] 有良好的凝聚力，可以看到混凝土渐渐填充、上升、遇水不分散，并且把底下的淤泥带上来，发挥自充填的特性。另于 [No.2] 浇筑过程中可观察到桩内水被挤出；[No.1] 浇筑时则无法看到，推测水可能混入混凝土中，导致缺陷和强度降低，均不利于混凝土品质。

（2）混凝土硬固后的内部摄影。

利用水中摄影机观察 [No.1] 内部基桩，发现环状且连续的系统性缺陷，越深处越多，观察结果如照片10、照片11所示；[No.2] 基桩内部虽有缺陷，但数量明显较少且不连续，质量较佳如照片12、照片13所示。可以发现 [No.1] 基桩内部缺陷容易观察，越下层缺陷越多也越明显；而 [No.2] 基桩内部也可以观察到缺陷，但数量远较 [No.1] 基桩少也轻微，从混凝土硬固后的内部摄影证明，[No.2] 拥有良好的凝聚性与填充性。

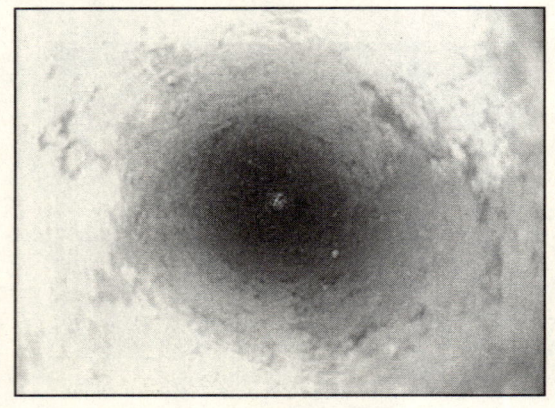 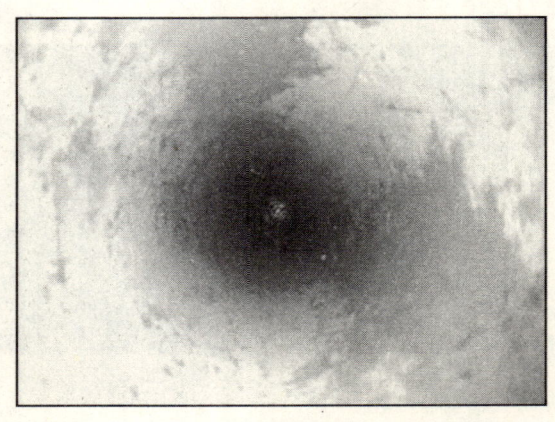

照片6　[No.2] 基桩内的状态（0分0秒）　　　照片7　[No.2] 基桩内的状态（0分33秒）

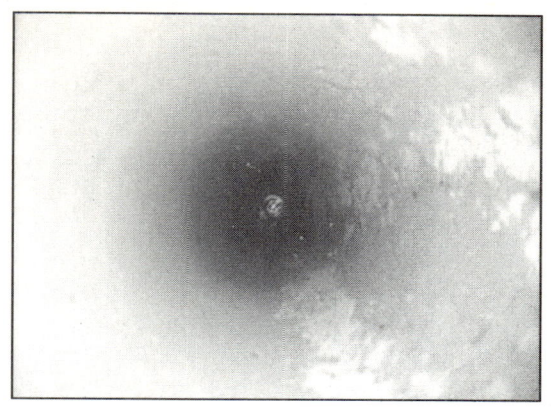
照片 8　［No.2］基桩内的状态（2 分 0 秒）

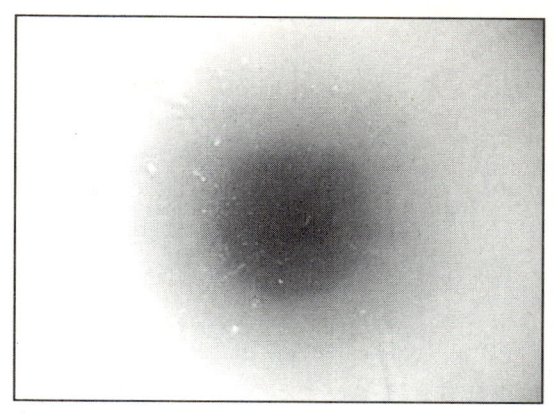
照片 9　［No.1］基桩内的状态（0 分 0 秒）

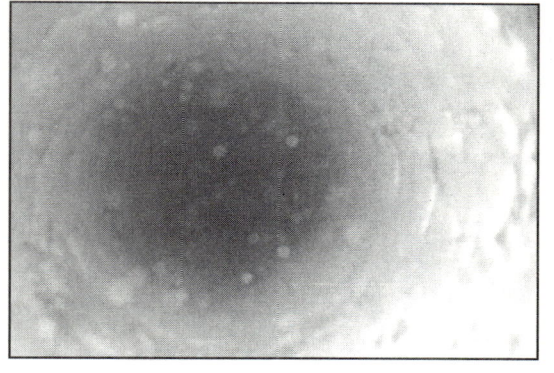
照片 10　［No.1］基桩硬固后（1）

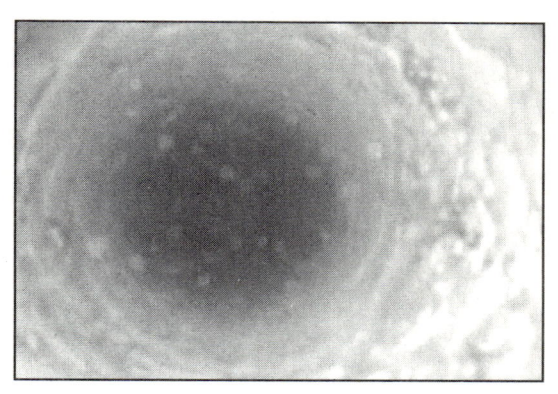
照片 11　［No.1］基桩硬固后（2）

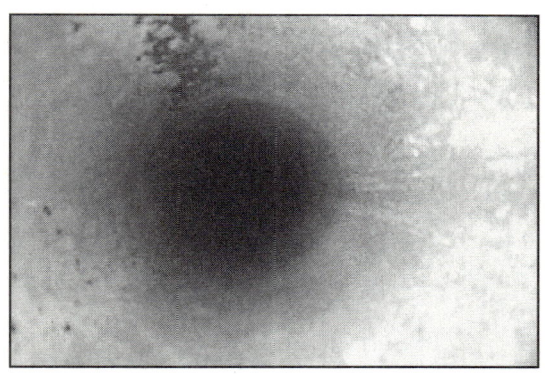
照片 12　［No.2］基桩硬固后（1）

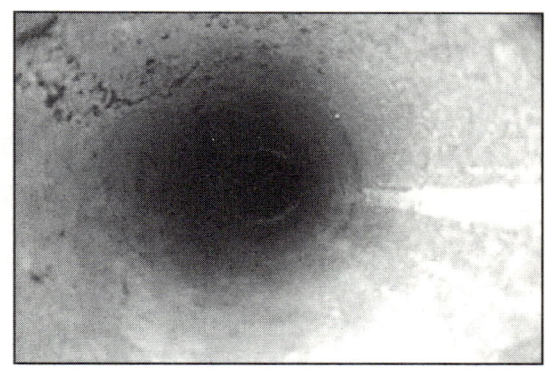
照片 13　［No.2］基桩硬固后（2）

4.7　完整性检测

为测试基桩完整性，于箍筋外层装设八支透明管，进行超音波测试。一般而言，混凝土强度与波速正相关，即强度越高，波速越快，利用超音波测试得到的不同管间之波速传递时间，将该两管之距离除以时间，即为波速。探讨两者超音波速度的不同，8/13 第一次完整性测试 ［No.1］ 优于 ［No.2］如图 4 所示，而 8/21 再测试发现 ［No.1］ 波速下降且低于 ［No.2］ 如图 5 所示，推测 ［No.2］ 凝聚性较好，硬固后的混凝土波速也跟着成长，随时间增加强度增加，显示 ［No.2］ 拥有良好的填充性与凝聚性。

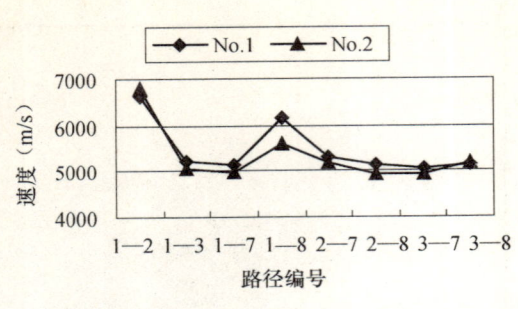 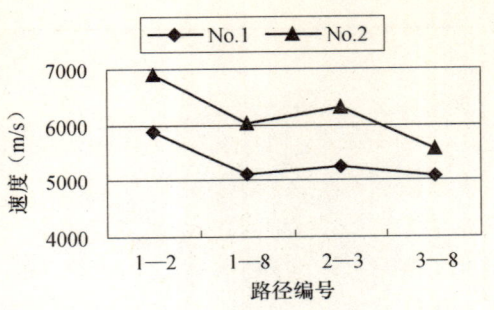

图 4　超音波速度比较图（8/13 量测）　　　图 5　超音波速度比较图（8/21 量测）

4.8　基桩应变监测

基桩应变量测可用于估计基桩力量传递之机制，若是上下接近同一值，表示为点承桩，若是上大下小，表示为摩擦桩。一般认为自充填混凝土表面比较光滑，力学行为有可能接近于点承桩，而一般点承桩只能用于地质较好之位置，对于地质条件较差之处则需要用摩擦桩。传统水中混凝土桩第三、四层应变较大，第一层最小，应变图如图 6 所示；水中自充填混凝土桩第三、第四层应变较大，第五层最小，应变图如图 7 所示。本试验在当地之地质与施工条件下，经过 3 个月的应变监测，传统水中混凝土和水中自充填混凝土应变量呈稳定成长，两种混凝土皆可均匀受力。

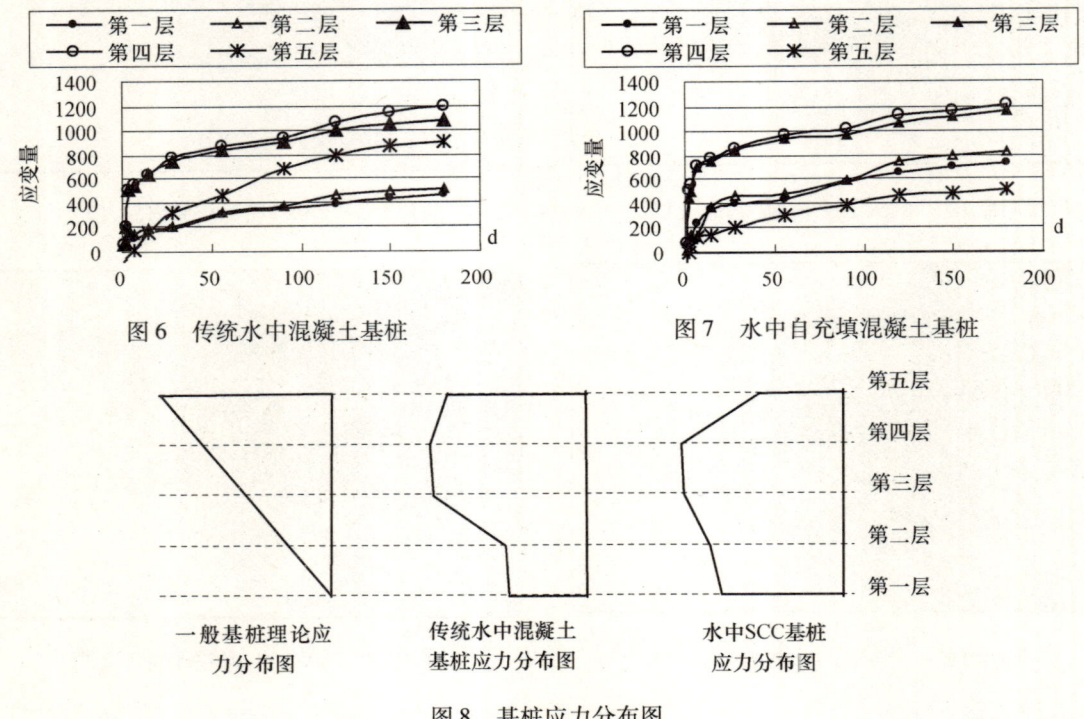

图 6　传统水中混凝土基桩　　　图 7　水中自充填混凝土基桩

图 8　基桩应力分布图

由图 8 可知，左边为一般常见基桩应力分布图，中间为传统水中混凝土桩的应力分布图，右边为水中自充填混凝土桩的应力分布图，两种混凝土桩的应力分布图形式相近，必须有完整的地质数据与基桩载重试验及拔出观察，才能做出完整的判断。

不论是传统水中混凝土或是水中自充填混凝土，应变值最大处皆在第三层，第四层，表示两者皆具有摩擦桩之特性，理论上第五层之数值应该最大，但是可能与仪器安装及桩顶之结构有关，因为桩顶可能已经与新增之桩顶板结合力量，传递并非直接由上而下，而系有板效应存在。同时应变分布亦与桩所在位置与施工结果有关。

5 结论

（1）水中自充填混凝土于预拌厂、工地现场，坍流度皆符合 SF >50cm、U Box 达到 28cm 以上、V 漏斗 <20sec，显示水中自充填混凝土拥有自充填的特性，提升工作度、节省劳力和时间之成本，有效改善工程质量。

（2）水中自充填混凝土遇水不离析，藉由测量混凝土流过 L 型后的水质，浊度皆小于 50NTU，小于标准值 150NTU；pH 值皆小于标准值 9.5。水中自充填混凝土可于一般混凝土厂生产，并达到相关性能要求，包括 L 型可达到标准之 50cm 以上、浊度值 <150NTU、pH 值 <9.5 等特别规定。

（3）水中自充填混凝土因采用炉石材料较多，故早期强度较低，晚期强度较高。因现场尚未试验水中浇筑的抗压强度，于交大实验室的试验数据显示水中自充填混凝土水中与空气浇筑强度比值为 90%，而传统水中混凝土不到 70%，说明水中施工易造成混凝土强度下降，所以水下结构物的工程质量有待更多的探讨，确保工程的安全性。

（4）透过完整性检测可知基桩内部的填充状况，由于水中自充填混凝土拥有良好的填充性与凝聚性，硬固后混凝土的超音波速度也跟着成长，随时间增加强度成长。

（5）水中自充填混凝土从水中摄影机可知水中自充填混凝土遇水不分散、良好填充性、排出底部淤泥，有效防治蜂窝、断桩、断壁、混凝土离析、崩解等弊害。

（6）一般而言，自充填混凝土表面较传统水中混凝土光滑，水中自充填混凝土桩有成为点承桩之可能，经由应变分布分析两种混凝土桩之行为仍属摩擦桩，且若桩套管拔除后，水中自充填混凝土可随外界土壤形状而流动并填满之，使表面呈现凹凸不平，增加摩擦力。

参考文献

[1] 黄进华（赵文成指导）. 水中自充填混凝土 [D]. 交通大学土木工程研究所硕士论文，2004.
[2] 黄嘉昌（赵文成指导）. 自充填混凝土结构行为监测与研究 [D]. 交通大学土木工程研究所硕士论文，2002.
[3] 江坚铭（赵文成指导）. 中低强度自充填混凝土研发与工程性质研究 [D]. 交通大学土木工程研究所硕士论文，2001.
[4] 中国土木水利学会. 混凝土工程施工规范与解说 [M]. 科技图书有限公司，2000.
[5] 陈明宏（林志栋指导）. 利用超音波量测结构体强度与水泥含量评估混凝土品控水平 [D]. 中央大学土木工程研究所硕士论文，2008.

光纤传感器测量混凝土收缩技术介绍和减缩剂效果的实验评估

关国雄[1,2]　陈嘉健[1]　冯怀善[1]　吴沛林[1]

1. 香港大学土木工程系
2. 香港混凝土学会

【摘　要】 本文详细阐述了应用光纤传感器进行混凝土收缩长期测量的试验方法，并用该方法评估减缩剂应用于香港地区混凝土的效果。本试验时间持续长达 3 年半，选用了香港地区最常用的混凝土配合比作试验试件，强度等级从 Grade35 到 Grade45，水胶比介乎于 0.39 和 0.48 之间，粉煤灰掺加量为 0% 或者 25%。试验结果表明，减缩剂能有效减小混凝土的收缩，但减缩效果会随时间递减，半缩期会随减缩剂的掺加而延长。

【关键词】 混凝土；光纤传感器；收缩；减缩剂

Shrinkage Measurement of Concrete Using Fiber-Optic Sensor and Experimental Evaluation of Shrinkage Reducing Agents

A. K. H. Kwan[1,2]　J. J. Chen[1]　W. W. S. Fung[1]　P. L. Ng[1]

1. Department of Civil Engineering, Hong Kong University
2. Institute of Concrete of Hong Kong

【Abstract】 This paper presents in detail a long-term shrinkage measuring method using fibre-optic sensor and reports an experimental study of the effectiveness of shrinkage reducing agents (SRAs) in reducing the shrinkage of Hong Kong concrete in 3.5 years. The concrete mixes tested were typical local concrete mixes of grade designation varying from grade 35 to 45, with water cementitious materials ratio varying between 0.39 and 0.48, and pulverised fuel ash (PFA) dosage set at 0% or 25%. The test results confirmed the effectiveness of SRAs in reducing the ultimate shrinkage strain of concrete. The results also revealed that the effectiveness of SRAs in reducing shrinkage would diminish with time, and that SRAs could prolong the shrinkage half-time of concrete.

【Key words】 concrete; fibre-optic sensor; shrinkage; shrinkage reducing agent

1　前言

混凝土的收缩源于内部孔隙水的不断散失，其中水分蒸发形成的干缩是收缩的最主要原因：当水分从硬化混凝土的毛细孔中散失后，表面张力会转移到毛细孔壁而在毛细孔系统里重新分布，导致了混凝土宏观体积的减小（Neville, 1995; Mindess et al., 2003）。一般来说，影响混凝土收缩的因素包括可蒸发水量、水分蒸发程度和单位水分散失造成的收缩程度等。上述的第一个因素取决于混凝土的配合比，例如水胶比和水泥浆体积比等；第二个因素取决于混凝土的渗透性、结构的大小与几何形状、外界环境条件如湿度、温度等；第三个因素则与骨料性质和孔隙水表面张力有关。

众所周知，混凝土的收缩会导致混凝土构件的收缩变形，如果变形受限则会引起结构内部拉应力的出现和导致混凝土的开裂。收缩裂缝不光影响结构外观，还会导致诸如渗水、钢筋锈蚀等使用性和耐久性上的一系列问题。更严重的是，收缩裂缝大多是贯通裂缝，修补工作很难开展而且造价不菲。因而，相比裂缝出现后再进行修补，更可取的做法是在设计施工阶段就尽可能地避免收缩裂缝的出现。减小混凝土开裂的方法包括修筑变形缝，设置后浇带，优化混凝土配合比以增加其体积稳定性，掺加混凝土膨胀剂，使用膨胀水泥，设置密集的分布钢筋等（Kwan et al.，2002），本文在此探讨的是掺加减缩剂对减小混凝土收缩的效果。

早在20世纪80年代，减缩剂作为有机化学外加剂在日本面世，其作用机理是降低孔隙水的表面张力从而减小水泥浆的收缩。从文献搜索结果来看，关于减缩剂减小混凝土收缩的研究已有所展开（Shah et al.，1992；Folliard and Berke，1997；Weiss and Shah，2002；Collepardi et al.，2005），Weiss和Shah（2002）更证明了掺加减缩剂的混凝土试件的收缩应变比没掺加的要小，而质量损失相若。然而，基于以下原因，我们还很有必要做进一步的研究：

首先，由于香港地区混凝土的收缩特性和其他地区混凝土有显著差异（Kwan and Wong，2007），上述有关减缩剂效果的研究发现并不一定可直接适用于香港地区混凝土。因此，要检测减缩剂减缩的效果及是否可直接适用于香港建筑工程，试件的配合比一定要和香港地区具有代表性的配合比一致，试件原材料也需要结合香港地区的实际供应状况。

其次，粉煤灰作为混凝土的矿物外加剂在香港地区已被广泛应用。掺加粉煤灰后，混凝土的工作性能得到提升，硬化时产生的热量也得到减小（Leung，1996；Pang and Fu，1996；China Light and Power Co. Ltd.，1998）。而作为工业副产品，粉煤灰制备的混凝土和传统的混凝土相比也更环保（Dhir et al.，2005；Zheng et al.，2009P）。显然，粉煤灰混凝土的应用将会越来越广泛，但其缓解收缩变形和减小开裂的潜力一直以来没得到充分的重视，开展掺加粉煤灰对混凝土收缩影响的研究非常重要。

最后，减缩剂减小混凝土收缩的效用实际上是随时间变化，一般来说，该效果随时间递减，这在本文稍后的章节会详细阐述。此外，减缩剂也影响混凝土的半缩期（半缩期为从养护结束开始到收缩至最终收缩大小一半所经历的时间）。直到现在，有关减缩剂效用随时间变化的规律和影响混凝土半缩期的研究还鲜有发现，也很少有学者对此进行过深入的探讨。而实际上，混凝土收缩随时间变化状况和半缩期的长短对施工程序的设计和结构本身有非常重要的影响。例如，后浇带的浇灌时间应该按照混凝土收缩的快慢来定，收缩和徐变的相互关系也深受收缩发展状况的影响。

目前，合成减缩剂的方法有很多种（Rongbing and Jian，2005），在本研究中我们选用了常用的两种，一种是丙烯乙二醇系Eclipse品牌减缩剂（Balogh，1996），一种是聚氧化烯烷基醚Tetraguard AS21品牌减缩剂（Nmai et al.，1998）。试验中，我们采用了配置内嵌型应变计的光纤应变测量系统对由不同水胶比、不同粉煤灰和减缩剂掺加量配比而成的12个混凝土试件进行长达3.5年的无限制环境下干燥收缩值测量。该光纤传感器测量方法准确可靠，以下将作详细介绍。

2 测试方法介绍

2.1 光纤应变计测量系统

光纤技术拥有体积小、重量轻、精确度高、衰减率低等优点，更重要的是，光纤技术不需要电流作为信号传输介质，因而完全不受外界电磁场环境的干扰。该技术发展到现今已在医疗、传播、电信、工业制造等众多领域得到广泛应用。关于光纤技术在混凝土结构方面的应用，则是Mendez et al.，1989最先提出了埋置光纤传感器于混凝土结构中的构想。其后，光纤传感器很快正式应用于混凝土内部气孔探测（Ansari and Chen，1991）、荷载作用下应力和应变测量（Quirion and Ballivy，2000）、桥梁长期监测（Moerman et al.，2001）等混凝土结构无损检测。

本试验采用的光纤应变测量系统是基于Fabry-Perot技术（Measures，1995）发展而来的，包括光纤、内嵌型应变计和信号输出器三部分，见图1。过往的成功应用（Ng et al., 2006, 2007）已经证明了该测量系统的精确性和可靠性。

本试验用到的光纤的结构见图2（a）。光纤内部是石英玻璃做成的核心层，其外是直径125μm的玻璃层。由于玻璃的折射率较石英玻璃低，包裹在石英玻璃核心层外的玻璃层能把光在光纤内部完全反射。为避免光纤和显碱性的混凝土接触而导致碱-骨料反应，光纤外围包裹了3mm厚的聚合体覆盖层。该聚合体覆盖层能把光纤内部与外部环境隔绝开来，避免光纤与混凝土中的氢氧根离子反应。

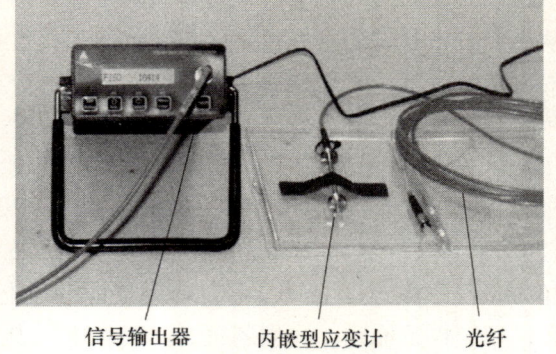

图1 光纤应变测量系统

内嵌型应变计的结构见图2（b）。应变计长70mm，由3.2mm直径不锈钢体和两端的凸缘组成。不锈钢体内部套了Fabry-Perot传感器，避免传感器在混凝土浇灌时出现扰动；凸缘成锯齿形，能与混凝土起互锁固定作用。整个内嵌型应变计在浇筑混凝土前固定于模板中心。

Fabry-Perot传感器的结构与工作原理见图2（c）。该传感器由熔合于200μm直径微玻璃管内的两条光纤构成。两光纤之间的距离称为Fabry-Perot缝（Choquet et al., 1997）。包裹在两光纤末端的镜片由半折射材料做成，其折射面垂直于光纤的轴线。Fabry-Perot传感器的测量范围和可信度分别是2000με和0.5με，结果精确到最近的0.2με。当Fabry-Perot传感器周围的混凝土出现应变时，Fabry-Perot缝大小亦会随之改变，其长度变化信号能传输到信号输出器显示出来。

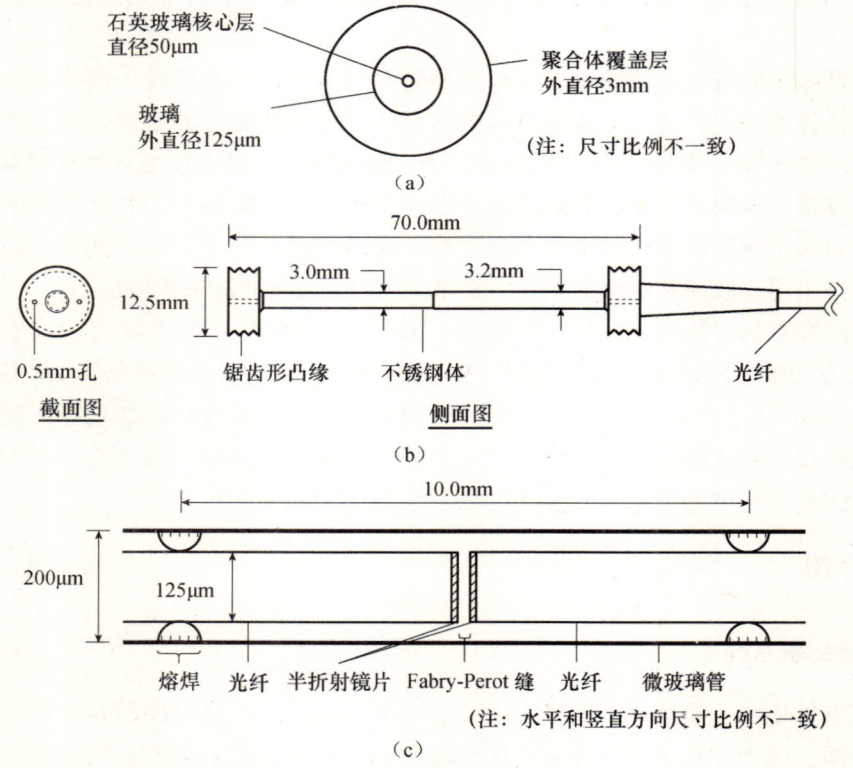

图2 光纤传感器结构

(a) 光纤截面图；(b) 内嵌型应变计；(c) Fabry-Perot传感器内部结构

信号输出器内含Fizeau干涉计，能把Fabry-Perot缝的长度和混凝土应变等目标测量值一一对应起来（Choquet et al., 1997）。该信号输出器输出光线并在光纤中传输至内嵌于混凝土中的传感器，然后在Fabry-Perot缝中通过两端的镜片反射，形成干涉图样。Fabry-Perot缝宽度的微小改变能在Fizeau干涉计中以光信号的相位改变的形式显示出来，从中精确计算出混凝土的应变。

2.2 试验试件

本试验中混凝土收缩测量采用了 75mm×75mm×250mm 的长方体试件，如图 3 所示。混凝土在铁模中浇筑，浇灌前我们先把光纤传感器预埋在铁模中心。为防试件在凝固期间的干燥收缩，在浇筑完毕后我们马上会用一层防渗胶膜覆盖在试件上表面。为模拟真实环境中水分从两表面散失的情况，如楼板、墙等结构，试件于 24h 拆模后用防渗聚合物水泥乳胶浆涂抹于试件上下表面，只让试件的两端侧面受到失水干燥的影响，每个试件的有效干燥深度则可以看作是 75mm 的试件宽度。其后试件在湿水饱和状态下存放，直到 7d 后开始测量。

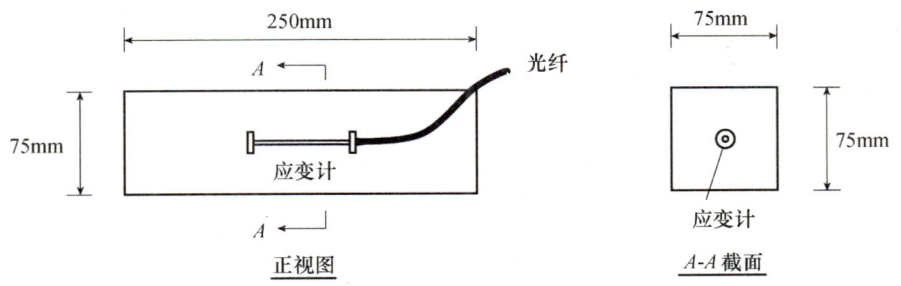

图 3　内嵌应变计的混凝土收缩测量试件

2.3 测试环境

试件在养护 7d 后，会放置于透明塑料实验箱内保持 27±1℃和 75%±5% 的恒温恒湿状态。该实验箱构造上包括内外两层箱子，内层尺寸为 900mm×900mm×900mm。内外两层箱之间注满循环空气，我们通过调节循环空气温度来调整内层箱里环境温度，如此的内外双层设计同时保证了实验箱内部与外部环境很好地隔绝，从而试件不受外部温度湿度变化的影响。实验箱里的相对湿度可通过放置干燥硅凝胶吸湿珠和湿润布条调控。当相对湿度偏高时，干燥硅凝胶吸湿珠吸收水分降低湿度；当相对湿度偏低时，湿润布条散发水分提高湿度。在试件放置实验箱开始前 8 周内，我们保持每天对试件收缩值进行测量记录；8 周后，随着时间收缩速度放缓，我们的测量频率逐渐递减。

3　试验内容

3.1　材料

本试验中用到的材料全部为香港地区常用混凝土配比材料：水泥是硅酸盐水泥，符合英国规范 BS 12：1996；骨料采用的是碾碎花岗岩，粗骨料名义最大尺寸为 20mm，细骨料则为 5mm，骨料级配符合英国规范 BS 882：1992；粉煤灰经测试符合 BS 3892：Part 1：1997。为保证混凝土的流动性，我们用萘系减水剂调控新拌混凝土流动性，使各试件坍落度均为 100mm 左右。

在本试验中，我们选用的减缩剂是 Grace 公司提供的丙烯乙二醇系 Eclipse 减缩剂和 Degussa 公司提供的聚氧化烯烷基醚 Tetraguard AS21 减缩剂。两种减缩剂均由生产商以液体方式提供，Eclipse 减缩剂推荐用量为每立方米混凝土 2.5~7.5L，Tetraguard AS21 减缩剂则为 2.0~8.0L。在本试验中，减缩剂添加方法为先添加到拌合水中，再一起与水泥、骨料等固体成分搅拌均匀。

3.2　配合比设计

本试验中我们选择了 12 种香港地区常用配合比的混凝土试件作收缩测量，试件强度等级为 Grade 35 到 Grade 45，设计坍落度均为 100mm，水泥浆体积比固定为 35%，粉煤灰掺量为 0 或胶凝材料质量的 25%，相应水胶比在 0.39 和 0.48 中变化，详细配比情况参看表 1。以上配比设计都为香港地区混凝土生产商广泛采用，亦已经在一系列大规模建筑工程中得到应用，因而本试验的试件有很好的代表性和实用性。为保证本试验结果的准确性，每一个配比我们同时浇筑了两个配比完全一样的平衡试件，让两试件同样地经历试验预设的收缩过程亦同时测试收缩值。通过平衡试件的收缩结果比较，我们就能检验测试方法的可重复性和测试结果的准确性。

表1 基本配比设计

试件编号	强度级别（MPa）	目标坍落度（mm）	水泥浆体积（%）	水胶比	粉煤灰掺量（%）	减缩剂掺加
A1	35			0.45	25	
A2	35			0.48	—	
A3	40	100	35	0.42	25	无
A4	40			0.44	—	
A5	45			0.39	25	
A6	45			0.41	—	
B2	35			0.45		
B3	40	100	35	0.39	25	丙烯乙二醇系
B4	40			0.41		
C2	35			0.45		
C3	40	100	35	0.39	25	聚氧化烯烷基醚
C4	40			0.41		

注：1. 水胶比指水与凝胶材料质量比值，其中凝胶材料包括水泥和粉煤灰；
　　2. 粉煤灰掺量指粉煤灰占凝胶材料质量比值。

如表1所示，本试验中的12个试件可以分为3组：第一组为无减缩剂掺加的6个试件，编号为A1到A6；第二组为掺加Eclipse减缩剂的3个试件，编号为B2到B4；第三组为掺加Tetraguard AS21减缩剂的3个试件，编号为C2到C4。减缩剂在B组和C组试件中掺加量均为每立方米混凝土3.8，7.0和7.2 kg，符合生产商推荐量。表2列出了试件中各材料用量，可以看出试件B2，B3，B4和C2，C3，C4与试件A2，A3，A4相比只是额外掺加了减缩剂，因而减缩剂的效果通过比较就能直观地看出来。

表2 各试件材料配比　　　　　　　　　　　　　　kg/m³

试件编号	水量	水泥量	粉煤灰量	细骨料量	粗骨料量	减缩剂量
A1	196	326	109			
A2	209	436	—			
A3	190	338	113	655	1068	—
A4	202	459	—			
A5	183	352	117			
A6	196	478	—			
B2	197	453	—			6.8
B3	176	352	117	655	1068	7.0
B4	188	478	—			7.2
C2	197	453	—			6.8
C3	176	352	117	655	1068	7.0
C4	189	478	—			7.2

对每个配比我们分别浇筑了3个150mm×150mm×150mm的混凝土块作28d抗压强度测试，结果列于表3的第二行。从表中可以看出，每一个配比的28d抗压强度都显著高于其设计的强度级别，符合香港混凝土生产的惯常做法。

4 结果与讨论

本试验试件的收缩应变测量历时3.5年，表3列出了各配比试件在养护后干燥0.5年、1年、2

年、3年时的测量结果。同配比两平衡试件的收缩应变会有少许差别，结果采用其平均值。混凝土收缩大小随时间变化规律可从各试件收缩-时间图中看出来。图 4 显示了试件 A2 和 A3 收缩值随时间的变化情况，从中我们可以看出在初始阶段，混凝土收缩随时间快速增加，继而逐渐减慢，一年后则基本上不再有增加。从各试件的收缩值测量结果来看，这一结论对无减缩剂掺加的试件普遍适用。

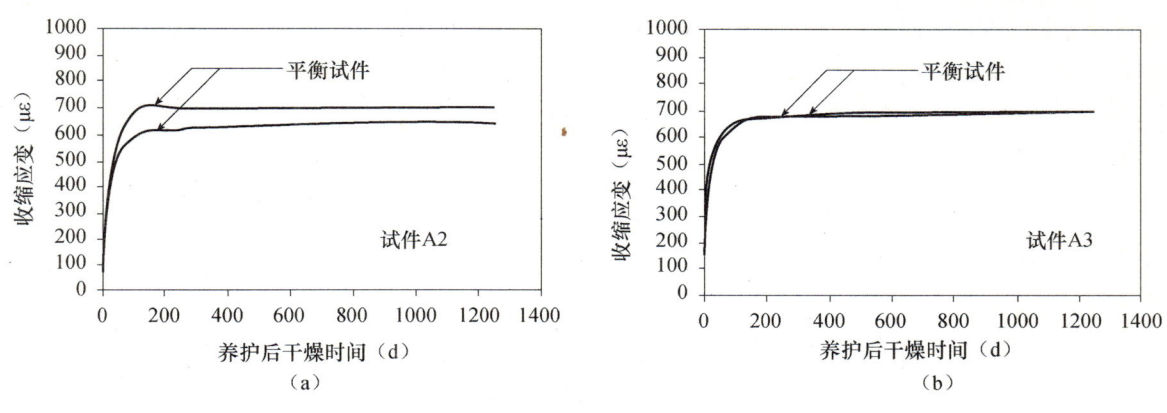

图 4

（a）A2 试件收缩-时间曲线；（b）A3 试件收缩-时间曲线

而对于掺加了减缩剂的混凝土试件，收缩值初始时亦随时间快速增加。不同的是，收缩快速增长后逐渐平滑地放缓，收缩-时间曲线并没出现一个明显的拐点，有别于无减缩剂试件的近乎双直线形状。试件 B2、B3 和 C2、C3 的试验结果分别显示在图 5 和图 6 中。

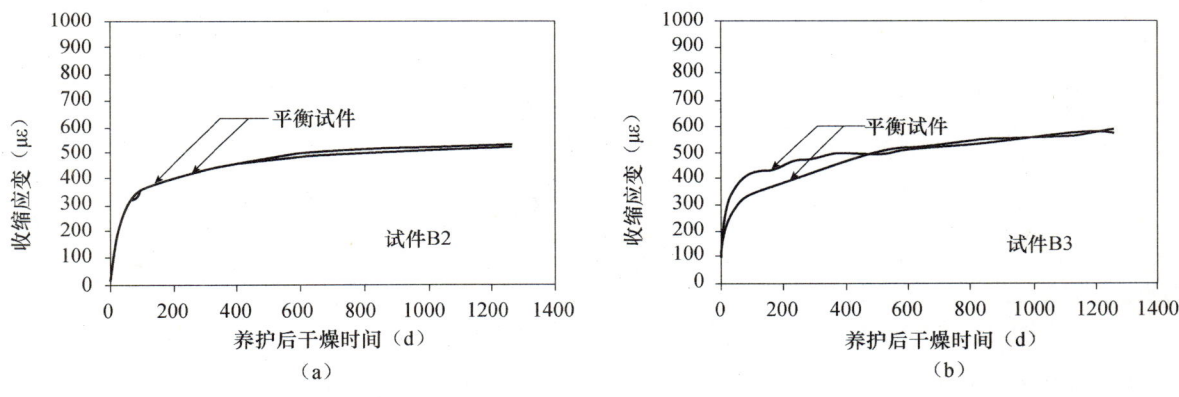

图 5

（a）B2 试件收缩-时间曲线；（b）B3 试件收缩-时间曲线

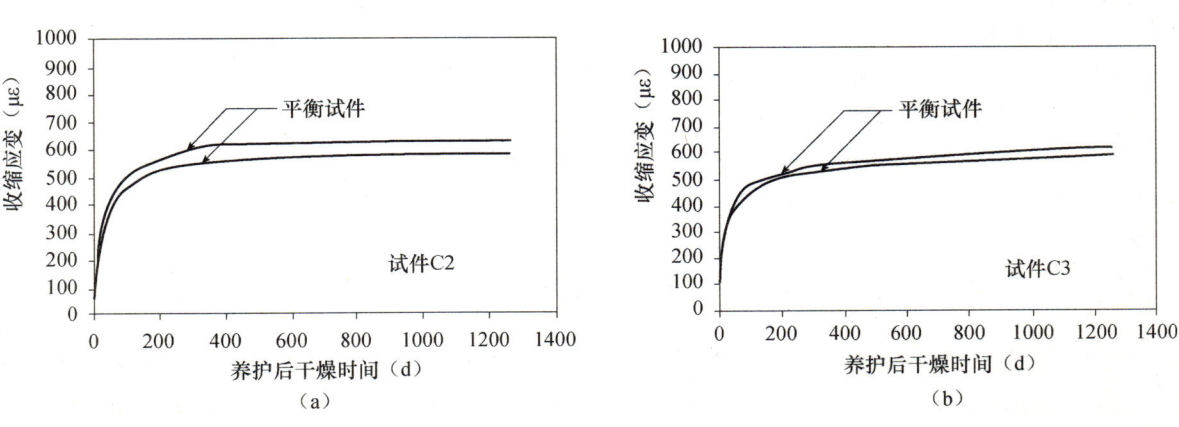

图 6

（a）C2 试件收缩-时间曲线；（b）C3 试件收缩-时间曲线

由于每一配比试件的收缩值在3.5年后几乎不会再有增长,我们把本试验末各试件的收缩值看做最终收缩值,从养护结束到收缩值达到最终收缩值一半所需时间定为各配比混凝土的半缩期。同样地,各配比的最终收缩值和半缩期取同配比两平衡试件的平均值,结果见表3。

试验结果清楚说明了减缩剂的功效:Eclipse 减缩剂能使试件的最终收缩值减小 18% ~ 26%,Tetraguard AS21 减缩剂能减小 9% ~ 17%。此外,结果证明了减缩剂减小混凝土收缩的功效实质上随时间递减。以试件 B2 为例,减缩剂的掺加对 0.5 年收缩量、1 年收缩量和最终收缩量的减小效果分别为 39%、30%、22%;对于 C2 试件,效果则分别为 16%、10%、9%。减缩剂在各配比各时期减小混凝土收缩的百分比详见表3。

表3 收缩试验结果

试件编号	平均28d 抗压强度(MPa)	收缩应变(με)					半缩期(d)
		0.5 年后	1 年后	2 年后	3 年后	最终值	
A1	49.0	583	608	635	639	639	9.6
A2	52.6	640	662	676	677	677	15.5
A3	54.7	633	663	700	702	702	8.2
A4	62.4	621	651	671	689	689	15.2
A5	63.0	698	720	741	757	757	8.0
A6	64.7	680	707	720	729	729	12.7
B2	54.9	393 (−39%)	466 (−30%)	469 (−31%)	518 (−23%)	525 (−22%)	46.3 (+199%)
B3	59.9	409 (−35%)	478 (−28%)	512 (−27%)	566 (−19%)	578 (−18%)	36.5 (+345%)
B4	60.8	385 (−38%)	446 (−31%)	467 (−30%)	510 (−26%)	510 (−26%)	43.4 (+186%)
C2	57.9	535 (−16%)	594 (−10%)	605 (−11%)	611 (−10%)	614 (−9%)	25.7 (+66%)
C3	63.8	497 (−21%)	559 (−16%)	576 (−18%)	600 (−15%)	603 (−14%)	16.6 (+102%)
C4	64.9	440 (−29%)	504 (−23%)	523 (−22%)	563 (−18%)	571 (−17%)	39.0 (+157%)

注:括号内百分比数字为掺减缩剂试件与无减缩剂试件的收缩应变或半缩期改变量。

除了减小收缩量外,减缩剂对混凝土的另一个影响是改变收缩的速率,可以体现为半缩期的改变,如表3所示。Eclipse 减缩剂的掺加会使半缩期延长 186% ~ 345%,而 Tetraguard AS21 减缩剂也会延长试件收缩期 66% ~ 157%。相比较而言,Eclipse 减缩剂比 Tetraguard AS21 减缩剂减缩效果大,但对半缩期的延长更为明显。混凝土半缩期的延长表明收缩的速率变小,后浇带浇灌的时间就应该相应推迟,这在实际工程中需要注意(Kwan et al.,2002)。

粉煤灰对混凝土收缩的影响也是本试验研究的对象之一。我们可以把本试验的试件组成(A1、A2),(A3、A4),(A5、A6),(B3、B4),(C3、C4)五对,每一对试件强度级别一样,区别只在于是否有掺加粉煤灰。从表3每对试件最终收缩值和半缩期的结果可以看出,粉煤灰的掺加并不会对最终收缩值有显著影响,但会明显减小半缩期。

5 结论

本文详细介绍了应用光纤传感器技术进行混凝土收缩长期测量的试验方法,并用该方法对减缩剂减小混凝土收缩的效果做出了系统评估。我们对6个有减缩剂掺加和6个无减缩剂掺加的试件进行了为期3年半以上的干燥收缩测量,试验中试件周围环境控制在温度 27 ± 1℃ 和湿度 75% ± 5%。结果表明,本试验所采用的丙烯乙二醇系减缩剂和聚氧化烯烷基醚减缩剂均能有效减小收缩:丙烯乙二醇系减缩剂能减小最终收缩值18%~26%，聚氧化烯烷基醚减缩剂能减小最终收缩值9%~17%。结果也表明了减缩剂减小混凝土收缩的效果随时间递减，而掺加减缩剂后混凝土的半缩期会延长。相比较而言，丙烯乙二醇系减缩剂比聚氧化烯烷基醚减缩剂减缩效果大，但对半收缩的延长更为明显。同时，我们发现粉煤灰的掺加并不会对最终收缩值有显著影响，但会明显减小半缩期。

参考文献

[1] Ansari, F. and Chen, Q. (1991) Fiber-Optic Refractive-Index Sensor for Use in Fresh Concrete, Applied Optics, 30, 4056~4059.

Balogh, A. (1996) New admixture combats concrete shrinkage, Concrete Construction, 41, 546~551.

[2] China Light and Power Co. Ltd. (1998) PFA Concrete Studies 1988~1998, China Light and Power Co. Ltd., Hong Kong.

[3] Choquet, P., Leroux, R. and Juneau, F. (1997) New Fabry-Perot Fiber-Optic Sensors for Structural and Geotechnical Monitoring Applications, Transportation Research Record No. 1596, Transportation Research Board, National Academy Press, Washington D. C., USA, 39~44.

[4] Collepardi, M., Borsoi, A., Collepardi, S., Olagot, J. J. O. and Troli, R. (2005) Effects of shrinkage reducing admixture in shrinkage compensating concrete under non-wet curing conditions, Cement & Concrete Composites, 27, 704~708.

[5] Dhir, R. K., Dyer, T. D. and Newlands, M. D. (2005) Achieving Sustainability in Construction, University of Dundee, Scotland, 443pp.

[6] Folliard, K. J. and Berke, N. S. (1997) Properties of high-performance concrete containing shrinkage-reducing admixture, Cement and Concrete Research, 27, 1357~1364.

[7] Kwan, A. K. H., Au, F. T. K. and Lee, P. K. K. (2002) Minimizing shrinkage cracks in concrete structures for better serviceability and durability, Proceedings, Innovative Buildings Symposium, Hong Kong, 117~136.

[8] Kwan, A. K. H. and Ng, P. L. (2009) Shrinkage movement analysis of reinforced concrete floors constructed in stages, Computers and Concrete, 6, 167~185.

[9] Kwan A. K. H. and Wong H. H. C. (2007) Shrinkage behaviour of concrete in Hong Kong, Proceedings, Materials Science and Technology in Engineering (MaSTEC) Conference, Hong Kong Institution of Engineers, Hong Kong, 1~10.

[10] Leung, P. W. C. (1996) Strength development of concrete made with locally produced pulverised fuel ash, Transactions, Hong Kong Institution of Engineers, 3, 15~24.

[11] Measures, R. M. (1995) "Fiber Optic Strain Sensing" in E. Udd (ed.) Fiber Optic Smart Structures, Wiley-Interscience, USA, 171~247.

[12] Mendez, A., Morse, T. F. and Mendez, F. (1989) Applications of Embedded Optical Fiber Sensors in Reinforced Concrete Buildings and Structures, Fiber Optic Smart Structures and Skins II, Proceedings of the Society of Photo-optical Instrumentation Engineers, 1170, 60~69.

[13] Mindess, S., Young, J. F. and Darwin, D. (2003) Concrete, Second Edition, Prentice Hall, New Jersey, USA, 644pp.

[14] Moerman, W., Taerwe, L., De Waele, W., Degrieck, J. and Baets, R. (2001) Application of Optical Fiber Sensors for Monitoring Civil Engineering Structures, Structural Concrete, 2, 63~71.

[15] Neville, A. M. (1995) Properties of Concrete, Fourth Edition, Longman Group Ltd., London, UK, 844pp.

[16] Ng, P. L., Wong, H. H. C., Ng, I. Y. T. and Kwan, A. K. H. (2006) "Measurement of concrete shrinkage using Fabry-Perot fibre-optic sensor" in J. Marchand, B. Bissonnette, R. Gagne, M. Jolin and F. Paradis (eds.) The 2nd International Symposium on Advances in Concrete through Science and Engineering, Quebec City, Canada, abstract published on pp. 343, full manuscript published in CDROM, 13pp.

[17] Ng, P. L., Wong, H. H. C., Ng, I. Y. T. and Kwan, A. K. H. (2007) "Measuring shrinkage of self-consolidating concrete incorporating fly ash and silica fume using fiber-optic sensor" in V. M. Malhotra (ed) Fly Ash, Silica Fume, Slag, and Natural Pozzolans in Concrete, ACI SP-242, American Concrete Institute, Michigan, USA, 211~226.

[18] Nmai, C. K., Tomita, R., Hondo, F. and Buffenbarger, J. (1998) Shrinkage-reducing admixtures, Concrete International, 20, 31~37.

[19] Pang, H. W. and Fu, W. Y. (1996) The use of pulverized fuel ash (PFA) concrete in public housing projects, Transactions, Hong Kong Institution of Engineers, 2, 9~17.

[20] Quirion, M. and Ballivy, G. (2000) Concrete Strain Monitoring with Fabry-Perot Fiber-Optic Sensor, Journal of Materials in Civil Engineering, 12, 254~261.

[21] Bian, R. B. and Shen, J. (2005) Synthesis and evaluation of shrinkage-reducing admixture for cementitious materials, Cement and Concrete Research, 35, 445~448.

[22] Shah, S. P., Karaguler, M. E. and Sarigaphuti, M. (1992) Effects of shrinkage-reducing admixtures on restrained shrinkage cracking of concrete, ACI Materials Journal, 89, 289~295.

[23] Weiss, W. J. and Shah, S. P. (2002) Restrained shrinkage cracking: the role of shrinkage reducing admixtures and specimen geometry, Materials and Structures, 35, 85~91.

[24] Zheng, H. W., Chan, F. W. Y. and Kwan, A. K. H. (2009) "High-performance concrete for green construction" in F. T. K. Au (ed) Proceedings, 7th International Conference on Tall Buildings, Hong Kong, 163~170.

再生骨料缺陷对再生混凝土力学性能的影响

朋改非　张九峰

北京交通大学土建学院，北京，100044

【摘　要】　本文开展试验研究，探讨再生骨料损伤对再生混凝土力学性能的影响。采用来源于高、低两种不同水胶比（0.586、0.250）的混凝土加工而成再生骨料（RA），通过620℃高温去除再生骨料RA的附着砂浆得到再生骨料H-RA，然后配制再生混凝土，测定其抗压强度、劈拉强度和断裂能。试验结果表明，在原始混凝土的不同水胶比条件下，再生骨料缺陷具有不同的特点。在本研究的低水胶比条件下，再生骨料的缺陷主要是石子损伤开裂；而在高水胶比条件下，再生骨料的缺陷主要是附着砂浆。与基准混凝土相比，再生骨料混凝土的力学性能显著下降。剥离附着砂浆后再生骨料混凝土的力学性能，在低水胶比条件下进一步下降，但在高水胶比条件下则有所上升。断裂能与吸水率可敏锐地反映再生骨料损伤，但抗压强度、劈裂抗拉强度与压碎指标反映再生骨料损伤的敏锐性稍差。因此，如要合理地设计、配制再生骨料混凝土并评价其性能，应先了解再生骨料的必要信息包括废弃混凝土的强度等级与破碎加工导致的石子损伤等。

【关键词】　再生粗骨料；断裂能；缺陷；石子开裂；附着砂浆

Influence of Flaws in Recycled Aggregate on Mechanical Properties of Recycled Aggregate Concrete

Peng Gaifei　Zhang Jiufeng

Faculty of Civil Engineering, Beijing Communications University, Beijing, 100044, China

【Abstract】　An experimental research was conducted on influence of flaws in recycled aggregate on mechanical properties of recycled aggregate concrete. Two series of natural aggregate concrete were prepared at water/binder ratios of 0.586 and 0.250 respectively, which were further processed to procure recycled aggregate (RA), which was partially heated under 620℃ to procure recycled aggregate without attached mortar (H-RA). The two type of recycled aggregate were used to prepare recycled aggregate concrete, on which compressive strength, tensile splitting strength, and fracture energy were measured. The experimental results reveal that recycled aggregate has various features under different water/binder ratios of natural aggregate concrete. Under a low water/binder ratio, cracks are the main flaws in recycled aggregate, but attached mortar is the main flaws under a high water/binder ratio. Compared with control concrete, recycled concrete has lower mechanical properties, which were further decreased under the condition of a low water/binder ratio due to the process of removal of attached mortar. But the mechanical properties of concrete under the condition of a high water/binder ratio can be slightly increased after the process of removal of attached mortar. Fracture energy and water absorption are the two indicators which can sharply reflect the features of flaws in recycled aggregate. Therefore, some necessary information should be investigated before design and preparation of recycled aggregate concrete, including strength grade of demolished concrete and flaw features of recycled aggregate caused by its process.

【Key words】　Recycled aggregate; fracture energy; flaws; cracks of gravel; attached mortar

---

基金项目：本论文受国家自然科学基金（项目号：50978026）资助，特此致谢。

1 前言

废旧混凝土的再生利用是建筑垃圾处理与资源化利用的一种重要方式,是我国建设领域循环经济的一个重要内容,也是我国社会经济可持续发展的必然要求,其意义毋庸置疑。国内外已进行了大量有关废旧混凝土再生利用的研究[1-6]。由于再生粗骨料(Recycled aggregate,RA)有显著不同于天然骨料的特点,再生粗骨料混凝土(Recycled aggregate concrete,RAC)的性能特征也与采用天然骨料的常规混凝土明显不同。通常在将废旧混凝土加工形成 RA 的过程中,RA 块上附着了一定量的水泥砂浆,并且破碎等机械外力作用致使 RA 内部产生了一定程度的损伤,在 RA 内部残留一定数量的缺陷或微裂纹。因此,与天然骨料相比,RA 具有孔隙率高、表观密度低、吸水率高、内在缺陷或微裂纹数量多、强度低等特点[1-3],进而降低 RAC 的力学性能[7]。有研究[8-10]认为颗粒整形、加热研磨与比重分选能明显改善 RA 的各项性能,显著提高其堆积密度,降低压碎指标,使之接近天然粗骨料,进而提高 RAC 的强度指标。但是,有关 RA 的不同缺陷类型如附着砂浆与石子的损伤分别对 RAC 强度与韧性有何影响,还缺乏研究报道。

本研究采用来源于高、低两种水胶比(Water/binder ratio,W/B)的常规混凝土为基准,以"破碎加工"与"加热处理、剥离石子表面的附着砂浆"这两种不同的处理方法,制备 RC,配制高、低两种水胶比的 RAC,分别测定其抗压强度、抗拉强度和断裂能,探讨 RA 的石子损伤与附着砂浆分别对 RAC 力学性能的影响。

2 试验细节

2.1 基准混凝土的配制

钻牌 P·O 42.5 普通硅酸盐水泥;天然河砂,中砂,细度模数 2.5;石灰岩碎石,粒径 5~25mm;兰州西北铁合金有限责任公司产的硅粉;萘系高效减水剂,外观为黄褐色,减水率约 15%~20%。新拌混凝土的坍落度在 8~16cm 范围内。基准混凝土(250N-R 与 586N-R)的配合比和 28d 抗压强度值在表 1 中给出。

表 1 再生混凝土和普通混凝土的配合比

混凝土类型	水胶比 $\frac{W}{B}$	原材料用量(kg/m³)						骨料类型	28d 抗压强度(MPa)
		水泥	砂	石子	再生粗骨料	水*	硅粉	减水剂		
250NAC	0.250	518	578	1119	0	112.7	62	29.4	NA	80.8
H-250NAC	0.250	518	578	1119	0	117.6	62	29.4	H-NA	76.8
250RAC-h	0.250	518	578	558.5	558.5	106.7	62	29.4	250RANA	75.5
250RAC	0.250	518	578	0	1119	100.6	62	29.4	250RAC	70.9
H-250RAC-h	0.250	518	578	558.5	558.5	106.7	62	29.4	H-250RANA	73.6
H-250RAC	0.250	518	578	0	1119	100.6	62	29.4	H-250RA	65.6
586NAC	0.586	393	578	1119	0	245.2	47	0	NA	31.9
H-586NAC	0.586	393	578	1119	0	250.2	47	0	H-NA	31.6
586RAC-h	0.586	393	578	558.5	558.5	238.7	47	0	586RANA	28.8
586RAC	0.586	393	578	0	1119	232.7	47	0	586RA	25.3
H-586RAC-h	0.586	393	578	558.5	558.5	238.7	47	0	H-586RANA	31.3
H-586RAC	0.586	393	578	0	1119	232.7	47	0	H-596RA	31.1

注:配合比中用水量,根据式(1)计算得到。

2.2 粗骨料的加工处理与性能测定（图1）

天然骨料记为 NA；将天然骨料加热到 620℃，恒温 3h，记为 H-NA；将原生混凝土在 28d 龄期后破碎加工成碎块，用作再生粗骨料，粒径 5～30mm，记为 RA；RA 的加热处理是将 RA 加热到 620℃，恒温 3h，然后取出，自然冷却，用 1kg 的小锤轻轻拍击 RA 表面的附着砂浆，从石子表面剥离附着砂浆，得到主要为石子的再生粗骨料 H-RA，分别测定粗骨料的压碎指标与吸水率（饱水 24h）。

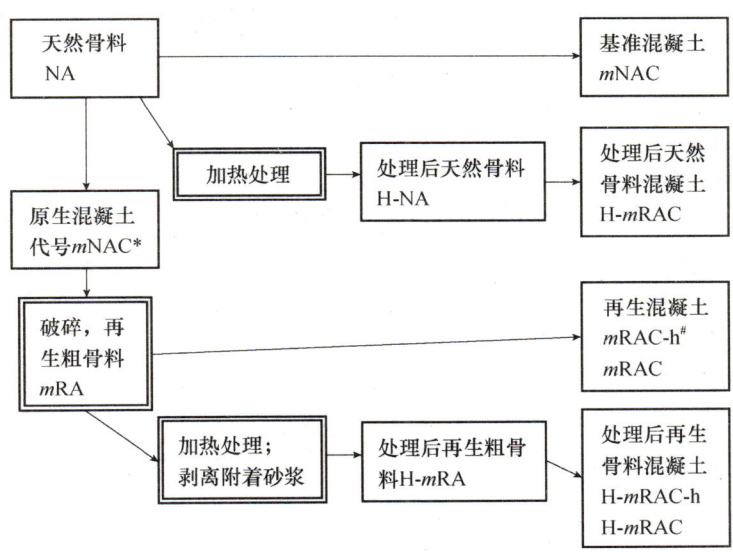

符号注释：*m—混凝土水胶比代号，260 代表水胶0.260，586 代表水胶比0.586。
#h—表示在所配制的再生骨料混凝土中，骨料的 50% 为再生骨料。

图1 粗骨料加工与 RAC 配制过程的示意图

2.3 RAC 的配制

采用上述 RA，其余原材料如水泥、硅粉、砂、减水剂等均与基准混凝土相同，配制 RAC，新拌混凝土的坍落度在 8～16cm 范围内，分别成型 100mm 边长立方体试块和 400mm×100mm×100mm 切口梁试件。混凝土配合比和 28d 抗压强度值在表 1 中给出。

为保证基准混凝土与再生粗骨料混凝土中的水泥砂浆的水胶比相同，对 RA 进行预吸水处理（泡 24h）；根据天然骨料吸水率，对含天然骨料的混凝土用水量实施补偿，混凝土配合比中的用水量按式（1）计算。

用水量 =（水泥质量 + 硅粉质量）× 水胶比 + 天然骨料吸水量 - 减水剂含水量 - 砂含水量　（1）

2.4 混凝土力学性能测定

混凝土的抗压强度与劈裂抗拉强度在 28d 龄期测定，采用国家标准方法。混凝土的断裂能在 28d～35d 龄期内测定，采用三点弯曲切口梁的 RILEM 试验方法。

3 结果与讨论

3.1 再生骨料的吸水率与压碎指标

两种天然骨料与四种再生骨料吸水率的测定结果在图 2 给出。首先可看出相对于天然骨料 NA，再生骨料 250RA 与 586RA 的吸水率均显著增大。通常一个再生骨料颗粒往往是由石子和附着砂浆两部分组成的，砂浆的吸水率是高于石子的，此外再生骨料可能含有因破碎加工而造成的损伤开裂，本文认为再生骨料吸水率的增大来源于破碎加工导致的再生骨料损伤开裂以及表面附着的砂浆。

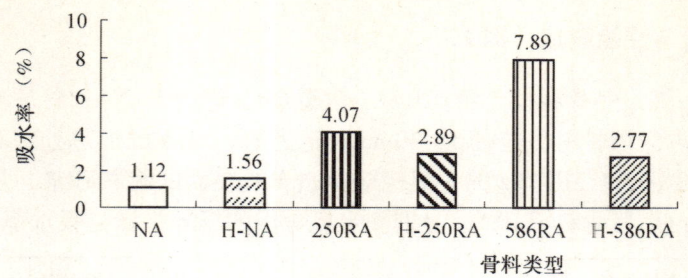

图2 再生骨料和天然骨料的吸水率

由图2可知，天然骨料NA吸水率为1.12%，在剥离砂浆后再生骨料H-250RA与H-586RA的吸水率基本接近，在2.80%附近。这表明，在剔除砂浆影响后，石子的开裂凸显为一个独立因素，导致了吸水率的增大。不过，还应考虑到加热处理造成的石子损伤开裂，这在加热处理后天然骨料H-NA的吸水率上得到了体现，其为1.56%。如做简单估算，剥离砂浆后再生骨料的吸水率扣除加热处理后天然骨料的吸水率，2.80% - 1.56% = 1.24%，此即为再生骨料因破碎处理而产生的吸水率增值，约为天然骨料（石子）吸水率1.12%的一倍。

两种天然骨料与四种再生骨料压碎指标的测定结果在图3给出。相对于天然骨料的压碎指标6.82%，再生骨料的压碎指标均有所增大，如250RA的压碎指标是10.28%，586RA则为15.54%。在剥离附着砂浆后，再生骨料的压碎指标可取H-250RA与H-586RA的压碎指标平均值，约为 $\frac{(11.95\% + 11.59\%)}{2} = 11.77\%$。如考虑到加热处理造成的石子损伤，再做进一步估算，剥离附着砂浆后再生骨料的压碎指标扣除加热处理后天然骨料的压碎指标，11.77% - 9.88% = 1.85%，此值可视为再生骨料因破碎处理而产生的压碎指标增值。

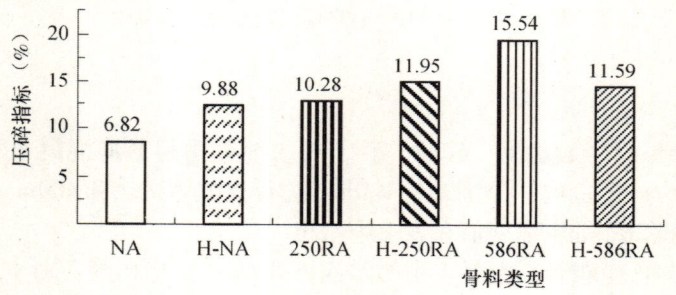

图3 再生骨料和天然骨料的压碎指标

因破碎处理而产生的再生骨料压碎指标增值1.85%相对于天然骨料的压碎指标6.82%并不是很显著，与前述的再生骨料因破碎处理而产生的吸水率增值约为天然骨料吸水率1.12%的一倍的试验结果，有一定的差异。这反映了破碎加工确实会造成再生骨料的损伤开裂，这种损伤开裂可充分体现为吸水率的增大，但在压碎指标的增值上体现得并不充分，其原因可能与压碎指标测定试验方法中的骨料受力方式有关，致使部分的再生骨料损伤开裂不能在压碎指标中得到体现。

虽然如此，再生骨料压碎指标的差异仍可反映附着砂浆和加工损伤这两种因素对再生骨料压碎指标的影响在高水胶比与低水胶比情况下具有不同的规律。在低水胶比（0.250）的情况下，再生骨料（250RA）与加热后再生骨料（H-250RA）的压碎指标大致接近，分别为10.3%与12.0%，加热后压碎指标的增大是由于加热处理导致了石子中产生了新的损伤。这表明0.250水胶比的砂浆具有较强的粘结力，附着砂浆的存在并没有使压碎指标显著增大，因此低水胶比再生骨料（250RA）的缺陷主要是石子本身的微裂纹；加热处理、剥离砂浆后再生骨料的压碎指标有所增大。

然而，在水胶比为0.586的情况下，再生骨料混凝土（586RA）与加热后再生骨料混凝土（H-586RA）的压碎指标分别为15.5%与11.6%，这表明0.586水胶比的砂浆粘结力是较弱的，故附着砂浆的存在使压碎指标显著增大，而剔除附着砂浆后再生骨料（H-586RA）的压碎指标仍可以回归到接近 H-250RA 的数值。这表明，高水胶比再生骨料（586RA）的缺陷主要是附着砂浆，缺陷的具体方式是砂浆中的微裂纹与孔隙。

3.2 再生粗骨料混凝土的抗压强度

0.250 水胶比混凝土的抗压强度试验结果见图 4（a）。基准混凝土 250NAC 的抗压强度为 80.9MPa，与此相比，再生骨料混凝土 250RAC 的抗压强度有所下降，为 70.9MPa，这反映了破碎损伤对再生骨料的影响；剥离砂浆后再生骨料配制的混凝土 H-250RAC 的抗压强度进一步下降，为 65.6MPa，这反映了破碎损伤与加热损伤同时作用对再生骨料的影响。

0.586 水胶比混凝土的抗压强度试验结果见图 4（b）。基准混凝土 586NAC 的抗压强度为 31.9MPa，与此相比，再生骨料混凝土 586RAC 的抗压强度有所下降，为 25.3MPa，这反映了附着砂浆对再生骨料混凝土抗压强度的影响。不过，剥离砂浆后骨料配制的混凝土 H-586RAC 的抗压强度却有所上升，为 31.1MPa，这表明剔除附着砂浆可以使再生骨料混凝土的抗压强度恢复到接近基准混凝土。这也印证了上述 3.1 小节中的观点，高水胶比再生骨料（586RA）的缺陷主要是附着砂浆。

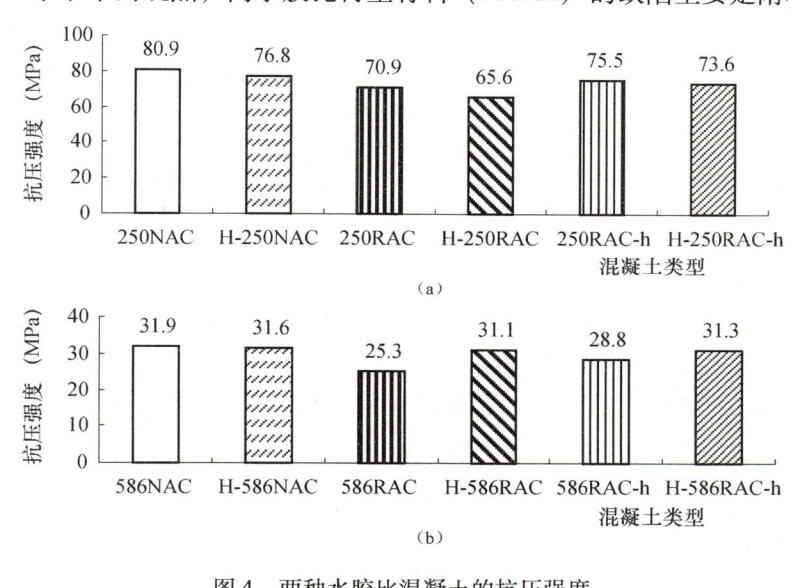

图 4　两种水胶比混凝土的抗压强度

(a) $\frac{W}{B}=0.250$；(b) $\frac{W}{B}=0.586$

3.3 再生粗骨料混凝土的劈裂抗拉强度

0.250 水胶比混凝土的劈裂抗拉强度试验结果见图 5（a）。基准混凝土 250NAC 的劈裂抗拉强度为 5.31MPa，与此相比，再生骨料混凝土 250RAC 的抗压强度有所下降，为 4.12MPa，这反映了再生骨料损伤导致的混凝土劈裂抗拉强度下降。不过，剥离附着砂浆后再生骨料配制的混凝土 H-250RAC 的劈裂抗拉强度却又有所增大，为 4.58MPa，这与图 4（1）试验结果是不一致的，即剥离附着砂浆后再生骨料配制的混凝土 H-250RAC 的抗压强度较加热处理前有所降低。H-250RAC 的劈裂抗拉强度数据属于异常，有待进一步的研究查明。

0.586 水胶比混凝土的劈裂抗拉强度试验结果见图 5（b）。其规律与上述 0.250 水胶比混凝土的基本相同，但唯一的不同是：在剥离附着砂浆后再生骨料配制的混凝土（H-586RAC）的劈裂抗拉强度有所提高，其原因是剔除粘结力较弱的附着砂浆有助于提高再生骨料混凝土的劈裂抗拉强度，这与上一小节中关于 0.586 水胶比混凝土抗压强度的规律是基本一致的。

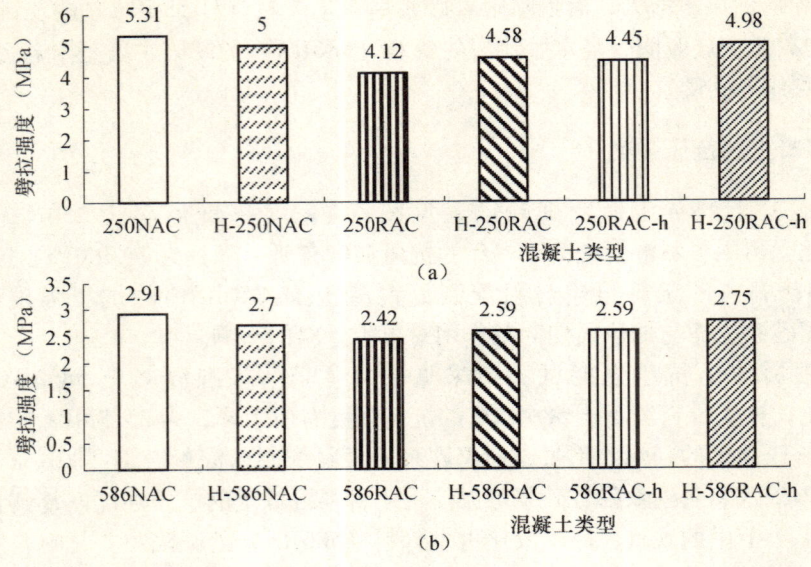

图 5 两种水胶比混凝土的劈裂抗拉强度

(a) $\frac{W}{B}=0.250$；(b) $\frac{W}{B}=0.586$

3.4 再生粗骨料混凝土的断裂能

0.250 水胶比混凝土的断裂能试验结果见图 6（a）。基准混凝土 250NAC 的断裂能为 316.4J/m²，与此相比，再生骨料混凝土 250RAC 的抗压强度显著下降，为 194.2J/m²，这反映了破碎加工损伤对混凝土断裂能的影响；剥离砂浆后再生骨料配制的混凝土 H-250RAC 的抗压强度进一步下降，为 154.1J/m²，这反映了破碎加工与加热处理共同作用造成了再生骨料中石子损伤的积累。显然，对于本文研究的低水胶比再生混凝土，石子损伤是引起断裂能下降的主要因素，附着砂浆对断裂能的影响较小。

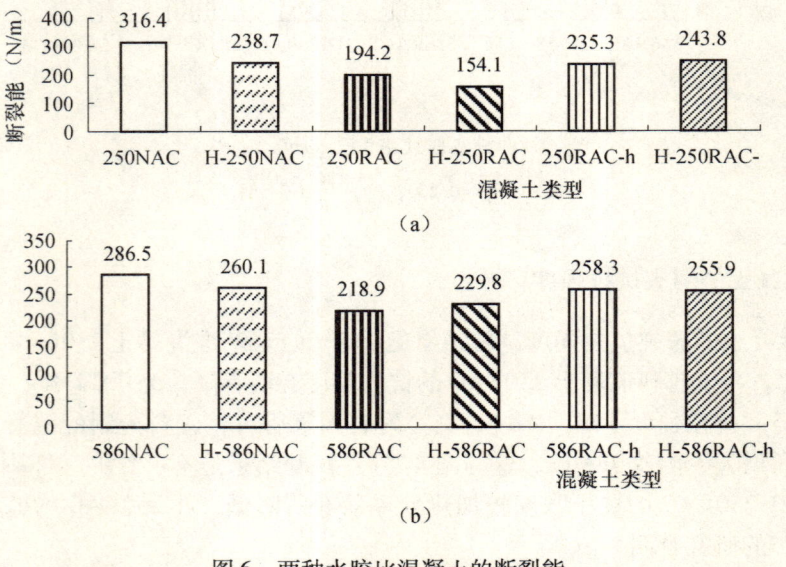

图 6 两种水胶比混凝土的断裂能

(a) $\frac{W}{B}=0.250$；(b) $\frac{W}{B}=0.586$

0.586 水胶比混凝土的断裂能试验结果见图 6（b）。基准混凝土 586NAC 的断裂能为 286.5J/m²，与此相比，再生骨料混凝土 586RAC 的断裂能有所下降，为 218.9J/m²，这反映了破碎加工损伤和粘结力较弱的附着砂浆对再生骨料的影响。不过，剥离砂浆后骨料配制的混凝土 H-586RAC 的断裂能却有所上升，为 229.8J/m²，这表明剔除粘结力较弱的附着砂浆可以使再生骨料混凝土的断裂能有所增大，即使此时石子又多了一重加热损伤。因此，对于本文研究的高水胶比再生混凝土，石子的损伤和附着砂浆对抗裂性下降均有一定的影响。

值得注意的是，在本研究得到的抗压强度、劈裂抗拉强度、断裂能等力学性能试验数据中，再生骨料混凝土与天然骨料混凝土的力学性能参数的差值，在断裂能上表现得最为明显。

3.5 混凝土断裂面的观察结果

对水胶比为 0.250 的混凝土断裂面观察结果见图 7。由图 7（a）和（b）可见，无论是天然骨料还是再生骨料，本文配制的低水胶比混凝土的断裂，均呈现一种"穿越骨料（Trans-aggregate）"的方式，所观察到的现象证实了低水胶比再生骨料的缺陷主要是石子本身的微裂纹。

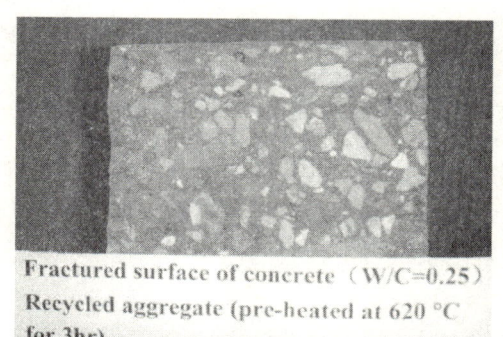

(a) （b）

图 7 水胶比为 0.250 的混凝土断面照片
(a) 250NAC；(b) H-250RAC

对水胶比为 0.586 的混凝土断裂面观察结果分别见图 8 和图 9。由图 8（a）、（b）以及图 9（a）可见，在剔除砂浆之前，本文配制的高水胶比混凝土的断裂均呈现一种"环绕骨料（Inter-aggregate）"的方式，而非"穿越骨料"的方式，这证实了高水胶比再生骨料（586RA）的缺陷主要是附着砂浆。

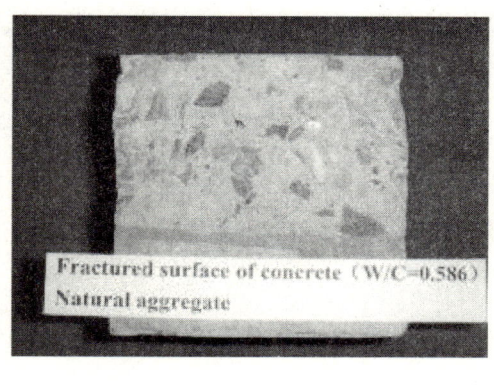

(a) （b）

图 8 水胶比为 0.586 的天然粗骨料混凝土断面照片
(a) 586NAC；(b) H-586NAC

不过，图 9（b）中剔除砂浆后的高水胶比再生混凝土（H-586RAC）的断裂，反而呈现一种"穿越骨料"的方式，表明石子的破碎加工损伤与加热损伤共同作用导致了再生骨料的石子成为混凝土中最脆弱的环节。剔除砂浆后，当再生骨料混凝土受力破坏时，裂纹扩展的路径变为穿越石子的。

图9 水胶比为0.586的再生骨料混凝土断面照片
(a) 586RAC; (b) H-586RAC

3.6 本文各种参数反映再生骨料损伤的敏锐性

本文测定了骨料参数如吸水率、压碎指标以及混凝土力学性能参数如抗压强度、劈裂抗拉强度、断裂能,所涉及的骨料损伤包括破碎加工损伤与加热处理损伤。从本文试验可以看出,吸水率与断裂能可敏锐地反映再生骨料的损伤,而压碎指标、抗压强度与劈裂抗拉强度反映再生骨料损伤的敏锐性较低。

4 结论

基于本研究的试验条件,可得出以下结论:

(1) 石子损伤与附着砂浆对再生骨料的吸水率、压碎指标和再生骨料混凝土的强度与断裂能有一定的影响。吸水率与断裂能是能够敏锐反映再生骨料损伤的参数,但压碎指标、抗压强度与劈裂抗拉强度反映再生骨料损伤的敏锐性稍差。

(2) 与基准混凝土相比,再生骨料混凝土的力学性能显著下降。剥离附着砂浆后再生骨料混凝土的力学性能,在低水胶比条件下进一步下降,但在高水胶比条件下则有所上升。

(3) 在低水胶比条件下,再生骨料中石子损伤是引起混凝土力学性能下降的主要因素,附着砂浆的影响较小。但在高水胶比条件下,再生骨料中石子损伤和附着砂浆对抗裂性下降均有一定的影响,附着砂浆的影响更为显著。

(4) 相对于天然骨料,再生骨料的吸水率显著增大,这归因于破碎加工导致的再生骨料缺陷。在原始混凝土的不同水胶比条件下,再生骨料缺陷具有不同的特点。在本研究的低水胶比条件下,再生骨料的缺陷主要是石子损伤开裂;而在高水胶比条件下,再生骨料的缺陷主要是附着砂浆。

(5) 以上结果表明如要合理设计、配制再生骨料混凝土,应首先了解再生骨料的必要信息,包括废弃混凝土的强度等级,以及破碎加工导致的石子损伤特征。

参考文献

[1] 肖建庄,李佳彬,兰阳. 再生混凝土技术研究最新进展与评述 [J]. 混凝土,2003,10:17~20.
[2] 陈永刚,曹贝贝. 再生混凝土国内外发展动态 [J]. 国外建材科技,2004,25 (3):4~6.
[3] 朱平华,王欣,周军,何霞. 绿色高性能再生混凝土研究主要进展与发展趋势 [C]. 首届全国再生混凝土研究与应用学术交流会,上海,中国,2008:106~116.
[4] Poon CS, Shui ZH, Lam L. Effect of microstructure of ITZ on compressive strength of concrete prepared with recycled aggregates [J]. Construction and Building Materials, 2004, 18: 461~468.
[5] Oliveira MB, Vazquez E. The influence of retained moisture in aggregates from recycling on the properties of new hardened

concrete [J]. Waste Management, 1996, 16 (1~3): 113~117.
[6] Topcu IB, Sengel S. Properties of concrete produced with waste concrete aggregate [J]. Cement and Concrete Research, 2004, 34: 1307~1312.
[7] 朋改非,沈大钦,朱海英,刘雷松. 同配合比条件下再生骨料混凝土与基准混凝土的力学性能比较研究 [J]. 混凝土. 2006, 2: 34~38.
[8] 全洪珠,丁杰东,朱亚光,杨向宁,李秋义. 不同品质再生粗骨料对混凝土强度及耐久性影响的实验研究 [C]. 首届全国再生混凝土研究与应用学术交流会, 2008: 283~289.
[9] 毛高峰,李艳美,张建,吕雪源,李秋义. 颗粒整形对再生粗骨料混凝土工作性与强度的影响 [C]. 同上: 208~214.
[10] 李秋义,李云霞,朱崇绩,田砾. 再生混凝土骨料强化技术研究 [J]. 混凝土. 2006, 1: 74~77.
[11] RILEM Technical Committee 50-FMC. Determination of the Fracture Energy of Mortar and Concrete by Means of Three-Point Bend Tests on Notched Beams [J]. Materials and Structures, No. 106, Jul-Aug., 1985, pp: 285~290.

透水混凝土的制备、物理力学性能及其工程应用

石云兴　张　涛　霍　亮　戢文占　张燕刚　罗　兰　张少彪

中建材料工程研究中心，北京，102628

【摘　要】 本文研究了透水混凝土的制备原理和若干物理力学性能，研究结果表明，受荷载破坏时，与普通混凝土的破坏主要是发生在骨料和基材的界面不同，透水混凝土的破坏主要是发生于骨料的压碎和断裂；透水混凝土7d与28d强度之比高于普通混凝土；采用胶结材和砂率两者合适的匹配，可使透水混凝土的力学性能得以明显改善；文中还介绍了本中心的透水混凝土技术在西安大明宫国家遗址公园工程应用的情况。

【关键词】 透水混凝土；混合料；强度；孔隙；接触点

The Production, Physical Performance and Engineering Application of Pervious Concrete

Shi Yunxing　Zhang Tao　Huo Liang　Ji Wenzhan
Zhang Yangang　Luo Lan　Zhang Shaobiao

China Construction Material Engineering Research Center, Beijing, 102628, China

【Abstract】 This paper introduces the production principle and some physical and mechanical performance of pervious concrete, the results show that, different from common concrete whose destruction is mainly happened between the interface of aggregate and base stock, the pervious concrete's destruction is mainly happened when aggregate crushed or fractured. The strength ratio of pervious concrete at 7 days to 28 days is higher than the common one. Using the optimal ratio of cementing material and sand can improve the mechanical properties of pervious concrete. This paper also introduces the application of pervious concrete in Xian Daming Palace Relic Park.

【Key words】 pervious concrete; mixture; strength; hole; adherent point

引言

近年来，由于对生态、环保技术和产品的市场需求上升，透水混凝土正在更多地应用于景观路面的铺装工程。透水混凝土是多孔混凝土之一，但是作为路面铺装的透水混凝土和通常的多孔混凝土在制备方法、物理力学性能和耐久性的要求上有诸多不同。

由于透水混凝土是由胶结材浆体或砂浆包裹的粗骨料凝聚硬化而胶结在一起形成的多孔骨架结构，而粗骨料之间基本上为点接触，内部孔隙有一些封闭孔，但绝大部分孔为贯通孔，荷载是靠骨料的接触点来传递，这导致了其物理力学性能与普通混凝土的差别，本文讨论了作为路面铺装材料的透水混凝土制备的原理及其物理力学特性。

1　透水混凝土制备的原理

混凝土由骨料、基材（浆体）和气体三项组分构成，在混凝土的混合料阶段，可以划分为固（骨料）、液（浆体）和气体（空隙）组成，按其凝聚状态可分为：（1）悬摆状态，（2）连锁状态（分1、

2 区情况），（3）毛细状态，（4）浆体状态[3]，如图 1 所示。从第一种状态到第五种状态是从近乎骨料堆积到普通混凝土的过渡的过程，而透水混凝土是由连锁状态中两种区域情况构成，要保证混凝土处于这一状态，就要使胶结材料的总量体积，小于骨料堆积状态的总孔隙体积，留下一部分空隙不被填充，作为透水通道。胶结材过少会使状态处于第 1 状态和第 2 状态的第一区，强度达不到要求；胶结材过多将会使堆积状态进入第 4、第 5 种状态，强度提高，但失去了透水性。因此用于透水性路面铺装的透水混凝土由连锁状态的第一、第二区构成，由胶结材的填充程度来调整一、二区两种状态的比例，胶结材多时，靠近第二区，透水性降低，强度提高；否则接近第一区，透水性增加，强度降低。

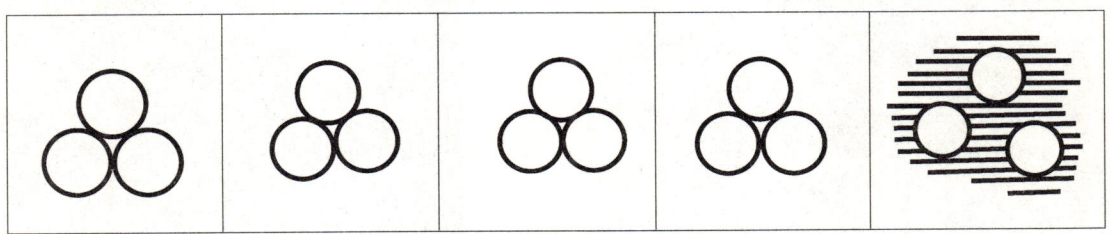

充填状态	悬摆状态	连锁状态		毛细状态	浆体状态
		第一区	第二区		
固相	连续	连续	连续	不连续	不连续
液相	不连续	连续	连续	连续	连续
气相	连续	连续	不连续	0	0

图 1　混凝土混合料的聚积状态

根据这一原理，透水混凝土的计算多用体积法按式（1）计算，原理是将各原材料的体积与孔隙体积之和等于混凝土的体积（一般以 1m³ 体积的混凝土计）来计算。

$$\frac{m_g}{\rho_g} + \frac{m_c}{\rho_c} + \frac{m_f}{\rho_f} + \frac{m_w}{\rho_w} + \frac{m_s}{\rho_s} + \frac{m_a}{\rho_a} + P = 1 \tag{1}$$

式中，m_g、m_c、m_f、m_w、m_s、m_a 分别为单位体积混凝土中粗骨料、水泥、矿物掺合料、水、细骨料、外加剂的用量，kg/m³；ρ_g、ρ_c、ρ_f、ρ_w、ρ_s、ρ_a 分别为粗骨料、水泥、矿物掺合料、水、细骨料、外加剂的表观密度，kg/m³；P 为设计孔隙率，%。

除了合理的配合比外，保证混凝土处于第 3 种状态的重要一环是工艺措施，如投料顺序、搅拌工艺和添加剂等，制备的混合料外观如图 2 所示。

图 2　透水混凝土混合料

2　透水混凝土的若干物理力学性能

2.1　透水混凝土的强度影响因素与破坏特征

透水混凝土强度的影响因素有以下几方面：（1）骨料的强度；（2）浆体的强度；（3）包裹骨料浆体的厚度；（4）骨料和浆体界面的强度；（5）骨料的级配。

已有研究文献认为，骨料和浆体界面的强度应该是最主要的因素，透水混凝土的受压破坏应该发生在骨料之间界面的硬化浆体层，因而提高浆体的强度会使透水混凝土强度得以提高；而实际情况并不尽然。

透水混凝土的粗骨料之间基本上为点接触，孔隙削弱了有效承载面积，在用于路面承受交通荷载时，在接触点发生严重的应力集中，使其实际破坏荷载较按有效面积计算的荷载为低。

图3是普通混凝土与透水混凝土破坏的不同性状的照片，从断面破坏特征来看，与普通混凝土不同的是，透水混凝土的破坏基本上没有"环箍效应"，这表明压板对其横向变形基本上没什么限制作用，这在一定程度上降低了测试强度值。

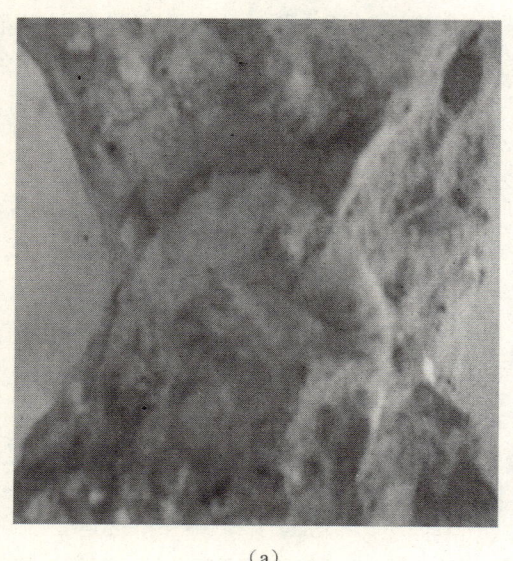　　　　　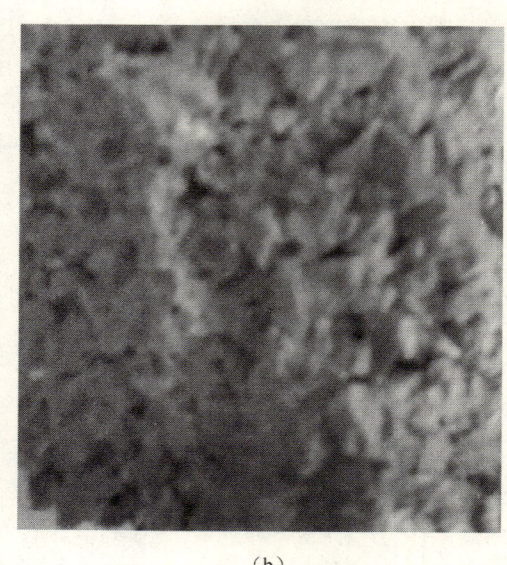
　　　(a)　　　　　　　　　　　　　　　　(b)

图3　普通混凝土与透水混凝土破坏的不同性状
(a) 普通混凝土；(b) 透水混凝土

普通混凝土的受压破坏多数首先发生在骨料与砂浆层的界面，透水混凝土内部的骨料之间主要是点接触，尽管一般测得混凝土的强度不高，但是混凝土内部颗粒的接触点上受到的应力却很大，与普通混凝土不同的是，骨料发生破坏的情况比较多。

表1　混凝土试件的技术条件

混凝土种类	骨料种类/压碎指标	水胶比	孔隙率（%）	28d抗压强度（MPa）
普通混凝土	碎河卵石/10.4	0.31	基本上无可见孔	58.3
透水混凝土	石灰石/9.7	0.30	19.4	24.8

据文献[1]，混凝土强度与孔隙率的关系：

$$f_c = f_{c.0}(1 - P)^n \tag{2}$$

式中　f_c——孔隙率为P的混凝土的强度；
　　　$f_{c.0}$——孔隙率为0的混凝土的强度；
　　　P——混凝土的孔隙率；
　　　n——系数，不一定为常数。

按照式（2），从普通混凝土来估算一下上述透水混凝土的强度，如取$n=1$，是扣除受压面积的孔隙部分只按有效面积承担荷载来计算，f_c应为45MPa，而实际上却只有24.8MPa，这表明点接触导致的应力集中现象大幅地降低了承载力，说明只按有效承载面积从普通混凝土来折算透水混凝土的强度并不符合实际情况。而如果按本例的实际强度来推算n值，可以得出n值为3.7，这里的n值超过1.0的部分，实际上反映了发生应力集中对强度削弱的程度。

2.2　透水混凝土强度随龄期增长的特点

图4为透水混凝土抗压强度与抗折强度随龄期的增长情况，其中，A1、A2和A3分别为孔隙率8%、15%和25%的透水混凝土，水泥用量分别为456kg、350kg和198kg，水胶比为0.3。从图4中可

以看到，透水混凝土早期强度增长较快，7~28d 龄期内增长幅度不大。在不同胶结材用量的 3 个配合比中，抗压强度 3d 达到 28d 的 44%~49%，7d 达到 28d 的 81%~85%；抗折强度 3d 达到 28d 的 43%~59%，7d 达到 28d 的 71%~99%。

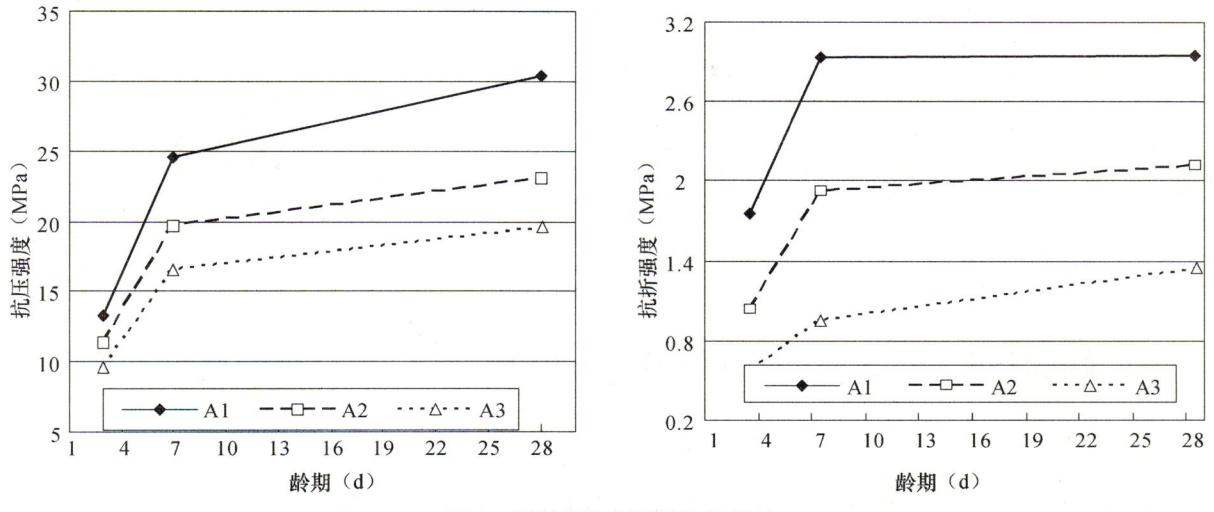

图 4 混凝土强度随龄期的增长
（a）抗压强度的情况；（b）抗折强度的情况

透水混凝土强度的这一特性主要是由于它的多孔结构所致，内部结构示意图如图 1 所示。因为受压面有相当一部分是薄弱环节——孔隙，这种混凝土的承载主要靠骨料之间的点接触，由于严重的应力集中，在一定的级配条件下，骨料的状况和缺陷决定了承载极限，所以，在 7d 后的龄期，即使是胶结材的强度增长，也难以完全弥补缺陷的影响，因此带来混凝土强度的增长很有限。

2.3 砂率对透水混凝土强度的影响

图 5、图 6 为砂率对透水混凝土（7d、28d 龄期）抗压强度和劈裂强度影响的试验结果，三组试验编号分别为 B1、B2 和 B3，对应的胶结材用量分别是：289kg、228kg 和 122kg，砂率分别是：6%、12% 和 20%，从 B1 到 B3 是保持孔隙率不变，增加砂率的同时减少胶结材用量。由试验结果可见，当砂率为 12%，胶结材用量为 228kg 时（B2 组），尽管胶结材用量减少，强度却比砂率为 6%、胶结材用量为 289kg 的 B1 组抗压强度提高了 17%，劈裂强度也略有提高。这可以认为在胶结材用量比较大的情况下，即使增加砂用量，骨料表面也能被充分包裹，颗粒之间仍能够形成较强的胶结层，同时砂用量的增加也提高了混凝土整体的刚度，强度得以提高。但砂率增加到 20% 时，强度又转为明显下降，这主要是因为胶结材用量减少到一定程度后，同时为保证孔隙率不变增加了砂用量，胶结材不足以在粗细骨料颗粒之间形成足够厚的胶结层，使混凝土内部的胶结性能降低所致，可见胶结材用量和砂率有最合适的匹配关系。

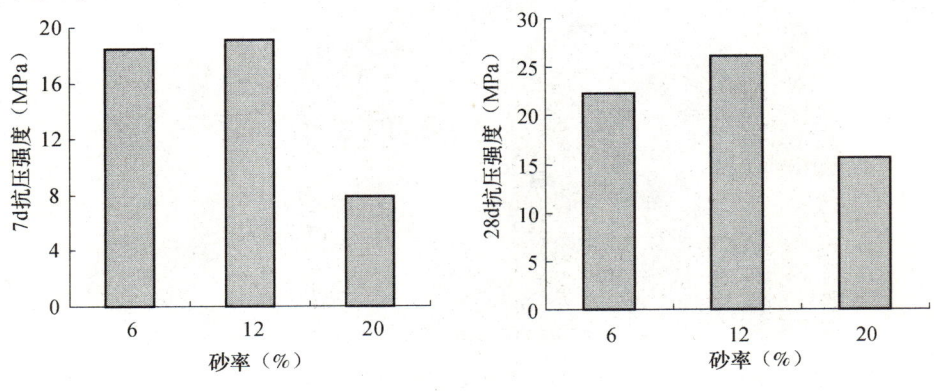

图 5 砂率对抗压强度的影响

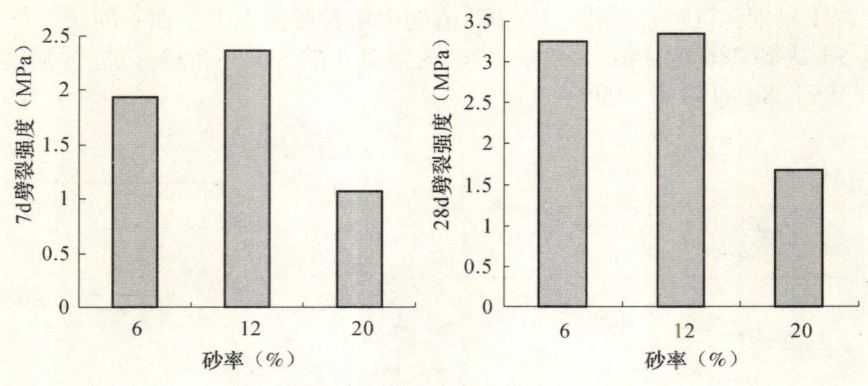

图6 砂率对劈裂强度的影响

3 透水混凝土在大明宫国家遗址公园工程中的应用

3.1 工程概况

西安大明宫国家遗址公园是"十一五"大遗址保护项目之一,规划面积19.16平方公里,其核心区域占地3.2平方公里,按照发展规划,大明宫国家遗址公园将建设成为未来西安的"城市中央公园"(参见图7),同时把大明宫遗址区保护改造成为带动西安率先发展、均衡发展、科学发展的城市增长点,成为西安未来城市发展的重要的人文象征和世界文明古都的重要支撑。

公园内大量采用了露骨料透水混凝土的地面铺装,仅公园内一、二级园路就有彩色露骨料透水混凝土铺装将近8万平方米,使这一浩大的传统文化工程中融入更多的生态和环保元素。2010年6~8月份,中建材料工程研究中心的露骨料透水混凝土技术应用于其中3.5万平方米的一、二级园路彩色露骨料透水混凝土路面铺装施工。

3.2 路面结构

透水混凝土路面的一级和二级园路的路面结构剖面图如图8所示,分为透水结构层和透水面层。一级路为园内干道,10m宽,中间6m宽为黄:灰石子1:3,两边各2m宽为灰色石子;二级路宽6m,面层为黄:灰石子3:1。混凝土强度等级为C25,冻融循环D50,耐酸雨、耐碳化;透水系数不小于2.5mm/s;显露的石子粘结牢固,表面干净不挂水泥浆,粒径8~10mm,两种石子混合的路面,颜色分布均匀。

图7 大明宫国家遗址公园鸟瞰图

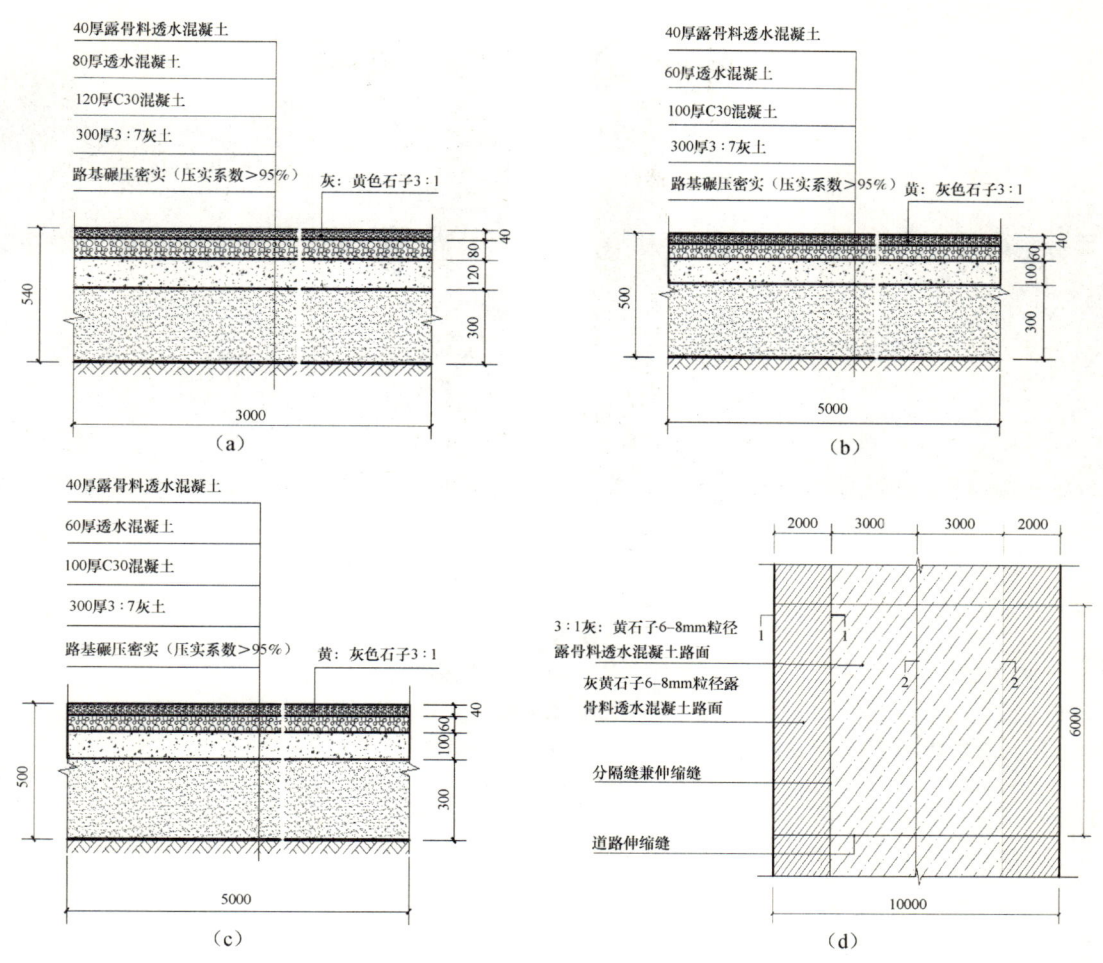

图8 一、二级园路路面结构

(a) 一级园路断面结构（灰、黄混合）；(b) 一级园路断面结构（灰）；
(c) 二级园路断面结构；(d) 一级园路平面图

3.3 工程实施的效果

施工期间正处于盛夏季节，环境温度经常处于33～38℃，摊铺现场甚至有时会超过40℃，从混合料的制备地点到达摊铺现场，又要经过几公里的运输，给现场施工带来诸多不便，由于透水混凝土混合料基本上属于低流动性混凝土，保持其工作性是重要一环。由于采取了一系列应对措施，包括添加剂、搅拌工艺、保湿手段和摊铺工艺等，保证了路面顺利施工和工程质量，图9是完成的透水路面的部分景观，棕黄色与灰色石子均匀分布而构成的棕—灰色调的路面，与周围的绿色相互衬托，显露出古朴、典雅和自然的皇家园林的风格。

4 结论

（1）透水混凝土的制备是以胶结材对骨料堆积状态的填充原理为基础，加以工艺措施，使混合料处于连锁状态，保证力学性能和透水性满足要求。

（2）透水混凝土与普通混凝土受力破坏特征不同，主要发生的是骨料破坏，由于应力集中和缺陷的影响，实际破坏强度远比按孔隙率折算的强度值低。

（3）透水混凝土的抗压强度和抗折强度早期增长幅度较大，7d后增加较少；砂率和胶结材用量有最合适的组合，采用两者合适的匹配，保证孔隙率不变的条件下，即使胶结材用量有所减少，仍可使透水混凝土强度得以提高。

图 9　完成的透水路面部分景观

参考文献

[1] A. M. 内维尔著，李国泮等译，混凝土的性能 [M]. 北京：中国建筑工业出版社，1983.
[2] 石云兴，霍亮，戢文占等，奥运公园露骨料透水路面的混凝土施工技术 [J]. 混凝土，2008 (7).
[3] 玉井元治. 透水コンクリート [J]. コンクリート工学，1994. 32.

超高性能混凝土后张预应力梁抗弯承载力分析

吴香国　郭庆勇　王滨生

哈尔滨工程大学建筑工程学院，哈尔滨，150001

【摘　要】　本文通过超高性能混凝土力学性能试验，给出了超高性能混凝土的轴压和轴拉等效本构计算模型，并定义了结构的初裂极限和抗弯极限状态。通过超高性能混凝土的后张预应力无腹筋Ⅰ型梁的结构加载试验和后张预应力梁的弯曲理论，采用叠加法考虑了有效初始预应力引起的梁内初始弯矩，给出了超高性能混凝土后张预应力梁的初裂承载能力和极限弯矩计算公式。研究表明，超高性能混凝土材料力学性能及其结构性能均得到提高，且具有显著的经济效益，同时本文为超高性能混凝土后张预应力结构分析提供了等效计算模型参考，为超高性能混凝土后张预应力无腹筋梁的抗弯设计提供了理论计算参考。

【关键词】　超高性能混凝土；纤维改性；后张预应力梁；极限承载力

Flexure Loading Capacity Analysis of Ultra High Performance Concrete Post Tension Pre-stressing Girder

Wu Xiangguo　Guo Qingyong　Wang Binsheng

School of Architecture Engineering, Harbin Engineering University, Harbin, 150001, China

【Abstract】　According to Ultra High Performance Concrete material experiments, the equivalent constitutive models of axial compression and tension were presented. Based on the definition of the initial cracking limit, flexural ultimate limit state and the flexural theory of prestressed beam, the initial internal moment due to the initial effective prestressing stress by superimposing method by the loading test of the UHPC and UHPC post tension prestressed I shape girder without stirrup. The calculation equations of the initial cracking capacity and ultimate flexural capacity were presented finally. It is shown from the research that the mechanical performances of the UHPC are improved significantly including its economics. This paper may be a model and calculation references for the analysis and the design of UHPC post tension prestressing girder without stirrup.

【Key words】　ultra high performance concrete; fiber reinforcement; post tension prestressing girder; limit loading capacity

1　引言

超高性能混凝土（UHPC）是新一代水泥基复合材料，与传统高性能混凝土相比，UHPC具有超高强、高耐久性、较好的延性、较高的密实度和较低的渗透性[1-4]。根据其抗拉性能，UHPC属于高性能纤维改性水泥基复合材料（HPFRCC），但其具有非常低的渗透性基体。同传统的纤维混凝土（SFRC）和传统混凝土相比，UHPC表现出较高的抗拉强度和应变硬化性能，应变硬化表现为材料较好的延性变形特点，这使得UHPC新型结构具有较好的抗震性能[5]。较高的抗压性能使得UHPC结构的几何尺寸同传统混凝土结构得到一定减小，为工程结构节材设计提供了办法。UHPC较高的耐久性能，使得UHPC结构特别适用于严酷的工况条件。UHPC较高的抗剪性能也可以实现无腹筋结构设计[6]。总之，UHPC的诸多优点使其有望在新型组合结构设计中具有较大潜力。本文对一般的UHPC的组分进行了改进，制作了UHPC和M-UHPC（改进的UHPC）后张预应力无腹筋Ⅰ型梁，进行了材料试验和结构加载试验,给出了 UHPC 的一些重要力学性能模型,并用于分析结构的初裂承载能力和极限弯矩,并与试验结果吻合较好。本文为改进 UHPC 提供了方法,为结构的初裂和极限承载能力提供了理论计算参考。

2 改进的 UHPC 试验研究

UHPC 配比如表 1 所示。其中,A 组为改进的 UHPC,用于结构试件 UPoG-3-6 的制作。B 组为一般的 UHPC,用于结构试件 UPoG-3-2 的制作。

表 1 UHPC 配合比设计(质量比)

Set	Cement	Silica fume	Silica flow	Fine sand	Normal sand
A	1	0.25	0.3	0.3	0.8
B	1	0.25	0.3	1.1	—
	Super Plast	Water	Expan. agent	Defoamer	Steel fiber
A	0.04	0.25	0.005	0.005	0.1905
B	0.045	0.28	0.005	0.005	0.19065

A 组 UHPC,主要从材料组分的两个方面进行了改进:(1)骨料:细砂中的 73% 由中砂取代,27% 仍采用细砂,即采用混合骨料。中砂(密度:$2.62 g/cm^3$,平均粒径:$1.0 \sim 2.5 mm$,SiO_2 含量 93%),细砂(密度:$2.65 g/cm^3$,平均粒径:$0.17 \sim 0.3 mm$,SiO_2 含量 93%)。(2)钢纤维:采用的钢纤维为直径 0.5mm、长度 20mm、抗拉强度 600MPa 的一般钢纤维。而一般 UHPC 的钢纤维采用直径 0.2mm、长度 13mm、抗拉强度 1200MPa 的高强钢纤维。

UHPC 的改进材料组分,即钢纤维和砂骨料如图 1 和图 2 所示。其余组分与一般 UHPC 相同。材料的搅拌工艺和规程控制如图 3 所示。

 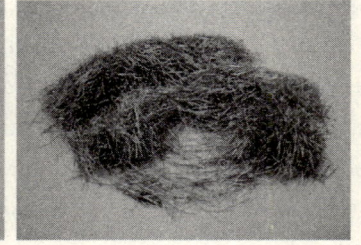

图 1 A 组和 B 组的钢纤维

 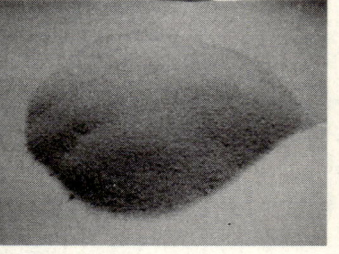

图 2 试验中采用的中砂和细砂

```
┌──────────────┐ 10 min  ┌──────────────────┐ 10 min  ┌────────────┐ 5 min  ┌──────────────┐
│ Cement       │ ──────> │ Water +          │ ──────> │ Steel Fiber│ ─────> │ Manufacture  │
│ Silica Fume  │ 40 rpm  │ Superplasticizer │ 70 rpm  │            │ 40 rpm │              │
│ Filling Powder│        │                  │         │            │        │              │
│ Sand         │         │                  │         │            │        │              │
└──────────────┘         └──────────────────┘         └────────────┘        └──────────────┘
```

图 3 改进的 UHPC 搅拌工艺

3 UHPC 主要力学性能试验

3.1 UHPC 的轴压性能

抗压性能是 UHPC 的基本力学性能之一,主要包括轴压极限应变、轴压强度以及弹性模量等。轴压极限应变的测定方法有很多,用 LVDT(Linear Variable Displacement Transducer) 和粘结电阻应变片是常用的测定方法,采用直径为 100mm、高度为 200mm 的圆柱体轴压试验,试验结果如表 2 和图 4 所示,其中 SG 表示电阻应变片测量。相比较而言,LVDT 测定更为便捷,但是需要进行修订。

表 2 UHPC 的抗压强度性能

Set	Comp. Stren(MPa)	Comp. strain		Elas. Modu.	
		LVDT	SG	LVDT	SG
A	122.03	0.00185	0.00349	65962	34966
B	106.26	0.00230	0.00369	46200	28797

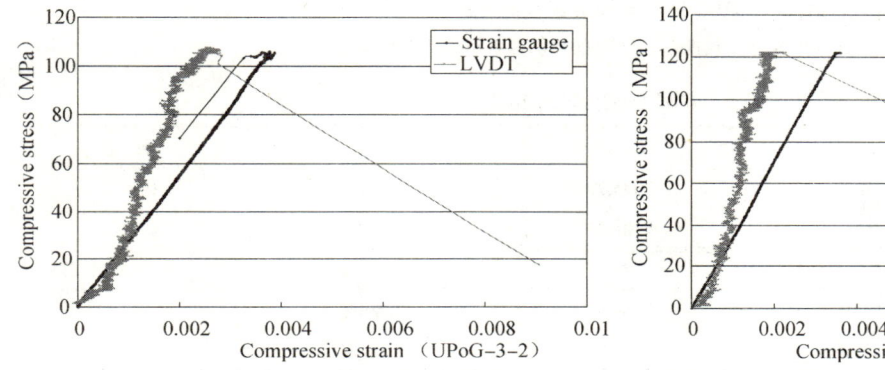

图 4 UHPC 轴压试验结果

通过试验,M-UHPC 的便捷极限应变计算公式推荐为

$$\varepsilon_{uc} = \xi_{SL} \varepsilon_{uc}^{(L)} \tag{1}$$

其中,$\varepsilon_{uc}^{(L)}$ 为由 LVDT 测定的材料极限压应变,ε_{uc} 为材料的真实极限压应变。ξ_{SL} 是极限压应变换算系数,对于 M-UHPC 为 1.886,对于 UHPC 为 1.60。相应的轴压弹性模量换算式推荐为

$$E_{uc} = \xi_E \sqrt{f_{uc}} \tag{2}$$

其中,f_{uc} 是 UHPC 极限抗压强度。ξ_E 为模量计算参数,对于 UHPC 为 2800,对于 M-UHPC 为 6000。

在线弹性范围内,梁截面上的等效应力分布如图 5 所示,其中 f'_{ucu} 为材料的极限抗压强度,模型参量 α_1 和 β_1 分别为 0.75 和 0.65。

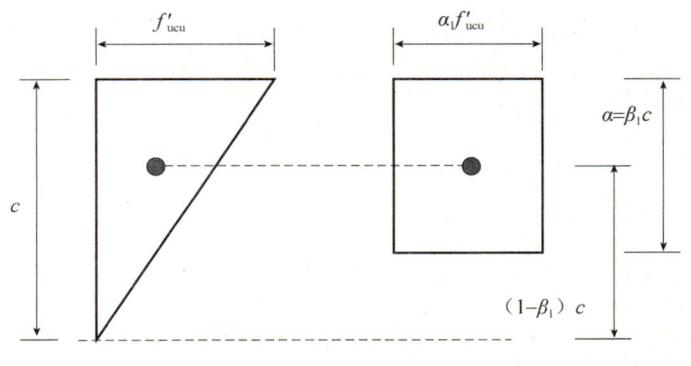

图 5 UHPC 等效应力块

3.2 UHPC 的轴拉性能

理想的 UHPC 的轴拉性能可以划分为四个阶段：线性、硬化、软化和拔出张开阶段，如图 6 所示。试验结果见表 3。

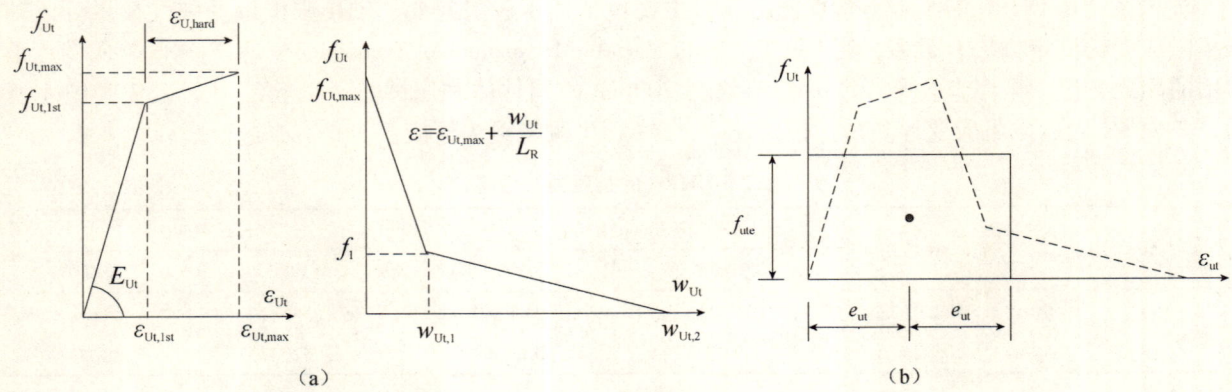

图 6 UHPC 轴拉本构关系及简化模型
(a) UHPC 轴拉本构关系；(b) 简化的等效矩形应力模型

表 3 UHPC 轴拉试验结果

Set	$f_{Ut,1st}$	$\varepsilon_{Ut,1st}$	$f_{Ut,max}$	$\varepsilon_{Ut,max}$
A	7MPa	0.00020	10MPa	0.0034
B	6MPa	0.00021	9MPa	0.0022

Set	E_{Ut}	f_1	$w_{Ut,1}$	$w_{Ut,2}$
A	34966MPa	2.5MPa	3.5mm	10mm
B	28797MPa	2.5MPa	2.0mm	6.5mm

线性和硬化阶段位于极限轴拉应变之前，从软化点开始，材料的应变须考虑裂纹的张开位移，并与试件的有效轴拉区域作比较，也称之为开裂应变[7]。等效的矩形应力模型如图 6(b) 所示，等效应力参量可以表示为：

$$e_{ut} = \frac{\sum M}{\sum A} \quad (3)$$

$$f_{ute} = \frac{\sum A}{(2e_{ut})} \quad (4)$$

其中 $\sum A$ 和 $\sum M$ 分别为应力的面积和面积矩。

$$\begin{aligned}\sum A =\ & 0.5f_{Ut,1st}\varepsilon_{Ut,1st} + 0.33f_{Ut,1st}(\varepsilon_{Ut,max} - \varepsilon_{Ut,1st}) + (0.5f_{Ut,max} + 0.17f_{Ut,1st})(\varepsilon_{Ut,max} - \varepsilon_{Ut,1st}) \\ & + (0.5f_{Ut,max} + 0.17f_1)\frac{w_{Ut,1}}{L_R} + 0.33f_1\frac{w_{Ut,1}}{L_R} + 0.5f_1\frac{(w_{Ut,2} - w_{Ut,1})}{L_R}\end{aligned} \quad (5)$$

$$\begin{aligned}\sum M =\ & 0.33f_{Ut,1st}\varepsilon_{Ut,1st}^2 + 0.33f_{Ut,1st}(\varepsilon_{Ut,max} - \varepsilon_{Ut,1st})[\varepsilon_{Ut,1st} + 0.17(\varepsilon_{Ut,max} - \varepsilon_{Ut,1st})] \\ & + (0.5f_{Ut,max} + 0.17f_{Ut,1st})(\varepsilon_{Ut,max} - \varepsilon_{Ut,1st})(0.67\varepsilon_{Ut,max} + 0.33\varepsilon_{Ut,1st}) \\ & + (0.5f_{Ut,max} + 0.17f_1)\frac{w_{Ut,1}}{L_R}\left(\varepsilon_{Ut,max} + 0.33\frac{w_{Ut,1}}{L_R}\right) + 0.33f_1\frac{w_{Ut,1}}{L_R}\left(\varepsilon_{Ut,max} + 0.83\frac{w_{Ut,1}}{L_R}\right) \\ & + 0.5f_1\frac{(w_{Ut,2} - w_{Ut,1})}{L_R}\left[\varepsilon_{Ut,max} + \frac{(0.33w_{Ut,2} + 0.67w_{Ut,1})}{L_R}\right]\end{aligned} \quad (6)$$

3.3 结构试验

采用后张预应力技术,应用 A 组和 B 组 UHPC 制作了梁 UPoG-3-2 和 UPoG-3-6,试件几何尺寸完全相同,且均为无腹筋设计,加载过程如图 7 所示。采用三点弯曲梁加载方式,利用两个 LVDT 对称测定下翼缘底部跨中截面的竖向位移。

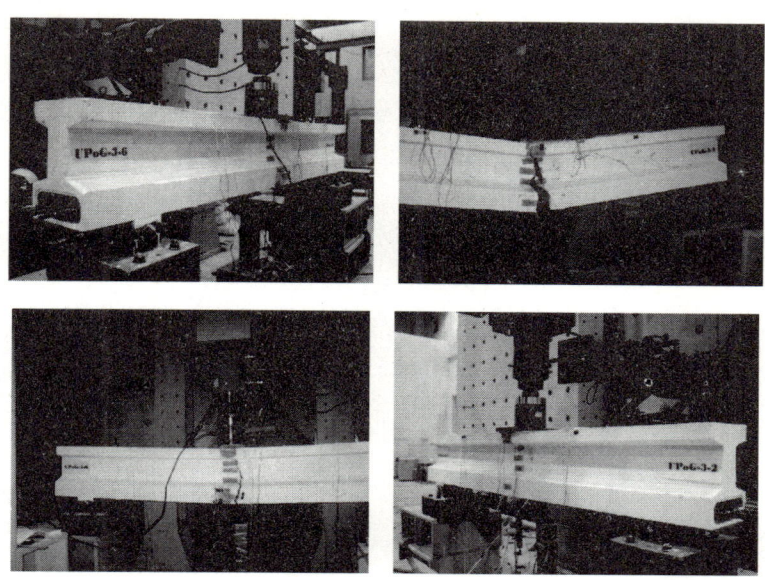

图 7 试件加载过程

UPoG-3-2 表现为弯曲破坏,伴随斜截面剪切开裂。UPoG-3-6 仅表现为弯曲破坏,不具有斜截面剪切开裂。试验结果如图 8 所示,UPoG-3-2 在裂纹扩展局部化以后,持续加载,直至试件破坏,为破坏加载形式,试件失效于预应力筋的部分屈服和锚固件的挤出剪切断裂破坏。UPoG-3-6 在裂纹扩展局部化以后,加载至接近极限位置处,保持载荷不变,观察到载荷稳定但和位移微小自动增加,为了避免 UPoG-3-2 的锚固件脆性破坏形式,随即加快卸载,但卸载路径表现较大的弹性范围,如图 8(b) 所示,这是由于在锚固件的作用下,未屈服应力的作用响应,并明显看到卸载过程中主裂纹的闭合。

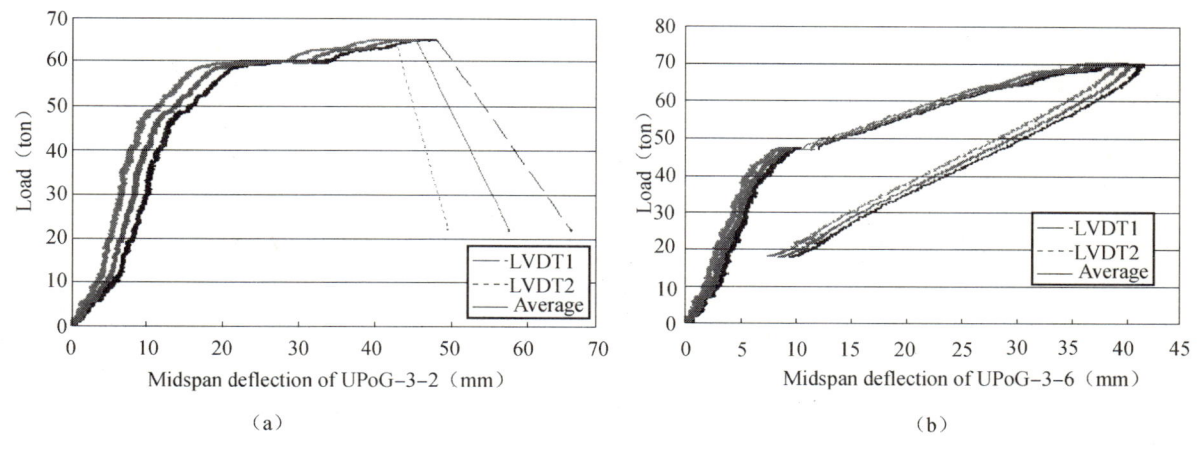

图 8 载荷与跨中位移结果
(a) 试件 UPoG-3-2;(b) 试件 UPoG-3-6

由试验结果可见,二者的初裂载荷基本相同,为 484kN,但 UPoG-3-6 的测定极限载荷为 700kN,同 UPoG-3-2 的极限载荷 640kN 相比,提高 9.38%。

4 结构承载能力分析与试验结果比较

4.1 结构梁的初裂载荷分析

梁的截面尺寸模型如图 9 所示。根据后张预应力梁弯曲理论，梁的初裂承载能力为

$$P_{\mathrm{cr,g}} = \frac{4}{L_{\mathrm{sp}}}\left\{\left[f_{\mathrm{Ut,1st}} + \frac{P_{\mathrm{e}}}{A_{\mathrm{g}}}\left(1 + \frac{e_{\mathrm{g}} c_{\mathrm{b,g}}}{r_{\mathrm{g}}^2}\right)\right]S_{\mathrm{b,g}} - M_{\mathrm{D,g}} - M_{\mathrm{SD,g}}\right\} \tag{7}$$

式中，$M_{\mathrm{D,g}}$ 是考虑结构自重引起的内部弯矩；$M_{\mathrm{SD,g}}$ 是加载设备和外部附加装置引起的叠加弯矩；L_{sp} 是结构梁的净跨距；$S_{\mathrm{b,g}}$ 是截面中性轴下部截面的面积矩。

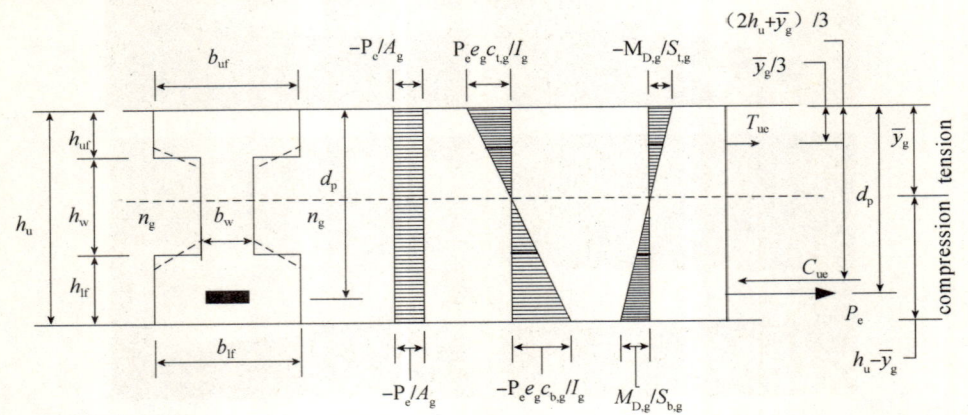

图 9　UHPC 梁截面及初始内预应力分布

4.2 结构梁的极限载荷分析

定义梁下翼缘的完全张开为结构的极限状态，根据等效应力模型，截面的极限应力分布如图 10 所示。

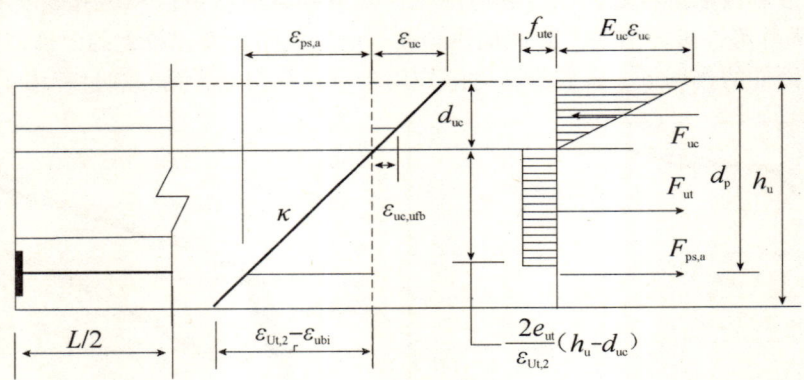

图 10　UHPC 梁的极限分析

跨中极限承载能力可以由 $P_{\mathrm{u,g}} = 4\phi\dfrac{M_{\mathrm{u,g}}}{L_{\mathrm{sp}}}$ 计算得到。其中 ϕ 为折算系数，与结构的剪跨比有关，考虑结构的安全系数，为 $0.8\sqrt{\dfrac{h_{\mathrm{u}}}{L_{\mathrm{sp}}}}$。根据截面平衡分析，得到梁的极限弯矩计算式为

$$M_{\mathrm{u,g}} = -0.5 E_{\mathrm{uc}} \varepsilon_{\mathrm{uc}} b_{\mathrm{uf}} \frac{d_{\mathrm{uc}}^2}{3} + 0.5 E_{\mathrm{uc}} \varepsilon_{\mathrm{uc}} (b_{\mathrm{uf}} - b_{\mathrm{w}})(d_{\mathrm{uc}} - h_{\mathrm{uf}})^2 \cdot \left(\frac{d_{\mathrm{uc}} + 2h_{\mathrm{uf}}}{3d_{\mathrm{uc}}}\right)$$

$$+ f_{\mathrm{ute}} b_{\mathrm{w}} \frac{2 e_{\mathrm{ut}}}{\varepsilon_{\mathrm{Ut,2}}}(h_{\mathrm{u}} - d_{\mathrm{uc}})\left[\frac{e_{\mathrm{ut}}}{\varepsilon_{\mathrm{Ut,2}}}(h_{\mathrm{u}} - d_{\mathrm{uc}}) + d_{\mathrm{uc}}\right] + E_{\mathrm{ps}}\left(\frac{d_{\mathrm{p}} - d_{\mathrm{uc}}}{h_{\mathrm{u}} - d_{\mathrm{uc}}}\right)(\varepsilon_{\mathrm{Ut,2}} - \varepsilon_{\mathrm{ubi}}) A_{\mathrm{ps}} d_{\mathrm{p}} + M_{\mathrm{gi}} \tag{8}$$

式中，ε_{ubi} 为下翼缘底初始应变。

$$\varepsilon_{\text{ubi}} = \frac{f_{\text{b,g}}}{E_{\text{uc}}} = -\frac{P_e}{E_{\text{uc}} A_g}\left(1 + \frac{e_g c_{\text{b,g}}}{r_g^2}\right) + \frac{M_{\text{D,g}}}{E_{\text{uc}} S_{\text{b,g}}} \tag{9}$$

M_{gi} 为由初始有效预应力引起的结构初始内弯矩。

$$M_{\text{gi}} = M_{\text{gi,pb}} + M_{\text{gi,sb}} + M_{\text{gi,ps}} \tag{10}$$

$$M_{\text{gi,ps}} = P_e d_p = f_{\text{pe}} A_{\text{ps}} d_p \tag{11}$$

$$\begin{aligned}
M_{\text{gi,pb}} =\ & \frac{P_e e_g c_{\text{t,g}}}{2 I_g} b_{\text{uf}} \bar{y}_g \cdot \frac{\bar{y}_g}{3} - \frac{P_e e_g c_{\text{b,g}}}{2 I_g} b_{\text{lf}} (h_u - \bar{y}_g) \cdot \left(h_u - \frac{h_u - \bar{y}_g}{3}\right) \\
& - \frac{P_e e_g c_{\text{t,g}}}{2 I_g}\left(\frac{\bar{y}_g - h_{\text{uf}}}{\bar{y}_g}\right)(b_{\text{uf}} - b_w)(\bar{y}_g - h_{\text{uf}}) \cdot \left(\frac{\bar{y}_g - h_{\text{uf}}}{3} + h_{\text{uf}}\right) \\
& + \frac{P_e e_g c_{\text{b,g}}}{2 I_g}\left(\frac{h_u - \bar{y}_g - h_{\text{lf}}}{h_u - \bar{y}_g}\right)(b_{\text{lf}} - b_w)(h_u - \bar{y}_g - h_{\text{lf}}) \cdot \left[\frac{2}{3}(h_u - \bar{y}_g - h_{\text{lf}}) + \bar{y}_g\right]
\end{aligned} \tag{12}$$

$$\begin{aligned}
M_{\text{gi,sb}} =\ & -\frac{M_{\text{D,g}}}{2 S_{\text{t,g}}} b_{\text{uf}} \bar{y}_g \cdot \frac{\bar{y}_g}{3} + \frac{M_{\text{D,g}}}{2 S_{\text{b,g}}} b_{\text{lf}} (h_u - \bar{y}_g) \cdot \left(h_u - \frac{h_u - \bar{y}_g}{3}\right) \\
& + \frac{M_{\text{D,g}}}{2 S_{\text{t,g}}}\left(\frac{\bar{y}_g - h_{\text{uf}}}{\bar{y}_g}\right)(b_{\text{uf}} - b_w)(\bar{y}_g - h_{\text{uf}}) \cdot \left(\frac{\bar{y}_g - h_{\text{uf}}}{3} + h_{\text{uf}}\right) \\
& - \frac{M_{\text{D,g}}}{2 S_{\text{b,g}}}\left(\frac{h_u - \bar{y}_g - h_{\text{lf}}}{h_u - \bar{y}_g}\right)(b_{\text{lf}} - b_w)(h_u - \bar{y}_g - h_{\text{lf}}) \cdot \left[\frac{2}{3}(h_u - \bar{y}_g - h_{\text{lf}}) + \bar{y}_g\right]
\end{aligned} \tag{13}$$

4.3 预应力梁承载能力与试验结果比较

根据公式（7）和（8）计算的初裂承载能力和极限承载能力，同试验结果列于表4。表中，T 表示试验结果，P 为理论预报结果。

表4 理论预报与试验结果对比

Specimen	Cracking load. cap. (kN)		Ultimate load. cap. (kN)	
	T	P	T	P
UPoG-3-2	484	445.48	640	586.15
UPoG-3-6	486	445.48	702	687.66

5 结论

细砂和中砂混合配比，并采用中级端部弯钩中等强度钢纤维取代昂贵的细高强度钢纤维，得到的改进型UHPC的轴压强度提高14.8%，弹性模量提高42.8%。相应的后张预应力无腹筋梁的初裂载荷基本相同，但极限载荷提高9.69%。在裂纹局部化后，结构进入接近极限状态，为避免锚固端挤出破坏，应将UHPC下翼缘极限完全拔出状态定义为结构实用极限状态，然后进行预应力筋配比设计。给出的UHPC轴压和轴拉应力简化等效模型，为UHPC结构分析提供了理论计算模型参考。

参考文献

[1] 吴香国，徐世烺. 超高性能水泥基复合材料及其新型组合结构设计 [A]. 2008年超高层混凝土泵送与超高性能混凝土技术的研究与应用国际研讨会 [C]，广州，2008，4: 58~70.

[2] Dugat, J.; Roux, N.; and Bernier, G., "Mechanical properties of reactive powder concretes", Materials and Structures, V. 29, No. 188, 1996, pp. 233~240.

[3] Rossi, P., "Development of new cement composite material for construction", Innovations and Developments in Concrete Materials and Construction, R. K. Dhir, P. C. Hewlett, and L. J. Csetenyi, eds., Dundee, Scotland, Sept. 2002, pp.

17~29.

[4] 吴香国. 超高性能纤维改性混凝土材料变量及其养护工艺影响分析 [J]. 新型建筑材料, 2008, 13: 166~171.

[5] 吴香国, 徐世烺, 吴明喜. 超高性能纤维改性混凝土断裂参数研究与应用 [J]. 工程力学, 2009, 26 (3): 93~98.

[6] 吴香国, 韩相默. UHPC 工字型预应力无腹筋梁斜裂载荷分析 [A]. 纤维混凝土的技术进展与工程应用——第十一届全国纤维混凝土学术会议论文集 [C], 2006, 9: 260~266.

[7] Association Française du Génie Civil(AFGC). (2002). "Bétons fibrés à ultra-hautes performances." SETRA—Service d'études techniques des routes et autoroutes, AFGC, Paris.

超高性能水泥基复合材料夹层复合结构挤出试验与界面抗剪参量

吴香国[1]　杨光泽[2]　郭庆勇[1,3]　韩相默[3]

1. 哈尔滨工程大学建筑工程学院，哈尔滨，150001
2. 大庆市采油四厂规划设计研究所，大庆，163511
3. 韩国金乌国立工科大学土木工程学院，龟尾，730~701

【摘　要】　将超高性能水泥基复合材料与普通混凝土结构叠合，形成超高性能水泥基复合材料复合结构，是高性能的新型组合结构，具有潜在的应用前景。界面抗剪连接参量的确定是该新型组合结构抗剪连接度确定和界面结构性能分析的关键问题之一。本文开展了超高性能水泥基复合材料与普通混凝土的夹层结构单元的侧面挤出试验，用以确定该新型组合结构的界面抗剪参量，其中分别设计了从单一抗剪连接件到三个抗剪连接件。为了尽量避免偏心影响，采用了对称的夹层结构单元，最终测定了两种材料和复合结构的设计参量，即单一抗剪联结的界面初始刚度和界面抗滑移能力。本文的研究工作为超高性能水泥基复合材料的界面抗剪设计提供了依据，为界面变形分析提供了参考。

【关键词】　超高性能水泥基复合材料；界面抗剪；滑移能力；初始刚度

Push Test and Interface Shear Parameters of Ultra High Performance Cementitious Composites Sandwich Structure

Wu Xiangguo[1]　Yang Guangze[2]　Guo qingyong[1,3]　Han Sangmook[3]

1. School of Architecture Engineering, Harbin Engineering University, Harbin, 150001, China
2. No. 4 Oil Production Company of Daqing Oilfield Limited Company, Daqing, 163511, China
3. School of Civil Engineering, Kumoh National Institute of Technology, Gumi, 730~701, Korea

【Abstract】　Lateral direct push test of sandwich UHPCC composites was carried out to determine interface shear connection parameters which is a basis of the definition of its shear connection degree. Three kinds of sandwich specimens were designed with one to three connectors. To avoid eccentricity effect, symmetrical sandwich were proposed. Two material and composites structural constant parameters, i. e. initial stiffness and slippage capacity of single shear connector, were obtained finally. This paper may be a reference for the interface behavior prediction and UHPCC composites interfacial shear design.

【Key words】　Ultra High Performance cementitious composites; interface shear; slippage capacity; initial stiffness.

1　Introduction

Ultra High Performance Cementitious Composites (UHPCC) girder is an advanced structural material especially in composites structural design. Interfacial shear, also a basic mechanical behavior of UHPCC composites girder, is similar to steel-concrete composites girder[1]. The reinforcement property of shear connector as a considerably significant character of shear capacity is described by the load-slip at the interface. Although the load-slip curve required to found in a full-scale composite beam test, generally a simpler push test is much more adopted.

Push test was first devised in Switzerland in the 1930s to determine the load transfer capacity of shear connectors. Not with standing push test cannot exactly replicate the actual conditions and the behavior of the shear connectors in the composite beam, it can simulate the load-slip behavior to provide a approximate simulation in engineering. Most of the load-slip characteristics of the steel and concrete shear connectors were obtained from push tests. In 1965, a standard push test was first published in CP117[2] in the U. K. With the introduction of SI units, a metric version of the test was detailed in BS5400[3] and later referred to in BS5950[4]. In Eurocode 4[5], the standard push test was once again modified from BS5400. Push tests with metal deck floorings have previous been reviewed by Johnson and Yuan[6], and push tests with solid slabs have recently been reviewed by Ernst et al.[7].

In UHPCC composites push test, UHPCC sandwich specimen is designed with normal concrete (NC) infill. Due to the UHPCC composites is different from steel composites, symmetric push loading item cannot be applied for avoiding NC and UHPCC deep beam shear response. Three most important pieces of information relevant to composites as follows: deformation or interface slippage capacity of the shear connectors under the longitudinal shear force; longitudinal shear distribution at the two elements interface; how to define UHPCC composites shear connection degree. Shear connection degree is one key parameter for interface shear connection design. Beyond the post cracking of UHPCC girder, a rotational deformation mechanism controls the deformation and shear unloading occurs at the two element boundary. Full shear connection for UHPCC composites cannot be defined by the ultimate equilibrium states because it is different with the rigid plastic analysis of steel composites analysis method.

Via this paper, shear connector mechanical behavior is analyzed by the lateral direct push loading test of UHPCC sandwich specimen. Two shear connection constant parameters, i. e. linear and ultimate slippage capacity and initial stiffness of single shear connector at UHPCC composites interface, are obtained by the direct lateral push test. This paper may be a reference for the interface behavior prediction and UHPCC composites interfacial shear design.

2 Push Test of UHPCC-NC Sandwich Specimen

2.1 UHPCC-NC sandwich specimen

Normal concrete compressive strength 22MPa is used as the sandwich concrete plate in this research. UHPCC mixing ratio is shown in Table 1 with the compressive strength 120MPa.

Table1 Mix compositions of UHPCC(by weight)

Cement	Silica fume	Silica flow	Fine sand	Normal sand	Super plasticizer	Water	Expansive agent	Defoamer	Normal fiber
1	0.25	0.3	0.3	0.8	0.04	0.25	0.005	0.005	0.1905

To improve the bonding with matrix, shear connector is pre-deformed with the foot as shown in Fig. 1. The steel shear connector average tensile strength and diameter are 400MPa and 13mm, respectively. The connector span, net span and height are 150mm, 36mm and 183mm, respectively. The embedded depth in the UHPCC block and concrete block are 70mm and 113mm, respectively. The connector foot are embedded in the UHPCC block.

Push test specimens are designed as three types, i. e. one, two and three connectors' embedment. A total of seven push test specimens are loaded monotonically to determine the ultimate strength of the stud cluster. The minimum geometrical dimensions of three type's specimen are designed according to the composites structure specimen dimension design. Each type specimen is embedded with 1, 2, and 3 connectors. Three specimens are prepared for each type sandwich as shown in Fig. 2. And the total of nine specimens is performed. The shear connectors are embedded in the UHPCC blocks at the longitudinal axis direction with the sandwich height direction.

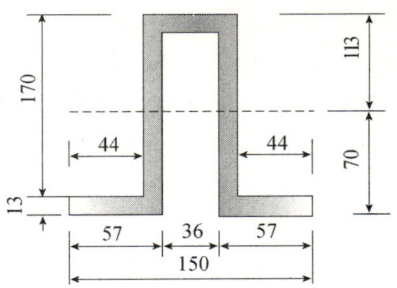

Fig. 1 Mechanical shear connector geometrical dimension

The post type sandwich specimen is embedded with one shear connector as shown in Fig. 2(a). It consists of two 300 mm wide × 350 mm height × 150 mm thickness left

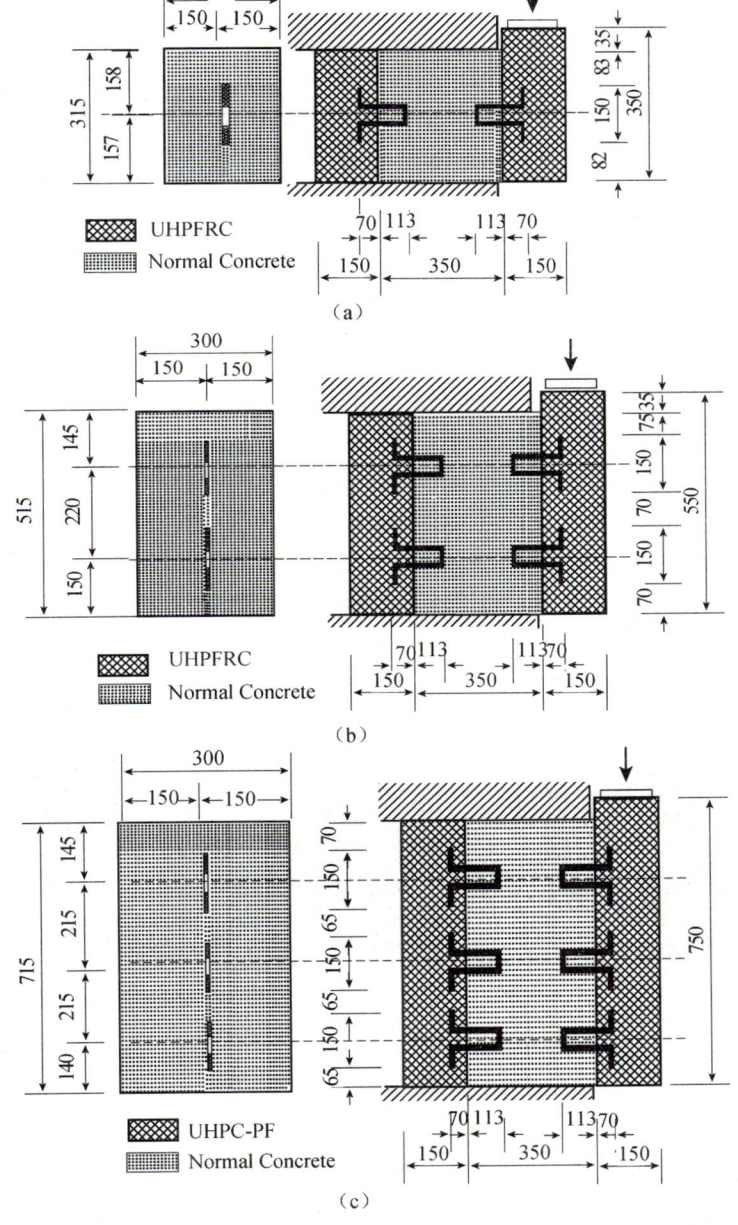

Fig. 2 UHPCC-NC sandwich specimen
(a) One shear connector; (b) Two shear connectors; (c) Three shear connectors

UHPCC block, 300 mm wide × 315 mm height × 150 mm thickness right UHPCC block, and 350 mm wide × 315 mm height × 300 mm thickness infill concrete block. The right side UHPCC block is 35mm shorter than the left side one for the convenience of loading instrument installation. The post connector distance is 82 mm (about the half span of the connector) from the end of the UHPCC block.

The second type sandwich specimen is embedded with two shear connectors as shown in Fig. 2(b). It consists of two 300 mm wide × 550 mm height × 150 mm thickness left UHPCC block, 300 mm wide × 515 mm height × 150 mm thickness right UHPCC block, and 300 mm wide × 515 mm height × 350 mm thickness infill concrete block.

The third type sandwich specimen is embedded with three shear connectors as shown in Fig. 2(c). It consists of two 300 mm wide × 750 mm height × 150 mm thickness left UHPCC block, 300 mm wide × 715 mm height × 150 mm thickness right UHPCC block, and 300 mm wide × 715 mm height × 350 mm thickness infill concrete block.

2.2 Push test procedure

According to the dispositions defined in Eurocode 4[8], a modified direct vertical lateral push test is proposed for UHPCC-NC composites to investigate the load and slip response approximately. The test procedures for the direct lateral vertical push test for composite sandwich specimens with UHPCC are as follows:

The in-situ concrete infill was cast horizontally and tested when the required design strength was reached. The push-out specimens were tested in a hydraulic testing machine with a capacity of 100 tons as shown in Photo 2. At first, the primary load equals to 40% of the expected failure load. Subsequently, the secondary load was applied and the failure of the specimen occurred in about 20 min. Linear variable displacement transducers(LVDT) and load cell were implemented during loading process. LVDT was used to record the relative slip between the UHPCC block and the NC block. Longitudinal slip is measured by LVDT at the end of the UHPCC block until the load drops to 20% below the maximum load reached which can help to determine the load and slip capacity. Load is applied at 40 kN increments up to 60% of the expected failure load, and decrease the loading increment to 10 kN hereafter.

The characteristic shear capacity of the shear connectors is the maximum load sustained by the interface including the shear connector limitation or concrete splitting. The slip capacity cooresponding to the maximum load is also recorded. When all three specimens of each sandwich test results are within 10% of the mean result, the lowest result should be used.

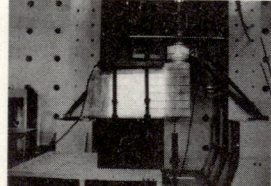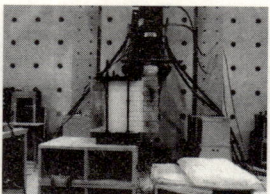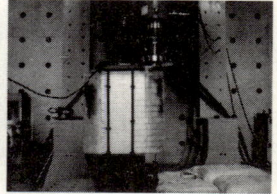

Photo 1   Lateral direct push test of UHPCC-NC sandwich specimen S1M, S2M and S3M

The load and slip responses are shown in Fig. 3.

2.3 Test results analysis

Table 2 presents the push test results. The initial stiffness of the specimen S3m-2 is almost two times of the average initial stiffness of S3m-1 and S3m-3 since this specimen is reloaded during the test and this value is not the initial stiffness.

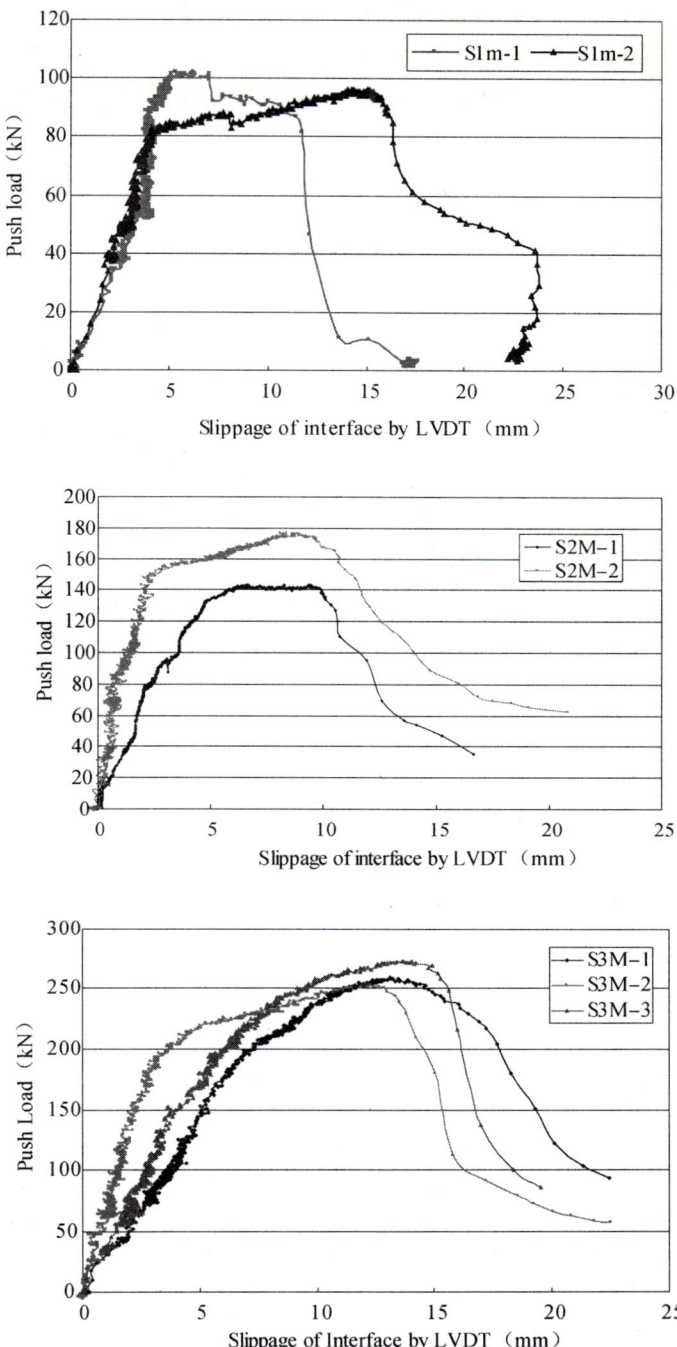

Fig. 3　Interface slippage response of the test results

Table2　Push test results statistics

Spec. No.	Max. load (kN)	Max. slip (mm)	Initial elastic load(kN)	Initial elastic slip (mm)	Initial stiff. (kN/mm)	Mean initial Stiff. (kN/mm)
S1M-1	99.53	7.07	85.40	3.97	21.51	21.51
S1M-2	95.99	15.17	80.57	4.11	19.60	19.60
S2M-1	141.70	11.17	134.71	6.52	20.66	10.33
S2M-2	174.74	9.18	167.35	8.28	20.26	10.13
S3M-1	257.63	13.18	235.1	9.71	24.21	8.07
S3M-2	250.97	12.65	215.22	4.64	46.38	15.46
S3M-3	270.24	14.18	257.94	9.91	26.03	8.68

All the test specimens exhibit ductile slippage behavior, which is a required character to allow load sharing among connector groups throughout the length of the structure. The premature failure of one connector is defined as the ultimate slippage of the interface connection, i.e. the sharp drop of the push loading.

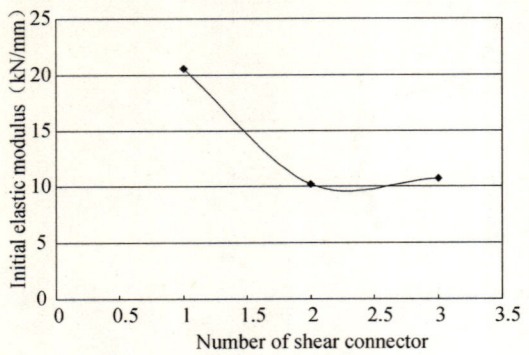

Fig. 4 Initial elastic modulus of shear connection

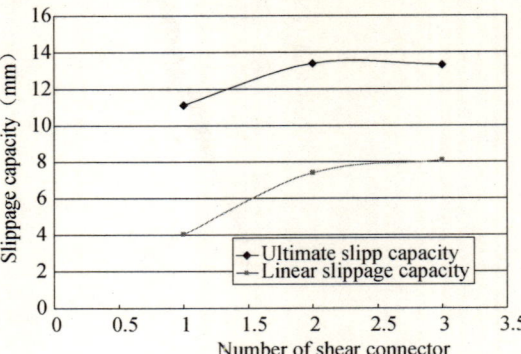

Fig. 5 Ultimate slippage of interfacial shear

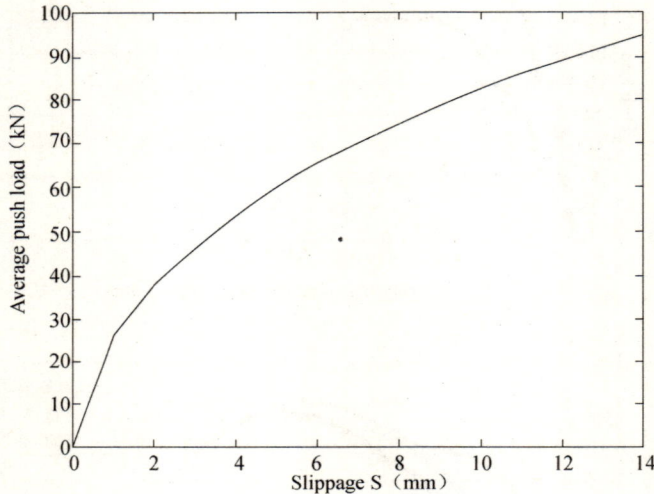

Fig. 6 The load slip model of the shear connection

Fig. 4 shows the average initial stiffness of the shear connection. The initial stiffness of the specimen with one shear connector is relative large due to its single action without interactive influence. However the average initial stiffness of the specimen with two and three shear connectors are almost same which indicates that the initial stiffness of one single shear connector approaches a constant beyond the influence of the shear connector's number. It is important that the initial stiffness of the single shear connector is a constant of structure and material for calculating the slippage of shear connection and the splitting evaluation of the concrete slab thereafter. As shown of the test results, the initial stiffness of the shear connector applied in this project is 10.5kN/mm. It is also certificates the composites structure characteristics that the increasement of the shear connector number provides no appreciable increase in single initial stiffness.

Fig. 5 shows the test results of the ultimate slippage capacity of the interface shear connection. The ultimate slippage is assumed to be longitudinal consistence which means the slippage of any single shear connector along the interface is in consistence. Here we have to emphasis that the ultimate slippage capacity is a connection performance which is different from the slippage under extra loading. As shown in Fig. 5, the slippage capacity of specimen with one shear connector is lower since there has no longitudinal interactive constraints. The ultimate slippage capacity of specimen with two and three shear connectors approaches to a constant. This result certificates that the ultimate slippage of shear connection is also a composites constant which is independent on the connector number. The ultimate slippage capacity of the shear connector in this research is 13.365mm.

3 Load-Slip relation model

An empirical formula for the load-slip relationship of continuously loaded specimens is proposed based on Ollgaard et al. contributions[9]. The proposed load and slip relation model is shown in Fig. 6.

$$\frac{D}{D_{max}} = (1 - e^{-\xi_{p1} \cdot S})^{\xi_{p2}} \quad (1)$$

Where D_{max} is the measured maximum load per shear connector. ξ_{p1} and ξ_{p2} are two coefficients and be proposed with 0.0487 and 0.554 based on the sandwich push tests, respectively. S is the average slip.

4 Conclusions

Symmetrical push loading item for steel composites is not accepted for UHPCC composites. Lateral direct push test is proposed in this research to avoid the deep beam shear behavior of both UHPCC and concrete element. Similarly with steel composites structure, initial stiffness and slippage capacity of single connector in the composites interface are material and structural constant parameter which are independent the connector placement. A critical state for UHPCC composites full shear connection definition is necessary since the unloading character by the cracking propagation of UHPCC element. The shear connection degree is derived for UHPCC composites girder which will be the design reference since it includes the design placement parameter.

References

[1] 吴香国，徐世烺，吴明喜. 超高性能纤维改性混凝土断裂参数研究与应用 [J]. 工程力学，2009，26 (3)：93~98.
[2] CP117. Part 1: Composite construction in structural steel and concrete. London: British Standards Institution; 1965.
[3] BS5400. Part 5: Steel, concrete, and composite bridges. London: British Standards Institution; 1979.
[4] BS5950. Part 3.1: Structural use of steelwork in building. London: British Standards Institution; 1990.
[5] BS EN1994-1-1. Eurocode 4: Design of composite steel and concrete structures: Part 1.1: General rules and rules for buildings. London: British Standards Institution; 2004.
[6] Johnson RP, Yuan H. Existing rules and new tests for stud shear connectors in troughs of profiled sheeting. Proceedings of The Institution of Civil Engineers, Structures and Buildings Vol. 128 (1998): 51~244.
[7] Ernst S, Bridge RQ, Wheeler A. Strength of headed stud shear connection in composite beams. In: Australian structural engineering conference. Newcastle (Australia); 2005.
[8] CEN. 1994: Eurocode 4, ENV 1994: Design of composite steel and concrete structures. European Committee for Standardisation (CEN), 1994.
[9] Ollgaard, J. G., Slutter, R. G. and Fisher, J. W. "Shear strength of stud connectors in lightweight and normal-density concrete", Engineering Journal, American Institute of Steel Construction, Vol. 8 (1971), 55~64.

UHPC 与 UHP-SCC 的收缩特性研究

余 斌[1] 毛山红[1] 周正富[2] 梁尧亦[1]

1. 广州天达混凝土有限公司，广州，510000
2. 中国建筑第三工程局，武汉，430000

【摘 要】 本文结合广州珠江新城西塔工程项目，研究了超高性能混凝土（UHPC）与超高性能自密实混凝土（UHP-SCC）的收缩特性。研究表明，经过比较不同的配方，选用最适当的配合比方案，超高性能自密实混凝土（UHP-SCC）的收缩性能及抗裂能力均优于超高性能混凝土（UHPC）。

【关键词】 超高性能混凝土；超高性能自密实混凝土；收缩特性；抗裂能力

The Research of Contractile Property of UHPC and UHP-SCC

Yu Bin[1] Mao Shanhong[1] Zhou Zhengfu[2] Liang Yaoyi[1]

1. Guangzhou Tianda Concrete Co., Ltd., Guangzhou, 510000, China
2. China Construction Third Engineering Division Corp., Wuhan, 430000, China

【Abstract】 Based on Guangzhou Zhujiang New City West Tower project, the paper researched the contractile property of ultra-high performance concrete UHPC and ultra-high performance of self-compacting concrete UHP-SCC. The research indicated the fact, by comparing different proportion plans and choosing the most appropriate concrete proportion, the contractile and crack resistance property of ultra-high performance of self-compacting concrete UHP-SCC will be better than UHPC.

【Key words】 ultra-high performance concrete; ultra-high performance of self-compacting concrete; contractile property; crack resistance property

超高性能混凝土（UHPC）与超高性能自密实混凝土（UHP-SCC）虽然具有高强度、高流动性、高耐久性等优点，但是由于混凝土中水泥及掺合料的用量较大，混凝土的收缩特性及抗裂能力对于工程的应用至关重要。我们结合广州珠江新城西塔工程项目对此开展了一系列研究。

1 试验材料及测试方法

1.1 试验材料

1.1.1 水泥

使用广州越堡水泥有限公司生产的金羊牌 P.II52.5R 水泥，水泥的物理性能指标见表1。

表1 水泥物理性能指标

比表面积 (mm^2/g)	标准稠度 (%)	凝结时间 (min)		抗折强度 (MPa)		抗压强度 (MPa)	
		初凝	终凝	3d	28d	3d	28d
390	24.4	70	154	6.7	9.2	35.3	59.8

1.1.2 矿渣粉

本试验所用矿渣粉为济南鲁昂新型建材有限公司生产的 P8000 型超活性微矿粉，其技术性能指标与化学组成分别如表2、表3所示。

表2 矿渣粉技术性能指标

检验项目	密度（g/cm³）	比表面积（m²/kg）	含水量（%）	SO_3（%）	烧失量（%）	氯离子（%）	流动度比（%）	7d活性指数（%）	28d活性指数（%）
检验结果	2.95	838	0.2	0.23	0.35	0.01	99	114	104

表3 矿渣化学成分   %

SiO_2	Al_2O_3	Fe_2O_3	CaO	MgO
32.57	15.16	0.96	36.60	9.42

1.1.3 硅粉

本试验使用贵州生产的乌江牌硅粉。其主要性能指标如表4所示。

表4 硅粉的物理性能指标

试验项目	7d活性指数（%）	28d活性指数（%）	需水量比（%）	烧失量（%）
检测值	109	113	125	1.96

1.1.4 砂

本试验使用洁净的西江河砂，表观密度2650kg/m³，细度模数3.0，含泥量0.8%。

1.1.5 碎石

使用珠海6~11mm、11~16mm、16~22mm的碎石按不同比例搭配，分别检测堆积密度，找出颗粒级配、空隙率的变化规律，从而得出搭配成5~20mm碎石的最佳比例，经试验得出6~11mm、11~16mm、16~22mm碎石的最佳比例为2:1:7，搭配后碎石的颗粒级配、表观密度及压碎指标见表5。

表5 搭配后碎石的物理指标

表观密度（kg/m³）		2670			压碎指标（%）		6.6
筛孔尺寸（mm）	26.5	19	16	9.5	4.75	2.36	底盘
分计筛余（%）	0	10.6	28.9	45.3	15.1	0	0.1
累计筛余（%）	0	11	40	85	100	100	100

1.1.6 减水剂

试验采用了广东柯杰外加剂科技有限公司生产的KJ-JS聚羧酸高性能减水剂及广州西卡建筑材料有限公司生产的3350聚羧酸高性能减水剂，分别用于超高性能混凝土（UHPC）与超高性能自密实混凝土（UHP-SCC）的配制。

1.1.7 特种矿物超细粉

使用沸石粉作为特种矿物超细粉。

1.1.8 特种外加剂

使用沸石粉吸附聚羧酸高性能减水剂母液（不含保坍、缓凝成分）制成。

1.2 试验方法

1.2.1 原材料检验

各种材料的检验方法按照相应的规范进行。

1.2.2 收缩试验

试件为100mm×100mm×400mm的棱柱体，试模用有机玻璃制作，试模内底衬有一层特氟纶，长方向的内侧衬有可抽式侧板，端板内侧衬有3mm厚的橡胶皮，并留有安装预埋测头的孔，试件成型时内衬一层塑料薄膜,两端预埋测头,成型后混凝土试件带模在恒温恒湿养护室静置养护,千分表固定在千分表架上,分别在不同时期测量长度变化,记录长度值。

1.2.3 平板开裂试验

按配合比拌制混凝土后,浇筑成型(平板式试件),振实、抹平,然后盖上塑料薄膜,经2h后,将其拿下,送风,吹向混凝土表面,观察24h龄期的开裂情况,记录:①开裂时间;②裂缝数量;③裂缝长度和宽度。

根据24h时的裂缝情况计算下列三个参数:

(1) 平均每条开裂面积

$$a = \frac{1}{2N}\sum_{i=1}^{N} W_i \cdot L_i \, (\text{mm}^2/\text{条}) \tag{1}$$

(2) 单位面积开裂数量

$$b = \frac{N}{A} (\text{条}/\text{m}^2) \tag{2}$$

(3) 单位面积总开裂面积

$$c = ab \, (\text{mm}^2/\text{m}^2) \tag{3}$$

式中 W_i——第 i 条裂缝的最大宽度,mm;

L_i——第 i 条裂缝的长度,mm;

N——裂缝总数目,条;

A——试件面积 0.36m^2。

2 混凝土配合比

超高性能混凝土(UHPC)与超高性能自密实混凝土(UHP-SCC)的几个配合比见表6所示。

表6 混凝土配方   kg/m³

编号	水胶比	水泥	矿渣粉	硅粉	载体	沸石粉	砂	碎石	水	KJ-JS	3350 外加剂
1		500	190	60	—	—	750	900	150	18.00	—
2	0.20	500	90	60	—	—	800	950	130	16.25	—
3		650	60	40	—	—	750	900	150	18.75	—
4	0.22	450	190	60	14	28	750	850	154	—	15.40

3 混凝土收缩试验(图1)

按照配方1、2、3、4搅拌混凝土,进行自收缩、早期收缩及长期收缩的试验(试验过程中,由于配方2的收缩值始终最小,因此没有继续进行长期收缩的试验;又由于时间所限,长期收缩的数据只到56d)。

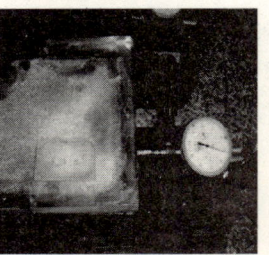

图1 混凝土收缩试验

混凝土自收缩的收缩值及图表详见表7及图2,早期收缩的收缩值及图表详见表8及图3,长期收缩的收缩值及图表详见表9及图4。

表7 自收缩试验结果

配合比1		配合比2		配合比3		配合比4	
经历时间 (h)	平均收缩值 ($\times 10^{-6}$)	经历时间 (h)	平均收缩值 ($\times 10^{-6}$)	经历时间 (h)	平均收缩值 ($\times 10^{-6}$)	经历时间 (h)	平均收缩值 ($\times 10^{-6}$)
0	0	0	0	0	0	0	0
2	13.17	2	13.80	2	2.40	2	1.67
4	15.20	4	17.63	4	4.40	4	5.33
6	18.37	6	23.53	6	9.57	6	11.07
8	23.53	8	31.67	8	19.27	8	14.37
10	35.53	10	41.90	10	38.97	10	16.53
12	53.37	12	50.93	12	54.40	12	18.13
14	67.50	14	57.93	14	74.05	14	20.83
16	73.87	16	56.10	16	85.70	16	23.20
18	91.97	18	56.37	18	85.85	18	25.37
20	99.63	20	51.93	20	87.05	20	27.17
22	101.27	22	51.93	22	89.20	22	29.90
24	103.20	24	52.80	24	92.50	24	34.70
28	108.53	28	55.77	28	99.05	28	38.60
32	117.23	32	60.07	32	106.45	32	40.10
36	125.17	36	62.63	36	112.85	36	42.50
40	127.90	40	64.87	40	115.45	40	46.87
44	132.77	44	66.43	44	116.45	44	50.47
48	133.13	48	67.77	48	117.45	48	59.30
56	141.57	56	71.27	56	122.90	56	60.50
64	150.43	64	77.13	64	129.90	64	66.90
72	152.90	72	80.80	72	129.40	72	75.53
80	154.47	80	82.03	80	133.65	80	87.77
90	159.77	90	85.70	90	137.00	90	90.00
106	164.43	106	88.60	106	138.45	106	92.35
130	173.33	130	94.10	130	144.30	130	97.40
154	184.20	154	98.23	154	152.80	154	98.90

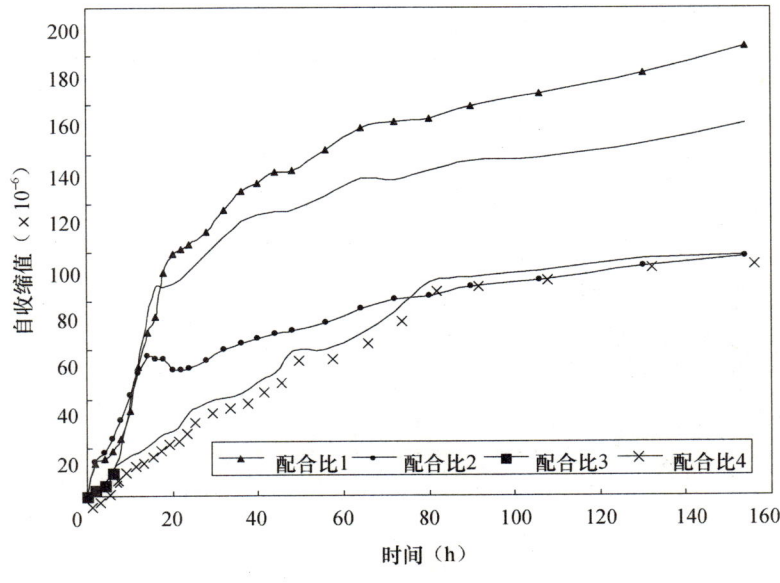

图2 自收缩值

表8 早期收缩试验结果

配合比1		配合比2		配合比3		配合比4	
经历时间(h)	平均收缩值($\times 10^{-6}$)	经历时间(h)	平均收缩值($\times 10^{-6}$)	经历时间(h)	平均收缩值($\times 10^{-6}$)	经历时间(h)	平均收缩值($\times 10^{-6}$)
0	0	0	0.00	0	0	0	0
2	57.73	2	1.50	2	30.55	2	18.93
4	88.95	4	62.40	4	68.55	4	31.40
6	118.50	6	106.67	6	107.55	6	31.30
8	139.35	8	127.10	8	132.75	8	35.35
10	165.75	10	141.77	10	159.95	10	41.80
12	178.10	12	157.07	12	180.05	12	45.30
14	182.60	14	182.30	14	197.60	14	49.55
16	184.25	16	185.50	16	211.50	16	54.00
18	185.75	18	185.60	18	218.65	18	59.35
20	188.35	20	187.15	20	223.85	20	64.35
22	192.15	22	188.50	22	229.80	22	70.35
24	194.65	24	190.35	24	233.95	24	76.96
28	198.15	28	192.25	28	241.45	28	84.25
32	205.90	32	194.55	32	250.90	32	87.90
40	215.75	40	198.20	40	265.85	40	97.90
48	224.75	48	204.65	48	280.25	48	104.05
56	229.25	56	200.05	56	285.45	56	110.20
64	234.25	64	202.10	64	286.70	64	116.20
72	235.25	72	204.60	72	287.55	72	122.15

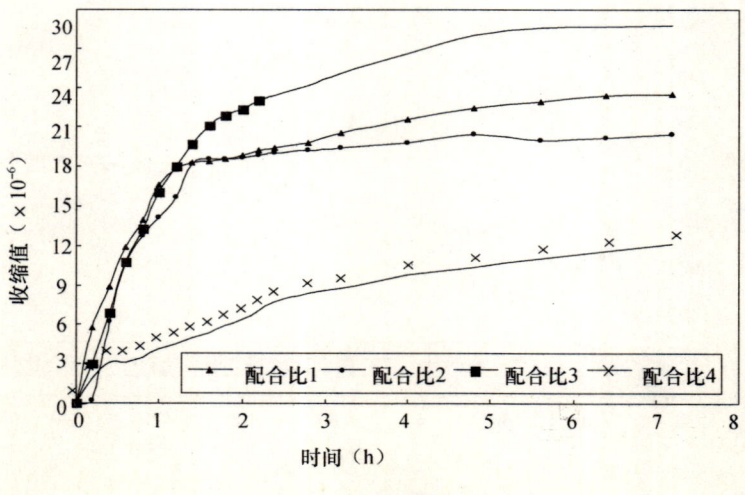

图3 早期收缩值

表 9　长期收缩试验结果

配合比 1		配合比 3		配合比 4	
经历时间（d）	平均收缩值（$\times 10^{-6}$）	经历时间（d）	平均收缩值（$\times 10^{-6}$）	经历时间（d）	平均收缩值（$\times 10^{-6}$）
3	235.25	3	287.55	3	122.15
7	248.75	7	293.30	7	136.61
28	273.00	28	363.60	28	183.91
45	278.00	45	334.70	45	193.67
56	281.78	56	353.10	56	198.25

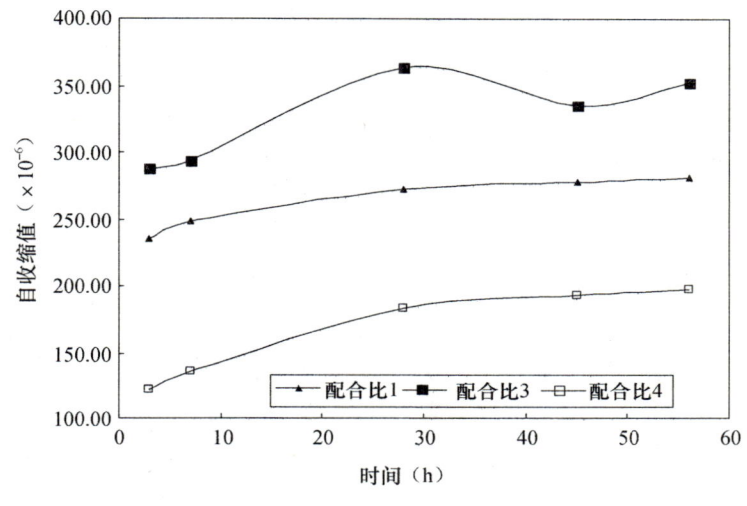

图 4　长期收缩值

从上述的数据及图表分析，可以发现以下规律：

在早期（12h 内），配方 1、2、3 的自收缩值接近，其后三者的差距逐渐加大，配方 1 的自收缩量最大，其次是配方 3、配方 2 及配方 4；随着时间的推移，配方 2 及配方 4 的自收缩量趋于接近。在观测的早期（12h 内），配方 1、2、3 的干燥及自收缩值差距并不大，其后三者的差距逐渐加大，收缩值由大到小依此为配方 3＞配方 1＞配方 2；在整个观测期间内，配方 4 的早期收缩及长期收缩值均小于其他 3 个配方。

配方 1、2、3 的混凝土，在初期的自收缩及干燥收缩速率均较快，随后逐渐减慢；但配方 4 的混凝土自收缩及干燥收缩速率却相对比较平稳，其收缩值与时间关系曲线相对其他 3 个配方的混凝土更平缓，这与所掺入的沸石粉是一种多孔材料有关。

4　混凝土平板开裂试验

平板开裂试验适合于考察混凝土在施工应用的恶劣环境中抵抗开裂的能力。由于试验时采用日晒、风吹的方法模拟施工条件下的恶劣环境，其环境参数存在难以量化和控制的缺陷，因此只适宜进行对比试验。

本项试验中，4 个配方的混凝土平板在成型后均放在阳光下暴晒，并同时使用大功率风扇向试件表面送风，24h 龄期时记录试验数据，按前述方法整理结果。表 10 是平板开裂试验后整理出来的试验结果，其中"平均每条开裂面积"表示了混凝土裂缝的大小，"单位面积开裂数量"表示了混凝土裂缝的多少，两者的乘积"单位面积总开裂面积"则代表了混凝土裂缝的整体情况。

表10 平板开裂试验数据

配合比编号	水胶比	裂缝数量(条)	平均每条开裂面积(mm²/条)	单位面积开裂数量(条/m²)	单位面积总开裂面积(mm²/m²)
1	0.20	7	10.11	19	196.53
2		65	11.54	181	2083.4
3	0.22	30	44.22	83	3685.35
4		8	12.66	22	281.33

从表10的数据分析，可以得出以下结论：

在施工应用的条件下，混凝土抵抗开裂的能力从强到弱依次是：配方1＞4＞2＞3；配方1及配方4的混凝土抗裂能力比较接近，而且远远优于配方2及配方3的混凝土，两者的"单位面积总开裂面积"相差近十倍。

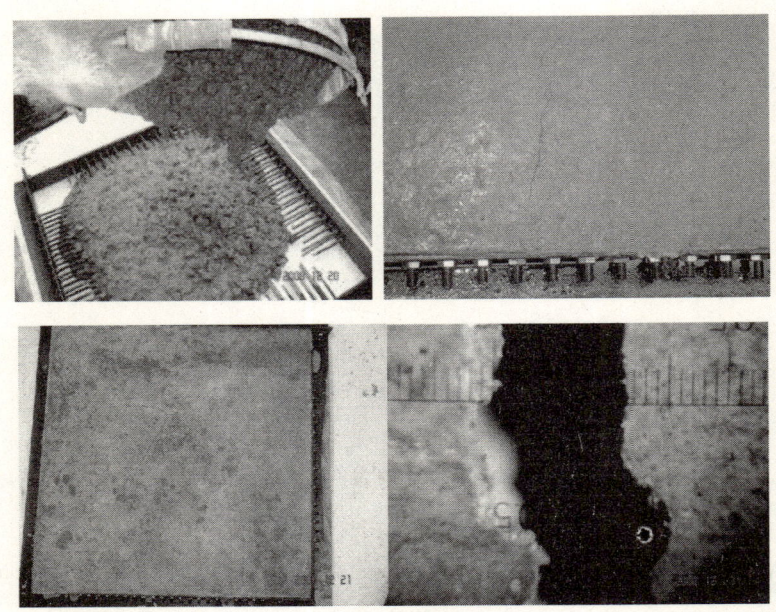

图5 混凝土平板开裂试验

5 结论

通过试验，可以发现配方1及配方4的混凝土在施工环境中的抗裂能力远强于配方3及配方4，配方1及配方4的混凝土适合于超高性能混凝土（UHPC）与超高性能自密实混凝土（UHP-SCC）的施工应用。

配方4的混凝土，其自收缩、早期收缩及长期收缩均最小，并且收缩值与时间的增长曲线平缓，这对于防止混凝土裂缝十分有利，也证明了只要配合比方案适当，超高性能自密实混凝土（UHP-SCC）的收缩性能及抗裂能力均可优于超高性能混凝土（UHPC）。

参考文献

[1] 冯乃谦，邢锋. 混凝土与混凝土结构的耐久性 [M]. 北京：机械工业出版社，2009.1
[2] 冯乃谦，顾晴霞，郝挺宇. 混凝土结构的裂缝与对策 [M]. 北京：机械工业出版社，2006.6
[3] 吴中伟，廉慧珍. 高性能混凝土 [M]. 北京：中国铁道出版社，1999.7
[4] 冯乃谦，邢锋. 高性能混凝土技术 [M]. 北京：原子能出版社，2000.2

多组分胶凝材料体系的水化放热特征

余 斌[1]　毛山红[1]　周正富[2]　梁尧亦[1]

1. 广州天达混凝土有限公司，广州，510000
2. 中国建筑第三工程局，武汉，430000

【摘　要】　本文研究了不同水胶比条件下，纯水泥净浆及掺入超细矿渣粉、硅灰的水泥净浆的水化放热特征，表明在低水胶比条件下，掺入超细矿渣粉及硅灰的复合胶凝材料对于高性能混凝土控制水化热十分有利。

【关键词】　胶凝材料；水化热；超细矿渣粉；硅灰；高性能混凝土

The Hydration Heat Characteristics of Cementitious Materials with Several Components

Yu Bin[1]　Mao Shanhong[1]　Zhou Zhengfu[2]　Liang Yaoyi[1]

1. Guangzhou Tianda Concrete Co., Ltd., Guangzhou, 510000, China
2. China Construction Third Engineering Division Corp., Wuhan, 430000, China

【Abstract】　The paper studied the hydration heat characteristics of pure cement and the one mixed with superfine slag powder and silicon ash under different water-binder ratio, and shows that with low water-binder ratio, mixed composite cementitious material is favorable for the hydration heat control of the high-performance concrete.

【Key words】　cementitious material; hydration heat; superfine slag powder; silica ash; high-performance concrete

　　超高性能混凝土由于混凝土中水泥及掺合料的用量较大，因此混凝土的水化热对于高强高性能混凝土的生产、施工具有特别重要的意义，为此我们结合广州珠江新城西塔工程项目进行了研究。

1　试验材料

1.1　水泥

使用广州越堡水泥有限公司生产的金羊牌P.II52.5R水泥，水泥的物理性能指标见表1。

表1　水泥物理性能指标

| 比表面积 | 标准稠度 | 凝结时间（min） | | 抗折强度（MPa） | | 抗压强度（MPa） | |
(cm²/g)	(%)	初凝	终凝	3d	28d	3d	28d
390	24.4	70	154	6.7	9.2	35.3	59.8

1.2　矿渣粉

本试验所用矿渣粉为济南鲁昂新型建材有限公司生产的P8000型超活性微矿粉，其技术性能指标与化学组成分别如表2、表3所示。

表2 矿渣粉技术性能指标

检验项目	密度（g/cm³）	比表面积（m²/kg）	含水量（%）	SO₃（%）	烧失量（%）	氯离子（%）	流动度比（%）	7d 活性指数（%）	28d 活性指数（%）
检验结果	2.95	838	0.2	0.23	0.35	0.01	99	114	104

表3 矿渣化学成分　　　　　　　　　　　　　　　　　　　　　　　　　　　%

SiO_2	Al_2O_3	Fe_2O_3	CaO	MgO
32.57	15.16	0.96	36.60	9.42

1.3 硅粉

本试验使用贵州生产的乌江牌硅粉。其主要性能指标如表4所示。

表4 硅粉的物理性能指标　　　　　　　　　　　　　　　　　　　　　　　　%

试验项目	7d 活性指数	28d 活性指数	需水量比	烧失量
检测值	109	113	125	1.96

2 测试方法

配制水胶比分别为0.3、0.4、0.5的纯水泥及胶凝材料（水泥：矿渣粉：硅粉比例为0.67：0.25：0.08）净浆，灌入保温良好的密封容器内，测定其温升，绘制不同净浆的升温曲线。试验配比见表5，试验过程如图1所示。

表5 净浆配比

序号	水胶比	净浆配比（质量比）	
1	0.3	纯水泥	水泥：水 = 1：0.3
2		胶凝材料	水泥：矿渣粉：硅粉：水 = 0.67：0.25：0.08：0.3
3	0.4	纯水泥	水泥：水 = 1：0.4
4		胶凝材料	水泥：矿渣粉：硅粉：水 = 0.67：0.25：0.08：0.4
5	0.5	纯水泥	水泥：水 = 1：0.5
6		胶凝材料	水泥：矿渣粉：硅粉：水 = 0.67：0.25：0.08：0.5

3 试验数据及结果

在0.3、0.4、0.5三个水胶比条件下，纯水泥与复合胶凝材料浆体水化放热引起的温度变化数据及升温曲线分别见表6~表8及图2~图4。

表6 水胶比：0.3 纯水泥与复合胶凝材料浆体温升试验

1#（纯水泥）		2#（复合胶凝材料）	
时间（h）	温度（℃）	时间（h）	温度（℃）
0	20	0	20.5
2.6	29	4.42	27.5
3	32	4.87	31
3.7	45	5.53	37
4.26	80	5.88	44.5

续表

1#（纯水泥）		2#（复合胶凝材料）	
时间（h）	温度（℃）	时间（h）	温度（℃）
4.65	101	6.42	61
5	113	6.92	72.5
5.25	121	7.42	72
5.75	130	8	69
6.13	135	8.5	65
7.5	134		
9	130		

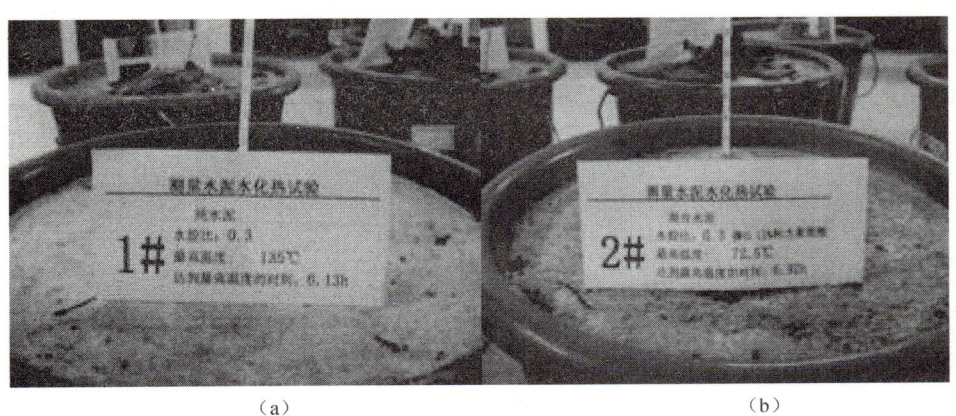

(a) (b)

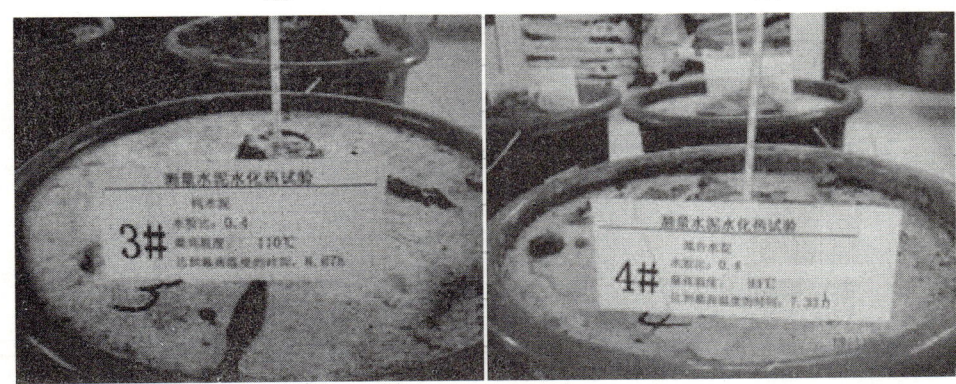

(c) (d)

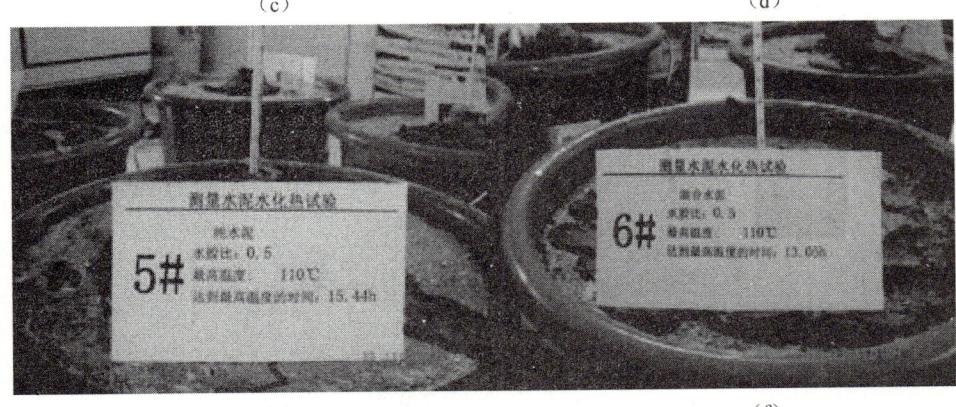

(e) (f)

图 1　测定水化放热温升

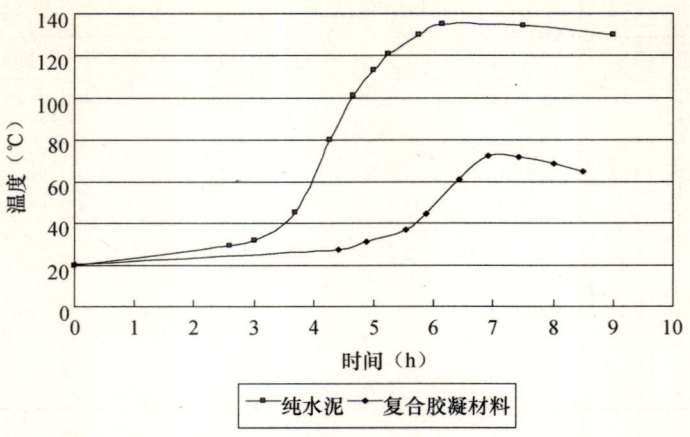

图2 纯水泥与胶凝材料浆体升温曲线图（水胶比：0.3）

表7 水胶比：0.4 纯水泥与复合胶凝材料浆体温升试验

3#（纯水泥）		4#（复合胶凝材料）	
时间（h）	温度（℃）	时间（h）	温度（℃）
0	19	0	19.5
2.75	25	3.72	26
3.03	26	4.25	29
3.53	30	4.75	34
4.03	34.5	5.25	40
4.58	42	5.83	50
5.08	53	6.33	62
5.59	76	6.83	75
6.17	88	7.33	93
6.67	100	8.33	89
7.67	110		
8.67	108		

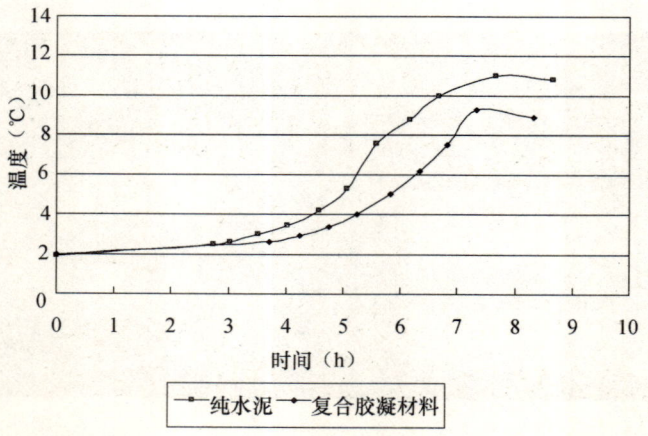

图3 纯水泥与胶凝材料浆体升温曲线图（水胶比：0.4）

表8 水胶比:0.5 纯水泥与复合胶凝材料浆体温升试验

5#（纯水泥）		6#（复合胶凝材料）	
时间（h）	温度（℃）	时间（h）	温度（℃）
0	20	0	20
3.23	25.5	4.45	28
3.76	28	4.95	30
4.26	31	5.45	34
5.84	49.5	5.95	39
6.34	63	6.45	47
6.84	77	7.45	62
7.84	89	8.45	81
8.84	101	9.45	101
11.5	107	13.05	110
13.44	110	14.05	108
15.44	109	15.05	106

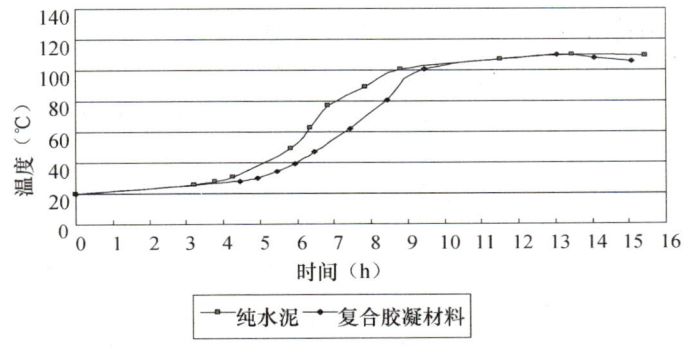

图4 纯水泥与胶凝材料浆体升温曲线图（水胶比：0.5）

从以上的数据及图表分析可以发现：

（1）在水胶比0.3、0.4、0.5的条件下，纯水泥浆体的升温速率及最高温度总体上大于复合胶凝材料，这说明纯水泥浆体的水化热及放热速率均大于复合胶凝材料。

（2）随着水胶比的逐渐增大，两者的升温速率及最高温度趋于接近，这表明水胶比的大小，即体系中拌合水量影响了水泥、矿渣粉及硅粉的水化反应速率。在低水胶比条件下，复合胶凝材料的水化热及放热速率明显低于纯水泥，这对于低水胶比的高性能混凝土控制水化热，防止混凝土裂缝具有重要的意义。

将纯水泥浆体与复合胶凝材料浆体的升温曲线分别集中在一起进行对比，绘制出图5及图6。

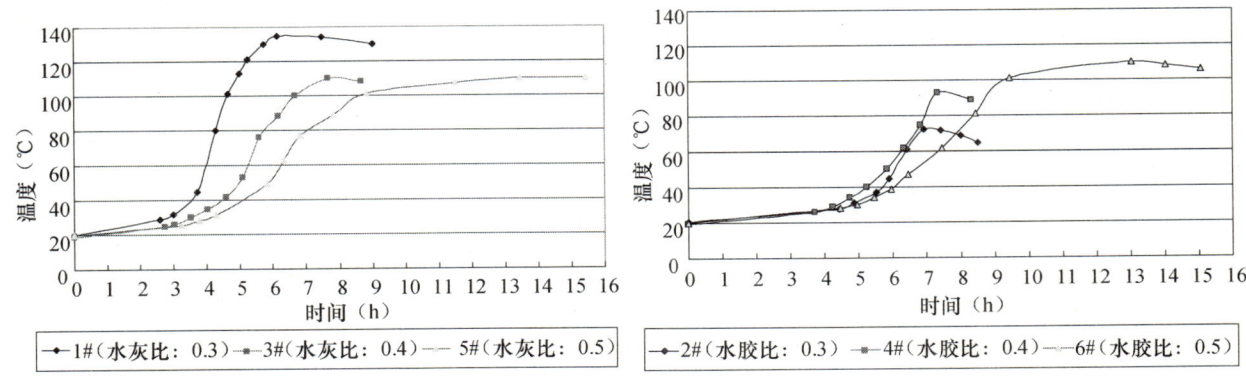

图5 纯水泥浆体升温曲线图　　　　图6 复合胶凝材料浆体升温曲线图

通过对比可以发现：在纯水泥浆体系中，随着水灰比的降低，其升温速率及最高温度依次增大，这表明水化热及放热速率增大,但在复合胶凝材料体系中这种趋势不明显,这对于低水胶比的高性能混凝土十分有利。

4 结论

通过上述试验,可以总结出以下结论:

(1) 在水胶比 0.3、0.4、0.5 的条件下,纯水泥浆体的水化热及放热速率总体上大于复合胶凝材料。但是,随着水胶比的逐渐增大,体系中拌合水量增加,矿渣粉及硅粉的水化反应速率加快,两者的水化放热速率趋于接近;而在低水胶比条件下,复合胶凝材料的水化热及放热速率则明显低于纯水泥,这对于低水胶比的高性能混凝土控制水化热,防治混凝土裂缝具有重要的意义。

(2) 在纯水泥浆体系中,随着水灰比的降低,其水化热及放热速率明显增大,但在复合胶凝材料体系中这种趋势不明显,这对于低水胶比的高性能混凝土同样意义重大。

参考文献

[1] 冯乃谦,邢锋. 混凝土与混凝土结构的耐久性 [M]. 北京:机械工业出版社,2009.1.
[2] 冯乃谦,顾晴霞,郝挺宇. 混凝土结构的裂缝与对策 [M]. 北京:机械工业出版社,2006.6.
[3] 吴中伟,廉慧珍. 高性能混凝土 [M]. 北京:中国铁道出版社,1999.7.
[4] 冯乃谦,邢锋. 高性能混凝土技术 [M]. 北京:原子能出版社,2000.2.

巨型钢管混凝土角柱压弯试验及有限元分析研究

刘天波[1]　令狐延[2]　刘光荣[2]

1. 深圳市京基房地产股份有限公司，深圳，518001
2. 中国建筑第四工程局有限公司，广州，510665

【摘　要】 本文对深圳京基金融中心巨型钢管混凝土柱典型截面低周往复荷载作用下的试验结果以及有限元分析方法从承载力和变形能力（混凝土开裂、钢板局部变形、板件屈曲、应力应变等）两方面进行分析，并对钢管混凝土柱在破坏形态、延性、耗能能力及钢管柱的截面构造的合理构成等方面进行研究。试验研究表明，钢管混凝土柱在压弯往复荷载作用下不存在滑移或滑移很小，耗能能力较强，构件变形能力较好。钢管混凝土柱压弯试验试件最先屈服的位置均出现在柱根。截面中钢筋、竖向加劲肋与钢管及混凝土共同承担竖向荷载及弯矩，水平加劲肋和竖向加劲肋分别对钢管壁环向和钢管壁鼓曲有明显的约束作用。有限元分析表明，柱试件有限元分析的变形、应力分布、极限承载力与破坏模式与试验结果基本符合。两者结合分析表明，轴压比在设计范围内时，可以按照叠加法计算柱的截面轴向刚度。

【关键词】 压弯试验；低周往复荷载；屈服；耗能能力；破坏形态；延性；约束；截面轴向刚度

The Bending Test about Giant Steel-tube Concrete Prisms and Finite Element Analysis

Liu Tianbo[1]　Linghu Yan[2]　Liu Guangrong[2]

1. Shenzhen KingKey Real Estate Development Co., Ltd., Shenzhen, 518001, China
2. China Construction Fourth Engineering Division Corp. Ltd., Guangzhou, 510665, China

【Abstract】 The article analyzes the test results on a typical cross section of rectangular steel concrete columns under low cyclic loading of the Shenzhen KingKey Finance Center building, from two aspects of the bearing and deformation capacity (Concrete cracking, steel-board local-deformation, plate buckling, stress and strain, etc) with a method of finite element analysis, and researches the destroying-modes, ductility, energy-consumption of steel concrete columns. The result of research presents no-slip or small-slip, the strong energy-consumption, good component deformation of steel concrete columns under bending and cyclic loading, and the root column as the first yielded position of steel concrete column test specimens. Steel vertical stiffener and steel concrete bear the vertical load and bending moment together, and horizontal stiffener and vertical stiffener have obvious effect on the steel tube wall and steel tube surfaces. The finite element analysis states that the deformation, stress distribution, ultimate strength and destroy modes in the test tube are suitable with the result of experiment. So the both research results show that the axial compression ratio within the design range, can be calculated axial rigidity of the section of column with a superposition method.

【Key words】 bending test; low cyclic loading; yield; energy consumption capability; destroy mode; ductility; constraint; section axial rigidity

深圳京基金融中心主塔楼位于深圳市罗湖区蔡屋围金融中心区，建筑面积约24万m^2，建筑总高度为441.8m，高宽比达9.5以上，有多项内容超过目前国内设计规范的相关规定。为满足结构侧向刚度和舒适度的要求，本工程采用钢管混凝土内筒、钢管混凝土外柱+钢框架梁结构体系，设有5道腰桁架作为水平加强层，沿短向设有3道伸臂桁架，并在短向两侧设置巨型支撑，形成多重抗侧力体系。根据本工程的特点及建设周期的限制，对典型构件进行验证性研究。

1 试验概况

1.1 试验特点

本工程中所采用的巨型钢管混凝土柱具有如下特点：
（1）构件截面尺寸很大，角柱最大尺寸达2.7m×3.9m；
（2）构件含钢率高，为8%～10%，钢板厚度大；
（3）由于构件截面尺寸大，为防止钢板发生局部屈曲，设置了较多的竖向加劲肋与水平加劲肋；
（4）在钢管混凝土柱中部设纵向钢筋笼，防止大体积混凝土在收缩与温度应力作用下出现裂缝；
（5）在钢板侧壁设置圆头焊钉增强混凝土与钢箱梁之间的粘结力。

在风荷载与地震作用下，钢管混凝土柱受力巨大，构造复杂，已经超出目前结构设计规范涵盖的范畴，其受力性能、特别是抗震性能需要进行专门研究。尽管在结构设计过程中对钢管混凝土柱的节点构造进行深入的分析与计算，但是由于问题的复杂性，仅对其进行理论分析和计算是不够的，还需要通过试验研究验证结构设计的安全性和构造的合理性。

1.2 试验目的

根据本工程的特点及建设周期的限制，本次试验属于对典型构件的验证性研究。通过模型试验，研究典型构件的受力形态、混凝土开裂、钢板局部变形及板件屈曲情况，测试构件的荷载-位移曲线，确定构件与节点刚度和极限承载力，考察加劲肋设置方式及厚度对构件受力性能的影响，并与有限元计算结果进行比较，检验典型构件截面构造的合理性。由于实际构件的几何尺寸和受力都很大，考虑到试验室加载设备的能力（空间、吨位等）的限制，进行缩尺模型的破坏试验。

试验研究的目的如下：
（1）检验预期的受力机理与内力传递途径；
（2）发现主要的破坏形式并查验设计中是否考虑了必要和充分的对策；
（3）验证根据实际结构截面分析建立的有限元模型的适用性以及应力分布特点和计算结果的正确性。
（4）根据试验结果和分析结果，对设计提出意见和建议。

2 巨型钢管混凝土角柱压弯试验

2.1 试件设计与制作

按照原型结构中首层钢管混凝土角柱结构，设计缩尺模型试件进行压弯试验。

原型结构角柱尺寸为2.7m×3.9m，分别在楼层处与楼层之间设置横向加劲肋，设置多道纵向加劲肋。横向加劲肋采用环肋，中部设孔。纵向加劲肋不开孔。构件尺寸如图1与表1所示。角柱自首层到4层（17.87m）两个方向均没有楼面梁及楼板支撑。

表1 钢管混凝土角柱节点杆件几何尺寸 mm

构件位置	$B \times h \times t_w \times t_f$
构件截面尺寸	□3900×2700×50×50
横向加劲肋厚度	40
纵向加劲肋厚度	40

注：试件材料均采用Q345JC，混凝土强度等级C80。

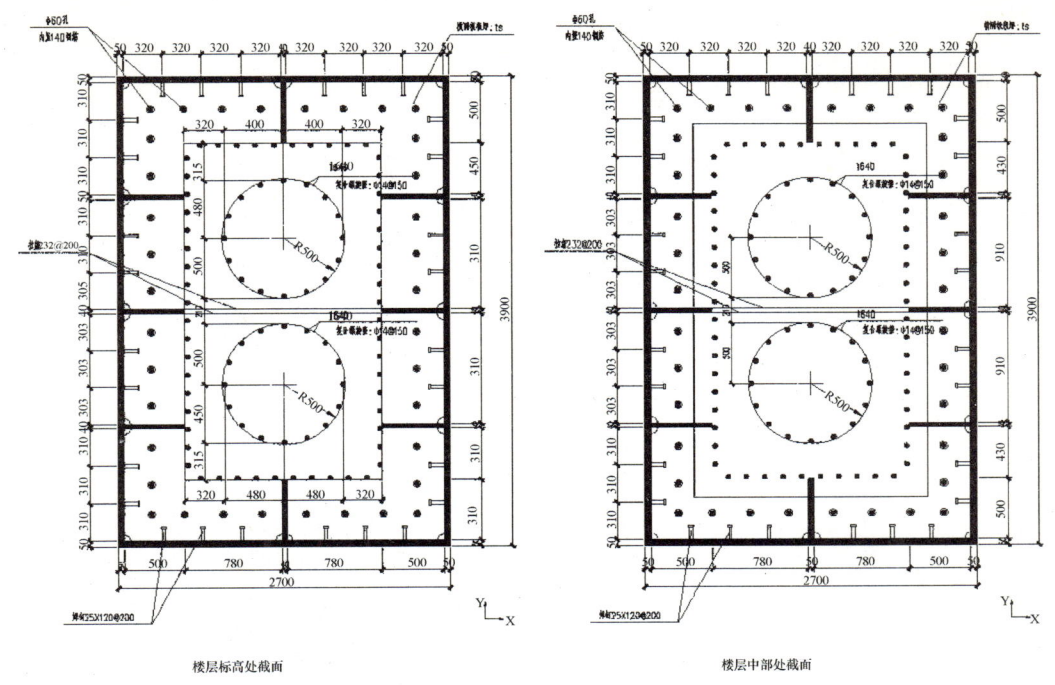

图1 角柱截面

根据加载设备能力及加工可行性,模型缩尺比例取1:8.3。柱试件截面完全按照原设计截面缩尺,试件钢管壁厚度为6mm,加劲肋钢板厚度4.8mm,柱中钢筋按配筋率缩尺,栓钉缩尺后采用定制小栓钉模拟。原结构中角柱自首层到4层(17.87m)两个方向均没有楼面梁及楼板支撑,根据结构中内力情况,在强轴方向,重力荷载作用下柱的反弯点高度为14.8m,风荷载及地震荷载作用下反弯点高度更大。按照重力荷载作用下柱的反弯点高度,取试件柱高为14.8/8.33 = 1.776m,柱截面高宽比为3.79(强轴方向)。柱试件根部固结于地梁上,地梁为箱型截面,内部灌注混凝土。顶部采用厚20mm盖板。纵向加劲肋采用角焊缝焊接在地梁上翼缘和盖板上。上翼缘和盖板中心开方孔,便于操作焊接加劲肋。柱内纵筋锚固于地梁的混凝土内。对应于原结构标高11.87m位置楼面梁翼缘设置横隔板,以下设置3道横隔板,均匀布置。

柱试件示意图如图2所示。

试件中材料强度等级与实际结构相同,共加工2个试件进行试验,编号分别为C1和C2。试件轴向施加荷载6000kN,轴压比为0.53(材料按照实测强度计算),对应于设计轴压比约为0.7。对两个试件均沿强轴方向施加弯矩。加工完成的试验试件见图3和图4。

2.2 试验装置与测点布置

2.2.1 试验装置

加载装置主要包括自平衡加载架、两台5000kN竖向加载千斤顶,两台1000kN千斤顶以及配套的控制设备和数据采集设备。模型底部用地梁固定于加载架上,竖向采用两台5000kN千斤顶在柱顶施加轴压力,千斤顶与门架之间设置滑动装置,柱顶设铰。柱顶侧面采用两台1000kN千斤顶施加往复水平力。加载装置如图5所示。

试验采用sinocera YE2539高速静态应变仪采集应变和位移值。应变片分为单向和应变花两类。位移监测采用YHD-30位移传感器。

2.2.2 测点布置

模型中柱中部1-1截面和柱根部2-2截面上,在钢管外壁、竖向加劲肋、柱内钢筋上共布置应变片42个,全部为单向应变片,沿柱轴向布置。共布置位移计5个,测量柱构件的竖向变形和柱顶、柱底水平变形。测点布置如图 6 和图 7 所示。

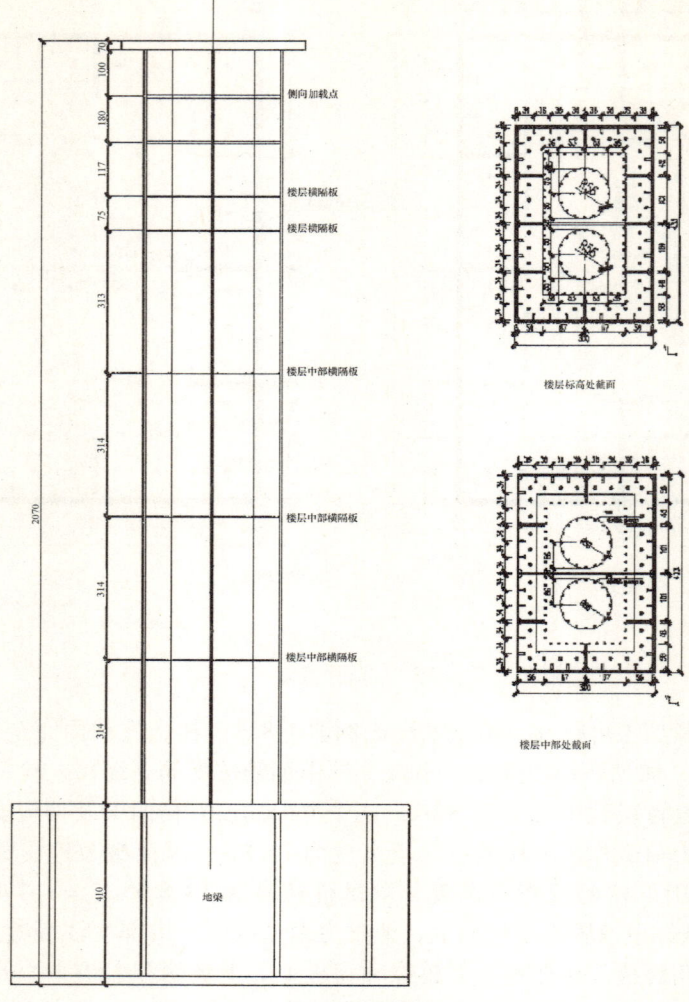

图 2　柱试件示意图

图 3　柱试件钢结构部分

图 4　柱试件内部加劲肋

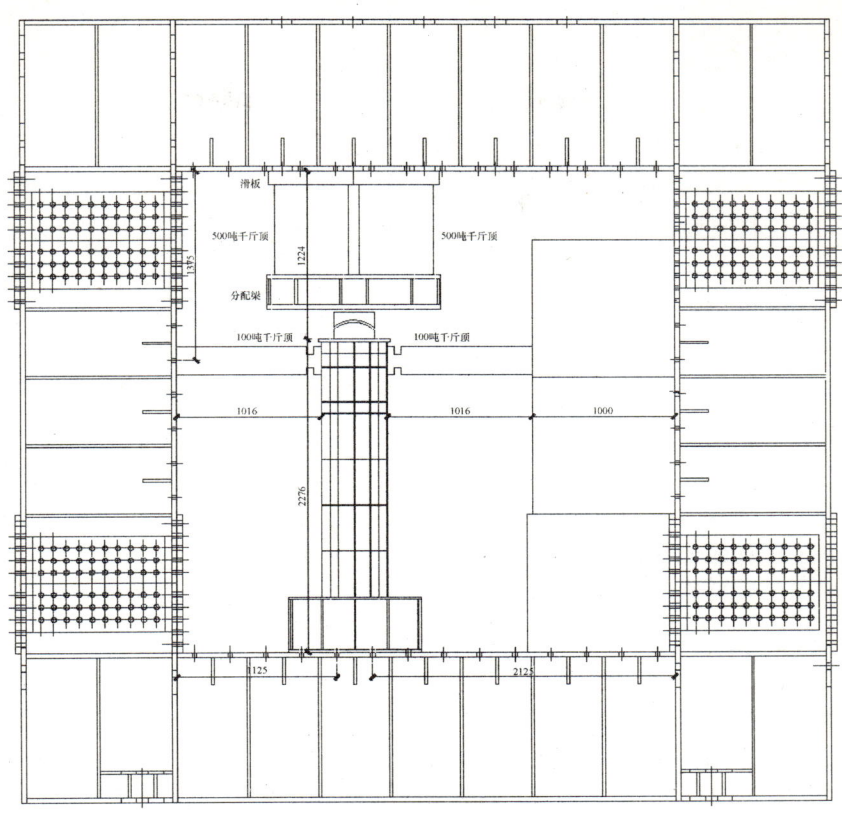

图 5　柱试件加载装置示意图

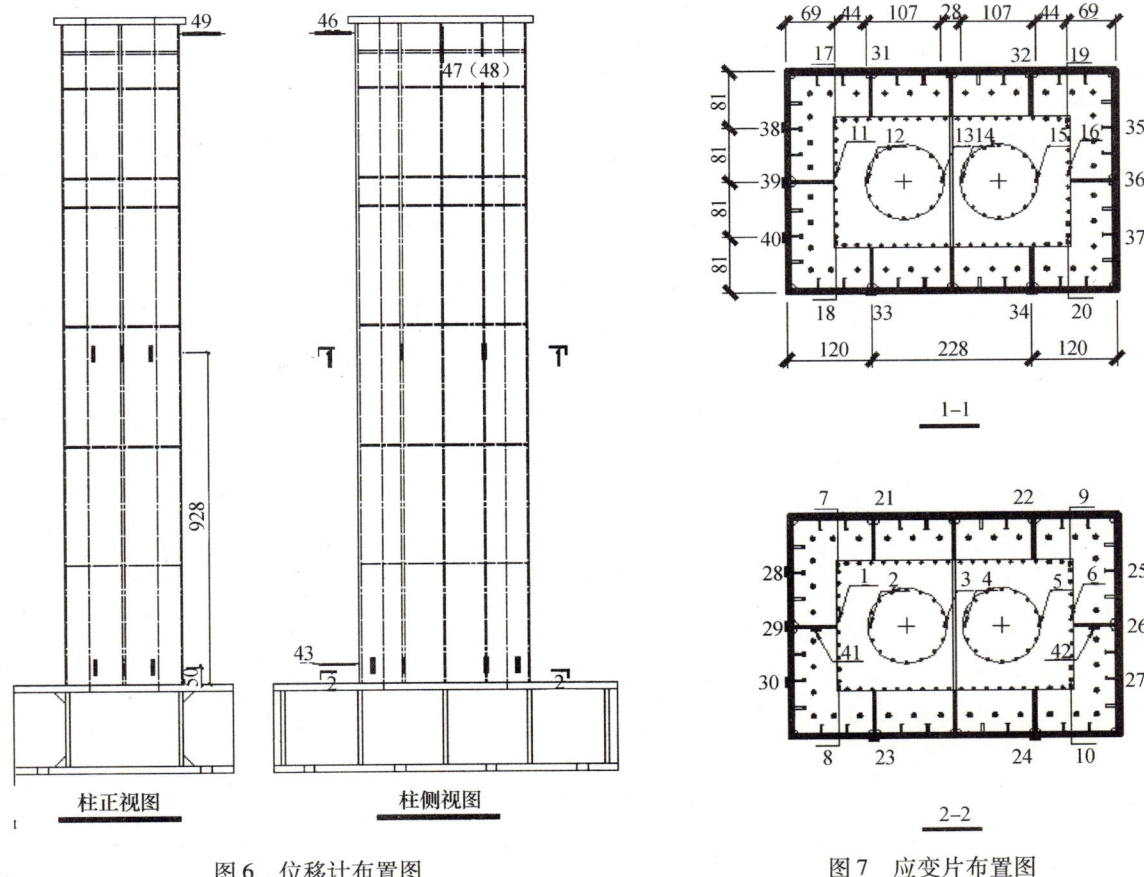

图 6　位移计布置图　　　　　　　图 7　应变片布置图

2.2.3 加载制度（图8）

本次试验采用拟静力试验方法。根据《建筑抗震试验方法规程》（JGJ101-96），对柱施加低周水平往复荷载作用。试验前先预加载，按照预计施加最大轴向力的20%（120kN）预加、卸载一次，侧向力采用50kN荷载反复加载两次，以消除试件内部及装置不均匀性。正式试验按照以下几个步骤进行：

（1）施加竖向荷载至6000kN，并保持恒定。

（2）按照试件预计屈服荷载的1/4逐级加载，每级往复一次。加载中根据试件应变及位移曲线反应判断试件的屈服点，并转为位移控制加载。

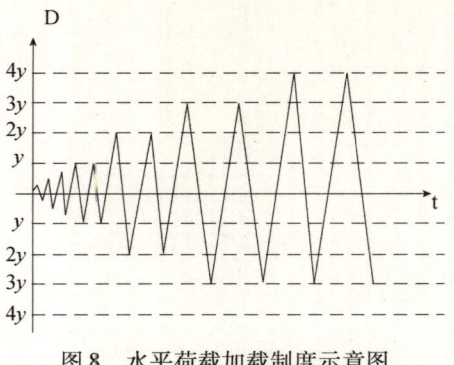

图8 水平荷载加载制度示意图
（y为屈服时柱顶侧向位移）

（3）试件屈服后，以屈服位移y控制加载，按照$1y$，$2y$，$3y$…逐级加载，每级循环2次，直至试件破坏。破坏判定准则为发生下列情况之一：

①足够大区域中钢材应力超过屈服应力；

②试件有相当大的塑性变形导致无法继续加载；

③板件局部失稳；

④焊缝或相连部位发现裂纹；

⑤构件出现整体失稳；

⑥试件在往复荷载作用下或其他任何因素导致承载力下降超过最大承载力的20%。

试验过程中随时记录结构的变形情况、屈曲情况、破坏位置以及其他可能出现的异常情况等，并及时照相或摄像进行记录。实际的加载过程详见试件试验结果。

2.3 试验结果与分析

2.3.1 材性试验

（1）混凝土

混凝土强度等级设计为C80，制作150mm×150mm×150mm立方体试块和300mm×150mm×150mm棱柱体，试块与试件同条件养护。试验当天测试混凝土强度，结果如表2所示。由于试件中所用骨料粒径较小，混凝土强度偏低，为C50左右。轴心抗压强度取立方体抗压强度的0.78倍。

表2 混凝土强度及弹模

组号	编号	破坏荷载（kN）	立方体抗压强度平均值（MPa）	轴心抗压强度（MPa）	弹模（MPa）
JD1	1	497.7	49.0	38.2	33860
	2	467.7			
	3	504.8			
JD2	1	513.8	49.8	38.8	33910
	2	506.1			
	3	475			
C1	1	518.5	53.7	41.8	34460
	2	522.8			
	3	506.1			
C2	1	530.8	53.2	41.5	34580
	2	517.3			
	3	549			

（2）钢材

各种厚度钢板材性试验结果见表3。钢材有明显的屈服平台和强化段，延伸率均大于10%。表3为钢材材料强度。

2.3.2 试验过程及现象

表3　不同厚度钢板材料强度

钢板厚度（mm）	实测厚度（mm）	屈服强度（MPa）	极限强度（MPa）
2	2.58	364	470
4	4.49	310	460
6	5.47	324	433
8	7.63	360	507
10	9.50	370	524
12	11.60	364	504
14	13.85	365	505

（1）试件 C1

根据预定的试验加载制度，对试件 C1 进行加载，加载过程分30步，根据各加载步的荷载值、位移值及试验现象可知：试件根部屈曲形态为各个竖向加劲肋之间局部屈曲鼓起。整个加载过程中，柱根部侧移都不大，不超过 2mm。

（2）试件 C2

根据预定的试验加载制度，对试件 C2 进行加载，加载过程分30步，根据各加载步的荷载值、位移值及试验现象可知：试件根部屈曲形态为各个竖向加劲肋之间局部屈曲鼓起，与 C1 相同。整个加载过程中，柱根部侧移都不大，不超过 2mm。

2.3.3 变形结果

（1）试件 C1

加载过程中柱身的竖向荷载－变形曲线见图9。

根据图9计算钢管柱的轴压弹性模量。从荷载最大点引一条水平线，然后从原点引一条斜线，交水平线于一点。根据曲线下方与坐标轴围成的面积相等的原理，确定从原点引出的斜线的位置，将此斜线的斜率作为试验的轴压弹性模量，计算出为 51870MPa。理论计算轴压组合模量采用公式（1）：

$$E_{sc} = \frac{E_c A_c + E_s A_s}{A_{sc}} \tag{1}$$

其中，E_c、E_s 分别为实测的混凝土和钢材的弹模，A_c、A_s 分别为混凝土和钢材的面积，A_{sc} 为试件截面面积。

理论计算的组合轴压模量为 50516MPa，与试验值相差 2.6%，试验值与理论计算值符合较好，表明加载过程中钢管壁、混凝土和钢筋是协同工作的。轴压比达到 0.53 时，柱身竖向变形达到 1.57mm，约为柱高的 1/1180。试件在低周往复荷载下，侧向荷载与柱顶位移的滞回曲线见图10。滞回曲线是衡量构件抗震性能的重要指标。从图10可以看出，滞回曲线呈梭形，形状圆滑饱满，表明构件发生的是在压力和弯矩作用下的正截面破坏，构件内不存在滑移或滑移很小，耗能能力较强。水平荷载较小时，构件处在弹性阶段，至屈服荷载以前，构件的加载和卸载刚度变化不大；随着荷载的继续增大，构件的抗弯刚度下降；承载力达到最大值后，随着水平变形的继续增大，荷载开始下降，构件的残余变形增大，滞回环形状饱满，构件塑性充分发展；最后由于变形过大而导致柱根部翼缘与腹板之间焊缝撕裂破坏。将每次循环加载所能达到的水平荷载最大值的数据点连接起来，就得到了构件的骨架曲线，见图11。

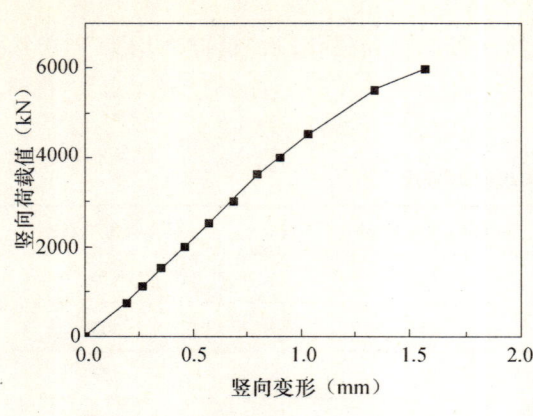

图 9　C1 钢管柱身竖向荷载－变形曲线

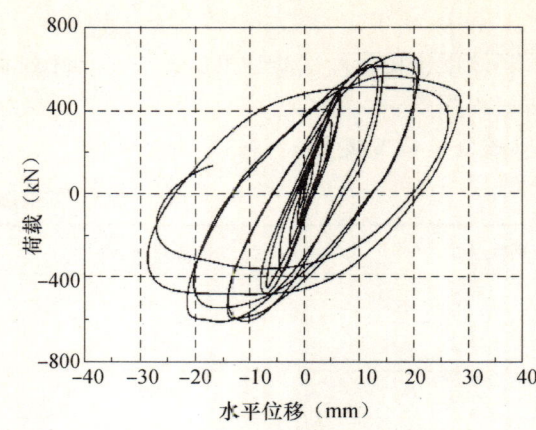

图 10　C1 钢管柱的滞回曲线

骨架曲线基本可以分为弹性段、弹塑性上升段和下降段三部分。在钢板和钢筋没有屈服、混凝土没有达到峰值压应变的阶段，构件基本处在弹性状态，随着荷载的增大，钢板开始屈服，导致构件刚度下降，此时进入弹塑性上升段，随着钢板屈服范围的增加，混凝土压屈体积的增大，构件的承载力开始下降，直至最终构件破坏。观察骨架曲线，可以看出构件的屈服点较为明显，因此直接选择刚度明显转折点作为构件的屈服点，见图 11，以水平荷载下降至极限荷载的 80% 时的位移作为极限位移，计算构件的位移延性系数，结果见表 4。

表 4　C1 延性系数计算表

试件编号	屈服位移（mm）		极限位移（mm）		延性系数		
	正向	反向	正向	反向	正向	反向	平均
C1	6.82	6.79	26.8	24.3	3.93	3.58	3.76

为了计算试件的弯矩曲率关系，选择柱根部应变测点的数据，计算每级荷载下柱根截面的曲率，可以得到试件截面的弯矩曲率关系曲线，见图 12。

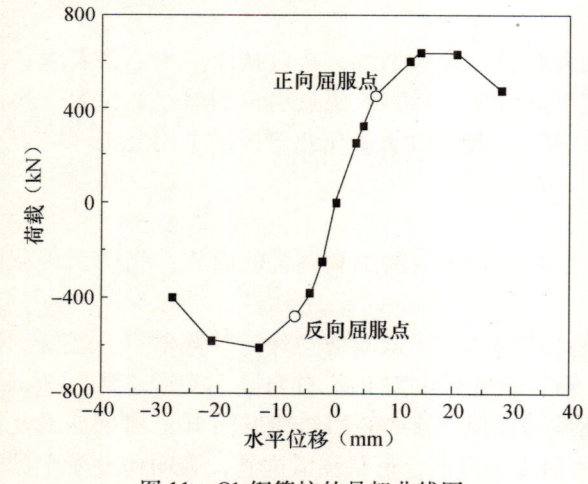

图 11　C1 钢管柱的骨架曲线图

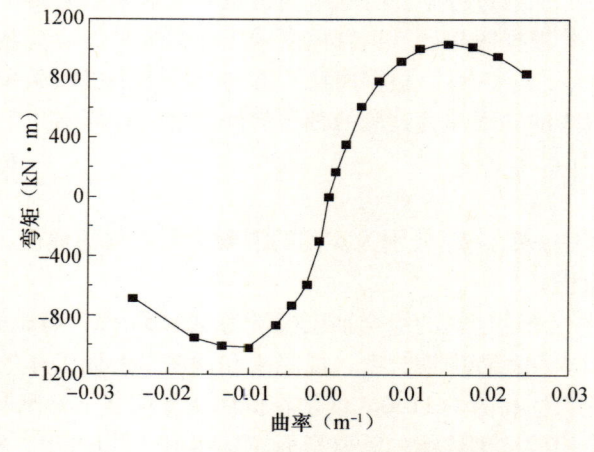

图 12　C1 钢管柱的弯矩－曲率关系曲线

（2）试件 C2

加载过程中柱身的竖向变形曲线见图 13。

根据图 13 柱身变形曲线，采用与 C1 相同的计算方法得到钢管柱的轴压弹性模量为 48980MPa，理论计算的组合轴压模量为 50516MPa，相差 3.0%，试验值与理论计算值符合较好，表明加载过程中钢管壁、混凝土和钢筋是协同工作的。轴压比达到 0.53 时，柱身竖向变形达到 1.72mm，约为柱高的

1/1080。试件在低周往复荷载下，侧向荷载和柱顶侧移的滞回曲线见图14。从图14中可以看出，滞回曲线呈梭形，形状圆滑饱满，表明构件内不存在滑移或滑移很小，耗能能力较强。当水平荷载较小时，构件处在弹性阶段，至屈服荷载以前，构件的加载和卸载刚度变化不大。随着荷载的继续增大，构件的抗弯刚度下降，承载力达到最大值后，随着水平变形的继续增大，荷载开始下降，滞回环形状饱满，构件塑性充分发展，最后由于变形过大，试件丧失承载力而破坏。

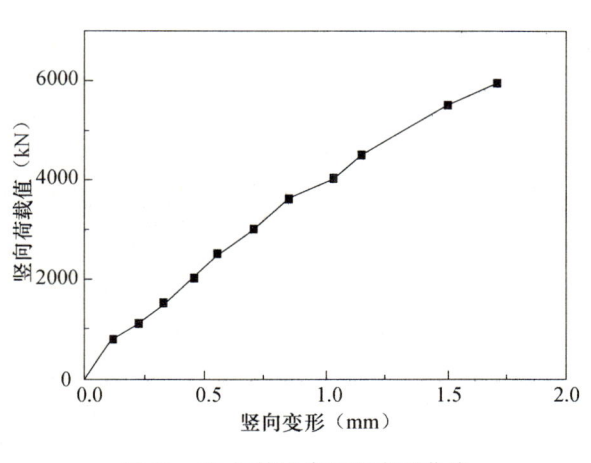

图13 C2钢管柱身竖向变形曲线　　　　图14 C2钢管柱的滞回曲线

构件的骨架曲线见图15。

骨架曲线基本也可以分为弹性段、弹塑性上升段和下降段三部分。位移延性系数结果见表4。根据各级荷载下柱根处部分测点的应变，可以计算得到构件的弯矩曲率关系曲线，见图16。根据计算出的屈服位移和表2，可以通过插值计算得到试件的屈服承载力，柱试件C1和C2的屈服和极限承载力见表3。计算柱底弯矩时，考虑竖向荷载引起的弯矩，采用以下公式计算：$M = P\Delta + VH$，其中P为轴力；Δ为柱顶侧移；V为柱顶向力；H为水平荷载加载点至柱根的距离。

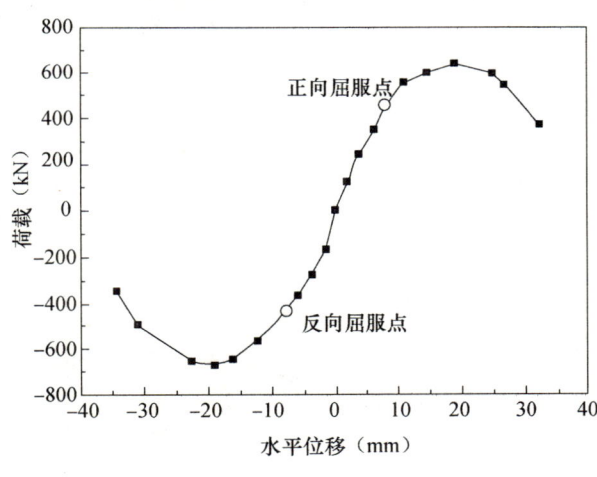
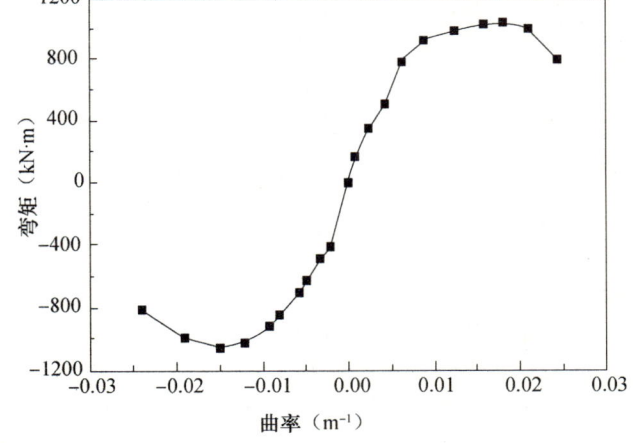

图15 C2钢管柱的骨架曲线　　　　图16 C2钢管柱的弯矩-曲率关系曲线

2.3.4 应变结果

（1）试件C1

根据钢管混凝土柱中部及柱根截面上的竖向应变测试结果，验证平截面假定。钢管混凝土柱中部截面，选取测点39#、11#、14#、16#和36#的结果，测点位置见图7，根据各级荷载下各测点的应变沿截面的分布可知：在各级荷载下，柱中截面各测点的竖向应变值基本满足平截面假定。应变值随荷载增大而逐级增大。当正向（反向）水平荷载达到试件的极限承载力时，柱中截面36#(39#)测点应变值达到约$-2000\mu\varepsilon$。钢管混凝土柱底部截面，选取测点29#、1#、4#、5#、6#和26#的结果，测点位置见图7，根据各级荷载下各测点的应变沿截面的分布可知：当荷载较小时，平截面基本满足。当荷载较大（$P>0.65P_u$）时，钢管柱受压一侧钢板已经屈服，部分已经开始屈曲，混凝土达到峰值压应变，应变发展较快，构件截面应变分布与平面假定有一定偏差。正向荷载达到 0.8 倍极限荷载时，柱根最大压应变已超过 $-3000\mu\varepsilon$；负向荷载达到 0.75 倍极限荷载时，柱根最大压应变已接近 $-4500\mu\varepsilon$。在固定轴压下的低周往复加载过程中，根据钢管混凝土柱中部钢管壁上测点 31#以及钢筋测点 11#、12#、13#的应变发展情况可知：在反向水平荷载达到极限承载力时，柱中部截面测点基本未屈服，最大压应变位于 31#，不到 $-2000\mu\varepsilon$。随着反向水平荷载的增大，钢筋及钢管壁的压应变初期增长较慢而后期增长逐渐加快，说明在加载过程中，柱中部截面发生了应力重分布，混凝土随着应力的增长而发生损伤导致弹模降低，本来由混凝土部分承担的荷载逐渐转移到钢筋和钢管上。钢筋均为压应变，主要承受竖向荷载，同时承受一定弯矩。根据柱底部钢管壁上测点 26#以及钢筋测点 4#、5#、6#的应变发展情况可知：在正向水平荷载达到极限荷载时，26#应变值已经接近 $-8000\mu\varepsilon$，此时钢板已经屈曲，位于钢筋上的 4#、5#和 6#测点也已经屈服。随着正向水平荷载的增大，钢筋及钢管壁的压应变初期增长较慢而后期增长逐渐加快，说明在加载过程中，柱底部截面也发生了应力重分布，本来由混凝土部分承担的荷载逐渐转移到钢筋和钢管上。钢筋均为压应变，主要承受竖向荷载，同时承受一定弯矩。达到极限承载力时，钢筋均已屈服，已充分发挥其承载作用。

（2）试件 C2

钢管混凝土柱中部截面，根据各测点竖向应变沿截面的分布可知：在各级荷载下，柱中截面各个关键测点的应变值大致是满足平截面假定的。当正向（反向）水平荷载达到试件的极限承载力时，柱中截面 36#（39#）测点应变值约 $-2000\mu\varepsilon$。根据钢管混凝土柱底部的关键测点竖向应变沿截面的分布可知：当荷载较小时，平截面假定基本满足。但当荷载较大时，构件截面应变分布与平面假定有一定偏差。正向荷载达到 0.85 倍极限荷载时，柱根最大压应变已达到 $-4500\mu\varepsilon$；负向荷载达到 0.9 倍极限荷载时，柱根最大压应变已接近 $-4000\mu\varepsilon$。在固定轴压下的低周往复加载过程中，根据钢管混凝土柱中部钢管壁上测点 31#以及钢筋测点 11#、12#、13#的应变发展情况可知：在反向水平荷载达到极限承载力时，柱中部截面测点基本未屈服，最大压应变位于 31#，约为 $-2200\mu\varepsilon$，刚开始屈服。随着反向水平荷载的增大，钢筋及钢管壁的压应变初期增长较慢而后期增长逐渐加快，与 C1 构件中部截面类似。根据柱底部钢管壁上测点 26#以及钢筋测点 4#、5#、6#的应变发展情况可知：在正向水平荷载达到极限荷载时，26#应变值已经接近 $-6500\mu\varepsilon$，此时钢板已经屈曲，位于钢筋上的 5#和 6#测点也已屈服，4#测点还未屈服。随着正向水平荷载的增大，钢筋及钢管壁的压应变初期增长较慢而后期增长逐渐加快，与 C1 构件底部截面类似。钢筋主要受压，水平荷载较大时，边缘处 5、6 号测点钢筋受拉。钢筋主要承受竖向荷载，同时承受一定弯矩。

2.4 计算与分析

2.4.1 纤维模型

按照平截面假定，材料取实测强度，采用纤维模型计算试件截面压弯承载力。使用截面分析程序 XTRACT 进行计算，观察在 6000kN 竖向荷载作用下计算得到的弯矩－曲率关系曲线，将刚度明显转折点对应的弯矩作为试件的屈服承载力。在竖向荷载为 6000kN 时，程序计算得到的屈服和极限承载力与试验结果的对比见表 5。

表 5　试件屈服与极限承载力计算结果与试验结果的对比

	屈服承载力		极限承载力	
	数值（kN·m）	误差	数值（kN·m）	误差
计算值	792	—	887	—
C1 试验值	844	+6.2%	1206	+26.5%
C2 试验值	831	+4.7%	1270	+30.2%

程序计算的弯矩－曲率曲线在弹性段与弹塑性上升段与试验结果符合较好，而在下降段计算结果

的承载力和延性均偏小，这是因为计算模型的混凝土采用的是《混凝土结构设计规范》（GB 50010—2002）中附录 C 中的本构，没有考虑钢管对混凝土的约束效应。而实际构件中钢管内的混凝土要受到钢管壁和横向加劲肋的约束。在弹性阶段及塑性变形较小的阶段，混凝土约束效应不明显，试验结果与计算结果符合较好，塑性变形较大以后，钢管对混凝土有明显的约束作用，试验结果大于计算结果。计算结果表明，采用平截面假定按照纤维模型计算钢管混凝土构件的压弯承载力，可不考虑混凝土的约束效应，屈服承载力的计算结果较准确，略偏于安全。

2.4.2 有限元计算

（1）计算模型

按照钢管柱试件的设计，采用大型通用有限元程序 ABAQUS 建立有限元模型。模型中钢板采用平面壳单元 S4R，混凝土单元采用三维实体单元 C3D8R，钢筋采用杆单元 T3D2。模型忽略钢管、钢筋与混凝土之间的滑移。钢材采用三线性随动强化本构关系，von Mises 屈服准则，其应力-应变关系曲线如图 17 所示。钢材屈服强度和极限强度按照表 3 中实测结果确定，泊松比 0.3，屈服平台后强化模量 $E_t = 2000\text{MPa}$，屈服平台长度取 0.015。

钢管中的核心混凝土采用过镇海应力-应变曲线。

$$y(x) = \begin{cases} \alpha_a x + (3 - 2\alpha_a)x^2 + (\alpha_a - 2)x^3 & x \leq 1 \\ \dfrac{x}{\alpha_d(x-1)^2 + x} & x > 1 \end{cases}$$

$$x = \varepsilon/\varepsilon_0$$
$$y = \sigma/f_c \tag{2}$$

其中，α_a 和 α_d 分别为上升段和下降段参数，查表可得。取 $f_c = 0.78 f_{cu}$，其中 f_{cu} 采用实测立方体试块强度。本试验中混凝土应力-应变关系曲线如图 18 所示。有限元模型底部约束全部自由度，轴力和水平荷载都加在柱顶部的刚体上，根据实际试验加载制度逐级加载。

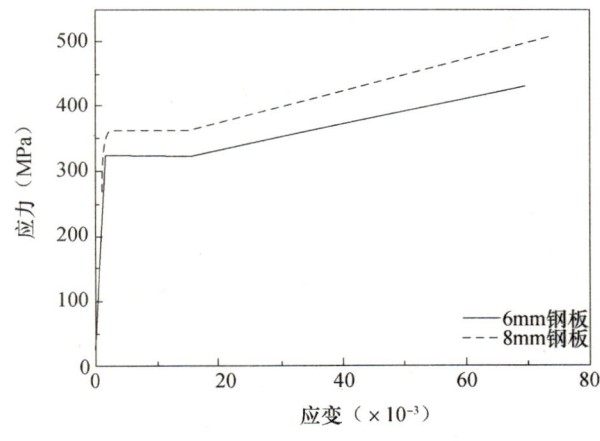

图 17 钢材的应力-应变关系

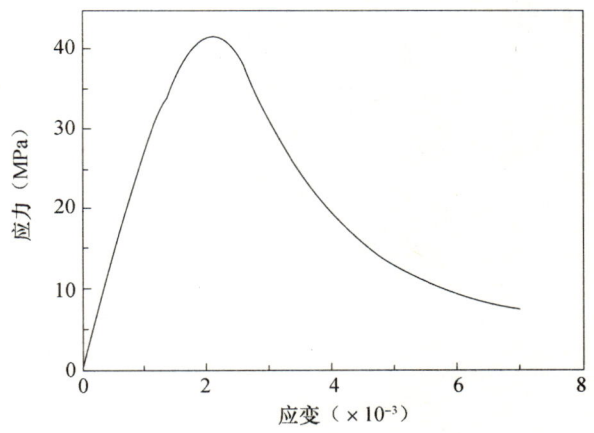

图 18 钢管柱模型中混凝土应力-应变关系

（2）变形结果

有限元计算结果显示，构件的破坏模式为构件在竖向荷载和水平荷载作用下，因柱根混凝土压碎、钢管屈曲而导致承载力丧失。在轴压比为 0.53 时，极限抗弯承载力计算结果与试验结果的对比见表 6。

表 6 试件极限抗弯承载力计算结果与试验结果的对比

	极限抗弯承载力（kN·m）	误差
C1 试验值	1206	+3.4%
C2 试验值	1270	+8.3%
有限元计算值	1165	—

有限元计算的钢管柱的竖向压缩变形和试验结果对比见图19。

在荷载较小时,计算结果与试验结果符合很好。荷载较大时,变形的试验结果略大于计算结果。轴压比达到0.53时,竖向变形的计算结果与试验结果的对比见表7。

表7 试件竖向变形计算结果与试验结果的对比

	竖向变形（mm）	误差
C1试验值	1.6	+12.5%
C2试验值	1.7	+17.6%
计算值	1.4	—

有限元计算的骨架曲线与试验结果对比见图20。在弹性阶段和弹塑性上升段,骨架曲线的计算值和试验值符合较好,在下降段试验结果承载力下降较缓,这是由于钢管壁及横向加劲肋对核心混凝土有约束作用,使得承载力下降缓慢,增大了试件的延性。有限元计算的弯矩曲率关系曲线与试验结果对比见图21。

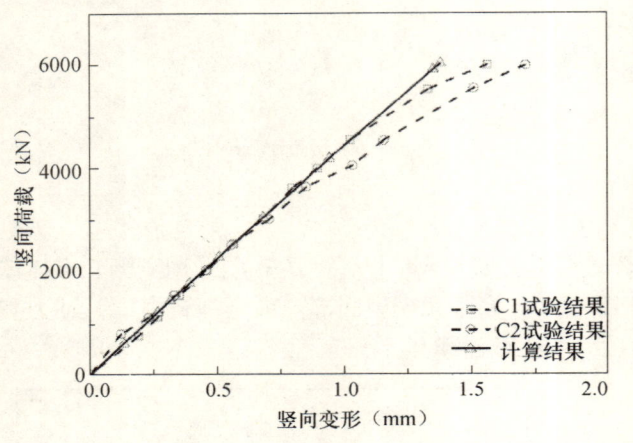

图19 钢管柱的竖向压缩变形对比

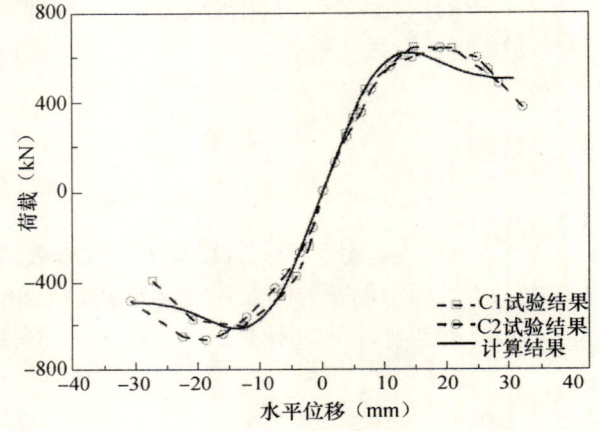

图20 钢管柱的骨架曲线对比

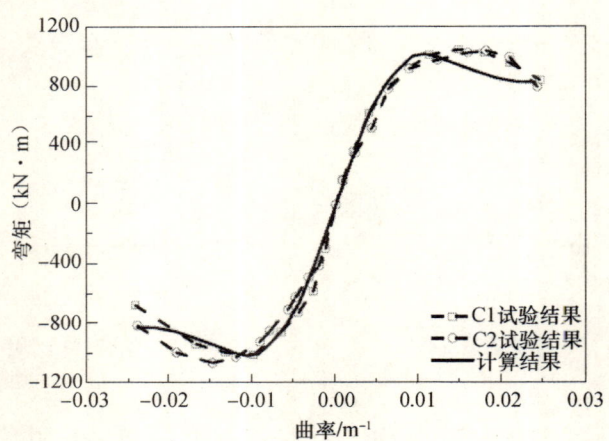

图21 钢管柱的弯矩曲率关系曲线对比

可见弯矩曲率曲线也是在弹性段和弹塑性上升段符合较好,下降段计算曲线比试验曲线稍陡。

(3) 应力-应变结果

根据模型在屈服和破坏状态下应力分布可知:屈服状态下,钢管柱根部钢管壁最大应力为340MPa(柱受压侧根部),屈服范围较小;极限状态下,最大应力达到360MPa(柱受压侧中下部),屈服范围较大,并且从柱根延伸到了柱中部。屈服状态下,柱根部受压侧混凝土少量达到极限压应变;极限状态下，柱根部达到极限压应变的混凝土范围扩大，柱中部也有少量混凝土达到极限压应变。极限状态下钢筋的应力以及屈服范围也都较屈服状态下大。对比柱中部和根部的关键测点应变的试验值和计算值可知：两者结果基本符合。在试验中，试件内部加劲肋上难以布置应变测点，因此根据有限元计算的应变结果，分析加劲肋在试件加载过程中的受力状态。分别取出加载过程中柱底部截面和中部截面的纵向加劲肋及横向加劲肋应变的最大值可知：随着水平荷载的增大，受压侧纵向加劲肋的压应变逐渐增大，达到极限荷载时，柱中部纵向加劲肋的应变值在 $-1500\mu\varepsilon$ 左右，还未达到屈服应变，底部应变值已超过 $-4000\mu\varepsilon$，这说明在加载过程中，纵向加劲肋可以有效地承受外荷载引起的轴力和弯矩。横向加劲肋在加载过程中一直受拉，说明其对内部混凝土有约束作用。当纵向加劲肋受压屈服后，横向加劲肋拉应变明显增大。在极限荷载下，柱底部横向加劲肋的拉应变已经超过 $2000\mu\varepsilon$，表现出其对混凝土和钢管有效的约束作用。在达到破坏荷载时，柱试件只有底部钢管发生屈曲，其他部分未发生局部屈曲现象，这说明沿柱身布置的多道横向加劲肋对钢管有较强的约束作用。柱底部屈曲形态是在纵向加劲肋间形成鼓包，可见纵向加劲肋对钢管的屈曲有很强的约束作用。

3 结论及建议

3.1 结论

根据京基金融中心巨型钢管混凝土柱的设计特点及试验要求，选取原型结构中首层钢管混凝土角柱，设计缩尺模型 C1 和 C2 进行了柱的压弯试验。由试验结果及相应的分析，可得出以下结论：

（1）在竖向荷载作用下，轴压比施加至 0.53 时，钢管柱截面轴向刚度的试验结果与理论计算值相差在 3% 以内，这说明竖向加载时钢管壁与混凝土、钢筋能够协同工作，同时，在轴力较小时（弹性阶段），约束效应不明显，可以按照叠加法计算柱的截面轴向刚度。

（2）钢管混凝土柱在压弯往复荷载作用下不存在滑移或滑移很小，耗能能力较强。构件变形能力较好，达到极限承载力时柱顶侧向变形约为柱高的 $\frac{1}{100}$。当构件的承载力降低至 80% 左右时，顶点侧向位移约为柱高的 $\frac{1}{70}$。

（3）在弹性阶段，钢管混凝土柱截面满足平截面假定。当荷载较大时，试件柱根钢管壁屈服，混凝土达到极限压应变，柱截面应变分布与平截面假定有一定偏差。

（4）截面中钢筋、竖向加劲肋与钢管及混凝土共同承担竖向荷载及弯矩。当混凝土受压屈服后，钢筋承载的荷载明显加大。水平加劲肋对钢管壁环向有明显的约束作用。

（5）钢管混凝土柱压弯试验试件最先屈服的位置均出现在柱根，破坏现象为钢管壁发生鼓曲，竖向加劲肋对钢管壁鼓曲有明显的约束作用。

（6）按照纤维模型计算得到的抗弯承载力与试验结果基本符合，试验结果略大。说明可以采用纤维模型、按照平截面假定计算截面的抗弯承载力，计算中可不考虑混凝土的约束效应，计算结果偏安全。

（7）采用有限元分析方法，柱试件有限元分析的变形、应力分布、极限承载力及破坏模式与试验结果基本符合。验证了试验结果的准确性，说明有限元方法用于该类柱试件的分析是可行的。计算得到的骨架曲线和弯矩曲率曲线在弹性段和塑性上升段与试验结果符合较好，而下降段比试验曲线偏陡，说明试验中钢管及横隔板对核心混凝土有一定的约束作用，提高了试件延性。

3.2 建议

根据试验及计算结果，提出以下建议供参考：

（1）根据试验与计算结果，横向加劲肋对钢管壁环向有明显的约束作用，可以增加构件的延性。如果条件许可，建议横向加劲肋的布置按照钢管混凝土柱的实际受力进行。根据试验及计算结果，提出以下建议供参考：在柱根或者中部弯矩较大位置、与伸臂桁架及斜撑连接位置适当加强或者加密横向加劲肋。

（2）钢管壁内侧的纵向加劲肋可以起到参与截面受力和防止钢管壁屈曲的作用。如果条件许可，建议去掉截面中最外一圈纵向钢筋，将其面积折算后加到竖向加劲肋的厚度中，保持纵向的总含钢率不变。在不减小承载力的情况下，可避免在横向加劲肋上穿孔，简化施工程序，增强对钢管壁的约束。最终考虑到造价因素，按原设计可以满足目前的受力，故按原设计施工。

巨形钢管混凝土柱与巨型支撑节点静力试验及有限元分析研究

刘天波[1]　令狐延[2]　刘光荣[2]

1. 深圳市京基房地产股份有限公司，深圳，518001
2. 中国建筑第四工程局有限公司，广州，510665

【摘　要】　本文对京基金融中心巨型钢管混凝土柱与巨型支撑典型节点静载作用下的试验结果以及有限元分析方法从承载力和变形能力（混凝土开裂、钢板局部变形、板件屈曲、应力－应变等）两方面进行分析，并对钢管混凝土柱与巨型支撑节点在破坏形态、延性、耗能能力及钢管柱与巨型支撑节点构造的合理性等方面进行研究。试验研究表明，节点及相连构件满足设计荷载的要求，节点试件可以满足强节点弱构件的要求。在整个加载过程中，该节点形式可以有效地将斜撑的轴力通过节点板传至节点区。试验及有限元分析表明，斜撑根部与巨柱连接位置的两块节点板不会发生加载平面外失稳。节点试件有限元分析的变形、应力分布、极限承载力与破坏模式与试验结果基本符合，验证了试验结果的准确性。

【关键词】　巨型支撑；斜撑；屈服；耗能能力；破坏模式；稳定

The Static Force Test and the Finite Element Analysis about Super Giant Steel Concrete Column and Giant Support Node

Liu Tianbo[1]　Linghu Yan[2]　Liu Guangrong[2]

1. Shenzhen Kingkey Real Estate Development Co., Ltd., Shenzhen, 518001, China
2. China Construction Fourth Engineering Division Corp. Ltd., Guangzhou, 510665, China

【Abstract】　The article analyzes the results on the static force test of a super giant steel concrete column under giant support node, from two aspects of the bearing and deformation capacity (Concrete cracking, steel-board local-deformation, plate buckling, stress and strain, etc) with a method of finite element analysis, and researches their destroying-modes, ductility, energy-consumption and reasonable conformation. The result of research has shown that nodes and linked components meet demands of design load requirements, and node test items can meet demands of strong nodes and weak components. During the press loading process, the node forms can effectively transmit slanting support axial force to the area of nodes by the node board. The test and finite element analysis present that the loading imbalance don't occur in the joints of the bottom of slanting support and giant column. Finite element analysis of deformation, stress distribution, ultimate strength and destroy modes in node items is consistent with the test results, and verifies the accuracy of the test results.

【Key words】　giant support; slanting support; yield; energy consumption capacity; destroy mode; stability

　　深圳京基金融中心主塔楼位于深圳市罗湖区蔡屋围金融中心区，建筑面积约24万m^2，建筑总高度为441.8m，高宽比达9.5以上，有多项内容超过目前国内设计规范的相关规定。为满足结构侧向刚度和舒适度的要求，本工程采用钢管混凝土内筒、钢管混凝土外柱＋钢框架梁结构体系，设有5道腰桁架作为水平加强层，沿短向设有3道伸臂桁架，并在短向两侧设置巨型支撑，形成多重抗侧力体系。根据本工程的特点及建设周期的限制，对典型节点进行验证性研究。

1 试验概况

1.1 试验特点

本工程中采用的巨型钢管混凝土柱与箱形截面巨型支撑的节点具有如下特点：

（1）由于巨型支撑斜杆与巨型柱的交角较小，节点域的高度很大；

（2）为了减小节点的复杂性，巨型支撑箱形截面在端部翼缘与钢管混凝土柱断开，转换为加厚的双腹板截面，钢管混凝土柱内部构造得到较大简化；

（3）根据有限元计算结果对柱节点域进行局部加大板厚的调整，确保节点强度满足要求。在风荷载与地震作用下，钢管混凝土柱与巨型支撑受力巨大，构造非常复杂，已经超出目前结构设计规范涵盖的范畴，其受力性能、特别是抗震性能需要进行专门研究。尽管在结构设计过程中对钢管混凝土柱以及巨型支撑的节点构造进行深入的分析与计算，但是由于问题的复杂性，仅对其进行理论分析和计算是不够的，还需要通过试验研究验证结构设计的安全性和构造的合理性。

1.2 试验目的

根据本工程的特点及建设周期的限制，本次试验属于对典型节点的验证性研究。通过模型试验，研究典型节点的受力形态、混凝土开裂、钢板局部变形及板件屈曲情况，测试构件的荷载－位移曲线，确定构件与节点刚度和极限承载力，考察节点加强区板厚、加劲肋设置方式及厚度对节点受力性能的影响，并与有限元计算结果进行比较，检验节点构造的合理性。由于实际构件的几何尺寸和受力都很大，考虑到试验室加载设备的能力（空间、吨位等）的限制，进行缩尺模型的破坏试验。试验研究的目的如下：

（1）检验预期的受力机理与内力传递途径；

（2）发现主要的破坏形式并查验设计中是否考虑了必要和充分的对策；

（3）验证根据实际结构节点分析建立的有限元模型的适用性以及应力分布特点和计算结果的正确性。

（4）根据试验结果和分析结果，对设计提出意见和建议。

2 钢管混凝土柱与巨型支撑节点试验

2.1 试件设计与制作

选取原型结构中18层位置结构侧面钢管混凝土柱与巨型支撑节点进行试验研究。该节点构造复杂，钢管混凝土柱与巨型支撑腹板相连接的节点域局部加厚，节点构造、几何尺寸如图1、图2和表1所示。

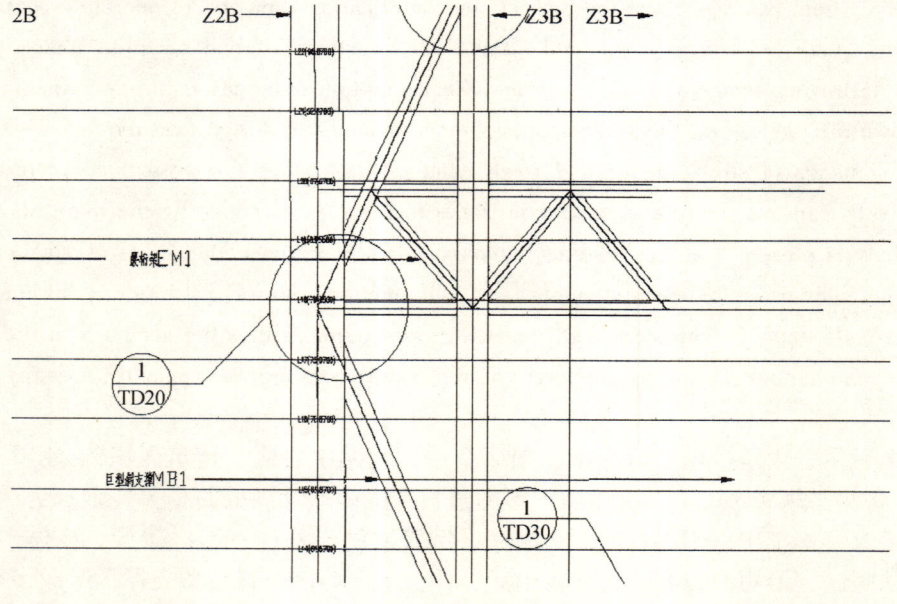

图1 试验节点位置

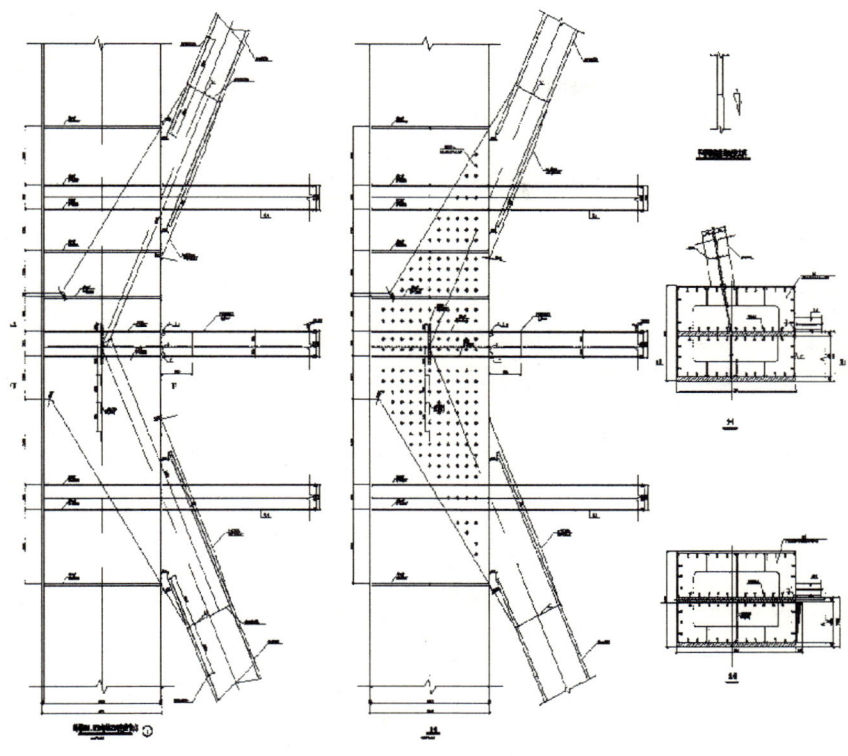

图 2 试验节点构造

表 1 钢管混凝土角柱与巨型支撑节点构件几何尺寸与板件厚度

构件名称	部位	$B \times h \times t_w \times t_f (\mathrm{mm})$	备注
钢管混凝土柱	截面尺寸	□3900×2700×50×50	
	横向加劲肋	40	
	纵向加劲肋	40	
上斜撑杆 MB2	截面尺寸	□1200×1400×70×70	
	端部腹板厚度	100	Q420GJ
下斜撑杆 MB1	截面尺寸	□1600×1400×80×80	
	端部腹板厚度	100	Q420GJ
腰桁架杆件 BT3	截面尺寸	H750×750×40×50	
节点板		厚度 120	

注：试件材料采用 Q345GJC，混凝土强度等级 C80。

按照原型节点结构制作缩尺试件进行静载试验。根据加载设备能力及加工可行性，模型缩尺比例取 1∶8.6。节点试件中杆件截面及节点板完全按照比例缩尺并取整，模型试件杆件尺寸见表 2。

表 2 试件中构件几何尺寸与板件厚度

构件名称	部位	$B \times h \times t_w \times t_f (\mathrm{mm})$	备注
钢管混凝土柱	截面尺寸	□453×314×6×6	
	横向加劲肋	5	
	纵向加劲肋	5	
上斜撑杆	截面尺寸	□163×140×8×8	
	端部腹板厚度	12	

续表

构件名称	部位	$B \times h \times t_w \times t_f$ (mm)	备注
下斜撑杆	截面尺寸 I	□186×163×10×10	
	端部腹板厚度	12	
腰桁架水平杆	截面尺寸	H87×87×5×6	
节点板		厚度14	

试件中包含整个节点区及柱、斜撑和腰桁架水平杆 BT3。本试验中，对柱、斜撑主要施加轴力，根据原型结构杆件上弯矩和剪力的分布规律来决定模型中杆件长度。模型中，下柱下端固结；下斜撑下端铰接；腰桁架水平杆 BT3 端部固结；上柱端部铰接，加竖向荷载；上斜撑端部自由，加轴向荷载及侧向荷载（P_2 与 P_3 比例固定，采用合力加载）；节点区施加水平荷载，调整柱内剪力和弯矩。模型受力及杆件编号如图3所示。

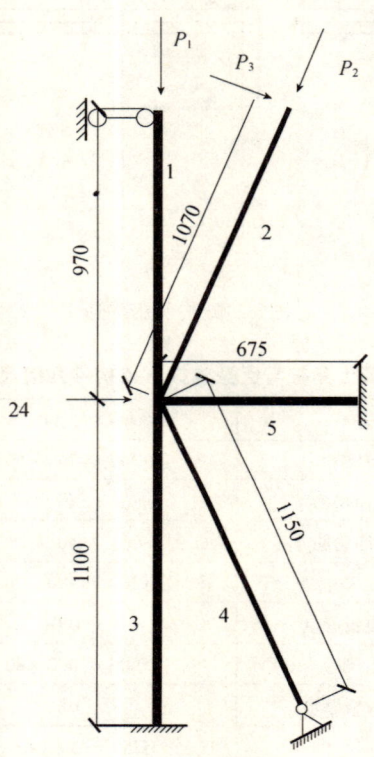

图3 节点试件受力简图

对应于重力荷载工况和风荷载工况，模型中施加的荷载及相应的杆件内力见表3（模型上施加的荷载及杆件内力均按照相似比放大，便于与原型结构内力对应，杆件内力均为靠近节点一端的内力）。其中，重力荷载1工况为重力荷载下最大设计内力，重力荷载2工况用于与风荷载工况组合。表中同时列出原型结构在该工况下的内力。

表3 节点施加荷载

工况	施加荷载（kN）			
	P_1	P_2	P_3	P_4
重力荷载1（1.35恒+0.98活）	183609	20668	247	4000
重力荷载2（1.2恒+0.98活）	166074	18792	225	3636
风荷载	80295	28753	344	14000

对比可见，模型与原型结构相比，在重力荷载下各杆件轴力均符合很好，柱及上斜撑弯矩及剪力基本符合，下斜撑和水平梁弯矩及剪力有一定误差；在风荷载作用下各杆件轴力均符合较好，柱弯矩及剪力基本符合，斜撑和水平梁弯矩及剪力有一定误差。由于斜撑和水平梁弯矩及剪力较小，其误差对试验结果影响较小。

各构件加载端和约束端均设置厚端板和加劲肋进行加强，并设置必要的连接构造连接约束及加载装置。试件示意图如图 4 所示：各构件加载端和约束端均设置厚端板和加劲肋进行加强，并设置必要的连接构造约束及加载装置。

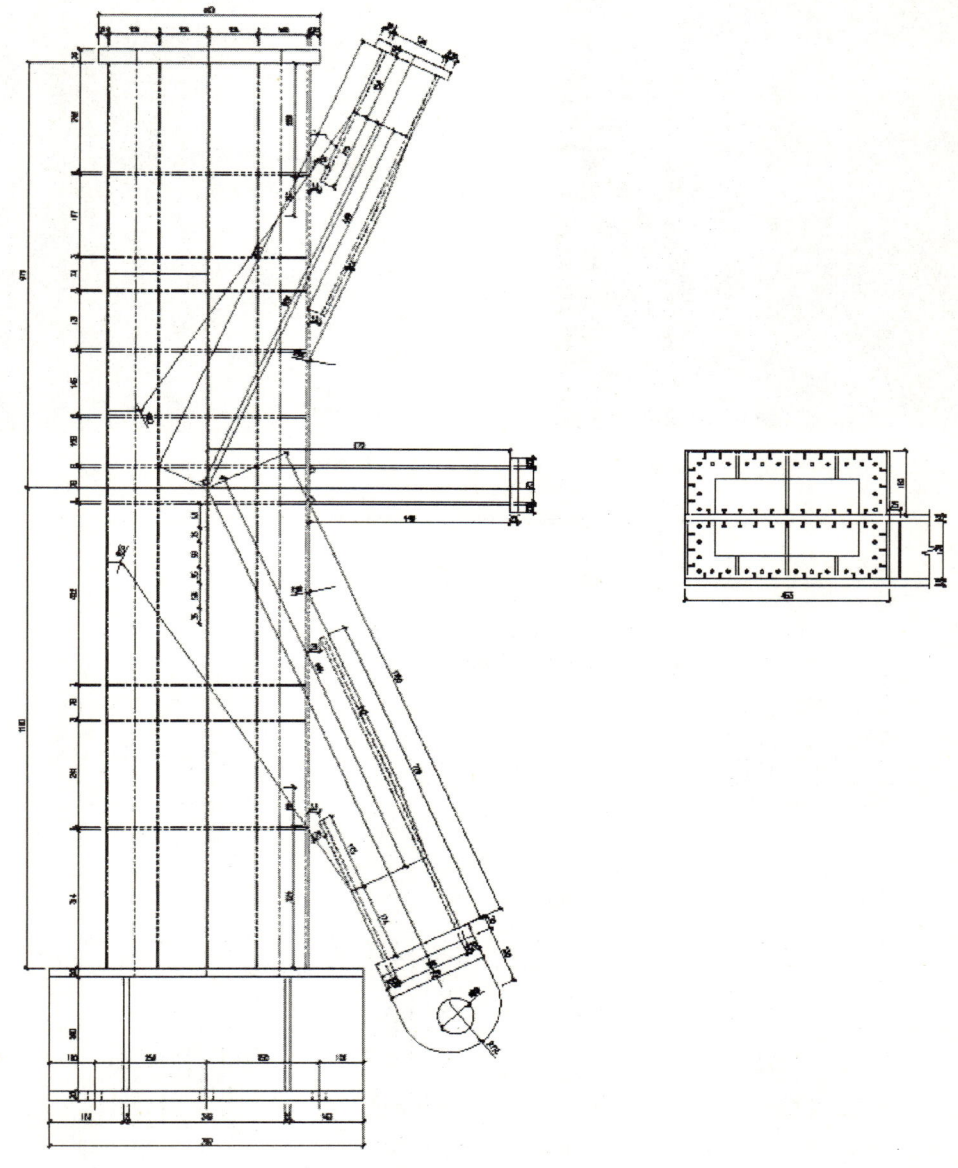

图 4　节点试件示意图

模型中材料强度等级与实际结构相同。共加工 2 个试件进行重复试验，编号分别为 JD1 和 JD2。加工完成的模型如图 5、图 6 所示。

2.2　试验装置与测点布置

2.2.1　试验装置

加载装置主要包括自平衡反力架、5000kN、4000kN、1000kN 单向加载千斤顶，以及配套的控制设备和数据采集设备。模型柱底固定在加载架上，柱顶设铰并采用5000kN千斤顶施加轴力；下斜撑端部采用平板铰与加载架连接，楼面梁端部采用垫块及螺栓固定在自平衡反力架上，上斜撑端部采用4000kN千斤顶加载。节点侧面采用1000kN千斤顶加载。加载装置如图7所示。

图5 加工好的节点试件

图6 节点试件内部图

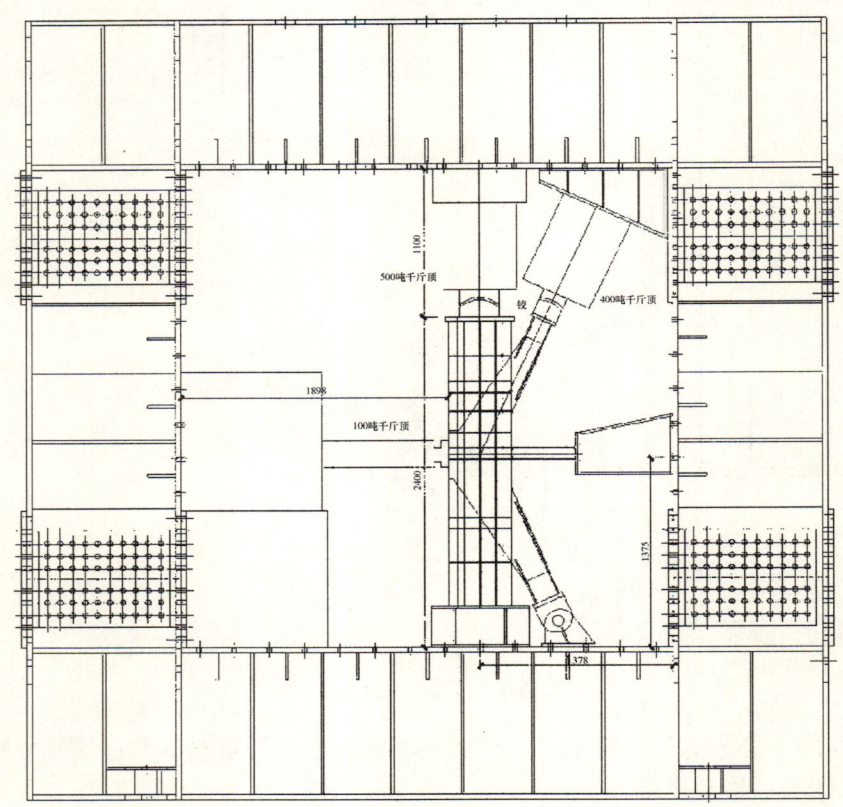
图7 节点试件加载装置示意图

2.2.2 测点布置

模型中关键位置共布置应变片49个，其中单向应变片25个，应变花8个，包括各构件截面、节点区节点板。共布置位移计5个，测量柱、上斜撑端部的变形和节点面内的变形。测点布置如图8和图9所示。

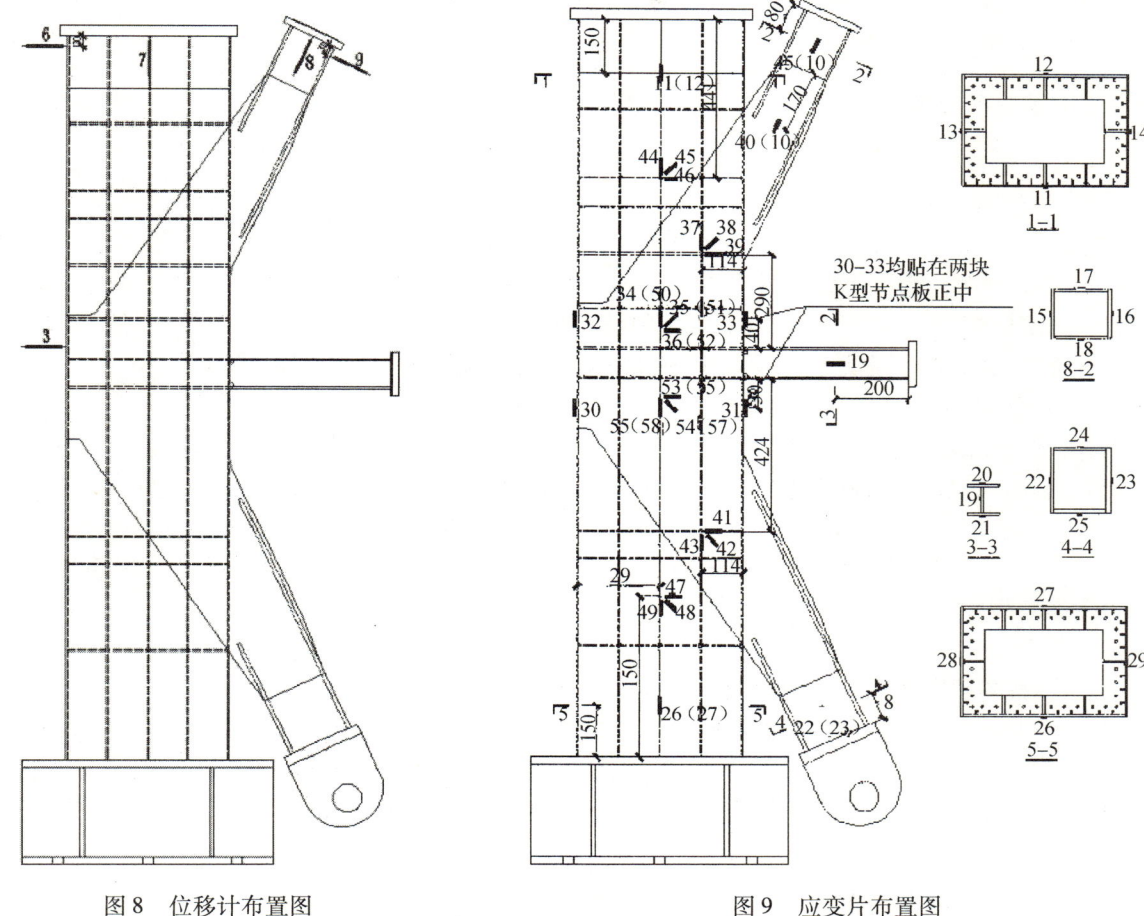

图8　位移计布置图　　　　　　图9　应变片布置图

2.2.3 加载制度

本次试验采用静力试验方法。按照表4中所示的加载力，将相似比换算为模型的加载力。

表4　模型加载力

工况	施加荷载（kN）			
	P_1	P_2	P_3	P_4
重力荷载1（1.35恒+0.98活）	2482.5	279.4	3.3	54.1
重力荷载2（1.2恒+0.98活）	2245.5	254.1	3.0	49.2
风荷载	1085.7	388.8	4.7	189.3

按照表4中的加载力，制定加载制度如下：

（1）为了使试件各部分接触良好，进入正常工作状态，荷载与变形趋于稳定，检验试验装置是否可靠及仪表是否工作正常，需要进行预载。本试验取正常使用荷载的30%进行预载，分三次加完，其中第一次加载考虑重力和加载设备的自重。每次持荷10min。分三次卸载，验证设备是否工作正常。

（2）各加载力分三级施加至上表中所示重力荷载1工况对应的加载力，此时模型应保持在弹性状态。

（3）将加载力调整至表4中所示重力荷载2工况对应加载力，继续施加对应于风荷载的加载力。分别按照重力荷载2+0.5风荷载、重力荷载2+1.0风荷载、重力荷载2+1.5风荷载、重力荷载2+2.0风荷载……逐级加载。当上柱柱顶轴力P_1达到5000kN以后，试件仍没有破坏，保持柱顶轴力

5000kN 不变，持续加大上斜撑内力，直至杆件或者节点板发生屈服。试件屈服后，改用位移控制加载，直至试件破坏。按此加载制度，可充分考察斜撑与柱构件的连接措施是否合理可靠，达到本试验的主要目的。试验过程中随时记录结构的变形情况、屈曲情况、破坏位置以及其他可能出现的异常情况等，并及时照相或摄像进行记录。

2.3 试验结果与分析

2.3.1 试验过程及现象

（1）试件 JD1

根据预定的试验加载制度，对试件 JD1 进行加载，加载过程分 19 步，按照前述加载制度加载。当 P_2 达到 1735kN 时，组成上斜撑钢管的四块钢板几乎同时发生屈曲，15#和 16#测点处钢板内凹，17#和 18#测点处钢板外凸，应变片已破坏。当上斜撑轴向变形达到 17mm 时，承载力已经降低到极限荷载的 84%。构件的最终破坏模式为上斜撑压屈破坏，构件其他部位的应变不大，基本在 2000με 以下。

（2）试件 JD2

根据试验加载制度，对试件 JD2 进行加载，加载过程分 19 步，按照前述加载制度加载。当 P_2 达到 1751kN 时，组成上斜撑钢管的四块钢板同时屈曲，15#和 16#测点处钢板内凹，17#和 18#测点处钢板外凸，应变片基本都已破坏。当上斜撑轴向变形达到 20.1mm 时，承载力已经降低到极限荷载的 83%。构件的最终破坏模式为上斜撑压屈破坏，构件其他部位的应变不大，基本未发生屈服。

2.3.2 变形结果

（1）试件 JD1

加载过程中 JD1 钢管柱的压缩变形曲线见图 10。

在各级荷载下，钢管柱的压缩变形随竖向荷载的增长基本是呈直线增加的。当竖向荷载加至最大值 5000kN 时，竖向变形值达到 2.1mm，为柱高的 1/986，整个加载过程中钢管柱变形不大。曲线在第 4 个数据点处出现明显转折是由于工况 3 的竖向荷载值略小于工况 2。JD1 上斜撑端部沿轴向的荷载－变形曲线见图 11。

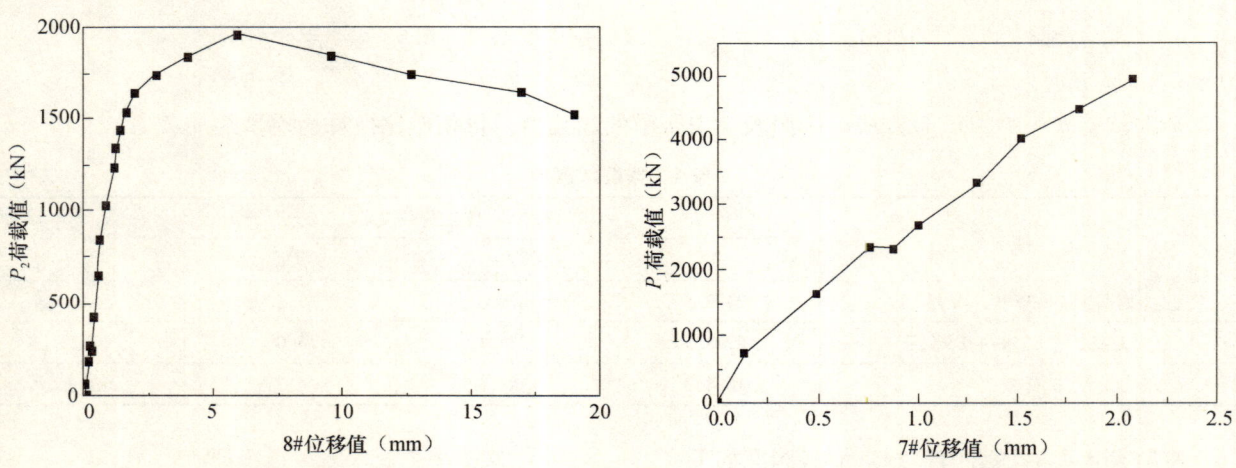

图 10　JD1 钢管柱的竖向荷载－变形曲线　　　　图 11　JD1 上斜撑的荷载变形曲线

在加载初期，由于钢板完全处在弹性状态，变形值随荷载值的增加呈明显的线性增长，随着荷载值的继续增加，钢板开始屈服，当荷载达到一定值时，变形突然迅速增大，这时斜撑发生了整体屈曲，当荷载达到最大值时，斜撑轴向变形 5.9mm。之后荷载值开始下降，变形急剧增大，当变形达到 17mm 时，构件的承载力降至 85% 以下，此时变形为上斜撑轴向长度的 1/31。

（2）试件 JD2

加载过程中 JD2 钢管柱的压缩变形曲线见图 12。

在各级荷载下，钢管柱的压缩变形随竖向荷载的增长基本也是呈直线增加的。当竖向荷载加至最大值 5000kN 时，竖向变形值达到 1.9mm，为柱高的 1/1107，整个加载过程中钢管柱变形不大。曲线在第 3 个数据点处出现明显转折是由于工况 3 的荷载值小于工况 2。JD2 上斜撑变形曲线见图 13。

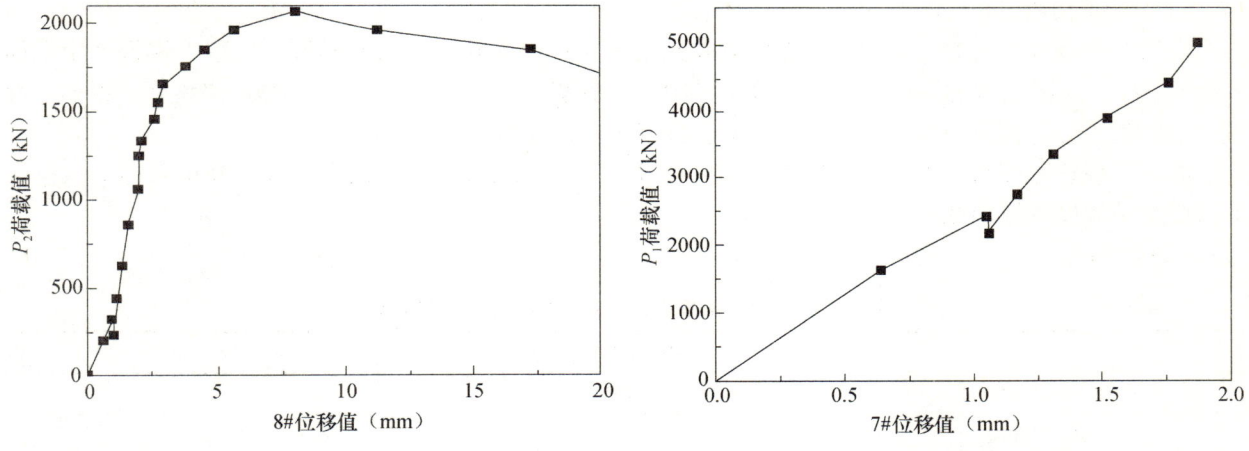

图 12　JD2 钢管柱的竖向变形曲线　　　　图 13　JD2 上斜撑的荷载变形曲线

在加载初期，由于钢板完全处在弹性状态，变形值随荷载值的增加呈明显的线性增长，随着荷载值的继续增加，钢板开始屈服，变形随荷载的增大呈非线性增长，当荷载达到一定值时，变形开始迅速增大，此时斜撑发生了整体屈曲，当荷载达到最大值时，斜撑轴向变形 8.1mm。之后荷载值开始下降，变形急剧增大，当变形达到 20.1mm 时，构件的承载力降至 85% 以下，此时变形为上斜撑轴向长度的 $\frac{1}{26}$。

2.3.3　应变结果

（1）试件 JD1

由于试件的破坏模式是上斜撑屈曲破坏，主要分析位于上斜撑的 15#~18# 应变测点，根据位于上斜撑的 15#~18# 点在加载过程中的应变曲线可知：在重力荷载 1 和重力荷载 2 两种工况下，斜撑处于弹性状态。在重力荷载 2 +2.5 风荷载下，斜撑钢板刚刚开始屈服。可见在设计荷载下，上斜撑处的应力值较小，该区域的安全性有足够的保证。

位于上斜撑的 10#、40# 测点用于监测斜撑端部的力能否通过两块 K 型钢板有效地传到节点区。根据加载过程中的 10#、40# 测点的荷载 - 应变曲线可知：随着 P_2 的增大，两测点的应变值基本上呈线性增大的趋势，在上斜撑开始屈曲时，测点应变不到 $-1400\mu\varepsilon$，在整个加载过程中，节点板上应变小于斜撑上应变，说明该节点形式可以有效地将斜撑的轴力通过节点板传至节点区。根据节点区主要测点的应变 - 荷载曲线可知：其中，应变最大的点为测点 37/38/39 位置。在上斜撑开始屈曲时，37# 测点处主应变达到 $-2230\mu\varepsilon$，刚开始屈服，节点其他位置还处在弹性阶段。在整个加载过程中，节点区的钢板没有发生破坏，节点区有较大的安全保证。柱构件、下斜撑构件上应变均处于弹性状态。

（2）试件 JD2

根据位于上斜撑的 15#~18# 点在加载过程中的应变曲线和位于上斜撑的 15#~18# 测点应变发展情况可知：在重力荷载 1 和重力荷载 2 两种工况下，斜撑处于弹性状态。在重力荷载 2 +2.5 风荷载下，斜撑钢板刚开始屈服。可见在设计荷载下，上斜撑处的应力值较小，该区域的安全性有足够的保证。根据位于上斜撑的 10#、40# 测点在加载过程中的应变曲线可知：随着 P_2 的增大，两测点的应变值基本上呈线性增大的趋势，在上斜撑开始屈曲时，测点应变在 $-1880\mu\varepsilon$ 左右，在整个加载过程中，斜撑端部的作用能够有效地传递到节点区。根据节点区主要测点 37#~39#、34#~36# 的应变曲线可知：在上斜撑开始屈曲时，应变较大处位于 37/38/39 测点位置，37# 测点处主应变达到 $-875\mu\varepsilon$，此处的节点板还处在弹性阶段，随着荷载的继续增加，应变的增长保持稳定，在整个加载过程中，节点区的钢板没有出现屈服现象，节点区有较大的安全保证。

2.4 计算与分析

(1) 计算模型

按照节点试件的设计,采用大型通用有限元程序 ABAQUS 建立有限元模型。模型中钢板采用平面壳单元 S4R,混凝土单元采用三维实体单元 C3D8R,钢筋采用杆单元 T3D2。模型忽略钢管、钢筋与混凝土之间的滑移。钢材与混凝土的本构与钢管混凝土柱计算模型一致。

有限元模型底部与水平梁右端约束全部自由度,下斜撑约束三个方向的位移,外荷载施加根据实际试验加载制度逐级加载。

(2) 变形结果

表5 试件极限承载力计算结果与试验结果的对比

	极限承载力(kN)	误差(%)
JD1 试验值	1954	2.9
JD2 试验值	2063	2.6
计算值	2010	—

有限元计算结果显示,构件的破坏模式为上斜撑屈曲破坏,与试验结果一致。极限承载力计算结果与试验结果的对比见表5。钢管柱的压缩变形的计算值与试验值对比见图14。

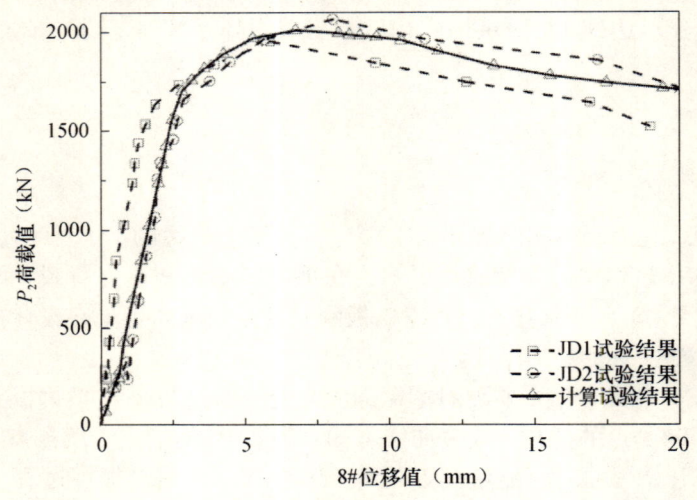

图14 钢管柱的压缩变形曲线对比

当竖向荷载加至最大值 5000kN 时,计算的柱身竖向变形与试验值的对比见表6。

表6 柱身竖向变形计算结果与试验结果的对比

	竖向变形(mm)	误差
JD1 试验值	2.1	14.3%
JD2 试验值	1.9	5.3%
计算值	1.8	—

上斜撑端部的压缩变形的计算值与试验值对比见图15。

从图中可以看出,计算曲线与试验曲线吻合较好。

(3) 应力结果

根据模型在重力荷载1、重力荷载2+1.0风荷载和极限荷载下的应力分布和对于不同位置的测点,比较其应力的试验值与计算值可知:计算值与试验值基本符合。试验中由于构件的尺寸误差、加载对中误差等，试验结果略大于计算结果。根据部分关键测点的应变-荷载曲线可知：试验结果与计算结果基本符合。

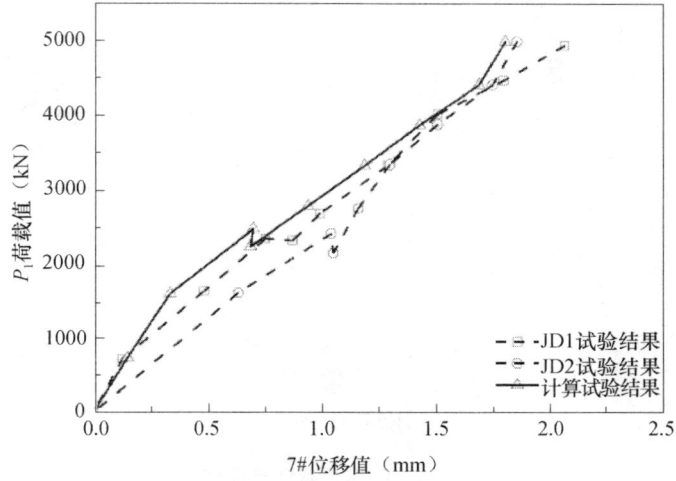

图15　上斜撑轴向变形曲线对比

（4）轴力偏心对节点板稳定的影响

上斜撑端部变为两块分离的节点板后，与钢管柱存在一定空隙，在斜撑承受偏心轴向荷载时，两块节点板有向面外失稳的可能。分别考虑偏心率为2%、5%和10%三种情况对节点板稳定的影响，加载示意见图16（偏心率=e/h）。

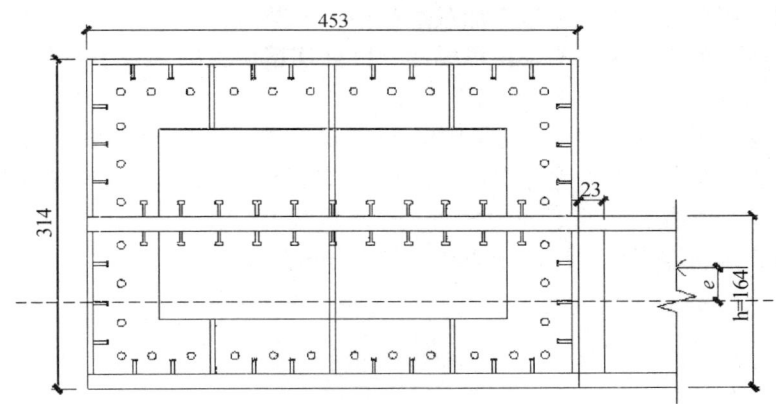

图16　偏心轴力加载示意图

使用Abaqus中的Riks法（弧长法）进行非线性稳定分析，分别得到三种偏心轴力工况上斜撑的荷载变形曲线，并与无偏心的变形曲线对比，见图17。

随着偏心率的增大，上斜撑破坏时（荷载降为85%极限荷载）的变形逐渐减小，极限承载力逐渐降低，荷载下降段逐渐变陡。上斜撑的破坏模式均为端部钢板屈曲破坏。根据有限元应力分析可知：在荷载无偏心时，端部矩形钢管的四块钢板几乎同时发生屈曲；在荷载偏心时，偏心方向侧的钢板先屈曲。偏心增大时，极限承载力及延性的降低主要是由钢管端部的提前屈曲引起。偏心率从2%提高到10%，两块分离的节点板均未发生面外失稳，且节点板根部的均未屈服。

3　结论

根据京基金融中心矩型钢管混凝土柱及巨型支撑节点的设计特点及试验要求，选取原型结构中18层位置结构侧面巨型钢管混凝土柱与巨型支撑节点，设计缩尺模型JD1和JD2进行了节点的静力试验。由试验结果及相应的节点模型有限元计算分析，可得出以下结论：

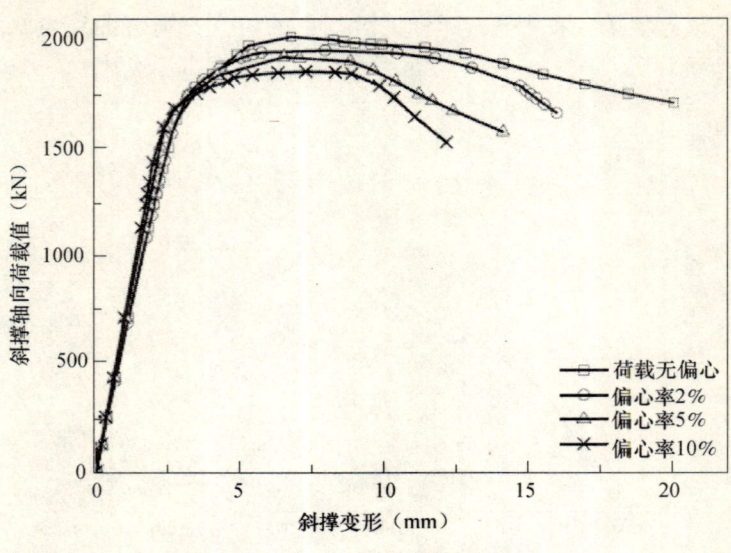

图17 上斜撑荷载变形曲线

（1）在重力荷载1、重力荷载2以及重力荷载2+2.0风荷载工况以前，巨柱与巨型支撑连接节点试件各部分变形不大，钢板应力水平普遍较低，均处于弹性状态，说明节点及相连构件满足设计荷载的要求。

（2）当上斜撑端部荷载达到相当于5倍重力荷载设计值下的内力时，斜撑端部钢板开始屈曲。试件的破坏形式为上斜撑压屈破坏。此时，试件中节点区及其他构件上的钢板基本处在弹性阶段。节点试件可以满足强节点弱构件的要求。在整个加载过程中，该节点形式可以有效地将斜撑的轴力通过节点板传至节点区。有限元分析结果表明，斜撑根部与巨柱连接位置的两块节点板不易发生加载平面外失稳。

（3）应变测试结果表明，在整个加载过程中，该节点形式可以有效地将斜撑的轴力通过节点板传至节点区。试验及有限元分析表明，斜撑根部与巨柱连接位置的两块节点板不会发生加载平面外失稳。

（4）节点试件有限元分析的变形、应力分布、极限承载力与破坏模式与试验结果基本符合。验证了试验结果的准确性，说明有限元方法用于该类节点的分析是可行的。

基于压电陶瓷的超高层建筑大尺寸高性能钢管混凝土柱界面粘结性能监测

黄 清[1]　许 斌[1]　滕 军[2]　令狐延[3]

1. 湖南大学土木工程学院，长沙，410082
2. 哈尔滨工业大学深圳研究生院，深圳，518055
3. 中国建筑第四工程局有限公司，广州，510665

【摘 要】 压电陶瓷由于正逆压电效应既可以作为驱动器又可以作传感器，本文将压电陶瓷片制作成智能骨料，分别采用扫频和正弦信号激励，在混凝土中产生应力波，对某在建的超高层建筑的大尺寸钢管混凝土柱的混凝土的施工质量以及混凝土与钢管的界面粘结性能进行评估。通过小波包分析，采用能量均方根误差的指标对混凝土的质量和钢管壁与混凝土的界面的粘结性能进行了评估。结果表明该超高层建筑的高性能混凝土钢管柱的界面无明显损伤，本文所介绍的基于压电陶瓷的混凝土质量以及钢管混凝土界面性能监测具有良好的应用前景。

【关键词】 压电陶瓷；智能骨料；钢管混凝土；混凝土质量；剥离；小波包分析；健康监测

Concrete Quality and Interface Performance Evaluation of High Performance Concrete-filled Steel Tube Columns Based on Piezoelectric Sensor

Huang Qing[1]　Xu Bin[1]　Teng Jun[2]　Linghu Yan[3]

1. Department of Civil Engineering, Hunan University, Changsha, 410082, China
2. Harbin Institute of Technology Shenzhen Graduate School, Shenzhen, 518055, China
3. China Construction Fourth Engineering Division Co., Ltd., Guangzhou, 510665, China

【Abstract】 Piezoelectric ceramic material can be used as sensor and actuator according to its direct and converse piezoelectric effect. In this paper, smart aggregates based on piezoelectric ceramic were employed to generate sweep and sine stress waves in concrete of a large scale concrete-filled steel tube of a super high-rise building under construction. The quality of concrete and the interface bonding performance of the monitored large-scale concrete-filled steel tube columns were evaluated. Based on the wavelet packet analysis on the measurement from the piezoelectric ceramic under different excitation signals, a performance index defined on the energy's RMSE was used to evaluate the concrete qualify and the interface performance between steel tube and concrete. Results show that no obvious derivation on the defined index is detected and the concrete qualify and the interface of high performance concrete-filled steel tube columns of this super high-rise building are in good condition. No obvious damage and defect can be detected. This monitoring technology has great potential to be applied to practical engineering.

【Key words】 PZT; smart aggregate; concrete-filled steel tube; quality; delamination; wavelet packet analysis; health monitoring.

1 引言

传统的无损检测技术如声/超声法、红外热像法、脉冲雷达法和X射线等可以有效地检测损伤的混凝土性质、尺寸和位置，但由于这些技术往往需要操作人员进入到结构中，检测设备笨重，而且损伤信息的获得需要复杂的数据处理过程等，决定了传统无损检测技术难以应用到在线的结构监测中[1]。

智能材料的发展为土木工程结构长期实时健康监测提供了新的研究方向。这些智能材料具有传感，或者传感与驱动的双重功能，能够与工程结构融合在一起组成智能健康监测系统。其中基于压电陶瓷（piezoelectric ceramic，简称PZT）的技术以其对结构初始损伤敏感、对外界环境影响的免疫力强、使用成本低、适宜在线监测的特点得到越来越多的关注[2,3]。PZT质量轻，对本体结构影响很小，可以粘贴在已有结构的表面或埋入新建结构的内部对结构进行监测，是"主动"的健康监测方法[4,5]。

PZT能够对结构进行健康监测的关键在于PZT具有正压电效应和逆压电效应。利用正压电效应，可将压电材料制成传感元件，通过检测压电元件上电荷的变化来确定压电元件埋入处结构的变形量。反之，利用逆压电效应，可将压电材料制成驱动元件[6]。

2 工程概述

深圳京基金融中心位于深圳市罗湖区蔡屋围金融中心区，A座建筑面积约28万 m^2，地上高98层，地下4层，建筑总高度为441.8m，建筑高宽比达9.5。该超高层结构采用由混凝土核心筒、钢管混凝土外框架体系，并结合建筑避难层在核心筒和外柱之间设置3道伸臂桁架与5道腰桁架，形成水平加强层。本工程钢管混凝土柱的平面布置如图1所示。在外框架的16根箱型钢管混凝土柱中，截面最大尺寸达2.7m×3.9m，柱内浇筑C60/C80高强混凝土。施工中，外框架钢管混凝土柱采用分层吊装钢管柱、满焊连接钢管柱壁、绑扎内部钢筋、每3层浇筑一次混凝土的施工工序。由于混凝土浇筑体积大、高强混凝土水化热反应明显，内部混凝土与钢管壁的粘结与剥离情况以及内部混凝土的完整性备受关注。本文以第18层的西北面的Z1柱（如图2所示）为例，对该钢管混凝土柱进行监测。

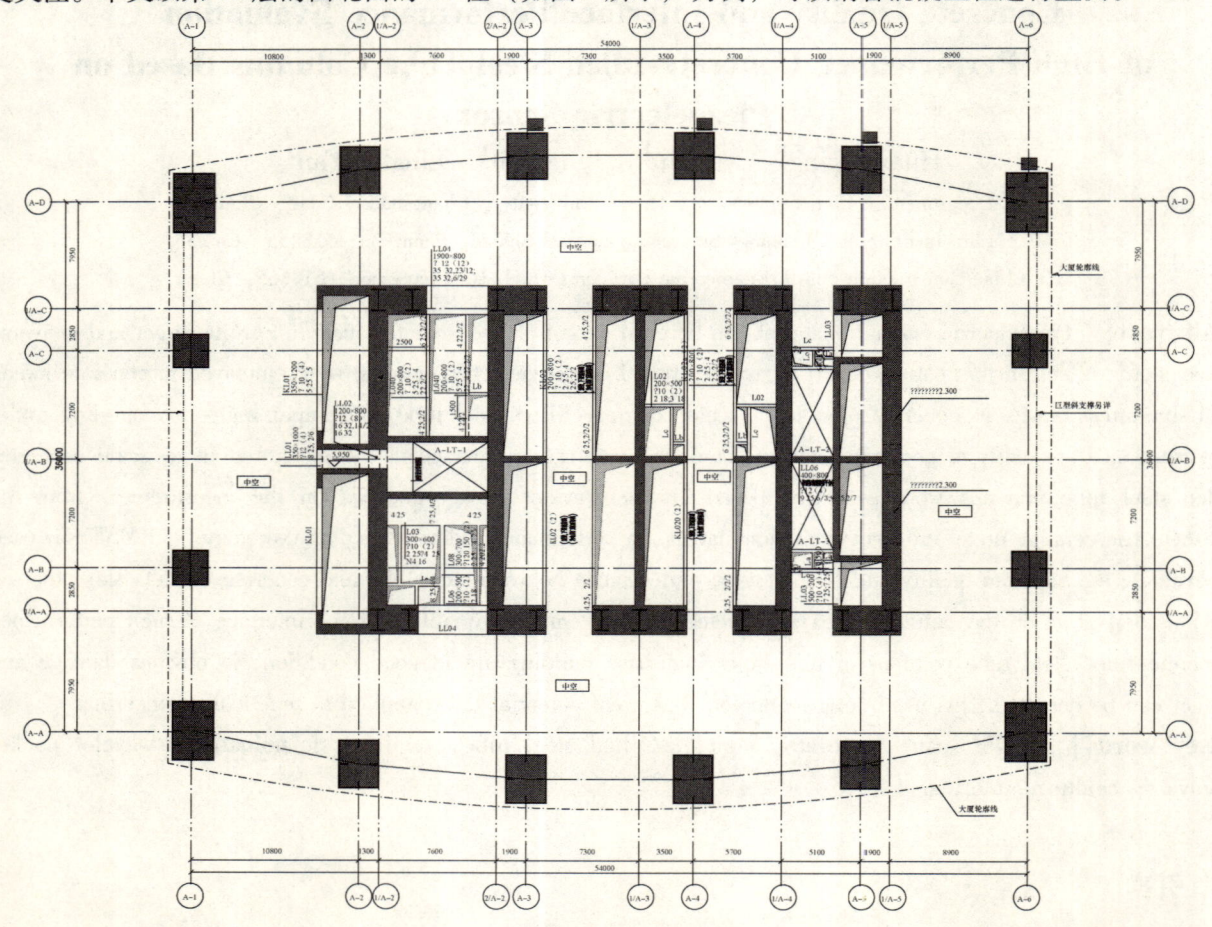

图1 钢管混凝土柱平面布置图

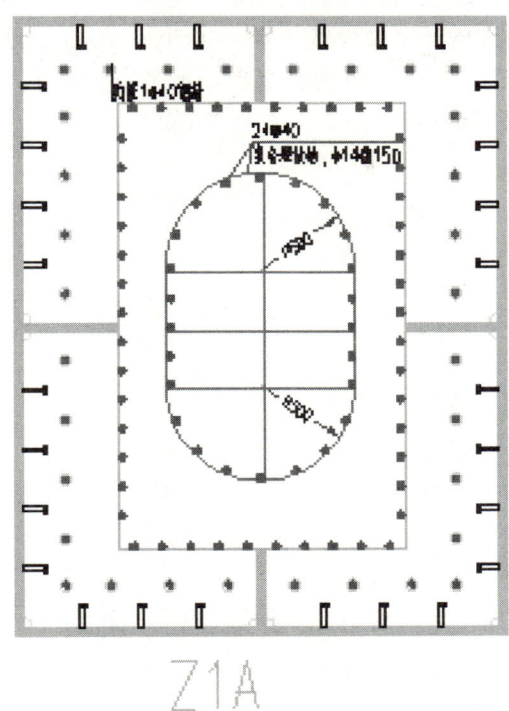

图 2　钢管混凝土柱 Z1 截面（2600mm×3200mm）

基于压电陶瓷的正逆压电效应，制作成可以植入混凝土内用于产生激励信号和接收应力波的新型智能骨料。智能骨料是首先在压电陶瓷片表面覆盖一层绝缘层以防止水和湿气破坏，然后将压电陶瓷片作为功能体放入水泥材料中固化而成，是一种质量轻、体积小的压电机敏复合材料。水泥砂浆可以保护压电陶瓷材料，其体积小，而且当该智能骨料被植入混凝土中时易于与母体混凝土结合成为一个整体，与混凝土母体具有良好的相容性，与混凝土结构材料的界面粘结效果也比较好，避免了粗骨料对传感器的损害。

3　传感器与测试系统

3.1　压电陶瓷片和智能骨料

基于压电陶瓷的正逆压电效应，制作成可以植入混凝土内用于产生激励信号和接受应力波的新型智能骨料，利用钢管混凝土柱内部的智能骨料和钢管壁外的压电陶瓷片，对混凝土质量均匀性和混凝土与钢管界面性能进行监测。图 3 所示为本文所采用的压电陶瓷片与封装有压电陶瓷的智能骨料的实物图。

内部智能骨料在不同高度分 3 层布置，每层 6 个，共 18 个，其具体位置分别如图 4、图 5 所示。图 4 和图 5 中各数字代表智能骨料的编号，其中最底下一层智能骨料的编号为 1~6，以上两层编号依次为 7~12 和 13~8。同时，为方便指定钢管壁上压电陶瓷片的方位，按照逆时针方向定义南面为 A 面、西面为 B 面、北面为 C 面、东面为 D 面，如图 5 所示。

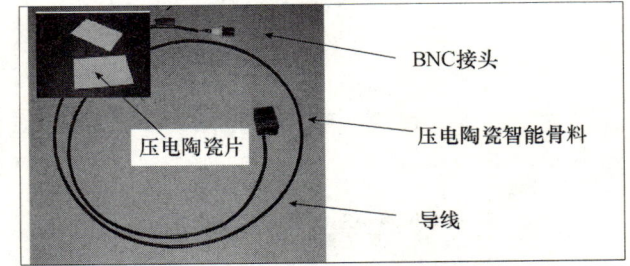

图 3　压电陶瓷片与智能骨料实物图

钢管混凝土外壁的压电陶瓷片的布置采用与内部智能骨料相对应的形式，即在内部角部部分的智能骨料对应的钢管外表壁上布置有压电陶瓷片，其余的压电陶瓷片均是均匀布置。四个外表面上均布置有压电陶瓷片，每面在5个不同的高度处设置共20个压电陶瓷片，每层4个，钢管混凝土柱外壁四面共布置压电陶瓷片80个。为以后便于分析处理数据，定义每个面上的压电陶瓷片分别为A1-A20、B1-B20、C1-C20、D1-D20，具体位置如图6和图7中所示。

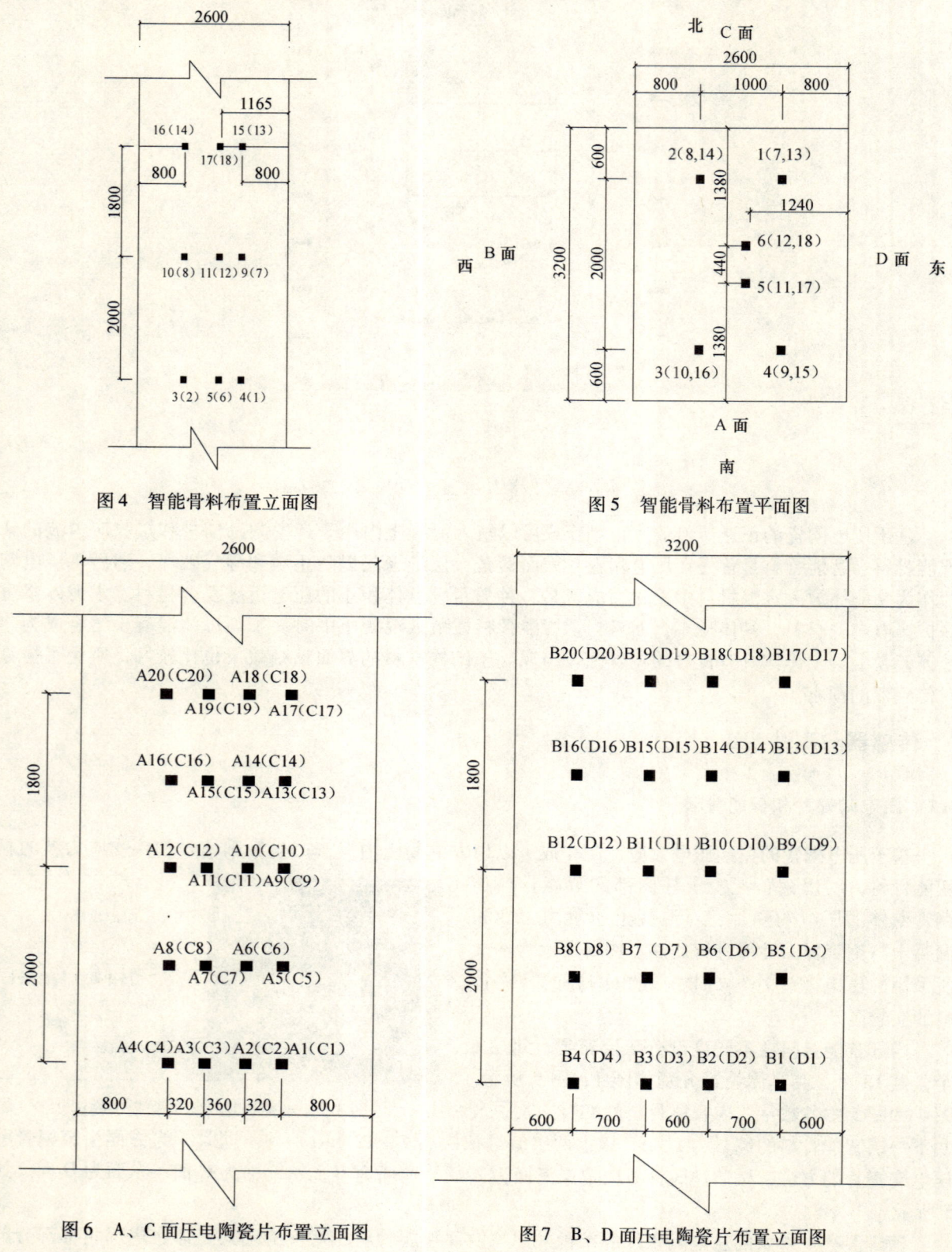

图4 智能骨料布置立面图

图5 智能骨料布置平面图

图6 A、C面压电陶瓷片布置立面图

图7 B、D面压电陶瓷片布置立面图

第四部分 性能研究与测试技术

钢管混凝土柱内部密布钢筋，智能骨料通过细钢丝与内部钢筋绑扎固定在一起，如图 8 所示。其导线沿钢筋分布，最终从钢管上的排气口接出，如图 9 所示。

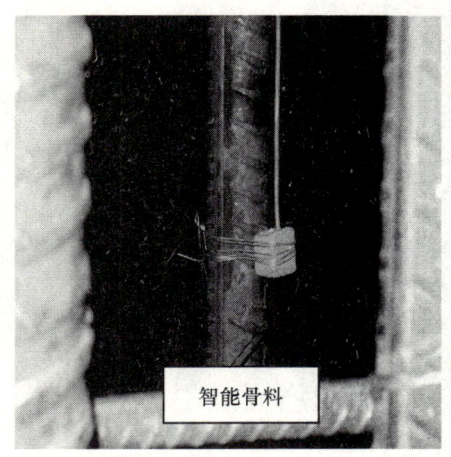

图 8 部分的智能骨料安装

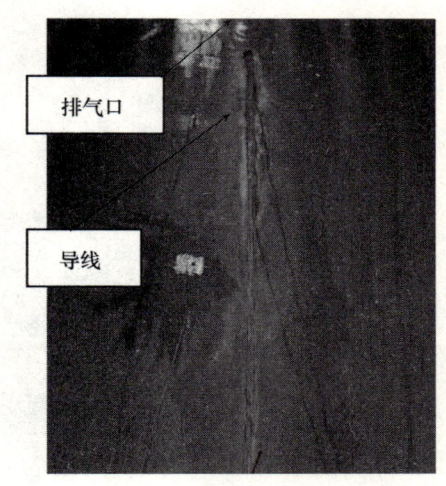

图 9 外部导线的分布图

现场布置压电陶瓷片时，首先将钢管壁的油漆打磨掉，然后抹上一层薄薄的环氧树脂，一方面可使压电陶瓷片与钢管柱保持绝缘，另外一方面可以保证压电陶瓷片与钢管壁的接触面光滑；然后在固结硬化后的环氧树脂表面抹上导电胶，将压电陶瓷片与铍铜粘贴在导电胶上；最后在压电陶瓷片与铍铜粘结固定后用环氧树脂对其表面进行加固，防止其剥落。固定前后的压电陶瓷片分别如图 10、图 11 所示。

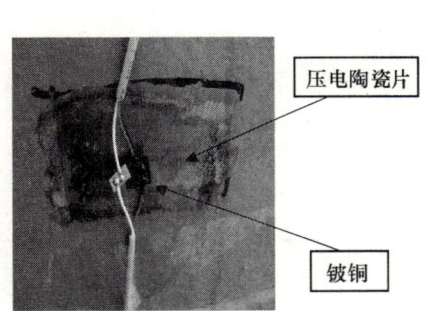

图 10 固定前的压电陶瓷片

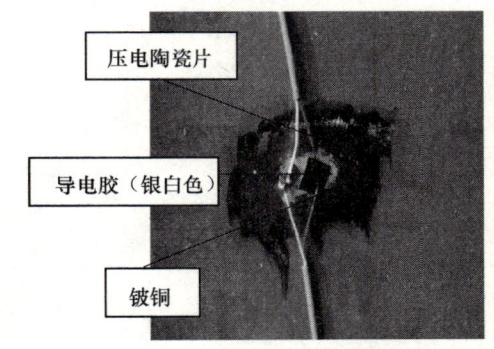

图 11 固定后的压电陶瓷片

3.2 监测方案与过程

本文应用压电陶瓷及其制作的智能骨料监测超高层建筑大型钢管混凝土柱的界面粘结程度。通过对柱核心混凝土的智能骨料发射激励信号，从而产生应力波，应力波从内部混凝土传播到钢管壁，外面的压电陶瓷片由于逆压电效应产生电荷，因而利用压电陶瓷的测量检测混凝土与钢管壁的剥离情况。因为压电陶瓷片的识别作用，其输出量与应力波的能量相关，因此，在剥离位置的压电陶瓷片相应的信号幅值及接受到的能量比未剥离处的小。

本文采用 24 通道比利时进口 LMS-SCM05 振动测试分析集成系统，如图 12 所示。利用 LMS 产生正弦和扫频信号，正弦信号的频率为 8.000Hz，扫频信号频带范围为 1Hz ~ 20kHz，数据采样频率为 102400Hz。LMS 同时采集激励信号和响应信号，并进行滤波处理。其监测日期如表 1 所示。

本文采用内外结合的方式实行两种监测方案。方案一，采用内部 3 个不同标高层的中间部位的智能骨料作为激励，测量对应测量面上的各个压电传感器；例如分别采用 5 号、12 号、18 号作为激励源，测量 A 面、B 面、C 面、D 面的全部压电陶瓷片。方案二，采用钢管外壁压电陶瓷片作为激励，测量内部各智能骨料的响应。例如分别采用 A 面和 C 面中间位置的压电陶瓷片（即 A11、C10）作为

图 12 LMS 数据采集系统

激励源,测量内部各个智能骨料的响应。以上两种工况均采用扫频和正弦信号,采用以下数据分析原理和方法评估混凝土与钢管壁界面粘结性能。

表 1 监测时间表

监测日期	监测次数
2009 年 11 月 10 日	第一次监测
2009 年 11 月 12 日	第二次监测
2009 年 11 月 15 日	第三次监测
2009 年 11 月 28 日	第四次监测
2009 年 12 月 5 日	第五次监测
2009 年 12 月 14 日	第六次监测
2009 年 12 月 27 日	第七次监测
2010 年 03 月 08 日	第八次监测

4 数据分析原理和方法

采用小波包对本次监测数据进行分析,该分析方法比小波分析法更精细,可对小波分析没有细分的高频部分进一步分解,并能根据被分析信号的特征,自适应的选择相应频带,使之与信号的频谱相匹配,提高了时 - 频分辨率[7]。本文选用"db1"小波进行 3 层小波包分解来进行计算。假设 S 为含有 n 个采样点的原始监测信号,s 为 S 经 N 层小波包分解重构后得到的末层各频带的子信号,则:

$$S = s_1 + s_2 + \cdots + s_{2^N-1} + s_{2^N} \tag{1}$$

文献 [8] 定义表征原始信号经小波包分解后的末层信号中各频带子信号能量的向量为:

$$E_I = \{e_1, e_2, \cdots, e_{2^N-1}, e_{2^N}\} \tag{2}$$

式中,e 为末层各频带子信号的能量,且

$$e_i = \sum_{k=1}^{n} |x_k|^2 \tag{3}$$

式中,x_k 为 S 分解重构后所得末层各频带信号中的数据点。S 经小波包分解后所得的向量 E_I 中各点的和为

$$E = \sum_{k=1}^{2^N} e_k \tag{4}$$

损伤指标均方根误差即 RMSE 定义如下

$$RMSE = \sqrt{\frac{\sum_{i=1}^{n}\left[E(i) - \frac{1}{n}\sum_{i=1}^{n}E(i)\right]^2}{n-1}}, i = (1,\cdots,n) \tag{5}$$

式中，n 是监测区域内 PZT 传感器的数目。

5 结果与分析

分别用混凝土中间的三个智能骨料作为驱动器，分别激励扫频和正弦两种信号，共 6 种情况。以 B、D 面为例监测结果如图 13、图 14 所示。

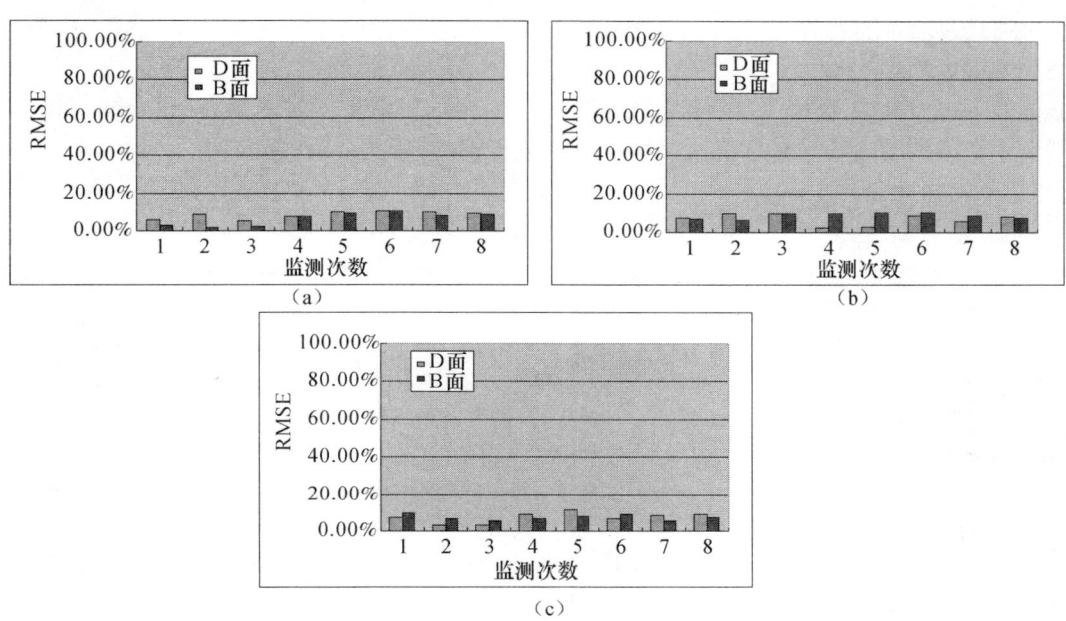

图 13 扫频信号下 PZTs 的损伤指标
(a) 5 号智能骨料发射；(b) 12 号智能骨料发射；(c) 18 号智能骨料发射

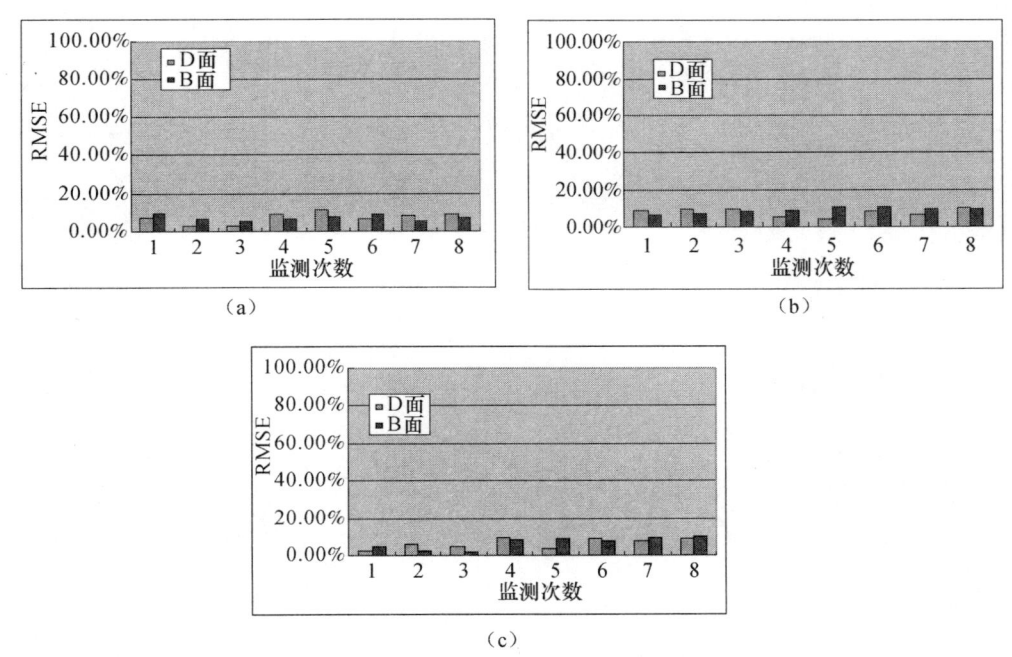

图 14 正弦信号下 PZTs 的损伤指标
(a) 5 号智能骨料发射；(b) 12 号智能骨料发射；(c) 18 号智能骨料发射

由图可以看出各个情况下每个监测时间中的 RMSE 值非常小，基本在 10% 范围内波动。这说明在同一监测时间各测点接收到的能量较稳定、离散性小，由此说明同一监测时间内混凝土与钢管壁的粘结性能良好，且通过比较不同监测日期的 RMSE 值，可以得出同一些测点的能量离散性随时间的变化趋势不大，这说明随着时间的增加，钢管混凝土柱的均匀程度基本一致，即说明在监测时间内，内部混凝土与钢管壁之间的粘结性能良好，没有明显的界面剥离。

6　结束语

（1）利用小波包分析，在扫频和正弦激励信号下，无论是内部智能骨料作驱动器钢管壁的压电陶瓷片作传感器还是智能骨料作传感器压电陶瓷片作驱动器，都证明了混凝土质量良好，在钢管与混凝土界面间无明显的损伤。

（2）本文基于压电陶瓷片及其制作的嵌入式智能骨料的健康监测技术及分析方法，可以应用于在建的超高层建筑的混凝土质量检测和大规模钢管混凝土柱的界面粘结性能的评估。

参考文献

[1] JohnW Ayres, F rederic Lalande, Zaffir Chaudhry, et al. Q ualitative impedance- based health monitoring of civil infrastructures [J]. SmartMater. Struct., 1998, 7.
[2] Giurgiutiu V, Redmond J, Roach D, et al. Active sensors for health monitoring of aging aerospace structures [J]. Proc. SPIE Conf. . New Port Beach, 2000, (3985): 2942305.
[3] Gyuhae Park, Harley H Cudney, Damiel J Inman. Impedance- based health monitoring of civil structuralcomponents [J]. Journal of infrastructure systems, 2000, (1): 1532160.
[4] Kubo S. Inverse problems related to the mechanics and fracture of solids and structures [J]. JSM E International Journal (Series I), 1988, 31(2): 1572166.
[5] Galea SC, Ch iu W K, Paul JJ. Use of piezoelectric films in detecting and monitoring damage in composites [J]. Int. J. of Intelligent Material System s and Structures, 1993, (4): 3302336.
[6] 杨大智. 智能材料与智能结构 [M]. 天津：天津大学出版社，2000.
[7] 孙宝申，沈建中. 合成孔径聚焦超声成像（一）[J]. 应用声学，l992, 12 (3): 43~48.
[8] 孙宝申，沈建中. 合成孔径聚焦超声成像（一）[J]. 应用声学，1993, 12 (5): 39~44.

基于压电陶瓷传感的钢管混凝土柱界面性能监测试验研究

张婷[1]　许斌[1,2]　宋钢兵[3]

1. 湖南大学土木工程学院，长沙，410082
2. 湖南大学建筑安全重点实验室（教育部），长沙，410082
3. 休斯敦大学机械工程学院，休斯敦，77204-4006

【摘　要】 基于钢管混凝土良好的力学性能，该种结构已作为一种典型的组合结构广泛运用在民用建筑中。由于混凝土固结过程中可能存在收缩和其不可见性，可导致钢管内壁与混凝土的剥离，剥离的存在将削弱混凝土的受力性能并且降低其承载能力和延性。在本文研究中，基于压电陶瓷（PZT）的智能骨料用于监测模拟的钢管混凝土剥离情况，钢管混凝土中埋入智能骨料，钢管外壁上布置PZT传感器。当智能骨料发射信号时，传感器接收信号，通过本文提出的基于小波包分析的损伤指标（DI）得出剥离情况，其结果与模拟情况吻合。

【关键词】 钢管混凝土；剥离；压电陶瓷（PZT）；智能骨料；小波包分析

Interfacial Performance Detection of a Concrete-filled Steel Tube with PZT Actuation and Sensing Technique

Zhang Ting[1]　Xu Bin[1,2]　Song Gangbing[3]

1. College of Civil Engineering, Hunan University, Yuelu Mountain, Changsha, Hunan, 410082, P. R. China
2. Key Laboratory of Building Safety and Energy Efficiency (Ministry of Education), Hunan University, Changsha, Hunan, 410082, P. R. China
3. Department of Mechanical Engineering, University of Houston, Houston, TX, 77204-4006, USA

【Abstract】 With enhanced mechanical behavior, Concrete-filled Steel Tube (CFST) has been widely adopted in civil engineering structures as a typical composite structural type in recent years. Due to the possibility of shrinkage and the invisibility of concrete confined in steel tube, the debonding between the steel tube and the concrete can weaken the confinement effect on the concrete and may induce the decrease in load-carrying capacity and in the ductility of the CFST. In this paper, a functional smart aggregate (SA), which is based on PZT, is employed to detect the predesigned debonding damage in a CFST column specimen. SAs are embedded into the concrete of a CFST column specimen as actuators and a number of PZTs are bonded on predetermined locations of the outside surface of the CFST specimen as sensors. The responses of all the employed PZT sensors on all of the four surfaces are measured when one of the SAs is excited with swept sine signals. Based on the defined damage index based on the wavelet analysis on the PZT sensors measurements, the artificially mimicked debonding areas are detected successfully.

【Key words】 Concrete-filled Steel Tube (CFST); debonding; PZT; smart aggregate; wavelet packet analysis

1　引言

如今，钢管混凝土因其高承载力，良好的延性，方便施工和经济效应，成为广泛运用在桥梁、超高层建筑、海洋平台的竖向承载力构件。钢管混凝土结构结合了钢材和混凝土两者的优点，越来越多的超高层建筑、高层建筑运用了钢管混凝土结构，其钢管混凝土构件的截面也越来越大。例如，在建的深圳京基金融中心最大的钢管混凝土构件截面为 2.7m×3.9m。大量现场浇筑混凝土在钢管中的质量以及钢管内壁与混凝土结合的情况成为人们关注的焦点，它们可影响混凝土的受力效果并造成承载能力和延性的降低。由于收缩和剥离损伤情况的不可见性使得对钢管混凝土的健康监测成为研究的热点。

现有多种传统的非损伤识别技术显示了其在检测混凝土损伤方面的潜力，包括超声波、穿透雷达、脉冲回波、电磁成像等技术，但其检测钢管混凝土剥离的适用性和有效性还有待研究。这些非损伤识别技术也有以下缺点，耗时、难以实现实时监测、不可运用在大型建筑中、实现不方便。李利群、韩晓健（2000年）使用超声波检测钢管壁和混凝土之间的剥离，并发现测得的声参数与钢管壁与混凝土的结合状态有关。丁睿、刘浩吾等人（2004年）通过分布式光纤传感技术可以实现对钢管混凝土接口脱空的检测，讨论了脱空产生成因及分布式传感光纤实现脱空检测的机理，提出了在钢管中分布式传感光纤的布置形式，并进行了模型试验，得到重要规律，拟合出光衰减与脱空开度关系的曲线及公式。

压电陶瓷具有以下优点：（1）形状多样性；（2）响应快速；（3）响应频率带宽；（4）价格低廉；（5）可同时作为激励器和传感器实现损伤识别和监测。由于压电陶瓷片的这些优点，基于压电陶瓷的监测方法已经成为最有发展前途之一的主动结构健康监测。焦丽和李宏男（2006年）系统地阐述了PZT的 E/M（电 - 机）耦合特性、PZT 与本体结构的相互作用模型、EMI 技术的基本原理及其在土木工程中的研究应用，表明其在土木工程中运用的强大潜质。李宏男、宋刚兵等人（2005年）回顾了运用压电材料进行土木工程振动控制的发展历程，详细介绍了应用压电材料的智能驱动器和耗能器，并对压电材料在土木工程结构振动控制中研究与应用前景进行了展望。目前的研究表明智能骨料能够成功的运用在典型的结构构件和结构上，包括混凝土梁、柱、剪力墙和框架上（Bhalla and Soh, 2004, Laskar et al., 2009, Song et al., 2009, and Yan et al., 2009, Gu et al., 2010, and Moslehy et al., 2010）。

随着组合结构广泛地运用在民用建筑中，近几年也开始利用压电陶瓷识别组合结构损伤的研究。Saafi（2001年）等提出以压电陶瓷传感器监测混凝土结构 FRP 加固层与主结构脱落的损伤，通过比较与基态的频谱成分与相位判断损伤的存在。Wang 等人（2000年）研究了一种主动监测系统用以监测复合材料和钢筋混凝土的健康状态，结果显示了该主动监测系统的可行性。Wu 等人（2006年）通过比较检查前后信号的变化可判断出钢筋混凝土的剥离和钢筋的屈服。

本研究的目的是通过使用智能骨料和压电陶瓷传感器检测出钢管内壁与混凝土的剥离，与上述文章不同的是，压电陶瓷传感器采集到的信号由小波包分析从而判断出剥离的存在与范围。试验中采用内部预设剥离的钢管混凝土柱验证文章提出方法的有效性。

2 基于 PZT 智能骨料的制作以及钢管混凝土试件

2.1 基于 PZT 智能骨料的制作以及压电陶瓷传感器的安装

当压电材料受到外力作用时，在其表面会产生电荷，这种现象称为正压电效应；相反，当在压电材料上施加电场时，其会发生形变，这种现象称为逆压电效应。由于压电材料这一特殊性质，使得其既可以做驱动器又可以做传感器，同时也使得多功能的智能骨料得以产生。另外，压电材料具有小巧轻便，价格低廉，快速响应等优点，这些优点使得压电材料称为理想的混凝土结构监测材料。

压电材料易碎，为保证其在混凝土中正常工作，需对压电材料采取一定的保护措施。首先在压电陶瓷片上均匀涂抹一层环氧树脂保证其不受混凝土内部潮湿环境的影响，然后将焊有导线，尺寸为 10mm×10mm 的防水压电陶瓷片装入混凝土模具，经养护脱模后形成智能骨料。图 1 所示为智能骨料的构造。图 2 是基于 PZT 智能骨料实物。

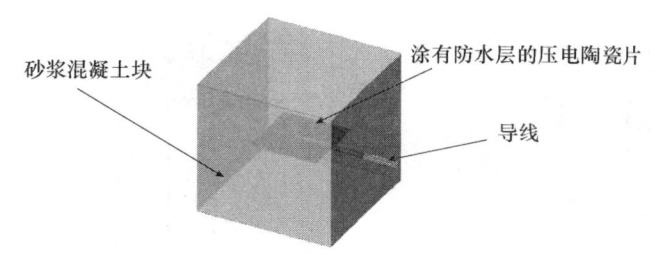

图 1 基于 PZT 智能骨料的构造

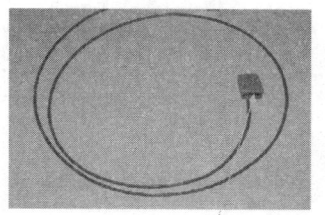

图 2 试验所用智能骨料

本文研究中，智能骨料埋入钢管混凝土柱中利用逆压电效应作为激励器，与此同时，安装在钢管混凝土柱外壁的压电陶瓷利用正压电效应作为传感器。首先，在压电陶瓷传感器安装的位置预先涂上一层均匀的环氧树脂以形成绝缘层防止电荷泄露，在本次试验中，绝缘层厚度约为 0.1mm；陶瓷片的一极利用导电胶引到铜片上，具体见图 3。

2.2 钢管混凝土试件

本试验中所用钢管混凝土试件的尺寸为 400mm×400mm×1200mm（图 4）。为保证智能骨料在混凝土浇筑时能安装在制定位置，钢管混凝土试件的中心固定有一根钢筋（图 5）。智能骨料安装的高度（从下到上）分别为 400mm（Z1）、600mm（Z2）和 800mm（Z3）。利用 4 块不同大小的泡沫板模拟钢管内壁与混凝土界面剥离情况，钢管每一面内壁分别粘贴一块泡沫板（图 6）。

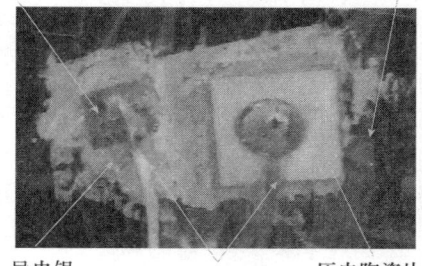

图 3 压电陶瓷传感器粘贴示意图

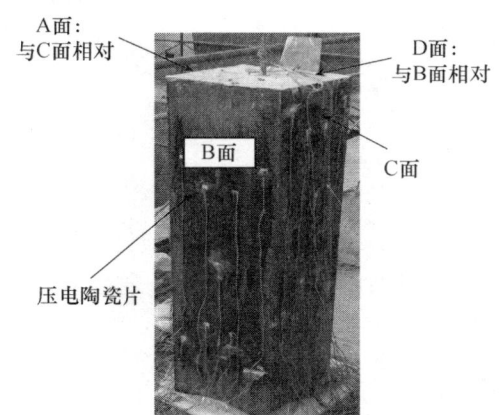

图 4 钢管混凝土试件

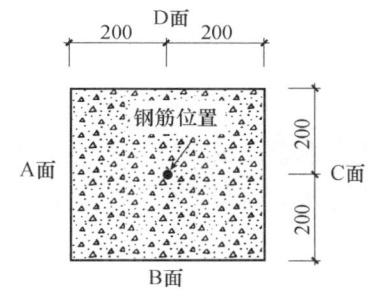

图 5 钢管混凝土截面

3 剥离损伤的识别方法

基于压电材料的健康监测和损伤识别可通过振动参数分析、阻抗分析和 Lamb 波实现。本文中，采集的 PZT 时域信号利用小波包分析建立损伤指标。

任意函数发生器用以激励埋入钢管混凝土内部的驱动器——智能骨料，智能骨料受到激励后将产生由混凝土内部传播到钢管壁的应力波。粘贴在钢管外壁的压电陶瓷传感器受到应力波影响，由逆压电效应产生电荷。通过分析压电陶瓷传感器所采集的信号来判断钢管混凝土剥离情况。钢管内壁与混凝土之间的剥离阻碍了应力波的传播，因此剥离位置对应的传感器测到的信号幅值和传递能量低于传感器在未损伤位置测得的幅值和能量。本文中，损伤指标基于小波包分析建立。

假设钢管混凝土柱一面的外壁上安装有 N_s 个压电陶瓷传感器。第一，将压电陶瓷传感器 k（$k=1,\cdots,N_s$）所测得信号滤波，对信号进行 N 层小波包分解得到 2^N 个小波包；

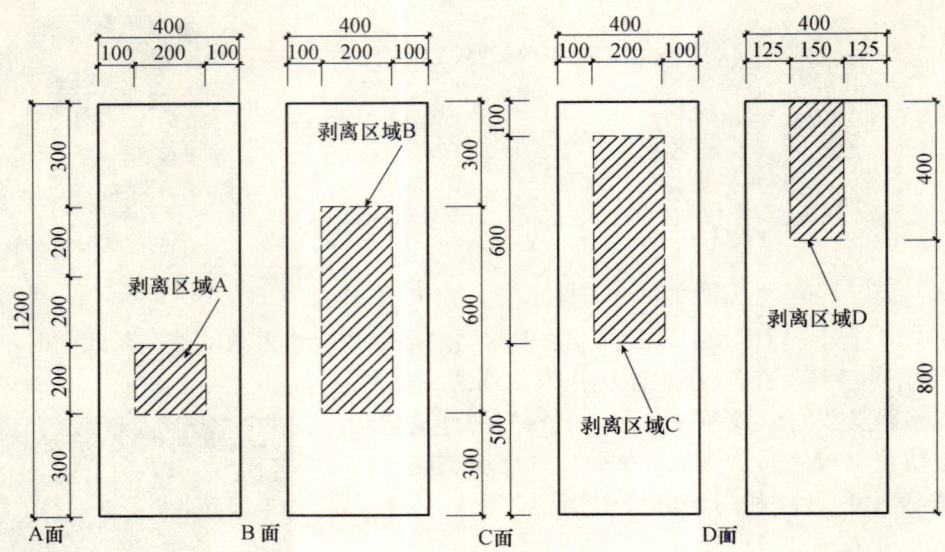

图6 钢管混凝土模拟剥离位置

$$S_k = s_{k,1} + s_{k,2} + \cdots + s_{k,i} + \cdots + s_{k,2^N-1} + s_{k,2^N} \quad (i = 1, \cdots, 2^N) \tag{1}$$

式中，S_k 是滤波后的初始信号；$S_{k,2^N}$ 是经 N 层小波包分解后得到的信号，i 表示的是第 i 个频带 $(i = 1, \cdots, 2^N)$。$s_{k,i}$ 可表示成

$$S_{k,i} = [s_{k,i,1} \quad s_{k,i,2} \quad \cdots \quad s_{k,i,j} \quad \cdots \quad s_{k,i,m-1} \quad s_{k,i,m}] \tag{2}$$

m 是采样数。压电陶瓷传感器 k 所对应的能量向量为：

$$\overline{E}_k = [e_{k,1} \quad e_{k,2} \quad \cdots \quad e_{k,2^N-1} \quad e_{k,2^N}] \tag{3}$$

式中，e_k, i 是分解后信号对应的能量

$$e_{k,i} = \sum_{j=1}^{m} s_{k,i,j}^2 \tag{4}$$

$$E_k = \sum_{i=1}^{2^N} e_{k,i} \tag{5}$$

采用的损伤指标（DI）与均方根偏差（Root-mean-square deviation RMSD）类似，由宋钢兵（2007年）提出用于混凝土的健康监测。DI 由健康状态的能量向量与剥离状态的能量向量通过下式组成：

$$\text{DI}(k) = \sqrt{\frac{\sum_{i=1}^{2^N}(e_{k,i} - e_i^h)^2}{\sum_{i=1}^{2^N}(e_i^h)^2}} \quad (i = 1, \cdots, N_s) \tag{6}$$

式中，e_i^h 是健康状态的能量。由于宋钢兵等人（2007 年）的研究中混凝土健康状态下的能量已知，所以该损伤指标能够监测混凝土的初始损伤和损伤的发展过程。RMSD 值越高，损伤越严重。

上述研究是在不同的加载情况中监测混凝土损伤状态，而本文的目的是识别出结构构件的剥离损伤。可选择难以产生剥离位置对应的能量作为健康状态。例如可取 PZT-A1 作为 A 面的健康参考状态。利用式（6）A 面的每一个传感器对应的 DI 计算得出。未剥离位置的 DI 很小，剥离位置的 DI 则较大。

4 试验设备

混凝土浇筑前将三个智能骨料埋在钢管混凝土的不同高度上，压电陶瓷传感器贴在钢管混凝土四面外壁的指定位置。如图 7 所示，这些传感器分别布置在剥离损伤区域内外。试验中任意函数发生器（Tektronix AFG3000）产生 500Hz ~ 10kHz 的扫频信号用于激励柱中埋入的智能骨料。压电陶瓷传感器通过 LMS 数据采集系统采集电压信号，采样频率为 100kHz。试验装置见图 8。

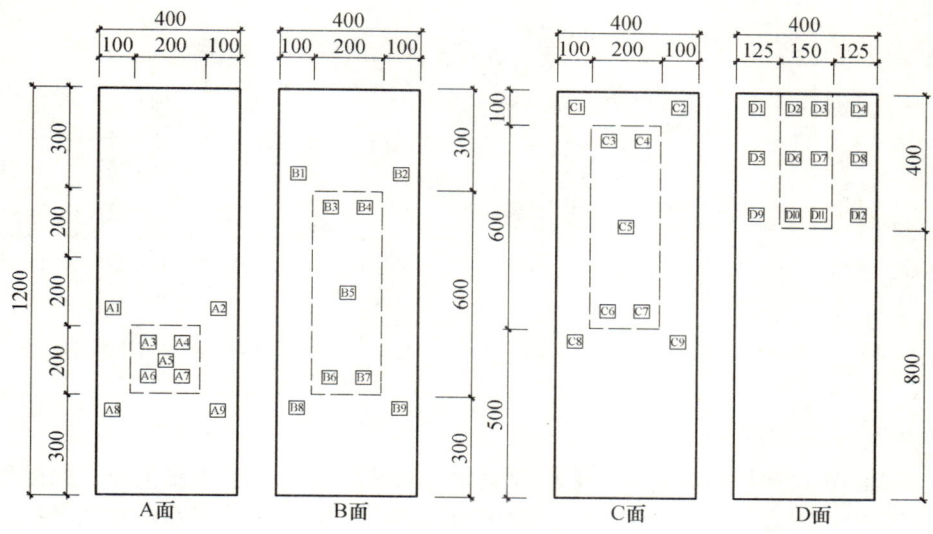

图 7　PZT 位置（钢管外壁）

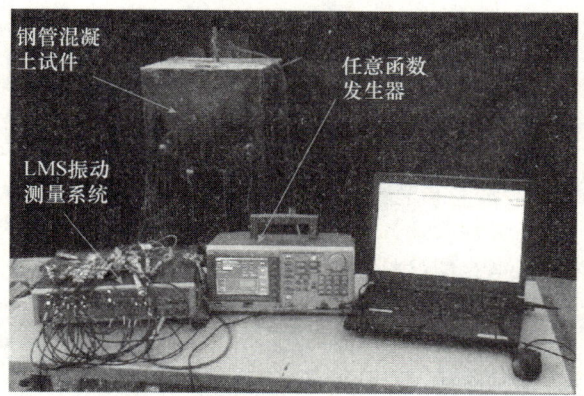

图 8　试验装置

5　试验分析

以 A 面的监测结果为例，每激励一个智能骨料为一种工况，共三种工况。9 个压电陶瓷传感器中，A3～A7 在剥离损伤区域内作为损伤状态，A1，A2，A8 和 A9 作为健康状态在损伤区域外。

图 9 显示了 A 面在三种工况（分别采用智能骨料 Z1，Z2 和 Z3）下基于均方根偏差的损伤指标结果，由图中可看出，PZT 传感器 A1，A2，A8 和 A9 的损伤值比 PZT 传感器 A3～A7 的值低很多。传感器 A3～A7 中损伤指标最小值 A3 比 A9 高四倍多。同时可看出采用 Z1～Z3 智能骨料中的任意一个都得到相同结果。由图中结果判断剥离区域。图 10～图 12 分别显示了 B 面、C 面和 D 面损伤值，与 A 面相同都可准确地判断出剥离的存在和剥离区域。

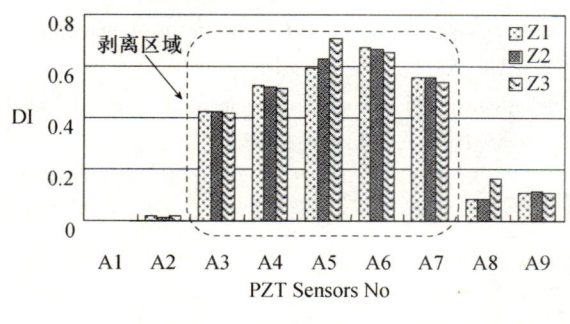

图 9　A 面损伤指标

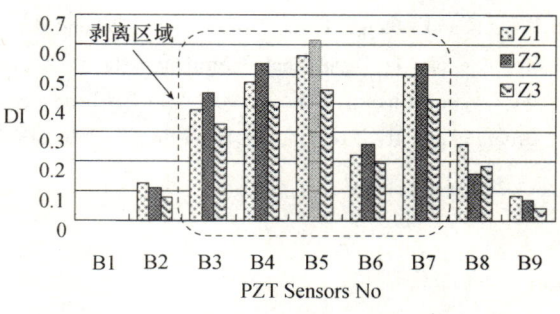

图 10　B 面损伤指标

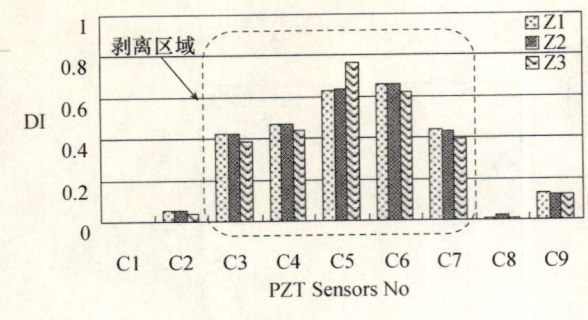
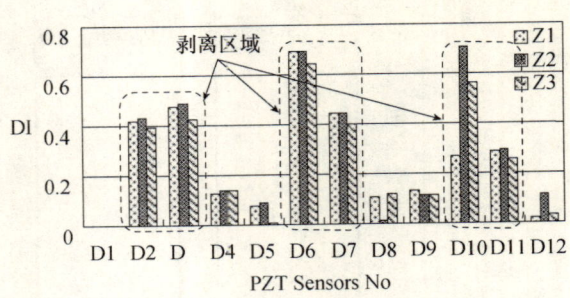

图11 C面损伤指标   图12 D面损伤指标

6 结束语

根据压电陶瓷的正、逆压电效应,PZT作为驱动器和传感器,基于小波包分析的损伤指标能够识别剥离损伤。利用钢管混凝土试验验证本文方法的可行性。结果表明,识别的剥离区域与模拟剥离的区域吻合。与传统检测方法相比,该方法方便实用,可进行在线的实时监测,能保证结构的安全可靠。

参考文献

[1] 李利群,韩晓键. 超声法检测钢管混凝土质量 [J],南京建筑工程学报,2000,53(2),26~32.
[2] 丁睿,刘浩吾,罗凤林,牟庭敏. 光纤检测钢管混凝土界面脱空模型的实验研究 [J],压电与声光,2004,26(4),258~271.
[3] 焦莉,李宏男. PZT的EMI技术在土木工程健康监测中的研究进展 [J],防灾减灾工程学报,2006,26(1),102~108.
[4] 李宏男,李军,宋钢兵,采用压电智能材料的土木工程结构控制研究进展 [J],建筑结构学报,2005,26(3),1~7.
[5] Bhalla, S. and Soh, C. K. (2004). "High frequency piezoelectric signatures for diagnosis of seismic/blast induced structural damage," NDT & E International, 37(1): 23~33.
[6] Laskar, A., Gu, H., Mo, Y. L., and Song, G. (2009). "Progressive collapse of a 2-story reinforced concrete frame with embedded smart aggregate," Smart Materials and Structures, 18(7), 075001.
[7] Song, G., Yan, S., Sun, W., Gu, H., Huo, L. Sh., Liu, B. and Zhang, Y. G. (2009). "Health monitoring of reinforced concrete shear walls using smart aggregates," Smart Materials and Structures, 18, 1~6.
[8] Gu, H., Moslehy, Y., Sanders, D., Song, G., and Mo, Y. L. (2010). "Multi-functional smart aggregate-based structural health monitoring of circular reinforced concrete columns subjected to seismic excitations," Proceedings of the 12th Biennial International Conference on Engineering, Science, Construction and Operations in Challenging Environments, ASCE, Honolulu, HI, 2888~2898.
[9] Saafi, M. and Sayyah, T. (2001). "Health monitoring of concrete structures strengthened with advanced composite material using piezoelectric transducers," Composites: Part B, 32, 333~342.
[10] Wang, C. S., Wu, F., and Chang, F. K. (2001). "Structural health monitoring from fiber-reinforced composites to steel-reinforced concrete", Smart Materials and Structures, 10, 548~52.
[11] Wu, F. and Chang, F. K. (2006a). "Debond detection using embedded piezoelectric elements in reinforced concrete structure-part I: Experiment," Structural Health Monitoring, 5(1), 5~15.
[12] Wu, F. and Chang, F. K. (2006b). "Debond detection using embedded piezoelectric elements in reinforced concrete structure-part II: Analysis and Algorithm," Structural Health Monitoring, 5(1), 17~28.

超大直径灌注桩混凝土施工与测试技术

陈伟东[1]　令狐延[2]

1. 深圳市京基房地产股份有限公司，深圳，518001；
2. 中国建筑第四工程局有限公司，广州，510665

【摘　要】 本文介绍了超大直径人工挖孔桩施工时的岩层爆破对新浇混凝土的影响、大直径桩钢筋的绑扎顺序、邻桩混凝土的同时浇筑、大直径桩混凝土的养护和温度控制、大直径桩的检测等问题。

【关键词】 大直径人工挖孔桩；爆破；同时浇筑；浮浆置换；温度控制；检测

The Construction and Testing Technology of Big Diameter Cast-in-site Concrete Pile

Chen Weidong[1]　Linghu Yan[2]

1. Shenzhen Kingkey Real Estate Development Co., Ltd., Shenzhen, 518001, China
2. China Construction Fourth Engineering Division Corp. Ltd., Guangzhou, 510665, China

【Abstract】 The paper introduces the effect of rock blasting on new pouring pile concrete during the construction of big diameter manpower excavated piles. And the problems on binding order of reinforcement bars in big diameter piles, simultaneous pouring of adjacent piles concrete, curing and temperature control of concrete in big diameter piles, testing on large diameter piles, etc.

【Key words】 big diameter manpower excavated pile; blasting; simultaneous pouring; floating plasma exchange; temperature control, testing

1　工程项目概况

1.1　项目概况

深圳京基金融中心工程 A 座主塔楼高 441.8m，地下 4 层，地上 98 层，建筑面积为 24 万平方米。工程位于罗湖区蔡屋围金融中心区。本工程由深圳市京基房地产开发有限公司开发，中国建筑第四工程局有限公司施工总承包。

1.2　工程桩设计情况

本工程由深圳华森建筑与工程设计顾问有限公司进行施工图设计，A 座超高层工程桩共有 40 根，桩直径从 3.5m 到 5.6m。根据桩直径的不同配 Φ28～Φ32 四周主筋，中间配 Φ16～Φ18 井字形纵向抗裂钢筋，箍筋采用 Φ12～Φ16@250。设计混凝土强度等级 C50。桩持力层设计为微风化岩层，桩身进行持力层深度不小于 500mm，当桩长小于 3 倍桩直径时，桩进入持力层不小于 1000mm。工程桩进入底板厚度按 70mm 考虑，桩端浮浆混凝土厚度按 500mm 考虑。

当桩径小于等于 4.3m 时，护壁设计厚度为 200mm，内配 Φ10@200 双层双向钢筋；当桩径大于等于 5.1m 时，护壁设计厚度为 250mm，内配 Φ12@200 双层双向钢筋；其余桩护壁设计厚度为 230mm，内配 Φ10@200 双层双向钢筋。桩护壁混凝土设计强度等级为 C25。

2 桩成孔施工

2.1 成孔方式

本工程采用人工挖土成孔,在全风化岩层中采用人工挖掘,在部分强风化岩中采用风镐挖掘,部分强风化岩层及所有中风化、微风化岩层均采用爆破成孔。由于桩直径大,每米进深土方工程量很大,为保证护壁模板的质量和加快施工进度,本项目采用每500mm高做一次混凝土护壁。在中风化及强风化岩层中施工,采用两台挖桩设备,每台设备2个工人,平均每3d可以掘进1m。

2.2 爆破对新浇混凝土的影响

由于部分桩成孔合格后需先行浇筑,而后续的桩需要继续成孔,因而需要考虑爆破对周围新浇桩混凝土的影响。在《民用爆炸物品安全管理条例》中规定,新浇大体积混凝土在龄期为3d以内时,爆破安全允许振速为2~3cm/s,3~7d安全允许振速为3~7cm/s,7~28d安全允许振速为7~12cm/s。当大体积混凝土不要求具有挡水功能时,上述要求可取小值。2008年10月8日,项目部委托深圳市恒安振动测试技术开发有限公司对桩底部的混凝土振动速度进行测量,结果是:当一桩爆破时,相邻桩底距离为6m处岩层的质点振动速度为4.984cm/s,相邻桩底距离为12m处岩层的质点振动速度为3.226cm/s。

因此,工程桩混凝土浇筑后,在其6m区域内,7d内不得进行爆破,在其12m区域内,3d不得进行爆破,可以保证桩身混凝土的安全。

2.3 对桩端薄弱岩层的处理

本工程桩端持力层设计为微风化花岗岩,但在施工C1~C7时发现中间有一小断层,走向近南北,倾向东,倾角65°~70°,断层厚度5~20cm,断层中间为断层泥,见绿泥石化。在C2~3A桩中遇到部分花岗岩节理、裂隙很发育,岩石层破碎状,且具绿泥石化。

针对上述不利地质,建设单位组织了相关权威专家对地基处理进行分析论证,最后决定,对有中部断层的桩底,先用C50素混凝土填实,然后在桩端底面加设Φ20@100双向水平钢筋网。对有破碎岩层处,按以下程序处理:

(1)对于破碎处进行实际测量,计算面积,可对破碎处仅考虑承载力特征值为8MPa;

(2)按照(1)中计算出的面积进行扩大,使得扩大的面积不小于破碎处的面积,并保证扩大面积的基岩的完整性。扩大部分的构造做法详见广东省标准 DBJ 15—31—2003《建筑地基基础设计规范》第10.3.11条。

(3)对破碎处采用风镐进行人工凿除,直至凿不动为止;

(4)对破碎部分进行处理,先用C50混凝土填实,然后在基底破碎处铺Φ14@100双向水平钢筋网。

3 钢筋绑扎

本工程桩直径大,除外周圆形钢筋外,内部还有方形的构造钢筋,钢筋直径大、重量大,如何在保证安全的情况下施工钢筋的内部、外部主筋和箍筋是一个难点问题。

本工程最大直径桩为P1、P5、P16、P20桩,直径为5.6m,按最深的P5桩26m计算,其单桩桩身钢筋笼质量约20.598t,最轻的是P13桩(直径3.5m)也有5.631t,如果采用先制作再吊装的方法,由于桩身钢筋笼较重,且体积较大,则钢筋笼不易制作和堆放,在吊放过程中也容易变形。因此主塔楼桩钢筋笼拟采用井下原位绑扎。

竖向主筋的接头采用焊接接头,箍筋采用焊接封闭圆形箍筋,内部井字形钢筋采用直条钢筋直接弯曲加工成型。主筋与箍筋按设计要求加工完成后，用塔吊吊运至基坑底桩孔边，用人工传递至桩孔内。

绑扎钢筋时，先将基坑边的围护拆除，所有工人拴上5m安全绳，在井口将桩的外部圆形箍筋下放，并在井口预先加放4根竖向定位钢筋，放下的箍筋与定位钢筋先行绑扎至设计位置。然后再将外周主筋逐根放下，并与先行放下的外周箍筋绑扎到位。由于钢筋笼太重，所有主筋全部伸到坑底部的花岗岩层上。

外周钢筋绑扎完成后，再在井上口搭设操作平台，将内部竖向抗裂钢筋逐根放到坑中并临时固定到井口的定位钢筋上，然后工人下到井底，将井字形内部水平箍筋逐根向上绑扎到位。具体的绑扎顺序如图1所示。

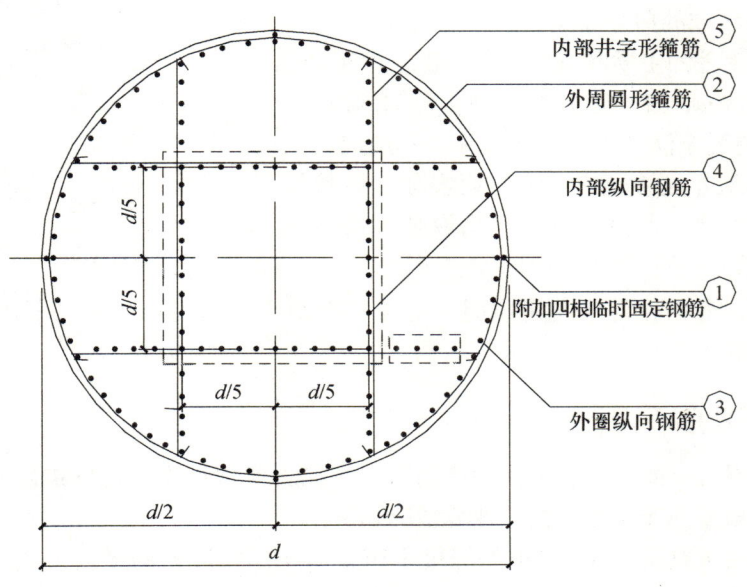

图1　桩身钢筋施工顺序图

在桩孔内绑扎钢筋时，由于需要随时移动，故每个工人均配置了两根安全带，一根挂在胸前，一根背在背上，以保证施工人员的安全。

4　混凝土的浇筑

4.1　桩间土的受力问题

《建筑桩基技术规范》（JGJ 94—2008）第6.6.5条中要求，人工挖孔桩的净距离小于2.5m时，就应采取跳挖方式以保证施工安全。本工程一部分桩净距小于2.5m，最小的桩净距只有1.3m，在这种情况下，最好采用跳挖。但我们在施工支护桩时发现，本工程场地土质条件很好，绝大多数土质均属强、中风化花岗岩，且地下水很少，基本上未发生过桩孔坍塌现象。因此，根据支护桩的施工经验，现场的40根桩采用不同高度同时施工，即相邻桩太近时，先施工第一根桩，当其深度超过5m时，方可继续施工相邻第二根桩，这样就避免了两根相邻桩同时施工可能出现的坍孔问题。

两根桩净距离小于2.5m时，混凝土浇筑同样有一定的危险，所以，项目部专门编制了《A座近距离桩混凝土防坍塌措施》，对桩间土的承载力进行了计算。由于桩本身是圆形结构，其混凝土压力是沿半径方向的径向力，考虑到两桩之间的关系，因而可以认为，桩圆心与邻桩切点之间的连线即是土体的受力区域，可按计算简图考虑，见图2。

考虑到桩侧摩阻力与混凝土的侧压力受力模式类似，因而桩间土的摩阻力可按桩侧摩阻力计算值选取，为安全起见，我们选用地勘报告中提供的各土层摩阻力的最小值黏土层计算，取Q_{sa} = 25kPa。则：

混凝土水平压力 $P_1 = A_1 \times F = A_1 \times (1.2 \times F_1 + 1.4 \times F_2 + 1.4 \times F_3)$

桩间土摩阻力 $P_2 = Q_{sa} \times A_2 \times 2$

混凝土浇筑无须采取措施的条件是：$P_2 > P_1$

式中：

F_1 是混凝土的侧压力；

F_2 是混凝土的倾倒压力；

F_3 是混凝土的振动侧压力；

Q_{sa} 是桩间土的桩侧摩阻力；

A_1 是受载区域的弧形面积；

A_2 是桩间土受剪区域的剪切面面积。

经过计算，在本工程的土质和混凝土条件下，两根 $D=4.3$ m 的桩，中心距为 6 m，桩净距为 1.3 m 时（已扣除桩护壁的厚度），两根桩混凝土浇筑对另一根桩施工不造成安全隐患的桩间土摩擦面最小宽度是 2.85 m，而实际上该数值为 2.303 m（图 2），因此，可以确定在不采取技术措施的前提下浇筑混凝土对邻桩是有较大危险的。

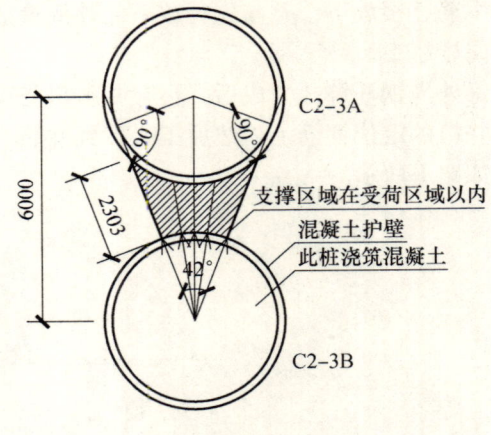

图 2 计算简图

考虑到上述情况，我们在混凝土浇筑时，对于桩净距小于 2.5 m 的桩，采用了同时浇筑的办法，即两根桩同步浇筑混凝土。

4.2 混凝土最大高差计算

根据桩身新浇筑混凝土的压力和土体的摩阻力，可以方便地算出无特殊措施时，两侧混凝土浇筑时最大允许的高差，根据前述计算数据，计算情况如下：

假定混凝土的自由浇筑高度为 x，根据混凝土压力与土体摩擦力的平衡公式，假定混凝土侧压力均为其最大值：$24x$。则可按下式计算：

$$1.722x \times [1.2 \times 24 \times x + 1.4 \times (2+4)] = 2x \times 25 \times 2.303$$

上式解得 $x = 2.03$ m，即当混凝土高低差控制在 2.03 m 以内时，桩间土不会发生破坏。

4.3 桩混凝土浇筑高差现场控制

考虑到施工的控制水平和土体的受力情况，两侧混凝土表面的高低差应控制在 2.0 m 以内，桩间土体不会发生破坏。施工时，先浇筑深桩至浅桩桩底部位，然后每桩各采用一根泵管浇筑，施工工长在浇筑过程中，应注意每隔 1h 测量一次桩孔高差的数值，如超过 2m，应及时采取措施调整，使桩间土始终保持安全。

4.4 混凝土振动

混凝土浇筑时，为防止混凝土过高离析，在桩井口设两个串筒，每根桩同时用两台混凝土输送泵浇筑。为保证混凝土振捣密实，每根桩安排 5 个工人下井振动，振动的工人脚下用两根木方横放于钢筋上作为立足点，身上戴一根安全带挂在桩的主筋上以保证工人安全。不能站人的 4 个区域（整根桩被中间的井字形箍筋分成 9 块，5 个振动工人占据其中空间较大的 5 块），由工人将振动棒从箍筋间插入振动。

4.5 表面浮浆置换

由于桩的强度很高，如果按设计要求留置 500mm 高的桩头浮浆，后期破桩头的难度将很大，因此，项目部采用了浮浆置换的办法，即在桩开挖前做好底板混凝土垫层，在垫层上用砖砌 200mm 高的井圈，井圈内壁用混凝土浇筑完成，桩混凝土浇筑时，持续不断地向桩孔内输送新鲜混凝土，将表面浮浆赶出井口流到混凝土垫层上，当浮浆流完混凝土表面出现大量石子后，停止浇筑混凝土，则桩头混凝土露出垫层的总长度为200mm，需要剔凿的浮浆高度约为130mm，这种方法既可以保证工程质量，又可减少桩头的剔凿量。

4.6 混凝土配合比

桩的混凝土设计强度等级为C50，为了尽量减少水泥用量，降低混凝土中心最高温度，项目要求混凝土厂家尽量多地掺入粉煤灰和矿渣粉，最终采用的C50的配合比如下：

名称	水	水泥	砂	碎石	掺合料1	掺合料2	外加剂	水灰比
品种规格	饮用水	P·O42.5	中砂	5-25MM	Ⅱ级粉煤灰	柳州台泥矿粉	FDN-330A减水剂	
材料用量（kg/m³）	143	290	710	1065	80	90	11.5	0.38
比例	0.49	1	2.45	3.67	0.2759	0.3103	0.0397	

4.7 混凝土养护

（1）表面覆盖措施

经过计算，采用上述配合比时，桩中心的最高温度应为83℃左右，由于桩的直径超过1m，桩的深度均超过10m，因此，桩身混凝土属大体积混凝土，需预防混凝土因内、外温差过大或降温速度过快而产生裂缝。项目部采取了塑料薄膜-麻袋覆盖的养护措施。即在桩顶混凝土表面先加一层塑料薄膜，再加两层麻袋，顶上加一层塑料薄膜。其作用是：

第一层薄膜防止混凝土表面的水分散发产生干缩裂缝；

两层麻袋主要起保温作用；

第二层薄膜主要起防雨作用，即防止在降温过程中，突遇大雨导致保温层进水，温度骤降，直接导致表面混凝土温度过低。

（2）混凝土升温过程的养护

在混凝土升温过程中，覆盖层不能取掉，保证内、外温差不会太大，且应根据升温情况的监测，看看保温层的厚度是否足够，如混凝土内、外温差接近25℃，应采取增加覆盖层等措施，避免表面混凝土温度过低。

（3）混凝土降温过程的养护

由测温结果可知，大直径桩混凝土一般在3~4d左右开始降温。在降温阶段，如果内、外温差很小（在15℃以内），则可以取掉表面的塑料薄膜，并取掉一层麻袋，使其降温速度加快，并随时注意混凝土内、外温度差值，当二者接近25℃时，应立即加上麻袋并加上表面覆盖层。确保在任何情况下，混凝土的内、外温度差不大于25℃，否则混凝土可能产生温度裂缝。

4.8 温度测量情况

本工程桩混凝土在温度升高过程中，项目部对有代表性的桩进行了测温，其中C1~C6桩（桩直径4300mm，桩长17.30m）温度曲线如图3所示。

从该温度曲线可以看出，大直径桩的内部温度分布有以下特点：

（1）桩中心温度较高。C1~C6桩最高为84℃，P19桩（桩径为5400mm，桩长18.80m）最高达到了87℃，桩直径越大，内部热量聚集越多，中心温度越高。因此，对于大直径的人工挖孔桩，在表面进行保温显得非常重要，否则可能因为桩的表面温度与中心温度相差过大而产生裂缝；

（2）桩的内部温度沿深度变化不大。由于桩的圆柱形结构，桩周混凝土主要向四周散热，因此，在深度超过 1m 以后，桩的内部温度基本保持一致，所以控制桩内部温度主要考虑表面温度控制即可；

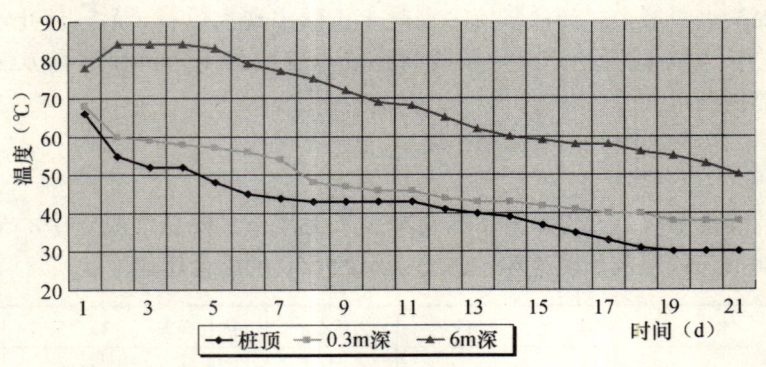

图 3 京基金融中心大直径桩温度曲线图（C1~C6桩）

（3）桩降温速度较慢，C1~C6 桩从 84℃ 降温至 50℃ 共用了 18d 时间，平均每天降温 1.89℃，这与桩四周均为土壤或岩石有关，保温效果较好有关；

（4）桩的表面保温采用干麻袋优于蓄水。干麻袋可以使桩顶面的温度迅速提高至 60℃ 以上，本项目 P6 桩（桩径为 5600mm，桩长 12.05m）采用一层塑料薄膜及两层麻袋，表面最高温度可升至 67℃。如需降低表面温度，可以减少覆盖层的厚度或将麻袋加水湿润。如果采用蓄水养护，要求在桩顶做较深的蓄水池，且当表面温度不够高时，较难采取措施提高表面温度，从而导致混凝土内部可能出现裂缝。

5 质量检验和试验

5.1 现场抽芯试验

按深圳市标准《建筑基桩检测规程》（SJG 09—2007），工程桩的抽芯检验数量不低于桩总数的 15%，考虑到本工程属超高项目，工程质量要求高，故对总共 40 根工程桩选取了 10 桩做了抽芯检验，每根桩抽取 3 个钻芯孔，其中一个钻芯孔需钻到桩底以下 5m 以上，以检验桩底岩层的质量是否满足设计要求。

本工程抽芯样样反映本工程成桩质量良好，桩混凝土质量均为 I 类桩，无 II 类桩，I 类桩数量是总桩数的 100%。桩芯混凝土芯样强度试压，全部达到了 C50 混凝土的要求，强度合格。桩端持力层经芯样检查，均为微风化花岗岩，满足设计要求。

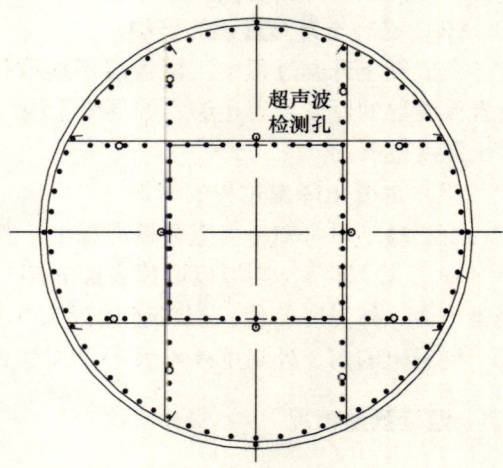

图 4 超声波检测孔分布图

5.2 现场超声检测

考虑到本工程桩直径大，按常规的检测办法无法检测一根桩中的大多数部位的混凝土密实情况，因此，经过检测、监理、建设、质监、施工等多家单位协商，决定每根桩埋设 12 个检测孔，以便对混凝土的主要截面进行超声检测，检测孔的分布情况如图 4 所示。

本工程对 40 根桩均进行了超声波检测，每根桩埋设了 12 根超声波管，超声波显示 I 类桩共 27 根，II 类桩共 13 根，无 III 类桩，I 类桩占总桩数和 67.5%。

5.3 混凝土抗压试块

本工程人工挖孔桩按每 50m³ 混凝土取一组 C50 混凝土抗压试块，总共取样 311 组，混凝土试块试压后，按《混凝土强度检验评定标准》（GBJ 107—87）进行评定，结果为合格。

《建筑地基基础工程施工质量验收规范》（GB 50202—2002）中第 5.1.4 条规定："每浇筑 50m³ 必须有 1 组试件，小于 50m³ 的桩，每根桩必须有 1 组试件"，由于本工程单桩最大混凝土量接近 640m³，最小桩混凝土量均超过 150m³，而且均为一次性浇筑完成，因此，我们认为，当桩混凝土量超过 50m³ 时，再按 50m³ 混凝土取样一组的规定不是很必要，可按每超过 100m³ 取样一组控制，建议相关单位在规范修订时予以考虑。

混凝土工程收缩裂缝及其控制

林力勋

中国建筑第四工程局有限公司，广州，510665

【摘　要】　混凝土工程裂缝是一个普遍的问题，其中因混凝土收缩而导致的开裂占绝大部分。文章结合国内外的研究阐述了如何预防和控制这种裂缝的产生。

【关键词】　混凝土；收缩；裂缝；原因；控制

The Shrinkage Crack in Concrete Construction and it's Control

Lin Lixun

China Construction Fourth Engineering Division Corp. Ltd., Guangzhou, 510665, China

【Abstract】　Concrete crack is a universal problem, and most of them are because of concrete shrinkage. The essay expounds how to prevent and control the crack according to the research of the internal and external study.

【Key words】　concrete; shrinkage; crack; reason; control

1　混凝土工程结构裂缝概况

当今我国混凝土年产量已达 20 亿 m^3，有关研究表明：今后乃至很长一段时期内混凝土仍将是最主要的工程材料，其性能会提高，工艺会完善，技术会进步，还没有任何迹象表明有其他材料可以取代它。然而大量的混凝土工程出现了一个普遍的问题——开裂，许多混凝土结构在建设和使用过程中出现了不同程度、不同形式的裂缝，这已成为困扰工程技术人员的难题。据某检测机构的统计，因混凝土开裂而产生的质量鉴定占到 60% 以上，人们越来越感到过去认为很粗糙的混凝土如今变得"娇气"起来，动不动就开裂。

使用商品混凝土容易开裂；

泵送施工混凝土容易开裂；

大体积、大面积混凝土容易开裂；

高强混凝土容易开裂；

不掺膨胀剂开裂，掺了也开裂；

不留后浇带开裂，留了也开裂……

混凝土是一种非匀质材料，由多种原材料组成，内部有很多缺陷，例如：骨料与水泥浆之间、骨料本身都存在细微裂缝。当混凝土受压时，荷载在 30% 极限强度以下，微裂缝几乎不动；荷载达 30% ~70%，微裂缝开始扩展；荷载到 70% ~90% 及以上时，微裂缝显著扩展并迅速增多，且串联起来直至完全破坏。混凝土微裂缝是肉眼不可见的，肉眼可见裂缝宽度以 0.05mm 为界：宽度小于 0.05mm 的裂缝属于微观裂缝，大于 0.05mm 的属于宏观裂缝。一般工业及民用建筑中，微观裂缝对结构使用无任何危险性，故假设具有 <0.05mm 之裂缝为无裂缝结构；所谓不允许出现裂缝的设计，也是相对于无 >0.05mm 裂缝的结构。换言之，我们应有这样一个概念：无裂缝之混凝土是不存在的，用户如有这种要求也是不能满足的，工程技术人员的责任是将混凝土的裂缝控制在无害范围之内。例如：我国核电站和三峡工程混凝土工程也没有做到完全无缝，只是控制宽度在 0.1mm 以内。

2 混凝土的收缩

裂缝由荷载引起，结构在实际使用过程中承受两类荷载：第一类荷载是各种外荷载，如动、静荷载，它们使结构直接受力；第二类荷载是变形荷载，由收缩、温度、不均匀沉陷等引起，此时结构首先要求变形，当变形得不到满足时产生应力，当应力超过一定数值后引起裂缝。结构设计是建立在其极限承载能力基础上的，但实际上常常以裂缝作为控制标准。例如：结构在荷载试验时有三种破坏形式：①受压区混凝土破坏；②挠度超过规定；③裂缝宽度超过规定，试验中往往是第三条最先达到。实际工程中很多混凝土结构开裂宽度超过规定，但我们并不认为它们已处于破坏状态，因为这些裂缝并非由于结构直接承受外力而产生，而是混凝土自身变形引起。国内外调查资料显示：实际工程中混凝土结构的开裂原因属于由变形引起的占80%以上，由外荷载引起的不到20%，而在变形引起的裂缝中混凝土收缩又占主要成分，这是值得我们注意的。

干缩湿胀是普通混凝土特点，混凝土发生收缩时一定与其内在水分的蒸发（丧失）有关，混凝土收缩分为四种：

（1）化学收缩：因水泥水化产物体积比水泥水化前体积减少而形成的收缩，这种收缩量值不大，一般不会引起开裂；

（2）塑性收缩：这种情况发生在混凝土浇筑后大约4~15h，此时水泥水化反应激烈，出现泌水和水分急剧蒸发现象，引起失水收缩；当混凝土拌合物坍落度较大时，骨料与胶合料之间还存在不均匀的沉缩变形，这些现象都发生在混凝土初凝过程中，即混凝土的塑性阶段，故称为塑性收缩。塑性收缩量级很大，可达1%，这时混凝土无任何强度，极易产生裂缝，且往往又多又宽。但这种裂缝如能及时发现，采取压光或补浆并加强后期养护是可以愈合的；

（3）失水干缩：置于未饱和空气中的混凝土因水分散失而引起的体积缩小变形，简称干缩。其量值是化学自缩的10倍左右，常常是引起混凝土开裂的主要因素。干缩的扩散速度很慢，故混凝土内部不存在干缩问题，主要是表面发生干缩从而形成混凝土的表面裂缝。对薄壁结构，干缩的危害最大。另外，在有风的情况下，干缩速度大大加快，因为此时水蒸发加快，提高风速有时比提高温度更能加快混凝土失水干缩；

（4）碳化收缩：混凝土中的碱性物质与空气中的二氧化碳在水的作用下形成$CaCO_3$而产生体积收缩。

以上四种收缩中塑性收缩危害在早期，尤其在混凝土终凝之前；而干缩对混凝土危害既可能在早期，也可能在晚期，即终凝之后直到数月。所以，有时会有这种情况：混凝土在28d或数月后开始开裂。此时常常难以确定混凝土开裂的具体时间。碳化收缩是一种化学收缩，干缩是物理收缩，碳化收缩叠加干缩将增大混凝土的总收缩。

3 混凝土开裂原因

3.1 设计方面

现在的建筑规模日益宏大，结构体系越来越复杂，一般而言，结构越复杂相应的约束越强，设计上若只考虑留伸缩缝不能解决一切问题，还应增加足够的构造配筋。专家认为："对连续式梁板不宜采用分离式配筋，应采用上、下两层连续式配筋；对转角处的楼板（受双向约束较大）宜配上、下两层放射筋；空洞处配加强筋；对混凝土梁的腰部增配构造钢筋，构造钢筋的直径由$\phi 8$~$\phi 14$，间距100~200mm，视情况而定"。

3.2 材料方面

混凝土的平均强度级别在不断提高，每立方米混凝土的水泥用量在增加，混凝土的收缩根源就是水泥浆体,水泥用量加大无疑会增加混凝土的收缩;混凝土过去由四组分构成,现在由于外加剂的应用、膨胀剂的掺入以及粉煤灰、硅粉、超细矿粉的加入,使混凝土常常变得由六、七种以上的材料组成,多组分对混凝土收缩的不利影响是存在的。

中国建研院曾做过四种普通早强剂对混凝土收缩影响的研究,结果表明掺入普通早强剂的混凝土比空白混凝土收缩大。南京水科院和国外做过掺高效减水剂对混凝土收缩的影响研究,结果发现掺比不掺的混凝土收缩增加13%~25%。在1997年制定我国外加剂标准GB 8076时,规定掺外加剂的混凝土收缩比不掺外加剂的基准混凝土收缩不得大于35%。现在流行的《聚羧酸系高性能减水剂》(JG/T 223—2007)标准也规定掺与不掺该减水剂混凝土的收缩之比不得大于20%。外加剂增加混凝土收缩的机理未见报道,可能这与外加剂加速了水泥的分散和水化过程,从而增大了混凝土的各种收缩有关。

中国建材院与中国交科院的研究表明:掺入优质的Ⅰ级粉煤灰可以减少混凝土干缩,因为Ⅰ级灰中玻璃体多且形状好;但普通的粉煤灰对收缩没有太多的改善。在超量掺入情况下还会增加收缩。因为在超量情况下,有部分灰取代了砂,使混凝土中的胶凝材料总量增加,而混凝土开裂与混凝土中胶凝材料总量有关。

南京水科院试验表明:掺硅粉之混凝土比不掺增大收缩22%~33%,而且在早期增加很大;日本和加拿大的研究也有相似结果。

商品混凝土和泵送混凝土一般按"双掺"配制,即掺有外加剂和粉煤灰、硅粉等,且砂率较大,这些都导致混凝土收缩增加,如不注意混凝土早期养护则易开裂。

为了防裂,很多混凝土都掺入膨胀剂,认为只要掺了膨胀剂,混凝土就不会开裂,忽视了养护工作的重要性,结果混凝土仍然开裂。因为膨胀剂之所以会膨胀,是其中$CaSO_4$水化生成了32个结晶水的钙矾石。离开了水,混凝土不会膨胀,故潮湿养护是必不可少的。另外,在低水灰比(如0.3以下)情况下,$CaSO_4$没有更多的水与之反应,不能生成足够的钙矾石使混凝土膨胀;未反应的$CaSO_4$在后期如从外界得到水,则产生后期膨胀,可能会破坏混凝土。

3.3 施工方面

(1)关于搅拌时间:国外在1958年的研究表明,对于普通混凝土(四组分)而言,搅拌时间需达75s,拌合物才能得到最小的变异系数。现在混凝土组分往往有六、七种之多,如是高强混凝土则W/C又低,《高性能混凝土应用技术规程》(CECS207:2006)规定用强制式搅拌机搅拌时间不得少于60s。现在很多搅拌站搅拌时间只有30s左右,其理由是搅拌机运输车还要不断搅拌,但殊不知搅拌车上是自落式搅拌,运输搅拌的主要目的是防止混凝土离析和假凝,这与强制式搅拌机的均匀搅拌是不同的。搅拌不匀导致混凝土固化后质量不均匀,如有的强度偏差太大,有的因拌合物和易性不均匀导致局部浇筑不密实等。

(2)关于后浇带:后浇带的封闭应等到混凝土收缩基本稳定后再进行。一个月混凝土收缩量完成40%,两个月完成60%,故专家建议:"后浇带至少应在三个月后浇筑"。而实际工程中往往当混凝土浇筑后28d就开始封闭后浇带,有的甚至连28d也等不到。因此,发生结构留了后浇带仍未避免混凝土开裂的情况。

(3)关于混凝土的凝结时间:有些商品混凝土供应商事前未给施工方提供与混凝土凝结时间等息息相关的商品混凝土供应速度和频率,即不但要满足单位时间内供应多少方混凝土,而且要保证前后混凝土的最大时间间隔在混凝土的初凝时间之内。施工完后我们常常看到混凝土裂缝在不该出现的地方出现了,如果不是该留施工缝的地方,又不是配筋不够,则多半是混凝土供应不及时,先浇的混凝土已过了初凝时间,但又未达到终凝时间而连续浇筑造成的"冷缝"。

(4)关于环境:施工时一定要注意气温、寒流、相对湿度、风速状态、降雨等气象信息,尤其注意不要在雨中浇灌混凝土,这会严重增大W/C,降低混凝土的抗裂性。另外,炎热与寒潮都会直接增加混凝土的温度变形应力，增加混凝土开裂的可能性。

4 裂缝控制

4.1 对于房建混凝土

从前述裂缝原因而采取对应措施便是裂缝控制的办法。不论采取什么措施，最重要而又最经济的裂缝控制办法是加强混凝土潮湿养护。《混凝土结构工程施工质量验收规范》（GB 50204—2002）规定："浇筑完毕后的 12h 以内对混凝土加以覆盖并保湿养护"，但这对高强混凝土和掺有多组分掺合料的混凝土是不行的，必须视情况提前覆盖并浇水养护，养护时间至少 14d，有条件者尽可能延长。

4.2 对于路桥混凝土

桥梁混凝土的特点是：强度等级高，水泥用水量大，体积大，水化热高；有时开裂从混凝土中间（内部）开始，表面发现不了，贯穿后就形成了"断面"。对这种在露天预制的混凝土养护，一要防风；二要防晒；三要保湿；四要延时。

公路混凝土的特点是：露天混凝土，壁薄，大面积（表面系数大）。在引起裂缝的原因中，干缩是主要的，温度影响很小。除了仍要采用上述养护措施外，特别注意混凝土原材料的选择与配合比设计。中国交科院的研究表明：

（1）粗骨料粒径越大，混凝土变形越小，但过大则抗折强度下降。

（2）良好的骨料自身不会变形，优良的级配可形成骨料的"嵌锁"状态，抵制混凝土干缩。配合比中骨料应占 70% 以上。

（3）选择水泥时要注意水泥中用的是什么掺合料，如果是煤矸石、黏土、窑灰等，则会使混凝土的抗折强度大大下降，且路面混凝土不耐冻，易脱皮；水泥中的游离 CaO 不应大于 1%，否则会严重影响公路混凝土抗耐疲劳能力。

（4）薄壁混凝土（如桥面铺混凝土）不宜用粉煤灰混凝土，否则易裂。

（5）加入纤维对混凝土的早期防止开裂帮助不大。因为此时混凝土强度很低，纤维与混凝土难以形成有效的握裹力。

5 结语

无裂缝混凝土是不存在的，我们的任务是将它控制在无害范围之内。在引起混凝土开裂的原因中，混凝土收缩是主要原因之一，应特别注意。控制混凝土开裂要从设计、材料、施工、环境四大方面综合考虑。

第五部分

工程应用与施工技术

超高性能自密实混凝土的研发及其超高泵送技术

叶浩文[1]　冯乃谦[2]　张杰华[1]　顾国荣[1]　徐立斌[1]　余　斌[3]

1. 中国建筑股份有限公司广州建筑集团有限公司联合体，广州，510665
2. 清华大学，北京，100084
3. 广州天达混凝土有限公司，广州，510000

【摘　要】 本文研究了强度等级为 C100 的超高性能自密实混凝土及其超高泵送技术。以天然沸石粉及特种外加剂配制的超高性能自密实混凝土，具有高流动性、高粘性、高保水性能及可泵性；在施工应用时，将这种混凝土泵送至411m的高度，能均匀流过钢筋，填充模板。UHP-SCC 28d 强度能满足了 C100 强度等级的要求，并与振动成型的混凝土具有相同的强度，而且这种含有特种外加剂及天然沸石粉的超高性能自密实混凝土比基准混凝土具有更高的性能。

【关键词】 超高性能自密实混凝土；天然沸石粉；特种外加剂；超高（411m）泵送

The Research of Self-compacting Contrete with Ultra High Performance and it's Pumping Technology

Ye Haowen[1]　Feng Naiqian[2]　Zhang Jiehua[1]　Gu Guorong[1]　Xu Libin[1]　Yu Bin[3]

1. China State Construction Engineering Corp. Ltd., - Guangzhou Municipal Construction Group Co., Ltd., combo
2. Tsinghua University
3. Guangzhou Tianda Concrete Co., Ltd

【Abstract】 Self-compacting concrete with ultra high performance characterized by strength grade of C100 and its pumping technology in ultra high-rise buildings has been studied in this paper. A special additive and natural zeolite powder NZP were used to acquire the concrete with excellent fluidity, cohesiveness, water-keeping and pumping abilities. Self-compacting concrete with strength grade of C100 should be able to pump up to a height of 411 m from the ground and to pass through the network of reinforcing bars, and to fully fill into the mold. At age of 28 days, compressive strength of self-compacting concrete satisfied the requirement of C100 strength grade, which is named ultra high performance self-compacting concrete UHP-SCC. The strength of UHP-SCC is as same as the concrete of vibration molding. Furthermore the UHP-SCC has higher properties than that concrete.

【Key words】 ultra high performance self-compacting concrete UHP-SCC; special additive (SA); natural zeolite powder NZP; ultra high-rise pumping concrete UHRPC

引言

高性能混凝土（HPC）、超高性能混凝土（UHPC）以及自密实混凝土（SCC）最初都是在国外发展起来的。

挪威是最初研发和应用 HPC 的国家之一。在沿海钢筋混凝土结构及海上石油平台的建设中，将混凝土中掺入了硅粉，结果不但提高了强度、耐久性，还提高了流动性，改善了施工性能。这样，仅用1项或2项指标是不可能概括这种混凝土的性能，只有用高性能才能全面概括，高性能混凝土应运而生了。1987 年在挪威的 Stavanger 召开了第一次 HS/HPC 的国际会议。这时挪威的混凝土强度已由原来的 50MPa 发展到 100MPa。

随着粉体技术的发展及聚羧酸系高效减水剂的出现,使混凝土的水胶比达到了 0.15,甚至更低;这时混凝土 28d 抗压强度可以达到或超过了 140MPa。而无粗骨料,由水泥砂浆加入纤维配制而成的新材料(国外称之为 UHPC)强度达到了 250MPa,并在工程中得到应用。在国际上一般把抗压强度≥100MPa 的混凝土称之为 UHPC。UHPC 比 HPC 除了具有更高的强度外,更主要的是具有更高的耐久性。用于超高层建筑的底层柱及大跨度结构中,可使结构断面尺寸减小,可利用的空间和面积增大,结构使用年限延长,是一种省资源、省能源与环境友好型的新材料。

在国内,首项工程使用 C60 高性能混凝土的是广东省国贸大厦(当时叫 63 层)。重庆建筑工程学院,在完成国家重点项目科学基金的过程中,在试验室配制出了强度超过 100MPa 的 UHPC。北京、沈阳、深圳及上海等地相继报道在工程中应用了 C100 的 UHPC。如沈阳大西电业园、沈阳富林大厦、北京国家大剧院等工程。但是,国内还没有报道施工应用过 C100 的自密实混凝土。国外,在 20 世纪 80 年代就研究开发了自密实混凝土。日本东京大学土木系最早开发了自密实混凝土,在明石大桥的桥墩施工中应用了 26 万 m³ 的 SCC。与此同时,瑞士也开发了该项研究,用于自流平地面。但是这些 SCC 的强度等级均在 C50 以下。SCC 在施工过程中,浇筑入模后,不需要任何振动就可以自密实,免除了施工过程的噪声污染,对于钢筋密度大的钢筋混凝土结构尤为适宜。

国外有关资料报道,SCC 结构与传统的混凝土结构相比,虽然原始成本偏高,但维修与管理费大大降低,使 SCC 结构的总成本低于传统混凝土结构的成本,如图 1 所示。

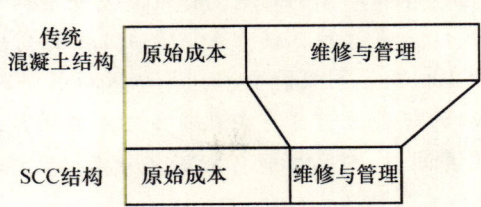

图 1 SCC 结构与传统混凝土结构的费用对比

因此,UHP-SCC 是一种研发和生产的技术难度大,但便于施工应用的一种新型环境友好型的混凝土。

1 UHP-SCC 的配制技术

UHP-SCC 在配制过程中,其特点是 W/C(W/B)更低,胶凝材料用量比 HPC 更多,新拌混凝土的粘性更大,施工更困难,特别是泵送施工,而且自收缩值大,往往会给混凝土带来早期开裂。

1.1 原材料的选择

(1) 粗、细骨料的选择

粗骨料的岩种、粒径、粒形、级配、吸水率及在混凝土中的体积含量,对 UHPC 的强度、可泵性及耐久性等均有很大影响。本课题针对广州周边所能提供的花岗岩碎石进行分类检测,UHP-SCC 对骨料的要求为:5~10mm 的 10%,10~16mm 的 90%;粗骨料的体积含量均要控制在 400L/m³ 的范围内。特别是 UHP-SCC 中的粗骨料的体积含量更低。细骨料一般采用中偏粗的河砂,细度模数一般为 2.6~2.8。砂子过粗容易产生泌水,流动性、均匀性不好;砂子太细则需水量大,流动性差。

(2) 胶凝材料的选择

配制 UHPC 及 UHP-SCC 时,所用胶凝材料均由水泥(PII 型 52.5 硅酸盐水泥)+ 硅粉 + 超细矿渣粉复配而成。这三种粉体之间的适当比例,通过流动性等试验确定。

(3) 高效减水剂的选择

主要选用聚羧酸高效减水剂,当时采用西卡和科杰的产品。

(4) 特种外加剂的应用

我们研发和应用了两种矿物外加剂,一种是能增稠保塑的专利产品(专利号 ZL200610000802.8);另一种是我国独有的矿物超细粉(天然沸石超细粉)。利用这两种矿物外加剂,配 C50 的 SCC 和 C100 的 SCC 时,混凝土拌合物的粘聚性甚佳,U 型流动仪试验时上升高度均达到 32cm,而且能保塑 4h。

1.2 配合比的选择

(1) 单方用水量的确定

本研究参考了日本 marushima 研究的结果,在 UHP-SCC 配合比试验时,单方混凝土用水量为 $150kg/m^3$。

(2) W/C(W/B) 的确定

C100 混凝土的 W/B 应在 20% 左右,如果 $150kg/m^3$ 用水量,那么胶凝材料用量应为 $750kg/m^3$。胶凝材料用各种粉体的比例为水泥:矿渣:硅粉 = 7:2:1 左右。在确定的配比中,水泥用量 $\leq 500kg/m^3$,实际水灰比 $W/C = 30\%$,这样对抑制自收缩开裂十分有利。

(3) 聚羧酸减水剂的应用

选择聚羧酸系高效减水剂除了要求减水率以外,还要具有控制坍落度损失的功能。在混凝土中,外掺 2.0% ~ 2.5% 的特种外加剂,使聚羧酸高效减水剂缓慢释放,控制坍落度损失。这是本课题研究的特色之一。

(4) 粉体效应的利用

主要考虑粉体的细度和不同粉体组合对 UHP-SCC 流动性及粘聚性的影响。

表1 不同细度的矿渣粉对 UHPC 流动性的影响

编号	比表面积（m^2/kg）	坍落度（mm）	扩展度（mm）	倒筒时间（s）
1	400	265	650	18.36
2	800	275	685	7.89
3	1000	265	625	8.36

注：试验时：$W/B = 0.20$，$C = 500kg/m^3$，$BFS = 212.5kg/m^3$，$GP = 12.5kg/m^3$，$SF = 25kg/m^3$，$W = 150kg/m^3$，高效减水剂的参量均为相同用量（3.5%）。

由此可以确定选用矿渣粉的比表面积为 $800m^2/kg$。

不同矿物超细粉的组合对 UHPC 流动性的影响如表2所示。

表2 不同矿物质超细粉组合对 UHPC 流动性影响

粉体组合	坍落度（mm）	坍后扩展度（mm）	倒筒时间（s）
①C + BFS	265	650/630	18
②C + BFS + SF	275	660/670	9

注：$W/B = 0.20$，$W = 150kg/m^3$，$C = 500kg/m^3$；①$BFS + GP = 250kg/m^3$；②$GP + BFS + SF = 250kg/m^3$。

由此可见②的组合,混凝土流动性好,特别是倒筒时间短,混凝土粘度低,对泵送有利。其中因石膏（GP）供应困难,后来取消,扩大了 SF 的用量为 $60kg/m^3$，BFS 为 $190kg/m^3$。

(5) 骨料的选择

正确选择粗骨料的岩种、粒径、粒形及良好的级配是配制 UHPC 的重要环节。

①粗、细骨料品种对强度的影响

在相同水灰比及其他配制因素相同的条件下,由于粗骨料品种的不同,配制出的混凝土抗压强度相差约 40MPa；而由于细骨料的品种差别,造成强度相差约 20MPa。其中以硬质砂岩碎石及硬质砂岩碎石砂配制出的 UHPC 强度最高,水灰比为 0.25 时,混凝土 28d 抗压强度达到 115MPa,而采用河砂及砂岩碎石为粗骨料的混凝土 28d 抗压强度只达到 80MPa。

②粗骨料用量与抗压强度关系

试验证明,UHPC 中粗骨料用量为 $300L/m^3$ 时,混凝土抗压强度差别不大,但当粗骨料用量增至 $400L/m^3$ 时,不同骨料混凝土的抗压强度就有很大差别,约 10MPa。因此,单方混凝土中粗骨料用量不应超过 $400L/m^3$，也即 $1000kg/m^3$ 以内。

③粒径对抗压强度的影响

在配制 UHPC 时,应尽可能采用粒径较小的粗骨料,而且随着混凝土强度提高,最大粒径的尺寸应进一步降低。配制 UHPC 时,应选用 $D_{max} \leq 20mm$,强度更高时 $D_{max} \leq 10mm$。

④级配的影响

在本项研究及工程应用中,选用两级配的粗骨料。对于细骨料采用的是河砂。细度模量为 2.6~2.8 的中砂。对于 UHP-SCC,选择骨料的最大粒径时,还要考虑到结构中钢筋的最小间距,保证混凝土能流过钢筋、自动地填充模板各个部分。

2 试验研究

2.1 试验配合比

共进行 4 组混凝土试验,见表 3。

表3 混凝土试验配合比 kg/m³

编号	水胶比	水泥	矿渣粉	硅粉	载体	沸石粉	砂	碎石	水	KJ-JS	3350
1	0.20	500	190	60	—	—	750	900	150	18.00	—
2		500	90	60			800	950	130	16.25	—
3		650		60		40	750	900	150	18.75	—
4	0.22	450	190	60	14	28	750	850	154	—	15.40

2.2 新拌混凝土的流变性能

除了 1~4 号外,还加入了 C50 混凝土作对比。结果如表 4~表 6,图 2 所示。

表4 混凝土的坍落度、扩展度、倒筒时间

配合比编号及强度	水胶比	倒筒时间及经时损失 (s)		坍落度及经时损失 (mm)		扩展度及经时损失 (mm)	
		初始	120min	初始	120min	初始	120min
C50	0.33	4.97	16.96	225	185	550	410
1	0.20	3.44	3.50	265	265	710	695
2		6.98	10.81	250	250	560	530
3		8.16	9.17	260	245	570	525
4	0.22	3.00	4.80	280	250	680	590

表5 混凝土的压力泌水及流过U型仪格栅、L仪的性能

配合比编号及强度	水胶比	压力泌水量 (mL)	T500 时间 (s)	U型仪上升高度 (mm)	L仪流过性能					
					坍落度 (mm)	扩展度 (mm)	T50 (s)	T100 (s)	T300 (s)	T500 (s)
C50	0.33	53	18.14	流不过	205	640	2.19	3.33	9.32	22.34
1	0.20	2	9.51	115	245	900	0.93	1.56	6.40	15.39
4	0.22	1	19.23	335	230	750	2.49	4.48	17.30	54.27

表6 混凝土砂浆的粘度及剪切应力

配合比编号及强度	速度梯度 (rad/s)	粘度 (MPa·s)	剪切应力 (Pa)
C50	78.5	3600	282.60
1	7.85	25000	196.25
4	7.85	28000	219.80

图2　U型流动仪上升高度及L仪混凝土流动距离

分析以上试验结果可以得出：

（1）编号1、2、3、4混凝土的坍落度、扩展度及经时损失均良好，但编号1及编号4混凝土的倒筒时间明显优于编号2及编号3，因此选取编号1及编号4进行进一步的试验。

（2）编号4与编号1比较，编号4的混凝土通过U型仪格栅的上升高度明显大于编号1的混凝土；混凝土的T500时间、在L型仪的试验中，编号4的混凝土比编号1混凝土表现出较大的粘性，其砂浆粘度及剪切应力也较大。

（3）本试验中的C50泵送混凝土，虽然具有良好的流动性及流动性保持能力，但是无法通过U型仪格栅，不具有自密实性，通过对试验数据的对比发现，C50混凝土砂浆的粘度明显小于编号1及编号4，因此混凝土中砂浆的粘度大小对于混凝土的自密实性至关重要。

（4）C50泵送混凝土的压力泌水量远大于编号1及编号4，压力泌水与混凝土的泵送性能密切相关，因此编号1及编号4的高性能混凝土在高压泵的作用下均具有良好的可泵性。

3　硬化混凝土性能

3.1　各龄期抗压强度（表7）

表7　混凝土各龄期抗压强度

试验编号	试件尺寸（mm）	抗压强度（MPa）			
		3d	7d	28d	56d
1	100×100×100	87.0	108.7	130.8	130.0
2		99.0	96.3	115.0	115.9
3		84.9	88.7	94.9	107.9
4		91.2	106.5	117.3	118

注：100mm×100mm×100mm试件折算成150mm×150mm×150mm试件的尺寸系数为0.93。

3.2　各龄期抗折强度（表8）

表8　混凝土各龄期抗折强度

配合比编号	试件尺寸（mm）	强度（MPa）			
		3d	7d	28d	56d
1	100×100×400	8.4	9.6	10.0	12.4
2		9.0	11.1	12.5	12.6
3		8.5	11.8	11.8	12.2
4		8.3	9.9	11.3	13.1

3.3 各龄期劈裂抗拉强度（表9）

表9 混凝土各龄期劈裂抗拉强度

配合比编号	试件尺寸（mm）	强度（MPa）			
		3d	7d	28d	56d
1	100×100×100	6.05	7.15	7.58	8.31
2		7.09	7.13	7.42	8.11
3		5.87	7.17	8.09	8.29
4		6.36	7.09	7.92	8.44

3.4 各龄期轴心抗压强度和弹性模量（表10）

表10 混凝土28d轴心抗压强度、弹性模量

配比编号	水胶比	试件尺寸（mm）	轴心抗压强度代表值（MPa）	弹性模量（MPa）	
				单个值	平均值
1	0.20	150×150×300	101.7	47500 48600 47700	47900
2	0.20	150×150×300	114.7	59300 59600 59600	59500
3	0.20	150×150×300	119.5	64500 62400 63100	63300
4	0.22	150×150×300	113.2	49900 46200 49100	48400

4 混凝土的收缩与开裂的检测

4.1 混凝土的自收缩、早期收缩及长期收缩试验

按照编号1、2、3、4配比，搅拌混凝土，进行自收缩、早期收缩及长期收缩的试验，如图3所示（试验过程中，由于配方2的收缩值始终最小，因此没有继续进行长期收缩的试验；又由于时间所限，长期收缩的数据只到56d）。混凝土自收缩测试结果如图4及表11所示。混凝土的早期收缩与56d的收缩如图5、图6所示。

图3 混凝土收缩试验

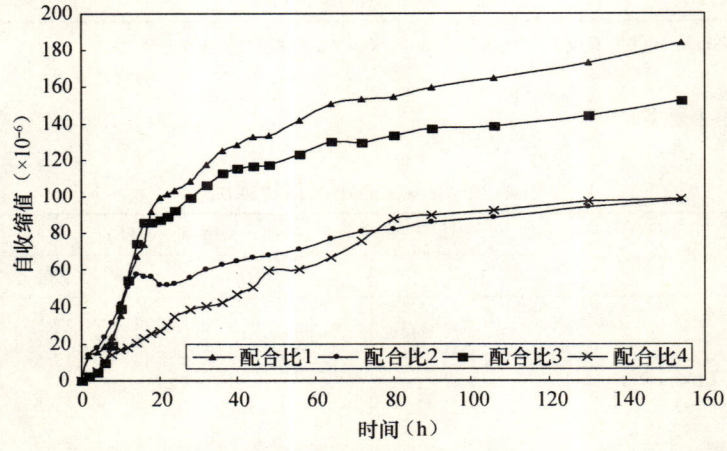

图4 混凝土的自收缩测定值

表11 自收缩试验结果

配合比1		配合比2		配合比3		配合比4	
经历时间(h)	平均收缩值($\times 10^{-6}$)	经历时间(h)	平均收缩值($\times 10^{-6}$)	经历时间(h)	平均收缩值($\times 10^{-6}$)	经历时间(h)	平均收缩值($\times 10^{-6}$)
0	0	0	0	0	0	0	0
2	13.17	2	13.80	2	2.40	2	1.67
4	15.20	4	17.63	4	4.40	4	5.33
6	18.37	6	23.53	6	9.57	6	11.07
8	23.53	8	31.67	8	19.27	8	14.37
10	35.53	10	41.90	10	38.97	10	16.53
12	53.37	12	50.93	12	54.40	12	18.13
14	67.50	14	57.93	14	74.05	14	20.83
16	73.87	16	56.10	16	85.70	16	23.20
18	91.97	18	56.37	18	85.85	18	25.37
20	99.63	20	51.93	20	87.05	20	27.17
22	101.27	22	51.93	22	89.20	22	29.90
24	103.20	24	52.80	24	92.50	24	34.70
28	108.53	28	55.77	28	99.05	28	38.60
32	117.23	32	60.07	32	106.45	32	40.10
36	125.17	36	62.63	36	112.85	36	42.50
40	127.90	40	64.87	40	115.45	40	46.87
44	132.77	44	66.43	44	116.45	44	50.47
48	133.13	48	67.77	48	117.45	48	59.30
56	141.57	56	71.27	56	122.90	56	60.50
64	150.43	64	77.13	64	129.90	64	66.90
72	152.90	72	80.80	72	129.40	72	75.53
80	154.47	80	82.03	80	133.65	80	87.77
90	159.77	90	85.70	90	137.00	90	90.00
106	164.43	106	88.60	106	138.45	106	92.35
130	173.33	130	94.10	130	144.30	130	97.40
154	184.20	154	98.23	154	152.80	154	98.90

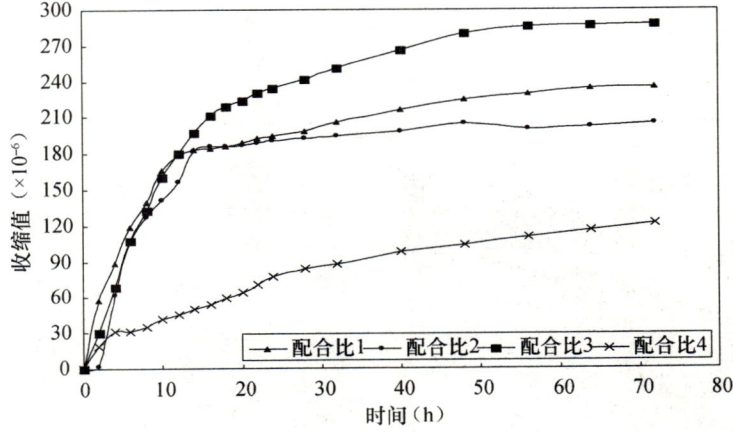

图5 混凝土的早期收缩测定值

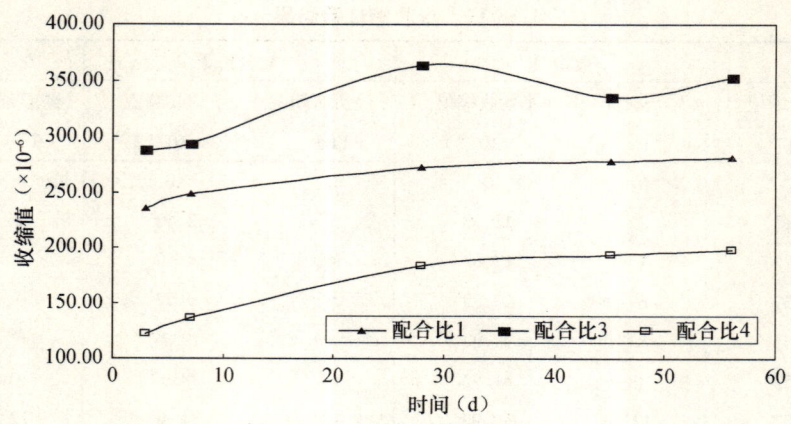

图6 混凝土的长期收缩（56d）测定值

从检验结果及图表分析，可以发现以下规律：

（1）在早期（12h内），配比1、2、3的自收缩值接近，其后三者的差距逐渐加大，配比1的自收缩量最大，其次是配比3、配比2及配比4。

（2）在观测的早期（12h内），配比1、2、3的干燥及自收缩值差距并不大，其后三者的差距逐渐加大，收缩值由大到小依此为配比3＞配比1＞配比2；在整个观测期间内，配比4的早期收缩及长期收缩值均小于其他3个配比。

（3）配比1、2、3的混凝土，在初期的自收缩及干燥收缩速率均较快，随后逐渐减慢；但配比4的混凝土自收缩及干燥收缩速率却相对比较平稳，其收缩值与时间关系曲线相对其他3个配比的混凝土更平缓，这与所掺入的沸石粉是一种多孔材料有关。

4.2 平板开裂试验

本项试验中，4个配比的混凝土平板试验如图7所示，在成型后均放在阳光下暴晒，并同时使用大功率风扇向试件表面送风，24h龄期时记录试验数据，按前述方法整理结果。表12是平板开裂试验后整理出来的试验结果，其中"平均每条开裂面积"表示了混凝土裂缝的大小，"单位面积开裂数量"表示了混凝土裂缝的多少，两者的乘积"单位面积总开裂面积"则代表了混凝土裂缝的整体情况。

表12 平板开裂试验数据

配合比编号	水胶比	裂缝数量（条）	平均每条开裂面积（mm²/条）	单位面积开裂数量（条/m²）	单位面积总开裂面积（mm²/m²）
1		7	10.11	19	196.53
2	0.20	65	11.54	181	2083.4
3		30	44.22	83	3685.35
4	0.22	8	12.66	22	281.33

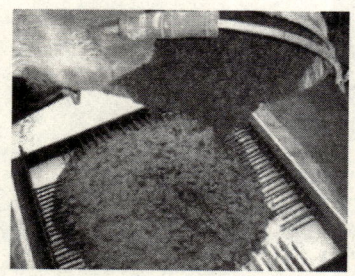 

图7 混凝土平板开裂检测

从表 12 的数据分析，可以得出以下结论：

在施工应用的条件下，混凝土抵抗开裂的能力从强到弱依次是：配比 1＞配比 4＞配比 2＞配比 3；配比 1 及配比 4 的混凝土抗裂能力比较接近，而且远远优于配比 2 及配比 3 的混凝土，两者的"单位面积总开裂面积"相差近十倍。

5 UHP-SCC 超高泵送的施工试验

5.1 UHP-SCC 配合比

广州西塔工程项目部于 2008 年 12 月 6 日进行了 UHP-SCC 411m 的超高泵送施工试验；施工部位为主塔楼 98 层墙柱，UHP-SCC 约 20m³。配合比见表 13。

表 13　C100UHP-SCC 配合比　　kg/m³

W/B	水	水泥	矿渣粉	硅	砂	碎石		减水剂	特种矿物超细粉	特种外加剂
						10～16mm	5～10mm			
0.22	154	450	190	60	750	760	85	16.8	28	17.5

5.2 UHP-SCC 进场检验及泵送施工检测

（1）UHP-SCC 的进场检验

UHP-SCC 混凝土进入现场后检测项目如下：坍落度、坍后扩展度、压力泌水。混凝土抗压强度试件分别在泵送前、泵送后进行取样、制作并进行强度对比。

UHP-SCC 超高泵送的现场试验情况如图 8 所示，抽样检测结果如表 14～表 16 所示。

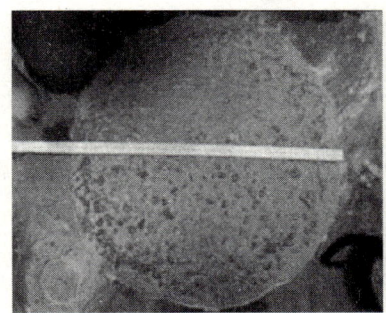

泵后（坍后扩展度780mm）　　泵前（坍后扩展度750mm）

图 8　现场试验情况

表 14　2008 年 12 月 16 日 UHP-SCC 超高（h =411m）泵送试验

编号	取样点	坍落度（mm）	扩展度（mm）	倒筒时间（s）
1	泵前	280	760	6.7
2		275	750	5.9
3	泵后	280	780	3.3

5.3 现场可泵性检测结果

《混凝土泵送施工技术规程》（JGJ/T 10）中规定：混凝土的可泵性可用压力泌水试验结合施工经验进行控制。一般 10s 时的相对压力泌水率 S_{10} 不宜超过 40%。根据广州西塔工程中联重科提供的超高压泵参数，混凝土出口压力最大值为 40MPa，本课题进行了 UHP-SCC 拌合物在 30MPa 下的压力泌水试验，试验结果如表 15、图 9 所示。

表15 UHP-SCC 30MPa下的压力泌水试验结果

试验编号	V_{10} (mL)	V_{140} (mL)	S_{10} (%)
3	0	3	0

由表15及图9可知，UHP-SCC由于采用超细矿物掺合料、特种外加剂等材料及合理的配合比设计，其拌合物即使在30MPa的压力下也不会发生泌水现象，因此，保证了超高泵送的顺利进行。

图9 30MPa下的压力泌水试验

5.4 强度检测结果（表16、表17）

表16 强度检测结果 MPa

成型方式	取样点	3d	7d	28d	56d
振捣	泵前	85.7	104.1	121.4	120.8
免振		89.5	102.3	122.5	118.4
振捣	泵后	84.7	100.5	104.9	119.8
免振		77.7	103.5	120.1	114.1

注：抗压强度试件尺寸为100mm×100mm×100mm时；尺寸系数取0.93。

表17 2008年12月16日UHP—SCC超高（$h=411m$）泵送试验送检结果
（检测单位：广东省建设工程质量安全监督检测总站）

	样品编号	取样点	龄期	强度（MPa）
UHPC	20186-01	泵前	28d	111.3
	20186-02			122.5
UHP-SCC	20186-03			103.3
	20186-04			105.0

注：试件尺寸：100mm×100mm×100mm；尺寸系数：0.95。

6 结束语

（1）采用天然沸石超细粉配制UHP-SCC，可不用增稠剂。混凝土的流动性大，但粘聚性好，不泌水，不离析，不分层，U型流动试验时能均匀流过钢筋，上升达32cm，1h后仍达30cm高度。

（2）在UHP-SCC组成中，还采用了特种外加剂，能使减水剂缓慢析放到混凝土中，保持混凝土的塑性达4h，而又无泌水、离析和缓凝现象。其拌合物即使在30MPa的压力下也不会发生泌水。经过泵前与泵后的采样对比，工作性能变化不大，满足了超高泵送施工要求。

（3）试验的UHP-SCC振捣与免振试件的抗压强度差不多，说明其自密实性好，有利于高密度钢筋的施工要求。UHP-SCC 28d强度≥108MPa（试验室28d强度≥117MPa，）满足配合比设计要求。

（4）与具有相同配比的UHPC相比，UHP-SCC的自收缩、早期收缩及长期收缩值均相应较低。平板开裂试验数据也证明，本研究的 UHP-SCC 的抗裂性能较好。这是由于掺入了天然沸石超细粉及特种外加剂之故。

由此可见，我们配制的 UHPC 及 UHP-SCC 具有的超高泵送的性能，都是由于合理的应用了这一特种功能粉体——天然沸石超细粉的结果。

参考文献

[1] 冯乃谦. 高性能混凝土结构（M）. 北京：机械工业出版社，2003.
[2] 笠井芳夫等. 新 CEMENT. CONCRETE 用混和材料（M）. 東京：技術書院，2006.
[3] H. Okamura, Kmaekawa, and T. Mishima Performance Based Design for Self-compacting Structural High-strength Concrete Seventh International Symposium on Utilization of HS/HPC Washington June 20~24, 2005.
[4] H. Jinnal, S. Kuroiwa, S. Watanabe, S. Namiki, and M. Hayakawa Development and Construction Recordon Onhigh-strength Concrete with the Compressive Strength Exceeding. 150 MPa Seventh International Symposium on Utilzation of HS/HPC Washington June 20~24, 2005.

谢辞：本项在研究和施工应用的过程中，除了西塔工程项目部的人员共同努力以外，中联重科、广东越秀集团以及广东省、广州市的检测部门以及天达混凝土公司等单位均为本项目做出了贡献。

本文由冯乃谦执笔，错误难免，望批评指正！

宝鸡Ⅱ级粉煤灰的特性及在高强高性能混凝土中应用研究

崔庆怡　陈社生　黄沛增　斯方海　王宝卿

陕西省建筑科学研究院，西安，10082

【摘　要】 粉煤灰从一开始作为一种工业废渣利用，以减少污染和水泥用量，到目前随着认识的不断深入，成为高性能混凝土中不可缺少的组成部分。本文借助法门寺这一国家重点工程中大掺量粉煤灰的应用，深入地研究分析了粉煤灰对混凝土性能的改善，及通过扫描电镜等手段展现了其水化过程。借以加强粉煤灰对混凝土的作用应按第四组分考虑，而不单纯是水泥的替代品。

【关键词】 粉煤灰；法门寺工程；高强高性能混凝土；水化反应；混凝土配合比

Characteristics of Baoji Level Ⅱ Fly Ash and Applied Research of High-strength High-performance Concrete

Cui Qingyi　Chen Shesheng　Huang Peizeng　Si Fanghai　Wang Baoqin

Shanxi Academy of Architectural Sciences, Xian, 710082, China

【Abstract】 The fly ash starts from industrial wastes in order to reduce pollution and usage of cement, to becoming the indispensable part to high-performance concrete with the deepening understanding. Based on the application of fly ash at Famen Temple which is the national key project, the performance of the fly ash contained concrete is studied, and it's hydration process have been showed by means like scanning electronic microscope. This can strengthen that fly ash in concrete should be separately classified to the fourth, not only the substitute of cement.

【Key words】 fly ash; Famen Temple project; high-strength high-performance concrete; hydration reaction; concrete mix ratio

1　前言

粉煤灰又称"飞灰"，是燃煤发电厂排放的烟道灰，由大部分直径以 μm 计的实心和中空玻璃微珠以及少量的莫来石、石英等结晶物质所组成。其在混凝土中使用表现出的活性效应、形态效应、微骨料效应，使得现代混凝土的配置尤其是在高性能混凝土中成为不可或缺的组成部分。所以有专家认为粉煤灰应按混凝土的第四组分考虑，而不单纯是水泥的替代品[1]。陕西宝鸡电厂Ⅱ级粉煤灰烧失量低、需水比小，虽然细度稍粗，但仍可在高强高性能混凝土中应用，并取得较好的技术经济效益。

法门寺合十舍利塔工程（图1）是我国在建的最高的佛教建筑物，总高148m，呈双手合十状，设计使用寿命100年。该工程采用了大量多类型的高性能混凝土，包括高性能高强混凝土、高性能大体积混凝土、高性能超高层高强大流动性混凝土，施工过程经历暑期高温和冬季严寒等施工阶段，高性能混凝土种类都给混凝土施工过程确保工程质量带来巨大的挑战。

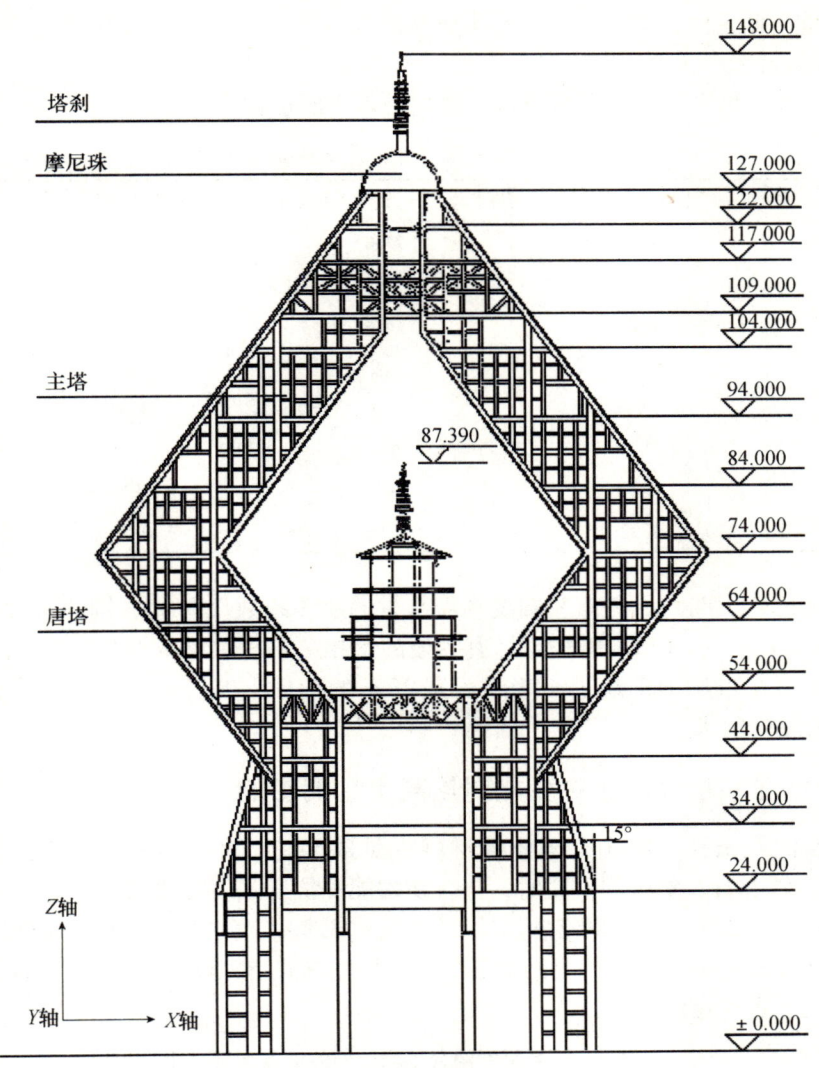

图 1 法门寺合十舍利塔正立面

2 粉煤灰性能的研究

根据国内高层超高层建筑已有的经验，优质粉煤灰可以提高混凝土的粘聚性、降低水胶比、降低温升、调整实际构件中混凝土强度的发展、增进后期强度、提高抗化学侵蚀能力、增强混凝土耐久性等优点。因此，法门寺混凝土工程设计单位提出要用Ⅰ级粉煤灰，而且对 R_2O 要有限制。考虑到工程实际情况，能否采用宝鸡生产的Ⅱ级粉煤灰，则是配制法门寺工程的原材料的重大课题。

宝鸡Ⅱ级粉煤灰的性能如表1所示，表中第一行参数为《用于水泥和混凝土中的粉煤灰》（GB 1596—2005）的相关指标。

表 1 宝鸡Ⅱ级粉煤灰性能指标[2]

项目 品种	烧失量（%）	需水比（%）	细度（%）	SO_3（%）	含水率（%）	f_{CaO}（%）
粉煤灰Ⅰ级F类≥	5	95	12	3	1	1
宝鸡Ⅱ级粉煤灰	0.38	86	18.5	0.79	0	—

宝鸡Ⅱ级粉煤灰的各项指标除细度外，其余均达到Ⅰ级灰的要求，从性能参数中可以看出其烧失

量极低,即含碳量很低,而且需水量也满足Ⅰ级灰的要求,这些就为能够在该工程中使用取代Ⅰ级灰提供重要的技术可行性。

本文对45μm以下粉煤灰颗粒进行分析,数据如表2所示:

表2 三种粉煤灰(粒径<45μm)对比

颗粒平均直径	平圩Ⅰ级粉煤灰(%)	南京电厂Ⅰ级粉煤灰(%)	宝鸡Ⅱ级粉煤灰(%)	备注
0~10μm	44.7	24.0	76.5	平圩、南京电厂Ⅰ级灰数据来源文献[3],宝鸡Ⅱ粉煤灰粒径分布数据来源文献[4]
10~20μm	33.0	44.1	3.7	
20~30μm	14.0	16.8	0.9	
30~40μm	8.1	4.9	0.3	
40~45μm	0	3.4	0.08	
>45μm(细度)	0.2	6.8	18.5	
需水比,%	88	90	86	—
烧失量,%	1.32	0.76	0.38	

长江科学院的研究表明[3],粉煤灰细度和需水量的相关系数仅0.45,即相关性不大,而需水比与粉煤灰中<45μm颗粒中0~10μm颗粒含量有明显的正相关,相关系数为0.85,利用这一理论研究成果,印证了宝鸡粉煤灰虽然细度超过Ⅰ级粉煤灰12%的指标,但仍有较低的需水比,可以满足配制C60混凝土低水胶比的需求。

3 胶凝材料中水泥和粉煤灰比例变化对混凝土性能影响

试验反映了在混凝土拌合物中,当胶凝材料总质量不变,水泥和粉煤灰比例变化,拌合用水在140±2kg范围内,砂、石、膨胀剂不变时,拌合物性能和抗压强度变化情况。

从表3、表4中可以看出,粉煤灰掺量从13.4%~28.8%变化时,在外加剂PCA掺量为4.5kg/m³时,坍落度和扩展度变化不大。倒提时间最长的KT-1为16s,粘度较大,尽管坍落度和扩展度都是最大,预示将来泵送会有一定困难。

表3 胶凝材料组分不同比例的混凝土配合比

编号	水(kg/m³)	水泥(kg/m³)	砂(kg/m³)	小石(kg/m³)	大石(kg/m³)	粉煤灰(kg/m³)	膨胀剂(kg/m³)	PCA(kg/m³)	水胶比(%)	F掺量(%)
KF-1	141	430	700	216	864	70	20	4.5	0.271	13.4
KF-2	139	410	700	216	864	90	20	4.5	0.267	17.4
KF-3	142	390	700	216	864	110	20	4.5	0.273	21.2
KF-4	141	370	700	216	864	130	20	4.5	0.271	25.0
KF-5	139	350	700	216	864	150	20	4.5	0.267	28.8

表4 胶凝材料组分不同比例的混凝土性能

编号	坍落度(mm)	拌合物性能		抗压强度(MPa)			
		扩展度(mm)	倒提(s)	3d	7d	28d	56d
KF-1	245	605	16.0	49.2	59.5	71.4	75.5
KF-2	240	585	9.4	47.2	55.7	73.0	79.6
KF-3	235	605	11.5	42.4	53.0	65.7	75.4
KF-4	230	580	8.1	39.0	51.1	64.9	72.7
KF-5	220	590	12.3	37.4	45.0	66.0	69.8

注:"倒提"为混凝土坍落度筒倒置装入拌合物后,提离地面500mm,所需的排空时间(s)。

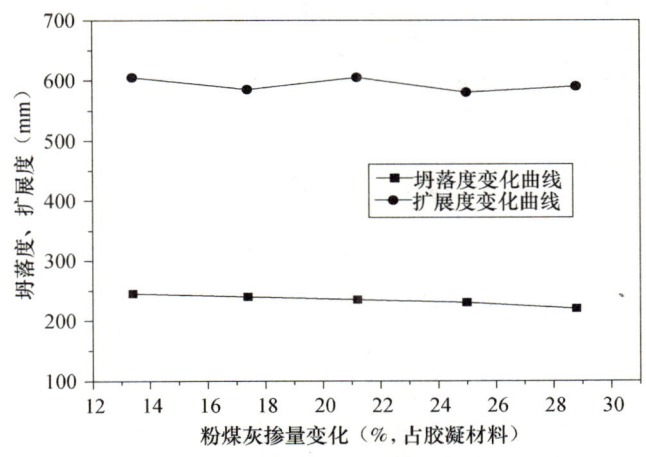

图2 粉煤灰掺量变化对拌合物性能的影响

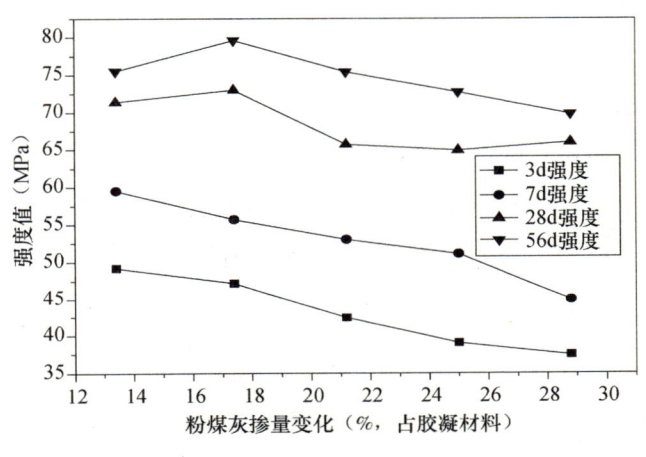

图3 粉煤灰掺量变化对抗压强度影响

从抗压强度变化看，混凝土早期强度随粉煤灰掺入量增加有下降趋势。但28d强度掺入17.4%有峰值达到73.0MPa，56d标养强度均有较大幅度提高。

4 粉煤灰混凝土耐久性试验研究

4.1 C60粉煤灰混凝土配合比

粉煤灰混凝土耐久性试验选用的原材料：水泥，盾石牌P·O42.5低碱水泥；砂子，渭河中砂；石子，北山石灰石质碎石；粉煤灰，宝鸡二电厂Ⅱ级粉煤灰；膨胀剂，西安荣鑫；减水剂，XC型聚羧酸系高效减水剂，陕西省建筑高新技术开发公司生产。

经过现场多次试配，采用表5配合比混凝土在拌合性能和力学性能达到最佳的设计和施工要求，按此配比进行混凝土耐久性试验。

表5 C60混凝土耐久性能试验配合比

材料名称	水泥	砂	石	粉煤灰	膨胀剂	减水剂
用量（kg/m³）	390	700	1080	110	20	4.5

4.2 耐久性试验数据及结果分析

参照《普通混凝土长期性能和耐久性能试验方法》（GBJ 82—85）标准进行试验研究。结果如表6所示。

表6 混凝土耐久性试验数据

28d300次快速冻融		56d氯离子扩散系数（×10⁻¹² m²/s）	56d电通量数值（C）	28d碳化深度（mm）
重量损失（%）	2.5	1.478	374.0	<0.1
相对动弹量（%）	92			

4.2.1 快速冻融试验

快速冻融试验300次后，质量损失2.5%，动弹模量为初始值的92%，说明在比实际使用条件更为苛刻的试验室条件下，可以满足要求，混凝土质量是良好的。

4.2.2 抗氯离子渗透试验

抗氯离子渗透与国外新近建造的设计寿命为100年的重大工程的数据对比如表7所示。

表7 与国外新近重大工程的氯离子扩散系数比较[5]

工程名称	龄期	氯离子扩散系数（×10⁻¹² m²/s）
德国 Western Scheldt 海底隧道	28d	4.75
新加坡海底隧道	28d	2.3~2.6
加拿大 North Umberland 大桥	180d	0.48
荷兰 Green Heart 海底隧道	—	3.4（设计值）
法门寺合十舍利塔工程	56d	1.478

而上述的工程均为海洋工程，对氯离子渗透要求十分严格，因此，对法门寺合十舍利塔这样位于内陆地区，周围环境氯离子浓度很低，而本工程混凝土氯离子扩散系数为 $1.487 \times 10^{-12} m^2/s$（56d）达到耐久性设计要求。

4.2.3 碳化试验

混凝土碳化试验，根据资料[5]介绍快速碳化试验深度小于20mm，相当于大气环境下 CO_2 碳化50年的作用结果。本次快速碳化试验的结果，碳化深度<0.1mm，依据推算应在150年以上。

4.3 粉煤灰混凝土长期力学性能和耐久性

表8 掺宝鸡Ⅱ级粉煤灰的C35和C60混凝土性能

标养龄期 样品	抗压强度（MPa）						电通量（C） （龄期56d）
	3d	7d	28d	60d	90d	1年	
C35	—	31.0	43.7	52.4	51.6	58.0	312
C60	42.4	53.0	65.7	75.4	—	85.6	305

从法门寺合十舍利塔工程实际中看出，在C35混凝土中掺入宝鸡Ⅱ级粉煤灰160kg/m³（掺入量为35%），C60混凝土中掺入120kg/m³（掺入量为23%），混凝土力学性能和耐久性能都达到设计要求。

C35混凝土1年强度增长达到设计强度165%，C60混凝土标养1年强度增长达设计强度142%。混凝土耐久性能都达到良好的水平。

5 不同龄期混凝土中的粉煤灰表面水化进程的研究

通过扫描电镜分析不同龄期阶段混凝土中的粉煤灰表面形态的变化[5]。

5.1 扫描电镜下粉煤灰颗粒水化特征

图4中的粉煤灰玻璃球直径400~4000nm，其特征：(1) 球体外形圆整；(2) 部分小球颗粒粘附在大球表面；(3) 球体外层有薄层沉淀物。

图5中C60混凝土中的粉煤灰颗粒形态：(1) 球体外形圆整；(2) 球表面与图4对比未有明显变

化；(3) 粉煤灰颗粒与周围凝胶体有小缝隙，间隙为 500nm 左右，说明该区域尚未被水化产物所填充。图 6 混凝土中粉煤灰玻璃球特征：(1) 球和周边间隙逐步减小，但仍有痕迹；(2) 大球缝间隙细微纤维状物体形成，方向指向球心，说明 56d 时粉煤灰玻璃球表面间隙间已形成部分水化产物。图 7 中的粉煤灰空心玻璃球特征：(1) 球表面形成多层胶凝体；(2) 球体与周围水化产物粘连成一体；(3) 粘结牢固，足以在破型时将粉煤灰球体（漂珠）挤破；(4) 从破碎的球体断面看，粉煤灰球壳体厚度约 100nm，粉煤灰外层水化产物厚度在 10~20nm；(5) 浆体未发现裂缝。

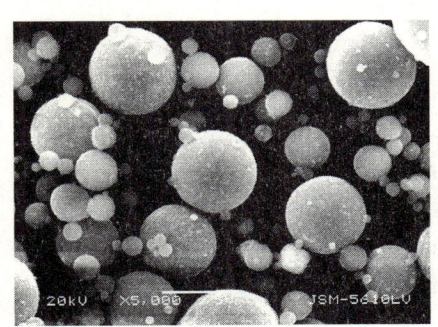
图 4　宝鸡 II 级粉煤灰原状灰

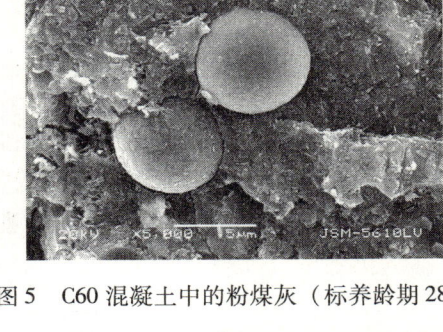
图 5　C60 混凝土中的粉煤灰（标养龄期 28d）

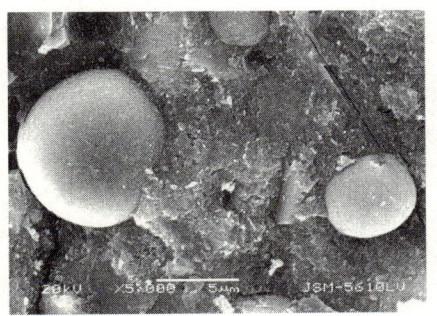
图 6　混凝土中粉煤灰形态（标养龄期 56d）

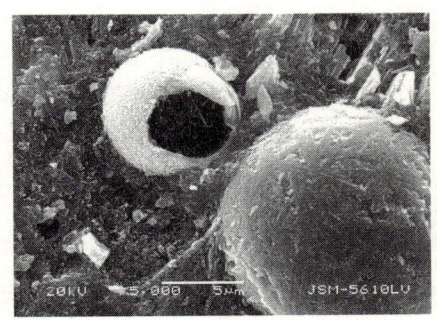
图 7　混凝土中粉煤灰形态（龄期 360d）

5.2　粉煤灰颗粒水化的机理

由以上图说明：混凝土水化早期，玻璃球表面吸附水，还未水化形成低钙型水化产物，水分蒸发后留下的缝隙；水化中期，间隙中已有水化产物形成；水化一年后，有一定厚度水化产物形成，水化层厚度达到纳米级。通过不同时间粉煤灰在水泥浆体包裹之中，玻璃球表面形成的水化产物过程，界面状态有明显的变化，更为致密，使混凝土强度提高，抗渗性能改善，有利于限制离子的运动，玻璃球表面反应速度较慢，裂缝是水分蒸发，玻璃球表面吸附水层失去水分而形成的。

从粉煤灰玻璃球表面形态和裂缝随时间的变化可知：(1) 常温下粉煤灰水化过程是缓慢的，28d 天尚有界面存在；(2) 水化后的界面附近的胶凝材料是致密的，可以解释掺粉煤灰混凝土的后期宏观强度能持续增长的原因。

粉煤灰玻璃球与水泥水化产物 $Ca(OH)_2$ 的火山灰反应更加充分。一年标养后二次水化产物可达到 10~100nm 这个数量级。粉煤灰玻璃球与水泥石形成的界面，有效地阻断了水泥石孔隙网络空间结构的发育，因而可以大幅度提高水泥石抗渗透能力，阻止各类有害离子的侵入和渗透、宏观上测出的电通量和氯离子渗透系数达到"低渗透"水平，混凝土材料的耐久性得到明显的提高。

6　结论

(1) 优质粉煤灰的掺入，可降低混凝土需水量，持续增强水泥石的强度和改善水泥石结构的抗渗性。

（2）粉煤灰中含碳量、需水量比对强度影响较大，应严格达到标准等级要求，对细度不必苛求，在 45μm 以下颗粒中 0~10μm 颗粒含量与需水量呈明显正相关。

（3）混凝土早期强度会随粉煤灰掺入量增加有下降趋势，但后期强度却有较大程度的增长，且随着时间的延长，水化的深入，混凝土耐久性能得到持续的改善。

（4）粉煤灰玻璃微珠在水泥石中与水化产物 $Ca(OH)_2$ 二次水化过程，随着时间延长粉煤灰玻璃微珠表面因水化产生的胶凝物质在不断增加，其厚度可达到 10~100μm。

参考文献

[1] 吴中伟，廉慧珍. 高性能混凝土 [M]. 北京：中国铁道出版社，1999.
[2] 粉煤灰检测报告 [R]. 陕西省建筑工程质量检测中心. 编号：陕建检字（2007）第 27~079 号.
[3] 王述银等. Ⅰ级粉煤灰的减水特征研究 [J]. 粉煤灰杂志，2001.3.
[4] 粉煤灰图像分析检测报告. 武汉理工大学材料研究与检测中心，2008.9.
[5] 廉慧珍等. 混凝土耐久性设计与施工指南条文说明 [M]. 北京：中国建筑工业出版社，2004.
[6] 粉煤灰扫描电镜照片 [R]. 武汉理工大学材料研究与检测中心，2008.9.

深圳京基金融中心工程高性能混凝土综合施工技术

令狐延[1]　冉志伟[1]　郭云来[1]　刘光荣[1]　刘天波[2]　肖云燕[1]
苏国活[1]　黄冠好[1]　林盛新[1]

1. 中国建筑第四工程局有限公司，广州，510665
2. 深圳市京基房地产股份有限公司，深圳，518001

【摘　要】　本文介绍了深圳京基金融中心工程中高强高性能混凝土的一些施工及管理情况，包含大直径人工挖孔桩，厚大混凝土底板，超厚劲性剪力墙，超大截面箱形钢管柱，以及低强度混凝土楼板，涉及混凝土的配制，现场施工组织，裂缝控制，主要技术措施，主要泵送方案等。希望本文能对类似超高层工程的施工和管理有一定借鉴作用。

【关键词】　大直径人工挖孔桩；厚大混凝土底板；超厚劲性剪力墙；超大截面箱形钢管柱；低强度高性混凝土；超高泵送

The Comprehensive Construction Technology of High Property Concrete in Shenzhen Kingkey Finance Center Project

Linghu Yan[1]　Ran Zhiwei[1]　Guo Yunlai[1]　Liu Guangrong[1]　Liu Tianbo[2]　Xiao Yunyan[1]
Su Guohuo[1]　Huang Guanhao[1]　Lin Shengxin[1]

1. China Construction Fourth Engineering Division Corp. Ltd., Guangzhou, 510665, China
2. Shenzhen Kingkey Real Estate Development Co., Ltd., Shenzhen, 518005, China

【Abstract】　This article talked about the construction and management measures of high property concrete in the following components of Shenzhen Kingkey Finance Center project: the big diameter man-excavated piles, the mass foundation concrete slab, the ultra thick steel-strengthened shearing wall, the ultra big dimension rectangle steel tube column, and the low strength floor, and including the concrete mixing proportion, site construction organization, the control of concrete crack, the main technical measurements, and concrete pumping, etc.. The author hoped that it can be a reference to the way of organization and management to the similar ultra high building.

【Key words】　the big diameter man-excavated piles; the mass foundation concrete slab; the ultra thick steel-strengthened shearing wall; the ultra big dimension rectangle steel tube column; the low strength high performance concrete; ultra high concrete pumping.

1　工程项目概况

1.1　项目概况

深圳京基金融中心 A 座主塔楼高 441.8m，地下 4 层，地上 98 层，建筑面积为 24 万平方米，位于深圳市罗湖区蔡屋围金融中心区。本工程由深圳市京基房地产股份有限公司开发，由深圳华森建筑与工程设计顾问有限公司进行施工图设计，由中国建筑第四工程局有限公司施工总承包。

1.2　混凝土工程设计情况

本工程混凝土强度设计情况如表 1 所示。

表1 混凝土强度设计

结构部位			混凝土强度等级
-4至98层	核心筒剪力墙柱	-18.70m至7.07m	C80
		7.07m至126.27m	C70
		126.27m至421.98m	C60
	外框钢柱	中柱Z1、Z3	C60
		角柱（Z2）9.60m以下	C60
		角柱（Z2）9.60m以上	C80
	水平构件	负四层底板	C50S10
		核心筒内梁板，一层及其以下外框楼板	C40
		外框普通层楼板	C30
		外框加强层楼板	C40

2 超大直径工程桩混凝土施工

2.1 工程桩设计情况

本工程由深圳华森建筑与工程设计顾问有限公司进行施工图设计，A座超高层工程桩共有40根，桩直径从3.5m到5.6m。根据桩直径的不同，配Φ28~32四周主筋，中间配Φ16~18井字形纵向抗裂钢筋，箍筋采用Φ12~16@250。设计混凝土强度等级C50。桩持力层设计为微风化岩层，桩身进入持力层深度不小于500mm，当桩长小于3倍桩直径时，桩身进入持力层不小于1000mm。工程桩身进入底板厚度按70mm考虑，桩端浮浆混凝土厚度按500mm考虑。

当桩径小于等于4.3m时，护壁设计厚度为200mm，内配Φ10@200双层双向钢筋；当桩径大于等于5.1m时，护壁设计厚度为250mm，内配Φ12@200双层双向钢筋；其余桩护壁设计厚度为230mm，内配Φ10@200双层双向钢筋。桩护壁混凝土设计强度等级为C25。

2.2 爆破对新浇混凝土的影响

由于部分桩成孔合格后需先行浇筑，而后续的桩需要继续成孔，因而需要考虑爆破对周围新浇桩混凝土的影响。在《民用爆炸物品安全管理条例》中规定，新浇大体积混凝土在龄期为3d以内时，爆破安全允许振速为2~3cm/s，3~7d安全允许振速为3~7cm/s，7~28d安全允许振速为7~12cm/s。当大体积混凝土不要求具有挡水功能时，上述要求可取小值。2008年10月8日，项目部委托深圳市恒安振动测试技术开发有限公司对桩底部的混凝土振动速度进行测量，结果是：当一桩爆破时，相邻桩底距离为6m处岩层的质点振动速度为4.984cm/s，相邻桩底距离为12m处岩层的质点振动速度为3.226cm/s。

因此，工程桩混凝土浇筑后，在其6m区域内，7d内不得进行爆破，在其12m区域内，3d内不得进行爆破，可以保证桩身混凝土的安全。现场爆破控制如图1所示。

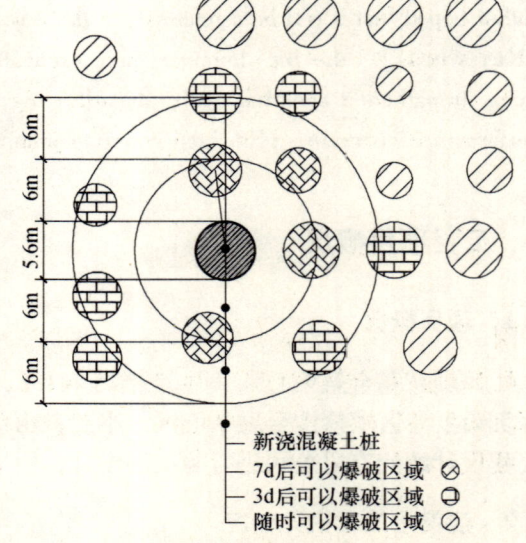

图1 现场爆破控制示意图

2.3 混凝土的浇筑

2.3.1 混凝土最大高差计算

根据桩身新浇筑混凝土的压力和土体的摩阻力，可以方便地算出无特殊措施时,两侧混凝土浇筑时最大允许的高差。考虑到桩侧摩阻力与混凝土的侧压力受力模式类似,因而桩间土的摩阻力可按桩侧摩阻力计算值选取,为安全起见,我们选用地勘报告中提供的各土层摩阻力的最小值黏土层计算,取 $Q_{sa}=25\text{kPa}$。根据相邻最近的桩间土体的受力情况(图2),计算情况如下:

假定混凝土的自由浇筑高度为 x,根据混凝土压力与土体摩擦力的平衡公式,假定混凝土侧压力均为其最大值:$24x$。则可按下式计算:

$$1.722x \times [1.2 \times 24 \times x + 1.4 \times (2+4)] = 2x \times 25 \times 2.303$$

上式解得 $x=2.03\text{m}$,即当混凝土高低差相控制在2.03m以内时,桩间土不会发生破坏。

2.3.2 桩混凝土浇筑高差现场控制

考虑到施工的控制水平和土体的受力情况,两侧混凝土表面的高低差应控制在2.0m以内,桩间土体不会发生破坏。施工时,先浇筑深桩至浅桩桩底部位,然后每桩各采用一根泵管浇筑,施工工长在浇筑过程中,应注意每隔1h测量一次桩孔高差的数值,如超过2m,应及时采取措施调整,使桩间土始终保持安全,如图3所示。

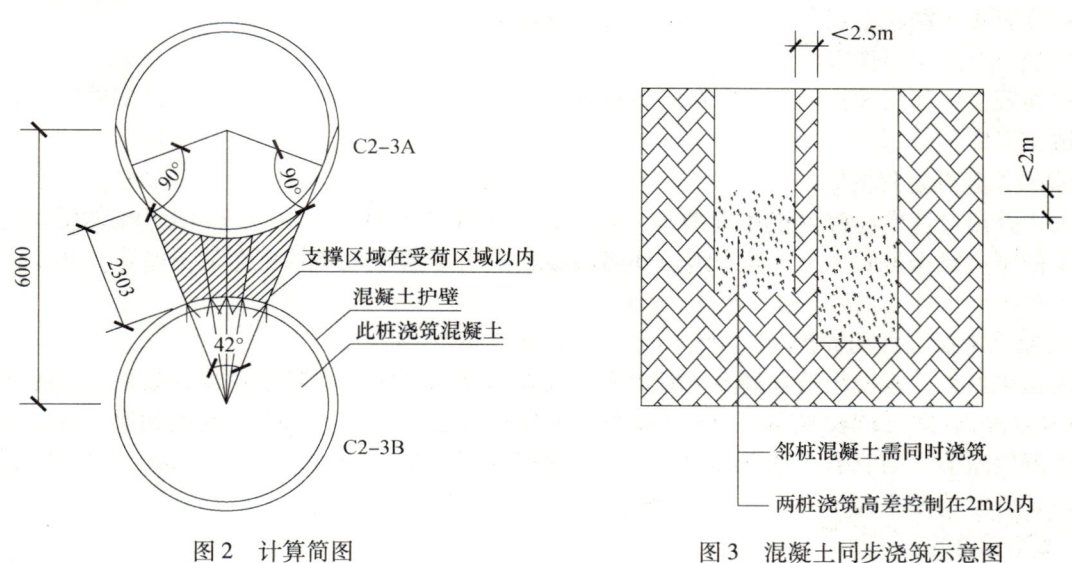

图2 计算简图　　　　图3 混凝土同步浇筑示意图

2.3.3 混凝土振动

混凝土浇筑时,为防止混凝土过高离析,在桩井口设两个串筒,每根桩同时用两台混凝土输送泵浇筑。为保证混凝土振捣密实,每根桩安排5个工人下井振动,振动的工人脚下用两根木方横放于钢筋上作为立足点,身上戴一根安全带挂在桩的主筋上以保证工人安全。不能站人的4个区域(整根桩被中间的井字形箍筋分成9块,5个振动工人占据其中空间较大的5块),由工人将振动棒从箍筋间插入振动。

2.3.4 表面浮浆置换

由于桩的强度很高,如果按设计要求留置500mm高的桩头浮浆,后期破桩头的难度将很大,因此,项目部采用了浮浆置换的办法,即在桩开挖前做好底板混凝土垫层,在垫层上用砖砌200mm高的井圈,井圈内壁用混凝土浇筑完成,桩混凝土浇筑时,持续不断向桩孔内输送新鲜混凝土,将表面浮浆赶出井口流到混凝土垫层上,当浮浆流完混凝土表面出现大量石子后,停止浇筑混凝土,则桩头混凝土露出垫层的总长度为200mm,需要剔凿的浮浆高度约为130mm,这种方法既可以保证工程质量,又可减少桩头的剔凿量。

2.3.5 混凝土配合比

桩的混凝土设计强度等级为C50,为了尽量减少水泥用量,降低混凝土中心最高温度,项目要求混凝土厂家尽量多地掺入粉煤灰和矿渣粉,最终采用的C50的配合比见表2。

表2 C50混凝土的配合比

名称	水	水泥	砂	碎石	掺合料1	掺合料2	外加剂	水灰比
品种规格	饮用水	P·O42.5	中砂	5-25MM	Ⅱ级粉煤灰	柳州台泥矿粉	FDN-330A减水剂	
材料用量（kg/m³）	143	290	710	1065	80	90	11.5	0.38
比例	0.49	1	2.45	3.67	0.2759	0.3103	0.0397	

2.3.6 混凝土养护

（1）表面覆盖措施

经过计算，采用上述配合比时，桩中心的最高温度应为83℃左右，由于桩的直径超过1m，桩的深度均超过10m，因此，桩身混凝土属大体积混凝土，需预防混凝土因内外温差过大或降温速度过快而产生裂缝。项目部采取了塑料薄膜-麻袋覆盖的养护措施。即在桩顶混凝土表面先加一层塑料薄膜，再加两层麻袋，顶上加一层塑料薄膜。其作用是：

第一层薄膜防止混凝土表面的水分散发产生干缩裂缝；

两层麻袋主要起保温作用；

第二层薄膜主要起防雨作用，防止在降温过程中，突遇大雨导致保温层进水，温度骤降，直接影响表面混凝土温度过低。

（2）混凝土升温过程的养护

在混凝土升温过程中，覆盖层不能取掉，保证内、外温差不会太大，且应根据升温情况的监测，看看保温层的厚度是否足够，如混凝土内、外温差接近25℃，应采取增加覆盖层等措施，避免表面混凝土温度过低。

（3）混凝土降温过程的养护

由测温结果可知，大直径桩混凝土一般在3~4d左右开始降温。在降温阶段，如果内、外温差很小（在15℃以内），则可以取掉表面的塑料薄膜，并取掉一层麻袋，使其降温速度加快，并随时注意混凝土内外温度差值，当二者接近25℃时，应立即加上麻袋并加上表面覆盖层。确保在任何情况下，混凝土的内、外温度差不大于25℃，否则混凝土可能产生温度裂缝。

2.3.7 温度测量情况

本工程桩混凝土在温度升高过程中，项目部对有代表性的桩进行了测温，其中C1~C6桩（桩直径4300mm，桩长17.30m）温度曲线如图4所示。

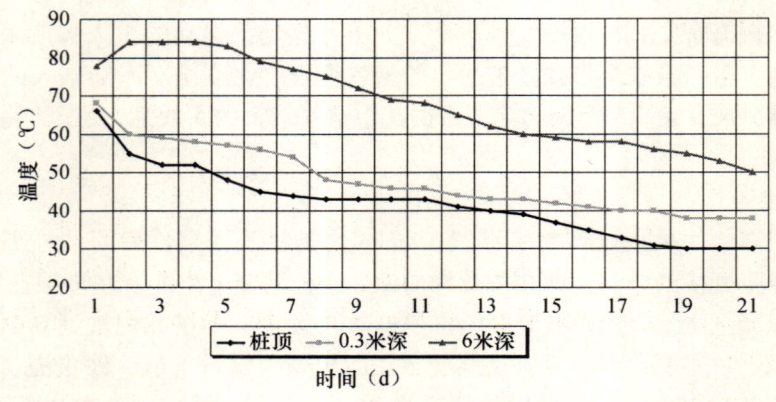

图4 京基金融中心大直径桩温度曲线图（C1~C6桩）

从该温度曲线可以看出，大直径桩的内部温度分布有以下特点：

（1）桩中心温度较高。C1~C6桩最高为84℃，P19桩（桩径为5400mm，桩长18.80m）最高达到了87℃，桩直径越大，内部热量聚集越多，中心温度越高。因此，对于大直径的人工挖孔桩，在表面进行保温显得非常重要，否则可能因为桩的表面温度与中心温度相差过大而产生裂缝；

（2）桩的内部温度沿深度变化不大。由于桩的圆柱形结构，桩周混凝土主要向四周散热，因此，在深度超过1m以后，桩的内部温度基本保持一致，所以控制桩内部温度主要考虑表面温度控制即可；

（3）桩降温速度较慢，C1~C6桩从84℃降温至50℃共用了18d时间，平均每天降温1.89℃，这与桩四周均为土壤或岩石，保温效果较好有关；

（4）桩的表面保温采用干麻袋优于蓄水。干麻袋可以使桩顶面的温度迅速提高至60℃以上，本项目P6桩（桩径为5600mm，桩长12.05m）采用一层塑料薄膜及两层麻袋，表面最高温度可升至67℃。如需降低表面温度，可以减少覆盖层的厚度或将麻袋加水湿润。如果采用蓄水养护，要求在桩顶做较深的蓄水池，且当表面温度不够高时，较难采取措施提高表面温度，从而导致混凝土内部可能出现裂缝。

2.4 质量检验和试验

2.4.1 现场抽芯试验

按深圳市标准《建筑基桩检测规程》（SJG 09—2007），工程桩的抽芯检验数量不低于桩总数的15%，考虑到本工程属超高项目，工程质量要求高，故对总共40根工程桩选取了10根桩做了抽芯检验，每根桩抽取3个钻芯孔，其中一个钻芯孔需钻到桩底以下5m以上，以检验桩底岩层的质量是否满足设计要求。

本工程抽芯芯样反映本工程成桩质量良好，桩混凝土质量均为Ⅰ类桩，无Ⅱ类桩，Ⅰ类桩数量是总桩数的100%。桩芯混凝土芯样强度试压，全部达到了C50混凝土的要求，强度合格。桩端持力层经芯样检查，均为微风化花岗岩，满足设计要求。

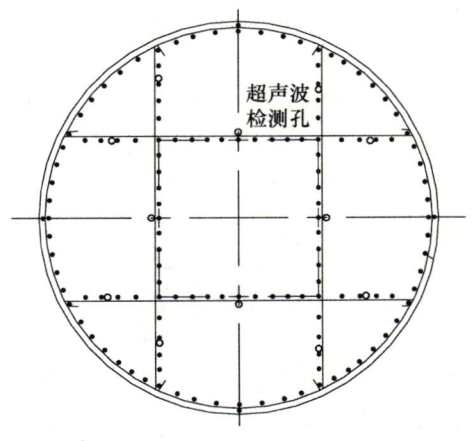

图5 超声波检测孔分布图

2.4.2 现场超声检测

考虑到本工程桩直径大，按常规的检测办法无法检测一根桩中的大多数部位的混凝土密实情况，因此，经过检测、监理、建设、质监、施工等多家单位协商，决定每根桩埋设12个检测孔，以便对混凝土的主要截面进行超声检测，检测孔的分布情况如图5所示。

本工程对40根桩均进行了超声波检测，每根桩埋设了12根超声波管，超声波显示Ⅰ类桩共27根，Ⅱ类桩共13根，无Ⅲ类桩，Ⅰ类桩占总桩数和67.5%。

2.4.3 混凝土抗压试块

本工程人工挖孔桩按每50m³混凝土取一组C50混凝土抗压试块，总共取样311组，混凝土试块试压后，按《混凝土强度检验评定标准》（GBJ 107—87）进行评定，结果为合格。

《建筑地基基础工程施工质量验收规范》（GB 50202—2002）中第5.1.4条规定："每浇筑50m³必须有1组试件，小于50m³的桩，每根桩必须有1组试件"，由于本工程单桩最大混凝土量接近640m³，最小桩混凝土量均超过150m³，而且均为一次性浇筑完成，因此，我们认为，当桩混凝土量超过50m³时，再按50m³混凝土取样一组的规定不是很必要，可按每超过100m³取样一组控制，建议相关单位在规范修订时予以考虑。

3 大底板高性能混凝土施工

3.1 大底板设计情况

本工程主塔楼大底板中间核心筒部位厚度为4500mm、外框筒部位厚度为4000mm、再向外厚度变成2000mm，东西方向长67.5m，南北方向长57.3m，面积约3868m²，总混凝土方量约13231m³，混凝土强度等级为C50P10。大底板与四周的支护桩或裙楼底板之间设有800mm宽的后浇带。

3.2 钢筋支架的做法

3.2.1 钢筋支架的做法

底板上部下部均配Φ32@100双层双向钢筋（共四层）；底板中部配两道Φ16@250双向抗裂钢筋。整个底板的钢筋用量约为2400t。

由于钢筋较多较重，为保证底板上部配筋和中间分布钢筋的位置准确及施工安全，项目部根据现场情况并通过计算决定采用型钢支架体系。型钢支架体系顶部采用[16a槽钢做型钢横梁，下部双向间距3000mm采用[8号槽钢做立杆，高度方向不大于1500mm采用∟50×5角钢来作为纵横向的水平拉结。斜向采用Φ14钢筋做拉结，保证所有立杆侧向稳定。底部采用∟75×7的角钢350mm长来做垫脚。

考虑到核心筒区域的施工荷载较大，决定对核心筒区域加强50%，即横梁方向的立柱间距改为1500mm，以增大本支架的安全储备。钢筋支架做法如图6所示。

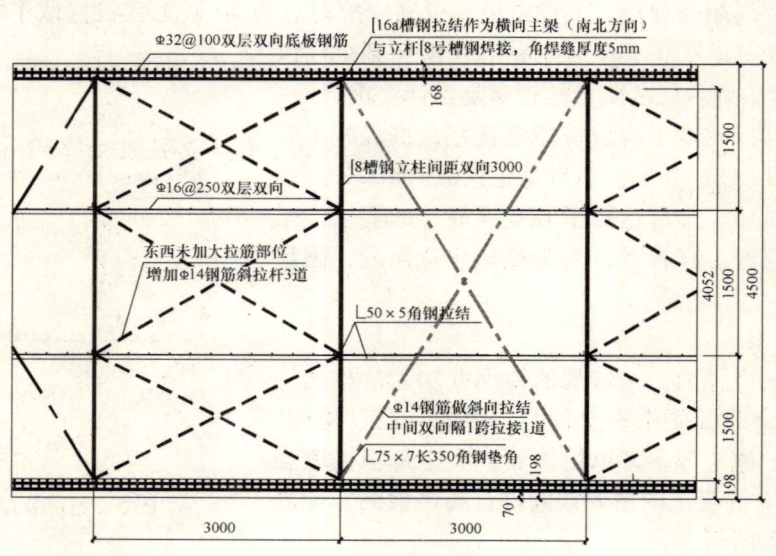

图6　钢筋支架做法

由于钢筋支架是重要的安全设施，故应对该支架系统进行强度和稳定性的计算，以确保其受力符合相关设计规范的要求，此处从略。

3.2.2 底板钢筋垫块的选用

考虑到底板相当重，一般的水泥砂浆试块根本无法承受如此重量，项目部因地制宜，采用了主楼工程桩钻芯取样的多余的圆柱体混凝土或岩样，其强度均在50MPa以上。其直径为ϕ100，比设计的底板钢筋保护层70mm厚30mm，则将相应部位的混凝土垫层凿除30mm，使其满足设计的保护层厚度要求。

3.3 混凝土的配合比

3.3.1 原材料

粗骨料：粗骨料的最大粒径对混凝土可靠性影响很大，碎石最大粒径不得超过泵管内径的1/3，卵石最大粒径不得超过泵管内径的1/2.5。为了提高混凝土可靠性，本工程选用5~25mm级配碎石。

细骨料：砂子采用中砂或中粗砂，粒径在0.315mm以下的细骨料所占比重，一般不少于15%，最好能达到20%。本工程细骨料粒径在0.315mm以下的占比重为22%，细度模数为2.8。

水泥：宜选用泌水小，保水性能好，抗冻性较优的普通硅酸盐水泥。本项目选用性能稳定的日本小野田水泥。

外掺材料：掺合料磨细粉煤灰的细度达到水泥细度标准，通过0.045mm方孔筛的筛余量不得超过12%，SO_3含量小于3%，烧失量小于5%。本工程用的妈湾电厂生产的粉煤灰，通过0.045mm方孔筛的筛余量为8%，SO_3含量为1.75%，烧失量小于0.33%，完全达到了I级粉煤灰的要求。

3.3.2 配合比试验和优化

（1）由于本工程底板混凝土浇筑量大，对混凝土的强度等级和抗渗要求较高，既要保证混凝土的强度，又要减少混凝土的收缩，因此，配合比试配的主要任务是通过掺加外加剂和掺合料，减少水泥用量。

（2）根据本工程特点，经项目部与设计、监理、混凝土公司反复沟通，决定充分利用粉煤灰混凝土的后期强度，增加粉煤灰的掺量，减少水泥的用量，采用混凝土的90d强度来进行混凝土的试配、评定和验收。

（3）配合比考虑掺加较大比例的粉煤灰，以改善预拌混凝土的和易性和减少坍落度损失，提高混凝土的后期强度，粉煤灰的超量系数按1.2考虑。为减少水泥的用量，考虑在普通硅酸盐水泥中加入部分矿渣粉，以减少混凝土的水化热，矿粉按等量取代方式加入。经过试配，每立方米混凝土中的水泥用量减少到200kg。较小的水泥用量有助于减少混凝土的收缩，减少混凝土的水化热和中心最高温度，对于保证混凝土防裂非常有利。

（4）考虑到膨胀剂在干燥的环境中将会使混凝土收缩，起不到膨胀的作用，反而对混凝土有害，因此，取消了膨胀剂的使用。

（5）考虑到本工程底板尺寸大，混凝土坍落度大，混凝土在施工过程中流淌长度大，极易在浇筑过程中形成施工冷缝，因此，对于混凝土的初凝时间，试配时按20h考虑，事实证明，较长的初凝时间消除了混凝土内部的施工缝，对于保证大体积混凝土质量非常有利。对于混凝土的坍落度，考虑到泵送距离较短，采用140~160mm，以尽量减少用水量，试配的总用水量为163kg/m³，水灰比为0.41，《混凝土泵送施工技术规程》（JGJ/T 10—95）规定的泵送混凝土的水灰比宜为0.4~0.6，该数值已接近了水灰比的下限。

3.3.3 混凝土配合比

经过多次试配及专家论证，项目部与深圳市安托山混凝土公司确定了优化后的C50S10的混凝土配合比，详见表3。

表3 C50S10混凝土配合比

名称	水	水泥	砂1	砂2	石1	掺合料1	掺合料2	外加剂	水胶比
品种规格	饮用水	P·O42.5	中砂	细砂	5-25mm	I级粉煤灰	S95矿渣粉	STS-SP1缓凝高效减水剂	—
产地/品牌	深圳	TAIHEIYO（SAIKI）	东莞	安托山	安托山	妈湾电厂	广东韶钢	安托山公司减水剂厂	—
材料用量（kg/m³）	163	200	606	151	1050	100	100	10.4	0.41
比例	0.82	1	3.03	0.76	5.25	0.50	0.50	0.0520	—

3.3.4 混凝土的实际施工强度

按上述比例试配的混凝土，其现场实际强度变化情况如下：7d 42.4MPa，28d 57.6MPa，60d 63.9MPa，90d 66.9MPa。强度变化的曲线如图7所示。

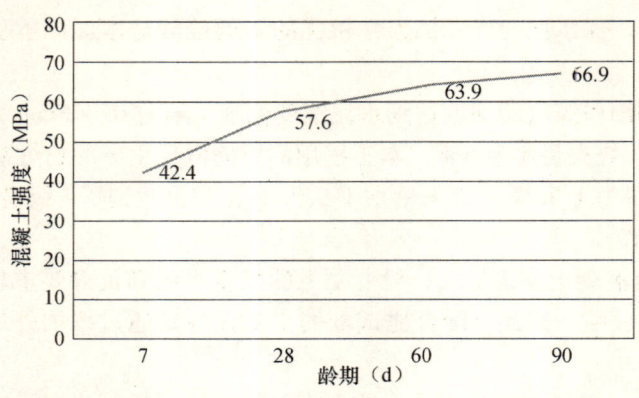

图7 C50S10混凝土强度变化曲线

底板施工时现场共留置了66组混凝土试块,经试验单位在90d龄期时试压,其强度最大值为74.6MPa,最小值为50.2MPa,平均值为65.93MPa,标准差为4.53MPa,经评定可以满足C50混凝土的强度要求。上述数据表明,本工程采用的配合比是适当的,完全可以满足设计要求。

3.4 混凝土浇筑组织

3.4.1 控制指挥中心

为保证混凝土浇筑顺利进行,项目部在现场设置控制指挥中心,统一管理项目大底板混凝土的浇筑,在控制指挥中心设置总指挥1人,技术总协调1人,现场调度1人,并设现场交通指挥员2人,对进出场车辆进行统一有效管理。

3.4.2 劳动力计划安排

在混凝土浇筑时现场按照两个大班换班作业。作业时间为第一班8：00~20：00,第二班20：00~次日8：00。为保证各项工作正常有序进行,项目部对各项劳务人员进行了周密的计划和安排,每台泵的振捣人员为6人,每人振捣宽度约为7m,长度约为5m,保证混凝土流淌区域都能得到振捣。项目人员安排情况见表4。

表4 项目人员安排

序号	1	2	3	4	5	6	7	8	9	10
人员名称	浇筑指挥中心	值班管理人员	混凝土泵操作工	混凝土放灰下料	试验和测温	布料人员	振捣人员	抹面人员	保温覆盖	总计
数量	5	6	8	8	2	24	48	16	2	119
总数	10	12	16	16	4	48	96	32	4	238

3.4.3 主要施工设备投入

根据浇筑任务和现场情况,经过计算比较(过程略),现场配备了设备见表5。

表5 现场配备设备

序号	机械名称	型号	单位	数量	备注
1	塔式起重机	中联5023	台	1	已安装,浇筑辅助吊装
2	混凝土固定泵	50m³/h/台	台	8	
3	混凝土固定泵	50m³/h/台	台	2	备用
4	混凝土搅拌车	9m³	辆	56	
5	插入式振动棒	φ50	根	60	振动手48人,另12根备用
6	插入式振动棒	φ30	根	10	振动钢筋密集部位
7	发电机	500kW	台	1	备用

3.4.4 最小混凝土需求量

根据主楼底板混凝土量和底板厚度情况,为杜绝混凝土接楂处出现冷缝,应计算混凝土浇筑的最小需求量。混凝土按照20h初凝，混凝土浇筑分层厚度为500mm，考虑混凝土最不利自由流淌长度为45m左右。

按照不出现冷缝需求量为：57m（南北方向长度）×0.5m×45m（按1：10的流淌坡度考虑）/(20-4)h（入模后的缓凝时间）≈80m³/h

为保证浇筑对周边不产生太大的影响，将考虑在周五晚20：00交通高峰结束后开始，周一早高峰之前结束，因此考虑在2.5d内浇筑完成塔楼底板，需求量为：13200m³/(24×2.5)=220m³/h>80m³/h，因此塔楼计划混凝土需求量为220m³/h。

3.4.5 浇筑及振捣

每个泵机负责约7m范围的浇筑带，布料时，相互配合，平齐向前推进，以便提高混凝土的泵送效果，确保上、下层混凝土结合良好，防止混凝土浇筑时出现冷缝。

浇筑方法采用"斜向分层，薄层浇筑，循序退浇，一次到底"的连续施工方法。为了保证每一处的混凝土在初凝前就被上一层新的混凝土覆盖，采用斜面分层式浇捣方法，混凝土一次自然流淌，坡度约为1：10。分层浇捣使新混凝土沿斜坡一次到底，使混凝土充分散热，从而减少混凝土的热量，混凝土振捣后产生的泌水沿斜坡排走，保证了混凝土的质量。

3.4.6 初期收缩裂缝的处理

混凝土在浇筑初期，由于内部大量水分散发，混凝土会产生初期的收缩裂缝，在混凝土接近初凝时，项目部采用磨光机对混凝土表面进行磨压，然后再用扫把将表面拉毛，封闭混凝土的早期裂缝，防止混凝土表面出现收缩裂缝。

3.5 混凝土的养护和测温

3.5.1 养护

在混凝土浇筑过程中，已经浇筑到设计标高的地方，抹平后立即用塑料薄膜覆盖，并在塑料薄膜上加盖两层干麻袋，最上面再覆盖一层塑料薄膜。

覆盖塑料薄膜后，减小了混凝土中水分的散失，蒸发的水分大部分凝结在薄膜表面，重新用于混凝土的养护。覆盖干麻袋的作用是减小混凝土表面热量的散失，提高混凝土表面的温度，从而减小混凝土水化放热过程中混凝土中心与表面的温差。

在底板上的薄膜和麻袋全部铺设到位后，再在麻袋上面铺设一层大面积的塑料薄膜。此层塑料薄膜的作用主要是加强保温层的不透风性能，即防止雨水突然降临急剧降低混凝土表面的温度，使保温层的保温性能得到保障。

本底板的后浇带部位混凝土厚度为800mm，也是一个放热口，为防止散热过快，也需进行保温处理。本工程后浇带用水灌满起到保温保湿的效果。

混凝土中心最大温度与大气温度之差大于25℃时，不得移开保温层。

3.5.2 测温

（1）混凝土的内部最高温度计算

按照《建筑施工手册》（第四版）推荐的公式，可以计算在绝热情况下，混凝土的内部最高温度将出现在第9d左右，最高温度约为84℃（计算过程略）。

（2）测温点布置

测温点在平面上应能反映不同浇筑时间、不同厚度的混凝土内部温度情况，因此，按照浇筑速度（分3d浇筑完成）和底板厚度情况，在现场布置了11个测温点，布置情况如图8所示。

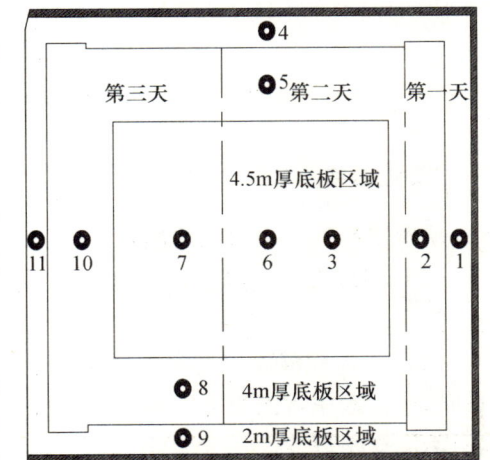

图8 测温点布置

对于每个测温点,应根据底板厚度确定每个点位在竖向需布置的测温点数量,以便尽可能准确地掌握混凝土的内部温度情况,竖向测温点的布置情况如下(从混凝土表面开始计算):

2m厚底板的测温点,测量0.2m、1m、1.8m深处温度。

4m厚底板的测温点,测量0.2m、1.4m、2.6m、3.8m深处温度。

4.5m厚底板的测温点,测量0.2m、1.6m、3.0m、4.3m深处温度。

对于每一个平面测温点,根据上述竖向测温点的数量,在混凝土浇筑前埋设不同数量的钢管,以实现各种深度单独测温,互不影响。如平面上6号测温点板厚度为4.5m,在竖向有4个测温点,则需在6号点埋设4根不同长度的钢管。

测温管选用直径$\phi 48 \times 3.5mm$的钢管,钢管上端高出大底板混凝土表面标高300mm,下端伸到测温点的位置,上、下端均需用胶布封好,防止混凝土进入堵塞钢管。测温钢管采用短钢筋固定在底板的型钢支架上。

3.5.3 测温结果

深圳京基金融中心主楼大底板测温工作共进行52d,测量情况如见表6。

表6 测温结果

测温点号	1	2	3	4	5	6	7	8	9	10	11
底板厚度(mm)	2000	4000	4500	2000	4000	4500	4500	4000	2000	4000	2000
最高温度(℃)	68	72	74	69	73	72	75	73	67	76	66
峰值温度时间(h)	44	50	44	56	54	34	40	44	40	24	32
峰值温度深度(mm)	1000	1400	1600	1000	1400	1600	1600	1400	1000	2600	1000

为直观起见,我们绘出了4500厚底板(7号点)的温度变化曲线,如图9所示。

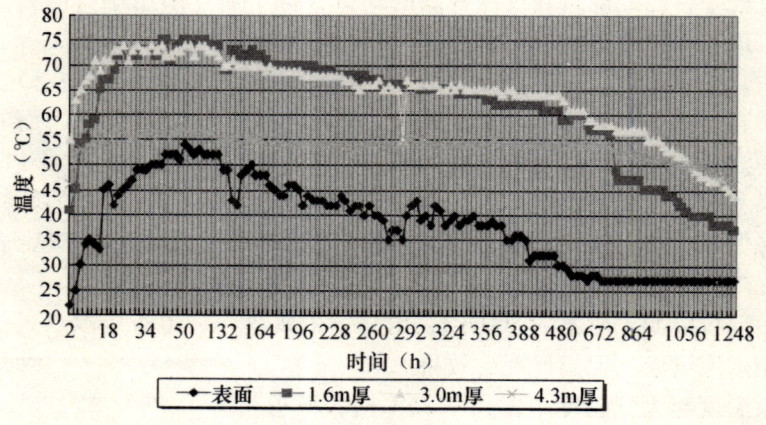

图9 4500厚底板(7号点)的温度变化曲线

3.6 工程总结

从本工程施工中可以看出:

(1)超厚大底板施工中,由于上层钢筋质量大且位置高,应该对钢筋支架进行专项设计,以保证施工安全。

(2)大体积混凝土的配合比优化是关键,选用混凝土的90d强度作为评定标准,增加粉煤灰和矿粉的掺量,选用含泥量低的粗、细骨料,有助于降低混凝土中心温度,减少混凝土自身收缩,可以有效防治混凝土裂缝。

(3)大体积混凝土一次浇筑工程量大,为避免施工中出现冷缝,在浇筑前应做好混凝土供应、劳动力、浇筑设备、浇筑工艺、保温测温等方面的充分准备,确保混凝土一次浇筑成功。

（4）采用表面压光后立即覆盖，无需浇水，加以科学合理的测温，可以随时掌握混凝土内部温度的变化情况，可以有效控制混凝土的内、外温差和降温速度，避免在大体积混凝土中产生温度裂缝。

4 核心筒劲性剪力墙混凝土施工

4.1 工程概况

本工程 A 座主塔楼由钢筋混凝土核心筒和钢结构外框钢管柱组成，核心筒墙体及外框钢柱均使用 C60~C80 的高性能混凝土，墙体厚度最薄为 300mm，最厚为 1900mm。

4.2 混凝土的泵送性能要求

本工程混凝土强度要求高，泵送高度大，根据我公司在广州西塔的施工经验及国内外其他超高层建筑的泵送施工经验，项目确定了以下高性能混凝土的质量控制指标：

（1）坍落度：220~260mm；
（2）扩展度：650±50mm；
（3）拌合物温度：小于等于 32℃；
（4）倒筒时间：小于等于 8s；
（5）混凝土出机最大等待时间：2h，即混凝土出搅拌机后，超过 2h 不得在现场使用；
（6）外观性能：观察有无分层、离析。

4.3 核心筒墙柱混凝土浇筑

4.3.1 严格控制进场混凝土质量

对包含剪力墙混凝土在内的所有高性能混凝土，为确保其质量符合设计及现场泵送要求，项目部要求每车混凝土在卸料前均要经过项目部的检验，合格后方能使用，检验的项目包含上述坍落度、扩展度、倒筒时间、温度等指标。为保证试验的公正性，项目部要求混凝土供应单位派一名试验员到工地，与项目部试验员一起进行进场混凝土的检验。

4.3.2 核心筒墙柱混凝土表面浮浆的处理

核心筒采用的是 C60~C80 混凝土，具有很好的和易性，墙柱表面浮浆薄，强度较高，混凝土表面钢骨柱及钢筋较多，剔凿很困难。因此，项目部对混凝土表面浮浆进行了强度试验，结果表面浮浆强度能满足设计的强度要求，因而考虑不必对墙柱表面浮浆进行剔凿。但为了加强混凝土接缝部位的抗剪强度，施工中采用钢筋弯头在混凝土初凝前在上表面划网格状的锚沟 10mm，网格间距保持与钢筋间距相等，一般为 150mm。

做法如图 10 所示。

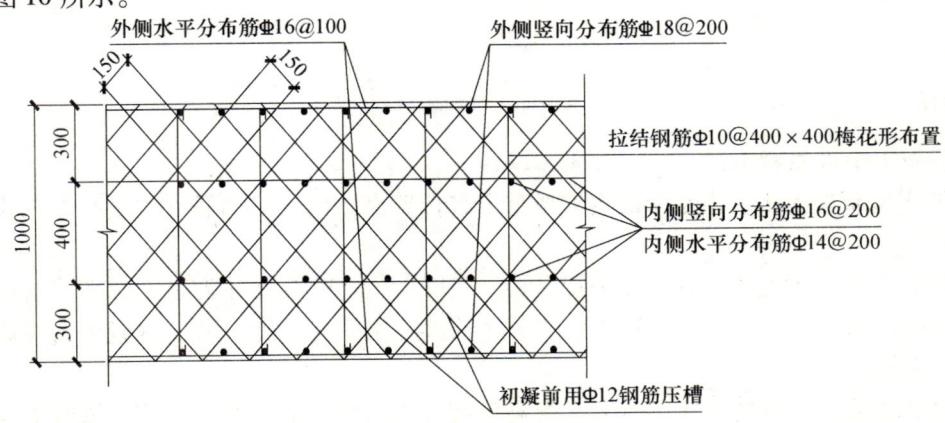

图 10 剪力墙表面压槽做法

4.3.3 混凝土墙柱的养护

混凝土在高空浇筑后，一般在 24h 后脱模，并采用淋水养护，在 3d 后顶模，混凝土暴露于空气中，由于本工程为超高层建筑，高空空气流动速度快，混凝土表面水分散发极快，容易导致混凝土表面产生早期的收缩裂缝，因而项目部组织了一次专家论证，邀请了冯乃谦、西林新臧、大城武等专家设计如何加强混凝土墙柱的养护，最后决定在钢模板下部悬挂∟50×5 角钢，角钢下部悬挂防火地毯，高度为一个楼层高，平时在地毯内浇水以保证混凝土墙体始终处于封闭潮湿状态。地毯主要起到防风、夏天保湿、冬天保温的作用。

5 钢管混凝土施工

5.1 钢管柱混凝土施工

5.1.1 钢管混凝土柱设计情况

本工程 A 栋地下室外框钢柱最大截面为 2.7m×3.9m 箱形钢管柱，钢管柱内每边均设计有竖向钢板，楼层中部设计有水平横隔板，楼层处设计有两道水平横隔板，同时钢柱内从内向外设有三层柱钢筋，具体为：中心部分为钢管主内芯柱，主要为圆形或椭圆形，对于截面尺寸较大的钢管柱其芯柱为两个圆形的芯柱；其次是紧邻楼层的水平横隔板内边设计有一道柱钢筋；同时水平横隔板中部设计有一道穿越该板的柱钢筋。柱钢筋均为Φ40，并采用直螺纹套筒连接。钢管柱内混凝土为 C60~C80。具体做法见图 11。

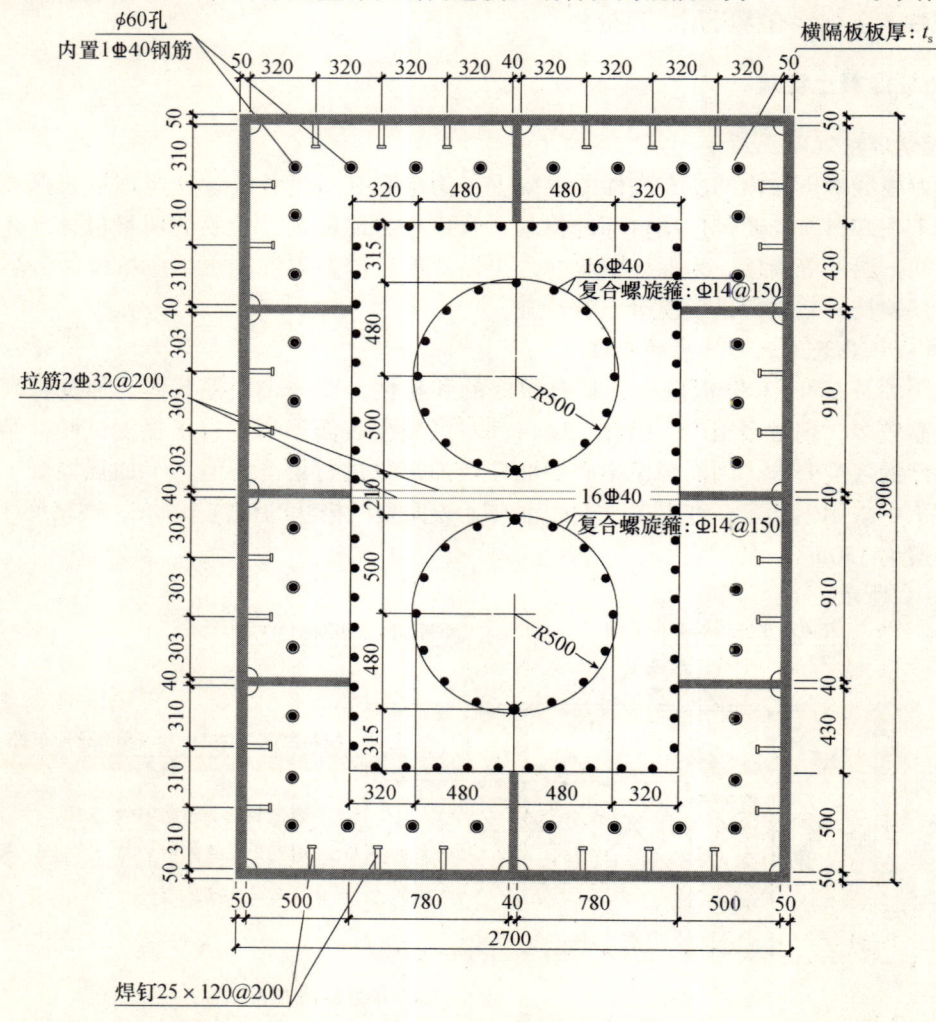

图 11　外框钢柱设计大样

5.1.2 混凝土残余应力的控制

由于钢管截面为矩形，混凝土浇筑后会在钢板中产生较大的侧压力，因此，设计单位要求控制混凝土的浇筑残余应力不超过钢板强度的20%，项目用ANSYS软件计算，当浇筑高度为8m时，可以满足上述要求。为配合钢结构施工及保证合理的混凝土浇筑速度，项目部决定每次浇筑按三层考虑，总高约为12.6m，一段混凝土需分次两轮浇筑，每轮不超过8m，当第一轮的混凝土初凝并失去流动性后，再浇筑剩余部分的混凝土。二轮浇筑间隔时间放在混凝土终凝时间后，一般为10~12h。

5.1.3 自密实混凝土的应用

由于钢管的横隔板宽度最大为500mm，很难用振动棒保证所有部位的混凝土均处于密实状态，所以项目决定采用自密实混凝土，以保证非振动部位的混凝土密实度满足设计要求。对于可以振动的部位，考虑采用振动棒辅助振捣，由于一次性浇筑12.6m左右，普通振动棒振动长度达不到要求。因此采用自带电机的高频振动器振捣。为加强振捣效果，本项目采用德国威克IREN65型高频振动棒的振捣，该振动棒振捣力量大，棒体长度可自由调节。

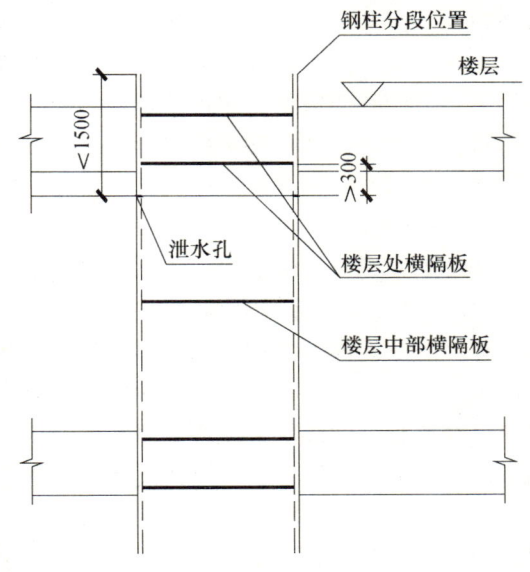

图12 泄水孔位置示意图

5.1.4 混凝土竖向施工缝位置

由于本工程钢柱内有多块横向隔板及纵向加强板，因此，混凝土竖向施工缝的位置必须考虑方便钢结构的施工。经过分析讨论，我们决定将混凝土施工缝位置设置在每层钢柱分段焊接口的1100~1500mm之间，以便于钢柱内部竖向隔板接缝部位的焊接。同时，为避免混凝土施工缝部位离横隔板太近，影响二次浇筑的横隔板下部的混凝土的质量，我们决定将混凝土施工缝设置在离横隔板300mm以上的地方。具体做法如图12所示。

由于钢管柱截面的特性，经过综合分析比较及借鉴了国内其他单位的施工经验，钢管混凝土表面的养护方式最好是采用蓄水养护，蓄水养护必须要解决养护水的排放问题。项目部根据钢柱的特点，决定在混凝土表面位置设置泄水孔，供养护用水的排放。

在混凝土养护过程中用发泡胶将孔封堵，将钢柱内混凝土蓄水养护。待浇筑上一层混凝土前把泄水孔打开，将养护水清理出来。清理完成后重新将泄水孔封堵，避免泄水孔在浇筑过程中会有混凝土浆流出，从而污染钢柱及损坏钢柱表面油漆。泄水也采用DN20圆形孔，一般应开在钢柱靠近核心筒的一侧，以方便泄水孔的打开和封堵。

5.1.5 混凝土施工缝处理

钢管柱内空间狭小，每次混凝土浇筑完成后留设施工缝，采用普通凿毛处理不利于混凝土凿除碎屑清理，且钢管柱内空间狭小不利于操作，因此，本工程钢管柱混凝土浇筑完成初凝前，采用带肋钢筋在混凝土表面压出肋痕，作为前后混凝土接缝处理。具体处理方法同核心筒墙体混凝土表面处理方法一致。

5.1.6 裂缝控制

由于本工程钢柱内的混凝土属于大体积混凝土，为了了解钢管柱内的混凝土凝固过程中混凝土内部温度的变化情况，施工中采取在钢柱内进行测温。测温结果表明，钢管表面无需采取保温措施，也能保证混凝土内、外温差不大于25℃，可以保证混凝土质量。通过对钢柱内混凝土测温观测，以及钢柱内混凝浇筑后所处的环境条件，明确了钢柱混凝土凝固过程中内部温度不会对混凝土质量产生不良影响。

5.1.7 表面净浆强度控制

混凝土浇筑过程中，由于混凝土中砂石自身的重力作用，难免在钢柱内混凝土的完成表面产生一层净浆。为了确认此部分混凝土净浆的抗压强度等级是否符合设计要求。经研究决定，当钢柱内混凝土浇筑完，立即在现场提取钢柱内混凝土完成表面的混凝土做成试验试块。经多次试验证明，本工程钢柱内的每次混凝土浇筑完成表面的净浆混凝土强度满足设计要求，如在32层柱墙头C60混凝土抽取浮浆一组试块的28d抗压强度值分别为92MPa、95.4MPa、87.6MPa。

5.2 钢管柱内混凝土监测控制

5.2.1 监测方法的选择

由于钢管柱混凝土浇筑后无法通过外部观察等措施检测其质量，因此，混凝土内部质量好坏应通过必要的监测来控制。混凝土的强度可通过预留的混凝土试块来控制，但混凝土的裂缝却难以用超声波检测方法来检测，主要原因是钢管柱内纵横向隔板及钢筋多，超声波通过钢材后不易分析其界面质量；另一方面的原因是，超声波检测需要在钢管柱中预埋超声波套管，且应在混凝土浇筑后28d后方可检测，这样必然会对项目的工期造成较大的影响。因此，我们选择了非超声波检测方法——压电陶瓷检测方法。

5.2.2 监测原理

压电陶瓷具有压电效应。当压电陶瓷沿一定方向伸长或压缩时，在其表面上会产生电荷（束缚电荷），这种效应称为压电效应。基于压电材料检测原理，通过信号源产生一定频率和幅值的信号来激励埋设在混凝土内部一定位置的封装好的压电陶瓷智能骨料以及钢柱外表面一定位置的压电陶瓷片，通过压电陶瓷的反压电效应在结构构件中产生应力波，应力波将在结构混凝土内部以及各界面传播，通过埋设在混凝土内部一定位置的封装好的压电陶瓷智能骨料以及钢柱外表面一定位置的压电陶瓷片来测量该位置的应力波，由于应力波在混凝土中传播时，如果存在微裂缝、混凝土的非密实区域、空洞或者界面剥离等缺陷时，会造成应力波能量传播的损失，通过分析该应力波的特性变化，可以实现对混凝土质量的监测、混凝土性能随时间的变化情况以及混凝土与钢柱粘结界面的长期监测。

5.2.3 监测的内容及监测时间

监测的内容包括箱型钢柱内部混凝土与钢柱壁的附着与剥离情况，以及混凝土的完整性。用于监测混凝土与钢柱壁的界面结合性能，采用在钢柱外壁的一定位置粘结压电陶瓷传感器接收从设置在钢柱混凝土内智能骨料激励器所发出的应力波的幅值的变化的方式来进行。压电陶瓷经过防水处理后粘结在钢柱外壁成阵列分布。

根据浇筑混凝土时间对箱型混凝土钢柱进行检测，具体时间为：浇筑后7d；浇筑后第28d；浇筑后3个月；浇筑后6个月。

5.2.4 测点位置设置

由于压电陶瓷具有正压电效应和反压电效应，同一个压电陶瓷智能骨料和压电陶瓷片均可以作为激励器和传感器。根据箱型钢柱截面尺寸，在同一截面高度设置6个智能骨料，在柱高范围内共设置3个测量截面，截面间距在1.0~2.0m之间具体调整。同时为了监测混凝土与钢柱界面性能，在钢柱外表面布置压电陶瓷片。

5.2.5 监测结果

项目部委托哈尔滨工业大学深圳研究生院及湖南大学土木工程学院，对本工程15层Z1、18层Z2进行了监测，监测对象为内部混凝土与钢管壁界面情况及混凝土自身缺陷情况。结果如下：

（1）对于界面情况，分别采用内部智能骨料和外部压电陶瓷片作为激励这两种工况，对实测信号运用小波包方法分析，得出各测点在不同监测日期内能量分布情况及其变化趋势。一方面，直接从时程曲线上可以看出，响应幅值略有不同，但未出现明显衰减；另一方面，对实测信号运用小波包方法分析，计算得出各个测点在不同监测日期内能量的RMSE值，该均方根误差未超过15%。根据分析原理，说明各测点接收的能量差异不大，未出现明显的能量损失。综合上述情况，可以判定该监测时间段内内部混凝土与钢管壁之间的粘结性能良好，未出现界面剥离。

(2) 对于内部混凝土自身缺陷的监测，采用内部某一智能骨料作为激励，其他智能骨料接收的工况，计算各个工况下测点能量的 RMSE 值，该值虽有变化，但总体的能量分布及其分布情况未出现大的变化，均保持在 15% 以内。说明各个测点在监测日期内接收的能量趋于稳定，无明显变化，混凝土自身密实性良好。

6 低强度混凝土的超高泵送

6.1 问题的提出

本工程的内筒及外框楼板混凝土强度等级为 C30、C40，混凝土高度超过 200m 后，由于混凝土泵送压力增大，采用普通混凝土就很难泵送了，因此，项目部要求在 200m 以上必须改进混凝土的性能，采用高性能的低强度混凝土进行泵送施工。

6.2 低强度高性混凝土的配制

6.2.1 技术指标要求

项目部要求 200m 以上的混凝土性能应能达到以下性能指标：保证混凝土在 2h 静停后具有 220～260mm 的坍落度，650±50mm 的扩展度，以及 10s 以下的倒筒时间。

6.2.2 实际试配情况

根据上述情况，项目技术人员于 2010 年 6 月 26 日到深圳市安托山混凝土公司查看了其混凝土试配性能，结果表明，混凝土出机时各项指标能满足要求，经 2h 静停后，C40、C30 的扩展度均不足 500mm，第二天（6 月 27 日）安托山公司技术人员自行在试验室重新做了试配，试配结果表明，C30 的 2h 静停扩展度指标仍然达不到设计要求的 600mm 以上。

项目技术人员于 2010 年 6 月 1 日到深圳利建混凝土公司查看了配合比情况，当时配制的混凝土在 1.5h 后基本接近于设计的性能指标要求，但也有一点差距。为慎重起见，项目部与利建公司协商，要求于 2010 年 6 月 29 日上午再次到利建公司试配，试配结果表明，混凝土在初出机时能保证各项技术指标，但经 2h 静停后，C40 的各项指标基本能满足规定要求（坍落度只有 200mm，略小），C30 的扩展度仍偏小（只有 460mm×470mm），尚需做一定微调。

各次试配的混凝土性能如表 7 所示。

表 7 试配的混凝土性能

公司名称	试验日期	混凝土强度等级	初出机坍落度（mm）	2h 坍落度（mm）	初出机扩展度（mm）	2h 扩展度（mm）	备注
深圳市安托山混凝土公司	10-6-26	C30	220	210	640×670	480×490	
	10-6-26	C40	225	210	640×650	420×430	
	10-6-27	C30	225	200	570	430	未见证
	10-6-27	C30	225	215	650	540	未见证
	10-6-27	C40	235	240	650	610	未见证
深圳市利建混凝土公司	10-6-1	C30	220	225	540×560	600×600	
	10-6-1	C40	245	215	560×560	590×610	
	10-6-29	C30	225	210	640×630	460×470	
	10-6-29	C40	245	200	600×630	620×630	

6.2.3 性能总结

总体来说，由于低强度混凝土水泥用量较少，混凝土的倒筒时间一般均在 5s 以下，易于达到要求。但要求 C30、C40 混凝土的 2h 坍落度、扩展度达到项目部的性能要求有较大难度，特别是 C30 的混凝土难度更大，两家混凝土公司均做了很大努力，其混凝土性能基本能满足设计要求，但都还有不完善之处，主要体现在混凝土静停2h的扩展度偏小，还需要进一步改进。目前看来，上述两家公司试配的混凝土基本能保证近期的泵送，但远期的泵送仍需考虑做进一步优化，以保证顺利的泵送。

6.3 外框混凝土楼板施工

6.3.1 控制板面混凝土堆料高度

混凝土泵管采用矩形接管方式布置，立管采用主楼核心筒提前设置好的竖向立管，在立管的中部取下一段，接上90°弯头，再接水平管，浇筑完成后，取下弯头，补上原立管，又可供上部核心筒混凝土浇筑使用。由于模板系统采用压型钢板或钢筋桁架楼承板，其承载能力有限，变形太大会影响结构美观及增加混凝土浇筑用量，因此，必须注意混凝土在楼板上堆积高度不要超过300mm。

6.3.2 早期收缩裂缝处理及养护

由于混凝土坍落度较大，用水量较大，可能在早期产生收缩裂缝。因此，在混凝土初凝后终凝前需用磨光机将混凝土表面磨光，以消除混凝土的早期裂缝，且增强混凝土表面的密实度。由于上部没有后续工作，混凝土终凝后，及时在板面浇水，并覆盖塑料薄膜，蓄水养护7d以上。事实证明，上述表面磨光及蓄水养护的方式对于控制楼板的裂缝非常有效。

7 混凝土的超高泵送

7.1 泵送情况概述

深圳京基金融中心主要为框筒结构，其中核心筒在76层以上变化比较大。外框主要为箱型钢管混凝土柱与型钢梁组成的钢结构，由于外框钢柱内设计有高性能混凝土。混凝土浇筑最大高度达421.98m，混凝土强度等级主要为C30、C40、C60、C70、C80等，具体情况见本文4.1条所述。由于混凝土强度高，泵送高度超过400m，因而具有较大的施工难度，为了保证混凝土的施工质量和工程的施工进度要求，结合公司在西塔的施工经验，我们组织相关专家进行了论证，决定采用一泵到顶的施工方案。

7.2 输送泵的选择

7.2.1 泵送压力计算公式

超高压输送泵的选择主要根据泵送的最大高度决定，由于混凝土在输送过程中产生的压力主要来自混凝土自身的重力和沿程混凝土与管道之间的摩擦力，同时混凝土自身的级配和粘度因素，以及混凝土移动的速度因素所产生的压力也必须综合考虑。因此，除了根据JGJ/T 10—95《混凝土泵送施工技术规程》推荐的计算方法，选择较高压力损失计算的S. Morinaga公式计算外，90°垂直弯管半径1m应折合成14m水平管：

$$\Delta P_H = \frac{2}{r}\left[K_1 + K_2\left(1 + \frac{t_2}{t_1}\right)V\right]\alpha \quad \cdots\cdots\text{S. Morinaga 公式}$$

以上公式只能进行前期的粗略的计算，施工中还应根据具体工程所使用的本地区混凝土浇筑过程所收集的实际数据进行具体的测算，以确保理论与实际更趋接近。

7.2.2 项目压力计算

现以京基混凝土最高泵送高度421.98m计算作比较：

（1）根据技术规程计算

经济计算每米混凝土沿程损失为：0.015 - 0.052MPa/m，这其中垂直泵管按照其4倍进行计算。已知：垂直高度421.98(m) × 4 × 0.015 = 25.32MPa，预计：水平管道（178 + 123.6 + 70.25 + 45.655）× 0.015 = 6.26MPa，空机压力：3MPa。

因此，混凝土泵的出口压力

$$P > 25.32 + 6.26 + 3 = 34.58 \text{MPa}$$

（2）根据现场实际测量数据计算

经测定泵管的垂直沿程压力损失为：0.052MPa/m；

水平管沿程压力损失值为：0.027MPa/m；

泵管的垂直高度压力损失为：421.98 × 0.052 = 21.94MPa；

水平管的压力损失为：(178 + 123.6 + 70.25 + 45.655) × 0.027 = 11.27MPa；

总的压力损失为：21.94 + 11.27 = 33.21MPa。

根据以上两种混凝土的压力损失计算来看，后期的实际测量结果与理论实际相差较小，经过第二种情况的测算说明施工中根据第一种情况选择输送泵可满足工程的实际需要。

7.2.3 泵机的选用

京基金融中心项目选用湖南中联重科生产的 HBT90.40.572RS 超高压混凝土泵（图13），其液压系统最大压力32MPa，混凝土出口压力可达40MPa，理论泵送高度为800m，完全可以满足本工程的泵送要求。

图13 中联重科 HBT90.40.572RS 型超高压输送泵

7.3 超高压泵管的选择

7.3.1 泵管的规格

由于超高层建筑一般均使用高性能混凝土，其粘度非常大，泵送压力很大。混凝土输送管宜采用 $45Mn_2$ 钢，调质后内表面高频淬火，硬度可达 HRC45～55，寿命比普通管可提高 3～5 倍。随着楼层升高，管径及壁厚均作相应的调整。由于混凝土弯管处一般承受的压力和管壁摩擦力均较大。因此，弯管宜采用耐磨铸钢，厚度不小于12mm。本工程管径使用情况如表8所示。

表8 工程中管径的使用情况

序号	楼层位置	高度（m）	管规格	备注
1	5层以下	23.90	$\phi 152 \times 12$	
2	5～73层	315.90	$\phi 146 \times 10$	—
3	73～98层	421.98	$\phi 140 \times 7$	

7.3.2 泵管接头形式（图14）

超高压和高压耐磨管道密封，采用密封性能可靠的O形圈端面密封形式，可耐100MPa的高压。普通耐磨管道的密封采用外箍式，装拆方便。

7.3.3 截止阀的应用

（1）水平截止阀主要用于泵机出现故障时的修理和泵管的清洗工作。因此，水平截止阀一般设置在离泵机10m左右即可。当泵机如眼镜片、切割环等突然损坏时，可使用水平截止阀阻止混凝土泵管立管内的混凝土回流，造成混凝土材料的浪费和影响输送泵的维修时间。

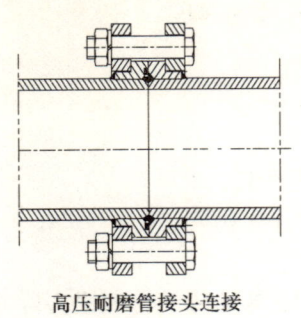
高压耐磨管接头连接

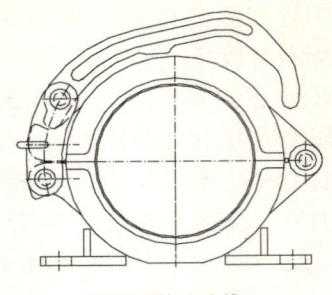
普通管接头连接

图 14 泵管接头形式

（2）本工程在五层楼板上安装了一个竖向截止阀，主要作用是90°向上的弯头堵管或爆管时，能关闭此截止阀，进行弯头的修理，避免上部立管内的混凝土回流造成浪费。

7.4 超高压输送系统的布置

7.4.1 管路布置基本要求

为了不影响超高层混凝土浇筑的连续供应，超高压输送管一般至少应布置两路，输送泵两台，另外还需备用一台输送泵，以免影响混凝土的连续施工。混凝土布管应注意以下问题：

（1）超高压输送泵管应尽量避开人流量比较大的地方；
（2）第一水平弯管距离输送泵最短应不小于3m；
（3）水平管应采用埋设于水泥墩上的管夹将其固定；
（4）距离输送泵10m左右应设置一个水平截止阀；
（5）竖向管道应在第一次穿越楼层处设置一个截止阀；
（6）竖向管道应每隔4~5m设置一个固定管夹；
（7）水平管的长度应不低于泵送高度的15%，包括弯管折算长度；
（8）水平管两边应设置安全防护设置。

7.4.2 立管固定措施

为使泵管在竖向有可靠的固定措施，结合本工程框筒结构体系，且采用顶模系统施工，必须要先施工核心筒混凝土墙体结构才能施工水平楼板的特点，我们将混凝土泵管附着在核心筒的连梁上，在顶模的吊架内，则依靠顶模系统的钢平台来承受上部管道的重量。如果采用在楼板上固定，由于核心筒内楼板滞后墙体6层左右，需要采取措施将滞后部位管道接上，且水平结构的楼板施工太慢就会影响核心筒墙体的施工，因此，在楼板上的泵管固定措施是不好的。泵管的固定措施如图15所示。

由于混凝土立管需穿越顶模系统的吊架上升到顶模平台上，因此，立管的平面位置考虑时，应注意避开顶模的桁架梁、吊架立杆等主要受力构件。

图 15 竖向泵管与连梁固定

7.4.3 立管长度的配制和调整

为了保证施工过程中布管工作顺利进行，项目部要求本工程混凝土泵送设备供应单位设计了整个管路系统，该单位根据项目部的泵管平面位置图及每层施工高度要求，设计了管路配置要求，并按该设计文件定制了符合本工程生产要求的不同长度的泵管。每层顶升时，按设计管长增加一段立管即可。

由于本工程布料机及其辅助管固定在顶模钢平台上，每次顶升时，只需将顶模挂架内的一段立管松开，顶升到位后加上实际顶升的管长即可。由于现场施工情况变化较多，顶模受伸臂桁架钢骨影响等原因，实际的顶升步距与最初设计时的顶升高度可能不同，顶升过程中可能也存在一些高度的微调，在这种情况下，泵机生产单位专门生产了不同厚度的橡胶垫圈（厚度分别为5mm、10mm、15mm、

20mm、50mm等）及加长的连接螺栓，采用这些垫圈及部分短尺寸钢管（长度分别为100mm、200mm、500mm、1000mm等），就可以调节任何尺寸的管长了。

7.4.4 弯管设置

由于京基项目泵管高度超过400m，混凝土自身压力大，因此，布管时考虑在中部42~45层增加一道弯管，以缓解泵管内混凝土的下行压力，减轻对泵机的泵送负担，如图16所示。

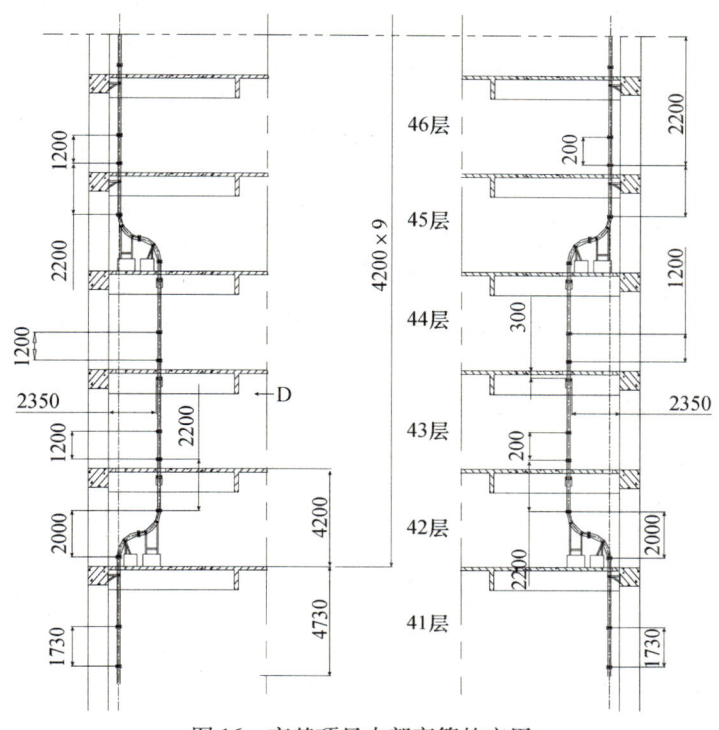

图16 京基项目中部弯管的应用

7.4.5 布料机的设置

京基项目采用的是具有很大强度和刚度的顶模系统，顶模钢平台设计时将布料机的荷载一起考虑，并确定了其位置，因此，布料机可直接固定在顶模钢平台上，这样做，一方面可以大大减轻塔吊的垂直运输负担，另一方面可以大大减少布料机的安拆次数。

京基项目选用中联重科与泵机配套的HG19Y固定式塔式布料机，最大布料半径为18.58m，能360°回转。该布料机在顶模平台上的位置如图17所示。

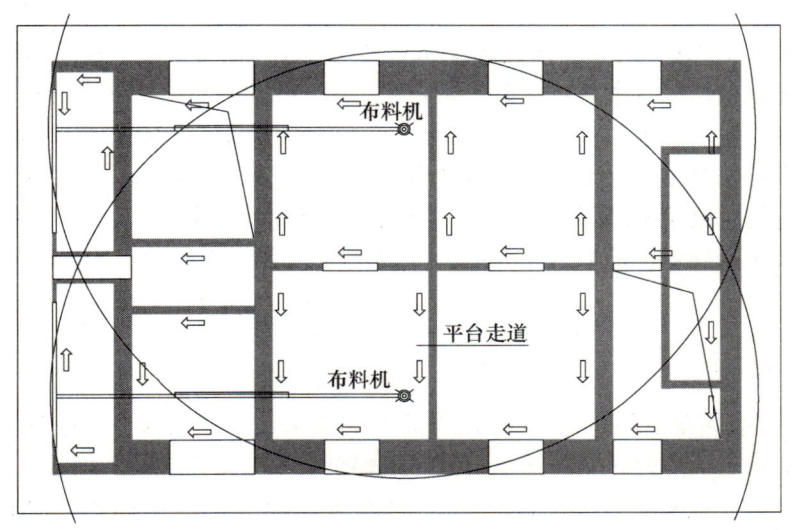

图17 京基项目核心筒布料机位置图

由于外框钢管柱混凝土提前于楼层板施工，外框钢梁紧随钢管柱施工。因此，布料机固定于外框钢梁上，其位置如图18所示。

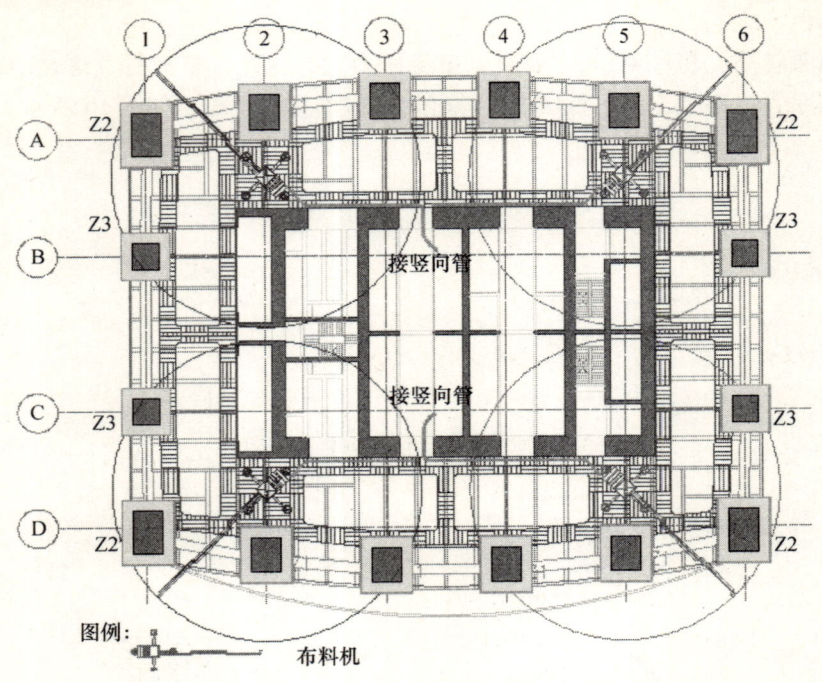

图18 外框钢管柱混凝土施工布料机布置示意图

7.5 混凝土泵送施工

（1）泵水：根据管路长短，首先泵一至两料斗清水以润湿管路、料斗、混凝土缸。泵水首先泵入废浆箱，随后用塔吊吊回地面。

（2）泵砂浆：在泵机出口处管路中放入一只海绵球，将砂浆倒入料斗，管路长度小于150m时，用1:2水泥砂浆（1份水泥，2份黄砂，体积比），管路长度大于150m时，采用1:1水泥砂浆。砂浆必须充分搅拌，砂浆用量每200m管路约0.5m³。

（3）泵送混凝土料：在料斗内，砂浆余料还处在搅拌轴以上时，加入混凝土料，开始正常泵送。

7.6 管路清洗

当管路中残留混凝土能都用于施工现场时，停止供料。ϕ125输送管混凝土残留量约为12.3L/m。泵送即将结束，将靠近泵机的水平截止阀关上，防止上部的混凝土回流，然后打开最靠近泵机的检修口，塞入一个海绵球，然后加入2~4个湿的塑料袋（主要起增强泵管的密封性的效果），封闭检修口，反泵将料斗部位管内的混凝土清洗干净，然后开启泵机泵水，将海绵球及其后面的水泥纸袋一起向前推进，直至最终将管内混凝土全部泵出，此时管道内仅剩下清水，管道也干净了。残留的混凝土应投入废浆箱内，并用塔吊吊回地面。泵送结束后，任何情况下都应将混凝土缸、S阀、料斗、输送管清洗干净。

7.7 泵送系统的正常保证

（1）HBT90CH超高压泵采用两台柴油机分别驱动两套泵组。应用双动力功率合流技术，平时两套泵组同时工作，当一组出故障时可切断该组，另一组仍维持50%的排量继续工作，避免施工过程中断造成损失，既可同时工作以提高工作效率，也可单独作业，即使1台发生故障仍有备用发动机继续工作，大大提高了施工过程的可靠性。

(2) 由于泵送最大高度达 421.98m，管道内的混凝土对混凝土活塞反压极大，针对这一关键工况特点，采用特制高压混凝土活塞。

(3) 采用 ϕ125A 壁厚为 9 或 12mm，$45Mn_2$ 合金钢特制耐磨超高压管道，经特殊淬火处理，保障了管道的抗爆能力和耐磨损寿命。

(4) 布管应根据混凝土的浇筑方案设置并少用弯管和软管，尽可能缩短管线长度。本工程管道沿楼地面或墙面铺设，为了减少管道内混凝土反压力，在泵的出口可布置 75～110m 的水平管及若干弯管。

(5) 堵管预防和应急措施：超高层建筑泵送时，容易反泵，不容易发生堵管。若发生堵管，其部位一般出现在水平段弯管或锥管处，特别是水平段与垂直管相接的弯管处。堵管的处理方法，先进行反泵疏通，其他人员对堵管部位用棰敲打。若排除堵管无效，可先将液压闸阀关闭，待泄压后，清除堵管中的混凝土，接好管道，开启液压闸阀再继续泵送。

(6) 爆管预防和应急措施：爆管一般出现在泵机出口端附近的管道，特别是水平段与垂直管相接的弯管处。处理方法：关闭垂直管与水平管处的液压闸阀并更换管道。预防措施：定期用红外线测厚仪检测水平段与垂直初始段输送管的厚度，厚度小于 4mm 则更换。

参考文献

[1] 王铁梦著. 工程结构裂缝控制 [M]. 北京：中国建筑工业出版社，1997.
[2] 中国冶金建设协会. GB 50496—2009. 大体积混凝土施工规范 [S]. 北京：中国计划出版社，2009.
[3] 建筑施工手册编写组. 建筑施工手册（第四版）[M]. 北京：中国建筑工业出版社，2003.
[4] 混凝土泵说明书. 中联重科.

高强自密实混凝土的试验研究与工程应用

刘利忠　刘明耀　李华军

深圳市利建混凝土有限公司，深圳，518000

【摘　要】 结合工程实际应用对高强自密实混凝土进行了系统的试验研究，并成功地为深圳市蔡屋围京基金融中心工程提供了C60、C80两种级别的高强自密实混凝土。

【关键词】　高强；泵送；自密实；应用

Research and Engineering Application of High Strength Self-compacting Concrete

Liu Lizhong　Liu Mingyao　Li Huajun

Shenzhen Lijian concrete Co., Ltd., Shenzhen, 518000, China

【Abstract】 Combining with the engineering application, the test has been operated on high strength self-compacting concrete. And it's successful for providing C60/C80 grade of high strength self-compacting concrete for the project of Shenzhen Caiwuwei Kingkey Finance Center.

【Key words】　high strength; pumping; self-compacting; application

1　前言

随着城市基础设施建设的发展和当今高大、复杂建筑物的需要，高强自密实混凝土在工程上的应用会越来越多。高强自密实混凝土的技术难点是要使高强混凝土同时具有良好的自密实性能。深圳京基金融中心广场是市重点工程，作为京基金融中心广场核心的蔡屋围金融中心将高达 441.8m，这对混凝土的泵送性能也提出很高的要求。

针对高强自密实混凝土的技术难点和泵送高程的要求，采取三掺粉煤灰、矿粉和聚羧酸外加剂的技术措施进行 C60、C80 两个强度级别的自密实混凝土配合比设计，经过系统试验，开发出高流动性、高抗离析性和高填充性的 C60、C80 自密实混凝土，并成功地应用于深圳蔡屋围金融中心工程中，取得了令人满意的效果。

2　原材料选择

（1）水泥：高强自密实混凝土要求所用水泥质量稳定、安定性优良、凝结时间和各龄期强度发展正常，与外加剂的适应性良好，所拌制的混凝土坍落度损失小，流动性、粘聚性和保水性良好。按照这个要求，同时考虑到水泥的市场供应情况，选定广州粤秀水泥厂生产的粤秀牌 P·Ⅱ42.5R 硅酸盐水泥和海星小野田 P·O42.5 硅酸盐水泥，其性能见表1。

表1　水泥的性能

规格型号	细度 80μm	比表面积 (m²/kg)	凝结时间 (min)		抗压强度 (MPa)		抗折强度 (MPa)		MgO	SO₃	Loss	碱含量	氯离子
			初凝	终凝	3d	28d	3d	28d					
粤秀 P·Ⅱ42.5R	1.9	345	125	163	30.0	59.3	5.5	9.2	1.11	2.70	2.14	0.49	0.016
小野田 P·O42.5	1.0	381	135	200	32.8	63.4	6.6	9.0	1.29	2.78	2.92	0.48	0.020

(2) 砂：对比东江和西江河砂的物理性质，西江河砂卵石含量少、洁净度及质量稳定性更好，细度模数基本稳定在 2.5~2.8 之间，且级配良好，属Ⅱ区中砂，因此，选用西江河砂，性能见表 2。

表 2 骨料性能

骨料	表观密度（kg/m³）	堆积密度（kg/m³）	含泥量	泥块含量	细度模数	针片状	压碎指标
砂	2640	1520	0.1	0	2.7	—	—
碎石	2720	1530	0	0	—	0.3	2.3

(3) 碎石：高强自密实混凝土对碎石质量要求高，必须是质地坚硬、表面粗糙，颗粒最大粒径不大于 20mm，粒形呈圆球形状或正方体形状，级配良好且空隙率小。经对深圳地区所用的碎石供货情况调查和以前配制 C80 混凝土的经验，选用深圳芙蓉石场的 5~10mm 连续粒级碎石和 10~20mm 单粒级碎石，性能见表 3。

碎石的空隙率对高强自密实混凝土的性能影响较大，为了进一步降低碎石的空隙率，采用二档级配碎石配制。

表 3 松散堆积密度和空隙率试验结果

5~10mm 石比例	10~20mm 石比例	松散堆积密度（kg/m³）	空隙率
0%	100%	1503	44.7%
20%	80%	1527	43.9%
30%	70%	1531	43.7%
40%	60%	1529	43.8%
50%	50%	1519	44.2%

从表 1 中的试验数据可知，5~10mm 碎石掺 20%~40% 混合后空隙率均较小且相近。因此，确定二档级配碎石的搭配比例为 5~10mm 石 : 10~20mm 石 = 20:80。

(4) 外加剂：C60、C80 级混凝土要求超大流动度、免振、自密实，施工采用商品泵送混凝土，因此要求混凝土在较长的时间内仍具有良好的泵送性能和自密实性能。经对比选用南海巴斯夫聚羧酸 KJ-JS 外加剂，性能指标见表 4。

表 4 外加剂的检测结果

减水率（%）	泌水率（%）	含气量（%）	凝结时间（min）	抗压强度比（%）			28d 收缩比	氯离子	甲醛含量	砂浆减水率	含固量	总碱含量
				3d	7d	28d						
34.1	0	4.3	+145	196	175	163	90	0.01	0.004	25.5	23.37	8.22

(5) 粉煤灰：优质粉煤灰具有"活性效应"、"界面效应"、"微填充效应"和"减水效应"，可有效改善自密实混凝土的自密实性能和混凝土硬化后的强度。经对比选用东莞虎门沙角电厂的 F 类 Ⅰ 级粉煤灰，性能见表 5。

表 5 粉煤灰性能

细度（45μm）	需水比	烧失量	三氧化硫
7.8	92	0.63	0.50

(6) 矿粉：粒化高炉矿渣粉用于改善和保持自密实混凝土的工作性，提高自密实混凝土硬化后的强度。经对比选用柳钢 S95 级矿粉，性能见表 6。

表 6 矿粉性能

密度（g/cm³）	比表面积（m²/kg）	7d 活性	28d 活性	SO₃	Loss	Cl⁻
2.92	434	83.6	115	0.08	0.53	0.006

（7）拌合用水：自来水

3 配合比确定

高强自密实混凝土配合比的设计原则是按自密实混凝土应用技术规程的要求进行的，采用掺入粉煤灰、矿粉和聚羧酸外加剂三掺技术的方法：(1) 依据两种规格石子的级配来确定两种规格混掺时达到的最低空隙率。(2) 确定混凝土中各种胶材在总胶材中的掺加比例，通过水泥净浆流动度测试方法、水泥胶砂强度测试方法，在保证最佳流动度情况下选取高胶砂强度，从而确定各种胶材在总胶材中的几组较佳掺加比例。(3) 以水泥和矿粉作为主胶材，粉煤灰为辅胶材，选取一定的配合比参数：水胶比、砂率、外加剂掺量，经过130多次的配合比试验和复验，确定表7中C60、C80自密实混凝土配合比，满足坍落度240±20mm、坍落扩展度大于600mm、倒置坍落度筒流出时间小于10s的新拌混凝土的性能要求。

表7 配合比

强度等级	配合比材料用量（kg/m³）							巴斯夫外加剂KJ-JS
	自来水	水泥 P·Ⅱ42.5R	粉煤灰 Ⅰ级	矿渣粉 S95	河砂 中砂	碎石 5~10mm	碎石 10~20mm	
C80	146	354	106	130	765	187	748	12.98
C60	155	294	107	134	841	182	730	9.90

表8中的复验结果表明，实现了混凝土拌合物的高流动性、高抗离析性、高间隙通过性和高填充性，硬化后C80免振混凝土抗压强度达到设计强度标准值的115%。硬化后C60免振混凝土抗压强度达到设计强度标准值的130%。这为原材料的组织准备提供了技术支持。

表8 复验混凝土性能

序号	强度等级	坍落度（mm）		倒置坍落度筒流出时间（s）		扩展度（mm）		U型仪填充高度（mm）		免振抗压强度（MPa）		
		出机	2h	出机	2h	出机	2h	出机	2h	3d	7d	28d
1#	C80	260	265	13	9	670×690	660×690	6	25	50.8	75.1	92.1
2#	C60	260	255	7	9	700×670	645×685	11	28	49.3	63.1	81.8
3#	C80	260	245	7	8	650×670	630×650	7	26	46.3	74.0	94.4
4#	C60	265	255	8	8	630×650	650×670	9	24	45.7	61.7	78.1

注：表3中，1#、2#试验用水泥为粤秀牌P·Ⅱ42.5R；3#、4#试验用水泥为小野田牌P·O42.5。

4 生产C60、C80自密实混凝土的技术和设备准备

高强自密实混凝土质量受生产、运输、浇筑、养护、环境等因素影响较大，为确保高强自密实混凝土质量，我们制定了非常严格的质量管理控制措施，必须做好生产前的准备工作，包括原材料的组织准备和先检后用的用前检测、生产前设备（搅拌机、搅拌车）的维修、保养，确保设备完好。生产采用仕高玛3m³双卧轴强制式搅拌机进行搅拌，所有原材料计量都是微机自动控制。搅拌工艺对新拌高强自密实混凝土拌合物工作性影响较大，首次生产前经过多次试验，确定搅拌工艺为：砂、石、水泥、粉煤灰和矿粉计量好后同时投入搅拌机里，干拌30s，外加剂计量好后加入到已计量好的水中，再加到干料中搅拌60s，共搅拌90s。

出料后指定专用搅拌车运输，由试验人员测定混凝土拌合物的坍落度、扩展度、倒置坍落度筒排空时间及U型仪填充高差，并在站内留置出厂试件。搅拌车到现场后，试验人员测定混凝土拌合物的坍落度、扩展度、倒置坍落度筒排空时间，并留置现场试件。

5 高强自密实混凝土的养护

因 C60、C80 高强自密实混凝土直接浇入钢管中，几乎为密封状态，因此，该部分混凝土不需要特殊养护，但外露在表面的混凝土采取蓄水养护，养护 14d。

6 C60、C80 自密实混凝土性能

从 2009 年 11 月 13 日到 2010 年 6 月 25 日共供应 C80 自密实混凝土累计 4836m³，供应 C60 自密实混凝土 22963m³。

通过采用三掺粉煤灰、矿粉和聚羧酸外加剂的技术措施以及生产过程中严格的质量控制措施，保证了蔡屋围金融中心 C60、C80 高强自密实混凝土的质量。依据《预拌混凝土》（GB 14902—2003）标准，我们在生产过程中以每 100m³ 作为一个取样批，检测拌合物工作性，检测结果表明，出厂混凝土拌合物出机工作性能稳定，历时 2h 后工作性能保持良好。出机时即历时 2h 的 C60、C80 高强自密实混凝土拌合物的坍落度为 240±20mm，扩展度为 650~700mm，倒置坍落度筒排空时间为 5~12s，U 型仪填充高度均保持在 320mm 以上。

依据《预拌混凝土》（GB 14902—2003）标准，我们在生产过程中以每 100m³ 作为一个取样批，留置出厂抗压强度试件。截至完稿之日，标养满 28d 龄期的 C60 级试件有 241 组，测得强度最小值为 68.3MPa，强度平均值为 75.9MPa，标准差为 3.87MPa；标养满 28d 龄期的 C80 级试件有 58 组，测得强度最小值为 83.1MPa，强度平均值为 94.3MPa，标准差为 5.02MPa，见表 9。

表 9 C60，C80 强度平均值

	3d	7d	28d	60d	90d
C60	48.6	58.7	75.9	85.4	86.1
C80	61.2	84.2	94.3	99.7	101.2

7 结束语

通过三掺粉煤灰、矿粉和聚羧酸外加剂的技术路线，采用 P·O42.5 和 P·Ⅱ42.5R 两种水泥，掺入掺粉煤灰、矿粉和聚羧酸外加剂，选用粒形好的碎石、普通河砂配制出 C60、C80 高强自密实混凝土。在生产过程中，采取严格的质量管理控制措施，层层把关，全体员工认真负责，精心操作，生产出 C60、C80 高强自密实混凝土，并在蔡屋围金融中心钢管柱工程上成功应用。

大体积混凝土裂缝防治施工技术

李 俊

中建四局有限公司华南分公司,广州,510000

【摘 要】 大体积混凝土具有结构厚、体积大、钢筋密、工程条件复杂和施工技术要求高的特点。在混凝土硬化期间水泥水化过程中所释放的水化热所产生的温度变化和混凝土收缩,以及外界约束条件的共同作用下而产生的温度应力和收缩应力,是导致大体积混凝土结构出现裂缝的主要因素。因此,大体积混凝土施工控制最重要就是如何控制温度变形裂缝的发生和开展。

【关键词】 大体积混凝土;施工技术;配合比;养护

The Construction Technology of Crack Control of Mass Concrete

Li Jun

China Construction Fourth Engineering Division Co., Ltd., Southern Branch, Guangzhou, 510000, China

【Abstract】 The mass concrete has the charicteristics of thick structure, big volume, dense rebars inside, high technical requirement and complex conditions. The main reasons of cracks in massive concrete structure are the temperature change during the hydration process of cement hardening, the shrinkage of concrete, and the temperature stress and shrinking stress which caused by constraint conditions outside. Therefore, the most important construction technology of mass concrete is how to control the occurrence and development of deformations and cracks.

【Key words】 mass concrete; construction technology; mix proportions; maintenance

1 工程概况

广东全球通大厦(新址)工程位于广州市珠江新城 F1-3 地块,占地面积 16640m², 地上 37 层,地下 3 层为地下室,底板为大体积筏板基础,地下室底板标高为 -13.600m,电梯核心筒和楼梯间剪力墙下的大承台外型体积为 38800mm × 14100mm × 2000mm,工程紧临广州市珠江,地下水位较丰富,底板混凝土设计等级为 C30P10,对抗渗要求较高。

本工程大承台的具体尺寸详见图1。

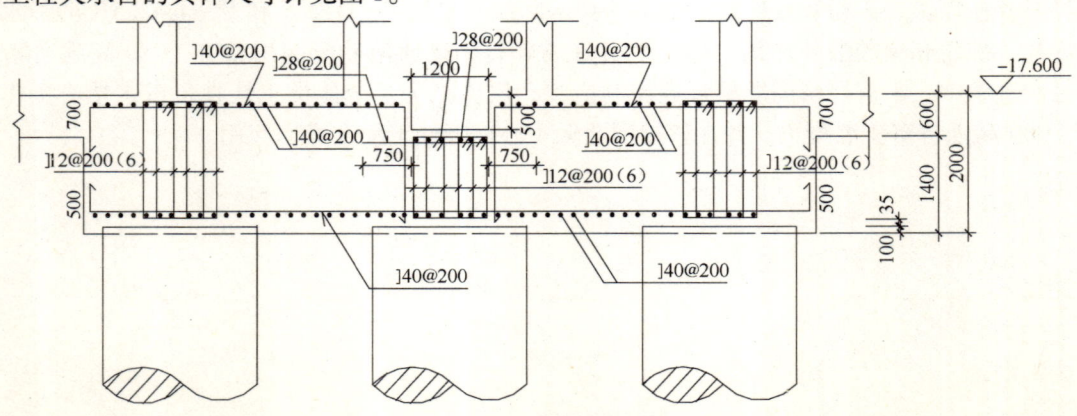

图1 大承台的具体尺寸

2 施工组织

2.1 混凝土浇筑方案

本工程大体积混凝土为核心筒的基础，对质量要求较高，为了防止此大体积混凝土的有害裂缝的发生，同时有效控制表面裂缝的发展，混凝土连续浇筑，一气呵成。施工方法主要采用分层浇筑、分层捣实，但必须保证上、下层混凝土在初凝之前结合好，不致形成施工缝。同时在混凝土内掺加高效抗裂膨胀剂方法，以达到控制内、外温差、减少变形，防止有害裂缝的发生和开展。

2.2 大体积混凝土配合比

选用合理的配合比及其原材料，本工程原材料选材原则如下：

（1）水泥：因广州地区并不常使用低热水泥，不好组织货源，故采用广东清远方英水泥有限公司生产的42.5R普通硅酸盐水泥。因该水泥水化热相对较大，拟采取大量掺加粉煤灰、减少水泥用量之措施来减少水化热的释放，既可满足强度要求，又可降低内部水化热，减小温差应力，避免裂缝产生；

（2）砂石：细骨料采用北江河产的中粗砂，细度为2.7，含泥量0.3%，碎石采用级配良好的16～31.5mm花岗石，产地为增城，含泥量小于0.2%，针片状含量小于5%；

（3）外掺剂：在混凝土中掺入Ⅱ级粉煤灰，细度为18.7%，需水量比为97%。本工程掺入量为水泥用量的25%，掺入粉煤灰可适当减少水泥用量10%，减少混凝土水化热量约10%；

由于粉煤灰中的多数颗粒为表面光滑、致密的玻璃微珠，在新拌混凝土中，粉煤灰玻璃微珠能起到滚珠轴承的作用，因而可以减少拌合物的内摩擦力，起到增大流动性的作用；

（4）膨胀剂：WG-HEA高效抗裂膨胀剂是前期HEA膨胀剂的换代品，它作用更强，具有膨胀与强度发展协调，膨胀后期回落小，膨胀发挥作用快、有效膨胀能高等特点。

在混凝土中掺加膨胀剂WG-HEA高效抗裂膨胀剂，能使混凝土产生适度的微膨胀，能削减混凝土水泥水化时产生的体积收缩，抵消混凝土在收缩过程中产生的全部或大部分拉应力。同时它推迟了混凝土开始收缩的时间，使得混凝土在收缩时的抗拉强度得到较大的增大，而增长后的混凝土抗拉力有利于抵抗收缩应力，增大混凝土的抗裂能力，本工程中WG-HEA高效抗裂膨胀剂的掺量为水泥用量的14%；

（5）减水剂：在混凝土中掺入减水剂，可以在保证混凝土稠度不变的条件下，减少拌合水的用量，降低水灰比，减少水泥浆中毛细管的数量或者降低毛细管液的张力，从而减少混凝土中水分的蒸发，以及混凝土的收缩。同时它能延缓水泥的水化反应，水化热也随之降低，水化温升高峰出现的时间也相应推迟，对混凝土绝热温升有延峰、削峰的作用，从而增加混凝土的抗裂能力。本工程在混凝土中使用了广州西卡建筑材料有限公司生产的Sikament高效减水剂，其掺量为水泥用量的1.4%。

（6）根据计算及多次试配，采用水泥用量为294kg/m³，掺入25.3%的粉煤灰及14.04%的WG-HEA高效抗裂膨胀剂，共计115kg/m³。设计混凝土坍落度为120±30mm。标准状态下混凝土初凝时间大于11h，终凝时间小于14h。本工程C30P10混凝土采用配合比见表1。

表1 C30P10混凝土配合比   kg/m³

材料名称	水泥	砂	石子	掺合料1	掺合料2	外加剂	水	水灰比
品种规格	42.5R	中砂	5～31.5碎石	粉煤灰	WG-HEA	Sikament	饮用	
质量比	1	2.5	3.46	0.25	0.19		0.46	
用量	294	735	1016	74	41	5.73	180	0.44

2.3 施工准备

（1）人员准备：保证施工人数满足工程的使用要求，并对工人进行详细的质量和安全书面技术交底；

（2）施工机具准备：用混凝土输送泵作混凝土运输主要机械，塔吊辅助运输，振捣棒、斗车等；

（3）作业条件：水、电供应正常，各种防护措施到位。

3 大体积混凝土施工

3.1 浇筑方案的选择

由于本工程电梯核心筒和楼梯间剪力墙下的大承台混凝土厚度达2000mm，构件的长度达到38.80m，远远大于厚度的三倍，且所采用的混凝土流动性也较大。鉴于实际施工情况，决定本工程采用斜面分层浇筑方案，斜面分层浇筑示意如图2所示。

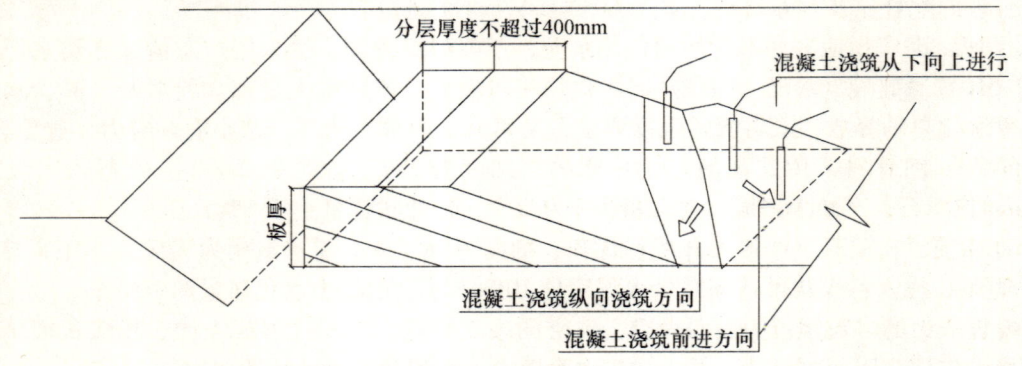

图2 大体积混凝土斜面分层浇筑示意图

3.2 浇筑过程控制

大体积混凝土浇筑前必须针对拟采用的防裂措施和已知的施工条件，对混凝土进行裂缝控制的施工计算，改善混凝土施工操作工艺，改善约束条件，将混凝土的最大温度收缩应力控制在允许范围以内。

在大体积混凝土施工中，考虑到温度应力的影响，并设法减少其、内外温差。温度应力的大小，又涉及结构物的平面尺寸、结构厚度、约束条件、含钢量、混凝土的各种组成材料的特性等多种因素。所以，必须采用温度差和温度应力双控制的方法以确保混凝土的浇筑质量。

在施工过程中应从原材料和施工措施两方面进行控制混凝土的温升，控制混凝土内外温差不超过25℃，避免产生温度裂缝。尤其应集中体现在施工过程的控制上，此工程采用的是表面覆盖麻袋以保持表面温度的下降不要太快。

大体积混凝土浇筑施工保证措施

（1）施工过程控制

为满足混凝土浇筑的连续性，避免出现施工冷缝，必须选择生产量大、质优的商品混凝土生产厂家供应混凝土，我项目部经过认真挑选，最终确定广东水利混凝土公司作为混凝土供应商，混凝土供应量满足施工需求，浇筑时间内，不间断供应混凝土。

加快浇筑速度：混凝土按斜面分层，薄层浇筑，循序渐进，一次到顶的浇筑方法，减小混凝土内、外温差，且不致出现冷缝。

采用二次振捣法振捣，振捣时直上直下，快插慢拔，以提高混凝土密实度和抗拉强度，对大面积的混凝土板面进行浮浆扫除，表面泌水，以提高混凝土强度，并实行二次抹面，减少混凝土表面收缩裂缝。

（2）大体积混凝土的温度控制措施

①必须采取措施控制混凝土出机和入模温度，以降低混凝土的绝对温升值，降低混凝土内外温差。

②控制混凝土的出机温度：混凝土中的砂石等骨料对出机温度影响大，高温时采用冷水淋洒，降低混凝土出机温度。

③控制混凝土入模温度：气温高时，在输送泵管上采取降温措施，以防混凝土入模温度过高，在搅拌筒上搭设遮阳棚，在水平输送管上铺麻袋并淋水降温等。

（3）鉴于大体积混凝土的特殊施工特点，我项目部针对混凝土浇筑过程制定了相关控制测温措施，即在混凝土浇筑后，根据实测温度值和绘制的温度升降曲线，以合理采取养护保温措施，使其降温与收缩得到控制，以达到控制裂缝出现的目的。

①大体积混凝土的温度监测

加强温度监测和管理，将混凝土内外温差控制在25℃以内，并根据测温数据的分析及时加强混凝土保温养护措施，控制混凝土裂缝的产生。

温度监测：材料应采用埋镀锌管（在镀锌管内灌煤油），先在大体积混凝土内埋设镀锌管，用测温计进行大体积混凝土内部测温。根据结构平面的形状及深度布设测温点，布点间距不大于6m，本工程共设了16点，每一个测温点处分为三个或两个不同深度进行测温。即一点处预埋不同深度的测温线，用于底板表面、中、下温度测试。测温由专人进行，并作好测量记录，填写测温报告表并画出混凝土实际降温曲线。

由于大体积混凝土早期升温快，后期降温慢的特性，故采用先频后疏的测温方法，测温从混凝土浇筑后3h开始采样。每1h测温一次，降温结束后以各部位温差均进入安全范围（$\Delta T < 250℃$）时可以撤除保温措施。

②测温数据分析情况

通过对本工程混凝土的监测，本工程的大体积混凝土内温度变化较慢，升温最快为5℃/h，降温更慢，降温最快4~5℃/d。测温结果见表2。

表2 广东全球通大厦（新址）工程混凝土测温结果表

构件特征	混凝土表面温度（℃）	距表面0.8m深处温度（℃）	混凝土内部最高温度（℃）	混凝土内外最大温差（℃）	最高温度持续时间（h）	大气温度（℃）
2000厚承台	30.5~38.5	35.5~43.0	45.5	13.0	8	15~25

从上面的数据可以看出，在混凝土强度等级相近的情况下，本工程使用的水泥用量较低，掺加的粉煤灰用量较高，在费用上更经济。对于降低混凝土水化热、减小混凝土升温速度、降低内外混凝土温差值均有有利作用。

4 混凝土养护措施

4.1 养护及进度的关系

混凝土的保温是确保混凝土不开裂的关键，但保温太长又会影响下一步混凝土结构之施工时间，造成进度上的困难。因此要采取切实可行的保温措施，在确保混凝土不开裂的前提下尽快缩短保温时间，加快后期施工进度。

4.2 保温材料

为减少混凝土内、外温差，必须建立严格的表面保温措施。

（1）本工程大体积混凝土施工正值2006年年底，气温15~25℃，混凝土入模温度为20~25℃，混凝土内部最高温度相对较低，但内、外温差较夏季施工要大很多，故对混凝土的保温尤为重要。良好的保温材料，可以使混凝土表面温度提高，减少了表面与中心的温差。我们比较了几种保温材料，最终确定用双层塑料薄膜中间夹麻袋的保温材料，混凝土表面最高温度可保留至49.3℃。混凝土浇筑初凝后开始覆盖养护,每隔 2h 喷水养护(视混凝土的干燥和温度的影响而定),以保持混凝土表面湿润为原则,养护必须 14d,根据测温数据分析的情况,确定可不再养护为止。

(2)各层材料的作用及处理措施(表3)

表3 各层材料的作用及处理措施

保温层名称	作用	施工中处理措施	注意事项
混凝土表面薄膜	保证混凝土早期水分不散发,防止混凝土表面开裂	混凝土终凝 24h 后,在降温阶段可去除,加快混凝土散热	此层薄膜必须在混凝土初凝前表面尚有水泥浆时加上
薄膜上面淋水	加快混凝土降温同时,防止混凝土表面脱水而产生干缩裂缝	—	各部位应浇透,且每间隔一段时间应再浇一次
最上一层薄膜	防止雨水淋湿保温层,也有利于阻止热量散发过快	天气晴朗时可去除,要加快散热时可去除	应有可靠搭接,使下雨时不致湿润保温层

5 结束语

大体积混凝土施工是一个比较难以控制的施工工艺,特别是商品混凝土裂缝更是一个普遍性的难题,到目前为止还没有哪种方法能杜绝混凝土裂缝的产生。在混凝土温度控制中,由于科学、及时、准确地掌握了混凝土各时间、各部位的温度情况,且采取了有针对性的保温或降温措施,本工程大体积基础混凝土在温控结束后未出现一条有害裂缝,同时提高混凝土的施工质量。比如:

(1)尽量降低水泥的水化热,应选用低水化热或中水化热的水泥品种(本工程采用 42.5R 普通硅酸盐水泥,掺入粉煤灰等减少水泥用量)。

(2)针对工程施工特点,制定完善和有针对性的防护措施。本工程尤其注重加强对测温、温度监测与管理。

(3)控制内外温差,保持表面温度是较关键的做法,这样可以降低内外温差,降低产生裂缝的几率。

浅议高性能混凝土及其在桥梁工程中的应用

刘建军

中建四局五公司，贵阳，550006

【摘　要】 本文介绍了高性能混凝土的优越性和原材料组成，结合云南石锁高速公路匝衣布大桥 C40 泵送混凝土配合比设计实例，介绍了高性能混凝土在公路桥梁施工中的应用，并提出了需要研究和探讨的问题。

【关键词】 高性能混凝土；配合比；桥梁；应用

The Discussion on High-performance Concrete and Application in Bridge Engineering

Liu Jianjun

China Construction Fourth Engineering Division Co., Ltd., 5th corporation, Guiyang, 550006, China

【Abstract】 The paper introduces the advantages and raw materials of high-performance concrete. Combining the example of C40 pumping concrete mix proportion design in Yunnan Shisuo highway Zayibu bridge, introduces the application of high performance concrete in highway bridge construction, and puts forward some problems which need to be studied and discussed.

【Key words】 high performance concrete; mix proportion; bridge; application

1　前言

混凝土是我国建筑工程中的主要结构材料，随着科学技术的进步，混凝土结构工程向更高、大跨度和高承载力方向发展，同时对结构的耐久性要求也不断提高，这些使高性能混凝土的研制和应用成为必然。高性能混凝土是在大幅提高常规混凝土性能的基础上采用现代化混凝土技术，选用优质原材料，除水泥、水、骨料外，必须掺合足够数量的活性材料和高效外加剂的一种新型的高技术混凝土。根据不同使用要求，满足耐久性、施工性、适用性、强度、体积稳定性和经济性等。由于强度提高、性能改善，结构使用寿命增长，工程结构采用高性能混凝土可以节约资源、降低工程造价，利于环境保护和可持续发展，所以被国际上称为"二十一世纪的绿色混凝土"。

2　高性能混凝土的性能

高性能混凝土各种性能包括：易浇捣而不离析，力学性能稳定，高强度，高耐久性，高体积稳定性和高工艺性等性能。

2.1　高强度性

高强度是对混凝土结构来说最基本的性能要求，不同的结构对混凝土的强度要求也不一样，有的结构要求较高的抗压强度和抗剪强度，有的结构希望在短期内有较高的强度，有的结构需要有较高的抗拉强度；有的结构在 28d 后才承受荷载，希望在后期强度有大的提高。本项目公路桥梁主要是承担行车的竖向荷载，抗压强度要求比较高。

2.2 高耐久性

高性能混凝土具有优异的抗渗和抗介质侵蚀能力。因为要求混凝土的高体积稳定性和高抗裂性，使它具有高弹模、低收缩、低徐变和低温度应变的性能。且在硬化过程中体积稳定，水化热低，温升小，冷却时温度收缩小，干燥时收缩小，具有致密的细观结构，不易产生宏观及微观裂缝，抗渗效果良好。公路桥梁对结构的耐久性要求也是比较高的，一般使用年限设计100年以上。

2.3 高工作性

高性能混凝土具有高流动性、可泵性好，或自密、免振捣，还具有良好的填充和抗离析能力。

2.4 经济合理性

高性能混凝土中运用了大量的工业废渣、副产品等，节约能源并且保护了环境。虽然其单价成本高于普通混凝土，但总体造价来讲，由于显著减少了人工和机械费用，建设成本比普通混凝土成本低。另外利用高性能混凝土建设大跨度桥梁和高层建筑，可以大大降低结构物自身质量，降低基础荷载，减少材料用量和运输量，带来可观的经济效益。

3 高性能混凝土的配制要求

3.1 材料的选择

匝衣布大桥是云南石锁高速公路上的一座大型桥梁，桥梁全长940.68m，最高墩墩高74m，墩身混凝土强度等级为C40，全部采用泵送混凝土，根据云南石锁高速公路有限公司的要求，混凝土采用高性能的混凝土，我们根据现场实际情况，原材料选用如下：

3.1.1 水泥

高性能混凝土采用合理的矿物组成、细度合格的高等级水泥，还应注重尽可能选择标准稠度需水量较小和水化热较低的水泥，这样轻易选择超塑化剂并在较小的单位水量下获取良好的流动性。一般常用42.5以上的硅酸盐水泥。我们经过对几种水泥试验结果的对比，最终选择了云南红河牌普通52.5水泥，各项指标符合要求。

3.1.2 掺合料

矿物掺合料是高性能混凝土又一个必不可少的组成材料。这种掺合料可以是优质的粉煤灰、超细矿渣与天然沸石粉或硅粉。可单独添加或同时并用，目的是改善混凝土拌合物的流变性能，提高混凝土的强度和耐久性。掺合料采用昆明巡检司电厂生产的F类Ⅰ级粉煤灰。

3.1.3 骨料

配制高性能混凝土的骨料与普通混凝土的要求不同，骨料本身的强度要高，需要控制骨料的粒径、表面物征、用量、吸水率等指标。粗骨料总量占混凝土的体积65%～75%，在混凝土中起到骨架作用，宜选用级配合理、粒形良好、质地均匀坚固、线胀系数小的洁净碎石，一般选用花岗岩、硬质砂岩以及石灰岩等。本项目地处石灰岩地区，地材储量丰富，采用当地料厂生产的碎石，级配合理，满足需要。细骨料宜选用级配合理、质地均匀坚固耐用、吸水率低、空隙率小的洁净的中粗河砂，细度模数在2.6～3.2之间。砂采用玉溪南盘江优质河砂，级配满足要求，细度模数3.0左右，属于中粗河砂。

3.1.4 外加剂

外加剂对混凝土具有良好的改性作用。高效减水剂是表面活性剂，可以大大提高水泥浆的流动性，使得低水灰比配制的混凝土具有高坍落度。同时还能促进水泥的水化作用，提高混凝土的早期强度。高效减水剂赋予混凝土高密实度即高强度、高耐久性，同时有优异的施工性能。外加剂的性能品质、均匀性和水泥相容性是成功配制高性能混凝土的基本条件。除减水剂外，还要加入一些缓凝剂、引气剂等。本项目外加剂采用福建科之杰 Point-500 型高效缓凝减水剂。

3.1.5 水灰比

配制高性能混凝土的重要措施是减少水灰比，使混凝土的密实度提高，其强度和耐久性可显著增长。一般水灰比在 0.3 左右，用水量不大于 160kg/m³。

3.1.6 水

采用当地村民的饮用水，经检测各项指标均满足混凝土施工用水相关规范要求。

3.2 配合比设计原则

高性能混凝土配合比设计应充分考虑强度和耐久性，以及原材料的性能、水胶比、砂率、用水量等多重因素，遵循综合设计的原则。

胶凝材料的凝结硬化过程是混凝土获得强度及耐久性的重要环节，混凝土的破坏常常是从水泥石凝胶的变形开始的。过高的胶凝材料用量，不仅可使混凝土开裂趋势增大，而且可能造成混凝土的泛浆分层，对混凝土的耐久性反而不利。胶凝材料的数量主要是满足工作性和胶结强度的需要，单方胶凝材料用量应尽可能减少。

在水泥品质得到保障的前提下，可以使用大掺量矿物掺合料——磨细矿渣和粉煤灰。但掺量太多也可能带来负面影响，如硬化初期对温、湿度的敏感性，应充分考虑掺合料品质、水胶比影响、外加剂的掺入效应、养护技术等要求。高强混凝土的保证措施之一是严格控制混凝土的总碱含量和总氯离子含量，措施之二是掺加矿物掺合料。配合比设计是确保混凝土耐久性最关键的环节之一，提出混凝土最大水胶比、最小胶凝材料用量限值，就是有效而可行的措施。在以往按强度设计混凝土配合比的方法中，首先按强度等级计算水灰比；按耐久性要求设计混凝土配合比时，首先是根据环境类别和作用等级，确定混凝土的水胶比和各种胶凝材料用量。在条件许可的情况下，尽量选用较低的水胶比，减少单方用水量和胶凝材料用量，有利于提高混凝土的密实性，降低混凝土的渗透性并减少收缩量，对提高混凝土的耐久性非常有利。

砂率主要影响混凝土的工作性。当水胶比不同时，最优砂率也有所不同。一般而言，随着混凝土砂率的增加，强度呈增长的趋势，而弹性模量则呈下降趋势。高性能混凝土的砂率可根据胶凝材料总用量、粗细骨料的颗粒级配及泵送要求等因素来选择。

3.3 配合比设计成果

配合比设计过程：查阅关于高性能混凝土的配合比设计理论，进行配合比设计计算书，选取合格的原材料，试配并观测拌合物的性能，再进一步进行配合比的调整，反复试配，拌合物性能测试，混凝土力学性能测试，整理报告资料，提交报告，监理审批，业主中心试验室验证。

3.4 配合比的检测

新拌混凝土的性能检测包括和易性、坍落度、泌水率、含气量等；混凝土凝结硬化后的抗裂性、强度、弹性模量等几个方面。配合比试配完成后经过总监办中心试验室和石锁高速公路指挥部中心试验室的验证。各项指标均能达到高性能混凝土的标准。

4 需要研究和探讨的问题

4.1 高性能混凝土提出来后，但原材料和普通混凝土使用的原材料区别不大，需要加强原材料层面上的研究和开发。

4.2 高性能混凝土成型后，外观光洁度和普通混凝土相比要差很多，色差也比较大，需经过多方的试验研究。

4.3 该桥已完成了部分桥墩，有多处出现了裂纹，裂纹出现时间一般在墩身混凝土灌注完成后15~30d，裂纹宽度 0.05~0.2mm，深度约 40mm。高性能混凝土在其他工程中的应用，也大都出现过裂纹，原因不太明确，有待进一步研究。

5 结束语

高性能混凝土以其优异的性能使得普通混凝土向高性能混凝土发展成为必然趋势，高性能混凝土是混凝土技术进步的标志，我国在发展高性能混凝土方面刚刚起步，需要共同努力促进高性能混凝土的发展。

参考文献

[1] 孙亚刚. 高性能混凝土在公路桥梁中的应用研究 [D]. 硕士学位论文，2004.5.

C60 钢管自密实混凝土的研究及应用

杨善顺[1]　张　明[2]

1. 厦门天润锦龙建材有限公司，厦门，361009
2. 中国建筑第四工程局厦门分公司，厦门，361009

【摘　要】　通过原材料的选择和配合比优化，进行了系统的试验、分析和施工模拟、试验，成功配制了钢管自密实混凝土，并在厦门怡山商业中心项目中得到了很好的应用，满足了工程中混凝土的技术要求。

【关键词】　自密实混凝土；钢管混凝土；C60；1:1 模拟试验

The Research and Application of C60 Self-compacting Concrete Filled Steel Tube

Yang Shanshun[1]　Zhang Ming[2]

1. Xiamen Tianrun Jinlong Building material Co., Ltd., Xiamen 361009, China
2. China Construction Fourth Engineering Division Co., Ltd., Xiamen Branch, Xiamen, 361007, China

【Abstract】　The steel self-compacting concrete was prepared by the selection of raw materials and the optimal mix, and by means of systematic experiments, analysis and construction simulation test. It has been successfully applied to Xiamen Yishan Commercial Center project, and meets the technical requirements of concrete projects.

【Key words】　self-compacting concrete; steel pipe concrete; C60; simulation experiment

钢管混凝土是利用钢管和混凝土两种材料在受力过程中的组合作用，通过钢管对核心混凝土的约束使核心混凝土处于三向应力状态下，从而增强混凝土的强度和塑性变形能力；同时由于核心混凝土的存在可以延缓或避免外部钢管过早的发生局部屈曲，从而保证各部分材料性能的发挥[1]。因此，钢管混凝土已被认为是高层建筑和桥梁工程中比较理想的建筑材料，目前施工中多采用高性能自密实混凝土来解决钢管混凝土浇筑中出现的振捣难题。自密实混凝土是指在自身重力作用下，能够流动、密实，即使存在致密钢筋也能完全填充模板，同时获得很好均质性，并且不需要附加振动的混凝土。

1　工程概况

厦门怡山商业中心项目位于厦门轮渡鹭江道东侧，是集商业、办公于一体的多功能综合性大型的高级写字楼建筑，工程总建筑面积 77778.536m²，建筑高度 192m。该建筑结构为钢管混凝土框架-钢支撑结构体系，地下室裙楼部分 33 根 φ600mm 钢管柱，主楼部分 24 根 φ1200~φ1400mm 钢管柱，在钢管柱与钢梁、斜撑连接的部位内设有宽 300~350mm 的横向环形加劲板。钢管柱采用三层一次拼装，部分采用两层一次拼装，钢管柱的最大混凝土浇筑高度达到 24.8m，同时由于钢管柱内设有的横向加劲板，导致浇筑时钢管内混凝土不易振捣，施工难度大。为保证钢管混凝土结构的施工质量，采用 C60 自密实混凝土，浇筑方式采用高位抛落法，对混凝土性能的具体要求为：

（1）设计强度 C60（60d 龄期），28d 抗压强度达 60MPa，60d 抗压强度达 70MPa。

（2）具有高流动性，不离析，良好的均匀性和稳定性，含气量 1.5%~4.0%，初始坍落度 $T \geq$ 250mm，扩展度 $\geq$ 600mm，2h 坍落度保留值 $T_{2h} \geq$ 240mm，T_{50} 为 3~20s，U 型箱试验填充高度（无障碍) 320~340mm，V型漏斗通过时间 4~25s，初凝时间≥10h。

(3) 混凝土入模温度≤32℃，钢管内混凝土密实良好，无孔洞、缺陷；混凝土与钢管粘结良好，无可见缝隙。

2 原材料与工作性测试方法

2.1 原材料

(1) 水泥：水泥的选择主要考虑与外加剂的适应性问题，一般来说 C_3A 含量低、碱含量低和标准稠度用水量低的水泥更适合配制自密实混凝土。本项目选用福建龙岩三德水泥股份有限公司生产的三德牌42.5普通硅酸盐水泥，其性能指标见表1。

表1 水泥的物理力学性能

水泥品种	细度（%）	安定性	凝结时间（min）		抗折强度（MPa）		抗压强度（MPa）	
			初凝	终凝	3d	28d	3d	28d
三德 P·O 42.5	1.0	合格	141	194	5.7	8.4	30.3	54.0

(2) 碎石：碎石的粒形、尺寸、级配对自密实混凝土的施工性，尤其是拌合物的间隙通过性影响很大。清华大学的廉慧珍教授认为：在自密实混凝土中，混凝土拌合物的工作性对石子的粒形非常敏感，当石子针片状颗粒含量大于7%时，拌合物在填充时容易完全堵塞，当石子针片状含量在5%~7%时，随针片状颗粒的增加堵塞逐渐增加；为保证自密实混凝土有足够的粘聚性和抗堵塞性，宜选用较小粒径的石子配制自密实混凝土，且针片状颗粒宜不大于5%[2]。本项目选用产自漳州吴宅石料厂的花岗岩碎石，有5~16mm和10~20mm两种粒级，碎石具体性能指标见表2。

表2 粗集料检验结果

粒级（mm）	破碎方式	表观密度（kg/m³）	堆积密度（kg/m³）	含泥量（%）	压碎值（%）	针片状含量（%）
5~16	反击破	2740	1440	0.2	7.3	2
10~20	反击破	2740	1430	0.3	7.5	0

(3) 砂：细度模数为2.8，Ⅱ区中砂，含泥量1.3%，表观密度 $2610kg/m^3$，堆积密度 $1460kg/m^3$。

(4) 掺合料：掺合料是高性能混凝土不可缺少的组分之一，利用它们的物理效应、填充效应，不但能提高新拌混凝土的工作性，而且能提高硬化混凝土的耐久性。掺合料能大大减少混凝土内部由于温度和收缩应力而产生的微裂缝，提高混凝土的密实性和抗渗能力。本项目粉煤灰选用厦门嵩能Ⅰ级粉煤灰，细度细度6.8%，需水量比91%，烧失量0.92%；矿粉为三钢集团S95级矿渣粉，比表面积 $410m^2/kg$，流动度比101%，28d 活性指数97%。

(5) 减水剂：自密实混凝土所要具备的流动性、抗分离性、间隙通过性和填充性都需要以外加剂为主要手段来实现，本项目选用福建科之杰 Point-S 聚羧酸缓凝性高性能减水剂，减水率29.1%，7d 及28d 抗压强度比分别为152%、141%，28d 收缩率比为87%。

2.2 自密实混凝土工作性能的测试手段

自密实混凝土的工作性能测试主要有：①初始坍落度及2h经时损失；②坍落扩展度2h经时损失；③ T_{50} 流动时间；④U型箱指标（无障碍）；⑤V型漏斗指标。

3 自密实混凝土配制

自密实混凝土的配制原理是：通过外加剂、胶凝材料和粗细骨料的认真选择，合理搭配，配合比的科学设计，使混凝土的屈服剪应力 τ_0 和塑性粘度 η 始终保持在理想范围内，使骨料悬浮于混凝土浆体中,不离析、不泌水,并能在自重作用下自由流淌,填充模内空间,达到自行密实。

《自密实混凝土应用技术规程》(CECS 203:2006)中对自密实混凝土配合比设计步骤进行了阐述,并建议:

(1) 粗骨料的粒径不宜大于20mm,单位体积粗骨料宜为 $0.28 \sim 0.35 m^3$;

(2) 单位体积用水量宜为 $155 \sim 180 kg$;

(3) 水粉比根据粉体的种类和掺量有所不同,按体积比宜取 $0.80 \sim 1.15$,单位体积粉体含量宜为 $0.16 \sim 0.23 m^3$;

(4) 自密实混凝土单位体积浆体量宜为 $0.32 \sim 0.40 m^3$;

(5) 自密实混凝土的含气量应根据粗骨料最大粒径、强度及混凝土结构的环境因素确定,宜为 $1.5\% \sim 4.0\%$。

3.1 混凝土配合比的确定与讨论

C60钢管自密实混凝土的试验配合比见表3,试验结果见表4及图1。

表3 C60钢管自密实混凝土配合比

组别	小石:大石	材料(kg/m³)						水胶比	砂率(%)
		水	水泥	FA	SL	砂	碎石	Point-S		
1	3:2	161	391	69	115	814	864	7.19	0.28	49
2	3:2	161	345	115	115	796	864	7.19	0.28	48
3	3:2	165	347	66	138	825	864	6.88	0.30	49
4	3:2	165	330	110	110	811	864	6.88	0.30	48
5	3:2	165	330	110	110	760	918	6.88	0.30	45
6	1:1	165	330	110	110	811	864	6.88	0.30	48

注:"大石"为 $10 \sim 20mm$ 粒径碎石,"小石"为 $5 \sim 16mm$ 粒径碎石。

表4 C60钢管自密实混凝土试验结果

组别	坍落度(mm)		坍落扩展度(mm)		T_{50} (s)	U型箱 (mm)	V型漏斗 (s)	含气量 (%)	初凝时间 (h:min)	抗压强度(MPa)(免振捣)		
	初始	2h	初始	2h						7d	28d	60d
1	235	—	540	—	14	191	堵塞	—	—	52.3	64.6	68.5
2	260	260	620	630	5	321	24	3.8	12:10	62.7	75.8	82.2
3	255	245	615	610	6	325	22	2.5	11:10	57.3	70.2	76.4
4	260	260	650	655	4	330	17	2.7	11:30	55.9	66.5	72.3
5	250	250	620	600	6	288	74	—	—	51.8	64.8	68.4
6	250	250	630	630	5	308	67	—	—	53.5	63.9	71.7

(a)

(b)

图1 C60钢管自密实混凝土工作性的试验室图片
(a) 坍落度测试；(b) 扩展度测试；(c) U型箱测试；(d) V型漏斗测试

3.1.1 水胶比

一般来说，水胶比越低混凝土的强度越高。但在配制自密实混凝土时，混凝土试件成型不需要振捣，因此其自密实程度对混凝土的强度影响较大。从试验结果可以看出，第1组的水胶比为0.28，强度却不是最高，而综合工作性能优异的自密实混凝土，其抗压强度较高。

3.1.2 掺合料

低水胶比混凝土拌合物粘度较大，掺入矿物掺合料可调节混凝土的工作性，相比之下，矿粉的活性比粉煤灰高，但是抗离析性差，而粉煤灰的掺入有利于提高混凝土拌合物的抗离析性，合适的胶凝材料用量、粉煤灰与矿粉的掺量可使混凝土拌合物的流动性和粘聚性达到最优。对比第1组和第2组、第3组和第4组可以看出，掺合料用量越大，混凝土的坍落度、扩展度及U型箱填充高度越大，V型漏斗流出时间越短。

3.1.3 粗、细骨料比

一般情况下，砂率越高，混凝土的流动性越好，当砂率超过50%后，其变化不太明显，当砂率低于45%时，混凝土的填充性、间隙通过性及抗离析稳定性不够理想[3]。对比第4组及第5组可以看出，当砂率为45%时，混凝土的U型箱填充高度、V型漏斗流出时间不符合指标要求，而当砂率为48%时，各项指标符合要求。

3.1.4 碎石

对比第4组及第6组可以看出，当小石与大石的比例为3:2时，混凝土拌合物工作性优于小石与大石比为1:1混凝土的工作性，尤其是V型仪流出时间明显缩短，可见石子的级配对自密实混凝土的抗离析性能影响较大。

为了满足怡山商业项目钢管混凝土结构的设计和施工要求，在上述6组配合比中，从经济性、合理性及性能优越性各个方面来看，第4组配合比（水泥330kg/m³，水165kg/m³，中砂811kg/m³，石子864kg/m³，矿粉110kg/m³，粉煤灰110kg/m³，减水剂6.88kg/m³）综合性能最佳，可作为施工配合比，并以此进行进一步的模拟试验。

4 模拟试验

为了进一步确认配方和技术的可行性，保证本工程质量，项目组进行了现场1:1模拟浇筑试验，现场模拟见图2。

图2 C60钢管自密实混凝土模拟试验

4.1 技术措施

在进行自密实混凝土的生产及浇筑过程中,技术人员采取了以下技术措施:

(1) 试验当天大气温度28℃,为确保入模温度≤32℃,水泥进场控制温度≤60℃,对料场的砂石采取遮阳措施,拌合用自来水加入冰块降温。

(2) 在进行混凝土的高抛浇筑时,控制浇筑速度不宜过快,以使混凝土内气泡排出。

(3) 在浇筑至加劲环板位置时,控制浇筑速度的同时,采取辅助振捣措施,但不能过振。

(4) 混凝土浇筑完毕后,顶部覆盖养护,待混凝土硬化后,进行蓄水养护,防止由于混凝土表面因水分散失而引起的早期收缩裂缝。

(5) 钢管焊接位置热影响区与钢管混凝土浇筑面预留500mm。

4.2 试验结果

4.2.1 混凝土工作性

混凝土出厂坍落度260mm,扩展度650mm,现场测得坍落度255mm,扩展度630mm,入模温度为31.5℃。

4.2.2 混凝土温升曲线分析

自混凝土浇筑起对钢管内混凝土的温度进行监测,监测频次第1~3天内,1次/2h;第4~6d内,1次/4h;第7天~结束,1次/8h。测杆布置见图3,监测结果见图4。

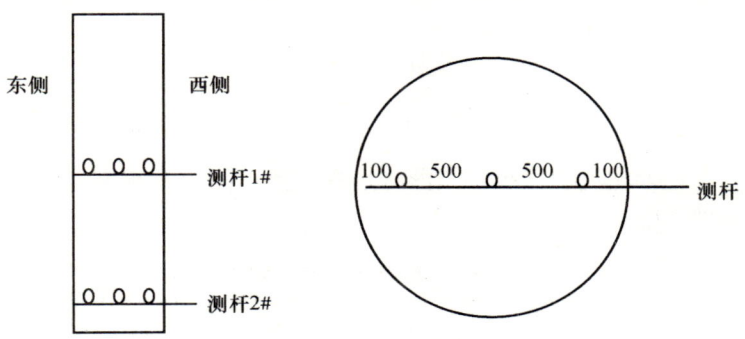

图3 钢管混凝土温升测杆布置示意图

从图4中可以看出,混凝土浇筑后内部温度逐步上升,在20h时混凝土中心的温度达到最高值,其中,1#测杆中心点最高温度为75.7℃,2#测杆中心最高温度为78.4℃;在监测过程中,1#测杆内外

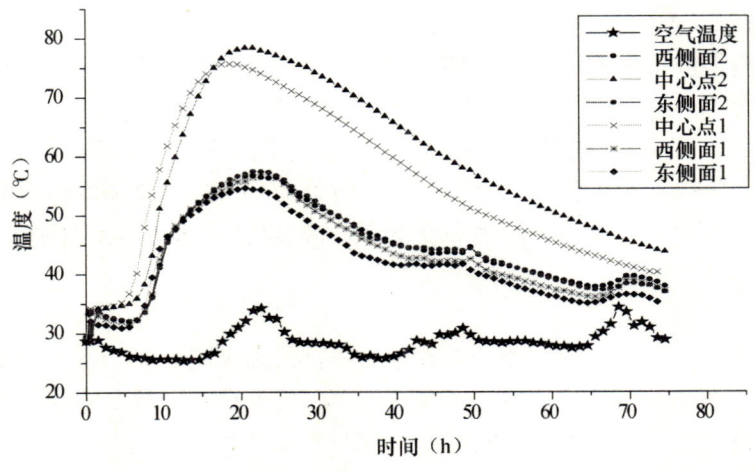

图4 钢管混凝土温升监测结果

最大温差为22.1℃，2#测杆内外最大温差为22.7℃。虽然混凝土内部中心点最高温度超过75℃，但是混凝土两根测杆的内外最大温差皆不超过25℃，按照工程经验来讲，不会引起混凝土的温差裂缝。

4.2.3 钢管混凝土结构完整性分析

采用超声波测试钢管混凝土模型柱的完整性，测试示意图见图5，完整性检测声学参数统计表见表5。

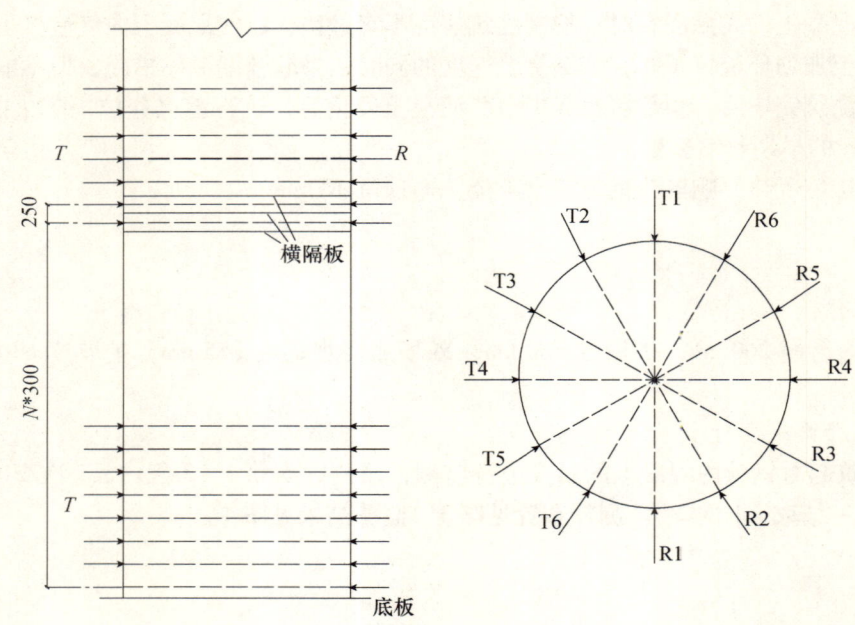

图5 钢管混凝土柱超声波检测示意图（径向对测法，T为发射换能器、R为接收换能器）

从表5可以看出，在超声波测试过程中，没有发现声速、波幅及频率异常点，说明钢管混凝土柱内部的结构密实，无裂缝、缺陷。

表5 检测钢管混凝土柱声学参数统计表

项目	完整性	声速异常点	无	波幅异常点	无	频率异常点	无
声速平均值（km/s）	4.582	声速标准差（km/s）	0.197	声速判定值（km/s）	4.162	声速离差值（%）	0.043
波幅平均值（dB）	63.2	波幅标准差（dB）	5.1	波幅判定值（dB）	52.4	波幅离差值（%）	0.08
频率平均值（Hz）	51.7	频率标准差（Hz）	9.0	频率判定值（Hz）	32.4	频率离差值（%）	0.175

4.2.4 混凝土表面质量及强度检测

45d龄期时，对模型进行解剖，取下一侧钢管时，明显能感受到混凝土与钢管壁之间的粘结力，目测混凝土与钢管切割缝无可见缝隙，说明钢管与内部混凝土结合良好，同时混凝土表面较为光滑，加劲隔板位置填充良好（图6）；在混凝土柱顶面、底面不同位置各钻芯取样1组，测试混凝土的强度，测试值最小为70.1MPa，最大为80.8MPa，平均值为76.1MPa；现场留样混凝土60d抗压强度测试代表值为68.1MPa。可见，本试验配制的C60钢管自密实混凝土能够满足工程设计要求。

5 工程应用

2009年12月至2010年4月，厦门怡山商业中心项目已完成地下室至25层钢管柱自密实混凝土的浇筑，方量约3500m³，现场钢管柱见图7。浇筑过程中，相关技术人员严格执行模拟试验中采取的技术措施，取得了良好的施工效果，现场检测混凝土拌合物工作性均符合要求，60d抗压强度达到设计指标，采用预埋测管经超声波检测试验表明钢管柱内部的混凝土的强度、混凝土的均一性、密实性符合设计及规范要求，同时无裂缝、蜂窝引起的缺陷。

图6 解剖后钢管混凝土模型表面

图7 现场钢管柱

6 结论

自密实混凝土配合比和普通混凝土配合比相比有很大差别，通过对自密实混凝土配合比的研究及模拟试验，并在厦门怡山商业项目钢管柱中成功地应用C60自密实混凝土，从而保证了钢管混凝土的流动性、抗离析性和填充性，解决了混凝土在钢管柱中无法振捣的技术难题，很好地满足了设计和施工要求。同时大幅度缩短混凝土浇筑需要的时间，工人劳动强度大幅度降低，需要工人数量减少，提高了生产效率。由于不需要振捣，没有振捣噪声，避免工人长时间手持振动器导致的"手臂振动综合症"，从而改善了工人工作环境和安全性，因而自密实混凝土是一种绿色环保的建筑材料。随着建筑业的发展和自密实混凝土研究的深入，超高性能自密实混凝土将得到越来越广泛的应用。

参考文献

[1] 尚作庆. 钢管自应力自密实混凝土柱力学性能研究 [D]. 大连理工大学, 2007.
[2] 张青, 廉慧珍等. 自密实高性能混凝土配合比研究与设计 [J]. 建筑技术, 1999 (1): 19~21.
[3] 马敏超, 李章建等. 高抛自密实混凝土在工程中的应用 [J]. 建材发展导向, 2008 (4): 46~49.

薄壁结构清水混凝土的配制技术与工程应用

高育欣[1]　王　军[2]　徐芬莲[1]　陈　景[1]　刘　霞[1]

1. 中建商品混凝土成都有限公司，成都，610000
2. 中建商品混凝土有限公司，武汉，430074

【摘　要】　本文阐述了清水混凝土的应用现状，针对薄壁结构清水混凝土分析其应用存在的问题，提出了相应的技术解决措施，并成功进行了工程应用。

【关键词】　薄壁结构；清水混凝土；配制；工程应用

Preparation Technology and Application of Fair-faced Concrete for Thin-walled Structures

Gao Yuxin[1]　Wang Jun[2]　Xu Fenlian[1]　Chen Jing[1]　Liu Xia[1]

1. Chengdu China Construction Ready Mixed Concrete Co., Ltd., Chengdu, Sichuan, 610000, China
2. China Construction Ready Mixed Concrete Co., Ltd., Wuhan Hubei, 430074, China

【Abstract】　This paper elaborated the application status of fair-faced concrete, and analysed the problems of the application of fair-faced concrete in thin-walled structures. We put forward the corresponding technical solutions, and successfully applied on project.

【Key words】　thin-walled structures; fair-faced concrete; preparation; project application

0　引言

清水混凝土属于一次浇筑成型，不做任何外装饰，直接采用现浇混凝土的自然表面效果作为饰面的混凝土。因此不同于普通混凝土，表面平整光滑、色泽均匀、棱角分明、无碰损和污染，只是在表面涂一层或两层透明的保护剂，显得十分天然、庄重。清水混凝土利用混凝土本身的质地和色泽作为表面装饰，不仅具有原始、粗犷的美感，而且具有环保、节能、节约资源的显著特点，具有广阔的推广应用价值[1-2]。

1　清水混凝土在国内外的应用现状

在国外，清水混凝土产生于20世纪20年代。随着混凝土广泛应用于建筑施工领域，建筑师们逐渐把目光从混凝土作为一种结构材料转移到材料本身所拥有的质感上，开始用混凝土与生俱来的装饰性特征来表达建筑传递出的情感。世界上越来越多的建筑师采用清水混凝土工艺，如世界级建筑大师路易·康、埃罗·沙里宁、贝聿铭、安藤忠雄等都在他们的设计中大量地采用了清水混凝土。耶鲁大学英国艺术馆、纽约肯尼迪国际机场环球航空大楼、华盛顿达拉斯国际机场候机大楼、悉尼歌剧院、日本国家大剧院、巴黎史前博物馆等世界知名的公建，均采用这一建筑艺术[3]。

在国内，清水混凝土最早出现于市政桥梁等工程上，近几年随着国内建筑业施工水平的提高，澳门观光电视塔、北京东晶国际、上海浦东国际机场航站楼等一些建筑局部率先采用清水混凝土[3]。由于施工技术、经济水平、文化差异等多方面原因，使清水混凝土的推广应用受到了一定的限制。但随着联想集团北京研发基地工程的大面积清水混凝土的成功应用，以及近期清水混凝土在北京、深圳、广州、西安、武汉等一些项目的陆续建设，可以看出国内清水混凝土的良好应用前景。同时，《清水混凝土施工工艺标准》与《清水混凝土应用技术规程》（JGJ 169—2009）已经陆续发布，我国在清水混凝土施工工艺与应用技术方面有了明确的指导方针，为清水混凝土全面推广提供了很好的技术基础。

尽管清水混凝土的施工与应用已经形成了较为成熟的体系，但是关于薄壁结构清水混凝土的报道并不多，本文针对性地对薄壁结构清水混凝土的配制和应用技术进行研究，具有很高的实用价值，可为以后类似的清水混凝土工程提供参考和可借鉴的经验。

2 薄壁结构清水混凝土应用存在的问题

清水混凝土要求其拌合物具有良好的流动性、保水性、粘聚性、均匀性，混凝土成型后表面密实光滑、气泡细小而均匀、4m内无明显色差，基本无修补痕迹。薄壁结构清水混凝土由于结构的特殊性，对混凝土的性能要求更为苛刻，在其配制和工程应用中，主要存在以下几个问题：

（1）混凝土工作性能难于控制

薄壁结构清水混凝土要求混凝土拌合物具有良好的工作性能，包括较大的流动度、适宜的含气量、较好的保水性、粘聚性和匀质性。

在薄壁结构中，混凝土施工空间小，不易振捣，要求混凝土具有良好的流动性能，但是较大的流动度与混凝土的保水性、粘聚性、匀质性是相互矛盾的，若较大的流动度导致混凝土保水性不好而泌水，不仅使得成型后混凝土表面达不到清水饰面的效果，而且影响混凝土的其他性能。如何找好混凝土的流动性与保水性、粘聚性和匀质性之间的平衡点是控制好清水混凝土工作性能的关键。

清水混凝土施工中，常常由于混凝土含气量过高或振捣不到位而引起混凝土表面的气泡问题，影响混凝土的表观效果。在薄壁结构清水混凝土的施工中由于振捣施工难度较大，更容易发生由于振捣不到位而引起混凝土表面的气泡的问题，如何控制好混凝土的含气量与做好振捣施工工艺也是保证薄壁结构清水混凝土施工质量的关键。

（2）饰面效果达不到预期要求

在实际的清水混凝土工程中，混凝土饰面效果经常达不到预期的期望，存在蜂窝、麻面、孔洞等缺陷，需要抹灰修补，不仅浪费人力资源，而且造成一定的经济损失。在薄壁结构清水混凝土的施工中，由于结构的特殊性，清水混凝土的施工难度大，对混凝土的性能要求高，其饰面效果更难保证达到预期的效果。如何通过有效的技术途径，保证薄壁结构清水混凝土的饰面效果及达到预期的要求是工程应用中必须解决的重要问题。

（3）生产和施工组织管理难度大

相比普通混凝土，清水混凝土对生产和施工组织要求更为严格，包括混凝土生产、运输、施工设备的清洁性和有序性，混凝土模板、浇筑、振捣、养护等工序的高标准要求，每一个环节都要做到严格管理，稍有差池，都不能实现清水混凝土的成功应用。这使得清水混凝土的生产和施工组织管理难度大，也是清水混凝土建筑在国外很普遍而在国内却较少见的主要原因。

3 薄壁结构清水混凝土配制与应用技术解决措施

为保证清水混凝土达到预期的饰面效果，并且保证薄壁结构清水混凝土的综合性能，可以从以下几个方面着手解决：

（1）优选原材料

优质的原材料是配制清水混凝土的重要基础与保证。同一工程中使用的原材料应为同一厂家、同一产地、同一品种，原材料应有足够的存储量，至少要保证同一视觉空间的原材料的颜色和各项技术指标基本稳定。各种原材料具体指标见表1。

表1 清水混凝土的常用原材料选择标准

原材料	材料选择的关键指标要求
水泥	选用低碱、清灰色、质量稳定的水泥。宜选用硅酸盐水泥或普通硅酸盐水泥，比表面积330~360m^2/kg，28d抗压强度48MPa以上
粉煤灰	质量稳定，不同批次粉煤灰的颜色无明显差异。烧失量<5%，需水量<100%
细骨料	优先选用质量稳定，级配优良的Ⅱ级中粗河砂，细度模数2.7±0.2，含泥量<1%，不同批次河砂的颜色无明显差异。受地区限制，也可采用连续级配的Ⅱ区机制砂，石粉含量8%~10%为宜，细度模数2.7±0.2，亚甲蓝值1.0左右
粗骨料	选用连续级配、质量稳定的碎石，根据结构特点选择最大粒径，含泥量<1%，针片状含量<5%，石粉含量<1%
外加剂	采用减水率高、适应性好、坍落度损失小、适量引气、能明显提高混凝土耐久性且质量稳定的减水剂产品。减水率>20%，压力泌水率比≤50%，对混凝土有一定的增粘作用

（2）优化设计配合比

清水混凝土的配合比应结合工程特点设计，不仅使其具有良好的饰面效果，而且对下列综合性能予以保证：工作性、耐久性能、适用性、力学性能、经济性。

在清水混凝土的胶凝材料体系中使用优质矿物掺合料代替部分水泥，用以改善混凝土性能，一般掺用优质的粉煤灰可以改善混凝土的和易性，平衡其流动性、粘聚性和匀质性之间的矛盾，同时提高混凝土的耐久性能。磨细矿粉保水性较差，一般在清水混凝土中不使用或少量使用。也可使用沸石粉、偏高岭土、硅粉、磨细锂渣等材料改善混凝土的工作性能，尤其是提高混凝土的保水性能与粘聚性能。

通过选用级配优良的粗、细骨料及设计合理的砂率，在保证清水混凝土质量的前提下，减少胶凝材料的用量，提高混凝土的体积稳定性。

使用缓凝型的复合聚羧酸高性能减水剂，可以有效地抑制混凝土工作度损失，减少单方用水量，并明显地提高混凝土的综合性能，包括力学性能、耐久性能、经济性能等。

初步确定配合比后，应模拟工程实际进行样板墙试验，观察拆模后的表观效果。在样板墙试验成功后，再确定生产配合比。

（3）加强生产和施工组织管理

在配合比选定后，针对实际工程清水饰面混凝土的施工周期较长，总方量较大的特点，从材料组织、生产组织、运输组织、质量控制方面制定详细的实施计划，以保证在清水混凝土施工周期内材料质量的稳定性，生产的及时性，运输组织的连续性、质量控制的严密性。

在生产过程控制中，关键是保证进场材料和理论配合比材料的同一性，保证生产配合比和理论配合比的一致性，保持生产、运输、施工设备的清洁性，保证生产、运输、施工的连续性。只有在这几个条件同时满足的情况下，才能顺利完成清水混凝土的施工。

施工所用的模板根据建筑物进行设计定做，模板的尺寸、平整度、接缝等都要严格要求。模板拆除要严格按照后安先拆的拆除顺序进行。在施工控制过程中，保证浇筑的连续性，振捣适宜，加盖塑料薄膜保湿养护，必要的时候涂刷养护剂进行养护。在施工的过程中，每个环节都要做到严谨和科学的管理，才能保证最终的施工质量。

从清水混凝土的配制→清水混凝土出厂→清水混凝土的施工，其中包括的环节颇多，相互牵连，每个步骤都会影响清水混凝土的最终质量。因此，要实现薄壁结构清水混凝土的成功应用，需要混凝土供应方和工程施工方密切配合，以技术手段和管理方式相结合的模式，达到保证薄壁结构清水混凝土质量的目的。

4 薄壁结构清水混凝土工程应用实例

笔者近两年经历了一些工程实例，在这些实例中获取了一定的经验，现分别介绍，供读者参考。

4.1 工程实例一：武汉中南剧场（图1）

根据设计要求，该项目外立面混凝土要求达到清水饰面效果，采用现浇混凝土泵送施工，清水混凝土强度等级C40，总方量约为2000m^3，施工时间为2006年10月~2007年8月（此时，聚羧酸减水剂在国内的应用还较少）。清水混凝土结构主要为截面厚度150mm的挂墙，其中二层部分墙体厚度只有100mm，配筋密集，施工条件很差，对混凝土的匀质性、流动性均提出了很高的要求，混凝土必须具有比普通泵送混凝土更好的流动性能，达到大流态混凝土的要求。此次施工采用的配合比及性能检测结果见表2。本项目大流态清水混凝土主要采取了以下技术途径来实现成功应用。

图1　中南剧场立面效果图

表2　中南剧场C40清水混凝土生产配合比及性能检测结果

配合比（kg/m^3）						坍落度/扩展度（mm）			抗压强度（MPa）	
水泥	粉煤灰	河砂	石	水	减水剂	0h	1h	2h	7d	28d
330	90	750	1080	170	4.2	220/550	220/560	200/525	39.6	50.5

（1）由于对混凝土流动度要求较高，拌合物一度出现泌水的现象，主要是单方用水量较高的原因，为了解决这个问题，我们引进了新型的聚羧酸减水剂（减水率20%~25%，固含量24%）取代萘系减水剂，将用水量由180kg/m^3降低到170kg/m^3。使用该减水剂配制的混凝土具有用水量低、匀质性好的、不易分层离析、保水性好、气泡较少、坍落度损失小的特点。

（2）优化骨料级配，使用了专门加工的5~26.5mm连续级配碎石，采用了级配良好、洁净的天然中粗砂，改善混凝土的内部骨架，从而提高混凝土的整体性能。

（3）使用高质量、稳定的矿物掺合料，提高混凝土的工作性能。

（4）改进生产工艺，加强施工组织管理。

该项目薄壁结构清水混凝土浇筑过程顺利，混凝土保水性能、匀质性能、粘聚性能、填充性能良好，施工振捣方便，脱模后，混凝土表面平整光滑密实、无裂缝、颜色均一，5m外无肉眼可见气泡，达到了清水饰面的要求。28d后测得抗压强度超过50MPa，达到了设计强度要求。

4.2 工程实例二：安捷伦科技（成都）有限工程（图2、表3）

该项目外立面混凝土结构全部使用现浇饰面清水混凝土，饰面清水混凝土面积约为14000m^2。该项目不仅剪力墙结构采用饰面清水混凝土，还有大量的120mm厚窗台板、U型薄壁柱、120mm厚的空心墙、120mm厚斜向薄板等薄壁结构均使用饰面清水混凝土。受地域性的限制，本工程所有饰面清水混凝土均采用机制砂进行配制。与天然砂相比，机制砂的颗粒粒形差、石粉含量高、级配曲线分布差，配制的混凝土和易性、匀质性、保水性相对均较差，硬化混凝土易出现水线、蜂窝、麻面、砂痕、孔洞、花斑、色差、毛细裂缝等外观缺陷。为了实现薄壁结构机制砂清水混凝土的成功应用，本项目主要采取了以下技术途径。

图2　安捷伦立面效果图

（1）选用一种复配了加速水泥水化成分的聚羧酸高性能减水剂，提高水化反应速度，使混凝土中存在的自由水提前被消耗掉,抑制滞后泌水的产生,消除水线。

(2) 胶凝材料体系选择水泥+粉煤灰的双组分,提高混凝土的保水性、粘聚性和匀质性。

(3) 选择连续级配的机制砂,控制机制砂中的石粉含量。

(4) 通过对薄壁结构的钢筋进行优化设计和加工施工过程中的管理,保证钢筋位置正确,保护层厚度符合规范要求,避免薄壁结构出现裂缝。严格按照项目管理策划、饰面清水混凝土施工方案进行施工。

表3 安捷伦C45清水混凝土生产配合比及性能检测结果

配合比(kg/m³)						坍落度/扩展度(mm)		抗压强度(MPa)	
水泥	粉煤灰	机制砂	石	水	减水剂	0h	1.5h	7d	28d
320	100	800	1030	170	4.6	200/540	180/510	40.8	53.2

该项目薄壁结构机制砂清水混凝土已施工完毕,混凝土和易性良好,满足施工要求,脱模后,混凝土表面平整光滑密实、无裂缝、颜色均一,明缝和对拉螺栓排列均匀,气泡细小而均匀,满足饰面清水混凝土的外观要求。

5 结语

清水混凝土符合环保、绿色的主题,符合国家可持续发展的方向,是值得大力推行的高性能绿色混凝土。通过优选原材料、优化配合比设计、加强生产与施工组织管理,周密策划,成功实现清水混凝土的施工是顺理成章的。本文针对薄壁结构清水混凝土,分析了其应用存在的问题,提出相应的解决措施,并结合工程实例,介绍了薄壁结构清水混凝土成功应用的经验,对类似工程清水混凝土的施工与应用具有一定的参考意义。

参考文献

[1] 何锦华,王守合,杜建峰等. 超大面积清水混凝土结构清水混凝土配制及施工技术 [J]. 混凝土,2006 (6): 77~79.

[2] 李强,李辛民,黄道远等. 我国清水混凝土技术发展现状、存在问题及对策 [J]. 建筑技术,2007 (1): 6~8.

[3] 刘绍德. 清水混凝土的发展与应用 [J]. 建筑与工程,2008 (11): 104.

高强高性能混凝土的可泵性研究

陈宝钢　杨岳锋　朱　捷　康明智

中联重科混凝土机械分公司，长沙，410512

【摘　要】 随着现代建筑业的迅速发展，高强高性能混凝土技术的应用日益广泛，并将成为今后的发展方向。但高强高性能混凝土的粘度大、泵送阻力高、泵送效率低，使其泵送难度大。通过对高强高性能混凝土的配比研究、原材料的选用及级配研究、混凝土泵送设备的研究，有效地解决了高强高性能混凝土的可泵性差、泵送效率低的缺点。

【关键词】 高强高性能；级配；可泵性

Research of Pumpability for High-strength and High-performance Concrete

Chen Baogang　Yang Yuefeng　Zhu Jie　Kang Mingzhi

ZOOMLION, Changsha, Hunan, 410512, china

【Abstract】 The application of high-strength and high-performance concrete technology is more and more widespread with the fast developing of modern architecture, and it will be the development tendency in the future. However, the great viscosity, high pumping resistance, low pumping efficiency of high-strength and high-performance concrete makes it difficult to be pumped. The pumpability and the pumping efficiency are improved through researching the mixture ratio, the materials and its grade, and the pumping equipment.

【Key words】 high-strength and high-performance; grade; pumpability

0　序言

高强高性能混凝土是一种新型高技术混凝土，是在大幅度提高普通混凝土性能的基础上采用现代混凝土技术制作的混凝土。它兼有强度高、流动性好、早期强度高、耐久性好等特点。

随着现代建筑业的迅速发展，全国各大中城市出现越来越多高层及超高层建筑，从而高强高性能混凝土的应用也日益广泛。作为深圳市未来的新地标——深圳京基国际金融中心工程中大量应用了C60、C70、C80等级的高强高性能混凝土，强度等级为C120的超高强超高性能混凝土也将得到试点应用。

随着混凝土强度的增加，混凝土的粘度越大，泵送阻力越高，随着混凝土强度的提高，可泵性不断下降，泵送难度急剧上升，对高强高性能混凝土的可泵性研究将大大推动高强高性能混凝土的发展。

1　高强高性能混凝土的可泵性评价方法

新拌混凝土的工作性主要包括流动性、粘聚性、可泵性，泵送混凝土主要应满足可泵性的要求[1]。可泵性反映了在泵送压力下混凝土拌合物在管道中通过并达到浇筑点的能力，可泵性好的混凝土流动性、粘聚性、保水性好，在泵送过程中不分层、不离析、不泌水，并且混凝土拌合物与管壁之间以及混凝土内摩擦阻力较小。实验研究和工程实践表明，评价新拌混凝土可泵性的指标主要可归结为。

1.1　坍落度

对普通混凝土，坍落度试验在很大程度上可以评价混凝土的可泵性，该方法既简单又实用，且适用于现场操作,所以得到普遍应用,但对高强高性能泵送混凝土来说,拌合物的粘性很大,对可泵性有很大影响。实验表明,高强高性能混凝土的坍落度较普通混凝土的大,有的甚至达到280mm,但泵送时比普通混凝土压力明显增高,泵送效率也较普通混凝土的低。因此,用单一的坍落度试验不能全面反映高强高性能混凝土的可泵性。

1.2 压力泌水

压力泌水是衡量新拌混凝土粘聚性的一项重要指标,混凝土拌合物压力泌水比常规的泌水更符合泵送混凝土实际。实践表明:利用坍落度试验并结合压力泌水试验能很好地评价普通混凝土的可泵性。但对高强高性能混凝土来说,还需结合其他试验才能完全反映其可泵性。

1.3 扩展度

在做坍落度试验时,除能测得混凝土拌合物的坍落度外,还能测试混凝土的坍落扩展度。普通混凝土与高强高性能混凝土即使坍落度相同,但其坍落扩展度不尽相同,在一定程度上,坍落扩展度越大,混凝土的粘稠度越小,泵送混凝土的压力损失越小,越有利于泵送。

1.4 倒筒时间

采用将坍落度筒倒置,装满混凝土并将筒提起后,计算混凝土的流下时间来测量拌合物的流动速度,进而反映其粘性。流下时间越长,拌合物的流速越慢,拌合物的粘性越大,混凝土的可泵性越差。该方法便于准确计时,精确度高,复演性强、设备简单、便于推广。

综上所述,评价高强高性能混凝土的可泵性可采用坍落度值和压力泌水值并结合扩展度值及倒筒时间来进行评价。

2 高强高性能混凝土的原材料选择

普通混凝土主要由水泥、粗骨料、细骨料、水及外加剂组成,对于高强高性能混凝土,由于其强度等级高、工作性能好,需合理选择粗、细骨料及各种胶凝材料的用量及级配,在普通混凝土原材料的基础上增加超细胶凝材料来填补混凝土拌合物中的空隙,降低混凝土拌合物的用水量,以达到增加其强度及流动性的目的。在高强高性能混凝土中,目前普遍采用添加粉煤灰、矿渣粉及硅粉中的一种或多种来达到增加混凝土强度及工作性能的目的。

3 原材料的级配研究

高强高性能混凝土的可泵性好坏主要取决于原材料选择、使用量及其级配,原材料的级配好,混凝土的空隙率小,混凝土比较密实,混凝土的流动性、粘聚性好,从而混凝土的可泵性高。本文通过研究粗骨料级配、粗、细骨料级配、胶凝材料的级配来提高高强高性能混凝土的可泵性。

3.1 粗骨料的级配研究

粗骨料的级配对混凝土的力学性能有非常明显的影响,级配良好的骨料具有较大的堆积密度和较小的空隙率。在其他条件相同的情况下,堆积密度越大,空隙率越小的骨料,其级配可以获得较高的强度和密实度及较好的流动性。

高强高性能混凝土的粗骨料一般选择5~20mm之间的骨料进行搭配。本文选用大亚湾5~10mm的细碎石和10~20mm的粗碎石两级配搭配成了5~20mm连续级配的粗骨料。表1为粗、细碎石的搭配比例。表2为在表1的搭配比例下堆积密度。从表2可知,选用5~10mm的细碎石与10~20mm的粗碎石按3:7的比例搭配堆积密度最大、空隙率最小,其堆积密度为1486kg/m³。

表1 细石与粗石的搭配比例

5~10mm（%）	0	10	20	30	40	50	60	70	80	90	100
10~20mm（%）	100	90	80	70	60	50	40	30	20	10	0

表2 粗、细石二元混合料堆积密度

细碎石含量（%）	0	10	20	30	40	50	60	70	80	90	100
堆积密度（kg/m³）	1430	1456	1462	1486	1483	1484	1442	1422	1419	1384	1395

在以上试验的基础上，进行了粗碎石：细碎石按8:2、7:3、6:4搭配的混合料的颗粒级配分析，试验结果见表3，由表3可知，粗碎石：细碎石比例按照7:3、6:4时，级配结果较接近5~20mm连续级配的要求。

表3 粗、细碎石不同比例条件下的颗粒级配

筛孔直径（mm）			26.5	19	16	9.5	4.75	2.36	底盘
5~20mm连续级配技术要求（%）			0	0~10	—	40~80	90~100	95~100	
粗细碎石比例	8:2	筛余（g）	0	482.8	1890.6	1744.8	855	6.8	20
		分计筛余率（%）	0	9.7	37.8	34.9	17.1	0.1	0.4
		累计筛余（%）	0	10	48	82	100	100	100
	7:3	筛余（g）	0	438	1463	1815.2	1267.8	6	9.2
		分计筛余率（%）	0	8.8	29.3	36.3	25.4	0.1	0.2
		累计筛余（%）	0	9	38	74	100	100	100
	6:4	筛余（g）	0	502.6	1347.2	1685.6	1453.8	7.2	4.2
		分计筛余率（%）	0	10.1	26.9	33.7	29.1	0.1	0.1
		累计筛余（%）	0	10	37	71	100	100	100

综上所述，粗碎石：细碎石的比例按照7:3搭配时，同时达到了最大堆积密度1486kg/m³和最优颗粒级配。

3.2 粗、细骨料的级配研究

将细度模数约为2.6的细骨料按照砂率为30%~50%的比例与粗骨料进行搭配，测量其堆积密度的变化，试验结果如表4所示。由表4可知，当砂率控制在40%时，堆积密度出现最大值1910kg/m³。

表4 砂率对粗、细骨料混合体系堆积密度的影响

砂率	30%	35%	40%	45%	50%
5L筒样重（kg）	8.93	9.24	9.49	9.46	9.44
	9.07	9.36	9.61	9.43	9.36
平均（kg）	9.0	9.3	9.55	9.45	9.4
堆积密度（kg/m³）	1800	1860	1910	1890	1880

通过上述试验结果及理论可知：粗碎石：细碎石按比例7:3搭配，砂率为40%时，可以得到骨料混合体系的最大堆积密度，即最小空隙率。这样，理论上讲，用于填充骨料间空隙的胶凝材料用量将达到最少，更多的胶凝材料参与了混凝土拌合物流动性的增加，有利于混凝土拌合物匀质性、流动性的提高。

3.3 胶凝材料的级配及流动性能研究

胶凝材料主要由水泥、粉煤灰、矿渣粉、硅粉及沸石粉等组成。通过单掺或多掺按等量取代或超量取代水泥的方式来改变胶凝材料中的级配，以便使混凝土高强高性能化。矿物超细粉在混凝土中起填充作用、流化作用与增强和耐久作用。

3.3.1 胶凝材料的级配研究

通常水泥的平均粒径为 20～30μm，小于 10μm 的粒子不足，因此，水泥粒子间的空隙填充性并不好。如果要改善胶凝材料的填充性，必须要在水泥中加入矿物超细粉。另外，当矿物超细粉填充于水泥粒子之间的空隙之中时，将原来填充于空隙之中的填充水置换出来，粒子间的间隔水层加厚，因此，混合料的流动性增大。

冯乃谦教授的论文《混凝土技术新进展》中表明：未掺矿物超细粉料的水泥的空隙率为 40%，掺入平均粒径 2.5μm 的矿渣超细粉，与水泥按 3:7 组合成的粉体，空隙率只有 28%，相比纯水泥的空隙率降低了 12%，如在水泥中掺入平均粒径为 0.1～0.26μm 的硅粉，其空隙率在 15% 左右，相比纯水泥，其空隙率降低的更多，而且对降低胶凝材料的空隙率来说，超细粉：水泥一般为 3:7 的效果较好[2,3]。

3.3.2 胶凝材料的净浆流动度研究

称取 300g 胶凝材料，倒入湿布擦拭过的净浆搅拌器内，加入适量的水和聚羧酸高效减水剂，搅拌 3min，将截锥体用湿布擦过后水平放置在光滑的玻璃板上，将拌好的浆体迅速注入截锥体，刮平，将截锥体迅速垂直提起，30s 后，两次量取垂直方向的直径（mm）取平均值作为水泥净浆流动度值，连续测三次，取三次测量的平均值作为初始水泥净浆流动度值。

图 1 为比表面积为 800m²/kg 的矿渣粉等量取代部分水泥所测得的净浆流动度，从图中可以看出：随着矿粉的增加，水泥与矿渣粉胶凝材料体系的净浆流动度在不断增大。而且随着矿渣粉的加入，比纯水泥的净浆流动度要大。

图 2 为用硅粉等量取代部分水泥所测得的净浆流动度值，从图中可以看出：随着硅粉掺量的增加，净浆流动度值下降较大，主要原因是因为硅粉是一种粒径极小（0.1μm）、比表面积巨大、需水性极大的掺合料，由于配置某些高强高性能混凝土必须要添加硅粉，所以可以采用在水泥中添加矿粉和硅粉或其他超细粉和硅粉的组合。

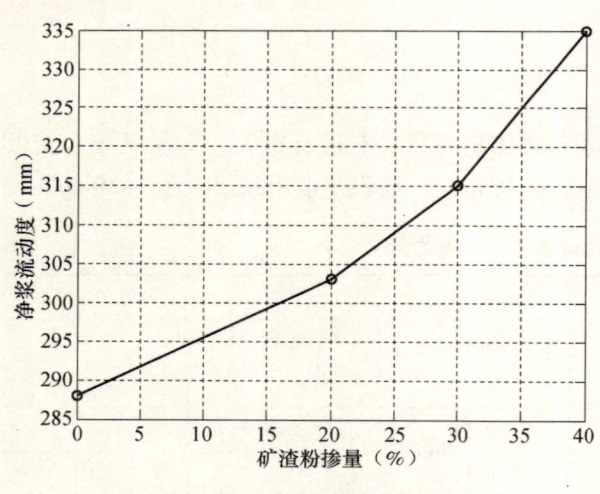

图 1　水泥 + 矿渣粉的净浆流动度

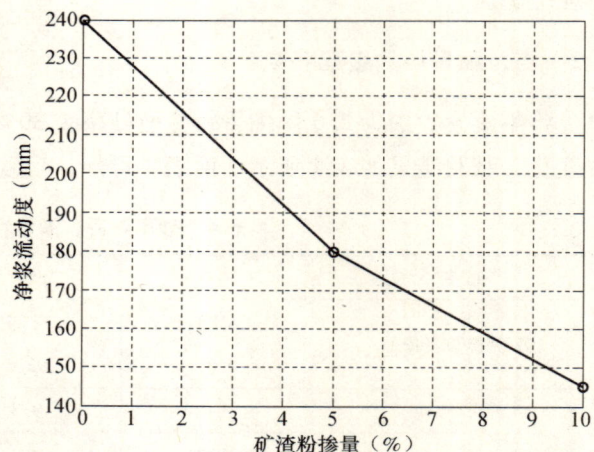

图 2　不同掺量条件下，硅粉与水泥胶凝材料体系的净浆流动度

表 5 为在水泥中添加矿渣粉和硅粉的配比表，图 3 为根据表 5 测得的净浆流动度。从图 3 可以看出：随着矿渣粉和硅粉的加入，净浆流动度相比纯水泥的要低，但随着矿渣粉掺量的加大，胶凝材料体系的净浆流动度增大。

表5 矿物掺合料的掺量对净浆流动度的影响

编号	水泥（g）	矿渣粉（g）	硅粉（g）	掺合料用量比例（%）
1	300	0	0	0
2	240	30	30	20
3	210	60	30	30
4	180	90	30	40

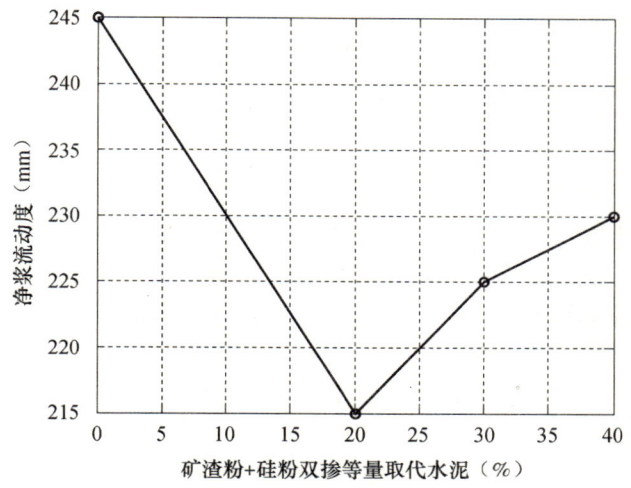

图3 不同掺量条件下，矿渣粉+硅粉与水泥胶凝材料体系的净浆流动度

通过上述理论及试验结果表明：胶凝材料中掺入不同粒径范围的超细矿粉，不仅能降低胶凝材料体系中的空隙率，而且能增加混凝土的流动性。胶凝材料的净浆流动度随着矿粉的增加而增加，随着硅粉的增加而减小。但二者同时掺入水泥时，需加入足够的外加剂，才能达到改善浆体的流动性及保水性的作用，以及充分发挥其微颗粒填充剂减水作用。

4 高强高性能混凝土的配比研究

高强高性能混凝土的配比好坏不仅取决于其是否达到力学物理性能要求，对泵送高强高性能混凝土而言，还需达到工作性要求，要适合于高层建筑的泵送施工。

基于前面的理论及试验数据，将配制的高强高性能混凝土C70~C90进行了进一步的试验验证及实际泵送验证。表6为高强高性能混凝土C70~C90的配比，从表6中可以看出：混凝土的等级越高，其水胶比越低，用水量越小。粗碎石:细碎石为7:3和6:4，砂率控制在42%，胶凝材料主要由水泥、矿渣粉和硅粉搭配而成，矿物超细粉的掺量为30%左右。表7为现场泵送过程中取样所测得的参数，从表中可以看出：高强高性能混凝土的坍落度>245mm，扩展度>570mm，倒筒时间控制在20s以下，压力泌水率控制在40%以下。从表8的现场实际泵送数据可以看出，高强高性能混凝土的泵送效率较高，接近中联超高压泵的理论设计排量（高压40m³/h），而且泵送压力较中联超高压泵的设计压力有较大的富余，有利于进行高强高性能混凝土的更高层泵送。

表6 高强高性能混凝土配比　　　　　　　　　　　　　　　　　　　　kg/m³

混凝土等级	水泥	矿渣粉	硅粉	砂	粗碎石	细碎石	水	减水剂	水胶比（%）	砂率（%）
C70	410	135	15	725	700	300	145	10.64	0.27	0.42
C80	422	142	20	740	600	400	140	12.26	0.26	0.42
C90	430	145	40	729	700	300	130	15.99	0.23	0.42

表7 高强高性能混凝土的工作性能检测

混凝土等级	坍落度（mm）	扩展度（mm）	倒筒时间（s）	压力泌水率（%）
C70	250	675	11.6	37.54
C80	245	630	12	27.2
C90	245	570	17	15

表8 高强高性能混凝土的现场泵送

混凝土等级	泵送高度（m）	泵送效率（m³/h）	混凝土泵出口压力（MPa）	液压系统压力（MPa）
C70	184.5	31.8	16.1	13.1
C80	207	35.7	18.1	14.7
C90	189	30.7	16.2	13.1

5 混凝土泵及管道的优化设计研究

高强高性能混凝土的水胶比低，胶凝材料用量大，造成混凝土的粘阻力较高，泵送效率低，各种易损件的使用寿命低。为了有效提高高强高性能混凝土的泵送效率、降低混凝土输送管道的压力损失以及提高易损件的使用寿命，需要对混凝土泵及其管道进行一些优化设计，研发设计专门针对高强高性能混凝土超高泵送的超高压混凝土泵。本节主要针对高强高性能混凝土的超高层泵送，对混凝土输送泵的吸料性、易损件的使用寿命及混凝土输送管道布置进行了优化设计。

5.1 混凝土泵的吸料性研究

混凝土泵的吸料性是泵送效率的一个重要因素，在同样排量下，吸料性越好时其泵送效率越高。中联重科的90.40.572RS超高压混凝土泵采用了以下技术以提高混凝土泵的吸料性。

5.1.1 料斗的优化设计

中联重科的40MPa超高压泵采用增压技术，液压系统的最大压力为32MPa，混凝土泵的最大出口压力为40MPa。相比普通压力级别的混凝土输送泵，超高压泵混凝土缸的缸径要小，为了提高吸料性，特意将超高压泵中料斗的容积加大，增加料斗存储混凝土的量；通过有限元分析形成最佳倾角的料斗侧斗身以及后斗身，使混凝土更容易被吸入混凝土缸；消除料斗中的死角，采用圆角光滑过渡，降低混凝土在料斗中的堆积现象。

5.1.2 搅拌机构的优化设计

由于系统结构限制，混凝土泵搅拌机构中的搅拌叶片在搅拌过程中不可能完全将料斗中的料搅到，利用CAD三维软件分析搅拌叶片的搅拌过程，改变叶片的结构形状，使其始终与料斗壁保持一定的间隙，并且尽可能的使其能搅活料斗底部的混凝土，减少混凝土在泵送过程中的下沉而造成吸入率低甚至混凝土吸入困难的现象发生。

5.2 混凝土泵易损件使用寿命研究

混凝土泵的易损件主要包括眼镜板、切割环和活塞。由于高强高性能混凝土的粘阻力较高，普通材质及加工工艺的眼镜板、切割环在泵送高强高性能混凝土时使用寿命较低，在泵送过程中很容易损坏，从而造成堵管或者无法泵送等情况的发生，将严重影响泵送施工效率，为此特别研制了针对高强高性能混凝土的眼镜板和切割环，采用独特的焊接工艺，在眼镜板和切割环上镶嵌耐磨硬质合金环，大大地增加了其使用寿命。通过多次试验，多次改进活塞的材料性能及其结构，使其更符合高强高性能混凝土的泵送工况。

通过优化设计，眼镜板从原来的不到1000m³提高到2000m³以上，切割环的使用寿命从不到1000m³提高到1000m³以上，活塞的使用寿命也提高到1000m³左右。

5.3 混凝土输送管道的优化设计

混凝土输送管道的设计及布置主要是考虑到减小混凝土在输送管道中的沿程压力损失，主要针对弯管及直管进行了优化设计，优化设计后的混凝土输送管道沿程压力小，磨损较小，可以保证在整个建筑封顶前不需更换管道，大大提高了其使用寿命。

5.3.1 直管

根据《混凝土泵送施工技术规程》（JGJ/T 10—95），普通混凝土输送管道中的每个管卡的压力损失为 0.1MPa[4]，而且管道对接处很容易磨损，造成混凝土输送管道发热严重，管道之间的密封性能差，很容易漏浆，从而造成堵管现象的发生，如图 4 所示。针对这种情况，优化设计了混凝土输送直管之间的连接和密封方式，采用带螺栓加端面密封的法兰连接形式，并且在管道接口处加装耐磨环，以便增加管道的耐磨性能，如图 5 所示。

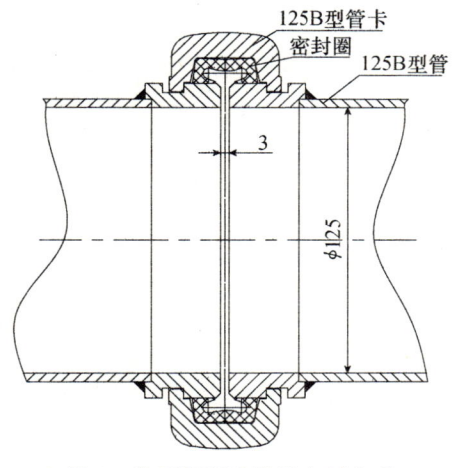

图 4　普通管道连接及密封方式

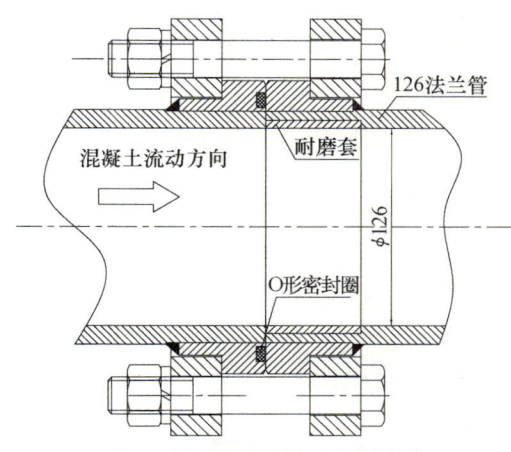

图 5　高压直管连接及密封方式

5.3.2 弯管

根据《混凝土泵送施工技术规程》（JGJ/T 10—95），曲率半径为 500mm 的 90°弯管的压力损失相当于 12m 长的水平直管的压力损失，曲率半径为 1000mm 的 90°弯管相当于 9m 长的水平直管的压力损失[4]，弯管的曲率半径越小，其阻力越大，因此在管道的布置过程中尽量采用大曲率半径的弯管，尽量避免采用小曲率半径的管道，并且弯管端部采用法兰和端面密封的连接方式，如图 6 所示。

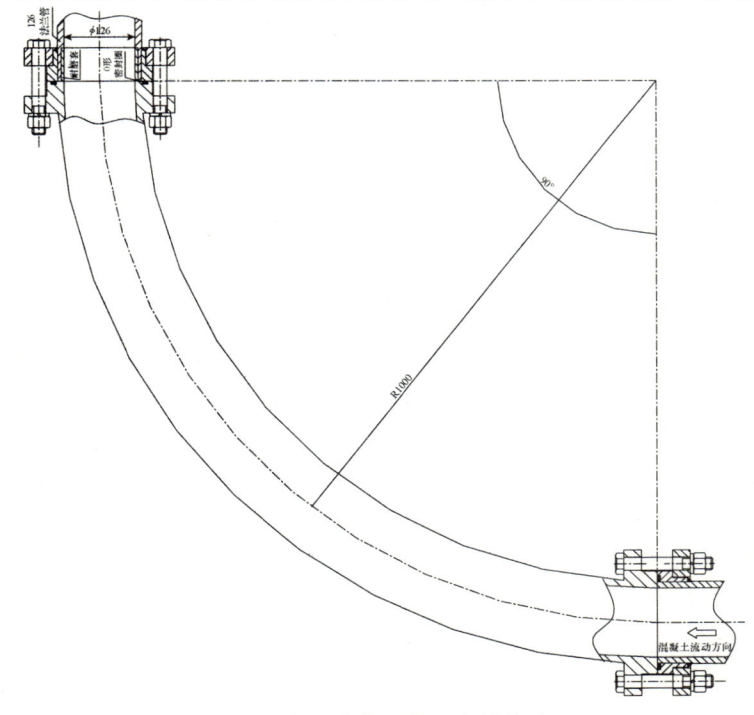

图 6　高压弯管连接及密封方式

改进后的连接及密封方式有效地解决了混凝土输送管道之间的渗漏情况,并且降低了管道接合处的压力损失,提高了混凝土输送管道的使用寿命。通过在广州西塔及深圳京基的实际泵送,在整个建筑封顶之前都没有更换管道,也没有出现过渗漏情况。图 7 为广州西塔和深圳京基项目的混凝土输送管道布置方案图。

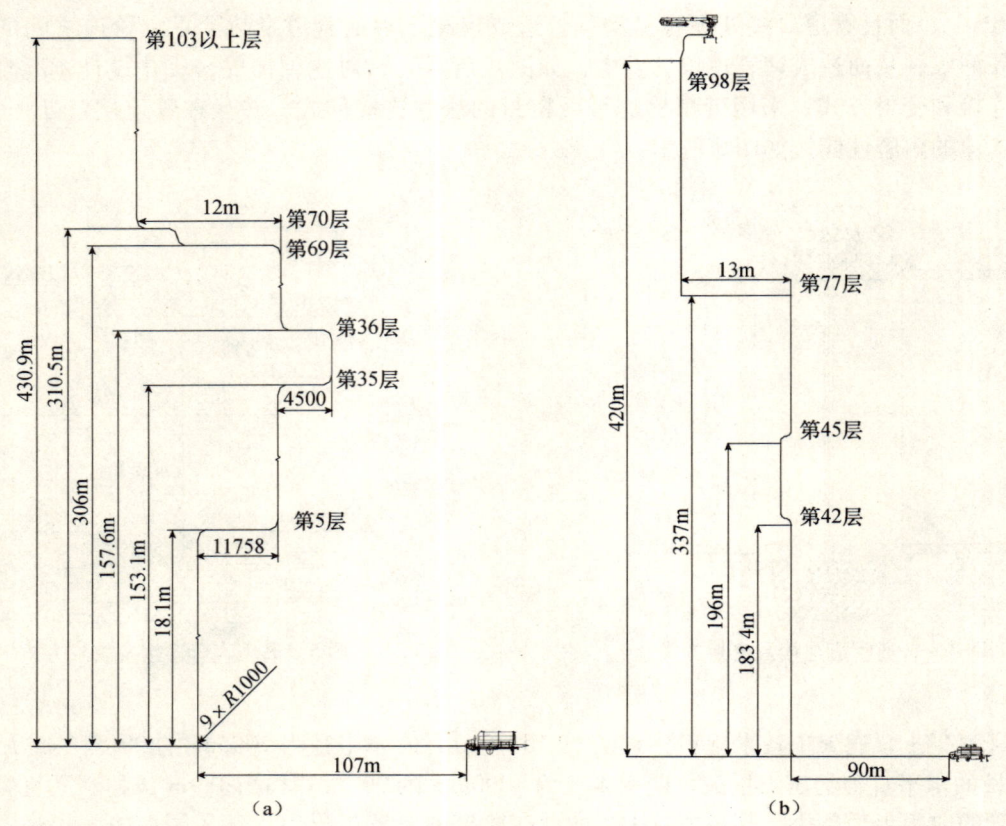

图 7 混凝土输送管道布置方案图
(a) 广州西塔工程;(b) 深圳京基工程

6 结束语

通过对高强高性能混凝土的原材料级配、配比及混凝土泵及管道的研究可知:

(1) 合理地选择原材料并控制好其级配,完全可以解决高强高性能混凝土的粘性大、可泵性差的特点,并可顺利实现高强高性能混凝土的超高层泵送。

(2) 通过优化设计后的混凝土泵及输送管道,可以增加高强高性能混凝土的泵送效率、提高混凝土泵易损件的使用寿命和降低输送管道的沿程压力损失,减少高强高性能混凝土泵送过程中堵管现象的发生。

参考文献

[1] 马宝国,彭观良,胡曙光,吕林女. 泵送混凝土可泵性的评价方法浅探 [J]. 山东建材,2000,5:1~4.
[2] 冯乃谦. 混凝土技术新进展 [J]. 建筑机械,1999 (3):37~40.
[3] 冯乃谦. 高性能混凝土的发展与应用 [J]. 施工技术,2003,32 (4):1~6.
[4] JGJ/T 10—95. 混凝土泵送施工技术规程 [S].

高性能混凝土泵送压力损失的分析

陈宝钢　戴彬彬　康明智

中联重科混凝土机械公司研究院，长沙，410000

【摘　要】　与常规混凝土相比，高性能混凝土（HPC）的泵送施工工况已经发生了很大的变化，其泵送压力损失也不能简单地按照常规混凝土的泵送压力损失经验公式计算。本文结合国内某些超高层建筑（建筑高度400m以上）的实际施工案例，针对 HPC 的泵送压力损失进行了较为深入的探索和分析，验证了高性能混凝土的压力损失与混凝土流速及泵送排量呈线性关系，并提出了压力损失计算的经验公式中两个重要参数——粘着系数 k_1 和速度系数 k_2 的求算方法。同时，给出了部分 HPC 的泵送压力损失测算值以供参考。

【关键词】　高性能混凝土；超高泵送；泵送压力损失；混凝土流速（排量）

Analysis of the Pumping Pressure Loss of High-performance Concrete

Chen Baogang　Dai Binbin　Kang Mingzhi

Research Institute of ZOOMLION, Changsha, Hunan, 410000, China

【Abstract】　Comparing with normal concrete, the pumping condition of high performance concrete (HPC) has been changed greatly. The pumping pressure loss can not simply estimate according to the experiential formula of normal concrete's pumping pressure loss. The study has analyzed the pumping pressure loss of HPC on base of the case in some domestic super-high building project (higher than 400m), and has validated that the pumping pressure loss is linear to the concrete flowing velocity or pumping discharge capacity. And we gave two important coefficients——adhere coefficient k_1 and velocity coefficient k_2 in experiential formula of normal concrete's pumping pressure loss. At the same time, we gave some actual values of HPC's pumping pressure loss.

【Key words】　High Performance Concrete (HPC); super-high pumping; pumping pressure loss; concrete flowing velocity (discharge capacity)

0　引言

随着我国高层和超高层建筑的迅速发展，超高和超长距离混凝土泵送施工的工况越来越多，高性能混凝土的泵送施工所占的比重也越来越大，其施工工艺与常规混凝土相比发生了极大的变化。因此，进行高性能混凝土的泵送压力损失的分析与研究显得尤为重要。

本文所指的常规混凝土是指以往施工中使用的混凝土，通常是由砂、石、水泥、水及其他普通的掺合料组成；高性能混凝土则是指现在施工中大量使用的高性能混凝土，通常是由砂、石等粗细骨料，水泥、超细矿物掺合料（如超细矿渣粉，比表面积在 400cm^2/g 以上；硅粉；粉煤灰；石膏粉；沸石粉等）等胶凝材料、水、高效减水剂（主要有萘系、聚羧酸系减水剂等）及其他添加剂如缓凝剂、泵送剂等组成。高性能混凝土由于掺入大量的改善混凝土性能的矿物掺和料合外加剂，使其泵送性能与常规混凝土有很大的差异。与常规混凝土相比，高性能混凝土的特点主要表现在以下几点：

（1）采用优质粗细骨料，一般采用 30mm 以下的粗骨料，细度模数 3.0 左右的中砂等配制，使其具有较好的级配，利于混凝土的泵送施工。

（2）掺入了大量的矿物掺合料，使得混凝土粘性有很大变化。如保持单方用水量不变的情况下，掺入 60kg/m³ 的硅粉后，可以配制出抗压强度等级较高的混凝土，但要比不掺硅粉时的混凝土的粘性大很多；掺入的磨细矿渣粉，也可以大幅度提高混凝土的抗压强度；掺入优质粉煤灰可以改善混凝土的泵送性能。

（3）单方用水量较少，由于掺入了大量的掺料，使得其水胶比相对较低，如 C50 高性能混凝土的水胶比一般控制在 0.35 以下，C60 高性能混凝土的水胶比一般控制在 0.31 左右。

（4）高效减水剂的使用，目前采用较多的主要有萘系和聚羧酸系减水剂，萘系减水剂由于对环境保护的影响，已逐渐被聚羧酸系减水剂所替代。聚羧酸系减水剂有良好的减水效果，减水率可达 30%，且具有很好的保坍落度性能。

总之，高性能混凝土根据其使用要求，可以具有良好的流动性、抗渗透性、耐酸性、耐腐蚀性、耐磨性、耐久性、耐火性等特殊的性能，同时可以具有很高的强度。例如，在某工程中所使用的超高性能 C100 混凝土，其水胶比低至 0.22，配合比如表 1 所示。

表 1　C100 高性能混凝土施工配合比　　　　　　　　　　　　　　　　　　kg/m³

水胶比	水	胶凝材料用量（kg）			减水剂	砂	碎石		外加剂种类
		水泥	矿渣	硅粉			粗	细	
0.22	150	478	136	68	2.0%	755	584.5	250.5	科杰减水剂 30%

1　常规混凝土的压力损失的测算方法

我们在以往的混凝土泵送施工过程中，认为混凝土的泵送压力损失只与其坍落度 S 及其排量（混凝土在管道中的平均流速）有关。通常，我们采用经验公式来测算混凝土单位长度水平管压力损失。常用的测算依据主要有以下三种：日本建筑学会提供的计算图表，日本土木学会编制的《混凝土泵送施工规程》推荐的单位长度水平管压力损失计算公式（式1），以及 S·Morinaga 公式（式2）。

1.1　日本建筑学会提供的计算图表

日本建筑学会提供的计算图表的方法是根据以往常规混凝土泵送施工的实测数据进行总结后所得出的计算图表。对传统混凝土的泵送施工具有一定的参考价值，如表 2 所示。

表 2　输送常规混凝土时单位长度水平管的压力损失计算图表

混凝土坍落度（mm）	管径（mm）	输出量（m³/h）				
		20	30	40	50	60
80	100	0.18	0.21	0.24	0.28	0.32
	125	0.11	0.12	0.13	0.15	0.17
120	100	0.15	0.18	0.21	0.25	0.28
	125	0.10	0.11	0.12	0.13	0.14
150	100	0.12	0.15	0.18	0.21	0.24
	125	0.09	0.10	0.11	0.12	0.13
180	100	0.10	0.12	0.14	0.17	0.20
	125	0.07	0.08	0.09	0.10	0.11
210	100	0.08	0.10	0.12	0.14	0.16
	125	0.05	0.06	0.07	0.08	0.09

1.2 日本土木学会编制的《混凝土泵送施工规程》推荐的单位长度水平管压力损失计算公式

$$\Delta P_H = \frac{2}{r}\left[k_1 + k_2\left(1 + \frac{t_2}{t_1}\right)v\right]\alpha \tag{1}$$

式中 ΔP_H——每米长水平管的压力损失,Pa/m;
  r——输送管半径,m;
  k_1——粘着系数,Pa;
  $k_1 = (3.0 - 0.10S_1) \cdot 10^2$ (Pa);
  k_2——速度系数,Pa/(m·s^{-1});
  $k_2 = (4.0 - 0.10S_1) \cdot 10^2$ [Pa/(m/s)];
  S_1——混凝土坍落度,cm;
  $\frac{t_2}{t_1}$——分配阀的切换时间与活塞推压混凝土时间之比,一般取 0.30;
  v——混凝土在输送管内的平均流速,m/s;
  α——径向压力与轴向压力之比,一般取 0.90。

1.3 S·Morinaga 公式

$$\Delta P_H = \frac{2}{r}\left[k_1 + k_2\left(1 + \frac{t_2}{t_1}\right)v\right]\alpha \tag{2}$$

式中,$\frac{t_2}{t_1}$——分配阀的切换时间与活塞推压混凝土时间之比,一般取 0.20;其他符号同上式。

2 高性能混凝土泵送施工案例中的泵送压力损失的计算

高性能混凝土的泵送施工方案设计往往涉及到泵送压力损失的计算及泵送设备的选型。例如,广州某超高层建筑(建筑高度大于400m)大量使用了 C50~C100 等不同强度等级的高性能混凝土。对高性能混凝土进行泵送压力损失的估算和分析是整个工程顺利进行的有力保障。下面我们先给出本文的计算方法,然后再对混凝土流速(泵机排量)和泵送压力损失进行分析。

2.1 计算方法

$$P = A + B \tag{3}$$
$$B = \rho g h \tag{4}$$
$$\Delta A = A/L \tag{5}$$
$$\Delta B = \Delta A + \rho g \tag{6}$$
$$\rho g = 2500 \times 10 = 0.025 (\text{MPa/m})$$

式中 P——混凝土压力;
  A——泵管沿程压力损失;
  B——垂直泵管因重力引起的压力损失;
  ΔA——每米泵管沿程压力损失;
  ΔB——每米垂直泵管压力损失;
  h——垂直泵管长度;
  L——泵管水平换算总长度;
  ρ——混凝土密度,取 2500kg/m^3;
  g——重力加速度,取 10m^2/s;
  ρg——每米垂直泵管因重力引起的压力损失。

混凝土缸一个行程排出的混凝土体积为 V_1，单位时间排出的混凝土的体积为 V_0（m³/h），则

$$V_1 = \pi R^2 L \times \eta = \frac{\pi \times 0.18^2 \times 2.1}{4} \times \eta = 0.0534\eta(\text{m}^3) \tag{7}$$

$$V_0 = \frac{N}{60} \times V_1 = 3.204\eta N(\text{m}^3/\text{h}) \tag{8}$$

式中　R——混凝土缸半径90mm；

　　　L——活塞有效行程2.1m；

　　　η——容积效应系数，一般取0.8，高性能混凝土取0.75；

　　　N——S阀每分钟换向频率（每分钟换向次数）。

混凝土压力 P 涉及到混凝土的级配、粘度及混凝土移动的速度因素；泵管沿程压力损失 A 涉及到直管、弯管、布料机管道等整条泵管产生的压力损失。

2.2 混凝土流动速度（排量）与泵送压力损失的关系

以国内某超高层建筑混凝土泵送施工为例，我们在现场采集的混凝土流速（排量）与混凝土压力损失、系统压力的数据如表3所示。表中混凝土流速和单位长度水平管压力损失按照本文的计算方法换算所得。

表3　流速（排量）与泵送压力损失的数据记录表

混凝土等级（泵送楼层）	频率（次/秒）	换算排量（m3/h）	活塞速度（m/s）	混凝土流速（m/s）	系统压力（MPa）	混凝土压力（MPa）	单位长度水平压力损失（MPa/m）
C50（泵送楼层55层）	7.87	18.91	0.29	0.428	8.2	10.1	0.0162
	8.57	20.59	0.32	0.466	9.1	11.2	0.0179
	10.00	24.03	0.37	0.544	10.2	12.6	0.0201
	12.00	28.84	0.45	0.653	11.4	14.1	0.0225
	12.20	29.32	0.46	0.663	12.4	15.3	0.0245
	13.22	31.77	0.5	0.719	13.1	16.2	0.0259
	13.33	32.03	0.51	0.725	13.4	16.5	0.0264
C80（泵送楼层68层）	7.62	18.31	0.28	0.414	12.3	15.2	0.0213
	10.00	24.03	0.37	0.544	14.6	18.0	0.0252
	10.48	25.18	0.39	0.570	15.4	19.0	0.0266
	11.00	26.43	0.41	0.598	16.2	20.0	0.0280
	11.43	27.47	0.43	0.622	16.3	20.1	0.0281
	11.61	27.90	0.44	0.631	16.8	20.7	0.0290
	12.19	29.29	0.46	0.663	17.3	21.4	0.0299
	12.58	30.23	0.48	0.684	17.9	22.1	0.0309
C35（泵送楼层41层）	11.3	28.96	0.42	0.614	7	8.6	0.0153
	12.5	32.04	0.47	0.680	7.4	9.1	0.0162
	14	35.89	0.53	0.761	7.8	9.6	0.0171
	13.9	35.63	0.53	0.756	7.4	9.1	0.0162
	14.2	36.40	0.54	0.772	8	9.9	0.0176
	15	38.45	0.58	0.816	8.3	10.2	0.0181
	14.5	37.17	0.55	0.788	7.8	9.6	0.0171
	15	38.45	0.58	0.816	7.9	9.8	0.0174

续表

混凝土标号（泵送楼层）	频率（次/秒）	换算排量（m3/h）	活塞速度（m/s）	混凝土流速（m/s）	系统压力（MPa）	混凝土压力（MPa）	单位长度水平压力损失（MPa/m）
C80（泵送楼层68层）	6.27	15.07	0.23	0.341	12.1	14.9	0.0203
	7.30	17.54	0.27	0.397	13.7	16.9	0.0230
	8.11	19.49	0.3	0.441	14.5	17.9	0.0243
	10.00	24.03	0.37	0.544	16.1	19.9	0.0271
	9.57	23.00	0.35	0.520	18.3	22.6	0.0307
	11.19	26.89	0.42	0.608	18.2	22.5	0.0306
	11.80	28.36	0.44	0.642	21	25.9	0.0352

混凝土与单位面积管壁的粘阻力 f 的计算方法：

$$f = \frac{\Delta P_H \cdot \pi r^2}{2\pi r \alpha} (\text{Pa}) \tag{9}$$

式中 α——径向压力与轴向压力之比，一般取 0.90；

r——输送管半径 0.0625m。

根据表 3 中的数据，我们可以找出混凝土在输送管内的平均流速 $\bar{v}$ 和对应的混凝土与单位面积管壁的粘阻力 f 关系。先用描点法观察 $\bar{v}$ 和 f 大概呈线性关系，如图 1（a）~图 4（a）所示（图中五角星标记均表示混凝土压力，米字形标记均表示系统压力。压力单位：MPa，排量单位：m³/h）。

采用最小二乘法对所采集的样本点进行直线拟合，有：

$$f = k_1 + k_2 \bar{v} \tag{10}$$

理论上讲，f 和 $\bar{v}$ 呈线性关系，即当 $\bar{v}$ 增大时 f 也成比例的增大；当 $\bar{v}=0$ 时，$f=k_1$。实际上 k_1 就是公式（1）和式（2）中的粘着系数，而 k_2 就是式（1）和式（2）中的速度系数，如图 1（b）~图 4（b）所示。

(1) C50(55层) 排量压力关系（图1）。

(2) C80(68层) 排量压力关系（图2）。

(3) C35(41层) 排量压力关系（图3）。

(4) C80(68层) 排量压力关系（图4）。

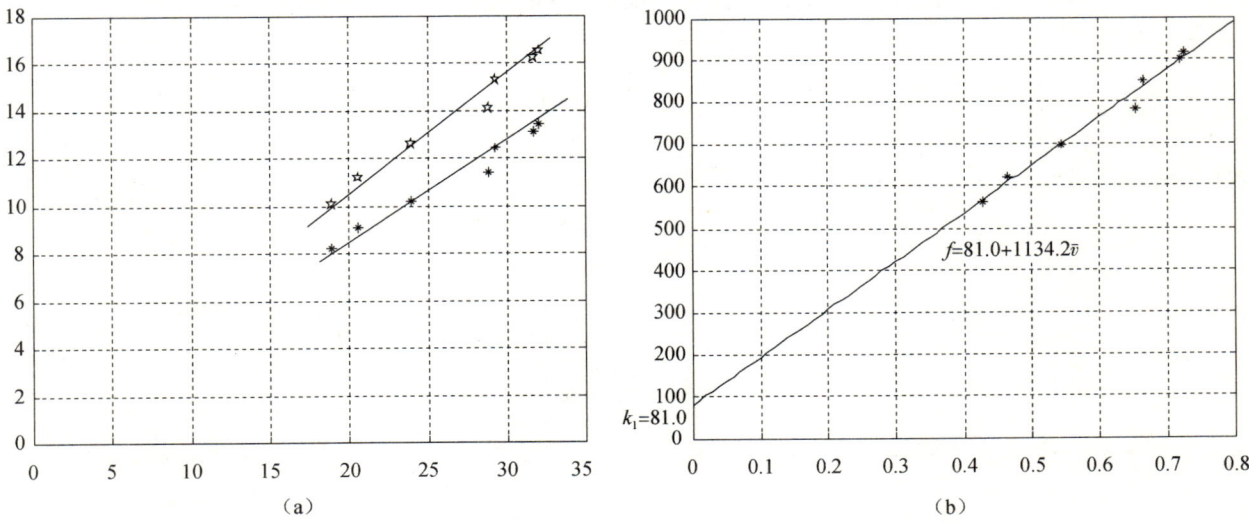

图1 C50(55层) 排量与压力的关系

（a）排量压力关系；（b）混凝土平均流速 $\bar{v}$ 与单位面积管壁的粘阻力 f 的关系

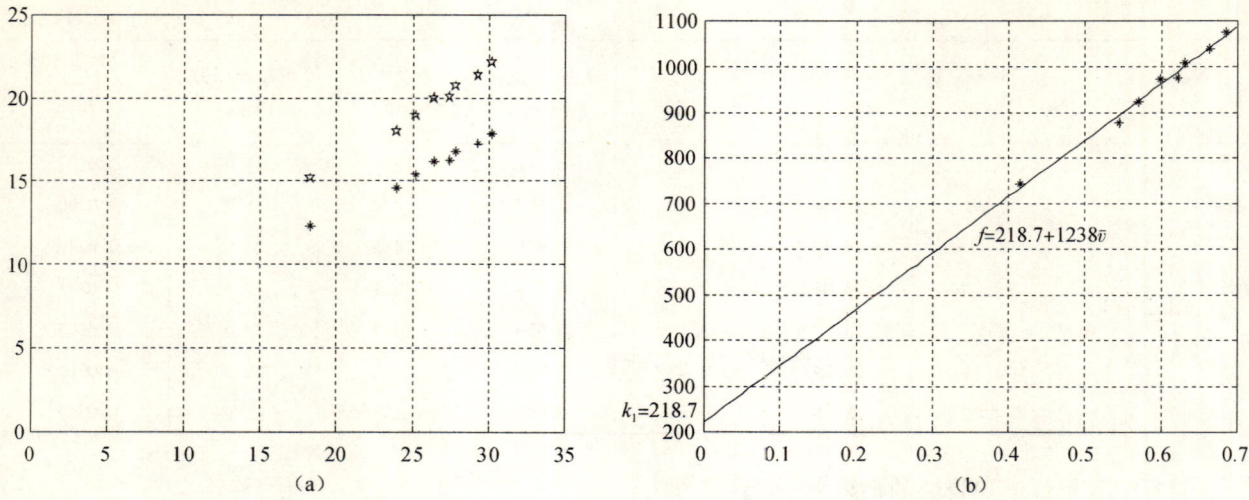

图 2　C80(68 层) 排量压力关系
(a) 排量压力关系; (b) 混凝土平均流速 $\bar{v}$ 与单位面积管壁的粘阻力 f 的关系

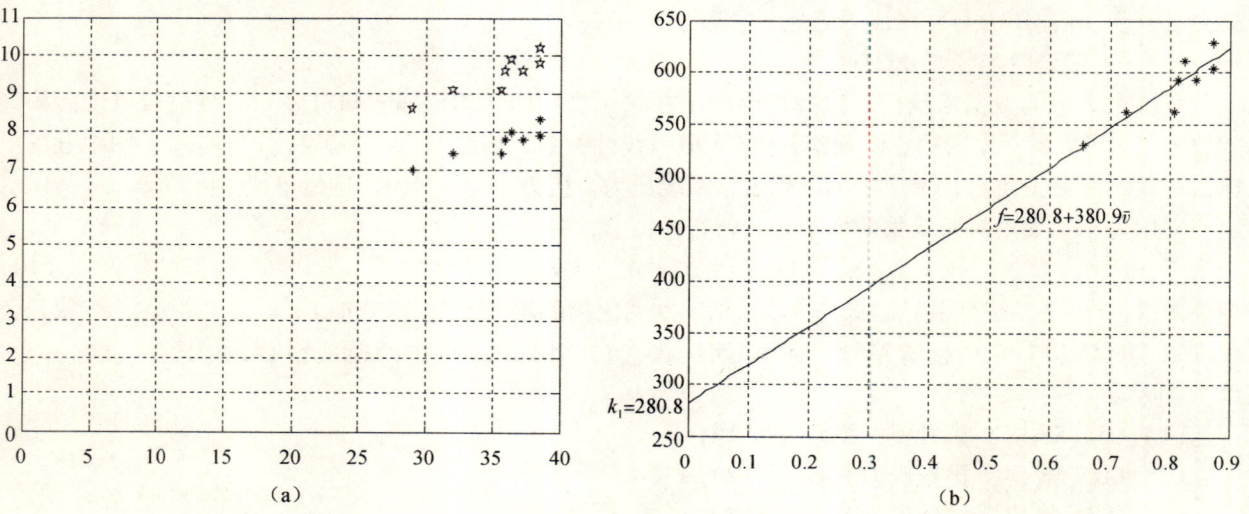

图 3　C35(41 层) 排量压力的关系
(a) 排量压力关系; (b) 混凝土平均流速 $\bar{v}$ 与单位面积管壁的粘阻力 f 的关系

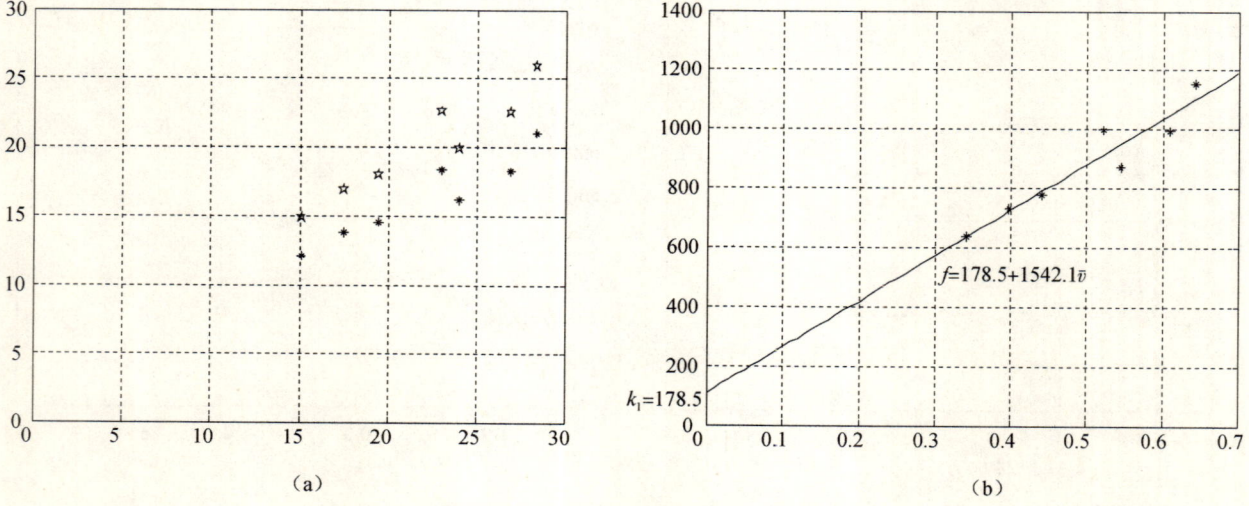

图 4　C80(68 层) 排量压力的关系
(a) 排量压力关系; (b) 混凝土平均流速 $\bar{v}$ 与单位面积管壁的粘阻力 f 的关系

从上图可以看出，图1（a）和图2（a）中混凝土的排量与混凝土压力及系统压力都呈较好的线性关系；图3（a）中的数据波动较大，可能是低强度等级混凝土（C35）排量较大时记录下的数据与实际数值有一定偏差所致；图4（a）中的数据离散也较大，但大体上呈线性关系。因此，我们基本上可以认为混凝土排量与泵送压力（泵送压力损失）呈线性关系。

表4为根据表3中的数据用最小二乘法拟合直线方程计算的 k_1、k_2 结果与采用经验公式计算值的对比。值得一提的是，我们实际测算结果与经验公式的计算结果相差甚远，显然实测数值将更接近于真值。因此，经验公式已经不能很好地适用于高性能混凝土泵送压力损失的估算。

表4 k_1、k_2 的最小二乘法拟合直线计算结果

	混凝土强度等级	坍落度（cm）	k_1 经验公式计算值	k_2 经验公式计算值	粘着系数 k_1（Pa）	速度系数 k_2 [Pa/(m·s^{-1})]
1	C50	24±2	60±20	160±20	81	1134.2
2	C80	24±2	60±20	160±20	218.7	1238
3	C35	24±2	60±20	160±20	280.8	380.9
4	C80	24±2	60±20	160±20	178.5	1542.1

3 结论

在大量的高性能混凝土的泵送施工现场，我们既获得了大量的第一手资料，又积累了丰富的超高层泵送施工经验。通过在现场采集的大量数据分析，对超高层垂直泵送施工（400m以上）进行压力损失研究，我们得出以下结论：

（1）原建设部1995年颁布实施的《混凝土泵送施工技术规程》（JGJ/T 10—95）行业标准中混凝土输送管的水平换算长度方法（表5.1.2）和混凝土泵最大水平输送距离计算公式（B-1）基本适用于高性能混凝土施工的输送管路的换算。

（2）结合在国内某些超高层建筑高性能混凝土泵送施工现场采集的数据，我们将不同等级高性能混凝土压力损失实际测算平均值归纳如表5所示。

表5 不同等级高性能混凝土压力损失实际测算平均值归纳表

混凝土强度等级	换算每米管道沿程压力损失最大值 ΔA_{max}（MPa/m）	换算每米管道沿程压力损失最小值 ΔA_{min}（MPa/m）	换算每米管道沿程压力损失平均值 ΔA（MPa/m）	每米垂直管道压力损失最大值 ΔB_{max}（MPa/m）	每米垂直管道压力损失最小值 ΔB_{min}（MPa/m）	每米垂直管道压力损失平均值 ΔB（MPa/m）
C90	0.030	0.019	0.0235	0.055	0.044	0.0485
C80	0.024	0.015	0.018	0.049	0.040	0.043
C70	0.027	0.019	0.022	0.052	0.044	0.047
C60	0.020	0.009	0.0155	0.050	0.034	0.0405
C50	0.028	0.017	0.023	0.053	0.042	0.048
C35	0.027	0.006	0.0135	0.052	0.031	0.0385

（3）高强高性能混凝土的压力损失、粘着系数 k_1、速度系数 k_2 与其坍落度 S 的关系不能按公式（1）和式（2）中的方法进行计算，具体关系式有待进一步研究探索。

（4）高强高性能混凝土的泵送压力损失与混凝土流动速度呈线性关系。

（5）混凝土的配合比对压力损失有直接的影响，即使是同强度等级的混凝土因其配合比不同，如外加剂种类及用量、是否掺入粉煤灰及其用量多少，对压力损失有很大差异。

参考文献

[1] 中国建筑科学研究院，JGJ/T10-95. 混凝土泵送施工技术规程. 1995.
[2] 冯乃谦. 混凝土学.

超高压泵送设备选型

陈宝钢　徐建华　郝建坤

长沙中联重工科技发展股份有限公司，长沙，410013

【摘　要】 本文立足于439m泵送高度的深圳京基国际金融中心的建设，以C60~C100高强高性能混凝土为泵送对象，在分析C60~C100高强高性能混凝土（HPC）泵送特性的基础上，详细阐述超高压混凝土输送泵、混凝土输送管的选择方法。

【关键词】 超高层建筑；泵送设备；混凝土输送泵；高强混凝土

Selection on Pumping Conveyer for Super-high Rise Building

Chen Baogang　Xu Jianhua　Hao Jiankun

Changsha ZOOMLION Heavy Industry Science & Technology Development Co., Ltd., Changsha, 410013, China

【Abstract】 The paper describes the method of selecting concrete conveyer pump and selecting concrete conveyer pipe for super-high rise building, after analyzing the special requirements for pumping conveyer device based on characteristics of C60~C100 High Strength and High Performance Concrete (HS/HPC) using for super-high rise building like Shenzhen KingKey Finance Center at the height of 439 meters.

【Key words】 super-high rise building; pumping conveyer; concrete conveyer pump; high strength and high performance concrete (HS/HPC)

1　前言

由于超高层建筑在一定意义上被作为城市现代化的标志和综合实力的体现，因而在世界各地纷纷拔地而起，其高度纪录也不断被刷新。混凝土泵送施工技术由于具有输送效率高、输送成本相对较低等优点而在高层建筑施工中被广泛采用，如：广州珠江新城西塔、上海环球金融中心、深圳蔡屋围京基金融中心、阿联酋迪拜塔等400m以上超高层建筑都采用泵送方式进行混凝土浇筑施工。随着泵送高度的增加，混凝土的输送压力也不断提高。对于垂直高度大于400m的超高层建筑，一般均使用粘度大、可泵送性极差的高强高性能混凝土。在超高压泵送中高强混凝土需承受较高的压力，因此极易产生泄漏导致混凝土离析、堵管等诸多问题，一直困扰着混凝土高层施工；要解决此难题，选择合适的混凝土泵送设备显得尤为重要。本文以C60~C100高强高性能混凝土为泵送对象，详细阐述超高层建筑用混凝土输送泵、混凝土输送管的选择方法。

2　高强高性能混凝土的泵送特性

C60~C100高强高性能混凝土（HPC）是一种新型高技术混凝土，与普通混凝土（NSC）相比，水灰比W/C低，粘性特别大，其流动特性属于宾汉姆体，只有当作用外力超过屈服值时才产生流动，而流动的快慢则与其塑性粘度有关。其表现出如下泵送特性：

（1）由于C60~C100高强高性能混凝土（HPC）单方用水量很低，甚至低于150kg，其流动性的产生主要依靠高效减水剂的强吸附分散作用，使得混凝土拌合物的粘性极大，泵送的施工阻力大，泵送压力要求高。要求混凝土泵送设备的出口压力大。

（2）由于 C60~C100 高强高性能混凝土（HPC）坍落度、扩展度对水灰比非常敏感，少量水的波动将导致坍落度、扩展度产生很大变化。高性能混凝土坍落度、扩展度对泵送阻力影响巨大，现场试验表明高性能混凝土泵送时，坍落度最好控制在 24~26cm 之间，扩展度最好控制在 600mm 以上。

（3）由于 C60~C100 高强高性能混凝土（HPC）稠度大，S 管摆动阻力大，换向时间长，要求混凝土泵送设备摆动油缸推力大。泵送时主油缸与 S 管动作时要求高。

（4）由于 C60~C100 高强高性能混凝土（HPC）组分多、粘性大，对眼镜板、切割环、管道等易损件的磨损较普通混凝土大。据不完全统计，对于 C60~C100 高强高性能混凝土（HPC）而言，易损件使用寿命只有在普通混凝土的 1/3~1/5。

3 混凝土输送泵选型

目前，对于超高层建筑的泵送施工一般采用接力泵送或一泵到底两种办法来实现，这里主要介绍的是一泵到底。

一泵到底就是利用超高压混凝土泵直接将混凝土输送到目的地；该方案具有施工简单，施工成本较低等优点，但该方案泵送压力较高，容易产生泄漏导致混凝土离析、堵管等诸多问题，因此该施工方法对泵送设备、混凝土输送管道以及泵送施工工艺都要求极高；与此同时，该工程完成后，该泵用于一般项目就不太经济。

超高压混凝土泵的选型一般是根据工况要求，估算管道的阻力，根据所计算压力值初选混凝土泵型号，最后根据由厂家提供的泵送性能曲线查找对应的输送量，看看泵送压力（决定了泵送距离）、理论方量（决定了泵送时间）是否满足项目要求，如果满足要求，型号确定，如果不满足要求重新选型号，如此反复，直至所选型号满足要求为止，其流程图如图 1 所示。

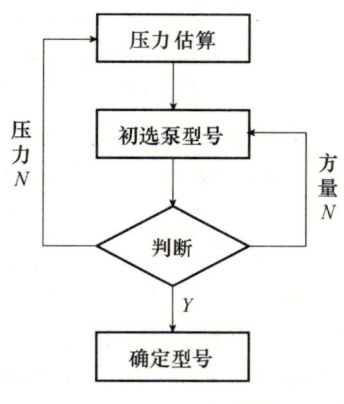

图 1 混凝土泵选型流程图

3.1 泵送压力估算

目前对于泵送水平管道压力估算的方法有三种，即：S. Morinaga 公式法、日本土木学会公式法、计算图表法。我们这里主要介绍 S. Morinaga 公式法和日本土木学会公式两种计算方法，下面就分别采用 S. Morinaga 公式法和日本土木学会公式法来初步估算泵送压力。

（1）采用 S. Morinaga 公式法计算：

$$\Delta P_H = \frac{2}{r}\left[K_1 + K_2\left(1 + \frac{t_2}{t_1}\right)V\right]\alpha \tag{1}$$

式中 r——输送管半径； $r = 0.0625(\text{m})$
K_1——粘着系数，Pa； $K_1 = (3.0 - 0.10) \times 100$
K_2——速度系数，Pa/m/s； $K_2 = (4.0 - 0.10) \times 100$
$\frac{t_2}{t_1}$——分配阀切换时间与活塞推压混凝土时间之比，取 0.3；
V——混凝土在输送管内平均流速，m/s，取 0.75m/s；
α——混凝土径向压力与轴向压力之比，$\alpha = 0.9$。

根据计算：$\Delta P_H = 0.0185\text{MPa/m}$（水平）

（2）采用日本土木学会公式法计算：

$$\Delta P_H = \frac{2}{r}\left[K_1 + K_2\left(1 + \frac{t_2}{t_1}\right)V\right]\alpha \tag{2}$$

式中 r——输送管半径； $r = 0.0625(\text{m})$
K_1——粘着系数，Pa； $K_1 = (3.0 - 0.10S_1) \times 100$

K_2——速度系数，Pa/m/s； $K_2 = (4.0 - 0.10S_1) \times 100$

S_1——混凝土坍落度，cm，取20cm；

$\dfrac{t_2}{t_1}$——分配阀切换时间与活塞推压混凝土时间之比，取0.3；

V——混凝土在输送管内平均流速，m/s，取1m/s；

α——混凝土径向压力与轴向压力之比，$\alpha = 0.9$。

根据计算：$\Delta P_H = 0.0098\text{MPa/m}$（水平），取 $\Delta P_H = 0.01\text{MPa/m}$。

以上两种计算方法得出的结果截然不同。经与广州西塔和深圳京基大厦的施工时记录的实际数据进行对比发现：按第一种方法计算出的结果与实际泵送高强混凝土（C50以上）泵送压力损失较为接近；按第二种方法计算的结果与泵送普通混凝土的最小值较为接近。故得出以下结论：

① 使用S. Morinaga公式计算泵送高强度混凝土压力损失较为符合实际；

② 采用日本土木学会公式法计算泵送普通混凝土压力损失在最为理想状态下较为符合实际。

垂直管道压力损失计算方法如下：

$$\text{垂直泵管因重力引起的压力损失} \rho g = 2500 \times 10 = 0.025 (\text{MPa/m})$$

式中 ρ——混凝土密度，取2500kg/m³；

g——重力加速度，取10。

下面以深圳京基大厦泵送为例：

京基金融中心主塔楼工程高439m，外筒、核心筒采用C60、C80，9.9万m³；楼板采用C30/C40混凝土，3万m³，总计混凝土方量12.9万m³。

水平管道：$150 \times 0.0185 = 2.7691(\text{MPa})$；

水平管道弯管：$4 \times 12 \times 0.0185 = 0.8861(\text{MPa})$；

水平管道以3m管连接，法兰压力损失：$(150/3) \times 0.01 = 0.5(\text{MPa})$；

垂直管道：$439 \times (0.0185 + 0.025) = 19.0793(\text{MPa})$；

垂直管道法兰压力损失（以每层两根管道计算，共98层）：$98 \times 3 \times 0.01 = 2.94(\text{MPa})$；

布料机压力损失：布料机管道压力损失：$19 \times 0.0185 + 12 \times 0.1 = 1.5508(\text{MPa})$；

混凝土泵送启动内耗：$2(\text{MPa})$；

因此，混凝土泵的出口压力至少要大于：

$$2.7691 + 0.8861 + 0.5 + 19.0793 + 2.94 + 1.5508 + 2 = 29.7253(\text{MPa})$$

3.2 设备型号初选

根据上述计算，考虑到坍落度损失、布管、混凝土波动等因素，预留5%的系数。泵出口压力至少为31.5MPa；即要选择31.5MPa以上的混凝土泵。对于出口压力超过31.5MPa，查阅国内外混凝土泵型谱可知，中联HBT90.40.572RS超高压泵能够达到要求，同时还有8.5MPa压力的富余，如图2所示。

3.3 设备型号确定

对于大多数工程来说，都有施工速度的要求，因此在选择泵送设备时，必须考虑其混凝土实际输出方量的能力。

图2 HBT90.40.572RS 外观

按深圳京基项目要求，每层方量约为800m³，要求16h内浇筑完毕。考虑到施工现场的设备维护、不能完全连续输送、突发意外等因素的可能发生，所选的泵送设备须保证每小时输送方量约为50m³/h，该项目使用两台泵送设备,则每台泵送设备输送方量达到 25m³/h 即可。

查看中联 HBT90.40.572RS 超高压泵泵送性能曲线(图3)可知,在出口压力 30MPa,理论输送方量为 48m³/h 左右,大于 45m³/h,满足要求。因此,该工况可以采用两台 HBT90.40.572RS 来施工;为以防万一,可以在附近停放一台作为备用泵,以备急需之用。

中联研制的 HBT90.40.572RS 超高压泵为国内出口压力最大的混凝土输送泵之一,主要具有以下特点:

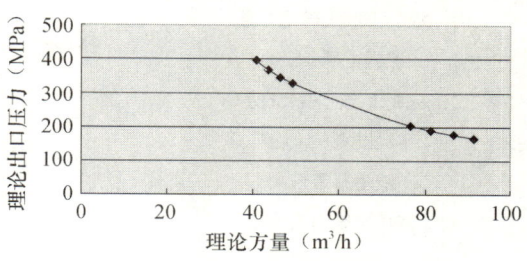

图3　HBT90.40.572RS 泵送性能曲线

(1) 动力源采用两台 286kW 原装进口德国道义次柴油发电机,分别驱动两套双泵双回路系统。应用双动力功率合流技术,平时两套泵组同时工作,当一组出故障时可切断该组,另一组仍维持 50% 的排量继续工作,避免施工过程中断造成损失,既可同时工作以提高工作效率,也可单独作业,大大提高了施工过程的可靠性;

(2) 液压系统采用风冷与水冷结合的强制散热器装置,确保工作油温控制在正常范围之内,从而保障主机液压系统处于正常的工作状态;

(3) 主泵送油路换向采用两个大通径的电液换向阀合流推送主泵送缸,所有的液压管道通流面积合理配置,以适应大流量工况。解决了流速快所带来的压降大和发热的问题,降低空载损失,提高有效的泵送能力,泵送压力高;

(4) 摆动油路合理匹配,由两个恒压泵和双蓄能器瞬间释放出大流量给活塞式大缸径摆缸,同时满足了大方量快速泵送与 S 管摆动强劲需求;

(5) 新型分配缓冲专利技术,既确保了大的摆动力矩,又极大地降低摆动冲击,提高了 S 管花键轴的使用寿命;

(6) 采用大容积的油箱,避免了系统油温过高和发热的现象;

(7) 所有管路均采用锥面密封或矩形密封,管路接头密封可靠;

(8) 液压件、电气元件均采用性能优越的原装进口件,为设备的可靠性提供了保证;

(9) 运用降噪技术,降低设备运行噪声,在低耗环保状态使用噪声更低,可靠性更加优异;

(10) 在国内率先运用"增压传动"的设计理念,即:通过 28~35MPa 的液压系统压力实现 42~52MPa 的混凝土推送力。混凝土输送压力 42MPa 足以满足高度 600m 的高层建筑建设的需要;

(11) 行业内首家将 GPS、GPRS 远程监控系统用于混凝土泵,通过互联网实现异地实时跟踪、记录设备施工状态,为专家和工程管理者同时准确掌握设备运行状态提供了快捷平台,提高了解决问题的效率;

(12) 采用独特工艺制造的硬质合金眼镜板和切割环超强耐磨,大大延长了易损件的使用寿命;

(13) 超强的摆动能力。通过增大摆动油缸面积来提高摆动油缸力矩,成功地避免摆缸不到位现象。与此同时,新型分配缓冲专利技术的应用,既确保了大的摆动力矩,又极大地降低摆动冲击,同时也提高了 S 管花键轴的使用寿命;

(14) 润滑系统采用拥有专利技术的集中自动润滑系统,这种柱塞式浓油泵的压力高,工作可靠,可实现混凝土活塞自动润滑。在润滑泵吸油口和出口处均安装有过滤器,双重保护,润滑更可靠;

(15) 活塞快换技术。改进了混凝土活塞与油缸活塞杆的连接形式,使活塞能退回到水箱内,机手能随时检查活塞磨损情况,也大大减轻了更换活塞的劳动强度;

(16) 自动高低压切换。一个按钮即可实现混凝土泵高低压状态的任意切换,避免了在高低压转换过程中人为的失误,减少了高低压的转换时间和劳动强度。

技术参数如下:

技术参数	单位	HBT90.40.572RS
混凝土最大理论方量	m³/h	91/49
混凝土最大压力	MPa	39.5/20
混凝土缸直径×行程	mm	φ180×2100
主油缸直径×行程	mm	φ200×2100
液压系统形式		开式
液压系统油箱容积	L	1700
发动机型号		2-BF6M1015C
发动机（功率）/转速	kw/rpm	(286+286)/2100
整机质量	kg	≤14000

3.4 设备实际应用情况

该泵送设备在西塔项目和京基项目实际使用中混凝土实际压力基本上在21MPa以下，泵送方量在25m³/h左右。关于设备运行在此种工况下原因的说明：

（1）混凝土压力在21MPa以下的原因：

①试验表明当混凝土压力超过30MPa，泌水现象的程度加重，严重时混凝土离析，混凝土质量下降，而且易造成堵管；

②当混凝土压力超过30MPa，混凝土活塞磨损加剧，寿命大大降低；

③管道实际承压能力需大幅度提高，大大增加了使用成本。

（2）泵送方量在25m³/h的原因：

①在泵送过程中有等料的时间；

②不论是实际记录数据还是试验表明，当泵送方量提高为30m³/h时，泵送阻力会随之大幅度提高原因有2个：混凝土为高强混凝土粘性极大；速度增加，阻力增加。

因此，建议在实际泵送中将泵送方量控制在25m³/h左右，压力为25MPa以下。综上所述开发压力更高的泵送设备在实际应用当中意义不大，实际使用压力根本不会达到30MPa。泵送中适量将泵送方量降低会降低使用成本，使泵送变得更为经济。

4 混凝土输送管选择

作为混凝土泵辅助件的混凝土输送管好坏对泵送工作也起至关重要作用，其连接形式、寿命、可靠性等都影响着设备的使用效果，所以应该将混凝土输送管作为设备选型又一考核目标。

对于泵送压力最大达到40MPa的超高压泵送时，混凝土在管道内纵向将产生48t的拉力，常规的连接与密封方式已不能满足要求，如果管道密封不好，就会发生漏浆，严重时导致堵管。与此同时，混凝土在高压力下流动，对混凝土管道的磨损加剧，会极大地降低混凝土输送管的使用寿命，增大爆管的几率；针对上述情况，普通混凝土输送管已无法满足要求，需要开发与此相配套的耐高压、寿命长的输送管才能满足要求。

基于上述原因，中联重科开发了超高压力耐磨输送管（AG管），该耐磨输送管采用高锰钢，厚12mm，内表面通过特殊热处理后，硬度可达HRC45~55，寿命比普通管可提高2~4倍；并在混凝土流动方向上，混凝土进管口处增加耐磨套；超高压管道之间的连接都采用法兰连接方式，并以密封性能可靠的O形圈端面密封，可承受100MPa的高压，如图4所示。

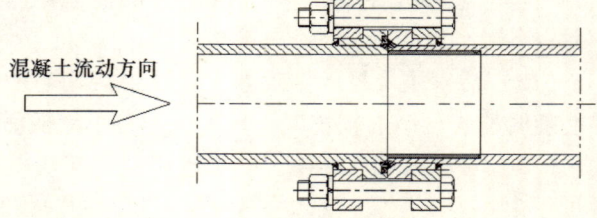

图4 混凝土输送管的连接示意

5 结束语

随着世界经济的迅速增长，人民生活水平大幅度提高，为了显示国家实力，提升城市魅力，在世界范围内掀起了新一轮超高层建筑热，一大批超高层建筑正在或即将兴建；而泵送设备选型作为超高层建筑建设中的一个关键环节越来越得到施工方的关注，希望本文能够为超高层建筑建设者们提供一点有用的参考价值。

参考文献

[1] JGJ/T 10—95. 混凝土泵送施工技术规程（S）. 中国建筑科学研究院.
[2] HBT90.40.572RS 超高压泵使用说明书. 中联重工混凝土机械分公司.
[3] 姚燕，王玲，田培等. 高强高性能混凝土 [M]. 北京：化工工业出版社. 2006.6.

高性能混凝土的超高泵送

刘光荣[1]　令狐延[1]　郭云来[1]　刘天波[2]

1. 中国建筑第四工程局有限公司，广州，5106651
2. 深圳市京基房地产股份有限公司，深圳，518001

【摘　要】 本文在深圳蔡屋围京基金融中心工程高性能混凝土的超高泵送施工经验的基础上，针对输送泵的选型、超高压泵管选择、不同位置泵管接头连接形式的选型和现场超高压泵管的布置要求等多方面进行阐述。

【关键词】 超高压输送泵；超高压输送泵管；压力损失；泵管换算长度

Pumping Technology of High-performance Concrete

Liu Guangrong[1]　Linghu Yan[1]　Guo Yunlai[1]　Liu Tianbo[2]

1. China Construction Fourth Engineering Division Co., Ltd., Guangzhou 510665
2. Shenzhen KingKey Real Estate Development Co., Ltd., Shenzhen, 518001

【Abstract】 This paper bases on the construction experience of ultra high pumping of high-performance concrete in Shenzhen Kingkey Finance Center project. The paper expounds the selection of high pressure pump, the connecting forms of water-bearing joints in different positions, and the required arrangement of ultra high pumping pipe.

【Key words】 ultra-high tension transportation pump; ultra-high tension transportation pump line; pressure loss; the pump line conversion length.

1　前言

超高层建筑施工过程中，混凝土的泵送是确保工程建设顺利进行的主要保障。由于超高层建筑混凝土的浇筑一般均存在立面多层交替穿插施工的现象。因此，超高层混凝土的施工一般都为连续施工。超高泵送主要的特点是泵送线路长、泵送压力大、输送泵连续运作时间长等。为了使混凝土获得较大的出口压力，确保混凝土顺利浇筑。目前所用超高压输送泵均采用活塞式对混凝土进行加压。因为，泵送系统对输送泵的出口压力和管道承压力要求较大，选择合适的输送泵、高强和耐磨泵管至关重要。其次，超高泵送过程中，随着楼层的不断攀升，立管内的混凝土竖向压力不断增加。为了减小立管内混凝土竖向压力对混凝土出口压力的副作用，应合理布置水平管的长度和弯管的数量。

2　施工难点

深圳京基金融中心主要为框筒结构，其中核心筒在76层以上变化比较大。外框主要为箱型钢管混凝土柱与型钢梁组成的钢结构，外框钢柱内设计有高强高性能混凝土。本工程混凝土浇筑的最大高度为419.8m，混凝土强度等级主要为C30、C40、C60、C80，其中C80主要用于外框角柱3层以上和核心筒墙体2层以下部分，核心筒2层以上29层板面以下墙体采用C70，核心筒29层以上部分混凝土采用C60，C30和C40主要用于内、外框楼板混凝土结构。为了保证混凝土的施工质量和工程施工进度的要求，结合我司在西塔的施工经验，并组织相关专家进行相应的论证，决定采用一泵到顶的施工方案。

3 输送泵的选择

超高压输送泵的选择主要根据泵送的最大高度决定,由于混凝土在输送过程中产生的压力主要来自混凝土自身的重力和沿程混凝土与管道之间的摩擦力,同时混凝土自身的级配和粘度因数,以及混凝土移动的速度因素所产生的压力也必须综合考虑。因此,除了根据 JGJ/T 10—95《混凝土泵送施工技术规程》推荐的计算方法,选择较高压力损失计算的 S. Morinaga 公式计算外,90°弯管半径 1m 按最大值 12m 换算为水平直管。

$$\Delta P_H = \frac{2}{r}\left[K_1 + K_2\left(1 + \frac{t_2}{t_1}\right)V\right]\alpha \quad \text{S. Morinaga 公式}$$

以上公式只能进行前期的粗略的计算,实际施工中还应根据具体工程所使用的本地区混凝土浇筑过程所收集的实际数据进行具体的测算,以确保理论与实际更趋接近。

现以京基混凝土最高泵送高度 419.8m 计算作比较:

(1) 根据技术规程计算

经济计算每米混凝土沿程损失为:0.015 0.052(MPa/m),这其中垂直泵管按照其 4 倍进行计算。

已知:垂直高度 419.8 (m) × 4 × 0.015 = 25.12(MPa)

预计:水平管道 (178 + 123.6 + 70.25 + 45.655) × 0.015 = 6.26(MPa)

空机压力:3MPa

因此,混凝土泵的出口压力

$$P > 25.12 + 6.26 + 3 = 34.37(\text{MPa})$$

(2) 根据现场实际测量数据计算

经测定泵管的垂直沿程压力损失为:0.052(MPa/m)

水平管沿程压力损失值为:0.027(MPa/m)

泵管的垂直高度压力损失为:419.8 × 0.052 = 21.83(MPa)

水平管的压力损失为:(178 + 123.6 + 70.25 + 45.655) × 0.027 = 11.27(MPa)

总的压力损失为:21.83 + 11.27 = 33.1(MPa)

根据以上两种混凝土的压力损失计算来看,后期的实际测量结果与理论实际相差较小,经过第二种情况的测算说明施工中根据第一种情况选择输送泵可满足工程的实际需要。

京基金融中心项目选用中联重科生产的 HBT90.40.572RS 超高压混凝土泵(图1),其液压系统最大压力 32MPa,混凝土出口压力可达 40MPa,理论泵送高度为 800m,完全可以满足本工程的泵送要求。

4 超高输送泵管的配置

图1 中联重科 HBT90.40.572RS 型超高压输送泵

4.1 泵管材质

由于超高层建筑高性能混凝土的使用量较大,而高性能混凝土其粘度非常大,致使泵送压力及管内混凝土压力很大。因此,要求所使用的混凝土泵管自身强度较高,京基金融中心采用 45Mn2 钢,调质后内表面高频淬火,硬度可达 HRC45~55,寿命比普通管可提高 3~5 倍。

4.2 管径及壁厚

随着楼层升高,管径及壁厚均应作相应的调整。本工程管径为 $\phi 152 \times 12$ 用于 5 层以下,$\phi 146 \times 10$

用于 5~73 层，$\phi 140 \times 7$ 用于 73 层及顶模钢平台以上。

由于混凝土弯管处一般承受的压力和管壁摩擦力均较大。因此，弯管宜采用耐磨铸钢，厚度不小于 12mm，以保证弯管的长期耐用。

5 超高泵送泵管的布置

5.1 布管的总体思路

混凝土输送管路应根据建筑结构的平面布置形式，施工组织设计有关标准层单位时间内需浇筑的混凝土土方量等进行综合考虑。其中深圳京基金融中心超高输送泵平面布置示意图，如图 2 所示。

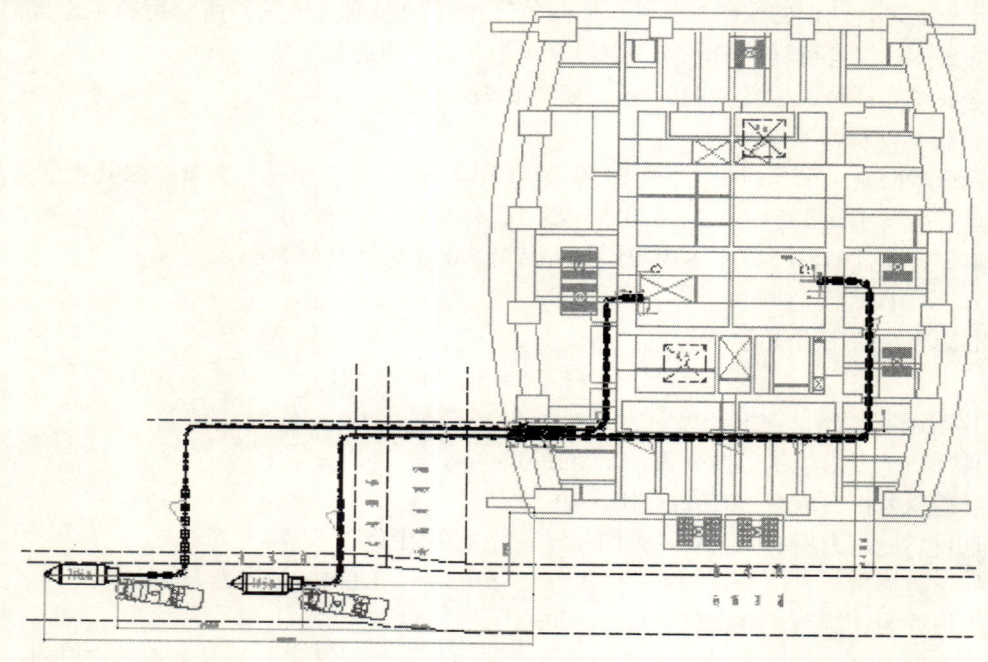

图 2　深圳京基金融中心超高输送泵平面布置示意图

为了不影响超高层混凝土浇筑的连续供应，超高压输送管的布置一般应至少布置两路，输送泵三台，其中一台备用。

5.2 泵管的布置原则

（1）超高压输送泵管应尽量避开人流量较大的通道处；
（2）第一道水平弯管距离输送泵最短应不小于 3m；
（3）距离输送泵 10m 左右应设置一个水平截止阀；
（4）竖向管道应在第一次穿越楼层处设置一个截止阀；
（5）水平管的长度应不低于泵送高度的 1/4，包括弯管折算长度；
（6）水平管两边应设置安全防护设置。

5.3 泵管固定

（1）水平管固定
水平管应采用埋设于水泥墩上的管夹将其固定，如图 3 所示。
（2）竖向管固定
竖向管道应每隔 4~5m 设置一个固定管夹，本工程中竖向管道主要通过与核心筒连梁进行固定。如图 4、图 5 所示。

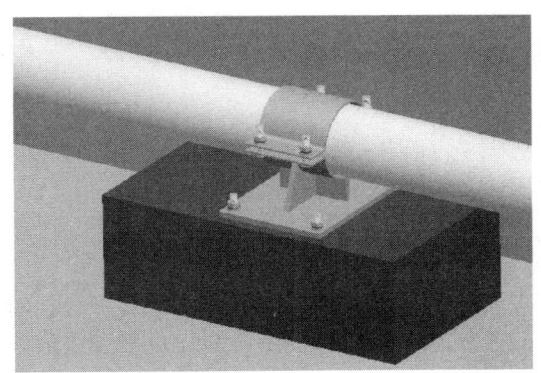
图 3　水平管道固定

图 4　竖向泵管与连梁固定

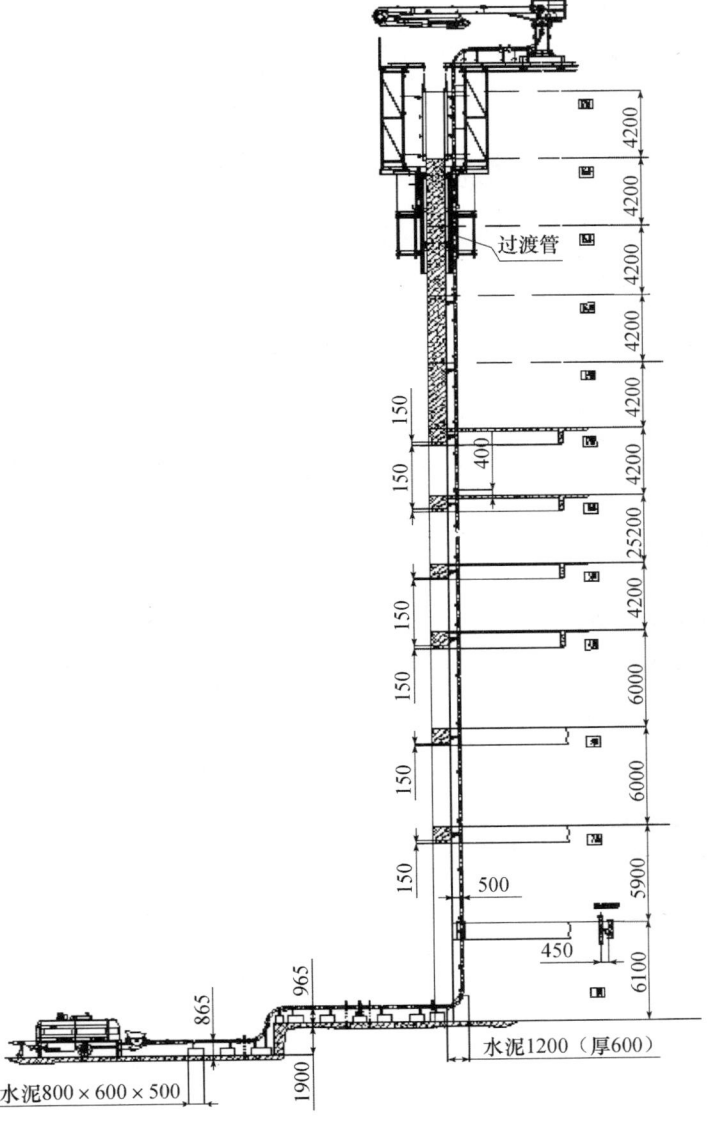
图 5　竖向立管的固定方式

5.4　泵管随核心筒层高变化调节措施

当布料机固定于核心筒模板支撑架上时，如布料机固定于爬模或顶模支撑架上时。随着模板支撑架的爬升以及各楼层层高的改变，布料机与竖向立管之间经常会出现一些非标准节的长度。对于泵管与立管之间的微调主要通过接头部位的垫圈完成，如：10mm、20mm、50mm等。垫圈当调节较难时，可以通过设置非标泵管进行调节，如：300mm、500mm、1000mm、1500mm、2000mm等。

5.5 弯管设置（图6）

（1）水平弯管的设置

由于施工场地大多比较紧张，而超高泵送要求水平管的长度应不少于泵送高度的1/4。因此，当水平管的平面布置长度难于满足要求时，可以通过设置弯管变相增加水平管的长度。根据经验，每米半径的弯管可换算为12m的水平直管。

（2）竖向弯管的设置

超高层泵送过程中为了减小立管内的混凝土竖向压力过大，避免因为立管内的混凝土自身重力作用下而产生较大的竖向压力。因此，在整个泵送的最大高度中部增设一段竖向弯管。

5.6 泵管接头形式

超高压和高压耐磨管道密封，采用密封性能可靠的O形圈端面密封形式。可耐100MPa的高压，主要用于地面水平管和竖向立管的连接。普通耐磨管道的密封采用外箍式，主要用于操作层水平段泵管的连接，该接头形式的最大优势是装拆方便，如图7、图8所示。

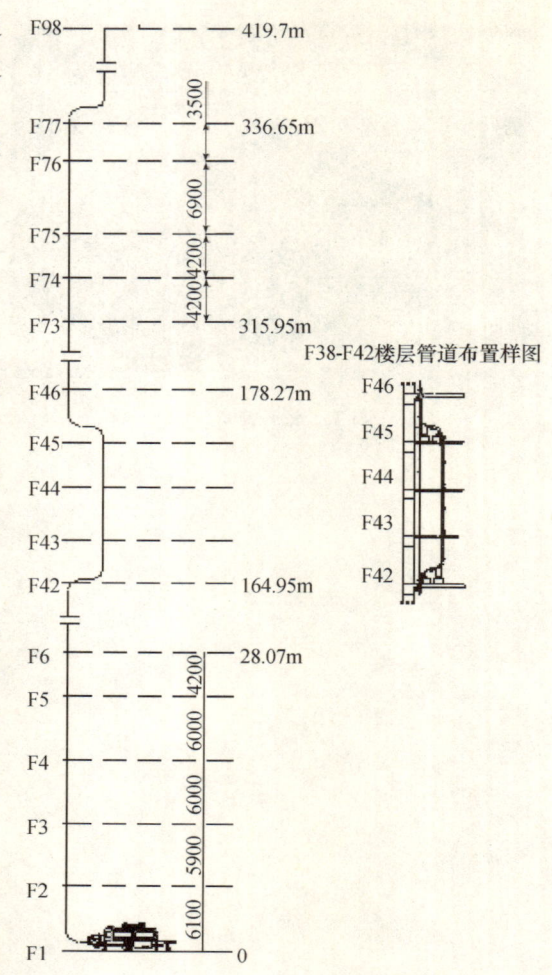

图6 京基金融中心中部弯管设置位置

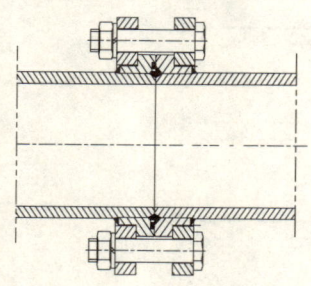

图7 高压耐磨管接头连接

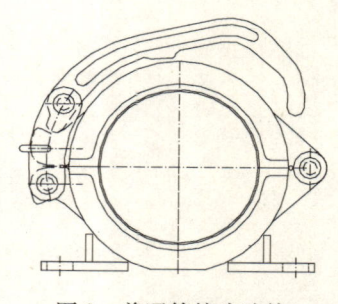

图8 普通管接头连接

6 截止阀的应用

6.1 水平截止阀

水平截止阀主要用于泵机出现小故障，进行简单快捷维修以及泵管的清洗工作，水平截止阀一般设置在离泵机10m左右即可。

当泵机如眼镜片、切割环等突然损坏时，可使用水平截止阀阻止混凝土泵管立管内的混凝土回流，避免造成混凝土材料的浪费和影响输送泵的维修时间。

由于每次混凝土浇筑完成后均需对泵管进行清理，而泵管的清洗大多采用海绵球将清洗泵管用的自来水和管内剩余混凝土进行分隔，这样不但使管内剩余混凝土能得到充分利用，而且可使泵管每次的清洗工作更加快捷和彻底。

6.2 竖向截止阀

混凝土浇筑工程中，泵管堵塞将是难以避免的，且一般易出现在泵管的水平段。为了避免因拆除水平泵管的堵塞部位而使立管内的混凝土回流，造成混凝土材料浪费，应在立管第一次穿越楼板时设置截止阀以阻止立管内的混凝土回流，减少更换泵管堵塞部位的时间。

7 布料机的设置

由于超高层建筑核心筒与外框结构大多采取两次施工，超高层施工核心筒的布料机应尽量跟核心筒模板同步进行爬升，如图9所示。一方面可以大大减轻塔吊的垂直运输负荷；另一方面可以大大减少布料机的安拆次数。

图9　核心筒部分布料机布置示意图

京基金融中心核心筒使用顶模系统施工，为了充分利用该系统所具有的大行程、大吨位少支撑点位等优点，因此，布料机主要固定于顶模桁架梁上，并尽量靠近竖向泵管和核心筒中部。

超高层外框结构的施工应尽量单独考虑设置布料机，并根据建筑平面进行对称设置，如图10所示。

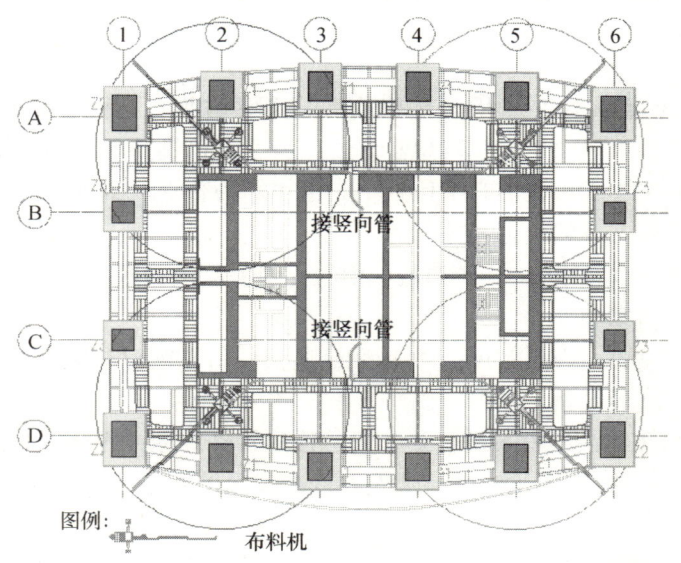

图10　外框钢管柱混凝土施工布料机布置示意图

由于外框钢管柱混凝土提前于楼层板施工，外框钢梁紧随钢管柱施工。因此，布料机固定于外框钢梁上。

8 混凝土泵送施工

8.1 混凝土泵送

（1）泵水：根据管路长短，首先泵一至两料斗清水，随即用水泥净浆 $0.3\sim0.5m^3$，再用水泥砂浆润湿管路。泵水泵入泵管出口处的废浆箱，再用塔吊将废浆箱吊回地面，废浆箱做法如图 11 所示；

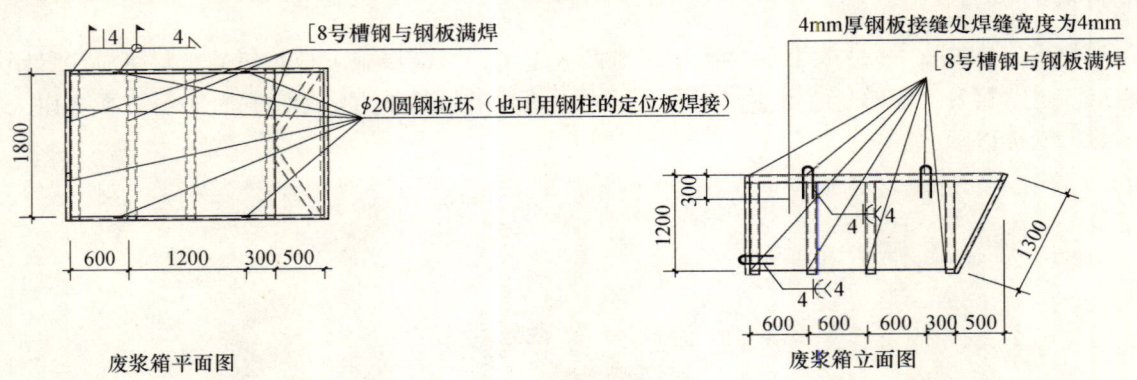

图 11 废浆箱做法大样

（2）泵砂浆：待水泥净浆即将泵完时，在泵机出口附近的三通管内中放入一只海绵球，随后将砂浆倒入料斗，砂浆采用与所泵混凝土同组分的砂浆配合比。同时砂浆必须充分搅拌，一般砂浆用量为每 $200m$ 管路约 $1m^3$ 左右即可。

（3）泵送混凝土料：当砂浆余料还处在搅拌轴以上时，加入混凝土料，开始正常泵送。

8.2 管路清洗

当管路中残留混凝土都用于施工现场时，停止供料。$\phi125$ 输送管混凝土残留量约为 $12.3L/m$。泵送即将结束，可泵送 $2\sim3m^3$ 砂浆，将混凝土顶出，再泵水将砂浆顶出，清洗管道，砂浆泵入废浆箱内，并用塔吊吊回地面。泵送结束后，任何情况下都应将混凝土缸、S 阀、料斗、输送管清洗干净。

9 泵送系统的正常保证

（1）HBT90.40.572RS 超高压泵采用两台柴油机分别驱动两套泵组。应用双动力功率合流技术，平时两套泵组同时工作，当一组出故障时可切断该组，另一组仍维持 50% 的排量继续工作，避免施工过程中断造成损失。同时工作既可以提高工作效率，也可单独作业，即使 1 台发生故障仍有备用发动机继续工作，大大提高了施工过程的可靠性。

（2）由于泵送最大高度达 419.8m，管道内的混凝土对混凝土活塞反压极大，针对这一关键工况特点，采用特制高压混凝土活塞。

（3）采用 $\phi125A$ 壁厚为 9mm 或 12mm，45Mn2 合金钢特制耐磨超高压管道，经特殊淬火处理，保障了管道的抗爆能力和耐磨损寿命。

（4）布管应根据混凝土的浇筑方案设置并少用弯管和软管，尽可能缩短管线长度。本工程管道沿楼地面或墙面铺设，为了减少管道内混凝土反压力，在泵管的水平段适当布置一段水平管和少量的弯管。

（5）堵管预防和应急措施：超高层建筑泵送时，容易反泵和堵管。若发生堵管，其部位一般出现在水平段弯管或锥管处，特别是水平段与垂直管相接的弯管处。堵管的处理方法，先进行反泵疏通，其他人员对堵管部位用榔锤敲打该处。若排除堵管无效，根据堵管位置关闭相应的截止阀。待泄压后，清除堵管中的混凝土，接好管道，开启液压截止阀再继续泵送。

（6）爆管预防和应急措施：爆管一般出现在泵机出口端附近的管道，特别是水平段与垂直管相接的弯管处。处理方法：关闭垂直管与水平管处的液压截止阀并更换管道。预防措施：定期用红外线测厚仪检测水平段与垂直初始段输送管的厚度，当厚度小于4mm时应立即进行更换。

10　混凝土输送泵的安全使用措施

（1）每班班前必须检查泵体各部位、油路系统、电气系统，一切正常后再开动泵机。

（2）停止输送后应对泵体、管道进行清洗，以备下次再用。

（3）管道接头和垂直段的附墙装置必须牢固可靠，螺栓应拧紧。应经常检查螺栓松紧情况，以防止松脱造成事故。

（4）向溜槽内铲送混凝土的人员，应有牢固不滑的站板，防止混凝土浆液溅起后滑落。

（5）输送泵应搭防砸、防雨、防晒的防护棚。

（6）泵送设备的停车制动和锁紧制动应同时使用，轮胎应楔紧，水源应正常和水箱储满清水，料斗内应无杂物，各润滑点应润滑正常。泵送设备的各部螺栓应紧固，管道接头应紧固密封，防护装置应齐全可靠。各部位操作开关、调整手柄、手轮、控制杆、旋塞等应在正确位置。压力系统应正常无泄露。

（7）装备好清洗管的清洗用品，作业前，必须先按规定配制的水泥浆润滑管道。无关人员必须离开管道。应随时监视各种仪表和指示灯，发现不正常时，技师调整或处理。入出输送管堵塞时，应进行逆向运转返料斗，必要时拆管排除堵塞，泵送工作应连续作业，必须暂停时应隔 6~10min，泵送一次，若停止较长时间后，泵送时，应逆向运转一至二个行程，然后顺向泵送。泵送时料斗内应保持一定数量的混凝土，不得吸空。

（8）应保持水箱内储水，发现水质浑浊并有较多砂粒时及时检查处理。泵送系统受压力时，不得开启任何输送管道和液压管道。液压系统的安全阀不得任意调整。蓄能只能冲入氮气。

（9）作业后，必须将料斗内和管道内混凝土全部输出，然后对泵机、料斗、管道进行清洗。用压缩空气冲压管道时，管道出口端前方 10m 内不得站人，并应用金属网篮等收集冲出的泡沫橡胶及砂石粒。

11　结束语

超高泵送混凝土的施工除了对混凝土本身配合比要求较高外，输送泵管的布置和超高压输送泵的选择对能否保证超高泵送施工都至关重要。同时，由于超高混凝土施工过程中管内混凝土压力较高。因此，做好泵管周边的安全维护，特别是水平部分的泵管安全维护工作。

参考文献

[1] 冯乃谦. 高性能混凝土结构［M］. 北京：机械工业出版社，2004，01.
[2] 康明智，郝建坤. 深圳京基项目 16-28 层核心筒泵送施工阶段总结.
[3] 徐立斌，叶浩文. C70-C100 高性能混凝土在广州西塔工程中的应用简介.

浅谈无水清洗混凝土泵管技术应用

李长明　银克俭

中建四局一公司西北分公司，西安，710065

【摘　要】 本文介绍混凝土施工中，清洗混凝土输送泵管的新思路。西安彩云郡住宅项目采用空压机清洗混凝土输送泵管的施工方法，与常规用水清洗混凝土泵管的施工方法相比，取得较好的社会、经济效益。

【关键词】 混凝土泵管；无水；清洗

The Using of Waterless Cleaning Method of Concrete Pumping Pipe

Li Changming　Yin Kejian

China Construction Fourth Engineering Division Co., Ltd., 1st Corporation Northwest Branch, Xian, 710065

【Abstract】 The paper introduces the new idea on cleaning the concrete pumping pipe in construction. Comparing to the normal ways, the air compressor cleaning method used in Xian Caiyunjun Residential project, had achieve better social and economic benefits.

【Key words】 concrete pumping pipe; waterless; cleaning

1　概述

1.1　工程概况

西安彩云郡住宅小区工程位于西安市新城区，从 2007 年 8 月开工建设，系陕西万通房地产开发有限责任公司开发的住宅小区工程，分 16 个单位工程，多层住宅层数为 6 + 1 层，高层住宅楼为 28 层，建筑面积约 132900m^2，高层为剪力墙结构。

1.2　施工情况

高层混凝土浇筑，采用混凝土输送泵，泵管采用 2 ~ 3m 泵管安装至操作面层，浇筑采用布料机浇筑，浇筑总高度约 90m，存在混凝土泵管用水清洗污染现场，影响文明施工。

1.3　现场情况

项目部考虑混凝土泵管用水清洗污染现场环境并且用水清洗泵管造成混凝土浪费，考虑到文明施工、材料节约两个方面问题，项目部从混凝土输送泵压力方面考虑，如果有一个压力从布料机上口进入，加上混凝土自重压力，把混凝土从泵管下端压出，达到不用水清洗混凝土泵的目的，做到无水清洗混凝土技术。

2　处理思路

2.1　混凝土泵管清洗的难题

在建筑施工中泵管内和输送泵中的底料混凝土很难有效利用，一般情况下都是用混凝土搅拌站的水车直接用输送泵冲洗泵管,这样既浪费水资源、污染环境,还浪费混凝土,无形中加大了建筑施工中的成本,我项目部工程人员进行大量的试验工作和理论计算后认为用空压机清洗泵管技术省时、省力、省混凝土,是一种简单的切实可行的好办法。

2.2 空压机清洗混凝土泵管实施办法

施工前的机具准备工作:

（1）功率为 8~15kW 空压机一台,具体选用哪种空压机视泵管的长度而定；

（2）三级配电箱一个,电线 50m,电线长度视空压机和电源间的距离而定,能覆盖整个操作层为宜,这样能减少因移动空压机而浪费的时间；

（3）泵管清洗球一个,选用和泵管管径大小匹配的清洗球（图1）；

（4）自制气压接头一个,用废旧泵管自制（图2）；

（5）ϕ30 高压输气橡胶管 30m；

（6）锥形混凝土吊斗一个,用于吊运混凝土（图3）；

图1

图2

图3

2.3 具体施工步骤

（1）自制气压接头一个,截一段长 400mm 的废旧泵管,保留其泵管上有卡榫一端,这一端用于与布料机软管相连接,另一端用钢板焊接密闭不能漏气,在钢板上焊接 100mm 长镀锌钢管,管径和高压输气管内径相匹配,具体情况如图4所示。

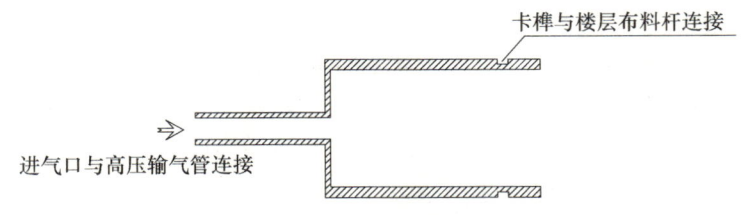

图4　利用旧泵管制作充气套管

输气管的各个接口要箍紧密闭,不能漏气,自制气压接头与布料杆连接时候要加橡胶垫圈,连接牢固密闭,不能漏气；

（2）混凝土浇筑接近尾声时,有现场施工人员对未浇筑的混凝土量做个大概估计,在估料的时候就要考虑混凝土输送泵输送仓和泵管、布料机中的混凝土量；

（3）所估的混凝土浇筑完成后拆掉混凝土输送泵,打开输送泵的底舱,把底舱内的混凝土放到预先准备好的吊斗内，之后把吊斗接在泵管与输送泵的接口处，准备接住从泵管内压下来的混凝土；与上述步骤同时进行的是在布料杆的软管内塞入清洗混凝土泵管的海绵球，在软管上接上自制的气压接头，上述步骤要尽快完成，防止混凝土在泵管内凝固硬化，气压无法将清洗球推出；

（4）在操作层接好软管上的气压接头和输送泵处接好料斗后便可以打开空压机开始往下压混凝土，在混凝土的流速变快的时候在泵管口栓上小白网，以防止气压将海绵球突然压出而丢失；

（5）混凝土压完以后清理散落的混凝土，再用塔吊把吊斗中的混凝土吊到操作层加以利用；

（6）放完混凝土后输送泵底舱壁上沾的少量混凝土直接用水冲洗就可以达到要求，用清水清洗海绵球已备下次洗泵时重复使用。

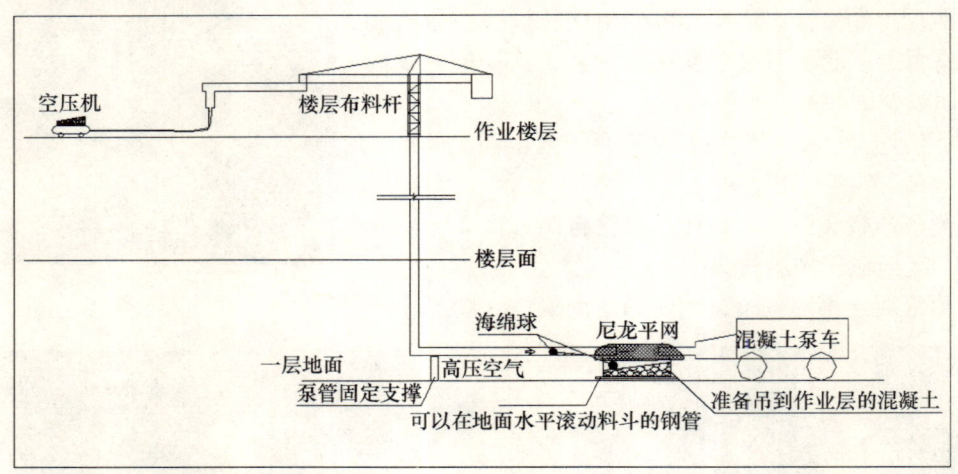

图5 无水洗泵管示意图

3 社会经济效益

西安彩云郡项目部按照此办法清洗混凝土泵及输送泵管，取得一定社会、经济效益。根据泵管长短，每次效益不同，项目部暂按45m高度计算如下。

3.1 一般情况下用水直接冲洗混凝土泵所浪费的混凝土计算

（1）混凝土输送泵底舱中的余料（现场估测）：$V_1 = 0.2 m^3$

（2）泵管和布料机中的余料计算：

水平泵管：$a_1 = 25m$

竖直立管：$a_2 = 33m$

布料杆泵管：$a_3 = 35m$

则泵管和布料机的泵管总长度为：$a_1 + a_2 + a_3 = 93m$，泵管外径为175mm，壁厚10mm，则内径为155mm，那么泵管中的存料为：

$$V_2 = 3.14 \times 0.0775^2 \times 93 = 1.754 (m^3)$$

（3）根据上述计算，混凝土输送泵底舱中的余料和泵管、布料机中的余料和为：$V_1 + V_2 = 0.2m^3 + 1.754m^3 = 1.954(m^3)$。

3.2 费用计算

按照每m^3混凝土价格为350元计算，则每次浇筑混凝土节约费用为：350元/m^3 × 1.954m^3 = 683.9元，根据彩云郡项目每栋高层分两个施工段，共需要浇筑混凝土4次，则每栋楼每层节约的费用为：683.9元/次×4次 = 2735.6元；

且每栋楼楼层每上升一层，增加的泵管长度为2.83m，那么每增加一层所产生的增加费用为：

$3.14 \times 0.0775^2 \times 2.83 \times 350 \times 4 = 74.72$ 元。

4 实施效果

(1) 现场文明施工。施工现场不会因清洗混凝土泵管的水、混凝土残料到处乱流，造成污染现场。

(2) 节约费用。采用无水清洗混凝土泵管技术，能够减少因水清洗泵管造成混凝土浪费，节约项目混凝土用量及费用。

(3) 清洗质量可靠。用空压机压海绵球清洗之后，能够保证混凝土泵管通畅，不留混凝土残渣，保证下次混凝土正常泵送。

从上述情况可以看出，采用本方案达到了经济、简便、实用的效果，具有一定的开创性和可推广性，建议在类似情况下推广使用。

第六部分

其他

液压爬升电梯平台在深圳京基金融中心工程中的应用

令狐延[1]　梁　森[1]　李加存[2]

1. 中国建筑第四工程局有限公司，广州，510665
2. 江都揽月机械有限公司，扬州，225200

【摘　要】　液压爬模属于国内高层建筑施工中较为常见的模板施工体系。而本工程对爬模设备进行创造性改造，运用于顶模系统的施工电梯平台中，解决了超高层施工电梯平台搭设困难和同步提升的问题。

【关键词】　液压爬模系统；顶模系统；液压爬升电梯平台

The Use of Hydraulic Climbing Lift Terrace in Shenzhen Kingkey Finance Center Project

Linghu Yan[1]　Linghu Sen[1]　Li Jiacun[2]

1. China Construction Fourth Engineering Division Co., Ltd., Guangzhou, 510665, China
2. Jiangdu Lanyue Machinery Co., Ltd., Yangzhou, 225200, China

【Abstract】　The hydraulic climbing formwork is a normal formwork system in the construction of high-rise buildings in China. In this project, the engineers creatively reworked the hydraulic climbing formwork system and used it as a lift terrace of the Pushing-up Formwork System of Shenzhen Kingkey Finance Center project, and solved the problem of constructing a lift terrace in a very short time and its elevating in the construction of ultra high-rise building.

【Key words】　Hydraulic Climbing Formwork System; Pushing-up Formwork System; Hydraulic Climbing Lift Terrace

1　工程概况

深圳京基金融中心A座主塔楼高441.8m，地下4层，地上98层，建筑面积为24万平方米，位于深圳市罗湖区蔡屋围金融中心区，主要功能是甲级写字楼和六星级豪华酒店。本工程由深圳市京基房地产股份有限公司开发，由深圳华森建筑与工程设计顾问有限公司进行施工图设计，由中国建筑第四工程局有限公司施工总承包。本工程核心筒为钢筋混凝土结构，核心筒外围是钢管混凝土结构。

2　施工电梯平台的作用

2.1　电梯平台的重要性

本工程核心筒工程采用顶模施工工艺，其墙体结构先行施工，核心筒内筒楼板滞后墙体施工6层左右。人员上下顶模无法通过内筒楼梯，而需通过顶模挂架行走到施工电梯梯笼位置。从施工电梯到顶模挂架需要搭设施工电梯平台供人员等待施工电梯。

项目部顶模在施工过程中采用自爬升方式，每层爬升时间约为2h，当顶模爬升到位后，施工电梯平台需要迅速提升，在顶模到位后立即具备通道功能保证顶模上作业的人员能够正常乘坐施工电梯。

因此，本工程的施工电梯平台必须能在很短的时间内搭设到位具备通行功能。

2.2 三个平台方案的比较

工程初期，项目对电梯平台设想有三个方案，其一，采用江都揽月机械有限公司的爬模设备改造成可自行爬升的液压爬升电梯平台；其二，采用型钢焊接定型的塔吊吊装的型钢电梯平台；其三：采用常规施工工艺，施工电梯就位后，安排人员用钢管搭设施工电梯平台。下面是对这三种方案的综合分析：

序号	方案一	方案二	方案三
平台类型	液压爬升电梯平台	型钢吊装电梯平台	钢管搭设电梯平台
费用	15万	16.6万	7.4万
使用安全性能	安全	安全	安全
操作便捷性	方便	较繁琐	繁琐
每次提升投入人工	操作1人，辅助看护人员3人	安装焊接预埋件2人，两侧电梯平台安装2人，提升辅助4人，塔吊指挥1人	搭设钢管架4人，焊接层门1人，铺设模板安全网2人；后期钢管拆除用工6人/每层
提升耗时	2小时（与顶模同步）	滞后顶模2小时	最短8小时
影响关键施工电梯通道	基本不影响	影响	严重影响
优点	（1）平台一次加工结实标准耐用。（2）采用厂家专利产品，提升方便，安全可靠。（3）人工费用低，提升时间短	平台一次做好多次重复使用	（1）做法简单方便。（2）材料费用低，可以回收
缺点	依赖厂家提供的液压系统，操作人员应接受专门培训，相对固定	（1）每次安装要占用M900D塔吊较长时间，影响主体结构吊装。（2）偏心吊装，吊装隐患大。（3）人员高空进行大吨位钢结构拆除安装，危险性大。（4）每次提升均要安装钢爬梯，后期拆除麻烦	（1）搭设平台需要人员多，耗时长，影响正常人员通行。（2）电梯平台要在短时间内逐层安装，难以做到标准化

综合以上因素，对三个方案进行比较分析总体考虑后，项目决定采用方案一作为施工电梯上、下顶模挂架的中转平台。

3 施工电梯平台设计思路

3.1 中、下部系统的改造

本工程液压爬升电梯平台的主要受力系统完全采用江都揽月机械有限公司生产的液压爬模体系，由于使用功能略有差别，因而需对该系统作小的改造。在原爬模系统的中部、下部平台为拉通的整体平台，由于施工电梯标准节自由高度仅为7.5m，施工电梯仅能高出最高的附墙架1m，即要求附墙架必须安装在上人平台下1m范围的位置，且又不能影响液压爬升电梯平台的爬升。故将中部、下部平台分拆成三个独立的平台，既满足施工电梯安全使用要求，又不影响电梯平台爬升，还方便导轨附墙件的拆除和施工电梯附墙架的安装，可谓一举三得。平台立面图如图1所示。

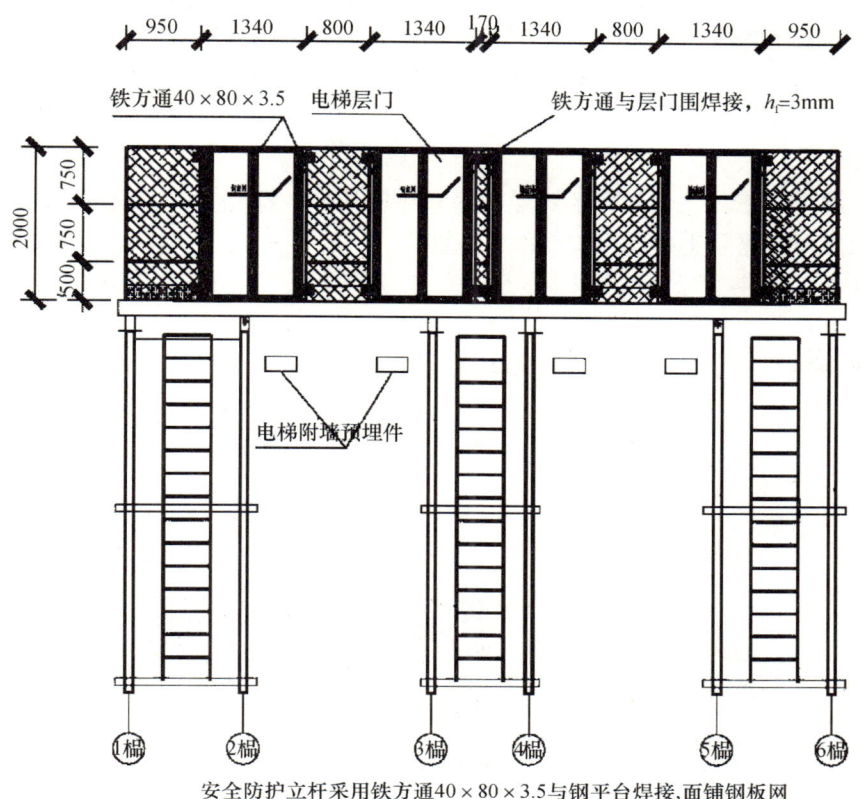

图1 平台立面图

3.2 上部结构改造

由于本系统用于人员通行，因此，上部的模板系统全部取消，改为用钢管脚手架搭设的固定的一个人行通道，宽1500mm，最窄处为700mm，该人行通道与从顶模架体下放的钢制楼梯相连，可以满足施工中人员通行的要求。

3.3 液压爬升电梯平台宽度的变化

由于核心筒墙体分别在21层、35层、43层、54层、58层多次变截面，施工电梯距离结构墙体的距离亦多次发生改变，则电梯平台进深尺寸（即电梯门与混凝土墙体之间的距离）需相应变化。为达到电梯平台可重复利用的要求，将平台伸臂钢梁按电梯离墙体最远距离设置，即其长度需满足电梯离墙体最远距离时的平台尺寸。施工电梯平台的初始宽度为最小宽度，仅为1850mm，由于墙体是由下往上逐渐内收，则平台进深需由下向上逐渐变大，即电梯进深需逐渐变大（增大为2150mm、2350mm、2550mm、2750mm、2950mm）。将伸臂钢梁及横梁作为固定形态，在平台需加大时，根据需要尺寸，通过安装[12#槽钢，再在上面铺设钢板，外扩设防护栏杆，以满足电梯与平台之间距离的变化。

4 液压爬升电梯平台的爬升

爬升分为两步，分别提升架体和导轨，首先提升架体，然后提升导轨。

4.1 提升架体

操作人员站在中间平台上，操作上、下防坠爬升器手柄置于提升架体档位。启动油泵，向油缸上腔供油，油缸带着架体上升。油缸单个行程250mm，所有油缸行程到位后，操作泵站换向手柄，向油缸下腔供油，油缸带着架体下降100mm后，上防坠爬升器锁定，油缸带着下防坠爬升器上升、复位。所有油缸复位后，再次操作泵站换向手柄，循环操作，直至架体爬升至上一层附墙位置。架体越过附墙（承重销安装孔）后，插入承重销，油缸回油、下落，架体重量作用于承重销上。架体提升完毕。

4.2 导轨提升

提升导轨前，将上、下防坠爬升器手柄置于提升导轨档位，操控油缸方法与提升架体相同。导轨提升后，操作人员在下挂平台上拆除可周转的预埋件。

4.3 爬升步骤

一个提升过程由以下三个步骤组成，见图2。

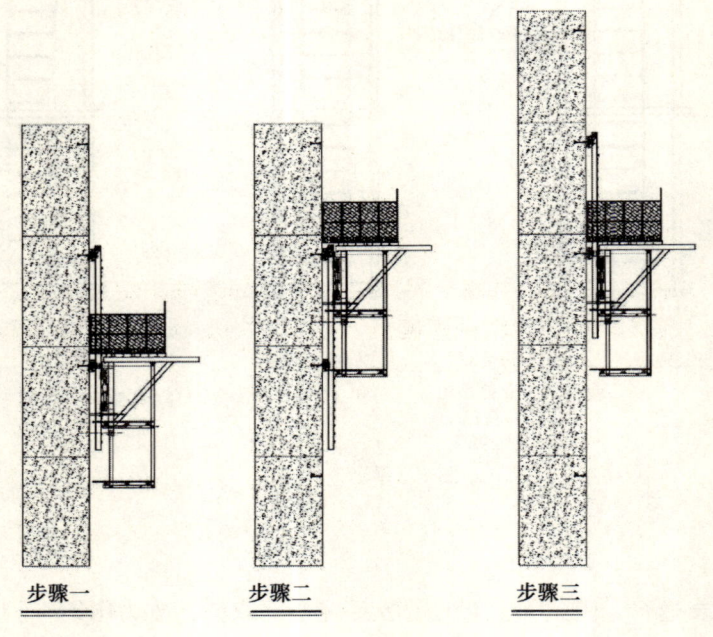

图2 提升过程示意

4.4 平台拆除

待结构楼层施工至76层时，电梯平台已失去利用价值，搭脚手架将电梯平台固定好，将结构连接件卸下，整体将该平台吊至首层地面。在地面进行平台分解拆除。

5 施工电梯的配合

5.1 顶模施工上、下通道

施工人员从首层通过3#、4#施工电梯上到液压爬升电梯平台，由平台通过钢管楼梯从外挂架底部进入顶模内。由于核心筒顶模提升过程中主要的垂直运输工具为3#、4#施工电梯，故要求顶模提升完成后施工电梯安装附墙架应尽快安装完成，使施工电梯能正常运行到液压爬升电梯平台，根据现场情况，施工电梯附墙架的安全时间确定为20min。即在顶模结束后20min以后，顶模上的施工人员方可下到液压爬升电梯平台并乘电梯下楼。

5.2 施工电梯的安装要求

为达到上述目标，特做出如下要求：

(1) 电梯安装单位无条件配合总包,随时待命,人员配备按照合同要求。

(2) 在顶模提升前,附墙架与标准节顶为7.5m;要求在顶模前电梯安装工人爬到标准节顶将新增加的4.5m标准节进行安装(塔吊吊装配合),以便顶模提升后,可以立即安装最上一道附墙架。

(3) 在顶模提升前,电梯安装人员要做好附墙架的安装工作,附墙架分解成三部分,第一部分是在安装时固定在标准节上,必须提前准备好该附墙架的材料并完成预拼装;第二部分在顶模提升前焊接在预埋件上;第三部分连接第一、二部分,在安装前必须将连接杆件准备好,实现安装时的快速连接。

(4) 顶模提升时,部分连接爬梯固定在顶模上,随顶模一起提升,主要爬梯固定在液压爬升电梯平台上;液压爬升电梯平台随顶模同步提升。当顶模提升达到预定高度后,在电梯平台上的安装人员及电梯顶上的安装人员应及时将第一部分安装到电梯标准节上,并迅速将第一、二部分用第三部分的杆件连接起来,同时安装好安全限位,此过程完成时间为20min。

(5) 夜间安装施工时,设备部门协调电梯单位进行安装,安全措施及夜间照明应满足安装要求。附墙架安装完成后,施工电梯即可提升至液压爬升电梯平台,满足顶模核心筒垂直运输要求。

6 墙体变截面部位处理

6.1 墙体变截面情况

A座主楼剪力墙存在墙体变截面,其中21层内收300mm,35层内收200mm,43层内收200mm,54层内收200mm,58层内收200mm。当液压爬升电梯平台到达墙体变截面处进行爬升时,采用钢制垫块来弥补墙体变化量,保证架体和导轨垂直爬升。根据现场实际条件,项目部需采取技术措施,保证墙体变截面时液压爬升电梯平台顺利爬升。

6.2 21层变截面技术措施

(1) 在21层外墙内缩了300mm,电梯平台提升到该处时,在导轨的导向固定座上加装200mm的加高件,电梯平台通过手动葫芦的帮助向内倾斜1.4°角,稍微倾斜地滑入导向固定座进行提升。完成第一次内收10cm,离墙20cm。

(2) 在爬升第二个行程时,在导轨的导向固定座上加装100mm的加高件,电梯平台通过手动葫芦的辅助向内拉结倾斜1.4°角,稍微倾斜地滑入导向固定座进行提升。完成第二次内收10cm,离墙还剩10cm。

(3) 在爬升第三个行程时,将导轨的导向固定座安装在墙上,不用加装加高件,电梯平台通过手动葫芦的帮助向内倾斜1.4°角,稍微倾斜地滑入导向固定座进行提升。完成第三次内收10cm,靠上剪力墙。

6.3 层变截面的处理

由于该层墙体仅收小200mm,因而仅需采用前述第二、三步的操作即可,即先在导轨处垫100mm的加高件,使架体内收100mm,第二次即可收缩到位。

6.4 电梯平台加宽

平台内移后将其调平,再在平台外侧靠施工电梯侧铺设12#槽钢与电梯平台整体焊接,面铺花纹钢板,将安全门整体外移200mm或300mm,整个变截面过程完成。

7 总结

7.1 液压爬升电梯平台的优点

综上所述,我们发现采用液压爬升电梯平台,有以下优点:

（1）液压整体提升电梯平台采用专业厂家的专利产品，有专门的防坠落装置，安全可靠。

（2）液压爬升电梯平台采用液压系统自提升，无须采用塔吊吊装，缓解了超高层建筑塔吊使用压力。

（3）液压爬升电梯平台一次加工搭设完成后可多次使用，其框架系统、动力系统、围护系统、通道系统均可标准制作多次使用。

（4）液压爬升电梯平台在爬升过程中人员均处在标准防护设施中，人员安全有保障，避免了高空安装和高空物料搬运等安全风险。

（5）液压爬升电梯平台爬升中只需少量工人操作，工人劳动强度低，操控程序规范，便于管理，费用较低。

（6）液压爬升电梯平台理论爬升速度为100mm/min，爬升速度快于顶模系统的40mm/min，可以实现与顶模系统的同步提升，保证平台与顶模之间的通道保持通畅。

（7）液压爬升电梯平台有三个吊笼向下吊挂，可以为施工电梯附墙件安装提供操作支撑点，可以保证施工电梯作业人员的安全。

7.2 推广应用前景

液压爬升电梯平台在深圳京基金融中心项目的成功运用，是液压爬模系统的创新应用，为液压爬模设备的使用提供新的思路，为建筑施工提供一种先进的施工方法。该液压平台使用范围广泛，可在超高层建筑、电视塔、高大烟囱等施工中的上人平台和堆料平台中使用，具有安全、快速、廉价等特点；对改善施工作业环境，提高施工机械化水平，降低工人劳动强度具有重要意义。

参考文献

[1] 江苏江都建设工程有限公司．液压爬升模板施工技术规程［M］．北京：中国建筑工业出版社，2009．

CRTS I 型板式无砟轨道 CA 砂浆材料组成对其性能影响的试验研究

涂玉波　郝挺宇　苏　波　梅名虎　刘俊元

中冶建筑研究总院有限公司，北京，100088

【摘　要】　通过对 CRTS I 型板式无砟轨道用 CA 砂浆组成材料的试验研究，分析了各原材料对 CA 砂浆性能的影响及其相互关系，研究结论有利于全面提升 CRTS I 型板式无砟轨道用 CA 砂浆性能。

【关键词】　CA 砂浆；材料组成；性能影响

The Study of the Performance Effected by the Contents of CA Mortar for CRTS Ⅰ Slab Track

Tu Yubo　Hao Tingyu　Su Bo　Mei Minghu　Liu Junyuan

MCC Building Research Institute Co., Ltd., Beijing 100088, China

【Abstract】　By experiment the contents of CA mortar, the paper analyses the effective and relationship between the contents and the performance of CA mortar. This research is benefited for the comprehensive promotion of the performance of CA mortar.

【Key words】　CA mortar; contents of materials; the effect of performance.

1　前言

CRTS I 型板式无砟轨道 CA 砂浆是高速铁路无砟轨道结构的重要组成部分，位于轨道板与混凝土底座之间，主要由水泥、乳化沥青、细骨料、乳液、外加剂和水等混合组成，属多级多相复合材料。该材料固化后，既能为结构提供所需的强度，又能为结构提供一定的弹性，在无砟轨道结构中发挥着重要的作用。水泥品种、骨料细度模数、乳化沥青及乳液性能等均对 CRTS I 型板式无砟轨道用 CA 砂浆性能有影响。本文系统研究了 CA 砂浆材料组成与其性能之间的影响关系，对全面提升 CA 砂浆性能具有一定的借鉴意义。

2　试验

2.1　主要试验材料

主要试验材料包括：

水泥；

细骨料；

乳液；

乳化沥青；

铝粉。

2.2　主要试验设备

CA 砂浆搅拌机；

材料试验机；
耐候箱；
冻融循环试验机；
疲劳试验机；
黄铜漏斗；
各类试模；
其他试验设备。

3 试验结果及分析

3.1 水泥对CA砂浆性能的影响

水泥是CA砂浆中一种重要原材料，在强度形成中发挥着重要的作用，同时也是影响CA砂浆其他性能的重要因素。水泥对CA砂浆性能的影响，最显著的表现为提供足够的强度。试验选用了不同品种的水泥和不同胶凝材料掺加量，对其力学性能进行测试。研究证明，相同掺量不同品种以及相同品种不同掺量的水泥，对CA砂浆强度影响是不同的，在CA砂浆组成材料中，由于存在较大含量的乳化沥青和乳液等液态组分，对水泥早期强度要求比较高。试验结果表明，采用硫铝酸盐水泥对CA砂浆1d强度的发展同比其他品种水泥最有利，如表1所示：

表1 不同品种水泥对CA砂浆强度的影响

水泥品种	1d强度（MPa）	7d强度（MPa）	28d强度（MPa）
P·O42.5	—	2.1	2.6
P·Ⅱ42.5	—	2.1	2.5
SAC42.5	0.5	1.8	2.3

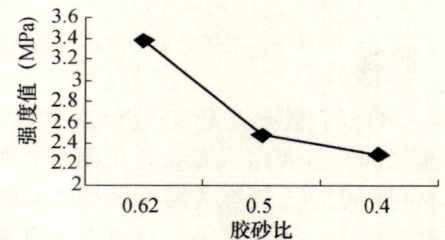

图1 胶砂比对CA砂浆强度的影响

另外，研究还表明，胶凝材料掺量与细骨料掺量之比对CA砂浆28d强度亦有显著影响，随胶砂比的增加而递增，如图1所示。

3.2 细骨料对CA砂浆性能的影响

细骨料是CA砂浆另一重要的组成材料，试验表明，细骨料的细度模数小，CA砂浆材料分离度越小，材质分布均匀，对提高CA砂浆整体性能有着显著的影响。CA砂浆材料对分离度有着严格的要求，所以选择适宜细度模数的细骨料尤显重要。由图2可见，细度模数越小，材料分离度也相应变小。但并不是细度模数越小越好，细度模数过小，会使CA砂浆加水量增加，这种因增加额外用水量而导致的流动时间变小，单位体积质量变轻，浇注时会有气泡浮起，产生片状分层，最终影响CA砂浆强度、弹性模量和耐久性不足。图3清楚地反映了流动时间对CA砂浆材料分离度的影响以及细度模数对材料分离度影响。

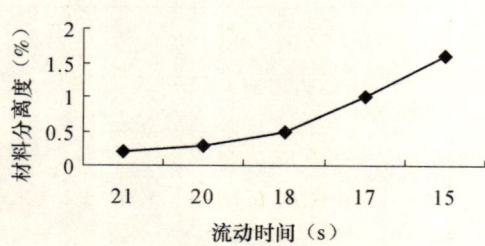

图2 流动时间对CA砂浆材料分离度的影响

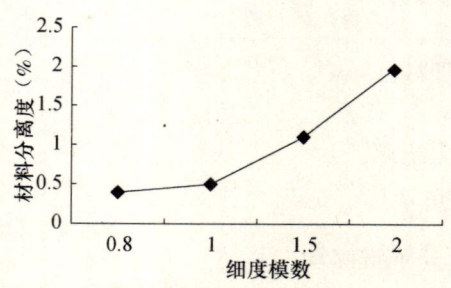

图3 细度模数对材料分离度的影响

由图2、图3可知：CA砂浆材料分离度随细度模数的增加而增加，随流动度的增加而减小；在材料分离度满足指标要求时，为保证一定的流动度，细骨料适宜的细度模数应选择在0.8～1.5之间。

3.3 乳液对CA砂浆性能的影响

乳液在CA砂浆材料中起着改善CA砂浆物理性能、提高强韧性和耐久性的作用，但是乳液选取时必须确保与乳化沥青和水泥的相容性要好，不同品种的乳液，对新拌CA砂浆混合物性能具有不同的影响。试验采用三种不同乳液，分别对两个不同配合比CA砂浆拌合物可工作时间进行研究，结果表明：1型、2型乳液均会通过促进乳化沥青快速破乳，而导致新拌CA砂浆很快失去流动性，致使可工作时间大幅缩短，不利于施工实际；3型乳液对新拌CA砂浆的工作性能则不会产生任何负面影响。所以选择与乳化沥青相适应的乳液对改善CA砂浆的性能具有重要影响。

同一配合比，不同乳液对新拌CA砂浆流动时间的影响见表2。

表2 不同乳液对新拌CA砂浆流动时间的影响

配合比	可工作时间（min）		
	1型乳液	2型乳液	3型乳液
S-2	15	25	60
S-4	17	26	65

3.4 乳化沥青对CA砂浆性能的影响

乳化沥青是CA砂浆最重要的组成材料，乳化沥青性能直接决定CA砂浆的拌合物性能，同时对CA砂浆材料的早期强度、材料分离度、弹性模量、抗冻性和耐久性能都有显著的影响。一般来说，黏度大、储存稳定、与水泥及骨料混合相容性好的乳化沥青，配制出的CA砂浆具有较好的拌合性能、力学抗冻性和耐久性能。

用于CA砂浆制备的主要乳化沥青颗粒极性有阳离子、阴离子和非离子（两性离子），试验表明，颗粒极性为非离子乳化沥青，能够较好的发挥与乳液和水泥的协同效应，从而改善乳化沥青的存储稳定性和水泥混合性，本试验选用颗粒极性为非离子的乳化沥青，并且在同一配合比中，通过采用不同性能的乳化沥青性能的研究，来考察乳化沥青与CA砂浆性能之间的关系，试验结果表明：乳化沥青材料的黏度，与CA砂浆拌合物性能和材料分离度具有较好的相关性。

配制的CA砂浆性能如表3所示。

表3 乳化沥青检测指标

序号	检测项目	1#	2#	3#	4#	5#	6#	7#	8#
1	外观	浅褐色液体、均匀、无机械杂质							
2	颗粒电荷	非离子							
3	恩氏粘度，(25℃)	12.4^{0}E	14.2^{0}E	6.1^{0}E	5.4^{0}E	7.15^{0}E	5.01^{0}E	5.16^{0}E	5.37^{0}E
4	残留物含量（%）	59.9	62.9	57.5	60.4	61	58.9	60.7	61.9
5	残留物针入度(25℃，100g/0.1mm)	110	97	110	98	110	97	65	67
6	残留物延度，25℃/cm	110	150	112	150	115	150	150	150
7	筛余物（1.18mm）	全通过							
8	储存稳定性（1d，25℃）	6.12%	6.50%	6.19%	6.80%	1.95%	0.14%	0.45%	0.37%
9	低温储存稳定性（-5℃）	无颗粒或结块	无颗粒或结块	无颗粒或结块	有粗颗粒	无颗粒或结块	无颗粒或结块	无颗粒或结块	无颗粒或结块

由表4知：（1）CA砂浆材料分离度随乳化沥青粘度的增大而减小，如图4所示；（2）CA砂浆流动度随乳化沥青粘度的增大而增大，如图5所示。

表4 不同乳化沥青配制出的CA砂浆性能

测试项目	1#	2#	3#	5#	6#	7#	8#
流动度	22.1	24	18.8	20	16	18.2	19.1
膨胀率	2.0	2.3	2.4	1.8	1.9	2.8	2.4
单位质量	1.44	1.42	1.47	1.45	1.46	1.45	1.47
含气量	10	10.6	8.0	9.4	8.5	9.4	8.3
1d强度	0.30	0.32	0.59	0.44	0.51	0.83	0.66
7d强度	2.05	1.38	1.9	2.10	1.82	1.97	2.18
28d强度	2.31	1.82	2.39	2.21	2.01	2.45	2.51
分离度	1.8	1.7	2.3	2.0	2.7	2.2	2.3
弹性模量	569.4	265	243	386	617	871	1045
泛浆率	0	0	0	0	0	0	0
抗冻性	72, 2.4	82, 1.9	88, 1.7	79, 2.3	79, 2.4	69, 3.1	66, 3.3
耐候性	107	105	110	108	103	92	94

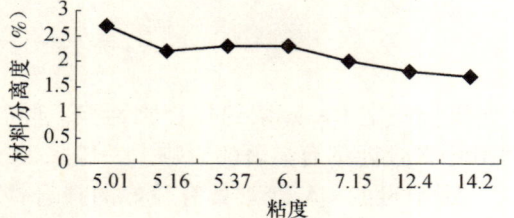

图4 乳化沥青粘度对材料分离度的影响

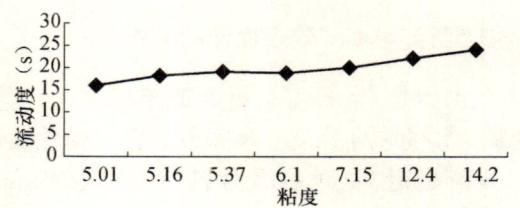

图5 黏度对流动度的影响

3.5 铝粉对CA砂浆性能的影响

铝粉是一种发泡剂，通过与水泥中的碱发生反应生成氢气，引起CA砂浆的膨胀，为CA砂浆提供一定的预应力，是CA砂浆材料组成中的重要部分。铝粉用量与CA砂浆24h膨胀率之间的关系如图6所示。

另外，本研究结果表明，铝粉的用量不仅可以调整膨胀率的大小，同时也可以调整弹性模量的大小，研究表明，CA砂浆材料膨率与弹性模量具有较好的相关性，通常，弹性模量随膨胀率的增加而降低，如图7所示。

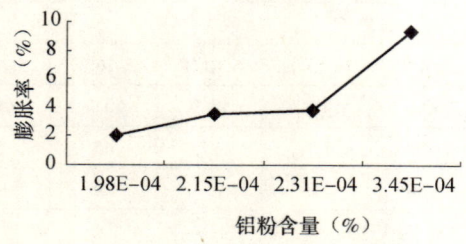

图6 铝粉含量与膨胀率关系

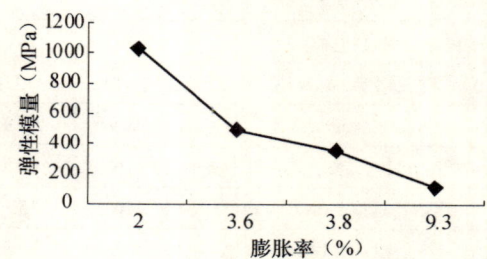

图7 膨胀率与弹性模量的关系

4 结论

通过试验和试验结果分析，得出以下结论：

（1）CRTSI 型板式无砟轨道用 CA 砂浆配制时宜选用早期强度较高的硫铝酸盐水泥，且砂浆强度随胶砂比增加而增加。

（2）CA 砂浆分离度随细骨料的细度模数减小而变小，细骨料细度模数在 0.8~1.5 之间为宜。

（3）乳液可以改善 CA 砂浆的物理性能、增强韧性和提高耐久性，但乳液的选择必须与乳化沥青和水泥具有良好的适应性。

（4）乳化沥青是 CA 砂浆制备的关键材料，其性能品质对 CA 砂浆具有重要影响，宜采用非离子乳化沥青配制 CRTS I 型板式无砟轨道 CA 砂浆。

（5）CA 砂浆静弹模量与膨胀率具有一定的相关性，随膨胀率的增加而减小，铝粉可以调节膨胀率和弹性模量的大小。

参考文献

[1] 王其昌，韩启孟. 板式轨道设计与施工 [M]. 西南交大出版社，2002，12.
[2] 国家高技术研究发展计划新材料技术领域"轨道交通用关键材料"重点项目课题申请指南. 2007，12.
[3] Shigeru Miura, Hideyuki Takai, Masao Uchida, and Yasuto Fukada. The Mechanism of Railway Tracks. Japan Railway & Transport Review March. 1998.
[4] 卢祖文. 客运专线铁路轨道 [M]. 北京：中国铁道出版社，2005，1.
[5] 赵国堂. 高速铁路无砟轨道结构 [M]. 北京：中国铁道出版社，2006，4.
[6] 左景奇，姜其斌，蔡彬芬. 板式轨道 CA 砂浆专用沥青乳液的试验研究. 铁道建筑技术，2005.2.
[7] 赵东田. 板式无砟轨道 CA 砂浆与施工技术研究 [D]. 西南交通大学硕士学位论文，2003.

地下室支护桩背水面防水排水施工技术

郭云来[1]　令狐延[1]　刘光荣[1]　张　磊[1]　刘天波[2]　苏国活[3]　梁　森[3]

1. 中国建筑第四工程局有限公司，广州，510665
2. 深圳市京基房地产股份有限公司，深圳，518005
3. 中建四局第六建筑工程有限公司深圳分公司，深圳，518001

【摘　要】　本技术采用水泥搅拌桩形成第一道防水，人工挖孔咬合支护桩形成第二道防水，在支护桩背水面喷涂防水涂料形成第三道柔性防水。同时还在桩根部设置排水沟，每隔5m设置导水管，导水管位置设置检修百叶窗，形成了完整的排水体系。利用防水与排水相结合的方式来满足地下室的使用要求。

【关键词】　支护桩；背水面；防水；排水；施工技术

Construction Technology on Negative Side Waterproofing and Drainage of Supporting Piles in Basement

Guo Yunlai[1]　Linghu Yan[1]　Liu Guangrong[1]　Zhang Lei[1]　Liu Tianbo[2]　Su Guohuo[3]　Liang Sen[3]

1. China Construction Fourth Engineering Division Corp., Ltd., Guangzhou, 510665
2. Shenzhen Kingkey Real Estate Development Co., Ltd., Shenzhen, 518005
3. Shenzhen Branch of the Sixth Company of CCFED, Shenzhen, 510665

【Abstract】　The project formed the first waterproofing by using cement-soil mixing piles, the second water-stop structure by man excavated bite retaining piles, and waterproof paint is used onto the negative side of supporting piles as the flexible waterproofing. The project has the drainage, which has outfall every five meters. The project use composite methods of waterproofing and drain to satisfy the demand of application in basement.

【Key words】　supporting piles; negative side; waterproofing; drainage; construction technology

1　工程概况

深圳蔡屋围京基金融中心工程由深圳市京基房地产股份有限公司开发兴建，位于深圳市罗湖区蔡屋围。由A、B、C、D、E座组成的群体建筑，地下四层，地上裙楼四层，是集六星级豪华酒店、高级办公、大型商业、高级公寓、住宅为一体的综合性建筑群。

该工程地下室开挖深度19.7m，其中A座最深达23.3m，地下室外边线总长为858m，地下防水设计等级为Ⅱ级。现场场地情况较好，从上至下主要为回填土、第四系冲洪积层、全风化花岗岩、强风化花岗岩、中风化花岗岩及微风化花岗岩。地下水位较高，钻孔中稳定水位埋深变化于2.5~5.1m间。

基坑支护设计采用水泥搅拌桩形成止水帷幕，并用人工挖孔桩加预应力锚索结构进行基坑支护，地下室以支护桩作为地下室结构外墙，并在支护桩背水面做防水层及排水系统。

2　施工技术介绍

由于深圳蔡屋围京基金融中心工程场地狭小，为保证现场留有必要的施工场地，工程设计时考虑采取减少开挖面积，将地下室支护结构作为地下室结构外墙，后期施工时在支护结构内侧做防水及排水措施，以满足建筑物的使用要求。具体做法如下：

地下室施工期间在基坑周边做一道止水帷幕桩，然后施工相互咬合的人工挖孔桩。地下室结构施工完成后，清理地下室支护桩表面松散的混凝土和杂物，对支护桩表面缺陷用水泥砂浆进行修补。对于预应力锚索孔、支护桩间或桩身的局部渗漏点，采用快速堵漏粒进行堵漏，并用刚性防水涂料对桩身及其结合部位进行防水处理，待其干透后再使用弹性防水材料进行喷涂，形成一道干净的保护膜，最终达到防水效果。

在地下室-1～-3层楼板周边的支护桩底部做一条300mm宽的排水沟，每隔5m设置一个落水口，并用DN50的PVC管做成竖向排水管，通过排水管将沟内的积水逐层排入-4层地下室底板内的集水坑抽走。为方便维修，在每个落水口的位置设置一个600mm×600mm的铝合金百叶检修口，在地下四层设置可拆除铝板，用于检查和维修。简图如图1所示。

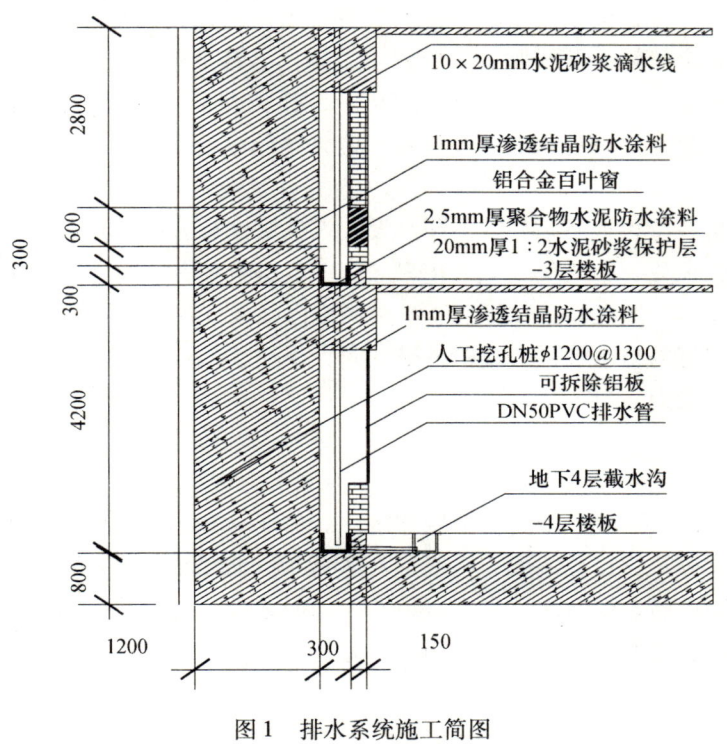

图1 排水系统施工简图

3 设计及施工要点

3.1 施工工艺流程

止水帷幕施工→基坑支护桩及预应力锚索施工→地下室结构施工→锚索及锚梁拆除→锚索部位及支护桩渗水部位堵漏→支护桩防水涂料施工→排水系统施工→地下室外墙及检修系统施工。

3.2 止水帷幕施工

地下室基坑开挖之前，首先在基坑支护桩外做一道止水帷幕，止水帷幕为$\phi 500@300$的水泥土搅拌桩，桩的深度按机械搅拌不动为止进行控制，现场在9m到20m之间，止水帷幕是基坑的第一道防水，主要减小基坑外部流入基坑内的水量。

3.3 基坑支护桩施工

在地下室开挖过程中，为了保证基坑周边的稳定性，沿地下室外边线设置一道基坑支护桩，由于现场地质情况较好，因此采用ϕ1200@1300的人工挖孔灌注桩。如图2所示。

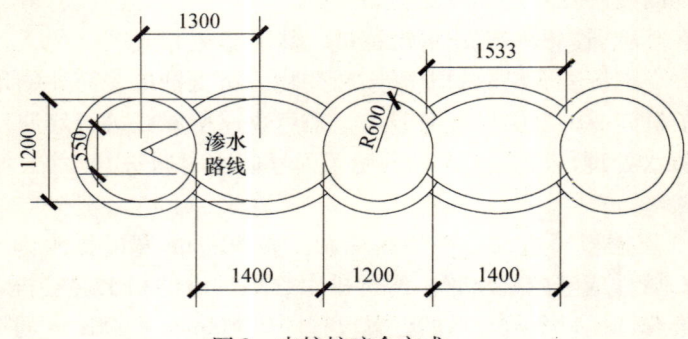

图2 支护桩咬合方式

由于该支护桩待地下室结构施工完后兼作地下室外墙，因此，桩与桩之间采用隔孔跳挖施工以实现桩与桩之间的相互咬合。第一批圆形支护桩施工完后，再施工第二批椭圆形咬合桩，将第一批桩与第二批桩连接部分的混凝土护壁（直线长度为550mm，弧长为571mm，是桩结合部位的渗水路线总长度）凿除干净，以便两批桩之间能很好的咬合在一起，达到刚性防水效果，还可以加强支护桩的整体支护效果。

基坑支护时，根据各位置地质条件的不同，设计人员对桩长进行了区别分设计，指定了桩的长度，如遇岩层，则按进入强风化、中风化、微风化岩层的深度进行控制，且总嵌入深度设计为4.5~7m不等。通过桩长控制或入岩深度控制，保证了支护桩的嵌固效果满足了设计要求。

为保证支护桩有较好的防水效果，支护桩设计时，采用了C30P8的抗渗混凝土，可以最大限度地增强桩体的抗渗和防水能力。

3.4 地下室结构施工

基坑支护工程完成后，即开始地下室结构的施工，施工梁板系统时，将支护桩外侧的混凝土护壁全部用机械凿除，露出密实的桩身混凝土，然后在楼板部位做$550(w) \times 1000(h)$的混凝土边梁，边梁与桩采用9Φ20钢筋植筋，植筋深度为$22.5d$（d为钢筋直径）。为增强边梁与支护桩的连接效果，设计要求边梁应伸入支护桩表面混凝土以内100mm，边梁做法如图3所示。

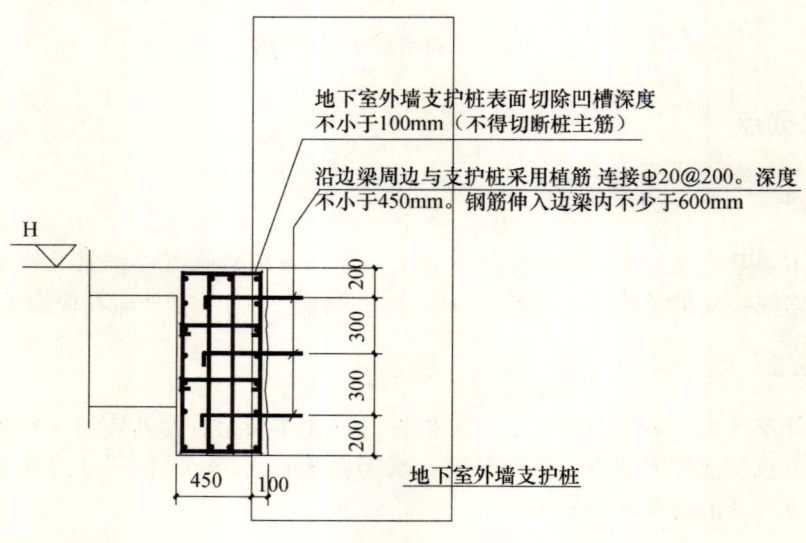

图3 地下室楼板与支护桩的连接做法

3.5 锚索孔及局部渗水部位堵漏

地下室楼层的混凝土楼板浇筑完成，并达到设计强度的100%以上（应以混凝土试块强度为准）后，就可以进行支护桩预应力锚索及其锚梁的拆除了。锚梁拆除后，应将预应力锚索割除至尽可能短的部位，割除后的锚索头一般会出现一些漏水或渗水，应采取措施堵漏。另外，由于施工质量原因，局部支护桩内混凝土密实性较差、部分桩与桩之间咬合作用不好，支护桩自身或支护桩结合部位也会出现局部明显的漏水或渗水现象。为了快速有效地进行堵漏，项目部对渗漏部位采用快速堵漏粒进行堵漏，它属于刚性速凝型防水材料，能溶于水，堵住漏点后短时间内凝固，对其观察12～24h，直至不再渗水为止。

3.6 支护桩防水涂料施工

支护桩系统渗漏基本处理完成后（此时允许有少量的渗水），项目部首先采用水泥基渗透结晶型防水涂料对桩身及咬合部位进行涂刷，厚度大于1mm，其作用是封闭所有毛细孔，防止渗水现象。刚性防水涂料施工完成，支护系统表面无渗漏现象后，再在桩表面刷一道弹性防水材料进行喷涂，形成一道干净的保护膜，以达防水效果。

由于外边梁也存在渗水可能，因此，边梁的底部和侧面也做1mm厚的渗透结晶型防水涂料。

3.7 排水沟施工

当支护桩防水施工完后，局部防水施工质量不良可能出现渗漏，随着时间的推移，部分位置防水材料老化也会出现渗漏的情况。为了将上述渗漏水有效排出，设计单位在每层地下室周边距离支护桩300mm处设置了一条300mm(w) ×300mm(h)的排水沟，排水沟一边为支护桩，另一边为150mm(b) × 300mm(h) 的C25混凝土导墙。沟内采用1:3水泥砂浆朝排水孔处找1%坡度，上部采用聚合物水泥防水涂料做2.5mm厚进行防水。防水层表面采用20厚1:3水泥砂浆做保护层。

3.8 检修孔及检修层施工

为将各层地下室的排水沟内的集水引至地下室四层集水坑内，设计人员在排水沟内每隔5m设置了一根DN50的排水PVC管，该管穿过地下室外边梁将上层水引至下一层，起到从上至下的汇水作用。考虑到随着时间的推移，该排水管可能出现堵塞，因此，项目部在每层地下室排水PVC管部位设置了可拆卸的600mm×600mm的铝合金百叶检修窗，该检修口离混凝土楼板为600mm高，用来维修排水系统。

考虑到地下四层的水压力最大，可能会出现防水层破坏较为严重的情况，因此，地下四层设置了一个检修层，该检修层下部自混凝土底板以上1100mm采用砖砌墙体，上部全部采用可拆除铝板，铝板拆除后，防水施工人员可进入防水层重新施工防水，完成后将铝板复位即可。

3.9 装饰墙体施工

考虑到支护桩表面不美观，因此，在地下室排水沟的导墙上采用190厚加气混凝土块做成地下室外围护装饰墙，为防止导墙表面涂料泛潮，导墙表面采用外墙乳胶漆施工。导墙不仅起到阻止排水沟内的水向地下室中部流淌，还可以在其上砌筑加气混凝土砌体作为地下室外墙，使地下室的外围护结构变得整齐美观，达到建筑装饰的效果。

为避免边梁局部渗漏的水引流至导墙上，在与导墙相距30mm部位，增做10mm(h) ×20mm (w)的滴水线一条，有助于装饰墙体保持干燥。

4 总结

本施工方法通过一系列技术措施取消了地下室外剪力墙，将防水施工由先施工改为后施工，并设置了排水系统和检修措施，防水质量好，主体施工进度快，费用节省，具有较明显的技术优势。经过对比分析，本技术具有以下特点：

4.1 防水效果好

地下室背水面防水具有较高的难度，本施工技术充分利用基坑止水帷幕、人工挖孔桩咬合、人工挖孔桩混凝土抗渗等措施来减少渗入基坑中的水量和水压，使背水面防水施工的难度减至最小。再加上人工挖孔桩堵漏和背水面水泥基渗透结晶型防水涂料的防水，保证了防水施工的质量。

4.2 考虑了必要的排水系统

由于施工中的质量缺陷可能导致局部渗水，建筑使用时间较长时局部防水老化或失效也可能出现局部渗漏，因此，在地下室设置排水系统，较好地解决了长期使用中渗漏对使用功能的影响。对排水系统设置了必要的检修孔和检修层，上述措施对于建筑物的正常使用和维修非常实用。

4.3 促进了建设项目的绿色施工

采用本施工技术可以将支护桩当作地下室外墙使用，节省了地下室结构外墙的施工时间和费用，可以节约大量的自然资源，促进了建设项目的绿色施工，有很好的应用前景。

4.4 减少了土方的开挖和回填

常规的地下室外墙外防水需要有较大的施工空间，为保证外防水的施工，必须要将基坑的开挖范围加大，这对于很多施工场地狭小的城市建设工地是很困难的事情，增加了施工材料堆放和管理的难度。防水施工完成后需要进行大量的土方回填，回填工程也增加了现场管理的难度，增加了工程的费用。采用本工法，可以实现最小范围的土方开挖，不用进行任何土方回填，其优越性是非常明显的。

参考文献

[1] GB 50108—2001. 地下工程防水技术规范 [S].
[2] DBJ15—19—2006. 建筑防水工程技术规程 [S].

深圳京基金融中心钢筋工程施工技术

先海军[1]　令狐延[2]　肖云燕[3]　刘光荣[2]　郭云来[2]

1. 中建四局第六建筑工程有限公司深圳分公司，深圳，518001
2. 中国建筑第四工程局有限公司，广州，510665
3. 中建四局第六建筑工程有限公司广州分公司，广州，510665

【摘　要】　本文介绍了深圳京基金融中心工程施工中，针对于超高层建筑的高性能混凝土结构，其核心筒劲性剪力墙钢筋工程、外框钢管混凝土柱钢筋工程、水平楼板结构钢筋工程的施工技术，对类似工程的钢筋设计和施工具有一定的借鉴作用。

【关键词】　超高层建筑；劲性剪力墙；钢筋工程；钢管混凝土柱

Reinforcement Construction Technology in Shenzhen Kingkey Finance Center Project

Xian Haijun[1]　Linghu Yan[2]　Xiao Yunyan[3]　Lin Guangrong[2]　Guo Yunlai[1]

1. Shenzhen Branch of the Sixth Company of CCFED, Shenzhen　518001
2. China Construction Fourth Engineering Division Corp., Ltd., Guangzhou, 510665
3. Guangzhou Branch of the Sixth Company of CCFED, Guangzhou, 510665

【Abstract】　The article introduced the construction technology of reinforcements in the construction of high-performance concrete structure of super high-rise building, including steel-enhanced shearing-wall core tube, steel-tube concrete column, and the horizontal floors structure of Shenzhen Kingkey Finance Center project, and it might be a reference to the similar reinforcement engineering construction in super high-rise building.

【Key words】　super high-rise building; steel-enhanced shearing-wall; reinforcement engineering; steel-tube concrete column

1　工程项目概况

1.1　项目概况及施工简介

深圳京基金融中心高度441.8m，采用顶模系统施工。该工程采用钢结构框架－混凝土核心筒，内筒为钢筋混凝土核心筒，外筒为钢结构框架，内筒楼板为钢筋混凝土结构，外筒楼板为钢梁与混凝土板组合楼板。针对结构特点，在施工平面上分为内核心筒、外框钢柱、核心筒内楼板、核心筒外楼板四个部分，分别组织流水施工。根据顶模系统的施工特点，本项目将超高层钢筋混凝土竖向结构与水平结构施工分离开：首先进行内核心筒与外框钢柱的施工，在进行竖向结构施工作业时，预埋核心筒内外梁板钢筋，在进行水平结构施工前，打凿出预埋的钢筋后即可进行楼板的施工。

1.2　设计概况

本工程由深圳华森建筑与工程设计顾问有限公司进行施工图设计，工程结构使用年限为100年。钢筋保护层按一般工程的1.4倍取值，同时钢筋的保护层厚度不应小于钢筋的直径（钢筋直径不必再乘以1.4的系数）。对于暗柱、暗梁的保护层按墙体钢筋进行控制。

2 核心筒劲性剪力墙钢筋施工

2.1 核心筒概况

内筒为钢筋混凝土剪力墙结构，结构变化复杂：21层板面以下的核心筒混凝土剪力墙内有"王"字型钢骨及钢连梁，77层以上墙体设置型钢；在37~39F，55~57F，73~75F总共设计3道较大的型钢结构——伸臂桁架用以连接核心筒及外框钢管混凝土柱；最厚剪力墙体厚度由1900mm逐渐收为800mm，剪力墙钢筋直径最大达到32mm，暗柱钢筋直径最大达到40mm。

2.2 钢筋连接

核心筒墙柱的主筋$D \geqslant 16mm$采用钢筋剥肋滚轧直螺纹连接技术，即把待连接的钢筋端部剥肋后滚轧成直螺纹，通过连接套筒将两根钢筋连成一体，具有施工速度快、连接质量可靠且经济合理等优点；且该工程直螺纹连接为Ⅰ级接头，接头位置可设置在同一平面。

2.3 劲性剪力墙钢筋施工

2.3.1 型钢暗柱钢筋的绑扎

核心筒21层以下暗柱内有H型、"王"字型钢柱，钢筋用量大，使钢筋的定位及绑扎较困难。在钢筋施工前，要做好钢筋的放样及定位工作。钢筋绑扎时首先将H型、"王"字型钢柱吊装并焊接完毕，开始架立四角的竖向钢筋。四角的竖向钢筋连接完毕后开始由下至上套箍筋。最后，连接其他暗柱竖向主筋。而在型钢柱钢筋的绑扎中，箍筋的绑扎将影响型钢柱绑扎的质量，也决定了型钢柱钢筋绑扎的速度。因此，通过现场不断的摸索，我们总结了型钢柱箍筋的施工流程：绑型钢柱外侧箍筋→绑型钢内侧箍筋→绑型钢柱之间相连的水平钢筋→绑型钢柱之间剩余水平分布筋。

2.3.2 核心筒连梁钢筋在钢骨柱处的连接

核心筒南北两面剪力墙从地下3层到77层每层均设置8条连梁，由于南北两面暗柱内设置了型钢柱。根据规范要求，当梁钢筋采取弯锚时，梁钢筋平直段锚固长度不能小于0.4laE。因此，我们根据型钢柱距暗柱边的距离L和连梁钢筋锚固长度laE来进行现场操作。

（1）若$L \leqslant 0.4laE$，主要采用在钢骨柱的竖向钢板上焊接套筒连接，将梁内钢筋数量较多的直径为32mm和25mm的钢筋采用等面积代换为直径40mm或28mm的钢筋，以减少钢筋根数，而利于在暗柱内的钢骨柱上采用焊接套筒的方式进行锚固，同时连梁的箍筋采用等强代换为三级钢，以减少箍筋的肢数方便现场施工。以5层钢连梁LL03（1900mm×850mm）为例，原设计的面、底筋均为57Φ25，箍筋为12Φ12。代换后的面、底筋均为24Φ40（一排10Φ40，二排4Φ40，三排10Φ40，如图1所示），箍筋为10Φ12。在钢梁范围内，水平方向拉钩无法挂设。在图纸深化时，我们征得设计院的同意在钢梁上开孔，开孔直径比拉钩直径大2mm。现场施工时，我们从两侧将拉钩从开孔处插入钢梁内，插入长度大于钢筋的锚固长度。

（2）若$L \geqslant 0.4laE$，则采取弯锚的形式施工。以37层LL03为例，原设计的面、底筋均为22Φ25，而钢柱距暗柱边为320mm，考虑到钢柱安装所需要的施工间隙和水平锚固长度最多为270mm，而原设计直径为25mm的钢筋水平锚固长度需要340mm。考虑到工期与施工成本，我们将原设计直径为25mm的钢筋通过等面积代换为直径为20mm的钢筋，梁钢筋强度等级和箍筋等均不变。这样不仅使现场操作方便，也保证了剪力墙与连梁交汇点的质量要求。

2.3.3 双直螺纹钢筋锚固技术

由于钢柱竖向钢板与暗柱外边相隔较近，为了保证连梁钢筋的锚固，项目部决定在钢骨柱上焊接套筒，使钢筋与钢骨柱通过套筒相连。为减少因焊接套筒连接钢筋而增加钢骨柱钢板的受力负担，经

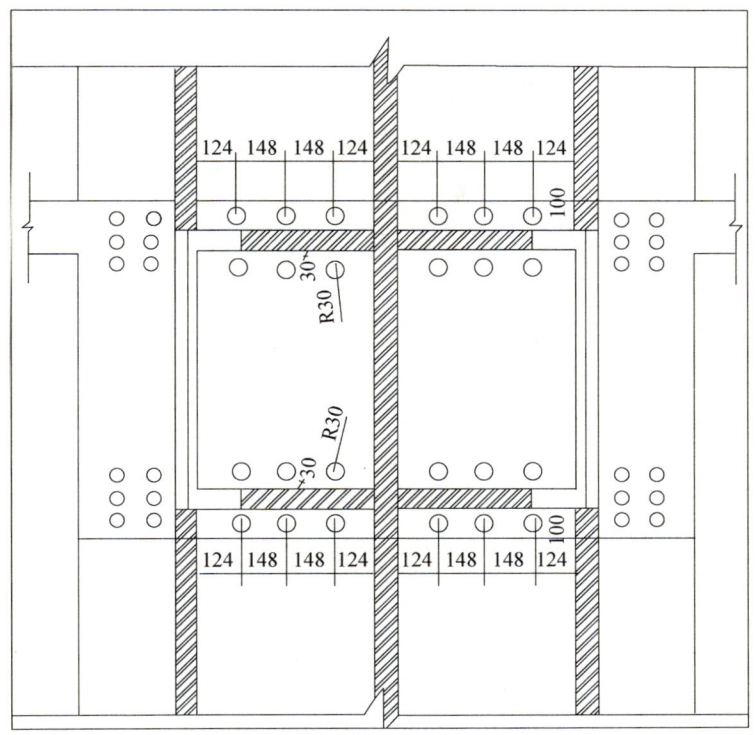

图 1　LL03 主筋在钢柱上立面分布示意图

与设计单位协商，决定在钢骨柱钢板的背面再加焊一个直螺纹套筒，将不足的锚固长度补足，形成双直螺纹连接，如图 2 所示。

2.3.4　全丝直螺纹套筒施工

（1）连梁钢筋两端均采用直螺纹进行连接，连梁中部的钢筋需加工成两段施工，钢筋中部也采用直螺纹进行连接。两段钢筋长度需要准确下料，中部的套筒采用全丝直螺纹套筒。

（2）当钢骨柱之间的连梁钢筋安装时，必须先安装一端加工有全丝的钢筋，且保证全丝一端位于梁中部的连接处。安装另一根钢筋前，应将套筒完全退至钢筋内，将所有丝口用完，以便另一根钢筋就位后对接。

（3）待钢骨柱之间的两段钢筋都安装就位后，将钢筋中间的全丝直螺纹套筒按照最初安装的相反的方向旋转，并与另一段钢筋的丝口连接至紧固，直至两段钢筋的连接长度均满足规范要求为止。如图 3 所示。

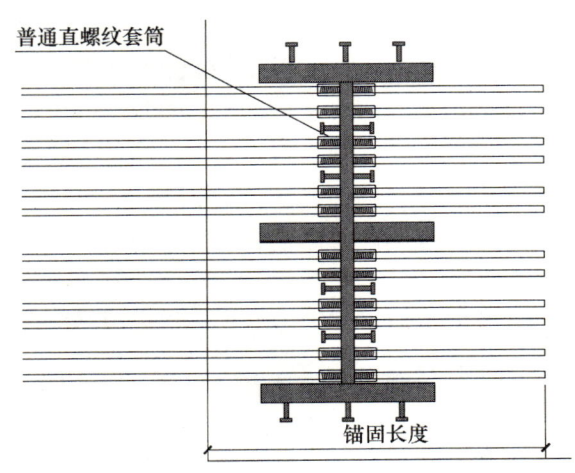

图 2　双直螺纹钢筋锚固示意图

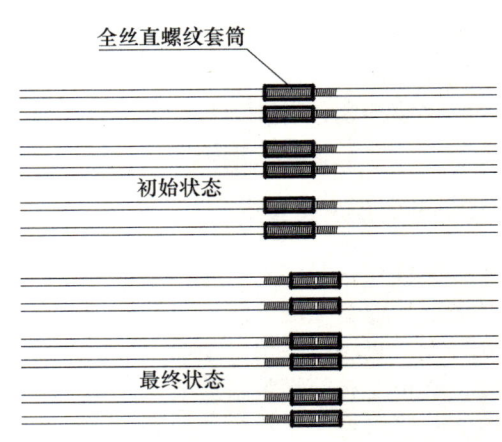

图 3　全丝直螺纹套筒钢筋连接示意图

2.3.5 配合伸臂桁架的施工

该工程在37~39F，55~57F，73~75F总共设计3道伸臂桁架，伸臂桁架为较大的型钢结构，用以连接核心筒及外筒框柱。伸臂桁架的柱脚埋件在36、54、72层板面位置，因此在施工35、53、71层墙体的时候必须控制好钢筋的高度，不然将影响钢柱的吊装。而在伸臂桁架柱脚埋件及钢柱范围内的钢筋，必须在施工35、53、71层墙柱钢筋时，将受影响的墙柱钢筋移位预埋，保证墙柱的钢筋条数不变。受伸臂桁架钢梁的影响，暗柱箍筋无法做成一个整箍。因此，钢梁范围内的箍筋加大一个等级，并做成开口箍从钢梁上开的孔穿过将箍筋连成一个整体。如图4所示。

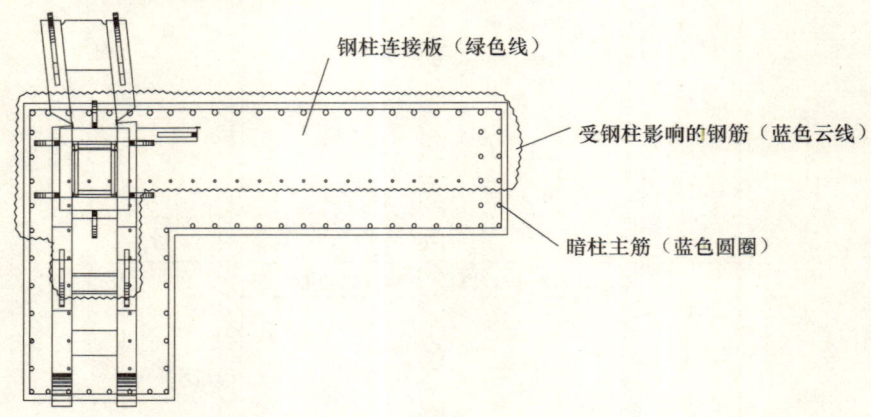

图4 伸臂桁架暗柱施工示意图

该图为73层伸臂桁架某暗柱施工示意图，蓝色圆圈表示暗柱主筋，绿色表示钢柱连接板，红色表示伸臂桁架，蓝色云线表示受钢柱安装影响的钢筋。蓝色云线范围内的钢筋最多高出72层混凝土板面15cm，因此该部分采用直螺纹套筒连接且接头应达到一级直螺纹质量。部分与钢柱就位（绿色所示）冲突的钢筋需在71层暗柱钢筋施工时，移位预埋避开水平距离5cm以上。

3 水平结构钢筋施工

3.1 水平结构楼板简介

核心筒采用顶模施工工艺，即先施工墙体，梁板滞后施工，因此梁板钢筋须在施工核心筒墙柱钢筋时预留。筒内楼板为钢筋混凝土结构，外框楼板为钢梁与混凝土板组合楼板（压型钢板、钢筋桁架板）。由于外框组合楼板需在钢结构完成后方可施工，因此外框组合楼板施工又滞后于核心筒楼板的施工。

3.2 内筒结构梁钢筋预埋

内筒梁钢筋采用直螺纹连接，在核心筒墙柱钢筋绑扎完毕后，由专业的放线工放出后浇梁的截面尺寸，然后由专门的预埋工种按梁的配筋进行预埋。预埋方法：在后浇楼板梁钢筋在墙体中的锚固处，安装直螺纹连接接头，接头一端同锚固钢筋连接，连接长度为钢筋在混凝土中的抗震锚固长度，另一端用橡胶顶盖拧紧，橡胶顶盖的外皮应同顶模钢模板内表平面齐平。在施工内筒梁时，由专业的打凿工人将预埋套筒凿出作为框架梁与墙体的连接接头。

3.3 板钢筋的预埋及施工

核心筒墙柱钢筋绑扎完毕后，由专业的放线工放出后浇板的位置及板厚，再由专门的预埋工种按板配筋进行预埋。预埋方法：将楼板钢筋水平弯曲在靠近大模板的内侧，大模板安装就位后，楼板钢筋与混凝土一起浇筑在剪力墙内。弯曲在剪力墙内的楼板钢筋位于剪力墙的外侧，预埋板筋在同一截面搭接，其长度必须满足搭接要求。因此在预埋下料时，我们将搭接长度都加大了5cm，这样来保证内筒板筋的搭接长度。在施工内筒板时，由专业的打凿工人将预埋板筋凿出并调直作为内筒板的连接接头，若打凿并调直后的板筋长度不能满足同一截面搭接长度的要求，我们将采取单面焊接的方式来保证板的质量。外框楼板的板筋预埋与连接同内筒板，钢筋的预埋及施工见图5。

3.4 外框楼板与钢柱部位的连接

板筋与外框钢柱相连处，采用板筋与钢柱外侧钢板角焊缝连接。由于钢筋超过35mm时属于厚钢板，焊接可能会造成钢板的层间撕裂，因此，需先将钢板用氧炔焰加热至80℃以上，方可进行钢筋焊接，焊接过程中有红外温度计随时检查钢板温度，当温度低于80℃时，需重新加热后焊接。

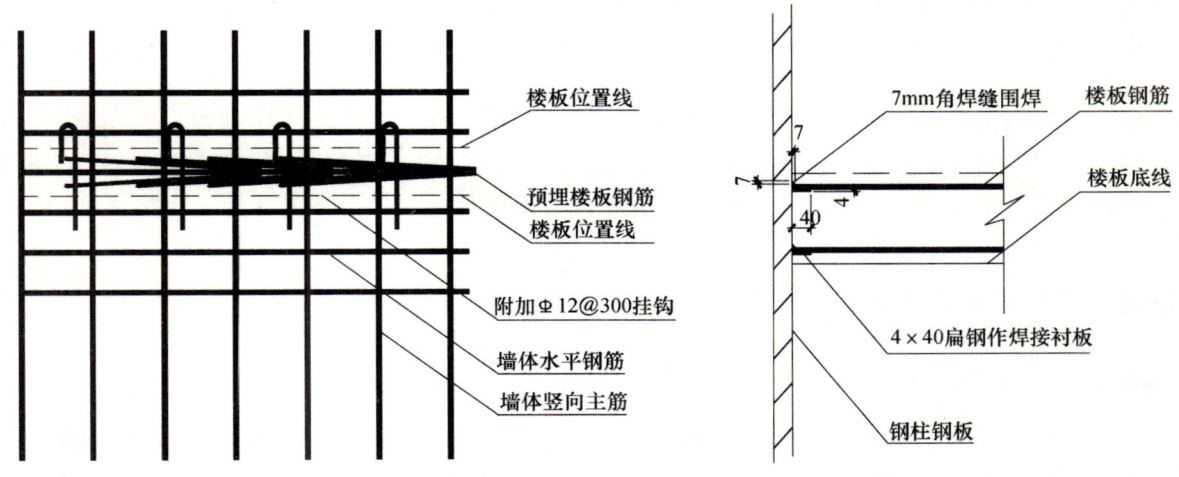

图5 钢筋的预埋及施工示意图　　　　图6 外框楼板与钢柱部位的连接示意图

3.5 质量缺陷处理

由于多方面原因，预埋钢筋难免有缺失、偏位的情况。根据现场实际情况，我们有以下几种处理办法：

3.5.1 预埋钢筋缺失的处理

当楼板钢筋漏埋或埋设的钢筋无法凿出时，采用进口喜利得牌植筋胶，植筋深度必须满足设计要求的$22.5d$。为加强对植筋质量的控制，待植筋孔钻好后，将组织质量部及监理对植筋深度和清洁程度进行复查，合格后方可植筋。为保证植筋质量，还需随机抽取植筋数量的1%进行拉拔试验，试验合格后方可进行隐蔽钢筋工程。

3.5.2 预埋套筒水平方向偏位处理

当预埋套筒偏离梁截面以外时，必须按设计要求进行植筋，以保证梁筋数量。如预埋套筒在梁截面范围内，竖向保护层正确但水平方向的保护层厚度超过规范要求时，可以使用预埋套筒正常连接梁的受力钢筋，但对于梁的根部，由于钢筋保护层过大，应补植相同根数的Φ12钢筋至梁筋位置正确处，以消除梁根部侧面混凝土开裂的隐患，如图7所示。

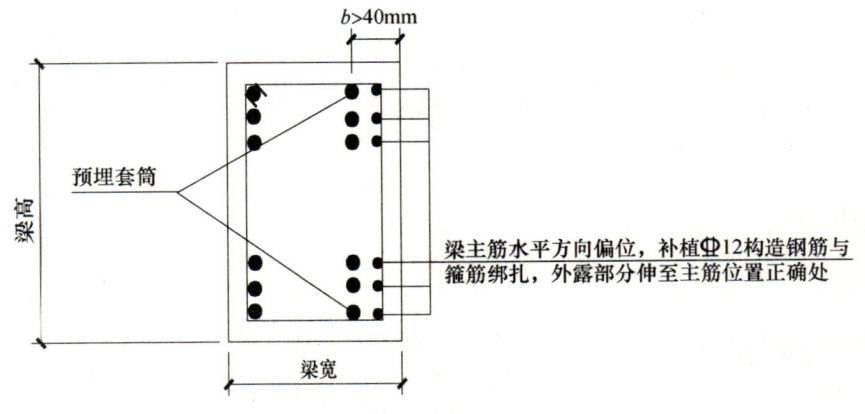

图7 预埋套筒水平偏位处理示意图

3.5.3 预埋套筒竖直方向偏位处理

如预埋套筒水平方向的保护层正确但竖向保护层偏差较大,此时梁筋的有效力矩受到了影响,需向设计人员报告具体的钢筋套筒位置,并由设计人员制定专门的加强措施,在现场采用植筋或加大截面等办法加强后,方可继续进行钢筋工程的施工。

3.6 楼板钢筋的吊运

内核心筒楼板钢筋的吊装在南北两面分别设置移动式吊料平台用于钢筋的调运,每施工完一层就提升一次,移动式吊斗平台放置于外框楼板的钢结构梁上,安装时需要保证平台的位置符合施工方案的要求。

外框组合楼板钢筋在东西两面分别预留一个吊料口,在吊料口范围内的压型钢板或钢筋桁架板待钢筋吊运完毕后封闭。由于外框楼板滞后核心筒较多(一般10～20层),外框楼板钢筋下吊时需要穿越多层楼板预留孔洞,因此,需要塔吊司机和指挥人员认真工作、良好配合,方可保证吊装的安全。

4 外框钢管柱内钢筋的制作及施工

4.1 钢板的穿孔直径控制

外框钢管混凝土柱内一般配置有钢筋,为保证钢筋接头质量,加快施工进度,钢筋接头采用直螺纹连接。如果钢管混凝土柱内钢筋需穿过横隔板,为了避免钢筋连接位置正遇横隔板位置,因此,横隔板上的钢筋穿孔孔径应比钢筋所使用的直螺纹套筒外径大2mm。

4.2 钢筋安装高度的控制

外框钢管柱内钢筋设置有穿越横隔板、紧贴横隔板、中心芯柱三种情况。为了便于理解,现将钢管柱内钢筋从外向内分为三排钢筋,具体如图8所示。

由于外框钢管柱混凝土柱采用分段焊接安装,为了不影响钢管柱内部纵向隔板的焊接,每次钢管混凝土柱最外侧的柱内钢筋(第三排钢筋)连接处均不能高于下一节钢管混凝土柱的焊接焊缝位置,且在焊口下50cm。

虽然钢管混凝土柱内的第二排钢筋距离钢管混凝土柱周边的焊缝位置相对较远,但是由于第二排钢筋是紧靠钢管混凝土柱内的横隔板边沿,施工中难免会因为钢筋的倾斜碰到下一节钢管混凝土柱的横隔板,加之钢筋直径较大难以调整,致使下一节钢管混凝土柱难以就位。因此钢管混凝土柱内第二排钢筋的连接位置应不高于下一节钢管混凝土柱内最下一道横隔板的位置。

第一排钢筋的高度可与第二排钢筋相同。

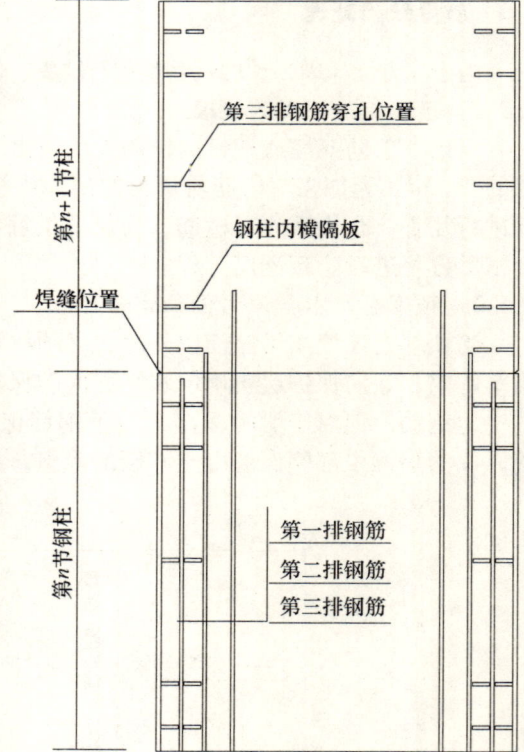

图8 外框钢柱钢筋示意图

4.3 钢筋下料

为了合理地利用原材料,钢筋下料采取3m、4m两种规格,然后根据钢管混凝土柱分段图要求及钢管柱泄水孔位置进行钢筋的安装绑扎,每层尽可能只设置一个接头,按设计配筋直径(主筋均为Φ40)、根数和部位,标识后,转入下一个工序。采用剥肋滚丝机对切好的钢筋进行车丝,操作时要根据一级接头的要求,对丝口间距、螺纹的长度、丝口的深度进行控制。

4.4 钢管柱内钢筋安装绑扎

外框钢管柱焊接完成后，对所有焊缝进行 UT 检测，合格后才能进行钢管柱内钢筋得绑扎。

钢筋绑扎施工操作时，在钢柱顶上设置钢筋临时堆放点，先用塔吊把钢筋吊到钢柱顶堆放并用铁丝捆绑牢固，以免高空坠物。安放纵筋时，采用人工将钢筋逐根吊放入钢管柱内，先安放穿越横隔板的钢筋，安装完后再安放中心部位的钢筋笼。钢筋直螺纹接头应使用管钳和力矩扳手进行施工，将两个钢筋丝头在套筒中间位置相互顶紧。箍筋做成水平圆箍逐个绑扎，以便于施工操作。

4.5 其他措施

随着楼层的增高，钢管柱截面的减小，分节高度逐渐增高（高度由 3.2m 逐渐增高到 12m），柱内设置有钢筋笼即芯柱，致使钢管柱内的操作空间十分有限（最小操作空间减小到 57cm×37cm），因此，钢筋的安装变得更加困难。尤其是在炎热的夏天，钢管柱内温度能达到 40℃以上，为了确保操作人员的安全，钢管柱内钢筋的安装只能在早上或夜间进行，且用鼓风机不间断往柱内送风来保证柱内空气流通。

参考文献

[1] GB 50204—2002. 混凝土结构工程施工质量验收规范 [S].
[2] 建筑施工手册编写组. 建筑施工手册（第四版）[M], 北京：中国建筑工业出版社, 2003.

深圳京基金融中心核心筒高性能混凝土模板施工技术

姚彪　令狐延　贾文学　肖云燕　庞土生

中建四局第六建筑工程有限公司广州分公司，广州，510665

【摘　要】　本文介绍了深圳京基金融中心工程核心筒高性能混凝土顶模系统模板的配置，现场施工，施工测量，质量控制等问题，对类似工程具有一定的借鉴作用。

【关键词】　超高层建筑；高性能混凝土；顶模系统；大钢模板；变截面模板

Formwork Construction Technology of the High-performance Concrete of the Core Tube of Shenzhen Kingkey Finance Center Project

Yao Biao　Linghu Yan　Jia Wenxue　Xiao Yunyan　Pang Tusheng

Guangzhou Branch of the Sixth Company of China Construction Fourth Engineering Division Co., Ltd., Guangzhou, 510665

【Abstract】　The article introduces the designing of the formworks, the site construction of formwork, the site construction surveying, and the quality control of the Pushing-up Formwork System in Shenzhen KingKey Finance Center project. This can be a reference to the similar formwork construction in super high-rise building.

【Key words】　super high-rise building; high-performance concrete; pushing-up formwork system; steel formwork; changing section formwork

1　工程概况

京基金融中心工程由深圳京基集团开发，中国建筑第四工程局有限公司承建。位于深圳市罗湖区，地处金融文化中心区，与中国人民银行和深圳大剧院及深圳市公安局相邻，占地42353.96m²，是集甲级写字楼、六星级豪华酒店、大型商业、高级公寓、住宅为一体的大型综合建筑群。主塔楼地下4层，地上98层，高441.8m，为国内罕见的超高层建筑。地面以上结构核心筒为钢筋混凝土结构，核心筒外围是钢结构混凝土结构。混凝土为高性能混凝土，其强度等级为C60～C80，本工程核心筒施工采用顶模系统。其墙柱结构先行施工，水平结构滞后墙体施工。顶模系统采用定型大钢模板，其特点是：施工方便、通用性强、易拼装、一次装置长期使用、周转次数多、模板吸附力小、脱模容易、保温性能好，但一次性投资较大。

2　模板配制

2.1　绘制模板平面布置图

核心筒施工采用顶模系统，核心筒墙柱先行施工，梁板后续施工。影响模板工程的主要有两点：一是墙体变截面次数多。外墙从1900mm第一次收掉300mm，以后每次收200mm，最后变为800mm，二是在37～39层，55～57层及73～75层设置了三道伸臂桁架，伸臂桁架有牛腿伸出墙面700mm。这两点在定型大钢模板配制时需一一考虑，以方便后续施工。

模板系统采用定型大钢模板，标准模板尺寸为2400mm×4700mm，辅助模板由非标准模板、阴阳角模板和补偿模板组成，模板下口与下层混凝土浇筑面搭接150mm（标准4200mm楼层）。根据墙柱定位图，项目部绘制了模板平面布置图，如图1所示。

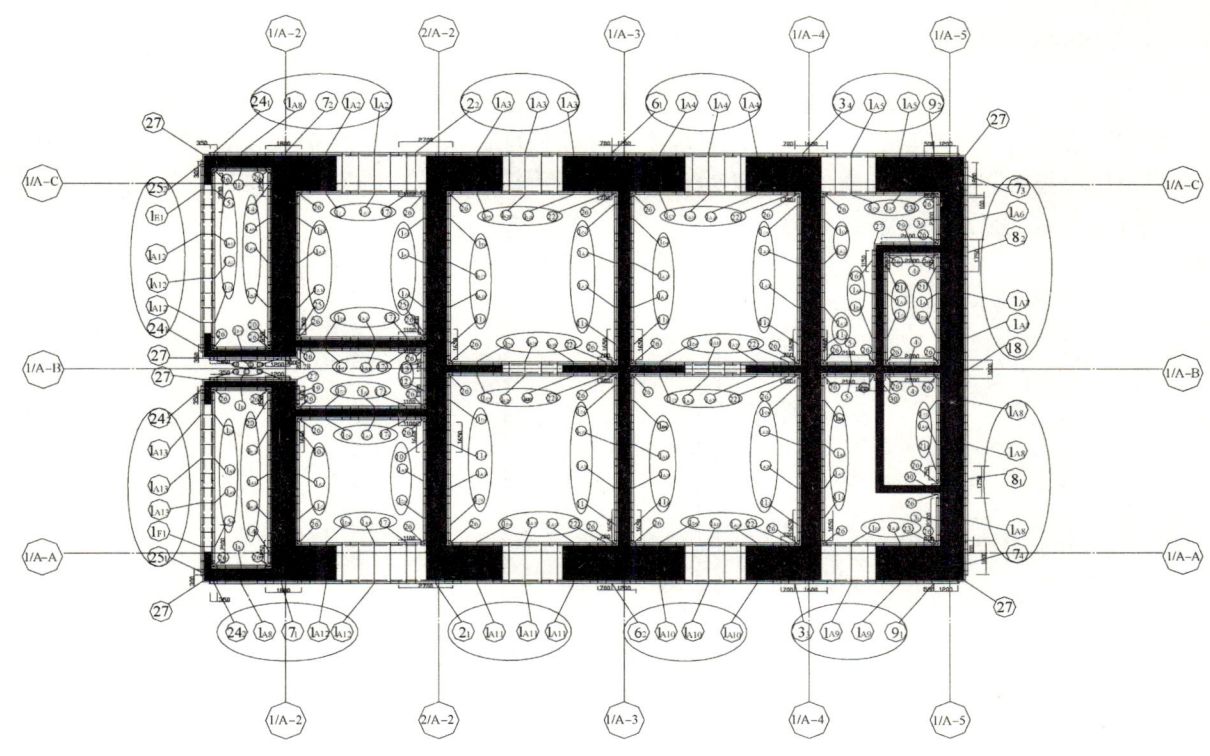

图1 京基金融中心模板平面布置图

2.2 墙体的变截面模板配制

墙体的变截面对定型大钢模板是有一定的影响,我们在做模板配制时就将其考虑在里面,将在墙边处那块模板根据墙体的变化尺寸进行小块拼装,待施工至变截面处时,可直接将所对应尺寸的模板取下,这样避免了现场修改模板,也节约了工期,如图2所示。

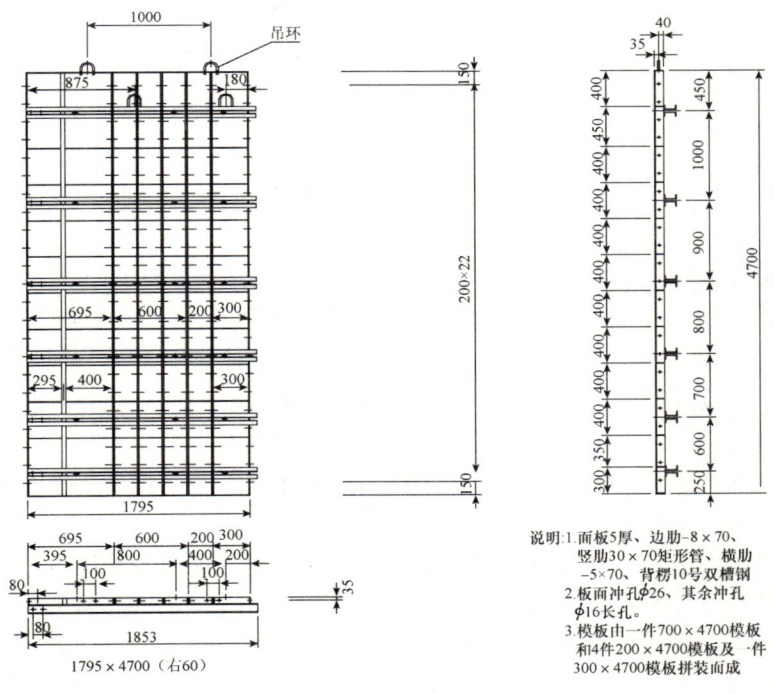

说明:1.面板5厚、边肋-8×70、竖肋30×70矩形管、横肋-5×70、背楞10号双槽钢
2.板面冲孔φ26,其余冲孔φ16长孔。
3.模板由一件700×4700模板和14件200×4700模板及一件300×4700模板拼装面成

图2 变截面模板配制示意图

2.3 伸臂桁架模板配制

本工程在37~39层，55~57层及73~75层设置了三道伸臂桁架，该处伸臂桁架伸出墙面700mm，给定型钢模板配制设计与施工带来了一定的难度，在模板配制时应将伸臂桁架位置准确定位，在相应的位置用小模板拼装而成。待施工至该处时，将相应的小模板取出，伸臂桁架楼层施工完毕后及时恢复，为以后的施工带来了便利，如图3所示。

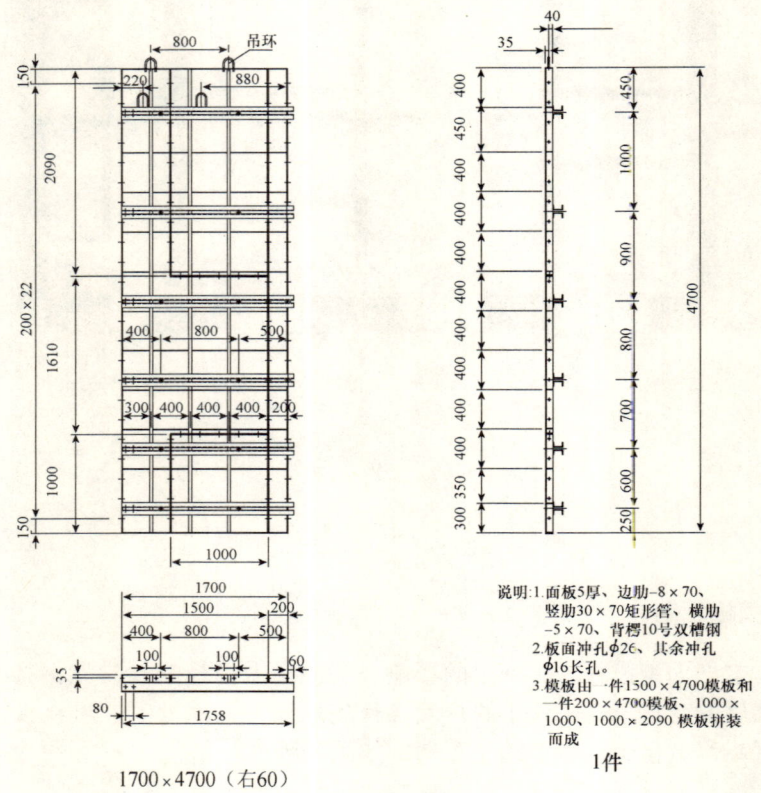

图3 伸臂桁架模板配制示意图

3 模板安装与施工

3.1 大钢模板安装

顶模系统在施工过程中，大钢模板通过 $\phi14$ 钢筋吊杆上挂于平台下的吊架梁上，每块模板上另外安装两条 $\phi12$ 钢丝绳，将模板与桁架梁连起，起双重保险作用。平台顶升时模板随着系统同步提升。在模板安装施工前，应检查下面几项：（1）大钢模进场严格检查模板的几何尺寸、表面平整度、焊缝、焊点等是否符合验收标准。（2）对大钢模按规格和编号分类堆放，以方便施工时按照编号吊装。（3）对大钢模配件也进行检查验收，对不合格的配件立即退场。

初始安装时，严格控制大钢模底部水平支撑的水平标高和水平支撑的安全与牢固，并在水平支撑上按照模板平面布置图的编号放线，确保安装对位准确。

在安装前，严格检查吊线点、吊绳及保险绳是否安全牢固，确保安装时安全、顺利地进行。安装时严格按照阴阳角模板→标准模板→补偿模板顺序进行。严格按照放线的编号进行安装，防止错号安装，造成对拉螺杆洞不对位。当对拉螺杆受墙体内的劲性钢骨影响不能对拉时，采取与钢骨栓钉焊接来进行对拉。由于准备工作充分，项目部在短短的7d内高效、优质地完成整个大钢模的安装、合模、加固、校正工作，满足了模板工程验收的要求。

3.2 标准楼层大钢模板施工

3.2.1 模板拆除

下层混凝土浇筑完毕，待混凝土的强度达到要求后，放松对穿螺杆进行脱模，拆模前应复查穿墙螺杆是否拆净，对大钢模的吊点、吊杆进行检查后方可进行脱模。脱模后对大模板的表面进行清理，清除大钢模板沾粘的混凝土，并对其表面进行清扫，在大钢模板与混凝土的接触面上涂刷脱模剂，以利于下次施工时脱模。

3.2.2 模板顶升

模板顶升前要认真检查，包括所有钢结构埋件、塔吊埋件、永久电梯埋件、施工电梯埋件、水电预留洞口、支撑系统预留洞口、为水平楼板预留的胡子筋等，均应检查无漏且定位准确无误后可顶升。在伸臂桁架处采用组合式大钢模板，施工时将组合部分拆除，顶模时伸臂桁架处派专人看护，确保伸臂桁架不得与大钢模板、吊架相碰。

顶模系统顶升时每一个区域派专人进行看护，以防模板系统与墙体或其他附属物相碰，造成系统的损伤和人员安全伤害。每次顶模前必须先检查内外挂架是否有异常变化，钢模板与吊杆是否挂牢。把所有挂架上的模板、木枋、钢管、螺栓、螺帽连接板等杂物清理干净，堆放整齐保证不坠落后，经主管工长通知后方可将封闭翻板翻起。顶模顶升完成后，必须将所有外挂架的翻板封闭，经检查封闭完好后才能进行大钢模板合模施工。

3.2.3 模板安装

顶模系统顶升到位后即组织工人按照测量组提供的标高和轴线进行大钢模板的组装，组装时严格按照施工顺序进行，注意各个配件拼装和完好情况以及螺杆孔的通视情况，发现问题应及时更换与调整。对拉螺杆的间距应符合设计的要求，不能对穿的情况下可以采用单面固定的方法。

大钢模板固定就位后利用测量组提供的标高和轴线对大钢模板的安装进行校核，在监理的旁站下，模板的标高、轴线、垂直度、紧固情况完全符合要求后方可浇筑混凝土。混凝土浇筑时派专人对大钢模板进行看护，重点放在角模和补偿模板的位置，每个看护人员配好通信设备，发现问题及时联络停止混凝土的浇筑，待处理妥当后方可继续进行。

3.3 特殊部位模板施工

3.3.1 变截面墙体模板施工

变截面墙体模板施工时，应在墙体施工前，对爬升步距进行调整，使得在变化后的墙体施工时，模板底部能在变化后的墙体之上。在施工变截面层墙体时，应施工至变截面后墙体200mm以上。在模板施工前应根据变化尺寸取下相应的小模板，由于在模板配置时已考虑到墙体变化，所以在遇到变截面施工时不会影响工期，施工图如图4所示。

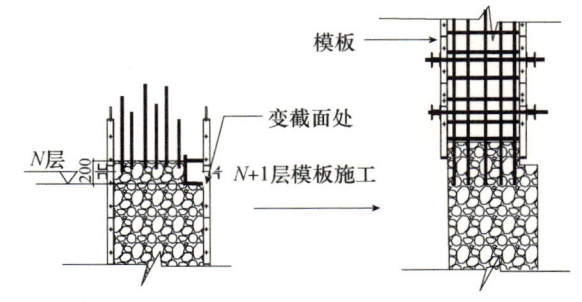

图 4 变截面墙体模板施工图

3.3.2 非标准层模板施工

京基金融中心项目主楼77层楼板以下，标准层层高为4200mm，定型钢模板高度为4700mm，可以满足施工要求，但有的层高为4730mm，有的是4470mm，在这些楼层施工时，通过调节爬升步距（图5）及在门洞口上增加吊模等措施，使得现有模板能满足该工程的所有楼层施工。在74层层高为5700mm，75层层高为5450mm，76层层高为5500mm，均按照此办法施工，通过以上办法，利用现有的模板解决了非标准层的施工，大大减少了工程工期和人力。

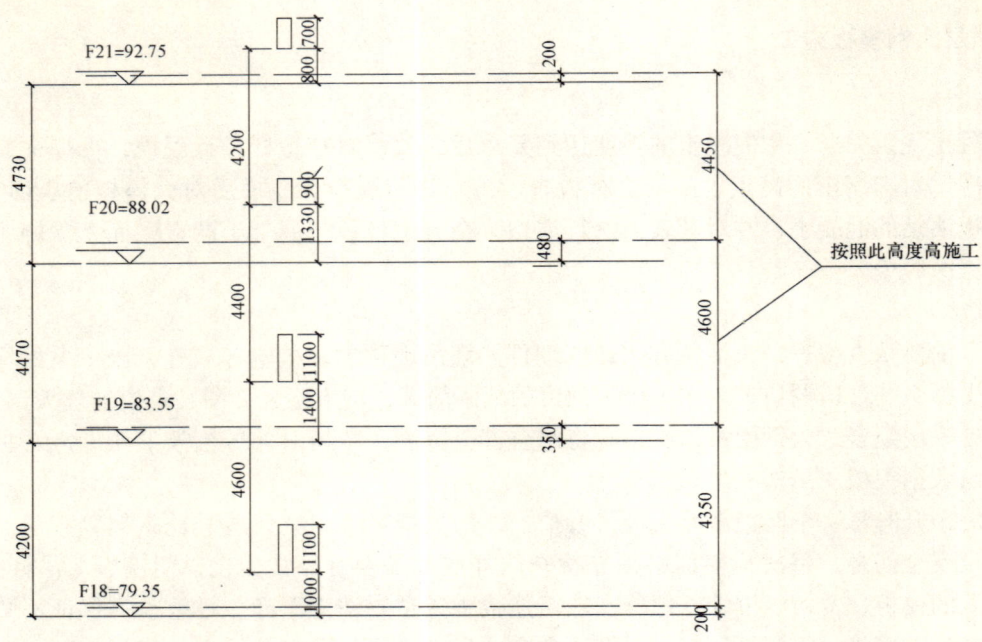

图 5 非标准层施工爬升步距调整

3.3.3 伸臂桁架处模板施工

由于在按照层高布置顶模系统的箱梁洞口时，桁架梁之钢骨与箱梁洞口有相互冲突之处。为避开伸臂桁架，项目部根据伸臂桁架详图调整爬升步距，使所有箱梁洞口避开伸臂桁架位置，又能保证顶模系统能正常爬升，与原爬升步距比较，可能需要多爬升一次。伸臂桁架柱角处伸出墙面 700mm，这样给定型钢模板施工带来一定的困难。由于在模板配置时就考虑了伸臂桁架的具体位置，所以在施工至伸臂桁架处时只要将相应的小模板取下就可以了，在钢模与伸臂桁架处有小缝隙时，使用木模板封堵就可以满足要求，施工示意图如图 6 所示。

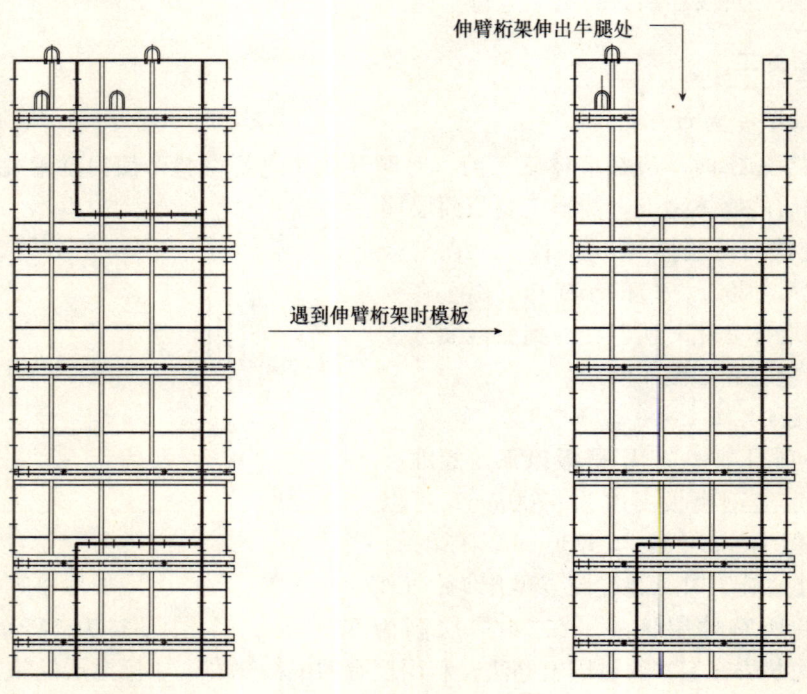

图 6 伸臂桁架施工示意图

3.3.4 洞口模板施工

由于高性能混凝土墙体比较厚,最大达到1900mm,洞口模板支设极其重要,墙体洞口处采用木模板封堵。在模板支设前,先在墙柱钢筋上焊接定位钢筋,保证洞口的位置。在下层连梁混凝土浇筑时预埋钢管,将模板支撑体系的钢管(扫地杆、立管或斜撑)与预埋钢管连接(图7),以保证支撑架体位置固定不会移动。由于墙体比较厚,在混凝土浇筑时,洞口模板要承受较大的混凝土压力差,因此,对于洞口模板支撑架,要设置架体剪刀撑,以加强架体的侧向稳定性。

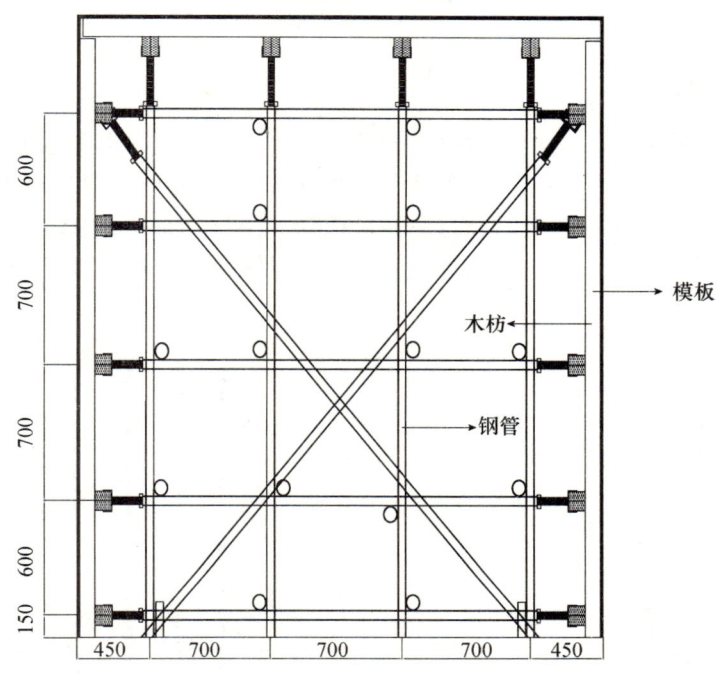

图7 洞口模板示意图

4 模板质量控制

4.1 模板测量

测量定位是模板控制的主要依据,而模板质量的好坏直接决定高性能混凝土的表面观感及质量。本工程模板测量定位测量仪器设备见下表

名称	精度指标	单位	数量	说明
拓普康全站仪	2秒2mm+2ppm×DGTS—332N	套	1	平面控制测量、施工放样及竖向测距
J2电子经纬仪	2″	台	1	角度测量、平面定向
索佳国产普通水准仪	±2mm	台	5	水准测量、标高传递
大连拉特J2C—G激光垂准仪	1/200000	台	1	轴线的竖向投测
计算器	CASIO4800P	台	5	数据处理,平差计算

施工时整个结构体系的定位准确与否,测量定位、检测工作是决定性因素。建立完善的测量控制网,是测量工作的首要任务。根据结构形式的需要建立轴线、标高引测所需的测量基准点,测量基准点设定要便于以后测量工作的展开,做到能够上、下通视便于操作。本工程轴线测量基准点每隔10层向上引测一次,标高测量基准点每5层向上引测一次。引测点的设定要准确、牢固、安全、便于操作,引测后的基准点要进行闭合检查,确认准确无误后方能作为以上楼层测量工作基准点使用。

控制点向平台上引测和引测各分测量控制点时，平台上不得堆放大批的材料，视线要通视，不得有大批的施工人员在平台上施工和走动，要保持平台的相对稳定不得扰动，以免因平台的扰动而造成平台引测不准确。

将基准点引测到钢平台上用接收板接收，再利用基准点将分段设置的分测量控制点投测到接收板上，引测后的测量控制点要进行一次闭合检测，符合要求后方能用于模板的控制，弹线引测模板系统的各个区域控制线在平台上，再以此控制线用激光给向仪将校核线下投到模板上口进行校核调整。

4.2 设置测量墙体控制点

由于顶模钢平台的稳定性小，为避免因钢平台移动造成投设好的测量控制点移位，造成精度不准和需二次投测等问题，需及时把控制点投测到施工缝下350mm的部位的测量接收板上（图8、图9），成为测量墙体控制点。模板调整和验收时，可利用已引测到下部墙体上的测量墙体控制点进行定位和检查，由于该点固定在混凝土墙体上，不会产生移动，可以保证模板测量和施工的质量。

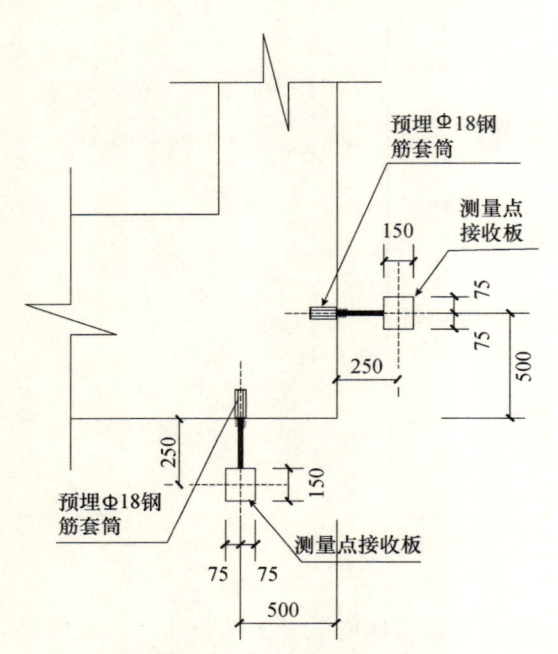

图8 测量墙体控制点做法平面图

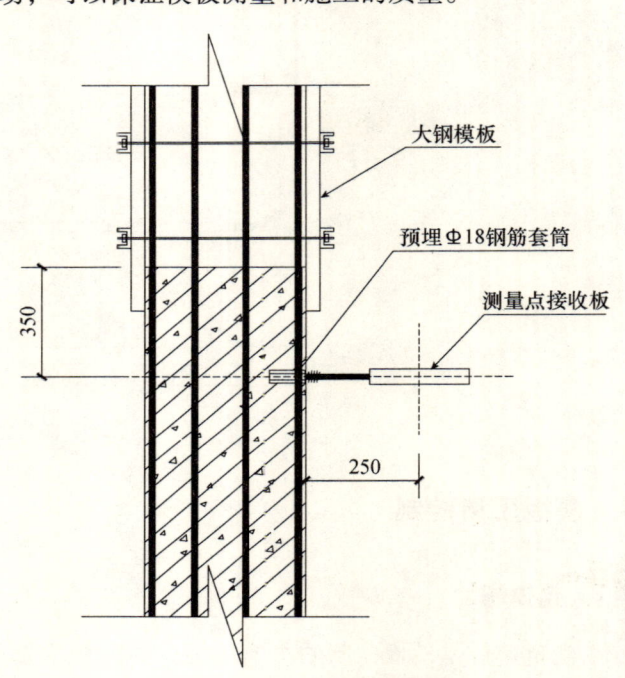

图9 测量墙体控制点做法剖面图

4.3 模板校正

顶模系统顶升到位后开始大钢模板的合模工作，以引测到已浇混凝土墙体内外两侧的标高线和测量墙体控制点为基准进行大钢模板组装的标高和平面控制，合模时严格按此执行，会为模板的调校和下层的施工带来方便。

模板安装完成后，根据测量组给出的定位点，对每面墙模板进行测量复核，模板检测的主要内容包括：墙体的垂直度、截面尺寸、轴线位置的控制，每一道墙体的模板都要进行轴线引测检查，轴线下投时对每一道墙体的偏差情况做好标识，边测边做调整并做好模板加固工作，直到满足规范要求为止。

模板偏位调整时可以利用模板上口的斜拉杆（拉紧或放松），必要时也可使用葫芦进行拉校固定，确保模板上口定位准确，模板上口的定位准确度将直接影响到下一层墙体模板定位的准确性，因此，这是模板质量检查的重点。

4.4 模板验收

模板自检合格后由质量部邀请监理人员对模板进行统一验收，经检查模板垂直度、定位及几何尺寸均满足规范要求后，经监理工程师签署混凝土浇灌令之后，方可浇筑混凝土。

5 总结

在深圳京基金融中心工程核心筒高性能混凝土模板施工中，采用顶模系统及其配套的钢模板，配制时考虑了模板的变截面影响及伸臂桁架影响，施工中注意了楼层高度变化时的步距调整措施，并对模板测量采取了有效的技术控制措施，对洞口模板采取了加强整体性的措施，由于各项措施到位，模板施工质量较好，拆模后混凝土质量优良，可供类似工程借鉴。

参考文献

[1] JGJ162—2008. 建筑施工模板安全技术规范 [S].
[2] 建筑施工手册编写组，建筑施工手册（第四版）[M]，北京：中国建筑工业出版社，2003.

超高层建筑施工测量

刘光荣[1]　令狐延[1]　郭云来[1]　刘天波[2]

1. 中国建筑第四工程局有限公司，广州，5106651
2. 深圳市京基房地产股份有限公司，深圳，518001

【摘　要】 工程测量是工程建设中的施工质量的重要控制手段，古有"左准绳，右规矩"的记载，实际都是工程测量的具体表现形式。本文通过结合深圳京基金融中心工程的测量施工，对超高层建筑施工中测量工程进行了粗略论述和总结，以期能在同类工程的施工测量起到一定的参考作用。

【关键词】 控制网；高程控制点；内控法；外控法

Construction Surveying of Ultra High-rise Building

Liu Guangrong[1]　Linghu Yan[1]　Guo Yunlai[1]　Liu Tianbo[2]

1. China Construction Fourth Engineering Division Co. Ltd., Guangzhou, 510665
2. Shenzhen KingKey Real Estate Development Co. Ltd., Shenzhen, 518001

【Abstract】 Engineering surveying is an important quality control measurement in project construction, in the ancient times there was the saying: "line on the left hand, rule on the right hand", that is a specific form in the construction surveying. By citing the surveying technology in Shenzhen Kingkey Finance Center project, the paper discusses and summarizes the construction surveying of ultra high-rise building. This can be a reference to the similar project.

【Key words】 control net; elevation control point; internal control method; outside control method

1　工程概况

京基金融中心大厦 A 座共 98 层，高 441.8m；地下 4 层，底标高 -18.7m，建筑面积为 24 万 m^2。本工程属于超高层结构工程，外框主要为钢结构，核心筒为钢筋混凝土剪力墙结构。高精度测量控制网（平面控制网和水准控制网）的建立和传递是整个工程测量的重要基础，是保证工程质量的重要手段。

2　测量仪器选择

施工测量仪器的选择一般主要用全站仪实现平面控制网和竖向距离的测量，水准仪主要负责标高的传递，激光垂准仪负责控制点的竖向传递。

3　统一测量控制的坐标系

当设计蓝图"X-O-Y"城市大地平面坐标系与"x-o-y"建筑平面坐标系相同，不需要转换，直接可以引用，否则应进行坐标转换方可使用。

4　建立测量控制网

根据业主提供的一级测量控制网，分别建立二级、三级测量控制网。平面和高程的控制网采用"外控法"进行布置，平面和高程二级控制网采用"内控法"垂直引测，同步控制相应的轴线、标高。

对业主提供的首级测量控制网点，办理正式的书面移交手续，实地踏勘点位并做出标记说明，并对一级控制网每个月复核一次，同时提交监理、业主。

复测一级控制网的点位精度，若点位误差不满足施工规范要求，需进一步和业主核对并确认。京基金融中心一级控制网及高程控制基点如图1所示。

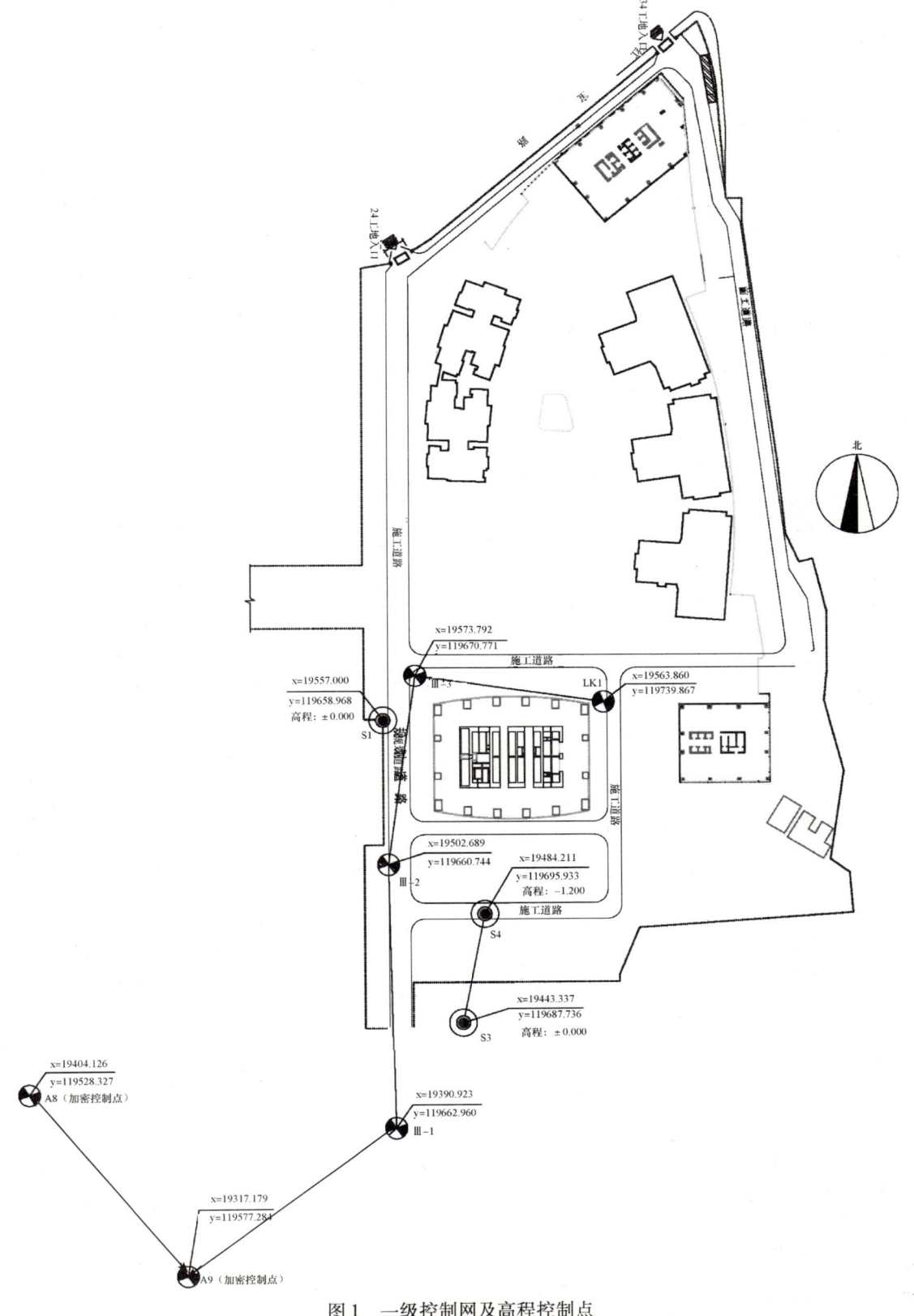

图1　一级控制网及高程控制点

高程控制点 S1、S3、S4 会同甲方、监理共同复核认可后随即做好标记并做好保护。

其中，S3 位于工程附近的农业银行外墙上，由于该控制点便于保存，不易毁坏，所以将其作为该工程的高程永久测量控制点。

深圳京基金融中心工程通过对控制点Ⅲ-1、Ⅲ-2 和Ⅲ-3 进行复核，由于控制点Ⅲ-1 和Ⅲ-2 距离地下基坑较远，为了更好地布置地下室的施工控制点，因此在基坑边加设了一个临时控制点 LK1，作为地下室及地面一层施工期间测定一、二级控制网之间的临时过渡点。

4.1 一级控制网

本工程一级控制网由Ⅲ-1、Ⅲ-2 以及Ⅲ-3 组成，控制点Ⅲ-1、Ⅲ-2 以及Ⅲ-3 由于受到后期规划道路施工的影响将被破坏，所以在Ⅲ-1、Ⅲ-2 和Ⅲ-3 形成的一级控制网的基础上增加 A8、A9 作为加密控制点。

4.2 二级控制网

A 座超高层二级测量控制网（图 2）在一级控制网的基础上进行建立，具体为在主塔楼核心筒四角距离墙体 500mm 位置设置轴线控制点（内控点）。

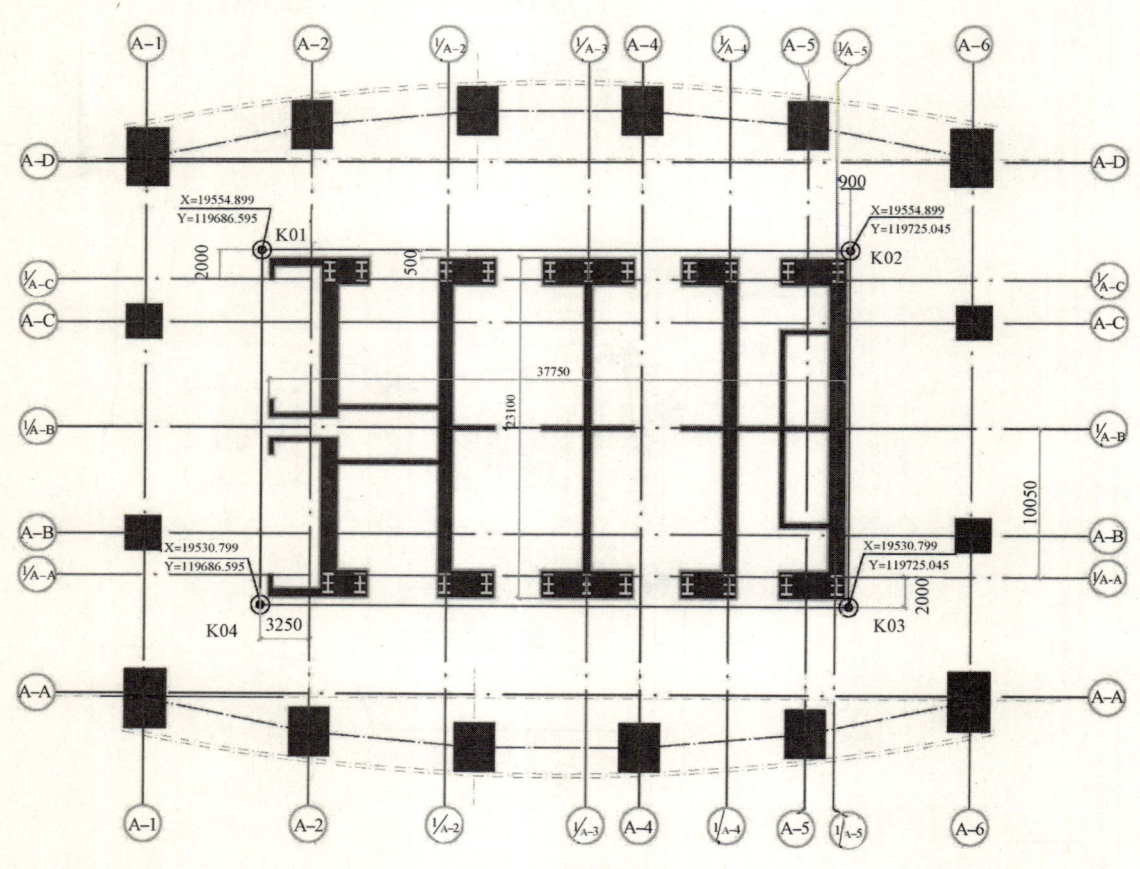

图 2 二级控制网

平面轴线控制点的位置转换方法，首先应以图纸设计的轴线点理论坐标为根据，用原控制点坐标为起算进行测设；然后布网测量并平差，与理论值比较，当误差在允许范围内时才可以继续上投。

4.3 临时中转控制点

由于核心筒墙体变化（主要由外向内收），同时核心筒采用顶模施工，以及外框钢结构安装而形成的核心筒与外框钢构安装所需的施工作业分段要求，致使核心筒操作层较外框楼板完成面的高差相差较大，一般在15层以上。为了避免因高差较大，造成控制点竖向传递过程中偏差较大。所以在核心筒操作层与设有测量中转控制点之间加设临时中转控制点，待外框楼板施工至设有临时中转控制点的楼层时，再将其转移到相应的楼板上。

临时中转控制点的做法为：首先在对应的测量控制点墙上预埋用于固定安置临时中转控制点钢架的预埋件；其次搭设临时中转控制点处的安全维护架，根据现场施工个条件进行搭设。临时中转控制点的钢架示意图如图3所示。

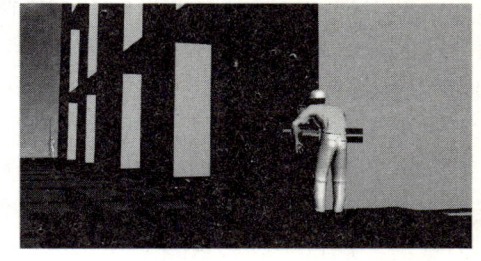

图3 移动式测量中转平台

4.4 顶模钢平台二级控制网

为了便于核心筒墙体施工过程中的测量控制，在顶模钢平台上设置相应的测量控制点，考虑到顶模钢平台受到施工荷载、风力以及顶模爬升过程的影响，每次使用核心筒顶模钢平台上的测量控制点时需从其下的控制点向上引测。

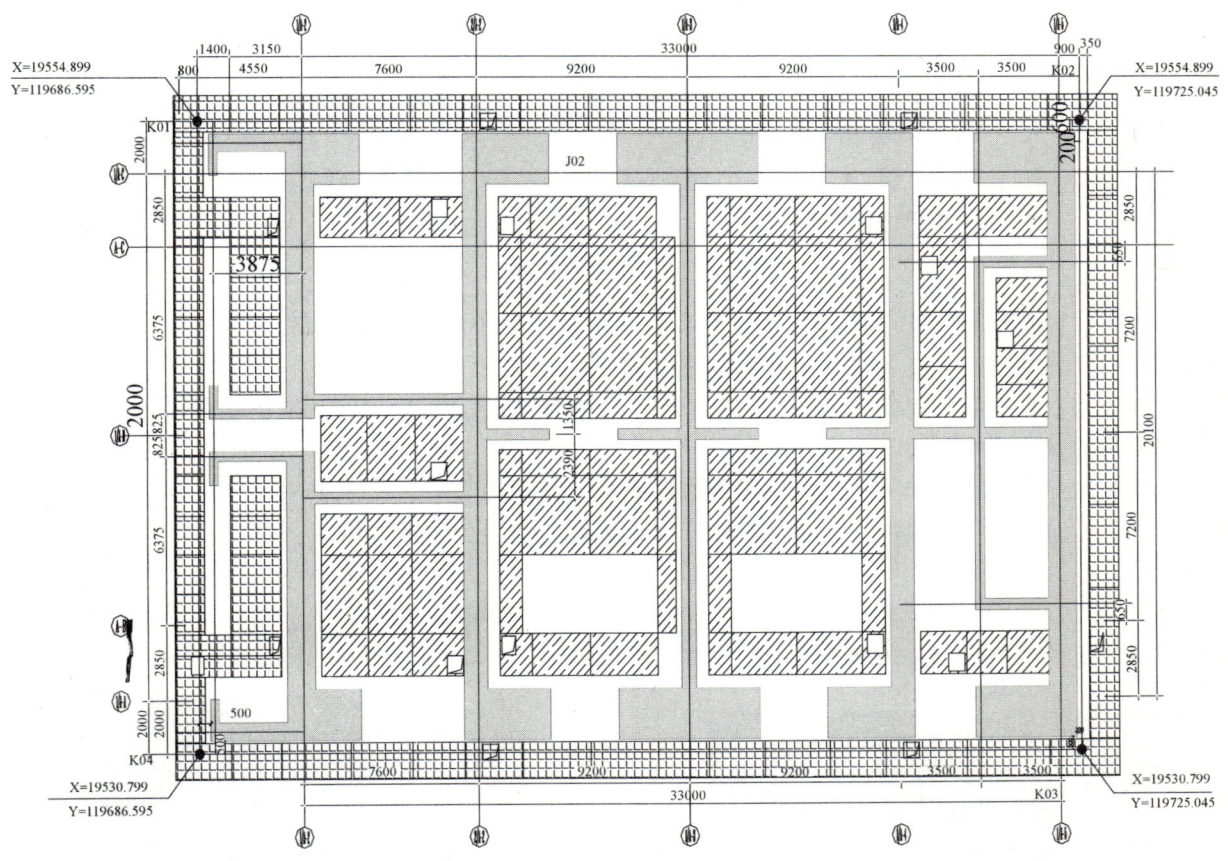

图4 核心筒顶模钢平台测量控制点平面布置图

5 控制点的引测

（1）地下室施工阶段的各结构部位定位放线，其平面轴线控制点的引测采用基坑周边的首级测量控制点即将Ⅲ-1和Ⅲ-2两点作前后视，引测到地下室底板上，布置地下室施工测量二级控制网，随后用极坐标法或直角坐标法进行细部放样。

（2）当楼板施工至±0.000m时，通过一级控制网，在首层楼板上（A座塔楼为-0.100m）布置二级控制网，具体布置详见"A座塔楼1层施工测量控制点布置图"。

（3）由于首层人员走动频繁，激光点测放到楼面后需进行特殊的保护，因此需在首层混凝土楼面预埋铁件，楼板混凝土浇筑完成且具有强度后，再次放样测设控制点并进行多边形闭合复测，调整点位误差，打上阳冲眼十字中心点标示，如图5所示。

（4）上部楼层平面轴线控制点的引测，首次在-0.100m层混凝土楼面激光控制点上架设激光垂准仪，垂直向上投递平面轴线控制点，以后每隔11层中转一次激光测量控制点，详见：轴线、标高基准点垂直传递途径示意图。为提高激光点位捕捉的精度，减少分段引测误差的积累，可制作激光捕捉靶，如图6所示。

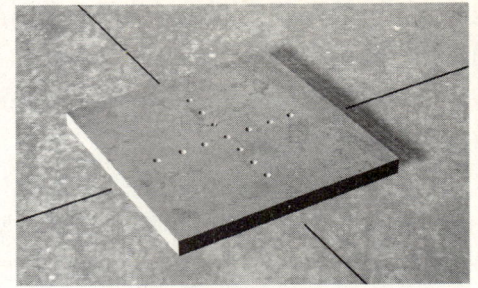

图5 首层楼面控制点点位做法

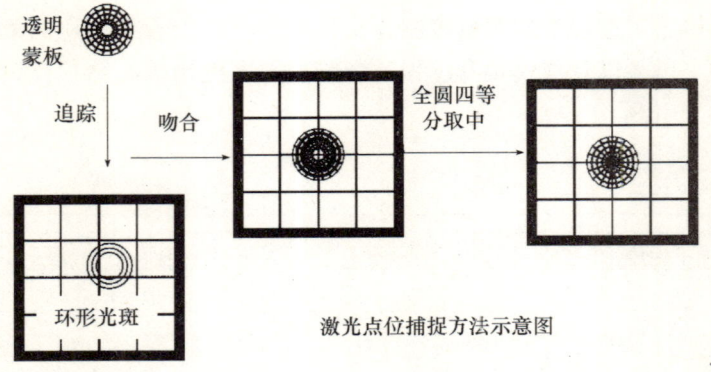

图6 激光点位捕捉方法示意图

激光点穿过楼层时，需在楼板上预留200mm×200mm的预留洞，浇筑楼板混凝土后，将点位通过预留洞引测到各楼层上。浇筑混凝土后木盒不拆除，以防楼面垃圾物堵塞孔洞。麻线绷在铁钉上便于仪器找准中心点，用完后将麻线拆除，以免下次阻挡激光投点。

预留洞的做法示意如图7所示。

激光控制点投测到上部楼层后，组成四边形图形。在四边形的各个点上架设全站仪，复测四边形的角度、边长误差，进行点位误差调整并做好点位标记。如点位误差不满足规范要求，应重新投测控制点。

（5）由于核心筒和钢结构施工在前，上部楼层的激光点位置未浇筑混凝土楼板，需在主楼核心墙侧面焊接测量控制点的钢架预埋件，把激光控制点投测到钢架上并做好标记，如图8所示。

图7 激光点穿过楼层的预留洞做法

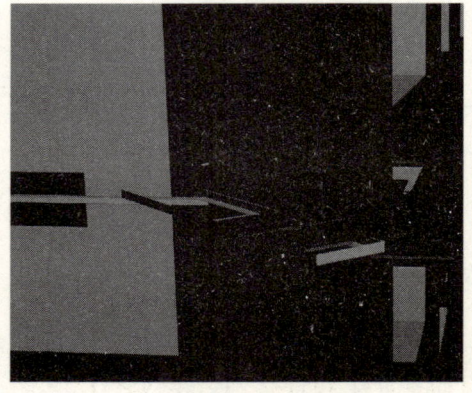

图8 激光控制点投测到钢架上

在本工程施工中，特别是在主塔楼施工中，垂直度控制是关键，因此，对内部控制点的竖直引测，采用激光垂准仪进行控制为主，10kG 线坠作为校核手段为辅。具体的方法如下：

（1）在底层内部控制点上安置激光垂准仪，在上层安置激光接收板。

（2）打开激光器，将激光投影到激光接收板；

（3）调整光斑，使光斑最小，在激光接收板上做出标记；

（4）将激光垂准仪依次旋转 90°、180°、270°，重复将激光投影到激光接收板上，在激光接收板上做出标志，取 4 个标志中心作为上层内部控制点；

（5）重复第 1 到第 4 步，直到满足要求为止。

（6）竖向测量精度控制为：轴线控制点点位中误差不大于 2mm，各层轴线点位中误差不大于 3mm。

（7）激光垂准仪使用时，通过调焦设备使光斑准确聚焦，保证光斑直径不大于 3mm，360°旋转激光垂准仪，观察光斑轨迹，逐渐归化，保证光斑落在圆心上才可以作为引测楼面轴线的依据。为防止积累误差，激光垂准仪不能层层转站投点，必须在首层或控制点转换层投点（每 11 层转换投点一次）。

（8）核心筒墙体模板测量控制

核心筒剪力墙墙体的测量是内外筒结构达到准确连接的前提。因此，对墙体位置及垂直度的控制非常重要。顶模系统模板采用激光垂准仪和铅锤吊线法进行校核控制。激光垂准仪控制模板的水平位置，铅锤吊线法控制模板的垂直度。

①激光垂准仪校核

采用激光垂准仪向上投射，把激光接收靶放置在模板上口检查模板定位偏差。

为了提高工效，综合考虑仪器性能及现场施工环境的影响，采取分段投点的方式，以竖向每 11 层为一段。当每一段施工完毕，将此段首层坐标控制点精确地投至到上一段的起始楼层上，并进行控制网的检测和校正，确认控制点准确无误后，重新定点。将控制点定好后，放出 4 条控制线，在通过控制线测放各条轴线，用轴线和控制线确定主塔楼墙体的位置，如图 9 所示。

②铅锤吊线法校核

考虑到激光垂准仪投点检查钢模板上口轴线偏差，接收靶与钢模板上口同一标高，如果用其控制模板的垂直度操作性不强，并且激光垂准仪投点位置相对比较固定，不便于移动检查。因此，对钢模板垂直度的校核，拟采用传统的铅锤吊线法方法进行校核。铅锤吊线法具有快速和操作简易的优点，但只能在天气状况良好的情况下进行，并且需严格控制操作过程。

铅锤吊线法为：把线坠挂在金属十字架上投测，一人在底层扶稳线坠，如线坠偏离控制点，则指挥上面的人移动金属架，至对准为止，十字架的中心点即下一层轴线点的投测点。在洞口四周做标记，作为以后恢复中心线和放线的依据。同理，用线坠校核控制线、轴线与下层的偏移情况，对偏移量进行修正，从而保证主塔楼的垂直度，如图 10 所示。

图 9 激光垂准仪投点检查钢模板上口轴线偏差示意图

图 10 检查模板上口垂直度和轴线偏差

用水准仪将首层 +1.000m 标高线引测至剪力墙的外墙面,各点之间复测闭合后弹墨线标示,如图 11 所示。

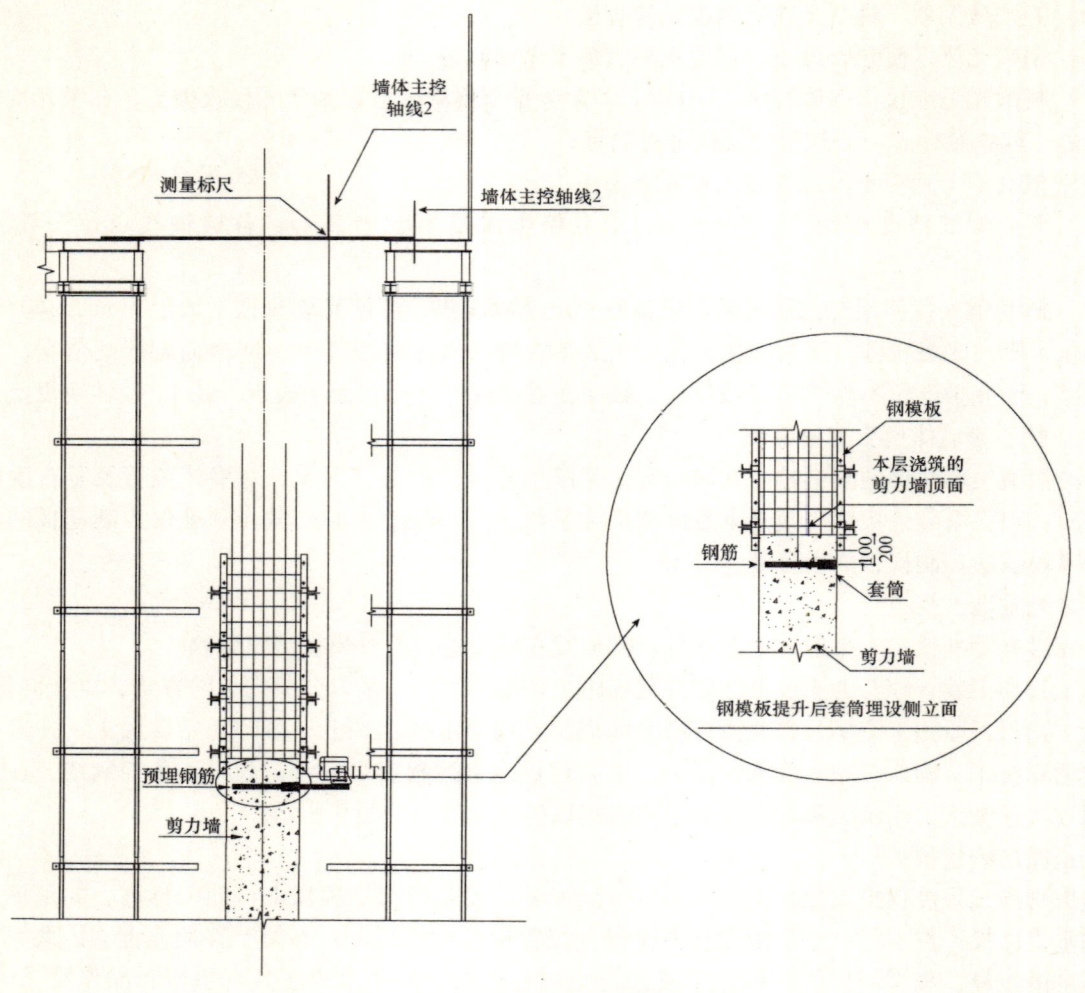

图 11 标高控制点引测

(9) 地上各层 +1.000m 标高基准点引测

地上楼层基准标高点首次由全站仪从首层楼面竖向引测,每升高 6 层用全站仪引测中转一次,6 层之间各楼层的标高用钢卷尺顺主楼核心筒外墙面往上量测。全站仪引测标高基准点的方法如下:

①在 ±0.000m 层的混凝土楼面架设全站仪,通过气温、气压计测量气温、气压,对全站仪进行气象改正设置。

②全站仪后视每隔 6 层中转一次核心筒墙面 +1.000m 标高基准线,首先测得仪器高度值。对仪器内 Z 向坐标进行设置,包括反射棱镜的常数设置,如图 12 所示。

③全站仪望远镜垂直向上,顺着激光控制点的预留洞口垂直往上测量距离,顶部反射棱镜放在土建提模架或需要测量标高的楼层位置,镜头向下对准全站仪。由于全息反射贴片配合远距离测距时反射信号较弱,影响测距的精度,故本工程用反射棱镜配合全站仪进行距离测量。反射棱镜放置步骤如图 13 所示。

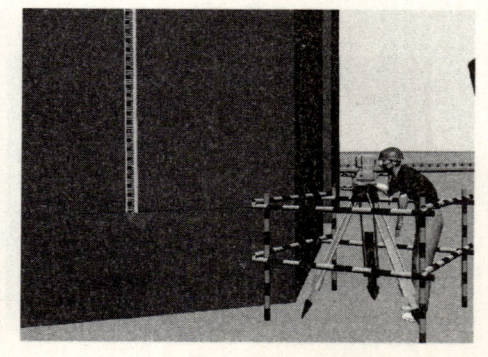

图 12 全站仪照准 +1.00m 标高线确定 Z 坐标值

第1步	第2步	第3步
		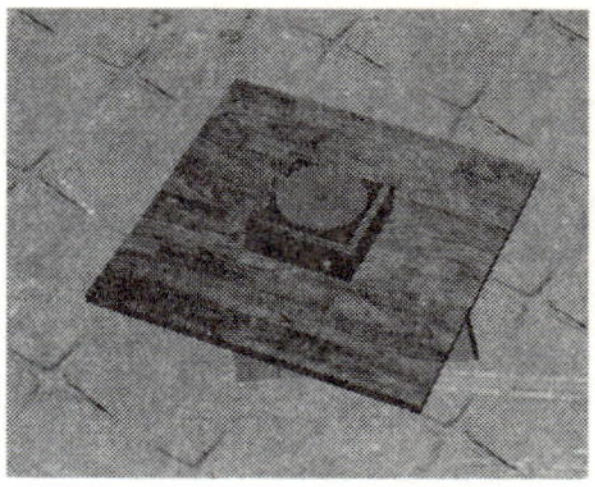
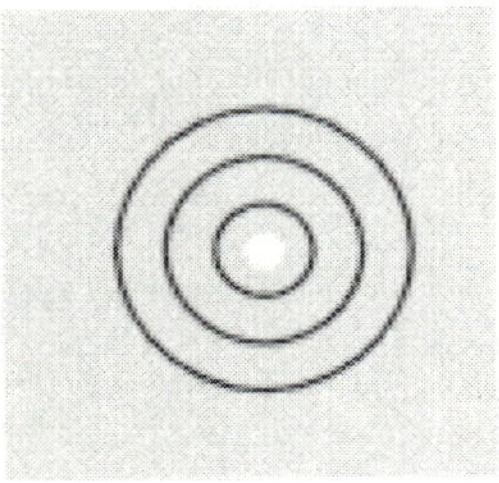	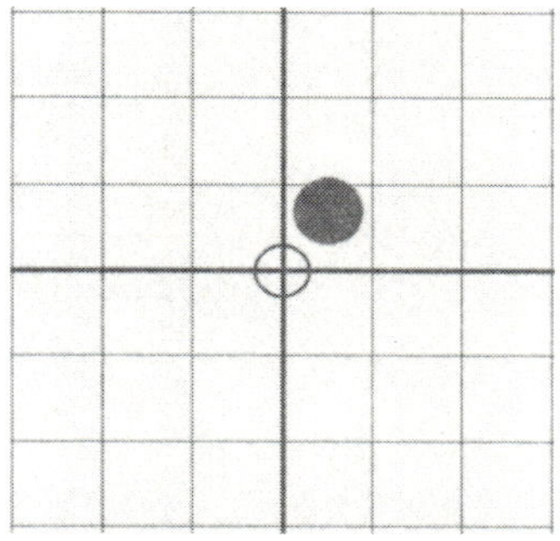	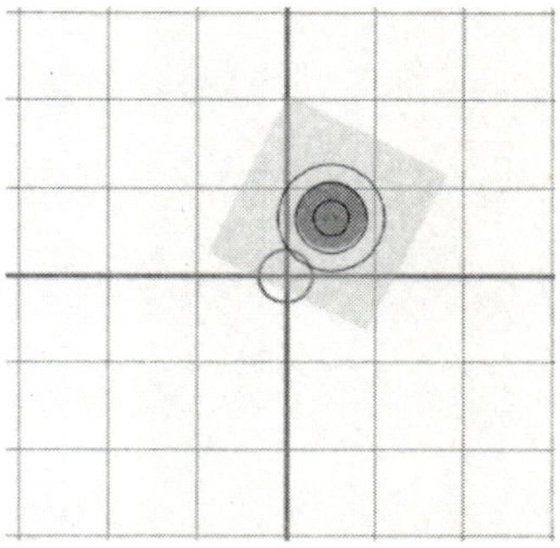
透明塑料薄片，中间空洞便于点位标示。雕刻环形刻度	第一次接收激光点	蒙上薄片使环形刻度与光斑吻合
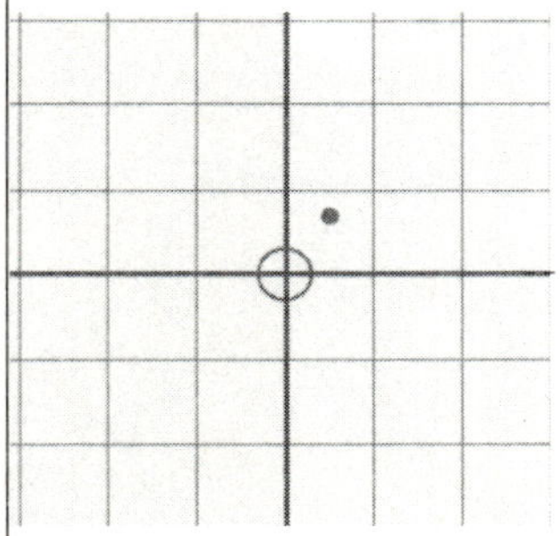	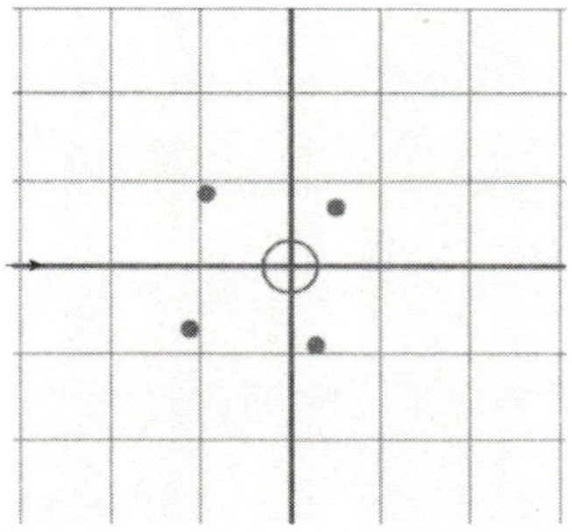	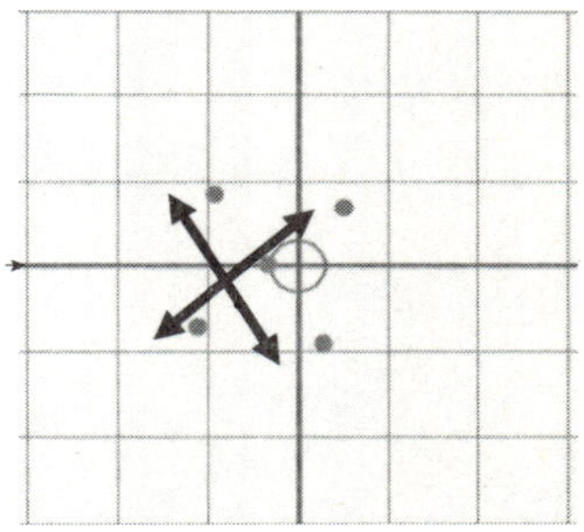
通过塑料薄片中间空洞捕捉第一个激光点在接收靶上	旋转铅直仪，分别在0°、90°、180°、270°四个位置捕捉到四个激光点	取四个激光点的几何中心即为本次投测的点位取中位置

图13 反射棱镜放置步骤示意图

④计算得到反射棱镜位置的标高后，用水准仪后视全站仪测得的标高点，计算水准仪高值，将该处标高转移到剪力墙侧面距离本楼层高度 +1.000m 处，并弹墨线标示，如图14所示。

（10）平面高程控制基准点位埋设及保护措施

由于本工程工期较长，为确保现场平面控制点和水准点的稳定性，场区内的平面和高程控制点采用永久点的方法来埋设，同时在临近的农业银行外墙上设置永久高程控制点。测量人员应经常去现场巡视桩点的情况。控制点在施工测量使用过程中，定期进行复测，如有变动或破坏应及时由总包恢复并函告钢结构分包方。

图14 用水准仪将全站仪测量所得标高点转移到墙面示意图

(11) 轴线、标高传递示意图

轴线、标高垂直传递示意图如图15所示。

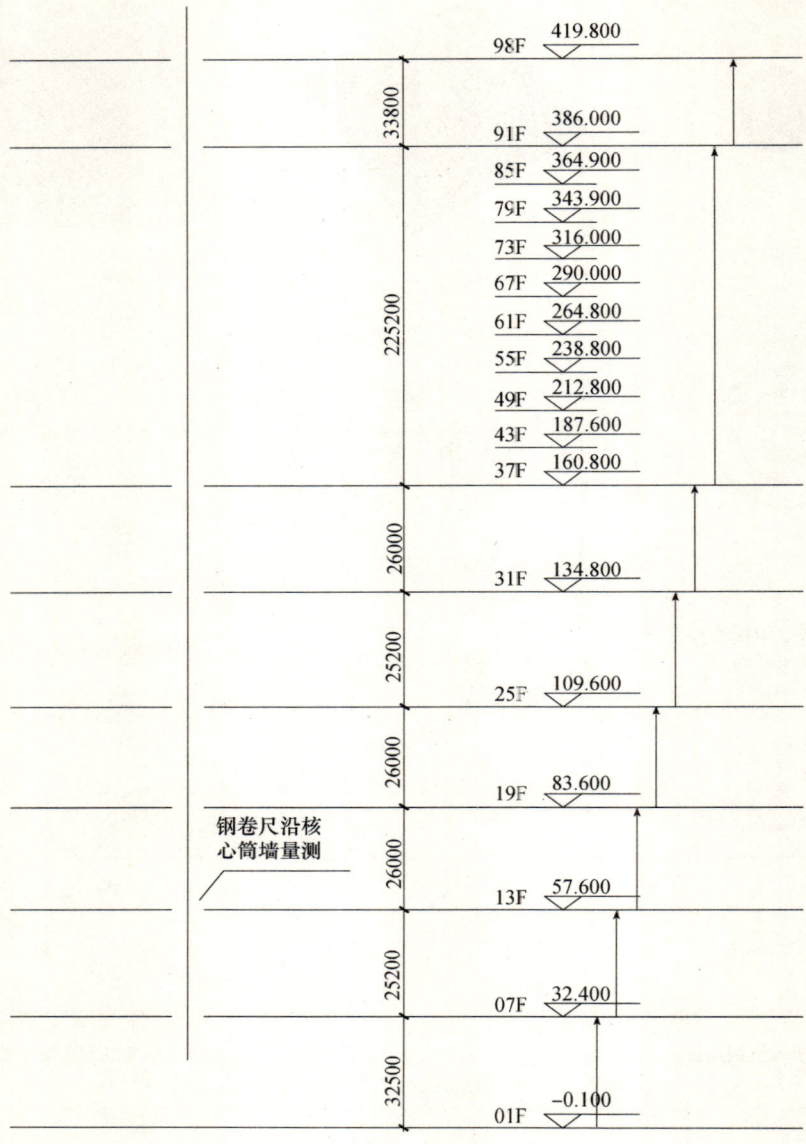

图 15　轴线、标高垂直传递途径示意图

6　主体工程沉降观测

6.1　沉降观测部署

为了能反映出建筑物的准确沉降情况，沉降观测点要埋设在最能反映出沉降特征，且便于观测的位置。一般要求建筑物设置的沉降观测点纵横向要对称，且相邻点之间间距以 15～30m 为宜，均匀分布在建筑物周围。

6.2　地下室施工阶段沉降点布置

本工程在地下室施工过程中已做了相应沉降观测记录，沉降观测点全部设置在地下室基础底板面，筒内8个，筒外8个，观测点数为16个，为二等水准点。地下室沉降观测工作从基础施工完成后开始，每升高2层观测一次，地下室结构封顶后每月观测一次，直至沉降稳定为止。沉降稳定标准：平均每天沉降量小于或等于0.01mm，底板沉降观测点布置如图16所示。

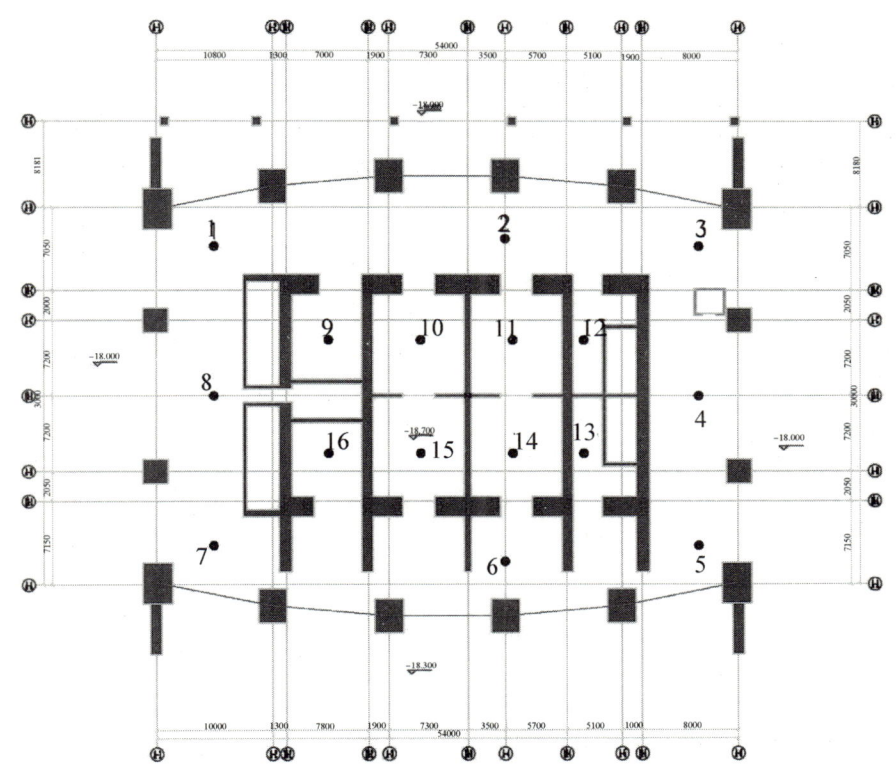

图16 底板沉降观测点布置图

6.3 地上主体沉降点布置

当主楼施工到首层时，在其剪力墙的+1.000m标高处设24个沉降观测点（图17），作为施工主楼及使用过程中的沉降观测点，为一级变形测量，每升高5层观测一次，结构封顶后每月观测一次，直至沉降稳定为止。沉降稳定标准：平均每天沉降量小于或等于0.005mm。

6.4 沉降观测点的做法

地下室底板上沉降点选择盒式标志（图18），主楼沉降点选择在墙和柱上预埋螺栓标志（图19）。

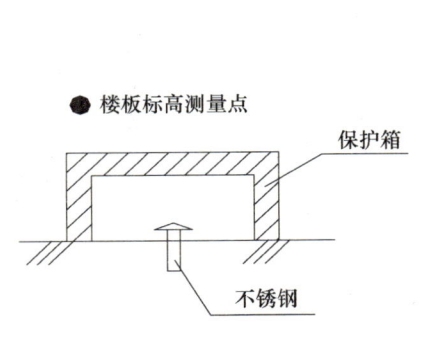

图18 底板沉降观测点做法图

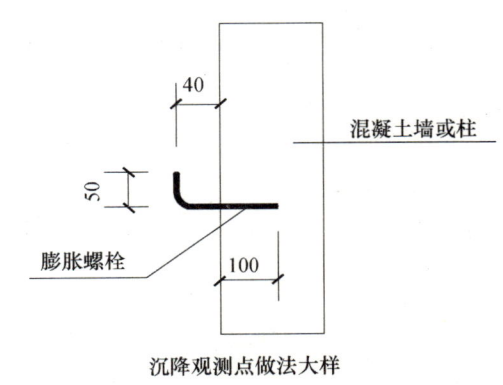

图19 主体墙柱沉降观测点做法图

6.4.1 沉降观测要遵循"五定"原则

(1) 沉降观测依据的基准点、工作基点和被观测物上的沉降观测点,点位要稳定;
(2) 所用仪器、设备要稳定;
(3) 观测人员要稳定;
(4) 观测时的环境条件基本一致;
(5) 观测路线、镜位、程序和方法要相对固定。

以上措施在于从客观上尽量减少观测误差和不定性,使观测结果具有统一的趋向性,保证各次复测结果与首次观测结果可比性更一致,使观测的沉降量更趋准确。

6.4.2 沉降观测精度要求

根据建筑物特性以及建筑和设计单位的要求选择沉降观测精度的等级,无特殊要求的,按如下指标控制:

(1) 往反较差、附和或环线闭合差,$\Delta h = \sum a - \sum b \leq 0.3\sqrt{n}$,$n$ 表示测站数;
(2) 前后视距:≤30m;
(3) 前后视距差:≤1.0m;
(4) 前后视距累积差:≤3.0m;
(5) 沉降观测点相对于后视点的高差容差:≤1.0mm;
(6) 水准仪的精度不低于 N2 级别。

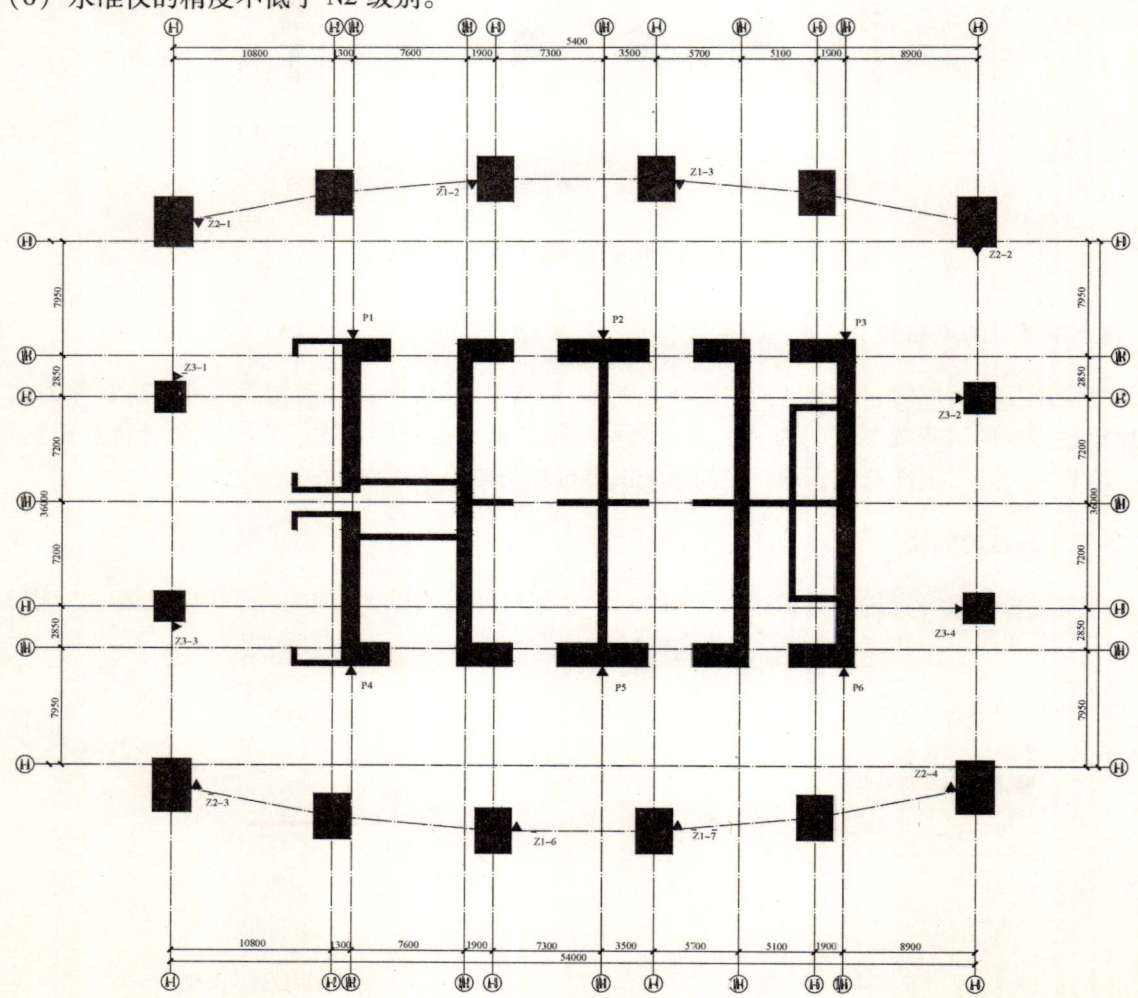

图 17 地上主体沉降观测点平面布置图

6.4.3 观测中的注意事项

(1) 严格按测量规范的要求施测；
(2) 沉降观测的前后视距应尽可能相等，仪器到水准尺的距离不得大于30m；
(3) 前后视观测用同一水平尺，观测时，水准尺应和地面垂直，不得歪斜；
(4) 各次观测必须按照固定的观测路线进行；
(5) 观测时要避免阳光直射，且各观测环境基本一致；
(6) 成像清晰、稳定时再读数；
(7) 随时观测，随时检核计算，观测时要一次性完成；
(8) 在雨季前后要联测，检查水准点的标高是否有变动；
(9) 各次所观测的沉降结果应及时整理成成果资料，并通报业主及现场监理工程师，工程竣工后，将成果资料整理归档。

7 施工监测

施工监测的内容包括：

(1) 沉降监测；
(2) 位移变形监测；
(3) 温度、湿度、风力、污水、空气质量监测；
(4) 竣工以后的长期监测。

施工监测需由业主指定具有监测资质的第三方单位进行监测。

结束语

工程测量是贯穿整个工程建设的前后，而且在工程建筑物的运营阶段也离不开工程测量，工程测量为城市工程建设的各阶段服务，是实现城市规划，保证工程质量的重要手段。

超高层钢结构测量控制要点

林 云　陈礼军　吴 涛

上海市建设工程监理有限公司，上海，200072

【摘　要】　本文对深圳京基金融中心A座的钢结构测量工作进行了资料收集、研究，作为超高层钢结构的测量实例。通过对钢结构最难的钢柱安装测量要点的讲解，介绍了在钢结构安装施工中的测量方法，让其他从事测量工作的施工及监理人员对超高层测量工作的重要性及关键点有深入直观的了解。

【关键词】　钢柱；标高；垂直度；坐标。

The Key Points of Construction Surveying Control in Ultra High-rise Steel Structure

Lin Yun　Chen Lijun　Wu Tao

Shanghai Project Management Co., Ltd., Shanghai, 200072, China

【Abstract】　This paper collected and researched the surveying data of the steel structure construction in Shenzhen Kingkey Finance center project, and used the data as an example of ultra high-rise steel structure surveying. By explaining the surveying technology of the most difficult steel columns installing, the paper introduced the surveying methods of steel structure installation. This may help the surveying technicians and supervisors to know the importance and key points of the surveying work more deeply and directly.

【Key words】　steel column; elevation; vertical degree; coordinates.

随着社会经济快速发展，建筑物也越来越高，涌现出了一大批如地王大厦、金茂大厦、上海环球金融中心等超高层建筑。目前多高层建筑一般采用钢骨和钢筋混凝土混合结构，因为楼层多、高度高，结构竖向偏差影响工程受力，这对钢结构测量提出了更高的要求。在钢结构工程安装过程中，测量是一项专业性较强且又非常重要的工作。测量精度的高低直接影响到工程质量的好坏，是衡量钢结构工程质量的一项重要指标。下面结合京基金融中心A座的情况谈一谈如何做好钢结构安装阶段测量控制工作。

深圳市京基金融中心A座，地下4层，地上98层，总高度441.8m。大楼南北面为弧形，东西面为一直线的垂直立面，大楼顶部98层以上为拱结构。大楼的钢结构主要由核心筒内和外围框架两部分组成。在整个工程测量过程中的重点和难点在于主楼外筒钢柱在超高情况下精确控制，也是本文论述的主要内容。

1　测量仪器、人员、流程的控制

首先，使用的仪器型号必须符合规范的要求；其次，由于长时间的户外作业，对仪器的使用不当或保护不到位，会影响测量的准确性，所以测量仪器不仅要求进行每年检定，还必须要求测量人员定期检查。监理人员也必须在场进行监督检查，确认检查过程是否符合要求。

测量人员必须具备上岗资格证，上岗前必须进行技术交底，有书面交底资料。同时，辅助测量人员也需要经常培训。测量人员要随时做好桩位点的保护、恢复、标识。

每个安装过程必须固定测量人员和测量仪器，不得随便更换施测人员和测量器具，以保证测量数据相对准确。施测过程的每个环节都应精心操作，对中要准确，测角应采用复测法，后视应选长边，切忌以短边定长边。遵循"先整体后局部，高精度控制低精度"的工作程序。无论是经纬仪的平面测量，还是水准仪的高程测量，每次测量操作都要进行闭合检查，确保测量无误时方可进行下一步工作。测量数据要有专人记录，数据处理要保证至少经过两人计算、复核，坚持测量、计算步步有校核的工作方法。

2 控制网的设置

将首级控制网点位确定，采用"外控法"引测到基坑内核心筒四个角部，形成二级控制网（图1）。

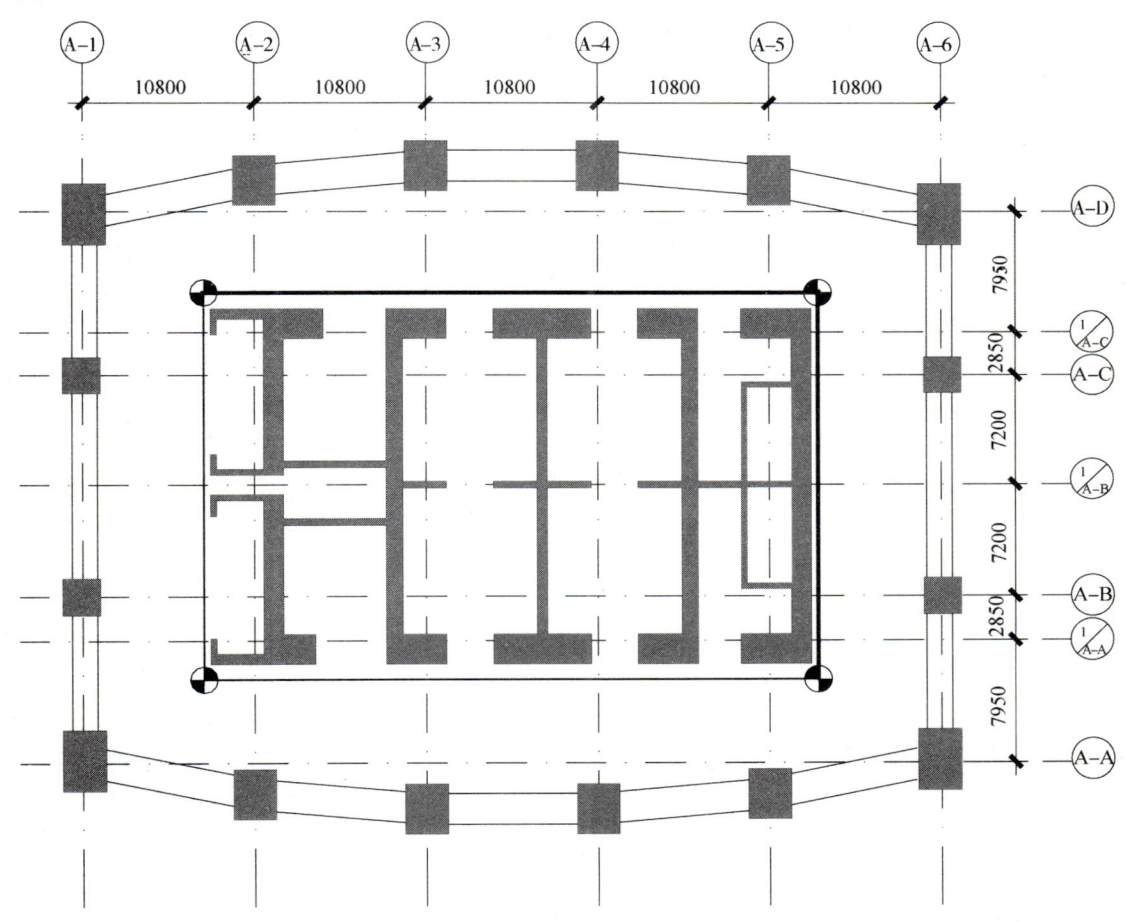

图1 二级测量控制点布置示意图

随着楼层的增高，核心筒也随之变小，需要控制点做转换（图2）。平面轴线控制点的位置转换方法，首先应以图纸设计的轴线点理论坐标为根据，用原控制点坐标为起算进行测设；然后布网测量并平差，与理论值比较，当误差在允许范围内时才可以继续上投。

钢结构测量时由于遮挡或距离等原因，无法直接后视原控制点，需要引测到其他位置，因此监理人员现场检查首先是引测点，满足规范要求的精度后才能使用。

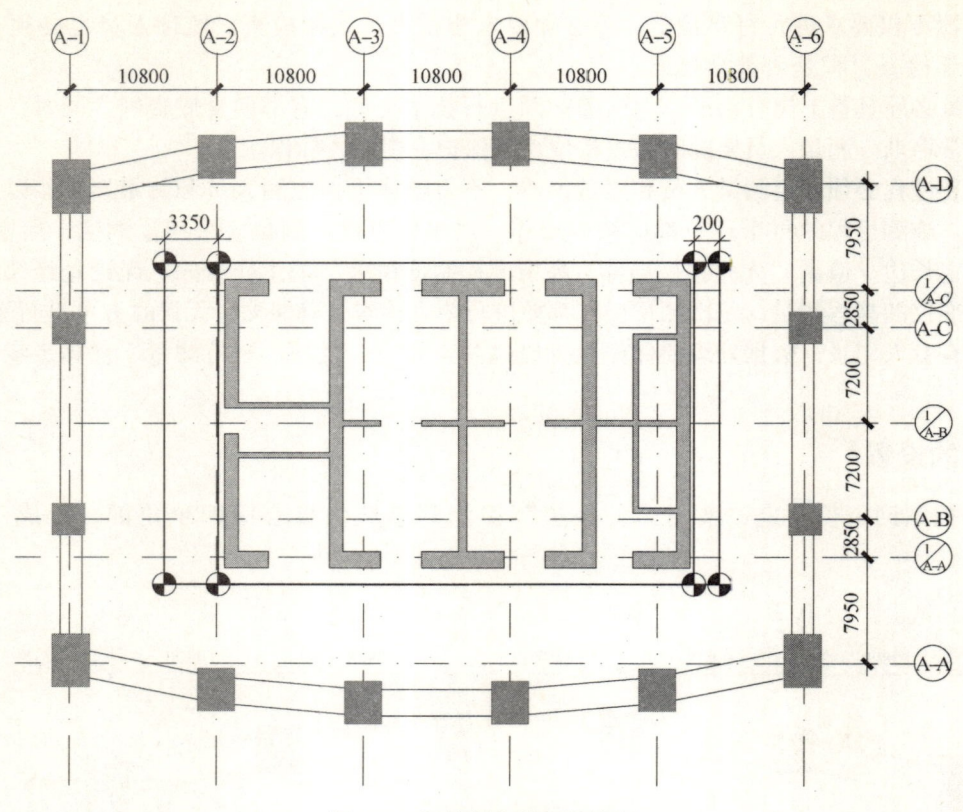

图 2 二级控制点位置转换图

3 核心筒钢柱测量控制

在钢筋绑扎前,将埋件平面位置的控制轴线和标高测设到下一楼层。根据下一楼层上的埋件轴线和标高控制线,在土建核心墙水平钢筋绑扎前,把埋件初步就位,等土建钢筋基本绑扎完,利用土建钢管脚手架,对预埋件进行精确校正,如遇竖向或水平钢筋阻挡,应及时调整钢筋绑扎位置。精确校正预埋件标高,并排焊接两根$\phi 12mm$钢筋作为埋件托筋,埋件与核心墙钢筋之间焊接固定。埋件安装完成后,监理人员验收合格,浇筑混凝土。在混凝土达到一定强度后再对埋件上的钢柱定位点进行检查,确保钢柱的落点准确。

钢柱安装后,通过计算柱顶中心坐标,并且在柱顶做好点位标示。在土建提模平台上的二次控制网竖向投点处架设全站仪,测量柱顶中心轴线偏差,检查单节柱垂直度。每根柱应测量两个点,检查钢柱是否扭曲。

4 外筒钢柱测量控制

钢柱吊装临时固定后,钢柱校正即可进行,钢柱的校正内容包括安装前的准备工作、柱底就位、柱底标高校正、柱身垂直度校正等。

4.1 钢柱安装前的准备工作

根据所测放的轴线校正预埋件偏差过大的螺栓,以利于钢柱安装后的柱底就位。在钢柱底板边缘划出钢柱的中心线,为钢柱安装就位做准备。清除预埋件上的丝口保护套、螺丝上的混凝土和钢锈并给丝口涂抹黄油。用水平仪从高程点引测标高,调平设置在柱脚底部的标高调节螺母。

柱底就位应尽可能在钢柱安装时一步到位,少量的校正可用千斤顶和撬棍校正。柱底就位后轴线偏差应不大于3mm。

4.2 钢柱标高测量

本工程钢柱的标高控制主要测量控制各节柱顶标高，由于钢材压缩变形、基础沉降及钢材线胀变形等的综合影响，随着施工楼层高度的增加，柱顶实际标高与设计标高差会越来越大，因此柱顶设计标高不能作为钢柱标高控制的标准，此时需要有一个对整个建筑物基础沉降观测及结构变形验算的综合考虑，从而近似得出每一节钢柱顶部实际应该控制的目标高度。操作难度较大。故确定钢柱高度采用相对标高控制。

为保证整个建筑物的设计标高不受影响，每次标高引测均从±0.0m开始，始终按设计标高控制每次吊装的柱顶标高。

层高偏差控制目标：≤±5mm。当层间高度偏差超限时可通过加垫板垫高或切割衬板降低上一节钢柱标高的方法来达到对钢柱标高进行控制的目的。

监理人员在检查时要注意后视点和前视点应该是同一个点，避免由于钢柱上口不平导致误差累计影响观测结果。钢柱测量示意图如图3所示。

4.3 钢柱垂直度测量

柱底就位和柱底标高校正完成后，即可用经纬仪检查垂直度。方法是在柱身相互垂直的两个方向用经纬仪照准钢柱柱顶处侧面中心点，然后比较该中心点的投影点与柱底处该点所对应柱侧面中心点的差值，即为钢柱此方向垂直度的偏差值。单节钢柱垂直度经校正后偏差值 $\delta \leq H/1000$ 且绝对偏差 $\leq \pm 5mm$。当视线不通时，可将仪器偏离其所在的轴线，但偏离的角度应不大于15度。钢柱垂直校正示意图如图4所示。

图3 钢柱测量示意图

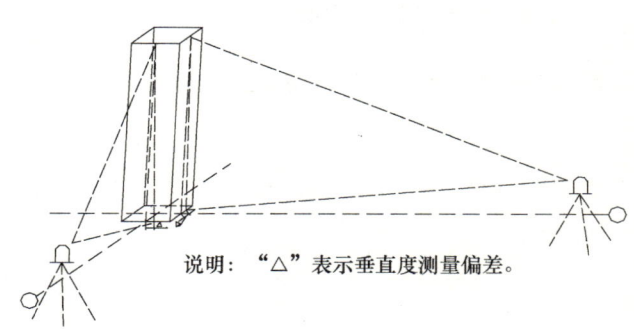

说明："△"表示垂直度测量偏差。

图4 钢柱垂直度校正示意图

如视线被挡或由于场地狭窄，不便架设经纬仪的情况下，可改为由全站仪对柱顶的三维坐标进行控制。

结合本工程钢柱外形有多种型号特点，如有箱形柱，H柱，"王"字柱及"十"字柱。应根据钢柱本身外形特点制定不同的测控方法。如箱形、H形可采用同一种测控方法，即在柱角四周顶部，用油漆笔做上控制记号，事先在图纸上计算出柱子四角的三维坐标值（$x、y、z$），在柱子吊装到位后，将全站仪架设到视野开阔的点上，在柱子校正过程中，将小棱镜置于柱子顶部四角，逐一测量各点，直到柱子设计坐标值与仪器所测坐标差符合规范要求。

不同型号钢柱测量观测点位布置示意图如图5~图7所示。

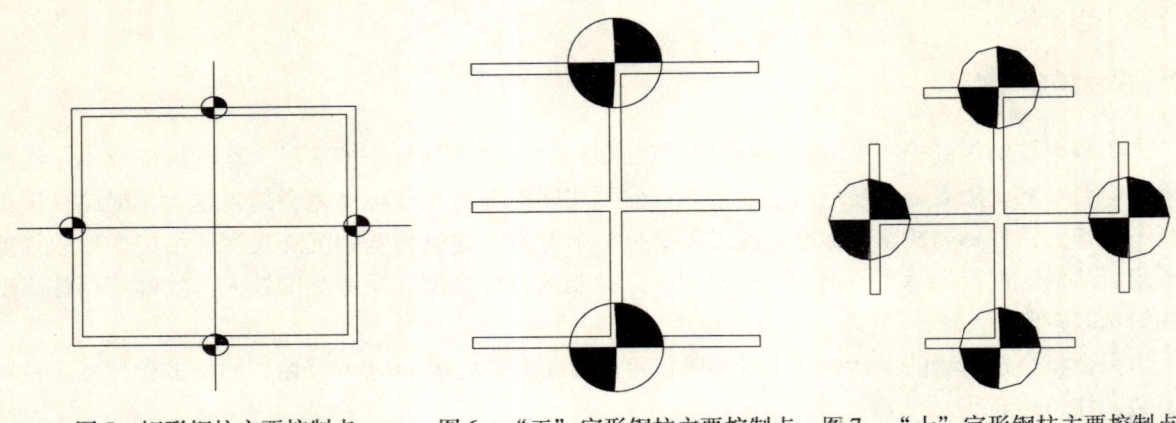

图 5 矩形钢柱主要控制点　　图 6 "王"字形钢柱主要控制点　　图 7 "十"字形钢柱主要控制点

4.4 钢柱测量校正

对于第二节以上的钢柱吊装首先是柱与柱接头的相互对准，塔吊松钩后用全站仪进行三维坐标点进行垂直控制，校正上节钢柱垂直度时要考虑下节钢柱相对于轴线的偏差 δ，校正后上节柱顶对于下一节柱顶的偏差为 $-\delta$，使柱顶偏回到设计允许的范围内，从而便于柱间和斜撑的顺利吊装以及保证钢柱安装的精度。

当一片区的钢柱、梁和斜撑安装完毕后，对这一片区钢柱需要整体进行测量校正；对于局部尺寸偏差，用千斤顶或倒链收紧合拢或顶开来调校，校正后紧固高强螺栓。

当高强螺栓紧固（初拧）完成后，对这一片区的钢柱再次进行整体观测，并做好记录，根据记录的偏差值大小及偏差方向，决定对焊前偏差是否还需要进行局部尺寸调整以及确定焊接顺序、焊接方向焊接收缩的倾斜预留量，然后交付焊接班组进行施焊。

当焊接完成后，对该片区的钢柱、钢梁再次复测，并做好记录，焊后复测资料作为上一节钢柱吊装校正和焊接时的参考依据。

4.5 钢柱测量坐标实测值与理论值对比纠偏

由于外框柱每节柱顶的坐标值都有变化，测控过程必须根据设计坐标值来控制实际坐标值。下表为测量坐标理论值。现场实测值与理论值对比，再进行校正纠偏，直至满足规范为止。

构件编号	坐标理论值			理论值与实测值对比		
	X	Y	Z	ΔX	ΔY	ΔZ

5 日照和焊接变形对钢柱垂直度偏差影响的分析与预控

日照影响的分析与预控。由于日光照射在钢柱的一侧，钢柱将会向背光的一侧发生附加的倾斜位移。尤其是夏季上午 9：00～10：00 和下午 2：00～3：00 时，柱两侧温差在 3℃～10℃，这时可考虑对钢柱按如下理论公式 $\Delta = \dfrac{a \cdot \Delta t \cdot L^2}{2h}$（其中，$\Delta$：柱顶因温差影响产生的位移值；$a$：钢材的线膨胀系数；$\Delta t$：柱两面的温差；$L$：钢柱的长度；$h$：温差方向柱截面的厚度）进行预偏，预偏方向与太阳光照方向相反。示意如图 8 所示。

关于典型钢柱焊接收缩变形影响的分析与预控。钢柱校正完后，钢柱垂直度和轴线位置都校正正确的情况下，如果不考虑焊接收缩影响，往往会发生较大的焊接变形。经验证明，钢板厚度 50mm 以上时，梁-柱焊缝收缩一般约为 2mm，柱-柱焊缝收缩一般约为 3.5mm，每节柱由于焊接造成的柱顶垂直度位移值约为 2.5mm，故在测量校正时，除中心柱外尤其是对边缘柱均应考虑焊接变形对钢柱进行预控，包括焊接收缩对钢柱标高的影响也一样要进行预控。

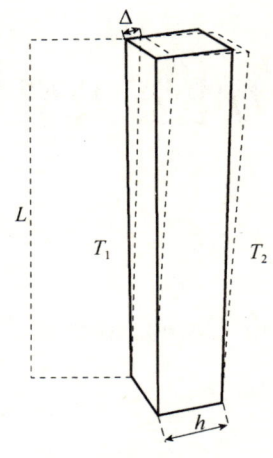

图 8 温度荷载对钢柱的影响示意图

6 其他

钢柱安装前，必须有一个相对稳定的结构，其与相邻钢柱之间应有钢梁预连接，测量人员在测量前必须注意此点。如果钢柱没有进行固定措施，测量的数据将会随时变化，也就失去了校正测量的意义。

格力电器大型工业厂房后张法有粘结预应力施工技术

袁茂生

中建四局一公司安徽分公司,合肥,230051

The Construction Technology of Post-tensioned Bonded Pre-stressing in Large Industrial Plants of Gree

Yuan Maosheng

China Construction Fourth Engineering Division Co., Ltd., the 1st Construction Co. Anhui Branch, Hefei, Anhui, 230051

1 工程概况

格力电器(合肥)有限公司商用车间厂房,属大型现浇钢筋混凝土框架结构两层厂房,长度200m,宽度135m,总建筑面积约为5万m^2,柱网为9m×15m。

本工程属超大超长结构,主梁采用了有粘结预应力混凝土技术,预应力梁跨度大,预应力筋束长,预应力筋曲线按自然二次抛物线连续布置,宽度135m内分三跨布置,首层及屋面梁跨度分别为30m、45m、60m。预应力筋采用1860级钢绞线,直径$D=15.24mm$,弹性模量$E_s=1.95\times10^5MPa$,张拉控制应力为$0.75f_{ptk}$,主梁张拉混凝土强度要求为90%,预应力张拉采用一端固定一端张拉,且采用应力–应变双控。锚具采用I类锚具,其中张拉端锚具采用夹片锚具,固定端锚具采用挤压锚具,有粘结预应力孔道采用镀锌双波纹管。

2 施工工艺

2.1 主梁预应力分段张拉构思

(1)根据业主提供的结构平面图看来,该厂房沿主梁(横向)方向跨度均为15m,设计共有九跨,施工时采用分段张拉的方式进行,沿厂房横向设置四个张拉段,即:Ⓐ~Ⓒ、Ⓒ~Ⓔ、Ⓔ~Ⓗ、Ⓗ~Ⓚ以确保张拉施工质量,Ⓔ~Ⓗ段为三跨同时张拉,其他段为两跨同时张拉,各张拉端在楼面预留张拉施工操作孔,搭设操作平台,张拉锚固端设置在主梁两侧的楼板内,该锚固端的楼板应做加厚处理,使锚固端承压稳定,以确保预应力结构在长期荷载作用下安全可靠,其示意图如图1、图2所示。

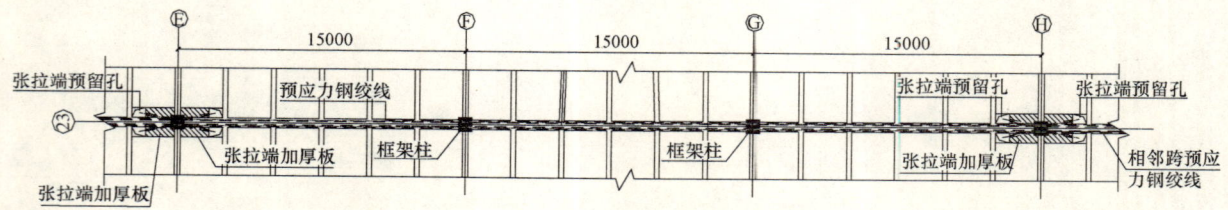

图1 Ⓔ~Ⓗ段张拉预应力钢绞线布置示意图

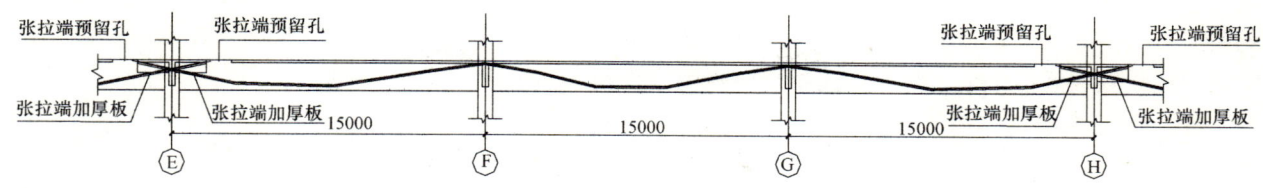

图2 Ⓔ~Ⓗ张拉端预应力分段张拉示意图

（2）根据图纸设计要求，各主梁均有两组预应力钢绞线束，在张拉过程中采用两组钢绞线同时张拉的方法进行，以确保主梁受力均匀，每条钢绞线张拉时均按一端固定，一端张拉的方式进行。

2.2 预应力筋的制作与安装

（1）预应力筋的进场检验

预应力筋及锚具进场后必须提供材料的复试报告，预应力混凝土用金属螺旋管在使用前应进行外观检查，不应有油污、孔洞和不规则的褶皱，咬口不应有开裂或脱扣。

（2）预应力筋的下料

预应力筋下料时，用砂轮切割机逐根切割。预应力筋下料长度按照如下公式计算：

$$预应力筋的下料长度 = 预应力筋孔道内长度 + 预应力筋的张拉长度$$

（3）预应力筋的放盘

有粘结预应力筋要用支架将钢绞线盘固定好，然后逐圈放松钢绞线；预应力筋下料时应认真检查每根钢绞线是否有死弯，钢绞线切口处线头是否松散，如遇死弯应切掉，松散的钢绞线头应裹好并绑扎好。

（4）金属波纹管的连接

预应力波纹管的接头，对于圆管要用直径大一号的波纹管连接，接头的长度为300mm，每边旋入150mm，用胶带密封，如图3所示。

（5）预应力筋的铺放

在预应力筋铺设之前要进行预应力筋束型矢高的放线，并进行预应力筋托架的焊接固定。对于梁中的预应力束型矢高的控制，先在梁的普通钢筋上放线，然后用直径12的二级钢筋作为托架与梁的箍筋焊在一起，托架筋的间距为1000mm；在预应力筋的托架制作完成后，就可以进行有粘结预应力筋波纹管的穿设固定了。

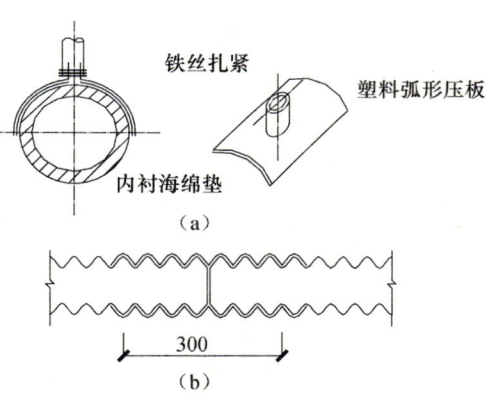

图3 波纹管灌浆孔，泌水孔及连接

(a) 波纹管灌浆孔、泌水孔详图；(b) 波纹管的连接

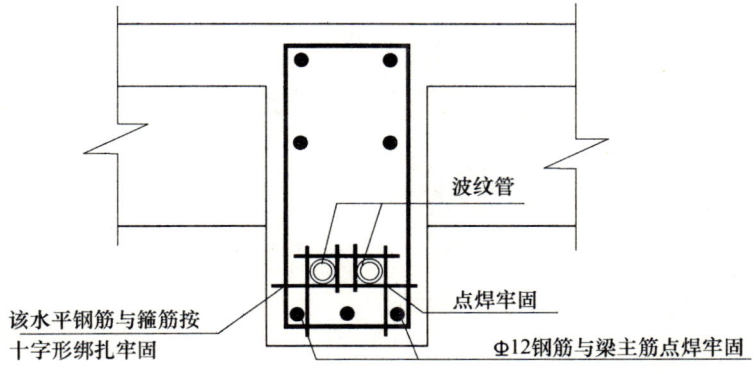

图4 波纹管支承固定图

有粘结预应力波纹管按照对称的原则分布在梁的断面上,按照设计要求将相应的波纹管穿入对应的梁中,临时固定,然后再穿入钢绞线,调整波纹管的线形,最后用绑扎丝将波纹管和托架钢筋绑扎牢固。铺设完成后以形成自然双曲抛物线的弧度为宜。

(6)预应力筋张拉端安装

在预应力筋穿束完成后进行张拉端锚具的安装固定。根据设计要求,梁中预应力筋的张拉端主要分布在梁端部的肋腋处,板中的张拉端主要分布在板边和板面上,将张拉端的螺旋筋和承压板所用直径 12 的二级钢筋与板筋或梁筋焊接固定。在固定时如空间不足可将普通钢筋适当的挪动位置。

(7)波纹管排气孔和灌浆孔的设置

灌浆孔与排气孔留设方法:先在波纹管上开洞,预留灌浆孔和泌水孔,洞上覆盖海绵垫片与带嘴的塑料弧形压板并用铁丝扎牢,再用塑料管插在嘴上,将其引出梁顶面、梁侧 400~600mm,为防止塑料管受挤压变形,不利于灌浆和排气,可用细钢筋插在塑料管中,端部用胶带封严,保证孔道畅通以利孔道灌浆、排气及预应力筋的张拉。

2.3 预应力钢筋的张拉

同条件养护试块强度达到设计强度后,才可进行张拉(梁中预应力筋的张拉要求混凝土强度达到 90%)。

(1)预应力筋的张拉程序

预应力梁中预应力筋的张拉程序:

设计张拉控制应力 $\sigma_{con} = 0.75 f_{ptk}$ 即 1395 MPa

张拉程序为 $0 \rightarrow 0.2\sigma_{con} \rightarrow 0.6\sigma_{con} \rightarrow 1.0\sigma_{con}$;

每束预应力筋的张拉施工顺序:

清理承压板、钢绞线→穿锚环、安放夹片→安放千斤顶→安装工具锚→张拉至初应力→量测千斤顶在初应力下的缸长 L_1→张拉至控制应力→量测千斤顶在控制应力下的缸长 L_2→校核张拉伸长值→千斤顶回程→卸千斤顶。

(2)预应力筋的张拉

①本工程预应力筋张拉的控制应力 $0.75 f_{ptk}$。

②张拉顺序:逐层浇筑后,混凝土强度达到 90% 设计强度后张拉。

张拉方法:分段张拉,具体分段张拉位置详见图 5。

③张拉工艺要求:

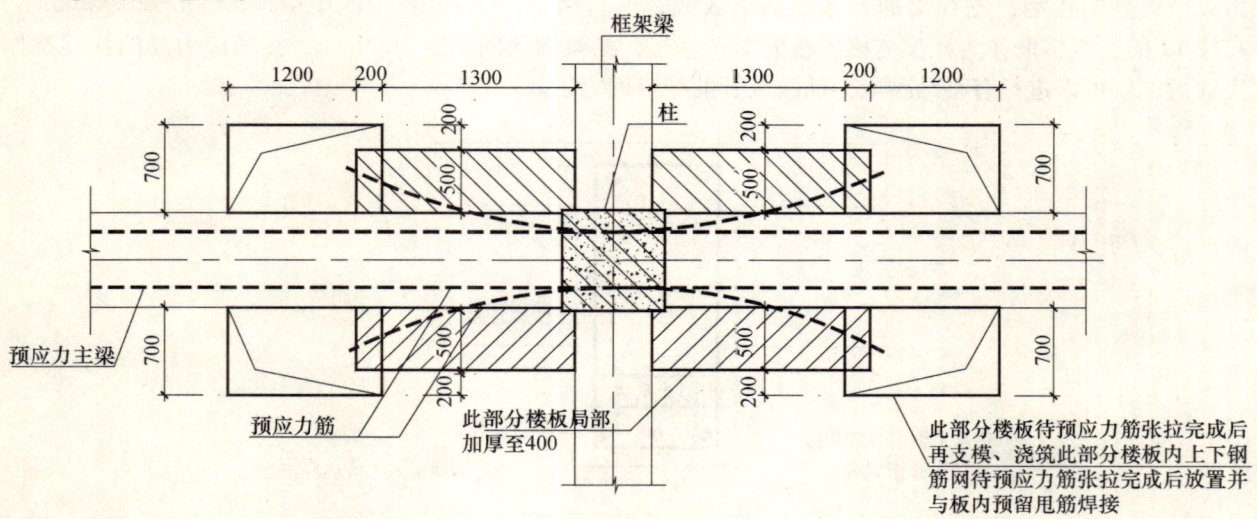

图 5 有粘结预应力筋板内张拉示意图

- 清理干净外露的预应力筋及预埋垫板；
- 安装工作锚具，安装锚具时应注意工作锚环与锚板对中，夹片均匀轻轻敲紧并外露一致；
- 安装千斤顶，千斤顶上的工具锚孔位与工作锚的孔位排列顺序要一致；
- 安装张拉设备时，应使张拉力作用线与孔道中心线重合，并应认真做到孔道、锚环与千斤顶三对中，以便张拉工作顺利进行；
- 张拉时采用应力控制为主，伸长值控制为辅的原则。实际伸长值与计算伸长值偏差应在 -6%～+6% 范围内，超过时应停止张拉，检查分析原因，并采取合理的处理措施后才能继续张拉。

2.4 预应力孔道灌浆及封锚

（1）孔道灌浆

预应力孔道灌浆是针对有粘结预应力混凝土梁来讲的，具体做法如下：

预应力筋张拉完后应静停 12h 进行观察，如未发现问题则应尽快进行灌浆（一般不得超过 48h）以防预应力筋锈蚀或松弛。灌浆在板面进行，以利于设备的移动，灌浆前应检查所有的孔口封堵物是否清除干净。灌浆采用柱塞式电动灌浆泵，灌浆压力为 0.5～0.6MPa，水泥浆采用电动搅拌机搅拌。灌浆用水泥采用 42.5MPa（525#）普通硅酸盐水泥，水泥中掺加适量减水剂和 UEA 微膨胀剂，要求水灰比 0.4～0.45 之间，水泥浆的泌水率最大不超过 3%，拌合 3h 后泌水率 2%。通过张拉端锚具上的灌浆孔或增设的灌浆孔进行灌浆，灌浆进行到排气孔冒出浓浆后，用木塞堵住此处的排气孔，再继续加压至 0.5～0.6MPa，稍后，再封闭灌浆口，每个孔道灌浆应一次完成，中途不应停顿，气温高于 35℃时，灌浆应在夜间或清晨气温较低时进行。为了保证孔道灌浆密实，对一条孔道必须在一个灌浆孔一次性灌满，如有孔道堵塞，必须更换灌浆孔，把第一个灌浆孔灌入的水泥浆排出，保证灌浆饱满密实。灌浆强度达到 15MPa 时方可拆除底模，灌浆强度达设计强度时，楼板方可加荷。

（2）张拉口的封锚

灌浆完成后，即可采用手提砂轮切割钢绞线，露出锚具外的钢绞线，长度不宜小于预应力筋直径的 1.5 倍，且不宜小于 30mm，按设计要求，然后清理穴口，焊接穴上的断筋和预留插筋，用高一级的细石混凝土进行封堵。

3 总结

本项技术充分利用钢绞线的抗拉强度和主梁混凝土抗压强度，有效地确保大跨度厂房的结构安全，而且减小了主梁的截面积，降低了工程造价，通过本项技术的运行和实施，使我们在预应力施工技术方面得到了进一步的提高，对公司的今后发展开拓了良好的前景，该项技术虽未能获得丰硕的经济效益，但获得的社会效益是无法用金钱来衡量的。

深圳京基金融中心大面积地下室底板跳仓法施工

苏国活 梁 森

中建四局第六建筑工程有限公司深圳分公司,深圳,518001

【摘 要】 本文结合京基金融中心地下室底板工程的施工经验,并查阅相关资料,总结论述了大面积地下室底板施工的控制要点。

【关键词】 大面积底板;大体积混凝土;跳仓法;施工控制

The Alternative Bay Construction Method of Mass Area Soleplate in Shenzhen Kingkey Finance Center

Su Guohuo Liang Sen

Shenzhen Branch of the Sixth Company of China Construction Fourth Engineering Division Corp. Ltd., Shenzhen, 518001

【Abstract】 According to the site construction experience of the basement soleplate engineering in Shenzhen Kingkey Finance Center project, and the relevant technical documents, this paper summarized the key points of the construction technology of mass area soleplate.

【Key words】 mass area soleplate; mass concrete; alternative bay construction method; construction control

1 工程概况

京基金融中心工程地处深圳市罗湖区蔡屋围金融中心区,工程包括一栋98F的超高层建筑和7栋附属楼,工程总用地面积42353.96m²,裙楼和地下室连成一体,设计为4层地下室,基坑的开挖深度约20m。

本工程地下室底板由主塔楼底板和裙楼及回迁楼、公寓楼底板组成,总面积约3.2万 m²,除主楼A座超厚底板外,裙楼地下室底板面积约27882m²,底板厚度80cm,混凝土为C30P8,按设计要求把地下室底板划分层18块,每块底板的混凝土单独一次连续浇筑完成,如图1所示。

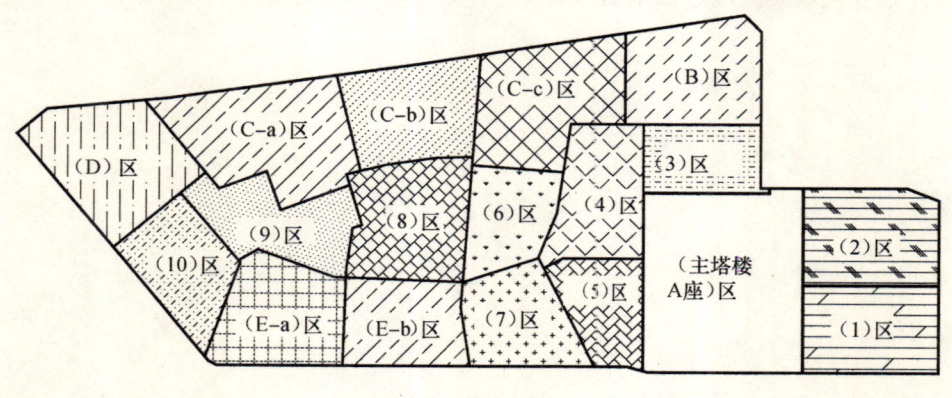

图1 地下室底板示意图

2 综合施工技术控制措施

根据无缝施工原理，从混凝土材料控制入手，结合设计、施工措施，采取以"抗放兼施，先放后抗，以抗为主"的指导思想，以"分块跳仓浇筑综合技术措施"施工本工程大面积混凝土底板。施工时结合施工进度情况，以设计的后浇带为界，相邻的两块底板混凝土浇筑时间间隔在14d以内的采用原设计留置后浇带的形式，时间间隔超过14d的取消后浇带，直接浇筑底板混凝土。该方法既便于施工，也可保证大面积混凝土底板因混凝土温差、收缩原因引起的质量问题。

2.1 材料选择

（1）优化设计混凝土配合比，确定采用混凝土的四种基本组分外，再掺入粉煤灰、高效缓凝减水剂两种改性材料。较低的水泥用量有利于控制水化热，本工程水泥用量控制在270kg/m³。

（2）混凝土用水量168kg/m³，混凝土坍落度严格控制在160~180mm，现场检测混凝土的温度、坍落度、扩展度指标。

（3）石子最大粒径25mm，含泥量严格控制在1%以内，泥块含量≤5%，砂细度模数控制在2.9左右，含泥量控制在1%以内，泥块含量≤5%。

（4）采用Ⅱ级粉煤灰，掺量不能超过30%。

2.2 设计要点

（1）混凝土强度等级C30，抗渗等级P8，可考虑45d或60d强度，同时富余强度不能太大。

（2）大面积钢筋混凝土构造配筋达到0.45%，集水坑四角设置放射钢筋。

（3）本工程底板主要依靠混凝土结构防水，取消了外防水层，在建筑层内增加防水层。

3 工程实施

京基金融中心地下室底板工程，采用"跳仓法"施工，2008年9月2日按跳仓法施工开始浇筑第一仓（1）区的底板混凝土；2008年12月18日最后一仓（10）区底板混凝土浇筑，整个地下室底板混凝土结构施工完成。

（1）本工程跳仓施工缝间距按设计控制在30~40m，相邻的两块底板混凝土浇筑时间间隔在14d以内的采用原设计留置后浇带的形式，时间间隔超过14d的取消后浇带，直接浇筑底板混凝土。

（2）施工缝部位采用快易收口网隔离混凝土，橡胶止水带设置在施工缝部位底板底面。施工缝及后浇带做法如图2所示。

由于本工程无地下室外包防水层，地下室混凝土裂缝控制和施工缝部位的防水处理是保证整个地下室底板防水质量的关键。本工程地下室底板混凝土除了采用抗渗混凝土外，重点还要加强施工过程控制，主要采取的措施有：控制坍落度和水灰比，加强混凝土的振捣，进行二次压光，加强早期养护。

对于后浇带、施工缝的控制措施如图2所示：

①施工缝部位增加超前橡胶止水带，该止水带能有效防止水分沿施工缝部位渗入地下室。

②由于采用超前橡胶止水带，施工缝留成直缝，采用快易收口网拦缝，没有设置凹槽或楔口，施工方便。

③超前橡胶止水带及快易收口网须用木枋压牢，防止浇筑混凝土时发生移位。

④后浇带部位特设置下人清理孔，后浇带及施工缝部位在浇筑混凝土前必须清理干净。

⑤在后浇带或施工缝混凝土浇筑时，将接触面快易收口网剔除，并加上20mm×20mm遇水膨胀止水带，进一步加强后浇带或施工缝部位的止水效果。

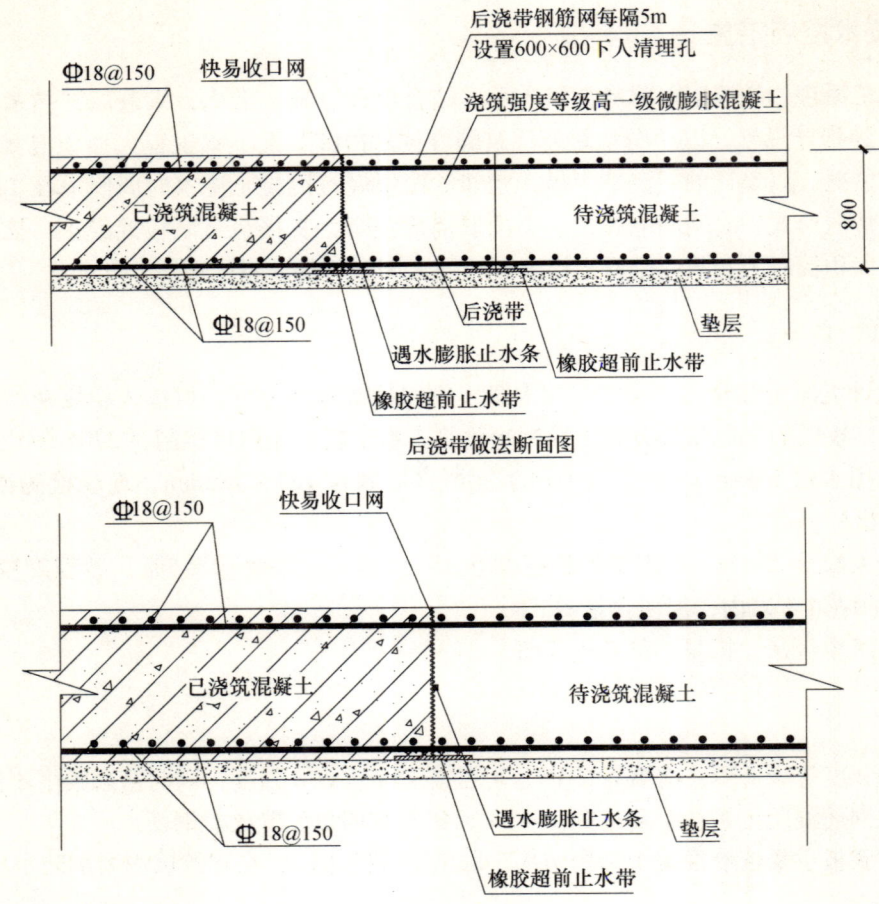

图2 施工缝做法断面图

⑥后浇带混凝土浇筑比底板混凝土强度设计高一个等级的微膨胀混凝土。

（3）施工前，根据工程实际设置质量预控点，明确质量预控点部位、技术质量要求、检验方法、检查频率等。施工中，严格按质量预控点的相关要求进行质量控制。

（4）混凝土浇筑前，对水灰比、坍落度、入模温度严格测定控制，不得加水，大雨天禁止浇筑，初始施工时每车检查坍落度，质量稳定后，2~4h检查一次。

（5）对各楼房电梯坑核心筒部位的较厚底板混凝土温度进行了测量监控。

（6）混凝土浇筑时，应加强振捣，要求各部位必须充分振捣，采取分区定人振捣方式，每个点振捣控制在10s左右，并及时排除泌水，施工缝是薄弱环节，浇灌混凝土前必须清理干净，同时加强振捣，时间控制在20s左右。

（7）底板混凝土浇筑完成进行二次压光，消除因早期水分散发过快产生的表面裂缝，混凝土初凝后浇水养护。

4 总结

（1）施工结束后对地下室底板进行裂缝和渗漏水全面调查，未发现明显裂缝，质量效果良好；

（2）取消后浇带，能减少因后浇带不易清理造成的工作量，同时有利于缩短工期。

（3）掺入高效减水剂效果显著，可减少用水量，提高水灰比，减少混凝土的自收缩，从而减少了底板发生裂缝的可能性。

（4）通过掺加粉煤灰，可节省水泥用量，降低水化热，可以提高混凝土的后期强度，对于防止混凝土出现温度裂缝非常有效。

（5）大面积地下室底板除采用跳仓法施工外，施工控制要点有：

①较低的水泥用量；②较低的用水量和坍落度；③施工过程中应加强振捣；④两次压光，消除早期裂缝；⑤加强早期的养护。

参考文献

[1] 赵志缙．高层建筑施工手册．
[2] 王铁梦．工程结构裂缝控制．
[3] 中华人民共和国国家标准．大体积混凝土施工规范．2009．

在承受次内柱损耗下钢筋混凝土梁板结构中膜的预测分析模型

Tan Kanghai[1]　　Trieska　Yokhebed　Wahyudi[2]

1. 南洋理工大学土木与环境工程学院，新加坡，639798
2. 南洋理工大学土木与环境工程学院，新加坡，639798

【摘　要】 钢筋混凝土建筑物连续性倒塌的可能性可以通过柱子损耗情景来进行估算。由于与被移动的柱子相关联的梁板结构变成了拥有两个间断边缘的横向无约束结构，不论是内部还是外部次末柱的损失都是最为关键的情景。在相关板的大型变形、膜行为中，将板四周由混凝土筑成的可压缩圆环和中间区域的可拉伸膜行动组合，就呈现了对抗连续性倒塌的一道重要防线。这种储备能量可以用来支撑扩大的重力荷载，以及减轻建筑结构的连续性倒塌。本文根据 $\frac{1}{4}$ 规模性测试的试验观察和对先前探索工作的调查研究，提出了一个分析模型来预测在大的变形下梁板结构的荷载支承能力。对比试验结果显示，此分析模型通过膜行动对钢筋混凝土板的总体负载能力进行了较好的估计。

Analytical Model for Predicting Membrane Actions in RC Beam-slab Structures Subjected to Penultimate-internal Column Loss Scenarios

Tan Kang Hai[1]　　Trieska　Yokhebed　Wahyudi[2]

1. School of Civil and Environmental Engineerig, Nanyang Technological University, Nanyang Avenue, 639798, Singapore
2. School of Civil and Environmental Engineering, Nanyang Technological University, Nanyang Avenue, 639798 Singapore

【Abstract】 The potential for progressive collapse of RC buildings can be estimated by column loss scenarios. The loss of either internal or external penultimate columns is among the most critical scenarios since the beam-slab substructures associated with the removed column becomes laterally unrestrained with two discontinuous edges. At large deformations, membrane behaviour of the associated slabs, consisting of a compressive ring of concrete around its perimeter and tensile membrane action in the central region, represents an important line of defence against progressive collapse. The reserve capacity can be used to sustain amplified gravity loads and to mitigate the progressive collapse of building structures. In this paper, based on experimental observation of $\frac{1}{4}$ scaled tests together with investigation of previous research works, an analytical model is proposed to predict the load-carrying capacity of beam-slab structures at large deformations. Comparison with the test results shows that the analytical model gives a good estimate of the overall load-carrying capacity of the RC slabs by membrane actions.

1 Introduction

It has been experimentally observed that the ultimate load of laterally unrestrained two-way reinforced concrete slabs is significantly higher compared with the capacity calculated by yield-line analysis[1-8]. The increase in the ultimate load is referred to as the contribution of membrane action which develops in slabs at large deformations.

Membrane action in a laterally-unrestrained slab can be explained by Fig. 2 (a). After the formation of yield lines, the slab is divided into four independent parts which are connected together by the yield lines. At large deformations the independent parts tend to move inwards under the action of increasing tensile forces at the centre of the slab, but are restrained from doing so by adjacent parts, creating a peripheral ring of compression supporting the central net of tensile forces. The load-carrying capacity therefore comprises catenary action in the central region of the slabs and enhanced yield moment in the outer ring where in-plane compressive stresses occur.

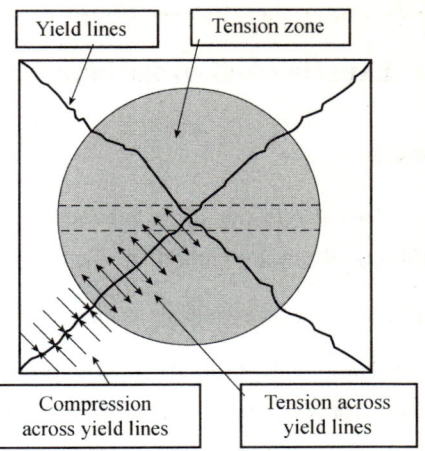

Fig. 1 Membrane actions in a laterally unrestrained two-say slabs[1]

The behaviour of laterally-unrestrained slabs at large deformations has been extensively studied by Hayes[3], Sawczuk[8], Brotchie & Holley[12], and Mitchel & Cook[10]. It has been shown that the overall load-carrying capacity of membrane actions was at least twice the yield-line capacity. Recently, these mechanisms have been successfully applied to prevent the collapse of composite floors subjected to compartment fires in Europe through a simplified design method developed by Bailey et al[2].

Nevertheless, most experimental and analytical works introduced so far, are still limited in application, especially in terms of a means to resist progressive collapse. The potential for progressive collapse of building structures can be estimated by column loss scenarios. The loss of a penultimate-internal column is among the most critical scenario since the beam-slab structures associated with the lost column become laterally unrestrained with two discontinuous slab edges. As soon as the flexural action in beams fails to carry gravity loads (which are amplified by both doubling-of-span and dynamic effects[11]), the survival of the building structures totally depends on the strength of membrane actions developed in the affected slabs (Figure 2 (a)). At floors above the first floor, if the stiffness and strength of their compressive rings are insufficient to support catenary action in the deflected central area, tension forces from catenary action may pull in the perimeter ground columns, leading to progressive collapse shown in Figure 2 (b).

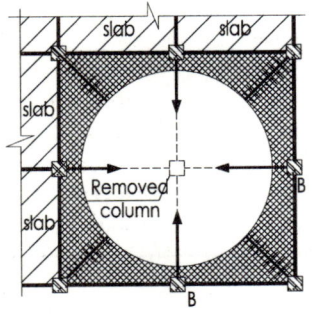 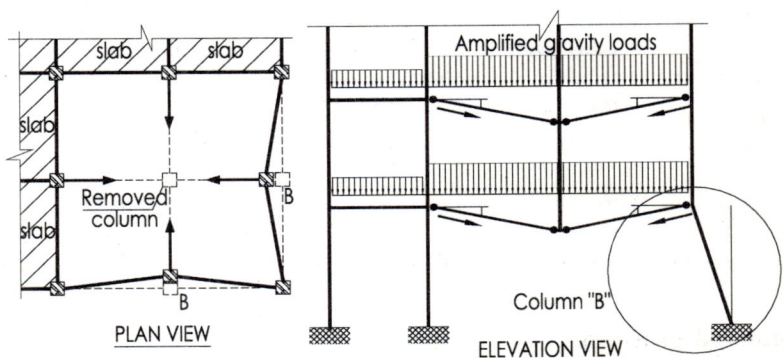

Fig. 2 Collapse of building structures under a Penultimate-Internal column loss
(a) Possible prevention by membrane actions; (b) Possible failure mode

In this paper, an experimental programme and an analytical model to study the behaviour of membrane actions in RC beam-slab systems will be discussed. In the first part, the results of two $\frac{1}{4}$ scaled specimens which were constructed and tested under column loss scenario are presented. In the second part, a simplified method to predict the overall load-carrying capacity of beam-slab systems is discussed.

2 Experimental programme

Design

Two specimens have been designed, built and tested to investigate the tensile membrane action of RC building structures under a Penultimate-Internal (PI) column loss scenario. The dimensions of the test specimens are obtained by scaling down to $\frac{1}{4}$ dimensions of a prototype building designed for gravity loading in accordance with BS 8110-97. The design live load is 3 kN/m² and the imposed dead load is 2 kN/m². The detail of the test specimens can be summarized in Figure 3 as well as Table 1.

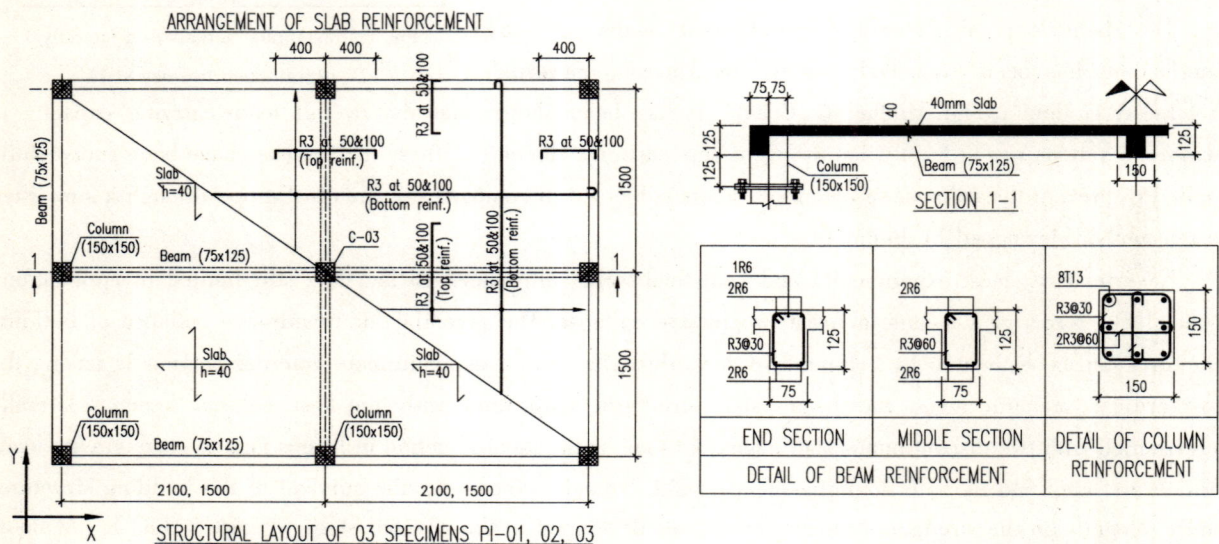

Fig. 3 Detail of a typical specimen

Table 1 Summary on test specimens

	Overall dimension (Aspect ratio)	Top slab reinforcement	Bottom slab reinforcement along X-direction	Bottom slab reinforcement along Y-direction	Notes
PI-02	3000 × 4200 (a = 1.4)	Φ3 at 50 (ρ = 0.44%)	Φ3 at 100 (ρ = 0.22%)	Φ3 at 100 (ρ = 0.22%)	Isotropically reinforced
PI-04	3000 × 3000 (a = 1.0)	Φ3 at 100 (ρ = 0.22%)	Φ3 at 100 (ρ = 0.22%)	Φ3 at 50 (ρ = 0.44%)	Orthotropically reinforced

Material properties

Since the test specimens are scaled down by $\frac{1}{4}$ from the prototype building, the diameter of reinforcing bars is also scaled down by a certain factor so that the reinforcement ratios in beams, slabs and columns of the specimens can be kept approximately the same as those that of the prototype structure. The plain round mild steel bar of 3 mm in diameter, R3, is used for slab reinforcement. The beams of the sub-assemblages are reinforced with R6, and the columns with 10 mm deformed bar (T10). In both beams and columns, R3 is used as transverse reinforcement. The nominal yield strength of round bars and deformed bars is 320 N/mm^2 and 460 N/mm^2, respectively.

The concrete used in the test specimen is a small-aggregate mix with acharacteristic design strength of 30 MPa. Due to the small thickness of slab (40 mm), chippings of 5 mm are used instead of normal-size aggregate to prevent any congestion and honey combs due to inadequate compaction.

Boundary condition

Under penultimate column loss condition, the affected beam-slab substructures behave as laterally unrestrained due to two consecutive discontinuous edges. Along the perimeter beams, however, the beam-column joints are rotationally restrained by the perimeter columns. Therefore, a set of 8 perimeter columns with one end pinned is designed to reasonably simulate the laterally yet rotationally restrained boundary condition.

As shown in Fig. 4, the pin-ended columns allow the perimeter edges of specimens to move horizontally without any degree of restraint. The lateral reaction at the pin connection may provide perimeter beam-column joints with sufficient rotational restraint.

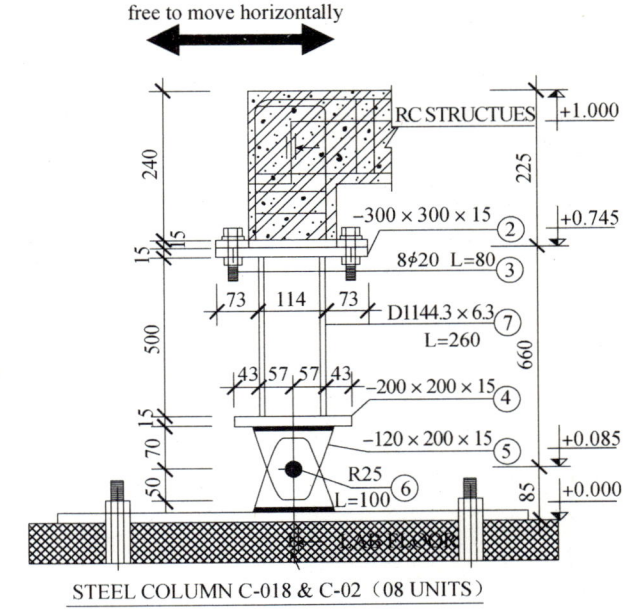

Fig. 4　Supports and boundary condition

Loading method

With a special emphasis on a uniformly distributed load applied onto the beam-slab substructures under column loss condition, a loading scheme is designed based on existing laboratory constraints to reasonably simulate the applied loads in a uniform manner. A 200-ton actuator (held by a reaction steel frame across the specimen) is used to load the specimens to failure. The load from the actuator is distributed equally to twelve point loads by means of loading trees (Fig. 5b). Ball and socket joints between steel plates and steel rods are used to keep the loading system as vertical as possible, when the test specimens deform excessively.

Finite element analysis (FEA) is employed to investigate the accuracy of the loading method. The very small discrepancies of numerical predictions between the two cases indicate the reliability of the loading method.

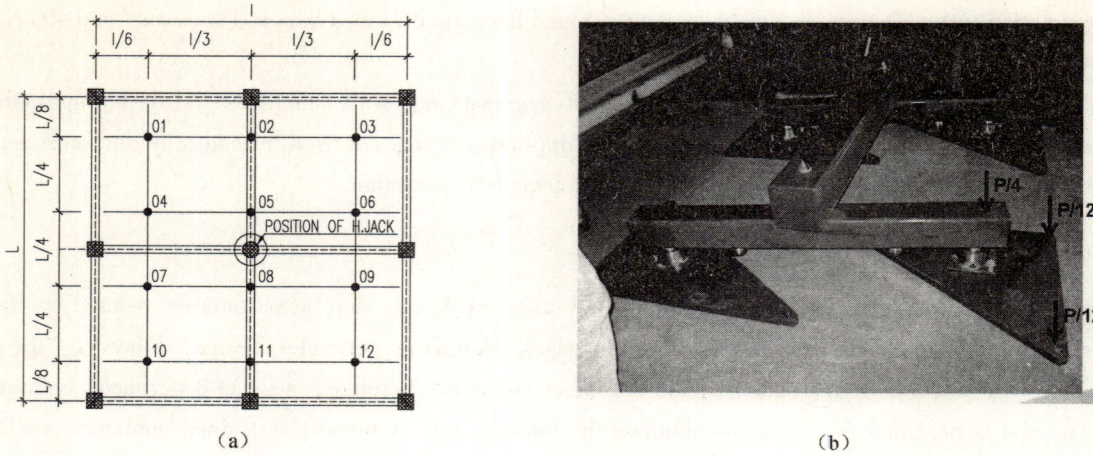

Fig. 5 Loading system for PI series specimens
(a) Locations of 12 loading positions; (b) Loading tree system

Instrumentation

The test specimens are installed or mounted with measuring devices both internally and externally. The concentrated loads by the actuator are measured by using an in-built load cell which is connected in series with the actuator. Vertical reaction forces and moments in eight supporting columns can be calculated through four strain gauges mounted on the opposing external surfaces of the columns as shown in Fig. 6 (b). At section where strain gauges are mounted, the axial forces and moments can be evaluated by steel strains and cross-sectional properties as follows:

$$N_1 = E_{steel} \cdot As \cdot (\varepsilon_1 + \varepsilon_2 + \varepsilon_3 + \varepsilon_4)/4$$
$$M_1 = [E_{steel} \cdot I \cdot (\varepsilon_3 - \varepsilon_{ave.})]/R$$

where: E_{steel}, I, A, and R are elastic modulus of steel, moment of inertia, area, and radius of the hollow section, respectively. $\varepsilon_{1,2,3,4}$ are the values recorded by strain gauges SG-1, 2, 3, 4.

The reactions and the total moment of beam-column joint can be evaluated based on the diagrams illustrated in Fig. 6 (b).

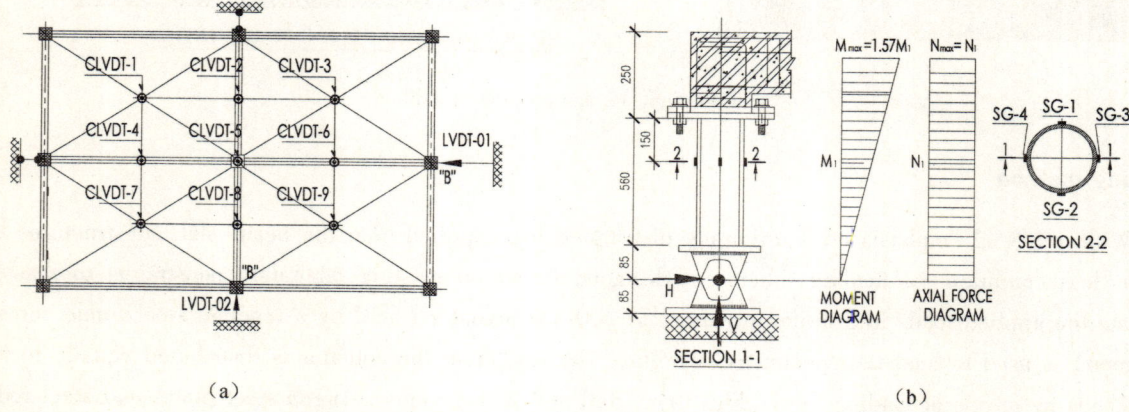

Fig. 6 External instrumentations
(a) Arrangement of LVDT and CLVDT; (b) Evaluation of reaction forces by strain gauges

Main experimental observations of PI series

Two specimens (P·I-02 and P·I-04) are loaded to failure by the displacement-controlled procedure

(a)   (b)

Fig. 7   Specimen PI-02 before and after the test
(a) Before the test; (b) After the test

with two loading steps. In the initial stage, the specimens are statically loaded with a loading step of 1 mm. After the vertical central displacement reaches 50 mm, the loading step is increased to 2 mm toward the failure. Pure tensile membrane action in the central region which is defined by the presence of tensile strain at the top surface of slab is observed in the two tests at a central displacement of about 40 mm, one depth of RC slabs. As the displacement increases, the central tension region expands significantly, resulting in huge in-plan bending moments throughout the specimens.

Failure mode is the most important experimental observation as it is used to propose an analytical model for predicting the overall load-carrying capacity of the laterally-unrestrained beam-slab structure under a column loss scenario. With a relatively low slab reinforcement ratio of 0.2%, the failure of compressive ring due to concrete crushing does not occur in the two specimens. However, the failure mode appears at the final stage with two full-depth cracks together with bar fractures of slabs and interior beams at the intersections of yield-lines. This failure mode can be observed very clearly in Specimen PI-02 (Fig. 8). In combination with the horizontal movement of unrestrained edges, it is possible that the final failure is due to in-plane bending moment along the long span.

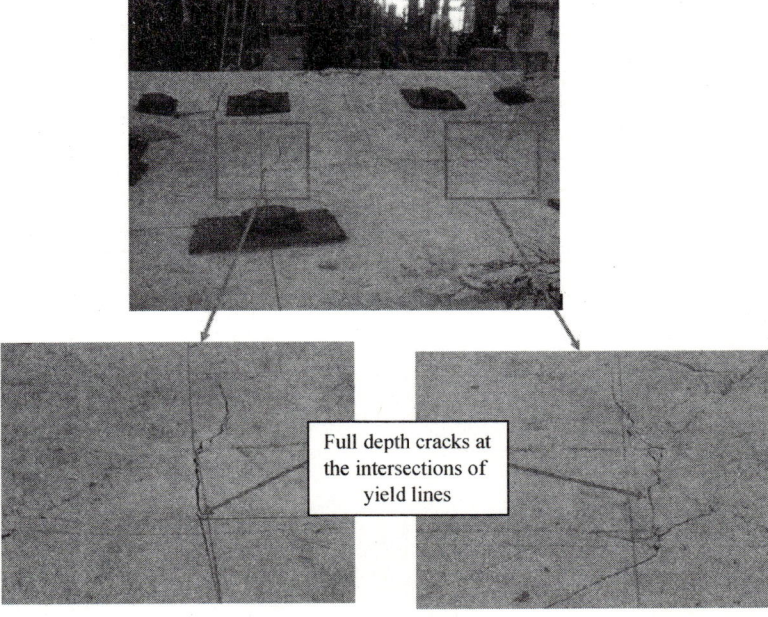

Fig. 8   Failure mode of Specimen PI-02

3 Analytical Model

Compared to the analysis of a simply supported slab, analysis of a beam-and-slab substructure requires three additional factors to be considered as follows:

- Rotational restraint along the perimeter edges of the slab;
- Two interior beams in the centre line; and
- Top reinforcement along the interior beams at the centrelines of the slab.

It is predicted that the enhancement of load-carrying capacity in the beam-and-slab substructure is greater than that of the simply supported slab due to these factors. As more reinforcement is provided in the slab, more significant is the development of membrane action and greater is the load-carrying capacity of RC slabs.

A laterally-unrestrained slab at large deflection forms a self-equilibrating mechanism with compressive membrane forces at the outer ring and tensile membrane forces in the central region (Fig. 9). Assuming rigid-plastic behaviour and simplifying the stress distribution into rectangular stress block, the variation of membrane stresses along the yield lines can be simplified into in-plane stress distribution in Fig. 10.

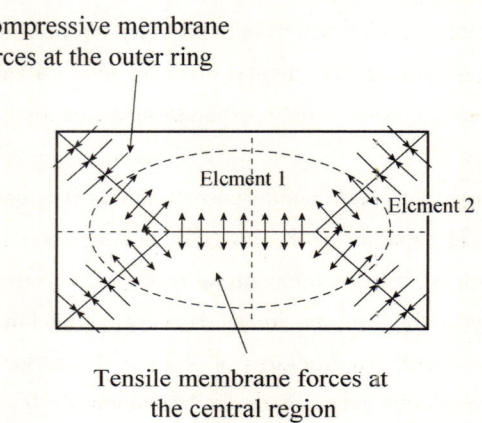

Fig. 9 Self-equilibrating mechanism of a laterally-unrestrained slab at TMA stage (Bailey[1])

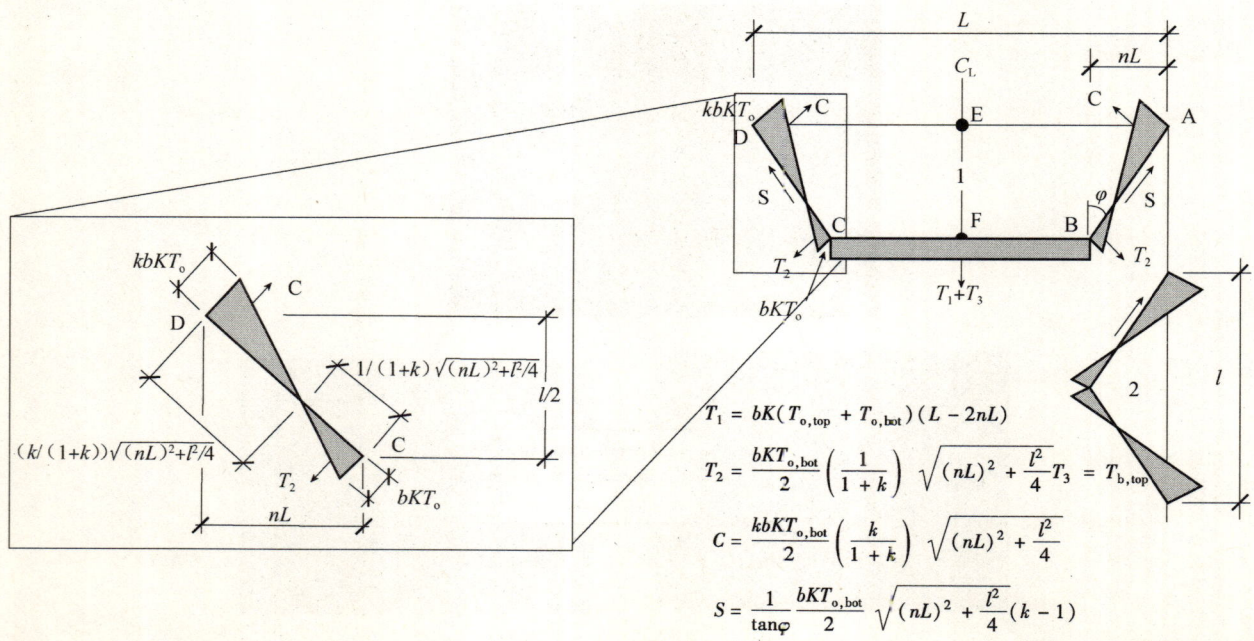

Fig. 10 Assumed in-plane membrane forces (Bailey[1])

The magnitude of in-plane membrane stresses is expressed in terms of parameter b, such that if the yield force in steel per unit width has a magnitude of T_o after TMA is mobilized, the force in steel per unit width will increase to a magnitude of bT_o. The parameter K (upper case) reflects a ratio of steel forces in the short span to that in the long span. Lastly, the parameter k is introduced to take into account the linear variation of the stress distribution along the yield lines AB and CD in Fig. 10. The magnitude of parameter k (lower case) can be obtained through Equation 1[1].

$$k = 1 + \frac{4na^2(1-2n)}{1+4n^2a^2} \qquad (1)$$

The value of parameter b can be obtained by considering the failure modes of slab. Depending on how and where the critical section is formed, there are three possible failure modes of the slab at the TMA stage (Fig. 11). The typical failure modes are indicated by formation of large cracks across the shorter span of the slab resulting in fracture of reinforcement. Nevertheless, recent test by Bailey et al2 showed that compression failure due to large in-plane compressive force at the slab perimeter edge [Fig. 11 (c)] can also be counted as another possible mode of failure.

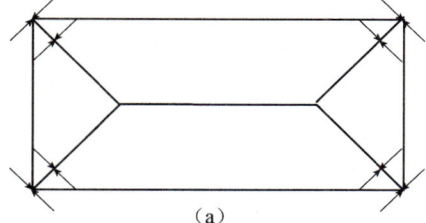
(a)

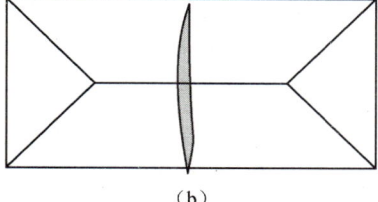
(b)

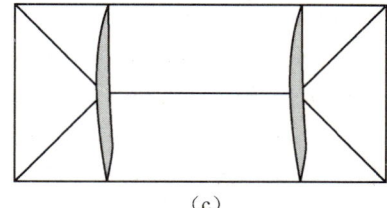
(c)

Fig. 11 Three possible failure modes
(a) Failure Mode 1 (Bailey et al[2])
Concrete compression failure in the corner of the slab
(b) Failure Mode 2 (Bailey[1])
Fracture of reinforcement across the centre of slab
(c) Failure Mode 3
Fracture of reinforcement across the intersection of yield lines

Failure Mode 1

If large in-plane compressive forces at the slab perimeter edge govern the slab failure, the magnitude of membrane forces which are reflected by parameter b can be determined from equilibrium of slab edge section. Assuming that the maximum depth of the compressive stress block is limited to 0.45 of average effective depth, the following equation can be obtained.

$$b = \frac{1}{kKT_o}\left[0.67f_{cu}0.45\left(\frac{d_1+d_2}{2}\right) - T_0\left(\frac{K+1}{2}\right)\right] \qquad (2)$$

Failure Mode 2

To predict the magnitudes of membrane forces in failure mode 2, a free body diagram as shown in Fig. 12 is analyzed. It is assumed that all reinforcement along the critical section (line EF) is at ultimate stress, which is approximately 10 percent greater than the yield

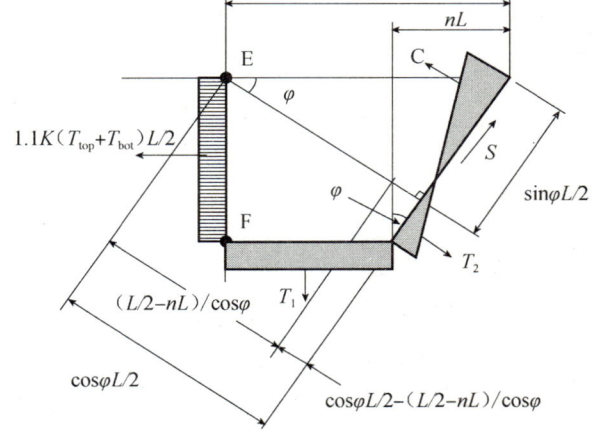

Fig. 12 Analysis of membrane action in failure mode 2 for RC beam-slab structure

stress. According to Hayes[3], this is a reasonable assumption since the mode of failure is by fracture of reinforcement.

Hence, taking moment about E gives

$$b = \frac{1.1 l^2 K(T_{top} + T_{bot})/8 + 1.1 T_3 l/2}{K(AT_{bot} + BT_{bot} + CT_{bot} - D(T_{top} + T_{bot}))} \tag{3}$$

where A, B, C, and D are defined as follows.

$$A = \frac{1}{2}\left(\frac{1}{1+k}\right)\left[\frac{l^2}{8n} - \frac{(L/2 - nL)}{nL}\left((nL)^2 + \frac{l^2}{4}\right) - \frac{1}{3}\left(\frac{1}{1+k}\right)\left((nL)^2 + \frac{l^2}{4}\right)\right]$$

$$B = \frac{1}{2}\left(\frac{k^2}{1+k}\right)\left[\frac{nL^2}{2} - \frac{k}{3(1+k)}\left((nL)^2 + \frac{l^2}{4}\right)\right]$$

$$C = \frac{l^2}{16n}(k - 1)$$

$$D = \left(\frac{L}{2} - nL\right)\left(\frac{L}{4} - \frac{nL}{2}\right)$$

Failure Mode 3

The derivation for parameter b in failure mode 3 is also introduced by analyzing the free body diagram of the critical section in the slab. Since the critical section is assumed to be at the intersection of yield lines, the free body diagram will be as shown in Fig. 13.

Taking moment at E give rise to Equation 4.

$$b = \frac{(1+k)(3.3T_o + 13.2T_3/l)}{T_o K[3k^2 + 4n^2 a^2(2k^2 + k - 1)]} \tag{4}$$

The detailed derivation of Equation 1 to 4 can be found in reference 9.

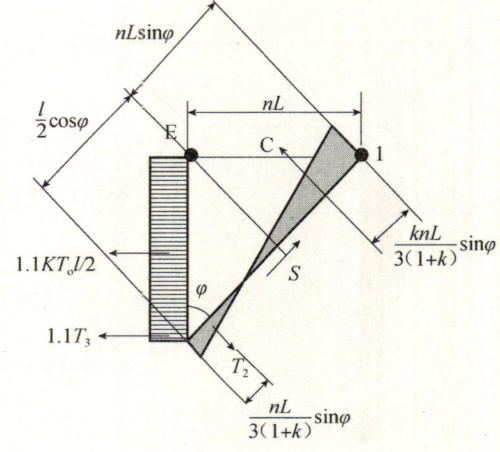

Fig. 13　Analysis of membrane action in failure mode 3 for RC beam-slab structure

After the parameter b for all possible failure modes has been obtained, the correct failure mode can be determined. Since this is an upper bound or an unsafe approach, the failure mode that gives the smallest b is deemed to be the correct failure mode. Table 2 shows the comparison between parameter b obtained from the three possible failure modes. It can be concluded that failure mode 3 is the correct failure mechanism as it gives the smallest parameter, b, for both specimens. This is in line with the test results of specimen PI-02, as shown in Fig. 8.

Table 2　Comparison of parameter b

Specimen	Failure Mode	1	2	3
PI-02		9.53	5.32	2.07
PI-04		11.30	5.20	4.70

Once the membrane forces are defined, the corresponding load-carrying capacity of slabs by means of enhancement factor can be calculated. The contribution of membrane forces and the increase in bending resistance in enhancing the load-carrying capacity of the slab are calculated using Equation 5.

$$e = (e_{1m} + e_{1b}) - \frac{(e_{1m} + e_{1b}) - (e_{2m} + e_{2b})}{1 + 2\mu a^2} \tag{5}$$

The subscript m and b in above equations denote the enhancement in load-carrying capacity due to membrane forces and increase in bending resistance, respectively. On the other hand, the subscript 1 and 2 in the equations indicate the enhancement from element 1 (the trapezoid section) and element 2 (the triangular section) of the slabs in Fig. 10, respectively. The detailed derivation of Equation 5 can be found in references 1 and 2.

Since the enhancement factor obtained by using Equation 5 is originally derived for the case of a simply supported slab, the factor cannot be readily used to calculate the increase of load-carrying capacity of RC beam-slab structure. Instead, the enhancement factor can only be applied to the load-carrying capacity of positive yield line (of RC beam-slab structure). The load-carrying contribution from the negative yield line is initially assumed to remain constant after yielding. Nevertheless, as observed during the test, concrete crushing at the bottom face of interior beam-column joints (Fig. 14) cause the bottom face of concrete to flake off and reduce the effective depth (d) and the moment capacity of the section ($M_{b,neg}$ & $m_{s,neg}$). Hence, as deflection increases, the load-carrying contribution from the negative yield line is not constant, but decreasing. This phenomenon is also reflected in the variation of column bending moments during the test as shown in Fig. 15. Hence, it can be assumed that the decreasing slope for negative yield line capacity at large deflection is the same as the decreasing slope of column moments obtained during the tests.

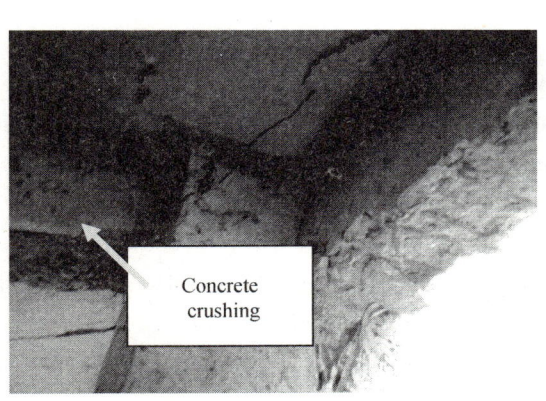

Fig. 14　Concrete crushing at the bottom face of beam – column joint

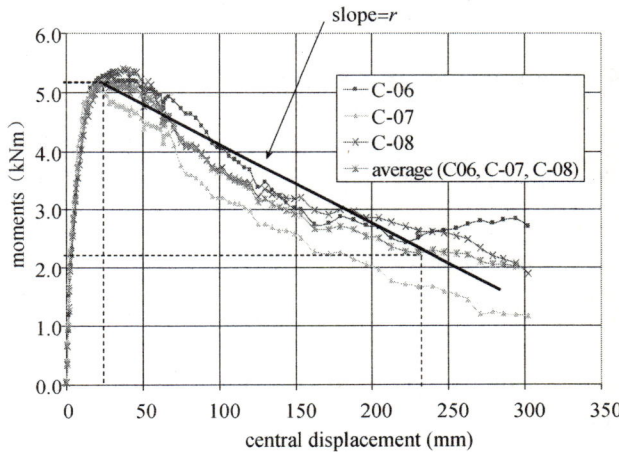

Fig. 15　Declining trend of bending in columns

Assuming that the total load-carrying capacity of the slab is equal to the linear summation of the positive and the negative yield line loads, the total load-carrying capacity of the RC beam-slab structure can be expressed mathematically as:

$$P_{tot} = e \times P_{pos} + r \times P_{neg} \tag{6}$$

While the enhancement factor (e) can be obtained analytically, the reduction factor (r) is obtained empirically. Hence, the simple method to predict the load-deflection relationship at TMA stage becomes semi-empirical.

4　Validation of the Analytical Model with the Experimental Results

Fig. 16 and Fig. 17 show the load-deflection curves obtained from both the test results and the analytical model for specimen PI-02 and PI-04, respectively. Since the semi-analytical model is based on rigid, perfectly plastic behaviour, it is not intended to predict the elastic and elastic-plastic behaviour at the initial stage of the tests. It can be seen from both figures that at large deformation, the semi-analytical model produces good agreement with the tests results.

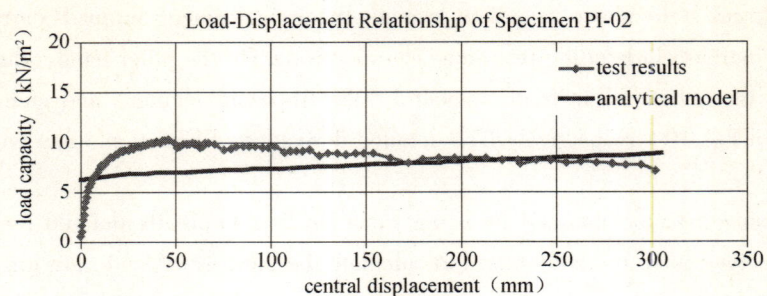

Fig. 16 Comparison between test results and analytical model for specimen PI-02

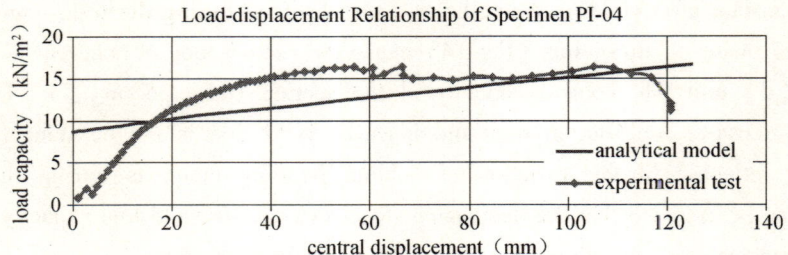

Fig. 17 Comparison between test results and analytical model for specimen PI-04

5 Conclusion and Future Works

A new model to estimate the load-deflection relationship of laterally-unrestrained RC beam-slab structure at TMA stage has been proposed. The model predicts that the slabs will fail due to fracture of reinforcement along the intersection of yield lines, which is similar to the failure mechanism observed in the tests. Comparison with the test results also shows that the semi-analytical model gives a very good estimation of the overall load-carrying capacity of RC slabs at large deflections.

Nevertheless, the simple model to predict the behaviour of RC beam-slab structure at TMA stage presented in this paper has not yet been extended to incorporate the decreasing negative yield line capacity analytically. In addition, a safe maximum value for the central displacement can be further determined. Finally, the experimental tests together with the simple analysis presented in this paper are designed to address the internal penultimate column loss scenario. The effectiveness of TMA under external penultimate column loss scenario should be further investigated.

References

[1] Bailey, C. G. (2001). "Membrane action of unrestrained lightly reinforced concrete slabs at large displacements." Engineering Structures, 23, 470~483.

[2] Bailey, C. G., Toh, W. S., Chan, B. M. (2008). "Simplified and advanced analysis of membrane action of concrete slabs." ACI Structural Journal, Jan-Feb, 30~40.

[3] Hayes, B. (1968). "Allowing for membrane action in the plastic analysis of rectangular reinforced concrete slabs." Magazine of Concrete Research, 20 (65), 205~212.

[4] Kemp, K. O. (1967). "Yield of a square reinforced concrete slab on simple supports, allowing for membrane forces." The Structural Engineer, 45 (7), 235~240.

[5] Park, R. and Gamble, W. L. (1980). Reinforced concrete slabs. New York: John Wiley & Sons.

[6] Park, R. (1964). "Tensile membrane behaviour of uniformly loaded rectangular reinforced concrete slabs with fully restrained edges." Magazine of Concrete Research, 16 (46), 39~44.

[7] Pham, X. D. (2009). "Tensile membrane action in preventing progressive collapse of RC building structure subjected to a column removal." PhD First Year Report, Nanyang Technological University, Singapore.

[8] Sawczuk, A. and Winnicki, L. (1965). "Plastic behaviour of simply supported reinforced concrete plates at moderately large deflections." International Journal of Solids Structures, 1, 97~111.

[9] Wahyudi, T. Y., (2010). "Tensile membrane action at reinforced concrete slabs." Final Year Report, School of Civil and Environmental Engineering, Nanyang Technological University.

[10] Mitchell, D. and Cook, W. D. (1984) "Preventing progressive collapse of slab structures." Journal of Structure Engineering, 23 (07).

[11] Sasani, M., Bazan, M., and Sagiroglu, S. (2007) "Experimental and analytical progressive collapse evaluation of actual reinforced concrete structure", ACI Structural Journal, 104 (6), 731~739.

[12] Brotchie, J. F. and Holley, M. J. (1971). "Membrane action in slabs." International Symposium on the Cracking, Deflection, and Ultimate Load of Concrete Slab Systems. American Concrete Institute, 345~377.

中国建筑第四工程局有限公司

中国建筑第四工程局有限公司（简称中建四局）系中国建筑股份有限公司（CSCEC）全资子公司，拥有房屋建筑工程施工总承包特级等多项资质，是国家大型综合性施工企业集团，具有四十余年历史。企业总部2002年前设在贵州省贵阳市，2002年底南迁广州市。中建四局技术力量雄厚，施工设备齐全，检测手段先进，具有地质勘探、科研设计、土木建筑、设备安装、钢结构安装、道路桥梁施工、市政工程施工等资质。现主要从事房屋建筑施工、房地产开发、基础设施建设等业务，2009年企业新签合同额526亿，营业额180亿元。中建四局南迁广州后，企业经营管理取得了很大发展，先后承建了广州海关新业务综合楼、广州太古汇、广州珠江新城西塔（该项目主要承建单位）、广州华南纺织城、深圳京基金融中心、云南石锁高速公路、铁路哈大客运专线、贵阳会展中心、重庆环球金融中心、厦门财富中心等一系列非常有影响的重点项目。中建四局竭诚愿意为国内外客户提供诚信、优质、安全、快速的服务。

（制图：蔡仕林）

深圳市正强投资发展有限公司
SHENZHEN REALSTRONG INVESTMENT DEVELOPMENT CO.,LTD.

董事长兼总经理：陈乐雄先生

正强集团坐落于珠江口东岸中心位置，紧邻宝安国际机场、宝安大道、107国道、广深高速、宝安综合港区，水陆交通立体交融、四通八达。正强集团责无旁贷肩负与此地理位置相吻合的作品奉献于社会，矢志成为珠三角建筑业系统服务整体方案供应商。

正强集团已拥有5000平米的研发大楼，已运行的有围绕混凝土、管桩、地基处理研究部门，正在筹备：围绕建材新技术、新工艺、新材料而设立的各专业研究机构。通过这些研究机构形成孵化各研究成果的平台，本平台是聚集了高端人才、项目、产品的集合。本孵化平台将成为正强集团厚积薄发的强大技术支撑可持续发展的动力。

本集团以中科院博导组建团队为技术力量，以PHC预应力高强混凝土管桩的新技术、新工艺研发、绿色再生混凝土研发、透水性混凝土研发、高性能混凝土、特殊混凝土研发和生产施工技术、纤维复合材料加固混凝土的研发、干粉砂浆新技术的应用和新型外加剂的研发为技术支撑。其中"裸露坡面植被恢复中和技术研究"项目荣获国家科学技术进步奖二等奖，2010年被建设局授予"深圳市预拌砂浆机械化施工示范基地"称号。集团将以绿色环保、节能减排、循环利用、水土保持为发展理念。依托强大的研发团队，开发高端低碳建材产品，同时提升现代绿色建筑服务意识。打造"中国低碳建材示范基地"。

地址：深圳市宝安区福永街道新和社区西海堤路正强码头26号
总机：0755-27335938　　传真：27347129
邮箱：szzqccl@163.com　　网站：www.szzq.cc